全国工程爆破技术人员统一培训教材

爆破设计与施工

中国工程爆破协会 编
汪旭光 主编

北京
冶金工业出版社
2023

内 容 提 要

本书是我国工程爆破技术人员统一培训的重要教材。根据公安部的《爆破作业安全管理办法》，在系统阐述爆破基本理论、爆破器材、起爆技术、爆破工程地质、爆破施工机械、爆破安全技术和环境保护、爆破安全管理的基础上，重点论述了岩土爆破、拆除爆破和特种爆破的设计与施工。本书也是一部理论与实践、继承与创新相结合的新颖教材，内容系统全面，充分体现了当今中国工程爆破行业的水准。

本书除了适用于工程爆破技术人员统一培训外，还可供高等院校相关专业本科生、研究生以及从事爆破科研、设计、施工的工程技术人员参考。

图书在版编目(CIP)数据

爆破设计与施工/汪旭光主编；中国工程爆破协会编．—北京：冶金工业出版社，2011.5（2023.3 重印）

全国工程爆破技术人员统一培训教材

ISBN 978-7-5024-5583-5

Ⅰ.①爆…　Ⅱ.①汪…　②中…　Ⅲ.①爆破设计—技术培训—教材 ②爆破施工—技术培训—教材　Ⅳ.①TB41

中国版本图书馆 CIP 数据核字(2011)第 066141 号

爆破设计与施工

出版发行　冶金工业出版社　**电　　话**　(010)64027926

地　　址　北京市东城区嵩祝院北巷 39 号　**邮　　编**　100009

网　　址　www. mip1953. com　**电子信箱**　service@ mip1953. com

责任编辑　徐银河　王梦梦　美术编辑　彭子赫　版式设计　孙跃红

责任校对　王永欣　责任印制　禹　蕊

三河市双峰印刷装订有限公司印刷

2011 年 5 月第 1 版，2023 年 3 月第 15 次印刷

787mm×1092mm　1/16；50 印张；1219 千字；782 页

全套定价 300.00 元

投稿电话　(010)64027932　投稿信箱　tougao@cnmip. com. cn

营销中心电话　(010)64044283

冶金工业出版社天猫旗舰店　yjgycbs. tmall. com

（本书如有印装质量问题，本社营销中心负责退换）

序

近年来，各地、各有关部门及相关单位认真贯彻执行《爆破作业人员安全技术考核标准》，在加强爆破工程技术人员培训考核方面做了大量卓有成效的工作。特别是中国工程爆破协会组织全国知名爆破专家编写的《工程爆破理论与技术》、《爆破工程施工与安全》、《爆破器材经营与管理》、《工程爆破操作员读本》及《考核试题库》等配套培训教材的出版发行，为我国爆破工程技术人员培训考核工作奠定了坚实基础。截至目前，全国培训爆破工程技术人员约3.2万人次，持证上岗人员达2万人。通过培训考核工作的开展，进一步提升了涉爆从业人员爆破安全技术和安全意识，促进了爆破作业单位安全管理水平普遍提高，使爆破安全事故大幅减少。

我国高度重视爆破作业安全管理工作，多年来一直致力于爆破作业人员安全技术水平的提高。早在1984年国务院颁布的《民用爆炸物品管理条例》就对爆破员的培训、考核和资质条件等做出明确规定。2006年5月10日，国务院公布实施的《民用爆炸物品安全管理条例》明确规定，“爆破作业人员应当经设区的市级人民政府公安机关考核合格，取得《爆破作业人员许可证》后，方可从事爆破作业”，申请从事爆破作业的单位应当有“具备国家规定执业资格的爆破作业人员”。上述规定为进一步加强和规范爆破工程技术人员培训考核工作提供了法律基础。

近年来，我国的工程爆破行业取得了举世瞩目的成就，已开始从传统的“控制爆破”步入“精细爆破”的阶段，整体实力和国际影响力日益提高。根据《民用爆炸物品安全管理条例》的相关规定和新时期工程爆破的新理论、新实践，公安部治安管理局在对前期爆破工程技术人员培训考核工作全面总结的基础上，委托中国工程爆破协会组织相关专家对教材和考核试题库进行了修订。本次教材和考核试题库的修订，在内容上补充了民用爆炸物品安全管理、爆破工程安全评估与安全监理、爆破工程重大危险源辨识等方面的内容和试题；在形式上删除了较为简易的选择题和判断是非题，增加了能充分考察爆破工程技术人员技术水平、实践经验的设计题和案例分析题；在体例上按照认知规律进行编排，更加符合教学、自学、考核的需要。从总体上看，修订版的教材和考核试题库更加注重了知识的准确性、政策的权威性、内容的实用性和理论的适度性，是一套理论与实践相结合、继承与创新相结合的好教材。

我们相信，此次修订版教材和考核试题库的出版发行，对于进一步规范爆破工程技术人员培训考核工作，培养和造就高素质爆破作业人员队伍，将发挥重要作用。同时，希望广大爆破作业人员不断加强学习，积极钻研业务，勤于思考总结，着力提高爆破安全技术水平，为推动我国工程爆破行业又好又快发展做出新的更大的贡献！

公安部治安管理局　周正斌

2011 年 1 月

前　言

2004 年，中国工程爆破协会组织专家编写了一套爆破作业人员全国统一培训教材，包括《工程爆破理论与技术》、《爆破工程施工与安全》、《爆破器材经营与管理》、《工程爆破操作员读本》。使用这套教材在全国 31 个省、市、自治区培训了 3 万余名爆破工程技术人员。应该说，这套教材在提高全国工程爆破技术人员技术素质和安全意识的培训工作中发挥了重要作用。然而七年来，随着我国经济的快速发展，爆破器材及爆破技术都有了新的突破，在爆破安全管理方面也提出了新的要求。最近，公安部颁发了《关于进一步加强和改进爆破工程技术人员培训考核工作的通知》（公治［2011］28 号），在这种形势下，作为爆破工程技术人员全国统一培训教材，需要与时俱进地修订、补充、调整相关的内容，以满足科技进步和经济发展形势下培训爆破工程技术人员的要求。本次修订以爆破工程技术人员考核大纲为依据，将 4 本教材统一为一本全国工程爆破技术人员统一培训教材，突出各类爆破技术的设计与施工，冠名为《爆破设计与施工》。

针对这些年我国在爆破器材及爆破技术上的新进展，这次教材修订有较大的变化，主要有：在爆破器材方面，鉴于我国已淘汰生产和使用导火索、火雷管和铵梯炸药，教材相应删除了已被淘汰的爆破器材品种和起爆方法；增加了高精度导爆管雷管和数码电子雷管、现场装药机械的内容。在爆破理论方面，对爆破过程的数值模拟、拆除爆破理论模型及数值模拟增加了内容；鉴于“精细爆破”技术已成为工程爆破技术发展的方向，教材对精细爆破的技术体系和关键技术作了阐述。在露天爆破方面，露天深孔台阶爆破技术及毫秒延期爆破技术已在各类矿山广泛应用，教材给予了充分重视；同时增加了复杂环境深孔爆破、光面、预裂爆破质量评价，边坡控制爆破的关键技术等内容；简化了硐室爆破的内容，不再介绍药壶爆破；还增加了高温爆破，对高温爆破器材、高温爆破的降温方法作了介绍。在地下爆破方面，分别对非煤矿山地下采矿、放射性矿床开采、高温硫化矿爆破及煤矿井下爆破、水电地下硐室群爆破作了系统介绍；并在隧道爆破中突出工程中经常遇到的软岩隧道爆破、浅埋隧道爆破和小净距隧道爆破。在水下爆破方面，充实了水下钻孔爆破、软基处理爆破的内容，简化了岩塞爆破的篇幅。在拆除爆破方面，细化常见的框架结构、框—

剪结构、剪力墙结构、高耸构筑物、围堰拆除、桥梁拆除爆破的设计要素，列举了工程实例。爆炸加工已形成比较完整的产业技术体系，因此在特种爆破一章补充了爆炸焊接、爆炸合成、爆炸消除焊接残余应力、油气井燃烧爆破技术的最新进展。在爆破安全技术中，增加了爆破各种环境效应如振动、冲击波、噪声、粉尘和有害气体等有害效应新进展。在爆破工程管理方面，对爆破工程的分级按照新的管理要求作了阐述，并根据近年来的实践，对实施爆破安全评估和爆破安全监理作了较为具体的介绍。可以认为，修订后的教材，基本反映了近年来爆破技术的进步，不仅适应了爆破技术服务经济发展的需求，也有利于提升爆破技术人员的技术与安全素质，符合公安部关于进一步加强和改进爆破工程技术人员培训考核工作的要求。

本教材的编写原则、章节安排、内容取舍都是全体编写人员（汪旭光、于亚伦、王中黔、顾毅成、张永哲）和协会培训部肖裕民、汪平经过多次认真讨论、斟酌再三确定的，既考虑了教材的系统性、完整性和通俗性，又顾及了内容的先进性、实用性和可操作性。尽管如此，书稿写成之后又反复讨论，数易其稿，才最终确定的。本教材共分15章，即：第1章绪论、第2章爆炸与炸药的基本理论、第3章爆破器材、第4章起爆技术、第5章爆破工程地质、第6章岩土爆破理论、第7章露天爆破、第8章地下爆破、第9章井巷掘进爆破、第10章水下爆破、第11章拆除爆破、第12章特种爆破、第13章爆破施工机械、第14章爆破安全技术和环境保护、第15章爆破工程安全管理。应当说明的是，《爆破设计与施工试题库》一书与本教材一起构成一套完整的全国工程爆破技术人员统一培训教材，两本书是互为补充、密不可分的整体。

本教材编写过程中，参阅引用了大量的有关工程爆破、爆破器材和相关领域的文献资料，特别是大量引用了中国工程爆破协会组织编写的《爆破手册》和前文所提及的第一版教材的内容，在此对文献作者们表示衷心的感谢！由于时间紧迫、编者水平有限，教材中缺点错误在所难免，恳请专家、读者批评指正。

在本教材编写的过程中，中国工程爆破协会高荫桐、肖裕民、汪平和冶金工业出版社谭学余、程志宏为本教材的编写、出版做了大量的具体工作，付出了辛勤劳动。在此表示感谢。

中国工程爆破协会理事长 汪旭光
中国工程院院士
2011年3月

目　　录

第1章　绪　　论

1.1　工程爆破的历史与现状

1.1.1　工业炸药的历史与现状

人类对爆炸的研究与应用，渊源于我国黑火药的发明和发展。早在公元808年以前，我国炼丹家发明了用硫黄、硝石和木炭3种组分配制的黑火药。公元10世纪，我国开始将黑火药用于军事，世界史上第一个爆炸性武器是我国发明的铁火炮（震天雷）。大约在11~12世纪，黑火药才开始传入阿拉伯国家，后传入欧洲，阿拉伯人称硝石为“中国雪”或“中国盐”。黑火药在矿业上的应用约在1613年，标志着工业革命的开始。黑火药作为独一无二的炸药，延续了两百多年，直到1865年瑞典化学家阿尔弗雷德·诺贝尔（Alfred Nobel）发明了以硝化甘油为主要组分的达纳迈特（Dynamite）炸药以及1867年奥尔森（Olsson）和诺宾（Norrbein）发明了硝酸铵和各种燃料制成的混合炸药之后，工业炸药才步入了多品种的时代，并奠定了硝铵类炸药与硝甘类炸药相互竞争发展的基础。

长期的封建统治和新中国成立前百余年来帝国主义的侵略掠夺，严重阻碍了我国科学技术的发展。工业炸药亦是如此。新中国成立前我国仅有的两座硝铵炸药工厂，也是日本帝国主义为掠夺我国矿产资源而开办的。抗日战争时期，解放区人民发明和使用了由硝酸铵和液体可燃物组成的炸药，这可以说是铵油炸药的雏形。新中国成立后，随着国民经济的迅速发展，我国的炸药工业也有了很大的发展，建立了一批专门生产硝铵炸药和硝甘炸药的炸药工厂，基本满足了国民经济发展的需要。随后工业炸药进入了一个新的发展时期，其主要标志是铵油炸药和浆状炸药等含水炸药的相继发明和推广应用。1963年以来铵油炸药得到了全面推广，20世纪70年代中期冶金矿山铵油炸药使用量已占炸药总消耗量的70%左右，还制造、应用了多种气动装药设备，如YC-2型铵油炸药装药车和FZY-1型风动装药器，其后又研制应用了铵沥蜡炸药和铵松蜡炸药。

我国从1959年开始研制浆状炸药，20世纪60年代中期在矿山爆破作业中获得应用，其代表性品种是4号浆状炸药。70年代初期，随着胶凝剂（田菁胶、槐豆胶）和交联技术获得重要突破，我国浆状炸药品种不断增加，浆状炸药装药车与可泵送浆状炸药的出现，更好地满足了露天爆破作业的需要。80年代中期原煤炭部淮北910厂引进了美国杜邦公司水胶炸药生产技术与设备，目前我国910厂和太原兴安化学材料厂等厂家仍在生产、销售水胶炸药。

我国从20世纪70年代后期开始研制乳化炸药，政府、企业和科研单位都非常重视乳化炸药技术的发展，不仅采用连续化自动化生产工艺技术、设备生产岩石型、煤矿许用型乳化炸药，而且独创了国外没有的粉状乳化炸药。不仅有了露天型乳化炸药混装车，而且利用水环减阻技术发展了地下小直径乳化炸药装药车。乳化炸药生产技术和装药车不仅满足了国内的需要，而且出口到瑞典、蒙古、俄罗斯、越南、赞比亚等国。我国研制开发了多品种乳化炸药、粉状乳化炸药、乳化粒状铵油炸药计算机控制连续化生产线。

新中国成立初期我国只能生产导火索、火雷管和瞬发电雷管。经过科技人员的努力，很快就能生产和应用毫秒延期电雷管和秒延期电雷管。20 世纪 70 年代初期，原阜新 12 厂还生产、销售了导爆索—继爆管毫秒延期起爆系统。70 年代末期，我国自行研制、生产了塑料导爆管及其配套的非电毫秒延期雷管，并在工程爆破作业中获得了广泛的应用。80 年代中期，我国根据电磁感应原理研制、生产了磁电雷管，这种雷管在油、气井爆破作业中获得了应用。21 世纪初，30 段等间隔（25ms）毫秒延期电雷管研制成功并投入使用，并且出口到周边国家、非洲和我国香港地区。低能导爆索（3.0g/m，1.5g/m）、高能导爆索（34g/m 及其以上）、普通导爆索和安全导爆索已形成了配套的系列产品。油气井燃烧爆破、地震勘探爆破和许多特种爆破需用的爆破器材亦已形成产品系列，并有了较大的选择余地。

数码电子雷管是一种延期时间根据实际需要可以任意设定并精确实现发火延期的新型电能起爆器材，具有使用安全可靠、延期时间精确度高、设定灵活等特点。目前我国的北方邦杰、京煤化工、久联集团、213 所等单位均推出了各自的电子雷管产品，并已在爆破工程中获得初步应用。可以相信，数码电子雷管为推进我国爆破器材行业的技术进步和促进工程爆破行业的技术进步提供了有效的装备和手段。

我国是爆破器材生产和消耗大国，已经建立了比较完整的爆破器材生产、流通和使用体系。全国现有生产企业 146 家，其中雷管生产企业 55 家，2010 年工业炸药产量达到 351 万吨，工业雷管产量达到 24 亿发，工业索类火工品产量达到 1.5 亿多米，油气井用、地震勘探用及特种爆破的爆破器材也有相当的规模。我国已从 2008 年 1 月 1 日起停止生产导火索、火雷管和铵梯炸药，6 月 30 日起停止使用，这标志着我国爆破器材在科学发展观的指导下，进入了一个依靠技术进步，提升民爆产品质量的发展新阶段。

1.1.2 爆破技术的历史与现状

新中国成立以后，我国才有了自己的爆破队伍。但建国初期，我国工程爆破技术力量十分薄弱，施工设备简陋，只有抚顺、阜新、鞍山等几座矿山有从事爆破作业的技术人员，远不能满足经济建设的需要。从我国第一个五年计划开始，随着建设的迫切需要，党和政府十分重视培养、选用工程爆破技术人才和发展壮大工程爆破施工力量与装备，使我国逐步具备了独立从事大规模爆破设计与施工的能力。例如 1956 年我国甘肃省白银露天矿建设的剥离硐室爆破，其炸药用量达 15640t，爆破方量为 $907.7\times10^4m^3$，这次大爆破是我国首次万吨级硐室大爆破，它的成功实施标志着我国在硐室爆破等大规模爆破领域里有了较高的技术水准。从那时起，硐室爆破在我国矿山、铁道、水利水电、公路等建设工程中获得了广泛应用，定向爆破筑坝技术在矿山尾矿库、大中型水库等工程建设中已经成功应用，全国已爆破筑坝 60 余座，取得了丰富的经验。由于硐室爆破一次爆破装药量大，随着爆破对周围地区影响控制程度要求的提高，在 20 世纪 90 年代初，铁路路堑爆破中推广采用条形药包硐室爆破技术，随后，该技术的应用领域和规模逐渐扩大。我国现已成功进行了上百次大型条形药包硐室爆破工程，爆破的规模从数十吨到上千吨炸药量，这些爆破都取得了很高的技术经济效果。在高速公路、铁路的新线建设中，采用条形硐室药包加边坡预裂爆破一次成形技术，不仅发挥了硐室爆破方法快速、成本较低的特点，还有效地控制了硐室爆破对边坡的破坏影响。焦晋高速公路某段长170m的路堑采用了这种技术，使稳定的边坡最高达92m，形成了一道亮丽的风景线。

中深孔爆破技术是现代工程爆破技术的主要发展方向，现已得到非常广泛的应用。矿山深孔爆破已根据工程的要求发展了毫秒延期爆破、挤压爆破、预裂爆破、光面爆破等。例如，三峡工程永久船闸约$1.0\times10^7m^3$深闸室开挖百米高稳定边坡的控制爆破技术；青岛市环胶州湾高速公路山角村段一次实施路堑长470m、203排、3080孔的深孔拉槽导爆管雷管起爆的控制爆破技术；南芬等大型露天矿山在大区实施多排深孔毫秒延期爆破，显著提高了爆破质量与技术经济指标，德兴铜矿在有自燃自爆危险的难爆矿岩实行机械化预装药爆破技术；准格尔、安太堡等露天煤矿采用深孔爆破技术一次爆破规模达到上千吨炸药量，并取得了逐孔毫秒延期爆破的丰富经验。

地下矿山除应用常规的浅孔、中深孔爆破外，大直径深孔爆破得到了推广应用，并已形成“VCR”、“台阶深孔”、“束状深孔”、“高阶段深孔”、“阶段深孔等效球形药包”等各具特色和运用条件的大直径深孔爆破技术。如安庆铜矿的高阶段达120m；2005年3月28日广西南丹铜坑矿150t炸药地下大爆破，采用阶段密集束状深孔为主，辅之以中深孔及小硐室药包的爆破方案，并采用了预裂爆破降震与柔性波阻墙等技术，有效控制了地下爆破的有害效应。

岩巷全断面一次爆破、毫秒延期爆破、光面爆破是标志我国煤矿岩巷爆破技术提高发展的三个重要阶段。20世纪80年代后期，中国矿业大学等单位开展的岩巷定向断裂控制爆破技术的研究，可精确地控制超挖量，大大节约材料费用，具有可观的经济效益与社会效益。

近几年来，在特小净距平行隧道开挖爆破、繁华地区浅埋暗挖双层隧道爆破技术、浅埋过江隧道爆破、繁华地区地下铁道爆破开挖、隧道减振控制爆破技术等方面都获得了新的突破。

我国城镇拆除爆破和复杂环境深孔爆破技术发展非常迅速，不仅将过去危险性大爆破作业由野外安全可靠地移植到人口密集的城镇，尤为重要的是创造了许多新技术、新工艺和新经验。我国已成功地在复杂环境中采用定向倒塌、双向折叠、三向折叠等控制爆破方法拆除了近百座高100m以上的钢筋混凝土烟囱，还成功完成了数十座高60m以上的大型冷却塔的爆破拆除工程。在高大建筑物方面，典型工程有中山石岐山顶花园34层楼房爆破拆除、温州中银大厦（高93m）爆破拆除、上海长征医院综合楼爆破拆除等。沈阳五里河体育馆爆破拆除工程一次准确起爆超过1.2万个炮孔，显示了可靠、先进的起爆技术；广东宏大爆破工程有限公司在天河城西塔楼爆破拆除中首次实现了环保清洁爆破，受到国内外学者和媒体的高度关注，产生了巨大的社会效益。

水下工程爆破技术主要应用于挡水围堰或岩坎拆除爆破、港湾航道疏浚炸礁、淤泥与饱和砂土地基爆炸加固处理以及水库水下岩塞爆破等，发展非常迅速，应用领域不断扩大，工程实例颇多。例如，20世纪70年代初广州黄埔港大濠洲2km航道$5.0\times10^5m^3$水下炸礁成功，创造了当时具有国际先进水平的水下爆破作业施工方法。长江三峡水利枢纽三期上游碾压混凝土围堰拆除爆破工程拆除围堰的总长度为480m，拆除方量$18.6\times10^4m^3$，最大爆破水深达38m，采用现场混装的乳化炸药总装药量为191.3t，它的成功实施，表明我国在围堰拆除爆破技术上处于国际领先水平。爆破排淤技术先后在连云港建港工程、深圳电厂煤码头工程、珠海高兰港口工程、粤海铁路通道轮渡码头港口防波堤工程以及其他类似工程的建设中采用，筑堤总长超过60km，为我国沿海港口建设作出了重大贡献。

工程爆破在地震勘探、测井、射孔、完井、压裂增产改造、油气井整形修复等工程中具有不可替代、举足轻重的作用，特别是油气井射孔技术是关系到油气井产油、气多少的关键技术。1959年发现大庆油田以后，油气井燃烧爆破技术也随着众多油田的开发得到了迅速的发展。我国科技人员根据油田开发的需要，独立设计、自主实施聚能射孔技术、高能气体压裂技术、爆炸切割技术、套管爆炸整形、焊接技术、井壁取芯技术和桥塞药包施放技术等，较好地满足了陆地和海洋油田开发的需要。

利用炸药爆炸的能量可以将金属冲压成形，将两种金属焊接在一起，将金属表面硬化和切割金属或者人工合成金刚石、高温超导材料、非晶和微晶材料等。我国在爆炸焊接复合板消裂技术和复合板界面微缺陷控制技术方面，也取得了突破。电力系统的科技人员采用爆炸压接技术，解决了野外高压输电线的压接问题，并且该技术已成为成熟的工艺，得到了应用。此外，利用高温爆破技术还可以消除高炉、平炉和炼焦炉中的炉瘤或爆破金属炽热物等。如今我国已具有了一支爆炸加工技术专业人才队伍和大批装备，形成了新兴产业，爆炸加工技术应用的领域越来越广泛。

随着爆破环境和条件越来越复杂，对爆破安全的要求也越来越高。我国在爆破安全技术的研究方面进行了大量工作，积累了丰富的经验。20世纪70年代末国家计委组织的“七七工程”专门对爆破有害效应进行了大规模的历时7年的系统观测研究，在爆破地震、冲击波、个别飞散物、噪声和有害气体等方面取得了大量的宝贵科学数据，这对了解爆破有害效应产生的规律性，制定安全与环保的控制措施是极为重要的。为了使爆破安全技术管理有法可依，1986年以来我国先后制定并颁布实施了《爆破安全规程》、《大爆破安全规程》、《拆除爆破安全规程》等国家标准，中国工程爆破协会成立后，又组织专家对这几个标准进行了修订，2003年形成了统一的《爆破安全规程》(GB 6722—2003)，并颁布实施，更好地体现了与国际接轨；针对爆破器材与爆破技术的快速发展和爆破安全管理新的要求，2010年，中国工程爆破协会又组织专家对该标准进一步修订。近年来，爆破施工企业在控制爆破有害效应对周围环境的不利影响方面也给予了足够的重视，创造了不少经验，取得了显著的成绩。

经修订的《民用爆炸物品安全管理条例》已由国务院在2006年颁布执行。条例强调国家支持和鼓励提高爆炸物品安全性能的技术进步和科技创新；建立民用爆炸物品信息管理系统，对民用爆炸物品实行标识管理，监控民用爆炸物品流向；对爆破作业实施许可证制度，强化了爆破作业单位和从业人员的安全工作责任，明确了爆破作业单位和爆破作业的基本安全要求。值得指出的是，为提高我国工程爆破技术人员的素质，加强爆破专业队伍的管理，在公安部门的支持和中国工程爆破协会的具体组织下，1997年以来已先后对3万余名爆破技术人员进行了安全技术培训考核，并实行持证上岗制度。为适应市场经济，强化竞争机制，择优汰劣，对爆破公司实施资质分级管理。对重大爆破工程的设计施工开展安全评估，并推行爆破工程监理制度。无疑，这些制度的实施，使我国工程爆破安全管理逐步有序化和规范化，并迈上了一个新台阶。

1.2 工程爆破的内涵与基本特点

1.2.1 工程爆破的内涵

如前所述，20世纪50年代以来，钻孔机具、爆破器材和计算机技术的发展为工程爆破现代化提供了坚实的物质基础，大大地促进了工程爆破的发展，拓宽了它的应用领域。目前工程爆破已从传统的岩土爆破渗透到国民经济建设的各个领域。可以毫不夸张地说，由于现代爆破技术的发展，人们完全有能力利用炸药的爆炸能量去完成大量机械或人力难以完成的工作。现代爆破技术在众多领域发挥了巨大作用，产生了良好的社会、经济效益，甚至已超越常人对“爆破”的传统理解和认识。图1-1列述了现代工程爆破涵盖的主

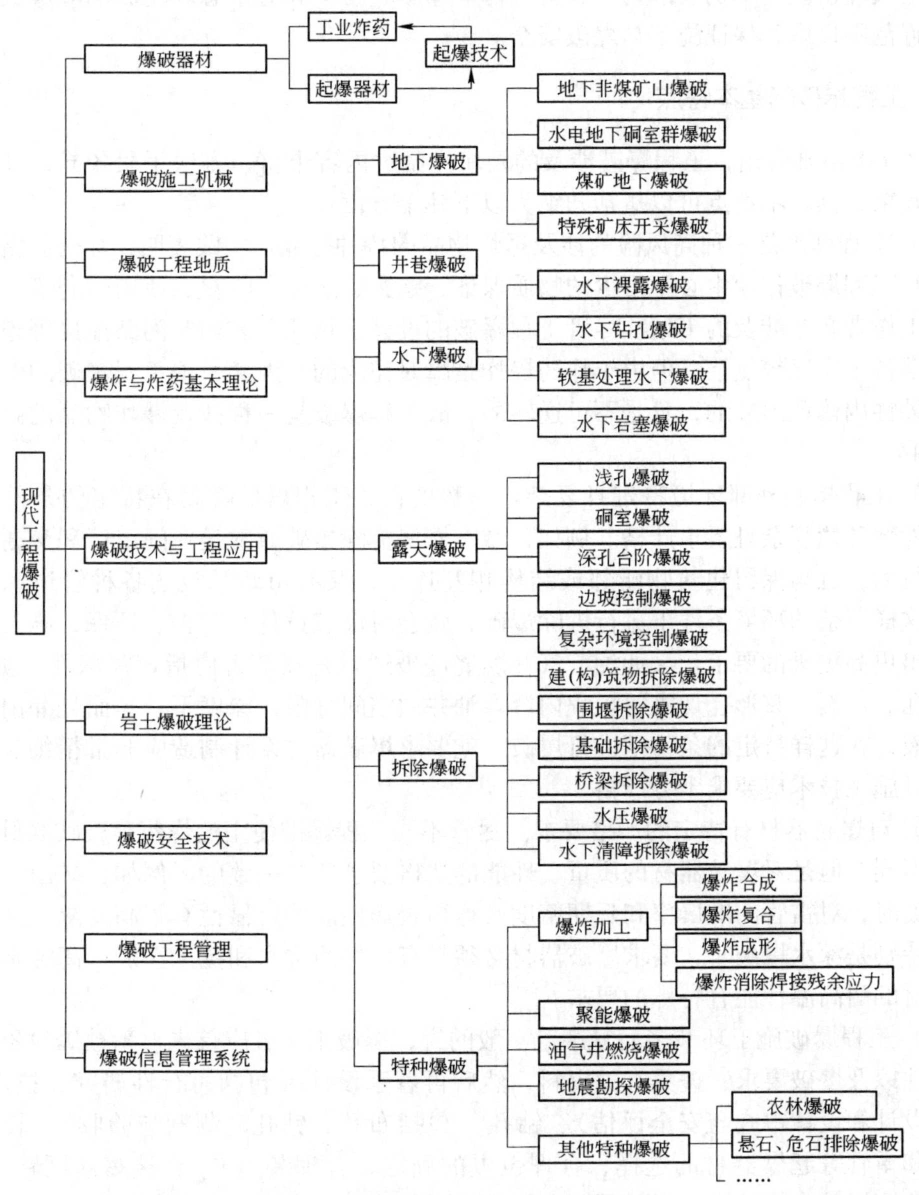

图1-1 现代工程爆破涵盖的主要内容

要内容。

工程爆破作为人类改造自然的有力工具，也具有特定的工程对象和质量、安全、工期及主要技术经济指标等目标要求，项目密切结合工程实际，爆破效果要通过实践评价检验。因此，工程爆破设计和施工要做到技术可行、经济合理和安全可靠。

技术可行，是指爆破设计方案所采用的各项技术在施工中是可行的，通过精心设计，能够达到预期的工程目标和各项要求。

经济合理，是指不仅能够实现工程项目提出的主要技术和质量指标，而且有可能降低爆破成本，避免因爆破不当引起额外和后期工作项目。

安全可靠，是指采取必要的安全防护和监测措施，保证爆破作业与环境安全，把爆破地震、空气冲击波、个别飞散物、有害气体、噪声、粉尘和对生态环境影响等爆破公害限制在允许范围以内，保证施工与爆破安全。

1.2.2 工程爆破的基本特点

从图1-1不难看出，工程爆破涉及的领域广阔、内容丰富、方法手段各异，且作业环境条件复杂，其基本特点可以概括归纳为以下几个方面：

（1）工程爆破是一种高风险的涉及爆炸物品的特种行业。实践表明，炸药和雷管等爆破器材是工程爆破作业中必不可少的物质保证，购买、运输、贮存、使用炸药等爆炸物品是爆破工作者必然涉及的事情。尽管工程爆破的设计、钻孔、装药与网路连接等施工环节较多，准备工作比较复杂，但由于炸药爆炸是瞬时完成的，因此一项工程爆破的效果通常是在几秒钟内体现出来的，且是不可逆转的，故工程爆破是一种涉及爆炸物品的高风险的特种行业。

（2）工程爆破外部环境特定且复杂。一般的说，工程爆破都是在特定的条件下进行的，其外部环境复杂且要求严格。例如，城市楼房拆除爆破通常是在闹市区和交通要道地区内进行的，且与保留建筑物毗邻或结构相互连接，又有市政铺设的各种管道和线路等等。在这样复杂的环境条件下进行拆除爆破，就会对爆破设计、防护、环保、施工扰民等环节提出更高更难的要求。又如油、气井燃烧爆破通常是在套管内指定井深处（如油层）进行射孔、压裂、整形、切割等工程内容。油井内空间有限，深度不一，而且井内还充满了压井液，在这样特定的条件下进行爆破，就要求爆破器材设计制造应非常精细、结构严密，并且施工技术应要求十分严格。

（3）对爆破器材有特定的严格要求。尽管不同工程爆破使用的炸药等爆破器材的品种会有所不同，但是对爆破器材的质量、性能的严格要求却是一致的。例如，矿山大区毫秒延期爆破时，对雷管的准爆率和延期精度及炸药爆炸性能的可靠性有很高要求；又如，水下爆破特别是深水爆破时，要求爆破器材必须具有良好的抗水和抗压性能；高温爆破则对爆破器材的耐高温性能有特殊的要求。

（4）工程爆破施工环节多而复杂。一般的说，爆破工作者应首先熟悉被爆对象的工程地质条件以及爆破要求，搜集有关资料，然后再着手设计（包括可行性研究、技术设计、施工图设计和设计审查与安全评估）、钻孔（包括布孔、钻孔、测量与验收）、装药（包括炸药和雷管等起爆器材的选择、合理位置的确定、合理装填）、连接爆破网路、起爆、警戒、监测爆破有害效应。爆破周围环境的安全涉及社会和民生问题等诸多环节，每一个环节都必须慎之又慎，才能获得良好的爆破与安全效果。

(5) 从业人员必须经过严格的培训考核，实行持证上岗，熟悉并严格遵守政府关于爆炸物品的管理规定和国家标准——《爆破安全规程》。这些规定都是从成千上万例事故中总结出来的，是血的教训，爆破工作者必须严格遵守。

1.3 工程爆破的发展前景

中国工程爆破协会根据国家经济建设的需要，从我国工程爆破行业实际出发，在提出的《中国工程爆破行业中长期科学和技术发展规划（2006 ~ 2020 年）》里描绘了加快我国工程爆破事业发展的蓝图，明确了工程爆破行业科技发展的指导思想是：企业主导、强化创新、重点突破、跨越发展。

企业主导：建立以企业为主体、产学研结合的技术创新体系，使企业成为研究开发的主体、科技创新活动的主体、技术集成应用的主体，大幅度提升企业的自主创新能力。

强化创新：高效配置科技创新资源，坚持不懈地开展集成创新、消化吸收再创新，有选择地进行原始创新，使之成为工程爆破行业全面、协调、可持续发展的不竭动力。

重点突破：从支撑行业发展的需求出发，立足中长期，着眼长远，突破国家重大建设项目、爆破安全和工程爆破前沿技术领域中的关键课题，支撑工程爆破行业持续发展。

跨越发展：通过持续自主创新，使行业的工艺、技术、装备水平达到世界一流，使我国的工程爆破技术走向世界。

长时间的研究与应用实践表明，工程爆破正在向科学化、精细化和数字化方向发展。我国加入世界贸易组织（WTO），为工程爆破走向世界参与国际竞争创造了良好氛围，我们工程爆破界应抓住这个发展的有利契机，紧跟国际工程爆破发展的大趋势，在下列几个方面加强研究开发工作，以谋求更好的发展前景。

(1) 研究发展工程爆破施工装备技术，提高施工的机械化和自动化水平。为改变我国工程爆破施工装备技术相对滞后的状况，通过引进、消化吸收并发展先进的工程爆破施工装备技术，提高施工的机械化和自动化水平，实现装备技术上的创新配套。现有大中型露天矿山深孔爆破的钻孔、装药、填塞、铲装、运输已实现了机械化作业，但尚需要迅速发展卫星定位系统、完善品种规格的配套，改善作业安全和环保条件，以做到全程机械化、自动化。为了满足特种爆破作业的要求，应尽快研究开发新的机械，尤其是机械手、机器人和遥控技术等，以保证高温、低温、高空、深井、地下、水下和有毒气体环境条件下爆破作业的有效与安全。

(2) 爆破器材要向高质量、多品种、低成本、高安全和生产工艺连续化发展。爆破器材的品种与质量直接影响工程爆破技术的发展。50 余年来，我国爆破器材的品种有了很大的发展，但与发达国家相比，我国爆破器材在产品高质量、品种系列化方面仍有差距。要应用新技术、新工艺加快改造提升传统的工艺设备，提高机械化、自动化和连续化水平，提高劳动生产率，降低生产成本，改善安全与环保条件，既满足国内爆破的需要，又积极开拓国际市场，扩大出口爆破器材产品与专有技术。

就工业炸药而言，要发展完善铵油炸药、重铵油炸药、乳化炸药、粉状乳化炸药和膨化硝铵炸药，使其在密度威力、抗水等性能上实现品种系列化；积极发展乳胶远程配送系统，实现露天和地下爆破作业的装药、填塞机械化；根据各种特种爆破的需要，研制、生产各种耐高温、高压和高抗水、高威力的炸药品种。

就起爆器材而言，要大力发展完善30段等间隔毫秒延期雷管产品与技术，研制不同系列数码电子雷管并推广应用，在电与非电起爆系统中均能实现可靠起爆与准确延时，做到一个炮孔只放置一个起爆雷管；要着力研究发展广适性的遥控起爆系统，实现爆破作业的远程安全控制；研究发展并积极推广低能导爆索（0.5～1.5g/m炸药）起爆系统和微型起爆药柱。

（3）加强爆破理论和数值模拟技术的研究以指导工程实践。研究炸药能量转化过程的精密控制技术，提高炸药能量利用率，降低爆破有害效应是工程爆破在21世纪的发展战略。因此必须深入研究和不断创新，通过对各种介质在爆炸强冲击动载荷作用下的本构关系、选择与介质匹配的炸药、不耦合装药、控制边界条件的影响、起爆分段顺序等的实验研究，寻找提高炸药能量利用率的新工艺或措施，尽量降低能量转化过程中的损失，控制其对周围环境的影响。

新的数理方法，新的观测与分析技术为研究爆破破岩的复杂过程提供了新的技术支持。应用分形、损伤等数理新方法，有可能对岩体的天然结构进行全面、真实的描述；结合卫星定位系统，可以对炮孔进行准确定位，并利用钻机工作参数获取岩体性质数据；新型矿用炸药为调节爆破破岩的能量输入提供了可能；高精度电子雷管使精确地控制爆破时序成为现实；新的爆破破碎块度分布光学量测、分析技术，对爆破破碎效果的定量、全面评定提供了手段；大容量、高速度计算机可以满足爆破破碎复杂系统的模拟要求。高科技手段使人们已能全面审视爆破作用机理，从而首先在露天爆破设计方面实现系统优化，继而把自创研制的数学模型用于指导各种爆破实践，使爆破真正走向科学化、数字化。

（4）努力实现工程爆破精细化。精细爆破是我国工程爆破界本着“从效果着眼，从过程着手”的原则，提出的工程爆破新理念，是以精确地实现预期爆破效果和节能、环保为目的，追求设计、施工、管理等工程要素的精细化的工程爆破。

精细爆破，即通过定量化的爆破设计、精心的爆破施工和精细化的爆破管理，进行炸药爆炸能量释放与介质破碎、抛掷等过程的控制，既达到预期的爆破效果，又实现爆破有害效应的控制，最终实现安全可靠、技术先进、绿色环保及经济合理的爆破作业。同时，精细爆破以社会可持续发展理论、科学发展观和低碳经济为理论指导，是它们在工程爆破领域的重要应用和体现。

（5）密切关注国外工程爆破技术发展动态，发展完善我国特种爆破技术。

近年来，国外研究开发的油、气地震勘探和油、气井开发中的特种爆破技术发展迅速。例如，将小型高能震源器材应用于三维地震勘探，可大大地提高地震勘探质量和安全，降低成本费用；新近发展起来的井下套管爆炸补贴和整形等特种爆破技术，可以解决那些用传统和常用方法难以解决的井下问题；稠油地层、高致密低渗透地层等特殊地层的射孔爆破技术的开发等等。与此同时，关于聚能射流对岩石的侵彻机理的规律、金属粉末罩所形成的射流特性和影响稳定性的因素等基础研究课题，国外均取得了可以用于指导生产实践的研究成果。

此外，国外在城市拆除爆破、软基爆破处理技术、超长孔预裂爆破、孔内多段装药爆破、爆炸加工、微型爆破等方面均取得了可喜的进展，爆破监测仪器也正向自动化、微型化、多功能方向发展，较好地满足了爆破技术发展的需要。不言而喻，我国工程爆破界应密切关注国外在这些方面的发展，并发展完善我们自己的特种爆破技术，形成自己的体系。

（6）工程爆破安全技术应进一步创新与发展。爆破安全技术的发展，对爆破技术应用范围的扩大有着重要的意义。只有解决与爆破有关的安全技术问题，爆破技术的应用才能发挥更大的作用。爆破安全技术包括爆破施工作业中的安全问题和爆破对周围环境安全影响两大部分。爆破施工作业安全主要涉及爆破器材性能、使用条件、检验方法和起爆技术等安全性问题；爆破对周围环境安全是与爆破作用机理、爆破参数与设计方法、安全准则与控制标准有关的技术问题。因此，爆破安全技术的创新与发展，必须从上述两方面开展研究。改革开放以来，研究成功的导爆管雷管起爆系统、高精度延期雷管、数码电子雷管、无起爆药雷管和现场混装车，大大提高了爆破作业的安全可靠性，大幅度减少了爆破事故的发生。

爆炸理论及控制技术的研究，除提高炸药能量利用率以外，还要从另一方面研究降低爆破有害效应的影响，包括爆破地震、空气冲击波、水下冲击波、噪声、个别飞散物、滚石、粉尘、有害气体、边坡滑落等。要发展爆破效应的监测工作，研制新的测试仪器，提高监测水平，在爆破作业安全、环境安全和爆破安全测试技术等方面要有新的突破。要通过总结工程的实践经验，加以理论分析，吸收现代爆破技术新成就，组织力量制修订爆破行业有关安全管理、设计施工、安全监理和爆破监测方法等标准，逐步形成工程爆破行业标准体系，并认真贯彻实施，使我国的爆破安全技术提高到一个新水平。

在新世纪，我国已将建设资源节约型、环境友好型社会作为重要的战略目标。对爆破工程来讲，要把保护修复自然生态，防止水土流失作为重要的设计和施工原则，要大力倡导在爆破工程中贯彻循环经济、低碳经济，使工程爆破技术为我国经济建设作出更大的贡献。

创新是工程爆破技术发展的不竭动力。21 世纪高新科学技术的发展将推动新的工业技术革命，工程爆破技术也必将随之产生新的飞跃。

第 2 章　爆炸与炸药的基本理论

2.1　基本概念

2.1.1　爆炸及其分类

爆炸是某一物质系统在有限空间和极短时间内，迅速释放大量能量或急骤转化的物理、化学过程。在这种变化过程中，通常伴随有强烈的放热、发光和声响等效应。

爆炸是宇宙中普遍存在的一种重要的自然现象。伴随着星体的形成与演化，发生过许多不同类型的爆炸，如超新星的爆发、小行星或陨石的高速碰撞。在我们地球上见到的闪电、火山爆发、原子弹与氢弹的爆炸、鞭炮燃放、汽车或自行车轮胎“放炮”等。分析比较各种爆炸现象，通常可以将其归纳为三大类，即物理爆炸、核爆炸和化学爆炸。

（1）物理爆炸。发生爆炸时，仅仅是物质形态发生变化，而物质的化学成分和性质没有改变的爆炸现象，称为物理爆炸。例如，锅炉爆炸、汽车或自行车轮胎爆胎均为物理爆炸。物理爆炸还包括电爆炸、激光和其他强粒子束照射以及物体高速碰撞等引起的爆炸。

（2）核爆炸。由原子核裂变（U^{235}裂变）或聚变（如氘、氚、锂聚变）的连续反应释放出巨大能量而引起的爆炸现象，称为核爆炸，如原子弹、氢弹的爆炸等。

（3）化学爆炸。发生爆炸时，不仅物质形态发生变化，而且物质的化学成分和性质也发生变化的爆炸现象，称为化学爆炸。例如，各种炸药、瓦斯、煤尘的爆炸以及鞭炮燃放等均属于化学爆炸。

爆破是利用炸药的爆炸能量对介质做功以达到预定工程目标的作业。在工程爆破中，研究应用最广泛的是炸药的化学爆炸，因此本书只介绍炸药的化学爆炸及其相关的问题。

2.1.2　炸药爆炸的条件

炸药爆炸需满足以下三个条件：

（1）变化过程释放大量的热。爆炸变化过程放出大量的热能是产生炸药爆炸的首要条件。热是爆炸做功的能源。同时，如果没有足够的热量放出，化学变化本身不能供给继续变化所需要的能量，化学变化就不可能自行传播，爆炸也就不能产生。例如草酸盐的分解反应：

$$ZnC_2O_4 \longrightarrow Zn + 2CO_2 - 20.53kJ/mol$$

$$PbC_2O_4 \longrightarrow Pb + 2CO_2 - 70kJ/mol$$

$$CuC_2O_4 = Cu + 2CO_2 + 23.86kJ/mol$$

$$Ag_2C_2O_4 = 2Ag + 2CO_2 + 123.6kJ/mol$$

这四个分解反应虽然都生成气体，反应速度也很迅速，但前两个分解反应是吸热的，反应过程很平静，显然不是爆炸反应；第三个反应虽属放热反应，但反应热很小，仍不足以使反应自动加速和传播，因此也不是爆炸反应；唯有第四个反应在分解时能够放出大量的热，使反应得以迅速进行并稳定传播。无疑，这样的分解变化过程就具有化学爆炸的特征。

（2）变化过程必须是高速的。只有高速的化学反应，才能忽略能量转换过程中热传导和热辐射的损失。在极短的时间内将反应形成的大量气体产物加热到数千度，压力猛增到几万乃至几十万个大气压，高温高压气体迅速向四周膨胀做功，便产生了爆炸现象。

从能量的观点来看，和一般的可燃物相比，炸药并非是高能物质。表 2-1 列举的反应热清楚地说明了这点。然而，一般可燃物（如煤）的燃烧过程进行得十分缓慢，反应放出的热量大部分由于热的传导和辐射而损失掉了，不能将产物加热到很高的温度，更不能形成很高的压力，所以不能形成爆炸。相反，炸药的爆炸反应通常是在数十万分之一至数百万分之一秒内完成的。例如，1kg 球状梯恩梯药包完全爆炸的时间仅为十万分之一秒左右。在如此极为短暂时间内，反应释放出的能量来不及散失而高度集中于有限的空间内，因而爆炸反应可以达到很高的能量密度，这也是形成化学爆炸的重要条件。

表 2-1 一些物质的反应热

物质名称	反应形式	释放的热量	
		kJ/kg	kJ/L
煤（C）	与氧按化合量燃烧	8960	17.16
氢（H_2）	与氧按化合量燃烧	13524	4.18
硝化甘油	爆炸反应	6217	9965
硝化棉	爆炸反应	4291	5581
梯恩梯	爆炸反应	4187	6808
黑火药	爆炸反应	2784	3341
硝铵炸药	爆炸反应	4228	7117
雷 汞	爆炸反应	1733	6067
迭氮化铅	爆炸反应	1536	4760

（3）变化过程应能生成大量的气体产物。这也是不可缺少的条件之一。炸药爆炸时所生成的气体产物是做功的能力。由于气体具有很大的可压缩性和膨胀系数，在爆炸的瞬间处于强烈的压缩状态，因而形成很高的势能。该势能在气体膨胀过程中迅速转变为机械功。如果反应产物不是气体而是固体或液体，那么，即使是放热反应，也不会形成爆炸现象。例如，铝和氧化铁的反应，即铝热剂反应：

$$2Al + Fe_2O_3 = Al_2O_3 + 2Fe + 8290kJ$$

反应放出的热很高，可使生成物加热到3000℃左右，但由于反应中没有大量气体生成，因而不是爆炸反应。

上述三点是炸药爆炸的基本条件，也是炸药爆炸不同于一般化学反应的三个重要特征。

2.1.3　炸药化学变化的基本形式

由于炸药化学反应的激发条件、炸药性质和其他因素的不同，炸药的化学变化过程可能以不同的速度进行传播，同时在性质上也具有很大的区别。按照其传播性质和速度的不同，可将炸药化学变化的基本形式分为四种，即热分解、燃烧、爆炸和爆轰。

2.1.3.1　热分解

炸药和其他物质一样，在常温下也要进行分解作用，但分解速度很慢，不会形成爆炸。当温度升高时，分解速度加快，温度继续升高到某一定值（爆发点）时，热分解就能转化为爆炸。

不言而喻，炸药的热分解性能影响炸药的贮存。例如，库房的温度与药箱堆放数量以及堆放方式都会对炸药热分解产生影响。一般的说，在炸药库房内，药箱不应过多，堆放不应过紧，要随时注意通风，防止温度升高造成热分解加剧而引起爆炸事故。

2.1.3.2　燃烧

炸药能爆炸，但在一定的条件下，绝大多数炸药也能够稳定地燃烧而不爆炸。研究表明，炸药的燃烧过程与爆炸过程是不同的，其基本特点如下：

（1）燃烧时，反应区的能量是通过热传导、气体产物的扩散辐射而传入原始炸药的；但在爆轰时，能量与炸药的连续传爆是借助于爆轰波沿炸药的传播来实现的。

（2）燃烧的传播速度大大低于爆轰波的传播速度。燃烧速度总是小于原始炸药的声速，通常是每秒几毫米至数十厘米，最大也不超过每秒数百米。而爆轰的过程则恰恰相反，它的速度总是大大地超过原始炸药的声速。

（3）在最初的一瞬间，火焰波后的燃烧产物是向后运动的，而在爆轰过程中则恰恰相反。因此，在火焰区域内燃烧产物的压力大大低于在爆轰波后面的压力。

（4）在炸药燃烧的条件下，化学反应的速度和性质主要取决于外界压力。例如，低氮硝化纤维素及其他某些复杂的硝酸酯在相当低的压力下（3×10^3 ~ 5×10^3kPa）燃烧时，会产生一氧化碳和甲醛，而在较高的压力（大约几万到几十万 kPa）下就不会产生上述情况。

2.1.3.3　爆炸

与燃烧相比较，爆炸在传播的形态上有着很大的本质区别。炸药爆炸的特点是在爆炸点的压力急剧地发生突变时，传播速度很快而且可变，通常每秒达数千米，但是这种速度与外界条件的关系不大，即使是在敞开容器中也能进行高速度爆炸反应。一般来说，爆炸过程是很不稳定的，不是过渡到更大爆速的爆轰，就是衰减到很小爆速的爆燃直至熄灭。因此，爆炸只是爆炸变化过程中的一种过渡状态。

2.1.3.4　爆轰

炸药以最大而稳定的爆速进行传爆的过程叫做爆轰。它是炸药所特有的一种化学变化形式，与外界的压力、温度等条件无关。各种不同炸药爆轰的传播速度一般为每秒数千米直至万米。例如，梯恩梯的爆速为6800m/s，是指梯恩梯在该条件下所能达到的最大的稳定的爆炸速度。对于任何一种炸药来说，在给定的条件下，爆轰速度均为常数。在爆轰条件下，爆炸具有最大的破坏作用。

爆炸和爆轰并无本质上的区别，只不过传播速度不同而已。爆轰的传播速度是恒定的，爆炸的传播速度是可变的。从这个意义上说，也可以认为爆炸就是爆轰的一种形式，即不稳定的爆轰。

应该指出，炸药化学变化的上述四种基本形式在性质上虽有不同之处，但它们之间却有着非常密切的联系，在一定的条件下是可以互相转化的。炸药的热分解在一定的条件下可以转变为燃烧，而炸药的燃烧随温度和压力的增加又可能发展转变为爆炸，直至过渡到稳定的爆轰。毫无疑问，这种转变所需的外界条件是至关重要的。了解分析这些变化形式就在于针对各种不同的实际情况，有目的地控制外界条件，使其按照人们的需要来“驾驭”炸药的变化形式。

2.2　炸药的起爆和感度

2.2.1　炸药的起爆与起爆能

炸药是一种相对稳定的平衡系统，要使其发生爆炸变化必须要由外界施加一定的能量。通常将外界施加给炸药某一局部而引起炸药爆炸的能量称为起爆能，而引起炸药发生爆炸的过程称为起爆。

一般来说，引起炸药爆炸的原因可以归纳为两个方面——内因与外因。从内因看，炸药爆炸是由于炸药分子结构的不同所引起的。也就是说，炸药本身的化学性质和物理性质决定着该炸药对外界作用的选择能力。吸收外界作用能力比较强，分子结构比较脆弱的炸药就容易起爆，否则就不容易起爆。例如，碘化氮只要用羽毛轻轻触及就可以引起爆炸，而硝酸铵需用几十克甚至数百克梯恩梯去引爆。

所谓外因系指起爆能。由于外部作用的形式不同，导致炸药爆炸的起爆能通常可以有以下三种形式：

（1）热能。利用加热的形式能使炸药爆炸。能够引起炸药爆炸的加热温度，称为起爆温度。热能是最基本的一种起爆能。在爆破作业中，利用导火索引爆火雷管，就是热能引爆的一个例子。

（2）机械能。通过机械作用使炸药爆炸，机械作用的方式一般有撞击、摩擦、针刺、枪击等。机械作用引起炸药爆炸的实质是在瞬间将机械能转化为热能，从而使局部炸药达到起爆的温度而爆炸。在工程爆破中，很少利用机械能起爆炸药，但是在炸药的生产、储存、运输和使用过程中，应该注意防止因机械能引起的意外的爆炸事故。

（3）爆炸能。这是工程爆破中最广泛应用的一种起爆能。顾名思义，爆炸作用起爆是利用某些炸药的爆炸能来起爆另外一些炸药。例如，在爆破作业中，利用雷管爆炸、导爆索爆炸和中继起爆药包爆炸来起爆炸药包等。

2.2.2　炸药起爆的基本理论

2.2.2.1　炸药的热能起爆理论

谢苗诺夫创立了爆炸性混合气体的热能起爆理论，其后富兰卡及卡曼尼兹等人进一步研究发展了该理论，并将它成功应用于凝聚体炸药。

热能起爆理论的基本要点是在一定的温度、压力和其他条件下，如果一个体系反应放出的热量大于热传导所散失的热量，就能使该体系——混合气体发生热积聚，从而使反应自动加速而导致爆炸。也就是说，爆炸是系统内部温度渐增的结果。

以下三点假设是谢苗诺夫进行该项研究的基础：

(1) 炸药各处温度相同，就是说炸药的里层和外层不存在温度差；

(2) 环境温度 T_0 为常数；

(3) 炸药达到爆炸时的炸药温度 T 大于 T_0，但是 T 与 T_0 的差值不大。

在此基础上，谢苗诺夫建立了均温分布定常热爆炸的热平衡方程式，即炸药在温度为 T 时的单位时间内，发生化学反应所放出的热量 Q_1 取决于化学反应速度 W(g/s) 和单位质量炸药反应后放出的热量 q(J/g)：

$$Q_1 = W \cdot q \tag{2-1}$$

按照化学反应动力学，一级反应在开始反应时的速度为

$$W = Ze^{-\frac{E}{RT}} \cdot m \tag{2-2}$$

式中　Z——频率因子，与炸药分子的碰撞概率有关，Hz；

E——炸药分子的活化能，J；

m——炸药量，g；

R——气体常数。

将式 (2-2) 代入式 (2-1) 得

$$Q_1 = Ze^{-\frac{E}{RT}} \cdot m \cdot q \tag{2-3}$$

不言而喻，在爆炸反应释放热量的同时，由于热传导的存在，也会向四周散失热量。单位时间内因热传导散失于环境中的热量 Q_2 为

$$Q_2 = K(T - T_0) \tag{2-4}$$

式中　K——传热系数，J/(K · s)。

由此可见，只有 $Q_1 > Q_2$ 时，体系中才能发生热积聚，从而使系统内部温度不断升高，化学反应迅速加快，最后导致炸药爆炸。因此炸药爆炸的临界条件之一应为

$$Q_1 = Q_2 \tag{2-5}$$

即

$$Ze^{-\frac{E}{RT}} \cdot m \cdot q = K(T - T_0) \tag{2-6}$$

然而，达到热平衡只是炸药爆炸的一个条件，要使炸药爆炸还必须满足另外一个条件，即放热量随温度的变化率。应满足爆炸的第二个条件为

$$\frac{dQ_1}{dT} = \frac{dQ_2}{dT} \tag{2-7}$$

即

$$\frac{Z \cdot m \cdot q \cdot E}{RT^2} \cdot e^{-\frac{E}{RT}} = K \tag{2-8}$$

由式 (2-6) 和式 (2-8) 可以得到热爆炸的临界条件为

$$T - T_0 = \frac{RT^2}{E} \approx \frac{RT_0^2}{E} \tag{2-9}$$

2.2.2.2　炸药的机械能起爆理论——灼热核理论

灼热核理论认为，当炸药受到撞击、摩擦等机械能的作用时，并非受作用的各个部分

都被加热到相同的温度，而只是其中的某一部分或几个极小的部分被加热。例如，炸药个别晶体的棱角处或微小气泡处首先被加热到炸药的爆发温度，促使局部炸药首先起爆，然后迅速传播至全部。这种温度很高的微小区域，通常被称为灼热核。灼热核一般是在炸药晶体的棱角处或微小气泡处形成。对于单质炸药或者含单质炸药的混合炸药来说，其灼热核通常在晶体的棱角处形成；而对于含水炸药（乳化炸药、浆状炸药等）来说，灼热核一般在微小气泡处形成。这两种形成灼热核的原因是不同的，即：

（1）绝热压缩炸药内所含的微小气泡，形成灼热核。炸药内部含有的微小气泡在机械能的作用下被绝热压缩，此时机械能转变为热能，使温度急剧上升而达到足够高的温度，在气泡周围形成灼热核，并引起周围反应物质的剧烈燃烧或爆炸。

（2）炸药受机械作用，颗粒间产生摩擦，形成灼热核。在机械能作用下，炸药质点之间或炸药与掺和物之间发生相对运动而产生的相互摩擦，也可使炸药某些微小区域首先达到爆发温度，形成灼热核。研究表明，除炸药质点摩擦外，掺和物的粒度、数量、硬度、熔点及导热性等因素都对灼热核的形成有影响。

此外，由于液态炸药（塑性炸药或低熔点炸药）的高速黏性流动，也可以形成灼热核。

研究表明，灼热核产生以后，还必须具备一定的条件炸药才能爆炸。此时，灼热核的大小、温度和作用时间是最为重要的。具体来说，灼热核必须满足下列条件：

（1）灼热核的尺寸应尽可能细小，直径一般为 $10^{-5}\sim10^{-3}$cm；

（2）灼热核的温度应为 300～600℃；

（3）灼热核的作用时间在 10^{-7}s 以上。

乳化炸药、浆状炸药等含水炸药比较好地利用了微小气泡绝热压缩形成灼热核的理论，引入敏化气泡，如化学气泡、玻璃空心微球、树脂空心微球、膨胀珍珠岩等，以增加炸药的爆轰敏感度。

2.2.2.3　炸药的爆炸冲击能起爆理论

实践表明，均相炸药（即不含气泡、杂质的液体或晶体炸药）和非均相炸药的爆炸冲击能起爆机理是不同的。

A　均相炸药的爆炸冲击能起爆过程

均相炸药的爆炸冲击能起爆过程大致是，主发装药爆炸产生的强冲击波进入均相炸药（如四硝基甲烷），经过一定的延迟后，便开始在其表面形成爆轰波。这个爆轰波是在强冲击波通过后，在已被冲击压缩的炸药中发生的，此时爆轰波的传播速度比正常的稳定爆速大得多。虽然开始它跟随在强冲击波的后面，但经一定的距离后，它会赶上冲击波阵面，其爆速突然降低到略高于稳定的值，往后慢慢地达到稳定爆速。一般的说，均相炸药的爆炸冲击能起爆取决于临界起爆压力值（p_K）。不同炸药的临界起爆压力值是不相同的，例如，1.6g/cm^3 的硝化甘油炸药，其临界起爆压力值 $p_K=8.5\times10^9$Pa；而 $\rho_0=1.8$g/cm^3 的黑索今炸药，其临界起爆压力值 $p_K=10\times10^{10}$Pa。

B　非均相炸药的爆炸冲击能起爆过程

非均相炸药是指物理性质不均匀的炸药。这种物理不均匀性既可以是不同物质相互混合造成的，也可以是炸药中留有空气间隙造成的，或是两者皆有之。非均相炸药的爆炸冲击能起爆和均相炸药有很大的不同，这是由于非均相炸药反应是从局部“热点”处扩展开的，而不像均相炸药反应那样能量均匀分配给整个起爆面，这样非均相炸药所需的临界起爆压力 p_K 值要比均相炸药小。实际上，非均相炸药的冲击能起爆可以用灼热核理论进行解释。

2.2.3 炸药感度

炸药在外界能量作用下发生爆炸反应的难易程度称为炸药感度。炸药感度与所需的起爆能成反比，就是说炸药爆炸所需的起爆能越小，该炸药的感度越高。按照外部作用形式，炸药感度有热感度、机械感度和爆轰感度之分。

2.2.3.1 炸药热感度及其测定方法

炸药在热能作用下发生爆炸的难易程度称为炸药热感度，通常以爆发点和火焰感度等来表示之。

A 炸药的爆发点

炸药的爆发点是指使炸药开始爆炸所需加热到的介质的最低温度。应该注意，这一温度并不是炸药爆炸时炸药本身的温度，也不是炸药开始分解时本身的温度，而是炸药分解自行加速开始时的环境温度。一般把炸药分解开始自行加速到爆炸所经历的时间称为爆发延滞期。实验时，延滞期取5min或5s为标准。

通常采用爆发点测定器来测定炸药的爆发点。如图2-1所示，测定器的主要结构是低熔点合金浴锅。常用的合金为伍德合金（其组成为：铋：铅：锡：镉=50：25：13：12），其熔点为65℃，同时在锅内装上温度计（带有保护罩）。浴锅用电阻丝进行加热，并在夹套间装有隔热层以防止热损失。

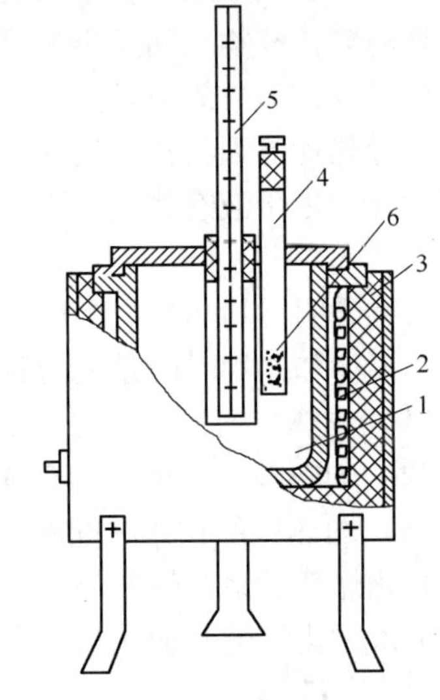

图2-1 爆发点测定器
1—合金浴锅；2—电阻丝；3—隔热层；4—铜管；5—温度计；6—炸药

测定时，称取一定量（炸药取0.05g，起爆药取0.01g）的试样放入铜管中，并轻轻塞上小铜塞，待低熔点合金加热到将近爆发点，将已准备好的铜管插入合金浴锅中（深度要超过管体2/3），以秒表计时。如在此温度下不爆炸或超过5min才爆炸，则需升高温度；如果早于5min爆炸，则需降低温度。如此反复几次，即可测出被试炸药的爆发点。表2-2列出了一些炸药的爆发点。

表2-2 几种炸药的爆发点 单位：℃

炸药名称	爆发点	炸药名称	爆发点
EL系列乳化炸药	330	雷 汞	175~180
2号岩石铵梯炸药	186~230	氮化铅	300~340
3号露天铵梯炸药	171~179	黑索今	230
2号煤矿铵梯炸药	180~188	特屈儿	195~200
3号煤矿铵梯炸药	184~189	硝化甘油	200
硝酸铵	300	梯恩梯	290~295
黑火药	290~310	二硝基重氮酚	150~151

B 炸药的火焰感度

炸药在明火（火焰、火星）作用下发生爆炸变化的能力称为炸药的火焰感度。实践表明，在非密闭状态下，黑火药与猛炸药用火焰点燃时通常只能发生不同程度的燃烧变化，而起爆药却往往表现为爆炸。因此，炸药火焰感度的不同，使人们有可能据此选择使用不同的炸药，以满足不同的需要。例如选择火焰感度较高的起爆药（如二硝基重氮酚、叠氮化铅等）作为雷管的第一装药，选择黑索今等猛炸药作为第二装药。

图2-2所示的装置一般用来测量炸药的火焰感度。其操作步骤是：准确称取0.05g试样，装入火帽壳内，变更插导火索的上、下盘之间的距离，以测定100%发火的最大距离（上限距离）和100%不发火的最小距离（下限距离）。一般以六次平行实验结果为准。由于导火索的喷火强度随其药芯的粒度、密度等不同而变化，所以实验结果通常只能作为相对比较之用。

一个炸药的上限距离越大，其火焰感度越大；下限距离越小，其火焰感度越小。一般的说，上限距离可用来比较起爆药发火的难易程度，下限距离则往往作为判定炸药对火焰安全性的依据。

2.2.3.2 炸药机械感度及其测定方法

A 炸药撞击感度及其测定方法

炸药撞击感度是指炸药在机械撞击下发生爆炸的难易程度，它是炸药最重要的感度指标之一。

测定撞击感度最常用的仪器是立式落锤仪。如图2-3所示，立式落锤仪是由两根固定在墙上的互相平行的立式导轨组成的。重锤可以在导轨间自由通行，锤的重量在0.5～

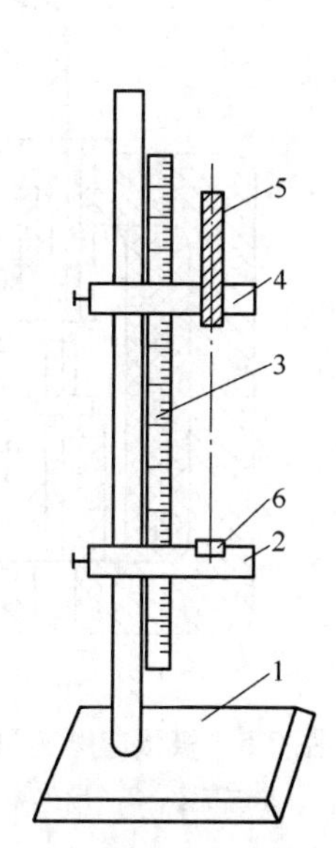

图2-2 火焰感度测定装置

1—铁座；2—下盘；3—表尺；4—上盘；5—导火索；6—火帽壳

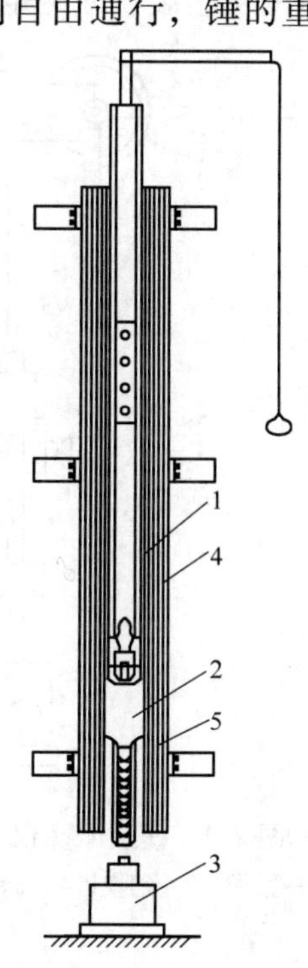

图2-3 立式落锤仪

1—导轨；2—重锤；3—击砧；4—钢爪；5—标尺

20kg 之间变化，落高一般为 25cm。重锤由一只特制的钢爪抓住，钢爪可使锤固定在不同的高度上（落高），只要轻轻拉动钢爪上的绳子，锤即可自由落下。该仪器的另一部分为撞击装置，撞击装置由击砧、套筒以及钢座、地基等组成，在击砧之间放入炸药试样 0.05g，然后放下重锤撞击之，其爆炸与否可由声效应来判断。

利用该装置测出的感度，其表示方法有多种，常用的有下列三种：

（1）爆炸百分率。落高 25cm，锤重 10kg，撞击 25 ~ 50 次，求出其爆炸百分率。当爆炸百分率为 100% 时，改用 5kg 或 2kg 重锤重新试验。

（2）上下限。上限是 100% 爆炸的最低落高；下限是 100% 不爆炸的最高落高。

（3）50% 爆炸特性高度。即用 50% 爆炸的那一点的高度来表示。

B 炸药摩擦感度及其测定方法

炸药的摩擦感度是指炸药在机械摩擦作用下发生爆炸的难易程度。测定炸药摩擦感度的仪器有多种，但大多数测定误差较大，精度不高。比较精确的仪器是摆式摩擦仪，它是我国目前最常用的仪器。仪器的主要部分（见图 2-4）是长 2m 带有 1kg 摆锤的摆。摆用弧形刻度尺可以固定在规定的高度上，摆落下时摆锤打击加有静载荷的摩擦击柱。上下击柱之间夹有试样，在摆锤打击下使上下击柱间发生水平移动，以摩擦炸药试样，观察爆炸与否。每次试验的药量为 0.01 ~ 0.03g，平行试验 25 次，计算爆炸百分率。

2.2.3.3 炸药爆轰感度及其测定方法

炸药的爆轰感度用来表示一种炸药在其他炸药的爆炸作用下发生爆炸的难易程度。它一般用极限起爆药量表示。所谓极限起爆药量是指完全爆炸的最小起爆药量，它通常利用如图 2-5 所示的实验装置来测定。

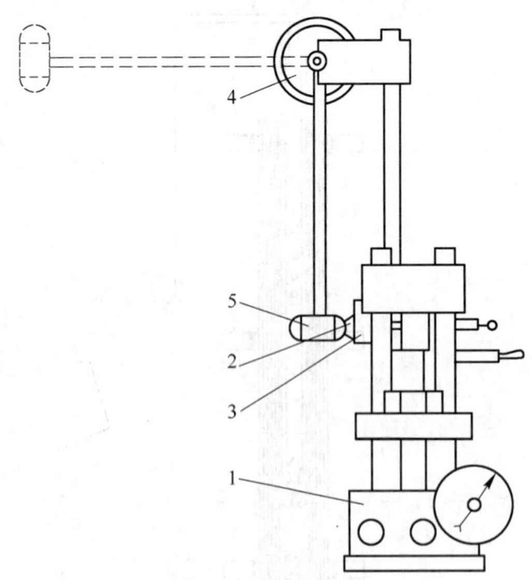

图 2-4 摆式摩擦仪

1—钢砧；2—振子；3—钢楔；4—标尺；5—摆锤

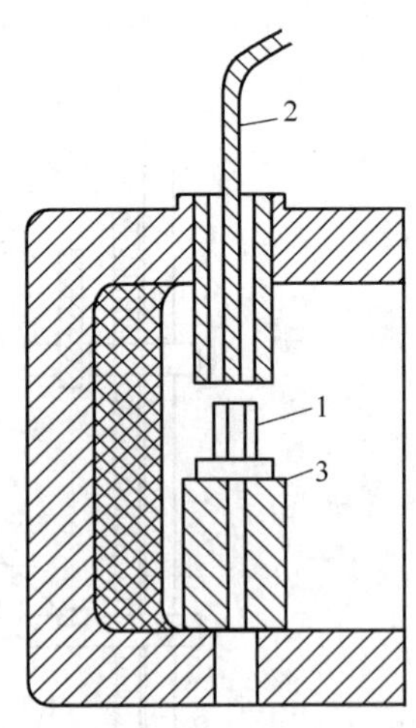

图 2-5 极限起爆药量的测定装置

1—雷管；2—导火索；3—铅板

操作步骤是：称取 0.5g 或 1.0g 炸药试样，以 49030kPa 的压力将其压入 8 号铜雷管壳中，然后再装入起爆药，扣上加强帽，以 29400kPa 压力加压，并插入导火索，将制成的这种火雷管直立放在4mm厚的铅板上起爆。根据铅板穿孔大小来判断测试的炸药是否引爆。完全爆炸的标准是铅板穿孔直径不小于雷管外径。通过增减起爆药的药量，经过一系列试验，即可测出它的极限起爆药量。

2.2.3.4　炸药冲击波感度及测定方法

实践表明，一个药包（卷）爆炸时，会在某种惰性介质中（如空气、水、沙土等）产生冲击波，通过这种冲击波的作用可以引起相隔一定距离处另一药包（卷）的爆炸，这种现象称为炸药冲击波感度，也称殉爆。炸药冲击波感度的测定方法可分为隔板试验和飞片撞击试验两种。

A　隔板试验

利用不同的惰性材料，例如空气、蜡、有机玻璃、软钢、铝等作冲击波衰减器（称作隔板），改变其厚度来调节冲击波的强度。用惰性材料作隔板的试验方法如图2-6（a）所示。采用直径41mm、高50.8mm、重100g的特屈儿作为主发药柱。当它爆炸时，在隔板中产生的冲击波经隔板传入受试药柱（被发药柱），使它发生爆炸。通过一系列试验，找出爆炸频数为50%的隔板厚度（称作隔板值），将其作为炸药对冲击波感度的指标。

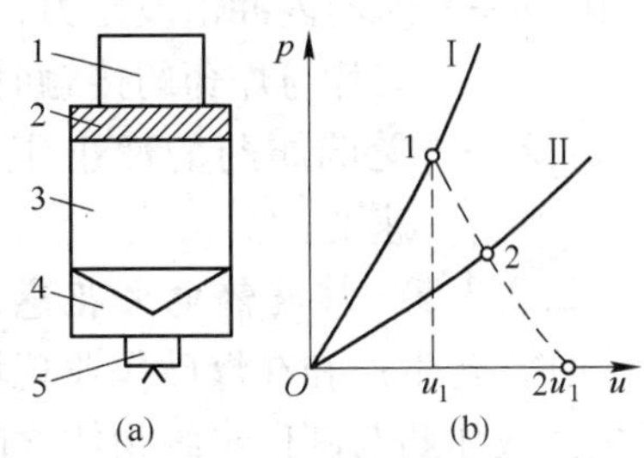

图2-6　隔板试验

1—受试炸药；2—隔板；3—主发药柱；4—炸药透镜（平面波发生器）；5—起爆药柱

传入受试药柱并能引爆它的冲击波称为激发性冲击波。引爆炸药所需激发冲击波的最小压力称为临界压力。

若已知隔板材料和受试炸药的冲击压缩曲线 $p=f(u)$ 以及通过单独试验测得隔板内冲击波传播至自由表面的质点速度（决定于主发药柱和隔板厚度），则通过计算或图解的方法，由隔板值可求得激发性冲击波的临界压力。

冲击压缩曲线也需要通过试验来确定。在试验中，通常先确定冲击波速度与质点速度的关系，然后利用 $p=\rho_0 Du$ 的关系式确定出压力与质点速度的关系。

在图2-6（b）中，Ⅰ为隔板材料的冲击压缩曲线，Ⅱ为受试自由的冲击压缩曲线。u_1 为隔板内冲击波传播至自由表面的质点速度，表面运动速度为 $2u_1$。自 u_1 作平行于 P 轴的直线与曲线Ⅰ交于“1”点，再从该点作曲线Ⅰ的镜像曲线（图中虚曲线），交曲线Ⅱ于“2”点，该点对应的质点速度和压力值就是隔板炸药界面上的数值，即激发性冲击波的初始参量。若隔板厚度为引爆炸药的最大厚度，则求得的压力就是临界压力。

B　飞片撞击试验

飞片撞击试验见图2-7，即利用飞出的金属圆片来撞击受试药柱，使之发生爆炸。飞出撞击炸药所产生的冲击波强度，可通过改变飞片速度来调节。炸药对冲击波的感度就用使炸药发生爆炸的最低飞片速度来表示。已知飞片撞击速度、飞片材料和受试炸药的冲击压缩曲线，也能够通过计算和图解的方法求得激发性冲击波的临界质点速度和临界压力。图解法与隔板试验中所述的方法类似，区别仅在于“1”点对应的飞片内质点速度为 $u_1=\frac{v_f}{2}$，其中 v_f 为飞片撞击速度。当飞片撞击炸药

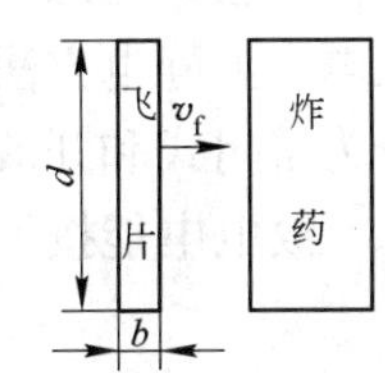

图2-7　飞片试验

d—飞片直径；b—飞片厚度

时，除在炸药内产生冲击波外，同时在飞片内也产生冲击波。在飞片内传播的冲击波遇飞片自由端产生稀疏波，并向相反方向传播。当稀疏波到达撞击面时，飞片与炸药才开始脱离。在未脱离前，炸药内的冲击波压力保持定值。通过计算可确定出飞片与炸药的接触时间，然后按下列公式可求得炸药内冲击波的能量（简称冲能）。

$$E = \frac{p\tau}{Z} \tag{2-10}$$

式中 p——炸药内冲击波压力；

τ——飞片与炸药的接触时间；

Z——受试炸药的冲击阻抗，$Z = \rho_0 D$，其中 ρ_0 为炸药的初始密度，D 为冲击波速度。

2.2.3.5 炸药静电火花感度

在炸药生产和在爆破作业现场利用装药车（器）经管道输送进行炮孔装药时，炸药颗粒之间或炸药与其他绝缘物体之间会经常发生摩擦产生静电，有时会形成很高的静电电压（可达数十千伏）。当静电电量或能量聚集到足够大时，就有可能放电产生电火花而引燃或引爆炸药。

高电压静电放电产生火花时，形成高温、高压的离子流，并集中大量能量。这种现象类似于爆炸，同样能在炸药内产生激发冲击波。因此，炸药在静电火花作用下发生的爆炸，既与热作用有关，也与冲击波的作用有关。

炸药对静电火花作用的感度，可用使炸药发生爆炸所需最小放电电能来表示，或用在一定放电电能条件下所发生的爆炸频数来表示。试验炸药静电火花感度的方法如图 2-8 所示。

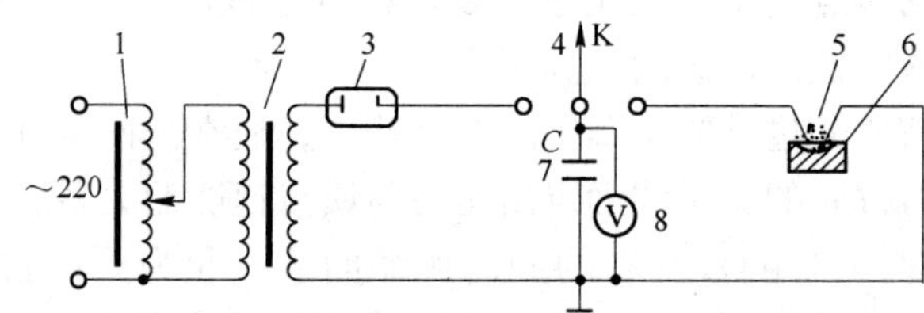

图 2-8 静电火花感度试验

1—自耦变压器；2—升压变压器；3—整流二极管（电子管）；4—转换开关；5—电极；6—受试炸药；7—电容；8—电压表

静电火花感度试验的原理是利用高压电源使电容充电到所需电压，然后通过电极尖端放电产生静电方法引爆炸药。炸药试样放在两个电极之间，根据受试炸药是否密闭，试验分为密闭式和开放式两种。

放电电能按下式计算：

$$E = \frac{1}{2}CV^2 \tag{2-11}$$

式中 C——电容，μF；

V——放电电压，kV。

当电容值不变时，可以通过调整电压来调节放电电能。

目前，尚无有效方法避免静电产生，但可以采取措施防止静电积累，或将产生的静电及时消除和泄漏掉，以免发生事故。在炸药生产中，通常采用的防静电事故的措施有：工房增湿；设备接地、容器壁涂上能减少产生静电的物质或防静电剂；炸药颗粒包敷导电物质或表面活性剂；桌面、地面铺设导电橡胶等。在爆破地点使用压气装药器装药时，常采用敷有良好导电层的抗静电聚乙烯软管作输药管并采取接地等措施，以减少产生静电，防止静电事故。

2.2.4 影响炸药感度的因素

影响炸药感度的因素可归纳为内在因素与外界因素两个方面。

2.2.4.1 内在影响因素

影响炸药感度的内在因素包括以下几点：

（1）键能。一般说来，分子中各原子间的键能越大，破坏它就越困难，其感度也越低。

（2）分子结构和成分。单质炸药分子中含有各种稳定性小的原子基团，这些基团的稳定性越小，其感度越高。例如，基团—O—ClO_2 比基团—O—NO_2 的稳定性小，所以氯酸盐的感度比硝酸盐高。

（3）生成热。生成热较小的炸药，其感度就高。例如，在氮的卤化物中，生成热随着卤素原子量的增加而减小，而感度随之增高。

（4）热效应。一般热效应越大，其感度越高；反之，热效应越小，感度也越低。

（5）活化能。活化能越大，炸药的感度越高；相反，活化能越小，则感度越高。

（6）热容量。炸药热容量很大时，要使炸药升高到爆炸所需的温度需消耗很多能量。因此热容量大的炸药感度低，而热容量小的炸药感度高。另外，炸药的热传导性越大，感度就越低。

2.2.4.2 外界影响因素

影响炸药感度的外界因素包括以下几点：

（1）炸药的物理状态与晶体形态。通常炸药由固态转化为液态时，感度提高。例如，液态硝化甘油比在固态时要敏感。硝铵炸药受潮结块时，感度明显下降。结晶状态对同一种炸药的感度也有影响。例如，不稳定的菱形晶体的硝化甘油（冻结的）比稳定的三斜晶系的硝化甘油的感度高。

（2）装药密度。一般情况下，随着密度的增加，炸药的感度会降低。因为密度大时，同量的起爆能作用于每个颗粒上的单位能量就减少。另一方面，随着密度的增加，晶体移动的可能性必然减小，产生灼热核的机会也减少，即不利于起爆。当密度过大时，就会造成所谓的“压死”现象。

（3）炸药结晶的大小。对于撞击感度而言，起爆药的撞击感度随着结晶颗粒的增大而增高，随着颗粒的减小而降低，而猛炸药的撞击感度则随着颗粒尺寸的减小而增高。

（4）温度。随着温度的升高，炸药的各种感度增高。因为随着温度的升高，炸药的分子运动加速，使炸药分解所需的起爆能减少，即增高了炸药的感度。

（5）惰性杂质的掺入。一般说来，所有的惰性物质都降低了炸药的爆轰感度。对于热作用而言，这种影响也是存在的。其原因是惰性杂质将一部分热能吸收使其本身温度升高，但不参加反应，因此，为了引起爆炸就需要较大的热能。对于机械感度来说，掺入惰性物质对其影响取决于杂质的硬度、熔点、含量、粒度等性质。当惰性杂质的硬度大于炸药的硬度，而且具有棱角时，如石英砂粒、碎玻璃等，可使炸药的机械感度增高，这类物质通常称为增感剂。而另外一些很软，且热容量大的物质，如水、石蜡等，掺入后可使炸药的感度降低，通常将此类物质称为钝感剂。

毋庸置疑，炸药的感度是一个很重要的问题，在炸药的生产、运输、贮存和使用过程中要给予足够的重视。对于感度高的炸药要有针对性地采取预防措施，而对于感度低的炸药，特别是起爆感度低的炸药，在工程爆破使用中要注意选用合适的中继起爆药包。

2.3　炸药的爆轰理论

2.3.1　爆轰波

一般说来，波的形成是与扰动分不开的。所谓扰动就是在受到外界作用时，介质状态（压力、温度、密度等）发生的局部变化。而波就是扰动的传播。换句话说，介质状态变化的传播即称为波。扰动波传播过后，压力 p、密度 ρ、温度 T 等状态参数增加的波称为压缩波，而介质状态参数 p、ρ、T 均下降的波称为稀疏波。冲击波是指在介质中以超声速传播并能引起介质的状态参数（p、ρ、T）发生突跃升高的一种特殊形式的压缩波。

已经知道，用加速运动的活塞压缩圆管内的气体，可在其中形成冲击波。在正常条件下，炸药一旦被起爆，首先在起爆点发生爆炸反应而产生大量高温、高压和高速的气流。这种高压气流与加速运动的活塞相类似，能够在周围介质（即炸药分子）中激发冲击波。冲击波阵面所到之处，以其高温、高压、高速、高密度等状态所表征的高能量使炸药分子活化而发生化学反应。快速化学反应所释放出来能量的一部分足以补偿冲击波传播的能量损耗。因此，冲击波得以维持并以固有波速和波阵面压力继续向前传播，其后紧跟着一个炸药化学反应以同等速度向前传播。这种伴随发生化学反应，在炸药中传播的特殊形式的冲击波，简称爆轰波。冲击波头和化学反应区的传播速度是相同的，这个速度称为爆轰波传播速度，简称爆速。

爆轰波通过时，气体状态参数的变化可用图 2-9 来描述。为简化起见，假设气体只能产生轴向方向的流动。

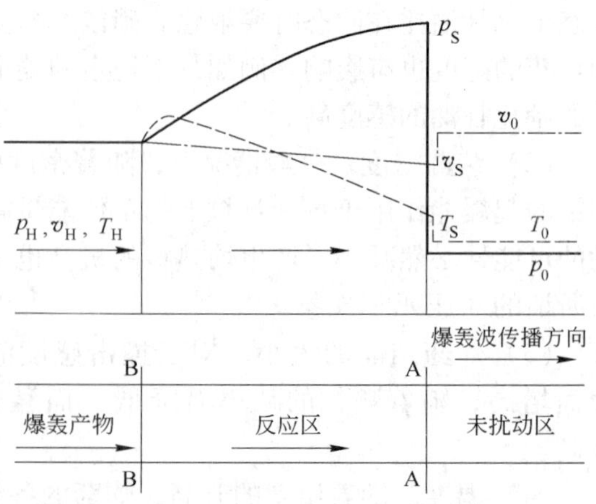

图 2-9　爆轰过程中气体状态参数的变化

图 2-9 中的 A—A 面表示冲击波头，假设其传播速度为 D。A—A 面右方是未扰动区，假设该区域的气体初始状态参数为 p_0、v_0、T_0，流速 $u_0=0$。在波头 A—A 面上，由于冲击波的压缩，状态参数发生突跃变化并获得流速（图中用 p_S、v_S、T_S、u_S 表

示变化后的数值），同时开始化学反应。因此，冲击波头 A—A 面是未扰动区和反应区的分界面。B—B 面表示反应结束的面。介于 A—A 面和 B—B 面间的空间区域即为化学反应区。在反应区内，由于化学反应和放出热量，气体状态将相应的发生变化。因反应是逐步完成的，气体状态参数也将逐步连续地发生变化。与开始反应时的参数（即 A—A 面上的参数）相比较，气体的比容和温度逐渐增大，压力逐渐减小。当反应接近结束时，因放热量减少，温度开始下降。由此可见，反应区内不同截面上的状态参数是不相同的。但在爆轰波稳定传播和一维流动条件下，无论反应区传播至何处，其中任一截面上的状态参数都是固定不变的。换句话说，由一个追踪爆轰波运动的观察者来看，反应区内的情况始终保持稳定，不会随着反应区的传播而发生变化。在这种情况下，反应区又叫作稳恒区。尚应指出，若除了产生轴向流动外，还产生径向流动，则稳恒区只是反应区内的一部分，这时应将两者区别开来。稳恒区末端面称为 C—J 面（Champan-Jouget 面），用 p_H、v_H、T_H 和 u_H 表示该面上气体的状态参数和流速。通常将 C—J 面称为爆轰波阵面。冲击波阵面和紧随其后的化学反应区合起来称为爆轰波阵面。

爆轰波具有以下特点：

（1）爆轰波只存在于炸药的爆轰过程中，爆轰波的传播随着炸药爆轰的结束而终止。

（2）爆轰波阵面中的高速化学反应区是爆轰得以稳定传播的基本保证。爆轰波阵面的宽度 A—B 通常约为 0.1 ~ 1.0mm。爆轰波参数通常是 B—B 面上的状态参数。

（3）爆轰波具有稳定性，即波阵面上的参数及其宽度不随时间变化，直至爆轰终止。

2.3.2 爆轰波基本方程

因为爆轰波是一种强冲击波，所以冲击波的基本方程也可用于爆轰波，即由质量守恒关系可得

$$\rho_0 D = \rho_H (D - D_H) \tag{2-12}$$

由动量守恒关系得

$$p_H - p_0 = \rho_0 D_H \tag{2-13}$$

式中 ρ_0——初始炸药密度；
ρ_H——反应区物质密度；
D——爆速；
D_H——爆炸生成气体气流速度；
p_H——C—J 面上压力，即爆轰压力；
p_0——初始压力。

由能量守恒关系得

$$E_H - E_0 = \frac{1}{2}(p_H + p_0)(v_0 - v_H) \tag{2-14}$$

式中 E_H，E_0——炸药爆轰时和爆轰前的能量；
v_0——炸药初始比容；
v_H——爆轰波阵面上爆炸气体的比容。

考虑到爆轰波反应中要放出热量，故有

$$E_H - E_0 - Q = \frac{1}{2}(p_H + p_0)(v_0 - v_H) \tag{2-15}$$

式中 Q——爆热。

式（2-15）叫做爆轰波雨果尼奥（Hugoniot）方程。图2-10所示的 p-v 曲线 H_1 叫做爆轰波雨果尼奥曲线，曲线 H_2 则为冲击波雨果尼奥曲线。在曲线 H_2 上，相对应的各点存在着各种强度的冲击波；然而在曲线 H_1 上，并不是所有的点都与爆轰过程相对应。实验结果表明，在稳定爆轰时存在着如下的关系：

$$D = c_H + u_H \tag{2-16}$$

式中 D——爆速；

c_H——C—J面处爆轰气体产物的声速；

u_H——C—J面处气体产物质点速度。

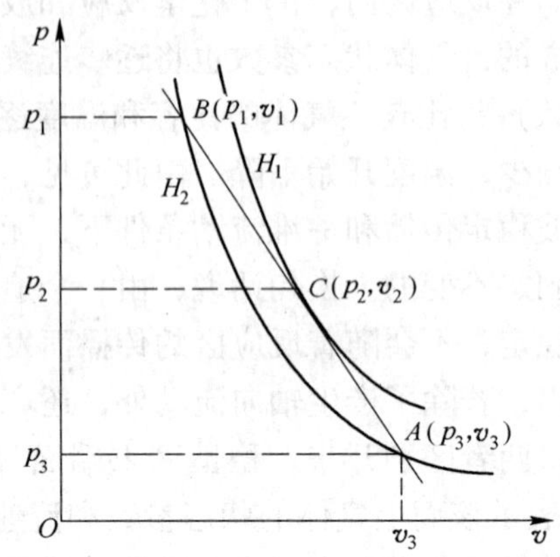

图2-10 爆轰波雨果尼奥曲线（p-v 曲线）

式（2-16）由查普曼和朱格得出，叫做C—J方程或C—J条件。由于C—J面处满足C—J条件，爆轰波后面的稀疏波就不能传入爆轰波反应区中。因此，反应区所释放出的能量就不发生损失，而全部用来支持爆轰波的定常传播。

2.3.3 爆轰波参数计算

爆轰波参数可用与求一般冲击波参数相似的方法求得：

（1）C—J面处的质点速度：

$$u_H = \frac{1}{K+1}D \tag{2-17}$$

（2）爆轰压力：

$$p_H = \frac{1}{K+1}\rho_0 D^2 \tag{2-18}$$

（3）爆轰结束瞬间产物体积：

$$V_H = \frac{K}{K+1}v_0 \tag{2-19}$$

（4）爆轰结束瞬间产物密度：

$$\rho_H = \frac{K+1}{K}\rho_0 \tag{2-20}$$

（5）爆速：

$$D = \sqrt{2(K^2-1)Q_v} \tag{2-21}$$

（6）爆轰结束瞬间产物温度：

$$T_H = \frac{2K}{K+1}T_c \tag{2-22}$$

式中　K——系数，通常可取为3；

T_c——定容条件下的爆温；

其他符号含意同前。

从上述式子可知：

（1）反应产物质点速度比爆速小，但随爆速的增大而增大。

（2）爆轰反应结束瞬间产物的压力取决于炸药的爆速和密度。

（3）爆轰刚结束时，产物的密度比原炸药的密度大。

（4）爆轰结束瞬间的温度不是爆温，它比爆温高。爆温是假定爆轰产物在定容条件下加热温升，而 T_H 除此以外还包含爆轰产物体积被压缩时造成的温升，故较爆温为高。

在现代技术条件下，爆速 D 可以直接准确地测知。设 ρ_0 为已知的炸药初始密度，利用前述方程可求得爆轰波其余各参数值。

2.3.4　爆轰波稳定传播的条件

在一定的条件下，炸药起爆后能继续传播，然而在不利条件下，爆炸也可以中止或者转变为燃烧或爆燃；相反，在密闭情况下或者大量炸药燃烧时，燃烧也可因热量不断积聚而转变为爆炸。在其他条件一定时，爆轰波是以与反应区释出的能量相对应的参数进行传播的。

2.3.4.1　反应区化学反应机理

在冲击波作用下引起的反应区中化学反应的机理有多种解释，但可归纳为两类。第一类是整体均匀灼热引起化学反应。这种反应机理适用于不含气泡或其他掺和物的均质炸药，例如不含气泡或其他掺和物的液体炸药。在冲击波作用下，邻接波阵面的炸药薄层均匀地受到强烈压缩，温度迅速上升，产生急剧化学反应。由于整个薄层炸药均需均匀受压缩、灼热而发生反应，这就需要有较强的冲击波来提供较高的压力。第二类是热点局部灼热引起化学反应。这种反应机理适用于不均匀的炸药。与上述整体均匀灼热机理不同，在不均质炸药中，由于冲击波的作用，化学反应首先是围绕热点开始的，然后进一步发展至整个炸药薄层。因为冲击能量首先集中在一定数量的热点处，所以为引起炸药薄层化学反应所必需的冲击波压力比均匀灼热时要低。换言之，较低的冲击波压力也可以引起爆炸反应。但是，由热点形成到全部炸药爆炸反应需要经历一定时间，这样就导致不均质炸药化学反应区宽度大而爆速低，炸药颗粒、密度等各种物理因素对爆轰波传播和爆轰波参数变化的影响更为显著。

工业炸药多为混合炸药，而混合炸药往往含有多种不同性质的成分，这种多成分带来的不均匀性决定其反应区中的反应具有多阶段的特点。在冲击波阵面压力作用下，首先是炸药中各成分的分解，即第一次反应。然后，分解产物互相作用，或与尚未分解或尚未汽化的成分（如铝粉）发生反应，生成最终爆轰产物，即第二次反应。

2.3.4.2　理想爆轰与稳定爆轰

爆速是爆轰波的一个重要参数，人们往往通过它来分析炸药爆轰波传播过程。这一方面是因为爆轰波的传播要靠反应区释放出的能量来维持，爆速的变化直接反映了反应区结构以及能量释放的多少和释放速度的快慢；另一方面则是因为在现代技术条件下，爆速是比较容易准确测定的一个爆轰波参数。

图 2-11 所示为炸药爆速随药包直径变化的一般规律。它表明，随着药包直径的增大，爆速相应增大，直到药包直径增大至 $d_{极}$ 时，药包直径虽然继续增大，爆速将不再升高而趋于一恒定值，亦即达到了该条件下的最大爆速。$d_{极}$ 称为药包极限直径。随着药包直径的减小，爆速逐渐下降，直到药包直径降至 $d_{临}$ 时，如果继续缩小药包直径，即 $d < d_{临}$，则爆轰完全中断。$d_{临}$ 称为药包临界直径。

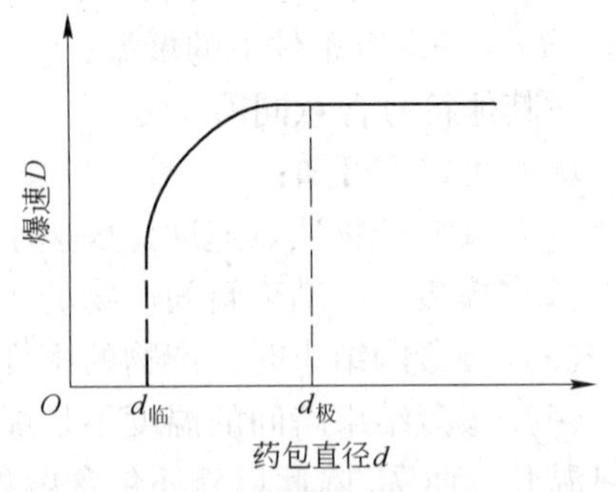

图 2-11　炸药爆速随药包直径变化

当任意加大药包直径和长度而爆轰波传播速度仍保持稳定的最大值时，称为理想爆轰。图 2-11 中 $d_{极}$ 右边的区域属于这一类爆轰。若爆轰波以低于最大爆速的定常速度传播，则称为非理想爆轰。非理想爆轰又可分为两类。图 2-11 中 $d_{临}$ 至 $d_{极}$ 之间的爆轰属于稳定爆轰区，在此区间内爆轰波以与一定条件相对应的定常速度传播。药包直径小于 $d_{临}$ 的区域属于不稳定爆轰区。稳定爆轰区和不稳定爆轰区合称非理想爆轰区。

炸药临界直径和极限直径同爆速一样，都是衡量炸药爆轰性能的重要指标。从工程爆破角度来看，显然必须避免不稳定爆轰的发生而应力求达到理想爆轰。也就是说，药包直径不应小于 $d_{临}$，而尽可能达到或大于 $d_{极}$。然而，由于技术或其他条件的限制，矿山实际采用的药包直径往往都比 $d_{极}$ 小，即 $d < d_{极}$，尤其在使用低感度混合炸药时更加突出。在这种情况下，不可避免地出现了非理想爆轰，尽管达到了稳定爆轰，但化学反应过程中炸药能量没有充分释放出来，能量损失很大。

2.3.4.3　侧向扩散对反应区结构的影响

药包直径小于极限直径时，药包直径减小，爆速随之下降。当 $d < d_{临}$ 时，爆轰即完全中断。这是因为随着药包直径的缩小，由于侧向扩散的损耗使得用以维持爆轰波传播的能量急剧减少。

能量侧向扩散的原因及对爆轰波传播过程的影响如下：冲击波阵面抵达之处炸药薄层受到强烈压缩而产生急剧化学反应，形成化学反应区。化学反应生成的高温高压气体产物自反应区侧向向外扩散。在扩散强大气流中，不仅有反应完全的爆轰气体产物，而且还有来不及发生反应或反应不完全的炸药颗粒以及其他中间产物。由于这些炸药颗粒的逸散，化学反应的热效应降低而造成能量损失。

图 2-12 所示为在不同炸药包直径的条件下，侧向扩散对反应结构的影响。

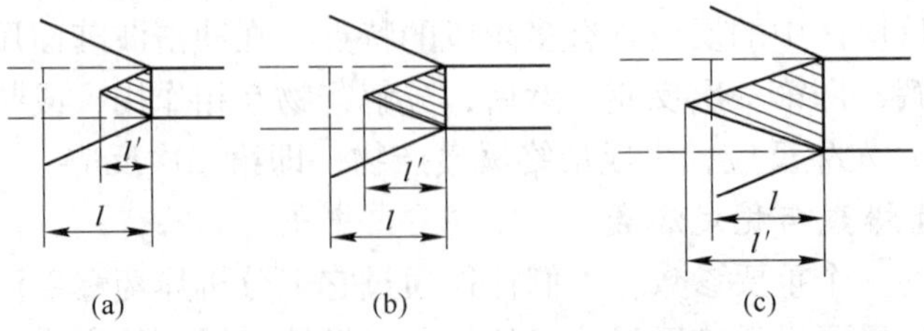

图 2-12　不同药包直径侧向扩散对反应结构影响示意图

（a）不稳定传播；（b）非理想爆轰稳定传爆；（c）理想爆轰

l—反应区宽度；l'—有效反应区宽度

就同一种炸药而言，随着药包直径的减小，有效反应区宽度也相应缩小。如图 2-12（a）所示，$d < d_{临}$ 时，侧向扩散影响严重，有效反应区大大缩小，成为不稳定传爆。图 2-12（b）所示为 $d_{临} < d < d_{极}$，侧向扩散仍有明显影响，有效反应区宽度比炸药固有化学反应区宽度略小，不过这时有效反应区内释放出的能量还足够维持爆轰波以定常速度传播，成为非理想稳定爆轰。图 2-12（c）所示为 $d > d_{极}$，药包中心部分不受侧向扩散影响，爆轰波以最大速度传播，为理想爆轰。

综上所述可以看出，药包爆轰时是否能达到稳定爆轰甚至理想爆轰，取决于 t_1 同 t_2 之间的相对关系。炸药爆轰反应速度高，反应终了所需时间 t_2 小，则不稳定传播到稳定传播的时间 t_1 值可以相应减小，即可以采用较小的药包直径。

2.4　炸药的氧平衡与热化学参数

2.4.1　炸药的氧平衡

2.4.1.1　氧平衡的基本概念

众所周知，从元素组成来说，炸药通常是由碳（C）、氢（H）、氧（O）、氮（N）四种元素组成的。其中碳、氢是可燃元素，氧是助燃元素，炸药是一种载氧体。炸药的爆炸过程实质上是可燃元素与助燃元素发生极其迅速和猛烈的氧化还原反应的过程。反应结果是氧和碳化合生成二氧化碳（CO_2）或一氧化碳（CO），氢和氧化合生成水（H_2O），这两种反应都放出了大量的热。每种炸药里都含有一定数量的碳、氢原子，也含有一定数量的氧原子，发生反应时可能出现碳、氢、氧的数量不完全匹配的情况。氧平衡就是衡量炸药中所含的氧与将可燃元素完全氧化所需要的氧两者是否平衡的问题。所谓完全氧化，即碳原子完全氧化成二氧化碳、氢原子完全氧化生成水。根据所含氧的多少，可以将炸药的氧平衡分为下列三种不同的情况：

（1）零氧平衡。零氧平衡是指炸药中所含的氧刚能够将可燃元素完全氧化。

（2）正氧平衡。正氧平衡是指炸药中所含的氧将可燃元素完全氧化后还有剩余。

（3）负氧平衡。负氧平衡是指炸药中所含的氧不足以将可燃元素完全氧化。

实践表明，只有当炸药中的碳和氢都被氧化成 CO_2 和 H_2O 时，其放热量才最大。零氧平衡一般接近于这种情况。负氧平衡的炸药，爆炸产物中就会有 CO、H_2，甚至会出现固体碳；而正氧平衡炸药的爆炸产物，则会出现 NO、NO_2 等气体。这两种情况，都不利于发挥炸药的最大威力，同时会生成有毒气体。如果把它们用于地下工程爆破作业，特别是含有矿尘和瓦斯爆炸危险的矿井，就更应引起注意。因为 CO、NO、N_xO_y 不仅都是有毒气体，而且能对瓦斯爆炸反应起催化作用，因此这样的炸药就不能应用于地下矿井的爆破作业。

由上述不难得出，氧平衡不仅具有理论意义，而且是设计混合炸药配方、确定炸药使用范围和条件的重要依据。

2.4.1.2　氧平衡值的计算

一般说来，对于含碳、氢、氧、氮的单质炸药或混合炸药，其实验式可用下面通式表示：

$$C_aH_bO_cN_d$$

式中，a，b，c，d 分别代表在一个炸药分子中碳、氢、氧、氮的原子个数。

发生爆炸反应时，可燃元素碳、氢的完全氧化是按下面两式进行的：

$$C + O_2 \longrightarrow CO_2$$

$$H_2 + \frac{1}{2}O_2 \longrightarrow H_2O$$

也就是说，a 个原子碳变成二氧化碳，需要消耗 $2a$ 个原子氧；b 个原子氢变成水，需要消耗 $1/2b$ 个原子氧。而炸药本身所含有的氧的原子数是 c，因此 c 与 $\left(2a + \frac{1}{2}b\right)$ 的差值，就反映了上述三种氧平衡的情况：

（1）$c - \left(2a + \frac{1}{2}b\right) > 0$ 的炸药，为正氧平衡炸药；

（2）$c - \left(2a + \frac{1}{2}b\right) = 0$ 的炸药，为零氧平衡炸药；

（3）$c - \left(2a + \frac{1}{2}b\right) < 0$ 的炸药，为负氧平衡炸药。

在实际计算中，氧平衡值往往用每克炸药内多余或不足的氧的克数来表示，这时 $C_aH_bO_cN_d$ 炸药的氧平衡可按下式计算：

$$\text{氧平衡值} = \frac{\left[c - \left(2a + \frac{1}{2}b\right)\right] \times 16}{M} \tag{2-23}$$

式中 16——氧的相对原子质量；

M——炸药的相对分子质量。

氧平衡值也可用百分数来表示，指每 100g 炸药所含的多余或不足的氧的克数。习惯上，在正氧平衡数值前冠以“＋”号，在负氧平衡数值前冠以“－”号。

式（2-23）对于计算含碳、氢、氧、氮体系炸药的氧平衡值是十分方便有效的。可是在乳化炸药、浆状炸药等现代矿用炸药中，除了含有碳、氢、氧、氮等元素外，还可能含有铝、钠、钾、铁、硫等其他的元素。因此在实际计算时，应该将这几种元素考虑在内。实践表明，乳化炸药、浆状炸药的组分较复杂，用式（2-23）已不能直接计算，需要作适当修正。

我们知道氧平衡的意义，广义的说就是炸药或物质中的氧化剂用以完全氧化自身所含的可燃剂后所多余或不足的氧量。这样除了考虑将碳氧化为 CO_2，氢氧化为 H_2O 之外，对一些金属元素还应考虑生成金属的氧化物。而硫一般作为可燃剂处理，生成 SO_2。这样，各种元素的氧化最终产物大致如下：

$C \rightarrow CO_2$；$H \rightarrow H_2O$；$Na \rightarrow Na_2O$；$Al \rightarrow Al_2O$；$Fe \rightarrow Fe_2O_3$；$Si \rightarrow SiO_2$；$S \rightarrow SO_2$ 等。

如果在这些炸药中还可能有含氯的化合物，如氯酸钾、高氯酸铵（钠）等，在计算其氧平衡值时，可将氯考虑为氧化性元素，应生成氯化氢和金属氯化物等产物，而剩余的其他可燃元素则按完全氧化而予以计算。此外，对于乳化炸药、浆状炸药中所含的乳化剂、胶凝剂，则应根据具体所用物质确定实验式来予以考虑。例如，田菁胶、古尔胶等植物胶可采用的实验式为 $C_6H_{20}O_5$。

确定了上述原则之后，若以 $C_aH_bO_cN_dX_e$ 表示含铝、硫等炸药的实验通式（X 表示任意一种可燃元素），那么这些炸药的氧平衡（g/g）值可用下式计算：

$$\text{氧平衡值} = \frac{\left[c - \left(2a + \frac{1}{2}b + m \times e\right)\right] \times 16}{M} \tag{2-24}$$

式中 e——X 所表示的元素的原子量；

m——X 所表示的元素完全氧化时，氧原子数与该元素原子数之比。如，$Al \rightarrow Al_2O_3$ 时，其 $m=3/2$；$Na \rightarrow Na_2O$ 时，$m=1/2$；$S \rightarrow SO_2$ 时，$m=2$；

a，b，c 的意义同式（2-23）。

对一个比较复杂的混合体系来说，虽然可以一定量为基础写出实验通式，然后按照式（2-24）进行计算，但仍比较复杂。若采用各组分的百分率与其氧平衡值的乘积的总和来计算，则比较简便，即

$$\text{氧平衡值} = m_1M_1 + m_2M_2 + \cdots + m_nM_n \tag{2-25}$$

式中 m_1，m_2，…，m_n——浆状炸药或乳化炸药各组分的氧平衡值；

M_1，M_2，…，M_n——浆状炸药或乳化炸药各组分的百分含量。

由式（2-25）可知，知道一些常用炸药和物质的氧平衡值，对于计算比较复杂体系的氧平衡值是十分必要的。表 2-3 列出了一些常用炸药和物质的氧平衡值。

表 2-3 一些常用炸药和物质的氧平衡值

物质名称	分子式	原子量或分子量	氧平衡值/$g \cdot g^{-1}$
硝酸铵	NH_4NO_3	80	+0.200
硝酸钠	$NaNO_3$	85	+0.471
硝酸钾	KNO_3	101	+0.396
硝酸钙	$Ca(NO_3)_2$	164	+0.488
抗水硝酸铵			+0.185
高氯酸铵	NH_4ClO_4	117.5	+0.340
高氯酸钠	$NaClO_4$	122.5	+0.523
黑索今	$C_3H_6O_6N_6$	222	−0.216
奥克托金	$C_4H_8O_8N_8$	296	−0.216
二硝基甲苯	$C_7H_6O_4N_2$	182	−1.142
二硝基甲苯磺酸钠	$C_7H_5O_7N_2SNa$	284	−0.680
三硝基萘	$C_{10}H_6O_4N_2$	218	−1.393
硝化甘油	$C_3H_5O_9N_3$	227	+0.035
硝化二乙二醇	$C_4H_8O_6N_2$	196	−0.408
高氯酸钾	$KClO_4$	138.5	+0.462
氯酸钾	$KClO_3$	122.5	+0.392
重铬酸钾	$K_2Cr_2O_7$	295	+0.163
梯恩梯	$C_6H_2(NO_2)_3CH_3$	227	−0.740
特屈儿	$C_7H_5O_8N_5$	287	−0.474
太 安	$C_5H_8O_{12}N_4$	316	−0.101
铝 粉	Al	27	−0.889

续表 2-3

物质名称	分子式	原子量或分子量	氧平衡值/g · g^{-1}
镁　粉	Mg	24.31	-0.658
硅　粉	Si	28.09	-1.139
木　粉	$C_{15}H_{22}O_{10}$	362	-1.370
纤维素	$(C_6H_{10}O_5)_n$	162	-1.185
石　蜡	$C_{18}H_{38}$	254.5	-3.460
矿物油	$C_{12}H_{26}$	170.5	-3.460
轻柴油	$C_{18}H_{32}$	224	-3.420
复合蜡-1	$C_{18}H_{38}$	254.5	-3.460
复合蜡-2	$C_{22\sim28}H_{46\sim58}$	~392	-3.470
司盘-80	$C_{22}H_{42}O_6$	428	-2.39
M-201	$C_{22}H_{42}O_5$	398	-2.49
十二烷基硫酸钠	$C_{12}H_{25}SO_4Na$	288	-1.83
十二烷基磺酸钠	$C_{12}H_{25}SO_3Na$	272	-2.00
微晶蜡	$C_{39\sim50}H_{80\sim120}$	550~700	-3.43
沥　青	$C_8H_{18}O$	394	-2.76
硬脂酸	$C_{18}H_{36}O$	284.47	-2.925
硬脂酸钙	$C_{36}H_{70}O_4Ca$	607	-2.74
凡士林	$C_{18}H_{38}$	254.5	-3.46
铁	Fe	55.85	-0.286
锰	Mn	54.94	-0.582
乙二醇	$C_2H_4(OH)_2$	62	-1.29
丙二醇	$C_3H_6(OH)_2$	76.09	-1.68
尿　素	$CO(NH_2)_2$	60	-0.80
木　炭	C	—	-2.667
煤（含碳 86%）	$C_{55}H_{34}O_6S$	822.82	-2.559
石　墨	C	—	-0.727
松　香	$C_{19}H_{39}COOH$	312.52	-2.97
硝基胍	$NH_2CN_4NHNO_2$	145.1	-0.346
苦味酸	$C_6H_2(NO_2)_3OH$	213.11	-0.454
硝酸肼	$N_2H_5NO_3$	95	+0.084
硝酸一甲胺	$CH_3NH_2HNO_3$	94.1	-0.34
硝酸三甲胺	$C_3H_{10}N_2O_3$	122.1	-1.04
亚硝酸钠	$NaNO_2$	69	+0.348
硫	S	32.0	-1.00
田菁胶	$(C_6H_{10}O_5)_n$	162	-1.185
古尔胶	$(C_6H_{10}O_5)_n$	162	-1.185

2.4.1.3　氧平衡值的计算实例

A　单一物质的氧平衡值计算

（1）硝酸铵。将硝酸铵写成炸药通式，应为 $C_0H_4O_3N_2$，$M=80$，将各数据代入式（2-23）即得：

$$\text{硝酸铵氧平衡值}=\frac{\left(3-\frac{1}{2}\times 4\right)\times 16}{80}=+0.20\text{g/g}$$

（2）梯恩梯。梯恩梯写成通式，为 $C_7H_5O_6N_3$，$M=227$，将其代入式（2-23）便得：

$$\text{梯恩梯氧平衡值}=\frac{\left[6-\left(2\times 7+\frac{1}{2}\times 5\right)\right]\times 16}{227}=-0.74\text{g/g}$$

B　混合炸药的氧平衡值计算

正如前述，混合炸药的氧平衡值可按式（2-24）计算，此时需以某一定数量的炸药为基础，求出C、H、O、N等元素的摩尔数，然后再代入式中求算其氧平衡值，步骤比较繁杂。也可按式（2-25）计算，此时只需查出或算出炸药中各成分的氧平衡值和百分比，将其代入式（2-25）即算出其氧平衡值。因此，在计算混合炸药特别是乳化炸药、浆状炸药的氧平衡值时，一般采用后一种方法较好。

（1）计算4号浆状炸药的氧平衡值。4号浆状炸药的组分配比和各组分的氧平衡值（可由表2-3查得）如表2-4所示。

表2-4　4号浆状炸药的组分配比与氧平衡值

组分名称	含量百分比/%	氧平衡值/g·g^{-1}	组分名称	含量百分比/%	氧平衡值/g·g^{-1}
硝酸铵	60.2	+0.20	白芨胶	2.0	-1.066
水	16.5	0	尿　素	3.0	-0.80
梯恩梯	17.5	-0.74	硼　砂	1.3	0

将表中的各数据代入式（2-25）便得：

$$\begin{aligned}\text{氧平衡值}&=60.2\%\times(+0.200)+17.5\%\times(-0.740)+2\%\times\\&\quad(-1.066)+3.0\%\times(-0.08)\\&=0.1204-0.1295-0.0213-0.0240\\&=-0.0544(\text{g/g})\end{aligned}$$

（2）计算EL-102乳化炸药的氧平衡值。EL-102乳化炸药的大致组分配比和各组分的氧平衡值列于表2-5中。将表中数据代入式（2-25）得：

$$\begin{aligned}\text{氧平衡值}&=70.0\%\times(+0.200)+10\%\times(+0.471)+1\%\times(-2.39)+\\&\quad 1.5\%\times(-3.420)+2.5\%\times(-3.470)+1\%\times(-1.00)+\\&\quad 2\%\times(-0.889)\\&=0.140-0.0471-0.0239-0.0521-0.0865-0.01-0.018\\&=-0.0029(\text{g/g})\end{aligned}$$

表2-5　EL-102的组分配比与氧平衡值

组分名称	含量百分比/%	氧平衡值/g·g^{-1}	组分名称	含量百分比/%	氧平衡值/g·g^{-1}
硝酸铵	70.0	+0.200	柴油	1.5	-3.420
硝酸钠	10.0	+0.471	复合蜡	2.5	-3.470
水	12.0	0	硫	1.0	-1.00
司盘-80	1.0	-2.39	铝	2.0	-0.889

2.4.2　炸药的热化学参数

2.4.2.1　爆热

1mol 炸药爆轰时所放出的热量称为爆热。在实际使用中，为了比较各种炸药，一般不以 1mol 炸药为单位，而是以千克炸药为单位。这就是说，爆热是指在定容下所测出的单位质量炸药的热效应，通常用 Q_v 表示。

A　爆热的测定

爆热的测定通常用量热弹测量，其装置如图 2-13 所示。该装置的主要部分是一个用优质合金钢制成的量热弹，其规格为：直径 270mm，高 400mm，重 137.5kg，容积 5.8L。它被置于一个不锈钢制成的量热桶中，其外是保温桶，最外层是木桶，层间填以保温材料。

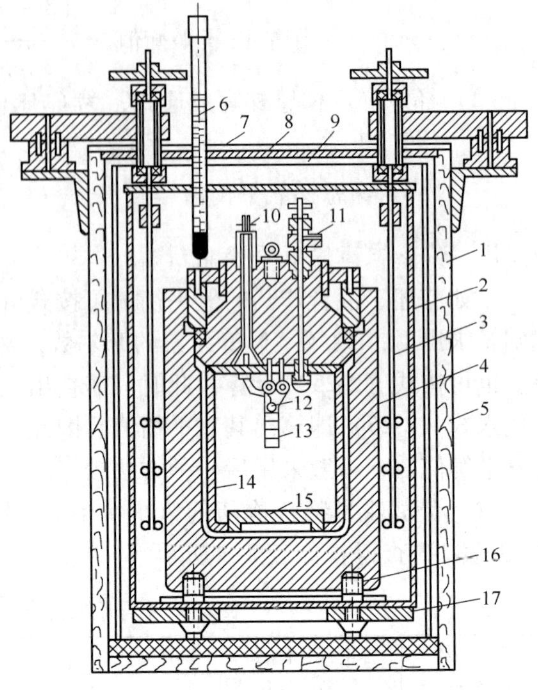

图 2-13　爆热测定装置

1—水桶；2—量热桶；3—搅拌桨；4—量热弹体；5—保温桶；6—贝克曼温度计；7，8，9—盖；10—电极接线柱；11—抽气口；12—电雷管；13—药柱；14—内衬桶；15—垫块；16—支撑螺栓；17—底托

爆热测定的基本操作是：一般取 100g 炸药卷并插入一只电雷管，将其悬吊于弹盖上，接出雷管脚线，安好弹盖后，随即将弹内空气抽出，并用氮气置换剩余的气体，再抽成真空，然后把弹体放入量热桶中，桶内注入一定数量蒸馏水，使其全部淹没弹体。恒温 1h 后，记录水温 T_0，接着引爆炸药，水温随即上升，记下最高温度 T，被测炸药的爆热 Q_v 可按下式求出：

$$Q_v = \frac{(C_{水} + C_{仪}) \cdot (T - T_0) - q}{m} \tag{2-26}$$

式中　Q_v——被测炸药的爆热，kJ/kg；

$C_{水}$——采用蒸馏水的总热容，kJ/℃；

$C_{仪}$——试验装置的热容，以当量水的热容表示，kJ/℃；

q——雷管爆热，kJ；

T——炸药爆炸后水的最高温度，℃；

T_0——炸药爆炸前水的温度，℃；

m——被测的炸药量，kg。

应该指出，由于各种因素的影响，用上述方法测出的爆热只是一个近似值。

B　爆热的计算

在许多情况下，对炸药的爆热进行理论计算是非常必要的。这种计算的理论基础是炸药爆炸变化反应式的确立和盖斯定律，即通过炸药的生成热，利用盖斯定律求算其爆热。

盖斯定律指出，化学反应热效应与反应进行的途径无关，而仅取决于系统的初始状态和最终状态。根据盖斯定律计算生成热和爆热可以用图 2-14 来进行说明。

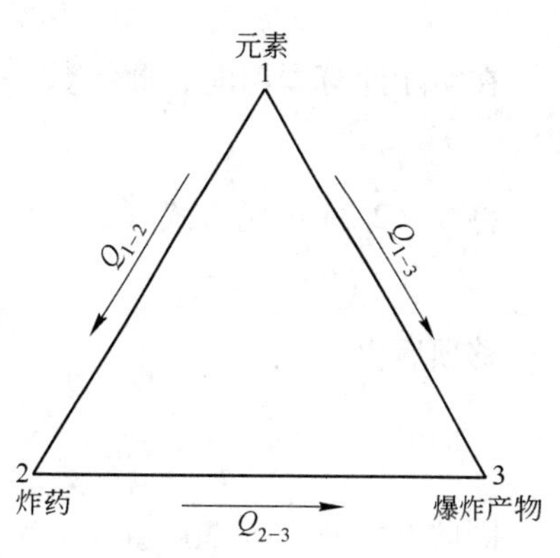

图 2-14　盖斯三角形

图 2-14 中三角形各角相当于系统的不同状态。在确定生成热或爆热时，状态 1（初态）、2、3（终态）分别代表元素、炸药、燃烧或爆炸的产物。系统由状态 1 过渡到状态 3 从理论上讲有两种途径，其一是先由元素得到炸药，此时的反应热效应为 Q_{1-2}（炸药生成热），然后炸药燃烧或爆炸过渡到状态 3，并放出热量 Q_{2-3}（炸药燃烧或爆热）；其二是由元素和当量的氧反应直接得到与炸药燃烧或爆炸相同的产物，亦即系统由状态 1 直接过渡到状态 3，同时放出热量 Q_{1-3}（炸药燃烧或爆热产物的生成热）。

根据盖斯定律，系统沿第一条途径由状态 1 转变到状态 3 时，反应热的代数和等于系统沿第二条途径转变时所放出的热量，即

$$Q_{1-3} = Q_{1-2} + Q_{2-3} \tag{2-27}$$

因此炸药的生成热 Q_{1-2}有下列关系式：

$$Q_{1-2} = Q_{1-3} - Q_{2-3} \tag{2-28a}$$

亦即炸药生成热等于燃烧或爆炸产物生成热减去炸药本身的燃烧或爆炸热。炸药的爆热或燃烧热 Q_{2-3}应有：

$$Q_{2-3} = Q_{1-3} - Q_{1-2} \tag{2-28b}$$

亦即炸药爆热等于爆炸产物生成热减去炸药本身的生成热。生成热是指由单纯物质（元素）生成 1mol 化合物时所吸收或放出的热量。炸药的爆炸反应是在瞬间完成的，可以认为在反应过程中药包的体积未变化，爆热可按定容条件计算。

2.4.2.2　爆温

炸药爆炸时所放出的热量将爆炸产物加热达到的最高温度称为爆温。它取决于炸药的爆热和爆炸产物的组成。在爆炸过程中，温度变化极快而且极高，单质炸药的爆温一般为 3000～5000℃，矿用炸药的爆温一般为 2000～2500℃。不言而喻，在如此变化极快，温度极高的条件下，用实验方法直接测定爆温是极为困难的，一般采用理论计算爆温。

计算时，假设炸药爆炸是在定容下进行的绝热过程，爆炸过程中所放出的热量全部用于加热爆炸产物。一般的说，此假设并不完全符合事实，但是由于过程的瞬时性，此假设完全可以采用。据此，可采用下式计算爆温：

$$Q_v = \overline{C}_{v,m} \cdot t \tag{2-29}$$

式中　Q_v——定容下的爆热，J/mol；

$\overline{C}_{v,m}$——在温度由 0 到 t 范围内全部爆炸产物的平均热容量，J/mol；

t——所求炸药的爆温，℃。

平均热容量是温度的函数，该函数一般可用级数的形式表示，即

$$\overline{C}_{v,m} = a + bt + ct^2 + dt^3 + \cdots \tag{2-30}$$

在实际计算爆温时，此级数一般只取前两项，认为平均热容量与温度呈直线关系，即

$$\overline{C}_{v,m} = a + bt \tag{2-31}$$

将式（2-31）代入式（2-29）中，便得

$$Q_v = (a + bt)t \tag{2-32}$$

移项后得

$$bt^2 + at - Q_v = 0$$

因此

$$t = \frac{-a + \sqrt{a^2 + 4bQ_v}}{2b} \tag{2-33}$$

用式（2-33）计算爆温时，应该知道爆炸产物的成分或爆炸变化方程式和爆炸产物的热容量。由于计算爆炸产物的热容量非常困难，因此在实际运算时，往往利用下列卡斯特的平均分子热容量式(J/(mol · ℃))：

对于双原子气体 $C_v = 20.1 + 18.8 \times 10^{-4}t$

对于水蒸气 $C_v = 16.7 + 90 \times 10^{-4}t$

对于 CO_2 $C_v = 37.7 + 24.3 \times 10^{-4}t$

对于四原子气体 $C_v = 41.8 + 18.8 \times 10^{-4}t$

对于 C $C_v = 25.12$

爆温也是炸药的重要爆炸参数之一，在实际使用炸药时，需根据具体条件选用不同爆温的炸药。例如，在金属矿山的坚硬矿岩和大抵抗线爆破中，通常希望选用爆温较高的炸药，从而获得较好的爆破效果。而在软岩特别是煤矿爆破中，常常要求爆温控制在较低的范围内，以防止引起瓦斯、煤尘爆炸，同时又保证能获得一定的爆破效果。

2.4.2.3 爆压

炸药在密闭容器中爆炸时，其爆炸产物对器壁所施的压力称为爆压。炸药在密闭容器中爆炸时所产生的压力可以利用理想气体的状态方程式（因爆炸气体近似于理想气体）来计算：

$$pV = nRT \quad \text{或} \quad p = \frac{nRT}{V}$$

式中 R——理想气体常数；

n——气体爆炸产物的量，mol；

V——密闭容器的容积，L；

T——爆温，K。

但是在固体或液体炸药爆炸时，其生成的气体密度很大，因此不能再利用理想气体的状态方程，而一般用下式进行计算：

$$p = \frac{F \cdot \Delta}{1 - \alpha \cdot \Delta} \tag{2-34}$$

式中 Δ——炸药装填密度，即炸药装药质量对药室体积之比，kg/L；

F——炸药力，即表示乘积 nRT；

α——爆炸产物的范德华不可压缩体积，或 1kg 炸药的余容。

式（2-34）通常称作阿贝尔方程式，可由范德华方程式推导出来。严格地讲，阿贝尔方程式只能用来计算装填密度不太大的炸药在密闭容积中爆炸的压力。例如，火药装药从火炮中射出所产生的压力。猛炸药在装填密度比较大时，则不用此式计算。因为给出的结果常常是没有物理意义的。分析一下公式本身就不难发现这样的问题：

（1）当装填密度接近 $1/\alpha$ 时，则 $\alpha \cdot \Delta \approx 1$，计算的压力值 p 趋于无限大。

（2）如 $\Delta > 1/\alpha$ 时，计算的 p 则为负值。

无疑，这两种情况给出的结果都是没有物理意义的。

在炸药的爆炸产物中，除了气体以外，有时还存在固体或液体的残渣，因此阿贝尔式变换为：

$$p = \frac{F \cdot \Delta}{(1 - \alpha' + \alpha'')\Delta} \tag{2-35}$$

式中 α'——气态爆炸产物的范德华不可压缩体积；

α''——凝缩爆炸产物的体积，等于其重量被密度除。

显然，要利用式（2-35）进行计算，就要先知道 F，α'，α''。这些数值可通过查表得到。

2.5 炸药的爆炸性能

2.5.1 爆速

2.5.1.1 定义

爆轰波在炸药药柱中的传播速度称为爆轰速度，简称为爆速，通常单位用 m/s 或 km/s 表示。必须指出，炸药的爆速与炸药的爆炸化学反应速度是本质不同的两个概念，即爆速是爆轰波阵面一层一层地沿炸药柱传播的速度，而爆炸化学反应速度是指单位时间内反应完成的物质的质量，其度量单位是 g/s。

2.5.1.2 爆速的影响因素

爆速是衡量炸药性能的重要指标之一。在理想的情况下，一种炸药的爆速应当是一个常量，实际情况则不然，炸药的爆速总是低于理想的爆速，其主要影响因素有：

（1）药柱直径与约束条件。炸药爆速与药柱直径的关系已如图 2-11 所示，这里不再赘述。实践表明，在药柱直径较小的情况下，增强药柱的约束条件可以显著提高炸药的爆速，减小其临界直径值。

（2）炸药密度。概括的说，当炸药组分配比和工艺条件控制一定时，炸药的爆速随着密度的增加而增大，图 2-15 和表 2-6 列举了乳化炸药爆速与密度的关系。就工业炸药而言，当药柱直径

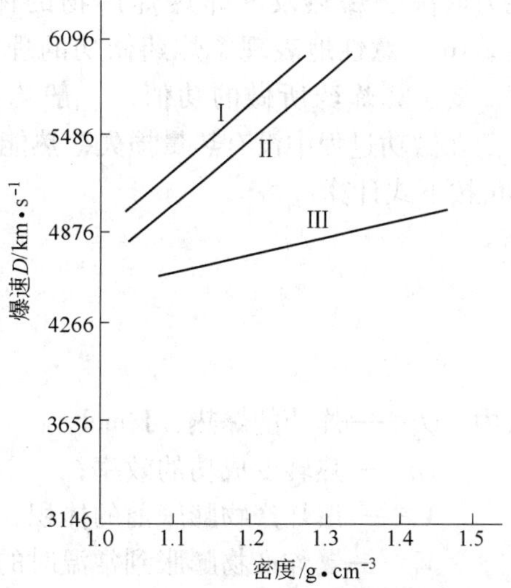

图 2-15 乳化炸药爆速与密度的关系（药卷直径 101.6mm）

Ⅰ—不含铝的基质；Ⅱ—含铝 7% 的基质；Ⅲ—含铝 21% 的基质

表 2-6　不同密度时乳化炸药实测爆速与理论爆速的比较

密度/g·cm^{-3}	实测的爆速 /m·s^{-1}	理论计算的爆速① /m·s^{-1}	用外推法求得的爆速② /m·s^{-1}
1.02～1.04	5420	5540	5070
1.07～1.08	5610	5790	5390
1.12	5800	6040	5610
1.15～1.17	5910	6190	5820

①按照 Kihana-Hikita 状态方程计算的。

②由实测值外推至玻璃微球粒直径为 0 时的爆速值。

一定时，存在有使爆速达最大值的密度值，即最佳密度。再继续增大密度，就会导致爆速下降。当爆速下降至临界爆速，爆轰波就不再能够稳定传播，最终导致熄爆。

（3）炸药粒度。一般的说，减小炸药粒度能够提高炸药的反应速度，减小反应时间和反应区厚度，从而减小临界直径提高爆速。

爆速的测定方法可见 3.4.1.1 小节相关内容。

2.5.2　炸药的做功能力

炸药的做功能力是相对衡量炸药威力的重要指标之一，通常以爆炸产物作绝热膨胀直到其温度降至炸药爆炸前的温度时，对周围介质所做的功来表示。炸药的做功能力取决于爆热及气体爆炸产物的体积。图 2-16 示意性地表现了炸药做功的理想过程。要求算炸药所做的功值，一般均假设炸药在做功过程中没有热量损失，热能全部转变成机械功。按照热力学的定律，此种功值 A 可按下式计算：

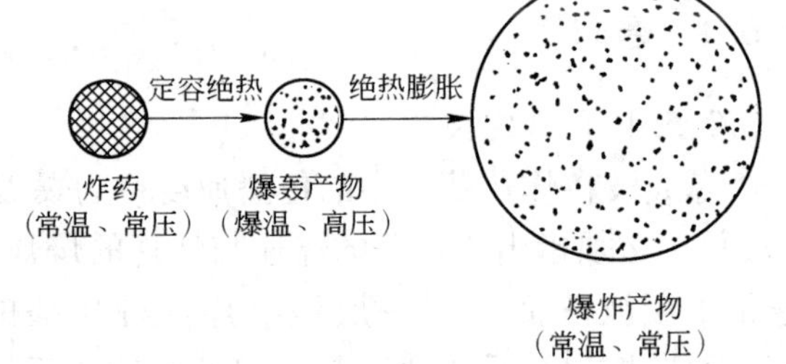

图 2-16　炸药爆炸做功示意图

$$A = \eta Q_v \tag{2-36}$$

$$\eta = 1 - \left(\frac{V_1}{V_0}\right)^{K-1}$$

式中　Q_v——炸药的爆热，J/mol；

η——热转变成功的效率；

V_1——爆炸产物膨胀前的体积，即等于爆炸前炸药的体积，L；

V_0——爆炸产物膨胀到常温时的体积，约等于炸药的比容，L/kg；

K——绝热指数。

上述关系式所表述的物理意义可以概括如下：

（1）炸药的最大做功能力与炸药爆热有关，它随爆热的增大而增大。

（2）炸药的实际做功能力，除爆热 Q_v 外，还与比容 V_0 有关。比容越大，效率越高。

（3）绝热指数：

$$K = \frac{C_p}{C_v} = \frac{C_v + R}{C_v} = 1 + \frac{R}{C_v} \tag{2-37}$$

其实，进行爆破作业时，实际的有效功只占其中很小部分，这是由于：

（1）炸药爆炸的侧向飞散，带走部分未反应的炸药。这部分损失叫化学损失，装药直径越小，化学损失相对越大。

（2）爆炸过程有热损失。如爆炸过程中的热传导、热辐射及介质的塑性变形等等，都造成热损失。这部分热损失往往占炸药总放热量的一半左右。

（3）一部分无效机械功消耗在岩石的振动、抛掷和在空气中形成空气冲击波上。

所以，剩下来的有效机械功一般只占炸药总能力的10%左右。在工程爆破中通常使用相对威力的概念，所谓相对威力系指以某一熟知炸药（如铵油炸药）的威力作为比较的标准。以单位重量炸药作比较的，称为相对重量威力；以单位体积炸药作比较的，则称为相对体积威力。在选用含水炸药作为设计爆破参数的依据时，一般以相对体积威力来衡量比较合适。

炸药做功能力的测定方法可见3.4.1.1小节内容。

2.5.3 猛度

炸药的猛度是指炸药爆炸瞬间，爆轰波和爆炸气体产物直接对与之接触的固体介质局部产生破碎的能力。炸药的猛度大小与炸药爆炸时能量能否集中释放出来有关，而炸药爆炸完成的时间长短取决于爆速。因此，猛度的大小主要取决于爆速，爆速越高，猛度越大，岩石被粉碎得越厉害。炸药猛度的实测方法一般采用铅柱压缩法。猛度的测定方法可见3.4.1.1小节内容。

2.5.4 殉爆

2.5.4.1 殉爆及其产生的原因

一个药包（卷）爆炸后，引起与它不相接触的邻近药包（卷）爆炸的现象，称为殉爆。殉爆在一定程度上反映了炸药对冲击波的感度。通常将先爆炸的药包称为主发药包，被引爆的后一个药包称为被发药包。前者引爆后者的最大距离叫做殉爆距离，一般以厘米计，它表示一种炸药的殉爆能力。在工程爆破中，殉爆距离对于确定分段装药、盲炮处理和合理的孔网参数等都具有指导意义。在炸药厂和危险品库房的设计中，它是确定安全距离的重要依据。

2.5.4.2 影响殉爆距离的因素

影响殉爆距离的因素如下：

（1）装药密度。装药密度对主发药包和被发药包的影响是不同的。实践证明，主发药包的条件给定后，在一定范围内，被发药包密度减小，殉爆距离增加。如图2-17所示，炸药品种为膨托尼特，药量50g。线1的主发药包密度为$1.5\mathrm{g/cm^3}$，线2为$1.0\mathrm{g/cm^3}$。

按“热点”的说法，可以认为炸药密度小，空隙多，在主发药包冲击波绝热压缩下，便于形成热点，也有利于主发药包的爆炸产物进入被发药包的表层内，容易导致被发药包的爆炸。

一般的说，随着主发药包密度增高，殉爆距离也增大。这是由于爆速和与之相关的产物流及冲击波的强度都随药包密度的增高而增大，而这些正是引爆被发药包的能源。

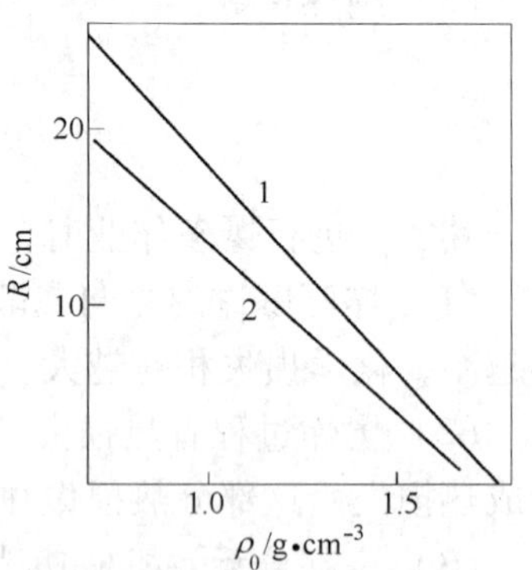

图2-17 被发药包密度对殉爆距离的影响

(2) 药量和药径。试验表明，增加药量和药径，将使主发药包的冲击波强度增大，被发药包接收冲击波的面积也增大，殉爆距离也就可以增大。

(3) 药包约束条件和连接方式。如果主发药包有外壳，甚至将两个药包用管子连接起来，由于爆炸产物流的侧向飞散受到约束，自然会增大被发药包方向的引爆能力，显著增大殉爆距离，而且殉爆距离随着外壳、管子材质强度的增加而进一步加大。

(4) 药包的摆放形式。药包的摆放涉及到冲击波与爆炸产物流的打击方向，对殉爆极有影响。在主发药包与被发药包轴线对正的情况下殉爆效果最好，如图2-18 (a) 所示。轴线垂直效果最差，可降低4~5倍之多，如图2-18 (b) 所示。

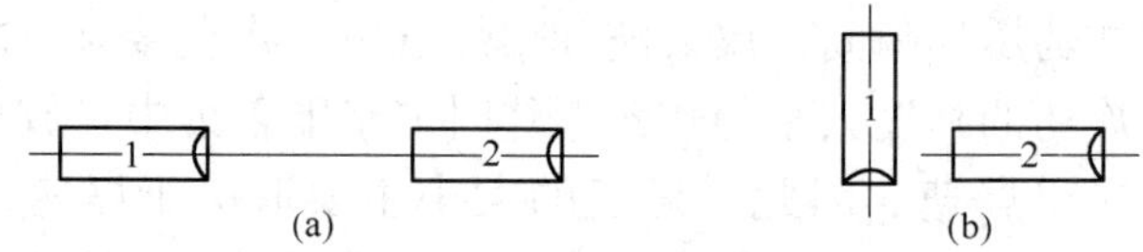

图2-18 药包摆放位置对殉爆的影响

1—主发药包；2—被发药包

(5) 惰性介质的性质。在不易压缩的介质中，冲击波容易衰减，因而殉爆距离较小。介质越稠密，冲击波在其中损失的能量越多，殉爆距离也就越小。

2.5.5 沟槽效应

2.5.5.1 沟槽效应现象

沟槽效应，也称管道效应、间隙效应，就是当药卷与炮孔壁间存在有月牙形空间时，爆炸药柱所出现的自抑制——能量逐渐衰减直至拒（熄）爆的现象。实践表明，在小直径炮孔爆破作业中，这种效应相当普遍地存在着，是影响爆破质量的重要因素之一。随着研究工作的不断深入，人们越是认识到这一问题的重要性。近年来我国和美国等均已将沟槽效应视为工业炸药的一项重要性能指标。测试结果表明，在各种矿用炸药中，乳化炸药的沟槽效应是比较小的，也就是说在小直径炮孔中，乳化炸药的传爆长度是相当长的。表2-7列出了我国EL系列乳化炸药和美国埃列克化学公司埃列米特系列炸药等的沟槽效应测试值。为便于比较，在表2-7中还同时列出了2号岩石铵梯炸药的沟槽效应值。

表 2-7　一些炸药的沟槽效应值

国　别	中　国			美　国			
炸药牌号及类型	EL 系列乳化炸药	EM 型乳化炸药	2 号岩石铵梯炸药	Iremite Ⅰ型铝粉敏化的浆状炸药	Iremite Ⅱ型乳化炸药	Iremite Ⅲ型晶型控制的浆状炸药	Iremite M 型硝酸甲胺敏化的浆状炸药
沟槽效应值（传爆长度）/m	>3.0	>7.4	>1.9	1~2	>3.0	3.0	1.5~2.5
试验条件	取内径为 42~43mm、长 3m 的聚氯乙烯塑料管（或钢管），然后将 ϕ32mm 的受试药卷一个连着一个地放入其中，用一只 8 号雷管起爆						

地下爆破作业中的沟槽效应已为人们所熟知。对于这种现象的通常解释是，爆炸产物压缩药卷和孔壁之间的间隙中的空气，产生冲击波，它超前于爆轰波并压缩药卷，抑制爆轰。与这一解释不同，美国埃列克化学公司的 M. A. 库克（Cook）和 L. L. 尤迪（Udy）等人对此进行了一系列试验后认为，沟槽效应是由药卷外部炸药爆轰产生的等离子体引起的。这就是说，炸药起爆后在爆轰波阵面的前方有一等离子层（离子光波），它对后面未反应的药卷表层产生压缩作用（见图 2-19），妨碍该层炸药的完全反应。等离子波阵面和爆轰波阵面分开得越大，或者等离子波越强烈，这个表层穿透得就越深，能量衰减得就越大。随着等离子波的进一步增强，就会引起后面药包爆轰的熄灭。利用图 2-20 所示的装置可以同时测出药卷爆炸时的爆轰速度和爆轰波阵面前方的离子光波的速度。图 2-21 所示的装置可以用来测定药卷的侧向压力和爆速，将炸药引爆后观察铝板被冲击的痕迹可确定有无沟槽效应及炸药传爆长度。测试结果表明，等离子光波的速度约为 4500m/s 左右。

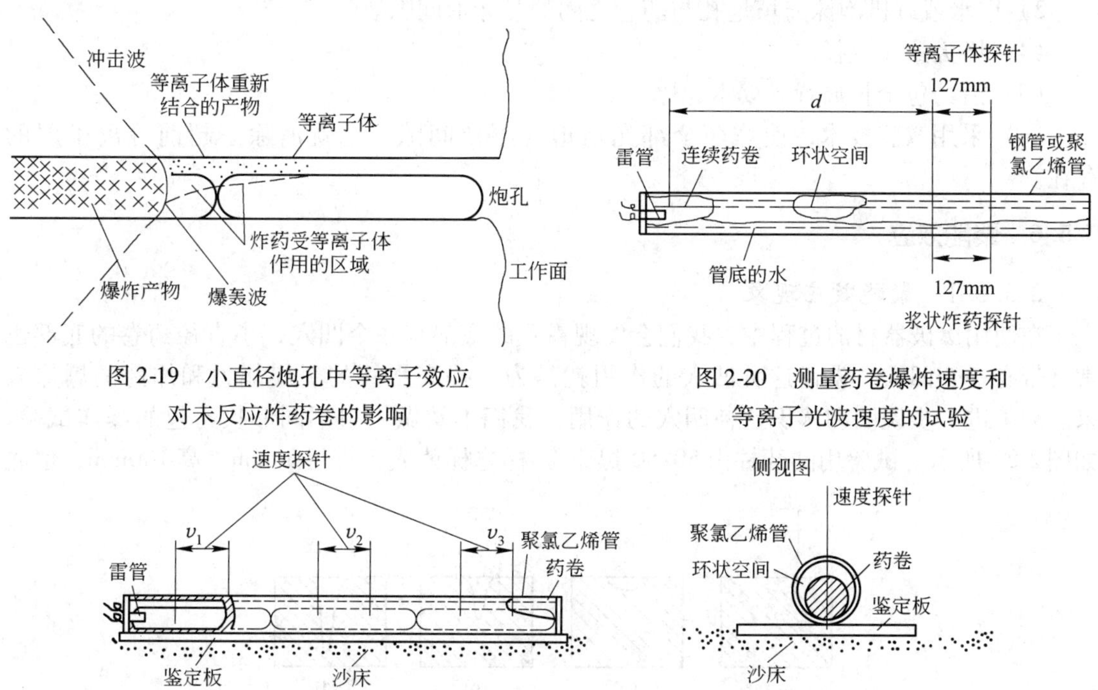

图 2-19　小直径炮孔中等离子效应对未反应炸药卷的影响

图 2-20　测量药卷爆炸速度和等离子光波速度的试验

图 2-21　测定侧向压力和爆速的试验示意图
（用宽 20.3cm × 长 122cm 的鉴定铝板进行）

上述两种关于沟槽效应的解释都是目前流行的，应该说也都有一定的实验依据，但都还需要进一步的发展完善。

2.5.5.2　沟槽效应的影响因素

一般来说，沟槽效应与炸药配方、物理结构，炸药包装条件和加工工艺有关。

（1）由于乳化炸药是用乳化技术制备的，使其具有极细的油包水型物理内部结构，氧化剂与可燃剂以近似分子大小的距离彼此紧密接触着，爆轰传递迅速，其爆速接近或超过等离子波的速度，等离子体的超前压缩作用不再存在。按照尤迪等人的理论，乳化炸药的沟槽效应是很小的，甚至是不存在的。但是对于含敏化气泡的乳化炸药，随着贮存时间的延长以及爆速等爆炸性能的衰减，其沟槽效应也会逐渐显著起来。

（2）实践表明，工艺控制条件的变更对乳化炸药的质量有着明显的影响。就沟槽效应而言，凡是能改善和增强乳化混合条件的工艺因素（如增大剪切强度），都能提高乳化炸药的质量，减少其沟槽效应。

（3）不同的包装条件也会影响乳化炸药的沟槽效应，例如增大药卷外壳的强度会使乳化炸药的沟槽效应显著减小，甚至消除。这是由于增强约束条件，不仅提高了乳化炸药的爆速，而且抵御了等离子体的压缩穿透作用。

研究结果表明，下列技术措施可以减小或消除沟槽效应，改善爆破效果：

（1）采用化学技术，选用不同的包装涂覆物，如柏油沥青、石蜡、蜂蜡等。

（2）调整炸药配方和加工工艺，以缩小炸药爆速与等离子体速度间的差值。

（3）堵塞等离子体的传播：

1）在炮孔中的每个药卷间插上一层塑料薄板或填上炮泥；

2）用水或有机泡沫充填炮孔与药卷之间的月牙形间隙。

（4）增大药卷直径。

（5）沿药包全长放置导爆索起爆。

（6）采用散装技术，使炸药全部充填炮孔不留间隙，也就消除了超前等离子层的存在。

2.5.6　聚能效应

2.5.6.1　聚能效应现象

在使用爆破器材的过程中，我们会发现雷管的底部有一个凹穴，小直径药卷的底部也常常带有一个凹穴，设置这种凹穴的作用就是为了提高雷管的引爆能力和炸药的爆炸效果。为了进一步说明和认识这种凹穴的作用，我们不妨做一组不同形状药包的爆炸试验，如图 2-22 所示。试验用的药柱由 50/50 黑索今-梯恩梯铸成，直径 30mm，高 100mm，但底

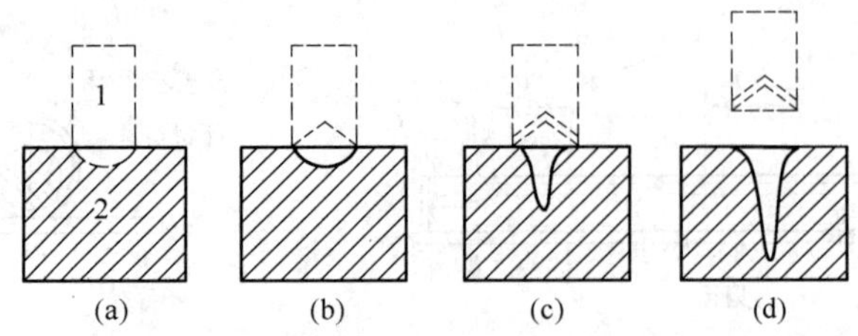

图 2-22　不同形状药包的爆炸试验

1—药柱；2—靶板

部形状不同，靶板均是中碳钢。

这些不同形状的药柱引爆后，其穿透钢板的作用效果是不相同的，如图 2-22 和表 2-8 所示。

表 2-8 不同底部形状的药包对靶板的穿透效果

试验号	药柱形状	药柱底与靶面距离/mm	穿透深度/mm
a	圆柱，平底	0	浅坑
b	圆柱，下有锥孔	0	6~7
c	圆柱，下有锥孔，有药型罩	0	80
d	圆柱，下有锥孔，有药型罩	70	110

上述试验结果说明，药包的特定形状可以使爆炸的能力在空间重新分配，大大增强了对某一个方向的局部破坏作用。这种底部具有锥孔（也叫聚能穴）的药包爆炸时对目标的破坏作用显著增强的现象称为聚能效应。

2.5.6.2 产生聚能效应的原因

为了解释聚能效应现象，我们研究一下爆轰产物的飞散过程，如图 2-23（a）所示。圆柱形药柱爆轰后，爆轰产物沿近似垂直原药柱表面的方向向四周飞散，作用于钢板部分的仅仅是药柱端部的爆轰产物，作用的面积等于药柱端部面积。而带锥孔的圆柱形药柱则不同，当爆轰波前进到锥体部分，其爆轰产物沿着锥孔内表面垂直的方向飞出。由于飞出速度相等，药形对称，爆轰产物要聚集在轴线上，汇聚成一股速度和压力都很高的气流，称为聚能流（见图 2-23（b）），它具有极高的速度、密度、压力和能量密度。无疑，爆轰产物的能量集中在靶板的较小面积上，在钢板上形成了更深的孔，这便是锥孔能够增强破坏作用的原因。

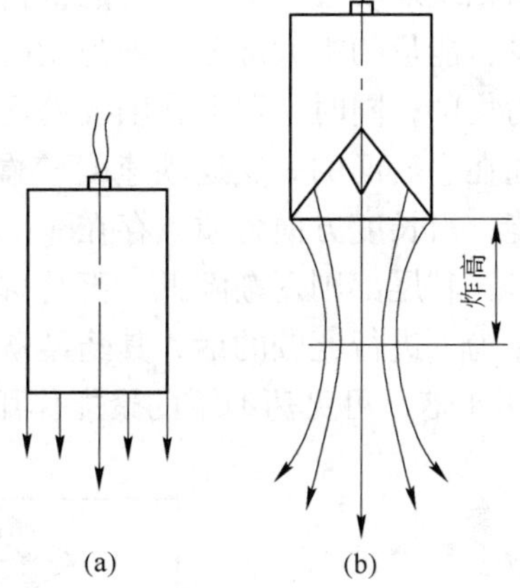

图 2-23 普通装药与聚能装药爆轰产物比较

试验表明，锥孔处爆轰产物向轴线汇集时，有下面两个因素在起作用：

（1）爆轰产物质点以一定速度沿近似垂直于锥面的方向向轴线汇集，使能量集中；

（2）爆轰产物的压力本来就很高，汇集时在轴线处形成更高的压力区，高压迫使爆轰产物向周围低压区膨胀，使能量分散。

由此可见，由于上述两个因素的综合作用，爆轰产物流不能无限地集中，而在离药柱端面某一距离处达到最大的集中，随后则又迅速地飞散开了。因此必须恰当地选择高度，以充分利用聚能效应。一般的说，对于聚能作用，能量集中的程度可用单位体积能量——能量密度 E 来衡量。爆轰波的能量密度可用下式表示：

$$E = \rho\left[\frac{p}{(n-1)\rho} + \frac{1}{2}u^2\right] = \frac{p}{n-1} + \frac{1}{2}\rho u^2 \tag{2-38}$$

式中 E——爆轰波的能量密度；

ρ——爆轰波阵面的密度，kg/m^3；

p——爆轰波阵面的压力，Pa；

u——爆轰波阵面的质点速度，m/s；

n——多方指数。

当取多方指数为 3 时，$p=\frac{1}{4}\rho_0 D^2$，$\rho=\frac{4}{3}\rho_0$，$u=\frac{D}{4}$，代入式（2-38）中，得：

$$E=\frac{1}{8}\rho_0 D^2+\frac{1}{24}\rho_0 D^2 \tag{2-39}$$

式中　ρ_0——炸药的密度，kg/m³；

D——炸药的爆速，m/s。

式（2-39）的左边第一项为位能，第二项为动能，也就是说，位能占 3/4，动能只占 1/4。而在聚能过程中，动能是能够集中的，位能则不能集中，反而起分散作用，所以只带锥孔的圆柱形药柱聚能流的能量集中程度不是很高。必须设法把能量尽可能转换成动能的形式，才能大大提高能量的集中程度。

实践表明，在药柱锥孔表面加一个药型罩（如铜、玻璃等）时，爆轰产物在推动罩壁向轴线运动过程中，就将能量传递给了药型罩。由于罩的可压缩性很小，因此内能增加很少，能量的极大部分表现为动能形式，这样就可避免高压膨胀引起的能量分散而使能量更为集中，同时，罩壁在轴线处汇聚碰撞时，使能量密度进一步提高，形成金属射流以及伴随在它后面的一支运动速度较慢的杵体。如图 2-24 所示，细长的金属射流具有很高的动能，沿长度方向各质点存在一个速度梯度，即端部速度很高，每秒达 7～8km，甚至上万米，其尾部则逐渐降低，至杵体只为 0.5～1.0km/s。如果将炸药爆轰波阵面的能量密度作为 1 进行比较的话，其药型罩壁的能量密度可达 1.4 倍，而射流端部的能量密度则高达 14.4 倍，可见药型罩的聚能作用是非常显著的。

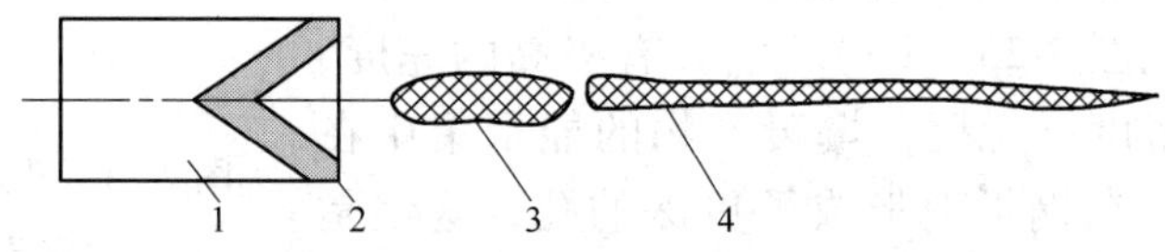

图 2-24　有罩聚能药包的射流与杵体

1—药柱；2—药型罩；3—杵体；4—射流

高速射流打在靶板上，其动量变成高达数十万乃至百万大气压的压力，相形之下，靶板材质（钢）的强度就变得微不足道了。我们不妨将金属射流的破甲，比拟为射流在液体中的高速运动。由此可见：

（1）聚能效应的产生在于能量的调整、集中，它只能改变药柱某个方向的猛度，而没有改变整个药包的总能量。

（2）由于金属射流的密度远比爆轰聚能流的密度大，能量更集中，所以有罩聚能药包的破甲作用比无罩聚能药包大得多，应用得也更多。

（3）金属射流和爆轰产物聚能流都需要一定的距离来延伸。能量最集中的断面总是在药柱底部外的某点，由此断面至锥底的距离称为炸高。对位于炸高处的目标，破甲效果最好。

第3章 爆破器材

3.1 工业炸药

在一定条件下，能够发生快速化学反应，放出能量，生成大量气体产物，显示爆炸效应的化合物或混合物称为炸药。众所周知，炸药是人们经常利用的二次能源，它不仅用于军事目的，而且广泛应用于国民经济各个部门，通常将前者称为军用炸药，后者称为工业炸药。

工业炸药又称民用炸药，是由氧化剂、可燃剂和其他添加剂等组分按照氧平衡的原理配制，并均匀混合制成的爆炸物。在矿山开采和工程爆破中利用其爆炸能量来做功，具有成本低廉、制造简单、应用方便等特点。近年来，随着工程爆破技术的广泛应用，工业炸药生产技术也得到迅速发展。

在工业炸药的组成中，通常氧化剂是硝酸铵；可燃剂是木粉、石蜡、地蜡、柴油类碳氢化合物。以往的工业炸药中通常添加单质炸药作敏化剂，有时根据特殊需要可加入少量铝粉、镁粉等。乳化炸药现已很少用单质炸药作敏化剂，通常采用微气泡敏化技术。

3.1.1 工业炸药的特点与分类

3.1.1.1 工业炸药的特点

工业炸药具有以下特点：

（1）爆炸性能好，有足够的爆炸威力以满足各种工程爆破对象的作业要求；

（2）具有较低的机械感度和适当的起爆感度，既能保证生产、贮存、运输和使用的安全，又能保证有效地被起爆；

（3）炸药组分配比为零氧平衡或接近零氧平衡，以保证爆炸产生较少的有毒气体；

（4）具有较高的热安定性、物理化学相容性和适当的稳定贮存期；

（5）使用方便，易于装药，炸药生产、使用过程中不会给人体和环境带来较大危害或污染；

（6）原料来源广泛，价格便宜，加工工艺简单，生产操作安全可靠，无污染。

3.1.1.2 工业炸药的分类

A 按炸药的应用范围和成分分类

a 起爆药

起爆药的特点是极其敏感，受外界较小能量作用立即发生爆炸反应，反应速度在极短的时间内增长到最大值。工业上通常用它来制造雷管，用以起爆其他类型的炸药。最常用的起爆药有二硝基重氮酚 $C_6H_2(NO_2)_2N_2O$（简称DDNP）、雷汞（$Hg(CNO)_2$）、叠氮化铅（$Pb(N_3)_2$）等，其中DDNP由于原料来源广泛、生产工艺简单、安全性好、成本较低，且具有较好的起爆性能，为目前国产雷管的主要起爆药。

b　猛炸药

与起爆药不同，这类炸药具有相当大的稳定性。也就是说，它们比较钝感，需要有较大的能量作用才能引起爆炸。在工程爆破中多数是用雷管或其他起爆器材起爆。猛炸药按组分又分为单质猛炸药和混合炸药。

（1）单质猛炸药。指化学成分为单一化合物的猛炸药，又称爆炸化合物。它的敏感度比起爆药低，爆炸威力大，爆炸性能好。工业上常用的单质猛炸药有 TNT、RDX、PETN、HMX、硝化甘油等，常用于做雷管的加强药、导爆索和导爆管药芯以及混合炸药的敏化剂等。

（2）混合炸药。由两种或两种以上独立的化学成分组成的爆炸性混合物，通常是硝酸铵作主要成分与可燃物混合而成。释放的能量比起爆药大。混合炸药是工程爆破中用量最大的炸药，它是开山、筑路、采矿等爆破作业的主要能源。

工业上常用的有粉状硝铵类炸药（如铵油炸药、膨化硝铵炸药、粉状乳化炸药等）、含水硝铵类炸药（如乳化炸药、水胶炸药、重铵油炸药）等。

（3）发射药。发射药的特点是对火焰极其敏感，可在敞开的环境下爆燃，而在密闭条件下爆炸，爆炸威力很弱；吸湿能力强，吸水后敏感性大大下降。常用的发射药有黑火药，它可用于制造导火索和矿用火箭弹。黑火药对于花岗岩等石材的爆破切割现在仍在应用。

（4）烟火剂。烟火剂基本上也是由氧化剂与可燃剂组成的混合物，其主要变化过程是燃烧，在极个别的情况下也能爆轰。烟火剂一般用来装填照明弹、信号弹、燃烧弹等。

B　按工业炸药的使用条件分类

a　第一类炸药

准许在一切地下和露天爆破工程中使用的炸药，包括有瓦斯和矿尘爆炸危险的矿山，又称安全炸药或煤矿许用炸药。

b　第二类炸药

一般可在地下或露天爆破工程中使用，但不能用于有瓦斯或煤尘爆炸危险的地方。

c　第三类炸药

专用于露天作业场所工程爆破的炸药。

用于地下作业场所工程爆破的炸药，对有害气体生成量有一定的限制，我国现行标准规定 1kg 井下炸药爆炸所产生的有毒气体不超过 80L。

C　按炸药的主要化学成分分类

a　硝铵类炸药

以硝酸铵为主要成分，加入适量的可燃剂、敏化剂及其他添加剂的混合炸药均属此类。这是目前国内外工程爆破中用量最大、品种最多的一类混合炸药。硝铵类炸药的品种很多，本教材将主要介绍乳化炸药（含粉状乳化炸药）、铵油炸药、水胶炸药、膨化硝铵炸药等几种我国现应用较广的工业炸药。

硝酸铵是硝铵炸药的主要原料，硝酸铵的分子式为 NH_4NO_3，可缩写为 AN，在炸药爆炸反应中提供氧。常温常压下，纯净硝酸铵为白色无结晶水晶体，工业硝酸铵通常由于含有少量铁的氧化物而略呈淡黄色。硝酸铵可以制成多种形状，工业炸药一般用粉状、粒状和多孔粒状硝酸铵。

硝酸铵本身是一种弱爆炸物，在强烈爆炸能作用下可以起爆。引爆后的爆速为2000～2700m/s，爆力为165～230mL。当迅速对其加热温度高于400～500℃时，硝酸铵分解并产生爆炸。硝酸铵具有强烈的吸湿作用，极易吸潮变硬，固结成块。

b 硝化甘油类炸药

以硝化甘油为主要爆炸成分，加入硝酸钾、硝酸铵作氧化剂，硝化棉为吸收剂，木粉为疏松剂，多种组分混合而成的混合炸药。就其外观来说，有粉状和胶状之分。掺入硝化乙二醇可增强其抗冻性能。硝化甘油炸药具有爆炸威力大，感度高，装药密度大等特点，适于小直径炮孔、坚硬矿岩和水下的爆破作业，但其安全性较差，炸药有毒，爆后生成的有毒气体量大，不易加工，且生产成本较高。

c 芳香族硝基化合物类炸药

凡含有苯及其同系物，如甲苯、二甲苯的硝基化合物以及苯胺、苯酚和萘的硝基化合物的炸药均属此类，如TNT等。这类炸药在我国工程爆破中用量不大。

D 按炸药的物理状态分类

按照炸药的物理状态又可将工业炸药分为粉状炸药、粒状炸药、乳化炸药和胶质炸药。

E 按联合国危险物品运输规定分类

为了安全地运输危险物品，联合国危险物品运输专家委员会将危险物品定义并分类，对于危险物品的包装方法、表征、捆扎、标识都做了规定，并以公告的形式予以发布。

在这个公告中，将危险物品划分为9个类别，火炸药等爆炸物品属于第一类别。在这个类别中又根据不同火炸药及装置所具有的特性不同而细分为6个级别，如表3-1所示。

表3-1 联合国危险物品运输分类公告中的Ⅰ类6个级别

等级1.1	具有大量爆炸危险的物质与装置。所谓大量爆炸系指能瞬时影响全部货物的爆炸
等级1.2	没有大量爆炸的危险，但具有飞散危险的物质与装置
等级1.3	没有大量爆炸的危险，但具有火灾和弱爆燃或飞散危险或者这两种危险都有的物质与装置。例如：（1）能放出大量辐射热的物质和装置；（2）能发生弱爆燃或者辐射热和弱爆燃两者同时发生，且又能逐渐燃烧的物质
等级1.4	没有显著爆炸危险的物质和装置。在这个级别中的物质和装置在运输过程中即使发生点火或点燃的情况，也只有小的危险。其影响基本上局限于包装内的物质，不会有更大程度或飞散碎片的影响。如果有外部火灾，运输物也不会引起瞬时的爆炸 （注：该级别中的物质和装置，在包装内偶有发火或外部火灾，只局限于内部而不损失包装。如由于外部火灾损伤了包装，也不能妨碍对运输物周围的灭火活动或其他非常措施，这样的装置应放到隔离区中）
等级1.5	具有大量爆炸危险，但非常钝感的物质和装置。在这个级别中的物质具有大量爆炸危险，但由于非常钝感，在通常运输状态下点火或点燃或者由燃烧转爆轰的可能性非常小 （注：在船舶中大量运输时，由燃烧转爆轰的可能性会增大）
等级1.6	没有大量爆炸危险，而且极其钝感的物质和装置。在这个级别中的物质是极其钝感的，可以不考虑其偶然点燃或传爆的可能性 （注：该级别中物质的危险只限于单个物品的爆炸）

3.1.1.3 工业炸药分类及其品种示例

工业炸药的分类及其品种示例如表3-2所示。

表3-2 工业炸药的分类、品种

炸药分类		炸药品种	备 注
硝化甘油类炸药		胶质硝化甘油炸药	有1号、2号、3号、4号等品种
		半胶质硝化甘油炸药	
		难冻胶质硝化甘油炸药	有1号、2号、4号等品种
		岩石粉状硝化甘油炸药	有1号、2号、3号等品种
铵梯类炸药①	岩石铵梯炸药	普通岩石铵梯炸药	有2号、3号等品种
		抗水岩石铵梯炸药	有2号、3号、4号等品种
	露天铵梯炸药	普通露天铵梯炸药	有1号、2号、3号等品种
		抗水露天铵梯炸药	有2号、3号等品种
	煤矿许用铵梯炸药	普通煤矿许用铵梯炸药	有2号、3号等品种
		抗水煤矿许用铵梯炸药	有2号、3号等品种
	岩石粉状铵梯油炸药	岩石粉状铵梯油炸药	有2号、4号等品种
		抗水岩石粉状铵梯油炸药	有2号、3号等品种
	煤矿许用粉状铵梯油炸药		
铵油类炸药	粉状铵油炸药	岩石粉状铵油炸药	有1号、2号、3号、4号等品种
		抗水岩石粉状铵油炸药	
	多孔粒状铵油炸药		
	重铵油炸药	乳化粒状铵油炸药	
	改性铵油炸药	改性铵油炸药	有1号、2号等品种
	铵松蜡炸药	铵松蜡炸药	有1号、2号等品种
	铵沥蜡炸药	岩石铵沥蜡炸药	有露天、岩石、煤矿许用等品种
膨化硝铵炸药		岩石膨化硝铵炸药	
		煤矿许用膨化硝铵炸药	有一级、二级煤矿许用品种
水胶炸药		岩石水胶炸药	有1号、2号等品种
		露天水胶炸药	有1号、2号等品种
		煤矿许用水胶炸药	有一级、二级、三级煤矿许用品种
乳化炸药		岩石乳化炸药	有1号、2号岩石乳化炸药
		露天乳化炸药	
		煤矿许用乳化炸药	有一级、二级、三级煤矿许用品种
		煤矿许用粉状乳化炸药	有一级、二级、三级煤矿许用品种
		硫化矿用乳化炸药	有耐低温、高密度、高威力、低爆速、高黏度乳化炸药等品种
现场混装炸药		现场混装铵油炸药	有岩石型、露天型品种
		现场混装乳化炸药	有岩石型、露天型、硫化矿用等品种
		现场混装水胶炸药	

续表 3-2

炸药分类	炸药品种	备 注
含退役火药的炸药	含火药粉状炸药	
	含火药浆状炸药	
	含火药水胶炸药	
	含火药乳化炸药	
	含火药多孔粒状铵油炸药	
	含双基火药乳化炸药	
其 他	太乳炸药、黏性炸药、液体炸药、铵铝炸药、铵磺炸药、铵锶炸药	

①我国已确定从2008年1月1日起停止生产，2008年6月30日后停止使用。

近几年我国工业炸药主要品种及产量见表3-3。其中，水胶炸药所占比重极小。

表3-3 近年来我国工业炸药主要品种及产量

年 份	工业炸药总产量 /10^4t	乳化炸药		铵油炸药		水胶炸药 /10^4t	铵梯炸药	
		年产量 /10^4t	所占比例 /%	年产量 /10^4t	所占比例 /%		年产量 /10^4t	所占比例 /%
2001	137.20	31.20	22.74	28.30	20.63		75.15	54.77
2002	156.08	39.20	25.12	32.80	21.01		81.31	52.11
2003	185.35	52.50	28.32	42.30	22.82		87.35	47.13
2004	216.07	69.70	32.26	52.60	24.34		90.40	41.84
2005	240.75	88.57	36.79	60.98	25.33		87.41	36.31
2006	260.69	109.30	41.93	72.75	27.91		74.32	28.51
2007	286.49	135.94	47.45	111.86	39.04	4.1442	33.18	11.58
2008	290.89	156.07	53.65	128.70	44.24		0.56	0.19
2009	296.09	168.24	56.82	94.19	31.81	3.9287		
2010	351.1	242.1	68.95	101.2	28.82	4.3		

3.1.2 常用工业炸药

3.1.2.1 铵油炸药

在我国，20世纪60年代采用结晶硝酸铵作为主要原料配制粉状铵油炸药，70年代末期研制成功多孔粒状硝酸铵，为多孔粒状铵油炸药的推广应用创造了条件。

铵油炸药是一种无梯炸药，主要成分是硝酸铵和轻柴油。为了减少铵油炸药的结块现象，可适量加入木粉作为疏松剂。铵油炸药的性能不仅取决于它的配比，也取决于它的生产工艺。

最适合作炸药的硝酸铵通常有两个品种：即细粉状结晶硝酸铵和多孔粒状硝酸铵。

A 铵油炸药主要特点

（1）成分简单，原料来源充足，成本低，制造使用安全。

（2）感度低，起爆较困难。

（3）铵油炸药吸潮及固结的趋势较为强烈。

B 铵油炸药品种

a 粉状铵油炸药

粉状铵油炸药中的粉状硝酸铵、柴油和木粉的含量按炸药爆炸反应的零氧平衡原则计算确定。考虑到制造设备条件和工程爆破作业的具体要求，各组分在一定的范围内可以调整。几种粉状铵油炸药的组分及性能指标见表3-4。

表3-4 几种粉状铵油炸药的组分、性能

成分与性能		1号铵油炸药	2号铵油炸药	3号铵油炸药
成分/%	硝酸铵	92±1.5	92±1.5	94.5±1.5
	柴 油	4±1	1.8±0.5	5.5±1.5
	木 粉	4±0.5	6.2±1	—
性能指标	药卷密度/g·cm^{-3}	0.9~1.0	0.8~0.9	0.9~1.0
	水分含量(不大于)/%	0.25	0.80	0.80
	爆速(不小于)/m·s^{-1}	3300	3800	3800
	爆力(不小于)/mL	300	250	250
	猛度(不小于)/mm	12	18	18
	殉爆距离(不小于)/cm	5	—	—

注：1号铵油炸药的测试药包的约束为内径40mm，长300mm的双层牛皮纸管。2号和3号铵油炸药的测试药包的约束为ϕ40mm的普通钢管（钢管光—40—YB234—64）。

b 多孔粒状铵油炸药

多孔粒状铵油炸药是由94.5%的多孔粒状硝酸铵和5.5%柴油混合而成，考虑到加工过程中柴油可能有部分挥发和损失，通常加6%的柴油。柴油一般采用6号、10号及20号轻柴油。北方严寒地区可用－10号柴油。

多孔粒状铵油炸药主要有以下几种加工方法：

（1）渗油法：按比例将柴油注入装有多孔粒状硝酸铵的袋子中，放置两天后可供使用。该方法简单易行，但混合不均。

（2）人工混拌法：将一定数量的多孔粒状硝酸铵放在平板上（可在爆破现场，亦可在固定工房），按比例喷洒柴油，用铝锹或木锹翻混2~3次，直接装入炮孔或装袋备用，此法混合均匀，但人工操作劳动强度大，效率低。

（3）机混法：采用圆盘给料机以及特制的混合机械按比例将多孔粒状硝酸铵与柴油混拌。该方法混合效率高且均匀。

（4）混装车制备法：采用粒状铵油炸药混装车在爆破现场直接混制并装孔。此法经济效益好，对大中型露天作业场所非常适用。

多孔粒状铵油炸药性能指标见表3-5。

表 3-5 多孔粒状铵油炸药性能指标

项 目		性能指标 包装产品	性能指标 混装产品
水分/%		≤0.30	
爆速/m·s^{-1}		≥2800	≥2800
猛度/mm		≥15	≥15
做功能力/mL		≥278	
使用有效期/d		60	30
炸药有效期内	爆速/m·s^{-1}	≥2500	≥2500
	水分/%	≤0.50	

c 改性铵油炸药

改性铵油炸药与铵油炸药配方基本相同，主要区别为其将组分中的硝酸铵、燃料油和木粉进行改性，使炸药的爆炸性能和储存性能明显提高。将复合蜡、松香、凡士林、柴油等与少量表面活性剂按一定比例加热熔化配制成改性燃料油。硝酸铵改性主要是利用表面活性技术降低硝酸铵的表面能，提高硝酸铵颗粒与改性燃料油的亲和力，从而提高了改性铵油炸药的爆炸性能和储存稳定性。它适合用于岩石爆破工程中。改性铵油炸药的组分、含量和性能指标如表 3-6、表 3-7 所列。

表 3-6 改性铵油炸药的组分、含量

组 分	硝酸铵	木 粉	复合油	改性剂
质量分数/%	89.8～92.8	3.3～4.7	2.0～3.0	0.8～1.2

注：1. 制造改性铵油炸药的硝酸铵应符合 GB 2945 的要求；

2. 木粉可用煤粉、碳粉、甘蔗渣粉等代替。

表 3-7 改性铵油炸药性能指标

炸药名称	有效期/d	殉爆距离/cm 浸水前	殉爆距离/cm 浸水后	药卷密度/g·cm^{-3}	猛度/mm	爆速/m·s^{-1}	做功能力/mL	可燃气安全度(以半数引火量计)/g	炸药爆炸后有毒气体含量/L·kg^{-1}	抗爆燃性	煤尘—可燃气安全度(以半数引火量计)/g
岩石型改性铵油炸药	180	≥3	—	0.90～1.10	≥12.0	≥3.2×10^3	≥298	—	≤100	—	—
抗水岩石型改性铵油炸药	180	≥3	≥2	0.90～1.10	≥12.0	≥3.2×10^3	≥298	—	≤100	—	—
一级煤矿许用改性铵油炸药	120	≥3	—	0.90～1.10	≥10.0	≥2.8×10^3	≥228	≥100	≤80	合格	≥80
二级煤矿许用改性铵油炸药	120	≥2	—	0.90～1.10	≥10.0	≥2.6×10^3	≥218	≥180	≤80	合格	≥150

注：抗水岩石型改性铵油炸药与非抗水岩石型改性铵油炸药的油相含量相同，仅油相成分不同。

3.1.2.2　乳化炸药（含粉状乳化炸药）

A　乳化炸药

乳化炸药是以氧化剂水溶液为分散相，以不溶于水、可液化的碳质燃料作连续相，借助乳化作用及敏化剂的敏化作用而形成的一种油包水（W/O）型特殊结构的含水混合炸药。

a　乳化炸药的主要成分及其作用

（1）氧化剂水溶液。绝大多数乳化炸药的分散相是由氧化剂水溶液构成，乳化炸药中氧化剂水溶液的主要作用是形成分散相和改善炸药的爆炸性能。通常使用硝酸铵和其他硝酸盐的过饱和溶液作氧化剂，它在乳化炸药占的重量百分率可达90%左右。加入其他硝酸盐如硝酸钠、硝酸钙的目的主要是要降低氧化剂溶液的“析晶点”。水的含量对炸药的能量及性能有明显的影响，过多的水分使炸药的爆热值因水分汽化而有所降低。经验表明，雷管敏化的乳化炸药的水分含量宜控制在8%～12%左右；露天大直径炮孔使用的可泵送的乳化炸药的水分含量一般为15%～18%。

（2）油相材料。乳化炸药的油相材料可广义的理解为一种不溶于水的有机化合物，当乳化剂存在时，可与氧化剂水溶液一起形成W/O型乳化液。油相材料是乳化炸药中的关键成分，其作用主要是：形成连续相；使炸药具有良好的抗水性；既是燃烧剂，又是敏化剂。同时对乳化炸药的外观、贮存性能有明显影响。含量为2%～6%为宜。

（3）乳化剂。乳化剂作用使油水相互相紧密吸附，形成比表面积很高的乳状液并使氧化剂同还原剂的耦合程度增强。经验表明，HLB（亲水亲油平衡值）为3～7的乳化剂多数可以用作乳化炸药的乳化剂，乳化炸药可含有一种乳化剂，也可以含有两种或两种以上的乳化剂。乳化剂的含量一般为乳化炸药总量的1%～2%。

（4）敏化剂。用在其他含水炸药中的敏化剂也可用在乳化炸药中，如单质猛炸药（梯恩梯、黑索今等）、金属粉（铝、镁粉等）、发泡剂（亚硝酸钠等）、珍珠岩、空心玻璃微球、树脂微球等都可以用作乳化炸药的敏化剂。因发泡剂、玻璃微球、树脂微球、珍珠岩的加入可调整炸药密度，所以又称密度调节剂。

（5）其他添加剂。包括乳化促进剂、晶形改性剂和稳定剂等，用量为0.1%～0.5%。

b　乳化炸药的主要特性

（1）密度可调范围较宽。根据加入含微孔密度降低材料数量的多少，炸药密度变化于0.8～1.45g/cm^{3}之间，可根据工程爆破的实际需要制成不同密度的品种。

（2）爆速和猛度较高。乳化炸药的爆速一般可达4000～5500m/s，猛度可达17～20mm。然而，由于乳化炸药含有较多的水，其爆力比铵油炸药低，故在硬岩中使用的乳化炸药大都加有热值较高的物质如铝粉、硫黄粉等。

（3）起爆感度高。乳化炸药通常可用8号雷管起爆。

（4）抗水性强。乳化炸药的抗水性比浆状炸药和水胶炸药更强。

表3-8中列出部分国产乳化炸药的组分与性能。表3-9为国标规定的乳化炸药性能指标。表3-10为澳大利亚澳瑞凯公司乳化炸药性能指标。

表 3-8 几种乳化炸药的组分与性能

炸药名称		EL 系列	RL-2	RJ 系列	MRY-3	CLH
组成成分/%	硝酸铵	63~75	65	53~80	60~65	50~70
	硝酸钠	10~15	15	5~15	10~15	15~30
	油相材料	2.5	2.8~5.5	2~5	3~6	2~8
	水	10	10	8~15	10~15	4~12
	乳化剂	1~2	3	1~3	1~2.5	0.5~2.5
	尿 素	—	2.5	—	—	—
	铝 粉	2~4	—	—	3~5	—
	密度调节剂	0.3~0.5	—	0.1~0.7	0.1~0.5	—
	添加剂	2.1~2.2	—	0.5~2.0	0.4~1.0	0~4; 3~15
性 能	猛度/mm	16~19	12~20	16~18	16~19	15~17
	爆力/mL	—	302~304	—	—	295~330
	爆速/$m \cdot s^{-1}$	4500~5000	3500~4200	4500~5400	4500~5200	4500~5500
	殉爆距离/cm	8~12	5~23	>8	8	—

表 3-9 国标规定的乳化炸药主要性能指标

项 目	指 标							
	露天乳化炸药			岩石乳化炸药		煤矿许用乳化炸药		
	现场混装无雷管感度	无雷管感度	有雷管感度	1号	2号	一级	二级	三级
药卷密度/$g \cdot cm^{-3}$	—	—	0.95~1.25	0.95~1.30		0.95~1.25		
炸药密度/$g \cdot cm^{-3}$	0.95~1.25	1.00~1.35	1.00~1.25	1.00~1.30		1.00~1.25		
爆速(不小于)/$10^3 m \cdot s^{-1}$	4.2	3.5	3.2	4.5	3.5	3.2		
猛度(不小于)/mm	—	—	10.0	16.0	12.0	10.0	10.0	8.0
殉爆距离(不小于)/cm	—	—	2	4	3	2	2	2
做功能力(不小于)/mL	—	—	240	300	260	220	220	210
摩擦感度/%	—	爆炸概率≤8						
撞击感度/%	—	爆炸概率≤8						
热感度	—	不燃烧不爆炸						
炸药爆炸后有毒气体含量/$L \cdot kg^{-1}$	—			≤60				
抗爆燃性	—			—		合格		
可燃气安全度	—			—		合格		
使用保证期/d	15	30	120	180		120		

表 3-10 澳大利亚澳瑞凯公司乳化炸药性能指标

项 目	包装产品						散装产品
	Senatel™ Magnum™	Senatel™ Magnafrac™	Senatel™ Powerfrag™	Powergel™ Buster™	Fortel™ Tempus™	Subtek™ Charge	Gold GT
炸药颜色	灰色	灰色	白色	白色	白色	—	—
密度/g · cm^{-3}	1.23	1.10 ~ 1.19	1.21	1.21	1.20 ~ 1.25	0.8 ~ 1.2	1.20
相对重量威力①/%	132	111	121	121	113	75 ~ 101	115
相对体积威力①/%	201	162	183	183	177	75 ~ 151	172
爆速②/m · s^{-1}	>4000	>3600	>3400	>3800	4300 ~ 6600	—	4400 ~ 6500
CO_2 生成量③/kg · t^{-1}	139	163	184	184	84	114 ~ 150	160
感 度	雷管感度	雷管感度	雷管感度	雷管感度	起爆弹感度	起爆弹感度	起爆弹感度
储存期/月	12	6	12	12	12		
最大预装药时间/d						7	7

①相对于 0.8g/cm^3、有效能量为 2.30MJ/kg 的铵油炸药而言；

②爆速是由炸药密度、炮孔直径、温度及约束条件决定，最低爆速是基于无约束条件下被引爆时测得的；

③CO_2 是一种主要的温室气体，表中数据是理想爆轰下计算值。

B 粉状乳化炸药

粉状乳化炸药又称乳化粉状炸药，它以含水较低的氧化剂溶液的细微液滴为分散相，特定的碳质燃料与乳化剂组成的油相溶液为连续相，在一定的工艺条件下通过强力剪切形成油包水型乳胶体，通过雾化制粉或旋转闪蒸使胶体雾化脱水，冷却固化后形成具有一定粒度分布的新型粉状硝铵炸药。粉状乳化炸药含水量一般在 3% 以下，因此其做功能力大于乳化炸药，由于其在制备的过程中颗粒中及颗粒间形成许多孔隙，使其具有较好的雷管感度和爆轰感度。这种炸药的颗粒具有 W/O 型特殊的微观结构，因而它具有良好的抗水性能，粉状乳化炸药兼具乳化炸药及粉状炸药的优点，其主要性能指标见表 3-11。

表 3-11 粉状乳化炸药的性能指标

性能指标 / 炸药名称	药卷密度 /g · cm^{-3}	殉爆距离（不小于）/cm	猛度（不小于）/mm	爆速（不小于）/m · s^{-1}	做功能力（不小于）/mL	炸药爆炸后有毒气体含量（不大于）/L · kg^{-1}	可燃气安全度（以半数引火量计，不小于）/g	抗爆燃性	撞击感度（不大于）/%	摩擦感度（不大于）/%
岩石粉状乳化炸药	0.85 ~ 1.05	5	13.0	3.4×10^3	300	80			15	8
一级煤矿许用粉状乳化炸药	0.85 ~ 1.05	5	10.0	3.2×10^3	240	80	100	合格	15	8
二级煤矿许用粉状乳化炸药	0.85 ~ 1.05	5	10.0	3.0×10^3	230	80	180	合格	15	8
三级煤矿许用粉状乳化炸药	0.85 ~ 1.05	5	10.0	2.8×10^3	220	80	400	合格	15	8

3.1.2.3 重铵油炸药

重铵油炸药又称乳化铵油炸药，是乳胶基质与多孔粒状铵油炸药的物理掺和产品。在掺和过程中，高密度的乳胶基质填充多孔粒状硝酸铵颗粒间的空隙并涂覆于硝酸铵颗粒的表面。这样，既提高了粒状铵油炸药的相对体积威力，又改善了铵油炸药的抗水性能。乳胶基质在重铵油炸药中的比例可由0～100%之间变化，炸药的体积威力及抗水能力等性能也随着乳胶含量的变化而变化。图3-1为重铵油炸药的相对体积威力与乳胶含量的关系。

图3-2为重铵油炸药的临界直径与乳胶含量的关系。由图示可知，随着重铵油炸药中乳胶含量的增加，炸药的临界直径逐渐增大，即炸药的起爆感度降低了。表3-12为重铵油炸药两种组分与性能的关系。

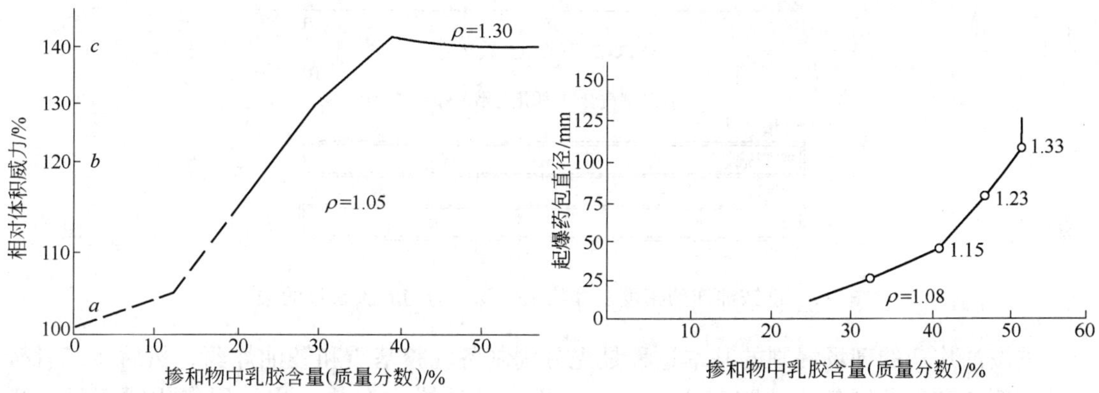

图3-1 重铵油炸药的体积威力与乳胶含量的关系
a—100%铵油炸药的体积威力；b—含5%铝粉的铵油炸药的相对威力；c—含10%铝粉的铵油炸药的相对体积威力

图3-2 重铵油炸药的临界直径与乳胶含量的关系

表3-12 重铵油炸药的性能与组分的关系

组分(质量分数)/%	乳胶基质	0	10	20	30	40	50	60	70	80	90	100
	ANFO	100	90	80	70	60	50	40	30	20	10	0
密度/$g\cdot cm^{-3}$		0.85	1.0	1.10	1.22	1.31	1.42	1.37	1.35	1.32	1.31	1.30
爆速/$m\cdot s^{-1}$ 药包直径127mm		3800①	3800	3800	3900	4200	4500	4700	5000	5200	5500	5600
膨胀功/4.1819$J\cdot g^{-1}$		908	897	886	876	862	846	824	804	784	768	752
冲击功/4.1819$J\cdot g^{-1}$							827					750
气体生成量/$mol\cdot kg^{-1}$		43.8	43.3	42.8	42.3	41.4	41.4	40.9	40.4	39.9	39.4	39.0
相对重量威力		100	99	98	96	95	93	91	89	86	85	83
相对体积威力		100	116	127	138	146	155	147	171	133	131	127
抗水性		无	同一天内可起爆			在无约束包装下，可保持3d起爆					无包装保持3d	
最小直径/mm		100	100	100	100	100	100	100	100	100	100	100

①实测值，其余为估算值。

重铵油炸药密度、爆热及体积威力与乳胶含量的关系见图3-3。

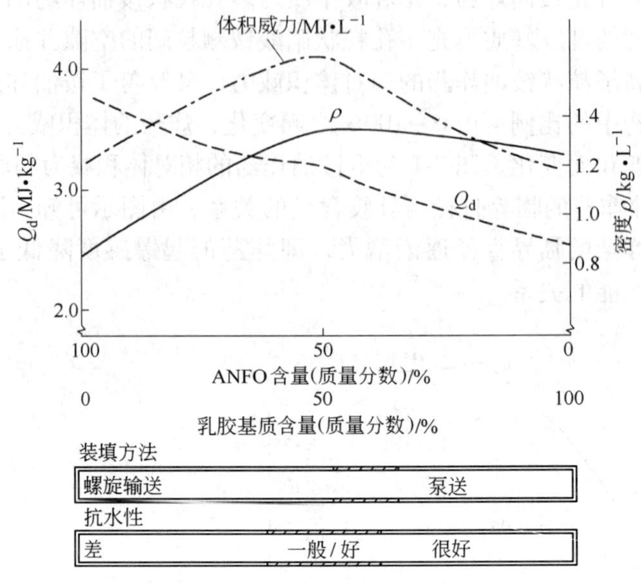

图3-3　重铵油炸药密度、爆热及体积威力与乳胶含量的关系

重铵油炸药的现场混制的基本过程是先分别制备乳胶基质和铵油炸药，然后将二者按设计比例掺和，所制备的乳胶基质可泵送至固定的储罐中存放，亦可用专用罐车运至现场，还可在车上直接制备。多孔粒状硝铵与柴油可铵94∶6的比例在工厂等固定地点混拌，亦可在混装车上混制。

3.1.2.4　水胶炸药

水胶炸药与浆状炸药、乳化炸药同属于抗水炸药。水胶炸药是在浆状炸药的基础上发展起来的，它是以硝酸甲胺为主要敏化剂的含水炸药，即由硝酸甲胺、氧化剂、辅助敏化剂、辅助可燃剂、密度调节剂等材料溶解、悬浮于有胶凝剂的水溶液中，再经化学交联而制成的凝胶状含水炸药。水胶炸药与浆状炸药的主要区别在于水胶炸药用硝酸甲胺为主要敏化剂，而浆状炸药敏化剂主要用非水溶性的火炸药成分、金属粉和固体可燃物。

水胶炸药的优点是：爆炸反应较完全，能量释放系数高，威力大；抗水性好；爆炸后有毒气体生成量少；机械感度和火焰感度低；储存稳定性好；成分间相容性好；规格品种多，特别是煤矿许用型可用于高瓦斯地区。但水胶炸药也有缺点：不耐压；不耐冻；易受外界条件影响而失水解体，影响炸药的性能；原材料成本较高，炸药价格较贵。

国标规定的水胶炸药主要性能指标见表3-13。

表3-13　水胶炸药主要性能指标（GB 18094—2000）

项　目	指　标					
	岩石水胶炸药		煤矿许用水胶炸药			露天水胶炸药
	1号	2号	一级	二级	三级	
炸药密度/g·cm^{-3}	1.05～1.30		0.95～1.25			1.15～1.35
殉爆距离/cm	≥4	≥3	≥3	≥2	≥2	≥3

续表 3-13

项目	指标					
	岩石水胶炸药		煤矿许用水胶炸药			露天水胶炸药
	1号	2号	一级	二级	三级	
爆速/m·s^{-1}	≥4.2×10^{3}	≥3.2×10^{3}	≥3.2×10^{3}	≥3.2×10^{3}	≥3.0×10^{3}	≥3.2×10^{3}
猛度/mm	≥16	≥12	≥10	≥10	≥10	≥12
做功能力/mL	≥320	≥260	≥220	≥220	≥180	≥240
炸药爆炸后有毒气体含量/L·kg^{-1}	≤80					
可燃气安全度			合格			
撞击感度	爆炸概率≤8%					
摩擦感度	爆炸概率≤8%					
热感度	不燃烧不爆炸					
使用保证期/d	270		180			180

注：1. 不具有雷管感度的炸药可不测殉爆距离、猛度、做功能力。

2. 以上指标均采用 ϕ32mm 或 ϕ35mm 的药卷进行测试。

表 3-14 列出几种国产水胶炸药的性能。表 3-15 为美国杜邦公司水胶炸药性能。

表 3-14 我国几种水胶炸药的性能

炸药名称		SHJ—K	1号	3号	W—20型
组分/%	硝酸盐	53~58	55~75	48~63	71~75
	水	11~12	8~12	8~12	5.0~6.5
	硝酸甲胺	25~30	30~40	25~30	12.9~13.5
	柴油或铝粉	3~4（铝）	—	—	2.5~3.0（柴）
	胶凝剂	2	—	0.8~1.2	0.6~0.7
	交联剂	2	—	0.05~0.1	0.03~0.09
	密度调节剂	—	0.4~0.8	0.1~0.2	0.3~0.9
	氯酸钾	—	—	—	3~4
	延时剂	—	—	0.02~0.06	—
	稳定剂	—	—	0.1~0.4	—
性能指标	密度/g·cm^{-3}	1.05~1.30	1.05~1.30	1.05~1.30	1.05~1.30
	爆速/m·s^{-1}	3500~4000	3500~4600	3600~4400	
	殉爆距离/cm	≥8	≥7	12~25	6~9
	爆力/mL	350	—	330	350
	猛度/mm	>15	14~15	12~20	16~18
	爆热/kJ·kg^{-1}	4205	4708	—	5006
	临界直径/mm	—	12	—	12~16

表 3-15 美国杜邦公司水胶炸药性能

产 品	直径/mm	密度/g · cm^{-3}	爆速/m · s^{-1}	抗水性	炮烟等级	雷管感度
Tovex 90	25.4 ~ 38.1	0.90	4300	好	1	有
Tovex 100	25.4 ~ 44.5	1.10	4500	极好	1	有
Tovex 200	25.4 ~ 44.5	1.10	4800	极好	1	有
Tovex 300	25.4 ~ 38.1	1.02	3400①	好	A	有
Tovex 500	44.5 ~ 102	1.23	4300	极好	1	有
Tovex 650	44.5 ~ 102	1.35	4500	极好	1	有
Tovex 700	44.5 ~ 102	1.20	4800	极好	1	有
Tovex 800	44.5 ~ 102	1.20	4800	极好	1	有
Tovex T—1	25.4	—	6700	好	3	有
Tovex P	51 ~ 102	1.10	4800	极好	1	有
Tovex C	袋装	—	—	极好	1	有
Tovex extra	102 ~ 204	1.33	5700	极好	—	无
Pourvex extra	89 和灌装	1.33	4900	极好	—	无
Drivex	38.1 和泵送	1.25	5300	极好	1	无

①无约束，其他为有约束。

3.1.2.5 膨化硝铵炸药

膨化硝铵炸药是指用膨化硝酸铵作为炸药氧化剂的一系列粉状硝铵炸药，其关键技术是硝酸铵的膨化敏化改性，膨化硝酸铵颗粒中含有大量的“微气泡”，颗粒表面被“歧性化”、“粗糙化”，当其受到外界强力激发作用时，这些不均匀的局部就可能形成高温高压的“热点”进而发展成为爆炸，实现硝酸铵的“自敏化”设计。膨化硝铵炸药的组分、性能指标分别见表 3-16、表 3-17。

表 3-16 膨化硝铵炸药的组分

炸 药 名 称	组分(质量分数)/%			
	硝酸铵	油 相	木 粉	食 盐
岩石膨化硝铵炸药	90.0 ~ 94.0	3.0 ~ 5.0	3.0 ~ 5.0	—
露天膨化硝铵炸药	89.5 ~ 92.5	1.5 ~ 2.5	6.0 ~ 8.0	—
一级煤矿许用膨化硝铵炸药	81.0 ~ 85.0	2.5 ~ 3.5	4.5 ~ 5.5	8 ~ 10
一级抗水煤矿许用膨化硝铵炸药	81.0 ~ 85.0	2.5 ~ 3.5	4.5 ~ 5.5	8 ~ 10
二级煤矿许用膨化硝铵炸药	80.0 ~ 84.0	3.0 ~ 4.0	3.0 ~ 4.0	10 ~ 12
二级抗水煤矿许用膨化硝铵炸药	80.0 ~ 84.0	3.0 ~ 4.0	3.0 ~ 4.0	10 ~ 12

注：1. 抗水煤矿许用膨化硝铵炸药与非抗水煤矿许用膨化硝铵炸药的油相含量相同，仅油相成分不同。

2. 岩石、露天膨化硝铵炸药的木粉可用煤粉替代。

表 3-17 膨化硝铵炸药的性能指标

炸药名称	性能指标：水分（质量分数）/%	殉爆距离/cm 浸水前	殉爆距离/cm 浸水后	猛度/mm	药卷密度/$g \cdot cm^{-3}$	爆速/$m \cdot s^{-1}$	做功能力/mL	保质期/d	保质期内殉爆距离/cm	保质期内水分/%	有害气体含量/$L \cdot kg^{-1}$	可燃气安全度	抗爆燃性
岩石膨化硝铵炸药	≤0.30	≥4	—	≥12.0	0.80～1.00	≥3.2×10^3	≥298	180	≥3	≤0.50	≤80	—	
露天膨化硝铵炸药	≤0.30	—	—	≥10.0	0.80～1.00	≥2.4×10^3	≥228	120	—	≤0.50	—	—	—
一级煤矿许用膨化硝铵炸药	≤0.30	≥4	—	≥10.0	0.85～1.05	≥2.8×10^3	≥228	120	≥3	≤0.50	≤80	合格	合格
一级抗水煤矿许用膨化硝铵炸药	≤0.30	≥4	≥2	≥10.0	0.85～1.05	≥2.8×10^3	≥228	120	≥3	≤0.50	≤80	合格	合格
二级煤矿许用膨化硝铵炸药	≤0.30	≥3	—	≥10.0	0.85～1.05	≥2.6×10^3	≥218	120	≥2	≤0.50	≤80	合格	合格
二级抗水煤矿许用膨化硝铵炸药	≤0.30	≥3	≥2	≥10.0	0.85～1.05	≥2.6×10^3	≥218	120	≥2	≤0.50	≤80	合格	合格

3.1.2.6 其他工业炸药

A 单质炸药

a 梯恩梯

梯恩梯（TNT）又叫三硝基甲苯，1863 年研制成功，1891 年发现其爆炸性能，从 1901 年起开始取代苦味酸用于军事上。

（1）梯恩梯的物理化学特征。梯恩梯的分子式为 $C_8H_2(NO_2)_3CH_3$，分子量 227。工业梯恩梯呈淡黄色鳞片状。精制梯恩梯的熔点为 80.7℃，凝固点为 80.2℃。工业品由于含有杂质，熔点和凝固点有所降低。

梯恩梯在 35℃很脆，35℃以上有一定的塑性，到 50℃则成为可塑体，利用这种可塑性，可以把梯恩梯压制成高密度的药柱。梯恩梯的吸湿性很小，在常温饱和湿度的空气中，其水分含量只有 0.05%。梯恩梯难溶于水，易溶于甲苯、丙酮、乙醇等有机溶剂中。

（2）梯恩梯主要爆炸性能：

1）爆发点：290～300℃。

2）撞击感度：4%～8%（锤重 10kg，落高 25cm，药量 0.03g，表面积 0.5cm^2）。

3）摩擦感度：摩擦摆试验，10 次均未爆炸。

4）起爆感度：最小起爆药量雷汞为 0.24g，叠氮化铅为 0.16g，二硝基重氮酚为 0.163g。

5）做功能力：285～330mL。

6）猛度：16～17mm（密度为$1g/cm^3$时）。

7）爆速：4700m/s（密度为$1g/cm^3$的粉状梯恩梯）。

8）比容：740L/kg。

9）爆热：992×4.1868kJ/kg。

10）爆温：2870℃。

（3）梯恩梯的毒性及质量标准。梯恩梯有毒，它的粉尘、蒸气主要是通过皮肤侵入人体内，其次是通过呼吸道，长期接触可能中毒。梯恩梯的质量标准见表3-18。

表3-18　梯恩梯的质量标准

项　目	质量标准		
	一　级	二　级	三　级
外　观	浅黄色或暗黄色鳞片状，无肉眼可见片状杂质，无浸湿现象杂质	黄色或黄褐色鳞片状，无肉眼可见片状杂质，无浸湿现象杂质	黄色到褐色粉末状鳞片或质量不超过200g的块，无肉眼可见片状杂质，无浸湿现象杂质
凝固点(不低于)/℃	80	77.5	75
酸度(按H_2SO_4,不大于)/%	0.01	0.03	0.1
水分及挥发性(不大于)/%	0.1	0.12	1.0
苯或甲苯不溶物(不大于)/%	0.1	0.1	1.0
四硝基甲烷含量	无	无	痕迹

b　黑索今

黑索今（RDX）是一种单质猛炸药，分子式为$C_3H_6N_6O_6$，分子量为222.12，外观为白色斜方结晶，有一定毒性，由浓硝酸与乌洛托品进行硝解反应制得的产品。在民用爆炸物品行业叫做工业黑索今，主要用作炸药制品（如起爆具、震源药柱的组分等）和导爆索芯药，以及工业雷管的二次装药。黑索今的基本特性如表3-19所列。

表3-19　黑索今的基本特性

理化性质	溶解性	不吸湿，室温下不挥发，不溶于水及四氯化碳等，微溶于乙醇、乙醚、苯、甲苯、氯仿、二硫化碳和乙酸乙酯等，易溶于丙酮、二甲基甲酰胺、环己酮、环戊酮及浓硫酸		
	熔点/℃	204（不小于200）	密度/$g\cdot cm^{-3}$	1.816
	分解温度/℃	180（密闭）	堆积密度/$g\cdot cm^{-3}$	0.7～0.9
	燃烧热/$kJ\cdot mol^{-1}$	2142.4	饱和蒸汽(82℃)/kPa	0.01
	氧平衡/%	-21.61		
燃烧爆炸危险性	危险特性	受热，接触明火、高热或受到摩擦振动、撞击时可发生爆炸，日光对黑索今无影响，但与重金属的氧化物混合形成不稳定的化合物		
	燃烧性	可　燃	燃烧分解产物	一氧化碳、二氧化碳、氮氧化物
	火灾危险分级	爆炸品		
	稳定性	稳　定	聚合危害	无
	爆热/$kJ\cdot kg^{-1}$	5145～6322	爆温/K	4150
	爆速/$m\cdot s^{-1}$	5980～8741	猛度/mm	24.9
	爆力/mL	480	爆燃点(5s延滞期)/℃	230
	撞击感度/%	80	摩擦感度/%	76
	安定性	黑索今的安全性很好，在常温下储存20年无变化		

c　太安

太安（PETN）是一种单质猛炸药，分子式为 $C_5H_8N_4O_{12}$，分子量为 316.17，是由浓硝酸与季戊四醇进行酯化反应生成季戊四醇四硝酸酯，再经丙酮重结晶后制得的产品。在民爆行业用作雷管装药和导爆索芯药等。太安的基本特性如表 3-20 所列。

表 3-20　太安的基本特性

<table>
<tr><td rowspan="5">理化性质</td><td>外观与性状</td><td colspan="4">白色结晶粉末</td></tr>
<tr><td>主要用途</td><td colspan="4">主要用于高效雷管炸药、导爆索的芯药；军事上用作小口径炮弹、导弹和反坦克弹的装药；医学上可用作扩张血管剂</td></tr>
<tr><td>溶解性</td><td colspan="4">不溶于水，微溶于乙醇、醚，溶于丙酮</td></tr>
<tr><td>熔点/℃</td><td>138 ~ 140</td><td>密度/$g \cdot cm^{-3}$</td><td colspan="2">1.773</td></tr>
<tr><td>分解温度/℃</td><td>205 ~ 215（爆炸）</td><td>饱和蒸气压(138.8℃)/kPa</td><td colspan="2">0.00933</td></tr>
<tr><td rowspan="6">燃烧爆炸危险性</td><td>危险特性</td><td colspan="4">受到撞击、摩擦时发生分解性爆炸；接触明火、高热或受到摩擦振动、撞击时可发生爆炸；与氧化剂能发生强烈反应，着火后会转为爆轰</td></tr>
<tr><td>燃烧性</td><td>易　燃</td><td>燃烧分解产物</td><td colspan="2">一氧化碳、二氧化碳、氮氧化物</td></tr>
<tr><td>建规火灾危险分级</td><td>甲</td><td>禁忌物</td><td colspan="2">强氧化剂</td></tr>
<tr><td>稳定性</td><td>不稳定</td><td>聚合危害</td><td colspan="2">无</td></tr>
<tr><td>爆热/$kJ \cdot kg^{-1}$</td><td>5895</td><td>爆速/$m \cdot s^{-1}$</td><td colspan="2">8400</td></tr>
<tr><td>爆燃点
(5s 延滞期)/℃</td><td>202</td><td>安定性</td><td colspan="2">安定性很好，
在常温下储存 20 年无变化</td></tr>
</table>

d　奥克托今

奥克托今（HMX）是一种单质猛炸药，分子式为 $C_4H_8N_8O_8$，分子量为 296.20，在民用爆炸物品行业用作雷管底药、导爆索芯和炸药制品（如起爆具、震源药柱的组分等）。其基本特性如表 3-21 所列。

表 3-21　奥克托今的基本特性

<table>
<tr><td rowspan="5">理化性质</td><td>外观与性状</td><td colspan="3">白色结晶粉末，有一定毒性</td></tr>
<tr><td>主要用途</td><td colspan="3">主要用于制造高能炸药和高能推进剂，导弹和反坦克弹的装药，也用于导爆管装药等</td></tr>
<tr><td>溶解性</td><td colspan="3">难溶于水，易溶于丙酮、乙酸乙酯、二甲基甲酰胺、环己酮</td></tr>
<tr><td>熔点/℃</td><td>282</td><td>密度(β 变体)/$g \cdot cm^{-3}$</td><td>1.96</td></tr>
<tr><td>氧平衡/%</td><td>-21.61</td><td></td><td></td></tr>
<tr><td rowspan="7">燃烧爆炸危险性</td><td>危险特性</td><td colspan="3">接触明火、高热或受到摩擦振动、撞击时可发生爆炸，着火后会转为爆轰</td></tr>
<tr><td>燃烧性</td><td>易　燃</td><td>燃烧分解产物</td><td>一氧化碳、二氧化碳、氮氧化物</td></tr>
<tr><td>建规火灾危险分级</td><td>甲</td><td>禁忌物</td><td>强氧化剂</td></tr>
<tr><td>稳定性</td><td>稳　定</td><td>聚合危害</td><td>无</td></tr>
<tr><td>爆热/$kJ \cdot kg^{-1}$</td><td>6092</td><td>爆速/$m \cdot s^{-1}$</td><td>9100</td></tr>
<tr><td>爆燃点(5s 延滞期)/℃</td><td>287</td><td>撞击感度/$kg \cdot m^{-1}$</td><td>0.75</td></tr>
<tr><td>安定性</td><td colspan="3">安定性很好，在常温下储存 20 年无变化</td></tr>
</table>

B　低爆速炸药

低爆速炸药系指一类极限爆速较低的炸药。低爆速炸药具有较大的极限直径，其极限爆速通常为 1500 ~ 2000m/s。在工程爆破中低爆速炸药主要应用于爆炸加工和岩土爆破中的光面爆破和预裂爆破等领域。

低爆速炸药的基本配方是在一种炸药中加入另一种与其相容的、广义的稀释剂，降低其爆速。稀释剂为重金属、重金属氧化物、微孔物质、人工充气气泡，甚至为爆速更低的可爆组分。表 3-22 列出了几种低爆速炸药配方及性能。

表 3-22　几种低爆速炸药配方及性能

工业炸药	配　方	密度 /g · cm^{-3}	爆速 /m · s^{-1}	装药直径 /mm	撞击感度/%
TY_1	87% 梯恩梯和 13% 矿物微粉	0.623	2090	22	98
TY_2	88% 梯恩梯和 12% 高分子树脂微粉	0.710	2370	22	50
RY_1	30% 黑索今和 20% 矿物微粉	0.637	3180	20	100
RY_2	75% 黑索今和 25% 高分子树脂微粉	0.335	1550	18	76
纤维炸药	70% 太安、22% 丁腈橡胶和 8% 纸浆	0.34	2740		
	75% 太安、17% 丁腈橡胶和 8% 纸浆	0.42	2990		
泡沫炸药	73% 太安和 27% 可发聚苯乙烯	0.069	1500		
粉状低密度炸药	66.7% 太安和 33.3% 树脂空心微球	0.141	2050		
粉状低爆速炸药	50% 2 号岩石硝铵炸药和 50% 黑火药	0.769	2010	32	60
	60% 2 号岩石硝铵炸药和 40% 黑火药	0.789	2278	32	48
液体低爆速炸药	80% 高氯酸脲水溶液和 20% 硝基甲烷	1.46	2000		
	90% 高氯酸脲水溶液和 10% 苦味酸	1.603	1900		

a　用于爆炸加工的低爆速炸药

泡沫炸药是以梯恩梯、黑索今、太安、硝化棉等作为爆炸组分，以高分子塑料做黏结剂，在制备过程中引入化学气泡使其固化后形成泡沫炸药。如此获得多孔性炸药密度为 0.08 ~ 0.8g/cm^3，爆速约 2000m/s。亦可在猛炸药梯恩梯或黑索今中加入稀释剂，组成系列低爆速炸药，其极限爆速分别为 2400m/s 和 2100m/s。这类炸药主要用于不同金属材料的爆炸焊接。

b　用于岩石爆破的低爆速炸药

在岩土爆破中，低爆速炸药主要应用于光面爆破、预裂爆破和振动敏感区爆破，澳大利亚 Orica 公司 2000 年推出的能量可变的 Novalite 系列炸药可作为岩石爆破低爆速炸药的一个典型实例。它包括 5 个品种，其密度变化范围列于表 3-23 中。

表 3-23　Novalite 炸药的密度与爆速

产品名称	密度/g · cm^{-3}	爆速/km · s^{-1}	产品名称	密度/g · cm^{-3}	爆速/km · s^{-1}
Novalite 1100	1.1	4.3	Novalite 450	0.45	2.7
Novalite 800	0.80	3.6	Novalite 300	0.30	2.2
Novalite 600	0.60	3.2			

应该说，在不含单质炸药的情况下，将炸药密度调节至0.3g/cm^3，且能保持稳定的爆轰状态，是低密度炸药技术的一个进步。该系列炸药在软岩爆破中获得了实际应用。特别是在预裂爆破、光面爆破和振动敏感区域爆破中使用获得了良好的爆破效果。

C 含高能添加物的工业炸药（工业含铝炸药、含高氯酸盐类炸药）

工业含铝炸药是在工业炸药中加入少数铝粉制成的工业炸药。铝粉在爆炸反应中的作用，是它在爆轰波阵面后的二次反应放出热量，从而增加爆热，提高爆炸威力。由于铝粉价格较贵，制成的炸药成本高，在工业上只能用在一些需要高威力炸药的特殊爆破场合。表3-24为几种工业含铝炸药的组成、含量和主要性能。

表3-24 工业含铝炸药的组成、含量和主要性能

炸药组分和性能	2号铵梯铝炸药	含铝膨化硝铵炸药	铵黑梯铝炸药
硝酸铵/%	80	90	30
梯恩梯/%	12		50
黑索今/%			15
铝粉/%	7	5	5
木粉/%		2	
复合油/%		3	
沥青/%	0.5		
石蜡/%	0.5		
装药密度/g·cm^{-3}	0.95~1.05		1.50
爆速/m·s^{-1}	4800	3637	6500~7000
威力/mL	430	385	450
猛度/mm	17		45
殉爆距离/cm	20	13	

工业含铝炸药自从1897年问世以来，在长期使用中证明了这类炸药具有较高的能量密度、较高的爆炸势能、良好的后燃效应和较长的爆轰反应区。相应研究出很多配方，并呈现出十分具有特色的性能。

3.1.2.7 煤矿许用炸药

A 煤矿许用炸药的特点

(1) 爆炸后不致引起矿井大气的局部高温，在保证做功能力的条件下，对其能量要有一定的限制，其爆热、爆温、爆压和爆速都要求低一些，使瓦斯、煤尘的发火率大大降低。

(2) 炸药应有较高的起爆敏感度和较好的传爆能力，以保证其爆炸的完全性和传爆的稳定性，炸药爆炸过程中爆轰不至于转化为爆燃。良好的传爆能力还可使爆炸产物中未反应的炽热固体颗粒和爆炸瓦斯的量大大减少，从而提高其安全性。

(3) 有毒气体的生成量应符合国家标准。炸药的氧平衡应接近于零，以确保其爆炸后生成较少的有毒气体。

(4) 组分中不能含有金属粉末，以防爆炸后生成炽热固体颗粒。

为使炸药具有上述特性，应在煤矿许用炸药组分中添加一定量的消焰剂，消焰剂主要是碱金属卤化物，如食盐、氯化钾、氯化铵或其他类似的物质。它们具有较强的极性和活性，能够有效地破坏或者束缚链反应中的活泼中心——自由基，破坏反应链传递。

B　煤矿许用炸药的分级和品种

a　煤矿许用炸药的分级

我国煤矿许用炸药按所含瓦斯安全性分为五级，各个级别许用炸药瓦斯安全性（巷道试验）的合格标准如下：

一级煤矿许用炸药：100g 发射臼炮检定合格，可用于低瓦斯矿井；

二级煤矿许用炸药：180g 发射臼炮检定合格，一般可用于高瓦斯矿井；

三级煤矿许用炸药：试验法 1：400g 发射臼炮检定合格；试验法 2：150g 悬吊检定合格；可用于瓦斯与煤尘突出矿井；

四级煤矿许用炸药：250g 悬吊检定合格；

五级煤矿许用炸药：450g 悬吊检定合格。

b　煤矿许用炸药的常用种类

根据炸药的组成和性质，煤矿许用炸药可分为 5 类。

（1）粉状硝铵类许用炸药。通常以硝酸铵为氧化剂，梯恩梯为敏感剂等组成的爆炸性混合物，多为粉状。

（2）含水炸药。这类炸药包括许用乳化炸药和许用水胶炸药。多数是二、三级品，少数可达四级煤矿许用炸药的标准。

煤矿许用含水炸药是近 30 年来发展起来的新型许用炸药。由于它们组分中含有较大量的水、爆温较低，有利于安全，同时调节余地较大，具有良好的发展前景。

（3）离子交换炸药。含有硝酸钠和氯化铵的混合物，称为交换盐或等效混合物。在通常情况下，交换盐比较安全，不发生化学变化，但在炸药爆炸的高温高压条件下，交换盐就会发生反应，进行离子交换，生成氯化钠和硝酸铵：

$$NaNO_3 + NH_4Cl \longrightarrow NaCl + [NH_4NO_3] \longrightarrow 2H_2O + N_2 + \frac{1}{2}O_2 \qquad (3\text{-}1)$$

在爆炸瞬间生成的氯化钠，作为消焰剂高度弥散在爆炸点周围，有效地降低爆温和抑制瓦斯燃烧；与此同时生成硝酸铵，则作为氧化剂加入爆炸反应。

（4）当量炸药。盐量分布均匀，而且安全性与被筒炸药相当的炸药称为当量炸药。当量炸药的含盐量要比被筒炸药高，爆力、猛度和爆热远比被筒炸药低，正常爆轰时具有很高的安全性。几种当量炸药的配方和性能如表 3-25 所示。

表 3-25　几种当量炸药的配方和性能

炸药品种		1	2	3	4	5
组成/%	硝酸酯	8.0	10.0	5.0		
	胶　棉	0.1	0.1	0.05		
	硝酸铵	44.9	41	56.95	48.0	56.0
	梯恩梯	3.0		5.0	4.0	7.4
	木　粉	4.0	4.9	3.0	4.0	3.3
	食　盐	40.0	44	30.0	40.0	33.3
	黑索今				4.0	

续表 3-25

炸药品种		1	2	3	4	5
爆炸性能	爆速/m·s^{-1}	1650	1700			2340
	猛度/mm	7.5	6.7	9.8	8.5~9.1	8~9
	殉爆距离/cm	8	12	12	4~6	4~6
	爆力/mL	177	161	171	140~145	190

（5）被筒炸药。用含消焰剂较少、爆轰性能较好的煤矿硝铵炸药作药芯，其外再包覆一个用消焰剂做成的“安全被筒”。这样的复合装药结构，就是通常所说的“被筒炸药”。当被筒炸药的药芯爆炸时，安全被筒的食盐被炸碎，并在高温下形成一层食盐薄雾，笼罩着爆炸点，更好地发挥消焰作用。因而这种炸药可用在瓦斯和煤尘突出矿井。被筒炸药整个炸药的消焰剂含量可高达50%。

3.2 起爆器材

3.2.1 工业雷管

工程爆破中常用的工业雷管有火雷管、电雷管和导爆管雷管等。电雷管又有普通电雷管、磁电雷管、数码电子雷管。在普通电雷管中又有瞬发电雷管、秒与半秒延期电雷管、毫秒延期电雷管等品种。数码电子雷管和磁电雷管是新近发展起来的新品种，代表着当今工业雷管的发展方向，应该引起我们的注意。

3.2.1.1 火雷管

在工业雷管中，火雷管是最简单的一种品种，但又是其他各种雷管的基本部分。火雷管的起爆系统由火雷管与导火索组成，它是在雷管装药的基础上插上导火索构成。火雷管依靠导火索发火冲能而被引爆。火焰通过传火孔点燃起爆药，起爆药在加强帽的约束作用下迅速完成由燃烧到爆轰的转变，引爆下层猛炸药。火雷管由管壳、第二次装药（正起爆药）、第一次装药（副起爆药）和加强帽等几个部分组成，其结构简图如图3-4所示。

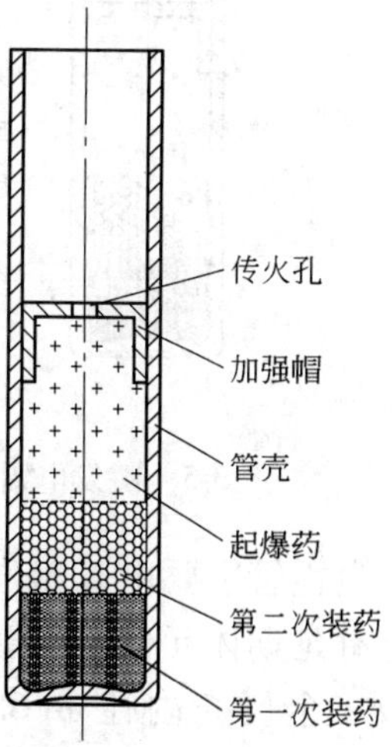

图3-4 火雷管主装药结构简图

火雷管用导火索来引爆，方法虽简单灵活，但不能延期，具有一定的危险性。国家爆破器材主管部门已明令淘汰火雷管，并禁止在爆破作业中使用。

3.2.1.2 电雷管

电雷管是指利用电点火元件点火起爆的雷管。

A 电雷管分类

电雷管按通电后延期起爆时间不同以及是否允许用于有瓦斯或煤尘爆炸危险的作业面进行分类，如表3-26所示。

表 3-26　电雷管分类

<table>
<tr><td rowspan="7">电雷管</td><td rowspan="2">瞬发电雷管</td><td colspan="2">普通瞬发电雷管</td></tr>
<tr><td colspan="2">煤矿许用瞬发电雷管</td></tr>
<tr><td rowspan="5">延期电雷管</td><td rowspan="4">普通延期电雷管</td><td>秒延期电雷管</td></tr>
<tr><td>半秒延期电雷管</td></tr>
<tr><td>1/4 秒延期电雷管</td></tr>
<tr><td>毫秒延期电雷管</td></tr>
<tr><td>煤矿许用毫秒延期电雷管</td><td>1～5 段毫秒延期电雷管</td></tr>
</table>

B　电雷管结构

瞬发电雷管和延期电雷管的结构简图如图 3-5 和图 3-6 所示。

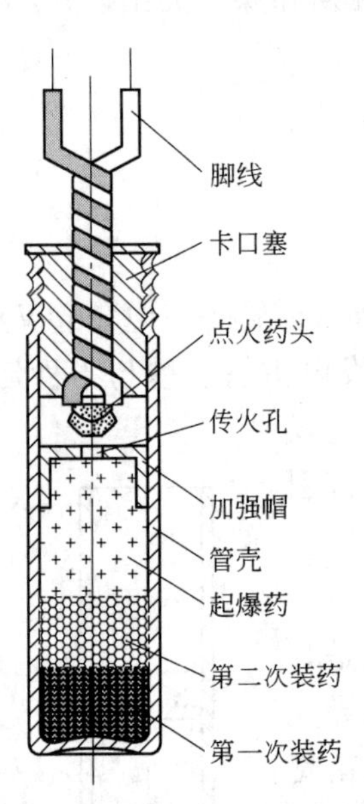

图 3-5　瞬发电雷管结构简图

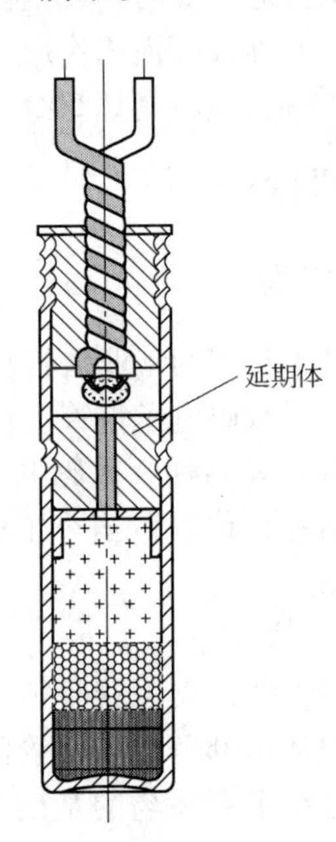

图 3-6　延期电雷管结构简图

电雷管主要由五部分组成：管壳、电点火系统、加强帽、起爆药和猛炸药，延期电雷管还有延期体元件。电雷管管壳材料有铜、铁、铝等。金属制管壳主要是通过冲压、拉拔而成，金属壳内径 $\phi(6.20 \pm 0.02)$mm，外径为 $\phi(6.60 \pm 0.02)$mm，管壳长度为 45～66mm；加强帽主要是由金属冲压而成，加强帽内径 $\phi(5.60 \pm 0.02)$mm，外径 $\phi(6.15 \pm 0.02)$mm，长度为 5～13mm，传火孔直径为 2～3mm；起爆药主要有叠氮化铅、二硝基重氮酚等；猛炸药有黑索今、太安及其他混合物，一般要加入钝感剂和黏合剂造粒而成。

C　电雷管工作原理

电雷管接通电流，使得桥丝发热，引燃点火药（延期雷管中点火药直接引燃延期体，再由延期体火焰引爆起爆药），点火药的燃烧火焰通过传火孔引燃起爆药，起爆药在加强帽的约束作用下迅速地由燃烧转为爆轰，从而起爆下方的猛炸药，完成雷管最终能量的输出，起爆炸药。

电发火系统：电雷管的电发火系统按照转变电能和点燃引火头的方法不同可分为三类：

第一类：桥丝炽热式点火系统。它是通过桥丝通电发热引起桥丝周围点火药发火。引火药头被引燃所需的热量，由焦耳-楞次定律计算出，如式（3-2）所示。

$$Q = 0.24I^2RT \tag{3-2}$$

式中　Q——引火药头被引燃所需热量，J；

I——通过桥丝的电流，A；

R——桥丝电阻，Ω；

T——通电时间，s。

电桥丝直径一般为0.024～0.05mm，长度为4～5mm。桥丝炽热式点火系统根据引火药的不同又可分为：引火头式电引火和桥丝直接插入起爆药中（二硝基重氮酚）引火两种方式；根据桥丝电阻又分为：低电阻电引火（0.5Ω）、中电阻电引火（0.6～3.0Ω）、高电阻电引火（50～150Ω），中电阻电引火方式所需功率最小，但是不能避免杂散电流引起的误爆炸，前后两种尽管所需功率较大，但能避免杂散电流的影响。

第二类：导电引燃药炽热式电点火系统。这是由两个电极及导电引燃药组成。引燃药呈滴状黏附在电极上，通过在引燃药中加入金属粉（不抗杂散电流）或石墨粉使得引燃药导电。

第三类：火花式电点火系统。这是由两个电极和不导电引燃药组成。电极间距在0.1～0.5mm内，其工作原理是通过电极放电而点燃引火药。由于所需电压太高和检测困难，极少使用。

电发火系统的引燃药必须足够安全（引燃药未受电冲能时，其组分不会发生反应或引燃药与桥丝之间不会发生反应）、具有合适的感度（不会由于轻微摩擦发火等）、燃烧稳定、燃烧火焰具有足够的烧灼性，确保雷管起爆。

煤矿中含有大量的瓦斯气体和煤矿粉尘，对雷管、炸药爆炸火焰具有严格的限制。煤矿许用雷管的最后一段延期不得超过130ms，严禁使用半秒延期或秒延期，这是因为采煤爆破后，瓦斯从新的自由面或崩落的煤块中不断涌出，经测定炸药爆炸后160ms，瓦斯浓度达0.3%～0.95%；360ms时瓦斯浓度达0.35%～1.6%，局部浓度更高，因此当总延期时间过长时，瓦斯浓度可能超限，这样起爆后很容易引发瓦斯爆炸事故。煤矿瓦斯爆炸参数：瓦斯浓度在5%～16%、氧气浓度不低于12%时，瓦斯气体遇火即会发生爆炸。

3.2.1.3　导爆管雷管

A　导爆管

塑料导爆管是内壁附有极薄层炸药和金属粉末的空心塑料软管。导爆管受到一定强度的激发冲能作用后，管内出现一个向前传播的爆轰波。爆轰波使得前沿炸药粉末受到高温高压作用发生爆炸，爆炸的能量一部分用于剩余多项炸药的反应，一部分用于维持爆轰波的温度和压力，使其稳定地向前传播。导爆管可以从轴向引爆，也可以从侧向引爆。轴向引爆是指把引爆源对准导爆管管口，侧向起爆是指把爆炸源设置在导爆管管壁外方，在爆破工程中导爆管网路侧向起爆还分为正向起爆和反向起爆，一般聚能穴宜采用反向起爆，防止聚能穴打断导爆管从而发生拒爆现象，导爆管的连接一般采用连通器或者雷管捆扎多根导爆管簇方式。

（1）导爆管分类和代号。不同型号的导爆管所用塑料材料不尽相同，颜色也不同。导爆管按其抗拉性能分为普通导爆管和高强度导爆管两大类，导爆管的代号如图 3-7 所示。

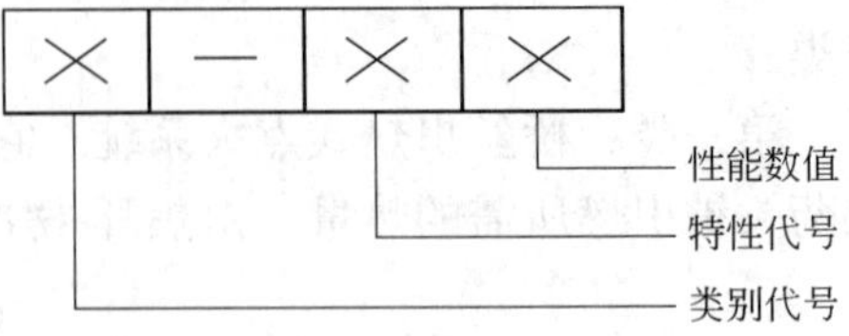

图 3-7　导爆管代号

普通导爆管的类别代号为 DBGP，高强度导爆管的类别代号为 DBGG。特性代号用特性名称前两个字母汉语拼音的第一个字母（大写）表示，常用特性代号见表 3-27 所示。

表 3-27　导爆管常用特性代号示例

特　性	耐　温	耐硝酸铵溶液	耐乳化基质	抗　油	变　色
代　号	NW	NX	NR	KY	BS

（2）导爆管装药结构。涂抹在塑料导爆管内壁上的混合粉末通常为奥克托金、黑索今等猛炸药，少量铝粉和少量变色工艺附加物组成的混合粉末。每米导爆管药量为 14 ~ 18mg，爆速为 1600 ~ 2000m/s。

（3）高强度导爆管。与普通型导爆管相比，高强度导爆管主要从两个方面进行改进：一是对管壁材料进行改性，提高管壁材料强度；二是利用复合层管壁材料。其中复合层管壁导爆管主要有双层导爆管（如图 3-8 所示）、三层导爆管和多层导爆管（如图 3-9 所示）。同时多层导爆管在抗水性能、抗油性能和耐温性能上也会有相应提高。

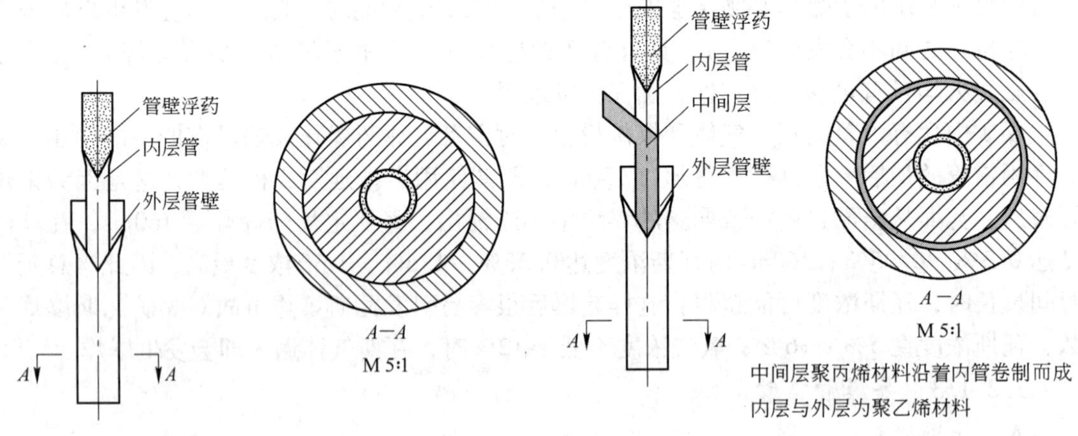

图 3-8　双层导爆管结构简图　　图 3-9　三层导爆管和多层导爆管结构简图

（4）导爆管使用注意事项：

1）不得在有瓦斯、煤尘等易燃易爆气体和粉尘的场合使用；

2）连接导爆管网路时，导爆管簇被雷管激爆的根数应不超过 20 根，具体根数依相应雷管的起爆能力而定，网路连接前应做实验确定；

3）导爆管簇被捆扎雷管激爆时，宜采用反向起爆，或者正向起爆时在聚能穴上用胶布或炮泥堵上，以减少飞片对前方导爆管的损伤；

4）爆区太大或延期较长时，防止地面延时网路被破坏；

5）高寒地区塑料硬化会影响导爆管的传爆性能。

B 导爆管雷管

导爆管雷管是指利用导爆管传递的冲击波能直接起爆的雷管，由导爆管和雷管组装而成。导爆管雷管是瑞典诺贝尔炸药公司于1973年提出的塑料导爆管系统而出现的。导爆管受到一定强度的激发能作用后，管内出现一个向前传播的爆轰波，当爆轰波传递到雷管内时，导爆管端口处发火，火焰通过传火孔点燃雷管内的起爆药（或火焰直接点燃延期体，然后延期体火焰通过传火孔点燃起爆药），起爆药在加强帽的作用下，迅速完成燃烧转爆轰，形成稳定的爆轰波，爆轰波再起爆下方猛炸药，从而引爆雷管。导爆管雷管具有抗静电、抗雷电、抗射频、抗水、抗杂散电流的能力，使用安全可靠，简单易行，因此得到了广泛应用。

（1）导爆管雷管结构。瞬发导爆管雷管结构如图3-10所示，延期导爆管雷管结构如图3-11所示。

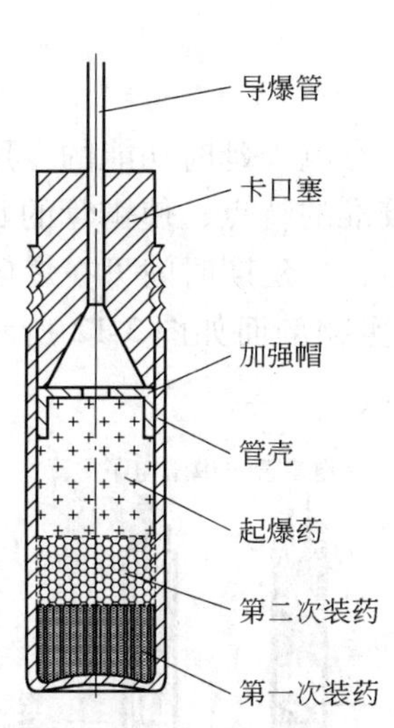

图3-10 瞬发导爆管雷管结构简图

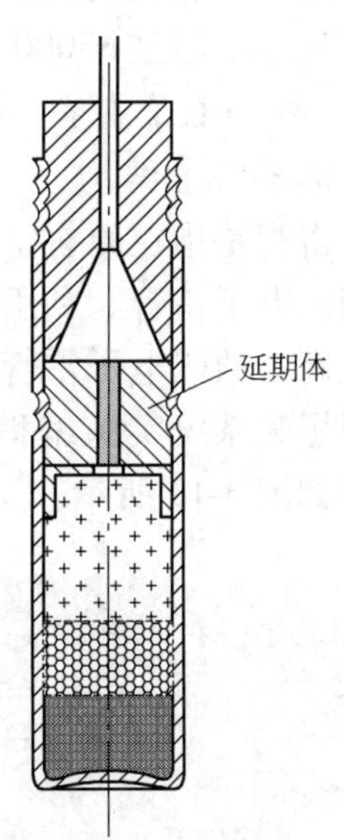

图3-11 延期导爆管雷管结构简图

导爆管雷管主要由导爆管、卡口塞、加强帽、起爆药、猛炸药、管壳组成。

（2）导爆管雷管分类和命名。导爆管雷管按抗拉性能分为普通型导爆管雷管和高强度型导爆管雷管；按延期时间分为毫秒延期导爆管雷管，1/4秒延期导爆管雷管，半秒延期导爆管雷管和秒延期导爆管雷管。导爆管雷管的命名按WJ/T 9031的规定执行。

（3）导爆管雷管的起爆性能测试。6号导爆管雷管应能炸穿厚度为4mm的铅板，8号导爆管雷管应能炸穿厚度为5mm的铅板，穿孔直径应不小于雷管外径。

（4）导爆管雷管检验。

1）检验分类。导爆管雷管的检验分为型式检验和出厂检验。

2）检验项目。检验项目见表3-28。

表 3-28　检验项目

序　号	检验项目	型式检验	出 厂 检 验	
			逐批检验	周期检验
1	外　观	√	√	—
2	导爆管长度	√	√	—
3	抗震性能	√	√	—
4	起爆能力	√	√	—
5	抗水性能	√	—	√
6	抗拉性能	√	—	√
7	延期时间	√	√	—
8	抗油性能	√	—	√

注：“√”表示必检项目；“—”表示不检项目。

3）组批规则。提交检验批应由以基本相同的材料、结构、工艺、设备等条件制造的产品组成，批量应不超过35000发。

3.2.1.4　数码电子雷管

A　数码电子雷管结构

数码电子雷管是指在原有雷管装药的基础上，采用具有电子延时功能的专用集成电路芯片实现延期的电子雷管。利用电子延期精确可靠、可校准的特点，使雷管的延期精度和可靠性极大提高，数码电子雷管的延期时间可精确到1ms，且延期时间可在爆破现场由爆破作业人员对爆破系统实施编程设定和检测。数码雷管实物剖面如图3-12所示，电子雷管的结构简图如图3-13所示。

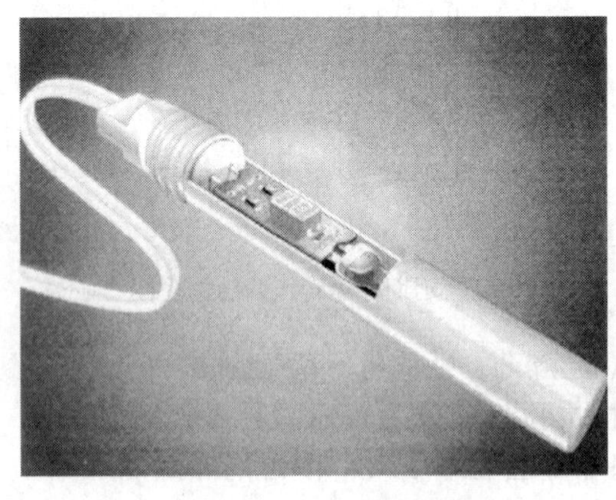

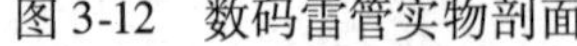

图3-12　数码雷管实物剖面

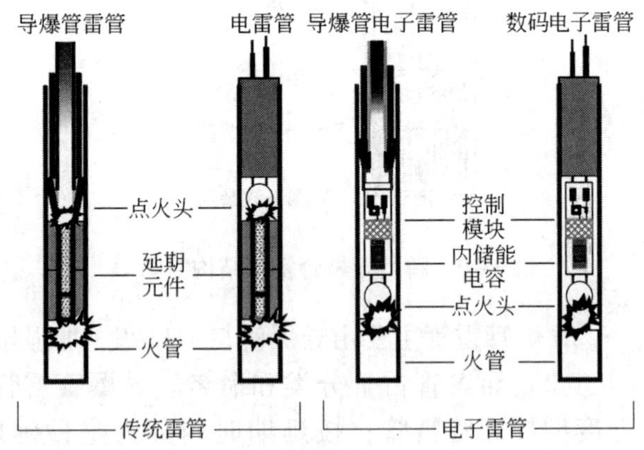

图3-13　传统雷管与电子雷管结构简图

由图3-13可知电子雷管与传统雷管的不同之处在于延期结构和点火头的位置，传统雷管采用化学物质进行延期，电子雷管采用具有电子延时功能的专用集成电路芯片进行延期；传统雷管点火头位于延期体之前，点火头作用于延期体实现雷管的延期功能，由延期体引爆雷管的主装药部分，而电子雷管延期体位于点火头之前，由延期体作用到点火头上，再由点火头作用到雷管主装药上。

数码电子雷管的初始能量来自于外部设备加载在雷管脚线上的能量，电子雷管的操作过程（如：写入延期时间、检测、充电、启动延期等）由外部设备通过加载在脚线上的指令进行控制，如：隆芯1号电子雷管、ORICA的I-KON等。

数码雷管必须使用专用的起爆器引爆。起爆器的控制逻辑比编码器高一个级别，它能够触发编码器，反之则不能。起爆网路编程与触发起爆所必需的程序命令设置在起爆器内。起爆器通过双绞线与编码器连接后，起爆器会自动识别所连接的编码器，首先将它们从休眠状态唤醒，然后分别对各个编码器回路的雷管进行检查。起爆器可以通过编码器把起爆信息传给每个雷管，保证雷管准确引爆；可抵御静电、杂散电流、射频电等各种外来电，具有很高的安全性。编码器和起爆器如图3-14所示。

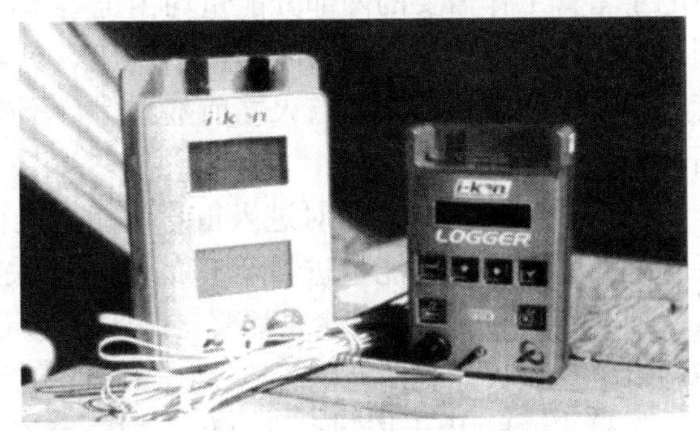

图3-14　i-kon™数码雷管起爆系统的编码器（右）和起爆器

B　数码电子雷管工作原理

通常电子雷管控制原理有两种结构，如图3-15所示，其区别在于储能电容和控制雷管点火的安全开关的数量不同。数码电子雷管主要包括以下功能单元：

（1）整流电桥：用于对雷管的脚线输入极性进行转换，防止爆破网路连接时脚线连接极性错误对控制模块的损坏，提高网路的可靠性。

（2）内储能电容：通常情况下为了保障储存状态电子雷管的安全性，电子雷管采用无

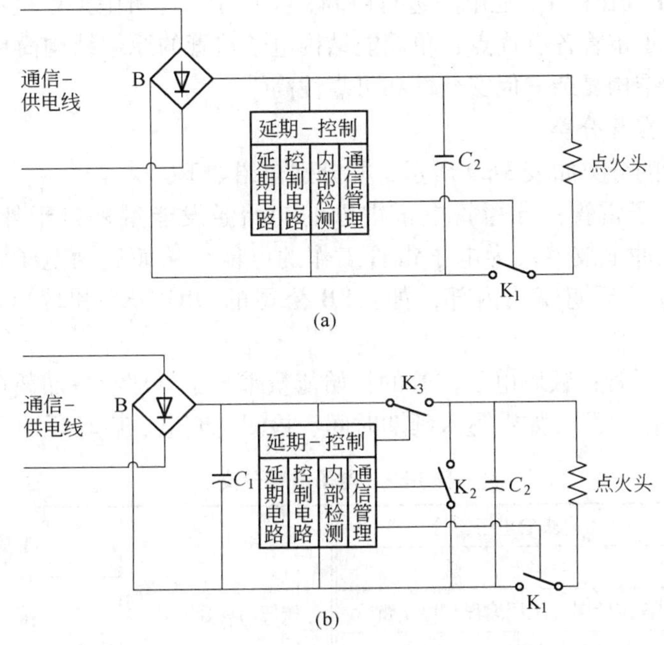

图3-15　电子雷管原理框图

（a）采用单储能结构；（b）采用双储能结构

源设计，即内部没有工作电源，电子雷管的工作能量（包括控制芯片工作的能量和起爆雷管的能量）必需由外部提供。电子雷管为了实现通信数据线和电源线的复用，以及保障在网路起爆过程中，网路干线或支线被炸断的情况下，雷管可以按照预定的延期时间正常起爆雷管，其采用内储能的方式，在起爆准备阶段内置电容存储足够的能量。图3-15（a）中电子雷管工作需要的两部分能量均由电容 C_2 存储；图3-15（b）中电容 C_1 用于存储控制芯片工作的能量，在网路故障的情况下，其随工作时间的增加而逐渐衰减；电容 C_2 雷管起爆需要的能量，其在点火之前基本保持不变。因此图3-15（b）的点火可靠性要高于图3-15(a)的点火可靠性。

（3）控制开关：用于对进入雷管的能量进行管理，特别是对可以到达点火头的能量进行管理，一般来说对能量进行管理的控制开关越多，产生误点火的能量越小，安全性越高，图3-15（b）的安全性通常要比图3-15（a）高几个数量级。图3-15（b）中 K_3 用于控制对储存点火能量的充电；K_2 用于故障状态下，对 C_2 的快速放电，使雷管快速转入安全工作模式；K_1 用于控制点火过程，把电容 C_2 储存的能量快速释放到点火头上，使点火头发火。

（4）通信管理电路：用于和外部起爆控制设备交互数据信息，在外部起爆控制设备的指令控制下，执行相应的操作，如延期时间设定、充电控制、放电控制、启动延期等。

（5）内部检测电路：用于对控制雷管点火的模块进行检测，如点火头的工作状态、各开关的工作状态、储能状态、时钟工作状态等，以确保点火过程是可靠的。

（6）延期电路：用于实现电子雷管相关的延期操作，通常情况下其包含存储雷管序列号、延期时间或其它信息的存储器、提供计时脉冲的时钟电路以及实现雷管延期功能的定时器。

（7）控制电路：用于对上述电路进行协调，类似于计算机中央处理器的功能。

两种原理的电子雷管各有优点：单储能结构电子雷管的原理结构简单、成本较低，双储能结构电子雷管结构复杂，但安全性和可靠性高。

C　数码电子雷管分类

数码电子雷管的分类如表3-29所示，并分别介绍如下：

（1）导爆管电子雷管：导爆管电子雷管的初始激发能量来自于外部导爆管的冲击波，由换能装置把冲击波转换为电子雷管工作的电能，从而启动电子雷管的延期操作，延期时间预存在电子延期模块内部，如：EB公司的DIGIDET和瑞典Nobel公司的ExploDet雷管。

（2）数码电子雷管：数码电子雷管的初始能量来自于外部设备加载在雷管脚线上的能量，电子雷管的操作过程（如：写入延期时间、检测、充电、启动延期等）由外部设备通

表3-29　电子雷管分类

按输入能量区分	导爆管电子雷管	按使用场合区分	隧道专用电子雷管
	数码电子雷管		
按延期编程方式区分	固定延期（工厂编程）电子雷管		煤矿许用电子雷管
	现场可编程电子雷管		露天使用电子雷管
	在线可编程电子雷管		

过加载在脚线上的指令进行控制，如：隆芯1号电子雷管、ORICA的I-KON等。

（3）固定延期电子雷管：固定延期电子雷管是在控制芯片生产过程中，延期时间直接写入芯片内部，如EEPROM、ROM等非易失性存储单元中，依靠雷管脚线颜色或线标区分雷管的段别，雷管出厂后不能再修改雷管的延期时间。

（4）现场可编程电子雷管：现场可编程电子雷管的延期时间是写入芯片内部的电可擦除（如：PROM、EEPROM）存储器中，延期时间可以根据需要由专用的编程器，在雷管接入总线前写入芯片内部，一旦雷管接入总线后延期时间即不可修改。

（5）在线可编程电子雷管：在线可编程电子雷管的内部并不保存延期时间，即雷管断电后回到初始状态，无任何延期信息，网路中所有雷管的延期时间保存在外部起爆设备中，在起爆前根据爆破网路的设计写入相应的延期时间，即延期时间在使用过程中，可以根据需要任意修改，国内外的大多数数码电子雷管属于这一种类型。

（6）煤矿许用电子雷管：煤矿许用电子雷管必须符合延期时间小于煤矿许用电子雷管的两个基本要求：一是不含铝；二是延期时间需小于130ms。由于煤矿掘进具有简单重复的特点，延期时间序列一旦确定，无需再进行调整，因此煤矿许用电子雷管基本采用固定编程的电子雷管。

（7）隧道专用电子雷管：隧道掘进中，延期时间基本固定，但在局部地方（例如靠近建筑物等）具有降振的要求，而且岩层特性会出现变化，需要一定程度上可以调整雷管的延期时间，因此隧道专用电子雷管采用现场编程的电子雷管。

与常规雷管相比，数码雷管具有许多无可比拟的优点。如数码雷管具有良好的抗水、抗压性能；可抵御静电、杂散电流、射频电等各种外来电的固有安全性；雷管起爆时间可以在爆破现场根据需要在0~1500ms内任意设置和调整的灵活性；雷管延期时间长且误差小的高精度与高可靠性；起爆之前雷管位置和工作状态可反复检查的测控性等等。

3.2.1.5 无起爆药雷管

凡不使用起爆药实现雷管起爆的均可称为无起爆药雷管。无起爆药雷管和起爆药雷管最终都是通过起爆猛炸药实现雷管的起爆能的输出，而无起爆药雷管的关键是在不使用起爆药的前提下实现猛炸药的爆轰。

工业雷管普遍装有猛炸药、起爆药和延期烟火剂。猛炸药作为基本装药位于雷管的底部，延期烟火剂位于上部，二者之间装起爆药，依靠起爆药将延期烟火剂的燃烧转成爆轰传给猛炸药以引起猛炸药爆轰。然而在实际使用中，起爆药即使药量只有几毫克和不受约束，只要有火焰或其他外界作用引起发热，就能完全爆轰。猛炸药只有在药量相当大或受严密约束的情况下才可能被加热或火焰引燃并燃烧转爆轰。用作起爆药的化学物常常是具有高感度、爆轰成长迅速的物质，如DDNP（二硝基重氮酚）、斯蒂酚酸铅和$Pb(N_3)_2$（叠氮化铅）等。具有代表性的猛炸药有太安、黑索今、梯恩梯、奥克托金、特屈儿、662炸药等。采用上述起爆药制造雷管的方法具有结构简单、加工容易、成本低廉等优点，但在雷管的加工、使用过程中并不十分安全，而且还有废水污染等问题。开发研制出无起爆药雷管，可提高雷管在生产、运输、使用中的安全性，消除起爆药制造时产生的废水。无起爆药工业雷管的研制主要从雷管结构和起爆药替代品两个方面入手来解决雷管从燃烧转爆轰的问题。

我国无起爆药雷管技术研究起步较晚，始于20世纪80年代初，但发展较快。典型代表有武汉安全环保研究院发明的安全工业雷管、中国科技大学发明的简易飞片式无起爆药雷管。这两种雷管均去掉了起爆药，用炸药代替了起爆药，既保证安全，又消除了污染。但是，无起爆药雷管还不能完全取代有起爆药雷管。

3.2.1.6　工业雷管编码与管理

对工业雷管进行编码是为了加强民用爆炸物品的管理，了解民用爆炸物品的社会流向，遏制利用爆炸物品破坏社会安定的一种强制性措施。

A　工业雷管编码的基本原则

（1）每发工业雷管出厂时必须有编码，且编码必须在 10 年内具有唯一性。

（2）在工业雷管基本包装盒内应装有《工业雷管编码信息随盒登记表》（如表 3-30 所示）。其内容应包括：生产企业名称及其代号、生产日期代号、特征号和盒号登记栏、与装盒规格对应的盒内所有雷管顺序号、异常码记录栏、领用人签名栏、发放人及发放日期、审核人及审核日期以及需要说明的其他事项。

表 3-30　工业雷管编码信息随盒登记表示例

×××（生产企业名称）工业雷管编码信息随盒登记表

生产企业代号：　　生产日期代号：　　特征号：　　箱号：

十位数字	个位数字									
	0	1	2	3	4	5	6	7	8	9
0										
1										
2										
3										
4										
5										
6										
7										
8										
9										
异常记录										
备　注	1. 横栏个位数字“0～9”是指盒内雷管顺序号的个位数字，纵栏十位数字“0～9”是指盒内雷管顺序号的十位数字，中间空栏为领用人签名栏。 2. 本登记表由雷管保管发放员负责填写，记录是否符合规定要求由单位负责人审核，应保存 5 年以上，以备复查									

发放人（签名）：　　发放日期：　　年　　月　　日

审核人（签名）：　　发放日期：　　年　　月　　日

（3）盒的外面应粘贴一张包含盒内雷管编码相关信息的一维条码，条码上应编有生产企业名称、产品、品种、装盒数量等汉字信息。

（4）在工业雷管包装箱内应装有《工业雷管编码信息随箱登记表》（如表 3-31 所示）。其内容应包括：生产企业名称及其代号、生产日期号和箱号登记栏、与装箱规格对应的盒号、领用人签名栏、发放人及发放日期、审核人和审核日期以及需要说明的其他事项。

表 3-31 相同日期生产的工业雷管随箱登记表示例

×××（生产企业名称）工业雷管编码信息随箱登记表

生产企业代号： 生产日期代号： 箱号：

盒　号										
领用人										
盒　号										
领用人										
⋮										
备　注	1. 本登记表中领用人包括购买人，发放人包括销售人。 2. 本登记表由雷管保管员负责填写，记录是否符合规定要求由单位负责人审核，应保存5年，以备复查									

发放人（签名）： 发放日期： 年 月 日

审核人（签名）： 发放日期： 年 月 日

B 工业雷管编码方法

工业雷管编码采用13位字码，由生产企业代码、生产年份代码、生产月份、生产日、特征号及流水号组成。

（1）生产企业代号用“01～99”二位阿拉伯数字表示。公安部和原国防科工委联合颁布的《工业雷管编码基本规则及技术条件》（公通字【2002】67号）中公布的全国雷管生产厂家统一代号；

（2）生产年份代号用“0～9”一位阿拉伯数字表示公元世纪末位年份；

（3）生产月份代号用“01～12”二位阿拉伯数字表示1～12月份；

（4）生产日代号用“01～31”二位阿拉伯数字表示1～31日；

（5）特征号用一位英文字母（小写字母c、o、s、u、v、w、x、z除外）表示，也可用一位阿拉伯数字表示。具体可以是编码机机台代号、雷管品种代号、雷管编码的分段号或并入盒号使用；

（6）流水号用五位阿拉伯数字表示，应连续布置，不应分割，且便于阅读和用户发放登记管理。其中前三位表示盒号，当三位数字不能满足生产需要时可将特征号并入使用，后两位表示盒内雷管顺序号。

如：2630613190154，“26”是生产厂家代号，“3”是生产年份代号（2003年），“06”是生产月份代号（6月），“13”是生产日代号（13日），“1”是特征号（第1号编码机），“901”是盒号（第901盒），“54”是盒内雷管顺序号（第54发雷管）。

3.2.2 工业导爆索

导爆索又称传爆线，自1879年出现以来经历了两个阶段的发展，1879～1919年期间导爆索外壳主要用的是软金属外壳，因为那时候使用的猛炸药硝化棉、梯恩梯、苦味酸等在直径较小时，如没有坚固的外壳不能引起爆轰。1919年随着猛炸药太安和黑索今的出现，其在直径较小时，没有坚固的外壳也能引起爆轰，因此以后的导爆索外壳主要是纤维。塑料导爆索是指在外层涂覆热塑性塑料的导爆索，工业导爆索的外表颜色一般为红色。

3.2.2.1　工业导爆索的分类

根据导爆索的应用环境不同来划分，如表 3-32 所示。

表 3-32　导爆索分类

<table>
<tr><td rowspan="5">导爆索</td><td rowspan="4">露天导爆索</td><td>普通导爆索</td></tr>
<tr><td>高抗水导爆索</td></tr>
<tr><td>强起爆力导爆索</td></tr>
<tr><td>低能导爆索</td></tr>
<tr><td colspan="2">安全导爆索（应用于有矿尘和瓦斯的井下爆破）</td></tr>
</table>

3.2.2.2　工业导爆索的结构

导爆索主要由两个部分组成：药芯和外壳，药芯部分直径 3 ~ 4mm，由粉状猛炸药-太安（季戊四醇四硝酸酯）或黑索今（环三亚甲基三硝胺）构成，外壳是用棉、麻等纤维材料编制而成，直径为 5.5 ~ 6.2mm。导爆索结构简图如图 3-16 所示。

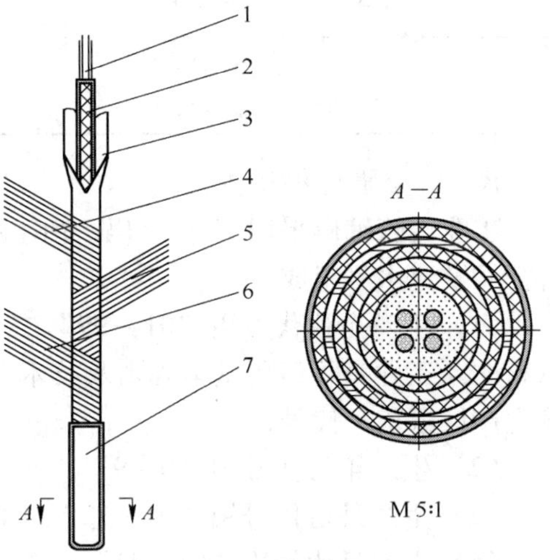

如果导爆索使用塑料外层，图 3-16 中的内防潮层 5、外层棉纱 6 和外防潮层 7 去掉，用一层塑料层即可。

图 3-16　导爆索结构简图

1—芯线；2—黑索今或太安药芯；3—纸条；4—内层棉纱；5—内层防潮（沥青层）；6—外层棉纱；7—外层防潮层

3.2.2.3　工业导爆索传爆原理

导爆索受到一定强度的爆炸冲击波作用后，沿导爆索的一个方向向前传播稳定的爆轰波。爆轰波使得前沿药芯受到高温高压作用发生爆炸，爆炸的能量一部分用于激发前方炸药的反应，一部分用于维持爆轰产物的温度和压力，使得其稳定地传播。导爆索是从侧向引爆。

3.2.2.4　低能导爆索

低能导爆索的药芯药量很小，线装药密度仅 3.5 ~ 5.0g/m，爆速 5000 ~ 6200m/s。这种导爆索：（1）一般不能直接起爆炸药，只用以敷设炮孔外的导爆索网路；（2）在深孔爆破时，用以引爆起爆药柱，而不引爆炮孔中的炸药。因为在深孔爆破中广泛地使用铵油炸药、乳化炸药等低感度炸药，不能用雷管直接引爆，必须通过中继药包起爆。为了避免导爆索在引爆过程中引起孔内炸药爆燃，甚至爆炸，必须采用低能导爆索。

3.2.3　起爆具

起爆具又称中继起爆药柱或中继传爆药包，是指设有安装雷管或导爆索的功能孔、具有较高起爆感度和高输出冲能的猛炸药制品。起爆具按起爆方式分为：双雷管起爆具、双导爆索起爆具、雷管与导爆索起爆具、其他起爆具。双雷管起爆具指起爆具本体上有两个雷管孔，可用两个雷管起爆，起双保险的作用；双导爆索起爆具指起爆具本体上有两个导爆索孔，可用两个导爆索起爆，起双保险的作用；雷管、导爆索起爆具指起爆具本体上有一个雷管孔，一个导爆索孔，用雷管或导爆索都可以起爆；起爆具按用途分为普通起爆具、起爆弹、起爆管和微型起爆具等；起爆具按功能孔个数可分为单功能孔起爆具、双功能孔起爆具和三功能孔起爆具。一般起爆具质量约为100～1000g。微型起爆具装药量为几克到几十克。

3.2.3.1 起爆具的作用及其起爆原理

起爆具用于起爆铵油炸药、浆状炸药、乳化炸药等低感度炸药及其他无雷管感度的炸药。起爆具的起爆原理是通过缠绕或插入在起爆具上的雷管或者导爆索起爆起爆具，然后起爆具再起爆低感度炸药，其中起爆具起到了爆轰波放大的作用。

3.2.3.2 起爆具的结构

起爆具的外形结构主要有圆柱形和圆台形，外壳材料一般采用纸质或塑料，中间有搁置雷管或导爆索的贯穿圆孔。为了防止雷管从功能孔内脱出造成拒爆，有在雷管孔底部设置台阶或孔口处设置雷管卡子（如专利号为：CN201225863、CN201225856等）；为了提高雷管的起爆可靠性，有在起爆主药柱与功能孔之间浇筑部分雷管感度较高的炸药，起到雷管爆轰波放大作用（如专利号为：CN87206809等）。起爆具结构简图如图3-17所示。

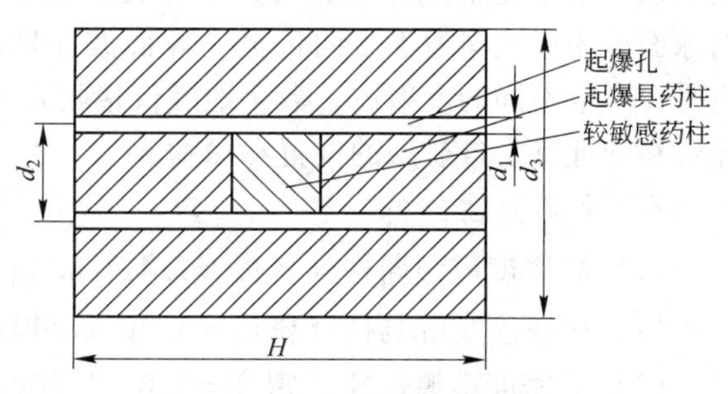

图3-17 起爆具结构简图

3.2.3.3 微型起爆药柱

微型起爆具与普通起爆具相比，具有自身激发系统，不需要雷管、导爆索起爆就能达到完全爆炸的目的。它集雷管、导爆索、起爆具三者功能于一身，从而极大地提高了其安全性，简化了起爆系统。

3.2.3.4 起爆具的性能

根据行业标准WJ9045—2004规定，起爆具性能指标如表3-33所示。

表3-33 起爆具性能要求

项　目	性能要求	
	Ⅰ	Ⅱ
起爆感度	起爆可靠，爆炸完全	
装药密度/$g \cdot cm^{-3}$	≥1.50	1.20～1.50
抗水性	在压力为0.3MPa的室温水中浸48h后，起爆感度不变	
爆速/$m \cdot s^{-1}$	≥7000	5000～7000
跌落安全性	12m高处自由下落到硬土地面上，应不燃不爆，允许有结构变形和外壳损伤	
耐温耐油性	在80℃±2℃的0号轻柴油中，自然降温，浸8h后应不燃不爆	

注：大于0.3MPa的抗水性要求，可按订购方的要求做。

3.3 地震勘探与油气井燃烧爆破器材

3.3.1 地震勘探用爆破器材

3.3.1.1 地震勘探用震源药柱

震源药柱是由炸药与外壳组成的装药结构。药柱在雷管冲击波作用下发生爆炸，并能激发强烈地震波。震源药柱是我国油、气井地震勘探中最普遍应用的基本方法。

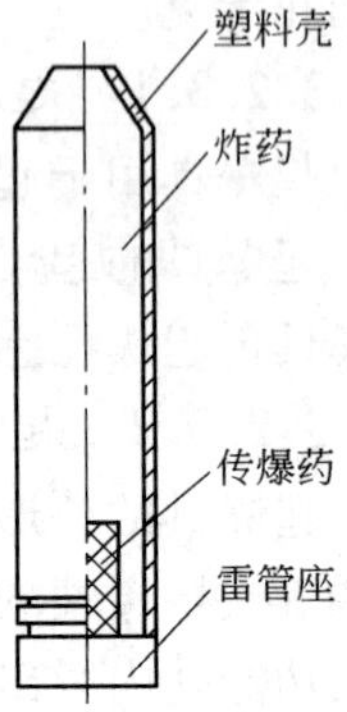

A 震源药柱的结构和原理

（1）基本结构。震源药柱由雷管座、传爆药、炸药、塑料壳体四部分构成，如图3-18所示。

（2）基本原理。将震源药柱装上雷管下到井内，连接井位引爆线和电雷管，起爆由仪器来控制，当仪器车的数字地震仪（或磁带记录仪）处于正常工作状态时，引爆震源药柱，炸药爆炸，爆轰波以球面波的形式向地下方向传播。球面波在地层传播中遇到不同介质时，产生不同的反射波，数字地震仪接收并记录该反射波的参数，经资料处理确定各矿层的位置和深度。

图3-18 震源药柱

B 震源药柱分类

（1）高密度震源药柱（密度≥1.4g/cm³）；

（2）中密度震源药柱（密度=1.20～1.40g/cm³）；

（3）低密度震源药柱（密度=1.0～1.20g/cm³）；

（4）高威力震源药柱；

（5）高分辨率震源药柱；

（6）地面定向震源药柱。

C 震源药柱型号及性能

a 高密度震源药柱

壳体材料：低压聚乙烯。

（1）主要性能参数列于表3-34。

表3-34 高密度震源药柱性能参数

项 目	单 位	性 能 参 数
装药密度	g/cm³	1.40
爆 速	m/s	≥5000
爆炸完全性		爆炸完全
连接力	N	60
爆轰连续性	kg	≥6
抗水性能	h	0.29MPa条件下，72h爆炸完全
高低温爆炸完全性		+50℃、-40℃各存放8h爆炸完全
抗跌落性能		6m高硬土地面自由落下，不燃不爆
储存条件		避火、防潮、勿与雷管共存
储存年限		2年

（2）一些产品的规格型号列于表3-35。

表3-35 一些高密度震源药柱产品规格型号

代号（ZY-Φ-W-G）	壳体外径/mm	壳体长度/mm	装药品种	装药量/kg
ZY-25-0.1-G	25	187	TNT	0.1
ZY-25-0.2-G	25	345	TNT	0.2
ZY-45-0.5-G	45	301	铵梯	0.5
ZY-45-1-G	45	512～570	铵梯	1
ZY-60-1-G	60	350～354	铵梯	1
ZY-65-1-G	65		铵梯	1
ZY-75-1-G	75	271	铵梯	1
ZY-85-1-G	85	220	铵梯	1
ZY-60-2-G	60	607～632	铵梯	2
ZY-75-2-G	75	435～471	铵梯	2
ZY-85-2-G	85	371	铵梯	2
ZY-75-2.5-G	75	563	铵梯	2.5
ZY-85-3-G	85	506～520	铵梯	3
ZY-85-5-G	85	800	铵梯	5

（3）用途：油田、煤田地震勘探井下震源，尤其适用于高阻抗的岩石地层。

b 中密度震源药柱

壳体材料：低压聚乙烯。

（1）主要性能参数列于表3-36。

表3-36 中密度震源药柱性能参数

项 目	单 位	性 能 参 数
装药密度	g/cm^3	1.20～1.40
爆 速	m/s	≥4000
爆炸完全性		爆炸完全
连接力	N	98
爆轰连续性	kg	≥10
抗水性能	h	0.29MPa条件下，72h爆炸完全
高低温爆炸完全性		+50℃、-40℃各存放8h爆炸完全
抗跌落性能		6m高硬土地面自由落下，不燃不爆
储存条件		避火、防潮、勿与雷管共存
储存年限		1年

（2）一些产品的规格型号列于表3-37。

表 3-37　一些中密度震源药柱产品规格型号

代号（ZY-Φ-W-Z）	壳体外径/mm	壳体长度/mm	装药品种	装药量/kg
ZY-45-0. 5-Z	45	486	铵梯	0. 5
ZY-60-0. 5-Z	60	228	铵梯	0. 5
ZY-60-1-Z	60	385	铵梯	1
ZY-75-1-Z	75	332	铵梯	1
ZY-85-1-Z	85	250	铵梯	1
ZY-75-2-Z	75	496	铵梯	2
ZY-85-2-Z	85	420	铵梯	2
ZY-85-3-Z	85	585	铵梯	3
ZY-95-3-Z	95	462	铵梯	3

（3）用途：油田、煤田地震勘探井下震源，尤其适用于中阻抗岩石地层，砂岩黏土层等。

c　低密度震源药柱

壳体材料：低压聚乙烯。

（1）主要性能参数列于表 3-38。

表 3-38　低密度震源药柱性能参数

项　目	单　位	性 能 参 数
装药密度	g/cm³	1. 00 ~ 1. 20
爆　速	m/s	≥3500
爆炸完全性		爆炸完全
连接力	N	98
爆轰连续性	kg	≥10
抗水性能	h	0. 29MPa 条件下，72h 爆炸完全
高低温爆炸完全性		+50℃、-40℃各存放 8h 爆炸完全
抗跌落性能		6m 高硬土地面自由落下，不燃不爆
储存条件		避火、防潮、勿与雷管共存
储存年限		1 年

（2）一些产品的规格型号列于表 3-39。

表 3-39　一些低密度震源药柱产品规格型号

代号（ZY-Φ-W-D）	壳体外径/mm	壳体长度/mm	装药品种	装药量/kg
ZY-25-0. 1-D	25	187	铵梯	0. 1
ZY-25-0. 2-D	25	345	铵梯	0. 2
ZY-65-1-D	65	390	铵梯	1
ZY-70-1-D	70	333	铵梯	1
ZY-75-1-D	75	—	铵梯	1

续表 3-39

代号（ZY-Φ-W-D）	壳体外径/mm	壳体长度/mm	装药品种	装药量/kg
ZY-85-1-D	85	250	铵梯	1
ZY-95-1-D	95	222	铵梯	1
ZY-65-2-D	65	696	铵梯	2
ZY-75-2-D	75	—	铵梯	2
ZY-85-2-D	85	—	铵梯	2
ZY-80-3-D	80	—	铵梯	3
ZY-85-3-D	85	580	铵梯	3
ZY-95-3-D	95	508	铵梯	3
ZY-85-5-D	85	—	铵梯	5

（3）用途：油田、煤田地震勘探井下震源，尤其适用于浅层地震勘探。

d　高威力震源药柱

壳体材料：低压聚乙烯。

（1）主要性能参数列于表 3-40。

表 3-40　高威力震源药柱性能参数

项　目	单　位	性 能 参 数
装药密度	g/cm^3	≥1.40
爆　速	m/s	≥5500
作功能力	mL	360
爆炸完全性		爆炸完全
连接力	N	≥98
爆轰连续性		≥6kg（ϕ65mm 以下）；≥30kg（ϕ75.85mm）
抗水性能	h	0.29MPa 条件下，72h 爆炸完全
高低温爆炸完全性		+50℃、-40℃各存放 8h 爆炸完全
抗跌落性能		6m 高硬土地面自由落下，不燃不爆
储存条件		避火、防潮、勿与雷管共存
储存年限		1 年

（2）一些产品的规格型号列于表 3-41。

表 3-41　一些高威力震源药柱产品规格型号

代号（ZY-Φ-W-W）	壳体外径/mm	壳体长度/mm	装药品种	装药量/kg
ZY-35-0.1-W	35	120	胶质炸药	0.1
ZY-45-1-W	45	568	胶质炸药	1
ZY-65-1-W	65	304	胶质炸药	1
ZY-85-1-W	85	224	胶质炸药	1
ZY-65-2-W	65	532	胶质炸药	2
ZY-75-2-W	75	246	胶质炸药	2
ZY-85-2-W	85	370	胶质炸药	2
ZY-85-3-W	85	517	胶质炸药	3

（3）用途：适用于不同地质条件的石油勘探，用作井下震源。

e　高分辨率震源药柱

受激地震波的初始频率越高，则对地层的分辨率越高。实践证明高爆速、小药量、深埋设、一定形式的绷带爆炸都对提高地层分辨率有益。

（1）产品性能：

壳体材料：低压聚乙烯；爆速：≥6500m/s；装药密度：≥1.50g/cm^3；

其他性能同高威力震源药柱。

（2）某些产品规格型号列于表3-42。

表3-42　一些高分辨率震源药柱规格型号

代号（ZY-Φ-W-F）	壳体外径/mm	装药品种	装药量/kg
ZY-60-2-F	60	TNT及其混合物	2
ZY-70-2-F	70	TNT及其混合物	2
ZY-70-3-F	70	TNT及其混合物	3

（3）用途：用作井下震源，适用于各种地震条件，可提高分辨率。

f　地面定向震源药柱

该类型震源药柱的特征是直径较大，下端面都设置了聚能穴，使用爆速较大的混合炸药。可单发或多发组合使用，如在地面挖个洞穴，将其置于其中，则激发效果会更好。

（1）主要性能：

壳体材料：低压聚乙烯；

装药密度：>1.40g/cm^3，爆速>6000m/s；

>1.65g/cm^3，爆速>7500m/s；

>1.0g/cm^3，爆速>3200m/s。

（2）某些产品规格型号列于表3-43。

表3-43　一些地面定向震源药柱产品规格型号

代号（ZY-Φ-W-N）	壳体外径/mm	装药品种	装药量/kg	弹体材料
ZY-100-1-N	100	梯黑铝（梯黑）	1（1）	塑料
ZY-105-1.5-N	105	梯黑铝（梯黑）	1.5（1.5）	塑料
ZY-105-2-N	105	梯黑铝（梯黑）	2（2）	塑料
ZY-60-0.1-G	60	聚黑-16	0.1	铁基粉末
ZY-60-0.15-G	60	聚黑-16	0.15	铁基粉末
ZY-60-0.2-G	60	聚黑-16	0.2	铁基粉末
ZY-60-0.2-D	60	2号抗水煤矿许用铵梯炸药	0.2	树脂
ZY-75-0.3-D	75	2号抗水煤矿许用铵梯炸药	0.3	树脂
ZY-85-0.4-D	85	2号抗水煤矿许用铵梯炸药	0.4	树脂
ZY-85-0.5-D	85	2号抗水煤矿许用铵梯炸药	0.5	树脂

（3）用途：适用于不宜打井的恶劣地区如砾石层，丘陵、山地等石油地质勘探。

3.3.1.2　地震枪、地震弹系列产品

A　结构

地震枪的基本结构包括：子弹、枪体、支架、消声筒等四大件。枪体就是一个简单的炮射枪管，它垂直于地面发射，所以它必须由枪架支托，消声筒是用于减小炮弹发射时所

产生的噪声，起消声作用，见图3-19。图3-20是SG30-Ⅰ重型地震枪的照片，在实际应用中它把整个枪体系统安装在两个轻型枪胎上，以便于人工操作移动位置，不需用吊装设备和运输车辆，操作简便。

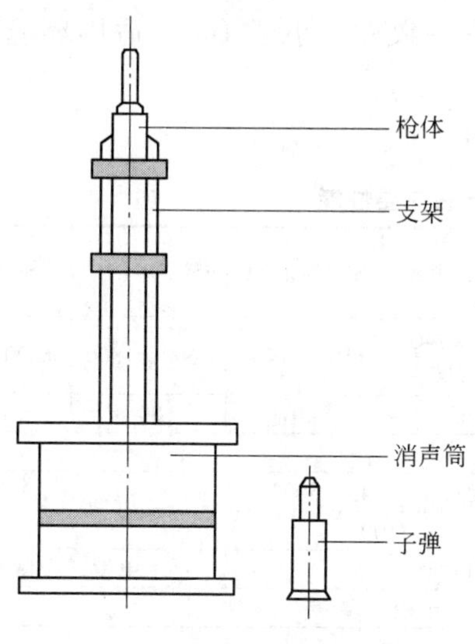

图3-19　震源枪、弹示意图

图3-20　SG30-Ⅰ重型地震枪

图3-21所示的轻型地震枪重量轻、移动方便，更适于丘陵、山区、湖泊、沼泽地和滩海地震勘探。图3-22所示为地震弹，和普通的子弹头相似，但它不装炸药，弹头不是普通炮弹呈尖锥体，而它是平头。平头的作用是炮弹击发到地面后，能产生较强的地震波。

图3-21　SG23-ⅡQA轻型地震枪

图3-22　SS23-Ⅱ地震弹

B　特点和用途

a　震源枪弹的特点：

(1) 采用电、撞击两用击发机构，地面使用，适用性强；

(2) 可以单枪垂直叠加或多枪组合叠加，有效地提高击发能量；

(3) 可以用手推、人抬、机车牵引、飞机吊运，移动方便；

(4) 由于装备消声器，所以击发噪声小，对周围环境干扰小。

b　震源枪弹的用途

震源枪弹主要用于中、浅层石油的地震勘探，是工程勘探和煤田勘探的理想震源。是石油勘探的辅助震源。

c 主要性能

SG23-Ⅱ震源枪的主要性能如下：

枪口能量：23kJ；激发噪声：小于 100dB；激发一致性：小于 1ms；适用环境温度：-40～50℃；口径：23mm；弹药贮存期：不小于 2 年。

部分其他型号的震源枪、弹的主要性能见表 3-44。

表 3-44 部分枪式震源系列产品主要性能

指标＼型号	SG23-Ⅱ	SG23-ⅡQ	SG23-ⅡA	SG23-ⅡQA	SG30-ⅠQ	SG30-Ⅰ
外形尺寸/mm×mm×mm	2200×1400×600	ϕ600×1400	2200×1400×600	ϕ500×1400	ϕ600×1800	ϕ600×1800
枪体重量/kg		60	60	40	80	100
击发方式	电					
击发致性适用方式	≤1ms；-45～50℃					
噪声(不大于)/dB	100					
装填方式	手工单发（封闭式）				手工单发（全敞开式）	
组合方式	单枪、多枪					
适用范围	石油、煤炭、工程					
击发能量/kJ	23	23	23	15	45～50	45～50
接收仪器	不限					
枪管寿命/发	20000					

3.3.2 油气井燃烧爆破器材

随着石油工业的发展，使得与其配套的油、气井爆破器材从无到有并得到迅速发展。我国目前的油、气井爆破器材，有起爆器材、爆破器材、燃烧器材等，品种比较齐全，并建设了 8 个射孔弹生产厂，8 个震源药柱生产厂，以满足石油工业生产发展的需要。

展望 21 世纪，我国石油工业将面向超深井和海洋油田发展。这对油气井爆破器材的发展，提出了新的要求。因为超深井的井底温度（约有 260℃或更高）、泥浆压力（约 140MPa 或更高）等恶劣条件，对使用的起爆器材（如雷管、火帽）、传爆器材（如传爆管、导爆索）、爆破器材（如射孔弹、切割弹、复合射孔弹等）、燃烧器材（如高能气体压裂弹、桥塞火药等）产品提出了更高的要求。

油、气井燃烧爆破器材种类繁多，目前国内使用的油、气井燃烧爆破器材，按使用性能和应用品种可分为三大类：第一类，是油气井用爆破器材，它包括射孔器材、复合射孔器材、爆炸切割器材、爆炸整形与焊接器材、爆炸震源器材以及雷管、导火索、导爆索、塑料导爆管等起爆与传爆器材；第二类，油气井用燃烧器材，它包括高能气体压裂器材、油井取芯器材、油井桥塞器材及耐热火药产品；第三类，起爆、传爆器材，它包括起爆雷管、导火索、导爆索、塑料导爆管等传爆器材。

3.3.3 油气井爆破专用火、炸药

3.3.3.1 油气井爆破专用炸药

A 单质炸药

单质炸药就是单一的爆炸化合物，为一种成分的爆炸物质。这种化合物是相对稳定

的，但在一定的外界作用下能导致化合物分子内键断裂，发生迅猛的爆炸变化生成新的热力学稳定的产物。下面介绍在油气井爆破中经常使用的几种典型的单质炸药。

a 六硝基芪（六硝基均二苯基乙烯，HNS）

（1）分子简式：$C_{14}H_6N_6O_{12}$，分子量：450.2。

（2）外观：六硝基芪有两种晶型，HNS-Ⅰ型微黄色小结晶，HNS-Ⅱ型为芪黄色针状结晶。

（3）熔点：316～317℃。

（4）密度：1.73g/cm^3。

（5）爆炸性能：爆速：7019m/s（ρ=1.656g/cm^3）；

爆发点：大于350℃/5s；

冲击感度：40%（10kg落锤，25cm落高，爆炸百分比）；

摩擦感度：36%（3.92MPa表压，90°摆角，爆炸百分比）；

爆热：664cal/g。

（6）用途：制作耐高温混合炸药，装填耐高温雷管、导爆索及射孔弹。

b PYX（2.6二苦氨基-3.5-二硝基吡啶，PYX）

（1）分子简式：$C_{17}H_7N_{11}O_{16}$。

（2）分子量：621.32。

（3）外观：黄色粉末。

（4）熔点：360℃。

（5）密度：1.78g/cm^3。

（6）爆炸性能：爆速：7100m/s；

摩擦感度：60%（3.92MPa表压，90°摆角，爆炸百分比）；

冲击感度：80%（10kg落锤，25cm落高，爆炸百分比）。

（7）真空安定性：260℃，0.27mL/（g·h）；热失重：250℃，2h，失重0.05%。

（8）用途：制作耐高温混合炸药，装填耐高温雷管、导爆索及射孔弹。

c TATB（1,3,5-三氨基-2,4,6-三硝基苯）

（1）分子简式：$C_6H_6N_6O_6$。

（2）分子量：258.2。

（3）外观：浅黄色固体粉末，经250℃（1h）后变为褐色。

（4）密度：1.94g/cm^3。

（5）熔点：大于330℃（分解），无明显熔化点，逐渐分解炭化。

（6）挥发性：室温下不挥发，高温加热有升华现象。

（7）爆炸性能：爆速：7541m/s；

冲击感度：0%（10kg落锤，25cm落高，爆炸百分比）；

摩擦感度：0%（3.92MPa表压，90°摆角，爆炸百分比）；

爆热：664cal/g；

威力：89.5（TNT=100）；

爆发点：>340℃/5s。

（8）热失重：250℃，2h，失重0.80%；4h，失重1.17%；

260℃，2h，失重 0.93%；4h，失重 1.54%。

(9) 差热分析：开始分解温度 336℃，最大放热峰温度 365℃。

(10) 用途：用于特殊采矿、地质勘探、定向爆破和超深井石油射孔弹装药等。

d　特屈儿（2,4,6-三硝基苯甲硝胺）

(1) 分子简式：$C_7H_5N_5O_8$。

(2) 分子量：287.1。

(3) 外观：浅黄色晶体。

(4) 密度：1.73g/cm^3，注装密度：1.62g/cm^3，压装密度：1.71g/cm^3。

(5) 吸湿性：0.015%（温度 20℃，相对湿度 80%）。

(6) 在各种溶剂溶解情况：易溶于丙酮、乙酸乙酯，溶于苯、二氯乙烷，微溶于乙醚、乙醇。

(7) 熔点：129.5℃。

(8) 安定性：150℃半分解期 211min。

(9) 爆炸性能：爆速：$D = 7334$m/s（$\rho = 1.59$g/cm^3）；
爆发点：257℃/5s；
冲击感度：48%（10kg 落锤，25cm 落高，爆炸百分比）；
摩擦感度：16%（3.92MPa 表压，90°摆角，爆炸百分比）；
威力：136（TNT = 100）；
猛度：114.8（TNT = 100）。

(10) 生理作用：对人的皮肤有强烈的着色作用，并能引发皮肤炎，空气中最大允许浓度为 1.5mg/m^3。

(11) 用途：用于传爆药柱、导爆索及雷管装药。

B　起爆药

常用的起爆药有雷汞、叠氮化铅、三硝基间苯二酚铅、二硝基重氮酚铅等四种。它们的主要用途是装填雷管，做各种雷管的起爆药。起爆药的结构物化性能及爆炸性能列于表 3-45。

C　混合炸药

混合炸药又称爆炸混合物，它是由两种以上化学组分构成的爆炸混合物。混合炸药在炸药领域内占有极为重要的地位，实际应用的炸药绝大部分是混合炸药。

混合炸药的作用主要有以下几点：

(1) 可以解决单质炸药的实际应用问题，因为单质炸药品种少，往往因其成型性差，感度高等缺点而不能直接使用。制成混合炸药后可以较好地满足使用要求。

(2) 改善调整炸药性质，赋予炸药某些好的性能。例如：根据需要，混合炸药可以制成塑性、黏性、挠性、流动性、低密度、高密度、可压性、抗水性等符合使用要求的炸药。

(3) 扩大来源，降低成本，保证供给。工业炸药消耗量大，单质炸药不能满足需求，制成混合炸药后，例如铵梯炸药，利用硝酸铵来源丰富、价格便宜的特点，制成工业炸药，满足了工业上大量应用的要求。

油气井爆破常用的混合炸药包括：聚黑-16、聚黑-14、聚奥-6、聚皮-1、S992 炸药、钝化黑索今、熔注梯黑、塑-4、橡皮炸药等，见表 3-46。

表 3-45 起爆药的结构物化性能及爆炸性能

序号	炸药名称	分子结构式	外观	密度 /g·cm^{-3}	熔点 /℃	在溶剂中溶解情况	爆速 /m·s^{-1}	冲击感度 400g 落锤 /cm	摩擦感度 /%	爆发点 /℃	安定性	使用情况
1	叠氮化铅(氮化铅)	N═N═N—Pb—N═N═N	白色结晶工业品，为浅黄色或粉红色。α型为短柱状，β型为针状	4.38	分解	溶于乙胺，硝酸钠、醋酸钠或醋酸铵的浓溶液。微溶于热水，不溶于冷水及乙醇、乙醚、氨水	4500 (ρ = 3.8g/cm^3)	上限 24 下限 10.5	76	340	100℃，48h：质量减少率为 0.34%；黑暗处 115℃下加热 24h：不变化；200℃下加热：很快失去爆炸能力	雷管正起炸药
2	三硝基间苯二酚铅(2,4,6-三硝基间苯二酚铅，斯蒂芬酸铅收敛酸铅)	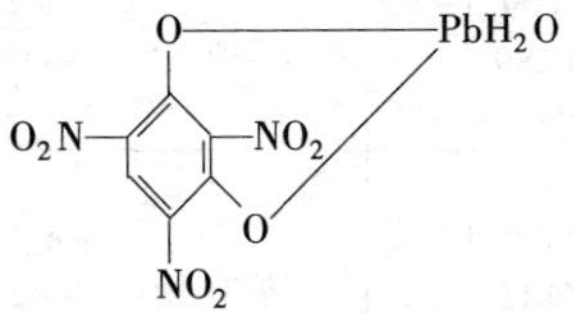 O—PbH$_2$O；O$_2$N，NO$_2$，O，NO$_2$	浅橙色或浅棕色苯环形棱柱状结晶	3.1	260～310	溶于醋酸浓溶液及 80 微溶于乙醇、乙醚、苯、甲醇、汽油和氯仿	4900 (ρ = 2.6g/cm^3)	上限 36 下限 11.5	70	282	100℃，第一个 48h：质量减少 0；第二个 48h：质量减少 0.37%；100h 内不爆炸	火焰雷管原发装药
3	二硝基重氮酚铅(4,6-二硝基-2-重氮酚)	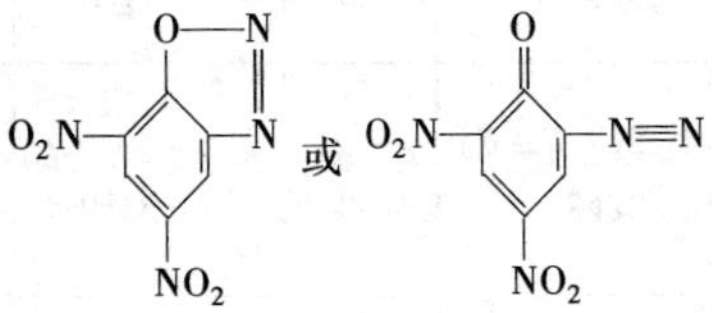 O—N，N；O$_2$N，NO$_2$ 或 O；O$_2$N，N≡N，NO$_2$	亮黄色针状结晶，工业品为棕黄至棕紫色的球状结晶	1.63	157	溶于乙酸乙酯、甲醇、乙醇、丙酮醋酸、硝基苯、苯胺、吡啶及浓盐酸中，难溶于水	4400 (ρ = 0.9g/cm^3) 5400 (ρ = 1.3g/cm^3) 6900 (ρ = 1.6g/cm^3)	上限 大于 40 下限 17.5	25	195	100℃下，第一个 48h：质量减少 2.1%；第二个 48h：质量减少 2.2%；100h 内不爆炸	装填雷管
4	雷汞(学名雷酸汞)	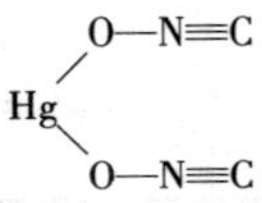 Hg(O—N≡C)$_2$	白色或灰色八面体结晶	4.42	分解	溶于乙醇、吡啶、氰化钾水溶液、氨水、羟乙基胺及氨的丙酮溶液，微溶于水	3930 (ρ = 3.07g/cm^3) 4480 (ρ = 3.3g/cm^3)	上限 9.5 下限 3.5	100	210	75℃，48h：质量减少 0.18%；100℃，16h 爆炸	装填雷管导爆索药芯成分

表 3-46 混合炸药性能表

序号	炸药名称	炸药组分	爆速/m·s^{-1}	猛度(弹道摆法 TNT = 100%)/%	威力(弹道摆法 TNT = 100)/%	撞击感度/%	摩擦感度/%	抗压强度/MPa	热安定性	用途
1	聚黑-16（R852）	RDX：添加剂 = 97.5：2.5	8390（$\rho = 1.72g/cm^3$）	122	151	8～22	22～24	19.2（$\rho = 1.72g/cm^3$）	热失重%：当100℃，48h时，为0.01%；当100℃，96h时，为0.03%；当180℃，2h时，为0.24%	石油射孔弹专用炸药，切割弹装药
2	聚黑-14（R791）	RDX：添加剂 = 97：3	8430（$\rho = 1.73g/cm^3$）	126	152	10～24	16～34		热失重%：当100℃，48h时，为0%；当100℃，96h时，为0%；当180℃，2h时，为0.1%～0.3%	石油射孔弹专用传爆药及导爆索装药
3	聚奥-6（JO-6）	HMX：添加剂 = 95：5	8578（$\rho = 1.81g/cm^3$）	126	153	～10	～20		热失重（不燃烧，不爆炸，不爆燃）：220℃，2h时，为0.76%	耐高温射孔弹装药，耐温导爆索、雷管、传爆元件
4	聚皮-1（JP-1）	PYX：添加剂 = 95.5：4.5	7139（$\rho = 1.625g/cm^3$）	99.8	101	0～2	38～48		真空安全性：当100℃，40h，药量2.5g时，分解气体0.02mL；热失重：250℃，4h时，为0.27%	装填超高温射孔弹、传爆药及雷管
5	S992	HNS：添加剂 = 96.5：3.5	6879（$\rho = 1.607g/cm^3$）	109	102	0～10	2～4		真空安定性：当100℃，40h，药量2.5g时，分解0.06mL；热失重：250℃，4h时，为0.167%	装填超高温射孔弹、传爆药及雷管
6	钝化黑索今（AⅨ-1）	RDX：钝感剂 = 95：5	8150（$\rho = 1.62g/cm^3$）	143	127	32	28	9.8	热失重：100℃，48h时，为0.272%	射孔弹初期装药
7	熔注梯黑	TNT：RDX = 40：60	7888（$\rho = 1.726g/cm^3$）	115	112.2	40	3	18.1	爆发点（5s延期）：280℃	大型内切割弹、外切割弹及复杂弹室装药
8	塑-4	RDX：聚异丁烯：癸二酸二辛酯：45号变压器油 = 91.5：2.1：4.8：1.6	7586（$\rho = 1.47g/cm^3$）	119.3	123.2	40	40		热失重：150℃，2h时，为0.33%	在-40～50℃间具有塑性，可装填不同形状弹室
9	橡皮炸药	RDX：天然橡胶：硫黄：氧化锌：乙基苯基二硫代氨基甲酸锌：对苯二胺 = 84：14.9：0.3：0.4：0.3：0.1	7563（$\rho = 1.47g/cm^3$）	106.1	100	12	60	1.43	热失重：当80℃，24h时，为0.019%；当80℃，48h时，为0.034%	特种爆破用药

3.3.3.2 油气井爆破用火药

A 黑火药

黑火药的组成见表3-47。

表3-47 黑火药的组成

成 分	含量(质量分数)/%	成 分	含量(质量分数)/%
硝酸钾	75±1.0	硫 黄	10±1.0
木 炭	15±1.0	水分含量	≤1.0

B 单基药

以硝化纤维素为唯一能量组分的火药称为单基药，单基药的主要成分有：

（1）硝化纤维素。为这类火药的主要成分，通常占90%以上，也是这类火药唯一能量成分。

（2）化学安定剂。常用二苯胺，可以减缓或抑制分解反应的进行，提高火药化学安定性。

（3）消焰剂。常用硝酸钾、碳酸钾、硫酸钾、草酸钾及树脂等，可以减少二次火焰的生成。

（4）降温剂。常用二硝基甲苯、樟脑和地蜡等，可有效降低火药燃烧温度。

（5）钝感剂。常用樟脑，其作用是控制火药的燃烧速度由表及里逐渐增加。

（6）光泽剂。常用石墨，为提高火药流散性和装填密度，减小静电积聚。

典型的单质火药组成如表3-48所示。

表3-48 典型单基火药的组成

成 分	枪药(质量分数)/%	炮药(质量分数)/%
硝化纤维素(其中：$w(N)>13.0\%$)	94~96	
硝化纤维素(其中：$w(N)=12.8\%\sim13.0\%$)		94~96
二苯胺	1.2~2.0	1.2~2.0
樟 脑	0.9~1.8	
石 墨	0.2~0.4	
残余挥发成分	1.7~3.4	1.8~3.8

C 双基药

以硝化纤维素和硝化甘油（或硝化二乙二醇或其他含能增塑剂）为主要成分的火药称为双基火药（见表3-49），其主要成分是：

（1）硝化纤维素。常用3号硝化棉。

（2）主溶剂（增塑剂）。常用硝化甘油、硝化二乙二醇等，它起溶解（增塑）硝化纤维素的作用，同时也是另一能量组分。

（3）助溶剂（或称辅助增塑剂）。常用二硝基甲基、苯二甲酸酯类、二乙醇硝胺二硝酸酯（通常称吉纳）等，其作用是增加硝化纤维素的溶解度。

（4）化学安定剂。起减缓或抑制硝化纤维素及硝化甘油缓慢热分解的作用。

（5）其他附加剂。其中有工艺附加剂（如凡士林）、燃烧催化剂和燃烧稳定剂（如氧化铅、氧化铁、碳酸钙等)、消焰剂(如硫酸钾)、钝感剂(如樟脑、树脂等),以及少量石墨。

表 3-49 典型双基火药的组成

成 分	迫击炮药(质量分数)/%	线膛炮药(质量分数)/%	典型变化范围(质量分数)/%
硝化纤维素	58	56	30 ~ 60
硝化甘油	40	26.5	25 ~ 40
二硝基甲苯		9	
苯二甲酸二丁酯		4.5	
安定剂	1.5	3	
凡士林	0.5	1	
水分(100%以外)	0.7	0.7	0.5 ~ 0.7

D 三基火药

三基火药是在双基火药的基础上加入一定数量的含能成分(如硝基胍)而制得的,因其有三种主要含能成分,故称为三基火药。加入硝基胍以后可以降低火药的燃烧温度,所以加硝基胍的火药有“冷火药”之称。三基火药典型配方如表 3-50 所示。

表 3-50 三基火药的典型配方

成 分	含量(质量分数)/%	成 分	含量(质量分数)/%
硝化纤维素(其中:w(N) = 12.6% ~ 13.15%)	20 ~ 28	2-硝基二苯胺	0 ~ 1.5
硝化甘油	19 ~ 22.5	乙基中定剂	0 ~ 6.0
硝基胍	47 ~ 55	石 墨	0 ~ 0.1
苯二甲酸二丁酯	0 ~ 4.5	冰晶石	0 ~ 0.3
二苯胺	0 ~ 1.5		

3.3.4 油气井用起爆器材

3.3.4.1 油气井用电雷管

国内油气井用电雷管分为耐温型、耐温耐压型及安全型三类,雷管的主要性能及用途见表 3-51。

3.3.4.2 油气井撞击式雷管

A 基本结构

图 3-23 是常见撞击雷管的基本结构,一般由雷管壳、击发药(或点火药)、增感剂、火台、起爆药与猛炸药构成。

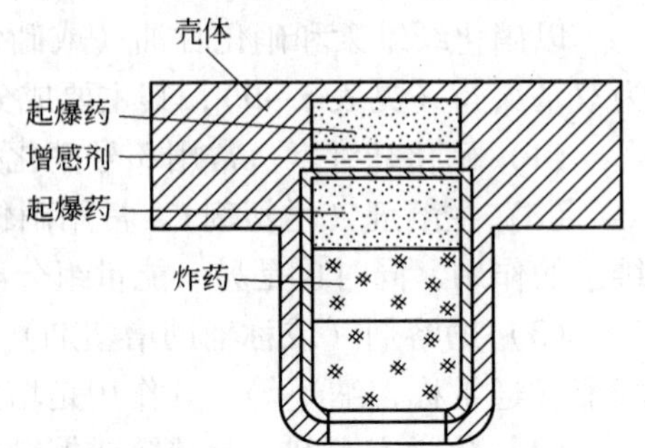

图 3-23 撞击雷管基本结构图

B 耐温撞击雷管

a 耐温 204℃,70h 撞击雷管

该种雷管分为 A、B、C 三种,基本结构相似。

表 3-51 几种油气井用电雷管的主要性能表

性能指标 / 类型及型号	项目	产品电阻/Ω	发火电流	安全电流	耐温-时间	耐压	输出威力	静电安全性	抗工程电压	抗直流电压	抗直流电流	抗静电电压	用途
耐温型电雷管	耐温 180℃	1.5~3.5	180±2℃，恒温2h后通500±10mA或常温600±10mA	180±2℃，恒温2h后通直流100±5mA，3min	180℃-2h		可靠引爆 Q/A H0040 规定的 ϕ6.5mm 导爆索	脚壳间耐静电压25kV					有枪身射孔
	耐温 200℃				200℃-2h								
	耐温 250℃	1.0~5.0	600±5mA	250±2℃，通100±5mA，3min	250±2℃-2h		4mm±0.1mm 厚铅板，炸孔大于产品外径，可靠引爆符合 Q/A H0040 规定的 ϕ6.9mm 的导爆索						
	DT-CW180 型安全电雷管				产品经高温180℃或低温-45℃，2h后起爆可靠		可靠引爆 SDB-2 型导爆索及符合 GB 9786—1988 规定的导爆索		380V	300V	30A	25kV	
耐温耐压型电雷管	耐温 180℃	1.5~3.5	180±2℃，恒温2h后通500±5mA或常温600±5mA	250±2℃，恒温2h后通直流100±5mA，3min	180±2℃-2h	紫铜耐压管50MPa；铝合金耐压管40MPa	可靠引爆 Q/A H0040规定的 ϕ7mm 导爆索	脚-壳间耐静电压25kV					无枪身射孔
	SW-1 型	1.2~2.5	0.5A	180℃恒温水通入0.1A	180℃-2h，80MPa-2h		5mm 厚铅板，炸孔大于雷管外径						过油管射孔
	SW-2 型												
	SW-3 型						在180℃-2h，80MPa下，能可靠起爆耐温耐压导爆索						无枪身射孔
	SW-4 型												
	SW-5 型						在180℃下能可靠起爆耐温导爆索						有枪身射孔
普通型耐温耐压电雷管	安全型				产品经高温150℃，高压50MPa，1h后或低温-45℃，2h后起爆可靠		可靠引爆 SDB-2 型导爆索及符合 GB 9786—1988 规定的导爆索		380V	300V	30A	25kA	无枪身射孔
	SP-1 型	1.2~2.5	0.5A	0.1A，5min	120℃-1h	34MPa							起爆过油管射孔中的传爆管和导爆索或用于无枪身射孔
	SP-2 型				150℃-1h	49MPa							
	SP-2A 型												

（1）A 型雷管：规格参数见表 3-52。

表 3-52　A 型撞击雷管规格参数

项　　目		参　数
药物总量/mg	起爆器（PbN_6，RD1333）	100
	增感剂 SiC	20
	内管起爆药（PbN_6，RD1333）	144
	猛炸药 HNS	144
撞针尺寸/mm	长	5.46
	最大宽度	6.48
	球面半径	2.54
撞击起爆能量/kg · cm		25
雷管形位尺寸/mm	总高度	15.88
	壳体外径	15.88
	壳体高度	5.08
	内管外径	8.89
	内管内径	5.64

（2）B 型雷管：规格参数见表 3-53。

表 3-53　B 型撞击雷管规格参数

项　　目		参　数
药物总量/mg	起爆器（PbN_6，RD1333）	100
	增感剂 SiC	25
	内管起爆药（PbN_6，RD1333）	144
	猛炸药 HNS	144
撞针尺寸/mm	长	5.46
	最大宽度	6.48
	球面半径	2.54
撞击起爆能量/kg · cm		35
雷管形位尺寸/mm	总高度	12.7
	壳体外径	15.88
	壳体高度	5.08
	内管外径	7.19
	内管内径	4.83

（3）C 型雷管：与 B 型雷管尺寸相同，只是把猛炸药 HNS 换成 RDX（约 50mg），耐热能力比 B 型雷管差一些。起爆能量为 35J（焦耳）。

b　耐温 260℃、耐压 170MPa 撞击雷管

这是一种多用途雷管，其耐温 260℃，耐压 170MPa。该雷管在结构上采用长而粗的金属材料壳体及将壳体的截面加工成元宝形。在使用过程有两项优点：一是改善了雷管与导

爆索的固定方式，防止因高温高压造成雷管与导爆索的位移而造成的井液向两爆炸元件接合处的浸入，确保导爆索可靠起爆。二是雷管壳体利用“聚能效应”，可以向导爆索传递更多的起爆能，提高发火的可靠性。

c JBQ2-1 撞击雷管

该雷管耐温160℃，全发火撞击量为8N·m。

3.3.4.3 机械式起爆装置

A 机械撞击式起爆装置

机械撞击式起爆装置是以金属球或棒作为激发源，依靠金属球（棒）自由下落产生的能量推动撞针，使撞击火帽（雷管、起爆器）起爆。投放金属球（棒）前，首先把油管液柱压力调节到规定值，再投放金属球（棒）。投放的方法有两种，一种是通过敞开的井口直接投放，一种是预先将金属球（棒）装在防喷盒内，用井口的控制阀释放。前一种比较简单，后一种要在防喷盒内增加一个释放装置。

机械撞击式起爆装置可用于各种油井（气井）的射孔。当井的倾斜度小于30°时，投放物为标准金属棒（每根长1.83m，重9.98kg）；当倾斜度大于30°时，投放物为金属球或装有滑动轮子的撞棒。

典型的机械撞击式起爆装置见图3-24。这种装置主要用于油管输送式（无电缆）射孔，具有操作简便，使用可靠的优点。

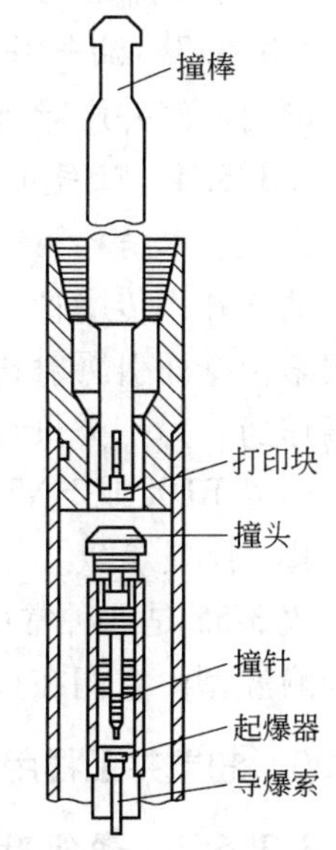

图3-24 机械撞击式起爆装置

机械撞击起爆机构主要包括：金属投掷物（球、棒）、撞针、上药室和下药室。上药室主要是火帽、雷管和扩爆药，下药室主要是传爆药和导爆索，下药室通常装在接头里，与上药室和射孔枪相连接，在结合处用密封圈密封，以防井液渗入。

B 压力激发式起爆装置

按加压方式可分为油管加压式压力起爆器和环隙空间加压式压力起爆器两种类型。油管压力起爆器多用于常闭式射孔工艺，环空压力起爆器多用于座封封隔器的常开式射孔工艺。压力激发式起爆装置可以串联安装在枪头或枪尾，也可以安装在管串中部，当对油管或套管所加压力与井液压力之和大于安全销的强度极限时，安全销被剪断，火帽撞击发火，传爆序列开始作用。

3.3.5 油气井用传爆器材

3.3.5.1 油气井用导爆索分类

（1）塑料软管导爆索。即聚氯乙烯软管导爆索。一般装填黑索今，具有防水、耐压性能好，起爆能力大，接头可搭接等优点。但软管耐温低（最高100℃，2h），耐压低。在30MPa下即可能出现药芯断层影响爆轰波的传播。

（2）线绕导爆索。即干法线绕导爆索。药芯采用黑索今炸药。由两根或四根丝线组成芯线，包敷聚酯薄膜，由两层或三层丝线带缠绕，外层挤涂热塑性尼龙涂层，产品装药量大，防水性好，有足够的起爆能力，适用于无枪身射孔配套使用。耐温性能略高于软管导爆索。

（3）编织导爆索。它是无芯线编织装药，外层挤涂热塑性尼龙，装药密度大，包裹层薄，起爆能力强。根据使用条件可装黑索今或奥克托金。有四种类型：普通型、低收缩型、高温型、高爆速型。耐温耐压性能优于软管型及线绕型导爆索。

（4）铅管导爆索。外管一般用铅锑合金，成本较高。其突出的特性是可耐井下50～60MPa的高压。

3.3.5.2　油气井导爆索技术要求

（1）爆速：普通型≥6800m/s，高爆速型≥7500m/s，高温型、超高温型一般不低于5500m/s。

（2）感爆性能：在两段导爆索搭接处隔两层符合QB325的黄纸板进行试验时，应爆轰完全。

（3）耐寒性能：导爆索应满足在－40℃条件下冷冻2h后爆轰完全。

（4）横向输出压力不小于2.5GPa。

3.3.5.3　油气井导爆索技术指标

国内油气井用导爆索规格及主要技术指标见表3-54。

3.3.5.4　油气井用传爆管

A　基本结构

油气井用传爆管多为耐热传爆管，用于传递起爆器击发后的爆轰，并起爆射孔枪上的导爆索，继而引爆射孔弹。也用于射孔管串之间的传爆。主要分为两类：一类装填起爆药和猛炸药，另一类只装填单一的猛炸药。其基本结构如图3-25所示，其中起爆药为PbN_6，猛炸药为RDX或HNS，外壳材料为铅或耐热橡胶。

B　性能参数

表3-55是几种常用耐温传爆管的有关参数，其中C-68和P129687属耐温耐压型，其余为耐温型。它们在火工品的专用库房中贮存，有效期均为5年。

3.3.6　油气井工程用爆破器材

3.3.6.1　聚能射孔弹

A　聚能射孔弹分类

聚能射孔弹可以按照图3-26中4种不同分类方法进行分类。

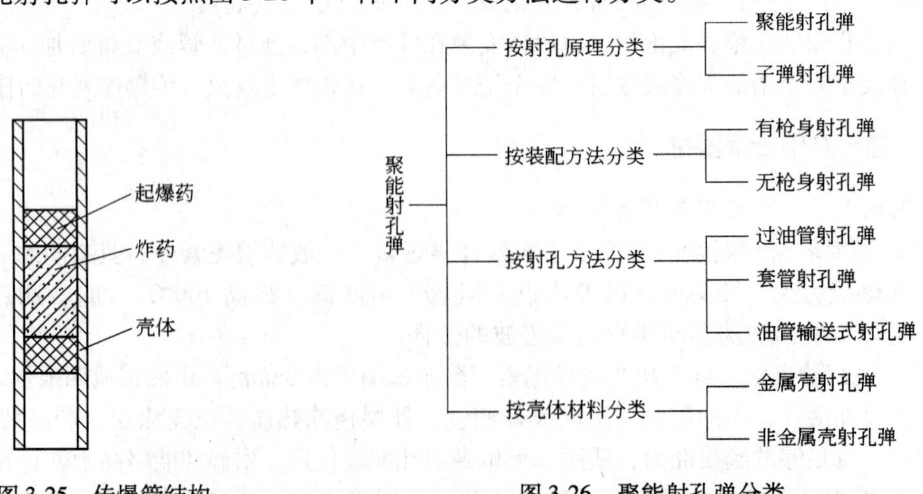

图3-25　传爆管结构　　　图3-26　聚能射孔弹分类

表 3-54 国内油气井用导爆索规格及主要技术指标

项目 \ 产品名称及型号	塑料软管导爆索		线绕导爆索			编织导爆索				金属柔性导爆索		
	GF69-1	GF69-2	NW-170 NW-200	DB-2	SYB-1	80RDX	80RD X LS	80HMX	80HMX XHV	耐温 180℃ 耐温 200℃ 铅锑合金	耐高温金属柔性导爆索	铅皮导爆索
生产厂家	大庆射孔弹厂		山西晋东化工厂	阜新 2 厂	云南燃料 2 厂	大庆射孔弹厂				兵工 213 所	辽宁华丰化工厂	阜新 12 厂
外径/mm	7 ~ 7.5	7.5 ~ 8.5	6.3	≤6.1	6.0 ±0.3	5.3	5.3	5.3	5.3			
装药	RDX	RDX	RDX，HMS	RDX	RDX	RDX	RDX	HMX	HMX			RDX
装药量/$g \cdot m^{-1}$	35	50	≥19	18 ~ 20	18	17	17	17	17			26 ~ 30
内层材料			涤纶纤维	棉线	玻璃纤维	聚酯丝	凯肤拉丝线	凯肤拉丝线	凯肤拉丝线			
外层材料			硅橡胶	聚氯乙烯塑料	聚氯乙烯	尼龙	尼龙	尼龙	尼龙			
起爆能力			用 1.5m 长的油井导爆索能完全起爆标准的 200g 压装梯恩梯药块									
耐温	65℃，2h	100℃，2h	NW-170：170℃ ±5℃ 2h NW-200：200℃ ±5℃ 2h	120℃，1h	120℃，48h 150℃，2h	180℃	180℃	190℃	190℃	180℃，2h 200℃，2h	180℃，2h	120℃，1h
耐压/MPa	20	40								≥50，2h	60	
爆速/$m \cdot s^{-1}$	6500	6500		6500		6700	6700	6700	7500	≥6500		6500
耐弯曲性			按耐热、耐寒性能试验的条件保温后弯曲试验，芯药不洒出，内层线不露出，然后按标准方法联结，爆轰完全							弯曲半径 50mm，曲直两次	弯曲半径 50mm，曲直两次	
抗拉性能/N			500	500	500							

表 3-55　几种传爆管性能参数

型号和名称	外观尺寸/mm	内径/mm	装　药	耐温时间		备　注
				℃	h	
QBZ1-1/3-10	φ7×4.1	φ6.5	PbN_6，RDX	120	24	
QBZ1-1/3-20	φ7×38.5	φ6.5	RDX	120	24	
QBZ2-1/3-10	φ7×41	φ6.5	PbN_6，RDX	120	48	
QBZ2-1/3-20	φ7×38.5	φ6.5	RDX	160	48	
QBZ4-1/3-0	φ6×41	φ6.5	PbN_6，RDX	160	48	
QBZ4-1/3-0	φ6×38.5	φ6.5	RDX	160	48	
CBG2-1	φ7×38.5	φ6.5	RDX	180	48	
P-43	φ6.1×38.1		PbN_6，RDX	177 149 135	1 3 24	黑色管
P-3A	φ6.1×38.1		HNS	260 190	（最大） 200	黑色或绿色管 红底
B016865	φ6.1×37.3		RDX	177	1	装药密度： 1.42g/cm
P028320	φ6.1×38.1		PbN_6，RDX	177 149 135	1 3 24	装药密度： PbN_6 1.7g/cm RDX 1.46g/cm
P129687	φ19.5×77		RDX	149	1	100MPa
C-63	φ6.1×38.1		PbN_6，RDX	177 149 135	1 3 24	黄色管
C-68	φ6.1×44.4		PbN_6，RDX	177	1	70MPa
C-80	φ6.1×38.1		PbN_6，RDX	260 190	（最大） 200	绿色管，红底
P-3	φ6.1×38.1		RDX	177 149 135	1 3 24	黑色管

B　聚能射孔弹结构

a　无枪身聚能射孔弹结构

无枪身聚能射孔弹将内衬金属药型罩的药柱压入密封的单元壳体内，壳体的作用主要是隔离井液和承受井管内的液体压力，使每个单元弹达到密封不漏水，其典型结构见图3-27。

b　有枪身聚能射孔弹结构

有枪身聚能射孔弹是将金属药型罩或金属粉末药型罩直接压入装有炸药的射孔弹钢壳内，钢壳内腔决定装药外形。由于有射孔枪保护，射孔弹不接触井液，不直接承受外界压力，钢弹壳作用是用于炸药成型，提高装药密度，提高射孔深度，其典型结构见图3-28。

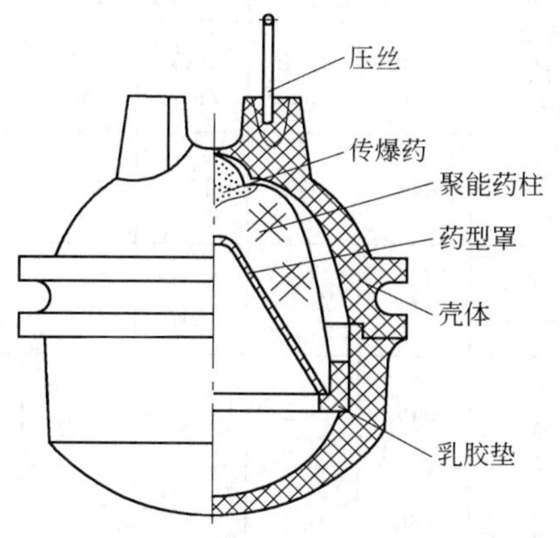

图3-27　无枪身射孔弹结构示意图

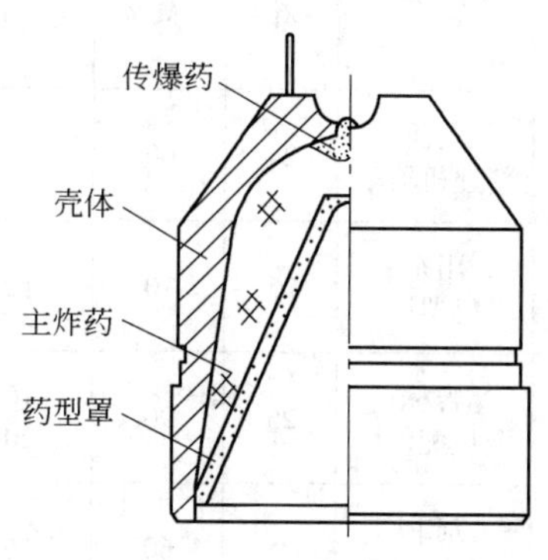

图3-28　有枪身射孔弹结构示意图

C　有枪身射孔弹的品种和结构

a　YD51-150-1、YD60-150-1、YD-73 聚能射孔弹

这些射孔弹目前是在特定的条件下使用，因此其产量较少，应用范围也较小。

b　YD-89 型聚能射孔弹

由于YD-89型射孔弹具有优良的射孔性能，它可以穿透API混凝土靶的深度≥400mm，目前已是我国各油田射孔器材的主导产品，其性能见表3-56。

表3-56　YD-89 型聚能射孔弹

成品名称	生产单位	装药量/g	额定压力/MPa	射孔密度/发·m^{-1}	射孔相位/(°)	配用枪名称及外径/mm	混凝土靶		钢　靶		内毛刺高度/mm
							穿深/mm	孔径/mm	穿深/mm	孔径/mm	
YD89-1， YD89-2， YD89-3	204所	25	50	13 20	90	89枪 ϕ89	430 438 460	12 11 9.5	≥100 110 ≥115	12 11.5 9	≤2
YD89-1， YD89-3	大庆射孔弹厂	25	50	16	90	SQ89-1 SQ89-3 ϕ89	481 503	10.7 7.8	145 150	11.3 10	2.1 2.2
YD89-3	新疆燎原机器厂	25	120	20	90	85，73枪 ϕ85，ϕ73	485	10	130	10	1.8
YD89-1， YD89-2， YD89-3	四川射孔弹厂	24	55～88	13 19	90	89枪 ϕ89	≥425	9	≥140	10	≤2.5
YD89-F	营口双龙公司	25	50	18	90	89枪 ϕ89	508	9.8	132	9.8	2.4
YD89	西安石油仪器总厂	25	100	13 16 20	60 90 120	89枪 ϕ89	487	11	129	11	2

续表 3-56

成品名称	生产单位	装药量/g	额定压力/MPa	射孔密度/发·m⁻¹	射孔相位/(°)	配用枪名称及外径/mm	混凝土靶		钢 靶		内毛刺高度/mm
							穿深/mm	孔径/mm	穿深/mm	孔径/mm	
YD89	山西新建机器厂	24	60	16	90	89 枪 ϕ89	440	9.2	117.5	9.7	1.79
YD89-B	山东机器厂	25	70	16	90	过油管枪 ϕ89	521	9.6			2
YD89	吉林金星配件厂	25	90	16 20	90 45	89 枪 ϕ89	519	9.2			<2.5
YD89	河北第二机械厂	25	60	16	90	89 枪 ϕ89	450	9.8			1.8

c YD-102 型聚能射孔弹

YD-102 型聚能射孔弹，穿透 API 混凝土靶的深度≥500mm，目前已在全国各油田广泛使用，是我国射孔器材的主要产品，其性能见表 3-57。

表 3-57 YD102 型聚能射孔弹

成品名称	生产单位	装药量/g	额定压力/MPa	射孔密度/发·m⁻¹	射孔相位/(°)	配用枪名称及外径/mm	混凝土靶		钢 靶		内毛刺高度/mm
							穿深/mm	孔径/mm	穿深/mm	孔径/mm	
YD102-1	204 所	32	50	13 20	90	102 枪 ϕ102 89 枪 ϕ89	≥500	≥12	130	12	<2
YD102-1	大庆射孔弹厂	31.2	50	16	90	102 枪 ϕ102	604	11	130	12	2.3
YD102-1	新疆燎原机器厂	31.5	120	20	90	102 枪 ϕ102 89 枪 ϕ89	529	10.5	131	10	1.9
YD102-1 YD102-D	四川射孔弹厂	32 31.5	55～80	13～16 16	90 60 90	102 枪 ϕ102	≥550 ≥250	≥10 ≥17			≤2.2 ≤2.1
YD102-1	西安石油仪器总厂	30	100	13 16	90 60 120	102 枪 ϕ102	550	12.5	140	12.5	2
YD102-1	山西新建机器厂	31	51.6	16	90	102 枪 ϕ102	561	12～18			
YD102-1	吉林金星配件厂	32	100	16 40	90 51	102 枪 ϕ102	>640	≥11			<2.5
YD102-1	山东机器厂	32	70	16	90	102 枪 ϕ102	581	>11			<2.5
YD102-1	河北第二机械厂	31	60	16	90	102 枪 ϕ102	580	11.4			2

d YD-127 型射孔弹

YD-127 型聚能射孔弹，具有强大的穿透能力，穿透 API 混凝土靶的深度≥700mm 以上，其应用范围逐渐增大，目前已成为各油田射孔器材的主导产品，其性能见表 3-58。

表 3-58 YD127 型聚能射孔弹

成品名称	生产单位	装药量/g	额定压力/MPa	射孔密度/发·m^{-1}	射孔相位/(°)	配用枪名称及外径/mm	混凝土靶		钢靶		内毛刺高度/mm
							穿深/mm	孔径/mm	穿深/mm	孔径/mm	
YD127-1	204 所	38	50~100	10	90	127 枪 $\phi127$	≥700	≥10			
YD127-1，YD127-2	大庆射孔弹厂	37~38	50	12	90	SQ127 $\phi127$	785.5	10.9	190	13	2.4
YD127-1，YD127-2，YD127-3	新疆燎原机器厂	37	117.5	13 20	90	139.7 枪，$\phi127$ 102 枪，$\phi102$ 127 枪，$\phi127$	706 703	11.5 10.5	180	10.5	2 1.9
YD127-1	四川射孔弹厂	37	55~80	13~16	60 90	127 枪 $\phi127$	≥700	≥10	≥160	≥10	0.4
YD127-1	营口双龙公司	38	50	14	90	127 枪 $\phi127$	755	11.7	204	12.7	2.4
YD127-1	西安石油仪器总厂	37.5	100	13 16	60 90 120	127 枪 $\phi127$	765	18	180	14	2.5
YD127-1	河北第二机械厂	35	60	16	90	127 枪 $\phi127$	630	12.6			2.1

D 无枪身射孔弹的品种和结构

我国从 20 世纪 80 年代初已研制出多种无枪身射孔弹，由于受油、气井的限制，以及射孔弹性能制约，没能广泛使用，只在特殊的情况下使用，如 WD94-20-1、WD5-20-1、WD45-50-1。

E 其他类型射孔弹

为了满足海洋钻井平台射孔的要求而研制的大孔径高孔密射孔弹，如 BH57RDX32 型。其主要性能：套管上平均入口孔径≥17.5mm，混凝土靶（APIRP43）穿深≥230mm，相位 60°、90°，枪身用 102 枪、127 枪或 7 寸枪。

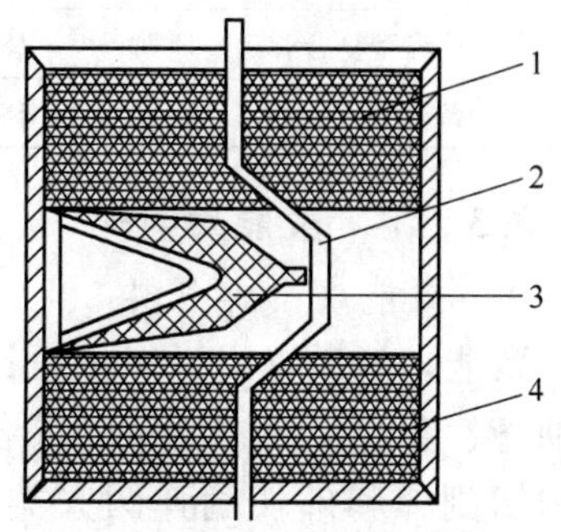

图 3-29 增效射孔器产品示意图
1—火药装药；2—导爆索；3—聚能射孔弹；4—壳体

3.3.6.2 增效射孔器

A 增效射孔器的基本结构

增效射孔器分为单元弹式和含能弹架式两种产品结构，其结构见图 3-29 所示。不同枪型、不同孔密和不同耐温性能火药组成增效射孔器系列产品。

B　增效射孔器产品型号和规格

国内现有产品规格和型号介绍见表 3-59。

表 3-59　增效射孔器产品型号

序　号	产 品 型 号	弹体结构	孔密/发 · m^{-1}	耐温等级
1	ZS89-10C	单元弹式	10	C 级
2	ZS89-10G	单元弹式	10	G 级
3	ZS89-13C	单元弹式	13	C 级
4	ZS89-13G	单元弹式	13	G 级
5	ZSJ89-13C	含能弹架式	13	C 级
6	ZSJ89-13G	含能弹架式	13	G 级
7	ZSJ102-13C（89 枪）	含能弹架式	13	C 级
8	ZSJ102-13G（89 枪）	含能弹架式	13	G 级
9	ZSJ127-13C（102 枪）	含能弹架式	13	C 级
10	ZSJ127-13G（102 枪）	含能弹架式	13	G 级

注：ZS—单元式增效射孔器代号；ZSJ—含能弹架式增效射孔器的代号；C—常温级（110℃，48h）；G—高温级（150℃，48h）。

3.3.6.3　射孔压裂复合弹

A　基本结构

射孔压裂复合弹，是由射孔段和高能气体压裂弹通过中间联接件而联结在一起的射孔压裂复合装置，见图3-30。射孔压裂复合弹是由三大部分构成：射孔段；压裂段；燃烧转爆轰转换接头。射孔段的上部是由电缆接头，通过联接件和射孔枪联接。射孔枪包括枪体、导爆索、射孔弹。

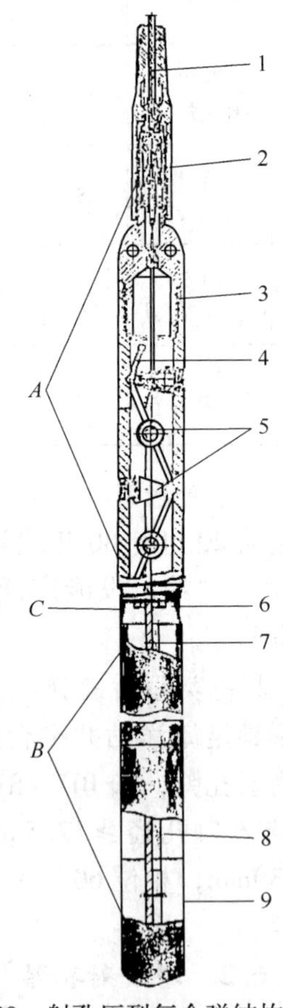

图 3-30　射孔压裂复合弹结构示意图

1—电缆；2—联接件；3—射孔枪；4—导爆索；5—射孔弹；6—转换接头；7—传火管；8—发射药装药；9—壳体；*A*—射孔段；*B*—压裂段；*C*—燃烧转爆轰转换接头

B　射孔压裂复合弹产品规格、型号

目前应用的射孔压裂复合弹有两种规格，一种是常温型；另一种是高温型，它们的性能见表 3-60。

表 3-60　射孔压裂复合弹产品规格型号

序 号	名　称	型　号	弹径规格/mm	耐温(24h)/℃
1	常温型复合弹	F120	ϕ89，ϕ102	120
2	高温型复合弹	F150	ϕ89，ϕ102	150

3.3.6.4　聚能切割弹

A　聚能切割弹分类

聚能切割弹应用目标主要针对油田井下使用的各种油管、套管、钻杆及钻铤等各类器材，切割方式分为内切割弹和外切割弹两大类。根据切割对象不同，所设计的结构就不同，若把环形金属药形罩和装药的切割罩向外，在爆炸时就产生一圈向外的均质射流，这样的切割结构叫内切割结构（或叫内切割弹）。内切割是套管内布设弹体进行聚能切割，即从管子内向外切割，把套管切割断。

B　聚能切割弹结构

目前，切割各类油管、钻杆、钻铤和套管的切割弹均有系列产品，它们的作用机理相同、结构基本相似，但根据使用要求，设计的切割弹的耐压性能、耐温性能、切割性能等则有所区别。现以图3-31油管切割弹为例说明切割弹的结构。

图3-32是油管切割弹的部件图。它由图中切割弹、引爆器、点火头、引爆器材衬套、分路塞、加长筒和安全管等组成的。当切割器下到井下预定位置后，电源通到分路塞；分路塞给电到点火头；点火头将引爆器引爆；由引爆器引爆切割弹，切割弹的聚能装药将油管切断。

C　聚能切割弹品种及性能

油井切割弹系列产品按使用性能分为油管切割弹、钻杆切割弹、钻铤切割弹、套管切割弹，如表3-61所示。此外，还有海洋油田用的各种桩腿、导管架等切割弹，这里不做叙述，可参考有关资料。

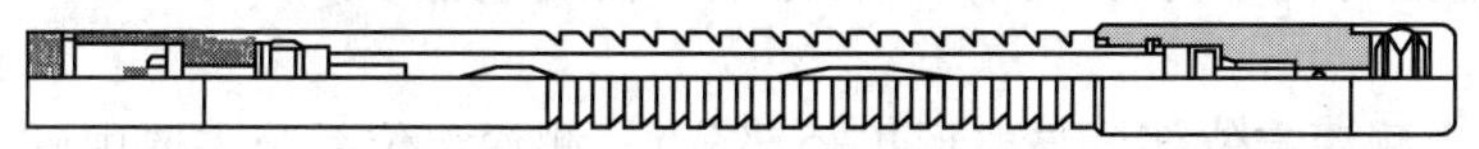

图3-31　油管切割弹整体结构图

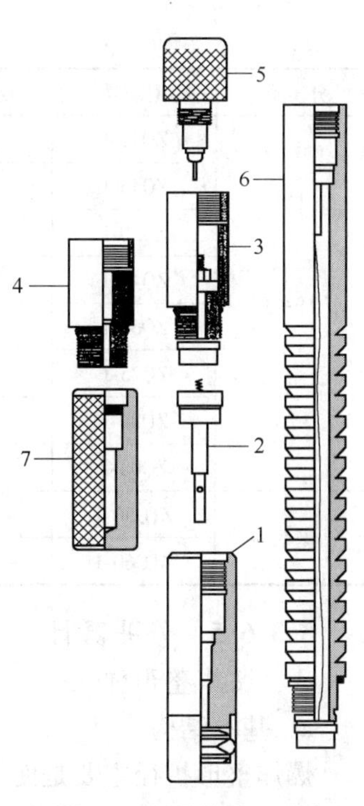

图3-32　油管切割弹部件图
1—油管切割弹；2—引爆器；
3—点火头；4—引爆器的衬套；
5—分路塞；6—加长筒；7—安全管

表3-61　油井切割弹系列产品性能表

分　类	型　号	规格/mm	耐压/MPa	耐温(2h)/℃	适用通径/mm	说　明
油管系列	UQ46-1	φ46	60~70	180	φ50.7、φ51.8	切油管本体
	UQ48-1	φ48	60~70	180	φ57.4（厚壁）	切油管接头
	UQ54-1	φ54	60~70	180	φ62	切油管本体
	UQ57-1	φ57	60~70	180	φ62	
	UQ66-1	φ66	60~70	180	φ76	
	UQ68-1	φ68	60~70	180	φ77.9	
	UQ79-1	φ79	50~60	180	φ90	
套管系列	TQ108-1	φ108	30~40	180	≥φ118.6	切套管本体
	TQ113-1	φ113	30~40	180		
	TQ114-1	φ114	30~40	85		
	TQ140-1	φ140	30~40	180	≥φ150.4	
	TQ200-2	φ200	30~40	85	≥φ216.8	

续表 3-61

分　类	型　号	规格/mm	耐压/MPa	耐温(2h)/℃	适用通径/mm	说　明
钻杆系列	ZQ42-1	ϕ42	50～60	180	≥ϕ46. 1	切钻杆本体
	ZQ45-1	ϕ45	50～60	180	≥ϕ50. 67	
	ZQ50-1	ϕ50	50～60	180	≥ϕ60	切钻杆接头
	ZQ48-1	ϕ48	50～60	180	ϕ54. 64	
	ZQ60-1	ϕ60	50～60	180	≥ϕ66. 09	
	ZQ75-1	ϕ75	50～60	180	≥ϕ84. 84	切钻杆本体
	ZQ84-1	ϕ84	50～60	180	≥ϕ92. 46	
	ZQ60-2	ϕ60	50～60	180	≥ϕ70	
钻铤系列	ZTQ50-1	ϕ50	50～60	180	ϕ60	切钻铤接头
	ZTQ60-1	ϕ60	50～60	180	ϕ70	

3. 3. 6. 5　修井器材

A　爆炸整形弹

a　基本结构

爆炸整形扩径主要是使用综合性能良好的炸药，并把炸药装在一定形状的壳体内，并能输送到预整形的井下段位。整形弹的结构有两种，一种是油管输送式整形弹；另一种是电缆输送式整形弹。分述如下。

（1）电缆输送式整形弹（含测深定位部分与整形扩径部分）。测深定位系统主要由磁性定位器、安全电缆、加重杆、扶正器等部件组成。整形扩径部分组成见图 3-33 所示。

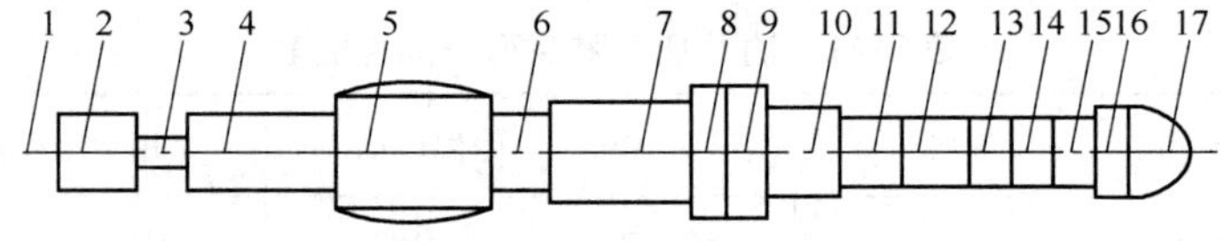

图 3-33　整形扩径工具示意图（电缆携带）

1—电缆头；2—磁定位器；3—安全电缆；4—加重杆；5—扶正器；6—胶塞；7—雷管室及雷管；8—压帽；9—胶圈；10—接头；11—变扣接头；12—药柱；13—短接；14—炸药；15—药柱；16—短接；17—导向丝堵

（2）撞击式点火引爆整形扩径工具。在变形井的整形复位、错断井的扩径复位爆炸修复中，常常使用油管柱或钻杆柱携带爆炸整形扩径工具入井，对于 2000m 以上的中深井，起爆时间较短，操作安全。工具组成见图 3-34 所示。雷管室及雷管可根据引爆方式需要，

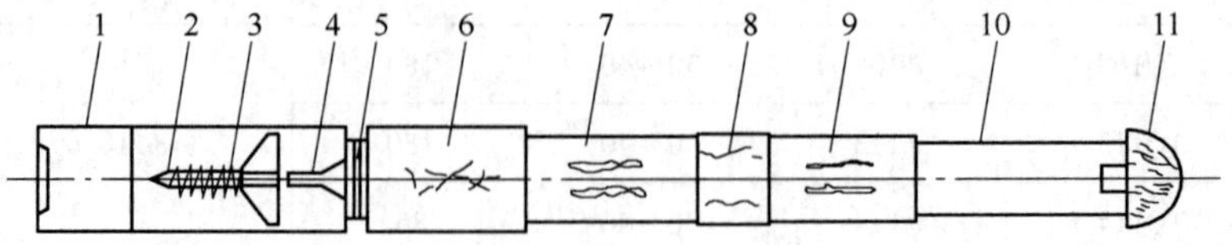

图 3-34　撞击点火整形扩径工具示意图

1—上接头（油管、钻杆螺纹）；2—撞击帽；3—弹簧；4—磁引火头；5—密封圈；6—雷管室及雷管；7—药柱；8—炸药；9—药柱；10—短接；11—导向丝堵

安装在上端、中部、下端或两端同时安装雷管。

b　炸药装药类型与性能

(1) 炸药类型选择。爆炸整形复位扩径，常用的炸药有 TNT 炸药、铵梯炸药和 RDX（黑索今）的混合炸药；它们的性能见表 3-62。

表 3-62　炸药性能表

炸　药	密度 /g·cm^{-3}	爆速 /m·s^{-1}	猛度/mm	比容 /L·kg^{-1}	爆热 /kJ·kg^{-1}	威力(铅铸法) /mL
TNT	0.7～0.8	4700	16～17	730～750	4100～4573	285～300
	1.585	6856				
RDX	1.7	8380	24.9	910	5590	475
2号岩石	0.95～1.10	3000～3600	12	924	3688	320

注：2号岩石炸药配比：硝酸铵：TNT：木粉 = 85：11：4。

(2) 药性选择。药性选择关系到爆炸后的整形复位扩径效果，所以应以炸药的爆速为主要选择参数，以套管变形错断口的通径为基点，参考管外水泥环地层的约束力大小，套管材质的弹性应变，井内介质等情况综合选择炸药药性。布药时，应根据整形复位扩径的需要和变形错断通径的变化，正确确定所需能量的大小。一种方式是药性不变，改变药盒、药柱、装药装置的尺寸；另一种方式是药盒、药柱、装药尺寸不变，改变药性，但改变药性需在试验验证的基础上方可实施。一般情况下可按表 3-63 推荐的参数选择。

表 3-63　药性选择参数表

变形错断通径/mm	爆速/m·s^{-1}
>100	3000～4500
<100	4500～7000

B　炸药焊接加固弹

炸药焊接弹由装药系统、排液系统和控制系统三个系统构成。

(1) 装药系统是由环焊装药、扩径装药、脱扣装药、引爆装药和焊管构成的。

(2) 排液系统装在焊接弹底部，由一个排液发动机组成。

(3) 控制系统由“磁控定时起爆器”构成，主要作用是控制两端的环焊装药和中间扩径装药的爆炸时间，是爆炸焊接成败的关键系统。

爆炸焊接加固弹的结构见图 3-35。爆炸焊接后，将 $\phi = 100$mm、$\delta = 7$mm、长度 $L =$

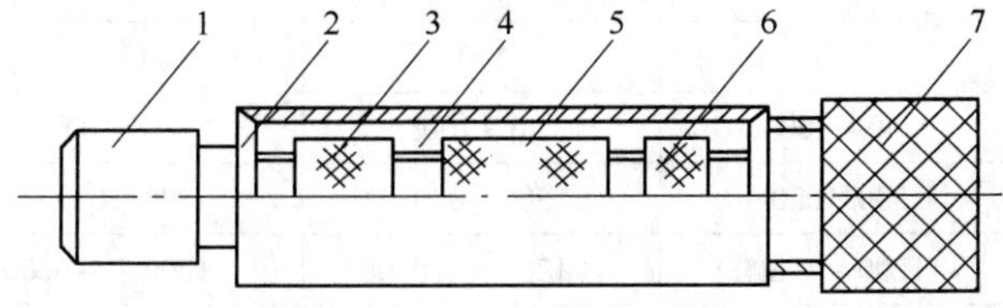

图 3-35　焊接弹结构示意图

1—松扣装药；2—焊管；3—环焊装药；4—连接管；5—扩径装药；6—环焊装药及引爆装置；7—排液发动机

4～6m 的衬管环焊到井下套管破损部分，使破损井恢复到可以继续使用的状态。

3.3.7　油气井工程用燃烧器材

3.3.7.1　高能气体压裂弹

A　高能气体压裂弹的品种

高能气体压裂弹分为三大类：第一类：燃爆压裂弹。该弹是由发射药段和炸药装药段组成的。发射药段装的是双茎药，炸药段是由聚能穴装药构成。这种压裂弹因为炸药量较大，对井壁和套管破坏较大，只适于裸眼井压裂。第二类：金属壳体高能气体压裂弹。它由长筒状合金钢金属壳，装药结构、点火结构、排气结构等部分构成。该类型的高能气体压裂弹问世后，在国内各大油田得到普遍应用。但金属壳压裂弹比较笨重，操作不方便。第三类：无壳高能气体压裂弹。

B　无壳高能气体压裂弹结构

无壳高能气体压裂弹是由可燃外壳、点火机构、中心管（联接体）、推进剂装药、上下压盖及密封结构等主要部件所构成，详见图 3-36。

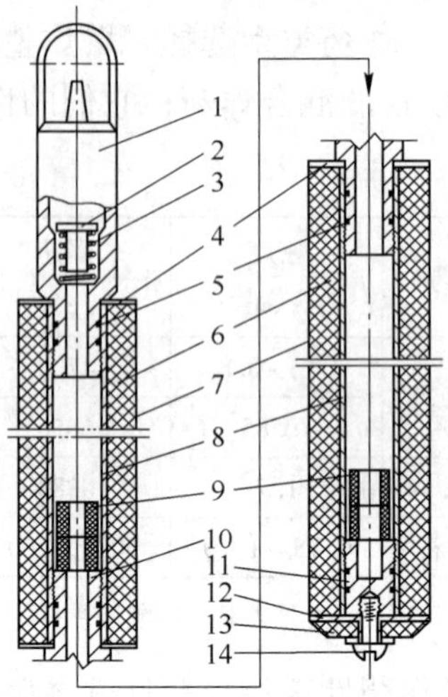

图 3-36　无壳弹总体结构示意图

1—密封塞；2—点火器；3—弹簧；4—压盖；5—O 形密封圈；6—推进剂药柱；7—包覆层；8—中心管；9—辅助点火药块；10—连接管；11—尾堵；12—底盖；13—缓冲块；14—旋紧螺栓

C　无壳压裂弹主要性能

不同单位研制的装药品种、装药性能及装药结构上均有差别，但基本原理及结构大致相同。表 3-64 列出了典型的无壳高能气体压裂弹的性能指标。

表 3-64　无壳高能气体压裂弹性能指标

药　型	Ⅰ型	Ⅱ-A 型	Ⅱ-B 型	Ⅲ型
	复合药	复合药	复合药	复合药
爆热/$cal \cdot g^{-1}$	1460	>1300	1375	>1300
比容/$L \cdot kg^{-1}$	≥860	≥860	≥860	≥860
火药力/$N \cdot m \cdot kg^{-1}$	910000	960000	920000	960000
爆热/K	3300	3000	3200	2950
密度/$g \cdot cm^{-1}$	1.738	1.710	1.676	1.654
燃速/$mm \cdot s^{-1}$	20	10	10	5
耐温/℃	170	170	170	170
外径/mm	40～100	40～100	40～100	40～100
长度/mm	500/1000	500/1000	500/1000	500/1000
适用井深/m	−1200～−6000	−1200～−6000	−1200～−6000	−1200～−6000
适用井温/℃	<170	<170	<170	<170

注：1. 燃速是在 70℃，20MPa 条件下的测试结果；

2. 技术参数以供货时测试的数据为准。

3.3.7.2　电缆桥塞与井壁取芯装药

A　电缆桥塞

a　桥塞的结构

电缆桥塞由两大部分构成，一部分叫做座封工具，另一部分叫桥塞。桥塞是封堵部件，起封堵作用，桥塞有金属卡瓦和橡胶筒，利用橡胶的挤压、膨胀、摩擦作用，达到封隔的目的。座封工具是驱动桥塞做功的动力源，它是由电雷管、发射药、油性液体及金属活塞构成。其功能是点火、座封和丢手。座封工具和桥塞共同构成井下封堵装置。电缆桥塞的结构如图3-37所示。

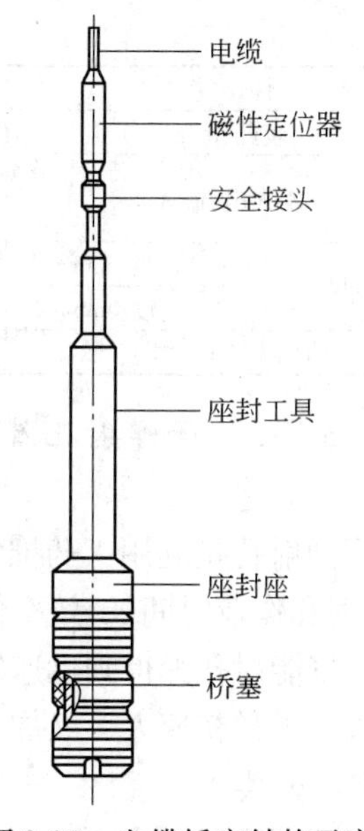

图3-37　电缆桥塞结构示意图

b　桥塞及座封工具主要技术指标

桥塞及座封工具主要技术参数示于表3-65。

B　取芯药

取芯药分三种类型，即取芯药饼、取芯药盒、延期取芯药盒。取芯药规格及性能见表3-66。

表3-65　桥塞及座封工具主要技术参数

工具类型	技术参数	吉尔哈特	国产贝克
桥　塞	耐温/℃	218.3	120~210
	耐压/MPa	68.9	35~70
	抗　硫	H_2S 小于5%	—
	胶筒硬度（邵氏）	上下端：90度 中间：70度	—
	胶筒胀大范围/mm	99.6~115.8	118.6~128.1
		116.3~128.2	—
		152.1~169.0	—
	外径/mm	94.2，108，142	110，145
	长度/mm	380，490	350
	重量/kg	14.9，31	13，25
座封工具	耐温/℃	213	210
	耐压/MPa	137.9	96
	座封力/kN	253.5	—
	起爆电流/A	0.25	—
	火药燃烧时间/s	30~32	—
	行程/mm	162	—
	最大外径/mm	106.4	97
	总长/mm	2850	2530
	总重/kg	85.25	153

表 3-66　取芯药规格性能表

性　能		取芯药饼				取芯药盒				延期取芯药盒			
装药量/g		2.5～10				3～7				3～7			
发火电流/A		>1				0.7～1				0.7～1 延迟发火 6～7s			
外形尺寸	直径/mm	23.5				37				37			
	高度/mm	5～15				18.7				18.5			
耐温(4h)/℃		130	180	200	220	130	180	200	220	130	180	200	220

3.3.7.3　子弹射孔器

A　概述

子弹射孔是利用火药推力将弹丸送入含油层,形成出油的孔道。子弹射孔,弹头穿透距离太短,射孔作业时间长,效率低。在聚能射孔弹发明后,由于穿透效率高、孔密度大、成本低等优点，聚能射孔弹得到迅速发展。20 世纪 60 年代后俄罗斯研制出垂直式子弹射孔器，它的弹道长，子弹初速大，又加上射孔对油层无污染。子弹射孔器在俄罗斯一直沿用到现在。

B　分类

子弹射孔器按其结构分成两大类。一类是枪管平行式子弹射孔器；另一类是枪管垂直曲向射孔器。

C　结构

a　枪管平行式子弹射孔器构成

枪管平行式子弹射孔器是利用高速运动的抛射体子弹头的冲击作用完成射孔。其构成为：（1）点火部件（电激发或撞击击发）；（2）高压气体产生部件（包括火药及燃烧室）；（3）子弹头（抛射体）；（4）枪管。标准的枪管平行式子弹穿孔器见图 3-38。

由图 3-38 可以看到,穿孔器完全被装在很厚的弹壳中,来抵抗外部井液压力。点火部件采用电激发方式;子弹头被封闭在枪管中,出口部位为密封盖片,用来密封和抵抗井下压力。火药燃烧产生的气体膨胀和反应产物的腐蚀作用是影响弹头穿透能力的主要因素。

b　枪管垂直式子弹射孔器结构

BKT 70 射孔器是典型的枪身垂直式子弹射孔器(图 3-39)，这些射孔器具有加长的大口径的枪管

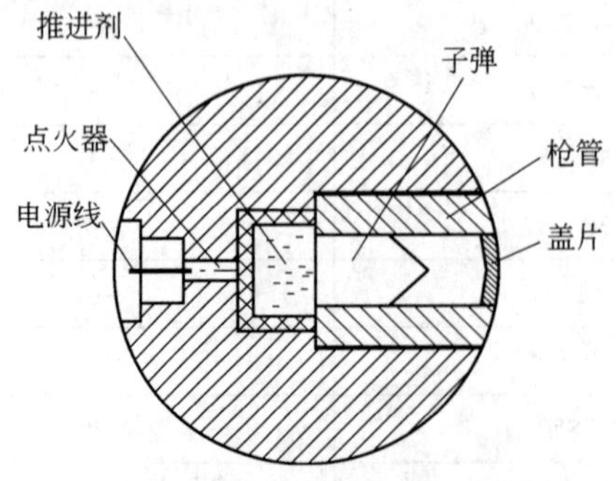

图 3-38　枪管平行式子弹穿孔器

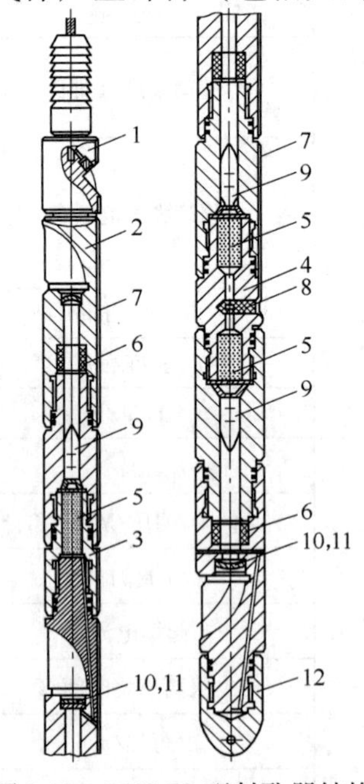

图 3-39　BKT 70 型射孔器结构图

1—帽；2—尾舱；3—头舱；4—药舱；5—主药柱；6—环形药；7—电线；8—电点火器；9—弹丸；10—金属片；11—塞子；12—尾端

长 500mm，弹丸口径达 15 ~ 25mm，因此它的动能要远远大于以前所使用的水平式子弹射孔器。这类弹丸射孔器的构成有：带有接头的头部、舱室和尾端。火药药柱装在燃烧室内，利用烟火药和导火索对药柱点火。BKT70 射孔器中有附加的环形药柱，借此弹丸得到补加的能量和速度，整体枪管是密封的，密封处在直线部分的尾部，用带有橡皮垫的钢片密封。弹丸沿曲线斜槽运动时，损失一部分它得到的速度（大约 15% 左右），穿透井壁套管沿着相对于井身轴线 50° ~ 70°角进入油层。该射孔器枪管长，口径大；同时子弹直径大（25mm 左右），弹丸的动能大，有利于射孔效果的提高。

c　弹道性能

BKT70 型子弹射孔器的枪体直径 70mm，导管尺寸 98mm，火药装药量 50 ~ 65 个，子弹直径为 25mm，子弹的材料是高硬度和高密度的合金钢，其密度可达 15 ~ 16g/cm^3，发射时可获得高能量。枪体弹道可重复使用 30 ~ 40 次。发射时子弹底层压力达到 400MPa，子弹出口速度为 650 ~ 750m/s。子弹射孔器的弹道参数见表 3-67。

表 3-67　子弹射孔器的弹道参数

参　数	子弹射孔器类型		
	ПВН90Т2	ПВН70	ПВН45
子弹头重量/g	120	210	60
子弹直径/mm	20	25	15
发射药量/g	80 ~ 100	50 ~ 65	15 ~ 18
火药气体的最大压力/MPa	800	800	800
子弹初速/m · s^{-1}	800 ~ 830	650 ~ 750	700 ~ 800

3.4　爆破器材的检测与销毁

3.4.1　爆破器材的检测

3.4.1.1　工业炸药的检测

A　检验规则

按照国家标准的规定，炸药生产厂对于生产的产品需经质量检验部门进行检测，生产的产品应符合标准的要求，每批出厂的产品应附有产品质量检验合格证。尽管如此，由于工业炸药在生产、运输和贮存期间，常因搬运温度、湿度以及其他环境因素的影响，而发生物理和化学性质的变化。这种变化会导致炸药的变质，降低其性能，影响使用。因此使用者在购进炸药产品时或者在使用前应检测这些产品是否符合标准的要求。

B　检测试样的抽取

每批工业炸药不应超过 20t。一般从每批产品中抽取 4 个包装件（小直径药卷品为纸箱，散装产品为 1 大包），再从每个包装件中分别抽取一个中包（散装品至少 1kg），按试验需要量再从每个中包内分别抽取药卷。所采取的试样应注明购进日期、生产工厂、产品名称以及批号、制造日期、取样日期和采样者姓名。

C　检测项目

包括外观检验、爆炸性能检验和物理化学性能检测。

a　外观检验

国家标准规定，所购进产品的每个包装件表面应有清晰、正确的标志（内容包括：制造厂名、炸药名称、规格、批号、制造日期、净重、毛重、体积以及爆炸物品标志等），包装件应保持完好无破损。使用者首先应对购进的产品进行外观检查，检查其包装是否有破损，封缄是否完整和有无浸湿性痕迹等。同时取出部分药卷内的产品进行检验，对于粉状炸药应能用手指捻开，不呈硬块；对于乳化炸药应呈胶态，不破乳、不析晶硬化；对于胶质炸药应不渗油、不冻结。

b　爆炸性能的检测

炸药爆炸性能检验应包括爆速、作功能力、猛度和殉爆距离。

（1）炸药爆速的检测方法。炸药爆速的检测技术与仪器已发展得比较成熟，其检测方法可以概括地分为两类：直接测时法和高速摄影法等。由于高速摄影法仪器昂贵，操作比较复杂，只有在专门的实验室里才能进行，故本书只介绍直接测时法。

1）道特里什法。又称导爆索法，这是一种古老而简便的爆速测定方法，具体装置如图 3-40 所示。

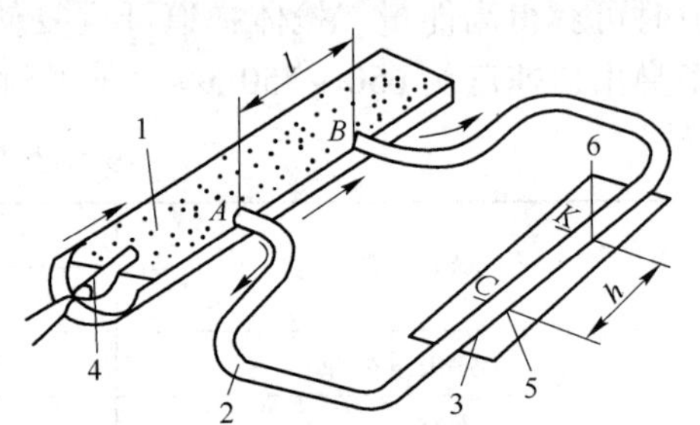

图 3-40　导爆索法测爆速装置

1—被测炸药；2—导爆索；3—铅（或铝）板；4—雷管；5—导爆索中点；6—爆轰波相遇点

将被测炸药装在某一直径（雷管敏感者为 25 ~ 40mm，非雷管敏感者一般为 60 ~ 110mm）和长度（雷管敏感者为 200 ~ 300mm，非雷管敏感者为 800 ~ 1500mm）的钢（塑料）管或纸筒中，其两端封闭，一端留有小孔将雷管插入。在药包上留两个小孔 A 和 B。A、B 间距离为 200mm，将 1 ~ 2.5m 长（视不同品种而异）的导爆索固定在铅板上，并使导爆索的中点对准铅板上的 C 处刻线，然后起爆。其传爆过程是：当爆轰波传到 A 处时，分两路传爆，一路由 A 处经导爆索 AC 段向前传爆，另一路由 A 处经炸药 AB 段而传入导爆索，两个方向的爆轰波在 K 处相遇，留下显著的爆痕。爆炸后测出 CK 间的距离 h。按下述方法计算出爆速：

$$D = \frac{D_0 L}{2h} \tag{3-3}$$

式中　D——被测炸药的爆速，m/s；

D_0——导爆索的爆速，m/s；

L——插入导爆索两点间（A、B 间）的距离，m；

h——导爆索中点至爆痕间的距离，m。

2）测时仪法。

①原理。测试系统构成框图如图 3-41所示。其基本原理是利用炸药爆轰波阵面的电离导电特性或压力突变，测定波阵面依次通过药柱各探针所需的时

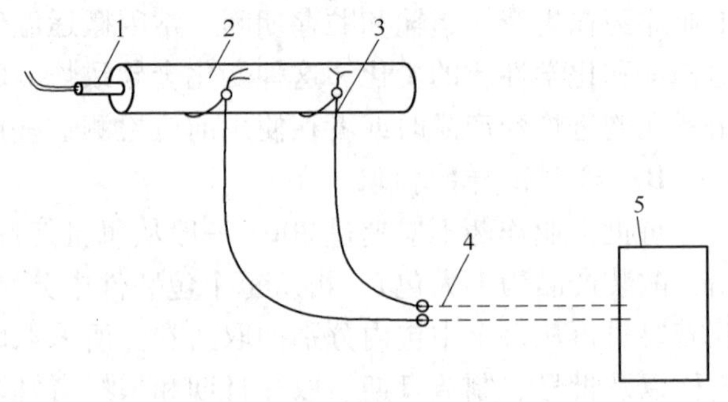

图 3-41　测试系统构成框图

1—雷管；2—试样；3—传感元件；4—母线；5—爆速仪

间从而求得平均速度。用电子测时仪测出由安装在炸药药段两端的一对传感元件给出的两个信号之间的时间间隔 t，便可求得炸药的平均爆速。

②试验方法。将漆包线制作成探针，插入药卷，并且固定在试样上。安装好后，两引出线应在电性能上保持断开状态。取探针间距 l，靠近起爆端的测点距离应不小于60mm，靠近末端的测点距离应不小于20mm。爆速仪处于待测状态，起爆后，记下仪器测得的资料，然后计算平均爆速值。

结果计算。按式（3-4）计算各段爆速值

$$D_i = \frac{l}{t_i} \times 10^3 \tag{3-4}$$

式中　D_i——第 i 段爆速值，m/s；

l——测距，mm；

t_i——仪器测得的第 i 段时间间隔值，μs。

按式（3-5）计算均值

$$\overline{D} = \sum_{i=1}^{n} \frac{D_i}{n} \tag{3-5}$$

式中　$\overline{D}$——爆速均值，m/s；

D_i——第 i 段爆速值，m/s；

n——测试数据个数，$n=5$。

按式（3-6）计算标准差

$$s = \sqrt{\frac{1}{n-1}\sum_{i=1}^{n}(D_i - \overline{D})^2} \tag{3-6}$$

式中　s——标准差，m/s；

$\overline{D}$、D_i 和 n 意义同前。

3）孔内炸药爆速连续测试法。

①原理。爆速测试时，将探头插入炸药试样或炮孔药柱中，当药卷从一端起爆时，在高温高压作用下，原处于短路状态的电阻探头被炸断变成断路，而爆轰波阵面的电离现象使电阻探头的电阻丝和外层导体（线）之间又发生导通，随着探头前侧炸药起爆过程的进行，探头将会随之被消损；随着探头长度的减短，其电阻随之减小，探头端电压相应减小。如果测定了电阻的时间变化，就可以连续测定爆轰波的推进时间和距离，即爆速的变化，也就可以连续测定炸药爆轰状态的变化。如图 3-42 所示。

②仪器、材料。Handitrap Ⅱ VOD 记录仪与分析软件。（加拿大 MREL 公司全球炸药行业最新型号的炸药连续爆速记录仪）工作环境温度 -40 ~ 80℃，输出电流 ≤50mA；电缆式探头长 30m，为卷轴电阻电缆，可根据炮孔深度放置在孔中。

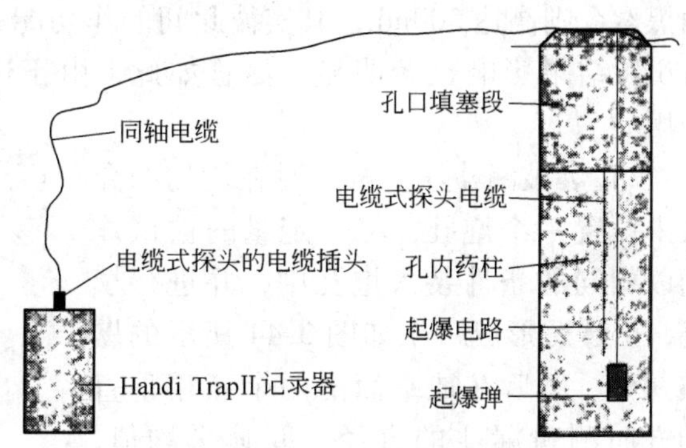

图 3-42　孔内爆速测试装置示意图

③试验方法。首先将 PROBECABLE-HT 电缆式探头送入孔底，并垂直拉紧，然后装入炸药，探头输出端接 HanditrapⅡ提供的同轴电缆（coaxial cable），将同轴电缆另一端头拉至安全距离时再连接 HanditrapⅡ的输入端口。

测试装置的记录仪可以自动记录探头端电压随探头消损而下降的过程。使用分析软件将上述记录数据转换成距离随时间变化的散点图，图中任意两点间的斜率就是这两点间的爆速值。

④结果处理。根据记录仪所得数据，可得到炸药在孔内爆轰的传爆过程曲线图，不但可测定炸药的平均爆速，还可测得炸药在爆轰过程中的任一瞬时爆速，从而更直观地反映出孔内炸药连续爆速变化的情况。

（2）炸药作功能力的测试。

1）铅𬬮扩孔法。又称特劳茨铅柱试验。铅柱是用精铅熔铸成的圆柱体，其尺寸规格如图 3-43（a）所示。试验时，称取 10 ± 0.001g 炸药，装入 ϕ24mm 锡箔纸筒内，然后插入雷管，一起放入铅柱孔的底部，上部空隙用干净的并且经 144 孔/cm^2 筛筛过的石英砂填满。爆炸后，圆孔扩大成如图 3-43（b）所示的梨形。用量筒注水测出爆炸前后孔的体积差值，以此数值来比较各种炸药的威力。在规定的条件下测得扩孔值大的炸药，其爆力就大。习惯上，将铅柱扩孔值称为爆力。为了便于统一比较，量出的扩孔值要作如下修正，即试验时规定铅柱温度为 15℃，不在该温度下试验时，可按表 3-68 修正。

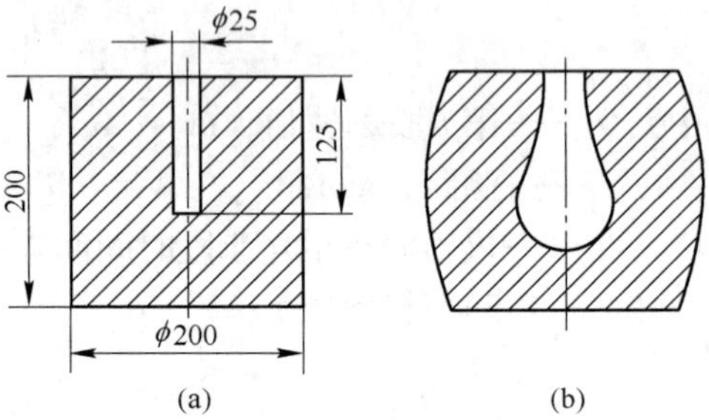

图 3-43　炸药爆炸前后的铅柱形状与尺寸
（a）爆炸前的铅柱；（b）爆炸后的扩孔示意图

表 3-68　铅柱试验修正值

温度/℃	-10	0	5	8	10	15	20	25	30
修正值/%	10	5	3.5	2.5	2	0	-2	-4	-6

雷管本身的扩孔量应从扩孔值中扣除，可先用一个雷管在相同条件下作空白试验。

应该指出，这种试验方法所测得的值，并非炸药做功的数值，而是一个用毫升表示的只有相对比较意义的数值。由于铅柱对爆炸的抵抗力随壁厚减薄而减少，这个扩大值并不与炸药的威力成正比。威力小的炸药的爆力常偏小，大的却偏高。如黑火药仅约 30mL，而黑索今则高达 500mL，其实彼此间的作功能力并不相差 17 倍。此外，铅柱的铸造质量对试验结果影响也较明显。尽管如此，由于试验方法简单方便，所以在生产上仍普遍采用。

2）爆破漏斗法。试验时在均匀的介质中设置一个炮孔，将一定量的被试炸药以相同的条件装入炮孔中，并进行填塞，引爆后形成一个如图 3-44 所示的爆破漏斗。然后在地平面沿两个互相垂直的方向测量漏斗的直径，取其平均值，并同时测量漏斗的可见深度。爆破漏斗

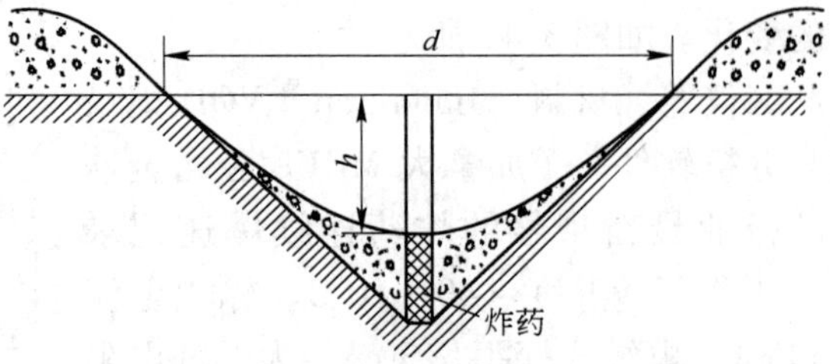

图 3-44　爆破漏斗试验

的容积可按下式计算。

$$V = \frac{1}{3}\pi\left(\frac{d}{2}\right)^2 h = 0.2618d^2h \tag{3-7}$$

式中　V——爆破漏斗容积，m^3；

d——爆破漏斗底圆直径，m；

h——爆破漏斗的可见深度，m。

3）弹道抛掷法。

①原理。弹道抛掷法是近年来发展的一种新型的大药量做功能力测试方法。目前淮北民用爆破器材检验检测中心建设了国内唯一一套弹道抛掷试验设施并建立了试验方法，特点是试验药量大、精度高。其基本原理是：将待测炸药试样放在特种钢制弹道抛掷装置的钢筒内，并固定在混凝土基座上，钢筒轴线与地平面呈45°角，筒上盖有一个已知质量圆形钢盖，被测炸药试样引爆后，钢盖在炸药爆炸能量的作用下按弹道轨迹抛出，测出钢盖被抛出的水平距离。在抛射角和钢盖质量一定的条件下，据此距离来衡量炸药做功能力，如图3-45所示。钢体由钢盖、钢筒和钢底座三部分构成，如图3-46所示。

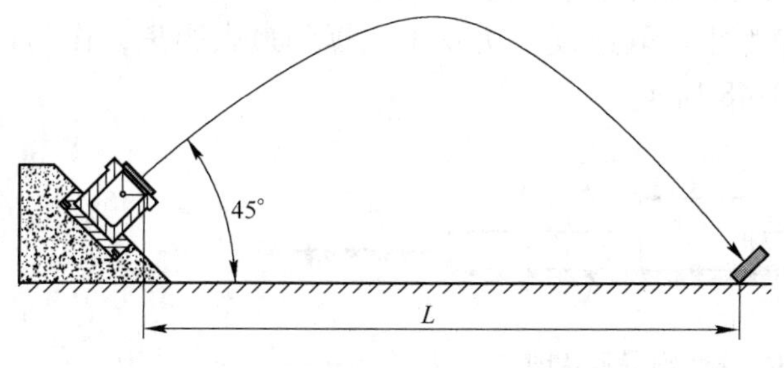

图3-45　抛掷距离示意图

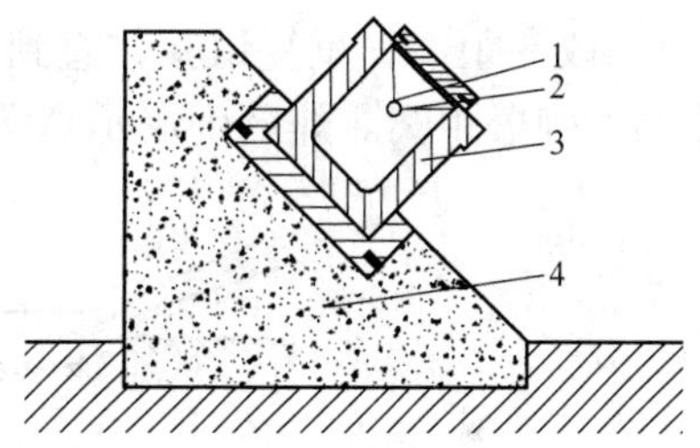

图3-46　弹道抛掷测试装置示意图
1—引爆线；2—炸药试样；3—钢体；
4—钢筋混凝土基座

②试样制备。称取被测炸药300.0g±0.1g，装入纸筒中，再在炸药上放一个带圆孔纸板，然后压药，控制密度在炸药密度范围内。拔去冲子，在炸药装药中心孔内插入雷管壳，插入深度为15mm，然后退模。再将纸筒上边缘折边。

试验方法。用棉纱、毛刷将钢筒内杂物清理干净，将雷管插入雷管座，用橡皮筋将药柱固定在L形的支架的指定位置上，将支架放入钢筒内，保持药柱在钢筒中心。雷管脚线由钢盖边沿的导线孔引出。启动电动葫芦，缓慢地将钢盖盖上。接好引线，起爆。用卷尺测量钢盖落地点距离钢盖中心（抛掷前）的水平距离。炸药作功能力值用钢盖抛掷距离L表示，并注明钢盖质量和炸药试样密度。试验平行作两次测定，取其平均值。

（3）炸药猛度测试法——铅柱压缩法。铅柱压缩法的试验装置如图3-47（a）所示。试验操作步骤是：在钢板中央，放置ϕ40×60mm铅柱，上放ϕ41×10mm圆钢片一块。猛炸药的试验量，一般为50g，猛度大者，如黑索今、太安等，用25g，装入ϕ40mm纸筒内，控制其密度为1g/cm^3，药面放一中心带孔的厚纸板，插入雷管，插入深度为15mm。将这个药柱正放在钢片上，用线绷紧，然后引爆。爆炸后，铅柱被压缩成蘑菇形，如图 3-47（b）所示，量出铅柱压缩前后的高度差（mm），即可用来表示该炸药在受试密度下的猛度。由于这个方法简单易行，只要试验条件相同，试验结果就可供比较，所以在生产实际中普遍采用。缺点是：铅柱压缩值与炸药实际猛度之间没有精确的比例关系。

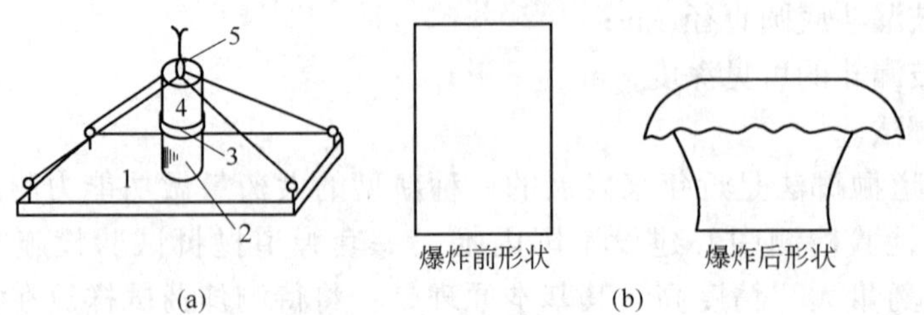

图 3-47　铅柱压缩试验

1—钢板；2—铅柱；3—圆钢片；4—药柱；5—雷管

（4）殉爆距离的测试法。先将砂土地面捣固，然后用与药径相同的圆木棒在此地面压出一半圆形槽，将两药卷放入槽内，中心对正，主发药包的聚能穴与被发药包的平面端相对，量好两药包的距离，随后起爆主发药包，如果被发药包完全爆炸（不留有残药和残纸片），改变距离，重复试验，直到不殉爆为止。取连续三次发生殉爆的最大距离，作为该炸药的殉爆距离。炸药殉爆示意图如图 3-48 所示。

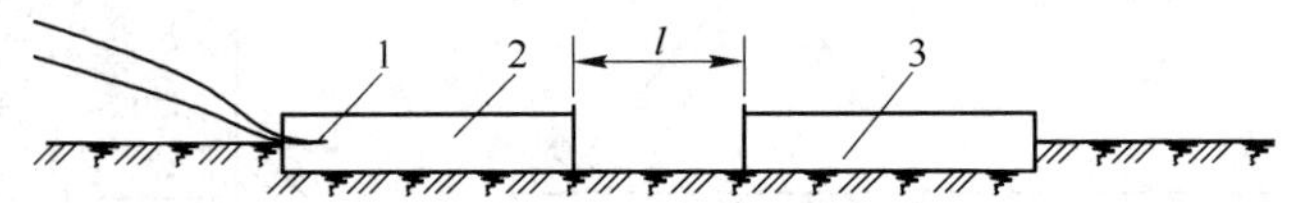

图 3-48　炸药殉爆示意图

1—雷管；2—主发药包；3—被发药包

c　物理化学性能的检验

（1）密度测定。炸药的机械力学性能、爆炸性能和起爆传爆性能等，均与密度有密切的关系。对于混合物，炸药装药中总存在一定的空隙，实际密度小于理论密度，通常取决于加工工艺和装药条件。

1）粉状炸药密度测试实验室法。用天平称取药卷的质量，精确至 0.5g。用卡尺测量药卷的长度，以药卷一端的凹处至另一端的凹处测量，精确至 0.1cm。倒净包装筒内的炸药，称取纸筒质量，精确至 0.5g。将纸筒压扁，用直尺测量距纸筒两端各 3cm 处的纸筒宽度，精确至 0.1cm，取其平均值即为半周长。

按式（3-8）计算药卷密度：

$$\rho = \frac{\pi(m_1 - m_2)}{C^2 L} \tag{3-8}$$

式中　ρ——药卷密度，g/cm^3；

m_1——药卷质量，g；

m_2——纸筒质量，g；

C——药卷半周长，cm；

L——药卷长度，cm；

π——圆周率，取3.14。

计算结果保留两位小数。每次测定4只药卷的密度，取其平均值为结果。

2）现场密度杯法。密度杯适用于测定各种涂料及辅助材料，油类等液体的密度。多由不锈钢制成，使用公制单位。圆柱形，大开口，方便倒入、倒出及清洗。紧密的不锈钢盖有一个向上的斜坡至顶部中央的小孔，使多余的样品材料可溢出而不产生气泡。

将一定体积的待测样品装入密度杯中称量其质量，即可计算出样品密度。密度杯使用方便，方法简单易行，通常应用于爆破工程的现场测试。密度杯如图3-49所示。

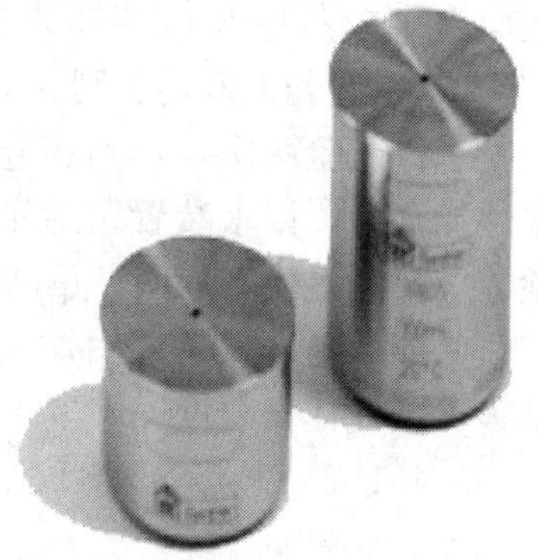

图3-49 密度杯

试验方法是，调节密度杯和测试液的温度至20℃±0.5℃，将样品装入密度杯，无倾斜地盖上盖子，此时要避免混入空气气泡。用吸水的布吸去溢出的液体，称量装满液体的密度杯。称重并记录清洁的密度杯的重量。

$$\rho = \frac{m_1 - m_2}{V} \tag{3-9}$$

式中 ρ——密度，g/cm^3；

m_1——装满液体的密度杯质量，g；

m_2——空密度杯的质量，g；

V——密度杯的体积，cm^3。

（2）含水量测定。依据所测样品的不同特征，炸药含水量测定通常有真空烘箱法、水浴烘箱法和水分测定器法三种。这里只介绍真空烘箱法。

将定量的试样在负压及规定温度下烘干，损失量即为水分。此方法仅适用于不含有易挥发性油类的粉状炸药的水分测定。

试验方法。用干燥好的称量瓶称取试样约5g，精确至0.0002g。将其摊平，放入真空度不低于0.08MPa，温度65~70℃的真空烘箱中，烘20min后取出，放入干燥器内冷却至室温，称量。水分百分含量按下式计算：

$$X_1 = \frac{m_1 - m_2}{m} \times 100 \tag{3-10}$$

式中 X_1——炸药的水分含量,%；

m_1——烘干前试样与称量瓶总质量，g；

m_2——烘干后试样与称量瓶总质量，g；

m——试样的质量，g。

计算结果精确至0.01%。

（3）抗水性能。在实验室内利用压力装置给被测试样品施加一定压力，模拟相应深度的水下环境测试样品的抗水性能。抗水试样装置如图3-50所示。

试验方法。取两卷炸药，将药卷一端打开。将药卷放入盛有室温水的浸水装置中，水面高度约2/3。将浸水装置盖子密封，压力表旋紧，用压力泵向装置内加压，使压力至98kPa，保持数小时。将药卷取出，置于试验场水平地面上，在药卷开口端插入雷管，深度约为雷管长度的2/3。起爆后若无残药，则为完全爆轰。

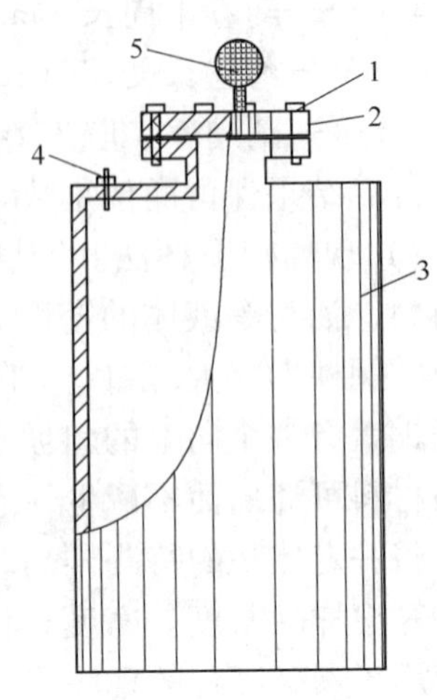

图3-50　抗水试样装置示意图
1—螺栓；2—容器盖；3—容器；4—气嘴；5—压力表

平行试验两次，被测药卷均完全爆轰，判定该样品抗水性能合格。浸水装置密封不良压力下降时，终止该次试验，应及时更换密封圈，重新取样试验。

此外，对于煤矿许用炸药尚须进行安全性能检测，包括：可燃气体安全度、煤尘-可燃气体安全度等。

3.4.1.2　起爆器材性能检测

A　雷管

a　外观

根据主装药装药量的不同，我国工业雷管广泛应用的为6号和8号两种。

电雷管脚线的长度通常规定为2m，而导爆管雷管的导爆管长度通常要求为3m。雷管壳使用的材料有纸、铜、覆铜钢、铝、铁等，但煤矿许用型电雷管的管壳只允许使用纸、铜、覆铜钢等材料。

雷管表面不应有明显浮药、锈蚀、严重沙眼和裂缝，外部允许有轻微污垢、口部裂缝和机械损伤，但不应有破损、断药、拉细、进水、管内杂质、塑化不良、封口不严；导爆管与雷管结合应牢固，不应脱出或松动。

b　起爆能力-铅板穿孔试验

铅板穿孔试验是用以检验雷管起爆能力的一种试验方法。在规定试验条件（铅板规格、点火方式）下，把雷管直立于在直径30～40mm的铅板中心位置上起爆，以铅板穿孔孔径表示其威力。国家标准《工业雷管铅板试验方法》GB 13226—1991中介绍了电雷管和导爆管雷管起爆能力的试验方法。爆炸装置如图3-51所示。

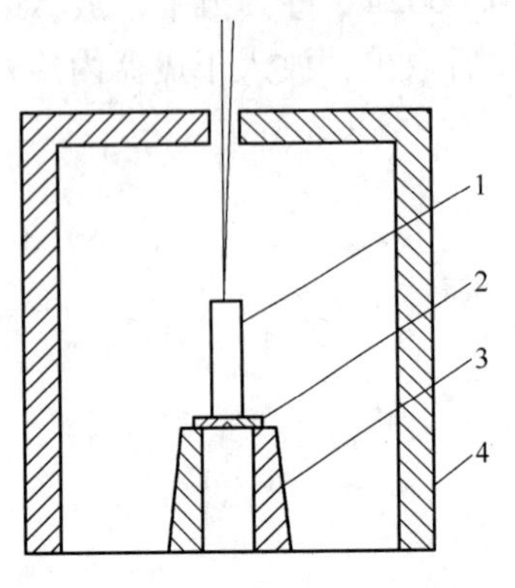

图3-51　爆炸装置示意图
1—雷管；2—铅板；3—铅板支座；4—爆炸筒

试验用器材是，8号雷管用5mm厚铅板，6号雷管用4mm厚铅板；游标卡尺分度值0.02mm；雷管电参数测定仪；起爆器。

试验方法是在试验架上，保证每发样品垂直立于铅板中心位置，管底紧贴铅板。铅板中心尽量与装置上的圆孔中心相一致。将电雷管与电源线相连或导爆管雷管与起爆针相连。起爆雷管爆炸后，逐个检查雷管是否全爆。用游标卡尺逐个测量，并记录铅板穿孔孔径值，每片铅板做相交90°的两次测量。取两次测量结果的平均值作为该片铅板穿孔的测量孔径。

一般要求6号雷管应能炸穿厚度为4mm的铅板，8号雷管应能炸穿厚度为5mm的铅板，铅板穿孔直径不小于雷管外径为合格。

c 电阻

雷管电阻是指雷管全电阻，它由药头电阻和脚线电阻构成。测量采用电雷管专用仪器。如：电雷管电参数测试仪：工作电流不大于10mA，测量精度不大于0.1Ω。

试验方法是按仪器的操作规程将电参数测试仪接通电源，打开仪器电源开关，使仪器处于正常状态。从外观检查合格的雷管中抽取电阻测试样本。按样本量大小逐个测试并记录。测量时的样品必须放置在防爆箱内。

通常要求电雷管全电阻不大于6.3Ω，上下限差值不大于2.0Ω。铜脚线电雷管全电阻不大于4.0Ω，上下限差值不大于1.0Ω。

出现断路、短路、电阻不稳视为重缺陷；电阻超差视为轻缺陷。若出现电阻值不稳定、电阻断路、短路时应及时记录。

d 毫秒雷管延期时间

测量毫秒量级的微小间隔时间，需要用精密的测时仪。测时仪精度要求如下：

（1）段间隔时间<100ms，精度不低于0.1ms；

（2）100ms≤段间隔时间<1s，精度不低于1ms；

（3）段间隔时间≥1s，精度不低于0.01s。

试验方法是确认仪器正常，按仪器操作规程要求开机、预热，并设定仪器的输出电流为1.2A。逐发对雷管的延期时间进行测试、记录。

e 串联起爆电流

在串联情况下，当电流通过时，总是最敏感的雷管先得到足够的电能而爆炸，造成串联网路断路，此时，敏感度较低的一些雷管，还没有获得足够的能量来点燃引火药，但由于网路已断，这些雷管因不能继续获得电能而形成丢炮被遗留下来。试验表明：通过串联网路的电流越大，丢炮就越少，当电流增大至某一数值时，就不再有丢炮。能使20发串联电雷管全部起爆的规定最小恒定直流电流称为串联准爆电流。

国家标准《工业电雷管》GB 8031—2005 规定的电雷管串联起爆电流：普通型≤1.2A，钝感型≤1.5A，高钝感型≤3.5A。电雷管串联起爆如图3-52所示。

试验方法是在试验架上将20发样品串联连接，串联网络的首尾脚线与仪表的电流传输导线相接。按仪器操作规程接通电源，选择适当的“负载”挡、“恒流输出”挡，并设定恒流输出值为规定值和恒流输出时间为10ms。在确认无误后对串联试样进行通电起爆。试验过程如需对未爆雷管进行处理，首先切断电源并间隔一定的时间后再进入现场处理。

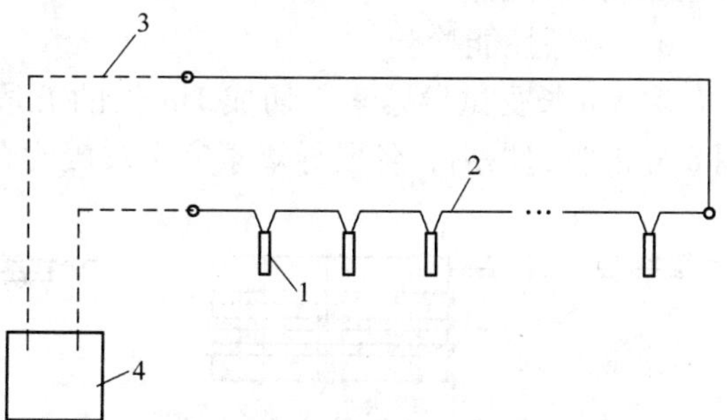

图3-52 串联起爆示意图

1—8号电雷管；2—雷管脚线；3—电流传输导线；4—电雷管电参数测定仪

B 导爆索

a 外观检查

外观应无严重折伤、油渍和污垢，外层线不得同时断两根。断一根的长度不得超过 7m，索头套应有防潮帽。

b　爆速

导爆索的爆速测定方法有：（1）利用已知爆速的导爆索进行对比测试；（2）通断法测试；（3）光导纤维法测试；（4）高速摄影测试。其中利用已知爆速的导爆索进行对比测试如图 3-53 所示。

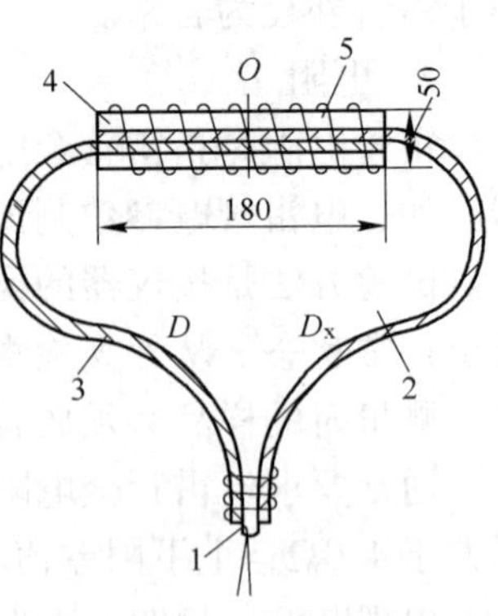

图 3-53　导爆索爆速测定
1—雷管；2—被测导爆索；3—标准爆速的导爆索；4—铅板；5—细绳

取 1120mm 的标准导爆索和待测导爆索各一根。在每根的一端离端面 30mm 处作第一个记号。由此再往后 1000mm 处做第二个记号。取 180mm × 50mm × 5mm 铅板一块，在板长的中线作记号“0”。将两根导爆索平放在铅板上，两索的第二个记号都与铅板中线重合，并用线绳扎紧。两索的另一端并齐与一个雷管扎在一起，雷管底部与第一个记号取平。将试验装置放在钢板或石座上，起爆后爆轰波从两索分道前进，至铅板某处相遇。将铅板炸出凹痕，测出该处与中线的距离 S(mm)，并记录刻痕是在标准导爆索一侧还是在待测导爆索一侧，即能计算出待测导爆索的爆速。

若凹痕在待测导爆索一侧，待测导爆索的爆速为：

$$D_x = \frac{1000 - S}{1000 + S} \times D \tag{3-11}$$

式中　D——标准导爆索爆速，m/s。

若凹痕在标准导爆索一侧，则

$$D_x = \frac{1000 + S}{1000 - S} \times D \tag{3-12}$$

c　起爆性能

将 200g 梯恩梯压成 100mm × 50mm × 25mm 的药块（密度 1.50 ~ 1.59g/cm），药柱一侧的端面上有一小孔。将 1.5m 受试导爆索一头插入药块小孔内，再在药块上绕三圈。用线绳扎紧，使索与药面平贴，如图 3-54 所示。用雷管起爆导爆索另一头，整个梯恩梯块安全爆轰为合格。

d　传爆性能检验

取 8m 长受试导爆索，切成 1m 长的五段和 3m 长的一段，按图 3-55 所示方法联接。用 8 号雷管起爆后，各段导爆索完全爆轰为合格。以平行做两次都合格为准。

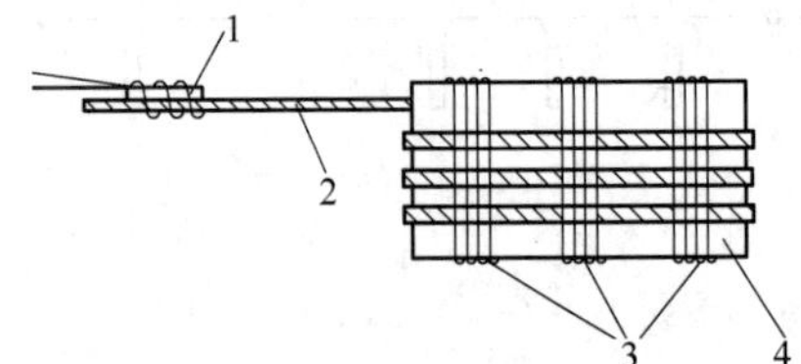

图 3-54　导爆索起爆性能检验
1—雷管；2—导爆索；3—绑线；4—梯恩梯药块（200g）

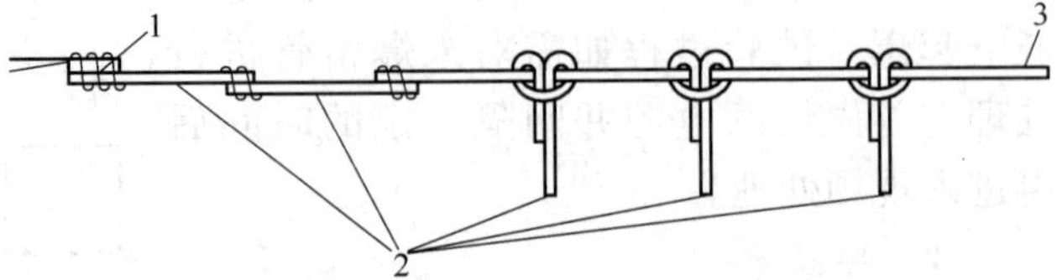

图 3-55　导爆索传爆性能检验
1—8 号雷管；2—1m 长导爆索；3—3m 长导爆索

e　抗水性能检验

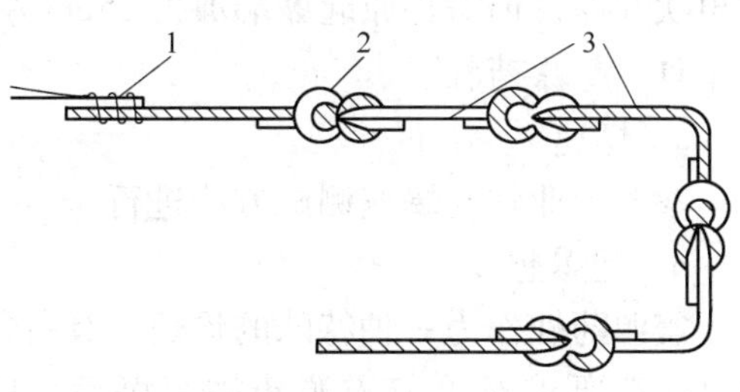

图 3-56　导爆索抗水性能检验的连接方法
1—雷管；2—水手结；3—导爆索

取 5.5m 长导爆索一根，卷成直径不小于 250mm 的索卷，两端用蜡密封，浸入 1m 深、温度 10 ~ 25℃的静水中，索头露出水面，浸 4h。取出后切成 1m 长 5 段。按图 3-56 方法连接。用 8 号雷管起爆，完全爆轰为合格。

C　导爆管

a　外观

我国普通塑料导爆管一般由低密度聚乙烯树脂加工而成，无色透明，外径 2.8 ~ 3.1mm，内径 1.4mm ± 0.10mm。

b　爆速

导爆管测速采用光电法，将导爆管传爆过程中波阵面的强光讯号经过光电转换装置变成电讯号，使测时仪启动（或停止）测得导爆管任意两点间的传爆时间间隔，由此可测出导爆管爆速。导爆管测时仪的分辨率为 0.1μs。

试验方法。检查爆速测试系统及环境条件并使之符合测定要求。待试样及测试仪在 15℃ ± 5℃下放置 1h 以后，打开测试仪电源开关，预热 5min 以上准备试验。随机抽取 13 根，再从每根试样中各截取 2m 长样本 1 根，计 13 根。取 1 根试样，将其任意一端按 1 靶至 2 靶的顺序插入靶的固定孔中，检查并调整导爆管的待试状态：

起爆端距第 1 靶不小于 1.3m，且不应弯曲；

两靶间的导爆管不应弯曲和过紧。

用起爆器起爆导爆管，记录测试仪显示的时间，测量精度为 0.1μs。

导爆管爆速按式（3-13）计算：

$$D = 0.5/t \tag{3-13}$$

式中　D——导爆管爆速，m/s；

t——测试仪显示的时间，s。

计算精度为 1m/s。4 种普通导爆管的爆速测试结果，应符合表 3-69 的要求。

表 3-69　塑料导爆管爆速规格

序　号	测试环境温度/℃	爆速/m · s^{-1}	极限偏差/m · s^{-1}
1	15 ± 5	1650	± 50
2	15 ± 5	1750	± 50
3	15 ± 5	1850	± 50
4	15 ± 5	1950	± 50

c　传爆可靠性

从试样中随机抽取 10 根，再从每根试样中截取长 2m ± 0.1m 的样本各 2 根，共 20 根。在 20℃ ± 10℃条件下，用起爆器起爆试样，观察传爆情况，检查有无除起爆端外的管壁击穿情况。

结果判定。传爆中止、管壁击穿视为不合格。试验中由于起爆器原因未能起爆时，允许再次起爆，但需将原起爆端剪去 15cm 左右。

D　震源药柱

a　爆速

参照工业炸药爆速测试方法进行。

b　起爆感度

震源药柱作为一种特殊的炸药，具备雷管感度，可以被 1 发 8 号雷管可靠起爆，起爆感度一般要求对单节震源药柱起爆后，应爆炸完全。震源药柱起爆感度测试如图 3-57 所示。

试验方法是将试样、雷管、导线、起爆器放置于试验场地，雷管插入试样，插入长度为雷管长度的 2/3，然后进行地面起爆。

结果判定。按国家标准《震源药柱》GB 15563—2005 要求，试验需平行做 10 次，若 10 节试样全部爆炸，则判该批产品爆炸完全性试验合格；若出现一节爆炸不完全，应以双倍数量（20 节）复试，复试时，全部爆炸完全为合格。否则判该批产品爆炸完全性试验不合格。

c　传爆可靠性

震源药柱通常结构前部有一个螺纹凸台，后部有一个螺纹凹陷，使用时可以首尾连接。首尾连接后震源药柱之间可以稳定传爆，表明传爆可靠性好。

震源药柱传爆可靠性测试如图 3-58 所示。

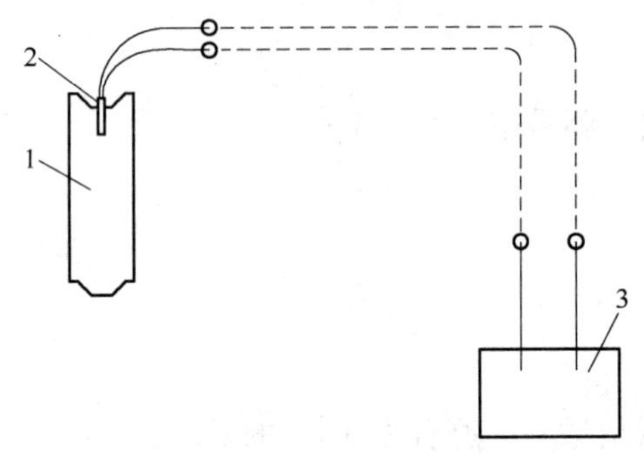

图 3-57　震源药柱起爆感度测试示意图

1—震源药柱；2—雷管；3—起爆器

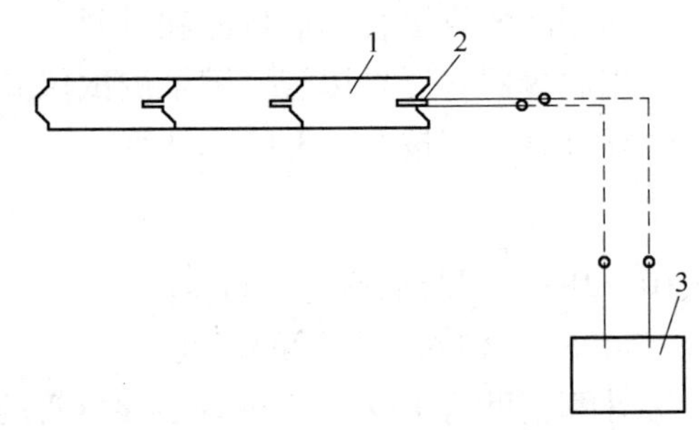

图 3-58　震源药柱传爆可靠性测试示意图

1—震源药柱；2—雷管；3—起爆器

试验方法是对 $\phi \leqslant 45$mm 高爆速震源药柱，取质量不小于 6kg 的药卷为一组；中、低爆速类，取质量不小于 10kg 的药卷为一组。对 $\phi > 45$mm 震源药柱，取质量不小于 10kg 的药卷为一组。

将 1 组试样首尾螺旋连接，起爆后以声音、烟雾和现场有无残药来判定是否爆炸完全。记录试验总数和爆炸完全数。

结果判定。平行做三组试验，若三组试样全部爆炸完全为合格，否则为不合格。检验过程中，若出现雷管半爆或拒爆，则应重新进行试验。

d　耐温性能

器具、材料。高温箱：液浴恒温箱；低温箱：－60℃低温箱；工业电雷管：8 号铜壳或铁壳雷管。

试验方法是将试样放入液浴恒温箱内，在 50℃ ±3℃ 条件下保温 8h。取出后立即用 8 号电雷管在试验场地面上进行单节起爆试验，记录试验总数和爆炸完全数。

将试样放入低温箱内，在 -40℃ ±2℃ 条件下保温 8h。取出后立即用 8 号电雷管在试验场地面上进行单节起爆试验，记录试验总数和爆炸完全数。

结果处理。检验结果，若 10 节试样全部爆炸完全，则判该批产品高低温爆炸完全性试验合格。若有一节爆炸不完全，则应以双倍数量进行复验，复验后若全部爆炸完全，仍判该批产品高低温爆炸完全性试验合格。

若检验中有 2 节以上（包括 2 节）或复验中有 1 节（或 1 节以上）爆炸不完全，则判该批产品高低温爆炸完全性试验不合格。

e 起爆具检验规则

（1）检验分类。起爆具的检验分为型式检验和出厂检验。型式检验在生产定型、投产验收、停产半年以上恢复生产、原材料、产品结构、生产工艺发生重大变化可能影响产品性能时进行或国家质量监督机构提出型式检验要求时进行。出厂检验为产品出厂时进行的质量检验。

（2）检验项目。起爆具的检验项目如表 3-70 所示。

表 3-70 起爆具的检验项目

序 号	检验项目	型式检验项目	出厂检验项目
1	外 观	√	√
2	质 量	√	√
3	起爆感度	√	√
4	装药密度	√	√
5	爆 速	√	√
6	抗水性	√	√
7	跌落安全性	√	—
8	耐温耐油性	√	—

注："√"表示必检项目；"—"表示不检项目。

（3）组批规则。同等原材料、同等爆速级别和同一起爆方式的起爆具组成一个提交检验批，每批应不超过 1 万发。

（4）抽样检验程序。起爆具的抽样检验程序如图 3-59 所示。

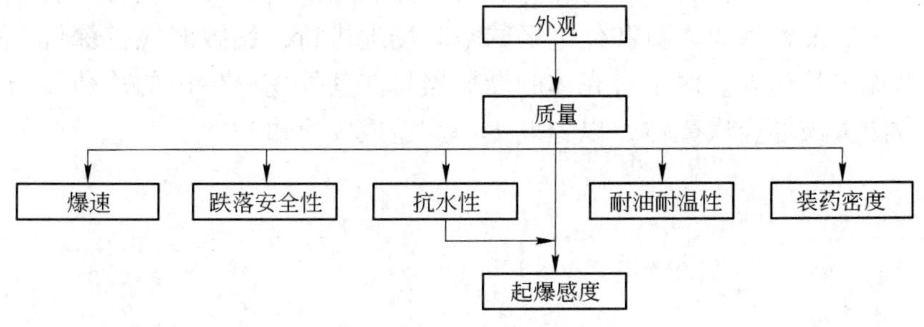

图 3-59 起爆具抽样程序

（5）取样方法按《随机数的产生及其在产品质量抽样检验中的应用程序》（GB/T 10111—2008）的规定执行。检验外观直接从提交检验批中随机抽取；其他性能检验所需样本按图 3-55 所示程序执行，从上一项目检验合格的样本中随机抽取。样本大小不足时，可以从外观检验合格的样本中随机抽取补足检验所需样本。

（6）判定规则。所检测项目均合格时，则判该批产品合格，否则判定该批产品不合格。

3.4.2　爆破器材的销毁

3.4.2.1　报废炸药的销毁

经过检验确认炸药已经变质不宜继续贮存和使用时，应当及时进行销毁，不得继续使用和转让。销毁的方法有：爆炸法、焚烧法、溶解法和化学法。

（1）爆炸销毁法。此法适用于销毁尚未完全丧失爆炸性能的报废炸药。销毁的地点和操作应符合爆破安全规程的要求。销毁用的起爆药包应采用优质的炸药做成。起爆应采用电雷管起爆。为了保证安全爆炸，最好将销毁的炸药放置在浅坑内爆炸。

（2）焚烧销毁法。此法适用于不能由燃烧转为爆炸的报废炸药。如黑火药和其他失掉爆炸能力的炸药，焚烧时应在天气晴朗、干燥无风的白天进行。应将焚烧的炸药散铺成长条状，其厚度不大于 10cm，宽度不大于 30cm。可以同时并列铺放三条，但每条之间的距离不得小于 5.0m。在每条炸药的下风方向铺设长度不短于 5m 的“引火路”，“引火路”为导火索或易燃的刨花、枯枝和碎纸组成。点火前，必须认真检查，严禁将雷管和起爆药包等混入炸药中。点火后，操作人员应迅速撤到安全地点。禁止在燃烧过程中再添加任何燃料。只有在确认燃尽和熄灭以后，才能走近燃烧地点。

（3）溶解销毁法。此法适用于能够溶解于水的炸药。如硝铵类炸药和黑火药等。在盛水的容器内溶解时，每 15kg 炸药所需水量不少于 400 ~ 500L。溶解完毕后将水溶液倒入深坑中，并将不溶解的残渣收集起来爆炸或焚烧掉。

（4）化学分解法。此法适用于能为化学药品分解而失掉爆炸能力的炸药。化学分解后的残渣应进行妥善处理。

3.4.2.2　报废起爆器材和油、气井工程专用爆破器材的销毁

对于变质失效的起爆器材不得使用，应及时报废并销毁。其销毁方法与销毁炸药的方法基本相同。对于导火索用燃烧法；对于雷管、导爆索等则用爆炸法。对于变质失效或者下井后漏水的油、气井工程专用的燃烧、爆破器材不能再使用，也应及时报废和销毁，特别是对有金属壳体的爆破器材，如射孔弹、切割弹、增效射孔器、复合压裂弹等，采用爆炸法销毁时，一定要在远离人员和住宅区的空旷场地进行，销毁时应挖深坑，掩埋好后再起爆。防止爆炸飞片伤人。对于有壳体的爆炸器材严禁掏挖弹体内的炸药装药，严禁用人工或机械的方法去破坏金属壳体，以免发生爆炸造成安全事故。

第4章　起爆技术

4.1　常用起爆方法

4.1.1　概述

在工程爆破中，引爆药包中的工业炸药有两种方法：一种是通过雷管的爆炸起爆工业炸药；一种是用导爆索爆炸产生的能量去引爆工业炸药，而导爆索本身需要先用雷管将其引爆。

按雷管的点燃方法不同，起爆方法包括火雷管起爆法、电雷管起爆法、导爆管雷管起爆法。而无线起爆法包括电磁波起爆法和水下声波起爆法，它们利用比较复杂的起爆装置，可以远距离控制和引爆电雷管，但仍属于电雷管起爆法。

火雷管起爆法由导火索传递火焰点燃火雷管，也称导火索起爆法、火花起爆法，是工程爆破中最早使用的起爆方法。火雷管起爆法的特点是操作简单、成本较低；但需要在爆破工作面点火、安全性差，爆破前不能用仪表检查工作质量，一次起爆能力小，不能精确控制起爆时间，导火索以黑火药为主装药，黑火药在生产和使用中极易发生安全事故。因此，我国已决定从2008年1月1日起停止生产民用导火索和火雷管，当年6月30日后停止使用。

导爆管雷管起爆法利用导爆管传递爆轰波点燃雷管，也称导爆管起爆法。

电雷管起爆法采用电引火装置点燃雷管，故也称电力起爆法。

与雷管起爆法相对应，用导爆索起爆炸药称作导爆索起爆法。

与电力起爆法相对应，将导爆管雷管起爆法和导爆索起爆法又统称作非电起爆法。

起爆方法的分类如下：

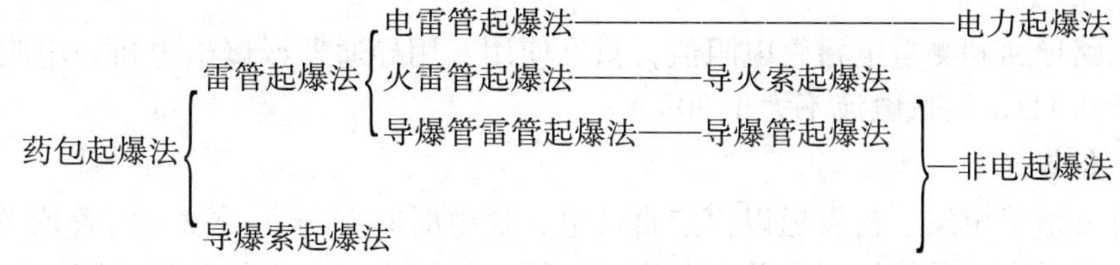

绝大多数爆破工程都是通过群药包的共同作用实现的。通过单个药包的起爆组合，向多个起爆药包传递起爆信息和能量的系统称为起爆网路。

根据起爆方法的不同，起爆网路分为电力起爆网路、导爆管起爆网路、导爆索起爆网路三种，后两种起爆网路也称非电起爆网路。在工程实践中，有时根据施工条件和要求采用由上述不同起爆网路组成的混合起爆网路。

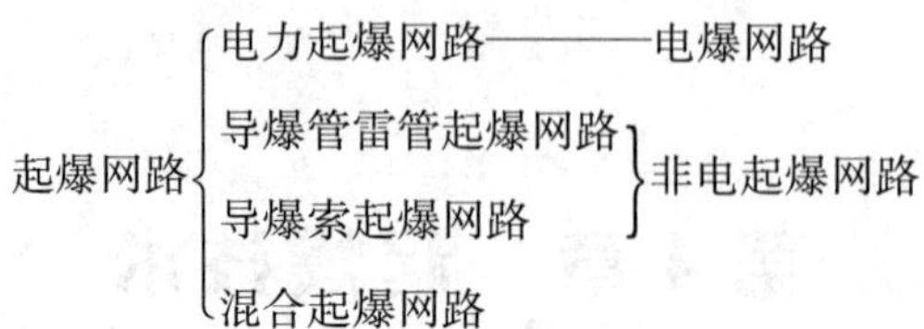

4.1.2　电力起爆法与电爆网路

电力起爆法就是利用电能引爆电雷管进而直接或通过其他起爆方法起爆工业炸药的起爆方法。构成电力起爆法的器材有电雷管、导线、起爆电源和测量仪表。

电力起爆法的最大特点是爆前可以用仪表检查电雷管和对网路进行测试，检查网路的施工质量，从而保证网路的准确性和可靠性；另外，电力起爆网路（俗称电爆网路）可以远距离起爆并控制起爆时间，调整起爆参数，实现分段延期起爆，但分段数量与灵活性不如导爆管雷管起爆法。电力起爆法的缺点主要是在各种环境的电干扰下，如杂散电、静电、射频电、雷电等，存在着早爆、误爆的危险，在雷雨季节和存在电干扰的危险范围内不能使用电爆网路；其次，在药包数量比较多的工程爆破中，采用电爆网路，必须有可靠的起爆电源，对网路的设计和施工有较高的要求，网路连接也比较复杂。

4.1.2.1　电雷管的主要参数

A　电雷管电阻

电雷管电阻是指桥丝电阻与脚线电阻之和。国产工业电雷管采用镍铬合金细丝作桥丝，桥丝电阻上下限差值不大于 0.8Ω，由工厂生产工艺保证。电雷管脚线由两根不同颜色的聚氯乙烯绝缘爆破线组成，导线不得有绝缘层破损和芯线锈蚀，脚线材料有铜芯和镀锌钢芯两种，铜脚线直径为 0.45mm，镀锌钢芯脚线直径为 0.5mm。脚线一般长度为2.0 ± 0.1m，镀锌钢芯脚线电雷管全电阻不大于 6.3Ω，上下限差值不大于 2.0Ω；铜脚线电雷管全电阻不大于 4.0Ω，上下限差值不大于 1.0Ω。

电雷管在使用前，应先测定每发电雷管的电阻，同一电爆网路应使用同厂、同批、同型号的电雷管，电雷管的电阻值差不得大于产品说明书的规定，即镍铬桥丝雷管的电阻值差不得超过 0.8Ω。

电爆网路导通和测量电雷管电阻值，只准使用专用导通器或爆破电桥。电阻测量仪分辨力不小于 0.1Ω，测量电流不大于 30mA。

B　安全电流

安全电流指给单发电雷管通以恒定直流电，通电时间 5min，受试电雷管均不会起爆的电流值。这是反映电雷管被引爆前在贮存、运输、使用中安全性能的重要指标。电雷管的安全电流应符合表 4-1 规定。当直流电流值超过安全电流时，电雷管就可能爆炸，故安全电流也称最高安全电流。以前镍铬桥丝电雷管的最高安全电流规定为 0.125A，后提高至 0.18A，现在已规定电雷管的安全电流必须在 0.20A 以上，说明现在使用的电雷管比过去使用的电雷管安全性能要好得多。考虑保险系数，规定电爆网路导通和测定电雷管电阻值的专用爆破电桥的工作电流应小于 30mA。

表 4-1 工业电雷管的电性能指标要求

序 号	参数名称	单 位	参数指标		
			普通型	钝感型	高钝感型
1	安全电流	A	≥0.20	≥0.30	≥0.80
2	最小发火电流	A	≤0.45	≤1.00	≤2.50
3	发火冲能	$A^2\cdot ms$	2.0~7.9	8.0~18.0	80.0~140.0
4	串联 20 发的起爆电流	A	≤1.2	≤1.5	≤3.5
5	测静电感度时的充电电压	kV	≥8	≥10	≥10

注：摘自《工业电雷管》(GB 8031—2005)。

C 最小发火电流

对电雷管通以恒定直流电流，其最小发火电流应符合表 4-1 规定。试验中按通电时间为 30ms 时发火概率为 0.9999 的电流值作为最小发火电流值。最小发火电流也叫最低准爆电流，它反映了电雷管在引爆时的感度指标，过去单发电雷管的最低准爆电流标准为不大于 0.7A，现在标准为不大于 0.45A，说明引爆电雷管所需的电流小了，准爆性能更好了。

D 串联起爆电流

串联起爆电流指对串联连接的 20 发电雷管通以恒定直流电流，受试的所有电雷管全部起爆的电流值。它实际上就是成组电雷管的最低准爆电流，要比最小发火电流大。对起爆网路来说这个指标更有实际意义：在同一电爆网路中，存在着敏感度较高和较低的电雷管，串联起爆电流表示该电流能保证在敏感度最高的电雷管桥丝烧断之前，能点燃同网路中敏感度最低的电雷管，从而确保整个网路准爆。工业电雷管串联 20 发，通以 1.2A 恒定直流电流，应全部爆炸。在工程实际中，规定电爆网路中通过每发电雷管的电流值，对一般爆破，直流电不小于 2A，交流电不小于 2.5A；对硐室爆破，直流电不小于 2.5A，交流电不小于 4A。

E 发火冲能

发火冲能也叫点燃电流冲能。点燃电流冲能的倒数表示电雷管的敏感度，点燃电流冲能越小，电雷管的敏感度越高。发火冲能的测定如下：先对电雷管通以恒定直流电流，通电时间 100ms，求出发火概率为 0.9999 的电流值，为百毫秒发火电流；再以两倍百毫秒电流的恒定直流电流 I(A) 向电雷管通电，求出发火概率为 0.9999 的通电时间 t(ms)，则发火冲能 K($A^2\cdot ms$) 为：

$$K = I^2 \cdot t \tag{4-1}$$

电雷管的发火冲能应符合表 4-1 规定，即普通电雷管的发火冲能不大于 $7.9A^2\cdot ms$。

F 静电感度

在电容为 2000pF、串联电阻为 0Ω 及表 4-1 要求的充电电压条件下，对工业电雷管的脚线-管壳放电，不应发火。

G 延期时间

延期工业电雷管的延期时间一般应符合表 4-2 和表 4-3 的要求，企业也可以与用户协商供应其他延期时间系列的延期电雷管。表 4-2、表 4-3 列出了各段的名义延期时间和该段的上规格限和下规格限。任何一段延期电雷管的上规格限 U，为该段名义延期时间与上段名义延期时间的中值（精确到表中数字的位数）；而下规格限 L，则为该段名义延期时间与下段名义时间的中值（精确到表中数字的位数）加一个末位数。末段延期电雷管的上规格限可用本段名义延期时间与下规格限之差，加上名义延期时间。例如：3 段毫秒延期时间的上规格限为 $U=(50+75)/2=62.5$ms；下规格限为 $L=(50+25)/2+0.1=37.6$ms；20 段毫秒延期时间的上规格限为 $U=(2000.0-1850.1)+2000.0=2149.9$ms。

表 4-2 工业电雷管延期时间毫秒系列要求

段别	第 1 毫秒系列/ms			第 2 毫秒系列/ms			第 3 毫秒系列/ms		
	名义延期时间	下规格限	上规格限	名义延期时间	下规格限	上规格限	名义延期时间	下规格限	上规格限
1	0	0	12.5	0	0	12.5	0	0	12.5
2	25	12.6	37.5	25	12.6	37.5	25	12.6	37.5
3	50	37.6	62.5	50	37.6	62.5	50	37.6	62.5
4	75	62.6	92.5	75	62.6	87.5	75	62.6	87.5
5	110	92.6	130	100	87.6	112.4	100	87.6	112.5
6	150	130.1	175				125	112.6	137.5
7	200	175.1	225				150	137.6	162.5
8	250	225.1	280				175	162.6	187.5
9	310	280.1	345				200	187.6	212.5
10	380	345.1	420				225	212.6	237.5
11	460	420.1	505				250	237.6	262.5
12	550	505.1	600				275	262.6	287.5
13	650	600.1	705				300	287.6	312.5
14	760	705.1	820				325	312.6	337.5
15	880	820.1	950				350	337.6	362.5
16	1020	950.1	1110				375	362.6	387.5
17	1200	1110.1	1300				400	387.6	412.5
18	1400	1300.1	1550				425	412.6	437.5
19	1700	1550.1	1850				450	437.6	462.5
20	2000	1850.1	2149.9				475	462.6	487.5
21							500	487.6	518.4

注：摘自《工业电雷管》（GB8031—2005）。

第 2 毫秒系列为煤矿许用毫秒延期电雷管，该系列为强制性的。

表 4-3 工业电雷管延期时间秒系列要求

段别	1/4 秒系列/s			半秒系列/s			秒系列/s		
	名义延期时间	下规格限	上规格限	名义延期时间	下规格限	上规格限	名义延期时间	下规格限	上规格限
1	0	0	0.125	0	0	0.25	0	0	0.50
2	0.25	0.126	0.375	0.50	0.26	0.75	1.00	0.51	1.50

续表 4-3

段别	1/4 秒系列/s			半秒系列/s			秒系列/s		
	名义延期时间	下规格限	上规格限	名义延期时间	下规格限	上规格限	名义延期时间	下规格限	上规格限
3	0.50	0.376	0.625	1.00	0.76	1.25	2.00	1.51	2.50
4	0.75	0.626	0.875	1.50	1.26	1.75	3.00	2.51	3.50
5	1.00	0.876	1.125	2.00	1.76	2.25	4.00	3.51	4.50
6	1.25	1.126	1.375	2.50	2.26	2.75	5.00	4.51	5.50
7	1.50	1.376	1.624	3.00	2.76	3.25	6.00	5.51	6.50
8				3.50	3.26	3.75	7.00	6.51	7.50
9				4.00	3.76	4.25	8.00	7.51	8.50
10				4.50	4.26	4.74	9.00	8.51	9.50
11							10.00	9.51	10.49

注：摘自《工业电雷管》（GB 8031—2005）。

H　保证期

《工业电雷管》规定，在原包装条件下储存在通风良好、干燥的环境中，电雷管的保证期为：瞬发电雷管两年，延期电雷管一年半。

4.1.2.2　导线

电爆网路中使用的导线应遵循强度高、电阻小、绝缘良好、易敷设的原则，一般采用铜芯线。导线的电阻与构成导线的材料、导线长度和截面积有关，其电阻可用下式求得：

$$R = \rho \frac{L}{S} \tag{4-2}$$

式中　R——导线电阻，Ω；

ρ——导线材料的电阻率，$\Omega \cdot mm^2/m$；

S——导线的截面积，mm^2；

L——导线长度，m。

铜的电阻率 $\rho = 0.0175\Omega \cdot mm^2/m$，铝的电阻率 $\rho = 0.0283\Omega \cdot mm^2/m$，即同样断面、同样长度的导线，铝芯线的电阻要比铜芯线大出63%，加上铝线韧性较差，多次敷设后易折断，《爆破安全规程》规定：“电力起爆网路的导线不宜使用裸露导线和铝芯线”，“电力起爆网路硐内导线应用绝缘性能良好的铜芯线”。

根据导线的位置和作用，可以将导线分为端线、连接线、区域线和主线。端线是用来加长电雷管脚线使之能引出炮孔或药室外的导线；连接线是用来连接相邻炮孔或药室的导线；区域线指在同一电爆网路中包括几个分区时连接连接线与主线之间的导线；主线指连接连接线或区域线与起爆电源之间的导线。

在露天深孔爆破、拆除爆破和浅孔爆破中，端线、连接线多采用断面为 0.42 ~ 0.45mm^2 的单芯铜质塑料皮专用爆破软线，主线则采用能重复使用的标称截面较大的多芯铜质塑料绝缘电线。在硐室爆破中，一般端线、连接线、区域线使用标称截面 0.5 ~

1.0mm^2 的两芯铜芯线，主线采用标称截面不小于 1.5mm^2 的单芯或两芯铜芯线。

电爆网路不应使用裸露导线，不得利用铁轨、钢管、钢丝作爆破线路。

4.1.2.3 起爆电源

作为电爆网路的起爆电源，应满足如下要求：

（1）有一定的电压，能克服网路电阻输出足够的电流，起爆电源必须保证起爆网路中每个电雷管能够获得足够的电流；

（2）有一定的容量，能满足各支路电流总和的要求；

（3）有足够大的发火冲能。对电容式起爆器等起爆电源，尽管其起爆电压很高，但其作用时间很短，要保证电爆网路安全准爆，还必须有足够的发火冲能。对国产电雷管，保证电雷管准爆的发火冲能应大于或等于 7.9A^2 · ms。

常用的起爆电源有三种：

（1）电池，包括干电池和蓄电池。电池属于直流电，电源比较稳定，而且《爆破安全规程》规定的最小准爆电流值比交流电小。但干电池电压低、内阻很高、容量有限，只能起爆少量雷管；蓄电池内阻很小，串联后也能达到较高的电压和足够的容量，但由于电爆网路起爆后很易出现个别导线或雷管脚线短路的情况，极易对蓄电池产生损害。在实际工程中基本上不使用电池作为起爆电源。

（2）动力交流电源，即工频交流电，有 220V 的照明电和 380V 的动力电。动力交流电源电压虽然不高，但输出容量大，适用于并联、串并联和并串并联等混合电爆网路。动力交流电源也可以由发电机或变压器提供，可以说是电爆网路中最可靠的起爆电源之一。使用动力交流电源作为起爆电源，要进行电爆网路的计算和设计；另外，电源与起爆网路连接处要设两道专用开关，防止爆破后因线路短接而引起不良后果。鉴于目前爆破工程广泛应用导爆管起爆网路，一般工程爆破极少采用这种起爆电源。

（3）起爆器。起爆器是目前工程爆破中使用最广泛的起爆电源，起爆器有手摇发电机起爆器和电容式起爆器两种。手摇发电机起爆器由手摇交流发电机、整流器和存储电能的电容器组成，利用活动线圈切割固定磁铁的磁力线产生脉冲电流的发电机原理，由端钮输出直流电起爆电雷管，其优点是不用电源，操作简单，便于携带，但起爆能力不高。目前主要使用的是电容式起爆器。电容式起爆器也叫高能脉冲起爆器，其工作原理是：用干电池或蓄电池作电源，由大功率晶体三极管等电子元件，组成晶体管振荡电路，将干电池或蓄电池输出的低压直流电，经低-高压直流电压变换电路，变成高压高频电，通过向电容器充电，把电荷逐渐储存于引爆电容器中；当电容器的电能储存达到额定数值，电压达到规定值时，指示电压的氖灯或电压表即发出指示，这时接通电爆网路，启动起爆器的开关，电容器蓄积的高压脉冲电能在极短时间内向电爆网路放电，使电雷管起爆。电容式起爆器的脉冲电流持续时间大都在 10ms 以内，峰值电压达几百伏至几千伏，大容量起爆器的起爆电压均在 1500V 以上，起爆雷管数从几十发到几千发。由于电容式起爆器所能提供的输出电能不太大，不足以起爆并联支路比较多的电爆网路，一般只用来起爆串联网路和并联数较少的并串联网路。因此，仅用起爆器的标称电压值与电爆网路的电阻值来判断电爆网路的准爆性是不合适的，应根据起爆器说明书的规定使用。图 4-1 为几种不同类型的电容式起爆器的外形，表 4-4、表 4-5 为部分国产电容式起爆器的性能。

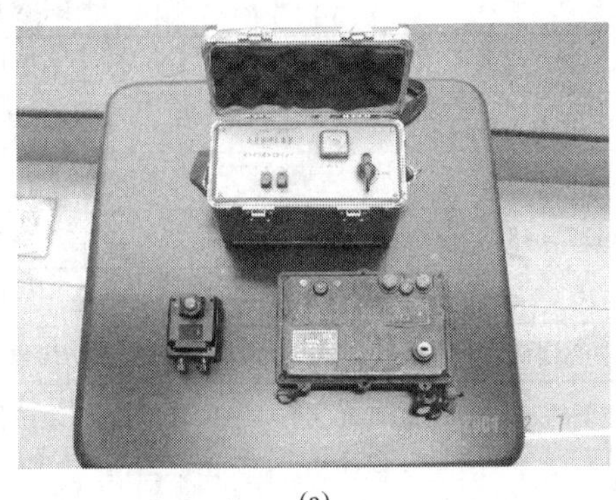

(a)

(b)

图 4-1 几种不同类型的电容式起爆器的外形

（a）50 发、100 发和 300 发起爆器；（b）HA-2000 型高能脉冲起爆器

表 4-4 部分国产电容式起爆器的性能（一）

型号		YJ 新 400	YJ 新 600	YJ 新 1000	YJ 新 1500	YJ 新 4000	YJQL-3000
最高脉冲电压/V		2000	3000	1800	2700	3600	2700
最大允许负载电阻（串联）/Ω		1000	1350	900	1350	1800	1350
引爆电容器容量/μF		11.75	7.8	37.5	25	41.25	50
发火冲能/$A^2\cdot ms$		23.5	26	66	67.5		135
准爆能力/发	铜脚线	400	600	1000	1500	4000	3000
	铁脚线	200	300	500	759	2000	1500
充电时间/s		10	15	15～20	20～25	15～30	30
供电电源		1 号干电池 5 节，7.5V			1 号高能电池 9 节，13.5V		
体积/mm×mm×mm			190×100×225	190×100×210		320×180×280	265×140×260
机器重量/kg		1.75	1.9	2.0	2.5	7.5	4.3
生产厂家		营口市高能爆破仪表研究所					

表 4-5 部分国产电容式起爆器的性能（二）

型号		KG-300	KG-200	KG-150	MFd-100①	MFd-200①
最高脉冲电压/V		3000	2500	1800	1800	2900
最大允许负载电阻（串联）/Ω		1220	920	620	620	1220
引爆电容器容量/μF					33	47
发火冲能/$A^2\cdot ms$		≥8.7			≥8.7	
准爆能力/发	铜脚线	300	200	150		
	铁脚线	200	150	100	100	200

续表 4-5

型　号	KG-300	KG-200	KG-150	MFd-100①	MFd-200①
充电时间/s	≤20			≤20	
供电电源	1 号干电池 4 节，6V			1 号干电池 4 节，6V	
体积/mm × mm × mm	207 × 137 × 48			207 × 137 × 48	207 × 137 × 48
机器重量/kg	1.6			1.45	1.6
生产厂家	湖南湘西科工贸中心爆破仪器仪表厂			大石桥市防爆器厂	

①供有沼气（甲烷）及煤尘爆炸危险的矿井使用，相同类型的起爆器有 MFd-50 型、MFd-150 型；非煤矿使用的有 SFK-500、SFK-1000、SFK-2000 型起爆器。

4.1.2.4　电爆网路的检测

检查、测量电雷管和电爆网路必须使用专用的爆破量测仪表（导通器、爆破电桥等）。这些仪表外壳应有良好的绝缘和防潮性能，输出电流必须小于 30mA。严禁使用普通电桥量测电雷管和电爆网路，因为普通电桥绝缘不好，输出电流太大，容易引起误爆事故。

导通器即爆破欧姆表，是一种用于网路导通的小型仪表，测量原理与普通测电阻的仪表相同，只是内部工作电流小于 30mA，使用时能保证安全。它可以检查电雷管、导线和电爆网路的导通情况和电阻值，但测量精度不高。

爆破电桥的工作原理与普通电桥原理基本相同，利用电桥平衡原理来测量电雷管或电爆网路的电阻值。量测仪表有指针式的，如 QJ41 型电雷管测试仪（图 4-2）；也有数字式的，如 2H-1 型电雷管测试仪（图 4-3）、SD-1 型数字式爆破电桥、SD-2 型电雷管测试仪等。

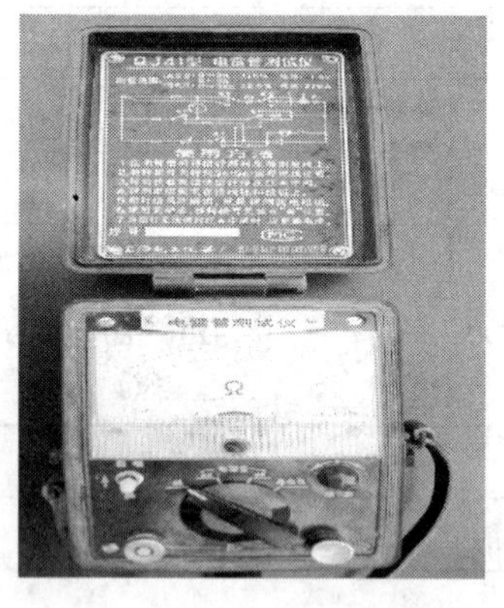

图 4-2　QJ41 型电雷管测试仪

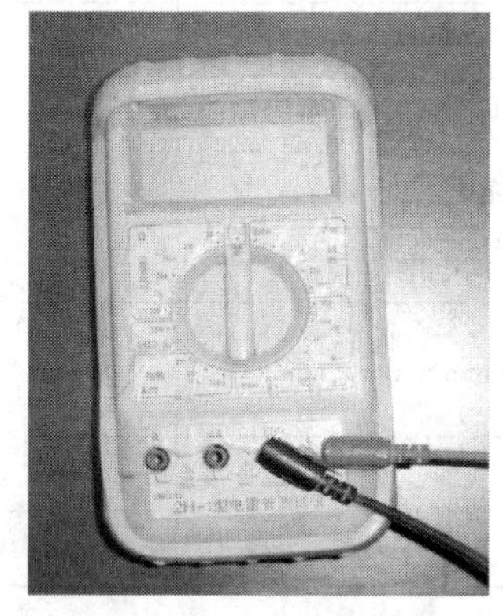

图 4-3　2H-1 型电雷管测试仪

用于检测电爆网路的仪表必须按规定要求定期进行检查、维修和标定。

爆破电桥和爆破欧姆表有按钮式、指针式和数字式等样式，近年来多采用数字式测试仪。国内使用的主要电雷管和电爆网路量测仪表如下所述。

A　205-1 型线路电桥

按钮式测量仪表，分三个挡位：电雷管二挡：0 ~ 3Ω，3 ~ 9Ω；导电线一挡：0 ~ 3kΩ。使用时将被测电雷管脚线或网路端线除锈后接到电桥接线柱上，压按按钮，同时迅速转动活动刻度盘，根据指针摆动的方向决定刻度盘的转动方向，转至使指针正对分划玻璃指示器上的中线位置，松开按钮，指示器中心线所对的刻度盘相应挡位上的数字即为其电阻值。使用前应先校准读数。

B QJ-41 型电雷管测试仪

指针式测量仪表，分三个挡位：电雷管二挡：0～3Ω，3～9Ω，误差±1.5%；导电线一挡：0～3kΩ，误差±2.5%。输出电流：27mA。使用前根据仪器说明书先校准读数。这种测试仪在进行电爆网路导通时，较高挡位不易得出精确的读数，如果测试硐室爆破中两套独立电爆网路之间是否电阻平衡，要求电阻值读数精度不得大于1Ω时，就只能靠使用仪器的爆破员的经验来确定了。

C B-1 型爆破用表

指针式测量仪表，分三个挡位：0～5Ω，0～100Ω，100～200Ω，误差±2.5%。输出电流：<20mA，可以测量电阻和杂散电流值。

D SD-1 型数字式爆破电桥、SD-2 型电雷管测试仪

数字式测量仪表，最大显示值：1999（即3位半数字）及自动极性指示；显示方式：液晶显示；测量方式：二重积分模数转换系统；测试精度：测电阻时正负0.5%；电源：DC9V，6F22 电池一枚。量程：电阻挡位：200Ω，2kΩ；可测量直流电压、交流电压、直流电流和二极管。

E 2H-1 型电雷管测试仪

数字式测量仪表，特点为：测试单发电雷管及电爆破网路时，最大测试电流不超过1.1mA；能测量电雷管电阻、杂散交直流电流、杂散交直流电压。使用电源电压：DC 9V，6F22 型电池。该仪表部分测量范围与精度见表4-6。

表4-6 2H-1 型电雷管测试仪的测量范围与精度

项目	挡位	精度（23+5）℃	分辨率	最大输出电流	开端电压
雷管电阻	200Ω	±（1.0%+3个字）	0.1Ω	1.1mA	1.5V
	2kΩ	±（1.0%+2个字）	1Ω	0.4mA	
	20kΩ	±（1.0%+2个字）	10Ω	75μA	
	200kΩ	±（1.0%+2个字）	100Ω	7.5μA	
	2000kΩ	±（1.5%+2个字）	1kΩ	0.75μA	
	20MΩ	±（2.0%+3个字）	10kΩ	0.075μA	
杂散直流电流	2000mA	±（2.0%+3个字）	0.1mA	精度为实测	
	200mA	±（2.0%+3个字）		精度为实测	
	20mA	±（2.0%+3个字）			
杂散交流电流	2A	±（2.0%+5个字）	0.1mA	精度为实测	
	200mA	±（2.0%+2个字）	0.1mA	精度为实测	
	20mA	±（0.5%+2个字）	0.1mA	精度为实测	

采用数字式测量仪表检测电阻值时，应先将仪器调至相应挡位，将测试笔短路，测出仪器读数的初始值，实测值应为仪表读数与初始值之差。

4.1.3 导爆索起爆法

A 导爆索起爆法的特点

导爆索可以直接引爆工业炸药，用导爆索组成的起爆网路可以起爆群药包，但导爆索

网路本身需要雷管先将其引爆。导爆索起爆法属非电起爆法。

导爆索起爆法在装药、填塞和连网等施工程序上都没有雷管，不受雷电、杂散电流的影响，导爆索的耐折和耐损度远大于导爆管，安全性优于电爆网路和导爆管起爆法；此外导爆索起爆法传爆可靠，操作简单，使用方便，可以使钻孔爆破分层装药结构中的各个药包同时起爆；导爆索有一定的抗水性能和耐高、低温性能，可以用在有水的爆破作业环境中；由于导爆索的传爆速度高，可以提高弱性炸药的爆速和传爆可靠性，改善爆破效果。

导爆索起爆法的主要缺点是成本较高，不能用仪表检查网路质量；裸露在地表的导爆索网路，在爆破时会产生较大的响声和一定强度的空气冲击波，所以在城镇浅孔爆破和拆除爆破中，不应使用孔外导爆索起爆。导爆索起爆法只有借助导爆索继爆管才能实现多段延时起爆，由于导爆索继爆管价高，精度低，在爆破工程中已很少应用。

工程爆破中一般较多地将导爆索作为辅助起爆网路。常用导爆索起爆网路的有深孔爆破、光面爆破、预裂爆破、水下爆破以及硐室爆破等。

B 导爆索的连接方法

导爆索起爆网路的形式比较简单，无需计算，只要合理安排起爆顺序即可。

导爆索传递爆轰波的能力有一定方向性，因此在连接网路时必须使每一支线的接头迎着主线的传爆方向，支线与主线传爆方向的夹角应小于90°。

常用的导爆索网路连接方法有：

(1) 簇并联，将所有炮孔中引出的导爆索支线末端捆扎成一束或几束，然后再与一根主导爆索相连接，一般用于炮孔数不多而较集中的爆破中；

(2) 分段并联，在炮孔或药室外敷设一条或两条导爆索主线，将各炮孔或药室中引出的导爆索支线分别依次与导爆索主线相连。

4.1.4 导爆管雷管起爆法

导爆管雷管起爆法是利用导爆管传递冲击波点燃雷管，进而直接或通过导爆索起爆法起爆工业炸药。导爆管起爆法的特点是可以在有电干扰的环境下进行操作，连网时不会因通讯电网、高压电网、静电等杂电的干扰引起早爆、误爆事故，安全性较高；一般情况下导爆管起爆网路起爆的药包数量不受限制，网路也不必要进行复杂的计算；导爆管起爆方法灵活、形式多样，可以实现多段延时起爆；导爆管网路连接操作简单，检查方便；导爆管传爆过程中声响小，没有破坏作用。而导爆管起爆网路的缺点是尚未有检测网路是否通顺的有效手段，而导爆管本身的缺陷、操作中的失误和对其轻微的损伤都有可能引起网路的拒爆。因而在工程爆破中采用导爆管起爆网路，除必须采用合格的导爆管、连接件、雷管等组件和复式起爆网路外，还应注重网路的布置，提高网路的可靠性，重视网路的操作和检查。

在有瓦斯或矿尘爆炸危险的作业场所不能使用导爆管起爆法；水下爆破采用导爆管起爆网路时，每个起爆药包内安放的雷管数不宜少于2发，并宜连成两套网路或复式网路同时起爆，并应做好端头防水工作。

4.1.4.1 导爆管起爆法的组成

导爆管起爆法由击发元件、连接装置和起爆元件组成，其中连接装置可分成两类：装置中不带雷管或炸药，导爆管通过插接方式实现网路连接的装置称为连接元件；连接装置中带有雷管或炸药，通过雷管或炸药的爆炸将网路连接下去的装置称为传爆元件。

A 击发元件

击发导爆管可以采用各种工业雷管、导爆索、击发笔、电火花枪等。除雷管、导爆索外，常用的是击发笔，直接把击发针插入非电导爆管内 2cm，然后采用专用的导爆管非电击发器或电雷管/导爆管雷管双用起爆器击发起爆导爆管网路。击发笔与起爆器之间可以采用爆破线连接。

湘西雷特爆破仪表有限责任公司生产的 CCH 导爆管击发针（图 4-4）可以配合 HA 系列高能脉冲起爆器击发非电导爆管雷管。

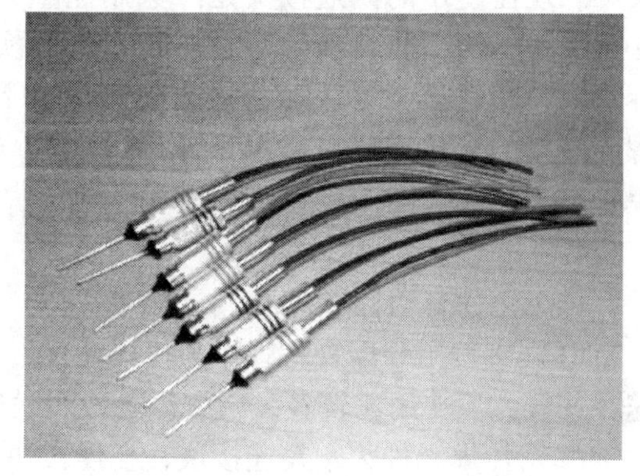

图 4-4 CCH 导爆管击发笔

湖南湘西科工爆破仪器厂生产的 GM-1 型导爆管起爆器是专为起爆塑料导爆管而设计的起爆器，采用坚固的工程塑料外壳和它激式升压电路；分为交流供电和直流供电两种型号，以适应室内检测或野外操作。具有安全可靠，使用方便，充电速度快，点火率高，起爆针寿命长，体积小，重量轻等特点。主要技术指标：充电电压：1500V；充电时间：小于 2s；放电时间：小于 2s；电源：室内型 AC220V、野外型 DC6V（5 号电池 4 节）；电池使用寿命：充放电 1000 次。

B 连接元件

连接元件主要有分流式连接元件和反射式连接元件两种。

（1）塑料连通管和塑料多通道连接插头（三通式、四通式），也称多路分路器，属于分流式连接元件，它们利用导爆管正向入射分流原理，在网路中实现了无雷管无炸药分流传爆（图 4-5）。

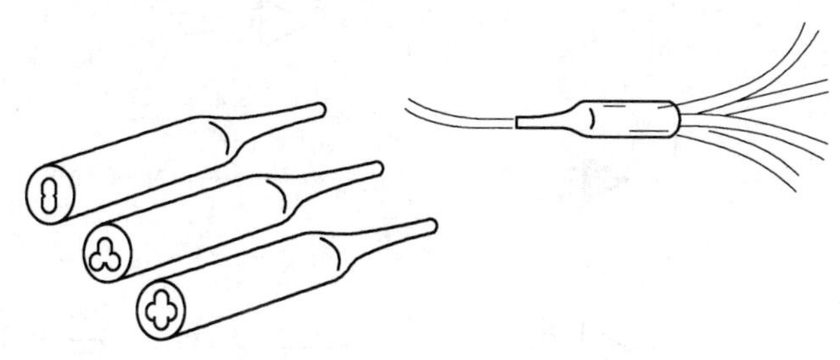

图 4-5 塑料多通道连接插头

（2）塑料套管接头（三通、四通）。这是一种可以自己加工的反射式连接元件，它用不同直径的聚氯乙烯薄壁套管制作，壁厚 0.5mm，只要用塑料焊接机（热合机）将其做成长约 20mm，一端开口、一端封闭的接头即可。套管内径 5mm 可制成三通、6mm 可制成四通。这种套管接头成本低廉、制作简单、使用方便，由于薄壁套管有一定伸缩性，能将导爆管紧紧的包裹住。

（3）塑料四通接头。这是用注塑方式产品化的帽盖状反射式连接元件，封口端为圆弧状，开口端内侧有四个半弧状缺口用作导爆管的插口，外侧有放置缩口金属箍的沿口，由于导爆管外径的生产误差，使用时要加缩口金属箍才能使四根导爆管牢固地固定在接头中。现在使用的四通接头是厂家用注塑方法生产的，为适应目前导爆管有粗有细的实际情况，四通接头已从加套箍改进成为上下螺旋接口的分体产品，以保证使用过程中导爆管不会掉脱（图4-6）。

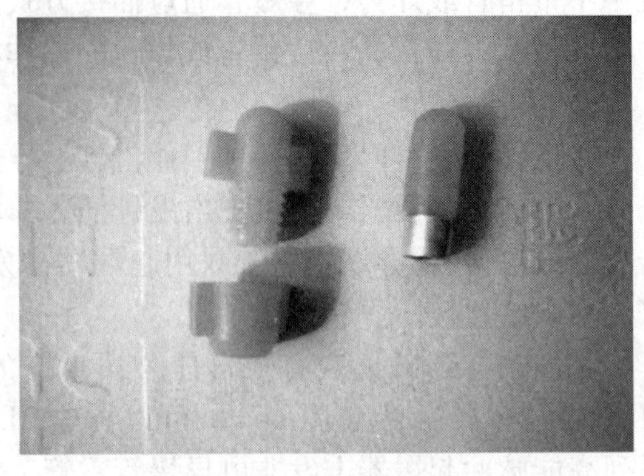

图4-6　四通接头

C　传爆元件

传爆元件有两种形式：

（1）直接用导爆管雷管作为传爆元件，将被传爆导爆管牢固地捆绑在传爆雷管周围，这种连接方法使用比较多，一般称之为捆联连接，或簇联连接；

（2）传爆元件为塑料连接块，在连接块中间留有雷管孔，将传爆雷管插入孔内，被传爆的导爆管则插入连接块四周的孔内，通过传爆雷管的爆炸将被传爆导爆管击发起爆。连接块有多种形式，如圆形、长方形等，可接入不同数量的导爆管。

D　起爆元件

导爆管不能直接起爆炸药，必须通过在导爆管中传播的冲击波点燃雷管中的起爆药即导爆管雷管来起爆炸药。

4.1.4.2　导爆管起爆法的连接方式

A　导爆管起爆法图示法图例

用图示法表示导爆管起爆网路的图例如图4-7所示。

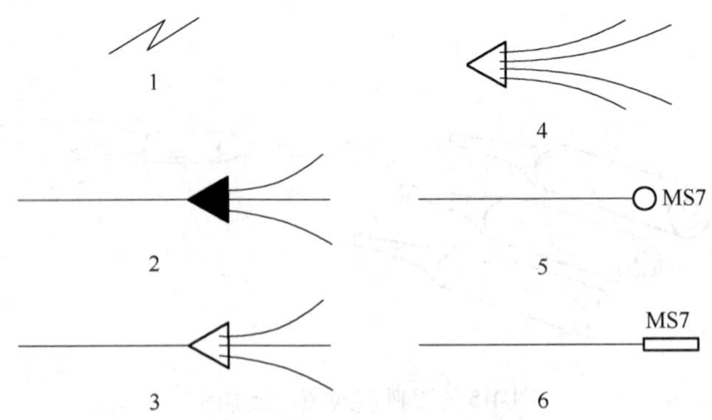

图4-7　导爆管起爆网路图示法图例

1—激发起爆点；2—传爆元件；3—分流式连接元件；4—反射式连接元件；
5—装入炮孔内的导爆管雷管及段别；6—导爆管传爆雷管及段别

B　导爆管起爆法的连接形式

导爆管起爆法的连接形式很多，基本上可分成三类。

a 簇联法

将炮孔内引出的导爆管分成若干束，每束导爆管捆联在一发（或多发）导爆管传爆雷管上，将这些导爆管传爆雷管再集束捆联在上一级传爆雷管上，直至用一发或一组起爆雷管击发即可以将整个网路起爆（图4-8）。这种网路简单、方便，多用于炮孔比较密集和采用孔内延时组成的网路连接中。

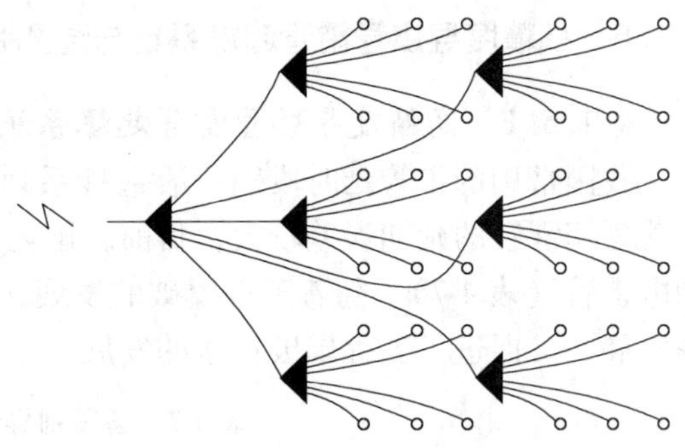

图 4-8 导爆管接力起爆网路（传爆元件）示意图

b 并串联连接法

从击发点出来的爆轰波通过导爆管、导爆管继爆管、传爆元件或分流式连接元件逐级传递下去并引爆装在药包中的导爆管雷管使网路中的药包起爆（图 4-9、图 4-10）。

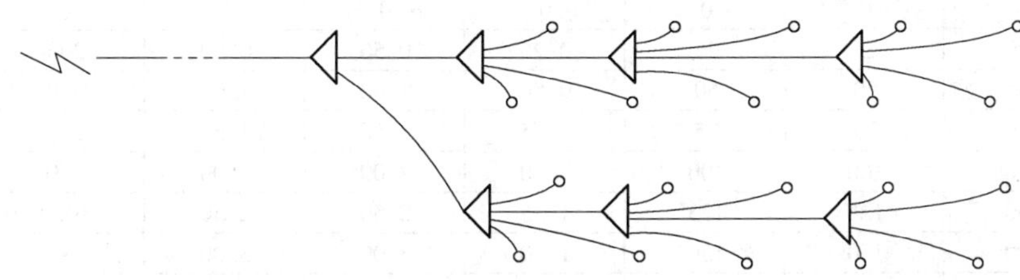

图 4-9 导爆管并串联起爆网路（分流式连接元件）示意图

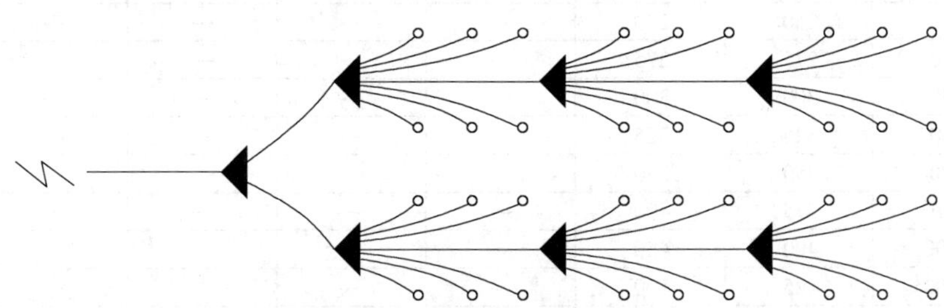

图 4-10 导爆管并串联起爆网路（传爆元件）示意图

c 闭合网路连接法

闭合网路与上述导爆管网路不同，它的连接元件是塑料套管接头（或塑料四通接头）和导爆管。利用这种反射式连接元件，通过连接技巧，把导爆管连接成网格状多通道的起爆网路，可以确保网路传爆的可靠性（图 4-11）。

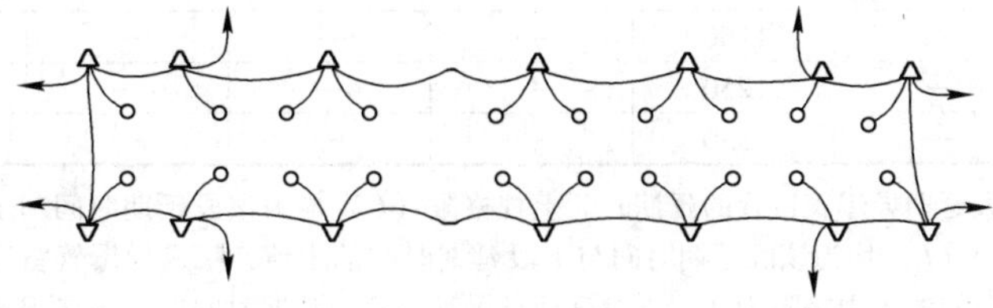

图 4-11 闭合起爆网路连接示意图

4.1.5　高精度导爆管雷管起爆系统与逐孔起爆技术

4.1.5.1　高精度导爆管雷管起爆系统

我国常用的雷管延时段别一般毫秒系列只有15到20段，半秒系列只有10段，而且这些延期雷管的延期误差较大，目前，国内一些生产厂家已能生产30段到60段的毫秒延期电雷管（表4-7）。随着工程爆破的发展，对起爆器材的要求越来越高；反之，起爆器材的发展，又促进了工程爆破技术的发展。

表4-7　各段别导爆管雷管的延期时间

段别	延期时间							
	毫秒导爆管雷管/ms			1/4秒导爆管雷管/s	半秒导爆管雷管/s		秒导爆管雷管/s	
	第一系列	第二系列	第三系列	第一系列	第一系列	第二系列	第一系列	第二系列
1	0	0	0	0	0	0	0	0
2	25	25	25	0.25	0.50	0.50	2.5	1.0
3	50	50	50	0.50	1.00	1.00	4.0	2.0
4	75	75	75	0.75	1.50	1.50	6.0	3.0
5	110	100	100	1.00	2.00	2.00	8.0	4.0
6	150	125	125	1.25	2.50	2.50	10.0	5.0
7	200	150	150	1.50	3.00	3.00	—	6.0
8	250	175	175	1.75	3.60	3.50	—	7.0
9	310	200	200	2.00	4.50	4.00	—	8.0
10	380	225	225	2.25	5.50	4.50	—	9.0
11	460	250	250	—	—	—	—	—
12	550	275	275	—	—	—	—	—
13	650	300	300	—	—	—	—	—
14	760	325	325	—	—	—	—	—
15	880	350	350	—	—	—	—	—
16	1020	375	400	—	—	—	—	—
17	1200	400	450	—	—	—	—	—
18	1400	425	500	—	—	—	—	—
19	1700	450	550	—	—	—	—	—
20	2000	475	600	—	—	—	—	—
21	—	500	650	—	—	—	—	—
22	—	—	700	—	—	—	—	—
23	—	—	750	—	—	—	—	—
24	—	—	800	—	—	—	—	—
25	—	—	850	—	—	—	—	—
26	—	—	950	—	—	—	—	—
27	—	—	1050	—	—	—	—	—
28	—	—	1150	—	—	—	—	—
29	—	—	1250	—	—	—	—	—
30	—	—	1350	—	—	—	—	—

注：除末段外任何一段延期导爆管雷管的延期时间上规格限（U）均为该段延期时间与上段延期时间的中值，延期时间的下规格限（L）均为该段延期时间与下段延期时间的中值；瞬发导爆管雷管在与延期导爆管雷管配段使用时，延期时间的下规格限为零；末段延期导爆管雷管的延期时间的上规格限规定为本段延期时间与本段下规格限之差，再加上本段延期时间。

发明导爆管的瑞典，导爆管雷管的延时精度比较高，其起爆系统采用的是接力式网路，如导爆管 UNIDET 起爆系统：由孔内导爆管雷管（延迟时间为 500ms）和地面导爆管连接起爆件（延迟时间为 0ms、17ms、25ms、42ms）组成，是在地表连接孔内导爆管实现逐孔起爆的毫秒导爆管起爆系统。

国内使用的高精度导爆管起爆系统基本上是澳瑞凯（威海）爆破器材有限公司的产品。该公司生产 Exel 系列非电导爆管雷管分毫秒导爆管雷管、长延时导爆管雷管和地表延期导爆管雷管三种，其中 Exel 毫秒导爆管雷管采用粉红色 Exel 导爆管和 8 号加强雷管（图 4-12），可承受拉力达到 450N(45kg)；Exel 长延时导爆管雷管采用黄色 Exel 导爆管和 8 号加强雷管，可承受拉力 450N；这两种延时雷管各段的标准延期时间见表 4-8。长延时导爆管雷管特别适合于地下井巷（隧道）和矿山开挖爆破，与 Exel 长延时导爆管雷管相似的还有 Dragon 长延时导爆管雷管，它采用的是透明导爆管，延期时间与 Exel 长延时导爆管雷管相同，但可承受拉力仅 80N。Exel 地表延期雷管与瑞典导爆管 UNIDET 起爆系统相似，也是在地表连接孔内导爆管实现逐孔起爆的毫秒导爆管起爆系统，它由一个导爆管雷管，塑料连接块及塑料 J 型钩构成。雷管镶嵌在塑料连接块中，可在两个方向起爆 5 根导爆管，被起爆的导爆管卡在塑料连接块内。

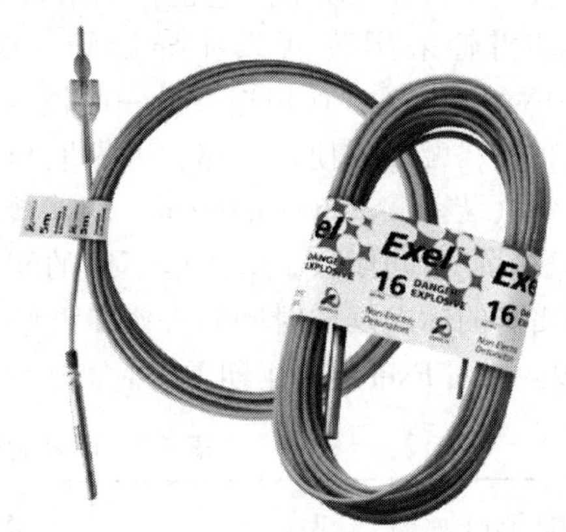

图 4-12 Exel 毫秒导爆管雷管

表 4-8 Exel 延时雷管段别及名义延期时间

段别	延期时间 /ms		段别	延期时间 /ms	
	Exel 毫秒导爆管雷管	Exel 长延时导爆管雷管		Exel 毫秒导爆管雷管	Exel 长延时导爆管雷管
1	25	25	14	350	1600
2	50	100	15	375	1800
3	75	200	16	400	2100
4	100	300	17	425	2400
5	125	400	18	450	2700
6	150	500	19	475	3000
7	175	600	20	500	3400
8	200	700	21		3800
9	225	800	22		4200
10	250	900	23		4600
11	275	1000	24		5000
12	300	1200	25		5500
13	325	1400			

Exel 地表延时导爆管雷管是一种通过控制爆区地表毫秒延期时间，以实现孔与孔之间按一定顺序起爆的导爆管雷管。它由一定长度的黄色 Exel 导爆管和低威力延时雷管（4 号雷管）构成，延时雷管完全被包裹在一个特定颜色的塑料连接块内，延期时间不同的雷管，塑料连接块的颜色也各不相同（图 4-13）。地表延期雷管采用黄色 Exel 导爆管，承受的外拉力为 450N，一端与雷管相连，另一端被封死，并装有 J 型塑料钩，可以方便、快速、可靠地与起爆用的低能导爆索（装药量 3.6 ~ 5.0g/m）相连接。钩上标有段数及秒量，不同段数 J 型钩呈不同的识别颜色。地表延期雷管的标准延期时间和一端 J 型塑料钩的颜色见表 4-9。使用 Exel 地表延期雷管时，通常孔内用相同段别的雷管。

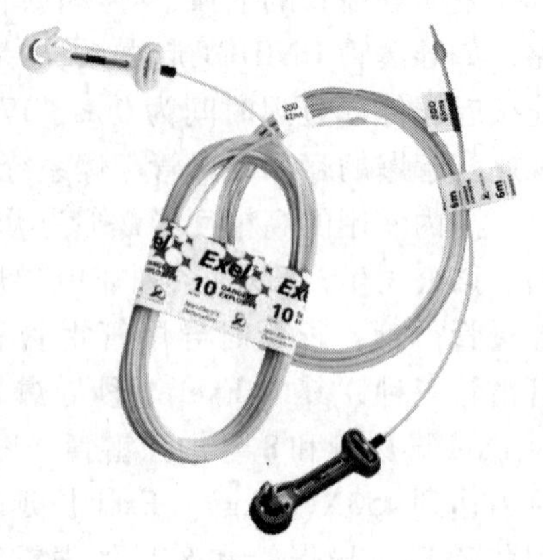

图 4-13　Exel 地表延时导爆管雷管

表 4-9　Exel 地表延时导爆管雷管标准延期时间

延期时间/ms	9	17	25	42	65	100	150	200
颜　色	绿色	黄色	红色	白色	蓝色	橘黄色	橘黄色	橘黄色

Exel 系列延时导爆管雷管可以可靠地引爆乳化炸药、硝铵类炸药，它的导爆管具有极高的强度及耐摩擦、抗冲击性能，能承受正常应用条件下的各种冲击和摩擦，但使用不当仍可能对雷管造成损害。虽然这些导爆管雷管抗静电、抗杂散电流和无线电频，但没有任何炸药在受到雷电直接袭击时能够确保安全，因此，如果雷电有可能袭击爆破现场，必须采取适当的预防措施。

4.1.5.2　导爆管雷管逐孔起爆技术

逐孔起爆技术是指爆区内处于同一排的炮孔按照设计好的延期时间从起爆点依此起爆，同时，爆区排间炮孔按另一延期时间依次向后排传爆，从而使爆区内相邻炮孔的起爆时间错开。逐孔起爆技术的特点是：先爆炮孔为后爆炮孔多创造一个自由面；爆炸应力波靠自由面充分反射，岩石加强破碎；相邻孔爆破相互碰撞，挤压，增强岩石二次破碎；同段爆破药量小，可减小爆破振动，

逐孔起爆典型网路如图 4-14 和图 4-15 所示，其敷设方法为：孔内同段，地表分段。

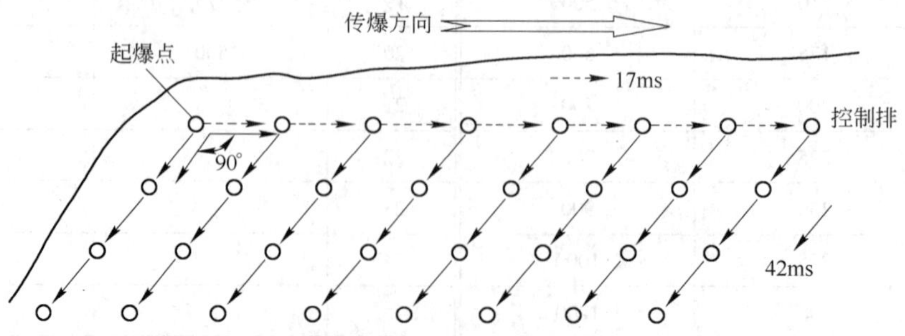

图 4-14　导爆管雷管逐孔起爆网路布置示意图（一）

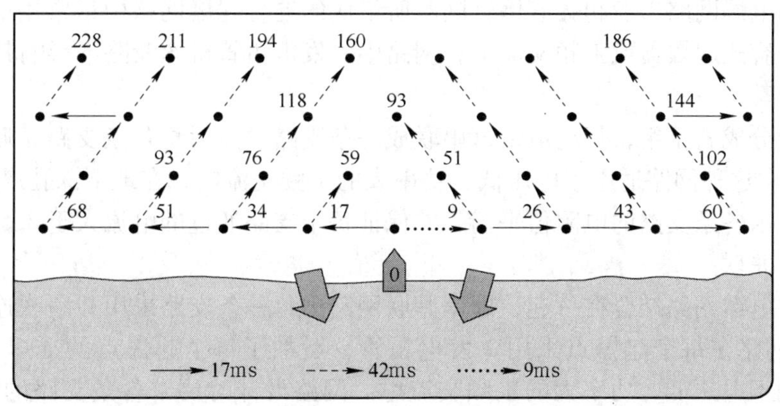

图 4-15 导爆管雷管逐孔起爆网路布置示意图（二）

图 4-14 中孔内均采用 400ms，孔外分别采用 17ms 和 42ms 延时。图 4-15 中孔内均采用 400ms，孔外分别采用 9ms、17ms 和 42ms 延时。

4.2 起爆网路的设计和现场运用

绝大多数爆破工程都是通过群药包的共同作用实现的，对群药包的起爆是通过起爆网路实现的。起爆网路的设计就是根据各类爆破的施工特点和环境，选择合理的起爆网路组合，实施群药包的准确、有序爆炸，以达到特定的工程目的。

4.2.1 电爆网路的设计和现场运用

4.2.1.1 电爆网路的连接方式

电爆网路有多种网路连接形式，但在工程爆破中常用的有以下四种。

A 串联

这是最简单的网路连接形式（图 4-16），其特点是操作简单，检查容易，要求电源功率小，特别适合于电容式起爆器。若采用工频交流电（220V 或 380V）起爆，由于必须保证流经每个电雷管的电流不小于 2.5A（硐室爆破为 4A，下同），其一次起爆电雷管数有限。在串联网路中，只要有一发电雷管桥丝断路，就会造成整个网路断路。

B 并串联

一般采用 2 发电雷管并联成一组后再接成串联网路（图 4-17）。这种网路在每个起爆

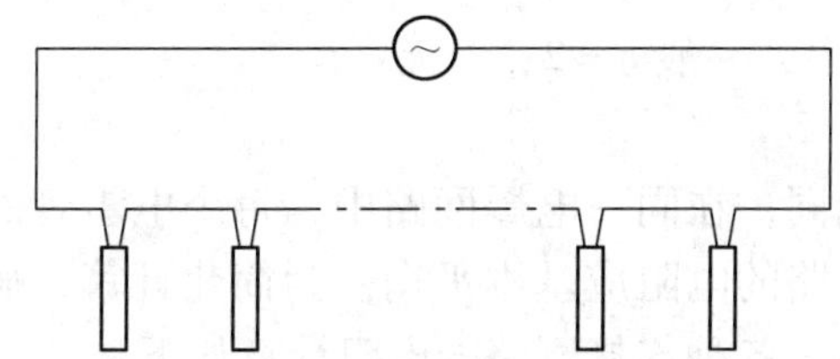

图 4-16 串联电爆网路示意图

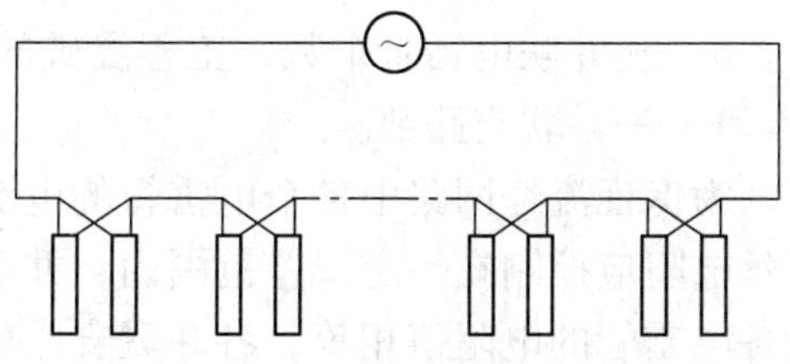

图 4-17 并串联电爆网路示意图

点采用2发电雷管，增加了每个起爆点的准爆率和起爆能，是工程爆破中以导爆管网路为主、以简单的电爆网路击发起爆导爆管网路所组成的混合起爆网路中最常用的形式。这种网路适合于电容式起爆器或工频交流电；网路中一发电雷管桥丝断路不影响其他雷管。

C　串并联

将电雷管分成若干组，每组电雷管串联成一条支路，然后将各条支路并联起来组成网路（图4-18）。这种网路适用于电压低、功率大的工频交流电，在地下深孔爆破中常使用。网路设计时要求各条支路的电阻值平衡，并保证每个支路通过的电流大于2.5A。

D　并串并联

将上两种电爆网路结合在一起，即串并联网路中每一条支路采用并串联连接方式（图4-19）。这种网路在每个起爆点采用2发电雷管，增加了每个起爆点的准爆率和起爆能。这种网路适用于电压低、功率大的工频交流电。网路设计时要求各条支路的电阻值平衡，并保证每个支路通过的电流大于2.5A。

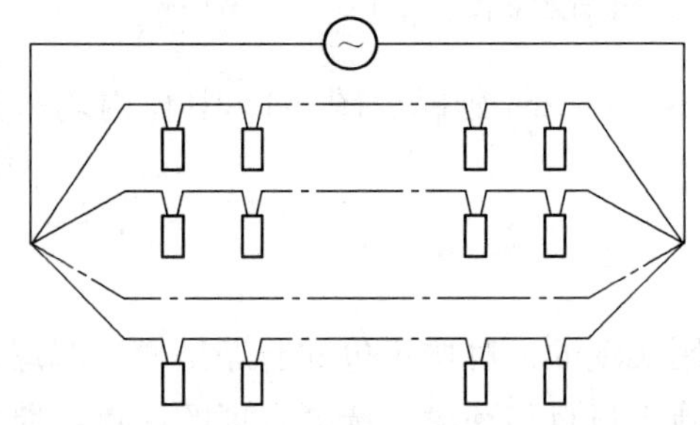

图4-18　串并联电爆网路示意图

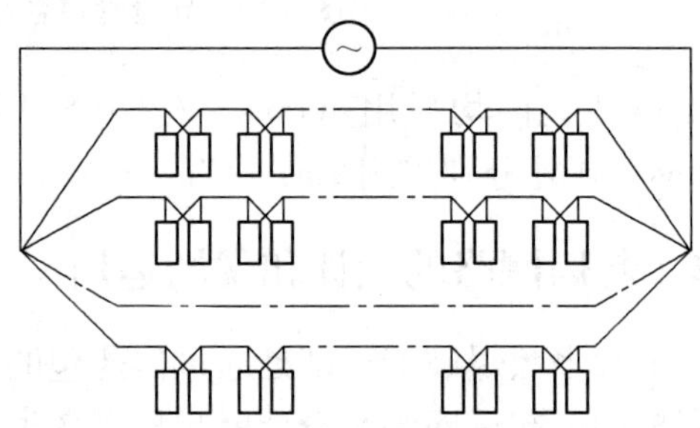

图4-19　并串并联电爆网路示意图

4.2.1.2　电爆网路的设计与计算

A　电爆网路电阻计算

电爆网路的形式和计算方法是以电工学中的欧姆定律为基础的，现将几种常用的电爆网路电阻计算分述如下。

在以下的计算中，采用下述符号分别代表不同的意义：

R——电爆网路总电阻，Ω；

R_1——主线电阻，Ω；

$R_{支}$——并联网路中各支路的电阻，Ω；

R_2——端线、连接线、区域线的合电阻，Ω；

r——每发电雷管电阻，Ω；

m——串联电雷管个数或组数；

n——并联电雷管个数，工程爆破的电爆网路中，一般 $n=2$；

N——并联支路数。

为保证流经网路中各个电雷管的电流值基本相同，在同一电爆网路中，每个电雷管的桥丝电阻应控制在一定误差范围内，并联网路各支路的电阻应基本平衡。为简化计算，假设各电雷管的电阻值相等，各并联支路的电阻平衡，各种连接网路的电阻计算如下：

（1）串联网路（图4-16）：

$$R = R_1 + R_2 + mr \tag{4-3}$$

（2）并串联网路（图4-17，其中 $n=2$）：

$$R = R_1 + R_2 + \frac{mr}{n} \tag{4-4}$$

（3）串并联网路（图4-18）：

$$R = R_1 + \frac{R_{支}}{N} = R_1 + \frac{R_2 + mr}{N} \tag{4-5}$$

（4）并串并联网路（图4-19，其中 $n=2$）：

$$R = R_1 + \frac{R_{支}}{N} = R_1 + \frac{1}{N}\left(R_2 + \frac{mr}{n}\right) \tag{4-6}$$

B　电爆网路电流计算

爆破安全规程规定，电力起爆法中流经每个电雷管的电流应满足：一般爆破，交流电不小于2.5A，直流电不小于2A；硐室爆破，交流电不小于4A，直流电不小于2.5A。

以 I 代表通过电爆网路的总电流（A），有：

$$I = \frac{U}{R} \tag{4-7}$$

式中　U——起爆电源的起爆电压，V；

　　R——网路总电阻，Ω。

串联网路各点电流相等、并联网路电流按电阻值分流，电爆网路要求并联网路各支路电阻平衡，故各种电爆网路电雷管中通过的电流值 i 计算如下：

（1）串联网路（图4-16）：

$$i = I = \frac{U}{R_1 + R_2 + mr} \tag{4-8}$$

（2）并串联网路（图4-17，其中 $n=2$）：

$$i = \frac{I}{n} = \frac{U}{nR_1 + nR_2 + mr} \tag{4-9}$$

（3）串并联网路（图4-18）：

$$i = \frac{I}{N} = \frac{U}{NR_1 + R_2 + mr} \tag{4-10}$$

（4）并串并联网路（图4-19，其中 $n=2$）：

$$i = \frac{I}{nN} = \frac{U}{nNR_1 + nR_2 + mr} \tag{4-11}$$

C　发火冲量 K 的计算

发火冲量是衡量电雷管性能的一个重要指标。在使用电容式起爆器作为起爆电源时，尽管其起爆电压峰值很高，但由于起爆器供电时间很短（通常在10ms以下），用通过电雷管的电流值来衡量电爆网路的准爆性能是不合理的，应计算发火冲量是否满足电雷管准爆的要求。一般电容式起爆器的技术特征中应标明其发火冲量（也有称引燃冲量的）和供电时间的范围。

保证电雷管准爆的发火冲量应大于或等于 8.7A^2 · ms。

发火冲量的计算公式（4-1）：　　　　$K = I^2 \cdot t$

式中，对电容式起爆器，电流 I 应采用平均电流 $\bar{I}$。

起爆器是瞬间放电的，其瞬间最大电流 I_0 为：

$$I_0 = U/R$$

平均电流 $\bar{I}$ 为：

$$\bar{I} = \phi I_0 \tag{4-12}$$

式中　U——起爆器放电电压，V；

ϕ——等效平均电流系数。

ϕ 值的大小取决于起爆器的供电时间和起爆器电容器电容 C 与线路电阻 R 之积 RC 值。ϕ 值可从图 4-20 的曲线中查出。图 4-20 的横坐标为 RC，单位为 μF · Ω；纵坐标为 ϕ；1、2 分别表示供电时间 $t = 10$ms 和 $t = 4$ms 时的等效平均电流系数曲线。从图 4-20 可知，线路电阻 R 一定时，起爆器电容器电容 C 越大，供电时间越长，其等效平均电流系数 ϕ 也越大，但等效平均系数 ϕ 值总是小于 1，即平均电流小于瞬间最大电流。

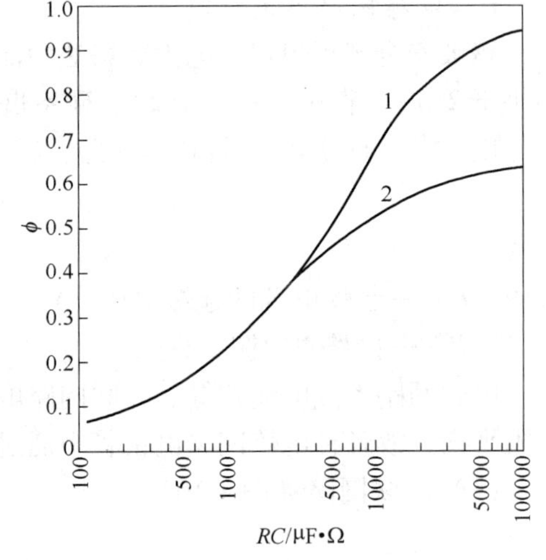

图 4-20　电容式起爆器等效平均电流系数曲线

1—供电时间 $t = 10$ms；2—供电时间 $t = 4$ms

如果不计算发火冲量，则在使用电容式起爆器作为起爆电源时，一定要仔细阅读起爆器的说明书，根据说明书的要求设计电爆网路。

4.2.1.3　常用电爆网路

A　一般爆破中的电爆网路

在浅孔爆破、露天深孔爆破以及以导爆管雷管起爆网路为主，由电爆网路击发起爆的拆除爆破中，一般采用串联或并串联电爆网路，适用于起爆器起爆，可以根据起爆器说明书的要求布置电爆网路；在大型矿山和地下采场爆破中，当采用由动力电、变压器和专用开关组成起爆电源时，常采用串并联电爆网路，这时应对电爆网路进行设计计算，以保证每个电雷管中通过的电流满足安全规程的要求。

B　硐室爆破中的电爆网路

硐室爆破应采用复式起爆网路。如采用电爆网路，应采用双套并串并联网路，这两套网路在药室、导硐和区域间是完全相同而独立的，即两套网路的电阻应平衡，但相互之间是绝缘的，最后并联接入主线。这样进一步提高网路的可靠性。

4.2.2　导爆索起爆网路的设计和现场运用

A　深孔爆破中的导爆索起爆网路

在深孔爆破中，可以利用导爆索继爆管组成分段并联起爆网路，导爆索网路连接方式分开口网路和环形网路（图 4-21）。在没有继爆管时，人们常利用导爆索爆速高的特性，

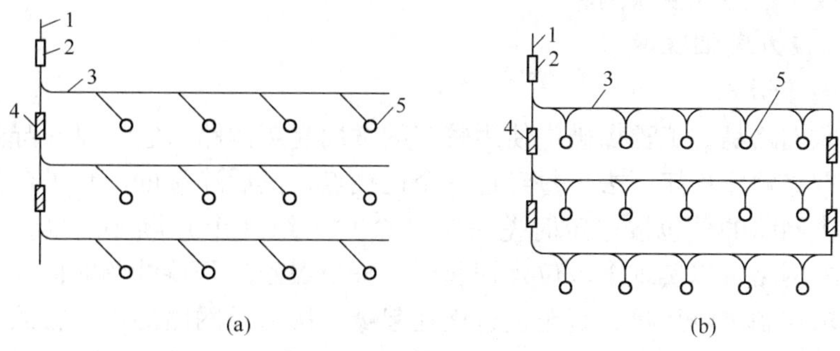

图 4-21 导爆索起爆网路

（a）开口延时起爆网路；（b）环形延时起爆网路

1—主导爆索；2—起爆雷管；3—支导爆索；4—导爆索继爆管；5—炮孔

在深孔内用导爆索起爆钝感的铵油炸药，以提高铵油炸药的爆速和传爆可靠性，孔外采用电爆网路或导爆管起爆网路实现延时爆破。

B 硐室爆破中的导爆索起爆网路

为保证硐室爆破的起爆可靠性，在 20 世纪 60 和 70 年代，一般在硐室爆破中采用一套电爆网路和一套导爆索起爆网路。后来硐室爆破普遍采用毫秒延期爆破技术，导爆索起爆网路一般作为辅助起爆网路使用，在同一药室的主起爆体和副起爆体之间，或同时起爆的不同药室的起爆体之间用导爆索串联，可以保证药室的准爆性能。另外在实现硐室爆破毫秒延期起爆时也可以采取在导硐内由导爆索起爆不同段别的导爆管雷管的起爆网路。

C 光面爆破与预裂爆破中的导爆索起爆网路

光面爆破与预裂爆破需采用弱性装药，当无专用弱性药卷时，可以采用普通药卷进行间隔装药，导爆索起爆网路可以将这些间隔的药卷连接起来实现同时起爆。

D 拆除爆破中的导爆索起爆网路

在建筑物拆除爆破中，导爆索起爆网路仅作为辅助起爆网路用于炮孔内间隔装药；也可用于基础切割爆破。

4.2.3 导爆管雷管起爆网路的设计和现场运用

导爆管雷管起爆网路是目前深孔爆破和拆除爆破中使用得最多的网路。以下是设计时常用的几种网路。

4.2.3.1 传爆元件组成的复式捆联网路

这种网路每个药包中用一发导爆管雷管，将各药包中引出的导爆管直接捆绑在两发导爆管传爆雷管上组成顺序式复式网路（图 4-22）。导爆管传播雷管可以采用瞬发雷管，也可以采用毫秒雷管。采用瞬发导爆管雷管时，各药包将基本依照药包中导爆管雷管段别的时间起爆；当采用毫秒导爆管雷管作为顺序式网路的传

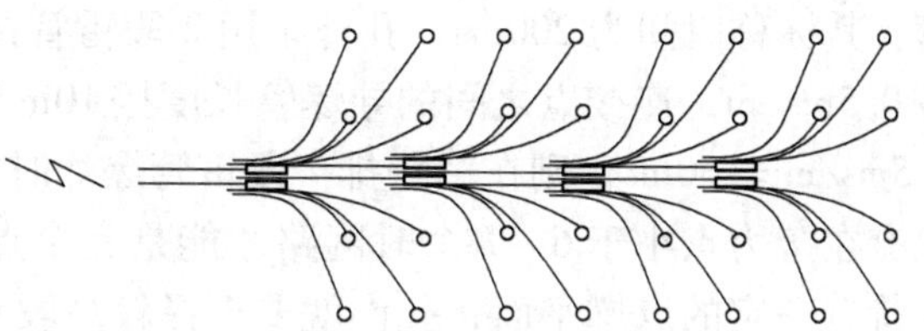

图 4-22 传爆元件组成的复式捆联网路

爆管时，就组成了接力式捆联网路。

4.2.3.2 接力式捆联网路

A 基本连接形式

接力式捆联网路是在工程爆破中使用较多的常用起爆网路。它以延时导爆管雷管作为传爆元件，将网路顺序连接下去，每经过一个连接点，其后连接的药包的起爆时间就滞后一定时间，整个网路的药包按一定时差一组（个）一组（个）顺序起爆，故称接力式网路。孔外接力式网路可以实现多段位延期起爆，整个爆破过程持续的时间比较长，可以按周围环境的要求控制单响药量，直至进行逐孔起爆。接力式网路的连接方式为捆联，即直接将导爆管用胶布捆接在传爆雷管上。一般接力网路采用双雷管连接。在接力式网路中，通常孔内采用一种段别的导爆管雷管，连接采用 1 ~ 2 种段别的导爆管雷管，由于导爆管雷管段别少，为施工带来了许多便利。

接力式网路可采用直条式，也可采用树杈式，网路有一主路，同时在接力点向各方向的岔路再接力传爆，主路和岔路中的传爆雷管可采用同一段别，也可采用不同段别。

B 点燃阵面与毫秒段别的选择

在导爆管爆破网路被引爆后，网路内导爆管雷管存在着三种状态：(1) 炮孔内雷管已爆炸并引爆炸药产生爆轰；(2) 地表接力雷管已被引爆，炮孔内雷管已点燃但延期体仍在燃烧而未产生爆炸，炮孔内炸药尚未产生爆轰；(3) 起爆信号尚未传播到，接力雷管和网路中的导爆管雷管尚未被引爆。这三种不同状态彼此之间是会相互影响的。由于导爆管的传爆速度（不大于 2000m/s）远小于爆炸应力波的传播速度（6000m/s 以上），炮孔内外雷管段别选择不当，先爆孔引起的爆炸应力波就可能先于导爆管传播到后面炮孔的位置，由于被爆介质的错动而将网路切断或拉断，从而出现后面炮孔的拒爆现象。为避免或减少先爆炮孔对未爆炮孔及孔外网路的破坏，在接力式网路中，一般孔内用段别高、延期时间长的导爆管雷管，孔外用段别低、延期时间短的导爆管雷管作接力管。由于孔内延期时间比孔外接力雷管的延期时间长许多，当前面炮孔内的炸药爆炸后，起爆信号已传入后面相当距离外炮孔内的雷管，使其达到上述第 2 种状态，这样即使这些炮孔发生错动，由于孔内雷管的延期体已被点燃，雷管仍能起爆并引爆炸药。也就是说，在设计接力式网路时，应保证在某一炮孔爆轰时，经网路导爆管传爆的爆轰波已点燃了相当距离以后炮孔中的导爆管雷管延期体。

在任何一次爆破中，由炸药正在爆轰的炮孔及所有延期药正在燃烧但还未爆炸的导爆管雷管所构成的平面称为点燃阵面，点燃阵面的大小可以用炮孔排数来表示。如果在任何一个炮孔内的炸药爆轰以前，网路中所有孔内雷管的延期体均已被点燃，这时所有点燃的雷管所构成的平面称为完全点燃平面。孔内毫秒延时网路通常就是完全点燃平面。在接力式网路中除非接力点很少，一般是不可能达到的完全点燃平面的。例如：孔内采用 7 段雷管，其标称时间为 200ms，孔外采用 2 段雷管接力，标称时间为 25ms，导爆管的传爆速度按 0.5ms/m，连接点之间的导爆管长度按 10m 计算，经过每一个接力点需时 25ms + 10m × 0.5ms/m = 30ms，则在第一排 7 段雷管爆炸时，网路传播一般已经经过了 6 ~ 7 个连接点，只有在接力点小于 6 ~ 7 个时网路才能是完全点燃平面。如采用 3 段或 4 段雷管接力，要保持有一定的点燃平面，孔内就要选择较高段别的雷管。

但是，国产导爆管雷管段数越高，雷管的延时精度越差，延时离散性越大，加上孔外接力雷管的延时时间又比较短，孔内雷管就有可能出现跳段现象，这将严重影响爆破效果。如：国产导爆管雷管中15段雷管的名义延期时间为880ms，其上规格限为950ms，下规格限为820ms，即可能产生的上下延期误差达130ms，采用4段以内的雷管接力，接力雷管本身的标称时间就在其延期误差范围内，这样的网路设计极有可能出现后面孔比前面孔先爆的情况，即出现跳段的现象，爆破结果会大大恶化。所以，在设计导爆管接力起爆网路时，点燃阵面不能太大，也不能太小。根据目前国产延期雷管的精度及延期时间离散情况，采用4排炮孔的点燃阵面比较合适，一般孔内和孔外导爆管雷管可以按表4-10进行组合。

表4-10 接力网路孔内和孔外导爆管雷管段别组合

孔外接力导爆管雷管段别	2	3	4	5
孔内导爆管雷管段别	5~6	7~8	9~11	12~13

4.2.3.3 网络型接力式捆联网路

网络型接力式捆联网路是在接力式捆联网路基础上，为了进一步提高起爆网路的可靠性发展起来的。网络型接力式捆联网路的连接形式是：孔内高段位雷管起爆药包，孔外低段位雷管接力式捆联进行网路连接，中段位雷管网络型布置进行网路保险（图4-23）。用作网路保险的中段位雷管，与用作接力的低段位雷管在标称的延期时间上应该有整数倍数的关系，并由此安排网络连接点，保证整个网路延期时间的正确。在接力式捆联网路中采用少量中段位导爆管雷管组成网络，可使整个网路的拒爆率降低95%以上，为扩大爆破规模，实施大范围的毫秒延期爆破，改善爆破效果和降低爆破振动，提供一个能确保安全准爆的起爆网路。

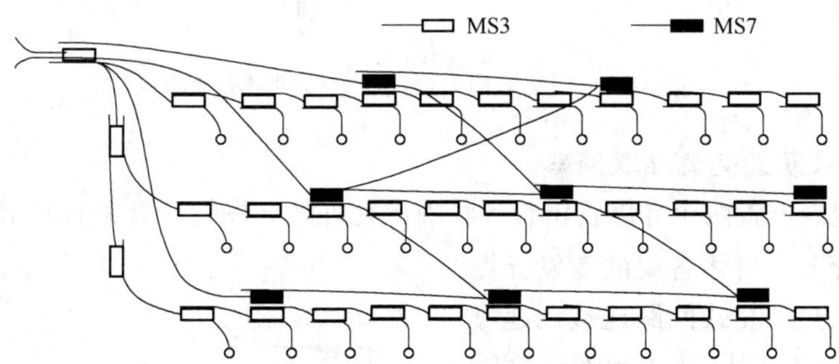

图4-23 网络型接力式捆联网路基本形式示意图

类似于网络型接力式捆联网路的还有单向排间搭接网路：间隔一定的结点数，由第1排依次向后排进行排间搭接，搭接雷管段别与排间传爆雷管段别一致，如图4-24所示。在不同排同时起爆的导爆管雷管之间，利用瞬发导爆管雷管，还可以由后排向前排搭接，实现双向排间搭接。

4.2.3.4 复式交叉捆联网路

在导爆管雷管起爆网路中，为保证安全准爆，首先要确保传爆部分的安全可靠。复式

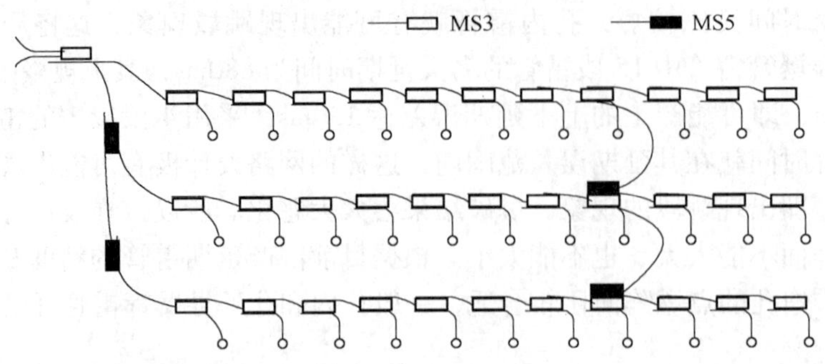

图 4-24　单向排间搭接网路示意图

交叉捆联网路在复式捆联网路的基础上对传爆部分进行了交叉连接，使主传爆部分由双股加强成四股，拆除爆破工程中，采用这种网路经实践证明是很可靠的。图 4-25 为某框架结构大楼拆除爆破底层采用的起爆网路示意图，三排柱子的炮孔分别装瞬发、毫秒 11 段（460ms）、毫秒 14 段（780ms）导爆管雷管，中间三跨先起爆，然后向两侧每二跨用 4 发毫秒 5 段（110ms）导爆管雷管接力。建筑物爆破时由中间一侧向另一侧及两侧顺序坍塌。

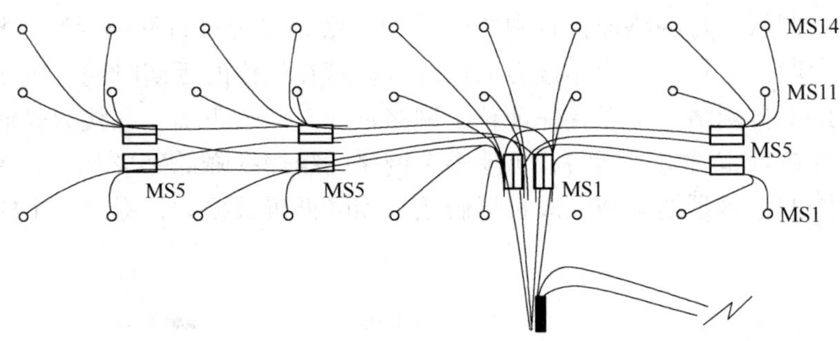

图 4-25　框架结构大楼底层起爆网路示意图

4.2.3.5　双复式交叉捆联网路

在每个药包内放置两个导爆管雷管，将引出孔外的导爆管分开并各自分组捆联在 2 发导爆管传爆雷管上，再将各组的 2 发导爆管传爆雷管组成交叉复式网路连接到起爆点（图 4-26）。这种网路耗用导爆管雷管多，一般仅用在药包数量少、风险程度高的拆除爆破工程中，如在拆除 100m 和 120m 高的钢筋混凝土烟囱时，正式爆破时的药包数在 200 个左右，为确保准爆，就可以采用这种双复式交叉捆联网路。

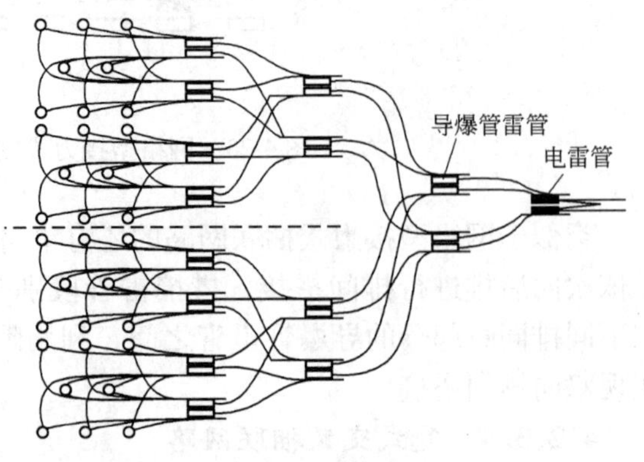

图 4-26　双复式交叉捆联网路示意图

4.2.3.6　网格式闭合起爆网路

A　基本形式

网格式闭合网路利用闭合导爆管网

路，把整个爆破区域的药包通过连接技巧组成网格式的网路。

网格式闭合网路的连接以插接为主，这与接力式捆联网路有所不同。

使用网格式闭合网路一般采用孔内毫秒延期网路，也可以孔内全部装同一段导爆管雷管，用不同的毫秒延期雷管起爆分区闭合网路。图4-27所示为北京新侨饭店中餐厅拆除爆破工程网格式闭合网路的示意图，该工程把爆破区分成三个区，每个区都形成独立的网格式闭合网路，并分别用毫秒差电雷管击发起爆。从各区看，整个网路是闭合的，网路中各部位之间有网格通道相连，网格通道可以均匀布置，关键部位可以增加通道。

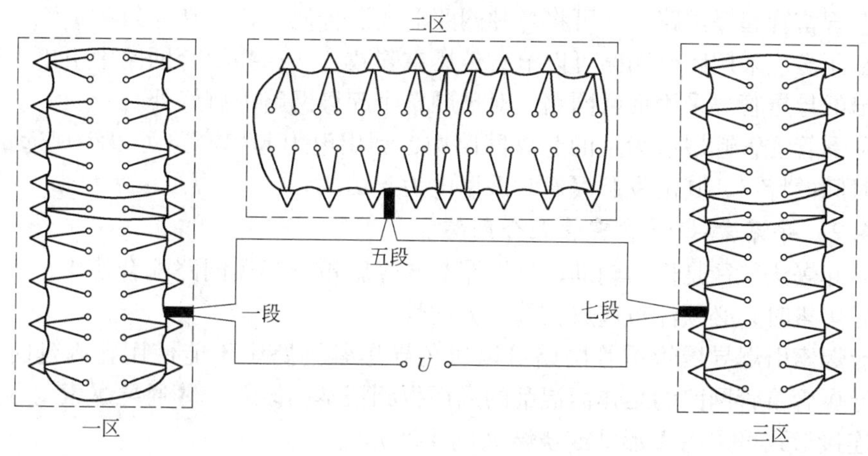

图4-27 导爆管分区网格式闭合网路示意图

B 网路特点

从网格式闭合网路的构成可以看出，它与常用的导爆管起爆网路相比，其正确性、可靠性和安全性要高得多。

(1) 网格式闭合网路实现了网路内无雷管连接，在整个网路的连接过程中，可以采用电灯照明，不会因通讯电网、高压电网等杂电干扰引起早爆、误爆事故。传爆过程中声响小，无破坏作用。

(2) 由于每个导爆管雷管至少有两个方向来的爆轰波能使其引爆，即一个导爆管雷管起到了复式网路中两个导爆管雷管的作用。

(3) 整个网路是网格状多通道的，传爆方向四通八达，个别导爆管雷管或局部导爆管的缺陷不影响整个网路的准爆性，不会出现成片药包拒爆的情况。

(4) 在网路连接过程中，通过连接技巧可以把封闭的网格网路无限扩展，因而起爆的药包数量不受限制。

(5) 在网路上选任意点击发起爆，整个网路中的药包就全部引爆，通常可以用电雷管多点击发，提高网路击发的可靠性。在特殊地区，可使用起爆枪或击发笔击发，即整个网路包括起爆都可实现非电操作。

(6) 网路连接操作简单，检查方便，网路无需进行计算，只需掌握基本要领，任何爆破工都可以直接进行操作。网路的连接可以分区分片同时进行，网路清晰，检查时一目了然，能大大节省网路的连接时间。

4.2.4 混合起爆网路的设计和现场运用

在工程爆破现场使用中，最多采用的是以上各种起爆网路的混合体，这种混合起爆网路，充分利用各种网路的特性，以保证网路的安全可靠性和经济合理性。

混合起爆网路有三种形式：电雷管-导爆管雷管混合网路、导爆索-导爆管雷管混合网路、电雷管-导爆索混合网路。有时候，混合起爆网路中甚至包含有电雷管-导爆管雷管-导爆索三种网路形式。

4.2.4.1 电雷管-导爆管雷管混合网路

在导爆管雷管起爆网路中，可将各种网路形式混合使用，如在建筑物拆除爆破中，墙体上钻孔密而多，采用闭合网路可以节省传爆雷管数，从这些闭合网路中引出多根导爆管与柱孔引出的导爆管再采用捆联网路，对理顺整个起爆网路很有好处。

在以导爆管雷管起爆法为主的起爆网路中，利用电力起爆网路可以实现远距离起爆，控制起爆时间的特点，其击发起爆通常采用电力起爆法。

4.2.4.2 导爆索-导爆管雷管混合网路

导爆索起爆法往往是作为辅助起爆网路与导爆管雷管起爆网路配合使用，当用导爆管雷管起爆导爆索时，必须注意起爆雷管的方向性。

采用导爆索引爆导爆管雷管网路可以避免导爆索网路中不能使用孔内延时爆破的缺点，又使导爆管雷管网路的工作面混乱的局面得到根本的改善。普通导爆索与导爆管应垂直连接，连接形式可采用 T 形结或绕结（图 4-28）。

在井巷（隧道）掘进爆破中，重要的是保证相邻起爆段之间具有足够长的延迟时间。Exel 长延时导爆管雷管有一系列延期段别（见表 4-8），可用于地下矿山掘进爆破、隧道爆破、天井及竖井掘进等。在使用时可以采用低能导爆索-导爆管雷管起爆系统，孔内采用不同段别的长延时导爆管雷管，通过塑料 J 形钩与孔外的低能导爆索网路相连，再用雷管引爆低能导爆索（图 4-29）。但要注意，为确保导爆管连接不会出现交叉现象，在距导爆索 20cm 范围内不要放置导爆管。

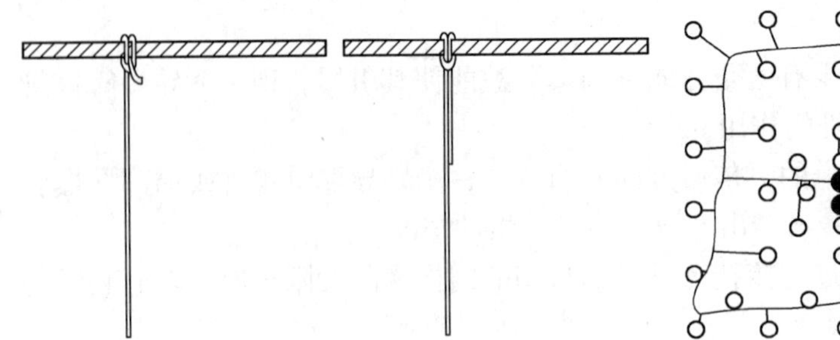

图 4-28　普通导爆索引爆导爆管的连接方法

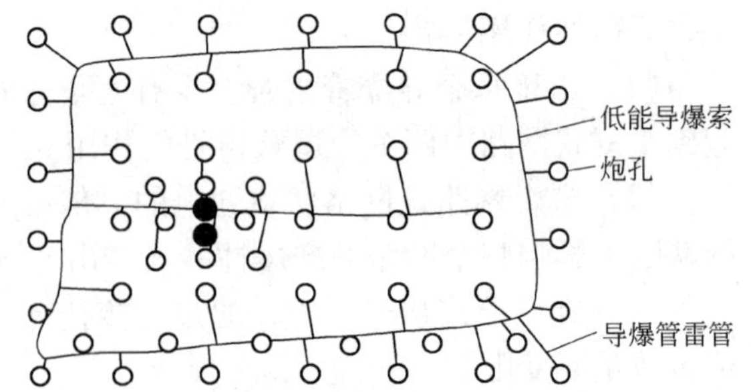

图 4-29　隧道爆破开挖中的低能导爆索-导爆管起爆网路

低能导爆索是指每米装药量在 5g 以下的导爆索。由于低能导爆索的药芯药量很小，采用低能导爆索起爆导爆管不会出现普通导爆索起爆导爆管时容易发生的由于导爆索起爆力大、爆速高而损伤导爆管的问题。

4.2.4.3 电雷管-导爆索混合网路

与导爆管雷管-导爆索混合网路一样，导爆索起爆法也经常作为辅助起爆网路与电爆网路配合使用。

总之，在熟悉各种起爆网路使用特点的基础上，根据各个工程的特点和要求，可以组合出各种各具特色的混合起爆网路来。

4.3 起爆网路的施工技术

4.3.1 电爆网路的施工技术

4.3.1.1 电爆网路导线连接方式

电力起爆网路的所有导线接头，均应按电工接线法连接，并用绝缘胶布缠好。

对线径较粗的单股或多股线，连接时将剥开的线头对向交叉，再互相顺序缠在对方剥开的导线上，要缠得密实、紧凑，保证接头牢固不松动，然后用绝缘胶布缠好。

电雷管脚线与线径较小的单股爆破线连接时，可将剥开的线头顺向并拢在一起，在中间倒折回来转动缠绕并成一股，再将露出的线头尖端折回压紧在接头处，然后用绝缘胶布缠好。

4.3.1.2 电爆网路施工技术

在进行电爆网路施工前，应进行如下准备工作：

（1）当爆区附近有各类电源及电力设施，有可能产生杂散电流时，或爆区附近有电台、雷达、电视发射台等高频设备时，应对爆区内的杂散电流和射频电的强度进行检测，若电流强度超过安全允许值时，不得采用普通型电雷管起爆，应采用抗杂散电流电雷管；

（2）同一起爆网路，应使用同厂、同批、同型号的电雷管，电雷管的电阻值不得大于产品说明书的规定；

（3）对电雷管逐个进行外观检查和电阻检查，挑出合格的电雷管用于电爆网路中；对延期秒量进行抽样检查；对网路中使用的导线进行外观检查、电阻检查；

（4）对重要的爆破工程，应安排网路的原形试验，即将准备用于电爆网路中的主线、连接电线、起爆电源，按设计网路的连接方式、连接电阻、连接电雷管数进行电爆网路原形试验。原形试验中一般使用挑出后剩余的电雷管。

电爆网路的连接必须在爆破区域装药堵塞全部完成和无关人员全部撤至安全地点之后，由有经验的爆破工程技术人员和爆破员进行连接。连接中应注意以下事项：

（1）电爆网路的连接要严格按照设计进行，不得任意更改；

（2）电爆网路的端线、连接线、区域线应采用绝缘良好的铜芯线；不得利用铁轨、钢管、钢丝作爆破线路；不应使用裸露导线，在硐室爆破中不宜使用铝芯线作为导线；

（3）连线前应擦净手上的泥污或药粉；

（4）接头要牢靠、平顺，不得虚接；接头处的线头要新鲜，不得有锈蚀，以防接头电阻过大；两线的接点应错开 10cm 以上；接头要绝缘良好，特别要防止尖锐的线端刺透出绝缘层；

（5）导线敷设时应防止损坏绝缘层，应避免导线接头接触金属导体；在潮湿有水地区，应避免导线接头接触地面或浸泡在水中；

（6）敷设时应留有 10% ~15% 的富裕长度，防止连线时导线拉得过紧，甚至拉断的事故；

（7）连线作业应先从爆破工作面的最远端开始，逐段向起爆点后退进行；

（8）在连线过程中应根据设计计算的电阻值逐段进行网路导通检测，以检查网路各段的连接质量，及时发现问题并排除故障；在爆破主线与起爆电源或起爆器连接之前，必须测量全线路的总电阻值，实测总电阻值与实际计算值的误差不得大于 ±5%，否则禁止连接；

（9）电爆网路的导通和电阻值检查，应使用专用导通器和爆破电桥；

（10）电爆网路应经常处于短路状态；

（11）雷雨天不应采用电爆网路，如在电爆网路连接过程中出现雷雨天气，应立即停止作业，爆区内的一切人员要立即撤离危险区，撤离前要将电爆网路的主线与支线拆开，将各线路分别绝缘并将绝缘接头处架高使之与地绝缘和防止水浸，不要将电爆网路连接成闭合回路。

4.3.2　导爆索起爆网路的施工技术

4.3.2.1　导爆索的连接方式

导爆索传递爆轰波的能力有一定方向性，在其传爆方向上最强，与爆轰波传播方向成夹角的导爆索方向上传爆能力会减弱，减弱的程度与此夹角的大小有关。所以导爆索的连接应采用搭接、扭接、水手结和 T 形结等方法连接，其中搭接应用最多（图 4-30）。

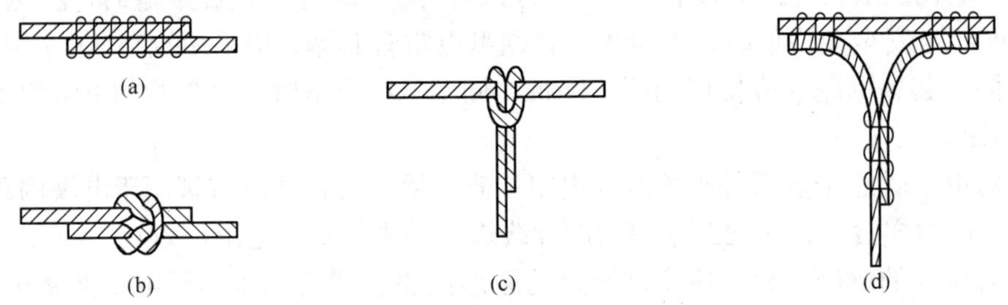

图 4-30　导爆索连接方式

（a）搭接；（b）扭接；（c）水手结；（d）T 形结

4.3.2.2　导爆索连接技术

导爆索网路的敷设要严格按设计的方式和要求进行，敷设和连接必须从最远地段开始逐步向起爆点后退。在敷设和连接导爆索起爆网路时，要注意以下问题：

（1）同一导爆索网路中，应使用同一工厂生产的同一牌号导爆索，以避免导爆索由于起爆力、感度、爆速差别而发生拒爆现象；

（2）导爆索在使用前应进行外观检查，包缠层不得出现松垮、涂料不均以及折断、油污等不良现象，对质量有怀疑的段应当切掉，切掉的废料集中作销毁处理；

（3）普通导爆索不能在烈日下长时间暴晒，防止内外层防潮涂料溶化渗入药芯使药芯钝感；

（4）切割导爆索应使用锋利刀具，但禁止切割已接上雷管或已插入炸药里的导爆索；

不应用剪刀剪断导爆索；

(5) 在敷设过程中，防止导爆索折角、打结、挽圈，并尽量避免交叉；应避免脚踩和冲击、碾压导爆索；

(6) 搭接导爆索网路时，搭接长度不能小于15cm，并要捆扎牢固紧密；支索搭接方向任何时候都不能与干索爆轰波方向夹角大于90°，环形网路中，支干索之间要用三角形连接；

(7) 交叉敷设时，应在两根交叉导爆索之间设置厚度不小于10cm的木质垫块；平行敷设传爆方向相反的两根导爆索彼此间距必须大于40cm；

(8) 起爆导爆索的雷管与导爆索捆扎端端头的距离应不小于15cm，雷管的聚能穴应朝向导爆索的传爆方向；

(9) 硐室爆破中，导爆索与铵油炸药接触的部位应采取防渗油措施或采用塑料布包裹，使导爆索与油源隔开；

(10) 在潮湿和有水的条件下应使用防水导爆索，索头要作防水处理或密封好，防止水从索头处渗入药芯使药芯潮湿从而不能起爆；

(11) 深孔爆破露出炮孔的索头不能小于半米，填塞炮孔时，要防止导爆索跌入炮孔内。

4.3.3 导爆管雷管起爆网路的施工技术

4.3.3.1 导爆管雷管起爆网路一般施工要求

导爆管雷管起爆网路一般施工要求有以下几点：

(1) 施工前应对导爆管进行外观检查，用于连接用的导爆管不允许有破损、拉细、进水、管内杂质、断药、塑化不良、封口不严。在连接过程中导爆管不允许打结，不能对折，要防止管壁破损、管径拉细和异物入管。如果在同一分支网路上有一处导爆管打结，传爆速度会降低，若有两个或两个以上的死结时，就会产生拒爆；对折通常发生在反向起爆的药包处，实测表明，对折可使爆速降低，从而导致延期时间不准确，严重时可产生拒爆。

(2) 导爆管雷管网路应严格按设计进行连接。用于同一工作面上的导爆管必须是同厂同批产品，每卷导爆管两端封口处应切掉5cm后才能使用。露在孔外的导爆管封口不宜切掉。

(3) 根据炮孔的深度、孔间距选取导爆管长度，炮孔内导爆管不应有接头。

(4) 用套管连接两根导爆管时，两根导爆管的端面应切成垂直面，接头用胶布缠紧或加铁箍夹紧，使之不易被拉开。

(5) 孔外相邻传爆雷管之间应留有足够的距离，以免相互错爆或切断网路。

(6) 用雷管起爆导爆管雷管网路时，起爆导爆管的雷管与导爆管捆扎端端头的距离应不小于15cm，应有防止雷管聚能穴炸断导爆管和延时雷管的气孔烧坏导爆管的措施，导爆管应均匀地敷设在雷管周围并用胶布等捆扎牢固，接头胶布不少于三层。

(7) 用导爆索起爆导爆管时，宜采用垂直连接。用普通导爆索击发引爆导爆管时，因为导爆索的传播速度一般在6500m/s以上，比导爆管的传播速度快得多，为了防止导爆索产生的冲击波击断导爆管造成引爆中断，导爆管与导爆索不能平行捆绑，而应采用正交绑扎或大于45°以上的绑扎。硐室爆破中采用导爆管和导爆索混合起爆网路时，宜用双股导爆索连成环行起爆网路，导爆管与导爆索宜采用单股垂直搭接，即各根导爆管分别搭接（可以将导爆管用水手结联在导爆索上）在单股导爆索上，相互之间分开，再将导爆索围成圈，组成环行起爆网路。硐室爆破中每个起爆体中的导爆管雷管数不得少于4个。

（8）只有所有人员、设备撤离爆破危险区，具备安全起爆条件，才能在主起爆导爆管上连接起爆雷管。

4.3.3.2 捆联网路的施工技术

现在最常用的导爆管雷管起爆网路连接一种是捆联法，直接将导爆管捆扎在雷管上，如接力捆联网路、复式交叉网路等；另一种是插接法，将导爆管插接在连接件中，如网格式闭合网路等。捆联网路的施工要求如下：

（1）捆扎材料。捆联网路通常采用塑料电工胶布捆绑导爆管和雷管，塑料胶布有一定的弹性和黏性，能将导爆管紧紧地贴在雷管四周。黑胶布弹性差，且易老化。

（2）捆扎导爆管根数。按导爆管质量要求，一只8号工业雷管可击发50根以上的导爆管。考虑目前导爆管的质量和捆绑时的操作特点，1发雷管外侧最多捆扎20根导爆管，复式接力式捆联网路中，每个接力点上2发导爆管雷管捆绑的导爆管应控制在40根以内。导爆管末端应露出捆扎部位15cm以上，胶布层数不得小于三层（有的厂家要求不少于五层）关键是捆扎时导爆管要均布在雷管四周，捆扎要紧贴。

（3）雷管方向。雷管击发导爆管是靠其主装药部位，为防止金属壳雷管爆炸时聚能穴部位的金属碎片在高速射流的作用下损伤捆绑在雷管四周的导爆管和延时雷管的气孔烧坏导爆管，应在金属壳导爆管雷管的底部先用胶布包严，再在其四周捆绑导爆管。金属壳导爆管雷管最好反向起爆导爆管，即导爆管雷管聚能穴指向导爆管传爆的反向，对非金属壳导爆管雷管，正向和反向捆绑均可。

4.3.3.3 网格式闭合网路的施工技术

网格式闭合网路连接以插接为主，连接元件为套管接头、塑料四通接头和导爆管。在施工中，应注重连接技巧，提高连接质量。要连接成“四通八达”的网格式网路，就必须保证每个四通接头中至少有2根导爆管与其他接头相接，即每个接头至多只能接2个炮孔；网路中的网格应分布均匀。网路连接的施工要求如下：

（1）施工前应对导爆管进行外观检查；

（2）导爆管内径仅1.35mm，任何细小的杂质、毛刺都可能将导爆管管口堵塞而引起拒爆，因此，施工前应检查使用的每一个接头，套管接头应没有漏气现象，塑料四通接头中不能有毛刺，接头内的杂质要清理干净；

（3）在插接导爆管前应用剪刀将导爆管的端头剪去一小截，并将插头剪平整；

（4）每个接头内的导爆管要插够数，要插紧，使用塑料四通时要加缩口金属箍；

（5）连接用的导爆管要有一定的富裕量，不要拉得太紧，因为导爆管与接头采用的是插接法，稍许受力就可能脱开；

（6）防止雨水、污泥及其他杂物进入导爆管管口和接头内，在雨天和水量较大的地方最好不采用网格式网路，如在连接过程中遇到有水，则应将接头口朝下，离地支起，并做好防水包扎。

4.4 起爆网路的试验与检查

4.4.1 电爆网路的试验与检查

4.4.1.1 电爆网路的试验

硐室爆破和其他 A 级、B 级爆破工程，应进行起爆网路试验。起爆网路检查，应由有经验的爆破员组成的检查组担任，检查组不得少于两人。

电爆网路应进行实爆试验或等效模拟试验。应选择平整、安全的场地进行实爆试验或等效模拟试验。

实爆试验指按设计网路连接起爆；等效模拟试验，至少应选一条支路按设计方案连接雷管，其他各支路用可等效电阻代替。

在电爆网路实爆试验或等效模拟试验中，一般先测量电雷管，按电爆网路所需电雷管的数量将电阻值符合要求的电雷管挑拣出来留作正式爆破使用；实爆试验或等效模拟试验中的导线应采用正式爆破中使用的导线，一般应将导线打开，以消除导线成卷时可能产生的电容对电爆网路的影响；实爆试验或等效模拟试验应采用正式爆破时使用的起爆电源；总之，电爆网路实爆试验应完全模拟正式起爆的形式，等效模拟试验则至少有一条支路与正式爆破的网路连接方式一致，其他各支路应采用正式爆破中的设计电阻值和连接形式进行模拟。

4.4.1.2 电爆网路的检查

在电爆网路与主线连接前，应由检查组进行仔细检查，检查的内容包括以下几点：

(1) 电源开关是否接触良好，开关及导线的电流通过能力是否能满足设计要求；如果采用起爆器起爆，则要检查起爆器的电池是否充足，充电时间是否正常，充电后电压能否达到最高值，起爆能力是否足够。

(2) 网路电阻与设计值是否相符，电阻值是否稳定。在串联电爆网路中有多人连接时，特别要注意有没有自成闭合网路而未接入整个起爆网路的情况。

在检查网路电阻时，应始终使用同一个爆破电桥，避免因使用不同的电桥带来的测量误差。

如果实测电阻与设计电阻的误差超过 5%，应分析并检查可能发生故障的地点。一般影响电爆网路阻值的因素有：网路接头的操作质量、发生错接和漏接、裸露接头相互搭接或接地短路、雷管脚线在填塞过程中受损。应顺线路有序检查，重点检查导线有没有破损，接头处的连接质量；检查是否有接头接地或锈蚀，是否有短路或开路。当发现不了故障点时，可采用 1/2 淘汰法寻找故障点。即把整个网路一分为二，确定其中哪一半含故障点，再将这部分一分为二，逐步缩小故障点的范围，直到找出故障点并将其排除。

(3) 在毫秒延期爆破中应检查电雷管的段别是否符合设计要求。

在对电爆网路检查确认无误后，方能与主线连接。起爆要在确认警戒到位和发出起爆信号后才能实施。在使用起爆器起爆时，要控制好充电完毕到按钮起爆之间的时间，因为起爆器充电完毕后要求立即起爆，一般其间隔时间不得超过 20s，否则对起爆器的起爆能力会有很大影响，容易出现部分拒爆的情况。

4.4.2　导爆索和导爆管雷管起爆网路的试验与检查

4.4.2.1　导爆索和导爆管雷管起爆网路的试验

大型导爆索起爆网路或导爆管雷管起爆网路试验，应按设计连接起爆，或至少选一组（对地下爆破是选一个分区）典型的起爆网路进行试爆，对重要爆破工程，应考虑在现场条件下进行网路试爆。网路试验应采用在正式爆破中使用的导爆索、导爆管和雷管。这些导爆索、导爆管和雷管应已经过外观检查、起爆性能检查。

4.4.2.2　导爆索和导爆管雷管起爆网路的检查

导爆索和导爆管雷管起爆网路均属非电起爆网路，这两种起爆网路的弱点是尚未有通过仪器检测网路是否通顺的有效手段，尤其是导爆管雷管起爆网路，导爆管本身的缺陷、操作中的失误和周围杂物对其的轻微损伤都有可能引起网路的拒爆。

导爆索或导爆管雷管起爆网路的检查主要靠目测和手触。检查应从最远的爆破点到起爆点或从起爆点到最远的爆破点顺网路连接顺序进行，检查人员应熟悉网路的设计和布置，并参加网路的连接，应相互检查。

导爆索起爆网路检查内容包括：传爆方向是否正确；导爆索有无打结或打圈，支路连接方向和拐角是否符合规定；导爆索继爆管的连接方向是否正确、段别是否符合设计要求；导爆索搭接长度是否大于15cm，搭接方式对不对；平行敷设传爆方向相反的两根导爆索彼此间距是否大于40cm；交叉导爆索之间有没有设置厚度不小于10cm的木质垫块；起爆雷管与导爆索是否正向捆扎。

导爆管雷管起爆网路检查内容包括：网路连接是否符合设计要求；导爆管有无漏接或中断、破损；雷管捆扎是否符合要求；线路连接方式是否正确、雷管段数是否与设计相符；网路保护措施是否可靠；导爆管与连接元件的接插是否稳固，会不会脱开；潮湿和有水地区的导爆管接头做没有做防水处理。对网格式闭合网路，还应检查网格布置是否合理，在某些关键部位要加强布置网格通道，以加强网路的安全准爆性能。

4.5　数码电子雷管起爆网路

数码电子雷管是一种延期时间根据实际需要可以任意设定并精确实现发火延期的新型电能起爆器材，具有使用安全可靠、延期时间精确度高、设定灵活等特点。数码电子雷管的研究始于20世纪80年代，由于人们对爆破安全性越来越重视，近年来电子雷管的发展非常迅速。目前我国的北方邦杰、京煤化工、久联集团、213所等诸多公司均推出了各自的电子雷管产品，在有关爆破工程中试用获得了成功，其经济和社会效益明显，但目前数码电子雷管的价格仍较贵，期待着不断降价。

下面以“隆芯1号”电子雷管及其在工程中的应用为例说明。

“隆芯1号”数码电子雷管及其起爆系统——铱钵起爆系统是由北京北方邦杰科技发展有限公司自主研制的数码起爆系统，是国内第一个实现在线编程、在线检测的工程爆破系统。该系统同时采用了诸多安全技术，使得数码电子雷管在生产、运输、使用各环节的安全性有了本质上的提升。该系统已于2007年1月通过项目验收，现已投入生产使用。

4.5.1 “隆芯1号”电子雷管

“隆芯1号”数码电子雷管是铱钵起爆系统的核心组成部分，是我国具有自主知识产权的高安全、高精度、宽延期范围、在线可编程数码电子雷管。“隆芯1号”数码电子雷管的组成见图4-31，“隆芯1号”数码电子雷管主要技术指标见表4-11。

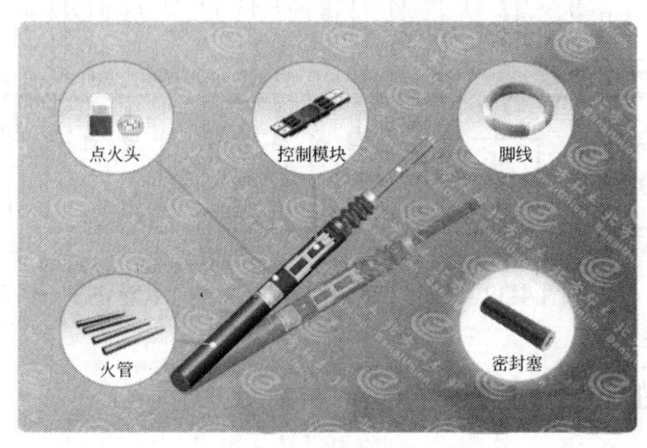

图4-31 “隆芯1号”数码电子雷管的组成

表4-11 “隆芯1号”数码电子雷管主要技术指标

序 号	名 称	指 标
1	延期精度	0～100ms，偏差小于1ms；101～16000ms，偏差小于1‰
2	延期范围	0～16000ms范围内，最小时间间隔1ms
3	延期方式	在线设置
4	检测方式	在线检测
5	抗电性能	抗220VAC、50VDC、25kV静电、射频及杂散电流
6	起爆方式	起爆器登录密码、起爆授权密码
7	通信方式	两线制双向无极性组网通信
8	使用温度	-40～85℃

4.5.2 铱钵起爆系统及其起爆网路

铱钵起爆设备包括铱钵表和铱钵起爆器。

铱钵表相当于前文所述电子雷管编码器，是实现“隆芯1号”数码电子雷管在线检测、在线编程、组网通信和精确起爆控制的专用设备。一个铱钵表最多可带载200发“隆芯1号”数码雷管，形成一个爆破网路支线。

铱钵起爆器是铱钵起爆系统的总控制设备，可与铱钵表配套使用，以实现对“隆芯1号”数码电子雷管爆破网路的精确起爆控制。一个铱钵起爆器可组网连接多台铱钵表，形成具有多条爆破网路支线的数码电子雷管起爆系统。

铱钵起爆系统的结构和网路形式示意图如4-32所示。系统采用双线并连接，即所有的数码电子雷管以并联的方式连接到铱钵表上，铱钵表再并联到起爆器上。一个铱钵起爆器可带载26个铱钵表，每个铱钵表可带载200发数码电子雷管，从而可组建高达5200发的起爆网路。

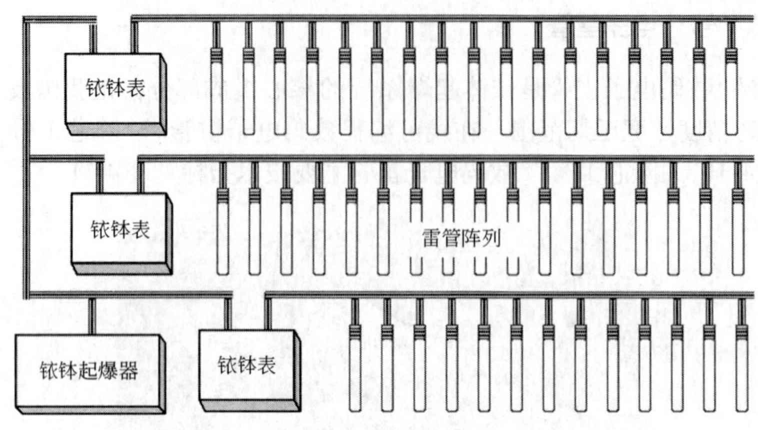

图 4-32　铱钵起爆系统网路结构示意图

4.5.3　铱钵起爆系统的安全性设计

铱钵起爆系统的设计引入了抗干扰电子隔离技术、数字密钥起爆技术、网路安全检测技术以及抗非法起爆技术等，使得电子雷管在生产、运输、使用过程中的安全性有了本质上的提高。

4.5.3.1　抗非法起爆能力

每发“隆芯 1 号”数码电子雷管都有一个唯一的 ID 号（身份号），每个 ID 号对应一个起爆密码，只有 ID 号和起爆密码正确匹配时，雷管才能正常起爆。而雷管的起爆密码存储在“数字密钥”（专用设备）中，数字密钥由被授权的爆破员保管，因此从爆破器材管理的角度讲具有很强的抗非法起爆能力。

4.5.3.2　电子雷管的产品安全性

和传统的起爆器材相比，每发“隆芯 1 号”数码电子雷管内部的电子控制器内嵌抗干扰隔离电路，可以将外界意外能量和雷管的点火头隔离开来，使得雷管具有很强的抗静电、抗射频、抗杂散电流等外来电的能力，避免了早爆、误爆的危险。

4.5.3.3　起爆方案的安全性

在线编程、精确延期、单孔单响可以实现对爆破次生危害的有效控制。工程爆破的有害效应主要是爆破振动和爆破飞石，从爆破方案设计的角度讲，除了要严格控制单次爆破方量、最小抵抗线、爆破排数以及设计合理的药包布置方案外，还需设置合理的起爆时序。起爆时序的设置需要注意四个方面：

（1）首响药包的选择；

（2）同排相邻药包之间的延期时间选择；

（3）前后排之间的延期时间选择；

（4）起爆时序。用传统的导爆管雷管和电雷管施工，网路设计受雷管规格（延期时间固定、段位有限）的约束，最终施工方案往往并非理想方案，而根据现有起爆器材设计的现实可行方案，影响爆破效果，存在重段（单段起爆药量过大）安全隐患。应用数码电子雷管，延期时间可在 0 ~ 16000ms 范围内以 1 毫秒间隔任意设置，不但爆破网路设计简单，施工方便，而且避免了因重段而引起的大振动、远飞石等安全隐患。

4.5.3.4 爆破施工的安全性

“隆芯 1 号”的在线重复可测性、网路完整性检查，及其断线起爆能力，保障了工程爆破现场施工的安全性。施工现场，爆破网路的连接往往会遭到破坏，这种情况下爆破网路受损处检查发现的概率和修复的概率将直接影响到爆破效果和施工安全。电子雷管及其起爆系统具有网路检测功能，便可以准确定位网路错误，方便施工人员进行错误排查，确保起爆前网路连接正常。此外，“隆芯 1 号”具有断线起爆功能，当起爆器下发起爆指令后，爆破网路中的所有雷管处于自运行状态，即使起爆炮孔产生的飞石切断了爆破网路，也不会影响后爆炮孔的准确起爆，从而确保了爆破效果和施工安全。

4.5.4 隆芯电子雷管在工程中的应用

隆芯数码电子雷管已在我国矿山深孔爆破工程、隧道与地下爆破工程、拆除爆破工程、水下爆破工程、城镇复杂环境控制爆破工程进行了初步应用。例如，在杭州钱塘江引水入城隧洞工程、贵广铁路牛王盖隧道、棋盘山隧道和重庆地铁工程，采用隆芯数码电子雷管实现了错峰干扰减振爆破作业，不仅减振爆破效果明显，保证了被保护建筑物的安全，而且掘进速度得到了明显提高；在浙江半岛船业有限公司船坞围堰爆破拆除工程中，在临水缓倾斜孔恶劣环境下，大规模生产性试用取得圆满成功；在江西德兴铜矿、四川广元场平深孔爆破工程，通过了电子雷管现场安全考核；在重庆涪陵危岩处理爆破工程中，成功实施了数千发电子雷管一次组网大规模爆破，取得了满意的效果。多次爆破表明，采用电子雷管可以明显改善破碎块度，增加抛掷距离，减少爆破振动，有效地降低爆破单耗，减少钻孔数量。而且避免出现大量地面传爆雷管，提高了爆破作业的安全性，简化了起爆网路施工操作，还可减少爆破器材数量。可以说，电子雷管在提高炸药能量利用效率，提高工程爆破的综合效益方面具有很大潜力。业已进行的工程应用表明，它特别适用于逐孔精准毫秒延期爆破、毫秒延时干扰降振爆破、大规模无地面雷管毫秒延期爆破、恶劣环境高可靠性爆破、高安保要求爆破、精细爆破。数码电子雷管为推进我国爆破器材和工程爆破行业的技术进步提供了有效的装备和手段。

第5章 爆破工程地质

土石方爆破的主要对象是岩石，因此只有在充分了解岩石类别、熟悉岩石的主要物理力学性质及其动力学特性的基础上，才能取得良好的爆破效果。为切实掌握岩石钻孔、爆破的难易程度，在大量生产实践和试验研究的资料积累中，也可用一定的指标把岩石划分成若干等级，作为工程投标、承包单价、选择施工方法及确定钻孔爆破器材消耗和劳动生产定额的依据，指导爆破设计与施工。

由于爆破工程是直接在岩体中进行的，而由各类岩石组成的岩体在地质历史时期的各种内外力作用下，留下了多种构造形迹，因此岩石的坚硬程度和岩体的完整程度决定了岩体的基本质量。长期的爆破实践表明，这些构造形迹不仅对爆破工程效果有直接的影响，而且会对爆破安全和爆后工程岩体（如围岩、基岩和边坡等）的稳定性带来一定的问题。因此，工程地质是爆破工程设计和施工的一个重要组成部分。

应该指出的是岩石和岩体是两个不同的物理概念。岩石是组成地壳的基本物质，它是由矿物或岩屑在地质作用下按一定的规律聚集而形成的自然体。岩石可由单种矿物组成，但大多数岩石是由多种矿物组成的。通常将不包含有显著弱面的均质岩石称为岩块，岩块在一定程度上代表了相应的岩石。岩块通过野外采集、钻取岩芯、爆破开挖或其他方法获得。一般将岩块制作成试样，测试其物理力学性能，获得岩石的物理力学性能指标。而岩体是指一定工程范围内的自然地质体，它经历了漫长的自然地质历史过程，经受了各种地质作用，并在地应力的长期作用下，内部保留了各种永久变形和各种地质构造形迹。实际上，岩体是在天然埋藏条件下，受到各种地质软弱面切割的岩块组合体。岩体与岩石既有联系，又有区别，通常岩体强度远低于岩石强度，在某些大型爆破工程中研究岩体的强度指标更有意义。

5.1 岩石性质及其分级

5.1.1 岩石分类

岩石是一种或几种矿物组成的天然集合体，其种类很多，但按其成因，可分为三大类：岩浆岩、沉积岩和变质岩。另外，第四纪以来，由于风化的作用、流水的作用、风的作用等各种地质作用的结果，形成了各种堆积物，这些堆积物尚未硬结成岩，一般统称为松散沉积物。

5.1.1.1 *岩浆岩*

岩浆岩是由埋藏在地壳深处的岩浆（主要成分为硅酸盐）上升冷凝或喷出地表形成的。直接在地下凝结形成的称为侵入岩，按其所在地层深度可分为深成岩和浅成岩；喷出地表形成的叫做火山岩（喷出岩）。

岩浆岩的特性与其产状和结构构造密切相关。侵入岩的产状多为整体块状，火山岩的整体性较差，常伴有气孔和碎屑。岩浆岩体由结晶的矿物颗粒组成，一般来说，结晶颗粒越细、结构越致密，则其强度越高、坚固性较好。

根据岩浆岩中二氧化硅含量、矿物成分、结构和产状的不同，岩浆岩分成酸性岩、中性岩、基性岩。常见的岩浆岩有花岗岩、闪长岩、辉绿岩、玄武岩、流纹岩等。

5.1.1.2　沉积岩

沉积岩是地表母岩经风化剥离或溶解后，再经过搬运和沉积，在常温常压下固结形成的岩石。沉积岩的特点是，其坚固性除与矿物颗粒成分、粒度和形状有关外，还与胶结成分和颗粒间胶结的强弱有关。从胶结成分看，以硅质成分最为坚固，铁质成分次之，钙质成分和泥质成分最差。从颗粒间胶结强弱来看，组织致密、胶结牢固和孔隙较少的岩石，坚固性最好；而胶结不牢固，存在许多结构弱面和孔隙的岩石，坚固性最差。

按结构和矿物成分的不同，沉积岩又分为碎屑岩、黏土岩、化学岩及生物岩。常见的沉积岩有石灰岩、砂岩、页岩、砾岩等。

5.1.1.3　变质岩

变质岩是由已形成的岩浆岩、沉积岩在高温、高压或其他因素作用下，矿物成分和排列经某种变质作用而形成的岩石。一般来说，它的变质程度越高、矿物重新结晶越好、结构越紧密，坚固性就越好。由岩浆岩形成的变质岩称为正变质岩，常见的有花岗片麻岩；由沉积岩形成的变质岩称为副变质岩，常见的有大理岩、板岩、石英岩、千枚岩等。

对三种不同成因的岩石而言，一般的说岩浆岩可爆性较差（对爆破作用的抵抗能力最强），沉积岩和变质岩的可爆性较好。表5-1～表5-3分别列出了岩浆岩、沉积岩和变质岩的分类及其鉴定特征，表5-4为常见松散沉积物的分类。

表5-1　主要岩浆岩分类表

<table>
<tr><td colspan="4">岩　石　类</td><td>酸　性</td><td>中　性</td><td>基　性</td></tr>
<tr><td colspan="4">颜　色</td><td>肉红、灰白</td><td>灰、灰绿</td><td>灰黑、黑绿</td></tr>
<tr><td colspan="2" rowspan="2">矿物成分</td><td colspan="2">主要矿物</td><td>石英、正长石</td><td>角闪石、斜长石</td><td>辉石、斜长石</td></tr>
<tr><td colspan="2">次要矿物</td><td>黑云母、角闪石</td><td>辉石、黑云母</td><td>角闪石、橄榄石</td></tr>
<tr><td colspan="4" rowspan="2">矿物成分特点</td><td>正长石为主</td><td colspan="2">斜长石多于正长石</td></tr>
<tr><td>石英很多</td><td colspan="2">石英极少（<10%）</td></tr>
<tr><td>成　因</td><td>产　状</td><td>构　造</td><td>结　构</td><td colspan="3">主要岩石</td></tr>
<tr><td rowspan="2">喷出岩</td><td rowspan="2">火山锥、熔岩流</td><td rowspan="2">气孔状、流纹状、杏仁状</td><td rowspan="2">玻璃质、火山碎屑、斑状、隐晶质</td><td colspan="3">浮岩、黑曜岩、凝灰岩、火山角砾岩、火山集块岩</td></tr>
<tr><td>流纹岩</td><td>安山岩</td><td>玄武岩</td></tr>
<tr><td rowspan="2">浅成岩</td><td rowspan="2">岩　脉</td><td rowspan="3">块　状</td><td rowspan="2">半晶质、全晶质、似斑状、粒状</td><td colspan="3">伟晶岩、煌斑岩</td></tr>
<tr><td>花岗斑岩</td><td>闪长岩</td><td>辉绿岩</td></tr>
<tr><td>深成岩</td><td>岩床、岩株、岩盘、岩基</td><td>全晶质、粒状</td><td>花岗岩</td><td>闪长岩</td><td>辉长岩</td></tr>
</table>

表 5-2　主要沉积岩分类表

岩类	结构		主要成分	主要岩石	
				松散的	胶结的
碎屑岩	砾状结构（>2mm）		岩石碎屑或岩块	角砾、碎石、块石	角砾岩
				孵石、砾石	砾　岩
	砂质结构（2～0.05mm）		石英、长石、云母、角闪石、辉石、磁铁矿等	砂　土	石英砂岩、长石砂岩、硬砂岩
	粉质结构（0.05～0.005mm）		石英、长石、黏土矿物、碳酸盐矿物	粉砂土	粉砂岩
黏土岩	泥质结构（<0.005mm）		黏土类矿物为主，含少量石英、云母等	黏　土	页　岩
化学岩及生物岩	化学结构及生物结构	致密状、粒状	方解石为主、白云石		石灰岩
			白云石、方解石		白云岩
		结核状、鲕状、块状、纤维状、致密状	石英、蛋白石、硅胶	硅藻土	燧石岩、硅藻岩
			钾、钠、镁的硫酸盐及氧化物		石膏、岩盐、钾盐
			碳、碳氢化合物、有机物	泥　炭	煤、油页岩

表 5-3　主要变质岩分类表

岩石名称	主要矿物成分	构　造
花岗片麻岩、角闪石片麻岩	长石、石英、云母、角闪石、石榴子石等	片麻状
云母片岩	云母、石英	片　状
绿泥石片岩	绿泥石、滑石、云母	
滑石片岩	滑石、绢云母	
角闪石片岩	角闪石、石英	
千枚岩	绢云母、石英、黑云母、长石及黏土矿物	千枚状
板　岩	石英、绢云母及黏土矿物	板　状
大理岩	方解石、白云石	块　状
石英岩	石　英	

表 5-4　常见的松散沉积物　　单位：%

名　称		颗粒含量（质量分数）			
		卵砾组（$d>2$mm）	砂粒组（$d=2\sim0.05$mm）	粉粒组（$d=0.05\sim0.005$mm）	黏粒组（$d<0.005$mm）
砾石土		>50			
砂　土	粗砂土	<10	>50（>0.5mm）	<砂粒组	<3
	中砂土	<10	>50（>0.25mm）	<砂粒组	<3
	细砂土	<10	>75（>0.1mm）	<砂粒组	<3
	粉砂土	<10	<粉粒组	>50	<3

续表 5-4

名称		颗粒含量(质量分数)			
		卵砾组 ($d>2$mm)	砂粒组 ($d=2\sim0.05$mm)	粉粒组 ($d=0.05\sim0.005$mm)	黏粒组 ($d<0.005$mm)
砂壤土	砂壤土	<10	>粉粒组	>黏粒组	3~10
	粉质砂壤土	<10			3~10
壤　土	壤　土	<10	>粉粒组	>黏粒组	10~30
	粉质壤土	<10			10~30
黏　土	砂质黏土	<10	>黏粒组	<黏粒组	>30
	粉质黏土	<10	<黏粒组	>黏粒组	>30
	黏　土	<10	<黏粒组	<黏粒组	>30

5.1.2 岩石基本性质

岩石介质对爆破作用的抵抗能力和其性质有关。岩石的基本性质从根本上说决定于其生成条件、矿物成分、结构构造状态和后期地质的营造作用。用来定量评价岩石的物理力学性质的参数有 100 多个，但与爆破有关的主要参数，一般来说只有 10 来个。

5.1.2.1 岩石的主要物理性质

A　密度 ρ

密度指岩土的颗粒质量与所占体积之比。一般常见岩石的密度在 1400 ~ 3000kg/m^3 之间。

B　堆积密度 γ

堆积密度指包括孔隙和水分在内的岩土总质量与总体积之比，也称单位体积岩石质量。密度与堆积密度相关，密度大的岩石其堆积密度也大。随着堆积密度（或密度）的增加，岩石的强度和抵抗爆破作用的能力也增强，破碎岩石和移动岩石所耗费的能量也增加。所以，在工程实践中常用公式 $K = 0.4 + (\gamma/2450)^2(\text{kg/m}^3)$ 来估算标准抛掷爆破的单位用药量值。

C　孔隙率

天然岩石中包含着数量不等、成因各异的孔隙和裂隙，它们是岩土的重要结构特征之一。它们对岩石力学性质的影响基本一致，在工程实践中很难将两者分开，因此统称为岩石的孔隙性，常用孔隙率 n 表示。

岩石的孔隙率 n 是指岩石中孔隙体积（气相、液相所占体积）与岩石的总体积之比，也称孔隙度。常见岩石的孔隙率一般在 0.1% ~30% 之间。随着孔隙率的增加，岩石中冲击波和应力波的传播速度降低。

D　岩石的波阻抗

岩石的波阻抗指岩石中纵波波速（C）与岩石密度（ρ）的乘积。岩石的这一性质与炸药爆炸后传给岩石的总能量及这一能量传递给岩石的效率有直接关系。通常认为选用的炸药波阻抗若与岩石波阻抗相匹配（接近一致），就能取得较好的爆破效果。铁路系统在建设西安—安康线上的秦岭隧道时，遇到深埋地下强度超过 250MPa 的特硬岩，其波阻抗

达 $15\times10^6 kg/(m^2\cdot s)$，为此委托山西兴安化工厂研制生产爆速达4500m/s以上、装药密度为 $1260kg/m^3$ 的专用水胶炸药，替代原先采用的乳化炸药，才获得良好的爆破掘进效果。甚至也有的研究认为，岩体的爆破鼓包运动速度和形态、抛掷堆积效果也取决于炸药性质与岩石特征之间的匹配关系。

表5-5中所示为部分岩石的密度、堆积密度、孔隙率、纵波速度和波阻抗。

表5-5　常见岩石的物理性质

岩石名称	密　度 $/g\cdot cm^{-3}$	堆积密度 $/t\cdot m^{-3}$	孔隙率/%	纵波速度 $/m\cdot s^{-1}$	波阻抗 $/kg\cdot cm^{-2}\cdot s^{-1}$
花岗岩	2.6~2.7	2.56~2.67	0.5~1.5	4000~6800	800~1900
玄武岩	2.8~3.0	2.75~2.9	0.1~0.2	4500~7000	1400~2000
辉绿岩	2.85~3.0	2.80~2.9	0.6~1.2	4700~7500	1800~2300
石灰岩	2.71~2.85	2.46~2.65	5.0~20	3200~5500	700~1900
白云岩	2.5~2.6	2.3~2.4	1.0~5.0	5200~6700	1200~1900
砂　岩	2.58~2.69	2.47~2.56	5.0~25	3000~4600	600~1300
页　岩	2.2~2.4	2.0~2.3	10~30	1830~3970	430~930
板　岩	2.3~2.7	2.1~2.57	0.1~0.5	2500~6000	575~1620
片麻岩	2.9~3.0	2.65~2.85	0.5~1.5	5500~6000	1400~1700
大理岩	2.6~2.7	2.45~2.55	0.5~2.0	4400~5900	1200~1700
石英岩	2.65~2.9	2.54~2.85	0.1~0.8	5000~6500	1100~1900

E　岩石的风化程度

岩石的风化程度指岩石在地质内力和外力的作用下发生破坏疏松的程度。一般来说，随着风化程度的增大，岩石的孔隙率和变形性增大，其强度和弹性性能降低。所以，同一种岩石常常由于风化程度的不同，其物理力学性质差异很大。岩石的风化程度根据《工程岩体分级标准》（GB 50218—1994）分为未风化、微风化、弱风化、强风化和全风化，见表5-6。

表5-6　岩石风化程度的划分

名　称	风　化　特　征
未风化	结构构造未变，岩质新鲜
微风化	结构构造、矿物色泽基本未变，部分裂隙面有铁锰质渲染
弱风化	结构构造部分破坏，矿物色泽较明显变化，裂隙面出现风化矿物或存在风化夹层
强风化	结构构造大部分破坏，矿物色泽明显变化，长石、云母等多风化成次生矿物
全风化	结构构造全部破坏，矿物成分除石英外，大部分风化成土状

F　岩石的抗冻性

岩石抵抗冻融破坏的性能称为岩石的抗冻性，通常用抗冻系数表示。

岩石的抗冻性是指岩样在±25℃的温度区间内，反复降温、冻结、升温、融解，其抗压强度有所下降。岩石抗压强度的下降值与冻融前的抗压强度的比值称为抗冻系数，用百分率表示，即

$$C_f = (\sigma_c - \sigma_{cf})/\sigma_c \times 100\% \tag{5-1}$$

式中 C_f——岩石的抗冻系数；

σ_c——岩样冻融前的抗压强度，kPa；

σ_{cf}——岩样冻融后的抗压强度，kPa。

岩石在反复冻融后其强度降低的主要原因是：（1）构成岩石的各种矿物的膨胀系数不同，当温度变化时，由于矿物的胀、缩不均而导致岩石结构的破坏；（2）当温度降到0℃以下时，岩石孔隙中的水将结冰，其体积增大约9%，会产生很大的膨胀压力，使岩石结构发生改变，直至破坏。

5.1.2.2 岩石的主要力学性质

岩石的力学性质可视为其在一定力场作用下性态的反映。岩石在外力作用下将发生变形，这种变形因外力的大小、岩石物理力学性质的不同会呈现弹性、塑性、脆性性质。当外力继续增大至某一值时，岩石便开始破坏，岩石开始破坏时的强度称为岩石的极限强度。因受力方式的不同而有抗拉、抗剪、抗压等强度极限。岩石与爆破有关的主要力学性质如下。

A 岩石的变形特征

（1）弹性：岩石受力后发生变形，当外力解除后恢复原状的性能。

（2）塑性：当岩石所受外力解除后，岩石没能恢复原状而留有一定残余变形的性能。

（3）脆性：岩石在外力作用下，不经显著的残余变形就发生破坏的性能。

岩石因其成分、结晶、结构等的特殊性，它不像一般固体材料那样有明显的屈服点，脆性是坚硬岩石的固有特征。

B 岩石的强度特征

岩石强度是指岩石在受外力作用发生破坏前所能承受的最大应力，是衡量岩石力学性质的主要指标。

（1）单轴抗压强度：岩石试件在单轴压力下发生破坏时的极限强度。

（2）单轴抗拉强度：岩石试件在单轴拉力下发生破坏时的极限强度。

（3）抗剪强度：岩石抵抗剪切破坏的最大能力。抗剪强度 τ 用发生剪断时剪切面上的极限应力表示，它与对试件施加的压应力 σ 、岩石的内聚力 c 和内摩擦角 φ 有关，即 $\tau = \sigma\tan\varphi + c$。

矿物的组成、颗粒间黏结力、密度以及孔隙率是决定岩石强度的内在因素。试验表明，岩石具有较高的抗压强度，较小的抗拉和抗剪强度。一般抗拉强度比抗压强度小90%～98%，抗剪强度比抗压强度小87%～92%。

C 弹性模量

弹性模量 E 是指岩石在弹性变形范围内，应力与应变之比。

D 泊松比

泊松比 μ 是指岩石试件单向受压时，横向应变与竖向应变之比。

由于岩石的组织成分和结构构造的复杂性，尚具有与一般材料不同的特殊性，如各向异性、不均匀性、非线性变形等等。

表5-7列出了部分常见岩石的力学性质。

表 5-7　常见岩石的力学性质

岩石名称	抗压强度/MPa	抗拉强度/MPa	抗剪强度/MPa	弹性模量/GPa	泊松比	内摩擦角/(°)	内聚力/MPa
花岗岩	70 ~ 200	2.1 ~ 5.7	5.1 ~ 13.5	15.4 ~ 69	0.36 ~ 0.02	70 ~ 87	14 ~ 52
玄武岩	120 ~ 250	3.4 ~ 7.1	8.1 ~ 17	43 ~ 106	0.20 ~ 0.02	75 ~ 87	20 ~ 60
辉绿岩	160 ~ 250	4.5 ~ 7.1	10.8 ~ 17	67 ~ 79	0.16 ~ 0.02	85 ~ 87	30 ~ 55
石灰岩	10 ~ 200	0.6 ~ 11.8	0.9 ~ 16.5	21 ~ 84	0.50 ~ 0.04	27 ~ 85	30 ~ 55
白云岩	40 ~ 140	1.1 ~ 4.0	2.1 ~ 9.5	13 ~ 34	0.36 ~ 0.16	65 ~ 87	32 ~ 50
页　岩	20 ~ 40	1.4 ~ 2.8	1.7 ~ 3.3	13 ~ 21	0.25 ~ 0.16	45 ~ 76	3 ~ 20
板　岩	120 ~ 140	3.4 ~ 4.0	8.1 ~ 9.5	22 ~ 34	0.16 ~ 0.10	75 ~ 87	3 ~ 20
片麻岩	80 ~ 180	2.5 ~ 5.1	5.4 ~ 12.2	15 ~ 70	0.30 ~ 0.05	70 ~ 87	26 ~ 32
大理岩	70 ~ 140	2.0 ~ 4.0	4.8 ~ 9.6	10 ~ 34	0.36 ~ 0.16	75 ~ 87	15 ~ 30
石英岩	87 ~ 360	2.5 ~ 10.2	5.9 ~ 24.5	45 ~ 142	0.15 ~ 0.10	80 ~ 87	23 ~ 28

5.1.3　岩石的动力学特性

引起岩石变形及破坏的荷载有动荷载和静荷载之分。一般给出的岩石的力学参数均为静荷载作用下的性质。普遍认为，在动载作用下岩石的力学性质将发生很大变化，它的动力学强度比静力学强度增大很多，变形模量也明显增大。例如，对辉长岩试件作静、动态加载试验，其静力抗压强度为180MPa，当动力加载速度（加载至试件破坏的时间）为30s时抗压强度增大至210MPa，加载速度为3s时抗压强度增大至280MPa，相对于静载强度分别提高了17%和55%。

关于载荷的动态特性，根据试验研究结果，可用变形过程中的平均加载率或平均应变率来评价，如表5-8所示。

表 5-8　载荷种类比较

加载方式	稳定载荷	液压机	压气机	冲击杆	爆炸冲击
应变率/s^{-1}	$<10^{-6}$	$10^{-6} \sim 10^{-4}$	$10^{-4} \sim 10$	$10 \sim 10^{4}$	$>10^{4}$
载荷状态	流　变	静　态	准静态	准动态	动　态

显然，岩石在冲击凿岩或炸药爆炸作用下，承受的是一种荷载持续时间极短、加载速率极高的冲击型典型动态荷载。

炸药爆炸是一种强扰动源，爆轰波瞬间作用在岩石界面上，使岩石的状态参数产生突跃，形成强间断，并以超过介质声速的冲击波的形式向外传播。随着传播距离的增大，冲击波能量迅速衰减而转化为波形较为平缓的应力波。现场测试表明，爆源近区冲击波作用下岩石的应变率为10^{11}/s，中、远区应力波的传播范围内应变率也达到5×10^{4}/s。爆炸冲击动荷载对岩石的加载作用与静载相比，有如下几个特点：

（1）冲击荷载作用下形成的应力场（应力分布及大小）与岩石性质有关；静载则与岩性无关。

（2）冲击加载是瞬时性的，一般为毫秒级；静载则通常超过10s。因此，静力加载时应力可分布到较深、较大范围，变形和裂纹的发展也较充分；爆炸荷载以波的形式传播，加载过程瞬间即逝。

（3）爆炸荷载在传播过程中，具有明显的波动特性，其质点除失去原来的平衡位置而发生变形和位移外，尚在原位不断波动，因此，岩石的动载变形特征同静载变形有本质区别。岩石的变形能，不论在哪种载荷作用下，从变形到破坏都是一个获得能量到释放能量的过程。而岩石的总变形能中，从能量观点、功能平衡原理分析，外力做功的静载变形能和波动引起的动载变形能几乎各占一半，也就是说在爆炸冲击动载作用下，破坏岩石要消耗较多的能量。

表5-9是在高速冲击载荷实验与在材料试验机的静载下实验所得的几种岩石动态、静态强度的比较，从表中可知，对同一种岩石动载强度比静载强度高。表5-10则表示了岩石在动载作用下的动力特性，其应力率比静态时大10^6倍，而破坏强度大3~4倍。但是，对于各种岩石，鉴于成因条件不同、矿物颗粒的多样性、结构构造的复杂性，目前尚难定量给出其动态特性的变化规律。

表5-9 几种岩石的动载强度和静载强度试验比较数据

岩 石	容重 /kg·m^{-3}	应力波平均速度/m·s^{-1}	抗压强度/MPa		抗拉强度/MPa		动载速率 /MPa·s^{-1}	荷载持续时间/ms
			静 载	动 载	静 载	动 载		
大理岩	2700	4500~6000	90~110	120~200	5~9	20~40	10^7~10^8	10~30
砂 岩	2600	3700~4300	100~140	120~200	8~9	50~70	10^7~10^8	20~30
辉绿岩	2800	5300~6000	320~350	700~800	22~32	50~60	10^7~10^8	20~50
石英、闪长岩	2600	3700~5900	240~330	300~400	11~19	20~30	10^7~10^8	30~60

表5-10 岩石的动、静态特性比较

岩石特性		大理岩	砂岩A	砂岩B	花岗岩
动载试验	应力率/×10^6MPa·s^{-1}	0.17	0.14	0.15	0.15
	破坏应力/MPa	21.5	22	19	17
	破坏应变/×10^{-6}	490	610	460	630
	弹性模量/×10^4MPa	5.1	6.4	4.0	3.0
静载试验	应力率/MPa·s^{-1}	0.11	0.18	0.15	0.22
	破坏应力/MPa	5.3	8	2.9	5.3
	破坏应变/×10^{-6}	145	410	370	510
	弹性模量/×10^4MPa	4.7	1.9	1.0	1.2

岩石的动态强度虽大幅度提高，但在实际爆破过程中岩石动力特性的影响要低于岩体结构面的影响。

5.1.4 岩石分级与爆破性分区

5.1.4.1 *岩石分级*

A *岩石分级的目的*

岩石可爆性分级是爆破优化设计和施工的基础，并为加强企业的科学管理和正确制定爆破定额提供依据。

半个多世纪以来，世界各国的爆破工作者就岩石的科学分级进行了大量的实验和研究工作，我国自建国初期引入苏联的岩石分级方法以来，各工业部门也曾制定有自己特色的岩石分级法。但至今还没有一个能为世界各国公认的普遍都适用的岩石分级法。

合理、简便、明了且具有实用价值的岩石分级法，应当根据具体的工程目的，采用一个或几个指标或判据来划分。

B　*岩石的坚固性及普氏分级*

岩石的坚固性是一个综合性的概念，是各种物理力学性质的总和，表征着各种不同方法下岩石破碎的难易程度。苏联学者 M. M. 普洛托吉雅可诺夫通过长期观察和大量统计认为：岩石坚固性在各方面的表现是一致的。例如难以凿岩的岩石，也同样难以爆破。岩石坚固性系数 f（又称普氏系数）就是坚固性的定量指标。普氏根据 f 值的不同，对岩石进行了具体分级，如表 5-11 所示。

表 5-11　土壤及岩石（普氏）分类表

定额分类	普氏分类	土壤及岩石名称	天然湿度下平均容重 /$kg \cdot m^{-3}$	极限压碎强度 /MPa	用轻型钻孔机钻进 1m 耗时 /min	开挖方法及工具	坚固系数 f
一、二类土壤	Ⅰ	砂	1500			用尖锹开挖	0.5～0.6
		砂壤土	1600				
		腐殖土	1200				
		泥炭	600				
	Ⅱ	轻壤土和黄土类土	1600			用锹开挖，少数用镐开挖	0.6～0.8
		潮湿而松散的黄土，软的盐渍土和碱土	1600				
		平均粒径 15mm 以内的松散而软的砾石	1700				
		含有草根的密实腐殖土	1400				
		含有直径在 30mm 以内根类的泥炭和腐殖土	1100				
		掺有卵石、碎石和石屑的砂和腐殖土	1650				
		含有卵石或碎石杂质的胶结成块的填土	1750				
		含有卵石、碎石和建筑碎料杂质的砂壤土	1900				

续表 5-11

定额分类	普氏分类	土壤及岩石名称	天然湿度下平均容重 /kg·m^{-3}	极限压碎强度 /MPa	用轻型钻孔机钻进1m耗时 /min	开挖方法及工具	坚固系数 f
三类土壤	Ⅲ	肥黏土，其中包括石炭纪、侏罗纪的黏土和冰黏土	1800			用尖锹并同时用镐开挖(30%)	0.8~1.0
		重壤土、粗砾石，粒径为15~40mm的碎石和卵石	1750				
		干黄土和掺有碎石或卵石的自然含水量黄土	1790				
		含有直径大于30mm根类的腐殖土或泥炭	1400				
		掺有碎石或卵石和建筑碎料的土壤	1900				
四类土壤	Ⅳ	含碎石重黏土，其中包括侏罗纪和石炭纪的硬黏土	1950			用尖锹并同时用镐和撬棍开挖(30%)	1.0~1.5
		含有碎石、卵石、建筑碎料和重达25kg以内的顽石（总体积10%以内）等杂质的硬黏土和重壤土	1950				
		冰碛黏土，含有重量在50kg以内的巨砾，其含量为总体积10%以内	2000				
		泥板岩	2000				
		不含或含有重达10kg的顽石	1950				
松石	Ⅴ	含有重量在50kg以内的巨砾（占体积10%以上）的冰碛石	2100	<20	<3.5	部分用手凿工具部分用爆破来开挖	1.5~2.0
		硅藻岩和软白垩岩	1800				
		胶结力弱的砾岩	1900				
		各种不坚实的片岩	2600				
		石膏	2200				
次坚石	Ⅵ	凝灰岩和浮石	1100	20~40	3.5	用风镐和爆破法来开挖	2~4
		松软多孔和裂隙严重的石灰岩和泥质石灰岩	1200				
		中等硬度的片岩	2700				
		中等硬度的泥灰岩	2300				
	Ⅶ	石灰质胶结的带有卵石和沉积岩的砾石	2200	40~60	6.0	用爆破方法开挖	4~6
		风化的和有大裂缝的黏土质砂岩	2000				
		坚实的泥板岩	2800				
		坚实的泥灰岩	2500				

续表 5-11

定额分类	普氏分类	土壤及岩石名称	天然湿度下平均容重/kg · m^{-3}	极限压碎强度/MPa	用轻型钻孔机钻进1m耗时/min	开挖方法及工具	坚固系数 f
次坚石	Ⅷ	花岗质砾岩	2300	60 ~ 80	8.5	用爆破方法开挖	6 ~ 8
		泥灰质石灰岩	2300				
		黏土质砂岩	2200				
		砂质云母片岩	2300				
		硬石膏	2900				
普坚石	Ⅸ	强风化的软弱的花岗岩、片麻岩和正长岩	2500	80 ~ 100	11.5	用爆破方法开挖	8 ~ 10
		滑石化的蛇纹岩	2400				
		致密的石灰岩	2500				
		含有卵石、沉积岩的硅质胶结的砾岩	2500				
		砂岩	2500				
		砂质石灰质片岩	2500				
		菱镁矿	3000				
	Ⅹ	白云石	2700	100 ~ 120	15.0	用爆破方法开挖	10 ~ 12
		坚固的石灰岩	2700				
		大理岩	2700				
		石灰质胶结的致密砾石	2600				
		坚固砂质片岩	2600				
特坚石	Ⅺ	粗粒花岗岩	2800	120 ~ 140	18.5	用爆破方法开挖	12 ~ 14
		非常坚硬的白云岩	2900				
		蛇纹岩	2600				
		石灰质胶结的含有岩浆岩之卵石的砾石	2800				
		石英胶结的坚固砂岩	2700				
		粗粒正长岩	2700				
	Ⅻ	具有风化痕迹的安山岩和玄武岩	2700	140 ~ 160	22.0	用爆破方法开挖	14 ~ 16
		片麻岩	2600				
		非常坚固的石灰岩	2900				
		硅质胶结的含有岩浆岩之卵石的砾岩	2900				
		粗面岩	2600				
	XⅢ	中粒花岗岩	3100	160 ~ 180	27.5	用爆破方法开挖	16 ~ 18
		坚固的片麻岩	2800				
		辉绿岩	2700				
		玢岩	2500				
		坚固的粗面岩	2800				
		中粒正长岩	2800				

续表 5-11

定额分类	普氏分类	土壤及岩石名称	天然湿度下平均容重/kg·m^{-3}	极限压碎强度/MPa	用轻型钻孔机钻进1m耗时/min	开挖方法及工具	坚固系数 f
特坚石	XIV	非常坚固的细粒花岗岩	3300	180~200	32.5	用爆破方法开挖	18~20
		花岗片麻岩	2900				
		闪长岩	2900				
		高硬度的石灰岩	3100				
		坚固的玢岩	2700				
	XV	安山岩、玄武岩、坚固的角页岩	3100	200~250	46.0	用爆破方法开挖	20~25
		高硬度的辉绿岩和闪长岩	2900				
		坚固的辉长岩和石英岩	2800				
	XVI	拉长玄武岩和橄榄玄武岩	3300	>250	>60	用爆破方法开挖	>25
		特别坚固的辉长辉绿岩、石英岩和玢岩	3000				

当时，在确定岩石坚固性系数f值时，普氏曾采用过岩石极限抗压强度、凿碎岩石单位体积所消耗的功、凿岩速度、单位炸药消耗量以及采掘生产率等指标，以求得一个综合平均的坚固性系数。由于生产技术的飞速发展及生产条件的不断改变，原来采用的方法早已不能适应新的情况而被废弃了。目前只剩下一种方法，即用岩石试块的单轴抗压强度来大致确定岩石坚固性系数f:

$$f = \frac{R}{100} \tag{5-2}$$

式中 R——岩石试块的单轴抗压强度，kg/cm^2。

由于这种分级方法比较简单，所以该分级方法在采矿界、爆破界应用相对普遍。然而，用岩石试块的单轴抗压强度来概括岩石所有的物理力学性质是不妥当的。例如，难爆破的岩石并不一定同样也难凿岩。而且，岩石试样的抗压强度同原岩的抗压强度也不一致，因此，普氏分级法显得有些片面和笼统。

C 苏联 Б. Н. 库图涅佐夫的岩石爆破性分级

苏联 Б. Н. 库图涅佐夫根据岩石的坚固性，同时考虑了岩体的裂隙性、岩体中大块构体的不同含量提出了如表 5-12 所示的岩石爆破性分级。

表 5-12 Б. Н. 库图涅佐夫岩石爆破性分级表

爆破性分级	爆破单位炸药消耗量/kg·m^{-3}		岩体自然裂隙平均间距/m	岩体中大块构体含量/%		抗压强度/MPa	岩石密度/t·m^{-3}	岩石坚固系数f
	范围	平均		大于500mm	大于1500mm			
I	0.12~0.18	0.15	<0.10	0~2	0	10~30	1.4~1.8	1~2
II	0.18~0.27	0.22	0.10~0.25	2~16	0	20~45	1.75~2.35	2~4

续表 5-12

爆破性分级	爆破单位炸药消耗量/kg·m^{-3}		岩体自然裂隙平均间距/m	岩体中大块构体含量/%		抗压强度/MPa	岩石密度/t·m^{-3}	岩石坚固系数 f
	范　围	平　均		大于500mm	大于1500mm			
Ⅲ	0.27~0.38	0.32	0.20~0.50	10~52	0~1	30~65	2.25~2.55	4~6
Ⅳ	0.38~0.52	0.45	0.45~0.75	45~80	0~4	50~90	2.50~2.80	6~8
Ⅴ	0.52~0.68	0.60	0.70~1.00	75~98	2~15	70~120	2.75~2.90	8~10
Ⅵ	0.68~0.88	0.78	0.95~1.25	96~100	10~30	110~160	2.85~3.00	10~15
Ⅶ	0.88~1.10	0.99	1.20~1.50	100	25~47	145~205	2.95~3.20	15~20
Ⅷ	1.10~1.37	1.23	1.45~1.70	100	43~63	195~250	3.15~3.40	20
Ⅸ	1.37~1.68	1.52	1.65~1.90	100	58~78	235~300	3.35~3.60	20
Ⅹ	1.68~2.03	1.85	≥1.85	100	75~100	≥285	≥3.55	20

D　考虑了岩石的基本性质和爆破破碎效果的分级

表5-13所示的岩石爆破破碎性分级法，不仅考虑了岩石的基本性质，而且考虑了为获取最好的爆破破碎效果，对所采用的炸药品种和单位耗药量做了相应的规定。

表 5-13　岩石爆破破碎性分级表

岩石级别		Ⅰ	Ⅱ	Ⅲ	Ⅳ	Ⅴ	Ⅵ
代表性岩石		坚硬岩石：花岗岩、玢岩、闪长岩、玄武岩、片麻岩		中等坚硬岩石：白云岩、石灰岩、大理岩、砂质砾岩、页岩等			松软岩石：泥灰岩、片岩等
破坏性质		脆性破坏		准脆性破坏			塑性破坏
岩石波阻抗/10^{6}kg·m^{-2}·s^{-1}		16~20	14~16	10~14	8~10	4~8	2~4
岩石坚固系数 f		15~20	10~15	5~10	3~5	1~3	0.5~1.0
破坏能量消耗/kJ·m^{-3}		70~80	50~70	40~50	30~40	20~30	13
推荐采用的炸药指标	爆压/10^{3}MPa	20	16.5	12.5	8.5	4.8	2.0
	爆速/m·s^{-1}	6300	5600	4800	4000	3000	2500
	装药密度/g·cm^{-3}	1.2~1.4	1.2~1.4	1.0~1.2	1.0~1.2	1.0~1.2	0.8~1.0
	炸药潜能/kJ·kg^{-1}	5000~5500	4750~5000	4200~4750	3500~4200	3000~3500	2800~3000
块度平均线性尺寸/cm：5	单位耗药量/kg·m^{-3}	1.65	1.50	1.40	1.20	0.95	0.65
10		1.30	1.20	1.10	1.00	0.75	0.50
15		1.10	1.00	0.95	0.85	0.65	0.45
20		1.00	0.90	0.85	0.75	0.60	0.40
30		0.85	0.78	0.70	0.64	0.50	0.33
40		0.70	0.62	0.57	0.50	0.40	0.25

E　东北大学的岩石爆破性分级

东北大学（原东北工学院）于1984年提出的岩石可爆性分级法，是以爆破漏斗试验的体积及其实测的爆破块度分布率作为主要判据，并根据大量统计数据进行分析，建立一个爆破性指数 N 值（见公式5-3），按 N 值的级差将岩石的可爆性分成五级十等。

$$N = \ln\left[\frac{e^{67.22} \times K_1^{7.42}(\rho c_p)^{2.03}}{e^{38.44V}K_2^{4.75}K_3^{1.89}}\right] \tag{5-3}$$

式中 N——岩石爆破性指数；

K_1——大块率（>30cm），%；

K_2——小块率（<5cm），%；

K_3——平均合格率，%；

ρ——岩石密度，kg/m^3；

e——自然对数的底；

c_p——岩石纵波声速，m/s。

因此，该分级法亦称为“岩石爆破指数”分级法（见表5-14）。

表5-14 东北工学院岩石爆破性分级表

爆破等级		爆破性指数 N	爆破性程度	代表性岩石
Ⅰ	Ⅰ$_1$	<29	极易爆	千枚岩、破碎性砂岩、泥质板岩、破碎性白云岩
	Ⅰ$_2$	29~38		
Ⅱ	Ⅱ$_1$	38~46	易 爆	角砾岩、绿泥岩、米黄色白云岩
	Ⅱ$_2$	46~53		
Ⅲ	Ⅲ$_1$	53~60	中 等	石英岩、煌斑岩、大理岩、灰白色白云岩
	Ⅲ$_2$	60~68		
Ⅳ	Ⅳ$_1$	68~74	难 爆	磁铁石英岩、角闪岩、斜长片麻岩
	Ⅳ$_2$	74~81		
Ⅴ	Ⅴ$_1$	81~86	极难爆	矽卡岩、花岗岩、矿体浅色砂岩
	Ⅴ$_2$	>86		

5.1.4.2 岩石爆破性分区

岩石爆破性分区是岩石可爆性分级的发展和进一步完善。

传统的岩石分级，包括岩石可爆性分级都是以岩石为对象，或以岩石为抽样单元，根据实测的不同指标加以综合评判，确定某些指标作为划分等级的标准，例如普氏分级就是一个典型的实例。但是，露天矿的生产爆破是以爆区为单元进行的，为了准确地确定不同爆区的孔网参数、材料消耗定额和进行优化爆破，就必须以区域为中心对岩石的爆破性进行分区。其次，为了保持爆破性分区在一定时间内的稳定性，例如露天矿在已知生产台阶爆破分区的同时，还希望知道下一台阶不同地段的爆破难易程度，这一点传统的岩石爆破性分级是难以做到的。

岩石爆破性分区是岩石可爆性分级的发展和进一步完善，更有利于在生产上应用，是爆破优化的基础工作。它与岩石可爆性分级的最主要区别在于：在分区对象上，是以爆区为采样单元——样本，而不是以岩石为样本。在分区准则和采用何种数学方法进行指标的评判时可以各有差异。

A 首钢水厂铁矿的岩石爆破性分区

北京科技大学采用高应变率下的岩石动载特性、岩体节理裂隙、岩石爆破块度组成作为爆破性分区的准则，在数学处理上采用灰色系统决策理论，建立了各分区指标的基本数学模型，完成了水厂铁矿的岩石爆破性分区（见表 5-15），并且在矿山采掘综合平面图上划出了各分区的范围。

表 5-15 水厂铁矿的岩石爆破性分区

爆破分区区域概述			难爆区	较难爆区	易爆区	极易爆区
爆破区域类别			Ⅳ	Ⅲ	Ⅱ	Ⅰ
分区指标	地质构造	单元内裂隙长度/m	<3.5	3~7	5~9	>9
		裂隙间距/cm	>90	60~90	30~70	<30
	岩石强度	动抗压强度/MPa	>400	230~400	200~250	<200
		动弹性模量/GPa	>80	65~80	50~70	<50
	破碎特性	大块率/%	>1.2	1.0~1.2	0.5~1.0	<0.5
		平均块度/mm	>300	230~300	200~230	<200

B 海南省铁炉港采石场岩体的块度分区

广东宏大爆破股份有限公司在海南省铁炉港采石场施工中，对岩体爆破性分区进行了深入的研究，提出影响岩体爆破最大块度及平均块度的因素主要有：

（1）岩体结构特性（其中包括各种结构面、弱面的分布情况以及结构面内充填物质的性质）；

（2）岩石特性（包括岩石的动态抗压强度、岩石波阻抗等）；

（3）炸药特性（炸药的爆速、密度、波阻抗）；

（4）钻爆参数（底盘抵抗线、孔距、炮孔密集系数、超深、填塞长度）、装药结构（不耦合系数、上部装药线密度及长度、下部装药线密度及长度）。

该工程以岩石坚固性系数、岩石种类、裂隙平均距离、炸药单耗、爆破漏斗体积和爆破块度分布指数作为指标对采矿场进行爆破性块度分区。将铁炉港采石场分为粉矿区（<10kg）、小块区（10~200kg）、中块区（200~800kg）、大块区（>800kg），如表 5-16 所示。

表 5-16 采区岩石按爆破难易程度分类表

块度描述		大 块	中 块	小 块	粉 块
岩石种类		花岗岩	花岗岩	花岗岩	花岗岩，辉绿岩
风化程度		弱风化，微风化	弱风化	强风化	全风化
节理裂隙状况	130°∠80°	间隔 40~70cm	间隔 70~200cm	间隔 10~50cm	
	60°∠60°~80°	间隔 >50cm	间隔 >50cm 或 >100cm	间隔 50cm 之间	
f		>12	8~12	4~8	<4
爆破漏斗体积/m^3		<0.03	0.03~0.10	0.10~0.20	>0.20
区域所处位置		+115m 以下平台西部	+115m 以下各平台中部	+115m 以下各平台东部	+115m 以上各平台

5.2　地质构造

5.2.1　研究地质构造的目的和内容

地质构造是指地质历史时期的各种内外动力作用在地壳上所留下的构造形迹，这些构造形迹对于工程建设有着很大的影响，为了保证施工的效率和安全，所以要对地质构造进行详细的调查研究。研究与爆破工程有密切关系的地质构造条件，主要是研究有关组成地壳岩体的各种构造形体及它们之间的接触面的类型和空间分布特征，包括岩层层理、褶皱、断层、节理裂隙及相互之间的空间关系。

5.2.2　结构体与结构面

岩体力学性质与岩体中的结构面、结构体及其赋存环境密切相关。在岩体内存在各种地质界面，它包括物质分异面和不连续面，如褶皱、断层、层理、节理和片理等。这些不同成因、不同特性的地质界面统称为结构面。结构面依其本身的产状，彼此组合将岩体切割成形态不一、大小不等以及成分各异的岩石块体。被各种结构面切割而成的岩石块体称为结构体。结构体有块状、柱状、板状及菱状、楔形和锥形体等。

结构体和结构面称为岩体结构单元或岩体结构要素，不同类型的岩体结构单元在岩体内的组合、排列就形成岩体结构。岩体结构单元可划分为两类四种，如表5-17所示。

表5-17　岩体结构单元划分

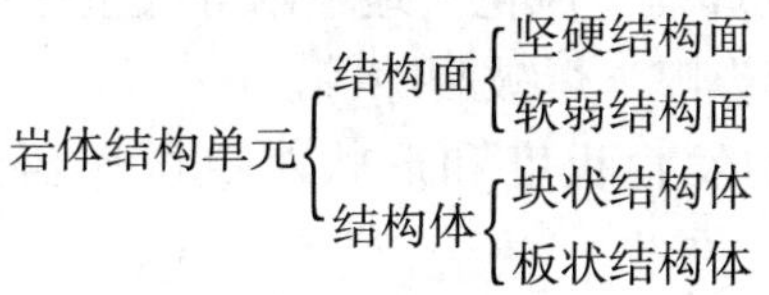

岩体是地质体经历过多次反复地质作用，经受过变形，遭受过破坏，形成一定的岩石成分和结构于一定的地质环境中。岩石抵抗外力作用的能力称为岩石力学性质。

结构体（岩石）是岩体的基本组成部分，岩石对岩体力学性质的影响，通过结构体的力学性质来表征。在这种情况下，结构体对岩体力学性质和力学作用具有控制作用。在结构体强度很高时，主要是结构面的力学性质决定了岩体的力学性质。

5.2.3　岩体结构面的产状三要素

所谓产状是指地质体（岩层、岩体、矿体等）在地壳中的空间分布位置和产出状态。通常用走向、倾向、倾角三个要素来表示：

（1）走向是倾斜岩层层面与水平面交线的方向。

（2）倾向是岩层层面上与走向线垂直的向下倾斜线的方向。

（3）倾角是岩层倾斜的角度。

产状要素的表示方法有文字表示法和符号表示法两种，其中符号表示法主要用于地质平面图上。

由于地质罗盘上方位标记有的用360°的方位角表示，有的用象限角表示。因此文字表示方法有象限角和方位角两种。象限角是以北或南为0°，向东或西测量角度，角度范围可为：N0°～90°E，N0°～90°W，S0°～90°E 或 S0°～90°W。方位角是以北为 0°，顺时针转动测量角度，角度范围从 0°～360°。

（1）象限角表示法：常用走向、倾向和倾角表示。如 N50°W∠SW35°，即走向为北偏西，倾向向南西倾斜，倾角为 35°。

（2）方位角表示法：常用倾向和倾角表示。如 310°∠35°，310°是倾向，35°是倾角。走向可根据倾向加减 90°后得到。

5.2.4　结构面的类型和特征

根据结构面的形成原因，通常将其分为原生结构面、构造结构面和次生结构面 3 种类型：

（1）原生结构面。在岩石建造形成过程中产生的结构面，称为原生结构面。如沉积岩建造中的层理、层面、沉积间断面（不整合面及假整合面）、沉积软弱夹层；岩浆岩形成过程中产生的流动面、冷缩形成的原生裂隙、侵入体与围岩的接触面、间歇性喷发面、喷发覆盖形成的潜伏软弱层；变质岩形成过程中产生的片理、板理、片麻理、混合岩层面等。

（2）构造结构面。在地壳运动中由构造应力的作用而产生的各种破裂面，称为构造结构面。如断层，裂隙和劈理等。其中以裂隙（构造裂隙，也称构造节理）分布最广泛，而断层的延伸规模很大。

（3）次生结构面。岩体受卸荷、风化、地下水等次生作用所形成的结构面，称为次生结构面。包括风化裂隙、卸荷裂隙、爆破裂隙等。

在爆破工程中，结构面的发育程度和形状对单位炸药消耗量和爆破安全起决定性作用。

5.2.5　地质构造的类型及特征

地质构造可归纳为褶皱与断裂两大类型。

5.2.5.1　褶皱构造

褶皱的基本单位是褶曲。褶曲是岩层的一个弯曲，两个或两个以上的褶曲组合称为褶皱。褶皱的形态基本上分为背斜和向斜两种，如图 5-1 所示。其中岩层向上弯曲，核心部分岩层较老的称为背斜；反之，岩层向下弯曲，核心部分岩层较新的称为向斜。背斜和向斜相间排列，彼此连接，连续出现。

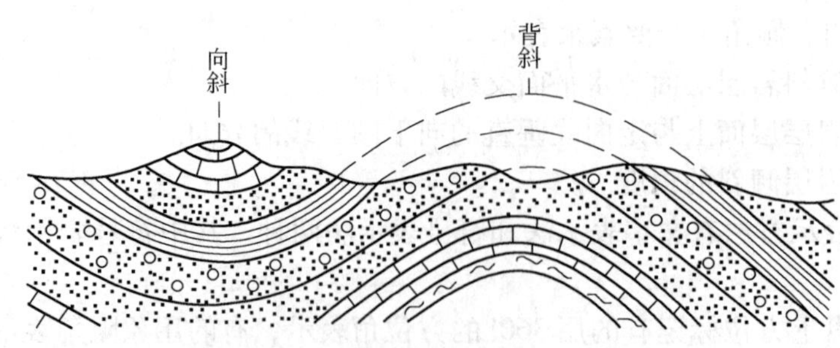

图 5-1　褶皱构造

5.2.5.2　断裂构造

断裂构造是指地壳运动使岩层遭到破坏，继而发生断裂和错动的一种地质构造。根据岩层沿断裂面相对位移的程度，断裂构造分节理和断层两种。

节理就是通常所说的裂隙，是断裂后不发生错动或错动不明显的断裂构造，如图5-2（a）所示。节理很多，称为节理发育。节理裂隙会使矿岩的结合能力大大削弱，稳固性降低。在构造应力作用下，岩层所受应力超过其本身的强度，会使其连续性、完整性遭受破坏，并且沿断裂面两侧的岩体产生明显位移，移为断层，如图5-2（b）所示。

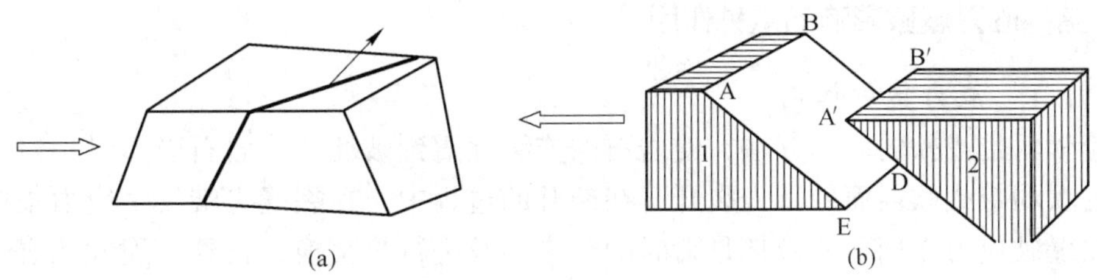

图5-2　断裂构造

节理和断层等地质构造是岩浆的通道，又是成矿物质富集的场所。成矿前产生的地质构造，不仅控制着矿体的规模、形状与产状，而且利于矿体的形成。成矿后产生的地质构造，对矿体起破坏作用。

断层使矿体遭受切割、破坏，甚至错失，出现破碎矿段，这都会给露天矿边坡稳定性带来困难，使露天开采潜伏着隐患，威胁采矿安全。

5.2.5.3　层理、片理与节理的区别

层理是沉积岩的主要特征之一，是在沉积形成过程中产生的原生构造。凡沉积的短暂间断、沉积物来源或颗粒大小变化、沉积结构或成分改变、水流速度或搬运介质能量改变等因素，都会形成层状构造，这些构造称为层理。层理是一组互相平行岩层的层间分界面。相邻两个层理面的垂直距离为岩层的厚度。岩层厚度与岩体的工程力学性质有很大关系，在同一种岩石中，厚的岩层较薄的岩层工程力学性质好。岩层厚度对岩体的可爆性和爆破后块度大小的影响十分明显。

地下深处的岩石在较高的应力作用下发生柔性形变，并且有再结晶现象时，在这种充分结晶的岩石中，结晶物依一定方向呈平行排列，可成片理。片理是变质岩所特有的构造，片理将岩体切割成碎片，在工程建设中要引起特别的注意。

5.3　地质条件对爆破的影响

前面谈到岩石的基本性质决定了土壤和岩石的开挖方法，也决定了岩石的可钻性和可爆性。在进行具体的爆破设计时，下述设计计算参数的选取也与岩性有密切的关系：

（1）炸药品种的选择；

（2）爆破每立方米岩石耗药量的确定；

（3）进行爆破漏斗及方量计算时的压缩圈系数、上破裂线系数、预留保护层厚度系数、药包间排距系数；

（4）各种岩石的爆后松散系数，抛掷堆积计算的抛距系数和塌散系数；

（5）爆破安全计算中的不逸出半径、地表破坏圈范围，以及爆破振动计算中的有关系数等等。

这些计算参数，都是针对相应的岩石采集大量试验和生产统计数据后经分析整理而得的，带有一定的经验性，这在后面的有关章节中将予以充分的阐述和作具体的应用。

大量的工程实践表明，除岩性与爆破有关外，地形、地质条件对药包布置和爆破效果的影响不容忽视，有时甚至是爆破成败的关键。

5.3.1　结构面对爆破影响的六种作用

5.3.1.1　应力集中作用

由于软弱带或软弱面的存在，使岩石的连续性遭到破坏。当岩石受力时，岩石便从强度最小的软弱带或软弱面处首先裂开，在裂开的过程中，在裂缝尖端发生应力集中，特别是岩石在爆破应力作用下的破坏是瞬时的，来不及进行热交换，且处于脆性状态，结果使应力集中现象更加突出。因此，在岩石中软弱面较发育的爆破地区，其单位耗药量 K 应相应降低。

5.3.1.2　应力波的反射增强作用

由于软弱带的密度、弹性模量和纵波速度均比两侧岩石的值小，当波传至两者的界面处时，便发生反射，反射回去的波与随后继续传来的波相叠加，当其同相位时，应力波便会增强，使软弱带迎波一侧岩石的破坏加剧。对于张开的软弱面，这种作用亦较明显，例如图 5-3 中有一张开裂隙，其迎波一侧破坏加剧，产生如虚线所示的裂隙。

但是，应该说明，究竟哪一级软弱带或软弱面足以产生明显的反射增强作用。这主要与爆破规模有关，也就是取决于压缩应力波传播过程中引起的岩石压缩变形，足以使张开的软弱面紧密闭合，或者使软弱带的密度增大到和两侧岩石相差不大时，软弱面或软弱带对应力波的反射增强作用可忽略不计。因此，软弱带和软弱面对爆破效果的影响问题，必须视爆破规模区别对待，对于施工开挖小炮，不大的裂隙面即可影响其效果，对于大规模的群药包爆破，小的断层破碎带对其影响也不会很显著。

5.3.1.3　能量吸收作用

由于界面的反射作用和软弱带介质的压缩变形与破裂，使软弱带背波侧应力波因能量被吸收而减弱。它与反射增强作用同时产生。因而，软弱带可保护其背波侧的岩石，使其破坏减轻。同样，空气充填的张开裂隙，也有能量吸收作用，例如，图 5-3 中张开裂隙背波侧的岩石未发生破坏。

5.3.1.4　泄能作用

当软弱带或软弱面穿过爆源通向临空面，且由爆源到临空面间软弱带或软弱面的长度小于爆破药包最小抵抗线 W 时，炸药的能量便可以“冲炮”或其他形式泄出，使爆破效果明显降低。

在爆破作用范围以内，如果有大溶洞存在，亦会发生泄能作用，例如，图 5-4 中的 A、B 两药包的爆破效果远较 C、D、E 药包为小，由于爆炸气体经过软弱面或软弱带泄入溶洞，使炮孔（或硐室）的爆破压力迅速降落，从而导致其他方向的爆破径向裂隙停止继续扩展。

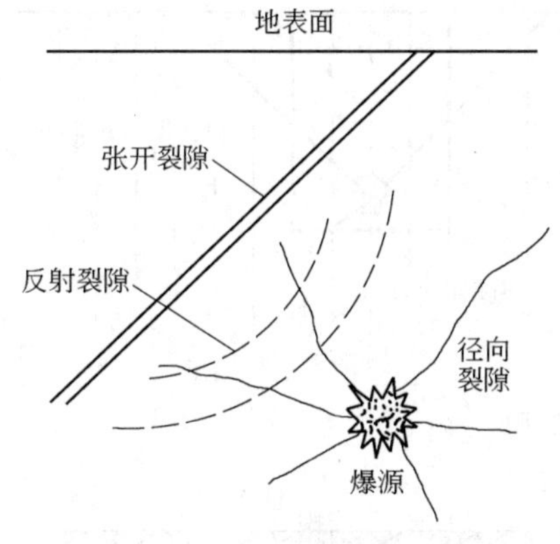

图 5-3 张开裂面两侧爆破破坏的差异性

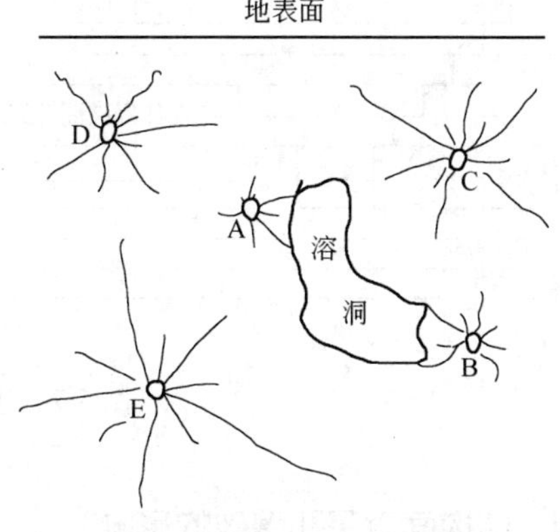

图 5-4 溶洞的泄能作用使裂隙过早终止

5.3.1.5 楔入作用

在高温高压爆炸气体的膨胀作用下，爆炸气体沿岩体软弱带高速侵入时，将使岩体沿软弱带发生楔形块裂破坏。

5.3.1.6 改变破裂线作用

当爆破漏斗范围存在较大的结构面（如断层面、层理面等）时，根据其结构面与药包的相对位置和产状不同，将会影响漏斗形状大小，减少或增加爆破方量，不能达到预定的抛掷方向和堆积集中程度。硐室爆破中常见如下几种情况对爆破漏斗的影响。

（1）结构面在药包后且截切上破裂线 R' 时（如图 5-5 所示），爆破后上破裂线势必沿结构面发展，使上破裂线比原设计缩小，减少了爆破方量，抛掷作用加强。

（2）当结构面在药包前，且截切上破裂线 R' 时，爆破后上部岩块将会沿结构面坍滑，使上破裂线后仰，爆破方量增大，大块率较高（如图 5-6 所示）。

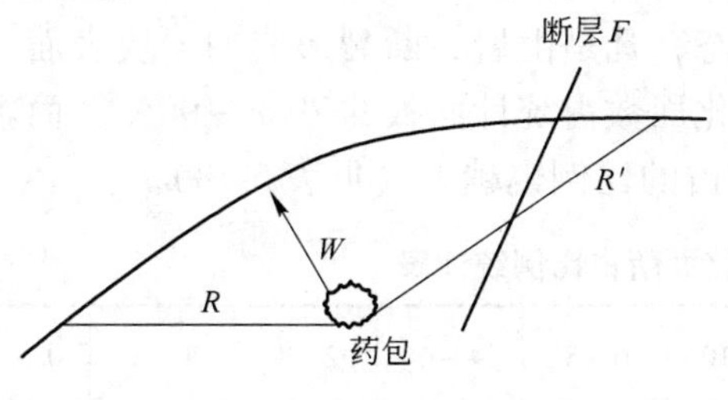

图 5-5 结构面在药包后

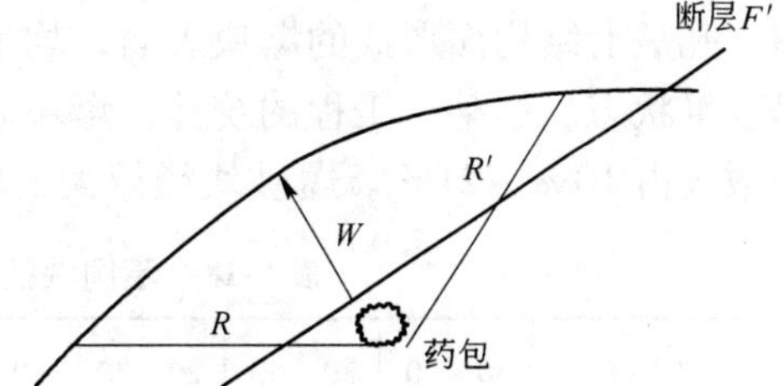

图 5-6 结构面在药包前

（3）当一组结构面与最小抵抗线斜交时，爆破时漏斗形状和抛掷方向都将受到影响。

（4）当一组结构面（如层理）与最小抵抗线垂直或平行时，抛掷方向不会改变，但爆破漏斗形状和爆破方量将受影响，产生图 5-7 所示的漏斗变化。

通过结构面对爆破影响的六种作用的分析可知，在设计布置药包和选择相关爆破参数时，应充分利用结构面的有利作用，避开其不利作用，才能达到满意的爆破效果。

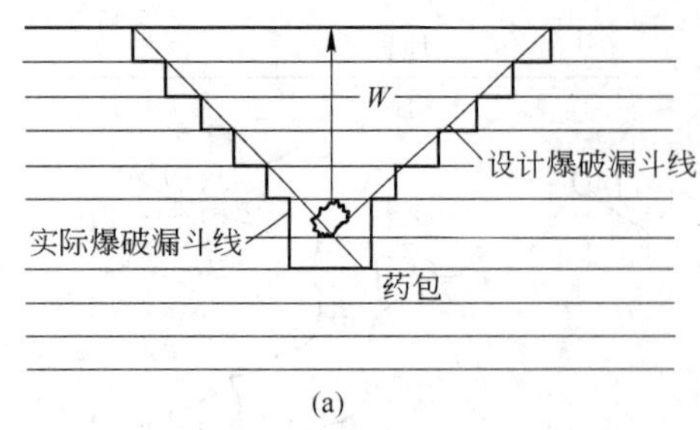

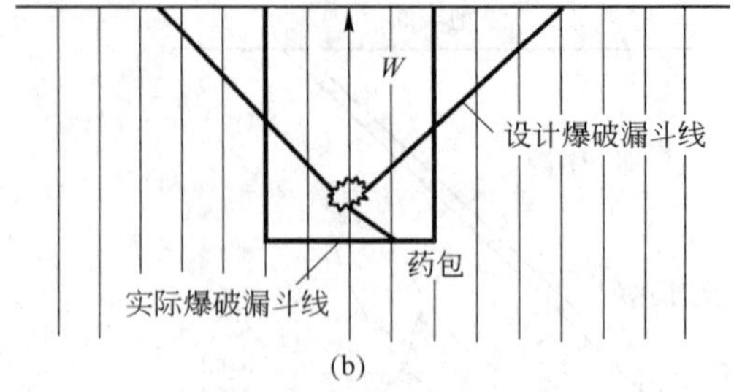

图 5-7　层理对爆破漏斗的影响

5.3.2　结构面对深孔爆破的影响

当岩体中存在发育较大结构面且岩性较软，如风化岩中含发育泥化夹层面时，前排先引爆的药包对后排岩体将产生强烈扰动，易使周边岩体沿断裂面发生较大位移错动。若前后排药包延期时间间隔较大，导致后排柱状药包在雷管起爆前被错断而中断了局部药柱传爆，将发生局部拒爆现象。此外，倾斜结构面对炮孔的钻凿和炮孔质量也有一定的影响，如图5-8所示。

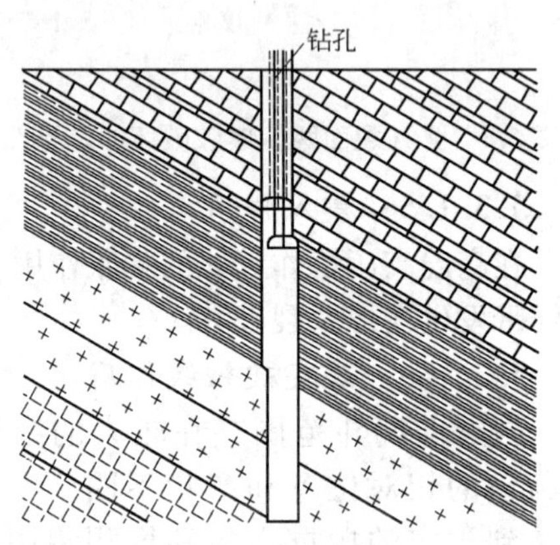

图 5-8　结构面导致炮孔偏斜甚至卡钻

5.3.3　结构面对爆破岩块的破裂特征和块度形态的影响

岩体的强度受岩石强度和结构面强度的控制，在更多的情况下，主要受结构面强度的控制，所以岩块的破裂面大多数是沿岩体内部的结构面形成的。爆后岩块特征的统计表明，凡是沿结构面形成的爆块表面，均呈风化状态；凡是由岩石断裂形成的岩块表面，均呈新鲜状态。据某个工程的统计，爆块表面的风化面数占统计面数的79%～90%，而新鲜面数仅占10%～21%。爆破块径越大，风化面数占的比例也越大（见表5-18）。

表 5-18　不同块径岩块上风化面所占比例统计表

粒径/cm	50～80	30～50	20～30	10～20	8～10	6～8	4～6	2～4	1～2	0.5～1
平均 L/Z	0.757	0.726	0.637	0.458	0.339	0.314	0.216	0.222	0.130	0.103

注：L 表示岩块上原生裂隙面数量；Z 表示岩块总表面数。

研究表明，结构面的分布不仅对岩块的破裂特征有重要影响，而且对爆堆的块度分布规律也有重要影响。中国水利水电科学研究院的研究表明，结构面发育程度对较大粒径的块度分布有控制性影响，而2cm以下的粒径块度分布主要受岩石力学强度的影响。因此要想得到准确的爆破块度预报，进行详细的工程地质勘察非常必要，尤其必须进行节理裂隙的统计分析。

5.3.4　断裂构造对公路建设的影响

5.3.4.1　节理裂隙对公路建设的影响

岩体中的节理裂隙，在工程上除有利于开挖外，对岩体的强度和稳定性均有不利的影响。岩体中存在的节理裂隙，破坏了岩体的整体性，促进岩体风化速度，增强岩体的透水性，因而使岩体的强度和稳定性降低。当节理裂隙主要发育方向与路线走向平行，倾向与边坡一致时，不论岩体的产状如何，路堑边坡都容易发生崩塌等不稳定现象。在路基施工中，如果岩体存在裂隙，还会影响爆破作业的效果。因此，当节理裂隙构造可能成为影响工程设计的重要因素时，应当对节理裂隙进行深入的调查研究，详细论证节理裂隙对岩体工程建筑条件的影响，并采取相应措施，以保证建筑物的稳定和正常使用。

5.3.4.2　断层对公路建设的影响

断层的存在，从总体上说，破坏了岩体的完整性。断层面或破碎带的抗剪强度远低于岩体其他部位的抗剪强度。由此，断层一般从以下几个方面对工程建筑产生影响：

（1）断层破碎带力学强度低，压缩性增大，会发生较大沉陷，易造成建筑物断裂或倾斜，断裂面是极不稳定的滑移面，对岩质边坡稳定性及桥墩稳定常有重要影响。

（2）断裂构造带不仅岩体破碎，而且断层上、下盘的岩性也可能不同，如果在此处进行建筑工程，有可能产生不均匀沉降。

（3）隧道工程通过断裂破碎带地段，易发生坍塌，甚至冒顶。

5.4　爆破对工程地质条件的改变

爆破设计时，除按设计任务书的要求作出合理的设计外，尚应充分预测爆破作用对设计范围以外工程地质的不利影响。这种不利影响也许在爆后短时间内并不显现，但随着时间推移并在地应力作用下会有所反映，因此必须充分重视。

5.4.1　爆破对保留岩体的破坏

根据爆破作用的基本原理，药包在有临空面的半无限介质中爆炸，从药包中心向外分成压缩破碎区、爆破漏斗区、破裂区和振动区。压缩破碎区和爆破漏斗区是爆破后需挖运的范围，而破裂区和振动区将是爆破影响原有工程地质条件的区域。破裂区的裂缝大部分沿岩体中原有节理裂隙扩展而成，少部分是岩体破裂出现的新裂隙。通常爆区后缘边坡地表破坏范围比深层垂直破坏范围大，地表破坏与深层垂直破坏有不同的特点。

5.4.1.1　爆破对后缘地表的破坏

爆破对后缘地表的破坏是由后冲和反射拉伸波作用所形成的，裂缝常常沿着平行临空面的方向延展。地表裂隙的分布规律为距爆破区越近就越宽越密，地表裂缝宽度和延展长度则与爆破规模、爆破夹制作用和地形地质条件有关。爆破规模大、爆破夹制作用强，则地表裂缝破坏程度强。根据经验总结，硐室爆破地表破坏区作用半径可用下式计算：

$$R_p = K_p \sqrt[3]{Q} \tag{5-4}$$

式中　Q——装药量，kg；

R_p——药包中心至地表裂缝区最远边缘的距离，m；

K_p——破坏系数，取值范围一般为 $K_p = 1.7 \sim 2.6$，最大也未超过 3.0。

尽管地表裂缝破坏范围较大，但也可以减小其危害，无论是深孔爆破还是硐室爆破，已有很多成功的实例。在爆破区的最后排或破裂线后缘预先钻一排预裂孔，首先进行预裂爆破后再进行主爆破，其后缘地表裂缝可大大减轻甚至不出现后缘张开裂缝，而且爆后边坡平直整齐。因此，目前预裂爆破已是提高边坡开挖质量的重要手段。

关于深孔爆破对边坡后缘的损伤破坏也有许多研究成果。根据超声波探测结果，一般深孔爆破条件下，即使采用斜孔、毫秒分段、限制单响药量等措施，边坡后部的损伤破坏区依然较大。实测的深孔台阶爆破造成的损伤破坏区形状见图 5-9。表 5-19 系葛洲坝等工程中深孔爆破对内部岩体损伤破坏范围的实测值，由该表可见深孔爆破对边坡后缘的损伤破坏范围很大。

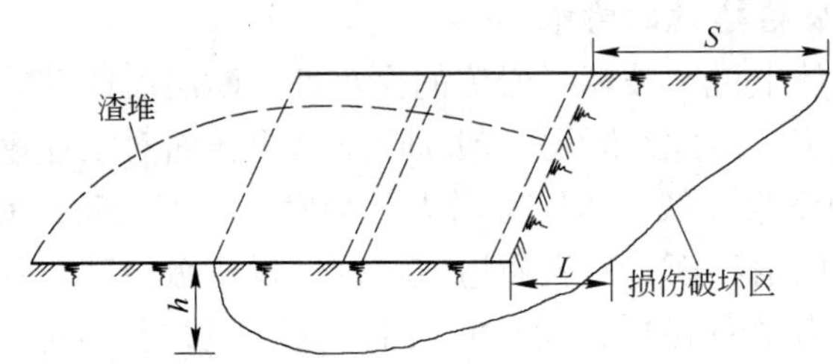

图 5-9　深孔台阶爆破损伤破坏区形状图

表 5-19　深孔台阶爆破损伤破坏范围

岩石特性	台阶后冲表面破坏范围（药包直径的倍数）S	台阶底部水平破坏范围（药包直径的倍数）L	台阶底部垂直破坏范围（药包直径的倍数）h
裂隙发育（或有软弱夹层）	120 ~ 350（一般 100 ~ 120）	140（葛洲坝工程实测值）	15 ~ 36
中等裂隙率（$n<3\%$）	60 ~ 100	20 ~ 40	5.5 ~ 10

在北京凤山温泉石灰石矿采场，采用深孔台阶爆破，炮孔直径 200mm，炮孔深度 17m，使用 2 号岩石和铵油炸药耦合装药，单孔装药量为 160kg 左右，孔网参数为 3m × 7m，台阶坡度 75°。声波检测试验表明：大孔径深孔台阶爆破距离炮孔 4m 处坡内岩体波速降低了 40%，8m 处坡内岩体波速降低了 20%，12m 处坡内岩体波速降低了 7%。普通深孔台阶爆破中，当炮孔内采用耦合装药结构，爆破对边坡内部岩体造成的损伤破坏区将达到 12m 以上，达到 20 ~ 60 倍炮孔直径范围。而光面、预裂爆破在炮孔内采用不耦合间隔装药结构，炮孔直径 100mm、孔间距 1m 的预裂爆破对边坡内部岩体造成的损伤破坏区只有 10 ~ 15 倍炮孔直径范围；而普通小台阶浅孔爆破的坡内岩体损伤破坏区达 45 倍炮孔直径范围。预裂爆破与小台阶浅孔爆破后坡内岩体超声波损伤检测结果对比图见图 5-10 和图 5-11。

5.4.1.2　爆破对深层基岩的破坏

爆破对深层基岩的破坏情况，根据工程性质不同，要求有所不同。一般开山采石不需要考虑基岩破坏；路堑开挖爆破仅考虑药包周围压缩圈产生的破坏范围，一般情况下路堑开挖需给路基和边坡预留保护层，保护层厚度为压缩圈半径；而在水工坝基开挖中，即使爆破作用下产生的微小裂缝也被视为对基岩的破坏。经验表明，硐室爆破药包以下出现裂

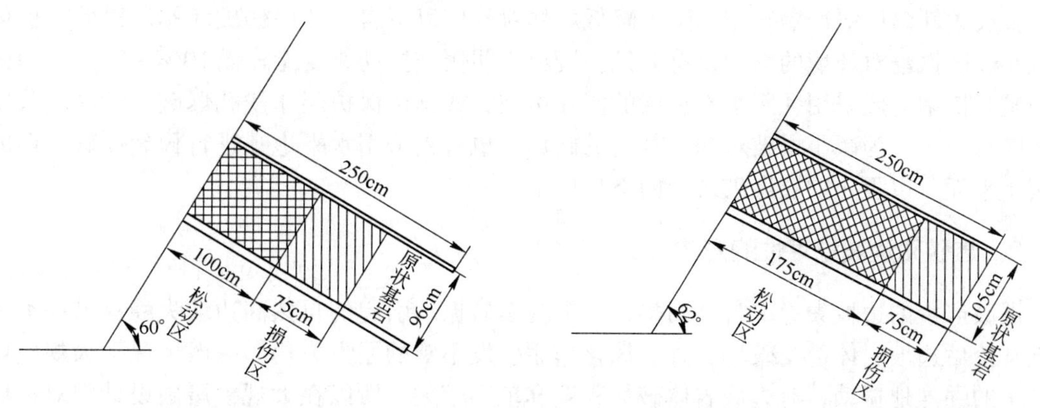

图 5-10 预裂爆破超声波损伤检测结果剖面图　　图 5-11 普通小台阶爆破超声波损伤检测结果剖面图

缝的破坏半径不会超过它的最小抵抗线；深孔爆破中为了减小对底部基岩的破坏，可在炮孔底设置一定高度的柔性垫层，这种爆破缓冲作用的效果得到国内外爆破界的认同，已在某些特殊要求的工程中得到推广应用。

深孔爆破的柔性垫层等于孔底径向不耦合装药。通过柔性垫层的可压缩性及对空气冲击波的阻滞作用，可降低爆炸对孔底以下岩石的破坏。有关试验的声波测试资料（见图5-12）表明：当孔底柔性垫层高度是孔径的 6 ~ 7 倍时，孔底以下基岩的破坏深度减小 40% 以上。

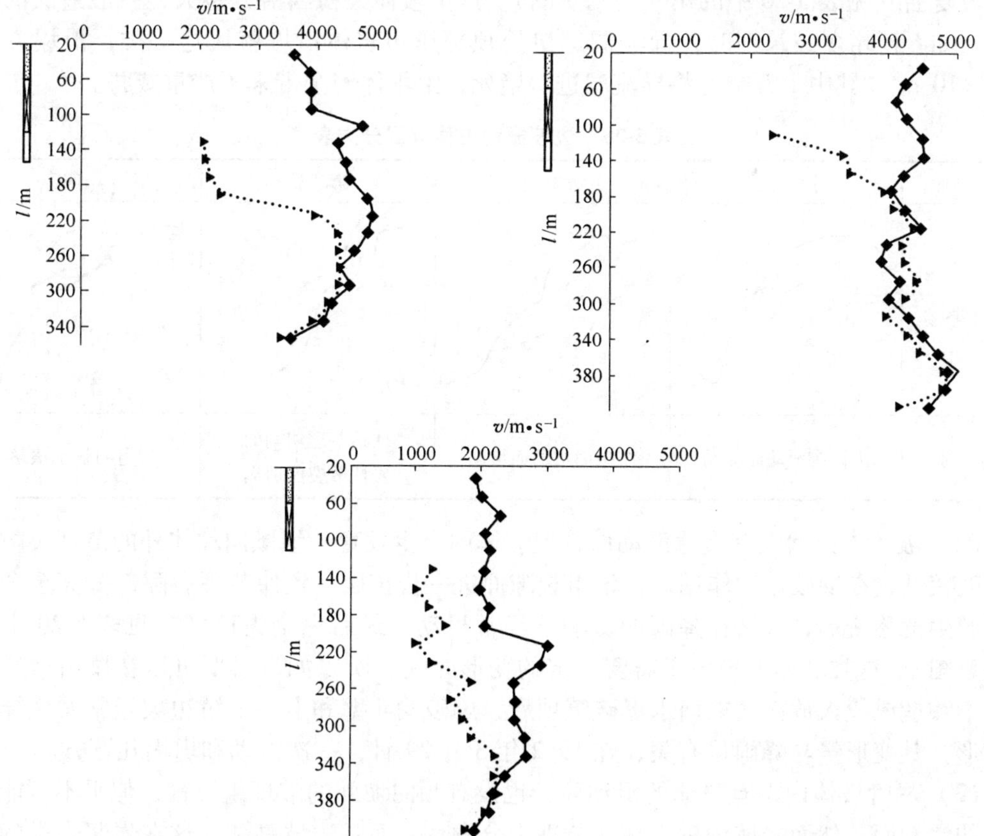

图 5-12 缓冲垫层爆破后声波测试对比图（图中实线为爆破前、虚线为爆破后）

孔底柔性垫层缓冲爆破作用除了降低爆炸对孔底以下岩石的损伤破坏作用以外，也可以减小爆破振动对环境的影响，有关试验资料表明爆破振动速度能降低 10% ~20%。因此在坝基开挖中一般采用孔底柔性垫层的深孔爆破，或预留保护层作浅孔爆破，最底层采用人工凿除找平。为减小爆破对深层基岩的破坏，也有人采用水平炮孔进行预裂爆破，形成预裂水平面，以阻止上层爆破裂缝向下扩展。

5.4.2 爆破对边坡稳定性的影响

爆破产生的边坡失稳灾害有两类：一类为爆破振动引起的自然高边坡失稳；另一类为爆破开挖后边坡岩体遭受破坏，日后风化作用引发不断的塌方失稳。一般情况下大规模爆破产生的强烈地振动，对边坡岩体破坏程度和范围较大，所以在大规模爆破设计中对边坡稳定性影响要有足够重视。

5.4.2.1 爆破对自然边坡稳定性的影响

爆破对自然边坡稳定性影响一方面取决于爆破振动强度，另一方面取决于坡体自身的地质条件。从统计资料来看，边坡坡角在 35°以上的容易发生振动失稳破坏。此外根据工程地质分析和实践经验证实，如下四种地质结构易发生爆破振动边坡失稳。

（1）爆区附近坡体内已有贯通滑动面或古滑坡体。爆前坡体靠滑动面的抗剪强度维持稳定，爆破时产生的强烈振动作用，使滑动面抗剪强度下降或损失，引起大方量的滑塌或古滑坡复活（见表 5-20 中的第一类示意图）。这类坡体失稳因滑方量大，一般造成的危害也大。如石砭峪爆破筑坝时，导流洞进口处顶部岸边岩体滑塌就属这一类，滑塌方量达 $10.4\times10^4\text{m}^3$，其中 1 万余方将导流洞进口堵死，给坝体安全带来了严重威胁。

表 5-20 边坡振动失稳成因分类表

类　别	第一类	第二类	第三类	第四类
示意图				
说　明	沿已有滑动面滑动	结构面贯通面滑动	柱状节理切割的岩柱散裂而坍塌	危石振动滚落

（2）坡体内虽然没有贯通滑动面，但坡体内至少发育一组倾向坡体外的节理裂隙，岩石强度较低，在爆破振动作用下，该组裂隙面进一步扩展，致使节理裂隙部分甚至全部贯通，产生滑移变形，日后在降雨的影响下经常滑动，最后完全失稳（参见表 5-20 中第二类示意图）。这类坡体失稳由于需要一定的变形时间，所以如有必要可以在爆后做适当处理，不致造成较大危害。如南水爆破筑坝后，爆破漏斗壁和上、下游边坡经常发生掉块和小变形，其变形量与降雨量有关，在 1962 年 3 月 29 日，一次滑动和坍塌几百方。

（3）尽管坡体内没有贯通的滑动面，也没有倾向坡外的节理组发育，似乎不可能形成危险的滑动面，然而岩体内垂直柱状节理十分发育，而且边坡高陡，这在岩浆岩类的安山岩、玄武岩地区多见。这类边坡受到强烈的爆破振动时，在坡缘处振动波叠加反射使振动加强，当振动变形超过一定限度后，岩柱拉裂折断，整个岩体散裂导致边坡坍塌（见表5-20中第三类示意图）。这类边坡失稳产生塌方量一般也较大。如山西里册峪水库定向爆破筑坝工程，主爆区漏斗外围下游发生 $5200m^2$ 面积的大滑塌即是典型例子。该工程滑塌区岩性为安山岩，柱状节理发育，滑塌后的地面形状由参差不齐的节理面组成，并没有一个由“最危险的软弱结构面”形成的大溜光面。再如福溪水库，垂直柱状节理也发育，爆后岸边的散裂坍塌现象也严重。

（4）坡体内节理、裂隙不很发育，岩体较完整，只是坡缘局部发育成冲沟或陡倾张开性裂隙，将岩体完全分割成危石，在爆破振动作用下，被分割的危石脱离母体翻滚而下，形成崩塌；或爆破时还没崩落，但稳定性进一步降低，日后在暴雨冲刷作用下仍可发生崩塌（见表5-20中第四类示意图）。这类破坏视崩塌岩块的大小和数量不等，造成危害的程度也不同，一般来说因塌落方量比前三类少，造成危害性也相对减轻。通常这种崩塌岩块易将交通道路阻断，或将电源线路砸断，给工程带来困难。柴石滩爆区多见这类危岩。另外太钢峨口铁矿定向爆破筑坝时，也发生了这类边坡失稳现象，主要是其中一个药室顶部有一岩石峭壁，岩石节理比较发育，爆破时该峭壁沿节理面崩落，在崩落过程中，将漏斗边缘的松动岩石也随之带落下来，形成下游坝脚左岸约 $0.8\times10^4m^3$ 的堆石。

5.4.2.2 爆破对残留边坡稳定性的影响

一般爆破都会对保留边坡的内部岩体产生破坏，受破坏的程度主要与如下因素有关：

（1）爆破药量。一次起爆药量越大，坡内的应力波越强，边坡破坏越严重。

（2）最小抵抗线。最小抵抗线越大，向坡后的反冲力越强，边坡破坏越重。

（3）岩体地质条件。地质条件不良，岩性较软，岩体破碎，施工时清方刷坡不够彻底，边坡塌方失稳的可能性越强。此外新成边坡改变了坡内原有应力场，暴露的新鲜岩石，在风化作用下强度逐渐降低，使得新边坡不断变形，稳定性渐渐衰失。

根据铁道部门对路堑边坡稳定性统计分析，早期在宝成线采用硐室爆破法开挖的路堑边坡，发生塌方失稳事故较多，后期考虑了边坡预留保护层，将光面预裂爆破技术引入到边坡开挖中，使得爆破对残留边坡的稳定性影响大大降低。中小型硐室爆破时，岩石边坡的合适坡度参考值见表5-21。

表5-21 中小型硐室爆破岩石边坡参考表

岩石类别	坚固性系数 f	调查的边坡高度/m	地面坡度/(°)	节理裂隙发育风化程度	边坡坡度
软　岩	1.5 ~ 2	20	30 ~ 50	严重风化，节理发育	1:0.75 ~ 1:0.85
	2 ~ 3	20 ~ 30	50 ~ 70	中等风化，节理发育	1:0.50 ~ 1:0.750
次坚石	3 ~ 5	20 ~ 30	30 ~ 50	严重风化，节理发育	1:0.40 ~ 1:0.60
		30 ~ 40	50 ~ 70	中等风化，节理发育	1:0.30 ~ 1:0.40
		30 ~ 50	> 70	轻微风化，节理发育	1:0.20 ~ 1:0.30
坚　石	5 ~ 8	30	30 ~ 50	严重风化，节理发育	1:0.30 ~ 1:0.50
		30 ~ 40	50 ~ 70	中等风化，节理发育	1:0.20 ~ 1:0.30
		40 ~ 60	> 70	轻微风化，节理发育	1:0 ~ 1:0.20
特坚石	8 ~ 20	30	30 ~ 50	严重风化，节理发育	1:0.10 ~ 1:0.30
		30 ~ 50	50 ~ 70	中等风化	1:0 ~ 1:0.20
		50 ~ 70	> 70	节理少	1:0

此外，在路堑边坡开挖的爆破设计中还应注意如下几个问题：

（1）爆破与地质条件密切结合的问题。爆破设计中不仅要根据岩性确定炸药单耗，还要考虑到地质构造对路堑边坡的稳定起着控制性作用，特别是考虑硐室爆破的设计方案时，应根据地质构造的特点来布置药包，确定各项参数。

（2）爆破方案的选择与边坡稳定性的关系。通常爆破方案是根据机械设备、工程要求和爆破方量及工期限制综合考虑所确定的。硐室爆破对边坡破坏作用强，所以预留保护层较厚，钻孔爆破可预留光爆层，使边坡得到最大限度的保护。最近将预裂钻孔爆破和硐室爆破相结合的爆破技术得到发展，其目标是既能很好地保护残留边坡，又能大规模地、快速地、经济地爆破石方。

（3）爆破施工质量对边坡稳定性的影响。如对宝成、兰新、鹰厦铁路线边坡稳定情况的统计中，发生边坡变形的工点有 198 处。其中爆破不当（装药量过大或发生盲炮爆破不彻底等）引起的 30 处，施工清方不彻底引起的 38 处，两者共 68 处，占变形工点的 34.3%。因此必须重视爆破清方刷坡的施工质量，及时做好护坡防护工程。

5.4.3 爆破对水文地质条件的改变

水文地质条件对爆破会产生影响，反过来爆破对水文地质条件也会产生影响。爆破作用产生的强破坏区和轻微破坏区，围岩中产生了不同程度的张性裂缝，将成为地下水流的良好通道。对于边坡工程来说这是不利因素，它既破坏了岩体的完整性，又增加了地下水的侵蚀作用，减小了结构面的抗剪强度，因此在爆破设计时必须充分重视，尽量减小爆破作用区域的破坏范围，最好采取光面（预裂）爆破。对于地下隧道爆破开挖，由于爆破采空区改变了地下水通道，造成地下水流失，引起地表沉降、植被缺水等环境问题。但在地下水开采中它又是有利的，爆破作用使裂缝扩大、增多，有利于提高地下水资源的开采量。因此有人利用井下爆炸提高地下水产量，同样道理也可提高石油开采量。

第6章　岩土爆破理论

6.1　岩石爆破理论的发展

随着爆破技术和相邻学科的发展，爆破理论的研究也有了长足的进步。特别是岩体结构力学、岩石动力学、断裂、损伤力学和计算机模拟爆破技术的发展，使爆破理论的研究更实用化，也更系统化了。但是，从总体上看，爆破理论的发展仍然滞后爆破技术的要求，理论研究和生产实际仍有不小的差距。再加上爆破过程的瞬时性和岩石性质的模糊性、不确定性，致使爆破理论众说纷纭，争论不止。在爆破理论日益发展又众说纷纭、相互矛盾的情况下，从发展角度研究各派爆破理论的主要论点、依据，找出共识，无论是对爆破理论的研究还是指导工程实践都有着重要意义。

6.1.1　岩石爆破理论的发展阶段

爆破理论作为一个学科，划分其发展的不同阶段，在时间上是很难划分清楚的，但就其发展过程来说，又必然存在着不同的发展阶段。即早期发展阶段、爆破理论的确立阶段、爆破理论的最新发展阶段。

6.1.1.1　早期发展阶段

1613 年德国人马林（Marlin）、韦格尔（Weigel）在弗雷斯帕格（Freisberg）矿山首先用炸药掘进坑道，开创了爆破采矿的历史。应该说从炸药用于爆破作业起，人们就有了计算炸药量的方法，也就出现了早期爆破理论。直到 20 世纪 60 年代日野熊雄的冲击波拉伸破坏理论的出现，标志着早期爆破理论发展阶段的结束。这一阶段比较著名的理论有炸药量与岩石破碎体积成比例理论；L. W. 利文斯顿爆破漏斗理论和流体动力学理论。

综观早期爆破理论的特点是，出现了炸药量计算公式，但是对爆破过程并未作实质性的说明。

6.1.1.2　爆破理论的确立阶段

这一阶段从 20 世纪 60 年代初，日野氏和美国矿业局戴维尔（Dwall W. L. ）提出冲击波拉伸破坏理论和村田勉提出爆炸气体膨胀压破坏理论开始，到 70 年代 L. C. 朗（Long）明确提出爆破作用三个阶段为止，历时 10 余年，这一阶段的特征是：

（1）冲击波拉伸破坏理论；爆炸气体膨胀压破坏理论；冲击波和爆炸气体综合作用理论已经确立。

（2）在爆炸破坏主因是冲击波压力还是爆炸气体膨胀压方面展开激烈的争论，在争论中各派都在不断完善和发展自己的观点。

（3）争论的结果，冲击波和爆炸气体综合作用理论，爆破过程的三个阶段论逐步得到多数人的承认。

（4）利用现代测量仪器，例如高速摄影机进行的观测，大大丰富和完善了爆破理论的内容，初步揭示了破坏的本质现象。

6.1.1.3 爆破理论的最新发展阶段

爆破理论的最新发展阶段起始于 20 世纪 80 年代，标志之一是裂隙介质爆破机理的产生。随着实验技术和相关学科的发展，爆破理论和爆破技术的研究呈现一派蓬勃发展的新景象。

纵观国内外研究现状，可以看出：这一阶段各学派虽然仍在不断完善自己的观点，但这已不是研究的主流，代表该阶段的主要特征是：

（1）裂隙岩体爆破理论的深入研究和岩体结构面对岩石爆破的影响和控制。

（2）断裂力学和损伤力学的引入。

（3）计算机模拟和再现爆破过程，用以研究裂纹的产生、扩展；预测爆破块度的组成和爆堆形态；供计算机模拟用的爆破模型不断涌现。

（4）一些新的思想，新的研究方法开始进入爆破理论的研究。20 世纪 60 年代出现的信息论、控制论；70 年代发展起来的突变论、协同学理论，耗散结构论，分形理论和非线性理论；80 年代以后发展起来的混沌学和分叉理论，使爆破理论的研究出现了一个崭新的局面。

6.1.2 爆破理论研究的内容

岩石爆破理论在其漫长的发展过程中，其研究的深度和广度都是在不断扩大的。应该说，在岩石爆破理论的确立阶段研究内容主要针对岩石是在何种力作用下破碎的？破碎的规律以及影响因素是什么或称岩石的爆破破碎机理为何？随着人们对爆破现象的认识逐步加深，对爆破理论研究的内容和范围也相应扩大。岩石爆破理论的研究内容应该包括：

（1）爆轰波理论的研究；

（2）岩石特性，包括岩体结构、构造特征和岩石动力学性质及其对爆破效果的影响；

（3）炸药能量向岩石的传递效率；

（4）岩石的动态断裂与破坏；

（5）爆破过程的数值模拟，预测爆破块度和爆堆形态。

6.2 岩石中的爆炸应力波

在介质中传播的扰动称为波。由于任何有界或无界介质的质点是相互联系着的，其中任何一处的质点受到外界作用而产生变形和扰动时，就要向其他部分传播，这种在应力状态下介质质点的运动或扰动的传播称为应力波。炸药在岩石和其他固体介质中爆炸所激起的应力扰动（或应变扰动）的传播称为爆炸应力波。

6.2.1 应力波分类

6.2.1.1 按传播途径分类

按传播途径不同，应力波分为两类：在介质内部传播的应力波称为体积波；沿着介质内、外表面传播的应力波称为表面波。体积波按波的传播方向和在传播途径中介质质点扰动方向的关系又分为纵波和横波。

纵波亦称 P 波，其特点是波的传播方向与介质质点运动方向相一致，由于纵波传播垂直应力，在传播过程中引起压缩和拉伸变形。因此，纵波又可分为压缩波和稀疏波。

横波亦称 S 波，特点是波的传播方向与介质质点运动方向垂直，在传播过程中会引起介质产生剪切变形。

图 6-1 示出 P 波和 S 波在传播过程中质点运动示意图。固体、液体、气体介质均能传播 P 波。但是，液体、气体介质不能传播 S 波，只有固体介质才能传播 S 波。

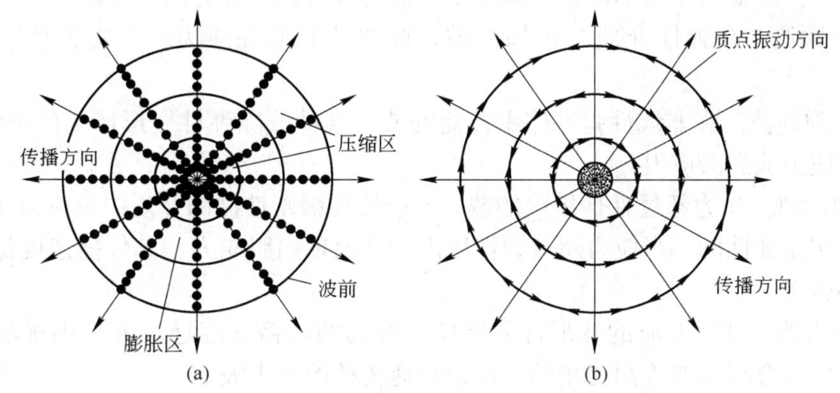

图 6-1　纵波（a）和横波（b）传播过程中质点振动示意图

表面波可以分为瑞利波和勒夫波。瑞利波简称 R 波；勒夫波简称 Q 波。在瑞利波传播的过程中受扰动的质点将遵循椭圆轨迹作后退运动，但不产生剪切变形，在这一点上它与 P 波相似。Q 波与 S 波相似。波中被扰动的质点与波传播方向成横向的振动。

体积波特别是纵波由于能使岩石产生压缩和拉伸变形，它是爆破时造成岩石破裂的重要原因。表面波特别是瑞利波，携带较大的能量，是造成地震破坏的主要原因。若震源辐射出的能量为 100，则纵波和横波所占能量比为 7% 和 26%；而表面波为 67%。图 6-2 表

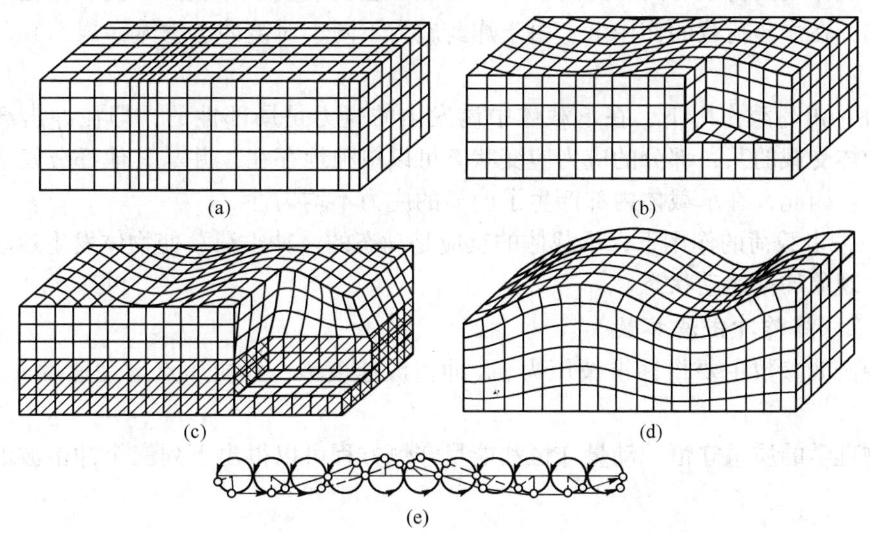

图 6-2　应力波传播引起的介质变形立体示意图

（a）纵波；（b）横波；（c）勒夫波；（d）瑞利波；（e）瑞利波质点运动方向

示了应力波传播过程中介质变形示意图。

6.2.1.2　按波阵面形状分类

应力波在传播过程中，由于所形成的波阵面形状不同，将应力波分为球面波、柱面波和平面波。球状药包激起的是球面波；柱状药包沿全长同时起爆时激发的是柱面波；平面药包激起的是平面波。

6.2.1.3　按传播介质变形性质不同分类

由于固体介质变形性质不同，在固体中传播的应力波可分为以下几种：

(1) 弹性波。在弹性介质中传播的波，此弹性介质在应力—应变关系中服从虎克定律。

(2) 黏弹性波。在非线性弹性体中传播的波。这种波除弹性变形产生的弹性应力外，还产生摩擦应力或黏滞应力。

(3) 塑性波。应力超过弹性极限的波。在能够传播塑性波的介质中，应力在未超过弹性极限前仍然是弹性的。当应力超过弹性极限后，出现屈服应力，其传播速度比弹性应力传播速度小得多。

(4) 冲击波。如果介质的变形性质能使大扰动的传播速度远远大于小扰动的传播速度，在介质中就会形成波阵面陡峭的，以超声速传播的冲击波。

炸药爆炸后，在岩石中传播的主要是弹性波。即使在静载作用下表现出弹塑性的岩石，因在爆炸载荷作用下，塑性减小，屈服极限增大，脆性增加，变形性质也接近线弹性体。塑性波和冲击波只能在爆源处才能观察到，而且不是所有岩石都能产生这样的波。

6.2.2　冲击荷载的特征及爆炸冲击波参数

6.2.2.1　冲击荷载的特征

(1) 在冲击荷载作用下，承受荷载作用的物体的自重非常重要。冲击荷载作用下所产生力的大小、作用的持续时间和力的分布状态等，主要取决于加载体和受载体之间的相互作用。例如：在炸药荷载的作用下，由于炸药威力不同，对被冲击物体（岩石）的破坏力是不同的。

(2) 在冲击荷载作用下，在承载体中诱发出的应力是局部性的，即在冲击载荷作用下，承载物体受载的某一部分的应力应变状态可以单独地存在，并与其他部分发生的应力或应变无关。因此，在承载体内部产生了明显的应力不均匀性。

(3) 在冲击载荷的作用下，承载体的反应是动态的。冲击荷载使物体发生运动，物体出现的各种现象均呈运动状态。

6.2.2.2　爆炸冲击波参数

爆炸冲击波参数主要指冲击波压力 p、冲击波速度 D、介质质点运动速度 u、内能 E 和压缩比 $\bar{\rho}$。

根据物理学的质量守恒，动量守恒和能量守恒方程可以得出下列三个冲击波的基本方程式：

$$\rho_0 D = \rho(D - u) \tag{6-1}$$

$$p - p_0 = \rho_0 D u \tag{6-2}$$

$$\Delta E = E_2 - E_1 = \frac{1}{2}(p + p_0)(V_0 - V) \tag{6-3}$$

式中 E_1，E_2——介质扰动前后的内能；

p_0，p——介质扰动前后的压力；

V_0，V——介质扰动前后的体积。

另外，在爆炸载荷的作用下，作用在岩石上的压力 p（冲击波压力或应力波压力）、温度 T、密度 ρ 存在下列关系，称为岩石的状态方程。

$$p = p(\rho \cdot T) \tag{6-4}$$

对于硬岩，在爆炸冲击载荷作用下的本构方程可以写成如下形式：

$$p - p_0 = B_n\left[\left(\frac{\rho}{\rho_0}\right)^4 - 1\right] \tag{6-5}$$

式中 ρ_0，ρ——介质扰动前后的密度。

相对于介质扰动后的爆炸冲击波压力 p，扰动前的介质压力 p_0 可近似为零。

则式（6-5）可改写为

$$p = B_n(\bar{\rho}^4 - 1) \tag{6-6}$$

式中，$\bar{\rho} = \frac{\rho}{\rho_0}$，称为压缩比。

一般认为，当冲击波波速达每秒数千米时，系数 B_n 为定值：

$$B_n = \frac{\rho_0 C_P^2}{4} \tag{6-7}$$

上述四个方程，即式（6-1）、式（6-2）、式（6-3）和式（6-6），有五个未知数（p、u、$\bar{\rho}$、D 和 ΔE）。因此，如果用实验方法测得其中一个参数，便可解出其他未知数。

对于大多数硬岩，爆炸冲击波波速 D 和岩石质点运动速度 u 存在下列关系：

$$D = a + bu \tag{6-8}$$

式中 a，b——实验常数，如表 6-1 所示，其中 b 为切向应力和径向应力的比例系数。

表 6-1 某些岩石的 a、b 值

岩石名称	密度/$kg \cdot m^{-3}$	$a/m \cdot s^{-1}$	b
花岗岩（1）	2630	2100	1.63
花岗岩（2）	2670	3600	1.00
玄武岩	2670	2600	1.60
辉长岩	2980	3500	1.32
钙钠斜长岩	2750	3000	1.47
纯橄榄石	3300	6300	0.65
橄榄岩	3000	5000	1.44
大理石	2700	4000	1.32
石灰岩	2600	3500	1.43
泥质细砂岩（60%砂，40%黏土）		520	1.78
页 岩	2000	360	1.34
岩 盐	2160	3500	1.33

B. П. 别辽茨基（Белядкий）等人采用太安炸药在三种岩石中进行了实验，实测了质点运动速度 u，并且计算了冲击波速度 D、冲击波压力 p、冲击波内能 E 等参数，列于表 6-2。

表 6-2　岩石中冲击波的初始参数

岩石名称	密度 /kg · m^{-3}	波速 /m · s^{-1}	炸药密度 /g · cm^{-3}	装药直径 /mm	质点速度 /m · s^{-1}	冲击波速 /m · s^{-1}	波头压力 /GPa	冲击波能量/kJ	比能 /kJ · m^{-2}	能量传递系数
页　岩	1340	1800	0.9	5	675	2670	2.36	2.67	28.5	0.42
石灰岩	2420	3480	0.9	5	410	3550	3.78	3.51	37.5	0.55
大理岩	2840	6275	0.9	5	370	6500	6.54	3.84	41.1	0.66
页　岩	1240	1800	1.7	8	1100	3220	4.62	23.3	154	0.73
石灰岩	2420	3480	1.7	8	890	4620	10.58	24.2	160	0.76
大理岩	2840	6275	1.7	8	650	6850	12.00	25.2	175	0.83

由表 6-2 看出：(1) 岩石波阻抗越小，初始冲击波参数越小，冲击波传递给岩石的能量就越小，而且大部分能量消耗在爆炸近区的塑性变形上，波的衰减很快；(2) 对于不同岩石，若增加装药密度，以提高炸药威力，则冲击波所有参数都相应增大。

6.2.2.3　冲击波压力的衰减

尽管冲击波作用范围很小，一般不超过药径的 3 ~7 倍。但是，在传播过程中其压力仍呈衰减趋势。岩石中冲击波峰值压力衰减与炸药类型、药包形状和岩石特性有关，数学表达式为：

$$p = \frac{p_2}{\bar{r}^{\alpha}} \tag{6-9}$$

式中　p——岩石中冲击波峰值压力；

p_2——炸药爆炸后岩石界面上的初始冲击波压力；

$\bar{r}$——比距离，$\bar{r} = \dfrac{r}{r_e}$；

r——与冲击波压力 p 对应点处距爆源的距离；

r_e——药包半径；

α——压力衰减系数，$\alpha \approx 1 \sim 3$；在塑性变形区内取 3，应力波衰减系数低于冲击波的数值。

6.2.3　爆炸应力波的传播

6.2.3.1　冲击波，应力波和地震波

冲击波在岩体内传播时，它的强度随传播距离的增加而减小。波的性质和形状也产生相应的变化。根据波的性质、形状和作用性质的不同，可将冲击波的传播过程分为三个作用区，如图 6-3 所示。在离爆源约 3 ~7 倍药包半径的近距离内，冲击波的强度极大，波峰压力一般都大大超过岩石的动抗压强度，故使岩石产生塑性变形或粉碎。因而消耗了大部分的能量，冲击波的参数也发生急剧的衰减。这个距离的范围叫做冲击波作用区。冲击波通过该区以后，由于能量大量消耗，冲击波衰减成不具陡峻波峰的应力波，波阵面上的状态参数变化得比较平缓，波速接近或等于岩石中的声速，岩石的状态变化所需时间大大小

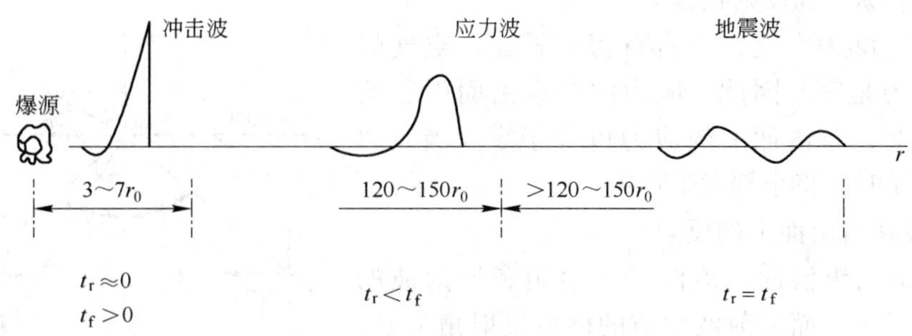

图 6-3　爆炸应力波及其作用范围

t_r—应力增至峰值的上升时间；t_f—由峰值应力降至零时的下降时间；r_0—装药半径

于恢复到静止状态所需时间。由于应力波的作用，岩石处于非弹性状态，在岩石中产生变形，可导致岩石的破坏或残余变形。该区称作应力波作用区或压缩应力波作用区。其范围可达到 120～150 倍药包半径的距离。应力波传过该区后，波的强度进一步衰减，变为弹性波或地震波，波的传播速度等于岩石中的声速，它的作用只能引起岩石质点作弹性振动，而不能使岩石产生破坏，岩石质点离开静止状态的时间等于它恢复到静止状态的时间。故此区称为弹性振动区。

6.2.3.2　爆炸应力波的传播

随着传播距离的增加，爆炸冲击波衰减为爆炸应力波，在研究爆炸应力波传播过程时，必须研究应力波传播时所引起的应力以及应力波本身的传播速度和应力波传播过程中所引起的质点振动速度，这两种速度在数量上存在着一定的关系。

弹性介质中的应力波传播速度取决于介质密度、弹性模量等。在无限介质的三维传播情况下，其纵波和横波的传播速度为：

$$C_P = \left[\frac{E(1-\nu)}{\rho(1+\nu)(1-2\nu)}\right]^{\frac{1}{2}} \tag{6-10}$$

$$C_S = \left[\frac{E}{2\rho(1+\nu)}\right]^{\frac{1}{2}} = \left[\frac{G}{\rho}\right]^{\frac{1}{2}} \tag{6-11}$$

式中　E——介质的弹性模量，kPa；

ν——介质的泊松比；

G——介质的剪切模量，kPa。

岩石中的应力波速度除与岩石密度、弹性模量有关外，尚与岩石结构，构造特性有关。工程上一般通过实测得出岩石的纵波和横波传播速度。

6.2.3.3　应力波的反射

应力波在传播过程中，遇到自由面或节理、裂隙、断层等薄弱面时都要发生波的反射和透射。当波遇到界面时，一部分波改变方向，但不透过界面，仍在入射介质中传播的现象称为反射。当波从一个介质穿过界面进入另一介质，入射线由于波速的改变，而改变传播方向的现象称为透射。

A　应力波在自由面上的反射

应力波传播到自由面时均要发生反射，无论是纵波，还是横波经过自由面反射后都要再度生成反射纵波和反射横波。

自由面上部为空气，与岩石密度相比，空气的密度可以认为是零。因此，应力波在自由面引起的位移不受限制，自由面上的应力也等于零。当应力波到达自由面时，将全部发生反射。

a　纵波在自由面上的反射

当入射波为纵波时，纵波的入射角和反射波的入射角均等于 α，而反射波生成的横波反射角为 β，如图 6-4 所示。同时，由反射波生成的横波反射角 β 与纵波的入射角 α 之间，根据光学的斯涅尔（Snell）法则存在下列关系式

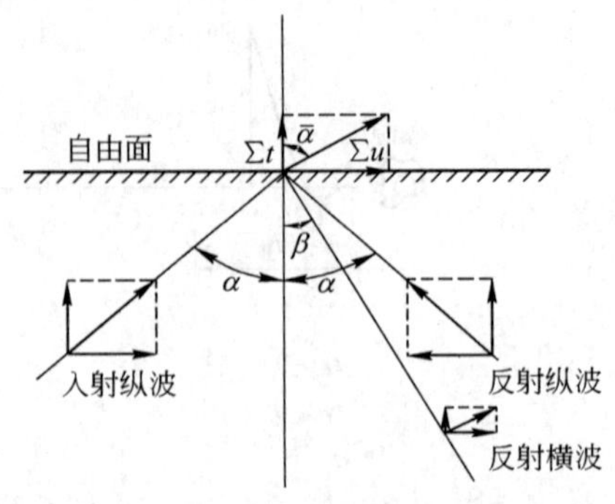

图 6-4　倾斜入射的纵波在自由面的反射

$$\frac{\sin\alpha}{\sin\beta} = \frac{C_P}{C_S} = \left[\frac{2(1-\nu)}{1-2\nu}\right] \tag{6-12}$$

当纵波、横波在介质内部传播时，在介质中均要产生应力和应变。设通过自由面某点倾斜入射的纵波及其反射的纵波和横波引起的应力分别为 σ_i、σ_r 和 τ_r，则三者存在下列关系式：

$$\sigma_r = R_0\sigma_i \tag{6-13}$$

$$\tau_r = [(R_0 + 1)\cot 2\beta]\sigma_i \tag{6-14}$$

$$R_0 = \frac{\tan\beta\tan^2 2\beta - \tan\alpha}{\tan\beta\tan^2 2\beta + \tan\alpha} \tag{6-15}$$

式中　R_0——应力波的反射系数。

纵波的入射角 α 与反射系数 R_0 的关系如图 6-5 所示。

R_0 为负值，表示纵向应力波方向发生反向变化，压缩波变为拉伸波，拉伸波变为压缩波。

当纵波倾斜入射时，自由面上质点的运动方向取决于 3 个波引起质点位移的合成方向，如图 6-6 所示。

$$\bar{\alpha} = \arctan\left(\frac{\Sigma U}{\Sigma t}\right) \tag{6-16}$$

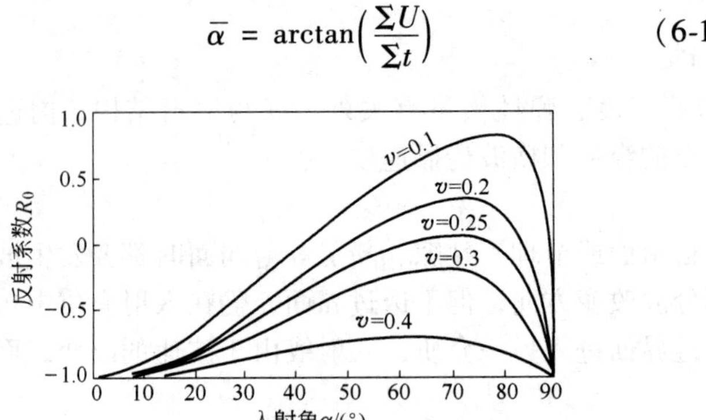

图 6-5　纵波入射角 α 与反射系数 R_0 的关系

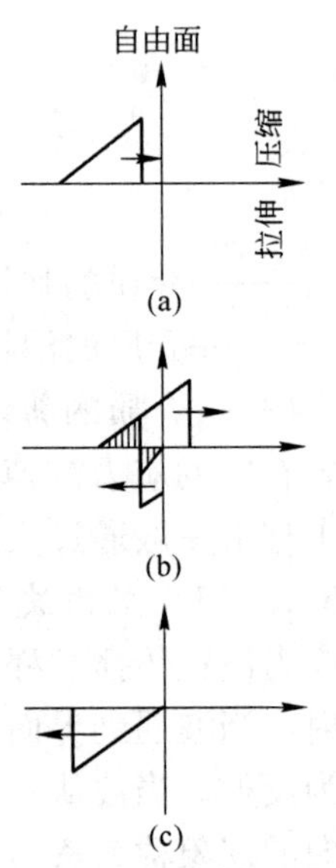

图 6-6　三角波从自由面反射时的应力

式中 ΣU——三个波引起的平行于自由面的质点位移合成值；

Σt——三个波引起的垂直于自由面的质点位移合成值。

可以证明：横波反射角 β 与纵波入射角 α 之间存在下列关系：

$$\overline{\alpha} = 2\beta \tag{6-17}$$

纵波垂直入射自由面时，$\alpha_i = 0°$，此时与自由面成垂直方向的应力合力必然为零。其相位发生180°变化。即应力波若是以压缩波的形式传播，到达自由面时发生反射，压缩波变为拉伸波，并向介质中返回。此时，自由面附近的应力状态如图6-6所示，设入射的三角波形为压缩波，从左向右传播，如图6-6（a）所示，波在到达自由面之前，随着波的前进，介质承受压缩应力作用，当波到达自由面时立即发生反射。图6-6（b）表示三角波正在反射过程中，图6-6（c）表示波的反射过程已经结束。反射前后的波峰应力值和波形完全一样，但极性相反，由反射前的压缩波变为反射后的拉伸波，从原介质中返回。随着反射波的前进，介质从原来的压缩应力下被解除的同时，而承受拉伸应力。

b 横波在自由面上的反射

当入射波为横波时，在自由面上由入射波和反射波所引起的应力有下列关系：

$$\tau_r = R_0 \tau_i \tag{6-18}$$

$$\sigma_r = [(R_0 - 1)\tan 2\beta]\tau_i \tag{6-19}$$

B 应力波在不同介质分界面上的反射和透射

当应力波传到不同介质的分界面时，均要发生反射和透射，假设入射波为纵波（P）时，一般要激发四种波，即反射纵波 P_r，反射横波 S_r，透射纵波 P_t 和透射横波 S_t（图6-7）。

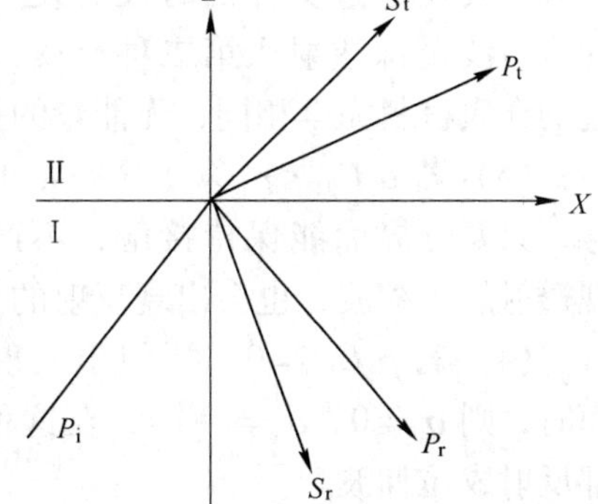

图6-7 P 波由介质Ⅰ入射到介质Ⅱ中的示意图

波的反射部分和透射部分的应力波的形状变化取决于不同介质的边界条件。根据界面连续条件和牛顿第三定律，分界面两边质点运动速度相等，应力也相等。

$$\sigma_i + \sigma_r = \sigma_t \tag{6-20}$$

$$v_i + v_r = v_t \tag{6-21}$$

式中，σ 和 v 分别代表应力和质点运动速度，右下角标的字母 i、r 和 t 分别代表入射，反射和透射波。

假设传播的应力波为纵波，则

$$v_i = \frac{\sigma_i}{\rho_1 C_{P1}}, \quad v_r = -\frac{\sigma_r}{\rho_1 C_{P1}}, \quad v_t = \frac{\sigma_t}{\rho_2 C_{P2}} \tag{6-22}$$

将式（6-22）代入式（6-21）得：

$$\frac{\sigma_1}{\rho_1 C_{P1}} - \frac{\sigma_r}{\rho_1 C_{P1}} = \frac{\sigma_t}{\rho_2 C_{P2}} \tag{6-23}$$

将式（6-20）与式（6-23）联立可得：

$$\sigma_{r} = \sigma_{i}\left(\frac{\rho_2 C_{P2} - \rho_1 C_{P1}}{\rho_2 C_{P2} + \rho_1 C_{P1}}\right) \tag{6-24}$$

$$\sigma_{t} = \sigma_{i}\left(\frac{2\rho_2 C_{P2}}{\rho_2 C_{P2} + \rho_1 C_{P1}}\right) \tag{6-25}$$

式中　ρ_1, ρ_2——分别表示两种不同介质的密度，kg/m^3；

C_{P1}，C_{P2}——分别表示两种不同介质的纵波传播速度，m/s。

设：$F = \dfrac{\rho_2 C_{P2} - \rho_1 C_{P1}}{\rho_2 C_{P2} + \rho_1 C_{P1}}$，$F$ 称为反射系数。

$T = \dfrac{2\rho_2 C_{P2}}{\rho_2 C_{P2} + \rho_1 C_{P1}}$，$T$ 称为透射系数。显然

$$1 + F = T \tag{6-26}$$

由公式（6-26）可以看出，T 总为正，故透射波与入射波总是同号，F 的正负则取决于两种介质波阻抗的相对大小。如图6-8所示。

（1）若 $\rho_2 C_{P2} > \rho_1 C_{P1}$，$F>0$，反射波和入射波同号，压缩波反射仍为压缩波，反向加载。

（2）若 $\rho_2 C_{P2} = \rho P_1 C_{P1}$，$F=0$，$T=1$，此时入射的应力波在通过交界面时没有发生波的反射，入射的应力波全部透射入第二种介质，就说明分界面两边的介质材料完全相同，无能量的损失。

（3）若 $\rho_2 C_{P2} < \rho_1 C_{P1}$，$F<0$，反射波和入射波异号，只要分界面能保持接触，不产生滑移，既会出现透射的压缩波，也会出现反射的拉伸波。

（4）若 $\rho_2 C_{P2} = 0$，类似于入射应力波到达自由面时，则 $\sigma_t = 0$，$\sigma_r = -\sigma_i$，在这种情况下入射波全部反射成拉伸波。

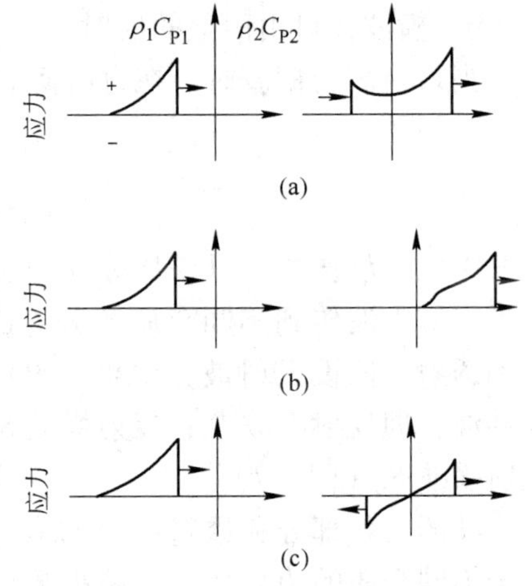

图6-8　应力波反射类型图

（a）$\rho_2 C_{P2} > \rho_1 C_{P1}$；（b）$\rho_2 C_{P2} = \rho_1 C_{P1}$；（c）$\rho_2 C_{P2} < \rho_1 C_{P1}$

+—压应力；-—拉应力

由于岩石的抗拉强度大大低于岩石的抗压强度，因此（3）、（4）两种情况都可能引起岩石破坏，尤其是后者，这充分说明自由面在提高爆破效果方面的重要作用。

6.2.4　岩石中的动应力场

爆炸荷载为动荷载，在爆炸荷载作用下，岩石中引起的应力状态表现为动的应力状态，它不仅随时间而变化，而且随距离远近而变化。

在爆炸应力波作用的大部分范围内，它是以压缩应力波的方式传播的，其引起的岩石应力状态可以近似地采用弹性理论来研究和解析。近代动应力的分析方法，就是按应力波的传播、衰减、反射和透射等一系列规律，计算应力场中各点在不同时刻的应力分布情况，以求得任何时刻的应力场及任意小单元体的应力状态随时间变化的规律。

当爆炸应力波从爆源向自由面倾斜入射时，在自由面附近某点岩石中产生的应力状态是由直达纵波、直达横波，纵波反射生成的反射纵波和反射横波、横波反射生成的反射纵波和反射横波的动应力状态叠加而成。为简化计算，下面仅考虑入射波是纵波的情况。如图6-9所示，设自由面方向为横轴，最小抵抗线方向为竖轴，O点为炸药中心（即爆源），岩体中任一点A的应力状态可作如下的分析：该点由入射直达纵波产生的应力为σ_{ip}，由反射纵波产生的应力为σ_{rp}，由反射横波产生的应力为σ_{sp}，则A点的应力为三者的合成，由合成应力引起的三个主应力为σ_1、σ_2、σ_3。

当拉伸主应力σ_2出现极大值时，自由面附近岩体中各点的主应力σ_1和σ_2的方向如图6-10所示。这种应力分布方向对于解释爆破时岩体中发生的裂隙方向，具有重要的意义。如果爆源附近有自由面时，自由面对应力极大值的变化产生很大的影响，一般来说在自由面附近所产生的压缩主应力极大值比无自由面时所产生的要大，爆源离自由面越近，拉伸主应力的增长越显著，这意味着自由面附近的岩石是处于拉伸应力状态下易于被破坏。

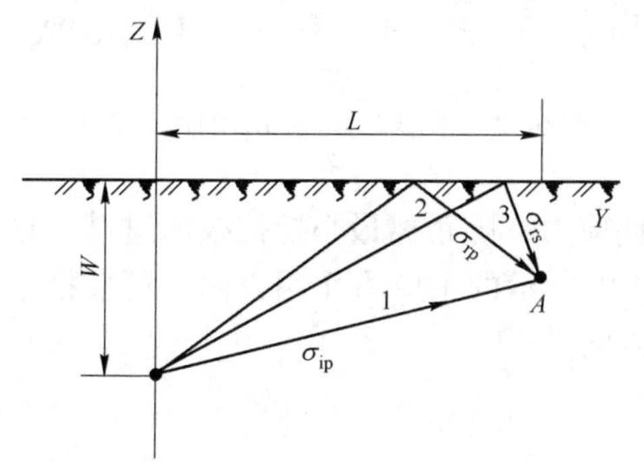

图6-9　波到达A点的应力分析

1—入射纵波；2—反射纵波；3—反射横波

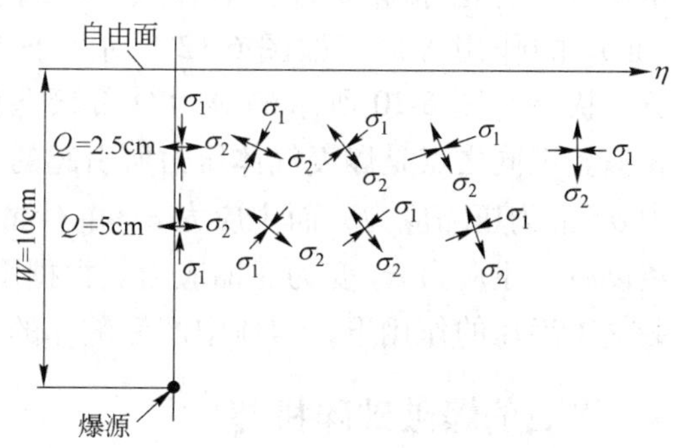

图6-10　当σ达到最大值时

r_1和r_2的作用方向

A. H. 哈努卡耶夫也得出类似的结果。图6-11表示了入射波倾斜入射时，反射纵波（P_r）和反射横波（S_r）分别产生的主应力。包括拉应力、压应力和剪切应力。

由图6-11看出：（1）在反射纵波波阵面（P_r）上，主应力方向为垂直波阵面的方向和与波阵面相切的方向；在反射横波的波阵面上，主应力方向和波阵面成45°夹角。（2）在反射纵波的波阵面上，最小抵抗线处的应力值最大，距离最小抵抗线越远，应力值越小。在反射横波的波阵面上，最小抵抗线处的应力等于零。（3）地表附近岩层的"片落"主要靠反射纵波引起的拉应力作用。边缘地区的少部分岩石的断裂是由于剪切应力作用造成的，该剪切应力作用方向和纵波波阵面成45°夹角，局部地方岩石的破坏是由于和反射横波波阵面平行的剪切应力造成的。

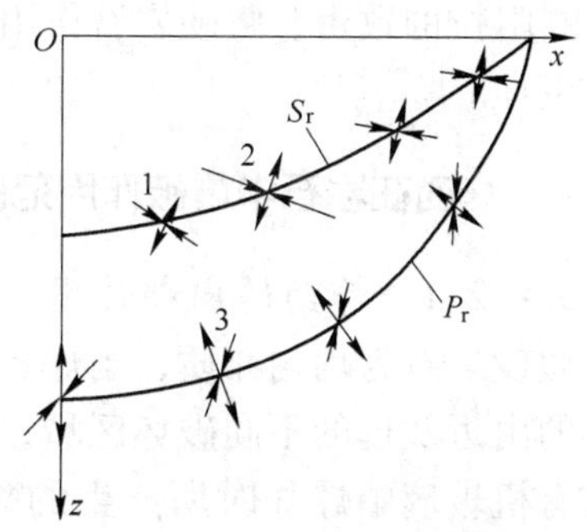

图6-11　在反射纵波和反射横波波阵面上的主应力的大小和方向

1—拉应力；2—压应力；3—剪应力

上述两个实例说明：(1) 自由面对应力极大值的变化有很大影响。(2) 自由面附近岩石主要靠反射纵波的拉伸应力破坏。

6.3 岩石中的爆炸气体

如果将爆炸气体与冲击波相比较，从出现的时间讲，冲击波在前，爆炸气体在后。从对岩石的作用时间讲，冲击波作用时间短，爆炸气体作用时间长。尽管爆炸气体出现的时间晚，但是，由于它携带有巨大的能量和较长的作用时间，在破碎岩石中的作用是不可忽视的。

如果药包靠近自由面，孔壁岩石被高压冲击波压缩和粉碎，炮孔容积被扩大，被密封在炮孔中的爆炸气体以准静态压力作用在孔壁上。其力学分析方法是：首先由岩石的应力、应变、位移关系导出爆破微分方程式；再用普通塑性力学方法求解在岩石中各点的主应力 σ_1 和 σ_2 的作用方向，如图 6-12 所示。该应力分布状态与图 6-10 所示的应力分布状态极为相似。不同之点是爆轰气体压力所引起的主应力 σ_1 常为压缩应力，而主应力 σ_2 并不常为拉伸应力，随距离最小抵抗线超过某一极限距离以后，主应力 σ_2 变为压缩应力。根据图 6-12 中所示的主应力作用方向，可以推断在爆轰气体静压的作用下，岩体中产生破坏的裂隙方向。

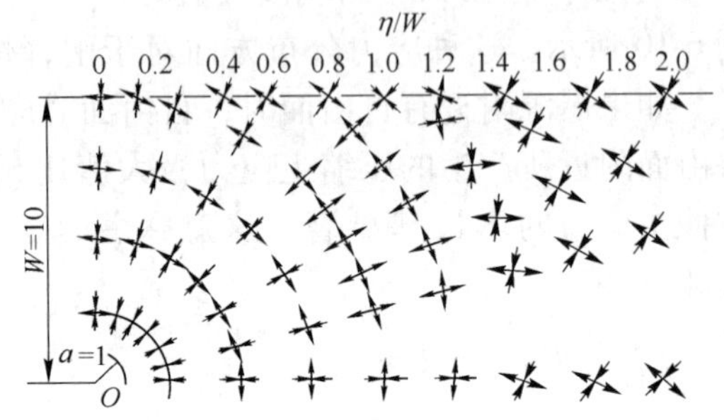

图 6-12 主应力 σ_1 和 σ_2 的作用方向

6.4 岩石的爆破破碎机理

6.4.1 岩石破碎是爆炸冲击波和爆炸气体综合作用的结果

炸药爆炸时炸药能量以两种形式释放出来，一种是冲击波；一种是爆炸气体。岩石是在冲击波和爆炸气体膨胀压力综合作用下破碎的。即两种作用形式在爆破的不同阶段和针对不同岩石所起的作用不同。爆炸冲击波（应力波）使岩石产生裂隙，并将原始损伤裂隙进一步扩展；随后爆炸气体使这些裂隙贯通、扩大形成岩块，脱离母岩。此外，爆炸冲击波对高阻抗的致密、坚硬岩石作用更大，而爆炸气体膨胀压力对低阻抗的软弱岩石的破碎效果更佳。

6.4.2 炸药在岩石中爆破作用范围

6.4.2.1 炸药的内部作用

假设岩石为均匀介质，当炸药置于无限均质岩石中爆炸时，在岩石中将形成以炸药为中心的由近及远的不同破坏区域，分别称为粉碎区、裂隙区及弹性震动区。图 6-13 为炸药在有机玻璃中爆炸时所产生的裂纹状态图。透明的甲基丙烯酸玻璃板厚 2cm。图 6-13 (a) 与图 6-13 (b) 爆破抵抗线相同，但下图的药量为上图药量的 3 倍。图 6-14 则表示在无限介质中球状或柱状药包的爆炸断面图。这些区域表明炸药爆炸后，岩石破坏状态在空间的分布。

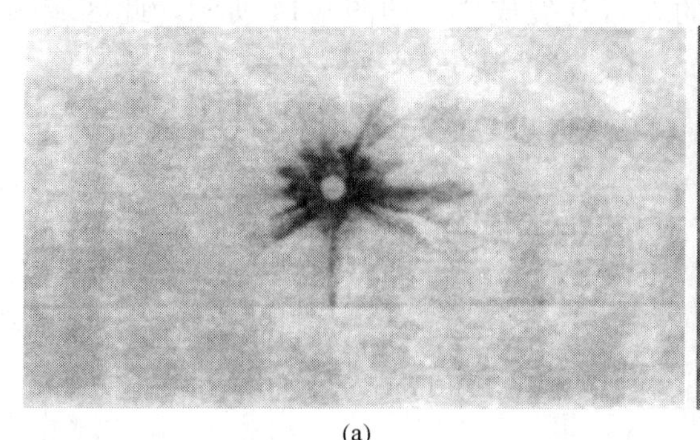
(a)

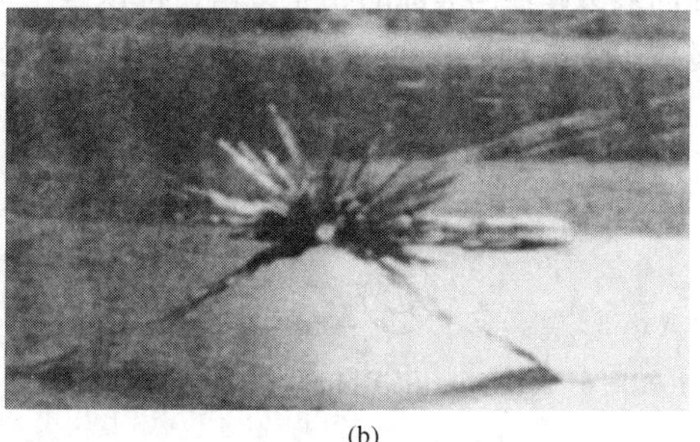
(b)

图 6-13 有机玻璃板爆炸裂纹状况（根据 U. 兰格福斯）

A 粉碎区

炸药爆炸后，爆轰波和高温、高压爆炸气体迅速膨胀形成的冲击波作用在孔壁上，都将在岩石中激起冲击波或应力波，其压力高达几万兆帕、温度达 3000℃ 以上，远远超过岩石的动态抗压强度，致使炮孔周围岩石呈塑性状态，在几毫米～几十毫米的范围内岩石熔融。尔后随着温度的急剧下降，将岩石粉碎成微细的颗粒，把原来的炮孔扩大成空腔，称为粉碎区。如果所处岩石为塑性岩石（黏土质岩石，凝灰岩，绿泥岩等），则近区岩石被压缩成致密的、坚固的硬壳空腔，称为压缩区。由于粉碎区是处于坚固岩石的约束条件下，大多数岩石的动态抗压强度都很大，冲击波的大部分能量已消耗于岩石的塑性变形、粉碎和加热等方面，致使冲击波的能量急剧下降，其波阵面的压力很快就下降到不足以粉碎岩石，所以粉碎区半径很小，一般约为药包半径的几倍。

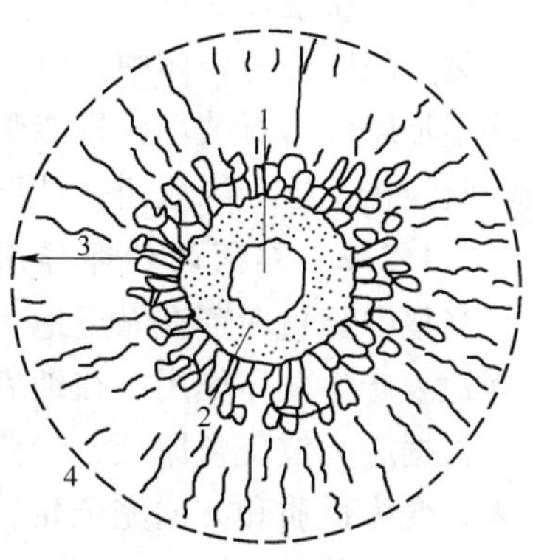

图 6-14 爆破内部作用示意
1—装药空腔；2—粉碎区；3—裂隙区；4—震动区

B 裂隙区

当冲击波通过粉碎区以后，继续向外层岩石中传播。随着冲击波传播范围的扩大，岩石单位面积的能流密度降低，冲击波衰减为压缩应力波。其强度已低于岩石的动抗压强度，不能直接压碎岩石。但是，它可使粉碎区外层的岩石遭到强烈的径向压缩，使岩石的质点产生径向位移，因而导致外围岩石层中产生径向扩张和切向拉伸应变，如图 6-15 所示。假定在岩石层的单元体上有两点 A 和 B，它们的距离最初为 Xmm，受到径向压缩后推移到 C 和 D，它们彼此的距离变为 $X + \mathrm{d}X$mm。这样就产生了切向拉伸应变 $\frac{\mathrm{d}X}{X}$。如果这种切向拉伸应变超过了岩石的动抗拉强度的话，那么在外围的岩石层中就会产生径向裂隙。这种裂隙以 0.15～0.4 倍压缩应力波的传播速度向前延伸。当切向拉伸应力小到低于岩石的动抗拉强度时，裂隙便停止向前发展。此时，便会产生与压缩应力波作用方向相反的向心拉伸应力。使岩石质点产生反向的径向移动，当径向拉伸应力超过岩石的动抗拉强度时，在岩石中便会出现环向的裂隙。图 6-16 是径向裂隙和环向裂隙的形成原理示意图。

径向裂隙和环向裂隙的相互交错，将该区中的岩石割裂成块，如图 6-14 所示。此区域叫做裂隙区。

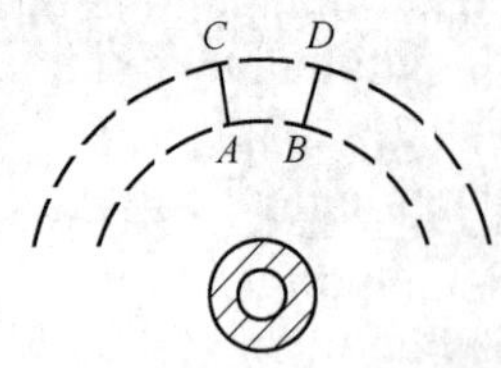

图 6-15　径向压缩引起的切向拉伸

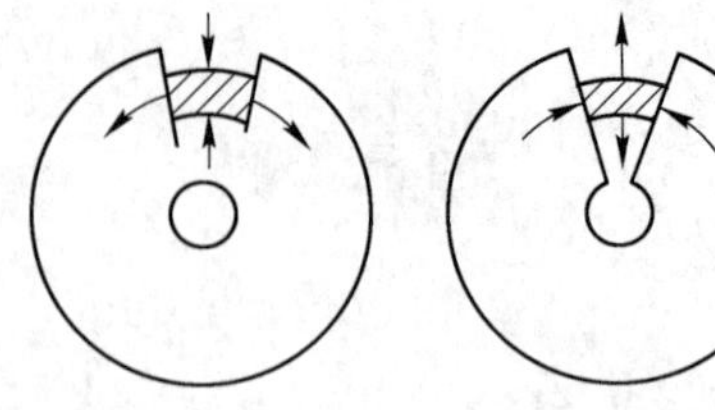

图 6-16　径向裂隙和环向裂隙的形成原理

一般说来，岩体内最初形成的裂隙是由应力波造成的，随后爆炸气体渗入裂隙起着气楔作用。并在静压作用下，使应力波形成的裂隙进一步扩大。

C　弹性振动区

裂隙区以外的岩体中，由于应力波引起的应力状态和爆轰气体压力建立起的准静应力场均不足以使岩石破坏，只能引起岩石质点作弹性振动，直到弹性振动波的能量被岩石完全吸收为止，这个区域叫弹性振动区。

6.4.2.2　炸药的外部作用

当集中药包埋置在靠近地表的岩石中时，药包爆破后除产生内部的破坏作用以外，还会在地表产生破坏作用。在地表附近产生破坏作用的现象称为外部作用。

根据应力波反射原理，当药包爆炸以后，压缩应力波到达自由面时，便从自由面反射回来，变为性质和方向完全相反的拉伸应力波，这种反射拉伸波可以引起岩石“片落”和引起径向裂隙的扩展。

A　反射拉伸波引起自由面附近岩石的片落

当压缩应力波到达自由面时，产生了反射拉伸应力波，并由自由面向爆源传播。由于岩石抗拉强度很低，当拉伸应力波的峰值压力大于岩石的抗拉强度时，岩石被拉断，与母岩分离。随着反射拉伸波的传播，岩石将从自由面向药包方向形成“片落”破坏，其破坏过程如图 6-17 所示。这一点还可由霍普金森效应引起的破坏进一步说明，图 6-18（a）表示应力波的合成过程。而图 6-18（b）表示霍普金森效应对岩石的破坏过程。图 6-18（a）中的（1）表明压缩应力波刚好达到自由面的瞬间。这时，波阵面的波峰压力为 P_a。图 6-18（a）中的（2）表示经过一定的时间后，如果前面没有自由面，则应力波的波阵面必

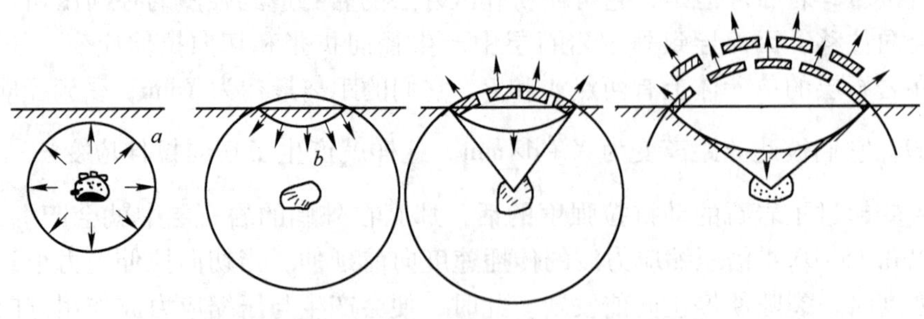

图 6-17　反射拉应力波破坏过程示意图

a—入射压力波波前；*b*—反射拉应力波波前

然到达$H_1'F_1'$的位置。但是，由于前面存在有自由面，压缩应力波经过反射后变成拉伸应力波，反射回到$H_1''F_1''$的位置，在$H_1''H_2$平面上，在受到$H_1''F_1''$拉伸应力作用的同时，又受到H_2F_1''的压缩应力的作用。合成的结果，在这个面上受到合力为$H_1''F_1''$的拉伸应力的作用，这种拉伸应力引起岩石沿着H''_1H_2平面成片状拉开。片裂的过程如图6-18（b）所示。

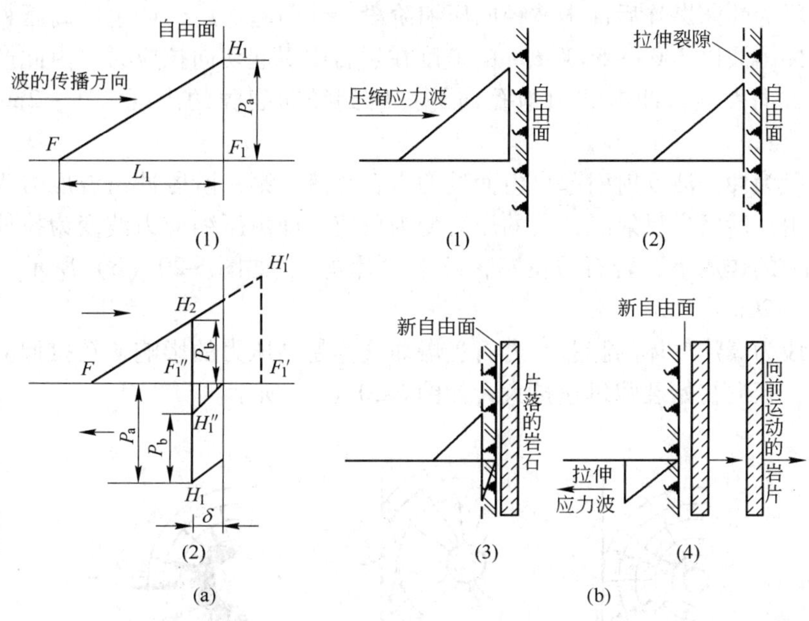

图6-18　霍普金森效应的破碎机理

（a）应力波合成的过程；（b）岩石表面片落过程

应该指出的是，“片落”现象的产生主要与药包的几何形状，药包大小和入射波的波长有关。对装药量较大的硐室爆破易于产生片落，而对于装药量小的深孔和炮孔爆破来说，产生“片落”现象则较困难。入射波的波长对“片落”过程的影响主要表现在随着波长的增大，其拉伸应力就急剧下降。当入射应力波的波长为1.5倍最小抵抗线时，则在自由面与最小抵抗线交点附近的岩体，由于霍普金森效应的影响，可能产生片裂破坏。当波长增到4倍最小抵抗线时，则在自由面与最小抵抗线交点附近的霍普金森效应将完全消失。

B　反射拉伸波引起径向裂隙的延伸

从自由面反射回岩体中的拉伸波，即使它的强度不足以产生“片落”，但是反射拉伸波同径向裂隙梢处的应力场相互叠加，可使径向裂隙大大地向前延伸。裂隙延伸的情况与反射应力波传播的方向和裂隙方向的交角θ有关。如图6-19所示，当θ为90°时，反射拉伸波将最有效地促使裂隙扩展和延伸；当θ小于90°时，反射拉伸波以一个垂直于裂隙方向的拉伸分力促使径向裂隙扩张和延伸，或者在径向裂隙末端造成一条分支裂隙；当径向裂隙垂直于自由面时即$\theta=0°$，反射拉伸波再也不会对裂隙产生任何拉力，故不会促使裂隙继续延伸发展，相反地，反射波在其切向

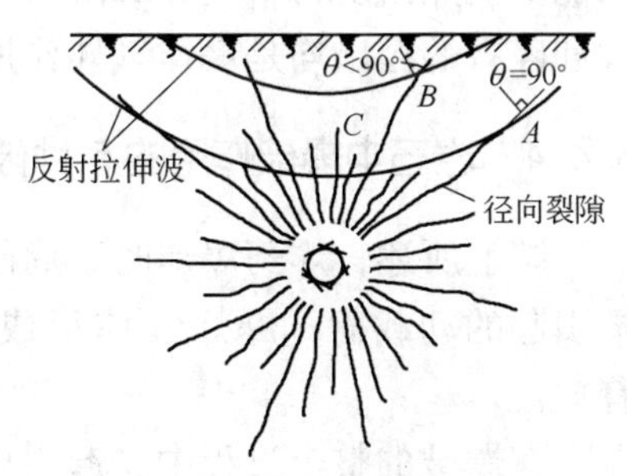

图6-19　反射拉伸波对径向裂隙的影响

上是压缩应力状态，使已经张开的裂隙重新闭合。

6.4.3 炸药在岩石中的爆破破坏过程

从时间来说，将岩石爆破破坏过程分为三个阶段为多数人所接受。

第一阶段为炸药爆炸后冲击波径向压缩阶段。炸药起炸后，产生的高压粉碎了炮孔周围的岩石，冲击波以3000～5000m/s的速度在岩石中引起切向拉应力，由此产生的径向裂隙向自由面方向发展，冲击波由炮孔向外扩展到径向裂隙的出现需1～2ms，如图6-20（a）所示。

第二阶段为冲击波反射引起自由面处的岩石片落。第一阶段冲击波压力为正值，当冲击波到达自由面后发生反射时，波的压力变为负值。即由压缩应力波变为拉伸应力波。在反射拉伸应力的作用下，岩石被拉断，发生“片落”，如图6-20（b）所示。此阶段发生在起爆后10～20ms。

第三阶段为爆炸气体的膨胀，岩石受爆炸气体超高压力的影响，在拉伸应力和气楔的双重作用下，径向初始裂隙迅速扩大，如图6-20（c）所示。

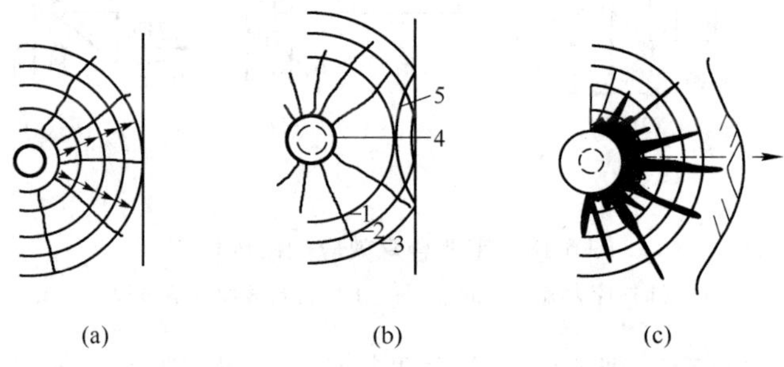

图6-20 爆破过程的三阶段

（a）径向压缩阶段；（b）冲击波反射阶段；（c）爆炸气体膨胀阶段

当炮孔前方的岩石被分离、推出时，岩石内产生的高应力卸载如同被压缩的弹簧突然松开一样。这种高应力的卸载作用，在岩体内引起极大的拉伸应力，继续了第二阶段开始的破坏过程。第二阶段形成的细小裂隙构成了薄弱带，为破碎的主要过程创造了条件。

应该指出的是：（1）第一阶段除产生径向裂隙外，还有环状裂隙的产生。（2）如果从能量观点出发，第一、二阶段均是由冲击波的作用而产生的，而第三阶段原生裂隙的扩大和碎石的抛出均是爆炸气体作用的结果。

6.4.4 岩石中爆破作用的5种破坏模式

综上所述，炸药爆炸时，周围岩石受到多种载荷的综合作用，包括：冲击波产生和传播引起的动载荷；爆炸气体形成的准静载荷和岩石移动及瞬间应力场张弛导致的载荷释放。

在爆破的整个过程中，起主要作用的是5种破坏模式：

（1）炮孔周围岩石的压碎作用；

（2）径向裂隙作用；

（3）卸载引起的岩石内部环状裂隙作用；

（4）反射拉伸引起的“片落”和引起径向裂隙的延伸；

（5）爆炸气体扩展应变波所产生的裂隙。

6.5 爆破漏斗理论

当药包爆炸产生外部作用时，除了将岩石破坏以外，还会将部分破碎了的岩石抛掷，在地表形成一个漏斗状的坑，这个坑称为爆破漏斗。

6.5.1 集中药包的爆破漏斗

6.5.1.1 爆破漏斗的几何参数

置于自由面下一定距离的球形药包爆炸后，形成爆破漏斗的几何参数如图6-21所示。

（1）自由面。被爆破的岩石与空气接触的面叫做自由面，又叫临空面。如图6-21中的AB面；

（2）最小抵抗线W。自药包重心到自由面的最短距离，即表示爆破时岩石阻力最小的方向，因此，最小抵抗线是爆破作用和岩石移动的主导方向；

（3）爆破漏斗半径r。爆破漏斗的底圆半径；

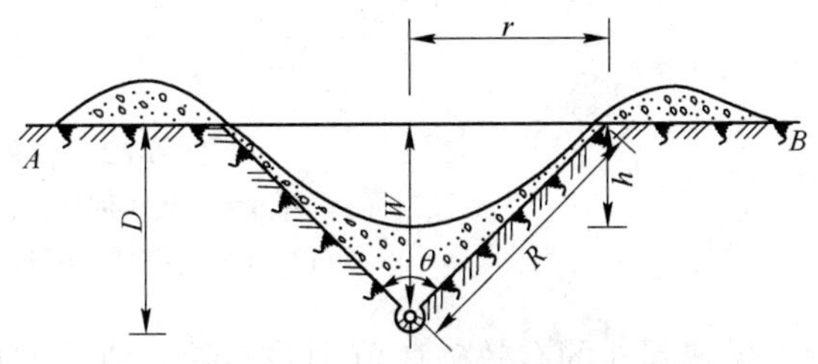

图6-21 爆破漏斗图

（4）爆破作用半径R。药包重心到爆破漏斗底圆圆周上任一点的距离，简称破裂半径；

（5）爆破漏斗深度D。自爆破漏斗尖顶至自由面的最短距离；

（6）爆破漏斗的可见深度h。自爆破漏斗中岩堆表面最低洼点到自由面的最短距离。

（7）爆破漏斗张开角θ。爆破漏斗的顶角。

在爆破工程中，还有一个经常使用的参数，称为爆破作用指数（n）。它是爆破漏斗半径r和最小抵抗线W的比值，即

$$n = \frac{r}{W} \tag{6-27}$$

6.5.1.2 爆破漏斗的基本形式

根据爆破作用指数n值的不同，爆破漏斗有四种基本形式（如图6-22所示）。

A 标准抛掷爆破漏斗

标准爆破漏斗（图6-22（a））的漏斗半径r与最小抵抗线W相等，即爆破作用的指数$n=\frac{r}{W}=1.0$，漏斗的张开角$\theta=90°$。在确定不同种类岩石的单位炸药消耗量时，或者确定和比较不同炸药的爆炸性能时，往往用标准爆破漏斗容积作为计算的依据。

B 加强抛掷爆破漏斗

加强爆破漏斗如图6-22（b）所示，其半径r大于最小抵抗线W，即爆破作用指数$n>1.0$，漏斗张开角$\theta>90°$，形成加强抛掷爆破漏斗的药包称为加强抛掷爆破药包。当$n>3$

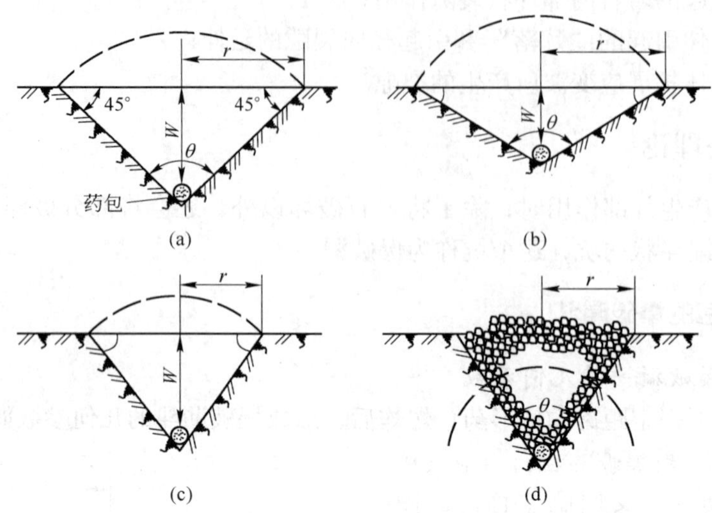

图 6-22　各种爆破漏斗

（a）标准抛掷爆破漏斗；（b）加强抛掷爆破漏斗；

（c）减弱抛掷爆破漏斗；（d）松动爆破漏斗

时，爆破漏斗的有效破坏范围并不随 n 值的增加而明显增大。所以，爆破工程中加强抛掷爆破作用指数为 $1<n<3$。一般情况下，$n=1.2\sim2.5$。

C　减弱抛掷（简称加强松动）爆破漏斗

减弱爆破漏斗如图 6-22（c）所示，其半径 r 小于最小抵抗线 W，即爆破作用指数 $1>n>0.75$，漏斗张开角 $\theta<90°$。形成减弱抛掷爆破漏斗的药包称为减弱抛掷爆破或加强松动爆破药包，它是井巷掘进常用的爆破漏斗形式。

D　松动爆破漏斗

药包爆破后只使岩石破裂，几乎没有抛掷作用，从外表看，不形成可见的爆破漏斗（图 6-22（d））。此时的爆破作用指数 n 小于或等于 0.75。又可细分为标准松动爆破，加强和减弱松动爆破。松动爆破时采用的药量一般较小。因此，爆破时所产生的振动较小，碎石飞散距离也较小。常用于井下和露天的矿石回采作业。

6.5.2　延长药包的爆破漏斗

传统上，按药包长径比（药包长度与其直径的比值）的不同可将药包分为集中药包（长径比≤4）和延长药包（长径比 >4）。

与球形集中药包相比，延长药包的爆炸作用有两个明显的特点：一是冲击波阵面是柱面波，其能量在垂直药包轴线方向扩散，能流密度随距离的平方衰减，其在均匀介质中爆炸效应的表现特征和物理量具有轴对称的特点；二是在不计重力和黏聚力等作用的条件下，其爆炸作用也遵循几何相似律，且基本上符合平方根定律，即有 $\dfrac{R_2}{\sqrt{q_2}}=\dfrac{R_1}{\sqrt{q_1}}$，其漏斗特征量和应力波参数仅是比例距离 $\overline{R_c}=\dfrac{R_c}{\sqrt{q}}$ 的函数。

在爆破漏斗形态上集中球形药包漏斗平面形状呈圆形，延长药包漏斗平面形状为中部平直、两端衔接近似于半圆的封闭曲线。从漏斗表面状态观察，两种药包在相同的设计爆炸作用指数时，其径向形状基本相似；爆破漏斗纵剖面随埋深的变化，两种药包也很相似，如表 6-3 所示。

表 6-3　集中药包和延长药包爆破漏斗形态的对比

n	集中药包	延长药包	
		径向分布	轴向分布
>1.5	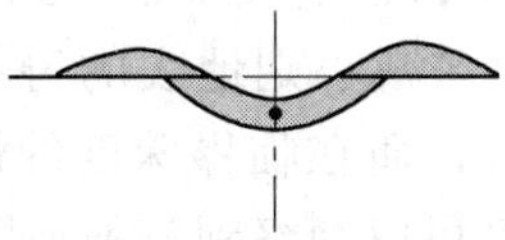	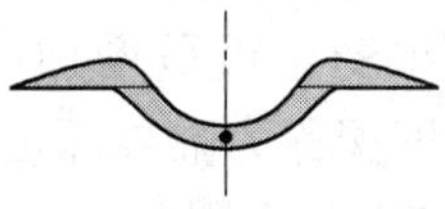	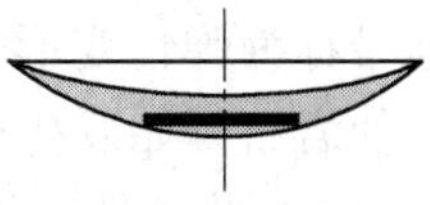
1~1.5	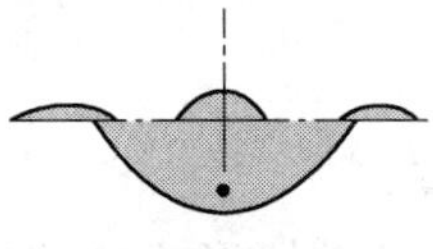	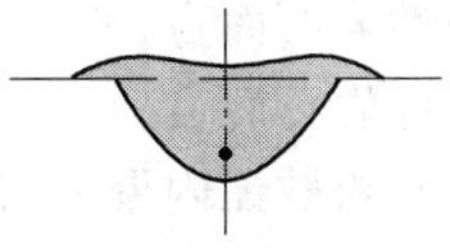	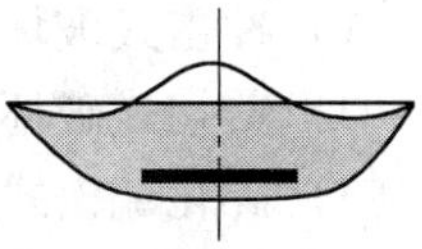
$0.5<n<1.0$	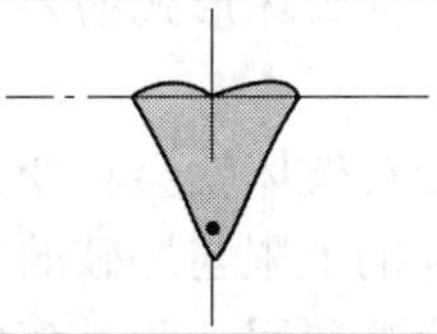	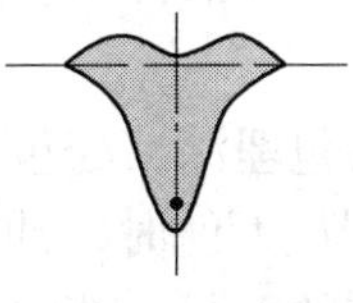	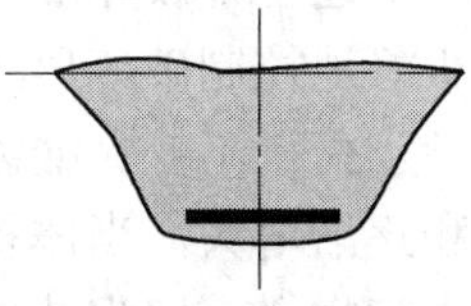

在抛掷堆积分布方面，两种药包却不相同：集中药包抛出岩土堆积在漏斗四周，而延长药包的抛体却集中在药包轴线两侧药包长度的范围内，堆体峰值线在过药包轴心的垂线附近，但在药包两端却无抛体堆积。

6.5.3　利文斯顿爆破漏斗理论

美国科罗拉多矿业学院的利文斯顿（C. W. Livingston）20 世纪 50 年代提出了以能量平衡为准则的爆破漏斗理论。他根据大量的漏斗试验，用 V/Q-Δ 曲线作为变量，科学地确定了爆破漏斗的几何形态。60 年代初经过进一步的补充形成了比较完整的爆破理论——实用爆破理论。

6.5.3.1　基本观点

利文斯顿爆破漏斗理论的基本观点是：

（1）以各类岩石的爆破漏斗试验为基础，阐明了炸药能量分配给周围岩石和空气的方式。炸药爆炸后传递给岩石的能量和传递速度，与炸药性能和岩石的特性有关。炸药性能与岩石特性是两个不可分割的独立参数。例如：炸药释放的能量与装药量成正比。炸药能量的释放速度是炸药爆速的函数，而炸药传递给岩石的能量又是时间的函数。

（2）从能量观点出发，阐明了岩石变形系数 E 的物理意义。用 E 值来评价炸药的性能，对比岩性的可爆性，从而作为衡量岩石爆破性的一个指标。

6.5.3.2　对岩石破坏的分类

假若炸药在地表深处爆炸时，绝大部分能量传递给岩石。当药包逐渐移向地表附近爆炸时，传递给岩石的能量将相对减少，而传递给空气的能量将相对增加。另外，从传给地表附近岩石的爆破能量来看，药包深度不变，增加药包重量；或者药包重量不变而减小药包埋藏深度，二者的效果是相同的。利文斯顿据此将爆破范围划分为四带：

（1）弹性变形带；

（2）冲击破裂带；

（3）破碎带；

（4）空爆带。

这四类破坏是根据一定药包在地表下不同深度爆炸时产生的爆破效果来确定的。当药包埋在地表以下足够深时，炸药的能量消失在岩石中，在地表观察不到破坏。在药包以上的地带称为弹性变形带。如果药包重量增加或者埋深减小则地表的岩石的就可能发生破坏。使岩石开始发生破坏的埋深称为临界深度（L_e），而在临界深度的炸药量称为临界药量（Q_e），此条件定为弹性变形的上限。在临界深度可以观察到三种破坏形式：

（1）冲击式破坏：对脆性岩石而言；

（2）剪切式破坏：对塑性岩石而言；

（3）碎化疏松式破坏：对松散无内聚力岩石而言。

上述各种破坏形式取决于岩石的性质。了解这三种破坏形式的差异是非常重要的，以便很好地控制破坏形式。

当药量不变，继续减小药包埋深，药包上方的岩石破坏就会转变为冲击式破坏。漏斗体积逐渐增大。当体积 V 达到最大值时，冲击式破坏的上限与爆破的炸药能量利用的最有效点相吻合，即为冲击破裂带的上限。药包能量充分被利用，此时药包的埋深称为最佳深度（L_j）。与最大岩石破碎量相对应的炸药量称为最佳药量（Q_0）。

当药包埋深进一步减小时，爆破能量超出达到最佳破坏效应所要求的能量，岩石的破坏可划分为破碎带和空爆带。

6.5.3.3　利文斯顿爆破漏斗试验及 V/Q-Δ 曲线

如上所述，当药包埋深由深向浅处移动时在冲击破裂带，破碎带及空爆带均有漏斗形成。漏斗体积 V 与药包埋深 L_y 的关系是：L_y 由大变小时，V 由小变大直至最佳深度 L_j 时，V 最大。以 L_j 为转折点，以后 L_y 逐渐变小，V 也相应变小，即曲线是中间高两头低的形状。

当装药量 Q 为原来药量的二倍或更大时，则可画出另一条 V-L_y 曲线。实验证明，由于岩石性质相同，除了 V、L_e、L_j 之绝对值较大外，两条曲线的形状基本相似。V 最大时之深度 L_j 与临界深度 L_e 之比值也基本相同。

为了更全面地表示漏斗的特性并消除由于 Q 变化而引起的曲线变化，常将 V 除以 Q 而成为“单位重量炸药所爆下的岩石体积”作为纵坐标，将 L_y（各任意深度）与临界深度 L_e 之比称为深度比 Δ 作为横坐标。由于在一组试验条件下，Q 是常量，所以纵坐标仅单位比例变化。横坐标因 L_e 对一定岩石也是一常数故也为单位长度变化，而不影响曲线的形状，这样可得出另一组曲线，如图 6-23 所示。

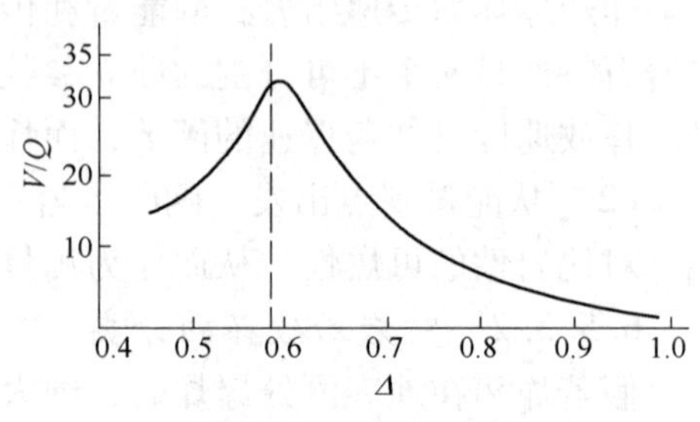

图 6-23　V/Q-Δ 曲线

6.5.3.4　利文斯顿的弹性变形方程

弹性变形方程是以岩石在药包临界深度时才开始破坏为前提，描述了三个主要变量间的关系。

$$L_e = E_b(Q)^{1/3} \tag{6-28}$$

式中 L_e——药包临界深度，m；

E_b——弹性变形系数；

Q——药包重量，kg。

弹性变形系数对特定岩石与特定炸药来说是常数，它随岩石的变化要比随炸药的变化大一些。

与最大岩石破碎量和冲击式破坏上限有关的最佳药包埋深可用下式确定：

$$L_j = \Delta_0 E_b(Q_0)^{1/3} \tag{6-29}$$

式中 L_j——最佳埋深，m；

E_b——弹性变形系数；

Q_0——最佳药量，kg；

Δ_0——最佳深度比，对某一种特定岩石来说，Δ_0 是一个定值。

在处于最佳深度比条件下，药包爆炸后大部分的能量用于岩石破碎过程，而少量能量消耗于无用功。

6.5.3.5 利文斯顿爆破漏斗理论在露天矿的应用

将利文斯顿爆破漏斗理论用于露天矿爆破参数计算时，第一步是在给定炸药与岩石组合条件下，确定弹性变形系数 E_b 和最佳深度比（Δ_0）。欲确定弹性变形系数，可在不同深度起爆定量药包，找出临界深度 L_e，而后用式（6-28）计算出弹性变形系数 E_b。在不同深度起爆不同药量的药包，并求出单位炸药达到最大破碎量的深度比，便可确定出最佳深度比。第二步是根据已知的弹性变形系数和最佳深度比，用式（6-29）计算出任何重量药包的最佳深度（L_j）。第三步是计算出药包重心至地表距离 L_y、台阶高度、孔网参数和装药量等。

6.5.3.6 利文斯顿爆破漏斗理论在地下矿的应用

利文斯顿建立的爆破漏斗理论为我们研究和掌握爆炸现象创造了一个极有用的工具，以往的爆破漏斗的试验，最小抵抗线均指向上向水平自由面，形成一个锥形的爆破漏斗。如果我们将巷道或任何地下工程的顶板做自由面爆炸球形药包时，就会出现一个全新的爆破漏斗概念，它构成了一种新的爆破技术基础，并发展成为一种新的地下采矿方法——VCR（Vertical Crater Retreat）法，VCR 法亦称垂直后退式采矿法。

6.6 装药量计算原理

6.6.1 装药量计算的基本公式

通过量纲分析理论推导，爆破药量计算的基本公式可以表示为：

$$Q = k_2W^2 + k_3W^3 + k_4W^4 \tag{6-30}$$

式（6-30）第一项（k_2W^2）的物理意义是表示克服张力形成断裂面所需要的能量；第二项（k_3W^3）表示介质体积变形所需要的能量；第三项（k_4W^4）表示介质克服重力场所需要的能量。

瑞典学者兰格福尔斯（U. Langefors）在《现代岩石爆破》一书中，提出的在一般岩石中采用松动爆破情况下的药量计算公式为：

$$Q = 0.07W^2 + 0.35W^3 + 0.004W^4 \tag{6-31}$$

分析表明：(1) 在小抵抗线 0.1m≤W≤1.0m 时，式 (6-31) 中的第一项占总需能的 16% 以上，是不能忽略的，在药包抵抗线小的情况下，单位炸药消耗量高，就是这个道理。(2) 在抵抗线 W > 20.0m 时，第一项占需要总能量的比例小于 1%，可以忽略；这时第三项上升到占需要总能量的 18% 以上，是不能忽略的。(3) 在抵抗线 1.0m < W ≤ 20.0m 时，爆破装药量可以不考虑岩土的重力和内聚力的影响，主要用于使介质体积变形所需要的能量，其药量计算公式可以只采用第二项，即

$$Q = K_3W^3 \tag{6-32}$$

式 (6-32) 即是工程爆破常用的体积药量计算公式。由此可以认为，在工程中，最小抵抗线取 4.0 ~ 12.0m 是合理和经济的。

6.6.2 集中药包装药量计算公式

6.6.2.1 集中药包的标准抛掷爆破

对于采用单个集中药包进行的标准抛掷爆破，其装药量计算式为：

$$Q_b = q_b \cdot W^3 \tag{6-33}$$

式中 Q_b——形成标准抛掷漏斗的装药量，kg；

q_b——形成标准抛掷爆破漏斗的单位体积岩石的炸药消耗量，一般称为标准抛掷爆破单位用药量系数，kg/m³。

6.6.2.2 集中药包的非标准抛掷爆破

非标准抛掷爆破的装药量是爆破作用指数的函数。不同爆破作用的装药量用下面的计算通式来表示：

$$Q = f(n) \cdot q_b \cdot W^3 \tag{6-34}$$

式中，$f(n)$ 为爆破作用指数函数。

对于标准抛掷爆破 $f(n) = 1.0$，减弱抛掷爆破或松动爆破 $f(n) < 1$，加强抛掷爆破 $f(n) > 1$。

$f(n)$ 具体的函数形式有多种，我国爆破工程界应用较为广泛的是苏联学者鲍列斯阔夫提出的经验公式，得到集中药包抛掷爆破装药量的计算通式：

$$Q = (0.4 + 0.6n^3)q_bW^3 \tag{6-35}$$

由于集中药包松动爆破的单位用药量约为标准抛掷爆破单位用药量的 1/3 ~ 1/2，松动爆破的装药量公式可以表示为

$$Q = (0.33 \sim 0.5)q_bW^3 \tag{6-36}$$

6.6.3 延长药包装药量计算公式

国内在条形药包爆破设计中，大多数采用如下的一般公式：

$$q = \frac{Q}{L} = KW^2f_c(n) \tag{6-37}$$

式中 Q——条形药包装药量，kg；

L——条形药包长度，m；

q——炸药线装药密度，kg/m；

K——标准抛掷爆破单位用药量，kg/m³；

W——最小抵抗线，m；

$f_c(n)$ ——条形药包爆破作用指数函数，n 为爆破作用指数。

条形药包爆破作用指数$f_c(n)$ 和集中药包爆破作用指数$f(n)$ 在含义和形式上是不相同的。对于条形药包爆破作用指数函数$f_c(n)$，中国铁道科学研究院建议的公式为：

$$f_c(n) = \left(\frac{1+n^2}{2}\right)^{1.4} \tag{6-38}$$

6.7 露天台阶爆破的破碎机理

台阶爆破具有两个自由面，其爆炸应力波形呈圆柱状，如图6-24所示。在炸药爆炸冲击波作用下，药包附近孔壁呈塑性变形或剪切破碎成压缩粉碎区。当爆炸冲击波衰减成为压应力波作用在孔壁岩石时，径向方向产生压应力和压缩变形，形成径向裂隙，并以0.15~0.4倍的应力波传播速度发展。当压应力波传到自由面，形成反射拉应力波，将加速径向裂隙的发展，随之爆炸气体的膨胀楔劈作用，进一步使径向裂隙发展，到达自由面。

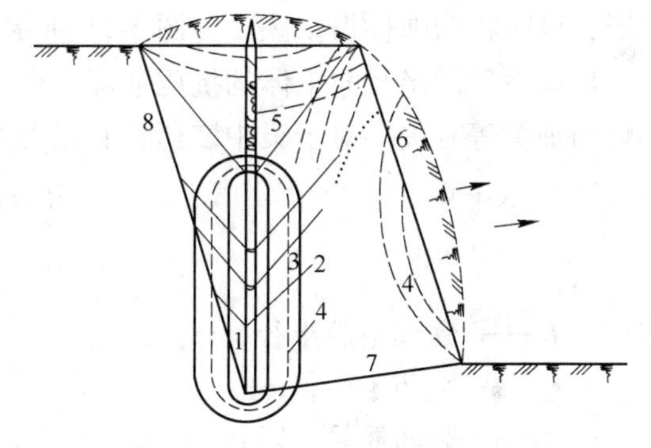

图6-24 露天台阶中深孔爆破作用示意图

1—压缩粉碎区；2—径向裂隙；3—切向（环向）裂隙；4—断裂裂隙；5—复合裂隙；6—表面裂隙；7—底部径向裂隙；8—边坡径向裂隙

其次，当压缩粉碎区爆炸空腔形成瞬间及压应力波通过之后，积蓄在岩体内的一部分弹性变形能得到释放，产生与径向压应力作用相反的向心拉应力，当此径向拉应力超过岩石的抗拉强度，岩石质点产生反向的径向位移，形成切向（环向）裂隙。

自由面的反射作用，使压应力波变为拉应力波，当拉应力超过岩石的抗拉强度时，则形成断裂裂隙。对于具有两个自由面的台阶爆破，两个反射波的共同作用，形成复合裂隙。它的形成有利于减少台阶顶部大块的产生。同时，爆炸气体的膨胀作用，使得台阶表面隆起（鼓包作用），形成表面裂隙。足够的超深有利于提高孔底炸药爆炸能量利用率，可以形成克服底盘抵抗线——“根底”的爆破漏斗下破裂线的底部径向裂隙，同时可以构成爆破漏斗上破裂线的边坡径向裂隙，减轻爆破“后冲”的危害。可见，台阶爆破的破碎机理与一个自由面爆破的破碎机理是基本相同的，只是由于台阶爆破具有两个自由面，更有利于岩石的破碎。

6.8 土中爆破机理

土是由固体颗粒、水和空气组成的一种三相介质，包括黏性土和非黏性（松散）土。

在爆炸载荷作用下，土体的工程特性和效应与土体的结构及含水量密切相关。

6.8.1 非饱和土中的爆破作用

对无限非饱和土中的封闭爆炸，由于土体的强度不超过数兆帕，土体的强度可忽略不计，靠近药包的土体进入流体状态，同时爆炸生成的高温、高压气体对外膨胀做功，炮孔周围的土体在巨大的压力下出现径向运动，爆腔膨胀，体积增大；冲击波通过塑性流动区往外，强度减弱并衰减成弹-塑性波，土体处在弹-塑性状态，土体受到不可逆转的压缩，将该区域称为压缩区或弹-塑性变形区；从压缩区往外，应力波进一步衰减为弹性波，此时应力波强度已低于土体的弹性极限，地震波仅引起土体的弹性变形，该区称为弹性振动区。如图6-25所示。

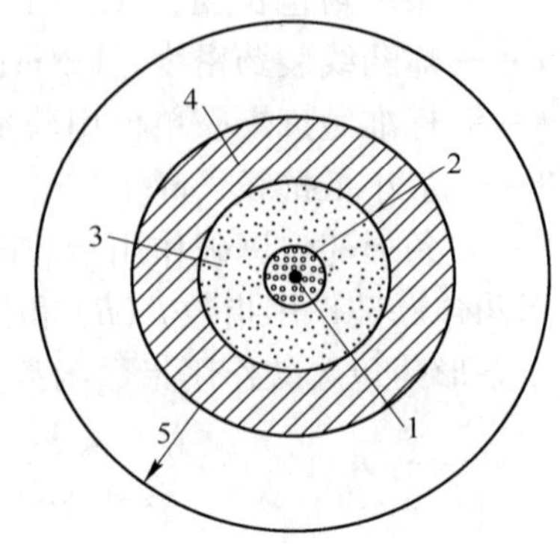

图6-25 非饱和土体中的爆炸作用影响分区图

1—药包；2—爆破空腔；3—塑性流动区；4—弹-塑性变形区；5—弹性振动区

爆炸空腔的半径与土体的抗压强度、密度、颗粒组成、孔隙率等物理力学性质以及所用炸药种类等有关。对于集中装药，有以下经验公式：

$$R = kr_0 \tag{6-39}$$

$$R = k' \sqrt[3]{Q} \tag{6-40}$$

式中 R——爆炸空腔半径，m；

r_0——装药半径，m；

Q——装药质量，kg；

k——无量纲比例常数，与炸药和土壤性质有关，可由试验测定；

k'——比例常数，与炸药和土壤性质有关，$m/kg^{1/3}$，可由试验测定。

TNT装药条件下，不同土壤中爆炸时的比例系数见表6-4。

表6-4 不同土壤中爆炸时的比例系数 *k*

土壤类型	塑性黏土、湿砂、饱和黏土	侏罗纪黑色黏土	冰碛黏土	棕黄色耐火土	暗红色耐火土	软质粉碎泥灰岩、黄土	软质破碎泥灰岩、黄土	暗蓝色脆性黏土	重砂质黏土、砂质黏土
k	11.3~13.1	8.6~9.9	7.0~9.5	7.0~7.6	6.5~7.4	6.6~7.7	5.4~6.5	5.4~6.2	4.8~6.7

注：表中数据的装药为TNT。

对近地表处土体中的药包爆炸，由于土体可往临空面方向运动、变形，药包以下的土体被压实，而药包以上土体则被抛散，形成爆破漏斗。

6.8.2 饱和土中的爆破作用

饱和砂土中爆炸过程，在爆炸波产生的超孔隙动水压力作用下，在饱和砂土中出现土体骨架剪切变形、液化、排水、颗粒结构重新排列及土体压密等爆炸效应。

由于水的不可压缩性，饱和土中的爆炸展现出与水中爆炸某些相似的特征，如饱和土中传播的爆炸压力波具有陡峭的波前，衰减较非饱和土中要慢。

在密度为1450～1600kg/m³、含水量3%～6%、孔隙率为0.4的包括自然湿度的、饱和的和非饱和细砂土中，使用TNT集中药包，药量0.2～1000kg，封闭爆炸条件下实测的土中冲击波超压衰减规律为：

$$\Delta P_{\mathrm{m}} = k\left(\frac{1}{R}\right)^{\alpha} \tag{6-41}$$

式中　ΔP_{m}——冲击波超压，10^5Pa；

k——比例系数；

α——衰减系数。

k 和 α 的实测值见表6-5。

表6-5　k 和 α 的实测值

砂土种类	k	α
饱和砂 $\alpha_3 = 0$	600	1.05
饱和砂 $\alpha_3 = 5 \times 10^{-4}$	450	1.50
饱和砂 $\alpha_3 = 10^{-2}$	250	2.00
饱和砂 $\alpha_3 = 4 \times 10^{-2}$	45	2.5
非饱和砂（$\rho = 1600 \sim 1700\mathrm{kg/m^3}$）	5	2.8
非饱和砂（$\rho = 1200 \sim 1600\mathrm{kg/m^3}$）	7.5	3.0
非饱和砂（$\rho = 1450 \sim 1500\mathrm{kg/m^3}$）	2.5	3.5

注：α_3 为土体中空气的相对体积；ρ 为密度，kg/m³。

在上述土中实测的土中压力波的冲量 I_{m}(10^5Pa·s)表达式为：

$$I_{\mathrm{m}} = k' \sqrt[3]{Q}\left(\frac{1}{R}\right)^{\alpha'} \tag{6-42}$$

k' 和 α' 的实测值见表6-6。

表6-6　k' 和 α' 的实测值

砂土种类	k'	α'
饱和砂 $\alpha_3 = 0$	0.08	1.05
饱和砂 $\alpha_3 = 5 \times 10^{-4}$	0.075	1.10
饱和砂 $\alpha_3 = 10^{-2}$	0.045	1.25
饱和砂 $\alpha_3 = 4 \times 10^{-2}$	0.035	1.4
非饱和砂（$\rho = 1520 \sim 1600\mathrm{kg/m^3}$）	0.030	1.5

传统的固结理论认为饱和黏性土在瞬时载荷作用下，由于渗透性低，孔隙水无法在瞬间排出，而被近似认为是不可压缩体。现场实验和工程实践表明，在饱和土中总存在一些微小气泡，其体积可占土体的1%～3%，饱和黏土仍具有一定压缩性，在饱和土体中爆炸后，从药包往外，仍出现明显的爆破空腔和强压缩区。另外，饱和黏

土中爆炸后，土体中的水能通过淤泥表面以“泉涌”方式，集中排水，达到动力排水固结效果。

用爆炸的方法使淤泥软基快速排水固结就是在不均匀的介质中，通过爆炸载荷作用，使土体中产生超孔隙水压力，使土体中的水集中排出，降低含水量，提高承载力，达到加固软基的目的。

6.9　影响爆破作用的因素

影响爆破作用的因素很多，归纳起来主要有三方面，即炸药性能、岩石特性、爆破条件和爆破工艺。其中有些因素已在有关章节中论述过，此处不再重复。

6.9.1　炸药性能对爆破作用的影响

炸药性能包括物理性能、爆炸性能和热化学参数。其中，直接影响爆破作用及其效果的是炸药密度、爆热和爆速。是它们进而又影响了爆轰压力、爆炸压力、爆炸作用时间以及炸药爆炸能量利用率。

6.9.1.1　炸药密度、爆热和爆速

破碎岩石主要靠炸药爆炸释放出来的能量。增加炸药爆热和密度，可以提高单位体积炸药的能量密度；反之，必然导致炸药能量密度的降低，增加钻孔的工作量和成本。提高炸药热化学参数，增大密度，可提高理想爆速。对于单质猛性炸药，当药包直径一定时，爆速随密度的增加而增大，二者呈直线关系。对于工业炸药二者的关系比较复杂，在直径一定时炸药的爆速先随密度的增加而增大，但达到一定极限后，再增加密度爆速反而降低。图 6-26 示出了两种不同的粉状硝铵类炸药（曲线 1 和曲线 2）在直径为 100mm 装药密度与爆速的关系。

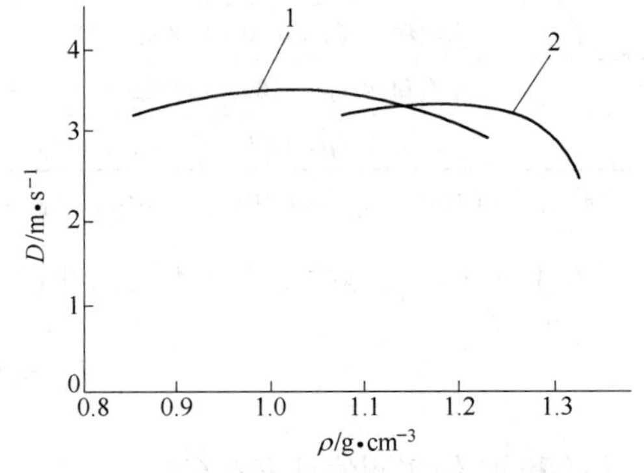

图 6-26　硝铵炸药密度与爆速的关系

爆速也是炸药性能的主要参数之一，不同爆速的炸药，在岩石中爆炸可激起不同的应力波参数，对于坚固的岩石使用高爆速的乳化炸药比低爆速的铵油炸药，爆破效果明显不同。采用高密度炸药是提高爆破作用的有效途径。

6.9.1.2　爆轰压力

爆轰压力是指炸药爆轰时爆轰波波阵面中的 C-J 面所测得的压力，当爆轰波传到炮孔孔壁上时，在孔壁的岩石中会激发成强烈的冲击波和应力波。这种冲击波在岩石中，特别是在硬岩中会引起炮孔周围岩石出现粉碎和破裂，它为整个岩石破裂创造了先决条件。一般来说，爆轰压力越高，在岩石中激发的冲击波的初始峰值压力和引起的应力以及应变也越大，越有利于岩石的破裂，尤其是对于爆破坚硬致密的岩石来说更是如此。但是并不是对所有岩石来说爆轰压力越高越好，对某些岩石来说爆轰压力过高将会造成炮孔周围岩石的过度粉碎。另外爆轰压力越高，冲击波对岩石的作用时间越短，冲击波的能量利用率低而且造成岩石破碎不均匀。因此，必须根据岩石的性质和工程的要求来合理选配炸药的

品种。

爆轰压力与炸药的密度的一次方和爆速平方的乘积成正比关系。所以在爆破坚硬致密的岩石时，以选用密度大和爆速较高的炸药为宜。

6.9.1.3 爆炸压力

爆炸压力又称炮孔压力，它是爆轰气体产物膨胀作用在孔壁上的压力。在爆破破碎过程中爆炸压力对岩石起胀裂、推移和抛掷作用，一般说来，爆炸压力越高，说明爆轰产物中含有能量越大，对岩石的胀裂、推移和抛掷的作用越强烈。

在整个爆破过程中，冲击波的作用虽然超前于爆轰气体产物的膨胀作用，但是爆轰反应时间极为短促，往往在岩石破碎尚未完成以前就结束了。图6-27表示孔内药包起爆后，炮孔内压力随时间的变化曲线。t_1 为药包爆轰反应所经历的时间，t_2 为爆炸气体膨胀作用的时间。p_2 为爆轰压力，p_3 为爆炸气体的膨胀压力在均压以后的爆炸压力，曲线 MN 表示爆炸压力随时间的变化，从图6-27可以看出：（1）曲线越陡，爆轰压力越高，t_1 时间越短，炸药爆轰的粉碎越大，能量利用率越低；（2）t_2 时间越长，爆炸压力作用的时间也越长，这样能使由爆轰压力在岩体中引起的初始裂隙得到充分的胀裂和延伸，能量利用率高，岩石破碎也较均匀。

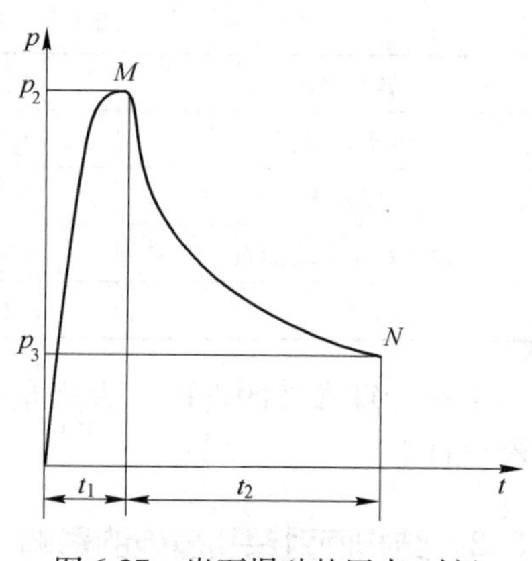

图6-27 岩石爆破的压力-时间的变化曲线

爆炸压力的大小取决于炸药爆热、爆温和爆轰气体的体积。而爆炸压力作用的时间除与炸药本身的性能有关以外，还与爆破时炮泥的填塞质量有关。因此在工程爆破中除了针对岩石性能和爆破目的，选用性能相适应的炸药品种外，还应注意填塞质量。

6.9.1.4 炸药能量利用率

炸药在岩体中爆炸时所释放出的能量，是通过爆炸应力波和爆轰气体膨胀压力的方式传递给岩石，使岩石产生破碎。但是，真正用于破碎岩石的能量只占炸药释出能量的极小部分。大部分能量都消耗在作无用功上。例如采用抛掷爆破时用于爆破破碎上的有用功只占总能量的5%～7%，就是采用松动爆破，能量利用率也不会超过20%。因此，提高炸药爆炸能量的利用率是有效地破碎岩石、改善爆破效果和提高经济效益的重要因素。

如果不考虑炸药爆炸时的热化学损失，那么炸药爆炸时的能量分配包括：（1）克服岩体中的凝聚力使岩体粉碎和破裂；（2）克服岩体中的凝聚力和摩擦力使爆破范围内的岩石从母岩体中分离出来；（3）将破碎后岩块推移和抛掷；（4）形成爆破地震波、空气冲击波、噪声和爆破飞石。

在工程爆破中，造成岩石的过度粉碎，产生强烈的抛掷，形成强大爆破地震波、空气冲击波、噪声和爆破飞石均属无益消耗的爆炸功。因此，必须根据爆破工程的要求，采取有效措施来提高炸药爆炸能量的利用率。例如，根据岩石性质来合理选择炸药的品种，合理确定爆破参数，选择合理的装药结构和药包的起爆顺序，以及保证填塞质量等等，都可以提高炸药在岩体中爆炸时的能量利用率。

6.9.2　岩石性质对爆破作用的影响

岩石的基本性质决定了岩石的可钻性和可爆性，也影响爆破参数的选择。具体的爆破设计中，设计计算参数的选取与岩性有密切关系：(1) 炸药品种的选择；(2) 岩石单位炸药耗药量的确定；(3) 进行爆破漏斗及方量计算时的压缩圈系数、上破裂线系数、预留保护层厚度系数、药包间排距；(4) 岩石的爆后松散系数，抛掷堆积计算的抛距系数和塌散系数；(5) 爆破安全计算中的不逸出半径、地表破坏圈范围，以及爆破振动计算中有关系数等。各种土石爆破后松散系数见表 6-7。

表 6-7　各种土石爆破抛落后的松散系数

岩石名称	松散系数	岩石名称	松散系数
砂土、砾石	1.1 ~ 1.2	软泥岩石	1.3 ~ 1.37
腐殖土	1.2 ~ 1.3	黏质页岩、比较软的岩石	1.35 ~ 1.45
砂质黏土大块漂石	1.2 ~ 1.25	中等硬度的岩石	1.4 ~ 1.6
重壤土	1.24 ~ 1.30	硬的，及非常硬的岩石	1.45 ~ 1.8

上述计算参数的选取，大多是根据大量试验和生产数据统计分析整理而得，带有一定的经验性。

6.9.3　结构面对深孔爆破的影响

岩层的分布种类繁多，现选择四种有代表性的情况予以说明。

6.9.3.1　炮孔沿岩层走向布置

图 6-28 和图 6-29 均为炮孔沿岩层走向布置，但两者爆破效果截然不同。前者后冲较小，岩体位移也小，爆堆高，台阶底部阻力大；后者后冲较大，爆堆较低，除岩层、倾角小于设计台阶坡面角较多的情况以外，一般不易产生“根底”。

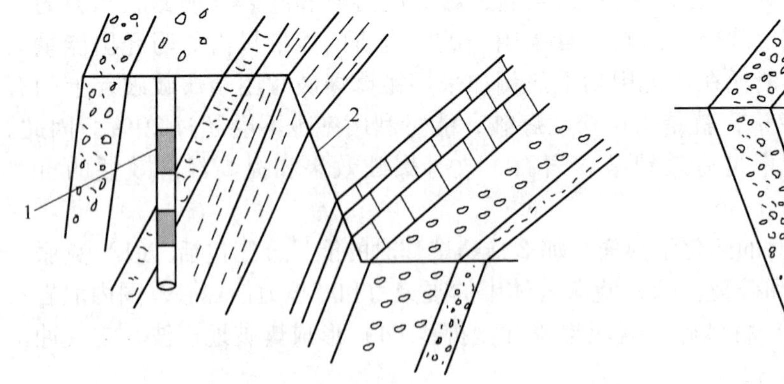

图 6-28　台阶坡面与岩层面相交布置
1—炮孔；2—台阶坡面

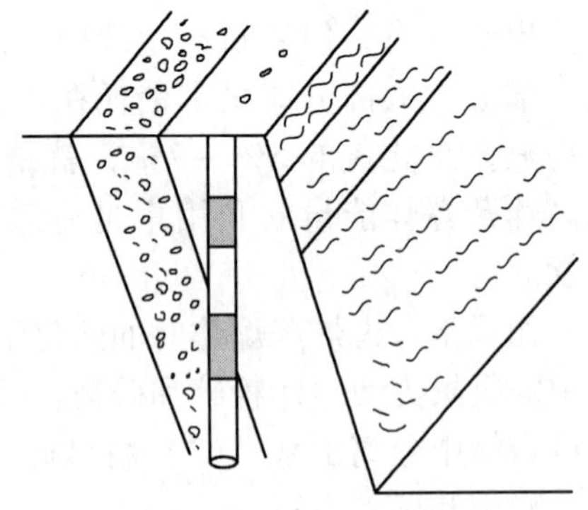

图 6-29　台阶坡面与岩层面平行布置

6.9.3.2　炮孔与岩层走向斜交或垂直布置

炮孔与岩层走向斜交或垂直布置，如图 6-30 所示。沿台阶面的岩层多，且各岩层的

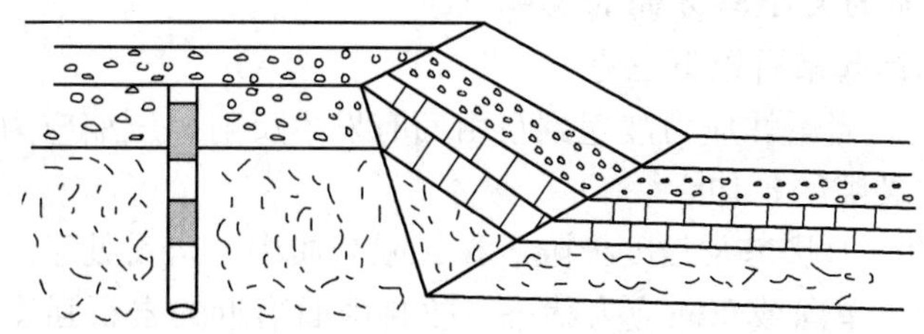
图 6-30 炮孔与岩层走向斜交或垂直布置

力学性质差别较大，将产生不等的后冲和不规则的台阶坡面，爆破效果不佳。

6.9.3.3 水平岩层时，炮孔与岩层面垂直布置

水平岩层与台阶坡面垂直布置，如图 6-31 所示。爆后可形成接近 90°的台阶坡面角，沿药包长度方向的抵抗线相等，爆破块度比较均匀，且不易产生“根底”。爆破条件较理想。

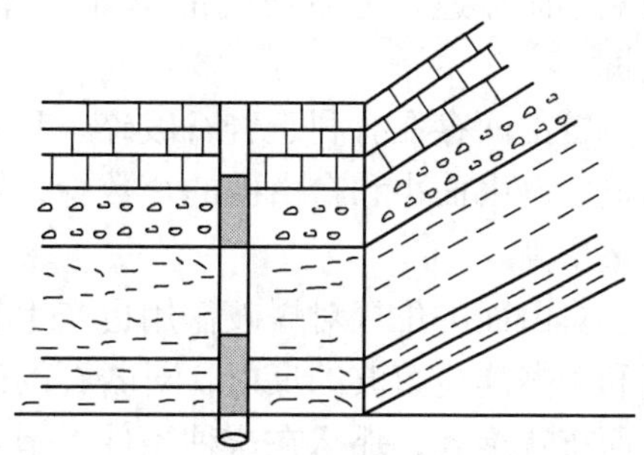
图 6-31 水平岩层时，炮孔与岩层面垂直布置

6.9.4 炸药波阻抗和岩石波阻抗的匹配

前已说明，岩石的波阻抗是指岩石的密度 ρ 与纵波在该岩石中的传播速度 C_P 的乘积。它反映了应力波使岩石质点运动时，岩石阻止波能传播的作用。岩石波阻抗对爆破能量在岩石中的传播效率有直接影响。通常认为炸药的波阻抗与岩石的波阻抗相匹配时，炸药传递给岩石的能量最多，在岩石中引起的应变值就大，可获得较好的爆破效果。对于工程上常用的硝铵类炸药来说，其波阻抗一般为 5×10^5g/(cm^2 · s)，而坚硬致密岩石的波阻抗为(10 ~ 25) $\times10^5$g/(cm^2 · s)，由此可见，普通硝铵类炸药尚不能满意地符合爆破致密坚硬岩石的要求。因此，通过提高装药密度来提高炸药的波阻抗值，也是提高爆破效果的有效途径之一。表 6-8 为各种应选用的炸药的性能。

表 6-8 各种岩石应选用炸药的性能

岩石波阻抗 /10^6kg · m^{-2} · s^{-1}	坚固性系数 f	炸药爆炸性质		
		爆轰压/10^2MPa	爆速/10^3m · s^{-1}	密度/g · cm^{-3}
16 ~ 20	14 ~ 20	200	6.3	1.2 ~ 1.4
14 ~ 16	9 ~ 14	165	5.6	1.2 ~ 1.4
10 ~ 14	5 ~ 9	125	4.8	1.0 ~ 1.2
8 ~ 10	3 ~ 5	85	4.0	1.0 ~ 1.2
4 ~ 8	1 ~ 3	48	3.0	1.0 ~ 1.2
2 ~ 4	0.5 ~ 1	20	2.5	0.8 ~ 1.0

6.9.5 爆破条件、爆破工艺对爆破作用的影响

爆破条件、爆破工艺对爆破作用的影响是多方面的，下面的几个例子足以说明这种影响。

6.9.5.1　自由面的大小与方向的影响

自由面的作用归纳起来有以下三点：

(1) 反射应力波。当爆炸应力波遇到自由面时发生反射，压缩应力波变为拉伸波，引起岩石的片落和径向裂隙的延伸。

(2) 改变岩石的应力状态及强度极限。在无限介质中，岩石处于三向应力状态，而自由面附近的岩石则处于单向或双向应力状态。故自由面附近的岩石强度接近岩石单轴抗拉或抗压强度，比在无限介质中承受爆破作用时相应的强度减少几倍甚至 10 倍。

(3) 自由面是最小抵抗线方向，应力波抵达自由面后，在自由面附近的介质运动因阻力减小而加速，随后而到的爆炸气体进一步向自由面方向运动，形成鼓包，最后破碎、抛掷。

自由面存在有利于岩石破碎。其中，自由面的大小和数目对爆破作用效果的影响更为明显。自由面小和自由面的个数少，爆破作用受到的夹制作用大，爆破困难，单位炸药消耗量增高。

自由面的位置对爆破作用也产生影响。炮孔中的装药在自由面上的投影面积愈大，愈有利于爆炸应力波的反射，对岩石的破坏愈有利。如果在一个自由面的条件下，垂直于自由面布置炮孔，那么在这种条件下炮孔中装药在自由面的投影面积极小，所以爆破破碎也很小，如图 6-32（a）所示。如果炮孔与自由面成斜交布置，那么装药在自由面上的投影面积比较大，爆破破碎范围也比较大，如图 6-32（b）所示。

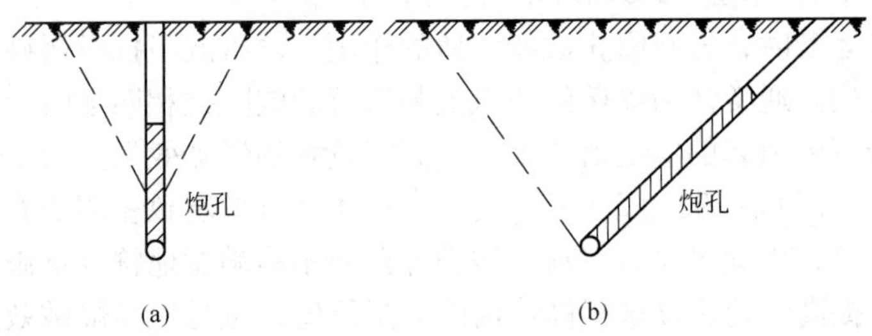

图 6-32　炮孔与自由面相关位置对爆破的影响
（a）垂直布置炮孔；（b）倾斜布置炮孔

6.9.5.2　装药结构的影响

通常，装药结构有两种，连续装药和间隔装药。在间隔装药中，又有炮泥间隔、木（塑料）垫间隔和空气间隔等多种形式。理论和实践研究表明，装药结构的改变可以引起炸药在炮孔方向的能量分布，从而影响了爆炸能量的有效利用率。

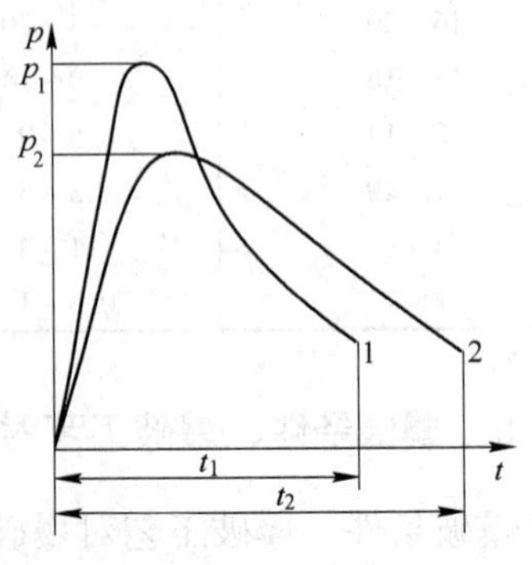

图 6-33　空气间隙对 p-t 曲线的影响

图 6-33 表示了空气间隔对 p-t 曲线的影响，当孔内药包周围无预留空气间隙时，其 p-t 曲线为曲线 1，预留空隙的 p-t 曲线为曲线 2。由图 6-33 看出，(1) 间隔装药降低了作用在孔壁的峰值压力，减少了炮孔周围岩石的过度粉碎，提高了有效能量的利用率。增大

装药的不耦合系数，虽然也能降低对孔壁岩石的冲击压力，若装药直径不变，必然要增大炮孔直径，引起一系列参数的变化。(2) 间隔装药增加了应力波的作用时间。由于冲击压力的降低，减少了冲击波的作用，相应地增大了应力波的能量，从而能够增加应力波的作用时间。

6.9.5.3 填塞的影响

填塞的影响是指填塞材料、填塞长度和填塞质量的影响，填塞物作用在于：(1) 阻止爆轰气体的过早逸散，使炮孔在相对较长的时间内保持高压状态，能有效地提高爆破作用；(2) 良好的填塞加强了它对炮孔中的炸药爆轰时的约束作用，降低了爆炸气体逸出自由面的压力和温度，提高了炸药的热效率，使更多的热能转变为机械功；(3) 在有瓦斯的工作面内，填塞还能阻止灼热固体颗粒（例如雷管壳碎片等）从炮孔内飞出的作用，有利于安全。

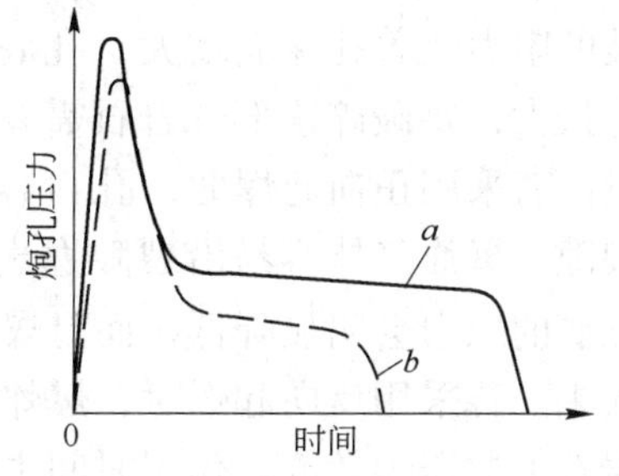

图 6-34 填塞对孔壁压力的影响
a—有填塞；b—无填塞

图 6-34 表示在有填塞和无填塞的炮孔中，压力随时间变化的关系。从图中可以看出，有填塞和无填塞两种条件下对炮孔壁的冲击初始压力虽然没有明显的影响，但是填塞却大大增大了爆轰气体膨胀作用在孔壁上的压力和延长了压力作用的时间，从而大大提高了它对岩石的胀裂和抛移作用。

填塞物对爆炸气体喷出的阻力主要靠填塞物的性质和与孔壁的摩擦力。在台阶爆炸中填塞物的长度应与最小抵抗线相等。具体尺寸视岩石性质而定。在最小抵抗线方向，节理、裂隙发育时填塞长度可大些。

6.9.5.4 起爆药包位置的影响

采用柱状装药时，起爆药包的位置决定着炸药起爆以后，爆轰波的传播方向。也决定了爆炸应力波的传播方向和爆轰气体的作用时间，所以对爆破作用产生一定的影响。

根据起爆药包在炮孔中安置的位置不同，有三种不同的起爆方式：一种是起爆药包装于孔底，雷管的聚能穴朝向孔口，叫做反向起爆；第二种是起爆药包装于靠近孔口的附近，雷管聚能穴朝向孔底，称为正向起爆；第三种是多点起爆，即在长药包中于孔口附近和孔底分别放置起爆药包。

实践证明：反向起爆能提高炮孔利用率，减小岩石的块度，降低炸药消耗量和改善爆破作用的安全条件。反向起爆取得较好的效果的原因可以解释如下：

(1) 提高了爆炸应力波的作用。由于从孔底起爆，爆炸应力波在传播过程中将叠加成一个高压应力波朝向自由面，这就使得在自由面附近形成强烈的拉伸应力波，从而提高了自由面附近岩石的破碎效果。正向起爆的情况与它恰恰相反，叠加后的应力波不是指向自由面，而是指向岩体内部，使应力波的能量被无限的岩体所吸收，降低了对岩石的破碎作用。

(2) 增长了应力波的动压和爆轰气体静压的作用时间。如图 6-34 所示，在其他条件相同时，从图 6-35（a）中的 A 点进行正向起爆和从图 6-35（b）中的 B 点进行反向起爆后，爆炸应力波分别向自由面传播并在自由面产生反射。从图中可明显看出，从起爆到反射波各自返回到达 A 点的时间，反向起爆比正向起爆推迟了一段时间。在这段时间内岩石在应力波和爆轰气体作用下，能产生更多的裂隙和使裂隙得到进一步的扩大和延伸。与此相反，正向起爆时反射波到达 *A* 点后，在反射拉伸波的作用下，过早地产生了与自由面贯通的裂隙，使炮孔中的爆炸气体过早地外逸，降低了破碎效果，同时还影响了下段药柱的稳定传爆，容易造成残孔。

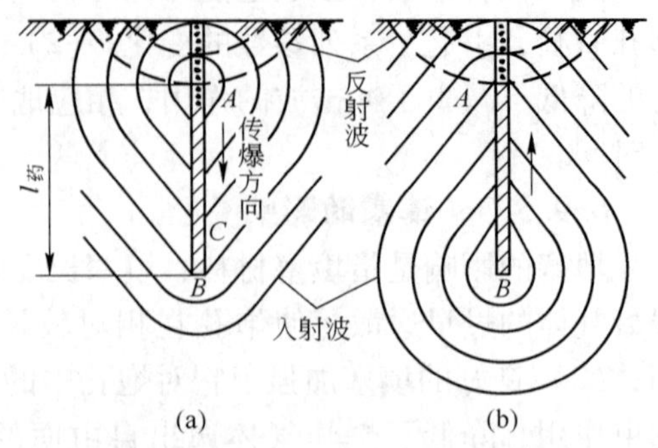

图 6-35　起爆方向与应力波方向的关系

（a）正向起爆；（b）反向起爆

（3）增大了孔底的爆破作用。岩石抵抗爆破的阻力随着孔深而增大，孔底部分的抗爆阻力最大，要破碎这部分岩石需要消耗较多的能量。若采用正向起爆时，孔口容易过早地产生裂隙，爆炸气体容易沿裂隙逸出。所以作用在孔底的压力会明显降低，而且爆炸气体作用的时间也缩短了，影响了孔底部分岩石的破碎效果。若采用反向起爆时，爆炸气体在岩石破裂之前，一直被密封在炮孔内，所以作用在岩石上的压力较高，作用时间也较长，因此有利于岩石的破碎。

我国目前深孔台阶爆破时，多采用多点起爆。每孔装两个起爆药包，分别置于距孔口和孔底各 1/3 处，可以充分发挥爆炸能量利用率。

6.10　爆破过程的数值模拟

6.10.1　概述

6.10.1.1　定义

模拟是真实过程或系统在整个时间内运行的模仿。为了科学地研究这些系统，需要给出一系列关于系统如何工作的假设。通常，把这些采用数学公式或逻辑关系的假设构造成模型，用这种模型试验以取得相应系统行为的某些结果。这就是真实过程或系统的动态模仿。如果构造模拟的关系很简单，可用数学方法，例如微积分、概率论、代数方程等来求解，称之为分析解。但是，很多真实过程太复杂，以至于不允许分析地计算真实模型值，在此条件下只能采用模拟的方法求得模型解。爆破过程就是这样一个复杂的系统。由于爆破过程的瞬时性、模糊性的相关因素的多样性，就决定了它只能用模拟的方法，而且只能用计算机模拟的方法才能迅速地获得模型解。爆破过程的数值模拟就是采用模拟方法，以不同的数值方法为手段，求得爆破过程或系统的模型解。它对于深入认识岩石爆破现象及其机理有着重要的意义。数值模拟不再是理论分析和实验研究的辅助手段，而是独立于它们的基本科研活动。数值模拟和实验、理论分析已构成认识爆炸力学，甚至整个力学问题的三种有效方法，称为“三位一体”的研究途径。

6.10.1.2　应用范围

数值模拟方法在爆破研究和工程领域的应用，主要体现在以下几方面：

（1）炸药爆轰和传爆过程；

（2）冲击波、应力波的作用及其对岩石的损伤；

（3）裂纹的扩展与破碎的产生；

（4）预测爆破块度的组成和爆堆形态；

（5）爆破效果的评价与参数的优化等。

6.10.2 爆破过程数值模拟的步骤和类型

6.10.2.1 爆破过程数值模拟的步骤

（1）在分析所研究问题的原型基础上建立简化的研究物理模型；

（2）针对所建立的简化物理模型建立计算和数值模型；

（3）进行模拟计算和对模拟计算结果进行分析研究；

（4）模拟结果的验证和对计算模型进行修正。

6.10.2.2 爆破过程数值模拟的类型

依据计算模拟方法的不同，目前的数值模拟分成了三种类型：

（1）基于大型计算程序进行数值模拟计算，常用的程序如 LS-DYNA、ABAQUS、AUTODYN等；

（2）基于力学分析建立力学模型，在此模型的基础上进行计算数值模拟，典型的模型如 HARRIS 模型、NAG-FRAG 模型、BMMC 模型等；

（3）基于试验和统计规律建立爆破参数与效果的经验公式，进而建立计算模拟程序进行爆破效果的数值模拟分析，典型的模型如 KUZ-RAM 模型、SUBREX 模型等，基于神经网路等建立的爆破效果分析模拟程序也应当属于此范畴。

6.10.3 典型的爆破计算模型

6.10.3.1 典型模型

典型的爆破破碎模型如表 6-9 所示。

表 6-9 典型的爆破破碎模型

模 型	研究者	目 的	方 法	需要数据
BCM 1981 年	马戈林（Margolin）	研究破碎形成	破碎机理和动态应变	爆轰的基本参数；动态应变模型
NAG-FRAG 1983 年	麦克休（Mchlugh）	岩石破裂的产生和扩展	破裂产生和扩展的统计模型	裂纹分布和弹性波传播特性
KUSZ 1983 年	库斯兹莫尔（Kuszmaul）	模拟岩石断裂	损伤力学方法	除一般岩石性质外，尚需损伤变量值
BLASPA 1963 年以来	法夫罗（Fabreau）	详细爆破设计及破碎预测	由于爆炸气体和冲击作用而产生破碎的动态模型	爆轰学；岩石的物理性质和爆破设计
HARRIES 1973 年以来	哈里斯（Harries）	破碎、隆起、破碎度和破坏的预测	动态应变引起的炮孔周围的破碎	爆破振动和岩石的动载特性
SABREX 1987 年	ORICA 公司	预计台阶爆破效果	计算机图解计算法，炸药与岩石相互作用解析法	岩石力学参数，爆破几何参数；炸药、爆破器材及钻孔的单位成本
JKMRC 1988 年	克莱因（Kleine）勒安（Leung）	破碎度预测，炸药选择和爆破设计	破碎理论应用到原岩矿块	现场矿块尺寸分布；能量分布和破碎特性

6. 10. 3. 2　G. Harries 模型

以爆炸气体准静态压力理论为基础，将爆破问题视作准静态二维弹性问题，把岩石视为均匀连续的弹性介质。假设岩体为以炮孔轴线为中心的厚壁圆筒，爆炸作用使与炮孔轴线垂直的平面内质点产生径向位移，当径向位移产生的切向应变值超过岩石的动态极限抗拉应变时，岩石形成径向裂隙。该模型没有考虑天然节理裂隙对应力波传播和破碎块度的影响，影响了计算结果的准确性和可靠性。

6. 10. 3. 3　BLASPA 模型

R. R. Farvreau 在爆炸应力波理论基础上建立的三维弹性模型。在岩石各向同性弹性体的假设下，爆炸应力波为许多个球状药包的叠加结果。该模型以岩石动态抗裂为破坏判据，不仅充分考虑了爆炸应力波和爆炸气体综合作用的效果，而且具有模拟炸药、孔网参数等爆破因素的综合能力并可预报爆破块度，从而得到广泛应用。

6. 10. 3. 4　BMMC 模型

由马鞍山矿山研究院提出的露天矿台阶爆破模型。以应力波理论为基础，以岩石单位表面能指标作为岩石破碎的基本判据。根据应力波在均质连续介质中的传播理论计算应力波能量在台阶岩体内的三维分布，假定应力波能量全部转化为岩体破坏形成新表面的表面能，以此计算爆破块度的分布。对于含弱面岩体则认为爆破是在这些天然岩体弱面基础上的进一步破碎。BMMC 模型的计算单元岩体的应力波能量是按应力在均质岩体中的传播处理，未考虑节理面对应力波的衰减作用。

6. 10. 3. 5　BCM 模型

是由美国的 Margolin 等人提出的层状裂纹模型。该模型假设岩石中含有大量圆盘状裂纹，裂纹的法线方向平行于 y 轴，而且单位体积内的裂纹数量（裂纹密度）服从指数分布。根据 Griffith 理论，含有裂纹的岩石在外部应力作用下，释放的应变能大于建立新表面所需的能量时，裂纹将扩展。Margolin 等建立了 BCM 模型的裂纹扩展判据，并由此计算出临界裂纹长度。所有长度大于临界值的裂纹都是不稳定的，有可能扩展，而长度小于临界长度的裂纹都是稳定的。实际问题中不可能对每条裂纹进行判别，所以 BCM 模型假设不考虑裂纹间的相互作用，且所有大于临界长度的裂纹以同一速度扩展。BCM 模型中裂纹均呈水平状发育，仅适用于有层理或沉积岩类岩石。

6. 10. 3. 6　NAG-FRAG 模型

该模型是由美国应用科学有限公司、圣地亚国家实验室和马里兰大学共同开发的，是专门研究裂纹的密集度、扩展情况以及破坏程度的模型。它综合考虑了岩石中应力引起裂纹的激活而形成新的裂纹和爆炸气体渗入引起的裂纹扩展的双重作用。模型认为脉冲载荷使岩石产生破坏的范围或破坏的程度取决于载荷作用下所激活的原有裂纹数量和裂纹的扩展程度。

6. 10. 3. 7　KUSZ 损伤模型

该模型是 Kuszmaul 在 Kipp 和 Grady 研究基础上提出的一种爆破损伤模型，认为当岩石处于体积拉伸或静水压力为拉应力时，岩石中存在的原生裂纹将被激活。裂纹一经激活就影响周围岩石，并使之释放应力，裂纹密度就是裂纹影响区岩石体积与岩石总体积之比。该模型认为岩石中含有大量的原生裂纹，且其长度及方位的空间分布是随机的，而损伤变量、裂纹密度及有效泊松比等参数的关系处理则沿用了 Taylor 和 Chen 的表达式，并假定被激活裂纹的平均半径正比于碎块的平均半径。从而组成了 KUSZ 模型的完整方程组，使模型与模拟岩石性质方面更接近实际。

6.10.3.8 其他模型

随着非线性科学的发展，利用分形、逾渗、重正化群等理论研究材料的损伤演化及破碎规律已日益受到重视。将分形理论与损伤相结合构造的爆破模型，以分形维数反映岩石损伤程度，有利于定量考察材料损伤演化过程的特征。采用逾渗理论来描述岩石爆破损伤断裂这一动态过程，和运用混沌理论对岩石爆破破碎进行的理论模型研究，以及 TOUROTTE 等尝试将重正化群方法应用于岩石破碎的研究，这些采用新理论建立的岩石爆破理论模型，不断推进了爆破模拟研究的发展。

6.10.4 爆破效果预测模型

爆破效果预测模型力求全面且准确地反映了各种条件因素（诸如矿岩种类、性质及其随空间的变化，地表地形条件，炸药爆炸性能，药量及药包空间分布，起爆顺序和延迟时间等）对爆破作用过程与结果的影响。

6.10.4.1 KUZ-RAM 模型

KUZ-RAM 模型是由南非的 C. Cunningham 根据其多年的矿山爆破工作经验和研究结果提出的一种预测岩石破碎块度的工程统计型模型。该模型以 Kuznetsov 公式为基础，并认为爆破后爆堆岩块块度构成服从 R-R 分布。其基本表达式如下：

$$\overline{X} = A\left(\frac{V_0}{Q}\right)^{0.8} Q^{\frac{1}{6}} \tag{6-43}$$

$$n = \left[2.2 - \left(\frac{14W}{D}\right)\right]\frac{(1 - \delta/W)\left[1 + (M - 1)\right]}{2}\frac{L}{H} \tag{6-44}$$

式中 $\overline{X}$——平均破碎块度（筛下累计率为50%时的岩块尺寸），cm；

A——岩石系数，中硬岩石 $A=7$，裂隙发育岩石 $A=10$，裂隙不明显的硬岩，$A=13$；

V_0——每孔破碎岩石体积，m^3；

Q——每孔装药量，kg，超深部分炸药除外；对于铵油炸药则按质量威力折算；

W——最小抵抗线，m；

D——炮孔直径，mm；

δ——钻孔精度标准误差，mm；

M——炮孔邻近系数（孔距与最小抵抗线之比）；

L——台阶底盘标高以上装药高度，m；

H——台阶高度，m。

6.10.4.2 BELFEN 模型

BELFEN 模型是采用有限元和离散元相结合的方法模拟爆破破坏和抛移的三维数学模型。在运行过程中，要求输入药包位置、台阶边界条件、岩石性质参数（如密度、抗压强度、杨氏模量和泊松比）以及有限元网格密度。该模型存在着设定有限元网格密度对爆破效果的影响，以及未考虑岩体中节理裂隙等地质不连续面对爆破效果的影响。

6.10.4.3 SABREX 模型

SABREX 模型是由英国 ICI 公司于 1987 年始推出的一种理论与经验统计相结合的综合性模型，也是目前国内外相对较为完善和先进的一种数学模型。该模型有若干模块构成：炸药数据输入模块 CPEX 和 LBEND；破碎块度预测模块 CRACK 和 KUZ-RAM；爆堆形态预测模块 HEAVE；岩石破裂模块 RUPTURE 等。它可以预测以下结果：岩石块度分布、爆堆形态、飞石控制、后冲破坏、超深破坏和爆破成本等。爆堆形态模拟模型是在现场高速摄影测定台阶表面质点速度的基础上，找出台阶坡面上不同位置在爆堆形成过程中的初速度与爆堆最终形状的统计关系，据此预测爆堆形态。然而，SABREX 模型未能对原岩节理裂隙等对爆破效果的影响给予充分的考虑。

6.10.4.4 爆堆图像分析模型

采用爆堆块度的计算机图像分析方法可对爆破破碎效果进行评价。图像分析方法评价爆堆块度的大小与组成的基本原理与步骤包括：(1)“抽样”拍摄爆堆表（断）面，以二维图像的形式获取爆堆矿岩块度的原始信息；(2) 采用“二值化”等图像处理技术，由计算机对岩块平面投影的边界进行识别；(3) 由计算机对图像中各个岩块的平面几何特征尺寸（如定向弦长、最大弦长及投影面积等）进行统计计算；(4) 直接对上述统计计算的结果数据，将所得数据转换为岩块的体积尺寸，求得爆堆岩块的块度分布特征参数，以对全爆堆岩块的块度大小与组成给出综合的定量评价。

6.10.5 常用爆破数值模拟软件介绍

常用爆破数值模拟软件如表 6-10 所示。

表 6-10　常用爆破数值模拟软件

程　序	研 究 者	方　法	性能简介	发表年份
SHALE-3D	美国洛斯—阿拉莫斯实验室（Los Almos）	有限差分	爆破引起的岩石损伤破碎计算	1980 年
PRONTO	美国桑迪亚实验室	有限元	应力波传播的计算机程序	1990 年
DMC	美国桑迪亚实验室与 ICI 公司共同开发	离散元	煤矿台阶爆破，包括抛掷爆破的计算机模拟	1993 年
LS-DYNA	美国 ANSYS 公司	有限元	显式非线性动力分析通用的有限元程序	1976 年
AUTODYN	AUTODYN 是 ANSYS 子公司 Century Dynamics 公司研发	有限元	显式有限元分析程序，用来解决固体、流体、气体及其相互作用的高度非线性动力学问题	1993 年
DDA	美国 DDA 公司	不连续变形分析	DDA 方法可计算不连续任意形状块体，接触变形问题	1985 年
HSBM	众多研究单位联合研发	有限元和离散元	可以模拟爆破的全过程，诸如炸药的爆轰、冲击波传播、岩石破碎、岩体抛掷、爆堆形成、振动等	2001 年
ABAQUS		有限元	可以分析复杂的固体力学和结构力学系统，分析模块 ABAQUS/Exp licit 主要是用来求解诸如碰撞、跌落、爆炸这样的高速动力学问题	1978 年

6.10.6　爆破设计典型软件

计算机在工程爆破中的应用研究始于20世纪80年代初期，开始主要用于露天台阶爆破，随着专家系统和CAD技术的发展，已经开发了一批能够完成爆破设计、参数优化、爆破效果模拟分析和数据管理的系统软件，几种典型的爆破设计软件如表6-11所示。

表6-11　爆破设计专家系统

专家系统	开发单位	简　介	特　点
BESTPOL	印度矿业学院	可以完成对台阶地形图、钻孔布置及参数图等15个参数的输出，而每次解决问题的经验都用于对已有知识的优选修改和认可	采用案例推理，又使用规则推理，系统中采用横向检索策略搜索出有关相似案例资料，进而使用规则推理进行适当的修改，通过不断的反馈信息修改设计方案
爆破专家系统	澳大利亚西部矿业学院	整个系统具有爆破对策选择、设备选择、方案选择、矿石块度分布预测、矿石损失与贫化预测、参数的敏感性研究及参数最优选择等输出功能	利用模糊数学理论帮助用户进行爆破对策的选择和最优台阶高度的确定，对于某些决策可以显示出置信水平，系统可分为规划系统与咨询系统
露天爆破设计和咨询专家系统	美国俄亥俄矿业大学	可以进行爆破方案设计和爆破振动分析，该系统由两个相对独立的模块组成	
爆破优化设计专家	美国爱达荷矿业学院	集露天爆破方案优化设计和专家知识推理于一体的爆破专家系统	
ExPertir	法国巴黎高等矿业学院	以岩石最佳破碎为目标，系统由解决各种问题的不同模块衔接而成	专家系统在露天爆破中已经得到应用，并显示出良好的应用前景
BLASTCAD	加拿大Noranda科技中心	地下矿山开采爆破的三维计算机辅助设计系统BLASTCAD。BLASTCAD系统实现了药孔布置图设计和方案设计文书输出的自动化	
SHOT-Plus	ORICA公司	露天台阶抛掷爆破参数设计和爆破网路设计，具有爆破效果预测和分析、功能，可自动生成设计报表和文件	
Blast-Code	北京科技大学	通过分析地形、矿岩及炸药性能等因素，根据矿岩可爆性指数及台阶自由面条件，自动进行爆破设计和效果预测	已在国内多个大型露天铁矿推广使用

6.10.7　实例——露天矿台阶深孔爆破矿岩破碎过程三维数学模型

马鞍山矿山研究院在国内率先提出了露天矿台阶深孔爆破矿岩破碎过程三维数学模型。

6.10.7.1　*岩石破碎的物理过程*

岩石破碎的物理过程如下：

（1）炸药爆炸后，爆炸冲击波的作用范围很小，予以忽略。爆炸应力波是使岩石破碎成块的主要动力，而爆炸气体的作用只是在应力波作用的基础上使破裂进一步加强和补充。

（2）岩体在应力波的作用下，产生了大量的新生的破坏面，其分布状况是由应力波能量的三维分布状况所决定的。这些新生的破坏面和原有破坏面的分布，确定了岩石爆破破碎的块度组成与分布。

（3）假设岩石获得应力波的能量——应变能全部转化为产生新破坏面的表面能，以此弥补由于忽略爆炸冲击波而造成的误差。

6.10.7.2 爆破应力波能量三维分布数学模型

为了求得柱状药包在露天台阶爆破时形成的空间动态应力场和应力波能量密度的三维分布，可根据叠加原理，将半径为 r_b 的柱状炮孔的装药段分成若干个长度等于炮孔直径 $2r_b$ 的小单元药包，并将每个小单元药包看做是一个具有等效半径 b 的球状药包。图 6-36 表示露天台阶深孔柱状药包分解成多个球状药包（1，2，3，4，…，n）爆破作用产生的应力场。

图 6-36 露天台阶爆破 A 点应力叠加示意图

柱状药包在岩石中形成的爆破应力场可看作是这些等效球状药包爆炸形成应力场叠加，除了由于炸药具有一定的传爆速度，各药包的起爆时间有一定的先后次序外，还必须考虑应力波在几个自由面反射后的各种反射波与直接到达该点的入射波的叠加。

为了建立该数学模型，根据数学-力学原理，应用波动方程的应力函数解，计算露天台阶岩体内任一点的应力（包括从爆源直接入射纵波的各应力分量，从各自由面反射的反射纵波和反射横波的各应力分量），作出应力波能量密度及其三维能量场，进一步作出破碎块度分布计算和图解。

图 6-37 为露天台阶岩体的垂直剖面和水平剖面上下的平均能量密度分布图。其计算

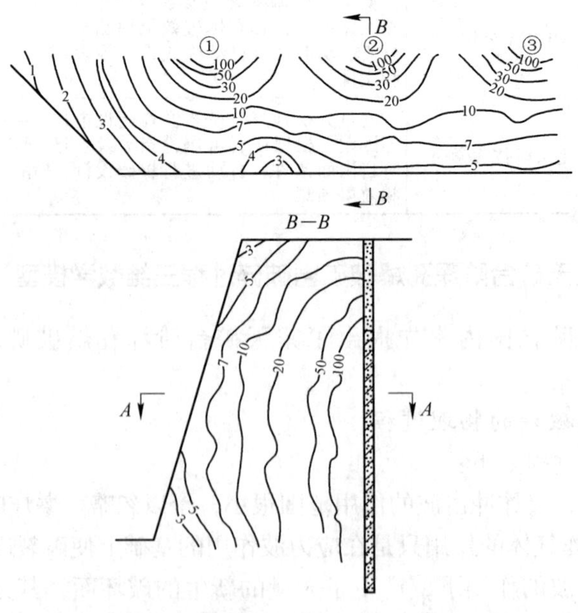

图 6-37 露天台阶深孔爆破应力波能量分布图

（图中等能量线上数字单位为：$10^4 J/m^3$；炮孔中数字为起爆顺序）

机输入原始数据列于表6-12。

表6-12 计算机输入原始参数

炸 药	爆速 3500m/s	爆破参数	炮孔直径 250mm
	密度 1.0g/cm³		台阶高度 12m
			坡角 75°
岩 石	密度 2.7g/cm³		超深 1.7m
	纵波速度 5765m/s		药柱高度 10.4m
	横波速度 3040m/s		底盘抵抗线 7.5m
	位移衰减系数 0.7		孔间延期 25ms
	单位表面能 15kJ/m²		耦合系数 1

6.10.7.3 爆破块度分布计算

以岩石的单位表面能（即产生单位新表面积所需能量）指标作为岩石破碎的基本判据，利用自编的BMMC程序，求得各向同性弹性岩体的块度分布，并在此基础上考虑各种地质构造弱面和前次爆破破坏弱面的实际情况，运用概率统计理论最终计算出实际的台阶爆破块度分布。

6.10.7.4 实验验证

（1）利用本模型对江苏省观山铜矿船山采场流纹斑岩的台阶爆破进行了分析计算。计算结果与该采场小比例尺台阶爆破实验数据相比，其结果如表6-13所示，二者比较接近。

表6-13 块度分布统计检验表

密集系数 m	平均偏差		分布函数最大偏差 c	N	$c(N)^{1/2}$	$A=0.05$	柯尔莫哥洛夫检验结果
	绝对值	相对值					
1	3.65	11.7	0.071	10	0.225	1.35	接受
2	6.39	13.17	0.138	10	0.436	1.35	接受
3	3.37	6.3	0.066	10	0.209	1.35	接受

（2）利用本模型计算程序，对美国矿业局狄克等人在露天石灰石矿台阶爆破实验数据及实验条件进行了计算，其结果与实验数据相比也比较接近。

6.11 精细爆破

6.11.1 精细爆破的定义与内涵

6.11.1.1 精细爆破的定义

精细爆破，即通过定量化的爆破设计、精心的爆破施工和精细化的爆破管理，进行炸药爆炸能量释放与介质破碎、抛掷等过程的控制，既达到预期的爆破效果，又实现爆破有害效应的控制，最终实现安全可靠、技术先进、绿色环保及经济合理的爆破作业。同时，精细爆破又是以社会可持续发展理论、科学发展观和低碳经济为理论指导的，是它们在工程爆破领域的重要应用和体现。因此，精细爆破不单单是一种爆破工艺，更是一种有关爆破的理念，是爆破作业的系统工程，是一种体系。

6.11.1.2 精细爆破的内涵

精细爆破秉承了传统控制爆破的理念，但与传统控制爆破有着明显的区别。

精细爆破的目标与传统控制爆破一样，既要达到预期的爆破效果，又要将爆破破坏范围、建构筑物的倒塌方向、破碎块体的抛掷距离与堆积范围以及爆破地震波、空气冲击波、噪声和破碎物飞散等的危害控制在规定的限度之内，实现爆破效果和爆破有害效应的控制。但是，精细爆破所追求的目标比与传统控制爆破更高，其目的是爆破过程和效果更加可控，危害效应更低，安全性更高，环境影响更小，经济效益更佳。

精细爆破不局限于传统控制爆破的应用范围，还适用于岩土爆破、拆除爆破、特种爆破等工程爆破的方方面面。精细爆破不单单是一种爆破方法，而且是含义更为广泛的一种理念，一种目标，是传统控制爆破的更高追求。

精细爆破离不开传统爆破（或控制爆破），传统爆破仍然是精细爆破的基础，即传统控制爆破是精细爆破的初级阶段，精细爆破是传统控制爆破的必然发展，精细爆破是工程爆破发展新阶段的标志，对工程爆破技术发展必将产生深远的影响。

精细爆破不仅含有精确精准，也含有模糊方面的内容，这种模糊并不代表不清晰，而是模糊理论在爆破领域的应用。精细爆破不仅是细心细致，更是一种态度，一种文化。

精细爆破是一种发展的概念，现在认为是精细的，也可能在不远的将来被视为非精细的。

6.11.2 精细爆破的技术体系

精细爆破不仅仅是爆破作业，而且是一种理念，是一种系统工程，是一种技术体系。该技术体系所追求的不是其中某一个具体技术构成的单个功能，而是各技术组成相互联系所形成的整体功能。这在认识上是一种突破，也是一种跨越，对爆破技术的发展具有深远的意义。

精细爆破技术体系包括：精细爆破的目标、精细爆破的关键技术、实现精细爆破技术支撑条件、综合评估体系和监理体系。

6.11.2.1 精细爆破目标

精细爆破的目标有三：一是安全可靠，技术先进。辨识和控制危险源；二是绿色环保、控制爆破有害效应和减少对自然环境的影响，推动资源节约型和环境友好型社会的建设；三是经济合理。精细爆破的目标是低成本、低消耗、低排放，实现经济和环境的双赢。

6.11.2.2 精细爆破的关键技术

精细爆破的关键技术是定量化的爆破设计、精心施工、精细化的管理（实时监控和科学管理）。

（1）定量化爆破设计的内容包括：

1）爆破设计理论和方法，包括：邻近轮廓面的爆破设计原理与计算方法、爆破孔网参数与装药量计算、炸药选型的理论与方法、装药结构设计计算理论、起爆系统与起爆网路的设计方法、段间毫秒延期选择等；

2）爆破效果的预测，包括：给定地质条件和爆破参数条件下，爆破块度分布模型及预测方法、爆破后抛掷堆积计算理论与方法等；

3）爆破负面效应的预测预报，包括：爆破影响深度分布的计算理论与预测方法、爆破振动和冲击波的衰减规律、爆破个别飞散物的抛掷距离计算等。

（2）精心施工的内容包括：

1）精确地测量放样与钻孔定位；

2）基于现场爆破条件的反馈设计与施工优化；

3）精心的装药、填塞、联网和起爆作业等。

（3）实时监控和科学管理的内容，包括：

1）爆破块度和堆积范围的快速量测；

2）爆破影响深度的及时检测；

3）爆破振动、冲击波、噪声和粉尘的跟踪监测与信息反馈；

4）炸药与起爆器材性能参数的检测；

5）爆破监控信息的及时反馈等。

（4）科学管理的内容，包括：

1）建立考虑爆破工程类型、规模、重要性、影响程度和工程复杂程度等因素的爆破工程分级管理办法；

2）爆破工程设计与施工的方案审查与监理制度；爆破技术人员的分类管理与培训体系；

3）爆破作业与爆破安全的管理与奖惩制度等。

6.11.2.3 实现精细爆破的技术支撑条件

实现精细爆破的技术支撑条件包括：新技术、新工艺、新材料、新设备，即“四新”技术。

6.11.2.4 精细爆破的综合评估和监理体系

精细爆破的综合评估较国家标准、规范的有关规定更加系统、详细和完善，即精细爆破要求的不仅是安全评估，而是范围更为广泛的综合评估。精细爆破综合评估指标及权重表列于表6-14。

表6-14 精细爆破评估指标与权重表

序　号	评估指标	权　重	子专案指标	二级权重
1	爆破安全评估的基础	0.1	设计和施工单位的资质	0.03
			爆破工程技术人员资质等级和数量	0.03
			持安全作业证的爆破员、安全员、保管员、押运员数量	0.02
			设计所依据数据的完整性和可靠性	0.02

续表 6-14

序 号	评估指标	权 重	子专案指标	二级权重
2	定量化的爆破设计	0.2	调查研究，掌握施爆的客观条件	0.02
			优化爆破方案和爆破参数	0.02
			分散释放全部能量，实施延期爆破	0.02
			定量化的爆破设计	0.04
3	精心的爆破施工	0.2	设计人员到场率	0.025
			检查验收，确保关键工序的施工质量	0.025
			防护措施	0.025
			施工机械数量，完好程度	0.025
4	精细的爆破管理	0.1	爆破作业人员持证上岗	0.03
			爆破器材的购买、运输、储存、使用、销毁的管理	0.03
			建立本单位工程爆破质量保证体系	0.04
5	能源和资源的节约	0.1	炸药的品种	0.01
			炸药数量	0.02
			单位炸药消耗量/$kg \cdot m^{-3}$	0.02
			起爆器材的品种	0.01
			雷管单耗/个 · m^{-3}	0.01
			成本估算	0.03
6	爆破有害效应的预防和减弱	0.2	爆破振动	0.04
			爆破冲击波	0.03
			爆破个别飞散物	0.03
7	减少对自然环境的影响，与周围自然环境相融合	0.1	爆破有害气体	0.03
			爆破噪声	0.03
			爆尘	0.02
			对水中生物的影响	0.02

精细爆破的监理体系则认为：监理的范围除了保证工程的质量和安全以外，还要提高建设工程投资决策科学化水平；规范工程建设参与各方的建设行为；实现建设工程投资效益最大化。所以，精细爆破监理的行为应贯穿于过程的始终，包括：项目的决策阶段；建设准备阶段；项目实施阶段和总结阶段。精细爆破监理是全过程的监理。精细爆破技术体系如图 6-38 所示。

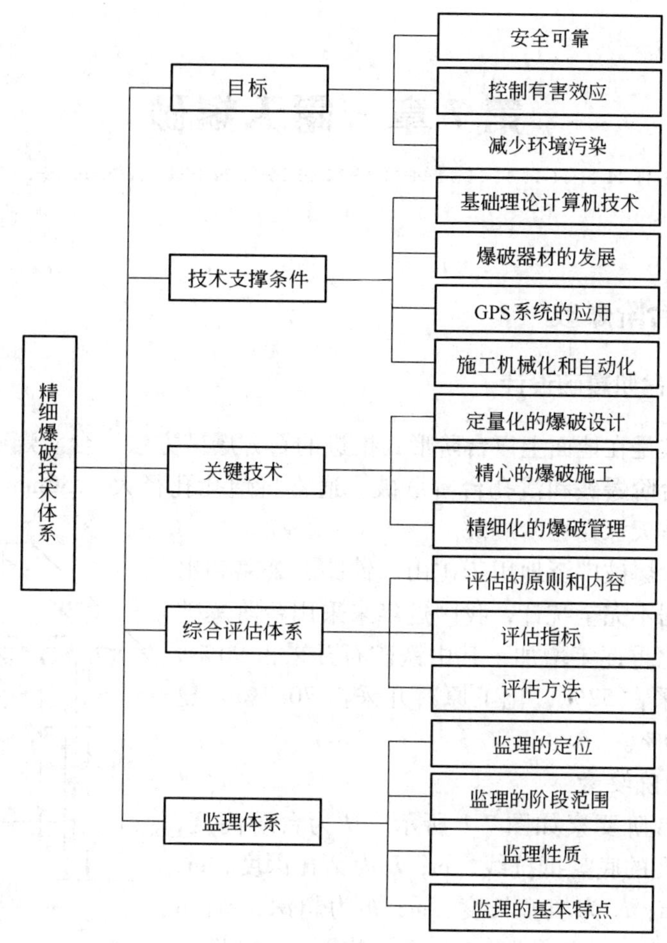

图 6-38　精细爆破技术体系图

第7章　露天爆破

7.1　露天深孔台阶爆破

7.1.1　露天深孔台阶爆破设计

露天台阶爆破是在地面上以台阶形式推进的石方爆破方法。台阶爆破按照孔径、孔深不同，分为深孔台阶爆破和浅孔台阶爆破。通常将炮孔孔径大于50mm、孔深大于5m的台阶爆破统称为露天深孔台阶爆破。

露天深孔台阶爆破广泛地用于矿山、铁路、公路和水力水电等工程。据不完全统计，我国近年来采用台阶爆破进行露天开采的比重逐年增加，其中铁矿石开采占90%，有色金属矿石开采占52%，化工原料开采占70.7%，建筑材料开采近100%。

7.1.1.1　台阶要素

深孔爆破的台阶要素如图7-1所示。H为台阶高度，m；W_1为前排钻孔的底盘抵抗线，m；L为钻孔深度，m；l_1为装药长度，m；l_2为填塞长度，m；h为超深，m；α为台阶坡面角，(°)；a为孔距，m；b为排距，m（图中未标出）；B为在台阶面上从钻孔中心至坡顶线的安全距离，m。为了达到良好的爆破效果，必须正确确定上述各项台阶要素。

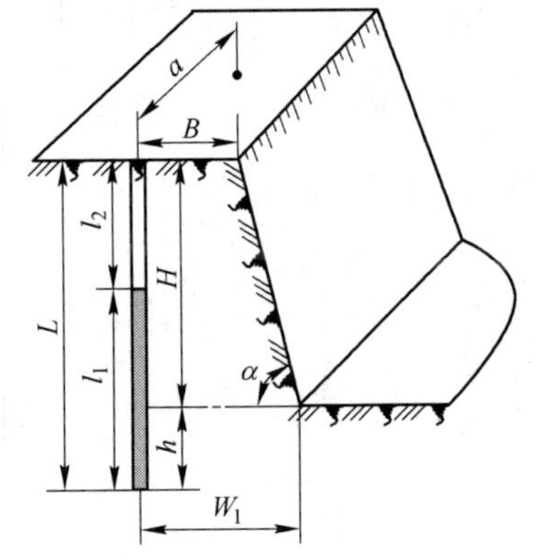

图7-1　台阶要素图

7.1.1.2　钻孔形式

露天深孔爆破的钻孔形式一般分为垂直钻孔和倾斜钻孔两种（图7-2）。只在个别情况下采用水平钻孔。

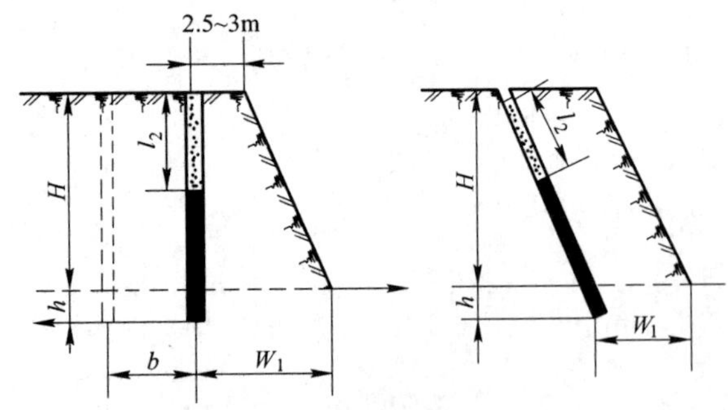

图7-2　露天深孔布置

H—台阶高度，m；h—超深，m；W_1—底盘抵抗线，m；l_2—填塞长度，m；b—排距，m

垂直深孔和倾斜深孔的使用条件和优缺点列于表7-1。

表7-1 垂直深孔与倾斜深孔比较

深孔布置形式	采用情况	优　点	缺　点
垂直深孔	在开采工程中大量采用，特别是大型矿山	1. 适用于各种地质条件（包括坚硬岩石）的深孔爆破； 2. 钻凿垂直深孔的操作技术比倾斜孔简单； 3. 钻孔速度比较快	1. 爆破岩石大块率比较多，常常留有根坎； 2. 梯段顶部经常发生裂缝，梯段坡面稳固性比较差
倾斜深孔	中小型矿山、石材开采、建筑、水电、道路、港湾及软质岩石开挖工程	1. 布置的抵抗线比较均匀，爆破破碎的岩石不易产生大块和残留根坎； 2. 梯段比较稳固，梯段坡面容易保持； 3. 爆破软质岩石时，能取得很高效率； 4. 爆破堆积岩块的形状比较好，而爆破质量并不降低	1. 钻凿倾斜钻孔的技术操作比较复杂，容易发生钻凿事故； 2. 在坚硬岩石中不宜采用； 3. 钻凿倾斜深孔的速度比垂直深孔慢

7.1.1.3 布孔方式

A 深孔台阶平面布孔方式

布孔方式有单排布孔和多排布孔两种。多排布孔又分为方形、矩形及三角形（梅花形）三种，如图7-3所示。方形布孔具有相等的孔间距和抵抗线，各排中对应炮孔呈竖直线排列。

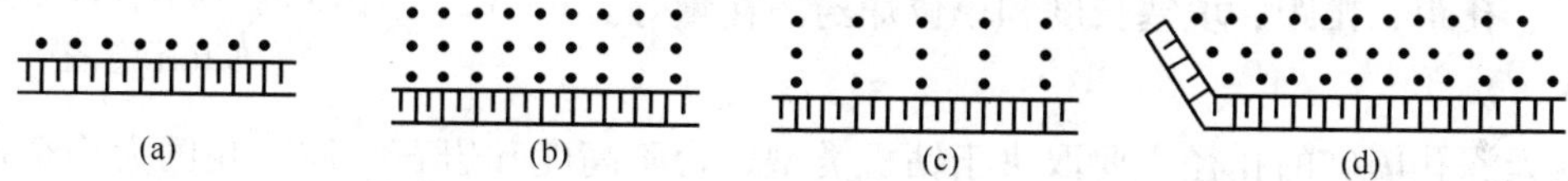

图7-3 深孔布置方式

（a）单排布孔；（b）方形布孔；（c）矩形布孔；（d）三角形布孔

矩形布孔的抵抗线比孔间距小，各排中对应炮孔同样呈竖直线排列。

三角形布孔时可以取抵抗线和孔间距相等，也可以取抵抗线小于孔间距，后者更为常用。为使爆区两端的边界获得均匀整齐的岩石面，三角形排列常常需要补孔。

从能量均匀分布的观点看，等边三角形更为理想。

B 路堑爆破布孔方式

a 半挖路堑布孔方式

半挖路堑开挖多以纵向台阶法布置，即平行路线方向钻孔。半挖路堑倾斜孔如图7-4（a）所示；对于高边坡半挖路堑，通常采用分层（多层）布孔，如图7-4（b）所示。

b 全挖路堑布孔方式

全路堑开挖，由于开挖断面小，爆破易影响边坡的稳定性，一般情况下台阶面的推进方向平行于路线方向，即沿道路纵向分层开挖，每层一般深8～10m。上、下层顺边坡可布设倾斜孔进行预裂爆破，靠边坡的垂直孔深度应控制在边坡线以内，如图7-4（c）所示。对于开挖断面较大的全路堑，可创造条件顺路线方向布置台阶面，采用横向开挖方式。

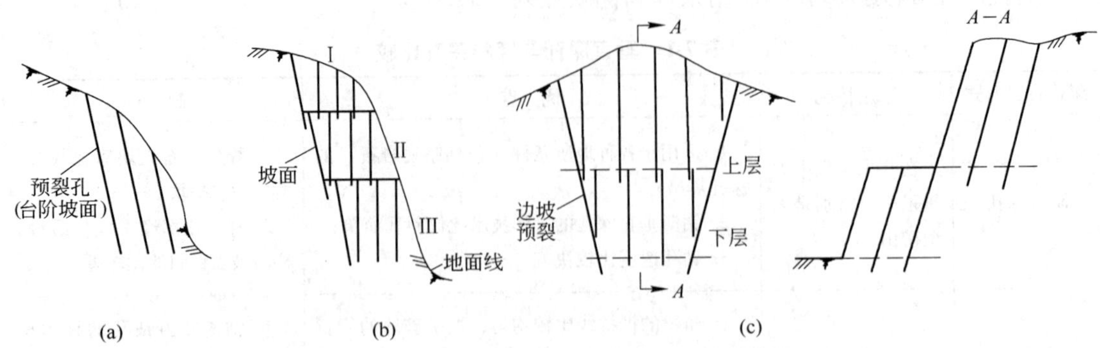

图 7-4　路堑炮孔布置示意图

(a) 半挖路堑倾斜孔；(b) 半挖路堑垂直孔；(c) 全挖路堑分层布孔

特殊条件下的半路堑石方开挖可以采用在路堑坡底钻水平和倾斜扇形孔进行爆破，如图 7-5 所示。但此种布孔方式仅适用于开挖宽度较小、岩石坚固性系数不大、节理裂隙发育和风化的岩体，爆破后上部岩石塌落，且不形成陡坎的陡壁路堑。

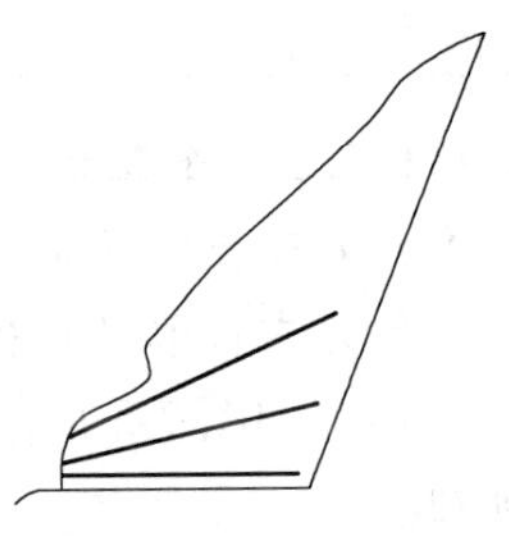

图 7-5　水平、倾斜扇形布孔示意图

7.1.1.4　深孔台阶爆破参数

露天深孔台阶爆破参数包括：孔径、孔深、超深、底盘抵抗线、孔距、排距、填塞长度和单位炸药消耗量等。

A　孔径

露天深孔爆破的孔径主要取决于钻机类型、台阶高度和岩石性质。我国大型金属露天矿多采用牙轮钻机，孔径 250 ~ 310mm；中小型金属露天矿以及化工、建材等非金属矿山则采用潜孔钻机，孔径 100 ~ 200mm；铁路、公路路基土石方开挖常用的钻孔机械其孔径为 76 ~ 170mm 不等。一般来说钻机选型确定后，其钻孔直径就已确定下来。国内常用的深孔直径有 76 ~ 80mm、100mm、150mm、170mm、200mm、250mm、310mm 几种。

与各类金属和非金属矿山不同的是，路堑深孔爆破的孔径相对较小，多为 80 ~ 150mm，且以 80 ~ 110mm 占据主导地位，如国产 100 型简易支架钻机的孔径为 90 ~ 110mm；CM200、CM351（368）等中、高风压履带钻机的孔径为 100 ~ 140mm。

B　孔深与超深

孔深是由台阶高度和超深确定。

台阶高度的确定应考虑为钻孔、爆破和铲装创造安全和高效率的作业条件，主要取决于挖掘机的铲斗容积和矿岩开挖技术条件。目前，金属矿山的台阶高度多为 12m；煤矿台阶高度为 10 ~ 15m；岩石台阶高度为 15 ~ 20m。水力水电工程，一般部位爆破开挖的台阶高度为 8 ~ 15m。

国内矿山的超深值一般为 0. 5 ~ 3. 6m。后排孔的超深值一般比前排小 0. 5m。

垂直深孔孔深　　$$L = H + h \tag{7-1}$$

倾斜深孔孔深　　$$L = H/\sin\alpha + h \tag{7-2}$$

C 底盘抵抗线

a 根据钻孔作业的安全条件

$$W_1 \geqslant H\cot\alpha + B \tag{7-3}$$

式中 W_1——底盘抵抗线，m；

α——台阶坡面角，(°)，一般为 60°~75°；

H——台阶高度，m；

B——从钻孔中心至坡顶线的安全距离，对大型钻机，$B \geqslant 2.5 \sim 3.0$m。

b 按台阶高度和孔径计算

$$W_1 = (0.6 \sim 0.9)H \tag{7-4}$$

$$W_1 = K \cdot d \tag{7-5}$$

式中 K——系数，见表 7-2。

表 7-2 K 值范围

装药直径/mm	清渣爆破 K 值	压渣爆破 K 值
200	30~35	22.5~37.5
250	24~48	20~48
310	35.5~41.9	19.4~30.6

c 按每孔装药条件（巴隆公式）

$$W_1 = d\sqrt{\frac{7.85\Delta\tau}{qm}} \tag{7-6}$$

式中 d——炮孔直径，m；

Δ——装药密度，kg/m³；

τ——装药系数，$\tau = 0.35 \sim 0.65$；

q——单位炸药消耗量，kg/m³；

m——炮孔密集系数（即孔距与排距之比），一般 $m = 1.2 \sim 1.5$。

以上说明，底盘抵抗线受许多因素影响，变动范围较大。除了要考虑上述因素外，控制坡面角也是调整底盘抵抗线的有效途径。

D 孔距和排距

孔距（a）是指同一排深孔中相邻两钻孔中心线间的距离。孔距按下式计算：

$$a = mW_1 \tag{7-7}$$

式中 m——炮孔密集系数。

密集系数 m 值通常大于 1.0。在宽孔距小抵抗线爆破中则为 3~4 或更大。但是第一排孔往往由于底盘抵抗线过大，应选用较小的密集系数，以克服底盘的阻力。

排距（b）是指多排孔爆破时，相邻两排钻孔间的距离，它与孔网布置和起爆顺序等因素有关。计算方法如下：

（1）采用等边三角形布孔时，排距与孔距的关系为：

$$b = a \cdot g\sin60° = 0.866 \times a \tag{7-8}$$

式中　b——排距，m；

a——孔距，m。

（2）多排孔爆破时，孔距和排距是一个相关的参数。在给定的孔径条件下，每个孔都有一个合理的负担面积，即

$$S = a \cdot b$$

或

$$b = \sqrt{\frac{S}{m}} \tag{7-9}$$

式中　S——炮孔负担面积，m^2。

上式表明，当合理的炮孔负担面积 S 和炮孔密集系数 m 已知时，即可求出排距 b。

E　填塞长度

合理的填塞长度和良好的填塞质量，对改善爆破效果和提高炸药利用率具有重要作用。

合理的填塞长度应能降低爆炸气体能量损失和尽可能增加钻孔装药量。良好的填塞质量是尽量增加爆炸气体在孔内的作用时间和减少空气冲击波，噪声和个别飞散物的危害。

填塞长度（l_2）按下列公式确定：

$$l_2 = (0.7 \sim 1.0) W_1 \tag{7-10}$$

垂直深孔取（0.7～0.8）W_1；倾斜深孔取（0.9～1.0）W_1，

或

$$l_2 = (20 \sim 30) d \tag{7-11}$$

式中　d——炮孔直径，mm。

应该指出的是填塞长度与填塞质量、填塞材料密切相关。填塞质量好和填塞物的密度大也可减小填塞长度。

矿山大孔径深孔的填塞长度一般为 5～8m，当采用尾砂堵塞时，也可减少到 4～5m。

F　单位炸药消耗量

影响单位炸药消耗量的因素主要有岩石的可爆性、炸药特性、自由面条件、起爆方式和块度要求。因此，选取合理的单位炸药消耗量（q）往往需要通过多次试验或长期生产实践来验证。各种爆破工程都有根据自身生产经验总结出来的合理单位炸药消耗量。例如，冶金矿山单位炸药消耗量一般在 0.1～0.35kg/t 之间。对于水力水电工程的岸坡开挖、铁路和公路的路基开挖等，为了将部分岩石向坡下抛出，也可将单位炸药消耗量增加 10%～30%。在设计中可以参照类似矿岩条件下的实际单位炸药消耗量选取，也可以按表 7-3 选取。该表数据以 2 号岩石硝铵炸药为标准。

表 7-3　单位炸药消耗量 q 值表

岩石坚固性系数 f	0.8～2	3～4	5	6	8	10	12	14	16	20
q/kg · m^{-3}	0.40	0.45	0.50	0.55	0.61	0.67	0.74	0.81	0.88	0.98

G　每孔装药量

单排孔爆破或多排孔爆破的第一排孔的每孔装药量按下式计算：

$$Q = q \cdot a \cdot W_1 \cdot H \tag{7-12}$$

式中　q——单位炸药消耗量，kg/m^3；

a——孔距，m；

H——台阶高度，m；

W_1——底盘抵抗线，m。

多排孔爆破时，从第二排孔起，以后各排孔的每孔装药量按下式计算：

$$Q = k \cdot q \cdot a \cdot b \cdot H \tag{7-13}$$

式中　k——考虑受前面各排孔的矿岩阻力作用的增加系数，$k=1.1\sim1.2$；

b——排距，m；

其余符号意义同前。

我国部分露天铁矿（石灰石矿）深孔爆破参数列于表7-4。我国部分水力水电工程深孔爆破参数列于表7-5。

确定露天深孔爆破参数，除参照上述国内外有关资料外，尚可通过室内试验、计算机数值模拟和生产实际不断完善，以达到最优的爆破效果。

7.1.1.5　装药结构

装药结构是指炸药在装填时的状态。在露天深孔爆破中，分为连续装药结构，分段装药结构，孔底间隔装药结构和混合装药结构。

A　连续装药结构

炸药沿着炮孔轴向方向连续装填，当孔深超过8m时，一般布置两个起爆药包（弹），一个放置距孔底0.3~0.5m处，另一个置于药柱顶端0.5m处。优点是操作简单；缺点是药柱偏低，在孔口未装药部分易产生大块。

B　分段装药结构

将深孔中的药柱分为若干段，用空气、岩渣或水隔开（图7-6）。优点是提高了装药高度，减少了孔口部位大块率的产生；缺点是施工麻烦。

C　孔底间隔装药结构

在深孔底部留出一段长度不装药，以空气作为间隔介质；此外尚有水间隔和柔性材料间隔。在孔底实行空气间隔装药亦称孔底气垫装药（如图7-7所示）。

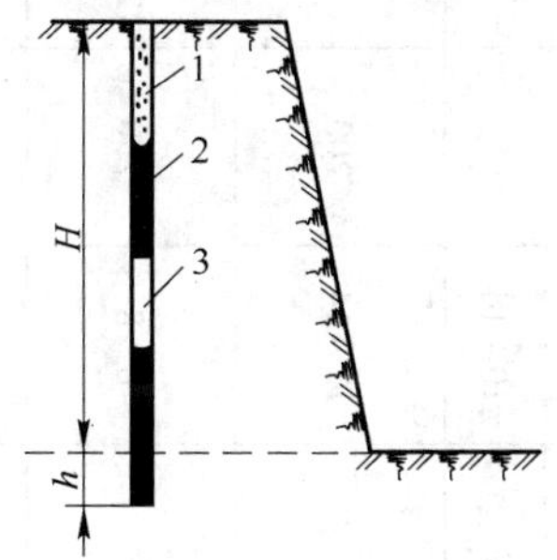

图7-6　空气分段装药

1—填塞；2—炸药；3—空气

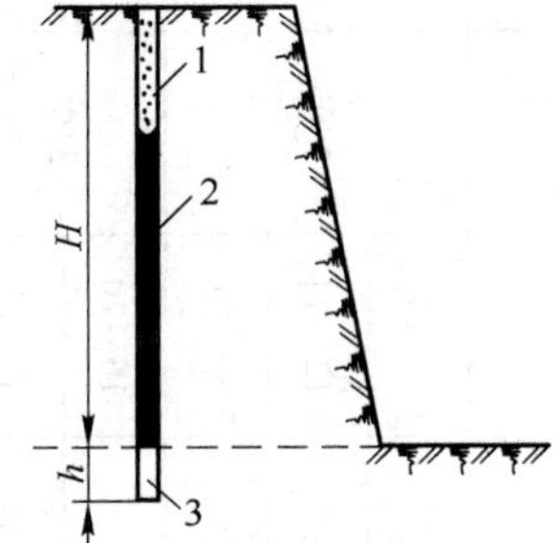

图7-7　孔底间隔装药

1—填塞；2—炸药；3—空气

D　混合装药结构

所谓混合装药结构系指孔底装高威力炸药，上部装普通炸药的一种装药结构。

表 7-4 我国部分露天铁矿（石灰石矿）深孔爆破参数表

矿山名称	矿岩种类	岩石坚固性系数 f	孔径/mm	段高/m	底盘抵抗线/m	排距/m	孔距/m	炮孔密集系数（前排/后排）	孔深/m	填塞高度/m	后排孔药量增加系数	单位炸药消耗量/kg · m^{-3}	延米爆破量/t · m^{-1}
首钢水厂铁矿	块状磁铁矿	>14	250	12	7~8	5~6	7.5~8.5	1.1/1.5	14~15	4.5~5.5	1.2	0.5~0.6	130~140
	层状磁铁矿	12~14			7~8	5.5~6	8~9	1.1/1.4	13.5~14.5	5.5~6.5	1.2	0.4~0.5	140~150
	混合花岗岩	8~10			7~9	6~7	9~10	1.1/1.4	13.5~14.5	6~6.5	1.2	~0.35	150
南芬铁矿	硅酸铁	16~20	310	12	12	6.5	5~6.5	0.42/1.0	14.5~15.5	6~7	1.15~1.2	1.2	117
	绿泥角闪岩	8~10			12	7.5	5.5~7.5	0.46/1.0	13.5~14.5	6~7	1.15~1.2	0.88	
歪头山铁矿	二层铁	12~16	250	12	10	4	7~10	0.7/2.5	14.5~15	6~8	不增加	0.68	110~120
	角闪片岩 石英岩	8~12			11	5	7.5~11	0.7/2.2	13.5~14	7~8	不增加	0.4	110
大冶铁矿	矽卡岩大理岩	8~12	170~200	12	6	3.5~4	3.5~4	0.6/1.0	14.5~15.5	7~8	1.3~1.5	0.5~0.6	37~40
	花岗闪长岩	10~12			6	4~4.5	3~3.5	0.5/0.8	14.5~15	7~8	1.3~1.5	0.5~0.6	37~40
	磁铁矿	10~14			6	3~3.5	3~3.5	0.5/1.0	14.5~15	7~8	1.3~1.5	0.8	37~40
南京吉山铁矿	磁铁闪长岩	12~14	200	12	7	5	8	1.1/1.6	14	5.5~6.5	1.2	0.4	90
大连石灰石厂矿	白云岩	6~8	250	12~13	9~10	6~6.5	10~11	1.1/1.7	14.5~15.5	6~6.5	不增加	0.3~0.4	160~165
南京白云石厂矿	白云岩	6~8	150	12	6~7	4.0	6~7	1/1.6	14~14.5	4~5	1.2	0.4~0.5	50~60

表 7-5 我国部分水力水电工程深孔爆破参数

工程名称		岩　性	台阶高度/m	孔深/m	底盘抵抗线/m	孔距/m	排距/m	孔斜/(°)	孔径/mm	炸药直径/mm	填塞长度/m	炸药单耗/kg·m^{-3}
三峡工程	左岸大坝二期厂房	花岗岩	7~10	10	2.5	3.5	2.5		105	80	3	0.77
	右岸基础开挖	花岗岩	10~13		2.0~2.6	2.5~3.5	2.0~2.6		89	70		0.5~0.7
									105	80		
葛洲坝工程	爆破试验	砂岩、黏土砂岩	6	6.2	4.25	3.5	4.25		170	130		0.39
	掏槽爆破	砂岩、黏土砂岩	4~8	4~8	中心线掏槽	2	1.5~2.6	60、75、90	170	90		1.4
	坝端进掏槽	砂岩、黏土砂岩	5.5	6.0	端进掏槽	2~2.5	1.5	75	170	55		0.53
东江水电站边坡开挖工程		花岗岩	10	10	—	2.5	3	60、75、80	100	100		0.31~0.45
乌江渡水电站边坡开挖工程		灰　岩	30	30	3.5~4.0	3.5	3.5	73	91~100	80~85		0.35
龙羊峡水电站边坡开挖工程		花岗岩	8.0	8.5	3.0	3.0	3.0	75	150	100		0.6
东风水电站坝肩开挖工程		白云岩 灰　岩	10	10~12	3.0	3.0	2.5	80	115	—	2.5	0.7
水布垭水电站溢洪道开挖工程		灰　岩	10	11	2.5~3.5	5.0	3.5	85	—	—	3.8	0.45
小湾水电站边坡开挖工程		片麻岩	15	15	3.0~3.5	2.0~2.5	3.0~3.5	75	89	70、60	1.4~3.4	0.50~0.60
									105	90		
溪洛渡水电站边坡开挖工程		玄武岩	10~15	10~15	3.0	4.0	3.0	75	90	70	2.0~3.0	0.40~0.50
									105	80		
拉西瓦水电站边坡开挖		花岗岩	15	15	2.0~2.5	3.0~4.0	2.0~2.5	—	89	70	2.0~2.5	0.50~0.65
									120	80		

在分段装药结构中，如果用空气进行间隔称为空气间隔装药。空气的作用有以下三个：

(1) 降低了爆炸冲击波的峰值压力，减少了炮孔周围岩石的过粉碎；

(2) 岩石受到爆炸冲击波的作用后，还受到爆炸气体所形成的压力波和来自炮孔孔底的反射波作用。当这种二次应力波的压力超过岩石的极限破裂强度（表示裂隙进一步扩展所需的压力）时，岩石的微裂隙将得到进一步扩展。

(3) 延长了应力的作用时间。冲击波作用于堵塞物或孔底后又返回到空气间隔中，由于冲击波的多次作用，使应力场得到增强的同时，也延长了应力波在岩石中的作用时间（作用时间增加 2 ~ 5 倍）。若空气间隔置于药柱中间，炸药在空气间隔两端所产生的应力波峰值相互作用可产生一个加强的应力场。

正是由于空气间隔的上述三种作用，使岩石破碎块度更加均匀。

如果是水间隔，由于水是不可压缩介质，具有各向压缩换向并均匀传递爆炸压力的特征，在爆炸作用初始阶段不仅炮孔孔壁，而且充水孔壁同样受到冲击载荷作用，峰值压力下降较缓；到爆炸作用后阶段，伴随爆炸气体膨胀做功，水中积蓄的能量释放加强了岩石的破碎作用。

如果是孔底柔性材料间隔（柔性垫层可用锯末等低密度、高孔隙率的材料做成，其孔隙率可达到 50% 以上）。孔内炸药爆炸后所产生的冲击波和爆炸气体作用于孔壁产生径向裂隙和环状裂隙的同时，通过柔性垫层的可压缩性及对冲击波的阻滞作用，大大减少了对炮孔底部的冲击压力，减少了对孔底岩石的破坏。这种装药结构主要用于对孔底以下基岩需要保护的水力水电工程。

应该指出的是在分段装药结构和孔底间隔装药结构的应用中，必须合理地确定间隔长度、间隔位置和应用条件。

7.1.1.6　起爆顺序

尽管多排孔布孔方式只有方形、矩形和三角形，但是起爆顺序却变化无穷，归纳起来有以下几种：

(1) 排间顺序起爆。亦称逐排起爆（如图 7-8 所示）。此种起爆顺序又分为排间全区顺序起爆和排间分区顺序起爆。主要优点是设计、施工简便、爆堆比较均匀整齐。

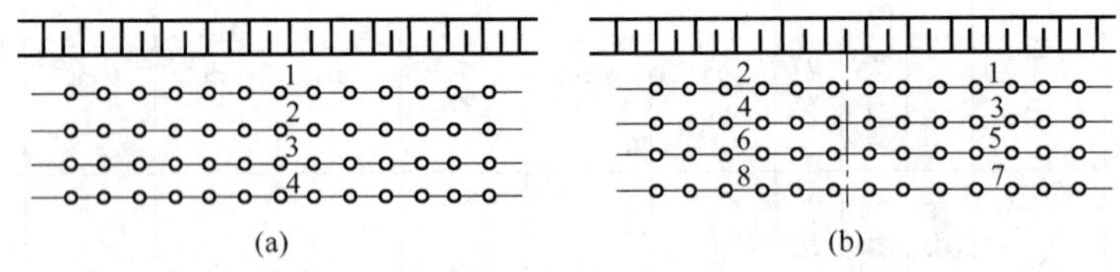

图 7-8　排间顺序起爆

（a）排间全区顺序起爆；（b）排间分区顺序起爆

(2) 排间奇偶式顺序起爆。从自由面开始，由前排至后排逐步起爆，在每一排里均按奇数孔和偶数孔分成两段起爆（如图 7-9 所示）。其优点是实现孔间毫秒延期，能使自由面增加。爆破方向交错，岩块碰撞机会增多，破碎较均匀，减振效果好。适用于压渣较少，

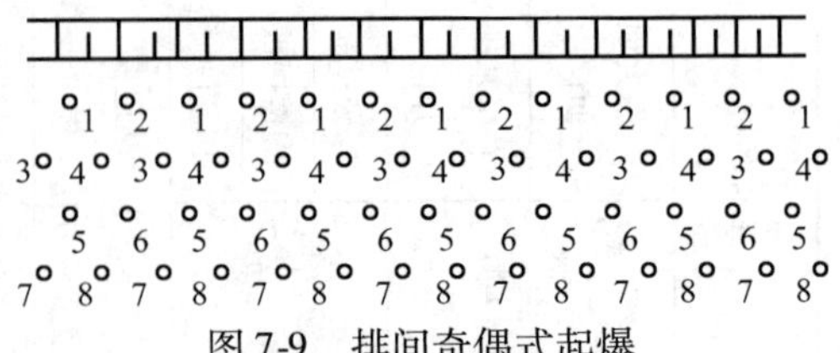

图 7-9　排间奇偶式起爆

或3~4排孔的爆破。缺点是向前推力不足。

（3）波浪式顺序起爆。即相邻两排炮孔的奇偶数孔相连，同段起爆，其爆破顺序犹如波浪。其中多排孔对角相连，称之为大波浪式（如图7-10所示）。它的特点与奇偶式相似，但可减少毫秒延期段数，且推力较奇偶式为大，破碎效果较好。

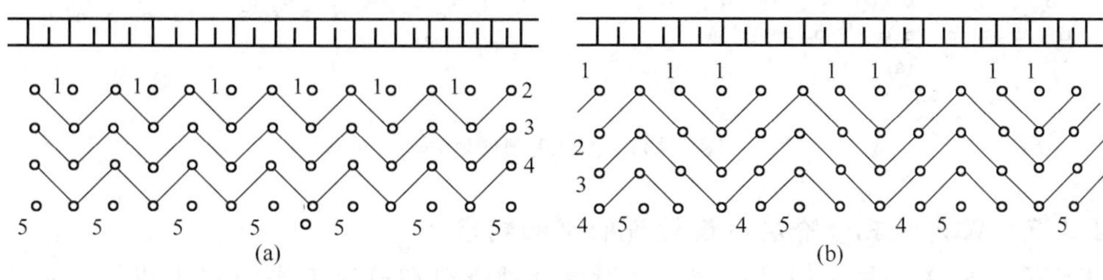

图7-10 波浪式顺序起爆

（a）小波浪式；（b）大波浪式

（4）V形顺序起爆。即前后排孔同段相连，其起爆顺序似V字形（如图7-11所示）。起爆时，先从爆区中部爆出一个V字形的空间，为后段炮孔的爆破创造自由面，然后两侧同段起爆。该起爆顺序的优点是岩石向中间崩落，加强了碰撞和挤压，有利于改善破碎质量。由于碎块向自由面抛掷作用小，多用于挤压爆破和掘沟爆破。

（5）梯形顺序起爆。即前后排同段炮孔联线似梯形（如图7-12所示）。该种起爆顺序碰撞挤压效果好，爆堆集中，适用于拉槽路堑爆破。

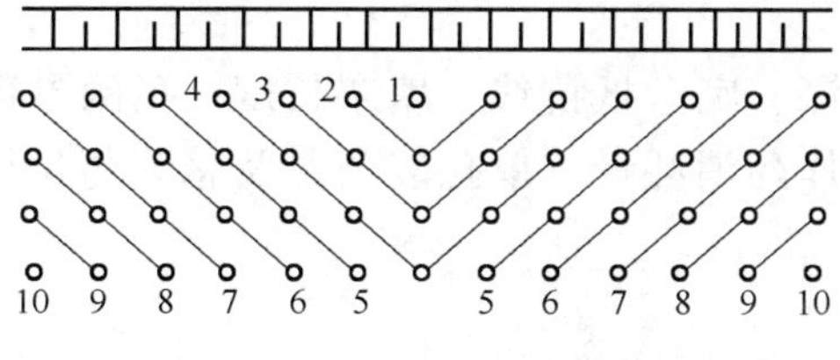

图7-11 V形顺序起爆

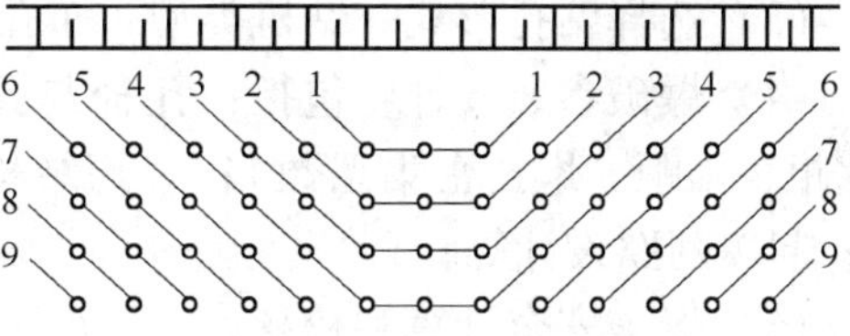

图7-12 梯形顺序起爆

（6）对角线顺序起爆。亦称斜线起爆，从爆区侧翼开始，同时起爆的各排炮孔均与台阶坡顶线相斜交，毫秒延期爆破为后爆炮孔相继创造了新的自由面。其主要优点是在同一排炮孔间实现了孔间延期，最后的一排炮孔也是逐孔起爆，因而减少了后冲，有利于下一爆区的穿爆工作。适用于开沟和横向挤压爆破（如图7-13所示）。

（7）径向顺序起爆。如图7-14所示，这种起爆顺序有利于爆破挤压。

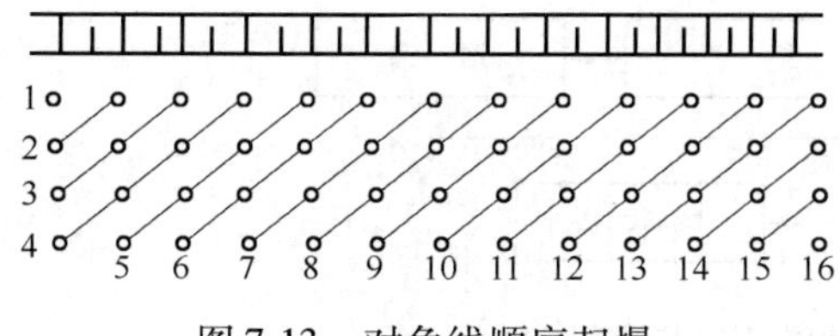

图7-13 对角线顺序起爆

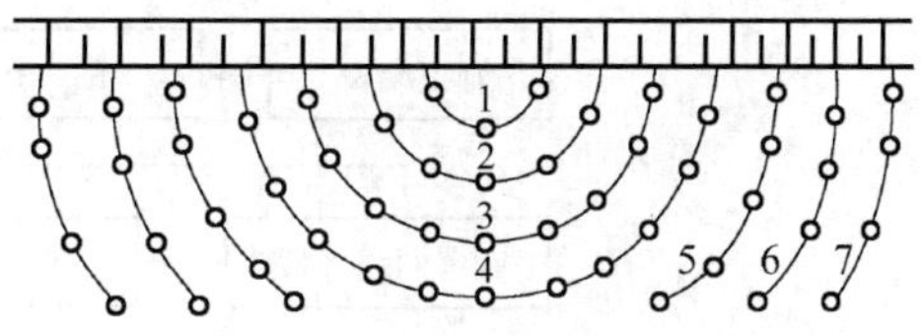

图7-14 径向顺序起爆

（8）组合式顺序起爆。如图 7-15 所示。即两种以上起爆顺序的组合。

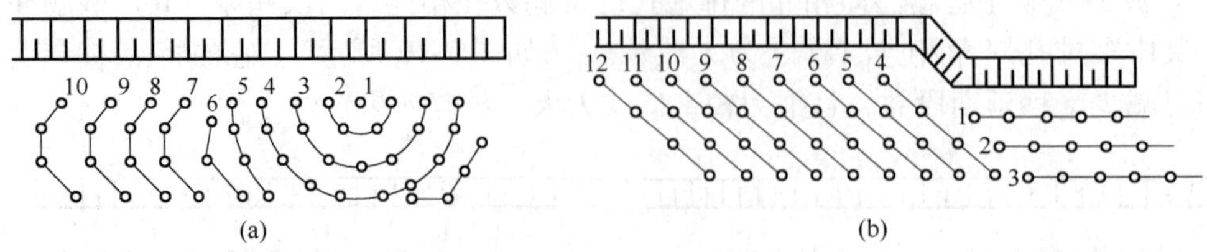

图 7-15 组合式顺序起爆

7.1.1.7 露天深孔台阶爆破设计说明书的内容

露天深孔台阶爆破技术设计内容包括设计基础资料和设计工作内容两部分，前者是设计依据，后者是具体参数确定。

A 设计基础资料

（1）工程任务资料。包括工程目的、任务、技术要求和与工程相关的合同、文件等。

（2）地形地质资料。包括爆区地形图、周边环境图（爆破影响范围内建筑物、村庄、高压线路、铁路、公路等），爆区基本地质资料、岩石基本物理力学性质等。

（3）试验资料。包括爆破器材种类、合格证及检测结果；爆破漏斗试验等。

B 设计工作内容

（1）爆破方案确定；

（2）确定合理的台阶要素；

（3）选择钻孔形式、钻机类型、布孔方式；

（4）爆破参数设计，包括：孔径与孔深、超深、底盘抵抗线、填塞长度；孔网参数（孔距、排距、炮孔密集系数）；装药结构；单位炸药消耗量，单孔装药量及总装药量计算；起爆网路设计等；

（5）爆破安全计算和校核；

（6）安全警戒范围确定；

（7）施工组织设计；

（8）技术经济分析；

（9）主要附图，包括台阶投影图、爆区周围环境平面图、起爆网路图、安全警戒范围图等。

7.1.2 露天深孔台阶爆破施工工艺

深孔台阶爆破施工工艺流程如图 7-16 所示。

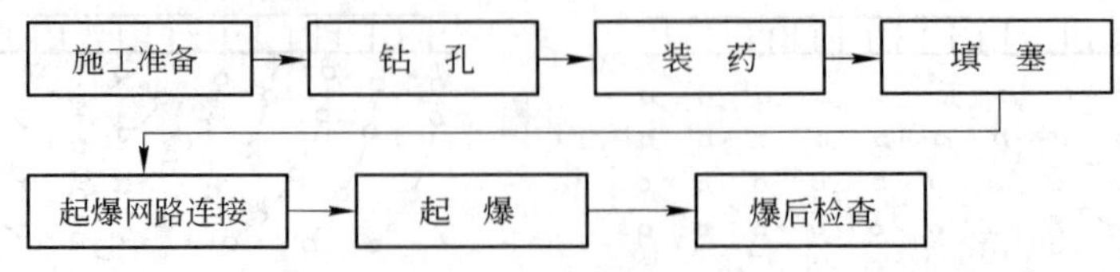

图 7-16 深孔台阶爆破施工工艺流程

7.1.2.1 施工准备

A 覆盖层清除

按照“先剥离、后开采”的原则，根据施工区的特点，安排机械进行表土清除、风化层剥离，为爆破施工创造条件。

B 施工道路布置

施工道路主要服务于钻机就位和道路运输。

布置钻机就位的道路施工时，要尽量兼顾随后的运输需要。运输道路布置应尽可能利用已有的道路，以便缩短基建工期。应尽量减少上山公路的工程量，以便缩短上山公路的施工周期。上山公路选线应有利于整个开采期内的石料及废石运输，尽可能降低公路纵坡，以保证上山公路具有足够的通过能力并保证雨天运输。

C 台阶布置

将道路修上山后，应在道路与设计的台阶平台交叉处向两侧外拓，为钻机和汽车工作创造条件，向两侧的外拓采用挖掘机械与爆破相结合的办法。

爆破法开挖台阶通常采用以下几种方法：

(1) 均匀布孔爆破法。该法类似于正常的台阶爆破，使用垂直炮孔，只不过是前排的炮孔较浅，爆破孔间排距较小；后排炮孔较深。

(2) 扇形布孔爆破法。该法采用倾斜炮孔，钻机不用移动到边缘打孔，钻机移动少。

(3) 准集中药包法。该法采用垂直炮孔，钻机也不用移动到前缘打孔，钻机前后基本不移动，一般进行左右移动，炮孔基本布置在一条直线上，炮孔间距较小。

7.1.2.2 钻孔

A 钻机平台修建

无论是一次性爆破，还是台阶式爆破，都应为钻机修建钻孔平台。平台的宽度不得小于6~8m，保证一次布孔不少于2排。平台要平整，便于钻机行走和作业。在施工时，可采用浅孔爆破，推土机整平的方法。对于分层台阶式爆破平台应根据设计的爆破台阶，从上到下逐层修建，上层爆破后为下层平台的修建创造了条件，上一层的下平台是下一层的上平台。

B 钻孔方法

a 钻孔要领

司机应掌握钻机的操作要领，熟悉和了解设备的性能、构造原理及使用注意事项，熟练的操作技术，并掌握不同性质岩石的钻凿规律。钻孔的基本要领：“软岩慢打，硬岩快打；小风压顶着打，不见硬岩不加压；勤看勤听勤检查”。

b 钻孔基本方法

(1) 开口：对于完整的岩面，应先吹净浮渣，给小风不加压，慢慢冲击岩面，打出孔窝后，旋转钻具下钻开孔。当钻头进孔后，逐渐加大风量至全风全压快速凿岩状态。对于表面有风化的碎石层或由于上层爆破使下层表面裂隙增多甚至松散时，若开口不当，会形成喇叭口，碎石随时都可能掉进孔内，造成卡孔或堵孔。因此，开口时应掌握一定的技术。首先，应使钻头离地给高风高压，吹净浮渣，按“小风压顶着打，不见硬岩不加压”的要领开口；其次，为了防止孔口坍塌应采用泥浆护壁技术，即将黄泥浆注入孔内，旋转钻具下钻，用一压一转的方法将黄泥挤入石缝，然后上下提放钻杆，使黄泥牢固，孔口圆顺，孔口上部可人工用黄泥护壁，使松散的碎石牢固，不会受到振动影响而掉进孔内。

（2）钻进技巧：孔口开好后，进入正常钻进时，也应掌握一定的技巧。对于硬岩，应选用高质量高硬度的钻头，送全风加全压，但转速不能过高，防止损坏钻头；对于软岩，应送全风加半压，慢打钻，排净渣，每进尺 1.0 ~ 1.5m 提钻吹孔一次，防止孔底积渣过多而卡孔；对于风化破碎层，应风量小压力轻，勤吹风勤护孔。为了防止塌孔现象，每进尺 1m 左右就用黄泥护孔一次。

（3）泥浆护孔方法：对于孔口岩石破碎不稳固段，应在钻孔过程中采用泥浆进行护壁，一是避免孔口形成喇叭状容易影响钻屑冲出；二是在钻孔、装药过程中防止孔口破碎岩石掉落孔内，造成堵孔。泥浆护壁的操作程序是：

炮孔钻凿 2 ~ 3m；在孔口堆放一定量的含水粘黄泥；用钻杆上下移动，将黄泥带入孔内并侵入破碎岩缝内；检查护壁是否达到要求，在终孔前钻杆上下移动，尽量能将岩粉吹出孔外，保证钻孔深度，提高钻孔利用率。

c　炮孔验收与保护

炮孔验收主要内容有：

（1）检查炮孔深度和孔网参数；

（2）复核前排各炮孔的抵抗线；

（3）查看孔中含水情况。

炮孔深度的检查是用软尺（或测绳）系上重锤（球）来测量炮孔深度，测量时要做好记录。为防止堵孔，应该做到：

（1）每个炮孔钻完后立即将孔口用木塞或塑料塞堵好，防止雨水或其他杂物进入炮孔；

（2）孔口岩石清理干净，防止掉落孔内；

（3）一个爆区钻孔完成后尽快实施爆破。

在炮孔验收过程中发现堵孔、深度不够，应及时进行补钻。在补孔过程中，应注意周边炮孔的安全，保证所有炮孔在装药前全部符合设计要求。

7.1.2.3　装药方法

主要有两种装药形式，机械装药和人工装药。对于矿山等用药量很大的地方，一般采用机械装药。机械装药与人工装药相比，安全性好，效率高，也较为经济。

A　装药过程主要注意事项

（1）结块的铵油炸药必须敲碎后放入孔内，防止堵塞炮孔，破碎药块只能用木棍、不能用铁器；乳化炸药在装入炮孔前一定要整理顺直，不得有压扁等现象，防止堵塞炮孔。

（2）根据装入炮孔内炸药量估计装药位置，发现装药位置偏差很大时立即停止装药，并报爆破技术人员处理。

（3）装药速度不宜过快，特别是水孔装药速度一定要慢，要保证乳化炸药沉入孔底。

（4）放置起爆药包时，雷管脚线要顺直，轻轻拉紧并贴在孔壁一侧，以避免脚线产生死弯而造成芯线折断、导爆管折断等，同时可减少炮棍捣坏脚线的机会。

（5）要采取措施，防止起爆线（或导爆管）掉入孔内。

（6）装药超量时采取的处理方法。其一，装药为铵油炸药时往孔内倒入适量水溶解炸药，降低装药高度、保证填塞长度符合设计要求；其二，装药为乳化炸药时采用炮棍等将炸药一节一节提出孔外，满足炮孔填塞长度。处理过程中一定要注意雷管脚线（或导爆管）不得受到损伤，否则应在填塞前报爆破技术人员处理。

B 装药过程中发生堵孔时采取的措施

首先了解发生堵孔的原因，以便在装药操作过程中予以注意，采取相应措施尽可能避免造成堵孔。发生堵孔原因有：

（1）在水孔中，由于炸药在水中下降速度慢，装药过快易造成堵孔；

（2）炸药块度过大，在孔内卡住后难以下沉；

（3）装药时将孔口浮石带入孔内或将孔内松石碰到孔中间，造成堵孔；

（4）水孔内水面因装药而上升，将孔壁松石冲到孔中间堵孔；

（5）起爆药包卡在孔内某一位置，未装到接触炸药处，继续装药就造成堵孔。

堵孔的处理方法是：起爆药包未装入炮孔前，可采用木制炮棍（禁止用钻杆等易产生火花的工具）捅透装药，疏通炮孔；如果起爆药包已装入炮孔，严禁用力直接捅压起爆药包，可请现场爆破技术人员提出处理办法。

7.1.2.4 填塞

填塞材料一般采用钻屑、黏土、粗沙，并将其堆放在炮孔周围。水平孔填塞时应用报纸等将钻屑、黏土、粗沙等制作成炮泥卷，放在炮孔周围待用。

A 填塞方法

（1）将填塞材料慢慢放入孔内。

（2）炮孔填塞段有水时，采用粗沙等填塞。每填入 30 ~ 50cm 后用炮棍检查是否沉到位，并压实。重复上述作业完成填塞，严防炮泥卷悬空、炮孔填塞不密实。

（3）水平孔、缓倾斜孔填塞时，采用炮泥卷填塞。炮泥卷每放入一节后，用炮棍将炮泥卷捣烂压实。

B 填塞作业注意事项

（1）填塞材料中不得含有碎石块和易燃材料；

（2）炮孔填塞段有水时，应用粗沙或岩屑填塞，防止在填塞过程中形成泥浆或悬空，使炮孔无法填塞密实；

（3）填塞过程要防止导线、导爆管被砸断、砸破。

7.1.2.5 起爆网路的连接

爆破网路连接是一个关键工序，一般应由工程技术人员或有丰富施工经验的爆破工来操作，其他无关人员应撤离现场。要求网路连接人员必须了解整个爆破工程的设计意图、具体的起爆顺序和能够识别不同段别的起爆器材。

如果采用电爆网路，因一次起爆孔数较多，必须合理分区进行连接，以减小整个爆破网路的电阻值，分区时要注意各个支路的电阻配平，才能保证每个雷管获得相同电流值。实践表明：电爆网路连接质量关系到爆破工程的成败，任何诸如接头不牢固、导线断面不够、导线质量低劣、联结电阻过大或接头触地漏电等，都会造成起爆时间延误或发生拒爆。在网路联结过程中，应利用爆破参数测定仪随时监测网路电阻。网路联结完毕后，必须对网路所测电阻值与计算值进行比较，如果有较大误差，应查明原因，排除故障，重新联结。这里特别强调所有接头应使用高质量绝缘胶布缠裹，保证接头质量；监测网路必须使用专用爆破参数测试仪器。

如果采用非电爆破网路，由于不能进行施工过程的监测，要求网路联结技术人员精心操作，注意每排和每个炮孔的段别，必要时划片有序连接，以免出错和漏连。在导爆管网路采用簇联（大把抓）时，必须两人配合，一定捆好绑紧，并将雷管的聚能穴作适当处理，避免雷管飞片将导爆管切断，产生瞎炮。在采用导爆索与导爆管联合起爆网路时，一定注意用内装软土的编织袋将导爆管保护起来，避免导爆索的冲击波对导爆管产生不利影响。

7.1.2.6　起爆

起爆前，首先检查起爆器是否完好正常，及时更换起爆器的电池，保证提供足够电能并能够快速充到爆破需求的电压值；在连接主线前必须对网路电阻进行检测；当警戒完成后，再次测定网路电阻值，确定安全后，才能将主线与起爆器连接，并等候起爆命令。起爆后，及时切断电源，将主线与起爆器分离。

7.1.2.7　爆后检查

爆后由爆破工程技术人员和爆破员先对爆破现场进行检查，只有在检查完毕确认安全后，才能发出解除警戒信号和允许其他施工人员进入爆破作业现场。

爆破后不能立即进入现场进行检查，应等待一定时间，确保所有起爆药包均已爆炸以及爆堆基本稳定后再进入现场检查。

爆后检查等待时间规定如下：露天深孔爆破，爆后应超过 15min，方准检查人员进入爆区；一般岩土爆破爆后检查的内容为：

（1）露天爆破爆堆是否稳定，有无危坡、危石；

（2）有无危险边坡、不稳定爆堆、滚石和超范围塌陷；

（3）最敏感、最重要的保护对象是否安全；

（4）爆区附近有隧道、涵洞和地下采矿场时，应对这些部位进行有害气体检查。

爆后检查如果发现或怀疑有拒爆药包，应向现场指挥汇报，由其组织有关人员做进一步检查；如果发现存在其他不安全因素，应尽快采取措施进行处理；在上述情况下，不应发出解除警戒信号。

7.1.3　露天台阶爆破技术的发展

7.1.3.1　大区多排孔毫秒延期爆破技术

毫秒延期爆破是指相邻炮孔或排间孔以及深孔内以毫秒级的时间间隔顺序起爆的一种爆破技术。大区和多排孔是表示毫秒延期爆破的规模。在矿山多用爆破区域范围（爆破量）；在铁路、公路土石方工程中利用爆破排数来衡量爆破规模的大小。

A　大区多排孔毫秒爆破的特点

（1）爆破规模大、爆破技术复杂、难度大；

（2）参加爆破施工的人数较多、工期较长、对施工组织和管理要求更高；

（3）由于爆破规模大，爆破有害效应（爆破振动、空气冲击波、噪声、飞石等）相对更严重些，要求采取更加严密的防护措施。

B　毫秒延期爆破作用原理

a　应力波叠加作用

如图 7-17 所示，先爆的炮孔产生的压缩应力波，使自由面方向及孔与孔之间的岩石强烈变形和移动，随着裂隙的产生和爆炸气体的扩散，孔内空腔压力下降，作用力减弱。这时相邻药包起爆，后爆药包是在相邻先爆药包的应力尚未完全消失时起爆的，两组深孔的爆炸应力波相互叠加，加强了爆炸应力场的做功能力。

b　增加自由面的作用

如图 7-18 所示，先爆的深孔刚好形成了爆破漏斗，新形成的爆破漏斗侧边以及漏斗体外的细微裂隙对后爆的炮孔来说，相当于新增加的自由面。

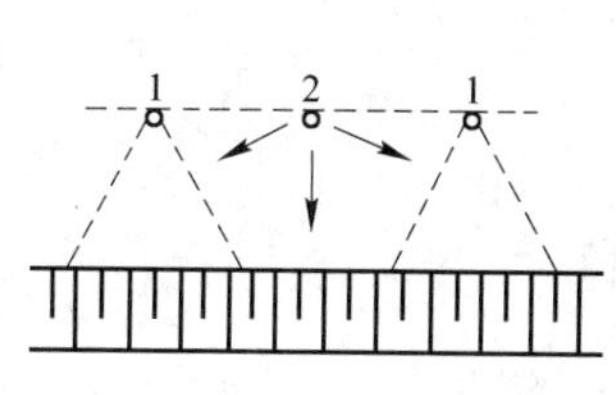

图 7-17　应力波叠加法

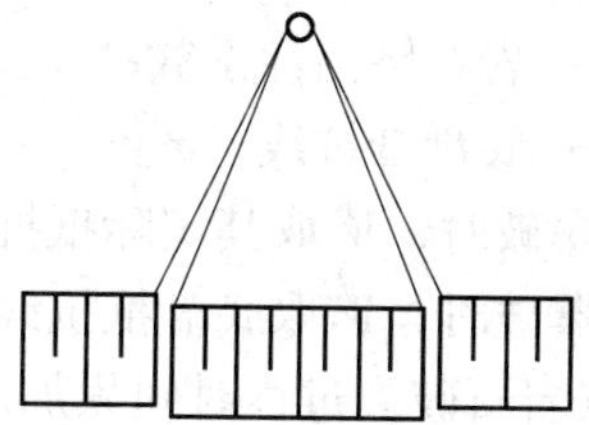

图 7-18　形成自由面法

c　岩块相互碰撞作用

根据南芬露天铁矿高速摄影观测结果，爆后 150ms 左右岩石解体，岩块开始进入弹道抛掷和塌落阶段。而岩块移动的初速度为 14.6 ~ 25m/s，平均速度为 11.3 ~ 12m/s。这样，当第一响炮孔起爆后，破碎岩块尚未回落到地表时，相邻第二响、第三响炮孔已经起爆，岩块在空中相遇，产生了补充破碎作用。

d　减少爆破振动作用

由于毫秒延期爆破显著地减少了单响药量，因此无论在时间上，还是空间分布上都减少了爆破振动的有害作用。如果毫秒延期间隔时间选择得当，错开主振相的相位，既使初震相和余振相叠加，也不会超过原来主振相的最大振幅。

实测资料表明：毫秒延期爆破与一般爆破相比，其振动强度可降低 1/3 ~ 2/3。

C　毫秒延期间隔时间的确定

确定合理的毫秒延期间隔时间是实现毫秒爆破的关键。但是，如何确定？采用什么样的公式计算？目前尚缺乏统一的认识。以下计算公式仅供参考。

a　以形成新自由面所需要的时间确定毫秒延期间隔时间

根据大量统计资料，从起爆到岩石被破坏和发生位移的时间，大约是应力波传到自由面所需时间的 5 ~ 10 倍，即岩石的破坏和移动时间与最小抵抗线（或底盘抵抗线）成正比，

$$\Delta t = K \cdot W \tag{7-14}$$

式中　Δt——毫秒延期间隔时间，ms；

K——与岩石性质，结构构造和爆破条件有关的系数。在露天台阶爆破条件下，K 值为 2 ~ 5；

W——最小抵抗线或底盘抵抗线，m。

b 考虑岩石性质和底盘抵抗线的经验公式

$$\Delta t = K_1 \cdot W(24 - f) \tag{7-15}$$

式中 Δt——毫秒延期间隔时间，ms；

K_1——岩石裂隙系数，对于裂隙少的岩石，取 0.5；中等裂隙岩石取 0.75，对于裂隙发育的岩石取 0.9；

W——底盘抵抗线，m；

f——岩石坚固性系数。

c 长沙矿山研究院提出的经验公式

$$\Delta t = (20 \sim 40) W/f \tag{7-16}$$

式中 f——岩石坚固性系数；

W——底盘抵抗线，m。

清渣爆破时，W 取其实际抵抗线；

压渣爆破时，W 取底盘抵抗线与压渣折合抵抗线之和。

d 按岩石破裂过程时间累加的经验公式

$$\Delta t_2 = \frac{2W}{v_p} + K_2 \frac{W}{c_p} + \frac{S}{v} \tag{7-17}$$

式中 Δt_2——秒延期时间，s；

W——抵抗线值，m；

v_p——岩体中弹性纵波速度，m/s；

K_2——系数，表示岩体受高压气体作用后在抵抗线方向裂缝发展的过程，一般可取 2 ~ 3；

c_p——裂缝扩展速度，它与岩石性质、炸药特性以及爆破方式等因素有关，一般中硬岩石约为 1000 ~ 1500m/s，坚硬岩石 2000m/s 左右，软岩在 1000m/s 以下；

S——破裂面移动距离，一般取 0.1 ~ 0.3m；

v——破裂体运动的平均速度，m/s，对于松动爆破而言，其值约为 10 ~ 20m/s。

通常，露天深孔台阶爆破时，毫秒延期间隔时间为 15 ~ 75ms，常用 25 ~ 50ms，随着排数的增加，排间毫秒延期间隔时间依次加长。

7.1.3.2 宽孔距、小抵抗线毫秒延期爆破技术

宽孔距、小抵抗线爆破是在保持炮孔负担面积不变的前提下，加大孔距、减少抵抗线，即增大密集系数的一种爆破技术。该项技术早期由瑞典 U. 兰格福斯（Langfors）提出，20 世纪 80 年代开始我国也进行了研究和推广，至今已取得明显的效果。国内外研究表明：该项爆破技术无论在改善爆破质量，还是降低单耗、增大延米爆破量方面都表现出巨大的潜力。

A 宽孔距、小抵抗线爆破机理

（1）增大爆破漏斗角，形成弧形自由面，为岩石受拉伸破坏创造了有利条件。在炮孔负担面积不变的情况下，减小最小抵抗线，则爆破漏斗角随之增大（如图 7-19 所示）。由于每个爆破漏斗增大，就为后排孔爆破创造了一个弧形且含有微裂隙的自由面。实验表

明：弧形自由面比平面自由面的反射拉伸应力作用范围大，有利于促进爆破漏斗边缘径向裂隙的扩展，破碎效果好。

（2）防止爆炸气体过早泄出，提高了炸药能量利用率。由于孔距增大，爆炸气体不致由于相邻炮孔之间的裂隙过早地贯通而逸散，提高了炸药能量利用率。

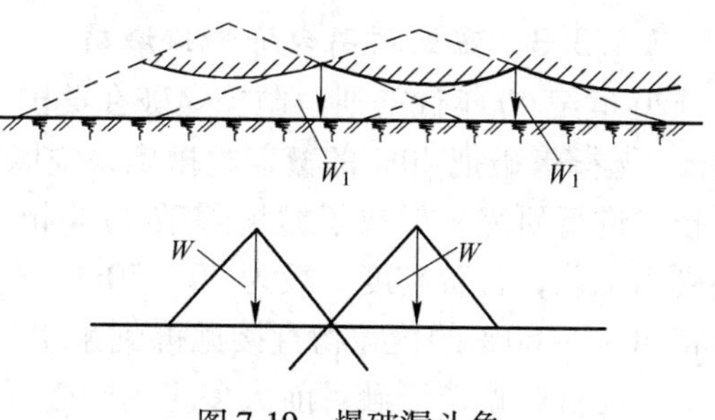

图 7-19　爆破漏斗角

（3）炮孔间应力叠加作用减弱，使单孔的径向裂隙、环状裂隙得到充分发育，有利于改善岩石的破碎质量。

（4）增强辅助破碎作用。由于抵抗线减小，弧形自由面的存在，既可使拉伸碎片获得较大的抛掷速度，又可延缓爆炸气体过早逸散的时间，使其有较大的能量推移破碎的岩体，有利于岩块的相互碰撞，增强了辅助破碎作用。

B　密集系数 m 的选取

关于密集系数 m 的选取，目前尚无统一的计算公式，可根据类似工程的成功事例或本工程的试验值选取。一般认为 $m=2\sim6$ 都可取得良好的爆破效果，个别情况 $m=6\sim8$ 也是可行的。但是，在工程实施上有两点需要特别注意：

（1）保证穿孔质量（孔位、孔深）。

（2）定好第一排孔的 m 值至关重要，通常，先定好第一排炮孔的参数，确保不留根底；然后再依次布置 m 值增大的第二排、第三排等炮孔。

C　工程实例

表 7-6 列出镇江船山石灰石矿采用的宽孔距小抵抗线爆破参数。

表 7-6　船山石灰石矿侧向宽孔距爆破参数表

段高/m	孔深/m	超深/m	药高/m	填高/m	底盘抵抗线/m	布孔参数		起爆参数			S/m^2
						a/m	b/m	a'/m	b'/m	密度系数 m	
12	14.5	2.0	<10	>4.5	4.0	7	6	12.25	3.5	3.5	42
12	14.5	2.0	<10	>4.5	4.0	7	6	12.25	3.5	3.5	42
12	15.0	2.5	<10	>5.0	4.2	6.5	5.5	11.25	3.25	3.46	35.75

镇江船山石灰石矿是我国大型露天化工矿山，主要生产石灰石和建材用石，台阶高度 12m，穿孔用 KQ-150 型潜孔钻打 75°倾斜孔，孔径 170mm。采用侧向宽孔距小抵抗线毫秒延期爆破（如图 7-20 所示）取得良好效果，块度均匀，根底率降低。

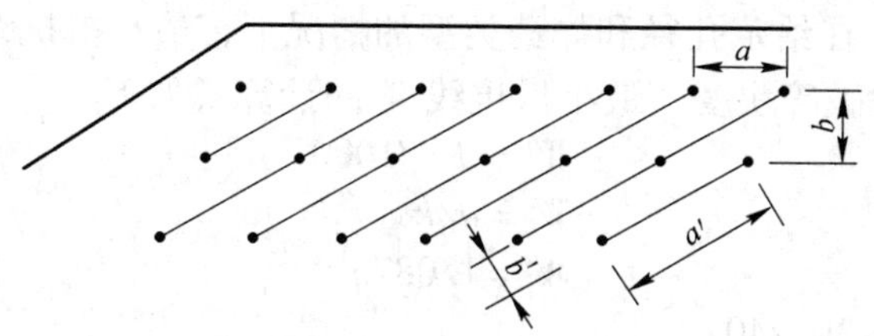

图 7-20　侧向宽孔距布孔

a—布孔孔距；b—布孔排距；a'—起爆孔距；b'—起爆排距

7.1.3.3 露天矿高台阶抛掷爆破

20 世纪 60 年代初期，抛掷爆破在美国的 Mc Coy Coal 矿进行尝试，该矿覆盖物厚18～24m，抛掷爆破把 40% 的覆盖物抛到采空区；80 年代初期，美国、澳大利亚等国家又对此项技术进行研究，形成了抛掷爆破-拉斗铲、抛掷爆破-推土机、抛掷爆破-电铲-卡车等多种剥离工艺，台阶高度一般为 40～50m，有时高达 60～70m。采用高台阶抛掷爆破技术，可将 30%～60% 的覆盖物直接抛掷到采空区，不再进行二次处理，剥离费用降低了 30% 以上。高台阶抛掷爆破目前大多应用于露天煤矿剥离开采。

A 有效抛掷率的定义及计算方法

抛掷爆破指在露天采矿中利用炸药的能量，将岩石或土层抛向采空区，以减少机械式装岩工作量的爆破方法。

有效抛掷率 E_P 是指有效抛掷量（V_B）占剥离岩石总量（V_B+V_C）的百分比，如式(7-18)所示：

$$E_P = \frac{V_B}{V_B + V_C} \times 100\% \tag{7-18}$$

式中 E_P——抛掷率，%；

V_B——抛掷到采空区且不需要二次运输的岩石体积，m^3；

V_C——抛掷爆破破碎岩石需要二次运输的岩石体积，m^3。

抛掷率越大，抛掷爆破效率越高，高台阶抛掷爆破的经济效果越好。

抛掷爆破结合拉斗铲无运输倒堆工艺，能显著提高生产效率，降低采矿生产费用，经济效益显著。

B 爆破参数设计

（1）孔径。目前国外一般露天矿使用的孔径分为小孔（50～100mm）、中孔（100～254mm）、大孔（254～355mm）和特大孔（355～445mm）四种；国内露天矿，一般孔径设计为 200～310mm。

（2）台阶高度与采宽。在抛掷爆破中存在一个适合于抛掷爆破的 H/W_C，当 H/W_C 不合适时，就会降低抛掷爆破效率和经济性，目前世界上成功使用台阶抛掷爆破并获得较大经济效益的矿山通常所采用的 H/W_C 在 0.7～1 范围之内，即

$$\frac{H}{W_C} = \varepsilon \tag{7-19}$$

式中 ε——抛掷爆破台阶全高与采区宽度比，$\varepsilon=0.7\sim1$；

W_C——采区宽度。

当其中一个值选定，那么相应的另外一值可根据上式确定。

（3）最小抵抗线。在给定孔径和炸药类型的情况下，最小抵抗线的长度最好能达到最大的抛射速度和理想的破碎块度。最小抵抗线 W 的计算式如下：

$$W = Kd/1000 \tag{7-20}$$

$$W = a/k \tag{7-21}$$

$$W = 1.087q_1^{1/2} \tag{7-22}$$

式中 K——系数，$K=30\sim40$；

d——炮孔直径，mm；

a——孔距，m；

k——系数，$k=1\sim6$；

q_1——线装药密度，kg/m。

（4）填塞长度：

$$l=(0.9\sim1.0)W \tag{7-23}$$

或

$$l=(20\sim30)d \tag{7-24}$$

填塞长度与填塞质量、填塞材料密切相关。填塞质量好和填塞物的密度大时，可适当减小填塞长度。

（5）单位炸药消耗量。综合北美露天煤矿抛掷爆破经验建议合理抛掷爆破炸药单位耗药量为0.60～0.75kg/m^3。

（6）孔距与排距。排距 b 的计算方法与普通露天矿深孔爆破相同，对于给定的地质条件、岩石类型，经过大量现场试验，可获得最佳爆破参数。排距确定后，孔距可由排距和炮孔的密集系数计算出来。

（7）孔间及排间延期时间选择。国外的大量现场试验研究发现，要获得较好的抛掷爆破效果，排间延期间隔 $t_p=(2\sim3)b$ ms，其中 b 为排距，单位是英尺。覆盖物较软时，延期间隔大些，抛掷效果较好。

综合国内外高台阶抛掷爆破的经验，孔间时差为 $t_k=10\sim25$ms，排间时差 $t_p=75\sim200$ms。黑岱沟露天矿抛掷爆破采用逐孔斜线起爆方法，孔间延期间隔 $t_k=9\sim17$ms，效果最佳的 t_k 为9～13ms，排间延期间隔 $t_p=100\sim200$ms，其中第一排至第二排为100ms，第二排至第三排为150ms，第三排至第八排均为200ms，第八排至第九排为150ms，第九排至第十排为100ms，预裂孔先于主爆孔起爆。如图7-21所示。

（8）欠深。为了保护下部煤层，炮孔距煤层顶板需要留出一定的距离，也就是要留有欠深，欠深一般取1～3m，如图7-22所示。

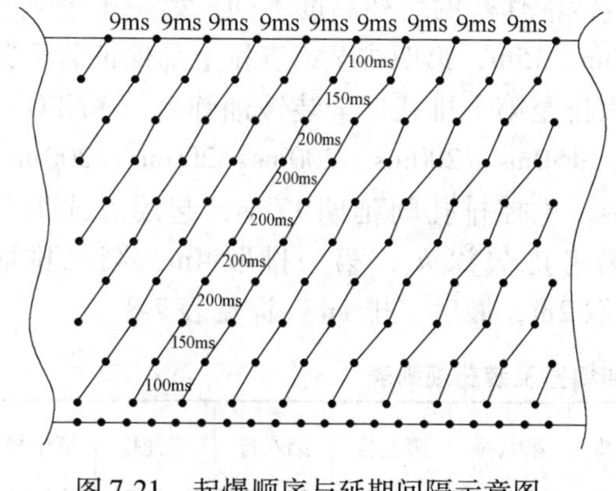

图7-21　起爆顺序与延期间隔示意图

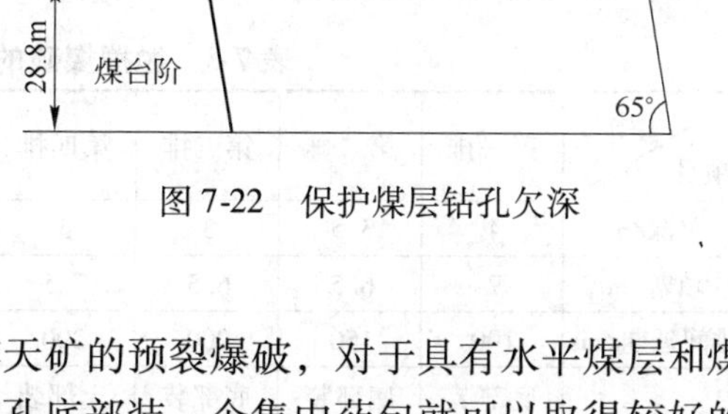

图7-22　保护煤层钻孔欠深

C　预裂爆破参数设计

露天矿抛掷爆破中的预裂爆破不同于其他露天矿的预裂爆破，对于具有水平煤层和煤岩接触处有显著弱面的露天煤矿，只要在预裂炮孔底部装一个集中药包就可以取得较好的预裂效果。由于预裂爆破目的是形成一定宽度裂缝，其爆破参数应以钻孔直径、炮孔间距和线装药密度为核心进行爆破参数设计。

表7-7给出中孔径深孔预裂爆破线装药密度的参考值。

表7-7　预裂爆破参数经验数值

岩石性质	岩石抗压强度/MPa	炮孔直径/mm	炮孔间距/m	线装药密度/g·m^{-1}
软弱岩石	<5	80	0.6~0.8	100~180
		100	0.8~1.0	150~250
		80	0.6~0.8	180~300
中硬岩石	50~80	100	0.8~1.0	250~350
次坚石	80~120	90	0.8~0.9	250~400
		100	0.8~1.0	300~450
坚　石	>120	90~100	0.8~1.0	300~700

注：1. 药量以2号岩石乳化炸药为标准，间距小者取小值，大者取大值；

2. 节理裂隙发育者取小值，反之取大值。

D　工程实例——黑岱沟露天矿

爆区长度540m，宽度80m，台阶高度40~55m。自由面坡顶眉线基本平直。煤层上覆盖岩层是沉积岩，主要岩石品种有：细（粉）砂岩、中砂岩、粗砂岩等。基本成缓倾斜层状分布。爆区的台阶坡面没有产生明显的片帮，坡顶面没有较大裂缝。

钻机为直径310mm的牙轮钻机，钻孔倾角为65°。孔网参数（7~8）×11m，孔深42~62.5m，炮孔排数10排，每排孔49个孔，总抛掷爆破孔数490个，抛掷爆破炸药单耗0.75kg/m^3，此次抛掷爆破采用后排预裂孔与抛掷孔一起爆破，所以增加爆破预裂孔172个（东端部预裂孔17个），此次爆破共662个孔，爆破量194.8×10^{4}m^3。

选择炮孔装药方式，可分为单一装药设计方式和复式装药设计方式。由于黑岱沟露天矿属于高台阶爆破，下部夹制作用大，故选择复式装药设计，下部耦合装药，装密度高、威力大的重铵油炸药，上部装低密度、低威力的炸药或不耦合装药。首先保证填塞，第一排至第十排的填塞高度分别为：7m、6.5m、6.5m、7.5m、7.5m、6m、6m、6m、6m、6m，预裂孔填塞6m。装药规则是：前三排视台阶高度不同重铵油炸药的装药高度不同，第一排至第三排底部保证装重铵油炸药的高度分别为：25m、20m、15m，第四排至第五排上部保证装重铵油炸药的高度15m、10m，其余装铵油炸药，第六排至第十排孔，全装铵油炸药（ANFO）。第一排至第十排排间延期时间分别为：100ms、150ms、200ms、200ms、200ms、200ms、200ms、200ms、150ms、100ms，孔内延期600ms，主控排孔间延期17ms，起爆方式采用逐孔雁形网路。为减小爆破对煤层的破坏，需考虑欠深 h_q，第一排取4m，第二排取3.5m，第三排至第五排取3m，第六排至第七排取2m，最后三排1m，详见表7-8。

表7-8　抛掷爆破的欠深和填塞及装药规则表

项目＼序号	第一排	第二排	第三排	第四排	第五排	第六排	第七排	第八排	第九排	第十排
欠深/m	4	3.5	3	3	3	2	2	1	1	1
填塞/m	7	6.5	6.5	7.5	7.5	6	6	6	6	6
排间延期/ms	100	150	200	200	200	200	200	200	150	100
装　药	底部装25m重铵油，其余装铵油	底部装20m重铵油，其余装铵油	底部装15m重铵油，其余装铵油	上部装15m重铵油，其余装铵油	上部装15m重铵油，其余装铵油	全装铵油	全装铵油	全装铵油	全装铵油	全装铵油

爆破后，爆堆下降15m以上，减少推土机的工作量；有效抛掷率达到35%以上，减少拉斗铲倒堆量；抛掷爆破区轮廓完整，采掘过后边坡稳定，有利于下次穿孔作业。

7.2 露天浅孔台阶爆破

浅孔爆破是指孔深不超过5m、孔径在50mm以下的爆破。浅孔爆破法设备简单，方便灵活，工艺简单。浅孔爆破在露天小台阶采矿、沟槽基础开挖、二次破碎、边坡危岩处理、石材开采、地下浅孔崩矿、井巷掘进等工程中得到较广泛的应用。

露天浅孔台阶爆破与露天深孔台阶爆破，两者的基本原理是相同的，工作面都是以台阶的形式向前推进，不同点仅仅是孔径、孔深、爆破规模等比较小。浅孔台阶爆破台阶高度一般不超过5m，炮孔直径多在50cm以内。如果台阶底部辅以倾斜炮孔，台阶高度尚可增加。在某些情况下，由于设备的限制，小台阶爆破也可以采用较大的炮孔直径，但不宜超过75mm。

7.2.1 炮孔排列

浅孔爆破一般采用垂直孔，炮孔布置方式和爆破设计方法与深孔台阶爆破类似，只不过相应的孔网参数较小。浅孔台阶爆破的炮孔排列分为单排孔和多排孔两种，单排孔一次爆破量较小。多排孔排列又可分为平行排列和交错排列，如图7-23所示。

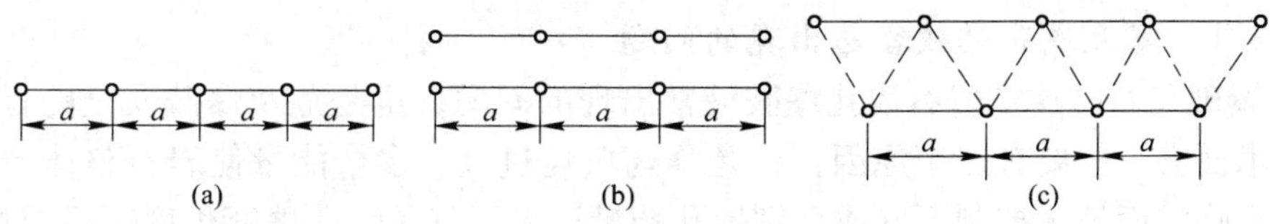

图7-23 炮孔布置图

（a）单排孔；（b）多排孔平行排列；（c）多排孔交错排列

7.2.2 爆破参数

爆破参数应根据施工现场的具体条件和类似工程的成功经验选取，并通过实践检验修正，以取得最佳参数值。

7.2.2.1 炮孔直径

由于采用浅孔凿岩设备，孔径多为36~42mm，药卷直径一般为32~35mm。

7.2.2.2 炮孔深度和超深

$$L = H + \Delta h \tag{7-25}$$

式中 L——炮孔深度，m；

H——台阶高度，m；

Δh——超深，m。

浅孔台阶爆破的台阶高度（H）视一次起爆排数而定，一般不超过5m。超深（Δh）一般取台阶高度的10%~15%，即

$$h = (0.10 \sim 0.15)H \tag{7-26}$$

如果台阶底部辅以倾斜炮孔，台阶高度尚可适当增加，如图 7-24 所示。

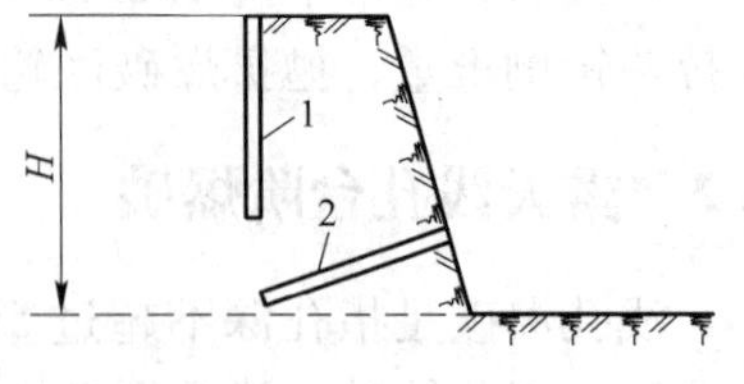

图 7-24　小台阶炮孔图
1—垂直炮孔；2—倾斜炮孔

7.2.2.3　炮孔间距

$$a = (1.0 \sim 2.0) W_1 \tag{7-27}$$

或

$$a = (0.5 \sim 1.0) L \tag{7-28}$$

7.2.2.4　底盘抵抗线

$$W_1 = (0.4 \sim 1.0) H \tag{7-29}$$

在坚硬难爆的岩石中，或台阶高度较高时，计算时应取较小的系数。

7.2.2.5　单位炸药消耗量

与深孔台阶爆破单位炸药消耗量相比，浅孔台阶爆破的炸药单耗值应大一些，一般 $q = 0.5 \sim 1.2 \mathrm{kg/m^3}$。

7.2.3　起爆顺序

浅孔台阶爆破由外向内顺序开挖，由上向下逐层爆破。一般采用毫秒延期爆破，当孔深较小、环境条件较好时也可采用齐发爆破。

7.2.4　露天浅孔台阶爆破质量保证措施

7.2.4.1　露天浅孔爆破容易出现的问题

（1）爆破飞石。这是岩石浅孔爆破最常出现的问题，也是危及爆破安全的首要问题。就爆破技术而言，主要有三个原因：一是炸药单耗过大，多余能量使岩石整体产生抛散；二是对岩石临空面情况控制不好或个别炮孔药量过大；三是炮孔填塞长度不足或填塞质量不好，也是个别飞石产生的原因。

（2）冲炮现象。这给二次穿孔带来很大困难，也影响岩石二次破碎的效果，直接关系到爆破施工的进度和成本费用。冲炮现象在浅孔爆破中很容易出现，特别是孔深小于 0.5m 的浅孔，如果最小抵抗线方向和药孔方向一致，再加上填塞不佳（就是填塞良好，相对于岩石而言，药孔也是强度薄弱处），炸药能量就会首先作用于强度薄弱地带，并从炮孔中散逸，从而形成冲炮。

（3）爆后残留根部。如果爆破不能一次炸到应有的深度，在地表残留有岩石根底，给清运工作带来很大麻烦。岩石残根一般不宜再装药破碎，基本上由人工靠风镐凿掉，既费时又费力。

7.2.4.2　质量保证措施

（1）合理的单位炸药消耗量。一般认为岩石浅孔爆破的炸药单耗应在 0.50 ~ 1.20 $\mathrm{kg/m^3}$，其实炸药单耗的这一选择范围已把对岩石的抛散药量也包括在内，这比较难掌握，如运用不当，势必产生大量飞石。具体数据可以通过现场试验确定。

对于整体性好的致密岩石可取小值；而对松软或有一定风化的岩石，或者环境条件较好的爆破，可取大值。另外，对于有侧向临空面的前排装药，炸药单耗还可以缩小到 0.50$\mathrm{kg/m^3}$ 以下，这样前排的岩石既通过后排岩石的挤压而进一步破碎，同时又对飞石起阻碍作用。

（2）充分利用临空面。确定单孔药量应考虑临空面的多少和最小抵抗线 W 的大小，只有这样才能避免由于个别炮孔药量过大而导致飞石。通常临空面个数多取小值；反之，取大值。此外，当实施排间秒差或大延期起爆时，有可能由于前排起爆而改变了后排最小抵抗线的大小，出现意想不到的飞石。当一次起爆药量在振动安全许可的范围内，可尽量采用瞬发雷管齐爆或小排间延期（如100ms以内）起爆。

（3）避免最小抵抗线与炮孔在同一方向。浅孔爆破，尤其是孔深小于0.5m的岩石爆破，如没有侧向临空面，而又垂直水平临空面钻孔起爆，往往产生飞石或出现冲炮，爆破效果均不理想。较好的方法应是钻倾斜孔，以改变最小抵抗线与炮孔在同一方向，使炸药能量在岩石中充分起作用，可有效克服冲炮现象。钻孔倾斜度（最小抵抗线与药孔间的夹角）一般取45°～75°为宜。

（4）确保填塞长度。填塞长度通常为药孔深度的1/3，而对夹制性较大岩石的爆破需加大单孔药量或需严格控制爆破飞石时，则填塞长度取炮孔深度的2/5较为稳妥，这样既能防止飞石又可减少冲炮的发生。

（5）合理分配炮孔底部装药。浅孔爆破对于底部岩石的充分破碎应是整个爆破的重点，一旦残留根底，势必给清运工作带来很大麻烦。只有底部岩石得到充分破碎，则上部岩石即使没有完全破裂，也会随着底岩的松散而塌落或互相错位产生裂缝，清运十分便利。要清除爆破残根，除钻孔上须超深外，还应合理分配炮孔底部药量，即在所计算的单孔药量不变的前提下，底部药量比常规情况应有所增加。据实爆经验，底部药量以占单孔药量的60%～80%为宜，当数排孔同时起爆时，靠近侧向临空面的炮孔系数取小值，反之取大值。

7.3 边坡控制爆破

7.3.1 基本概念

7.3.1.1 定义与适用条件

A 边坡控制爆破

（1）定义：沿边坡线按照设计的边坡高度、坡度采用控制爆破技术进行边坡开挖的方法，称边坡控制爆破。边坡控制爆破是维护边坡稳定的重要技术措施，其基本方法有光面爆破和预裂爆破。

（2）边坡的分类：石方边坡按用途可分为永久边坡和临时边坡；按形状可分为垂直边坡和倾斜边坡；按边坡高低可分为高边坡和低边坡。对于矿山和交通部门，边坡高度大于15m称高边坡，边坡低于5.0m称低边坡，一般石方边坡为5.0～15.0m。对于水利水电部门也存在有特高边坡。

B 光面爆破

（1）定义：沿开挖边界布置密集炮孔，采取不耦合装药或装填低威力炸药，在主爆区爆破后起爆，以形成平整轮廓面的爆破作业称光面爆破。

（2）光面爆破基本作业方法有下列两种：

1）预留光爆层法。先将主体石方进行爆破开挖，预留设计的光爆层厚度，然后再沿开挖边界钻密孔进行光面爆破。光爆层厚度是指周边孔与最外层主爆孔之间的距离，见图

7-25。

2）一次分段延期起爆法。光面爆破孔和主爆孔用毫秒延期雷管同次分段起爆，光面爆破孔迟后主爆孔 150 ~ 200ms 起爆。

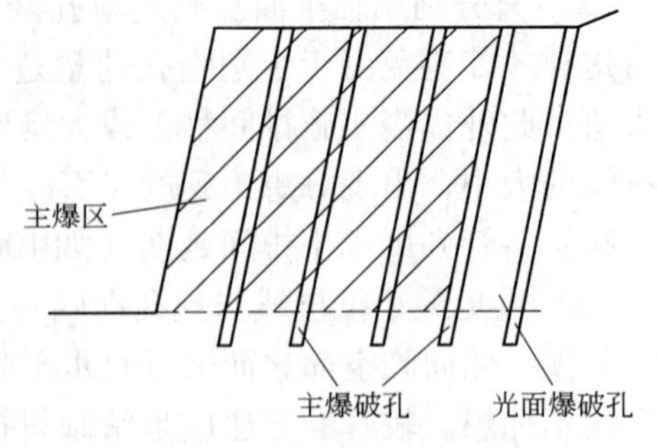

图 7-25　光爆层示意图

C　预裂爆破

（1）定义：沿开挖边界布置密集炮孔采用不耦合装药或装填低威力炸药，在主爆区爆破之前起爆，在爆破和保留区之间形成一道有一定宽度的贯穿裂缝，以减弱主体爆破对保留岩体的破坏，并形成平整的轮廓面的爆破作业，称预裂爆破。

（2）预裂爆破基本作业方法有下列两种：

1）预裂孔先行爆破法。在主体石方钻孔之前，先沿边坡钻密孔进行预裂爆破，然后再进行主体石方钻孔爆破。

2）一次分段延期起爆法。预裂孔和主爆破孔用毫秒延期雷管同次分段起爆，预裂孔先于主爆孔 100 ~ 150ms 起爆。

7.3.1.2　光面爆破和预裂爆破异同点

光面爆破和预裂爆破的相同点包括：光面爆破和预裂爆破均是边坡控制爆破的方法。通过控制能量释放，有效控制破裂方向和破坏范围，使边坡达到稳定、平整的设计要求。

光面爆破和预裂爆破的不同点包括：

（1）炮孔起爆顺序不同。光面爆破是主爆区先爆，光爆孔后爆；预裂爆破是预裂孔先爆，主爆区后爆。

（2）自由面数目不同。光面爆破有两个自由面，预裂爆破只有一个自由面。

（3）单位炸药消耗量不同。光面爆破单位炸药消耗量小，预裂爆破由于夹制性大炸药单耗大。

7.3.1.3　光面爆破和预裂爆破适用条件

（1）地质条件适应性。光面爆破和预裂爆破广泛地用于坚硬和完整的岩体中，效果明显；在不均质和构造发育岩体中，采用光面爆破效果虽然不明显，但它可减轻对保留岩体破坏，减少超欠挖，有利于边坡稳定。

（2）爆破方法适应性。光面爆破和预裂爆破适应于孔深大于 1.0m 的浅孔爆破，露天及地下深孔爆破。

（3）工程适应性。光面爆破和预裂爆破适应于铁路、公路、水利、矿山、场坪等石方边坡开挖工程。

7.3.2　光面（预裂）爆破成缝机理

关于光面爆破和预裂爆破的成缝机理有三种解释：应力波干涉理论、以高压气体为主要作用的理论、爆炸应力波和高压气体联合作用理论。第三种解释为多数人所接受。

联合作用理论可以用以下粗略的模式来描述：爆炸应力波由炮孔向四周传播，在孔壁及炮孔连线方向出现裂缝，随后在爆炸气体作用下，使原裂缝延伸扩大，最后形成平整的开裂面。

上述模式将预裂成缝机理分为两个过程，即应力波的作用过程和高压气体的作用过程，它们有先后，但又是连续的不可分割的。第一个过程，应力波的作用：当它从孔壁向四周传开后，产生的切向拉应力超过岩石的抗拉强度而使岩石破裂。最初的裂缝出现在炮孔壁向外的短距离内。如果应力波在两孔之间能够发生叠加，那么，在此区段内，合成拉应力也能使岩石产生裂缝。这些裂缝给预裂面的形成创造有利的导向条件。

爆炸高压气体紧接着应力波作用到孔壁上，它的作用时间比应力波要长的多。孔周围便形成准静态的应力场。相邻炮孔相互作用，并互位于应力场中。孔中连线方向产生很大的拉应力，孔壁两侧产生拉应力集中。如果孔的间距很近，则炮孔之间连线两侧全部是拉应力区，并达到足以拉断岩石的程度（如图 7-26 所示）。

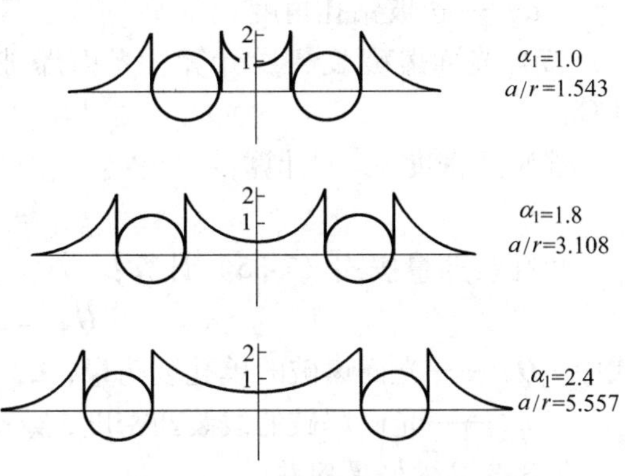

图 7-26 孔间距与裂隙的关系

α_1—孔中心距与孔的直径之比；

a/r—炮孔距与炮孔半径之比

如果相邻孔的距离很小，上述拉应力可以是岩石抗拉强度的数倍，孔壁的集中拉应力还要大。因此，即使应力波没有产生裂缝，单靠高压气体的作用，也能使岩石断裂。如果应力波产生了初始裂缝，高压气体渗入使裂缝尖端产生气刃效应。由于气体作用的时间比应力波长的多，其总能量也大的多。所以，气体的作用不仅能爆炸形成贯通裂缝，还可以使裂缝有一定的宽度。因此爆炸气体作用是预裂缝最终形成的基本条件，起着主导的作用。

7.3.3 光面爆破设计

7.3.3.1 光面爆破参数选择

（1）钻孔直径 D。深孔爆破时，公路、铁路与水电取 $D=80\sim100\text{mm}$，大直径多用于矿山，$D=150\sim310\text{mm}$；浅孔爆破，取 $D=42\sim50\text{mm}$。

（2）台阶高度 H。台阶高度 H 与主体石方爆破台阶相同，一般情况，深孔取 $H\leqslant 15\text{m}$，浅孔取 $1.5\leqslant H<5$ 为宜。

（3）炮孔超深 h。$h=0.5\sim1.5\text{m}$，孔深大和岩石坚硬完整者取大值，反之取小值。

（4）最小抵抗线 $W_光$ 可按照式（7-30）或式（7-31）进行计算：

$$W_{光}=KD \tag{7-30}$$

或

$$W_{光}=K_1 a_{光} \tag{7-31}$$

式中 $W_光$——光面爆破最小抵抗线，m；

K——计算系数，一般取 $K=15\sim25$，软岩取大值，硬岩取小值；

K_1——计算系数，一般取 $K_1=1.5\sim2.0$，孔径大取小值，反之取大值；

D——炮孔直径，mm；

$a_光$——光面爆破孔距，m。

（5）孔距 $a_光$。可按式（7-32）计算：

$$a_{光} = mW_{光} \tag{7-32}$$

式中　m——炮孔密集系数，一般取 $m = 0.6 \sim 0.8$。

（6）炮孔长度 L。可按式（7-33）计算：

$$L = (H + h)/\sin\alpha \tag{7-33}$$

式中　L——炮孔长度，m；

α——边坡钻孔角度。

（7）光面爆破装药量计算。光面爆破装药量计算分为线装药密度和单孔装药量的计算。

线装药密度 $q_{光}$ 的计算：

$$q_{光} = K_{光} a_{光} W_{光} \tag{7-34}$$

单孔装药量按式（7-35）计算：

$$Q_{光} = q_{光} L \tag{7-35}$$

式中　$Q_{光}$——光面爆破的单孔装药量，g；

$q_{光}$——光面爆破的线装药密度，g/m。

7.3.3.2　起爆网路

光面爆破宜与主体爆破一起分段延期起爆，也可预留光爆层在主体爆破后起爆。

7.3.3.3　附表

各类岩石光面与预裂爆破炸药单耗，如表7-9所示。国内铁路路堑常用光面（预裂）爆破参数，如表7-10所示。

表7-9　各类岩石光面与预裂爆破炸药单耗表

岩石名称	岩石特征	岩石坚固性系数 f	炮孔松动爆破 $K_{松}$/g·m^{-3}	光面爆破 $K_{光}$ /g·m^{-3}	预裂爆破 $K_{预}$ /g·m^{-3}
页岩 千枚岩	风化破碎	2~4	330~480	140~280	270~400
	完整、微风化	4~6	400~520	150~310	300~460
板岩 泥灰岩	泥质、薄层、层面张开、较破碎	3~5	370~520	150~300	300~450
	较完整、层面闭合	5~8	400~560	160~320	320~480
砂岩	泥质胶结、中薄层或风化破碎	4~6	330~480	130~270	270~400
	钙质胶结、中厚层、中细粒结构、裂隙不甚发育	7~8	430~560	160~330	330~500
	硅质胶结、石英质砂岩、厚层裂隙不发育、未风化	9~14	470~680	190~390	380~580
砾岩	胶结性差、砾石以砂岩或较不坚硬岩石为主	5~8	400~560	160~320	320~480
	胶结好、以较坚硬的岩石组成、未风化	9~12	470~640	180~370	370~550
白云岩 大理岩	节理发育、较疏松破碎、裂隙频率大于每米4条	5~8	400~560	160~320	320~480
	完整、坚硬的	9~12	500~640	190~380	380~570
石灰岩	中薄层或含泥质的、竹叶状结构的及裂隙较发育的	6~8	430~560	160~330	330~500
	厚层、完整或含硅质、致密的	9~15	470~680	190~380	380~580

续表 7-9

岩石名称	岩石特征	岩石坚固性系数 f	炮孔松动爆破 $K_{松}/g\cdot m^{-3}$	光面爆破 $K_{光}/g\cdot m^{-3}$	预裂爆破 $K_{预}/g\cdot m^{-3}$
花岗岩	风化严重、节理裂隙很发育、多组节理交割、裂隙频率大于每米5条	4~6	370~520	150~300	300~450
	风化较轻节理不甚发育或未风化的伟晶、粗晶结构	7~12	430~640	180~360	360~540
	细晶均质结构、未风化、完整致密的	12~20	530~720	210~420	420~630
流纹岩粗面岩蛇纹岩	较破碎的	6~8	400~560	160~320	320~480
	完整的	9~12	500~680	200~400	400~590
片麻岩	片理或节理发育的	5~8	400~560	160~320	320~480
	完整坚硬的	9~14	500~680	200~400	400~590
正长岩闪长岩	较风化、整体性较差的	8~12	430~600	170~340	340~520
	未风化、完整致密的	12~18	530~700	200~410	410~620
石英岩	风化破碎、裂隙频率大于每米5条	5~7	370~520	150~300	300~450
	中等坚硬、较完整的	8~14	470~640	190~370	370~560
	很坚硬完整、致密的	14~20	570~800	230~460	460~690
安山岩玄武岩	受节理裂隙切割的	7~12	430~600	170~340	340~520
	完整坚硬致密的	12~20	530~800	220~440	440~650
辉长岩辉绿岩橄榄岩	受节理切割的	8~14	470~680	190~380	380~520
	很完整、很坚硬致密的	14~25	600~840	240~480	480~720

表 7-10 国内铁路路堑常用光面(预裂)爆破参数表

工程名称	炮孔类型	孔径 D/mm	孔距 a/m	孔深 L/m	底部装药		第二加强段		正常装药段		上部装药段		填塞 $L_{填}$/m	平均线装药密度 K/kg·m^{-1}	岩性
					长度 L_1/m	线密度 q/kg·m^{-1}	长度 L_2/m	线密度 q/kg·m^{-1}	长度 L_3/m	线密度 q/kg·m^{-1}	长度 L_4/m	线密度 q/kg·m^{-1}			
浙赣线电气化提速工程第七标义乌段路堑预裂爆破	预裂孔	100	1.2	13.5	1.5	1.6	3.0	0.6	4.0	0.4	3.5	0.1	1.5	0.45	凝灰岩
宜万线W4标DK27+850~DK28+280段路堑边坡预裂爆破	预裂孔	90	1.2	13.5	1.0	1.6	3.0	0.5	4.0	0.4	3.5	0.1	1.5	0.3	石灰岩
京沪高速铁路徐州东站路堑边坡光面爆破	光爆孔	90	0.85	13.5	1.0	1.0	3.0	0.45	4.0	0.3	3.0	0.15	2.0	0.13	石灰岩

注:中部正常段线装药密度系指炮孔装药量除以装药段的长度。

7.3.4　预裂爆破设计

7.3.4.1　一般规定

（1）对于拉槽路堑或坡面前方开挖层比较宽的路堑，以及需要设置隔振带的爆破区，边坡开挖宜采用预裂爆破。

（2）预裂爆破炮孔应沿设计开挖边界布置，炮孔倾斜角度应与设计边坡坡度一致，炮孔底应处在同一高程上。

（3）炮孔直径可根据预裂爆破的台阶高度、地质条件和钻机设备确定。

（4）预裂孔与主炮孔之间应符合下列关系：

1）两者应有一定距离，该距离与主炮孔药包直径及单段最大起爆药量有关，可根据相关经验值选取。

2）预裂爆破时，预裂孔的布孔界限应超出主体爆破区，宜向主体爆破区两侧各延伸 $L=5\sim10\text{m}$。缓冲孔位于预裂孔和主炮孔之间，设 1～2 排，如图 7-27 所示。

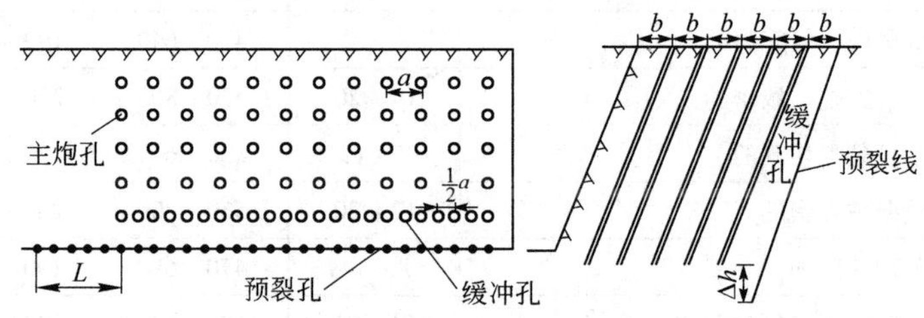

图 7-27　预裂缝的超深（Δh）及超长（L）示意图
（间距为主炮孔的 0.7 倍左右）

3）预裂爆破和主体爆破同次起爆时，预裂爆破的炮孔应在主体爆破前起爆，超前时间不宜小于 75ms。

7.3.4.2　预裂爆破参数选择

确定预裂爆破主要参数方法有三种：理论计算法、经验公式计算法、工程类比法。

A　理论计算法

（1）必须满足的条件：预裂孔同时起爆，并满足以下力学方程：

$$\sigma_r \leqslant \sigma_{压}；\sigma_T \leqslant \sigma_{拉} \tag{7-36}$$

式中　σ_r——预裂孔壁受到的最大径向压应力，MPa；

σ_T——预裂孔连心线上岩体受到的切向最大拉应力，MPa；

$\sigma_{压}$——岩石的极限抗压强度，MPa；

$\sigma_{拉}$——岩石的极限抗拉强度，MPa。

（2）装药密度计算。根据炮孔内冲击应力波的作用理论，在保证孔壁岩体不被压碎的条件下，可求得最佳的装药密度：

$$\Delta = [\sigma_{压}/10(2.5+\sqrt{6.25+1400\sigma_{压}/10})]/100Q \tag{7-37}$$

式中　Δ——最佳装药密度，g/cm^3；

$\sigma_{压}$——岩石的极限抗压强度，kPa；

Q——炸药的爆热，kJ/kg。

（3）炮孔间距计算：

$$a = 1.6[(\sigma_{压}/\sigma_{拉})\mu/(1-\mu)]^{2/3}d$$

式中 a——炮孔间距，cm；

$\sigma_{拉}$——岩石的极限抗拉强度，kPa；

μ——岩石的泊松比；

d——炮孔直径，cm。

B 经验公式计算法

（1）预裂爆破经验计算式通式：

$$q_{线} = K(\sigma_{压})^{\alpha}a^{\beta}d^{\gamma} \tag{7-38}$$

式中 $q_{线}$——炮孔的线装药密度，kg/m；

$\sigma_{压}$——岩石的极限抗压强度，MPa；

a——炮孔间距，m；

d——炮孔直径，m；

K，α，β，γ——均为系数。

（2）长江科学院计算式：

$$q_{线} = 0.034(\sigma_{压})^{0.63}d^{0.67} \tag{7-39}$$

（3）葛洲坝工程局计算式：

$$q_{线} = 0.367(\sigma_{压})^{0.5}d^{0.36} \tag{7-40}$$

（4）武汉水利电力学院计算式：

$$q_{线} = 0.127(\sigma_{压})^{0.5}a^{0.84}(d/2)^{0.24} \tag{7-41}$$

C 工程类比法

根据完成的工程实际经验资料，结合地形地质条件、钻孔机械、爆破要求及爆破规模等进行类比，是预裂爆破参数选择行之有效的方法，如表7-11和表7-12所示。

7.3.4.3 计算中的注意事项

在爆破计算中应该注意的事项包括：

（1）炸药性能。不同品种的炸药，它的爆破效果不一样，应根据工地实际使用的炸药品种进行必要的换算。

（2）线装药密度。线装药密度是指炮孔每延长米平均装药量，在实际装药过程中，应根据不同装药结构进行处理。采用分段装药时，即底部为加强装药段、中部为正常装药段、顶部为减弱装药和填塞段，在保证填塞长度条件下，取加强装药段长度 $L_3=0.2L$，中部正常装药段长度 $L_2=0.5L$，顶部减弱装药和填塞段 $L_1=0.3L$。

（3）炮孔直径与孔深关系。孔径和孔深关系，一般条件下，炮孔深度浅，孔径小；炮孔深度大，孔径大。浅孔爆破取孔径 $D=45\sim50$mm，深孔爆破取 $D=80\sim100$mm，或者更大值，$D=250$mm 和 $D=310$mm。

表 7-11 我国某些工程采用的预裂爆破参数表

工程名称	地质条件	孔深/m	孔径/mm	孔距/cm	全孔装药量/kg	填塞长度/m	顶部减弱装药		中部正常装药		底部加强装药		全孔平均线装药密度/g·m^{-1}	中部正常段线装药密度/g·m^{-1}	炸药品种	爆破效果
							长度/m	装药量/g	长度/m	装药量/g	长度/m	装药量/g				
1	2	3	4	5	6	7	8	9	10	11	12	13	14：(6/3)	15：(11/10)	16	17
船坞工程	花岗岩	7	50	60	2.52								360			
南山矿	闪长玢岩 $f=8\sim12$	17	150	130～150	17.0	2.0							1000	1133	铵油炸药	预裂面平整，孔痕清晰完整
南山矿	闪长玢岩 $f=8\sim12$	17	150	150～180	22.1	3.0							1300	1578	铵油炸药	预裂面平整，孔痕清晰完整
南山矿	闪长玢岩 $f=4\sim8$	17	150	180～250	23.8	4.0							1400		铵油炸药	预裂面基本平整，留有少量孔痕
东江水电站	花岗岩	9.4	110	100	7.2	1.0			7.8	5850	0.6	1350	766	750	2号岩石硝铵	半孔率87.5%，超欠挖小于8.73cm
东江水电站	花岗岩	3	40	35	1.05	0.75			2.25	1050			350	466	2号岩石硝铵	效果好，壁面平整
龙羊峡水电站	新鲜花岗闪长岩	8	75	90	4.8	1.0	1.0	300	5	3000	1.0	1500	600	600	2号岩石硝铵	预裂缝张开2.04cm，半孔率90%
格拉都水电站	中粗粒花岗岩	8	80	70	2.0	1.5	0.5	100	5.5	1400	0.5	500	250	255	胶质炸药	不平整度小于10cm
沙溪口水电站	石英、云母片岩	14.4	91	80	3.375	1.4	4.5	750	7.5	1875	1.0	750	234	250	耐冻胶质炸药	半孔率98.5%
葛洲坝水电站	黏土质粉砂岩	26	91	100	5.668	1.5	2.0	268	22	4400	0.5	1000	218	200	耐冻胶质炸药	效果良好
葛洲坝水电站	黏土质粉砂岩	18	65	80	5.025	1.2	1.65	225	15.8	3900	0.55	900	279	247	2号岩石硝铵	效果良好
官厅水库	石灰岩	5	100	75	1.42	1.5	1.0	224	1.5	563	1.0	633	284	375	2号岩石硝铵	地表及孔内预裂缝宽0.5～1.0cm
贵新高速	石灰岩	19	100	100	8.6	1.5	4.5	900	8	3200	4.0	4500	453	400	2号岩石硝铵	预裂加硐室爆破，预裂面平整光滑，半孔率96%以上
焦晋高速	石灰岩	20	100	120	9.0	2.0	5.0	1000	9	3600	4.0	4400	450	400	2号岩石硝铵	多台阶预裂加硐室爆破，预裂面平整效果好，半孔率90%以上

表 7-12　我国部分露天金属矿山预裂爆破参数表

矿山名称	地质条件	普氏坚固性系数 f	孔深/m	孔径/mm	孔距/m	全孔装药量/kg	填塞长度/m	平均线装药密度/$kg \cdot m^{-1}$	炸药品种
南山铁矿	闪长玢岩	8~12	17	150	1.5~1.8	22.1	3.0	1.3	铵油炸药
	安山岩	6~8	13.5~14.5	140	2~2.5	12~13	1.5	1	岩石乳化炸药
眼前山铁矿	混合岩	8~10		250	2.5			2.8	铵油炸药
南芬铁矿	混合岩	8~10	12~12.5	310	3.5	92~96	3.5~4	8.0	岩石乳化炸药
			12~12.5	250	2.5~2.7	72~75	2.5~3	6.0	
			13.5	140	1.3~1.5	16.2~16.8	1.5~2	1.2	
			12~12.5	125	1.1~1.3	12.5~13	1.5	1.0	
	角闪岩	10~14	12~12.5	250	2.7	72~75	2.5~3	6.0	
			17	140	1.3~1.5	20.4~21	1.5~2	1.2	
			13.5	125	1.1~1.3	14	1.5	1.0	
歪头山铁矿	阳起石	14~16	13	250	3~3.3	48~51	3~5	6	岩石乳化炸药
	混合花岗岩	16	13	250	3~3.3	48~51	3~5	6	
	角闪岩	16~18	13	250	3~3.3	48~51	3~5	6	
齐大山铁矿	千枚岩	10	15	250	3.5~4	90	6	5.5	铵油炸药或乳化炸药
	混合岩	10~14	22	168	1.3	28	3.5	1.1	岩石乳化炸药
朱家堡铁矿	辉长岩	14~16	18	200	1.5	14~20	2	2	岩石乳化炸药
兰尖铁矿	辉长岩	14~16	18	160	1.0	21~22.2	1.5	1.2	岩石乳化炸药

（4）孔径和孔距的关系。预裂爆破一般采用不耦合装药，不耦合系数大于 2 为佳。一般取孔距 $a_{预}=(8\sim12)D$，计算时，应使 $a_{预}$ 符合上述关系。

（5）预裂爆破台阶高度。预裂爆破台阶高度 H，以 $H \leqslant 15$m 为宜，当挖深大于 15m 时，宜分层爆破。层间应设平台，平台宽度 $B=1.5\sim2.0$m。

7.3.5　光面爆破和预裂爆破施工

7.3.5.1　光面（预裂）爆破施工技术设计

A　施工技术设计

光面（预裂）爆破工艺整体设计审批后，每次爆破均应作爆破施工技术设计，施工技术设计应包括以下内容：

（1）炮孔位置、编号、钻孔方向及倾斜角度与深度；

（2）炮孔的爆破技术参数；

（3）炮孔装药结构及填塞方法；

（4）起爆方法、起爆网路图；

（5）爆破器材用量；

（6）安全技术措施及所需防护材料用量；

（7）施工质量要求和注意事项。

B　光面（预裂）爆破炮孔装药结构设计

光面（预裂）爆破炮孔装药结构设计包括以下内容：

（1）光面（预裂）爆破的炮孔均应采用不耦合装药，不耦合系数宜为 2 ~5。

（2）装药结构：光面（预裂）爆破宜采用普通炸药卷和导爆索制成药串进行间隔装药，也可用光面（预裂）爆破专用炸药卷进行连续装药。

（3）光面（预裂）爆破炮孔的整体装药结构宜分为底部加强装药段、正常装药段和上部减弱装药段，可将减弱装药段减少的药量和孔口填塞段应计药量移至加强装药段。减弱装药段长度宜为加强装药段长度的 1 ~4 倍。炮孔底部增加的装药量如表 7-13 所示。

表 7-13　光面（预裂）炮孔底部加强装药段药量增加表

炮孔深度 L/m	<3	3 ~5	5 ~10	10 ~15	15 ~20
L_1/m	0.2 ~0.5	0.5 ~1.0	1.0 ~1.5	1.5 ~2.0	2.0 ~2.5
q_{y1}/q_y	1.0 ~2.0	2.0 ~3.0	3.0 ~4.0	4.0 ~5.0	5.0 ~6.0
q_{g1}/q_g	1.0 ~1.5	1.5 ~2.5	2.5 ~3.0	3.0 ~4.0	4.0 ~5.0

注：L_1 为底部加强装药段长度；q_{y1} 为预裂爆破孔加强装药段线装药密度，g/m；q_y 为预裂爆破孔正常装药段线装药密度，g/m；q_{g1} 为光面爆破孔加强装药段线装药密度，g/m；q_g 为光面爆破孔正常装药段线装药密度，g/m。

C　光面（预裂）爆破起爆网路连接

光面（预裂）爆破起爆网路宜用导爆索连接，组成同时起爆或多组接力分段起爆网路，当环境不允许设孔外导爆索网路时，可用相应设计段别的电雷管或非电导爆管雷管直接绑于孔内药串上起爆。

7.3.5.2　光面（预裂）爆破施工作业

A　钻孔前的施工准备

（1）边坡测量放线　边坡测量是边坡按设计轮廓线开挖的重要保证。施工前要严格作好测量放线工作。边坡测量应分两次进行，第一次测量主要为钻机操作的平台定位，在钻机平台修好后，进行第二次边坡定位测量。其测量方法可用全站仪一次完成，边桩点 10m 设一个，边桩点连线为钻孔轮廓线。

（2）钻机平台修建　钻机平台是钻机移位和架设的场地。钻机平台的宽度，原则上越宽越好，一般根据钻孔机械类型而确定，但最小不少于 1.5m。平台应尽量做到横向平整、纵向平缓。

B　钻机对位与架设

钻孔必须按“对位准、方向正、角度精”三要点安装架设钻机，以控制钻孔精度。

（1）钻机对位要准。在钻机平台上利用钢管作为钻机移动轨道。钢管架设在边坡线外 30cm，连接并固定垫实，再根据设计的孔距用油漆在钢管上标明孔位，以保对位准确。

（2）钻孔方向要正。钻孔方向正就是要使炮孔垂直于边坡线，并保证相邻炮孔相互平行并处在同一边坡面上。

（3）钻孔角度要精。钻孔角度一般用专用角度尺，或在钻机机架上吊一垂球，按坡比调整钻孔精度。

C　钻孔作业

（1）对钻机司机要求：

1）必须熟悉岩石性质，摸清不同岩层的凿岩规律；

2）凿岩的操作要领：孔口要完整，孔壁要光滑，湿式凿岩时要调整好水量，掌握好岩浆浓度，保证排碴顺利；

3）凿岩的基本操作方法：软岩慢打，硬岩快打。

4）要求司机熟悉和了解设备的性能、构造原理；提高钻孔技术水平，保证钻孔准确性。

（2）钻孔技术要求：

1）地面起伏不平处应先予以平整，并根据平整后的地面调整炮孔深度，炮孔深度误差不得超过±2.5%的炮孔深度；

2）孔口位置偏差不得超过1倍炮孔直径；

3）方向误差不得超过1°。

D　装药与填塞

严格作好药包、药串加工。装药量、装药结构和填塞质量均符合要求，是搞好光面、预裂爆破的重要技术措施。

（1）装药结构。光面、预裂爆破常采用不耦合装药，

（2）药包加工。药包加工一般在现场进行。通常采用两种方法：一是将炸药装填于一定直径的硬塑料管内连续装药，在全管内装入一根导爆索，导爆索大于孔长1.0m；二是将药卷与导爆索绑在一起再绑在竹片上，形成药串。

（3）装药与填塞。一般采用人工装药，多人将加工好的药串轻轻抬起，慢慢地放入孔内，使有竹片一侧靠在保留区的一侧，药串到位后，用纸团等松软的物质盖在药柱上，然后用沙、岩粉等松散材料逐层填塞捣实。

炮孔装药前应对全部炮孔进行查验，吹净孔内残渣和积水，排不干积水的炮孔，爆破器材应有防水措施。

E　起爆网路

（1）导爆索网路的连接。导爆索连接形式可采用搭接、扭接和水手接。

（2）当光面、预裂爆破规模大时，可以采用分段起爆。在同一时段内采用导爆索起爆，各段之间分别用毫秒雷管引爆。起爆网路如图7-28所示。

7.3.6　光面、预裂爆破质量评价

7.3.6.1　质量验收内容

（1）主控项目：半壁孔率、坡面平整度和边坡坡率为光面、预裂爆破质量验收指标的主控项目。

（2）一般项目：预裂爆破的裂缝宽度、坡面观感为光面、预裂爆破质量验收指标的一般项目。

7.3.6.2　主控项目质量验收检测数量和检测方法

A　检测数量

（1）半壁孔率指标检测数量：按不同的地质区段（或同一地质区每100m分两段）分

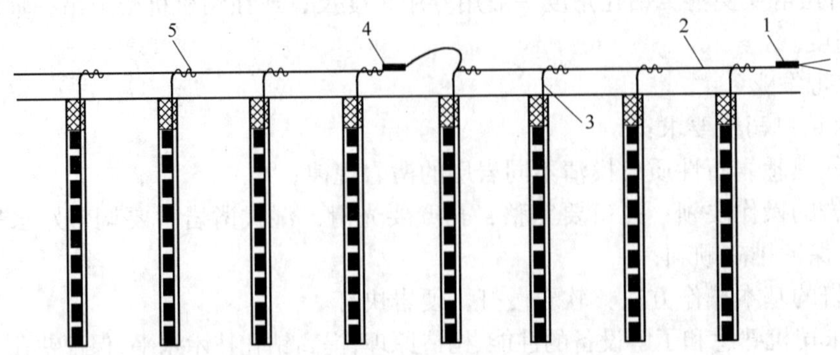

图7-28 光面（预裂）爆破导爆索联结起爆网路图

1—引爆雷管；2—敷设于地面的导爆索主线；3—由孔内药串引出的导爆索；
4—孔外接力分段雷管；5—孔内引出的导爆索与地面导爆索主线的连接点

别进行全面统计计算。

（2）坡面平整度和边坡坡率指标检测数量：开挖层每100m等间距检测6个断面，检测断面应在两个残留炮孔中间。

B 检测方法

（1）半壁孔率检测方法：采用观察、米尺测量手段检测，量尺误差应小于0.2m。

（2）坡面平整度和边坡坡率指标检测方法：在确定检测断面前方架设全站仪，从坡脚开始垂直向上每隔1m测量一个坡面坐标，计算出坡面平均坡率，再根据平均坡率线计算各测点的偏差，即坡面凹凸差，凹陷取正值，凸起取负值。

7.3.6.3 质量评价标准

（1）不同岩性边坡光面、预裂爆破后坡面半孔率的质量标准，如表7-14所示。

表7-14 按半壁孔率验收光面（预裂）爆破的质量标准

质量等级	硬岩（Ⅰ级、Ⅱ级）	中硬岩（Ⅲ级）	软岩（Ⅳ级、Ⅴ级）
合　格	$\eta \geqslant 80$	$\eta \geqslant 60$	$\eta \geqslant 30$

注：半壁孔率 $\eta = \Sigma l_0 / \Sigma L_0$（$\Sigma L_0$ 为检测区段坡面上的总钻孔延米数；Σl_0 为检测区段炮孔在坡面上残留炮孔痕迹的长度总和）。

（2）光面（预裂）爆破形成的边坡坡面应平顺，坡面平整度（凹凸差）小于±150mm为合格。局部地质原因的超标凹凸差，应据实确定。

（3）光面（预裂）爆破形成的边坡坡率应符合表7-15规定的质量标准。

表7-15 光面（预裂）爆破边坡坡率评价标准

项　目	允许偏差	质量等级
倾斜坡面坡率	±2°	合　格
垂直坡面坡率	正坡2°，不允许倒坡	合　格

7.3.6.4 光面（预裂）爆破一般项目质量验收检测数量和检测方法

A 预裂爆破裂缝宽度

检测数量：每100m等间距检测6个点。

检测方法：尺量。

预裂爆破后，裂缝应沿预裂孔中心连线贯通，裂缝宽度以5～20mm为合格。

B　坡面观感

检测数量：全部检查。

检测方法：建设单位组织施工单位、监理单位现场共同观察。

光面（预裂）爆破残留的半孔壁面上应没有肉眼明显可见的爆振裂缝，坡面观感应达到稳定、平整、美观的要求。

7.3.7　大孔径垂直预裂孔爆破

大孔径系指炮孔直径 $D=200\text{mm}$、$D=250\text{mm}$、$D=310\text{mm}$ 的炮孔。大直径垂直预裂孔爆破主要用于金属矿山的边坡控制爆破。

7.3.7.1　技术特征

（1）采用生产钻机（水厂铁矿用45R牙轮钻机、南芬露天铁矿采用YZ-55A牙轮钻机）进行大孔径（ϕ250mm，ϕ310mm）的预裂爆破，降振效果好，钻机单一化，代表了大型露天矿预裂爆破技术的一种发展趋势。

（2）垂直预裂孔爆破的炮孔布置。垂直预裂孔爆破的炮孔布置分为预裂孔、缓冲孔和主炮孔。

（3）调整缓冲孔参数，控制半壁孔高度，保证边坡的稳定性。

7.3.7.2　垂直预裂孔爆破的孔网参数

以首钢水厂铁矿和南芬露天铁矿为例，垂直预裂孔爆破的孔网参数示于表7-16。

表7-16　垂直预裂孔爆破的孔网参数

单位	预裂孔径 d/mm	预裂孔距/m	预裂孔至缓冲孔距离/m	缓冲孔距/m	缓冲孔排距/m	缓冲孔至主炮孔距离/m	预裂孔不耦合系数	线装药密度/kg·m^{-1}	岩石种类
水厂铁矿	250	(8～12)d	2.5～3.0	4.5～6.0	4.5～5.5	5.0～6.5	3.0～4.0		混合花岗岩
南芬露天矿	200	2.0～2.4	1.5～2.5	正常孔的1/2～1/3	—	正常孔的1/2～2/3	3.0～4.5	2.5～3.0，孔底1～1.5m为5～9	混合岩
	250	2.5～3.0	1.5～2.5	正常孔的1/2～1/3	—	正常孔的1/2～2/3	3.0～4.0	5～6，孔底1～1.5m为10～18	混合岩
	310	3.0～4.0	2.5～3.0	正常孔的1/2～1/3	—	正常孔的1/2～2/3	3.0～4.0	7～8，孔底1～1.5m为14～25	混合花岗岩

7.3.7.3　垂直预裂孔爆破的施工工艺

（1）布孔线。在各台阶上部平盘上沿该台阶的下部水平的境界线布孔，布孔线同下部水平的境界线。

（2）装药结构。采用连续柱状间隔不耦合装药结构；使用卷式包装的岩石乳化炸药，其药卷规格和线装药密度如表 7-17 所示。

表 7-17　水厂铁矿和南芬露天矿的药卷规格和线装药密度

矿山名称	孔径/mm	炸药类型及炸药密度	药卷规格	线装药密度 ρ_0
水厂铁矿	310	2 号岩石粉状乳化油炸药 $\rho = 1.2 \sim 1.3 g/cm^3$	$\phi 95 \times 500$mm，4kg/卷	$\rho_0 = 8$kg/m；底部 1m 内增加炸药量到 12kg
	250	2 号岩石粉状乳化油炸药 $\rho = 1.2 \sim 1.3 g/cm^3$	$\phi 80 \times 500$mm，3kg/卷	$\rho_0 = 6$kg/m；底部 1.5m 内增加炸药量到 15kg
南芬露天铁矿	310	2 号岩石粉状乳化油炸药 $\rho = 1.2 \sim 1.3 g/cm^3$	$\phi 90 \times 500$mm，4kg/卷	$\rho_0 = 7 \sim 8$g/cm，底部 1 ~ 1.5m 增加到 14 ~ 25kg
	250	2 号岩石粉状乳化油炸药 $\rho = 1.2 \sim 1.3 g/cm^3$	$\phi 80 \times 500$mm，3kg/卷	$\rho_0 = 5 \sim 6$kg/m；底部 1 ~ 1.5m 增加到 10 ~ 18kg
	200	2 号岩石粉状乳化油炸药 $\rho = 1.2 \sim 1.3 g/cm^3$	$\phi 56 \times 500$mm，1.5kg/卷	$\rho_0 = 2.5 \sim 3$kg/m；底部 1 ~ 1.5m 增加到 5 ~ 9kg

（3）起爆顺序。预裂孔一般超前于正常主爆区引爆，同次爆破的预裂孔可以同时起爆，也可以分段起爆，条件允许时，最好采用同时起爆。当预裂孔与缓冲孔、主爆孔在一个爆区的网路时，预裂孔一般都得采用分段起爆，引爆时间超前缓冲孔、主爆孔 100 ~ 300ms。

7.3.7.4　垂直预裂孔爆破的缓冲孔

在我国矿山采用垂直预裂孔爆破中，较多采用的是在主炮孔和预裂孔之间只布设一排缓冲孔。缓冲孔孔间距是正常主爆孔的 1/2 ~ 2/3，缓冲孔与预裂孔排间距是 1.5 ~ 2.5m，缓冲孔与主爆孔排间距是正常主爆孔的 1/2 ~ 2/3，缓冲孔装药量是正常主爆孔的 35% ~ 40%，一般都采用中间分段间隔装药。

7.3.7.5　预裂爆破效果的质量标准

对于大孔径垂直孔预裂爆破，其质量标准除了半壁孔率和不平整度以外，更侧重于降振率和破坏范围。

A　半壁孔率和不平整度

（1）边坡在预裂面上形成贯通的裂缝；

（2）预裂孔处出现半壁孔，平均半壁孔率在完整性好的硬岩中不小于 50% ~ 60%（孔径大时为 50%，孔径小时为 60%）；在完整性好的软岩中不小于 30%（孔径大时）~ 40%（孔径小时）；

（3）预裂面保持平整，壁面不平整度小于 30cm（ϕ310mm），或 25cm（ϕ250mm 和 ϕ200mm）。

B　降振率和破坏范围

（1）降振率是指采用预裂爆破与未采用预裂爆破相比，其爆破振动速度降低率。其值为 40% 以上。

（2）破坏范围是指炮孔爆破后，台阶上部平台后冲范围。破坏范围减少 60% 以上。

7.3.8 高陡石方多台阶边坡控制爆破

水利水电石方工程多集中在深山峡谷之中，两岸边坡既高又陡，如小湾水电站边坡开挖高度达687m。边坡开挖成为控制工程质量和进度的关键技术。

7.3.8.1 水利水电石方边坡控制爆破的技术要求

A 爆破设计与施工依据

水利水电岩石边坡开挖工程按《水电水利工程爆破施工技术规范》（DL/T 5135—2001）、《水工建筑物岩石基础开挖工程施工技术规范》（DL/T 5389—2007）和设计要求施工。

B 技术要求

设计边坡轮廓面（含马道、平台）开挖应采用预裂爆破或光面爆破方法，保护层开挖应采用浅孔、密孔、少药量的分段控制爆破。

在开挖轮廓面上，残留炮孔痕迹应均匀分布。

开挖坡面稳定、无松动岩块、对不良地质应按设计要求进行处理。

平均坡度不陡于设计坡度。

坡脚标高 ±20cm。

坡面局部超欠挖 ±2%。

节理裂隙不发育的岩体半孔率大于80%，节理裂隙发育的岩体半孔率大于50%，节理裂隙极发育的岩体半壁孔率大于20%。

7.3.8.2 边坡控制爆破的关键技术

A 高边坡开挖爆破的稳定控制

边坡稳定的控制应做好以下工作：一是合理安排施工工序；二是优化爆破施工方案；三是加强安全监测，制定监控标准。

（1）施工工序。边坡开挖施工程序应遵守以下原则：自上而下分层开挖、先洞挖后明挖、适时及时支护。

（2）优化爆破方案。边坡开挖施工中的爆破工作应遵循以下原则：1）应尽量减少对保留岩体的破坏，形成平顺的边坡，减小爆破振动的有害影响，保持边坡稳定；2）边坡开挖爆破应尽量使用深孔台阶爆破、缓冲孔爆破、预裂爆破、光面爆破、浅孔分层爆破等技术；3）单响最大药量必须确保边坡稳定和周围环境安全，邻近保护层按《水工建筑物岩石基础开挖工程施工技术规范》（DL/T 5389—2007）要求不得大于100kg，预裂、光面爆破不宜大于50kg。

（3）加强施工监测。施工期安全监测包括内部应力应变和外部变形观测，根据监测结果，调整边坡加固支护措施。深孔台阶高度不宜大于15m。10m和15m台阶顶部的爆破振动速度控制在10cm/s以内。

B 水利水电边坡爆破技术

a 预裂爆破参数选择

预裂爆破的主要参数有装药量、炮孔间距、炮孔直径、炸药特性等。

（1）炮孔直径：明挖一般为80～110mm。不耦合系数为2～4。

（2）炮孔间距：炮孔间距与岩石特性、炸药性质、装药情况、开挖壁面平整度要求和孔径大小有关，一般取 0.3～1.0m 或孔距与孔径之比在 7～10 之间。爆破质量要求高、岩质软弱、裂隙发育者取小值。

(3) 线装药密度：线装药密度是单位长度炮孔的平均装药量。影响预裂爆破参数的因素复杂，很难从理论上推导出严格的计算公式，水利水电工程常用的经验公式见式(7-42)：

$$Q_{线} = 0.034(R_{压})^{0.63}a^{0.67} \tag{7-42}$$

式中　$Q_{线}$——预裂爆破的线装药密度，kg/m；

$R_{压}$——岩石的极限抗压强度，MPa；

a——炮孔间距，m。

随岩性不同，预裂爆破的线装药密度一般为 100～700g/m。为克服岩石对孔底的夹制作用，孔底段应加大线装药密度到 2～5 倍。预裂爆破参数经验数据见表 7-18。

表 7-18　预裂爆破参数经验数据表

岩石性质	岩石抗压强度/MPa	钻孔直径/mm	钻孔间距/m	线装药密度/g · m^{-1}
软弱岩石	<50	80	0.6～0.8	100～180
		100	0.8～1.0	150～250
中硬岩石	50～80	80	0.6～0.8	180～300
		100	0.8～1.0	250～350
次坚石	80～120	90	0.8～0.9	250～400
		100	0.9～1.0	300～450
坚　石	>120	90～100	0.8～1.0	300～700

b　光面爆破参数选择

光面爆破的主要参数有装药量、最小抵抗线、炮孔间距、炮孔直径、炸药特性和地质条件等。

(1) 最小抵抗线：

$$W_{min} = (10 \sim 20)d \tag{7-43}$$

式中　W_{min}——光爆孔最小抵抗线；

d——炮孔直径。

(2) 炮孔间距：

$$a = (0.6 \sim 0.8)W_{min} \tag{7-44}$$

式中　W_{min}——光爆孔最小抵抗线；

a——炮孔间距。

(3) 线装药密度：

$$Q_{线} = qaW_{min} \tag{7-45}$$

式中　$Q_{线}$——光面爆破的线装药密度，kg/m；

q——炸药单耗，约为 0.15～0.25kg/m^3，软岩取小值，硬岩取大值；

a——炮孔间距，m；

W_{min}——光爆孔最小抵抗线，m。

7.4 硐室爆破

硐室爆破是将大量炸药装入硐室或导硐（巷道）中，按照设计完成开挖或者抛掷要求的爆破技术，是集中土石方快速开挖的爆破方法。

7.4.1 硐室爆破分类

7.4.1.1 按地理条件分类

硐室爆破按地理条件分为露天硐室爆破、地下硐室爆破、水下硐室爆破。

7.4.1.2 按爆破作用特征分类

硐室爆破按爆破作用特征分为标准抛掷爆破、加强抛掷爆破、减弱抛掷爆破（又称加强松动爆破）和松动爆破。

7.4.1.3 按药室形状分类

硐室爆破按药室形状（装药形式）分为：集中药包硐室爆破、条形药包硐室爆破、分集药包硐室爆破和混合药包硐室爆破。

7.4.2 硐室爆破设计原则与设计内容

7.4.2.1 设计原则

（1）硐室爆破设计应根据有关部门批准的任务书和必要的基础资料进行编制。

（2）根据工程要求及爆区地质地形条件，确定合理的爆破范围和爆破方案。应在保证爆破效果的前提下，尽可能做到投资省，开挖工程量小，工程进度快，爆破成本低。

（3）贯彻安全生产的方针，提出可靠的安全技术措施，以确保施工安全和爆区周围建筑物、构筑物和设备等不受损害。

（4）尽可能采用先进的科学技术，合理地选择爆破参数，以达到良好的爆破效果。

（5）爆破应符合挖掘工艺技术要求，以达到设计的效果。保证爆破方量和破碎质量，爆堆的形状和分布要符合要求，降低大块率，减少边坡欠挖量，爆破区底板要平整，以利于装运，同时要保护边坡不受破坏。

（6）在保证爆破效果的前提下，尽量方便施工。

对大量或特殊的爆破工程，其技术方案和主要参数，应通过专家评审和必要的试验确定。

7.4.2.2 设计基础资料

（1）工程任务资料：工程概况、目的、任务、技术要求，有关工程设计的合同、文件、会议纪要以及相关部门的批复和决定。

（2）设计资质资料：施工单位资质证明，设计人员资质证明。

（3）地形地质资料：1∶500 地形图，1∶1000～1∶5000 的大区域地形图或周围环境图，道路设计纵剖面和横剖面或开挖区最终境界图，1∶500 或 1∶1000 的爆区地质平面图及主要地质剖面图；工程地质勘察报告及岩石力学试验资料、水文基本情况及区域节理裂隙分布图。

（4）周围环境调查资料，包括爆破影响范围内各建筑物、构筑物的完好和重要程度；爆区附近的隐蔽工程（包括地下硐室、巷道、地下工事、军事设施、电缆、光缆、管线等）的分布情况；影响爆破作业安全的高压线、电台、电视塔的位置及功率；近期气象条件。

（5）试验资料：爆破器材说明书、合格证及检测结果；爆破漏斗试验报告；爆破网路试验资料；杂散电流监测报告；针对爆破工程中的特殊问题（例如边坡问题、地震影响问题、堆积参数问题等）所作的试验炮的分析报告。

7.4.2.3 设计内容

编制硐室爆破工程设计文件，主要内容如下：

（1）爆破工程概况。包括：工程目的、要求、工程进度、规模及预计效果。

（2）地形及地质情况。包括：爆破区和堆积区的地形、地貌、工程地质及水文地质有关内容，这些条件与爆破的关系以及爆破影响区域内的特殊地质构造，如滑坡、危坡、大断裂等。

（3）爆破方案。包括：爆破范围和规模、爆破性质、药室形式、起爆方式。

（4）技术设计。包括：药包布置、药量计算、爆破漏斗参数计算、堆积参数计算和设计成果（各种计算图表）。

（5）导硐、药室设计。包括：导硐和药室位置布置，导硐断面设计，药室断面设计。

（6）装药、填塞设计。包括：装药设计，装药结构设计，填塞设计。

（7）起爆网路设计。包括：延期时间设计，起爆体设计，起爆网路计算和设计，起爆站设计。

（8）安全设计。包括：个别飞石距离的计算，振动强度的计算和校核，空气冲击波强度和飞石的估算，涌浪的估算，安全防护措施及安全防护设计。

（9）施工组织设计。包括：施工场地布置，导硐和药室的开挖，炸药运输和保管，装药、填塞组织，起爆网路及起爆站工作，安全警戒措施，预防事故措施，爆破指挥部的组织与职责。

（10）主要材料、设备和劳动组织。

（11）主要技术经济指标。

7.4.2.4 设计文件

设计文件包括爆破设计说明书和附图。

（1）设计说明书。设计阶段的文件内容要符合《爆破安全规程》的相关规定。

（2）主要附图，其中包括：1）爆区地址平面和剖面图；2）药包布置平面和剖面图；3）爆破漏斗及爆堆计算剖面图；4）导硐、药室开挖施工图；5）起爆网路图；6）预计爆堆及底板平面图；7）装药、填塞施工图；8）爆破警戒范围及警戒点分布图；9）科研观测点布置图。

7.4.3 硐室爆破药包布置

7.4.3.1 药包布置原则

（1）在可以布置条形药包的地方，宜布置条形药包；在可以布置双向作用药包的地方，宜布置双向作用药包，对减少硐挖量、填塞量，充分利用炸药能量有利。

（2）保证底板平整，周边不留硬坎；边缘药包最小抵抗线控制在6.0～10.0m为宜，易爆岩石取最大值。

(3) 当遇有大断层、大破碎带或大软弱夹层时，药包应对称布置在构造两侧。

(4) 当最小抵抗线 W 与埋深 H 比值 W/H 小于0.6时，一般应考虑布置两层或多层药包（崩塌爆破除外）。

(5) 开沟爆破、双挖（壁）路堑爆破、大面积上向爆破，不宜布置两层或多层药包。

7.4.3.2 药包布置方法

A 路堑爆破药包布置方法

路堑土石方开挖，药包的布置应根据地形和路堑形状，尽量使设计断面内的岩体松动或大量抛掷，同时减轻爆破作用对路基面的损伤和确保边坡的稳定性。

(1) 单挖（壁）路堑和一侧边坡不高为便于开挖可以爆掉的双挖（壁）路堑，经常采用的布药方式是单层单排药包。并依据周围环境情况和爆破要求采用抛掷爆破和松动爆破（如图7-29所示）。

(2) 当路基较宽时，为了保护边坡，减少大药量药包对边坡的破坏，可采用单层双排的布药方式布置双排集中药包或条形药包。两旁药包间采用毫秒延期起爆，前排药包采用较大的参数，有利于改善后排药包的爆破效果及减轻对边坡的影响范围（如图7-30所示）。

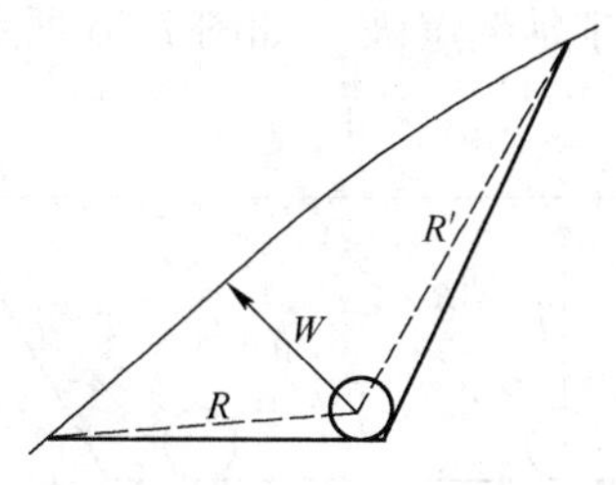

图7-29 单层单排药包布置

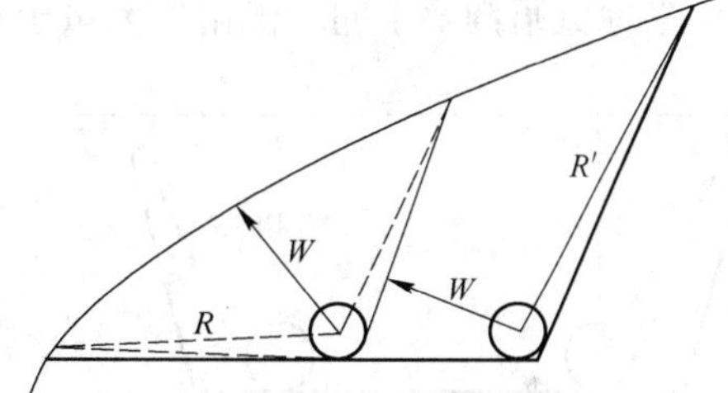

图7-30 单层双排药包布置

(3) 在陡坡上，多采用单排双层的布药形式开挖单挖（壁）路堑（如图7-31所示），在条件适宜的地方，应尽可能采用崩塌或抛坍爆破。

(4) 地形较陡，开挖路基（站场）又较宽时，布置抵抗线较大的药包容易对边坡产生较大的影响，一般采用多排多层的布药方式（如图7-32所示），以减少最小抵抗线的数值，降低装药量。同排上下层药包同段、前后排的药包采用延期雷管起爆。

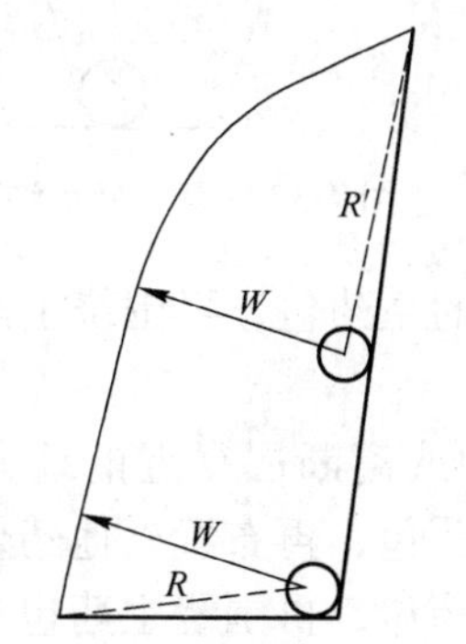

图7-31 单排双层药包布置

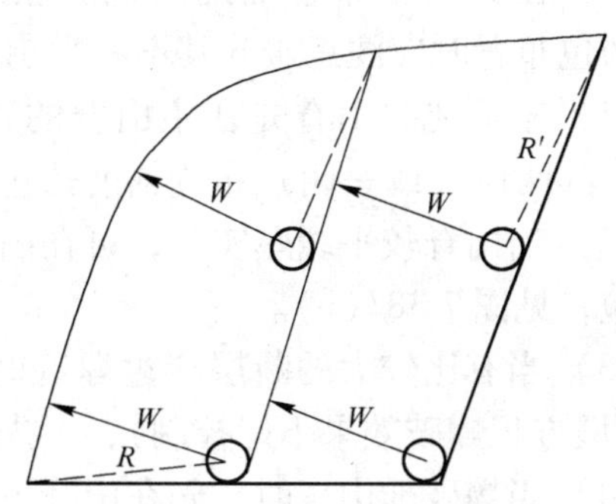

图7-32 多层双排药包布置

（5）在斜坡上开挖双挖（壁）路堑时，为保护边坡，可布置成双层单排药包（如图 7-33 所示），上层设计成抛掷药包，下层设计成松动药包，上层先响，下层后响。

（6）在平地开挖双挖（壁）路堑时，常用单排集中药包（或条形药包）齐发爆破（如图 7-34 所示），以提高扬弃效果。

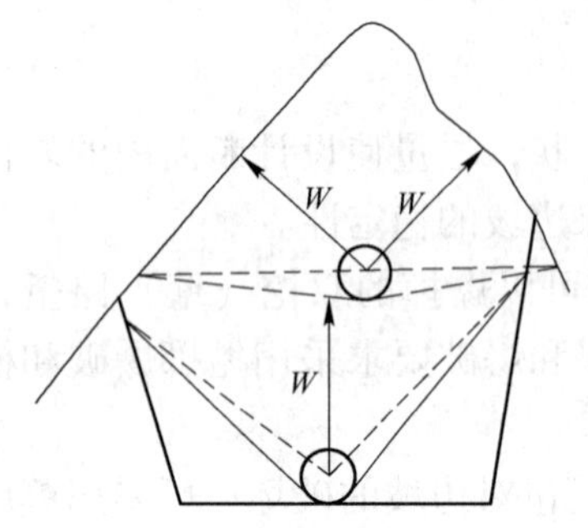

图 7-33　双层单排药包布置

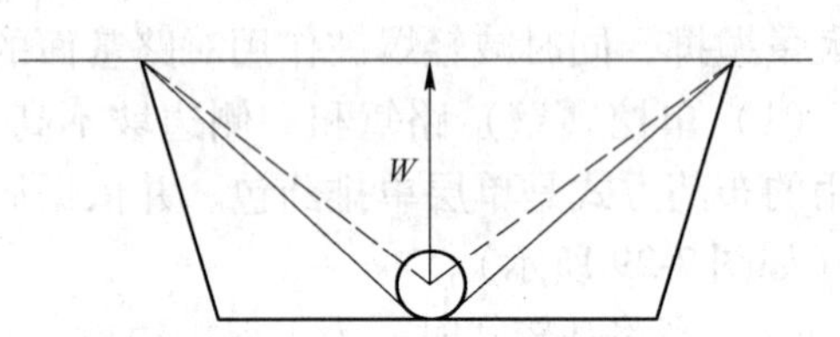

图 7-34　单排扬弃爆破药包布置

（7）当平地堑沟底宽大于沟深，开口宽度大于 3 倍沟深时，用双排等量对称药包齐发爆破（如图 7-35 所示），可以取得较佳的扬弃效果。

（8）平地宽堑沟要求向一侧抛掷大量土石方时，可用双排延期爆破（如图 7-36 所示）。

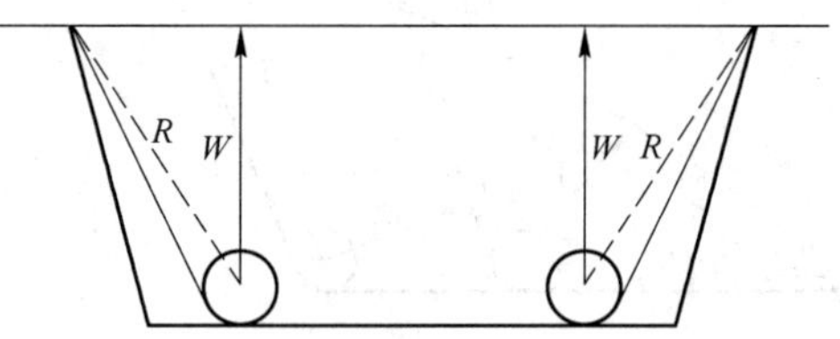

图 7-35　双排扬弃爆破药包布置

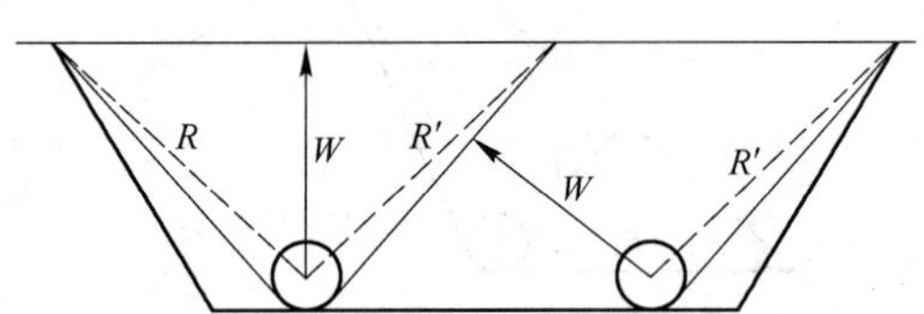

图 7-36　向一侧抛掷延长药包布置

（9）深而窄的堑沟，一般用双层布药，上层扬弃，下层加强松动（如图 7-37 所示），计算下层装药量时应考虑夹制作用和回落岩渣影响。

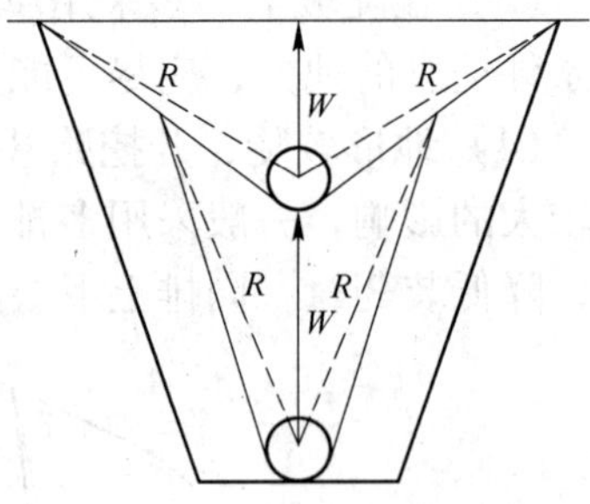

图 7-37　深、窄堑沟药包布置

B　多面临空山头的开挖爆破药包布置

多面临空有利于爆破，通常在山头主体下方布置主药包后，再在其周围布置辅助药包。但此类山体多地质构造，药包布置时应注意避开其不利影响。

（1）窄而陡的山脊先在主山脊的正下方布置主药包，然后再其两侧（或一侧）布置辅助药包，见图 7-38（a）。

（2）当山脊较平缓厚实时，可在山脊下布置两排对称的主药包，再围绕主药包布置辅助药包，见图 7-38（b）。

（3）当有比较大的断层穿过爆区时，为避免在断层中或离断层很近的地方开挖药室（容易塌方且爆破效果不好控制），可先布置对称于断层的药包，再布置其他药包。

（4）当爆破孤山头时，先在山峰下布置一个或几个主药包，再围绕主药包布置一圈或几圈辅助药包。

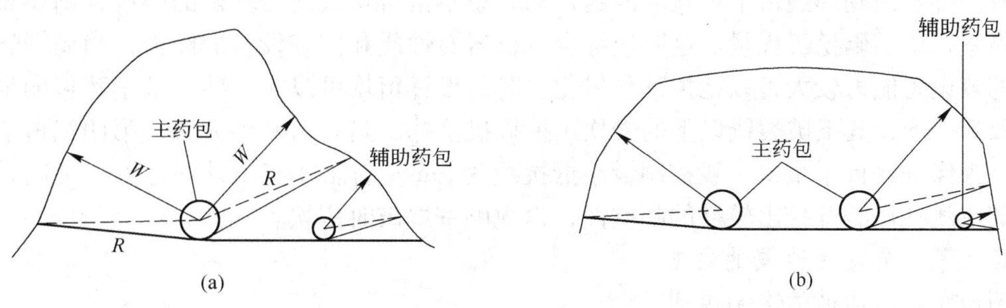

图 7-38 多面临空山头药包合理布置图

（5）当爆区有多个小山峰时，则首先在每个山峰下布置主药包，再围绕这些主药包布置辅助药包。

（6）平顶山地形，宜在平顶之下布置梅花形分布的集中药包或平行分布的条形药包，边缘部位根据要求布置抛掷药包或辅助药包。

（7）在存在较高边坡的山体进行的站场或场地平整硐室爆破工程，应先把最终边坡及马道投到平面图和剖面图上，考虑好保护边坡的措施及预留保护层的范围，再按可爆岩体的范围，由下向上逐层布置药包，在布置药包时还应考虑同时形成马道路基的可能性，以减少爆后清坡修道的工程量。在靠近边坡的部分，要首先考虑布置不耦合装药条形药包，以减少对边坡的破坏。

（8）条件复杂的大型场坪爆破工程，一般分成几个爆区，综合运用上述药包布置方法，做出合理的药包布置设计。

（9）在溶洞附近布置药包，先布置与溶洞距离近的药包，使之满足不向溶洞逸出的条件，然后再布置距离较远的药包。这种布药方法可以减少布药设计中的反复工作，避开溶洞的影响。

（10）在作抛掷爆破设计时，要尽量利用群药包的联合作用，以取得良好的抛掷效果。一般不要设计多排的延期抛掷爆破，以避免后排药包设计最小抵抗线受累积误差影响。最小抵抗线改变了，不仅影响抛掷方向和堆积形态，还容易造成飞石事故。

（11）在窄山脊地形条件下，一侧可以抛掷另一侧不允许抛掷时，可将药包偏离山脊的投影线，使两侧的最小抵抗线 W_1 和 W_2 满足下列关系（参看图 7-39）：

$$W_1^3 f(n_1) = W_2^3 f(n_2) \tag{7-46}$$

式中 W_1，W_2——两侧的最小抵抗线，m；

n_1，n_2——两侧的爆破作用指数。

选择适当的 n_1、n_2 值，就可以保证实现设计意图，做到一侧抛掷而另一侧松动。

（12）山脊较宽，一侧抛掷一侧松动的爆破工程，可在两侧分别布置抛掷和松动药包。

（13）为了减少大块率，在群药包作用弱的部位，可布置顶部辅助药包。

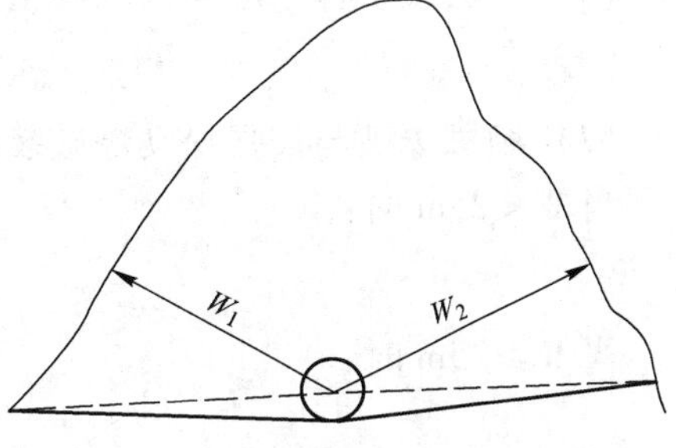

图 7-39 一侧松动一侧抛掷药包布置图

（14）周边药包的布置。当药包布置到爆区的边缘时，都会遇到周边留下岩坎的问题，如果想不留岩坎或把岩坎留的很小，则要布置许多小硐室，增加硐挖工程量。这时应综合分析岩石性质和挖装设备的能力，当周围岩石破碎，挖装设备能力较大可以挖掉部分风化岩时，设计留坎可以大一些，最小药包的最小抵抗线取7～8m，其下破裂线以下的岩坎用挖掘机挖掉。当岩石坚硬完整，第四纪覆盖层较薄时，为保证底板平整，一般控制最小抵抗线为5m左右。在有条件的地方，可以采用深孔爆破或浅孔爆破开挖出较陡的临空面，以免硐室爆破时留坎。

C　药包布置对边坡的影响

药包布置对边坡的影响包括：

（1）由药室向外延伸的径向裂缝和环向裂缝，破坏了边坡岩体的整体性。

（2）部分岩体爆破之后，破坏了边坡的稳定平衡条件。

（3）爆破漏斗上向和侧向出现的环状裂隙向深部延伸，影响边坡稳定。

（4）爆破振动波在小断层或裂隙面反射，造成裂隙张开或振动附加力，使部分岩体失稳而下滑。

（5）爆破振动促使旧滑体活动。

7.4.4　集中药包设计计算

7.4.4.1　集中药包药量计算

集中药包的药量主要与爆破体的岩性，最小抵抗线的大小和药包作用性质有关。通常采用如下公式计算。

（1）标准抛掷爆破装药量可采用式（7-47）计算：

$$Q = eKW^3 \tag{7-47}$$

（2）内部作用爆破装药量可采用式（7-48）计算：

$$Q = 0.2eKW^3 \tag{7-48}$$

（3）松动爆破装药量（平坦地形）可采用式（7-49）计算：

$$Q = 0.44eKW^3 \tag{7-49}$$

（4）整体剥离爆破可采用式（7-50）计算：

$$Q = (0.41 \sim 0.65)eKW^3 \tag{7-50}$$

（5）崩塌爆破（多面临空、陡坡地形）可采用式（7-51）：

$$Q = (0.125 \sim 0.4)eKW^3 \tag{7-51}$$

（6）斜坡或阶梯地形爆破装药量可采用式（7-52）计算：

$$Q = 0.36eKW^3 \tag{7-52}$$

（7）抛掷爆破与加强松动爆破装药量可采用式（7-53）和式（7-54）进行计算：

当$W<25$m时：

$$Q = f(n)eKW^3 \tag{7-53}$$

当$W \geqslant 25$m时：

$$Q = f(n)eKW^3\sqrt{\frac{W}{25}} \tag{7-54}$$

式中　Q——集中药包质量，kg；

e——炸药换算系数；

K——形成标准爆破漏斗时，每立方米岩石的耗药量，kg/m³；

W——最小抵抗线，m；

$f(n)$——爆破作用指数 n 的函数。我国普遍采用鲍列斯科夫（М. М. Боресков）公式，即

$$f(n) = 0.4 + 0.6n^3$$

（8）在两侧均有临空面时，由于以上各计算公式仅考虑单侧抵抗线方向的岩体爆破量，实际上爆破作用涉及药包两侧的山体，故实际装药量应在上述公式计算的药量上增加20%～30%。

此外，对于多边界石方爆破药量计算公式，北京工业大学推荐的多边界药量计算公式如下：

$$Q = edKW^3F(E, \alpha) \tag{7-55}$$

式中　Q——多边界爆破药包药量，kg；

d——填塞系数，$d \geqslant 1$；

$F(E,\alpha)$——药包性质指数：$F(E, \alpha) = \varphi(E) \cdot f(\alpha)$；

E——抛掷率（或抛坍率），%；

α——自然地面坡度，(°)；

$\varphi(E)$——抛掷率的函数，一般按式 $\varphi(E) = 0.45 \times 10^{0.0129E}$ 计算，在抛坍爆破中 $\varphi(E) = 1$；

$f(\alpha)$——抛坍系数，当 $\alpha < 30°$ 时，$f(\alpha) = 1 - \alpha^2/7000$，或 $\cos\alpha$；$\alpha \geqslant 30°$ 时，$f(\alpha) = 26/\alpha$；

其他参数意义同前。

7.4.4.2　爆破参数计算

A　标准抛掷爆破单位炸药消耗量

标准抛掷爆破时，爆破单位体积岩石消耗的2号岩石炸药量，称为标准抛掷爆破单位炸药消耗量，用 K 表示，单位为kg/m³。K 值的确定有计算法、爆破漏斗试验法、查表法以及类比法等几种方法。

a　计算法

用岩石堆积密度计算：

$$K = 0.4 + \left(\frac{\gamma}{2450}\right)^2 \tag{7-56}$$

北京工业大学推荐的公式：

$$K = 1.3 + 0.7\left(\frac{\gamma}{1000} - 2\right)^2 \tag{7-57}$$

式中　γ——岩石堆积密度，kg/m³。

b　爆破漏斗试验法

K 值为标准抛掷漏斗单位炸药消耗量。在标准抛掷漏斗中，以 $\pi \approx 3$，爆破漏斗体积

近似为 $V = W^3$，得 $K = Q/V = Q/W^3$。

试验要选择与爆破工点相同地质情况的平坦地面，首先假定 $K = K_1$，$n = 1$，计算药量 $Q = K_1 W^3$，试验时注意填塞要良好，最小抵抗线 W 的大小要超过 1m。

爆破后，实际测出爆破漏斗的各部尺寸（爆破漏斗半径 r 和可见漏斗深度 P），要力求测量准确，由 Q、W 和测量得到的 r 值，可计算单位用药量 K_2 值：

$$K_2 = \frac{Q}{f(n)W^3} = \frac{Q}{(0.4 + 0.6n^3)W^3} \tag{7-58}$$

由于上式计算得出的 K_2 值，未考虑与 n 值相应的抛掷值，即可见漏斗深度 P 的关系，故实际采用的 K 值应由抛掷方量的平衡关系给予调整，即

土质
$$K = K_2 \frac{W^3}{3r^2 P} \tag{7-59}$$

岩石
$$K = K_2 \frac{1.4W^3}{3r^2(0.23W + 0.77P)} \tag{7-60}$$

c 查表法

根据地质报告给定的岩石坚固性系数 f，或实地取样，做抗压强度试验，求得岩石坚固性系数 f；然后，根据坚固性系数 f 划分的施工等级表，同时考虑工地具体的岩层结构、节理、裂隙和风化程度，适当确定岩石等级，参照表 7-19、表 7-20 所示的数据，合理选用 K 值。

表 7-19 标准抛掷爆破药包的单位炸药消耗量 K 值表

岩石坚固性系数 f	0.5～0.8	0.8～1.5	1.5～10	10～18	18～25
$K/\text{kg}\cdot\text{m}^{-3}$	0.95	1.10	1.25～1.50	1.60～1.90	2.00～2.20

注：1. 本表以 1 号露天铵梯炸药作为标准计算，其他炸药需要乘以换算系数；
2. 指一个自由面的情况，如果两个自由面应乘以 0.83，三个自由面乘以 0.67；
3. 填塞良好，填塞系数为 1，填塞不良应乘以 1～2 的填塞系数。

表 7-20 爆破各种岩石的单位炸药消耗量

岩石名称	岩体特征	f 值	炸药单耗/$\text{kg}\cdot\text{m}^{-3}$	
			松动 K'	抛掷 K
各种土	松软	<1	0.3～0.4	1.0～1.1
	坚实	1～2	0.4～0.5	1.1～1.2
土夹石	密实	1～4	0.4～0.6	1.2～1.4
页　岩	风化破碎	2～4	0.4～0.5	1.0～1.2
千枚岩	完整、风化轻微	4～6	0.5～0.6	1.2～1.3
板　岩	泥质、薄层、层面张开、较破碎	3～5	0.4～0.6	1.1～1.3
泥灰岩	较完善、层面闭合	5～8	0.5～0.7	1.2～1.4
砂　岩	泥质胶结、中薄层或风化破碎	4～6	0.4～0.5	1.0～1.2
	钙质胶结、中厚层、中细粒结构、裂隙不甚发育	7～8	0.5～0.6	1.3～1.4
	硅质胶结、石英质砂岩、厚层、裂隙不发育、未风化	9～14	0.6～0.7	1.4～1.7

续表 7-20

岩石名称	岩体特征	f 值	炸药单耗/kg·m⁻³	
			松动 K′	抛掷 K
砾　岩	胶结较差，砾石及砂岩或较不坚硬的岩石为主	5～8	0.5～0.6	1.2～1.4
	胶结好，以较坚硬的砾石组成，未风化	9～12	0.6～0.7	1.4～1.6
白云岩	节理发育，较疏松破碎，裂隙频率大于4条/m	5～8	0.5～0.6	1.2～1.4
大理岩	完整坚实	9～12	0.6～0.7	1.5～1.6
石灰岩	中薄层，或含泥质的，或鲕状、竹叶状结构的及裂隙较发育	6～8	0.5～0.6	1.3～1.4
	厚层、完整或含硅质、致密	9～15	0.6～0.7	1.4～1.7
花岗岩	风化严重，节理裂隙很发育，多组节理交割，裂隙频率大于5条/m	4～6	0.4～0.6	1.1～1.3
	风化较轻，节理不甚发育或未风化的微晶粗晶结构	7～12	0.6～0.7	1.3～1.6
	细晶均质结构，未风化，完整致密岩体	12～20	0.7～0.8	1.6～1.8
流纹岩　粗面岩	较破碎	6～8	0.5～0.7	1.2～1.4
蛇纹岩	完整	9～12	0.7～0.8	1.5～1.7
片麻岩	片理或节理裂隙发育	5～8	0.5～0.7	1.2～1.4
	完整坚硬	9～14	0.7～0.8	1.5～1.7
正长岩	较风化，整体性较差	8～12	0.5～0.7	1.3～1.5
闪长岩	未风化，完整致密	12～18	0.7～0.8	1.6～1.8
石英岩	风化破碎，裂隙频率大于5条/m	5～7	0.5～0.6	1.1～1.3
	中等坚硬，较完整	8～14	0.6～0.7	1.4～1.6
	很坚硬，完整致密	14～20	0.7～0.9	1.7～2.0
安山岩	受节理裂隙切割	7～12	0.6～0.7	1.3～1.5
玄武岩	完整坚硬致密	12～20	0.7～0.9	1.6～2.0
辉长岩　辉绿岩	受节理裂隙切割	8～14	0.6～0.7	1.4～1.7
橄榄岩	很完整，很坚硬致密	14～25	0.8～0.9	1.8～2.1

d　类比法

根据同地区相似地质条件下爆破区的实际爆破效果进行选取。

B　松动爆破的单位炸药消耗量 K

一般将松动爆破的单位炸药消耗量用 K' 表示。K' 与 K 表示值之间的关系为：

平坦地形的松动爆破

$$K' = 0.44K$$

多面临空或陡崖崩塌松动爆破

$$K' = (0.125 \sim 0.4)K$$

大型山体完整岩体的剥离松动爆破

$$K' = (0.44 \sim 0.65)K$$

从药包计算公式可知

$$K' = f(n)K$$

C　爆破作用指数 n 值

应根据地形条件和不同的爆破目的与要求，选取适宜的 n 值。

a　平坦地面的扬弃爆破

根据扬弃百分数 E 值的关系式估算：

$$n = \frac{E}{55} + 0.5 \tag{7-61}$$

对于平坦地面的其他爆破性质的 n 值一般取：

全扬弃爆破时，n 值采用 1.75～2.00；

半扬弃爆破时，n 值采用 1.25～1.75；

加强松动爆破时，n 值采用 0.75～1.00。

b　斜坡地面的抛掷爆破

（1）根据地面坡度 α 选择，如表 7-21 所示。

表 7-21　爆破作用指数 n 与地面坡度 α 的关系表

α/(°)	20～30	30～45	45～70
n	1.5～1.75	1.25～1.5	1.0～1.25

（2）两面或多面临空面的崩塌爆破和抛坍爆破时：取 n = 0.75～1.25。

（3）加强松动爆破：根据爆区地形、药包布置形式、最小抵抗线大小、对爆堆高度与抛掷百分率的要求确定 n 值。

为了达到抛掷百分率的要求，当地面坡度为 30°～35°时，n 值相应增加 0.05～0.1。

D　最小抵抗线 W

选择药包的最小抵抗线，是硐室爆破中药包布置的核心问题。最小抵抗线应根据爆区地形、周围环境和爆破要求而定。一般控制在 15～25m 范围内。

双向作用药包（见图 7-39），两侧 n 值不同时，W 之比按式（7-46）取值。

一侧松动一侧抛掷时，W_1/W_2 宜控制在 1.2～1.4 之间。

E　药包间距 a

集中药包的药包间距一般由下式计算：

对中硬和坚硬岩石

$$a = mW = 0.5W(n+1) \tag{7-62}$$

式中　m——密集系数；

n——爆破作用指数；

W——最小抵抗线。

如果两个药包的 n 值和 W 值不一样，则有

$$a = 0.5\frac{W_1 + W_2}{2}\left(\frac{n_1 + n_2}{2} + 1\right) \tag{7-63}$$

对于分层布置药包的层间距 b，有 $b = m_2W$，m_2 为层距系数，取 m_2 = 1.2～2.0。同样，如果两药包 W 值不一样，则取其平均值。

原则上，各相邻集中药包之间均应满足上述关系，根据不同爆破要求，也可采用下述公式。

a 松动爆破

（1）平坦地面的拉槽爆破：

$$a = (0.8 \sim 1.0)W \tag{7-64}$$

（2）斜坡或阶梯地形爆破：

$$a = (1.0 \sim 1.2)W \tag{7-65}$$

b 斜坡地形的抛掷爆破

（1）坚硬整石带，$a = W\sqrt[3]{f(n)}$。

（2）块石带、次坚石、软石：

$$a = nW \tag{7-66}$$

（3）斜坡地面同时起爆的上下层两药包中心间的距离：

$$b \leqslant W\sqrt{n^2+1} \tag{7-67}$$

c 多面临空或陡崖地形的坍塌爆破

$$a = (0.8 \sim 0.9)W\sqrt{n^2+1} \tag{7-68}$$

F 不逸出半径和 W/H

a W/H（称为抗高比）要控制在合理范围内

在抛掷爆破中，较佳的抗高比为

$$W/H = 0.6 \sim 0.8 \tag{7-69}$$

在崩塌爆破和抛坍爆破中，可以采用上式下限或小于0.5的抗高比。

对破碎要求较高的硐室爆破，一般取 $W/H = 0.7 \sim 0.9$。岩石完整时 W/H 应控制在 0.8~0.9 的范围内；岩石结构面发育、可爆性较好时可以放宽到0.65以上。如果 W/H 达不到要求，就应布置分层药包。

b 不逸出半径

（1）对于突出地形，要求一个方向可以抛掷，另一个方向不许抛出但可以破坏时，该方向上地面至药包中心的最短距离 W_2 与抛掷方向的最小抵抗线 W 之间的关系为

$$W_2 \geqslant 1.2W\sqrt[3]{f(n)} \tag{7-70}$$

（2）在药包的两端若为冲沟时，为保证爆破抛掷方向不向冲沟逸出，药包中心至冲沟表面的最短距离应大于 R_2，而

$$R_2 = (1.3 \sim 1.4)W\sqrt{n^2+1} \tag{7-71}$$

（3）对于山后深沟或山尖较陡的地形，为保证爆破时抛掷方向不向山后薄弱地带冲出，药包中心至山后冲沟表面的最短距离应大于 R_3，而

$$R_3 = (1.6 \sim 1.8)W\sqrt{n^2+1} \tag{7-72}$$

（4）对于多面临空地形，如果希望不同方向有不同的爆破类型，应在对主方向选择参

数计算出药量后对另一个方向进行校核。

G　实际炸药单耗

爆破设计完成后，设计总装药量与设计爆落方量之比即为该爆区的总体炸药单耗。这是衡量爆破效果的一个重要参数。

7.4.4.3　爆破漏斗作用计算

A　压缩圈半径

$$R_1 = 0.062\sqrt[3]{\frac{\mu Q}{\Delta}} \tag{7-73}$$

式中　R_1——压缩圈半径，m；

μ——压缩系数（见表 7-22）；

Q——装药量，kg；

Δ——装药密度，t/m³；袋装铵梯炸药为 0.8；袋装散装药为 0.85；散装药为 0.9。

表 7-22　压缩系数 μ 值

岩石坚固性系数 f	被爆破的介质	μ	岩石坚固性系数 f	被爆破的介质	μ
0.5	黏　土	250	4 ~ 8	中等坚硬岩石	10 ~ 20
0.6	坚硬土	150	>8	坚硬岩石	10
2.0 ~ 4.0	松软岩石	50			

B　预留保护层

为保护边坡脚不受爆破破坏范围的影响，布置药包时药包中心至边坡的距离应大于压缩圈的半径，即应留有边坡保护层。一般以药室的最大半径来考虑边坡保护层的厚度（ρ）：

$$\rho = R_1 + 0.7B \tag{7-74}$$

式中　R_1——压缩圈半径，m；

B——药室中心向边坡一面的宽度，m。

或

$$\rho = AW \tag{7-75}$$

式中　A——预留保护层系数，为简化计算，通常采用查表法（见表 7-23）。

表 7-23　预留边坡保护层系数 A 值

土岩类别	单位炸药消耗量 K/kg · m⁻³	压缩系数 μ	A					
			0.75	1.00	1.25	1.50	1.75	2.00
黏　土	1.1 ~ 1.35	250	0.415	0.474	0.550	0.635	0.715	0.820
坚硬土	1.1 ~ 1.4	150	0.362	0.413	0.479	0.549	0.632	0.715
松软岩石	1.25 ~ 1.4	50	0.283	0.323	0.375	0.433	0.494	0.558
中等坚硬岩石	1.4 ~ 1.6	20	0.235	0.268	0.311	0.360	0.411	0.464

续表 7-23

土岩类别	单位炸药消耗量 $K/\text{kg}\cdot\text{m}^{-3}$	压缩系数 μ	A					
			0.75	1.00	1.25	1.50	1.75	2.00
坚硬岩石	1.5	10	0.210	0.240	0.279	0.322	0.368	0.416
	1.6	10	0.215	0.246	0.284	0.328	0.375	0.424
	1.7	10	0.219	0.250	0.290	0.335	0.383	0.433
	1.8	10	0.224	0.255	0.296	0.342	0.390	0.441
	1.9	10	0.227	0.260	0.302	0.348	0.398	0.450
	2.0	10	0.231	0.264	0.306	0.354	0.404	0.457
	2.1	10	0.236	0.269	0.312	0.361	0.412	0.466
	≥2.2	10	0.239	0.273	0.332	0.385	0.418	0.472

C　爆破漏斗下破裂半径

斜坡地形时：

$$R = \sqrt{1 + n^2}W \tag{7-76}$$

山顶双侧作用药包时：

$$R = \sqrt{1 + \frac{n^2}{2}}W \tag{7-77}$$

松动爆破：

$$R = 1.75\sqrt[3]{k'/K \times W} \tag{7-78}$$

D　爆破漏斗上破裂半径

斜坡地形时：

$$R' = \sqrt{1 + \beta n^2}W \tag{7-79}$$

式中　R'——爆破漏斗上破裂半径；

β——上向崩塌破坏系数。

对坚硬致密岩石：

$$\beta = 1 + 0.016\left(\frac{\alpha}{10}\right)^3 \tag{7-80}$$

对土、松软岩、中硬岩石：

$$\beta = 1 + 0.04\left(\frac{\alpha}{10}\right)^3 \tag{7-81}$$

式中　α——原地形坡度；

β——崩塌破坏系数，可查表 7-24 得出。

表 7-24　崩塌破坏系数 β 值

地面坡度 α/(°)	β	
	土质、软岩、中硬岩石	坚硬、致密岩石
20～30	2.0～3.0	1.5～2.0
30～50	4.0～6.0	2.0～3.0
50～65	6.0～7.0	3.0～4.0

根据经验，在药包布置合理的情况下，爆破后的上破裂线一般沿一定的上破裂角 γ 形成。γ 与爆破体的岩性、地质条件有关；在火成岩地区，一般 $\gamma = 60° \sim 75°$，可参照山体已开挖边坡的情况选取。在多排药包中前后排药包采用毫秒延期起爆时，以 γ 角画上破裂线，经多处工程应用，证明是比较合理的，这将大大简化爆破设计。

E　可见漏斗半径（R_k）

下坡方向的可见漏斗半径 R_k，在原地面坡度为 $\phi = 22° \sim 55°$时，按下式计算：

$$R_k = (1.1 - 0.33\cot\phi)\sqrt{1 + n^2}W \tag{7-82}$$

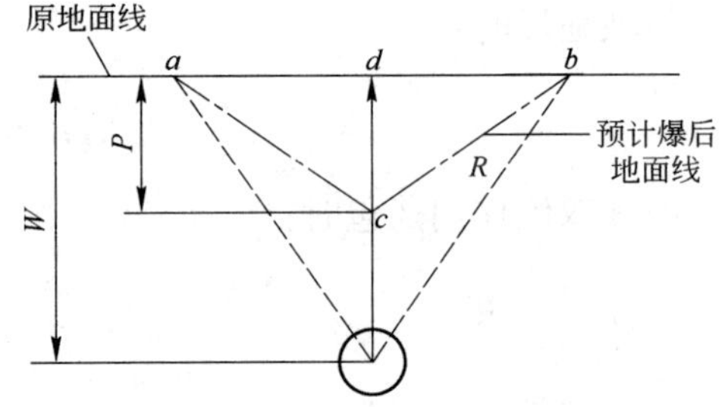

图 7-40　水平爆破可见漏斗深度

F　可见漏斗深度（P）

（1）水平地面（参数见图 7-40 所示）：

$$P = 0.33W(2n - 1) \tag{7-83}$$

（2）斜坡地面多面临空：

$$P = (0.6n + 0.2)W \tag{7-84}$$

由垂直地面量取等于计算的 P，得一点 c 与漏斗和地面交点（a，b）连接，折线 a、c、b 即为预计爆后地面线，各参数如图 7-41 所示。

（3）斜坡地面单层药室：

$$P = (0.32n + 0.28)W \tag{7-85}$$

在上破裂线上，即 $R'/3$ 与 $R'/2$ 之间找一点 c，c 与地面的垂直距离等于 P，连接 a、c、b 即为预计爆后地面线，各参数如图 7-42 所示。

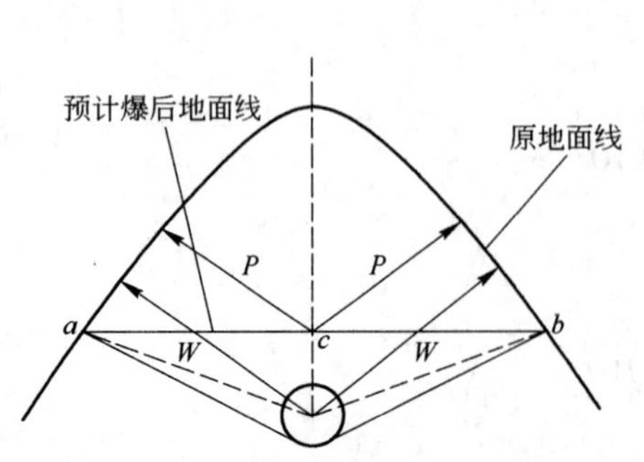

图 7-41　斜坡地面多面临空爆破可见漏斗深度

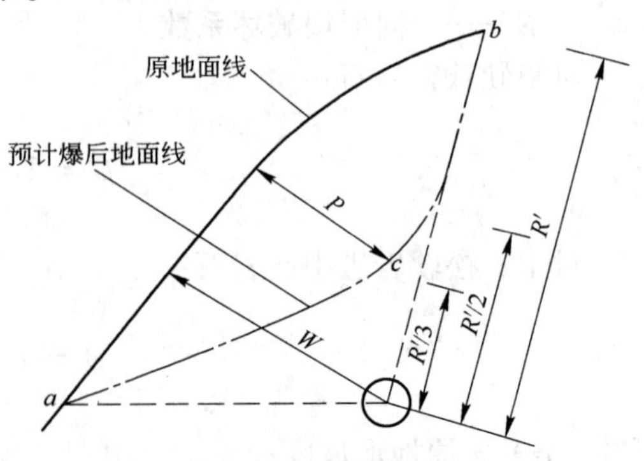

图 7-42　斜坡地面单层药包可见漏斗深度

（4）斜坡地面多层药室上层先爆时（各参数如图 7-43 所示）：

$$P = 0.2(4n - 1)W \tag{7-86}$$

（5）斜坡地面多层药室齐发爆破时，各层药包的 P 和相应位置可按斜坡地面单层药室的方法计算确定（参数如图 7-44 所示），按照式 7-85 计算。

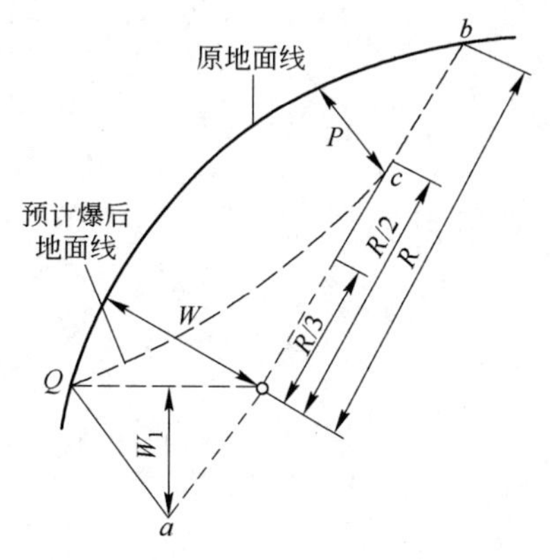

图 7-43 斜坡地面多层药室上层先爆时可见爆破漏斗深度计算

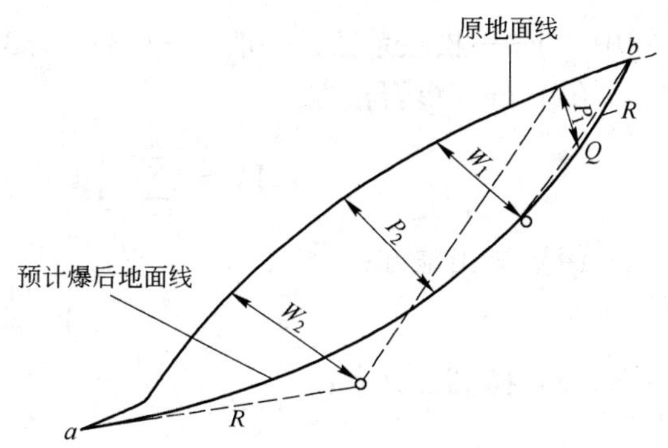

图 7-44 斜坡地面分层药室齐发爆破时 P 值计算

7.4.4.4 爆破方量、残留方量及抛出方量计算

A 剖面面积计算

先用求积仪或方格尺求出一系列平行剖面的爆破漏斗面积，记为 S_1，求出残方所占面积 S_2'（凡加“′”者表示虚方）。

残留实方的面积 S_2 为：

$$S_2 = S_2'/\eta' \tag{7-87}$$

式中 η'——面积松散系数，$\eta' = 1.2 \sim 1.24$。

抛出石方在剖面中占的面积：

$$S_3 = S_1 - S_2 \tag{7-88}$$

抛出的虚方面积：

$$S_3' = \eta' S_3 \tag{7-89}$$

式中 η'——面积松散系数，$\eta' = \sqrt[3]{\eta^2}$，η 按照表 7-25 选取。

表 7-25 松散系数

土岩名称	各种土	软泥灰岩	黏土页岩等软岩	中等硬岩	坚硬、很坚硬岩石
η	1.10 ~ 1.30	1.33 ~ 1.37	1.35 ~ 1.45	1.40 ~ 1.60	1.45 ~ 1.80

B 土石方量计算

土石方量的计算用平方剖面法。

（1）爆破实方：

$$V_1 = \sum_{1}^{n} \frac{1}{3}(S_i + S_{i+1} + \sqrt{S_i \cdot S_{i+1}})l_i \tag{7-90}$$

式中　S_i，S_{i+1}——第 i 个和第 $i+1$ 个剖面的爆破漏斗体积；

l_i——第 i 个和第 $i+1$ 个剖面的间距。

（2）爆破虚方：

$$V_1' = \eta V_1 \tag{7-91}$$

式中　η——松散系数，一般 $\eta = 1.33 \sim 1.38$。

（3）残存爆岩松方：

$$V_2' = \sum_{i=1}^{n} \frac{1}{3}(S_1' + S_{i+1}' + \sqrt{S_i' \times S_{i+1}'})l_i \tag{7-92}$$

（4）抛出虚方：

$$V_3' = V_1' - V_2' \tag{7-93}$$

（5）抛掷百分率：

$$E = \frac{V_3'}{V_1'} \tag{7-94}$$

式中　S_i——第 i 剖面的实方面积，m^2；

S_i'——第 i 剖面的虚方面积，m^2；

其他符号意义同前。

7.4.5　条形药包设计计算

条形药包与集中药包相比具有爆破方量多、导硐工程量少、能量分布比较均匀等特点，相对地减少了大块率和过度粉碎，爆破振动有害效应小，对边坡破坏较轻，侧向飞散少，有利于抛体堆积和集中，且可实现空腔不耦合装药，简便装药、填塞、连线等工序，可以加快施工。

7.4.5.1　条形药包布置

A　条形药包布置原则

（1）认真勘察。施工中应对导硐地质条件做详细勘察，当条形药室遇到断层、破碎带和软弱夹层时，首先考虑避开，其次考虑分集装药，以免发生冲泡。

（2）平面布置。前排药包与地形等高线要大致平行，以控制其同一药包的最小抵抗线基本相同。后排药包与前排药包平行布置，上下层药包也要互相平行，从而确保药量布置的均匀。另外，从堆积要求考虑应使药包径向与堆积方向保持一致，而从减小爆破振动的目的出发，则要尽量使药包轴向正对周围的建（构）筑物。对于独立山体的整体爆除，中间药包要保持两侧的最小抵抗线基本相同。若只是爆破山体的一部分，且有开挖界限和边坡要求，则最后一排药包应沿界限平行布置，药包与限定边界之间须留下足够的保护层，同时注意为岩石介质时，药包的上破裂角度基本在50°~70°之间这一特性。

（3）平面形状。以直线形最佳，确需布置曲线形时，应以折线代替，并尽可能使药包的弯曲方向与堆积方向相同，同时，同一药包的弯折线不应超过两次。

（4）高程。在布设底层药包时，药包应布置在同一坡面上，后排药包略高于前排药包，其坡度不宜大于3%，使地面爆后平缓。但若对底板以下岩体有保持原状的要求，则需使药包高出底板一个压缩圈半径的数值。

（5）排数。条形药包一般不宜超过3排，若地形平坦 W/H 比值保持在0.8～0.9时，可增加条形药包数到4～5排。多排条形药包错开布置时，前后各排相邻端部应在同一直线上；水平距小于1/3W，以防止留墙和避免端部因先爆药包破坏而泄气冲炮。

多排双侧爆破时，可增加爆破排数，但中间一排的最小抵抗线应取双向相等，若主爆方向已定，则应使爆破方向的最小抵抗线不超出另一方向最小抵抗线的0.8～0.9倍。中间一排双向作用药包的药量可适当增加，增量为该排总药量的20%，以改善爆堆状况和破碎程度。布置条形药包时，前排药包端部最好比后排药包端部长1/3W，以形成较宽的开口，使后排药包爆破的岩石能充分破碎和松散，为铲装创造条件。

（6）层数。以1～2层为佳，但鉴于开挖高度的要求也可以多层布置。药包层数的多少取决于选定药包的最小抵抗线 W 与埋设深度 H 之比。一般 W/H 以0.6～0.8比较合适。当 $W/H<0.6$ 时，一般应考虑布置两层药包。在同一排条形药包中纵向剖面的高程差最小不超过10%～15%，若高程差过大可采用分段布置条形药包，缩短条形药包长度以控制 W/H 在较为合理的范围内。对于定向抛掷爆破，$W/H=0.7～0.8$；松动爆破 $W/H=0.5～0.9$。

（7）端部药包。条形药包端部作用较小，对端部的药包长度和装药量应做特殊处理。一般应尽量利用地形条件使端部抵抗线减少15%左右；或在端部适当增加药量15%～20%。

（8）施工要求：

1）考虑有利于通风或施工进度，一般每个导硐的单头掘进长度不宜超过120m，该硐室全长不超过200m。

2）条形药包的空腔比，即硐室体积与药室体积之比，以4～5为好，相当于不耦合系数为2～2.24。这可降低冲击波初压，充分利用爆破能，增加抛掷距离，减少对边坡破坏。

3）条形药包的填塞应在导硐口设计成T形填塞，药室之间应有不少于3m的填塞长度，导硐口通常有5～7m的填塞长度。

B　条形药包布置方法

条形药包的布置方法和过程为：首先按一定距离作出垂直于地形等高线的断面图，并在断面图上按设定的最小抵抗线和高程标出头排药包的位置；其次绘出药包的上破裂线，再由后排药包的最小抵抗线和高程要求找出后排药包断面位置。断面药包位置确定后将其绘制于平面图上，由断面线上的药包位置点连线初步确定药包的平面布置，然后再根据药室形式、堆积方向、均匀布药等要求进行调整，控制同一药包的最小抵抗线偏差在±7%以内，由此确定条形药包的设计位置。

7.4.5.2　条形药包参数选择

A　最小抵抗线 W 的确定

（1）条形药包轴线应尽量与地形等高线平行，条形药包各部位的最小抵抗线基本相等，其允许误差 ΔW 应控制在±7%范围内，当 ΔW 超过±7%时，应布置另一条药包。

（2）当前后排药包采用毫秒延期爆破时，后排药包的最小抵抗线指后排药包中心到前排药包上破裂线的最小距离，条形药包上破裂线与水平线夹角一般为60°～75°，通常做法是由前排药包中线按上述角度向上方作上破裂线并视为后排药包的“临空面”，由此确定后排药包的最小抵抗线。

（3）端部不逸出的控制值。端部径向或轴向允许的最小抵抗线经验计算式为：

软岩： $$W_{端} = (0.75 \sim 0.85)W \tag{7-95}$$

硬岩： $$W_{端} = (0.80 \sim 0.90)W \tag{7-96}$$

式中，爆破介质强度大，$W_{端}$ 取低限，反之取高值。两式还表明，当端部最小抵抗线比药包中心部位最小抵抗线小 15% ~25%（软岩）或 10% ~20%（硬岩）时，无须进行端部加药。

（4）在确定最小抵抗线时，通常在满足 $W/H = 0.6 \sim 0.8$ 的条件下，应尽量增大最小抵抗线，以提高硐室延米爆破量。

（5）通过经验类比，最小抵抗线 W 在 15 ~25m 范围为宜。

前后排药室的排距取决于后排药包最小抵抗线值的大小。

条形药包的排间距计算公式为：

$$b_r = W/\sin\gamma \tag{7-97}$$

或 $$b_r \leqslant W\sqrt{1 + n^2} \tag{7-98}$$

式中 γ——前排或下层药包的径向上破裂角，(°)；

W——后排药包的抵抗线，m；

n——后排药包的爆破作用指数。

B 药包层距

条形药包层间距 b_c 应满足以下要求：

当 $W/H = 0.6 \sim 0.9$ 时，取

$$b_c = (1.2 \sim 1.5)W \quad 或 \quad W < b_c \leqslant W\sin\gamma\sqrt{1 + n^2} \tag{7-99}$$

式中 W，n——下层药包的参数值。

C 条形药包端间距

（1）根据条形药包爆破质点运动速度不同方向的衰减规律可得：

$$a = K_a(1 + n^2)^{0.375}\Psi^{-0.286}W \tag{7-100}$$

式中 a——条形药包端间距，m；

Ψ——抗径比，$\Psi = W/d$（d 是装药直径）；

K_a——与介质有关的系数，受爆介质为硬岩时 $K_a = 0.5 \sim 0.6$；为软岩时 $K_a = 0.7 \sim 0.8$，介质强度高取小值，强度低取大值。

设计时，若两个药包不同，则 W、n、Ψ 取两个药包的平均值。

（2）条形药包端间距可根据经验来确定

1）条形药包的端部设计。通常把条形药包看作是集中药包的展开，即把一个集中药包"拉"成一个长为 $(1 + n)W/2$ 的条形，其爆破漏斗和集中药包"等效"。可以把条形药包的端部，设计成一个抵抗线适当的集中药包，负担爆破端部的岩体，集中药包和条形药包之间填塞段长度可取 $W'/2$（W' 为端部集中药包的最小抵抗线）。集中药包可采用长径比小于 6 的短条形代替，按其负担体积 V 计算装药量 $Q = V \times K$（K 为设计选取的单位炸药

消耗量），如图7-45（a）所示。端头负担体积较大时，也可以采用两个药包或分集药包处理，如图7-45（b）所示。在工程实践中，为了改善爆破破碎效果、减小填塞工作量，集中药包与相邻的条形药包之间可采用小间隔填塞分割，即填塞长度为3～4m。在计算药量时，填塞段的药量由集中药包负担（即不计入条形药包的计算长度），端部集中药包药量的计算公式为：

$$Q = K_z(0.4 + 0.6n^3)eKW^3 \tag{7-101}$$

式中　K_z——端部折减系数，根据该集中药包负担的体积决定，一般取 K_z =0.5～0.7。

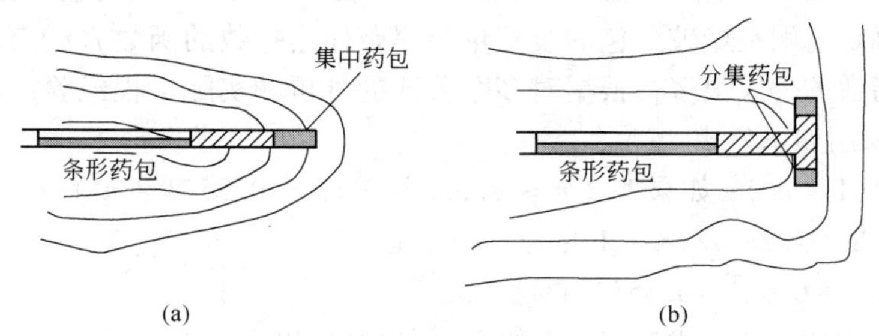

图7-45　条形药包端部的集中药包布置示意图
（a）集中药包；（b）分集药包

2）两个条形药包端部之间的距离。两个条形药包之间的距离 a_d 选取过大，易造成爆破时药包中间留根坎。一般情况下在最小抵抗线为20m左右时可取4～6m。也可依据以下规律取值：

同时起爆时，取 $(W_1 + W_2)/6$；

以毫秒间隔起爆时，取 $(1/6 \sim 1/4)(W_1 + W_2)$；

以秒差间隔起爆时，取 $(1/3 \sim 1/2)(W_1 + W_2)$，并应按先后顺序药包各自负担的体积调整药量。

上述式中 W_1、W_2 分别为两个条形药包的最小抵抗线值。

3）条形药包端部和集中药包间的距离。

同时起爆时，取 $W'/2$（W'为集中药包最小抵抗线）；

以毫秒间隔起爆时，取 $(0.5 \sim 0.7)W'$；

以秒差间隔起爆时，取 $(0.7 \sim 1.0)W'$，但必须以先后起爆药包各自负担的体积调整药量。

4）互相垂直的条形药包之间的距离。第一个药包端部与第二个药包的间距，可以把第二个药包当作集中药包，按“3）条形药包端部和集中药包间的距离”中的关系处理；

5）多个条形药包端部交汇处的处理。应采用端部条形药包互相交错的布药形式，防止布药的空白区域。

7.4.5.3　装药量（Q）的计算

A　装药量基本参数

（1）标准单位炸药消耗量 K'值。条形药包炸药消耗量 K 值与集中药包相同，可以通过计算法、查表法选取。条形药包的标准单位耗药量应小于集中药量，可按下式计算：

$$K = (1.1 \sim 1.15)K' \tag{7-102}$$

式中 K——集中药包标准单位炸药消耗量，kg/m^3；

K'——条形药包标准单位炸药消耗量，kg/m^3。

（2）条形药包标准抛掷爆破单位长度装药量：

$$q = KW^2 \tag{7-103}$$

（3）爆破作用指数 n 及爆破作用指数函数 $f(n)$。爆破作用指数 n 是条形药包硐室爆破设计中的重要参数之一，应根据爆破类型、山坡坡度、爆破要求及药包所在位置和形式等条件综合分析确定。硐室爆破药包的装药量与爆破作用指数的函数 $f(n)$ 有关，条形药包硐室爆破作用指数的公式很多，根据对多个公式的分析和实际工程经验，在 $W \leqslant 25m$ 时，如 $n \leqslant 1$，一般采用如下公式：

$f(n) = 0.5(1 + n^2)$；如果 $1 < n \leqslant 1.3$，则 $f(n) = 0.55(1 + n^2)$；

$f(n) = (0.8 + 1.2n^3)/(n + 1)$；

$f(n) = (0.4 + 0.6n^3)/0.55(1 + n)$。

不同 n 值，用这三个公式计算所得的误差在 6.6% 以内。

（4）炸药换算系数 e。对多孔粒状铵油炸药，当用于硐室爆破时，可取 $e = 1.0$。

B 药量计算

（1）条形药室硐室爆破通用药量计算公式为：

$$Q = l_p L = f(n)K'W^2L \tag{7-104}$$

式中 Q——药包装药量，kg；

K'——条形药包标准单位炸药消耗量，kg/m^3；

W——药包最小抵抗线，m；

$f(n)$——爆破作用指数函数；

L——计算装药长度，m；

l_p——条形药包线装药密度（单位长度装药量），kg/m，$l_p = f(n)KW^2 = f(n)q$，其中，q 为条形药包标准抛掷爆破单位长度装药量：$q = KW^2$，kg/m。

（2）兰州有色冶金设计研究院提出的公式：

$$Q = KW^2L(0.5 + 0.5n^3) \tag{7-105}$$

（3）中国铁道科学研究院提出的公式：

$$Q = K_1KW^2L\left(\frac{1 + n^2}{2}\right)^{1.2}\sqrt{\frac{W\cos\alpha}{25}} \tag{7-106}$$

式中，$n < 1$，$K_1 = 1.0$；$1 \leqslant n \leqslant 1.3$，$K_1 = 1.1$；$n > 1.3$，$K_1 = 1.2$。

以上公式中部分考虑了大抵抗线（$W \geqslant 25m$）的情况。

C 端部药包的药量处理

为了改善条形药包端部径向范围内的爆炸能量分布，改善药包端部径向的破碎效果，在条形药包的端部应增加药量 Q_e。现在一般采用增加条形药包的计算长度方法来达到增加药量的目的。

D 条形药包施工线装药密度

在施工中，条形药包的药包之间要有填塞量，有时由于减振与延期分段的要求，在一条药包中也要采用间隔填塞起爆，再加上端部加药的考虑，施工中的线装药密度 l'_p 与设计值有较大的不同。

原则上当条形药包采用间隔填塞起爆时，中间填塞段 L_d 以 3~4m 为宜，填塞段两侧的药包起爆时差不宜过大。把应当分配在填塞段的药量 Q_d 分别装在填塞段两侧 2m 范围之内。当间隔后的药包长度较短时，亦可将该药量均布在整个药包中。

施工线装药密度 l'_p，可通过线装药密度 l_p、计算装药长度 L，实际装药长度 $L'(L' = L - L_d$，L_d 为填塞段长度）计算后求得：$l'_p = l_p L/L'$，kg/m。端部加药及填塞段药量可在计算出正常装药段的线装药密度后按上述原则加上去。

7.4.5.4 爆破漏斗参数计算

A 条形药包压缩圈半径 R_1 的计算

（1）药包底部（径向）压缩圈半径：

$$R_{yd} = 0.56\sqrt{\mu\frac{l_p}{\Delta}} \tag{7-107}$$

（2）条形耦合装药时，药包后部（内侧）压缩半径：

$$R_{yb} = \frac{B_e}{2} + 0.56\sqrt{\mu\frac{l_p}{\Delta}} \tag{7-108}$$

式中 μ——压缩系数，见表 7-22；

Δ——条形药包硐室爆破装药密度，对袋装铵油炸药 $\Delta = 0.8 \sim 0.9\text{t/m}^3$；

l_p——条形药包线装药密度，kg/m；

B_e——药室断面宽度，m。

B 条形药包破裂半径

（1）径向下破裂半径：

$$R = W\sqrt{1 + n^2} \tag{7-109}$$

（2）径向上破裂半径：

$$R'_{计} = W/\sin(\gamma - \theta) \tag{7-110}$$

$$R'_{校} \leqslant (1.25 \sim 1.45)W(1 + n^2)^{0.5} \tag{7-111}$$

式中 γ——径向上破裂线的破裂角度，一般为 65°~75°；

θ——地面自然坡度。

（3）轴向侧破裂半径：

软岩 $$R'' = W\sqrt{1 + 0.49n^2} \tag{7-112}$$

硬岩 $$R'' = W\sqrt{1 + 0.25n^2} \tag{7-113}$$

（4）工程实践表明，对相同岩石，其上破裂线的破裂角几乎是一致的，一般为 60°~75°，也可在设计时按破裂角度画上破裂线。

7.4.5.5 堆积参数计算

$$L_{径} = KnW \tag{7-114}$$

$$L_{轴} = K_0 H_0 / \tan\beta \tag{7-115}$$

式中 $L_{径}$——药包径向堆积体边缘到药包的水平距离，m；

$L_{轴}$——药包轴向堆积体边缘到药包端部的水平距离，m；

K——系数，一般松动爆破，$K=4\sim5$，强松或弱抛掷爆破 $K=6\sim7$；

K_0——系数，松动爆破，$K_0=0.4\sim0.7$，加强松动取最大值，一般或减弱松动取最小值；

H_0——药包端部爆破岩体高度，m；

β——松散岩石的自然休止角，(°)。

黄河水利委员会提出：条形药包松动爆破前沿堆积距离（图 7-46）的经验公式为：

$$S_m = K_1 K_n W \tag{7-116}$$

式中 S_m——前排条形药包中心至堆积前沿的距离，m；

K_1——松动堆积前沿距系数；

K_n——条形药包药量系数，

$$K_n = (1.1 \sim 1.5) K (0.4 + 0.6 n^3) \tag{7-117}$$

K——条形药包标准单位炸药消耗量，kg/m³；

W——前排条形药包最小抵抗线或平均抵抗线，m。

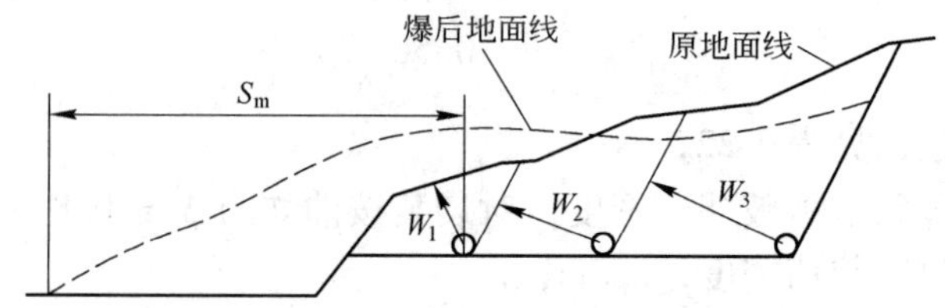

图 7-46　松动爆破堆积前沿距离示意图

不同药包结构类型的松动堆积前沿距系数 K_1 见表 7-26。

表 7-26　条形药包松动堆积前沿系数 K_1 值

药包及爆破类型	K_1	药包及爆破类型	K_1
单层单排条形药包松动爆破	4～5	双层多排条形药包松动爆破	7～8
单层多排条形药包松动爆破	5～6	单层多排条形药包加强松动爆破	8.5～9.0
双层单排条形药包松动爆破	7		

7.4.5.6　药室、导硐开挖设计

A　主导硐断面的确定

条形药包的主导硐是连通药室与外界的通道，既要满足药室开挖和炸药装填的作业需要，在装药、起爆网路工作完成后，还要充填填塞以免使爆破能量泄露。因此导硐的断面尺寸既要满足方便施工、保持硐体稳定和有利炮烟排放的要求，又要尽量减少掘进工作量，降低爆破成本。

设计主导硐断面尺寸：一般人工出渣为 1.5m×1.8m，机械出渣为 2.4m×2.0m。

B　药室断面尺寸的确定

通常药室断面的大小根据药室的装药量来决定，一般情况下，药室断面面积 S 可按下

式计算：

$$S = (Dl_p)/(\Delta \times 1000) \tag{7-118}$$

式中　l_p——单位长度装药量，kg/m；

Δ——装药密度，对整袋码放的铵油炸药，$\Delta = 0.8\text{t/m}^3$；

D——不耦合系数，$D = 2 \sim 6$。

7.4.5.7　装药、填塞设计

A　装药设计

条形药包按设计的每米实际装药量（按每米装药袋数计）从里端向外依顺序整齐码放，码放要密实，减少缝隙，有主、副起爆体的，装药断面中央压上两根导爆索，在设计的副起爆体位置装乳化炸药（或硝铵炸药），导爆索放在乳化炸药（或硝铵炸药）中间，导爆索结与主导爆索顺向连接，主起爆体放在药室靠近填塞料一端3m处。

B　填塞设计

填塞是保证爆破成功的重要环节之一，在药室、导硐设计中，应考虑填塞自锁作用，即药室尽可能放置在主导硐，与条形药室的夹角应尽可能等于或接近直角。填塞长度的计算方法如下。

a　经验布置法

对最小抵抗线 $W \leqslant 20\text{m}$ 的条形药室硐室爆破，导硐与条形药室为T形时，自导硐中心向两侧药室内各填3 ~ 4m，从药室边向前填3 ~ 4m；导硐与条形药室为十字形时，除与T形同样填塞外，另从药室边向后填1 ~ 2m（此处前后以药室的起爆顺序为界）；当导硐与药室为L形时，应各从内壁向里填3 ~ 4m，如图7-47所示。

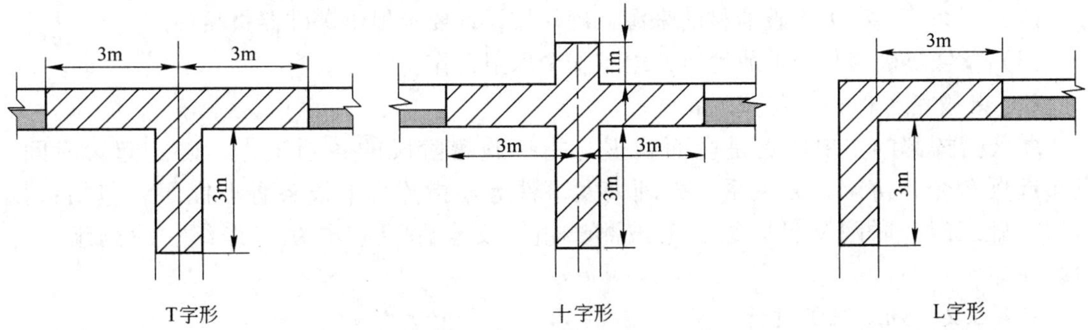

图7-47　条形药包主导硐填塞示意图

b　计算法

条形药室填塞长度计算：

$$L_d \geqslant \Delta(5.85/S)^{1/2} \tag{7-119}$$

式中　L_d——条形药室填塞长度，m；

Δ——填塞物的松散度。黄黏土、碎石的松散度为2.66；

S——药包横断面积，m^2。

（1）T形药室：

$$L_d = (1.8 \sim 2.3)B_c \tag{7-120}$$

（2）L 形药室：

$$L_d = (2.4 \sim 3.3)B_c \tag{7-121}$$

式中　B_c——导硐开挖宽度，m。

7.4.5.8　**起爆网路设计**

起爆网路可采用电爆网路，非电导爆管网路，或混合起爆网路。为了改善爆破效果和降低爆破振动，起爆网路宜用毫秒延期爆破，延时时间可参照表 7-27 选取。

表 7-27　爆破规模与时间间隔选取的关系表

爆破规模	最小抵抗线分类/m	同排相邻药包时间间隔/ms	前后排时间间隔/ms
大型硐室爆破	>15 ~ 30	>50 ~ 80	>100 ~ 170
中型硐室爆破	8 ~ 15	>25 ~ 50	>60 ~ 110
小型硐室爆破	5 ~ 8	>10 ~ 25	>35 ~ 75

7.4.6　硐室爆破施工

7.4.6.1　**施工组织机构**

硐室爆破工程进点开工，应成立施工项目指挥机构，负责导硐开挖的施工、技术、安全保卫及材料后勤等工作。一般项目指挥部（或经理部）由总指挥（经理）、副指挥（副总经理）和总工程师组成，下设施工组、技术组、安全保卫组和后勤材料组。

A　施爆阶段程序前的准备工作

施工项目指挥部在施爆阶段开始之前须做好下述准备工作：

（1）组建爆破指挥部。

（2）联系落实有关爆破器材的来源，确保按设计要求提供爆破器材品种。

（3）落实爆破器材的堆放地点并组织安全保卫工作。

B　爆破指挥部部门组成

爆破指挥部的主要职责是全面管理与指挥施爆阶段的各项工作，确定起爆时间，发布起爆命令，协调各方关系，处理突发事件等。指挥部下设各种职能组，包括：技术组、施工组、联网及起爆组、爆破测试组、安全保卫和群众工作组、后勤组、应急组。

7.4.6.2　**施工组织设计**

施工组织设计是施工单位根据工程的工期及环境要求，结合本单位的技术及管理水平，参照有关规章和标准编制而成，其主要内容包括施工工艺、施工进度、劳力组织安排、施工机械设备的配备、爆破器材准备及性能检验、网路试验、指挥机构的组成以及安全警戒及防范措施等。它对开工前的准备工作逐一作出安排，对各施工阶段应完成的任务及进度作出具体规定，在安全方面提出具体措施。

A　施工准备

（1）施工道路的开通。大型硐室爆破工程一般都要建筑临时公路，有的还要修筑环爆区简易公路。在不能修路的山区，可用架空索或斜坡卷扬道作短途运输，海岛施工可用渡船作短途运输。

在用人力运输的山坡上，应开通人行便道，陡峻山坡应设扶手栏杆。

（2）场地布置。场地布置主要包括炸药库，临时工棚，发电机房，施工材料及油料保管库房的布置。炸药库应充分利用地形，选在既安全可靠，又方便存取的地方。所有设施布置于爆破危险区以外，并能满足安全距离及防火要求。如属现场加工炸药的工程还应考虑加工场地及原料和成品堆放场地。工棚应能满足高峰期间职工人数的使用。

（3）供风、供电、供水。供风一般都选用移动式空压机。有些工程为保证风压稳定，另加一个风包起稳压作用，供风线路长时可用钢管送风以减少风压损失。空压机的台数应满足工期需要；供电一般用柴油发电机，有条件可引用市电并经变压后使用。供电量满足通风、照明及其他动力用电的需求，同时兼顾起爆时的容量。水包括生活用水、凿岩机除尘用水及机械冷却用水。

（4）器材准备。硐室爆破工程的器材主要包括：交通运输车辆、通讯设备、动力及照明线路、硐内低压灯泡、通风设备、凿岩设备、供水设施、临建材料、办公室生活用品、劳保用品、爆破器材、起爆网路、网路临时用具、起爆站用具、爆破测试仪表、填塞材料、支护材料、硐内运输工具、测量仪器、各种机械用油及必要零配件等。

（5）施工人员的准备。爆破员和炸药仓库保管员必须持证上岗，对参加装药填塞的工人必须先培训后上岗。组织施工人员时，工效参考指标是：开挖工效 $1.0m^3$/(工·日)，装药工效2.0～4.0t/(工·日)，填塞工效1.0～2.0m/(工·日)。

（6）协调工作：硐室爆破工程的影响范围较大，应取得当地政府部门的支持，争取在公安部门的配合下与受影响单位签订赔偿协议，并事先做好调查登记工作。居民的疏散、交通的封锁和水电的封闭，必须紧紧依靠公安部门的协助。为降低成本，采用现场混制铵油炸药，应征得公安、国防工办（或相应的审批机关）的同意。对爆区附近的重要设施或文物应事先查清，并请专家进行安全评估。

（7）证件申领：施工单位中标开工前，应到当地建设部门登记注册，申领施工许可证。承包和分包合同应向当地安监局备案，以防工程安全事故造成纠纷。有条件的工程可向保险公司申请承包（包括工程险，设备、人员险，第三者险）。向当地公安机关申请爆破员作业证，属流动爆破专业队伍也可由当地公安机关在原爆破证上加“同意在××处爆破作业”的意见，申请爆破物品使用许可证。炸药仓库经公安机关验收合格发爆破物品存储许可证。上述证件办齐，即可申请购买爆炸物品开工。

B　硐室开挖及验收

a　硐室开挖设计原则

（1）尽量减少硐挖施工工程量。

（2）控制工期的主要硐口，其负担的工程量可以在规定的期限内完成。

（3）上下硐口交错，避免上部碎渣危及下层硐口。硐口应避免开在冲沟、地层破碎带、悬崖和缓坡等不利地带，并应留有一定的平台面积，临时堆放炸药和填塞料。

（4）导硐最小断面：在装岩机械运输条件下可取1.6m×1.8m。在人工装岩，手推车运输条件下可取1.2m×1.8m。

（5）硐室有一定的自流水坡度，一般为3‰～5‰。

（6）集中药室的体积：由设计文件给定。

b　硐室开挖

（1）硐室测量放线。硐室爆破属地下作业，药包位置、药包与临空面的关系只能靠测量来确定，测量精度直接影响爆破效果和爆破安全。

（2）硐室开挖施工，硐室一般用气腿式凿岩机钻孔，多用电雷管或导爆管雷管起爆，起爆顺序按掏槽孔、辅助孔、周边孔和翻渣孔进行。

当平硐深度大于 20m 时，应采用机械通风；可用空压机高压风管送风，一般用轴流压入式通风机，风机功率依通风距离长短可选用 2 ~ 5. 5kW。

硐内应采用 36V 以下低压照明或矿灯照明，不得采用明火照明。硐内排水应沿底板一侧开挖排水沟，硐口支护长度不少 2m。

c　硐室验收

硐室验收应由设计、施工和测量人员共同进行，验收时要对超挖欠挖进行处理；对不稳定顶板及危石进行处理；对残孔、金属物、杂物进行清除；排除积水，测杂电及扫雷，并提交竣工图。

C　装药和填塞

装药和填塞是施爆阶段的主要工作，具有时间短、工作量大、工作条件（照明条件和作业条件）差、施工人员相对集中等特点。为保证安全作业，在施工前要绘制装药填塞施工图，按导硐作出分解施工图，并按导硐、作业时段落实到具体的技术和施工人员。

（1）装药填塞分解图。装药填塞分解图的绘制应根据硐室验收提供的药室最小抵抗线，影响爆破效果的地质构造等资料调整装药量及填塞段，然后按导硐作出分解施工图，一式三份，图面应包括：装药图、网路图和填塞图。

（2）硐室内的标定工作。施工分解图完成后，交给各硐的装药填塞负责人（硐长），硐长安排人在硐室的内壁上用红油漆作出标记，标明正（副）起爆体和辅助起爆体的位置、起爆体编号及雷管段数；各装药段、袋数及起始点；填塞段的起始位置。

（3）起爆体加工。正（副）起爆体一般用长方形木箱，可装 10 ~ 20kg 优质炸药。起爆箱的作用是：防止外部拖拽导线或导爆索时直接作用于雷管；防止炸药被压实钝化；防止起爆药受潮失效。要特别注意防止将药粉撒落到电线接头处，以免造成接头锈蚀。

硐室爆破使用铵油炸药时，作为起爆体中的导爆索结和非电网路的导爆索都应采用防油导爆索。

（4）准备工作。装药填塞前的准备工作大致包括：完善岗位责任制、做好网路模拟实验和火工品的质量检测、准备好硐室内外照明和通风设施、检查运输道路和工具、制作装药标牌、有水硐室应先采取防水措施、落实警戒标志以及备足填塞料。

（5）装药：

1）尽量选择晴天进行装药和填塞，在雨天进行装药填塞必须做好炸药的防雨措施。

2）爆破技术人员在装药前，应对药室和导硐再进行检查，对有水的药室做好防水处理，并用油漆标出装药和填塞的部位。并全程负责药室装药指导工作。

3）每个导硐口应有专人负责，记录装入各药室的炸药品种和数量，并与设计数量核对无误后，再填卡、签字或盖章，交爆破负责人。

4）铵油炸药、岩石炸药或乳化炸药及起爆体应按设计要求码放，起爆体周围用散装岩石炸药或乳化炸药卷填满，要做好起爆体引出导线的理顺和保护工作，起爆体的安放由有经验的爆破员进行。

5）硐室爆破装药时，禁止使用电压高于 36V 的电灯，更不许使用明火照明。照明线必须绝缘良好，灯泡应安装保护罩，与药堆的水平距离至少2m，人员离开时须切断电源；在装入带有电雷管的起爆体之前及以后的装药填塞，必须撤除照明电线，采用安全灯、蓄电池灯或绝缘的手电筒照明。

（6）填塞工作：

1）一般情况下施工中总有一些喇叭形出现，对药包与导硐间的填塞段，应首先保证喇叭部位填塞充实，然后向药室和导硐里各伸进1~2m左右即可。

2）填塞料的选择应本着就地取材、运输便利的原则，一般利用开挖导硐和药室时的弃渣或外挖碎块砂石土。

3）填塞质量直接影响爆破的安全和效果，一定要严格控制。填塞时要求块料、袋料和细料结合使用。填塞段各端面用块料或袋料码砌到顶，中间用块料和细料混填塞，硐顶部要用块料或袋料码砌填实。填塞时不允许中间部分留空隙的情况出现。如水量太大，则应在填塞段底部留一排水沟，并随时注意填塞过程中的水流情况，防止排水沟填塞。

4）填塞时要保护好起爆线路。

D 起爆网路、起爆站与警戒

a 起爆网路

硐室爆破起爆网路包括：双电爆网路、导爆管网路、混合网路、电-导爆索网路、电-导爆管网路、导爆管-导爆索网路。

（1）所有硐室爆破在装药前都要进行起爆网路的原型试验，只有在原型试验取得完全成功后才能开始进行装药施工作业。

（2）硐室爆破工程中广泛采用的是双电爆网路。在双电爆网路中的导线应采用两种颜色，一套网路使用同一种颜色，便于检查和连接。电爆网路的导线，不得使用裸露导线。

（3）硐室爆破中的硐内线可以随着装药填塞过程由里往外敷设，更便利的是在装药前将导线在导硐和药室内敷设好，并作好电阻的测量和记录；在装入起爆体时将起爆体上的电雷管引出线接入网路中，采用相同颜色导线相联结的方法可以防止联结出错。每接入一个起爆体后都应检测整个硐内线的电阻值，比较起爆体的电阻值和数量与硐内线的原始电阻值，就能检查硐内电爆网路的准确性。

（4）起爆网路的所有导线接头，均应按电工接线法连接，并用绝缘胶布缠好，悬空挂在硐壁上。所有穿过填塞段的导线、导爆索，均应采取保护措施，以防填塞时损坏。

（5）填塞过程中，每填塞一段，每一个工序开始前或完成后，均要进行一次电阻检查，当发现阻值有较大变化时，必须立即检查。检查电阻时不仅要测量双电爆网路中两组网路的导通和阻值是否准确，还要检查两组网路之间是否保持绝缘。

（6）建议检查电爆网路电阻值采用数字式的测量仪表。实践表明，当双电爆“并串并”网路中一个电雷管的一根脚线断接时，整个硐内线的电阻值相差0.5~0.8Ω，如果采用双根多股铜心塑料线作为硐内线，其中一根铜心塑料线的断接引起整个硐内线的电阻值是很难发现的，只有0.2~0.4Ω。显然采用如QJ-40型爆破用表等指针式仪表对如此小的电阻是很难发现问题的。

（7）起爆网路连接由专人负责，并应对各次网路电阻检查做好记录。硐外电爆网路连接前，应检查各硐口引出线的电阻值，经检查确认合格后，方可与区域连接，只有当各支路电阻均检查无误时，才准与主线相连接。

(8) 遇有雷雨天时，应立即将各硐口的引出线的头短路并作好绝缘处理，再放入硐口以内至少 2m 的悬空位置上，同时将所有人员撤至安全区。

(9) 起爆网路与电源之间，必须设中间开关；指挥长下达起爆命令前，电起爆网路的主线不得与电源开关和电源线连接，电源的开关应用木箱锁好，下达起爆命令前，起爆器或电源箱的钥匙应由起爆人员保管。

b　起爆站的确定

(1) 硐室爆破的起爆工作必须在专门设置的起爆站内进行，起爆站应设在安全地点，并配备有良好的通讯设备，音响信号应清楚、准确。

(2) 起爆站位置应在装药前决定，爆破前启用起爆站后无关人员不得进入起爆站。

c　起爆信号

硐室爆破的信号分三次，由总指挥下达发出：

第一次为预警信号，在装药填塞完毕后起爆前 30min 发出，要求无关人员和危险区居民撤至警戒范围，警戒人员应提前到达各警戒点；

第二次为起爆信号，在起爆网路连接并检查完毕，确认警戒范围内已无人员。各警戒点报告警戒无误后发出；由总指挥下达倒计数命令，合闸起爆；

第三次为解除信号，经检查爆后现场，确认安全无误后发出，恢复交通与正常生活秩序。

d　安全警戒

(1) 在装药填塞期间，应对装药填塞施工现场采取警戒措施；封锁爆破区域，检查施工人员的标志和随身携带物品；填塞完成后在各硐口布置警戒人员，重点看守线头。

(2) 硐室爆破前对安全警戒方案中各警戒点进行踏勘，依照方案要求对各警戒点作好布置，贴出“安民告示”，将各类信号和范围公布于众。爆破工作开始前，应在危险区内设置明显标志。硐室爆破的一切指挥命令应由指挥部发出。

(3) 安全警戒工作需有公安部门配合进行，安全警戒范围内的所有人员应撤到安全线外。各警戒点设立警戒人员，持专用标志，并定时向指挥部汇报情况。

(4) 指挥部按照规定信号发布预告、准备起爆及解除警戒等信号。

7.4.7　硐室加预裂一次成形爆破技术

7.4.7.1　基本概念

A　定义

硐室加预裂一次成形爆破技术，是在路堑主体石方爆破部位采用集中或条形药包硐室爆破，路堑边坡采用预裂爆破；在硐室药包作用比较薄弱的部位根据具体情况可适当布置深孔药包，以改善破碎质量。在此基础上发展起来的高边坡多台阶路堑硐室加预裂一次成型爆破技术，则是通过合理分层，自上而下逐层采用硐室加预裂进行爆破开挖的施工方法。

B　硐室加预裂一次成型爆破适用条件

硐室加预裂适用于开挖宽度大于 15m、挖深大于 20m 的半路堑。当路堑边坡高、陡时，可按线路设计要求分台阶开挖。同时也适用于有边坡要求的大量石方爆破工程。

7.4.7.2　硐室加预裂一次成型爆破的关键技术

A　台阶高度的确定

台阶高度是硐室加预裂一次成型爆破技术最重要参数，直接影响边坡稳定和爆破效果。其主要影响因素为：

（1）地形地质条件：

1）当边坡挖深大于 30m 时，无法一次实施硐室加预裂爆破施工，多采用高边坡分台阶硐室加预裂一次爆破成型进行爆破施工。

2）在地质条件较差情况下，一般不宜采用硐室加预裂爆破。当地质条件较好，在满足设计要求、钻机钻孔能力、地质成孔限制条件下，台阶越高越好，一般以 20 ~ 25m 为宜。

（2）钻孔机械的钻孔能力。当孔深超过 20m 时，孔内将残留 0.5m 岩粉吹不净，当孔深大于 25m 时，残留岩粉将在 1.0 ~ 1.5m 之间，且随着孔深的增加，钻孔偏差加大，造成预裂面不平整。因此钻孔机械最佳钻孔能力应以 20 ~ 25m 为宜。

（3）台阶与硐室最小抵抗线的关系。由于受道路宽度等限制，硐室爆破的最小抵抗线多小于 25m。最佳抵抗线范围是 17 ~ 20m，为了保证爆破不向上产生飞石，取台阶高度 20 ~ 25m 最佳。

B 上下台阶的相互影响及处理方法

上下台阶的相互影响包括：上层台阶爆破对下层台阶的影响和下层台阶爆破对上层边坡的影响。为此，必须采取有效措施减少这种有害影响。

C 药包布置及爆破参数的选择

a 药包布置

（1）药包布置方法的要点在于：硐室从里向外逐排布置。预裂孔布置在轮廓线里侧。硐室爆破一般采用松动爆破或加强松动爆破。在设计过程中，应反复试布和计算，最后确定最佳方案，以达到比较满意的技术经济指标。

（2）药包埋置位置的确定。为了保证硐室加预裂一次成型爆破的实现，保证爆破后路基面不留根坎，通常将硐室药包布置在开挖面上；预裂炮孔需适当超深，开挖面以下的超深值一般为 1 ~ 2m。

b 硐室加预裂爆破相关参数选择

采用硐室加预裂一次成型爆破要注意两方面的问题：一是预裂爆破应严格顺设计坡面布置，爆后确保预裂缝全面贯通，地面可见到一定宽度（厘米量级）的裂缝，以控制硐室爆破后破裂线的走向，使其顺预裂面产生。二是合理确定同一剖面硐室药包中心至预裂炮孔的水平距离 $W_{后}$ 及硐室端部药包到预裂孔水平距离 $W_{端}$。

（1）$W_{后}$ 的确定。$W_{后}$ 太大，则硐室爆破后预裂孔前面的岩石破碎效果差，甚至留有根底，不仅无法挖装，而且增加后期小炮处理的工作量，无法实现一次爆破成型的目的；$W_{后}$ 太小，大量爆炸气体将从预裂缝中冲出，应力波有可能直接破坏围岩，预裂效果变差，坡面受损。

硐室药包中心到预裂面的水平距离 $W_{后}$，目前很难用理论计算确定，通过实践经验总结，可采用下述方法计算确定。

1）压缩半径法确定 $W_{后}$，即

$$W_{后} = (2.0 \sim 2.5) R_Y \tag{7-122}$$

式中 $W_{后}$——硐室药包中心到预裂面（也即边坡）的水平距离，m；

R_Y——硐室药包压缩圈半径，m。

硐室爆破集中药包的压缩圈半径 R_{Y}，条形药包的压缩圈半径 $R_{Y条}$ 可采用硐室爆破相关公式计算。

2）保护层法确定 $W_{后}$。保护层法借鉴于铁路施工经验。一般以药室的最大半径来考虑边坡保护层的厚度。

在岩体条件较好的情况下，保护层厚度能保护边坡后部围岩不损坏。但当岩体构造发生变化，或通过预裂爆破在边坡处形成人造地质断层时，药包中心到此断层面之间距离应该增大，宜取

$$W_{后} \geqslant \rho$$

式中　ρ——预留保护层厚度，m。

根据实际爆破经验，一般取：

$$W_{后} = (1.2 \sim 1.5)\rho \tag{7-123}$$

或

$$W_{后} = (0.32 \sim 0.4)W \tag{7-124}$$

（2）条形药包端部到预裂面的距离 $W_{端}$。$W_{端}$ 是全挖路堑爆破成型的关键参数。若 $W_{端}$ 太大，则预裂面主体石方破碎效果太差；太小则端部冲出，危害预裂面。根据经验，宜取：

$$W_{端} = (0.15 \sim 0.2)W \tag{7-125}$$

式中　W——条形药包的最小抵抗线，m。

D　硐室与预裂一次起爆间隔时间

预裂孔起爆先于硐室药包起爆，其时间应确保预裂缝的形成和全面贯通，一般有两种方法：一是预裂孔在硐室装药前起爆；二是硐室加预裂同次分段起爆。

（1）预裂孔先爆。预裂孔先爆，可以在硐室药室开挖前进行预裂爆破，也可以在硐室药室开挖后，装药前进行。但在装药前应检查预裂缝大小和贯通情况，同时检查药室内是否存在击穿现象，以调整药包装药量和装药结构。

（2）同时分段起爆。起爆网路是同时分段起爆成败的关键，必须保证每个药包均能按设计的起爆顺序全部准爆。预裂孔先于硐室药包起爆时间间隔，应能保证人造断层的形成。原则上时间间隔越大越好。一般不小于 100ms。

7.4.7.3　硐室加预裂一次成形爆破的效果分析

衡量硐室加预裂一次成型爆破效果有两条标准：一是岩石得到充分破坏；二是达到一次成型的目的。在硐室加预裂一次爆破成型技术中，只有保证图 7-48 中 *OAB* 部分的岩石充分破碎，才能达到一次成型的目的。

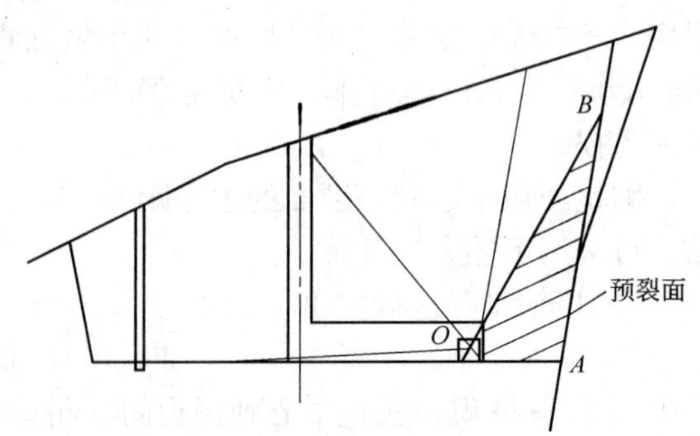

图 7-48　岩石爆破破碎效果分析图

预裂缝宽度对一次爆破成型的影响。在硐室加预裂一次爆破成型综合技术中，预裂面是作为人造断层面加以利用的，当顶部裂缝小于 1cm 时，底部应当是闭合面，

将影响边坡质量。随着裂缝宽度的缩小，反射波能量极有可能破坏边坡面上的岩体，造成爆破失败。当裂缝宽度尤其是边坡底部宽度大于1cm时，预裂面才能形成张开式人造断层面，预裂缝一般大于10cm。硐室药包爆破后，边坡面效果很好。

7.4.7.4　实例——贵新高速公路硐室加预裂一次成形爆破

A　工程概况

贵新高速公路白岩立交联络线 K4 + 060 ~ K4 + 240 段，全长 180m，石方开挖量 $34km^3$，开挖宽度 14m，线路中心最大挖深 9.4m，边坡最大挖深 19.0m。旁山开挖，岩石为白云质灰岩，表面较坚硬有溶洞。决定采用硐室加预裂一次成型爆破进行设计与施工。

B　爆破设计与施工

共设计预裂孔 161 个，钻孔总长度 2212.4m；硐室 18 个，共分 36 个分集药包；附属破碎深孔 132 个，钻孔总长 854.4m；一次总装药量 13.72t；实际爆破石方 $3.2 \times 10^4 m^3$，于 1998 年 10 月 30 日 10 时 48 分准时起爆。

C　爆破效果

爆破做到了安全准爆。路基开挖面没有根坎，大块率在5%以下，边坡围岩稳定，坡顶未受损坏。预裂面半孔率除溶洞位置外均达到96%以上，半孔孔壁没有出现裂纹，达到平整、光滑、美观的要求。

硐室加预裂爆破效果见图7-49。

图 7-49　硐室加预裂爆破效果图

7.5　高温爆破

高温爆破是指炮孔温度在 40 ~ 80℃ 的爆破作业，80℃ 以上严禁在未采取任何有效措施下实施爆破。

7.5.1　高温爆破的特点

（1）火区温度高，个别火区的岩石温度超过 500℃，在如此高的温度情况下施工，对任何机械的耐受力都是一种严峻的考验。

(2) 火区中的岩体受到高温煅烧，有的岩石结构受到破坏，岩体比较破碎。高温会导致金属性能改变。在高温岩石中钻孔容易损坏钻具，容易塌孔，打孔难，成孔难。

(3) 高温会改变爆破器材的使用性能，易出意外。

(4) 高温作业容易出现烫伤等其他安全事故。

7.5.2 高温爆破的降温方法

7.5.2.1 采挖阻断法

即将正在燃烧的煤炭和剥离物，以及将要被烧到的煤炭沿煤层底板一次全部采出、挖空，阻断火种，再辅以注水降温，从而达到扑灭明火，保护整个矿床的目的。

7.5.2.2 压覆窒息法

对于大面积的表层明火可采用压覆窒息法熄火，即在表面覆盖一定厚度的剥离物料或湿黏土，然后注水夯实，使火源与大气隔绝，最终使火区因缺氧而熄灭。

7.5.2.3 注水灭火技术

水是最经济、来源最广泛的吸热降温材料，其热容量大，1L 水转化成蒸汽时吸收 2256.7kJ 热量，同时生成 1.7m^3 水蒸气，能很快降低岩石或煤温，大量水蒸气具有冲淡空气中的氧浓度、包围、隔离火源的作用。

注水灭火技术有：地表注水、钻孔注水降温、注浆灭火、注凝胶灭火等多项技术。

“凝胶”是硅的胶体，它由基料 A 和促凝剂 B 按一定的比例配制成水溶液，注入到煤体中凝结成胶，包裹煤体，阻碍煤与氧结合，起到填漏和灭火的作用，具有灭火速度快、安全性好、火源复燃性低等优点。已被广泛应用于井下煤层火灾的防治。

7.5.3 高温孔的测温方法与测温步骤

7.5.3.1 高温孔的测温方法

测温需采用至少两种型号的测温仪同时进行，高温爆破采用的测温仪主要有接触式和非接触式两大类。

A　接触式测温法

将传感器置于与物体相同的热平衡状态中，使传感器与物体保持同一温度的测温法，即为接触式测温法。例如利用介质受热膨胀的原理的水银温度计、压力式温度计和双金属温度计等。还有利用物体电气参数随温度变化的特性来检测温度。例如热电阻、热敏电阻、电子式温度传感器和热电偶等。

接触式测温仪表比较简单、可靠，测量精度较高；但因测温元件与被测介质需要进行充分的热交换，需要一定的时间才能达到热平衡，所以存在测温的延迟现象，同时受耐高温材料的限制，不能应用于很高的温度测量。

高温爆破测温中，用得较多的是热电偶测温。

B　非接触式测温法

测温是通过热辐射原理来测量温度的，测温元件不需与被测介质接触。实现这种测温方法可利用物体的表面热辐射强度与温度的关系来检测温度。有全辐射法、部分辐射法、单一波长辐射功率的亮度法及比较两个波长辐射功率的比色法等。非接触式仪表测温的范围广，不受测温上限的限制，也不会破坏被测物体的温度场，反应速度一般也比较快；但受到物体的发射率、测量距离、烟尘和水汽等外界因素的影响，其测量误差较大。

高温爆破测温中，用得较多的是红外测温。

7.5.3.2 高温孔的测温步骤

（1）高温爆破前一天必须测量孔深、孔温，并做好爆破设计，高温爆破装药前应提前将孔温在现场标注清楚。

（2）高温爆破装药前，要对炮孔的温度进行严格检查，经检测，孔内各部分温度不超过60℃为合格孔，否则为不合格孔。不合格炮孔要做好标记，并采取降温措施。

（3）测温需要两个人同时进行，测温后要做好记录。

（4）孔温检测的三段平行验收制度必须坚持：

第一阶段测温在钻孔工序结束后进行，确定中、高温孔，以便下步降温；

第二阶段测温在降温6h后，测定孔温，做好记录，确定孔温是否合格，孔温低于60℃的视为合格，给予验收；

第三阶段测温在爆破前8～10min，复测温度，两组同类测温仪同步检测的温度相对误差不超过5℃，且温度回升不高于60℃的视为合格，可以进行爆破作业。

7.5.4 高温爆破器材

一般爆破器材的耐高温性能没有国家标准，以下的试验数据可以作为工程参考。试验表明，2号岩石铵梯炸药在没有与矿石接触又无特殊包装的情况下，装入温度为100℃的炮孔是安全的。由此确定其安全使用温度为100℃。

宁煤集团大峰露天矿针对地下火区的高温岩石做了大量的爆破器材的耐高温试验，试验表明：

（1）电雷管在孔内发生自爆的温度均高于125℃，当温度低于125℃时电雷管不发生自爆，没有自爆的雷管可正常引爆；

（2）当温度高于125℃时，雷管在孔内自爆的时间与温度的高低成反比，温度越高在孔内发生自爆的时间越短，随着试验次数的增加，这种趋势更加明显；

（3）2号岩石乳化炸药在相同温度（80℃）下，不同时间（4h、8h和12h）后用雷管能正常引爆，其爆速随时间的增长而减小，起爆后有棕黄色烟雾；2号岩石乳化炸药在130℃的高温下，经6h后失效；

（4）2号岩石胶状乳化炸药和雷管做成的起爆体在高于138℃的高温下经不同的时间雷管发生自爆，而起爆体的乳化炸药不能被引爆，乳化炸药失效。

7.5.5 高温（火区）爆破操作

7.5.5.1 高温爆破装药前的准备工作

（1）高温爆破前一天必须测量孔温，高温爆破装药前应提前将中、高温孔在现场标注清楚。

（2）每次高温爆破降温后、装药前、必须重新测量孔深，如果孔深由于注水或其他原因变浅或坍塌时，可及时根据具体情况调整该炮孔的装药量和周围炮孔的装药量。

（3）每次高温爆破装药前，应先对温度高于60℃的炮孔进行降温，对回温较快的炮孔采取进一步的降温措施，并注意观测温度变化。

（4）装药前，爆破技术员要对炮孔的温度、孔深进行测量并做好记录。

7.5.5.2　高温爆破的装药、填塞及起爆

高温孔经处理合格后按下列顺序进行操作：

（1）准备好塞填沙袋，填塞沙袋中的充填物的颗粒不应大于50mm，以防填塞过程中砸断起爆网路。

（2）分配好各孔药量，做好防堵措施，以防在装药过程中发生堵孔。

（3）在装药过程中如发生堵孔现象，应立即用炮棍进行处理，若在2min之内处理不了，立即放弃该孔。已入孔内的炸药如发生燃烧冒烟等异常现象，应立即停止装药工作，并向指挥人员汇报。指挥人员应立即发出撤离命令，人员迅速进入安全掩体，点火员点火后迅速撤离炮区。

（4）连接好起爆网路，把起爆药包摆在炮孔一侧。

（5）布置好警戒，撤出一切不用的器材、车辆，做好起爆的点火准备工作。

（6）分配好每孔装填人员。爆破指挥人员在确认警戒完好后，发布装药命令，操作人员在得到装药命令后，应迅速完成装药及充填工作，并迅速撤离爆破区域。装填过程中应先装正常炮孔，后装高温的炮孔。在装填过程中，装药人员负责装药充填，爆破区域负责人负责起爆网路的检查。

（7）指挥人员在确定装药无误，所有作业人员全部撤出炮区后，下达起爆命令并立即起爆。

7.5.5.3　其他规定

（1）高温爆破过程如发生盲炮，要立即上报高温爆破领导小组，制定具体措施。处理前，设备、人员必须撤出高温爆破最小警戒距离以外。

（2）在高温爆破时各部门应做好设备安全避炮及供水工作。

（3）每次放炮后必须记载放炮日志，日志包括下列内容：

时间、地点、岩石种类、孔数、孔温及爆破量；爆破技术参数；爆破效果；火工品种类、数量；装药人员、警戒人员、起爆人员、炮区检查人员、充填人员。

7.5.6　高温爆破实例——宁煤集团大峰露天矿

7.5.6.1　爆破作业时的灭火降温

宁煤集团大峰露天矿多数炮孔内的温度都大大超过了安全规定的指标，经过多年的实践总结出了一些灭火降温和高温炮孔爆破作业的方法。

（1）炮孔注水。在实施炮孔装药前必须对炮孔内的温度进行测试，对超过爆破温度要求的炮孔用细水流注入孔中进行降温处理。一般200℃以下的炮孔经过30min的注水降温处理后，孔内温度可降到80℃以下。采用此方法降温要求每次放炮区内的高温炮孔不要超过10个，温度不要超过200℃；单个炮孔的注水量不宜太多以免冲塌炮孔；适当加大炮孔超深，以防注水后装药深度不够；降温后要立即装药实施起爆，避免温度回升。

（2）水药花装法。此方法是对炮孔内温度不太高（60～80℃）或高温区位于炮孔中、上部，流水不能发挥作用的炮孔，在装药的同时实施降温的措施。即在装药时，将装有水

的圆柱形塑料袋与炸药袋间隔装入孔内，塑料袋落入孔内即摔破，水渗出将孔壁和药袋浸湿，从而达到暂时降温效果，然后快速充填，连线起爆。根据大峰矿的经验，孔温不超过80℃的炮孔，从装药到起爆控制在3min以内，则可安全起爆。由于间隔时间很短，因此一次起爆的炮孔数量不宜太多，一般不超过6~8个，并要求多组人员同时装药。

（3）流水作业法。对于孔温在80~200℃的炮孔，一般采用流水作业进行降温。其方法是先将各孔装药量分配好，堆放在孔口，制作好起爆药包，敷设好起爆网路，然后构筑小水沟连接各孔口，向孔内连续浇注适量流水，水量以能压住孔内水蒸气为准。数分钟后迅速测孔温，低于80℃即可装药，然后迅速充填、撤离人员、点火起爆。整个装药到起爆控制在3min以内。采用该方法同样要求一次起爆的炮孔数量不超过6~8个。考虑到炸药因水流造成部分损失，要求适当加大装药量，并选用抗水性好，对温度的敏感度低的炸药和起爆器材。

7.5.6.2 采用的爆破作业方法

（1）高温爆破人员要经过专门的培训；

（2）高温爆破时操作人员按照训练时的岗位和搭配到位，人员搭配不准随意调换；

（3）把准备装到孔内的炸药、火工品和填塞物按照设计分配到炮孔口；

（4）所有人员，包括起爆站人员，按照设计就位；

（5）操作时，首先将起爆药包与导爆索下入孔底，并将导爆索引往孔口外固定，然后铺设起爆线路，并用电雷管迅速连接成起爆网路，然后各组人员同时装药填塞，装药填塞完成后，所有人员快速撤离到位后，起爆站起爆。

7.5.6.3 爆破作业条件的规定

（1）每次爆破的孔数不多于8个，每孔由两人负责装填，特殊情况下超过8个孔，必须保证每孔有两名装填人员及足够的警戒人员方可爆破。

（2）每次高温（火区）爆破，从装药到爆破的整个过程不超过3min。

7.6 冻土爆破

冻土是指零摄氏度以下，并含有冰的各种岩石和土壤。一般分为短期冻土（数小时、数日以至半月）；季节冻土（半月至数月）和多年冻土（数年至数万年以上）。地球上多年冻土、季节冻土和短期冻土约占地球陆地面积的50%，其中多年冻土面积占陆地面积的25%。

7.6.1 冻土强度

7.6.1.1 冻土抗压与抗拉强度

在一定的温度范围内，冻土的抗压强度与负温绝对值呈线性关系。前苏联学者建议采用下述两个公式计算饱和冻砂土的极限抗压强度：

$$\sigma = 1.079t - 0.015t^2 + 1.961 \quad \text{或} \quad \sigma = 0.785t + 1.961 \tag{7-126}$$

式中 σ——冻土抗压强度，MPa；

t——冻土温度，取负温绝对值，℃。

冻土抗拉强度是其抗压强度的50%~80%。

7.6.1.2　冻土抗剪强度

试验表明，当正应力小于 10MPa 时，冻土的抗剪强度可用摩尔-库伦表达式描述：

$$\tau = c + \sigma \cdot \tan\varphi \tag{7-127}$$

式中　τ——冻土的抗剪强度，MPa；

c——冻土的黏结力，MPa；

σ——正应力，MPa；

φ——冻土的内摩擦角，(°)。

7.6.2　钻孔机具与爆破器材选择

7.6.2.1　钻孔机具

冻土的性质介于土壤与岩石之间。在冻土中钻孔时，易产生热融现象影响钻进效率。因此，宜因地制宜选择操作简单易行的钻孔方法。

冻土爆破的炮孔直径一般为 50～100mm，冻土厚度不大、炮孔直径小时，可用土壤钻孔器、风镐、灼热长杆和风钻等机具钻孔。冻土厚度较大、炮孔直径大时，宜用大型机械钻孔。

对于砂质黏土类冻土，当炮孔深度小于 1.5m 时，可用钻削冻土的方式钻孔。通常选用 MSZ-12 电钻，转数为 10.5r/s。钻杆多为螺旋形麻花钻杆，宜于排粉，杆的前部装有钻头。

对于黏土类冻土，当冻土强度低、孔深不大时，仍可采用上述电钻切削钻孔。冻土强度高、孔深较大时，宜采用冲击破碎方式钻孔。风动凿岩机的钻杆可用高强度的麻花钻杆，并注意接头、杆尾的改造。钻头宜用一字形，并选择合适的冲洗孔位置，加强吹风避免堵孔。高原冻土钻孔时，因气压低钻孔机械的效率会有明显下降。目前普遍采用钻进效率较高的 WTZ-100m/s 型沙驮牌钻机，炮孔直径 100mm 时钻进速度为 1～2m/min，孔深小于 20m 时单机日进尺可达 1000m 以上。

对于冻土层中的冻结风化段或冻结砾石层等特殊地层，建议采用伞钻并配置 YGZ55 型凿岩机钻孔。我国应用较广的有 FJD-6 和 FJD-9 型两类伞钻。

7.6.2.2　爆破器材

季节性冻土，冻结温度尚可时，可采用常规炸药进行爆破，但要做好药包的防水措施。多年冻土，冻结温度较低时，宜选择防水抗冻性能良好的炸药。目前，主要采用水胶炸药和岩石乳化炸药。例如，21 世纪初在修建青藏铁路时，在最低气温达 -45℃ 的条件下，曾采用过山西兴安化工厂生产的 ST-L-4 型钝感水胶炸药和北京矿冶研究总院研制的 KDW-3 型抗严寒乳化炸药，均取得良好的爆破效果。

冻土爆破的起爆器材与常规爆破相同，主要采用电雷管和非电导爆管雷管系列。在高原冻土地区，例如五道梁一带年平均雷暴日达 36.7 天，使用电爆网路时要注意防雷电措施。最好选用非电导爆管起爆系统，但其导爆管应适应低温状态的要求。

7.6.3　冻土爆破技术

7.6.3.1　一般冻土爆破

一般冻土指平原、丘陵地区非永冻层的多年冻土，含冰量不大、冻结深度较浅。根据冻结深度不同，可采用冻土层下装药和冻土层中装药两种爆破工艺。

冻土层厚度不足1m时，在冻土层以下放置药包进行爆破，可获得较好的爆破效果。其爆破参数见表7-28。当炮孔直径较小时，也可在孔底扩成小药壶再进行装药爆破。

表7-28 冻土层下装药爆破参数

冻土层厚度/m	药包埋深/m	炮孔间距/m	单孔药量/kg
0.3	0.5	0.8	0.15
0.5	0.7	1.1	0.25
0.7	0.9	1.5	0.50
1.0	1.4	2.0	1.00

冻土层厚度超过1m，在冻土层下装药爆破不易破碎冻土层，宜将药包放在冻土层中爆破，其爆破参数见表7-29。当单孔装药量不超过2kg时，每孔作为同一个延时段起爆；单孔装药量超过2kg时，可在孔内分上下两层装药，上层先爆、下层后爆，延时间隔取20～25ms。

表7-29 冻土层中装药爆破参数

冻土层厚度/m	药包埋深/m	炮孔间距/m	最小抵抗线/m	单孔药量/kg
1.2	1.0	1.2	0.9	0.45
1.4	1.2	1.4	1.2	0.8
1.6	1.4	1.8	1.5	1.4
1.8	1.6	2.0	1.7	2.0
2.0	1.8	2.0	1.8	2.5
2.4	2.1	2.0	2.0	3.2
2.8	2.5	2.0	2.0	3.9

冻土开挖方量较小、地形较复杂的工地，可采用浅孔爆破；冻土方量比较集中、台阶开挖高度大于5m的工地，宜采用深孔爆破。根据实践经验，不同地质条件下冻土层的单位炸药消耗量见表7-30。对具体某一地层的冻土爆破，建议进行标准爆破漏斗试验以确定最佳单位炸药消耗量。

表7-30 冻土层深孔爆破单位炸药消耗量 单位：kg/m^3

冻土层岩土名称	松动爆破	加强松动爆破
砂黏土	0.30～0.40	0.60～0.75
泥灰土	0.40～0.50	0.80～1.00
砂页岩	0.50～0.65	1.00～1.20
石灰岩	0.60～0.75	1.10～1.30

7.6.3.2 高原冻土爆破

在高原地区，例如青藏高原进行冻土爆破不同于一般地区的冻土爆破，具体表现在以下几个方面：（1）生态环境原始、独特、脆弱、敏感，一经破坏难以恢复，甚至是不可逆的。（2）多为富冰冻土和饱冰冻土，表层少有植被。冻结期从9月至次年4月，年平均气温－4℃，最低为－45℃。冻土层厚度达4.0～80.0m，冻结上限很浅，一般为1.5～2.5m。

(3) 高原地区气压低、严寒缺氧，无论是人工和机械效率都很低。所以，高原冻土的钻孔爆破难度极大。

青藏铁路约有965km线路海拔高度在4000m以上，其中550km穿越多年冻土地段。曾在清水河和风化山两地进行过路堑和桥涵基坑的冻土爆破试验，其施工原则和经验如下。

A　遵循快速施工原则

对于高原冻土，一般都按保持冻结的原则施工。如在暖季施工，爆破开挖后的地表和路堑基坑将迅速融沉，如不及时清运并抓紧做好隔热层及后续工程，极易留下病害隐患。因此，路堑开挖爆破应分段施工，分段长度一般以路堑冻土暴露时间不超过7天为宜。一次爆破规模应根据工程地质条件及施工力量确定，力争在一天内完成“钻—爆—清挖—地基处理”一次循环进尺。

B　爆破方法选择

为保护生态环境，原则上不得采用硐室爆破，应以浅孔、深孔爆破为主。开挖方量小、地形较复杂工地可采用浅孔爆破；方量比较集中、台阶高度大于5m时，采用深孔爆破；挖深不超过15m的路堑，宜一次爆破成型。

为保护开挖边界外的植被和减轻对原状冻土的扰动，应以松动爆破为主。地质条件恶劣地段，清运机械能力强时宜采用弱松动爆破法，严格控制超挖欠挖。为提高边坡质量和方便铺设隔热层，宜采用光面爆破或预裂爆破。

C　爆破参数

单位炸药消耗量与地温和冻土含冰量有关，一般松动爆破的单耗为0.45~0.65kg/m^3，弱松动爆破为0.25~0.45kg/m^3。炮孔直径一般取80~100mm，最小抵抗线$W=1.5\sim3.0$m，孔距$a=2.0\sim3.0$m，排距$b=1.5\sim3.0$m。在冻土中钻孔易发生塌孔、回淤、回冻现象，因此钻孔超深对浅孔和药壶取$h=0.20\sim0.30$m，深孔取$h=0.40\sim0.50$m。

D　其他注意事项

清挖机械不宜采用履带式推土机和铲运机。严禁挖、运机械直接碾压已爆破开挖到位的冻土层的基地面。应在固定的便道上行驶，场内通道应铺设一定厚度的粗粒土工作垫层。

爆破开挖后，边坡面、基地面要采用特制的防紫外线的遮阳篷布覆盖。暴露的冰结冻土在遮盖篷布前，应先用干土进行覆盖。暖季施工时，爆破开挖边界外，宜设排水沟截留地表水。

第 8 章　地下爆破

8.1　非煤矿山地下采矿爆破

8.1.1　地下采矿爆破特点

根据矿体赋存情况和设备能力和条件，地下采矿爆破按孔径和孔深的不同可分为浅孔爆破和深孔爆破。

地下采矿爆破与露天爆破相比其明显的特点包括：

（1）工作空间比较狭小，爆破规模小，爆破频繁；

（2）地质条件对地下工程影响更大，在施工过程中，岩体的性质和构造是选择开挖方式、开挖程序、爆破方式与支护手段的基本依据；

（3）地下采矿爆破所采用的凿岩、采掘机械，由于受作业空间的限制，与露天矿山相比，其生产能力小，自动化程度较低。

地下采矿爆破与井巷掘进爆破相比，具有以下特点：具有两个以上的自由面；炮孔数量多，崩矿面积和爆破量都比较大以及爆破方案的选择和起爆网路的设计比较复杂，所以爆破时的组织工作显得更为重要。

8.1.2　地下采矿浅孔爆破

地下采矿浅孔爆破主要用于留矿法、分层充填法、分层崩落法以及某些房柱法采矿的作业中。

8.1.2.1　炮孔布置

地下采矿浅孔爆破按炮孔方向不同，可分为上向炮孔和水平炮孔两种，其中上向炮孔应用较多。矿石比较稳固时，上向炮孔布孔，如图 8-1 所示。

矿石稳固性较差时，一般采用水平炮孔，如图 8-2 所示，工作面可以是水平单层，也可以是梯段形，梯段长 3 ~ 5m，高度 1.5 ~ 3.0m。

爆破工作面以台阶形式向前推进，炮孔在工作面的布置有方形或矩形排列和三角形排

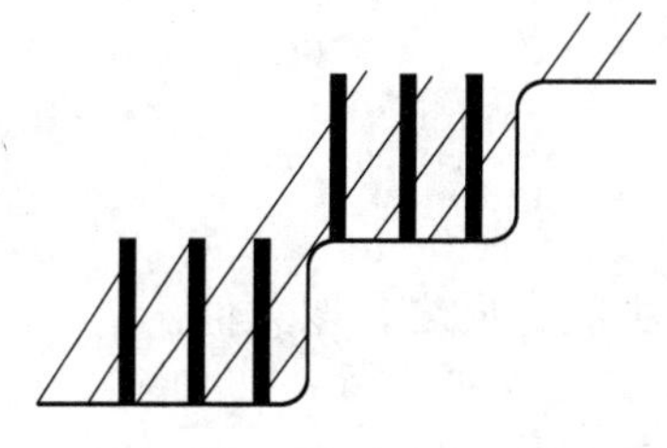

图 8-1　上向炮孔

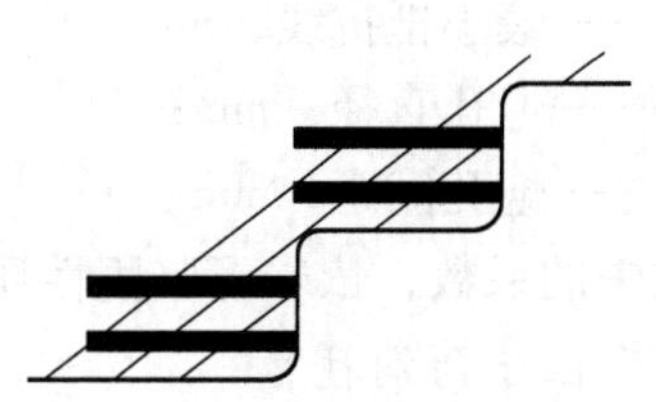

图 8-2　水平炮孔

列，如图 8-3 所示。方形或矩形排列一般用于矿石比较坚硬、矿岩不易分离以及采幅较宽的矿体。三角形排列时，炸药在矿体中的分布比较均匀，一般破碎程度较好，而不需要二次破碎，故采用较多。

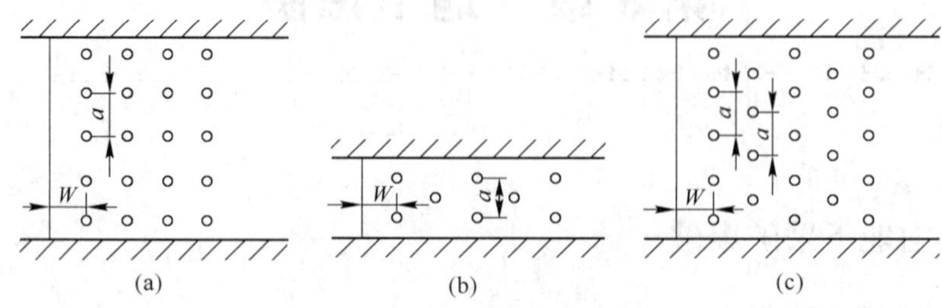

图 8-3　浅孔爆破的炮孔布置
（a）方形排列；（b）窄幅三角形排列；（c）宽幅三角形排列
W—最小抵抗线；a—孔距

8.1.2.2　爆破参数

A　炮孔直径

采场崩矿的炮孔直径和矿床赋存条件有关，并对回采工作有重要影响。我国矿山浅孔爆破崩矿广泛采用 32mm 药卷直径，其相应的炮孔直径为 38 ~ 42mm。

国内一些有色金属矿山使用了 25 ~ 28mm 的小直径药卷进行爆破，其相应的炮孔直径为 30 ~ 40mm，在控制采幅宽度和降低贫化损失等方面取得了比较显著的效果。当开采薄矿脉、稀有金属矿脉或贵重金属矿脉时，特别适宜使用小直径炮孔爆破。

B　炮孔深度

炮孔深度与矿体、围岩性质、矿体厚度及边界形状等因素有关。它不仅决定着采矿场每循环的进尺和采高、回采强度，而且影响爆破效果和材料消耗。采用浅孔爆破留矿采矿法时，当矿体厚度大于 1.5 ~ 2.0m，矿岩稳固时，孔深常为 2m 左右，个别矿山开采厚矿体时孔深达到 3 ~ 4m；当矿体厚度小于 1.5m 时，随着矿体厚度不同，孔深变化于 1.0 ~ 1.5m 之间。当矿体较小且不规则、矿岩不稳固时，应选用较小值以便控制采幅，降低矿石的损失和贫化。

C　最小抵抗线和炮孔间距

通常，最小抵抗线（W）和炮孔间距（a）按下列经验公式选取：

$$W = (25 \sim 30)d \tag{8-1}$$

$$a = (1.0 \sim 1.5)W \tag{8-2}$$

式中　W——最小抵抗线，mm；

　　d——炮孔直径，mm；

　　a——炮孔间距，mm。

公式中的系数，依岩石坚固性质而定，岩石坚硬取小值；反之，取大值。

D　单位炸药消耗量

地下采矿浅孔爆破的炸药单耗与矿石性质、炸药性能、孔径、孔深以及采幅宽度等因素有关。一般采幅愈窄，孔深愈大，岩石坚固性系数愈大，则其炸药单耗量愈大。表8-1列出了在使用2号岩石硝铵炸药时，地下采矿浅孔爆破崩矿单位炸药消耗量。

表8-1 地下采矿浅孔爆破崩矿单位炸药消耗量

岩石坚固性系数f	<8	8~10	10~15	>15
单位炸药消耗量/$kg \cdot m^{-3}$	0.25~1.0	1.0~1.6	1.6~2.6	2.8以上

采矿时一次爆破装药量Q与采矿方法、矿体赋存条件、爆破范围等因素有关。通常只根据单位炸药消耗量和欲崩落矿石的体积进行计算，即

$$Q = qml\overline{L} \tag{8-3}$$

式中 Q——一次爆破装药量，kg；

q——单位炸药消耗量，kg/m^3；

m——采幅宽度，m；

l——一次崩矿总长度，m；

$\overline{L}$——平均炮孔深度，m。

8.1.3 地下采矿深孔爆破

地下采矿深孔爆破可分为两种，即中深孔爆破和深孔爆破。国内矿山通常把钎头直径为51~75mm的接杆凿岩炮孔称为中深孔，而把钎头直径为95~110mm的潜孔钻机钻凿的炮孔称为深孔。实际上，随着凿岩设备、凿岩工具的改进，二者的界限有时并不显著，所以，通常把孔径大于50mm，孔深大于5m的炮孔统称为深孔。深孔崩落矿石的特点是效率高、速度快、作业条件安全，广泛地应用于厚矿床的崩矿。在冶金矿山，深孔爆破常用于阶段崩矿法、分段崩矿法、阶段矿房法、深孔留矿法等采矿方法和矿柱回采。

深孔爆破与浅孔爆破法比较，具有每米炮孔的崩矿量大、一次爆破规模大、劳动生产率高、矿块回采速度快、开采强度高、作业条件和爆破工作安全、成本低等优点；但是大块较多。所以，深孔爆破在冶金矿山广泛用于地下矿的中厚矿床回采、矿柱回采和空区处理等工作。

8.1.3.1 炮孔布置

深孔布置方式有平行布孔和扇形布孔两种。平行布孔是在同一排面内，深孔互相平行，深孔间距在孔的全长上均相等，如图8-4（a）所示。扇形布孔是在同一排面内，深孔排列成放射状，深孔间距自孔口到孔底逐渐增大，如图8-4（b）所示。平行布孔与扇

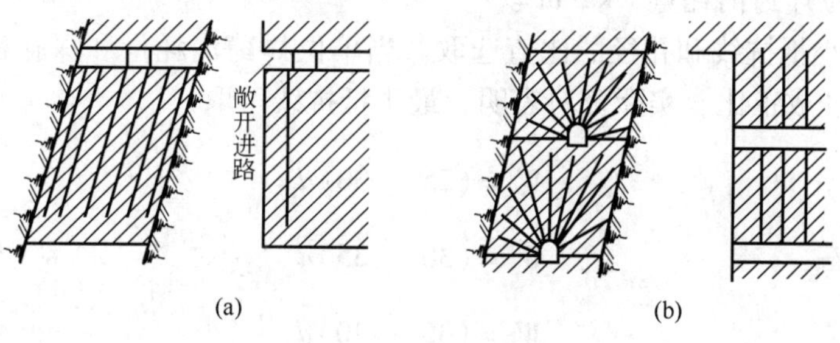

图8-4 深孔布置

（a）平行布孔；（b）扇形布孔

形布孔相比，其优点是：（1）炸药分布合理，爆落矿石块度比较均匀；（2）每米深孔崩矿量大。它的缺点是：（1）凿岩巷道掘进工作量大；（2）每钻凿一个炮孔就需移动一次钻机，辅助时间长；（3）在不规则矿体布置深孔比较困难；（4）作业安全性差。

扇形排列的优缺点与平行排列的优缺点相反。从比较中可以看出，平行排列虽然比扇形排列有一些优点，但其缺点比较严重，特别是凿岩巷道掘进工作量大是其致命的弱点。因此，只是在开采坚硬的矿体时才采用。

8.1.3.2 爆破参数

A 炮孔直径

影响孔径的因素主要是使用的凿岩设备和工具、炸药的威力、岩石特征。

采用接杆凿岩时，主要决定于连接套直径和必须的装药体积，孔径一般为 50～75mm，以 55～65mm 较多。采用潜孔凿岩时，因受冲击器的限制，孔径较大，为 90～120mm，以 90～110mm 较多。当矿石节理裂隙发育，炮孔容易变形等情况下，采用大直径深孔则是比较合理的。

B 炮孔深度

选择炮孔深度时主要考虑凿岩机类型、矿体赋存条件、矿岩性质、采矿方法和装药方式等因素。目前，使用 YG-80、YGZ-90 和 BBC-120F 凿岩机时，孔深一般为 10～15m，最大不超过 18m；使用 BA-100 和 YQ-100 潜孔钻机时，一般为 10～20m，最大不超过 25～30m。

C 最小抵抗线、炮孔间距及密集系数

确定最小抵抗线的方法有以下三种：

（1）当平行布孔时，可按下式计算：

$$W = d\sqrt{\frac{7.85\Delta\tau}{mq}} \tag{8-4}$$

式中 d——炮孔直径，dm；

Δ——装药密度，kg/dm^3；

τ——深孔装药系数，0.7～0.8；

m——深孔密集系数，又称深孔邻近系数，$m = a/W$，对于平行深孔 $m = 0.8 \sim 1.1$；对于扇形深孔，孔底 $m = 1.1 \sim 1.5$，孔口 $m = 0.4 \sim 0.7$；

q——单位炸药消耗量，kg/m^3。

（2）根据最小抵抗线和孔径的比值选取。当单位炸药消耗量和深孔密集系数一定时，最小抵抗线和孔径成正比。实际资料表明，最小抵抗线可取：

坚硬矿石：
$$W = (25 \sim 30)d \tag{8-5}$$

中等坚硬矿石：
$$W = (30 \sim 35)d \tag{8-6}$$

较软矿石：
$$W = (35 \sim 40)d \tag{8-7}$$

（3）根据矿山实际资料选取。目前，矿山采用的最小抵抗线数值见表 8-2。

表 8-2 水平扇形深孔的布置方式

d/mm	W/m	d/mm	W/m
50 ~ 60	1.2 ~ 1.6	70 ~ 80	1.8 ~ 2.5
60 ~ 70	1.5 ~ 2.0	90 ~ 120	2.5 ~ 4

炮孔间距。平行排列深孔的孔间距，是指相邻两孔间的轴线距，扇形深孔排列时，孔间距分为孔底距和孔口距。孔底距是指由装药长度较短的深孔孔底至相邻深孔的垂直距离；孔口距是指由填塞较长的深孔装药端至相邻深孔的垂直距离，见图 8-5。

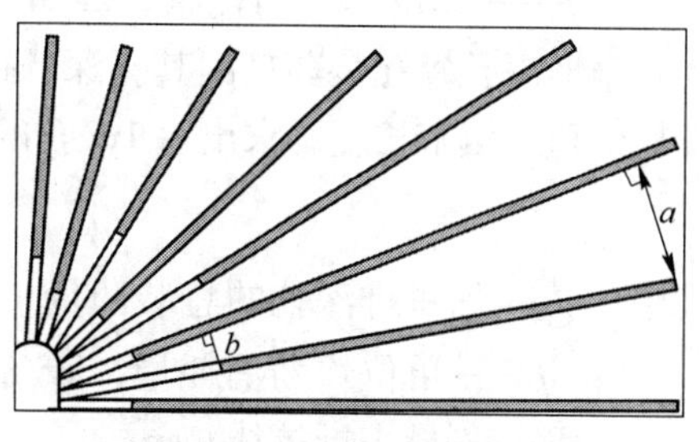

图 8-5 扇形深孔的孔间距
a—孔底距；b—孔口距

在设计和布置扇形深孔排面时，为使炸药在矿石中分布均匀一些，用孔底距 a 来控制孔底深度的密集程度，用孔口距 b 来控制孔口部分的炸药分布，以避免炸药分布过多，爆后造成粉矿过多。关于孔间距 a 的确定，可采用以下公式进行计算，对于扇形孔的孔底距 a 为：

$$a = (1.1 \sim 1.5)W \tag{8-8}$$

对于坚硬矿石取较小系数，反之则大，或按下式进行计算：

$$a = mW \tag{8-9}$$

密集系数是孔间距与最小抵抗线的比值，即

$$m = \frac{a}{W} \tag{8-10}$$

式中 m——密集系数；

a——孔间距，m；

W——最小抵抗线，m。

密集系数的选取常根据经验来确定，通常平行孔的密集系数为 0.8 ~ 1.1，以 0.9 ~ 1.1 较多。扇形孔时，孔底密集系数为 0.9 ~ 1.5，以 1.0 ~ 1.3 较多；孔口密集系数为 0.4 ~ 0.7。选取密集系数时，当矿石愈坚固，要求的块度愈小，应取较小值；否则，应取较大值。

D 单位炸药消耗量

单位炸药消耗量的大小直接影响岩石的爆破效果，其值大小与岩石的可爆性、炸药性能和最小抵抗线有关。通常，参考表 8-3 选取，也可根据爆破漏斗试验确定。

表 8-3 地下采矿深孔爆破单位炸药消耗量

岩石坚固性系数 f	3 ~ 5	5 ~ 8	8 ~ 12	12 ~ 16	>16
一次爆破单位岩石炸药消耗量/kg · m^{-3}	0.2 ~ 0.35	0.35 ~ 0.5	0.5 ~ 0.8	0.8 ~ 1.1	1.1 ~ 1.5
二次爆破单位岩石炸药消耗量所占比例/%	10 ~ 15	15 ~ 25	25 ~ 35	35 ~ 45	>45

平行深孔每孔装药量 Q 为：

$$Q = qaWL = qmW^2L \tag{8-11}$$

式中 L——深孔长度，m；

m——密集系数；

a——孔间距，m；

W——最小抵抗线，m；

q——单位炸药消耗量，kg/m^3。

扇形深孔每孔装药量因其孔深、孔距均不相同，通常先求出每排孔的装药量，然后按每排长度和总填塞长度，求出每 1m 孔的装药量，然后分别确定每孔装药量。每排孔装药量为：

$$Q_p = qWS \tag{8-12}$$

式中 Q_p——每排深孔的总装药量，kg；

q——单位炸药消耗量，kg/m^3；

W——最小抵抗线，m；

S——每排深孔的崩矿面积，m^2。

我国冶金、有色金属矿山的一次炸药单耗，一般为 0.25～0.6kg/m^3；二次炸药单耗为 0.1～0.3kg/m^3，二次炸药单耗较高的矿山反映其大块产出率较高，个别矿山甚至超过一次炸药单耗，属于不正常现象。

8.1.3.3 施工工艺

（1）验孔。爆破前对深孔位置、方向、深度和钻孔完好情况进行验收、发现有不合设计要求者，应采取补孔，重新设计装药结构等方法进行补救。

（2）作业地点、安全状况检查。包括装药、起爆作业区的围岩稳定性，杂散电流，通道是否可靠，爆区附近设备、设施的安全防护和撤离场地，通风保证等。

（3）爆破器材准备。按计算的每排深孔总装药量 Q_p，将炸药和起爆器材运输到每排的装药作业点。

（4）装药。目前已广泛采用装药器装药代替人工装药，其优点是效率高，装药密度大，对爆破效果的改善效果明显。使用装药器装药，带有电雷管或非电导爆管雷管的起爆药包，必须在装药器装药结束后，再用人工装入炮孔。

（5）填塞。有底柱采矿法用炮泥加木楔填塞；无底柱采矿法只可用炮泥填塞。合格炮泥中黏土和粗砂的比例为 1∶3，加水量不超过 20%；木楔应填在炮泥之外。

（6）起爆。起爆网路联结顺序是由工作面向着起爆站；电爆网路要注意防止接地，防止同其他导体接触。桃林铅锌矿曾一次起爆 2 万发电雷管，中条山曾一次起爆 1 万发电雷管。前者用工业电，后者用大容量起爆器；当前井下爆破多采用导爆管雷管网路起爆。

8.1.4 地下采矿大直径深孔爆破

地下深孔采矿技术是以大孔径深孔爆破为特征，开采强度大，生产能力高，是大型地下矿山广泛应用的一种大规模高效采矿技术。

8.1.4.1 VCR 爆破

VCR（Vertical Crater Retreat Mining）是垂直深孔球状药包后退式崩矿方法的简称，它是在利文斯顿爆破漏斗理论基础上研究创造的、以球状药包爆破方式为特征的新的采矿方法。它的实质和特点是，在上切割巷道内按一定孔距和排距钻凿大直径深孔到下部切割巷道，崩矿时自顶部平台装入长度不大于直径6倍的药包，然后沿采场全长和全宽按分层自下而上崩落一定厚度矿石，逐层将整个采高采完，下部切割巷道成为出矿巷道，其典型矿块回采如图8-6所示。

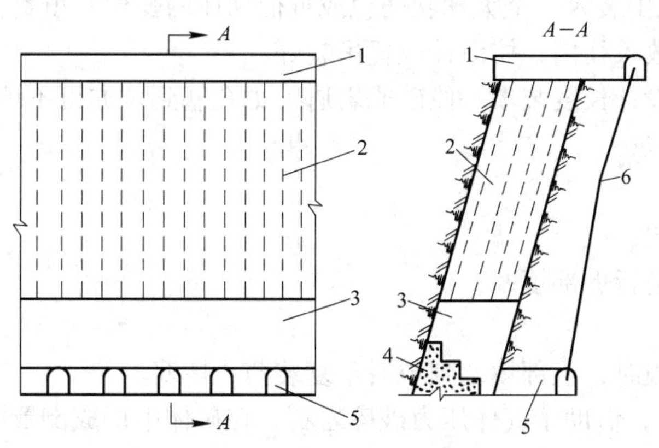

图8-6 VCR法采矿示意图

1—凿岩巷道；2—大直径深孔；3—拉底空间；4—充填台阶；5—装矿巷道；6—运输巷道

VCR法爆破的主要特点是炮孔两端是敞开的，要求采用堵孔，将药包停留在预定的位置上，所以装药是这种爆破方法非常关键的作业。当球状药包埋置在采场顶底板之间向下部自由空间爆破，即倒置漏斗爆破，就成为VCR法球状药包爆破技术的主要特点。

VCR法主要用于中厚以上的垂直矿体、倾角大于60°的急倾斜矿体和倾角大于60°的小矿块等的回采。VCR法深孔排列采用平行排列，一般垂直向下如图8-7所示，也可钻大于60°的倾斜孔，但是在同一排面内的深孔应互相平行，深孔间距在孔的全长上相等。

A 爆破参数

（1）炮孔直径。炮孔直径一般采用160～165mm，个别为110～150mm。

（2）炮孔深度。炮孔深度为一个台阶的高度，一般为20～50m，有的达到70m；钻孔偏差必须控制在1%左右。

（3）孔网参数。排距一般采用2～4m；孔距2～3m。

（4）最小抵抗线和崩落高度。最小抵抗线即药包最佳埋深，一般为1.8～2.8m，崩落高度2.4～4.2m。

（5）单药包重量。要求药包长径比不超过6（认为是集中药包），重20～37kg，一般要求用高密度、高爆速、高爆热的三高炸药。

（6）爆破分层。每次爆破分层的高度一般为3～4m。爆破时为装药方便，提高装药效率可采用单分层或多分层爆破，最后一组爆破高度为一般分层的2～3倍，采用自下而上的起爆顺序。

（7）单位炸药消耗量。在中硬矿石条件下，即$f=$

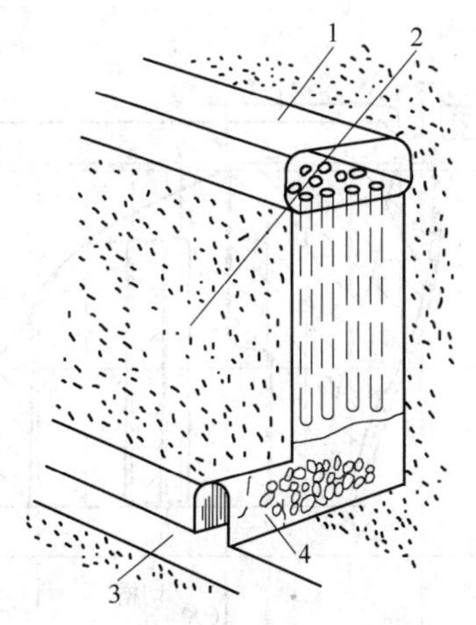

图8-7 VCR法分段爆破崩矿示意图

1—顶部平台；2—矿柱；3—运输巷道；4—出矿巷道

8～12，一般平均为 0.34～0.5kg/t。

B　施工工艺

(1) 在矿块中钻凿一个或多个大直径炮孔。

(2) 在每个炮孔中装入一个大球状药包或近似球体的药包并填塞：

1) 用绳将孔塞放入孔内，按设计位置吊装好；

2) 在孔塞上按设计长度装填一段砂或岩屑（如孔塞到位亦可不填）；

3) 装下半部药包；

4) 装起爆药包；

5) 装上半部药包；

6) 按设计长度进行上部填塞；

7) 联网起爆；

8) 多层同时爆破时，上部填塞到位后重复装药、填塞。

(3) 药包爆炸时，借助于气体压力破碎岩石，在矿体中形成倒置漏斗。

(4) 从矿房运出漏斗中的破碎矿石。

C　工程实例

对 VCR 法进行试验和应用的结果表明，矿石的破碎质量非常好，平均块度一般为 100～120mm，大于 500mm 的块度占 1% 以下，一次炸药单耗为 0.35～0.45kg/t。良好的破碎质量为保证出矿的效率和提高采场生产能力创造了条件。

金川、凡口铅锌矿、大冶铜绿山、金厂峪金矿、狮子山铜矿、草楼铁矿等矿山都依据不同的开采条件进行了不同的方案类型 VCR 采矿法的应用研究和推广，取得了良好的经济效益和社会效益。

8.1.4.2　阶段深孔台阶爆破

阶段深孔台阶爆破采矿法是大直径深孔采矿技术另一具有代表性的技术方案。阶段深孔台阶爆破崩矿见图 8-8，采场装药结构见图 8-9。

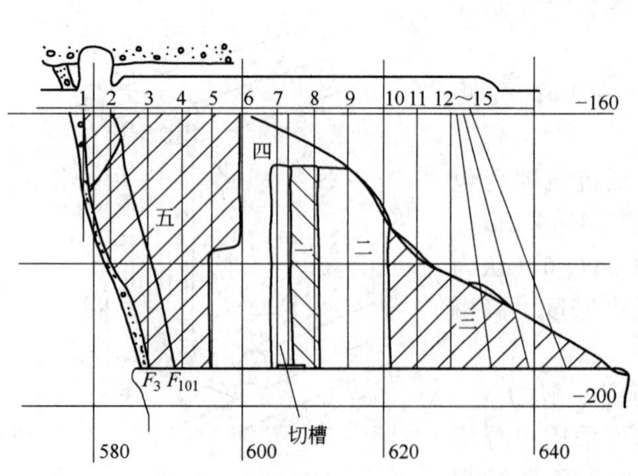

图 8-8　阶段深孔台阶分次爆破崩矿示意图

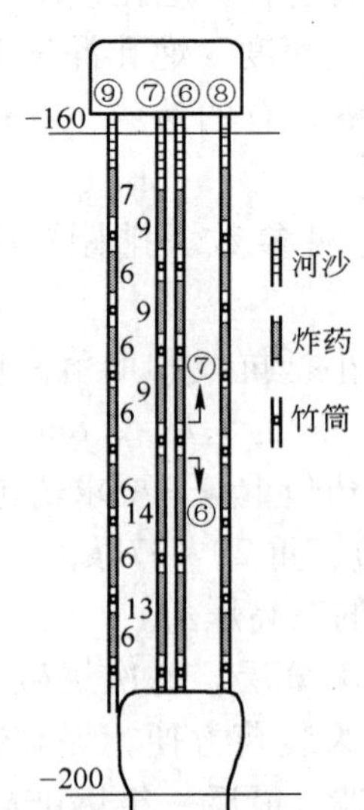

图 8-9　阶段深孔台阶爆破装药结构示意图
（数字表示药包个数；圈码表示毫秒雷管段号）

这一采矿技术方案的实质是露天矿的台阶崩矿技术在地下开采中的应用，即采用大直径阶段深孔装药向采场中事先形成的竖向切割槽实行全段高或台阶状崩矿，崩落的矿石由采场下部的出矿系统运出。

A 爆破参数

（1）炮孔直径。炮孔直径一般采用160～165mm，个别为110～150mm。

（2）炮孔深度。炮孔深度为一个台阶的高度，一般为20～50m，有的达到70～100m。

（3）孔网参数。排距一般采用2.8～3.2m；孔距2.5～3.5m。

（4）炸药单耗。炸药单耗一般为0.35～0.45kg/t。

B 施工工艺

（1）布孔及阶段深孔凿岩。

（2）采场切割天井及切割槽爆破。

（3）顶盘侧矿体部分阶段崩矿。

（4）切割坡顶爆破及阶段深孔崩矿。

（5）采场出矿。

C 工程实例

安庆铜矿首次在国内设计采用120m高阶段大规模强化开采工艺，该矿7号、9号试验采场位于1号矿体以西，因1号矿体厚大，倾角较陡且变化不大，故采场垂直矿体走向布置，宽度为15m，长度为矿体厚度，约50m左右，凿岩硐室沿采场宽度全面拉开并略大于采场宽度，为16.5m，硐室高度为3.8m。采场拉底层顶板通过爆破后适当成拱的中深孔布孔形式来达到拱形的目的，这样可以减少拉底层顶板的大规模垮落而产生的大块，采用VCR法天井快速拉槽结合高台阶侧崩的联合爆破方案。其特点是崩矿强度高，爆破次数少，便于装药施工，爆破效果好。

结合采场具体条件，高阶段深孔台阶爆破排距取2.8m，为了确保采场边帮稳定，采用了由采场中间向采场边帮递减孔间距的缓冲爆破方式，孔间距从3.4m向2.8m递减。除个别边孔外，大部分为垂直深孔。

国内采用阶段深孔台阶爆破采矿的有凡口铅锌矿、凤凰山铜矿、金厂峪金矿等矿山，回采高度一般为40～60m。部分矿山应用阶段深孔台阶爆破的实例及参数如表8-4所示。

表8-4 国内部分矿山应用阶段深孔台阶爆破的实例及参数

矿山名称	孔径/mm	布孔方式	排距/m	孔间距/m	孔深/m	炸药单耗/kg·t^{-1}
安庆铜矿	165	垂直孔	2.8	2.8～3.4	约50	0.39～0.44
铜绿山铜铁矿	165	垂直孔	3～3.2	2.5～3.0	45.5	0.339
凡口铅锌矿	165	双排密集孔	2.4～2.6	2.8	—	0.36～0.42

8.1.4.3 束状深孔爆破

束状深孔爆破是一种新颖的崩矿技术。实践证明，大直径束状深孔爆破技术具有作业效率高、改善作业环境、采场结构简单、便于地压控制等显著优点，是开采稳固性较差的地下厚大矿体的有效的落矿技术，在挤压爆破条件下，可以获得更好的爆破效果。

束状孔是指一组相互平行的密集炮孔，其特点是：（1）炮孔在空间位置是相互平行的；（2）束状孔内各炮孔的孔间距较小，一般为 4 ~ 6 倍孔径；（3）每束炮孔数 2 ~ 10 个，炮孔的平面布置有多种形式，通常是圆形、半圆形、平行直线形及各种组合；（4）进行布孔和爆破设计时，一般将每束炮孔作为一个等效单孔考虑。

束状深孔爆破布孔见图 8-10。

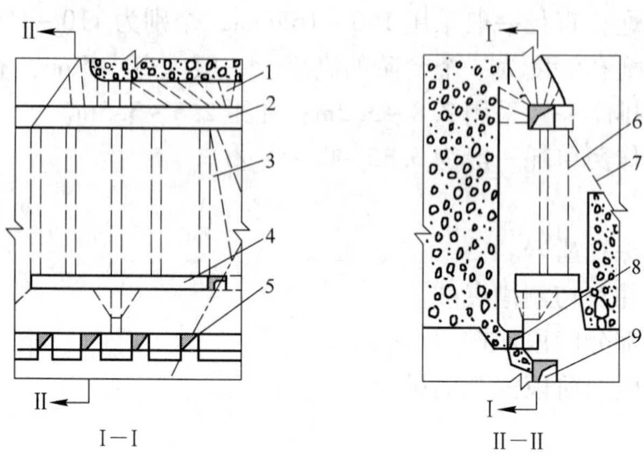

图 8-10　束状深孔爆破的回采方案

1—上向落顶深孔；2—凿岩硐室；3—束状深孔；4—拉底层；5—振动出矿口；6—双孔；7—斜孔；8—二次破碎巷道；9—皮带运输巷

A　爆破参数

（1）炸药单耗 q 的确定。炸药单耗是影响爆破效果的重要参数之一，根据式（8-13）计算束状孔炸药单耗：

$$q = q_0 \cdot K_1 \cdot K_2 \cdot K_3 \cdot K_4 \cdot K_5 \cdot K_6 \tag{8-13}$$

式中　q_0——标准炸药单耗，kg/m³，根据岩石的坚固性系数按表 8-5 选取；

K_1——炸药相对爆破做功能力系数；

K_2——岩石裂隙度和爆破质量影响系数，$K_2 = (L/a_K)^n$，其中，a_K 是合格块度尺寸，m；n 为影响系数，取 0.5 ~ 0.6；L 为裂隙平均间距，m，按表 8-6 选取；

K_3——爆破条件系数，挤压爆破时 $K_3 = 1.2 \sim 1.3$；1 个自由面时 $K_3 = 1$；两个自由面时，$K_3 = 0.7 \sim 0.9$；

K_4——装药影响系数，人工装药时 $K_4 = 1$；气动装药时 $K_4 = 0.9 \sim 0.95$；含水炸药时 $K_4 = 0.85 \sim 0.90$；

K_5——药包直径影响系数，一般条件下 $K_5 = (d/0.105)^n$，$n = 0.5 \sim 1$，坚硬岩石条件下 $K_5 = 1$；

K_6——深孔布置影响系数，束状孔时 $K_6 = 1.3 \sim 1.5$。

表 8-5　标准炸药单耗的选取

坚固性系数 f	6 ~ 8	8 ~ 10	10 ~ 12	12 ~ 14	14 ~ 16	16 ~ 18	18 ~ 20	>20
q_0/kg · m^{-3}	0.4 ~ 0.5	0.5 ~ 0.6	0.6 ~ 0.7	0.7 ~ 0.9	0.9 ~ 1.0	1.0 ~ 1.2	1.2 ~ 1.3	1.3 ~ 1.5

表 8-6　裂隙平均间距的选取

裂隙度	每米裂隙数/条 · m^{-1}	裂隙平均间距 L/m	裂隙度	每米裂隙数/条 · m^{-1}	裂隙平均间距 L/m
Ⅰ	>10	<0.1	Ⅳ	0.65 ~ 1	1.0 ~ 1.5
Ⅱ	2 ~ 10	0.1 ~ 0.5	Ⅴ	<0.5	>1.5
Ⅲ	1 ~ 2	0.5 ~ 1.0			

（2）束状孔邻近系数 m 的确定。选取 m 值要考虑以下几个因素：

1）参考露天矿大直径炮孔爆破时，$m = 0.7 \sim 1.4$；

2）根据采场长度上允许布置的束孔数：

$$L = \Sigma m \cdot W = m \cdot \Sigma W,\ m = L/\Sigma W$$

式中　L——采场长度，m；

W——最小抵抗线，m。

3）根据束状孔试验：$m = 0.8 \sim 1.1$；

4）考虑挤压爆破条件和每次爆破排数。

综合考虑上述因素，取 $m = 1$。

（3）最小抵抗线 W 和每束孔数 N_k 的确定。球形药包爆破时，根据利文斯顿爆破漏斗理论进行爆破漏斗试验，确定最佳埋深，即最佳抵抗线。用柱状药包爆破时，根据 O. B. 萨莫伊诺夫的柱状药包漏斗试验确定最小抵抗线 W，当单孔爆破时，最小抵抗线 W 与炮孔直径 d 相关；当束状孔爆破时，最小抵抗线 W 与炮孔直径 d、每束炮孔数 N_k 相关。

在束状孔爆破条件下，按式（8-14）确定 W 和 N_k 值。

$$W = 14.8d\sqrt{2.17N_k - 1} \tag{8-14}$$

式中　d——炮孔直径；

N_k——每束孔数，当 $N_k = 4$ 时，$W = 7\text{m}(d = 0.170\text{m})$。

（4）校核 W 和 N_k 是否合理。按照炸药单耗 q 和由邻近系数 m、最小抵抗线 W 确定的每束孔所负担的爆破体积计算的炸药量应少于或等于每束炮孔可能装填的最大药量的原则，校核所选取的 W 和 N_k 是否合理。

$$W \leqslant D\sqrt{\frac{7.85\Delta \cdot \tau}{m \cdot q}} \tag{8-15}$$

式中　Δ——装药密度，t/m^3；

τ——装药系数，取 $\tau = 0.6 \sim 0.8$；

D——炮孔直径，dm。

在束状孔条件下，D 为等价单位直径。根据面积相等关系：$\pi/4 \cdot D^2 = N_k \cdot \pi/4 \cdot d^2$，$D = \sqrt{N_k} \cdot d$，代入式（8-15）：

$$W \leqslant \sqrt{N_k} \cdot d \cdot \sqrt{\frac{7.85\Delta \cdot \tau}{m \cdot q}} \tag{8-16}$$

将 $N_k = 4$，$d = 1.7\text{dm}$，$\Delta = 1.0\text{t/m}^3$，$m = 1$，$q = 1.28\text{kg/m}^3$，$\tau = 0.8$ 代入式(8-16)，所选择各参数值满足式（8-16）。

（5）束状孔间距 r 的确定。

$$r = 0.3d(\sigma^2 \cdot C_p \cdot \gamma)^{0.1} \tag{8-17}$$

式中 r——束状孔间距，m；

d——束内孔直径，m；

σ——岩石抗压强度，MPa；

C_p——岩石纵波速度，m/s；

γ——岩石密度，kg/m^3。

在坚硬岩石条件下，r 的最优值 $r_{opt} = (3 \sim 5)d$，当 $d = 0.17$m 时，$r_{opt} = 0.5 \sim 0.85$m。

B 施工工艺

（1）采用 KY-170A 地下牙轮钻机钻凿下向炮孔，孔径 170mm，孔深 20 ~ 50m。

（2）沿采场长度方向共布置 5 束炮孔，每束 4 孔，沿宽度方向布置 3 排炮孔，第 1 排为 4 个孔的束孔，呈正方形布置；第 2 排为双孔束孔，直线型布置；第 3 排为斜孔，控制矿体边界，孔网参数按前面计算结果。

（3）按照炸药和岩石性能尽可能匹配的要求，选用 CLH-3 型和 EL-102 型乳化炸药，柱状连续装药。

（4）用 250g 的 50/50 黑索今-TNT 起爆弹强力起爆，每束孔同段起爆，束孔组和前后排之间毫秒延期起爆，延期时间 25 ~ 75ms。

C 工程实例

“七五”期间，北京矿冶研究总院在狮子山铜矿进行了大直径束状深孔盘区崩落采矿法的试验研究和应用试验。

采场全部采用束状平行密集深孔，采场共布置由 4 孔组成的束状孔 5 组，2 个孔组成的近距离双密集孔 8 组，束孔孔间距 0.8m，束间距和抵抗线均为 7.0m，双密集孔抵抗线 4m，孔深一般为 35m，孔径为 165mm，深孔凿岩采用 KY170A 型地下牙轮钻机，实际凿岩量 1000m。

束状孔爆破 10 号和 11 号采场总崩矿量 33700t，单位炸药消耗量 0.4kg/t，装药 13376kg，落顶矿量 15840t，装药 5808kg，全部装药量为 49540kg，除装起爆药包的袋装药是 CLH-3 型三高乳化炸药外，其余装药全部为 EL-102 乳化炸药。

采用束状密集孔除了可以大幅度减少采准工作量以外，还可以降低粉矿率，提高炸药能量利用率和爆破矿岩的破碎质量，提高采矿的综合技术经济指标。

8.2 煤矿井下爆破

煤矿井下爆破作业主要应用在井下硐室开挖、巷道掘进和炮采工作面爆破落煤。

8.2.1 煤矿井下爆破特点及煤矿许用爆破器材

8.2.1.1 煤矿井下爆破特点

（1）爆破作业现场存在瓦斯，当掘进工作面进入含瓦斯煤层或岩层时，瓦斯就会从煤（岩）层中向巷道空间涌出，或会突（喷）出，在浓度达到 5% ~ 15% 时，遇火源或温度达到 650 ~ 750℃时就会发生燃烧和爆炸；

（2）爆破现场有大量的煤尘，煤尘悬浮在空气中，粒径为 10μm ~ 0.1mm，当其浓度达到 300 ~ 400g/m^3 时，温度达到 700 ~ 800℃时就会发生爆炸；

（3）瓦斯和煤尘爆炸事故常常会形成共生灾害，瓦斯爆炸大量扬尘，很容易使煤尘达到爆炸浓度，再由瓦斯爆炸形成的冲击波和高温火源点燃和引爆，再扬尘，再爆炸，导致更大规模的恶性爆炸事故，致使灾害升级；

（4）井下有毒、有害气体有煤系地层自身产生的，也有爆破施工和化工品的大量使用产生的，井下作业空间狭窄，通风不畅，作业环境恶劣；

（5）煤矿井下巷道的断面尺寸普遍较小，多在4～14m^{2}之间，巷道断面形状和支护形式的多样，岩性变化大，有岩巷、半（煤）岩巷、煤巷等。

8.2.1.2 煤矿许用爆破器材

煤矿井下爆破必须使用煤矿许用爆破器材，不同瓦斯等级的矿井应使用不同安全等级的煤矿许用爆破器材，具体规定为：

（1）煤矿井下爆破使用电雷管时，应遵守下列规定：

1）使用煤矿许用瞬发电雷管或煤矿许用毫秒延期电雷管；

2）使用煤矿许用毫秒电雷管时，从起爆到最后一段的延期时间不应超过130ms；

3）不应使用导爆管或普通导爆索；

（2）井下爆破作业，必须使用煤矿许用炸药，并应遵守下列规定：

1）低瓦斯矿井的岩石掘进工作面必须使用安全等级不低于一级的煤矿许用炸药；

2）低瓦斯矿井的煤层采掘工作面、半煤岩掘进工作面必须使用安全等级不低于二级的煤矿许用炸药；

3）高瓦斯矿井、低瓦斯矿井的高瓦斯区域，必须使用安全等级不低于三级的煤矿许用炸药；有煤（岩）与瓦斯突出危险的工作面，必须使用安全等级不低于三级的煤矿许用含水炸药。

8.2.1.3 爆破网路

根据我国《爆破安全规程》和《煤矿安全规程》得规定：在有瓦斯的煤矿井下爆破只能使用煤矿许用电雷管和电爆网路，煤矿井下必须使用具有“入井检验合格证”的专用起爆器作为起爆源，严禁使用动力电源进行网路引爆，爆破网路的设计应根据工作面所处的位置和环境、炮孔数目和起爆器的能力来确定。

（1）煤矿用起爆器。煤矿井下爆破以MFB系列电容式起爆器使用最为广泛，常用的有MFB-50/100和MFB-150/200型，起爆能力为50～200发煤矿许用电雷管。

为了在煤矿井下进行安全爆破，《煤矿安全规程》规定了“一炮三检”和“三人连锁放炮制”等特殊制度，科技人员和生产厂家研发出能够（因瓦斯超限、警戒疏漏等）自动闭锁的起爆器，带有三重锁闭装置的起爆器，钥匙分别由爆破员、瓦斯检查员和班长携带，以强制执行三人连锁放炮制度。

（2）爆破网路中使用的母线必须符合标准，严禁用多芯或多根导线做爆破母线，也不得用两根材质、规格不同的导线做爆破母线。

（3）网路连接。常用的电爆网路有串联、并联和混合联三种方式，合理选择电爆网路的连接方式，保证雷管全部准爆。

（4）网路检测。为安全和准确起爆，需要对连接好的起爆网路进行检测。设计起爆网路时必须进行网路电阻计算，起爆前再做全电阻检测，从而判断网路雷管和连接是否正常。如果在测量对比网路的总电阻值时出入较大（一般≤5%），必须查找原因并排除故障后再连线起爆。

8.2.2　半煤岩巷掘进爆破

半煤岩巷道是指沿着薄煤层掘进的巷道，根据煤层在工作面的位置不同有多种情况，在巷道断面上既有煤层，又有岩层，当岩层为1/5～4/5掘进工作面面积时，即称为半煤岩巷道。半煤岩巷道主要分布在采区，在矿井开拓的工程量中约占30%～45%，对于生产矿井，采区半煤岩巷道的掘进施工则是开拓工程的主要内容。

8.2.2.1　炮孔布置

半煤岩巷道的炮孔布置以煤层在掘进断面上的位置不同而有所差别。当煤层位于工作面上部时，一般顶板都不稳定，安全性差，爆破施工时要特别注意顶板垮落。

由于煤层较软，炮孔布置时掏槽孔一般多布置在煤层部分，其他炮孔依据掏槽孔分层布置，间距按岩层性质和装药量来确定。与煤层直接接触的岩层通常较软，因此半煤岩巷道掘进的炮孔间距一般可达0.6～1.0m，周边孔的孔距和装药量要相应缩减。半煤岩巷道掘进工作面炮孔布置见图8-11。

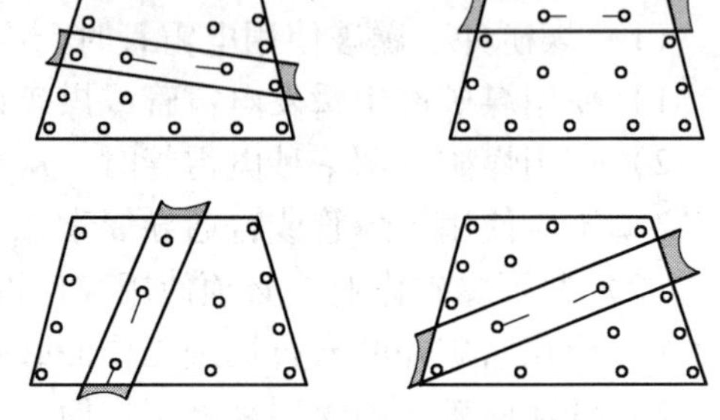

图8-11　半煤岩巷道掘进工作面炮孔布置示意图

对于棚架支护的半煤岩巷道，掘进爆破的炮孔深度一般依据棚架的间距进行选择，例如：棚架间距为0.7m时，炮孔深度应为1.5m或2.2m。

8.2.2.2　钻机选择

半煤岩巷道掘进爆破的钻孔设备一般为煤电钻，钻头直径一般为ϕ32～38mm，钻孔深度多为1.5～2.5m；如果岩石较硬时，则使用风动凿岩机或使用岩石电钻钻孔。

8.2.2.3　施工组织

半煤岩巷掘进爆破的施工组织有两种形式：一种是煤、岩不分，全断面掘进，这种施工组织方式用在煤层厚度小于0.5m，煤质不佳的半煤岩巷较为合适；另一种为煤、岩分掘分运的组织方式，即先掘运煤，然后再掘运岩石，这种方法保证了煤的质量，但工作组织较为复杂，掘进速度也会大受影响。

8.2.3　煤巷掘进爆破

沿煤层掘进的巷道，煤层占巷道断面的4/5及以上者，均可称为煤巷。由于煤层比岩石要软得多，破碎比较容易，因此，掘进煤巷的方法除钻孔爆破法外，还可用风镐、机械或水力掘进法。近年来，国有大型煤矿80%以上的煤巷掘进均采用煤巷联合掘进机进行施工。但大量的地方小煤矿仍采用钻爆法进行煤巷的掘进施工，甚至直接采用煤巷掘进出煤。

由于煤层较软，掏槽和爆破都较容易。多数情况下均采用单排扇形、单排楔形、锥形或四孔楔形槽等掏槽方式，见图8-12。

为了防止崩倒棚子，掏槽孔多位于掘进工作面的中下部。当煤巷掘进断面内有软弱煤带时，掏槽孔多布置在该软弱煤带内，此时采用单排的扇形掏槽或单排的楔形掏槽较为适

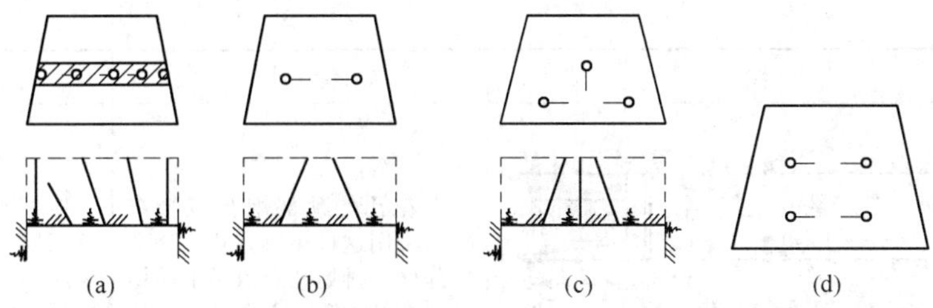

图 8-12 煤巷掘进常用的掏槽方式示意图

（a）单排扇形掏槽；（b）单排楔形掏槽；（c）锥形掏槽；（d）四眼楔形掏槽

宜，见图 8-12（a）和（b）；当掘进断面较大，煤层的稳定性又较好时，比较适宜于采用三角锥形掏槽或四孔楔形掏槽方式，见图 8-12（c）和（d）。

在煤巷掘进中，崩落孔的布置方法与岩巷基本相同。对于周边孔的布置，要适当远离巷道顶板和两帮，以免发生过大的超挖现象。

8.2.4 采煤工作面爆破

8.2.4.1 炮孔布置形式

采煤工作面落煤爆破的炮孔布置形式，主要有单排孔、双排孔和三排孔。双排孔又分对孔、三花孔和三角孔几种形式，三排孔又称五花孔，如表 8-7 所示。

表 8-7 炮孔布置形式

名 称	图 形	特 点	使用条件
单排孔布置	0.5~0.6m；1m；1m；60°	沿工作面的煤壁，在顶底板之间布置一排炮孔。单排孔是爆破落煤最常用炮孔布置形式	用于薄煤层，或煤软、节理发育的中厚煤层
双排孔布置	1.2m；0.4；0.3；5°~10°；1.2~1.5m；55°~60°；对孔 0.6m；1.0~1.2m；1.2~1.4m；5°~10°；5°~10°；1.2~1.5m；80°~85°；三花孔	在煤壁上靠近顶板布置顶孔，沿底板底孔布置底孔；顶板不好时，可将顶孔布置在煤层整个厚度（或采高）的中腰位置（亦称为腰孔）	用于中厚煤层，煤质中硬时用对孔，煤质软时用三花孔

续表 8-7

名　称	图　形	特　点	使用条件
三角孔布置	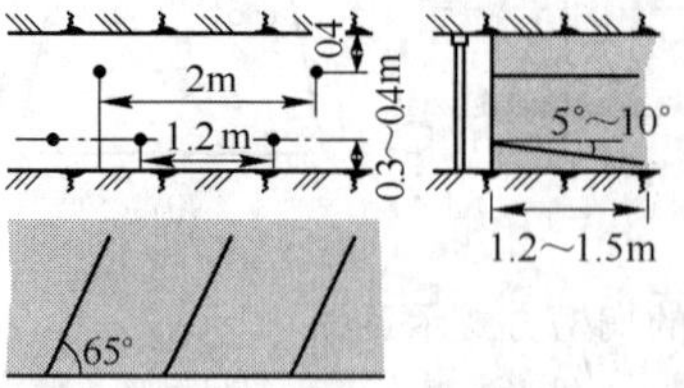2m 1.2m 0.4 0.3~0.4m 5°~10° 1.2~1.5m 65°	三花孔的顶部炮孔减半布置。采用这种布置方式，整个工作面上排炮孔总数是下排炮孔总数的 1/2，减少爆破对顶板振害措施之一	煤层上部煤质软或中厚煤层中不良顶板条件下被广泛采用
三排孔布置（五花孔）	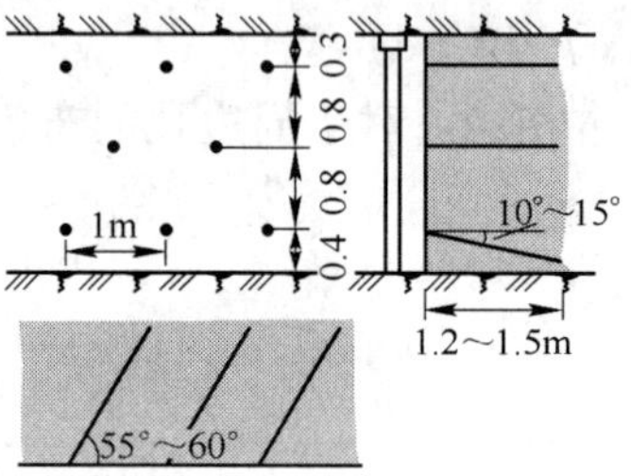0.3 0.8 0.8 0.4 1m 10°~15° 1.2~1.5m 55°~60°	顶孔一排与底孔一排孔间一一对应，而腰孔在顶底孔之间交错插入，使一个腰孔与两组顶底孔组成一个“五花”	应用于中厚至厚煤层，是煤层顶板较好、煤层较厚且质地较硬而采用的一种常用炮孔布置形式

8.2.4.2　爆破参数

采煤工作面爆破参数一般包括：孔距 a、排距 b、顶孔（或腰孔）孔口距顶板距离 d、底孔孔口距底板距离 e、底孔下扎角 α、顶孔上仰角 β、炮孔指向与煤比平面夹角 γ，以及炮孔深度 L 和垂深 h 等，见图 8-13。

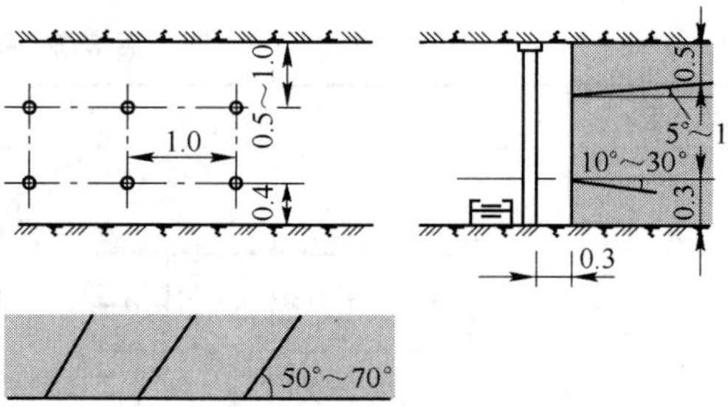

0.5~1.0
1.0
0.4
0.5
5°
10°
10°~30°
0.3
0.3
50°~70°

图 8-13　炮孔布置

顶孔一般为仰角，底孔为俯角。顶孔的仰角约为 5° ~ 10°，孔底与顶板保持 1 ~ 0.5m 的距离，距离的大小取决于煤质的软硬度及黏顶情况，底孔的俯角与顶孔大致相似。

（1）炮孔间距一般为 1.0 ~ 1.6m，炮孔与煤壁的夹角为炮孔角度，一般为 65° ~ 80°，根据煤质软硬，软煤取大值，硬煤取小值。

（2）炮孔深度取决于工作面一次的进度，工作面一次进度一般为 1.0 ~ 1.2m。小进度爆破有利于顶板控制及提高爆破装煤率，同时还可利用煤壁前方支撑压力的作用，提高爆破效果，降低炸药和雷管的消耗。

（3）炮孔装药量主要决定于煤层硬度、结构和炮孔间距。设计时可先根据循环总药量或装药系数计算出炮孔平均药量，然后根据炮孔的位置进行药量调整，通常情况下，双排孔的装药量之比为：底孔 : 顶孔 = 1 : 0.5 ~ 0.75；三排五花孔装药量之比为：底孔 : 腰孔 : 顶孔 = 1 : 0.75 : 0.5。

根据循环炸药量计算：

$$Q_{\mathrm{i}} = \frac{Q}{n} = \frac{qLMH}{n} \tag{8-18}$$

式中 Q_i——单个炮孔平均装药量，kg；

Q——循环炸药消耗量，kg；

q——单位炸药消耗量，kg/m^3，见表8-8；

H——每炮进尺，m；

L——工作面长度，m；

M——煤层厚度，m；

n——工作面的炮孔数目。

表8-8 单位炸药消耗量

煤 种	坚硬无烟煤	无烟煤、硬煤	烟 煤	软烟煤
坚固性系数f	2～3	1.5～2	1.0～1.5	<1.0
单位炸药消耗量q/kg·m^{-3}	0.28	0.24	0.20	0.16

根据装药系数计算：

$$Q_i = q_1 L\psi = L\psi \frac{Q_m}{l_m} \tag{8-19}$$

式中 ψ——每米炮孔平均装药长度，即装药系数，一般为0.3左右；

q_1——单位长度炮孔装药量，kg/m；

L——炮孔长度，m；

Q_m——每个药卷的质量，kg；

l_m——每个药卷的长度，m。

装药量与炮孔布置和煤层的硬度有关，根据经验，底孔装药量当每次爆破进度为1m左右时，在硬、中硬和软煤中分别为250～350g、200～300g和150～250g。

根据煤层厚度不同，炮孔布置形式和爆破参数均有所变化。

8.2.4.3 炮采工作面爆破顺序

炮采工作面爆破顺序主要考虑三个方面：一是顶孔、底孔、腰孔之间先后顺序；二是工作面分段之间的先后顺序；三是同一分段内沿工作面上下的先后起爆顺序。从爆破破煤机理、对顶板的维护以及对支架的保护不同角度来考虑，炮采工作面爆破落煤顺序如下：

（1）半煤岩巷道爆破分段之间一般选择在采面下部某一分段首爆，这样做可以保证采面上部各分段继续作业，不因爆破作业威胁作业人员的安全；

（2）再依次起爆其他各分段，亦可间隔起爆各分段；分段内在使用煤矿许用毫秒雷管起爆时，一般由上而下顺序装填1～5段毫秒雷管，这样做的目的是使前面抛起的煤受后抛起的煤的推动，造成爆堆沿采面更合理地均匀分布；

（3）在设计三花孔、三角孔和对孔，或者设计五花孔的炮孔布置形式时，应先起爆腰孔，然后是底孔，最后起爆顶孔，这种顺序起煤对充分利用临空面、维护顶板有利。

8.2.5 急倾斜煤层采煤爆破

急倾斜煤层多为不稳定的复杂煤层，常给开采工作带来很大困难。中深孔爆破采煤法是急倾斜煤层开采的最常用的采煤方法，包括薄及中厚煤层中深孔爆破技术和巷道放顶煤。

急倾斜薄及中厚煤层中深孔爆破采煤法巷道布置见图8-14。

采用MSZ212型普通煤电钻配以XMJ小型煤层钻孔机具，钻孔在倾斜横川内进行，沿倾斜方向向回风巷方向钻孔，由采空区一侧向超前上山侧进行。综合考虑煤层厚度、采高、硬度及顶底板岩性等因素，一般多采用三排孔布置，炮孔排距平均为1.0m，孔距为1.2m，孔深以10～20m为宜。常采用的炮孔布置见图8-15。

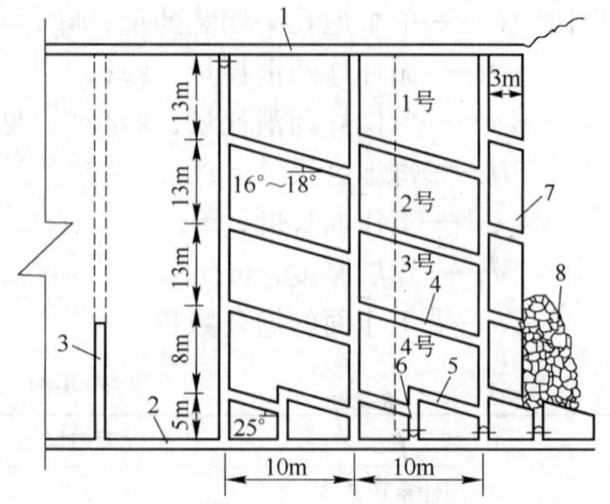

图8-14 急倾斜薄及中厚煤层中深孔爆破采煤法巷道布置

1—回风巷；2—运输平巷；3—超前上山；4—倾斜横川；5—溜煤孔横川；6—溜煤孔；7—隔离煤柱；8—采空区

巷道放顶煤采煤法的放煤小孔布置一般有倾斜分布和水平布置两种，见图8-16。当小孔倾斜布置时，炮孔采用上向扇形布孔；当水平布置时，炮孔采用上向平行布孔。上向扇形布孔不易破坏放煤巷道的保护层，对巷道的稳定有利，但施工不方便；上向平行布孔施工简便，操作灵活，但对顶煤破坏较大。

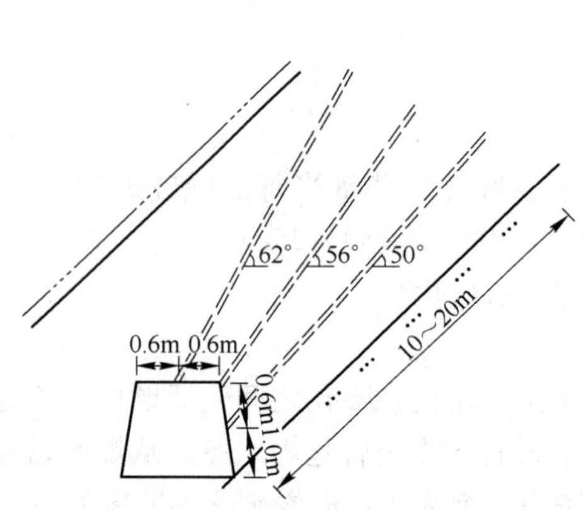

图8-15 中深孔爆破炮孔布置

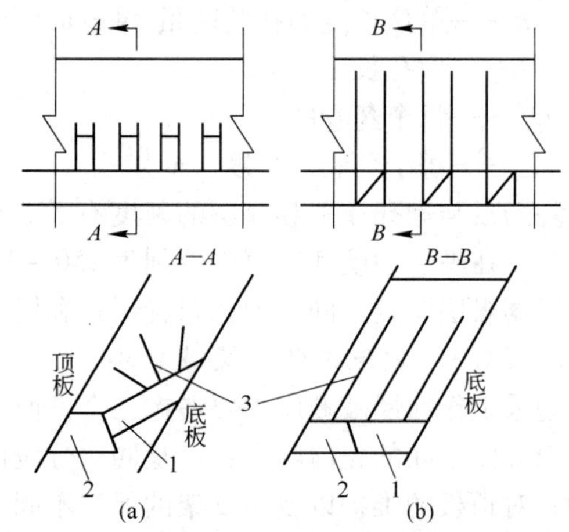

图8-16 放煤巷道与小孔位置关系及炮孔位置

（a）上向扇形孔；（b）上向平行孔

1—小孔；2—放煤巷；3—炮孔

8.2.6 放顶煤松动爆破

放顶煤开采方法是厚及特厚煤层的主要采煤方法之一，开采工艺是在厚煤层中先采煤层底部2～4m厚的一个分层，利用矿山压力的作用或辅以人工松动的方法，使支架上方的顶煤破碎，依靠重力通过支架放煤口回收顶煤，常见的放顶煤开采方法有综采放顶煤（简称综放）、型钢梁放顶煤（简称π放）、滑移支架放顶煤（简称滑放）等。当煤层顶部煤体在支承压力的作用下冒落和放出困难时，需要采取顶煤弱化措施，采用松动爆破是有效措施之一。放顶煤松动爆破有超前工作面深孔爆破和支架间向上钻孔爆破两种方式。

超前工作面深孔爆破需要在掏顶煤中布置一条专用预爆破工艺巷，在工艺巷内钻预爆破炮孔，炮孔直径一般选用60～100mm，药量根据顶煤及夹石的硬度和对爆破质量的要求试验确定，装药可以人工装药，也可以使用装药器来完成。在顶煤深孔预爆破中多采用风动装药器装药，装药深度可达50～70m。采用连续装药结构，矿用导爆索和电雷管正向起爆。炮孔封堵长度一般为孔深的25%～40%。

大同矿务局忻州窑煤矿8911综放工作面，平均煤层厚度7.06m，机采高度3.1m。采用煤层内沿顶板巷道内布置钻孔，超前工作面长孔松动爆破，巷道布置见图8-17。顶煤松动预爆破技术方案的主要技术参数：超前工作面20m起爆，三角形布孔方式，孔径60mm，孔间距2m，排间距0.7m，孔底距工作面顺槽内侧煤壁5m，封孔长度6m，一次最大起爆药量750kg。三角形布孔方案的参数见图8-18及表8-9所示。

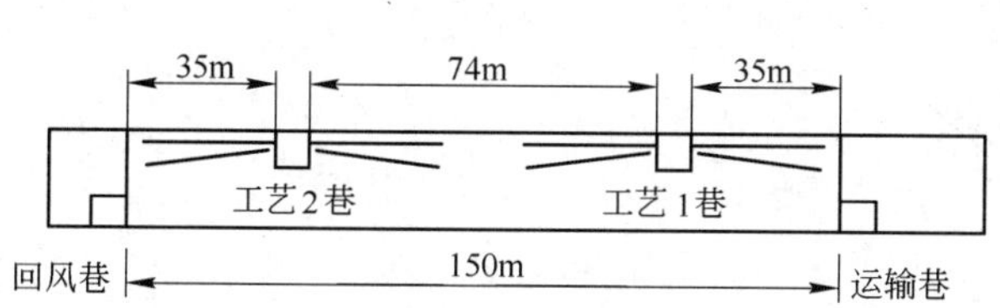

图8-17　工作面巷道及爆破钻孔布置

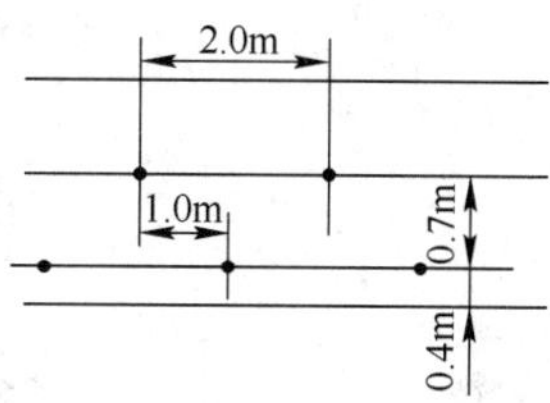

图8-18　三角形爆破方案

表8-9　三角形爆破方案的基本指标

项　目	指　标	项　目	指　标
布孔方式	三角形	中部孔底距/m	5.6
孔间距/m	2.0	端部孔底距/m	5.0
排间距/m	0.7	单孔线装药量/kg·m^{-1}	2.0
孔径/mm	60	单孔延米爆破量/m^3·m^{-1}	4.77
药卷直径/mm	50	炸药单耗/kg·m^{-3}	0.34
装药结构	轴向连续	雷管单耗/支·m^{-3}	0.0131
封孔长度/m	6.0		

8.3　水电地下洞室群爆破

8.3.1　洞室布置

地下水电站是一个立体交错的复杂的地下洞室群，由主厂房、主变压室、尾水调压室等三大洞室和数条引水隧洞及尾水洞、母线洞、出线竖井、通风洞、排水洞、交通洞等附属洞室组成。

图8-19是我国已建成的二滩水电站地下厂房立体布置图。硐库与硐群层叠布置，交叉点很多，开挖难度极大。

地下厂房系统的地下洞室群可以分成三个相对独立的区域施工（图8-20）。第一区域为引水系统，包括引水上平洞、引水斜井（或竖井）和引水下平洞，它们由相互平行的数条引水隧洞组成；第二区域为三大洞室，包括主厂房、主变压室和尾水调压室及与其相关

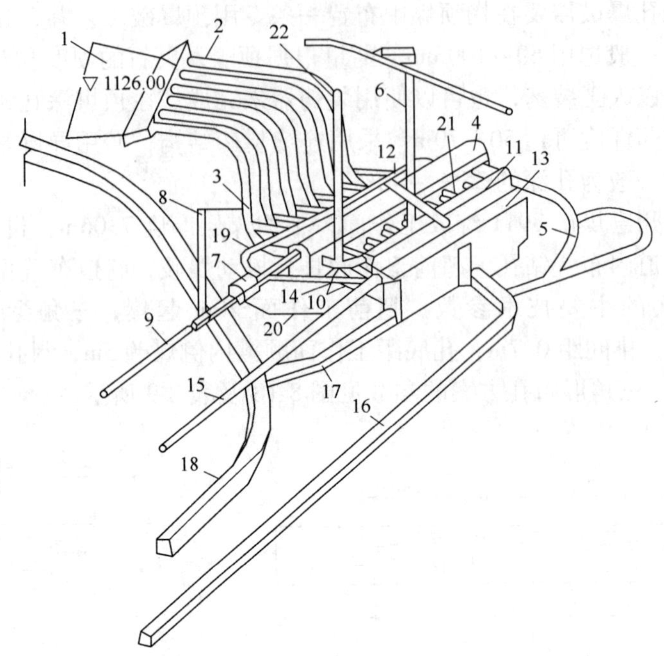

图 8-19　二滩水电站地下厂房布置图

1—发电进水口；2—压力钢管；3—至压力钢管垂直段交通洞；4—主厂房；5—厂房交通洞；6—排风机室；7—进风机室；8—补气竖井；9—通风洞；10—联系洞；11—主变电室；12—500kV 电缆斜井；13—调压室；14—尾水管；15—至调压室交通洞；16—1 号尾水管；17—2 号尾水管；18—左岸导流洞；19—1 号排水廊道；20—2 号排水廊道；21—母线洞；22—电梯竖井

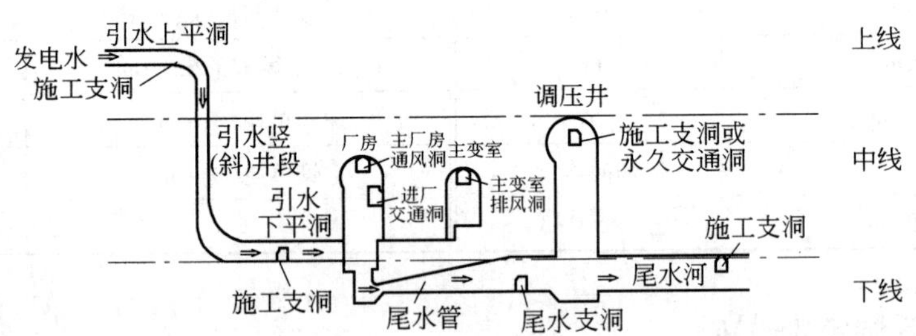

图 8-20　地下厂房系统纵剖面图

联的洞室如母线洞、出线洞、通风洞、交通洞等；第三区域由数条尾水洞组成。三区虽相对独立，但又相互有机的联系。

引水部分开挖与普通洞挖或斜井、竖井开挖没有差异，但在开挖程序上须先开挖引水上平洞与引水下平洞，待引水上平洞与引水下平洞开挖到其斜井（或竖井）两端时斜井（或竖井）才能开挖。

三大主体洞室岩壁厚度一般都有 30 ~ 40m，在开挖程序上相互之间不受限制，但地下厂房一般是关键线路所在，常常是以主厂房为主线进行开挖工期安排。三大洞室都是采用自上而下分层开挖法。在开挖上大体分四种类型，即顶层城门洞型的开挖、岩锚梁所在层的开挖（主变和尾调没有岩锚梁）、大断面直高边墙区段的开挖和底层开挖。因此，三大洞室的开挖常常是按“立体多层次，平面多工序”的方式展开。

地下洞室间岩墙薄，开挖爆破对相邻洞室的围岩稳定有严重影响，在洞室群中任一部位的开挖都会引起应力多次重分布，因此，必须要求开挖后的支护及时跟进，而且相邻洞室间要错开距离开挖。特别是三大洞室分多层开挖，分层厚度的确定及支护的及时性都是极为重要的，否则会引起围岩（顶拱和边墙）的较大变形。

8.3.2 洞室群施工特点

洞室群施工的特点：

（1）主厂房跨度大，边墙高，工程量大；

（2）洞室布置集中，各洞室平行或互相交叉，洞室间距较近，岩柱薄，围岩稳定问题突出；

（3）地下主厂房的顶部、中部、底部均有永久隧洞，为分层施工提供了交通条件；

（4）地下厂房开挖、支护、混凝土浇筑等工序多，交叉进行，施工干扰大。

对于大型洞库施工20世纪70年代前主要采取多导洞分层施工，以保持洞室稳定。80年代后采用分层梯段爆破、光面爆破等配以凿岩台车钻孔、挖掘机配自卸汽车的施工工艺。从而使地下工程进入加快破岩速度、保护边墙尽量减少破坏及适时进行喷锚支护的现代化地下工程开挖方法。

8.3.3 三大洞室顶层的开挖爆破

地下主厂房和尾水调压室规模都比较大（大型地下厂房的尾水调压室高度往往超过主厂房），三大洞室的体形大都为长廊式方圆形断面（也有尾调为圆筒形），开挖爆破方法大体相同，一般都要分9～12层进行开挖（图8-21）。

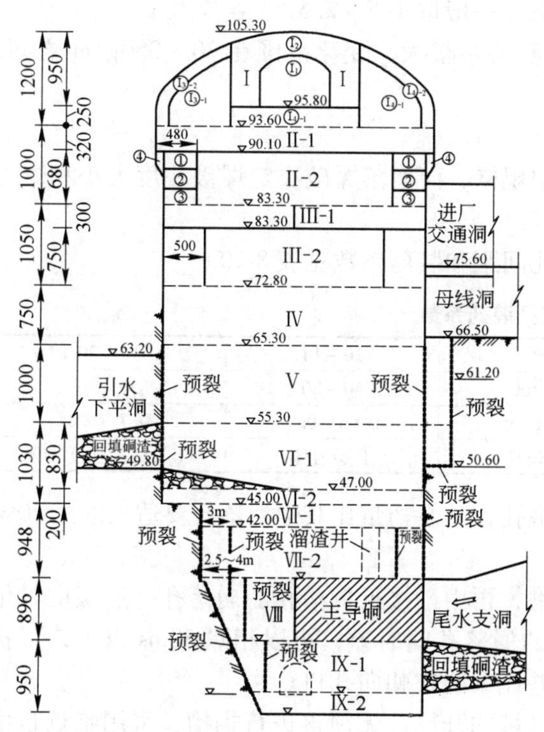

图8-21 主厂房典型开挖分层剖面图

三大洞室的弧形顶拱层的开挖方法基本相同，一般分左、中、右三区进行开挖，其开挖程序如下（图8-22）：

（1）中导洞先贯通，可及早解决通风困难，尽早形成空气对流；

（2）中部先开挖成形，是使用得最普遍的一种开挖方式，施工简便，没有重复支护程序，施工难度小；

（3）双侧壁导坑型，适用于特大断面，跨度不小于15m，经简单支护（如只需喷

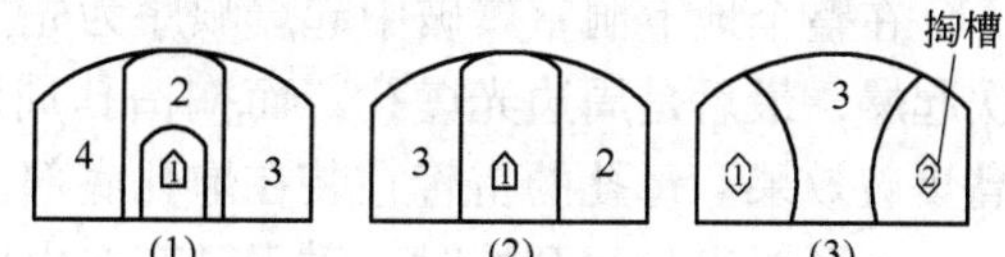

图8-22 洞室顶层开挖分区图

混凝土）围岩就能自稳数月的大型地下洞室中使用（如龙滩地下厂房跨度30.7m，基本为Ⅲ类围岩），这种开挖方法需两次掏槽，开挖成本相对较高，施工进度也不如前两种方法。

不论采用哪种开挖方法，其钻爆要素基本相同，可分为掏槽爆破、周边孔光面爆破和主爆孔崩落爆破。不同的开挖方法，仅仅是掏槽的位置布置的不同而已。

8.3.3.1 掏槽爆破

目前，水利水电领域使用最多的掏槽形式有楔形掏槽和龟裂一字形掏槽两种。一般不大于3.0m的地下洞室以楔形掏槽为主，在硬岩中，往往要采用多层楔形掏槽方式。龟裂一字形掏槽爆破效率高，在硬岩中多采用，但它对钻孔精度要求高，一般适用于多臂钻孔台车作业。其他常用的掏槽方式还有螺旋掏槽、双螺旋掏槽和混合掏槽等。

掏槽爆破的具体参数与巷道和隧道爆破相同。

8.3.3.2 边孔光面爆破

地下洞室开挖中，周边孔采用光面爆破或预裂爆破成型，以减少围岩的振动破坏、减少超欠挖及减少爆破松动圈。

光面爆破或预裂爆破的主要参数包括：周边炮孔孔径 d、孔距 a、光爆层厚度（或最小抵抗线）W、周边孔密集系数 m、炮孔线装药密度 q、炮孔装药不耦合系数 k 等。影响爆破参数选择的因素主要有：岩石性质、炸药品种、一次爆破的断面大小、断面形状等。

（1）光爆孔孔距 a 一般是炮孔孔径的 8 ~ 12 倍（也有人认为是 10 ~ 14 倍 d），软岩、破碎岩取小值，坚硬完整性好的岩石取大值。钻孔孔径一般都选用 38 ~ 50mm。

（2）周边孔密集系数 m 和最小抵抗线 W 之间的关系 $m = a/W$，瑞典兰格弗尔斯建议 $m = 0.5 \sim 0.8$，软岩取大值。水电系统常用的 m 值为0.7 ~ 0.8。

（3）不耦合系数：光面爆破的不耦合系数 k 一般取 1.5 ~ 2.5。

（4）线装药密度：线装药密度与岩石性质关系很大，变化范围在 70 ~ 350g/m 之间；一般坚硬岩石取大值，软岩、破碎岩取小值。

8.3.3.3 主爆孔崩落爆破

掏槽和周边孔的爆破决定排炮进尺和开挖规格，而崩落爆破决定爆破块度大小和爆堆成形，是洞室爆破的三大重要组成部分。

根据岩石的强度、坚硬程度不同，其炮孔间距和装药系数见表 8-10。

表 8-10 炮孔装药系数

岩体坚固系数	4 ~ 6	7 ~ 9	10 ~ 14	15 ~ 20
间距/cm	100 ~ 120	80 ~ 100	60 ~ 80	50 ~ 70
α	0.55 ~ 0.6	0.6 ~ 0.65	0.65 ~ 0.7	0.7 ~ 0.8
岩石级别	Ⅳ类岩体	Ⅲ类岩体	Ⅱ类岩体	Ⅰ类或高强度岩体

周边孔内侧的崩落孔，即决定光面层的炮孔，其装药量比其他崩落孔要适当削减 20% 左右，孔间距也适当减少 20%。

在整个地下洞室爆破中起爆顺序为先掏槽，再由最接近掏槽孔的崩落孔一层层向外依次起爆，最后是周边光爆孔。而掏槽孔周围的崩落孔间时差，可以相隔 50ms 以上，以提高爆破效果。每孔的雷管宜装在炮孔底部，并让聚能穴朝向孔口。

大型洞室分区开挖时，对于已有自由面区域的开挖，无须再进行掏槽，采用临近自由面处向开挖周边方向依次层层起爆。

8.3.4　岩锚梁层的开挖爆破

岩锚梁岩台一般位于地下厂房开挖的第二层或第三层中，岩台开挖一般分多区进行（图8-23）。首先是中部槽挖，并在两侧预留3～4m的保护层。槽挖时为保护好保护层岩体不受破坏，同样要进行开挖边线预裂。

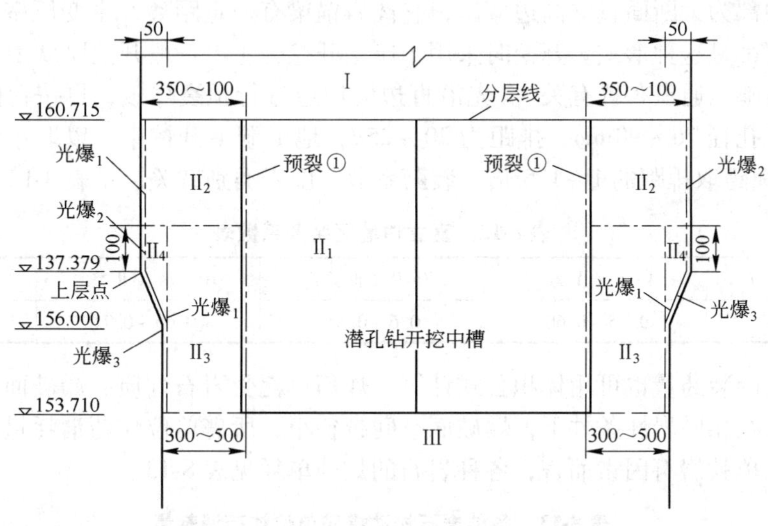

图8-23　岩锚梁层开挖分区程序图

岩锚梁岩台开挖的关键部位是保护层内的开挖，一般采用下列两种方法。

（1）沿地下厂房主轴线方向进行的逐步前进法。其钻孔方向与厂房主轴线方向一致，将保护层由表及里层层剥离，最后达到岩台设计规格线。岩台开挖采用短进尺、低药量、弱爆破及隔孔装药方式，且严格控制装药量。岩台光面爆破孔的钻爆参数一般为：

孔距：30～40cm；

孔深：3.0～2.5m；

线装药密度：75～200g/m（视岩性不同而定）；

不耦合系数：2.0～1.8。

该方法的缺点是施工速度慢，它必须一个循环一个循环地进行，而光爆孔太深也容易引起两茬炮孔间的错台加大。

（2）钻孔与地下厂房主轴线成大角度相交法爆破。它将保护层又分几次开挖，最后留下岩台以上的梯形区，布置垂直于主厂房轴线方向的周边孔进行光面爆破（图8-23）。光爆孔2在Ⅱ3区开挖前钻好，并采用PVC管插入进行保护，以免在爆破Ⅱ3区时将光爆2孔震塌。光爆孔3在光爆Ⅱ3区开挖后方能钻孔，与光爆2同时起爆。钻爆参数一般由现场试验确定，初拟定参数见表8-11。

表8-11　岩锚梁开挖爆破参数

孔距/cm	孔深/m	药卷直径/mm	不耦合系数	线密度/g·m^{-1}
30	3.0	22～25	1.8～2.0	75～150

该方法施工速度快，爆破效果好。为了让岩台开挖质量得到保证，常常使用钻孔样架，根据岩台周边孔的角度设计并制作，将钻机置于样架上进行操作，使其钻孔角度、深度都不发生偏离，从而使钻孔质量得到极好的保证。

8.3.5 直立边墙区层的开挖爆破

主厂房中部为大断面直立高边墙区，它离岩锚梁有一定距离，主变压室、长廊型尾水调压室的中部都是这种形式。开挖时采用中厚层开挖为主，一般开挖厚度为4~8m（最大可达10m，与施工通道布置有关）。先沿直边墙周边进行预裂爆破，再按台阶爆破法进行开挖。主爆孔孔径76~90mm，排距为20~25d，地下洞室开挖中，以取小值为好，一般为1.8m，孔间距取排距的1~1.5倍。装药系数与围岩类别有关，见表8-12。

表8-12 直立边墙区装药系数表

岩石坚固系数f	4~6（Ⅳ类）	7~9（Ⅲ类）	10~14（Ⅱ类）	15~20（Ⅰ类）
装药系数a	0.55~0.60	0.6~0.65	0.65~0.7	0.7~0.75

单个炮孔的装药量也可用体积公式计算，炸药单耗受岩石性质、爆破面几何特性、孔深等的影响，在相同岩性条件下，爆破面空间越狭小，所需单位炸药消耗量越大。排除爆破空间因素，单就岩石因素而言，各种岩石的炸药单耗见表8-13。

表8-13 各种岩石松动爆破单位炸药消耗量

岩石名称	岩石特征描述	岩石坚固性系数f	炸药单耗q /kg·m^{-2}
页　岩 千枚岩	风化破碎 完整，微风化	2~4 4~6	0.33~0.45 0.40~0.52
板　岩 泥灰岩	泥质，薄层层面张开，较破碎 较完整，层面闭合	3~5 5~8	0.37~0.52 0.40~0.56
砂　岩	泥质胶结，中薄层或风化破碎 钙质胶结，中层厚，中细粒结构，裂隙不堪发育 硅质胶结，石英质砂岩，厚层，裂隙不发育，未风化	4~6 7~8 9~14	0.33~0.48 0.43~0.56 0.47~0.68
砾　岩	胶质性差，砾石以砂岩或较不坚硬的岩石为主 胶结好，以较坚硬的岩石组成，未风化	5~8 9~12	0.40~0.50 0.47~0.64
白云岩 大理岩	节理发育，较疏松破碎，裂隙频率大于4条/m 完整，坚硬	6~8 9~12	0.40~0.56 0.50~0.64
石灰岩	中薄层或含泥质的，或鲕状、主页状结构，裂隙较发育 厚层，完整或含硅质、致密	6~8 9~15	0.43~0.56 0.47~0.68
花岗岩	风化严重，节理裂隙很发育，多组裂隙交割，裂隙频率大于5条/m 风化较轻，节理不甚发育或风化的伟晶粗晶结构 细晶均质结构，未风化，完整致密岩石	4~6 7~12 12~20	0.37~0.52 0.43~0.64 0.53~0.72

续表 8-13

岩石名称	岩石特征描述	岩石坚固性系数 f	炸药单耗 q /kg·m^{-2}
流纹岩 粗面岩 蛇纹岩	较破碎 完整	6~8 9~12	0.40~0.56 0.50~0.68
片麻岩	片理或节理发育 完整坚硬	5~8 9~14	0.40~0.56 0.50~0.68
正长岩 闪长岩	中风化，整体性较差 未风化，完整致密	8~12 12~18	0.43~0.60 0.53~0.70
石英岩	风化破碎，裂隙频率大于5条/m 中等坚硬较完整 很坚硬完整致密	5~7 8~14 14~20	0.37~0.52 0.47~0.64 0.57~0.80
安山岩 玄武岩	受节理裂隙切割 完整坚硬致密	7~12 12~20	0.43~0.60 0.53~0.80
辉长岩 辉绿岩	受节理切割	8~14	0.47~0.68
橄榄岩	很完整、很坚硬致密	14~25	0.60~0.84

8.4　放射性矿床开采爆破

8.4.1　铀矿开采爆破技术要求

放射性矿床是指含有天然放射性元素铀、镭、钍并具有工业利用价值的矿床，在放射性矿床中对国防和能源有战略意义的主要是铀。铀矿床开采与其他金属矿床开采的工艺技术基本相同，但铀矿石具有放射性，其采掘工艺技术必须密切与放射性物探相结合，必须十分注重安全防护与环境保护，爆破技术应适应铀矿资源特点采掘工艺技术的要求，具体如下：

（1）铀矿爆破与放射性物探相结合；

（2）分爆分采、控制爆破块度，确保放矿工艺和铀矿特殊工艺的技术要求，降低损失和贫化；

（3）加强矿井通风，尽可能降低爆破过程中放射性对人身危害与对环境影响。

8.4.2　铀矿原地爆破浸出开采

8.4.2.1　开采方法

原地爆破浸出开采是融采、冶于一体的一种新型铀矿开采方法，此工艺技术适合低品位铀矿体开采，其主要工艺途径是：以阶段或中段划分采场，在脉内布置井巷采切工程（用于凿岩和爆破时的补偿空间），将较高品位矿石切采出窿（25%左右矿量），低品位矿石爆破筑堆就地浸出（75%左右矿量），利用溶浸剂有选择性地浸出矿石中的有价金属，将浸出含铀金属溶液收集送水冶厂处理。

8.4.2.2　原地爆破浸铀深孔爆破筑堆典型方案

根据原地浸出爆破时补偿空间的大小、形式及爆破方向不同，可采用多种爆破筑堆方法，爆破筑堆方法的名称和特点如表 8-14 所示。

表 8-14　原地浸出爆破筑堆方法特点

序号	名　称	适应条件	补偿系数	优　点	缺　点
1	向松散矿堆的深孔挤压爆破筑堆	1. 矿体厚度大于 10 ~ 15m； 2. 矿体的形态比较规整；围岩含有品位；渗透性很低	在采场下部设有底部结构，补偿系数为15% ~20%	1. 开采效率高、强度大、劳动生产率高； 2. 崩落成本低；采用挤压落矿，崩落矿石块度均匀，大块率低，粉矿少	1. 爆破后要进行局部放矿，放矿管理困难； 2. 造成空洞现象，在浸出过程中，形成沟流，增加酸耗，降低矿石浸出率
2	无底柱分段崩落留矿筑堆	急倾斜厚矿体或缓倾斜极厚矿体，矿石稳固或中等稳固以上，围岩稳固程度较好，节理裂隙不发育，围岩渗透系数小	小补偿空间 12% ~20% 崩矿	1. 采矿方法结构简单，灵活性大； 2. 在回采巷道中凿岩和出矿，安全性好； 3. 回采工艺简单，劳动生产率高； 4. 采用挤压崩矿，崩落矿石块度较小	1. 小块度矿石容易从端部放出，大块度矿石留在采场浸出，容易造成“沟流”现象； 2. 采场通风条件较差
3	均匀布置切割槽的深孔挤压爆破筑堆	1. 矿体厚度大于 10 ~ 15m； 2. 围岩含有品位，当矿体的形态不规整时，开采部分矿石或废石，使爆堆规整，以免产生浸润死角； 3. 当矿体、围岩渗透性较大时，应采取有效的防渗漏措施	切割工作包括开凿补偿空间和形成拉底空间，补偿系数为15% ~20%	1. 爆破一次成堆，不需要进行局部放矿，级配良好，不会产生“沟流”现象； 2. 作业安全、开采效率高、崩落成本低； 3. 崩落矿石块度均匀，大块率低，粉矿少； 4. 切割槽可布置在矿体品位较高的地段，以使高品位矿石拉出地表堆浸	1. 劳动强度大； 2. 可能产生浸润死角； 3. 容易渗透，可能造成污染
4	深孔分段留矿筑堆法	开采各种稳定程度的矿体，节理裂隙发育的矿体更为有利，矿体厚度可以从几米到几十米，倾角为急倾斜	以切割天井为自由面，开切割槽，形成补偿空间，补偿系数为 15% ~20%	1. 采场结构和生产工艺简单，安全性好； 2. 爆堆形状规整矿堆能保持爆破后的天然状况，级配状况良好，不会产生分级现象，有利于矿石的浸出； 3. 爆破块度均匀，矿石平均线粒度较小	1. 爆破作业强度大； 2. 探矿工作量大，否则易造成矿石损失

续表 8-14

序号	名 称	适应条件	补偿系数	优 点	缺 点
5	水平深孔爆破留矿筑堆法	矿石和围岩都稳定，节理裂隙发育的矿体更为有利，一般在薄及中厚以下矿体，形状规则，倾角为急倾斜	补偿系数为30%左右	1. 爆破矿石块度较均匀，粒度级配较好，矿堆呈自然堆积状态，有利于矿石的浸出； 2. 工作安全性好，工效高，崩落强度高； 3. 相邻采场可组合成盘区开采，以强化落矿、留矿和浸出工艺； 4. 采准切割工作量相对较小，脉外采准放射性污染较小	1. 可能损失分枝矿体； 2. 人员通行、设备和材料运送到矿房中不便； 3. 钻凿的条件较差，崩落矿石块度相对要大些； 4. 受矿体的赋存状况影响较大
6	垂直深孔球状药包爆破筑堆（VCR 法）	主要适应于中厚以上的垂直矿体，形状规则，倾角大于60°的急倾斜和小矿体		1. 矿块结构简单，爆破效果好，大块率和粉矿率低，能较好地控制崩落矿石块度和级配组成； 2. 堆形规整，有利于矿石的浸出； 3. 安全性好，有利于集液和防渗漏，减少损失	1. 清孔、测孔和装药作业难以实现机械化； 2. 凿岩硐室断面积大，维护工作量大
7	向自由空间的深孔抛掷爆破筑堆	倾斜的中厚或厚矿体，矿体的下盘透水性差，节理裂隙不发育	补偿空间系数30%	1. 矿块结构简单，不需要掘进切割天井； 2. 爆破效果好，大块率低； 3. 采场生产能力大，爆破筑堆作业集中	1. 用留矿法开采倾角40°～50°的矿体时；矿石不能靠自重溜到采场的底部进行筑堆； 2. 炸药消耗量大，劳动强度大
8	浅眼留矿法爆破筑堆	适用于矿体厚度0.5～5m，倾角不小于60°的稳固岩石。应用这一爆破筑堆方法的最有利条件是矿体倾角80°～90°产状稳定的脉状矿床	30%左右的补偿空间	1. 对开采设备要求较低； 2. 采场结构、爆破筑堆工艺、生产管理简单，工人容易掌握	1. 易形成空硐现象，在浸出过程中将造成沟流，增大溶浸液的耗量，降低回收率； 2. 机械化程度低，劳动强度大，爆破效率低； 3. 采掘比大，底部结构复杂； 4. 适应范围受到控制，灵活性差
9	浅孔全面留矿法爆破筑堆	适用于矿体厚度0.5～5m，倾角不大于65°的稳固岩石	30%左右的补偿空间	1. 对开采设备要求较低； 2. 采场结构、爆破筑堆工艺、生产管理简单； 3. 爆破块度小	1. 生产效率低、放射性防护条件差； 2. 工人站在矿堆上进行崩矿，使分层爆破的矿堆表面形成压实层，形成人为的“隔液层”，降低矿堆局部的渗透性，在矿堆内产生“沟流”现象

8.4.3 爆破参数

8.4.3.1 爆破主要参数

爆破主要参数确定与其他金属矿相同。

深孔爆破一次爆破区段长度宜控制在 60m 以内；中等厚度以下矿体宜采用上向平行凿岩方案，炮孔深度不宜大于 15m；中等厚度以上矿体可采用大于 15m 的深孔，但应经过严格的论证；设计炸药单耗宜比非原地爆破浸出采场的炸药单耗增加 20% ~30%。

补偿空间系数 $K_{补}$ 可按式（8-20）计算：

$$K_{补} = \frac{V_{补}}{V_{前}} \tag{8-20}$$

式中 $V_{补}$——补偿空间体积，m^3；

$V_{前}$——矿石爆破前体积，m^3。

一般认为，$K_{补}$ = 1.20 ~ 1.30。不考虑在达到一定爆破程度时过挤压带来的放矿问题，$K_{补}$ 值可适当减小。如西安蓝田铀矿在原地爆破浸出爆破筑堆时，采用的 $K_{补}$ = 1.12 ~ 1.24，筑堆规模达到 3×10^4t，效果很好。

毫秒延时时间间隔 Δt 可按式（8-21）计算：

$$\Delta t = K_j \times W(24 - f_j) \tag{8-21}$$

式中 Δt——毫秒延时间隔，ms；

K_j——岩石裂隙系数；裂隙不发育，$K_j = 0.50$；中等裂隙，$K_j = 0.75$；裂隙发育，$K_j = 0.90$；

W——最小抵抗线，m；

f_j——岩石坚固性系数。

8.4.3.2 爆破块度与有效空隙度

爆破后矿石的块度对浸出效果有直接的影响，爆破以后块度分布的函数形式可以用 Rosin-Rammler 分布表示。

$$Y = 1 - \exp[-(X/X_C)^n] \tag{8-22}$$

式中 Y——通过筛孔尺寸为 X 的碎块比例，%；

X——筛孔尺寸；

X_C——特征尺寸，即 63% 的碎块可通过的筛孔尺寸；

n——均匀系数，一般情况 n 小于 1.0，平均为 0.60。

蓝田铀矿采用扇形中深孔布置的小补偿空间一次挤压爆破筑堆，取样筛分后进行回归计算，得矿石的块度分布为：

$$Y = 1 - \exp[-(X/31.17)^{0.52}]$$

有效空隙度是堆内相互连通的孔隙体积所占矿堆总体积的分数，由式（8-23）表示。

$$\varphi = V_{孔} / V_{总} \tag{8-23}$$

式中 φ——有效空隙度，%；

$V_{孔}$——相互连通的孔隙体积之和，m^3；

$V_{总}$——矿堆总体积，m^3。

φ 值与矿堆的松散系数有关，在采用小补偿空间一次挤压爆破筑堆时的松散系数就是补偿空间系数 $K_{补}$，φ 与 $K_{补}$ 的关系如公式（8-24）：

$$\varphi = 1 - \frac{1}{K_{补}} \tag{8-24}$$

从浸出开始到结束，矿堆的 φ 值可能发生较大的变化，φ 值的变化为：

$$\varphi_a = \varphi_b \cdot e^{-az} \tag{8-25}$$

式中 φ_a——某一时间和某一相对高度的有效空隙度,%；

φ_b——矿堆在浸出开始的有效空隙度,%；

a——与浸出时间和矿石性质有关的系数；

z——从矿堆顶部到某一相对高度的矿堆深度，m。

8.5 高温硫化矿爆破

由于硫化矿氧化、自燃、地下火区、地热等而引起矿体和岩层发热，其温度高于50℃者称为高温硫化矿岩。在这种矿岩中进行的爆破称为高温硫化矿爆破。国内高温硫化矿山主要是一些地下开采矿山，如：水口山铅锌矿、铜坑锡矿、动乡铜矿、铜山铜矿等。

8.5.1 高温硫化矿爆破的特点

高温硫化矿爆破有以下特点：

（1）矿石含硫量高，一般采场的矿山含硫量达到27%，富集带高达70%～90%，含硫量越高，越容易和硝铵类炸药反应，从而使温度升高引起炸药自爆；

（2）黄铁矿氧化严重，有的采场处于接触破碎带中，黄铁矿在渗透水和空气作用下预氧化，在采场掘进回采时，黄铁矿石暴露在井下潮湿空气中加速氧化，而黄铁矿在氧化过程中会放出大量的热量；

（3）采场孔温偏高有发火倾向，高温硫化矿床，矿石具有自燃发火倾向，在开采期间出现不同程度的高温或自燃现象。

8.5.2 自爆机理

硫化矿矿石与硝铵或乳化炸药接触之所以能够引起炸药自爆，其中一个重要的原因是当硫化矿与硝铵类炸药直接接触时发生了化学反应，一般认为，硫化矿中炸药发生自燃自爆的过程如下：

$$2FeS_2 + 7O_2 + 2H_2O = 2FeSO_4 + 2H_2SO_4 + 2574kJ$$

$$FeS_2 + 3O_2 = FeSO_4 + SO_2 + 1040kJ$$

$$2FeS_2 + 7O_2 = Fe_2(SO_4)_3 + SO_2 + 1180kJ$$

从上述各反应式可以看出，井下酸性水、硫酸盐类和刺激性气体是硫化矿石氧化反应的结果。而硫化矿石氧化反应产生的硫酸亚铁不稳定，硫酸亚铁进一步被氧化生成硫酸铁。

$$12FeSO_4 + 6H_2O + 3O_2 = 4Fe(OH)_2 + 4Fe_2(SO_4)_2$$

硫酸铁作为一种氧化剂，又与黄铁矿按下式进行反应：

$$Fe_2(SO_4)_3 + FeS_2 + 2H_2O + 3O_2 = 3FeSO_4 + 2H_2SO_4$$

以上反应生成的硫酸与硝酸铵作用产生硝酸，硝酸再与黄铁矿作用生成二氧化氮。反应式如下：

$$H_2SO_4 + 2NH_4NO_2 = (NH_4)_2SO_4 + 2HNO_2$$

$$64HNO_2 + 4FeS_2 = 2Fe_2(SO_4)_3 + 2H_2SO_4 + O_2 + 64NO_2 + 30H_2O$$

上述反应生成的硫酸铁能促进黄铁矿的氧化反应，而黄铁矿氧化反应的产物硫酸进一步加速相关反应。这些反应相互促进并不断加速，热量积累，温度升高，最终导致炸药的爆燃或爆炸。

引起炸药在高硫矿床炮孔中自爆的另一个原因是炸药在高温环境下发生热分解反应。

$$8NH_4NO_2 = 2NO_2 + 4NO + 5N_2 + 16H_2O + Q$$

在敞口条件下，炸药的热分解反应随着环境温度升高而加快，直至分解完毕。当炸药制成药卷或将药粉直接装入高温炮孔中，其分解的热量和矿石反应生成的热量不能及时释放出去，尤其是在炮口被炮泥填塞的情况下，易形成热积聚并加速分解，导致爆燃或爆炸的发生。

FeS_2 在氧化中生成了 $Fe^{2+} + Fe^{3+}$ 和 H_2SO_4，矿石 pH 值下降，经氧化的 FeS_2 与硝铵类炸药接触容易引起反应，使含有 FeS_2 的矿石与硝铵类炸药产生反应的最低温度称为临界温度。临界温度随矿石 pH 值的下降，$Fe^{2+} + Fe^{3+}$ 的增加而降低，如图 8-24 和图 8-25 所示。各矿石的临界温度可由该矿石的 pH 值和 $Fe^{2+} + Fe^{3+}$ 含量在图 8-24 和图 8-25 中查得。当炮孔温度高于临界温度时，硝铵类炸药与炮孔中硫化矿石接触就会反应，有自爆危险。

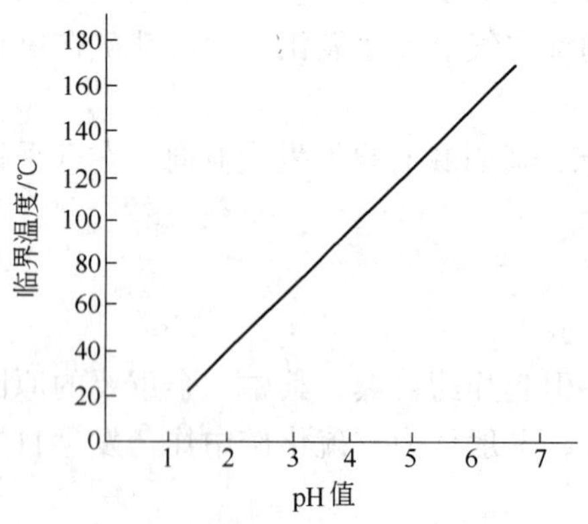

图 8-24　临界温度与 pH 值的关系

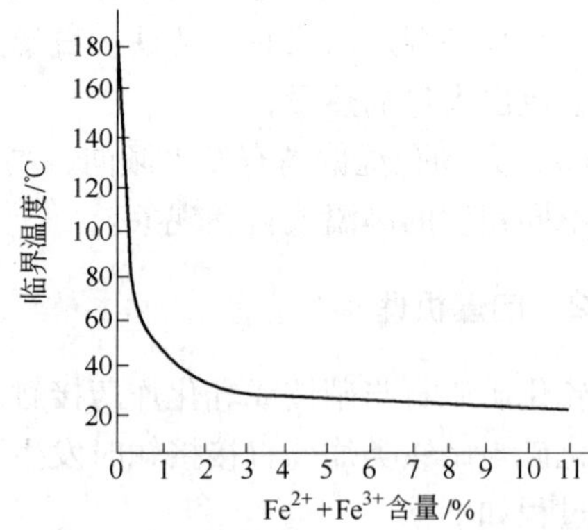

图 8-25　临界温度与 $Fe^{2+} + Fe^{3+}$ 的关系

在自爆机理的基础上，建立的自燃自爆危险性评价方法有三要素差别法、酸度差别法和临界温度差别法三种。

8.5.3　硫化矿用安全炸药

在硫化矿用安全炸药的研究中，常利用尿素等来改性铵油炸药。在粉状炸药中加尿素、氧化锌、碳酸钙等物质可抑制硝铵与硫化矿的反应。采用粉状炸药加抑制剂改良铵油炸药的方法受混合均匀程度、混合效率等许多因素的影响，还与硫化矿的氧化程度、混合程度及炸药的接触条件等因素有关。表 8-15 为国内外对硫化矿用安全炸药研究的总结。

表 8-15 国内外硫化矿用安全炸药研究总结

炸药名称	添加物质	分解起始温度/℃	持续时间/h	爆破环境
铵油炸药	0.25% ~2.0% 的尿素	101		干矿石
		82		矿石含水 5%
		51		含酸 5% （0.34% 硫酸）
胶质代拿买特或乳化炸药	1% 硫脲和 7% 碳酸钙	56.9	24	
粒状铵油炸药	高分子胶凝剂和甲酸钙等分解抑制剂	46	4	油浴条件下

北京矿冶研究总院与江西铜业公司武山铜矿合作于 1989 年研制成功了 BMH 型硫化矿用散装安全炸药，解决了硫化矿井下的高温爆破安全问题。在安徽新桥硫铁矿等矿山推广应用后取得了良好的防自爆应用效果。

在炸药混合物中加入 1% ~30% 的尿素，可以改善乳化炸药的防自爆性能，使其适宜在易反应的硫化矿中使用，加入这些添加成分后，炸药的爆力有一定程度的降低。

1995 年，北京矿冶研究总院与德兴铜矿合作，研制成功了 BDS 系列安全乳化炸药，该炸药不仅适合混装车生产，满足了现代大型露天矿爆破作业机械化装药的要求，而且在硫化矿预装药 7 ~10 天仍可保证安全。

云浮硫铁矿的现场装药乳化炸药组分如表 8-16 所示，该炸药的爆发点为 340℃。

表 8-16 装药车乳化炸药的组分

组 分	分子式	相对分子质量	含量/%
硝酸铵	NH_4NO_3	80	70 ±2.0
硝酸钠	$NaNO_3$	85	11 ±1.0
尿 素	$CHON_2$	57	5 ±0.5
轻柴油	$C_{16}H_{32}$	224	4 ±0.5
水	H_2O	18	10 ±0.5

8.5.4 高温硫化矿爆破隔热措施

8.5.4.1 隔离包装防止炸药自爆

《爆破安全规程》规定：孔温超过 60℃ 的矿井爆破，必须采取安全措施，孔温超过 140℃时应采用耐热爆破器材。

采取良好的隔离包装可以防止炸药在高硫高温炮孔内产生自燃、自爆。常用的隔离包装材料见表 8-17。

表 8-17　不同炮孔温度下隔离包装材料的选择

炮孔温度	隔离包装要求
<50℃	中间涂沥青的双层牛皮纸、表面涂石蜡的双层牛皮纸或聚氯乙烯布作为炸药包装
50～80℃	全部用涂沥青牛皮纸，外加聚氯乙烯布或双层聚氯乙烯布包装
>80℃	玻璃丝布外涂水玻璃防水包装

氧化严重的硫化矿石与 2 号岩石铵梯炸药接触在 50～70℃的炮孔内就产生剧烈反应。若将炸药包装成防自爆药包使用，使其与硫化矿石隔离，装入 100℃的炮孔内 8h 也未产生剧烈分解。

8.5.4.2　高温隔热包装材料

在炮孔温度很高的情况下装药，有时炸药虽然与黄铁矿石相隔离，但由于炸药在孔内受热发生分解而又放出热量，最后导致炸药燃烧。

常用的保温隔热材料有石棉绳、膨胀珍珠岩、细玻璃棉和海泡石等几种。因珍珠岩等材料不便包缠于炸药卷外侧，过去在高温爆破中，多使用石棉绳，而海泡石为新型的保温隔热材料，在同等条件下海泡石的导热系数要低于土和石棉类隔热材料。试验表明：

（1）当外侧介质温度低于 96℃时，海泡石和石棉绳隔热效果无差异，但当外侧介质温度大于 160℃后，海泡石隔热效果明显优于石棉绳，而通常的高温爆破时，孔内温度均大于 150℃，故应选择使用海泡石作为隔热材料；

（2）当外界温度低于 100℃时，含水石棉绳隔热效果较佳；当外界温度为 180℃时，两者效果接近；当外界温度为 248℃时，含水海泡石效果较佳。

8.5.5　高温爆破作业技术措施

8.5.5.1　改善作业条件

井下爆破作业面空气温度高于 28℃时，应采取降温措施。降温方法可选用下述 4 项：

（1）加强通风，从低温区引入新鲜风流，降低作业面气温；

（2）用喷雾器喷射冷水和通风联合降温；

（3）往工作面喷射冰水降温；

（4）将通过制冷系统的冷空气送入工作面降温。

8.5.5.2　测定炮孔温度

爆破前必须多次测定高温区各个炮孔的温度，掌握爆区温度分布及孔温随孔深和时间的变化规律，测温方法有：普通水银温度计测温、留点温度计测温、半导体点温计测温、热电偶和电位差计测温、数字温度仪测温。测温时送入炮孔内的温度计或测温探头需用金属套管保护，测温器材应经常标定。必须测得孔温的稳定值和最高值，以保证测温结果的可靠性。

8.5.5.3　加强安全监测

通常炸药装入炮孔后，药温上升至孔温为止，若超过孔温，意味着炸药产生了明显的热分解，或者包装破裂，炸药与硫化矿石产生了化学反应，有自燃、自爆危险。为及时掌握装药中炸药的温升情况，必须进行安全监测，其方法是将热电偶置于炮孔的炸药内，通过补偿导线连接在安全地点的测温仪器观察，记录装药过程中的炸药温度变化情况。监测自燃硫化矿炮孔中装药时，热电偶放置在有隔离包装的炸药内，并保证包装的密封性。

8.5.5.4　采取防止自爆措施

有效地防止自爆措施包括：

（1）采用耐热爆破器材；

（2）缩短装药时间；

（3）孔温高于所选用炸药的允许使用温度时，需改用其他合适的炸药或采取降温措施，可以往孔内压送冷水或冰水，进行孔内降温；

（4）装药地点有专人监视，发现炮孔冒黄烟和其他异常现象应立即组织撤离；

（5）硫化矿火区爆破严禁用硫化矿粉作炮孔填塞物；

（6）填塞、连线并检查无误后，应立即起爆。

第9章 井巷掘进爆破

井巷工程是指为进行采矿或其他工程目的，在地下开凿的各类通道和硐室的总称。

井巷掘进爆破包括平巷掘进爆破、井筒掘进爆破、隧道掘进爆破和硐库开挖爆破。它们广泛地应用于矿山、交通、水利水电、大型油库等工程中。

在地下矿山，开凿在岩体或矿层中不直通地表的水平通道称为平巷（水平巷道）；在地层中开凿的直通地面的水平巷道称为平硐。

9.1 平巷掘进爆破

平巷掘进爆破的特点是只有一个自由面，同时炮孔深度受到限制，一般只有1.5～3.0m。

9.1.1 工作面和炮孔布置

平巷掘进中的炮孔，按其位置和作用的不同，分为掏槽孔、辅助孔（崩落孔）和周边孔。周边孔又可分为顶孔、底孔和帮孔（图9-1）。

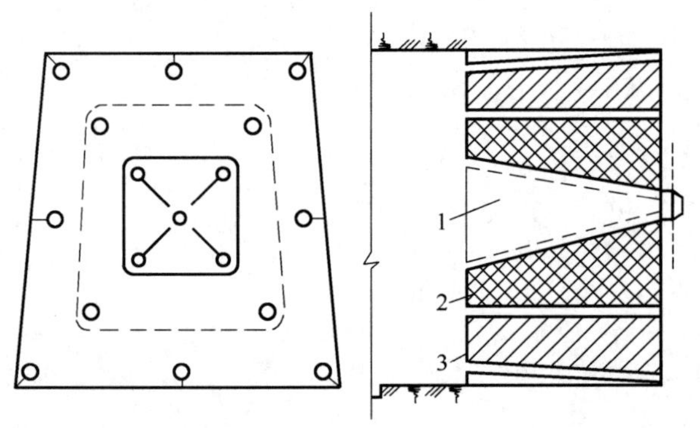

图9-1 各种炮孔

1—掏槽孔；2—辅助孔；3—周边孔

平巷掘进爆破时，由于只有一个自由面，四周岩石夹制力很大，爆破条件困难，因此，掏槽孔的布置极为重要。掏槽孔的作用就是在工作面上首先造成一个槽腔作为第二个自由面，为其他炮孔爆破创造有利条件。辅助孔的作用是扩大和延伸掏槽的范围。周边孔的作用是控制平巷断面规格形状。为了提高其他炮孔的爆破效果，掏槽孔应比其他炮孔加深0.15～0.25m。

9.1.1.1 掏槽孔的形式

根据巷道断面、岩石性质和地质构造等条件，掏槽孔的排列形式种类繁多，归纳起来有倾斜孔掏槽、平行空孔直线掏槽和混合式掏槽三种。

A　倾斜孔掏槽

倾斜孔掏槽的特点是掏槽孔与工作面斜交。通常分为单向掏槽、锥形掏槽和楔形掏槽。

（1）单向掏槽。掏槽孔排列成一行，并朝一个方向倾斜。适用于软岩（钾岩、石膏等）或具有层理、节理、裂隙或软夹层的岩石中。可根据自然弱面存在的情况分别采用顶部掏槽、底部掏槽或侧向掏槽，掏槽孔倾斜角度依岩石可爆性不同，取50°～70°。与此相邻的第二排孔也要作适当的倾斜，如图9-2所示。

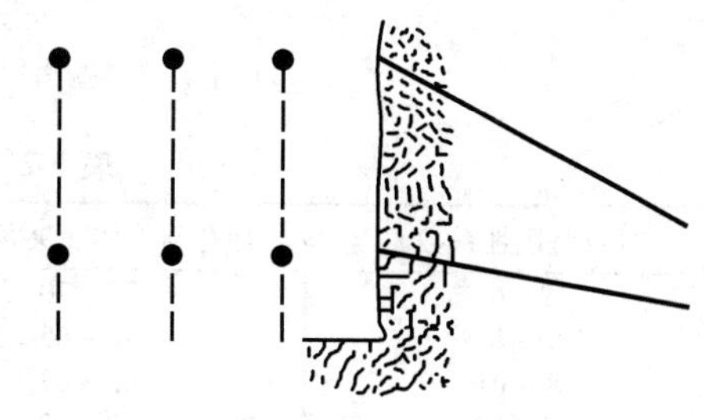

图9-2　单向掏槽

（2）锥形掏槽。各掏槽孔以同等角度向工作面中心轴线倾斜，孔底趋于集中，但相互不贯通，爆破后形成锥形槽（见图9-3）。掏槽孔有关参数视岩石性质而定，施工中可参考表9-1选取。表中参数适用于孔深在2m以内的浅孔爆破。

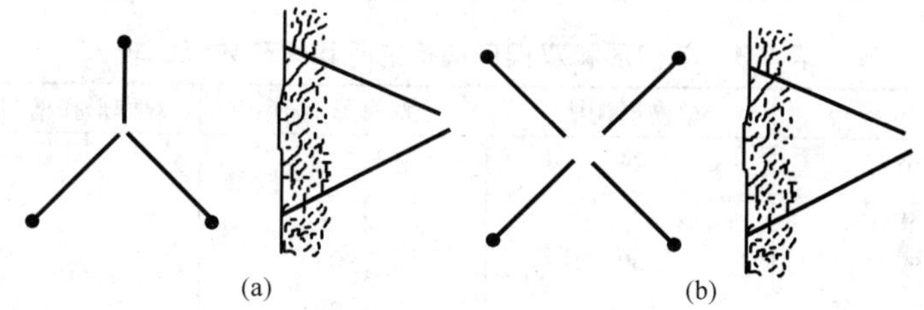

(a)　(b)

图9-3　锥形掏槽

（a）三角形；（b）四角形

表9-1　锥形掏槽孔主要参数

岩石坚固性系数 f	炮孔倾角/(°)	相邻炮孔间隔/m	
		孔口间隔	孔底间距
2～6	75～70	1.00～0.90	0.4
6～8	70～68	0.90～0.85	0.3
8～0	68～65	0.85～0.80	0.2
10～3	65～63	0.80～0.70	0.2
13～16	63～60	0.70～0.60	0.15
16～18	60～58	0.60～0.50	0.10
18～20	58～55	0.50～0.40	0.10

（3）楔形掏槽。楔形掏槽通常由两排或两排以上的相对称的倾斜炮孔组成，爆破后形成楔形槽。前者称为单楔形掏槽（简称楔形掏槽），后者称为双楔形（多楔形）掏槽。楔形掏槽又有垂直楔形掏槽和水平楔形掏槽之分（见图9-4）。

楔形掏槽中，每对掏槽眼间距为0.2～0.6m，孔底间距为0.1～0.2m。掏槽孔与工作面夹角为55°～75°。当岩石在中硬以上，断面大于4m^{2}时，可采用表9-2所列的参数。当岩石更为坚硬时，宜采用双楔形掏槽。

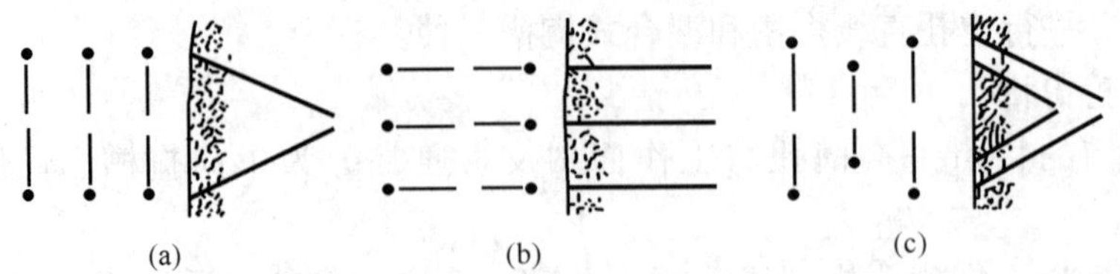

图 9-4　楔形掏槽

（a）垂直楔形掏槽；（b）水平楔形掏槽；（c）双楔形掏槽

表 9-2　楔形掏槽的主要参数

岩石坚固性系数 f	炮孔与工作面夹角/(°)	两排炮孔孔口间距/m	炮孔数目/个
2 ~ 6	75 ~ 70	0.6 ~ 0.5	4
6 ~ 8	70 ~ 65	0.5 ~ 0.4	4 ~ 6
8 ~ 10	65 ~ 63	0.4 ~ 0.35	6
10 ~ 12	63 ~ 60	0.35 ~ 0.30	6
12 ~ 16	60 ~ 58	0.30 ~ 0.20	6
16 ~ 20	58 ~ 55	0.20	6 ~ 8

表 9-3 列出了单楔形掏槽和双楔形掏槽爆破参数和效果的比较。

表 9-3　单楔形和双楔形掏槽的平均爆破效果比较

参　数	单楔形掏槽	双楔形掏槽	双楔形掏槽与单楔形掏槽比较/%
循环炮眼数/个	24	27	-12.5
循环装药量/kg	9	13.5	-50.0
炮眼利用率/%	60	90	30.0
单位炸药消耗量/kg · m^{-3}	1.76	1.98	-12.5
单位体积炮眼长度/m · m^{-3}	7.93	5.95	25.0

由表 9-3 可以看出，双楔形掏槽在炮孔利用率和单位体积炮孔长度两方面明显优于单楔形掏槽，而在其他项目上则劣于单楔形掏槽。两者适用范围不同，采用时应综合考虑各项因素。

B　平行空孔直线掏槽

平行空孔直线掏槽亦称直孔掏槽，所有掏槽孔均垂直于工作面，且相互平行，其中有几个不装药的空孔，作为装药炮孔爆破时的辅助自由面和破碎体的补偿空间。平行空孔直线掏槽通常分为龟裂掏槽、桶形掏槽和螺旋形掏槽。

(1) 龟裂掏槽。无论是垂直龟裂掏槽，还是水平龟裂掏槽，掏槽孔均布置在一条直线上，彼此间严格平行，装药孔与空孔间隔布置（见图 9-5）。掏槽孔数目取决于巷道断面大

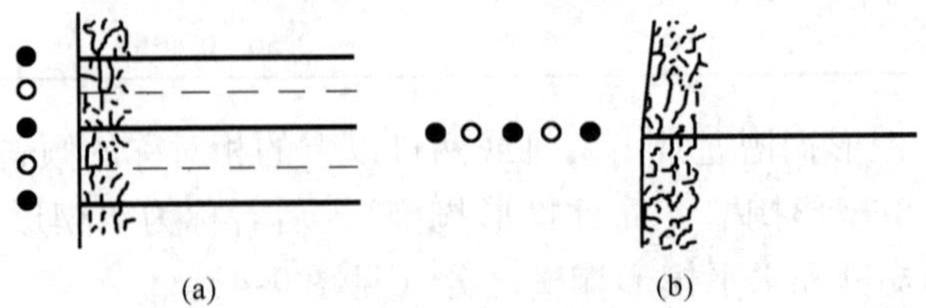

图 9-5　龟裂掏槽

（a）垂直龟裂掏槽；（b）水平龟裂掏槽

● —装药孔；○ —空孔

小和岩石的坚固性系数，在中硬以上的岩石中，一般是3~7个掏槽孔，孔间距离为8~15cm。空孔直径可与装药孔直径相同，也可取50~100mm。此种掏槽方式最适于工作面有较软的夹层或接触带相交的情况，可将掏槽孔布置在较软或接触带附近的部位。

（2）桶形掏槽。桶形掏槽亦称角柱形掏槽，各掏槽孔互相平行且呈对称形式排列。掏槽孔由4~7个炮孔组成，其中有1~4个空孔。桶形掏槽应用范围广泛，大、中、小断面均可采用（见图9-6）。如果岩石较硬，也采用直径为75~100mm的大直径空孔（见图9-7）。

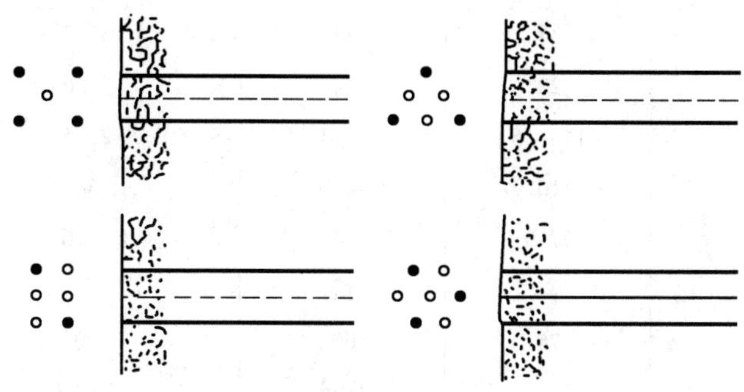

图9-6 桶形掏槽

● —装药孔；○ —空孔

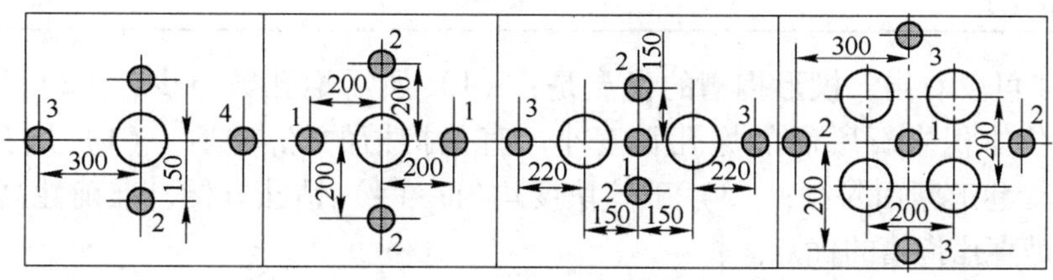

图9-7 大直径空孔角柱形掏槽

◎—装药孔；○—空孔；1~4—起爆顺序

（3）螺旋形掏槽。掏槽孔呈螺旋状，各装药孔至空孔距离依次递增，装药孔呈螺旋线布置，并按由近及远的起爆顺序起爆，形成非对称桶形。空孔可以是小直径，也可以是大直径（见图9-8）。螺旋形掏槽适用于较均质岩石。

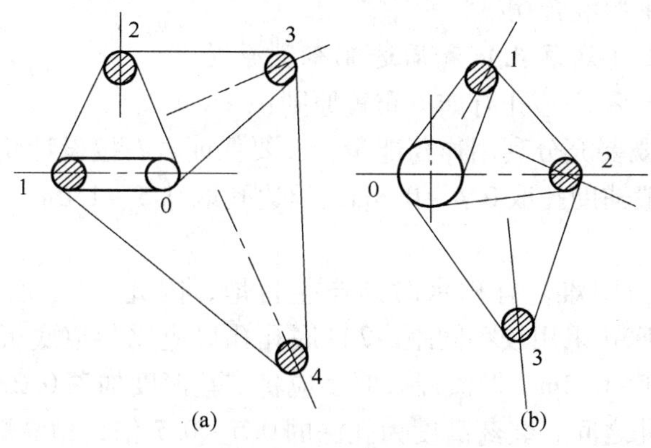

图9-8 螺旋形掏槽原理示意图

（a）小直径空孔；（b）大直径空孔

平行空孔直线掏槽与楔形掏槽（倾斜掏槽）的爆破效果比较如表 9-4 所示。该表数据是在断面为 2.4m×2.1m，长度为 600m 的不同岩层掘进时监测的。

表 9-4 直孔掏槽和楔形掏槽爆破参数与效果比较

参 数	直孔掏槽	楔形掏槽	直孔与楔形掏槽比较/%	备 注
掘进断面积/m^2	1.91	2.21	-15.7	
最大炮孔深度/m	1.5	1.5	0	
循环炮孔数/个	34	24	33.3	两个直孔
掘进孔数/个	22	14	41.6	不含周边孔
循环装药量/kg	14~16	8~10	23.5	总装药量
掘进药量/kg	10	4.2	58	不含周边孔
掏槽/掘进面积/%	37.9	44	-16	
钻孔方便和准确性	高	低	—	
炮孔利用率/%	75	60	20	
单位炸药消耗量/$kg \cdot m^{-3}$	2.12	1.76	16.98	80%硝化甘油
单位体积炮孔长度/$m \cdot m^{-3}$	8.99	7.93	11.8	
破碎程度	均匀	不均匀	—	

由表 9-4 可以看出，楔形掏槽的优点是：（1）所需炮孔数目少；（2）炸药单耗低；（3）爆破单位体积岩石所需的炮孔长度小。直孔掏槽的优点是：（1）炮孔利用率高；（2）孔深不受巷道断面限制；（3）破碎块度均匀；（4）钻孔方便，准确性高。而楔形掏槽的缺点正是直孔掏槽的优点。

直孔掏槽在单位炸药消耗量和爆破单位体积岩石所需的炮孔长度方面都比楔形掏槽高，其主要原因是直孔掏槽槽腔的炸药单耗和炮孔数目明显偏高。因此，直孔掏槽的爆破效率在小断面掘进工作面要比楔形掏槽低，但在中等和大断面的掘进工作面，由于槽腔体积所占掘进面积的比例小，爆破效率明显提高。

C 混合式掏槽

混合式掏槽是指两种以上的掏槽方式混合使用，在遇到岩石特别坚硬或巷道断面较大时，可以采用桶形与锥形混合掏槽。

9.1.1.2 辅助孔（崩落孔）和周边孔布置原则

辅助孔（崩落孔）和周边孔有如下布置原则：

（1）布孔均匀，既要充分利用炸药能量，又要保证岩石按设计轮廓线崩落。其间距根据岩石性质而定，一般辅助孔取 0.4~0.8m，周边孔取 0.5~1.0m，周边孔距巷道轮廓线取 0.1~0.2m。

（2）底孔布置较为困难，有积水时易产生盲炮，因此：1）底孔间距一般为 0.4~0.7m。抛渣爆破时，底孔采用较小间距。2）底孔孔口应比巷道底板高出 0.1~0.2m，但其孔底应低于底板 0.1~0.2m。抛渣爆破时，应将炮孔深度加深 0.2m 左右。3）底孔装药量介于掏槽孔和辅助孔之间，装药高度为孔深的 0.5~0.7 倍，抛渣爆破时，每孔增加 1~2 个药卷。

工作面的炮孔布置如图 9-9 所示，巷道断面为 3m×3m，图中数字为起爆顺序。

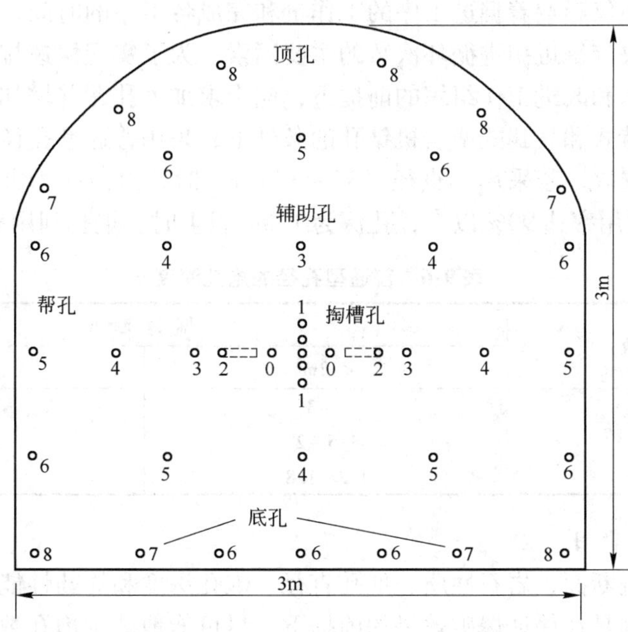

图 9-9 工作面炮孔布置图

9.1.2 爆破参数确定

9.1.2.1 炮孔直径

炮孔直径的大小直接影响钻孔速度、工作面炮孔数目、单位炸药消耗量、爆落岩石块度以及巷道轮廓的平整性。炮孔直径增加，意味着药卷直径也增加，有利于爆炸稳定性的提高，爆速增大。但是，炮孔直径过大，不仅钻速降低，而且因炮孔数目减少而影响药量均匀分布，使岩石破碎质量变差。目前国内平巷掘进多采用手持式凿岩机和气腿式凿岩机钻孔，孔径有两种类型：普通型和小直径型（小直径炮孔和小直径药卷），其规格列于表 9-5。

表 9-5 两种类型的孔径 单位：mm

类 型	孔 径	药 径
普通型	40 ~ 42	32 ~ 35
小直径型	34 ~ 35	27

小直径与普通孔径相比，因凿岩面积减少，钻速显著提高。例如，直径 42mm 的钻头钻凿面积为 1385mm^2，而直径 32mm 的钻头钻凿面积只有 804mm^2，后者较前者减少了 42%。因此，在相同条件下，小钻头钻速比大钻头高。研究表明，钻头每减少 1.0mm，单位钻速可提高 3% ~4%。

采用重型凿岩机和凿岩台车钻孔时，炮孔直径为 45 ~ 55mm，可采用 40 ~ 45mm 直径的药卷进行深孔掘进爆破。

9.1.2.2 炮孔深度

炮孔深度简称孔深，是指孔底到工作面的垂直距离。

孔深的大小，不仅影响着掘进工序的工作量和完成各工序的时间，而且影响爆破效果和掘进速度。它是决定每班掘进循环次数的主要因素。为了实现快速掘进，在提高机械化程度、改善循环技术和改进工作组织的前提下，应力求加大孔深并增加掘进循环次数。在目前我国多采用手持式和气腿式凿岩机钻孔的条件下，采用普通型孔径（40～42mm）时，其孔深可按表 9-6 选取，若采用小直径（34～35mm）时，以浅孔为宜。试验表明，孔深为 1.5m 时，炮孔利用率达 90% 以上；孔深为 1.8m 以上时，炮孔利用率仅为 80% 左右。

表 9-6 普通型孔径的炮孔深度 单位：m

岩石坚固性系数 f	掘进断面	
	$<12m^2$	$>12m^2$
1.6～3	2～3	2.5～3.5
4～6	1.5～2	2.2～2.5
7～20	1.2～1.8	1.5～2.2

9.1.2.3 炮孔数目

炮孔数目与掘进断面、岩石性质、炮孔直径、炮孔深度和炸药性能等因素有关。确定炮孔数目的基本原则是在保证爆破效果的前提下，尽可能地减少炮孔数目。通常可按下式估算：

$$N = 3.3\sqrt[3]{fS^2} \tag{9-1}$$

式中 N——炮孔数目，个；

f——岩石坚固性系数；

S——巷道掘进断面面积，m^2。

式（9-1）没有考虑炸药性能、药卷直径和炮孔深度等因素对炮孔数目的影响。

9.1.2.4 单位炸药消耗量

单位炸药消耗量的大小取决于炸药性能、岩石性质、巷道断面、炮孔直径和炮孔深度等因素。在实际工程中，多采用经验公式和参考国家定额标准来确定。

A 修正的普氏公式

修正的普氏公式具有下列简单的形式；

$$q = 1.1K_0\sqrt{\frac{f}{S}} \tag{9-2}$$

式中 q——单位炸药消耗量，kg/m^3；

f——岩石坚固性系数；

S——巷道掘进断面面积，m^2；

K_0——考虑炸药爆力的校正系数，$K_0=525/p$，p 为爆力，mL。

B 定额与经验值

在实际应用过程中，应根据国家定额或工程类比法选取单位炸药消耗量数值，通过在工程实践中不断加以调整，确定合理的使用值。

表 9-7 所示为岩石坚固性系数与巷道断面决定的延米巷道炸药消耗量经验值；表 9-8 所示为原煤炭工业部制定的平巷与平硐掘进炸药消耗量定额值。

表 9-7 巷道掘进延米巷道炸药消耗量经验值

巷道掘进断面面积/m^2	岩石坚固性系数 f			
	2~4	5~7	8~10	11~14
	延米巷道炸药消耗量/kg · m^{-1}			
4	7.28	9.26	12.80	15.72
6	9.30	12.24	16.62	20.58
8	11.04	14.80	19.92	24.88
10	12.06	17.20	23.00	28.80
12	14.04	19.32	25.80	32.40
14	15.40	21.42	28.70	36.12
16	16.64	23.36	31.04	39.36
18	17.82	24.38	33.66	42.30

表 9-8 平巷与平硐掘进单位炸药消耗量定额值

岩石坚固性系数 f	巷道断面面积/m^2									
	<4	<6	<8	<10	<12	<15	<20	<25	<30	>30
	平巷与平硐炸药消耗量定额值/kg · m^{-1}									
煤	1.2	1.01	0.89	0.83	0.76	0.69	0.65	0.63	0.60	0.56
<3	1.91	1.57	1.39	1.32	1.21	1.08	1.05	1.02	0.97	0.91
<6	2.85	2.34	2.08	1.93	1.79	1.61	1.54	1.47	1.42	1.39
<10	3.38	2.79	2.42	2.24	2.09	1.92	1.86	1.73	1.59	1.46
>10	4.07	3.39	3.03	2.82	2.59	2.33	2.22	2.14	1.93	1.85

确定了单位炸药消耗量后，根据每一掘进循环爆破的岩石体积，按下式可计算出每循环所使用的总药量：

$$Q = qV = qSL\eta \tag{9-3}$$

式中 V——每循环爆破岩石体积，m^3；

S——巷道掘进断面面积，m^2；

L——炮孔深度，m；

η——炮孔利用率，一般取 0.8~0.95。

9.1.3 爆破说明书与爆破图表

爆破说明书是巷道施工组织设计的一个重要组成部分，是指导检查和总结爆破工作的技术文件。

爆破说明书的主要内容包括：

（1）爆破工程的原始资料。包括掘进巷道的名称、用途、位置、断面形状和尺寸、穿过岩层的性质、地质条件以及瓦斯情况、涌水量等。

（2）选用的爆破器材与钻孔机具。包括炸药、雷管的品种，凿岩机具的型号、性能，起爆电源等。

（3）爆破参数的计算选择。包括掏槽方法，炮孔直径、深度、数目，单位炸药消耗量，每个炮孔的装药量、填塞长度等。

（4）爆破网路的设计和计算。

（5）爆破采取的各项安全技术措施。

根据爆破说明书绘出爆破图表，包括炮孔布置图，装药结构图，炮孔布置参数及装药参数表格，预期的爆破效果以及经济指标。

9.2　立（竖）井掘进爆破

在地下矿山，立（竖）井是通向地表的主要通道，是提取矿石、岩石，升降人员，运输材料和设备以及通风、排水的咽喉。在长大隧道的开挖工程中，为缩短工期，往往需要掘进竖井、斜井以增加工作面，改善通风条件。在水利、水电工程中，永久船闸输水系统、抽水蓄能电站也都需要掘进立（竖）井。

所谓立（竖）井就是服务于各种工程在地层中开凿的直通地面的竖直通道。

9.2.1　立（竖）井工作面炮孔布置

立（竖）井一般均采用圆形断面，其优点是承压性能好、通风阻力小和便于施工。立（竖）井工作面炮孔呈同心圆布置。同心圆数目一般为 3 ~5 圈，其中最靠近开挖中心的 1 ~2圈为掏槽孔，最外一圈为周边孔，其余为辅助孔（崩落孔）。

9.2.1.1　掏槽孔的形式

掏槽孔的形式最常用的有以下两种：

（1）圆锥形掏槽。圆锥形掏槽与工作面的夹角（倾角）一般为 70° ~80°，掏槽孔比其他炮孔深 0.2 ~0.3m。各孔底间距不得小于 0.2m，见图 9-10（a）。

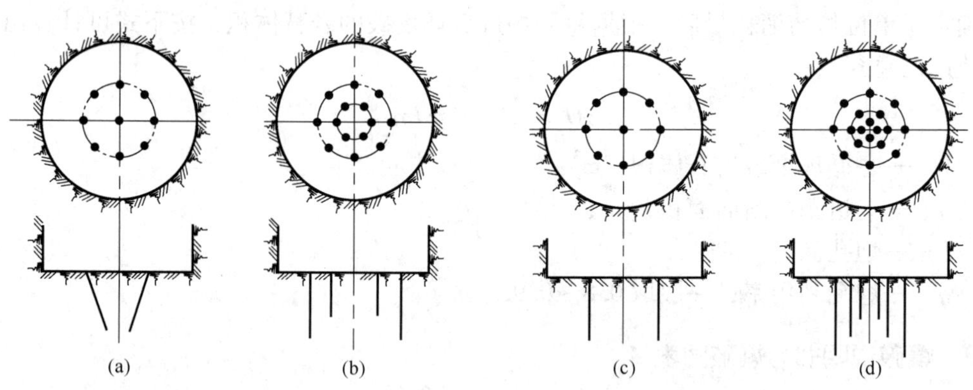

图 9-10　立（竖）井掘进的掏槽形式

（a）圆锥形掏槽；（b）一级桶形掏槽；（c）二级桶形掏槽；（d）三级桶形掏槽

（2）直孔桶形掏槽。圈径通常为 1.2 ~1.8m，孔数为 4 ~7 个。在坚硬岩石中爆破时，为减小岩石夹制力，除选用高威力炸药和增加装药量以外，尚采用二级或三级掏槽，即布置多圈掏槽，并按圈分次爆破，相邻每圈间距为 0.2 ~0.3m 左右，由里向外逐圈扩大加深，见图 9-10（b）、（c）、（d），各圈孔数分别控制在 4 ~9 个。

为改善岩石破碎和抛掷效果，也可在井筒中心钻凿 1 ~3 个空孔，空孔深度较其他炮孔深 0.5m 以上，并在孔底装入少量炸药，最后起爆。

采用圆锥形和直孔桶形掏槽时，掏槽圈直径和炮孔数目可参考表9-9选取。

表9-9 掏槽圈直径和炮孔数目

掏槽参数		岩石坚固性系数 f				
		1~3	4~6	7~9	10~12	13~16
掏槽圈直径/m	圆锥形掏槽	1.8~2.2	2.0~2.3	2~2.5	2.2~2.6	2.2~2.8
	直孔桶形掏槽	1.8~2.0	1.6~1.8	1.4~1.6	1.3~1.5	1.2~1.3
炮孔数目/个		4~5	4~6	5~7	6~8	7~9

9.2.1.2 辅助孔（崩落孔）和周边孔布置原则

辅助孔介于掏槽孔和周边孔之间，可布置多圈，其最大圈与周边孔距离应满足光爆层要求，以0.5~0.7m为宜。其余辅助孔的圈距取0.6~1.0m，按同心圈布置，孔距0.8~1.2m左右。

周边孔布置有以下两种方式：

（1）采用深孔光面爆破，将周边孔布置在井筒轮廓线上，孔距取0.4~0.6m。为便于钻孔，炮孔略向外倾斜，孔底偏出轮廓线0.05~0.1m。

（2）采用非光面爆破时，将炮孔布置在距井帮0.15~0.3m的圆周上，孔距为0.6~0.8m。炮孔向外倾斜，使孔底落在掘进面轮廓线上。与深孔光面爆破相比，井帮易出现凸凹不平，岩壁破碎，稳定性差。立（竖）井的炮孔布置如图9-11所示。

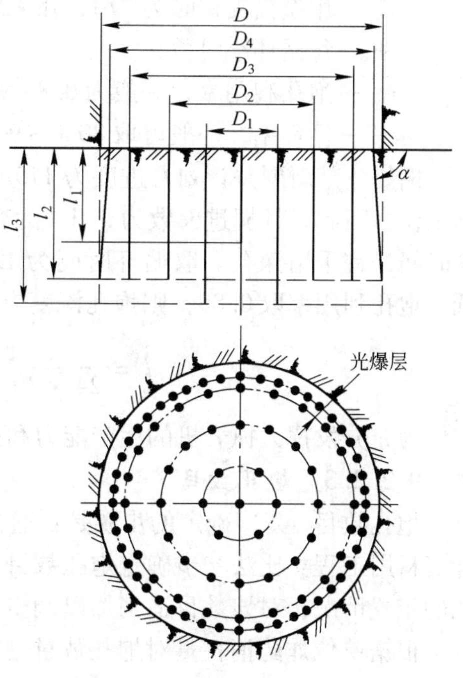

图9-11 立（竖）井炮孔布置图

9.2.2 立（竖）井爆破参数确定

9.2.2.1 炮孔直径

炮孔直径在很大程度上取决于使用的钻孔机具和炸药性能。

采用手持式凿岩机钻孔，在软岩和中硬岩中，孔径为39~46mm，孔深2m。随着钻机机械化程度的提高，孔径和孔深都有增大的趋势。例如，采用伞形钻架（由钻架和重型高频凿岩机组成的风液联动导轨式凿岩机具）时，钻头直径为35~50mm，孔深3.5~4.0m。

9.2.2.2 炮孔深度

影响炮孔深度的因素主要有以下三个：

（1）钻孔机具。手持式凿岩机孔深以2m为宜，伞形钻架孔深以3.5~4.0m效果最佳。

（2）掏槽形式。目前我国多采用直孔掏槽，最大孔深是4.4m，国外也在5m左右，当孔深超过6m以后，钻速显著下降，孔底岩石破碎不充分，岩块大小不均，岩帮也难以平整。

（3）炸药性能。对于药卷直径为32mm的岩石硝铵炸药，一个雷管只能引爆6~7个药卷，最大传爆长度为1.5~2.0m（相当于2.5m左右的孔深）。若药卷过长，必然引起爆轰不稳定，甚至拒爆，因此，进行中深孔和深孔爆破时，应改善炸药的爆炸性能或采用电力起爆和导爆索起爆的复式起爆网路。

炮孔深度的确定，可在充分考虑上述影响因素的同时，按计划要求的月进度，依下式进行计算：

$$l = \frac{L \cdot n_1}{24 \cdot n \cdot \eta_1 \cdot \eta} \tag{9-4}$$

式中 l——按月进度要求的炮孔深度，m；

n——每月掘进天数，根据掘砌作业方式而定。平行作业可取30d；单行作业，在采用喷锚支护时为27d，在采用混凝土或料石永久支护时为18~20d；

n_1——每循环小时数；

η——炮孔利用率，一般为0.8~0.9；

η_1——循环率，一般可取80%~90%。

例如，某新副井计划月进度为115m，采用掘砌顺序作业，即在每循环中顺序完成掘砌工作。因此，月掘进天数为30d，为充分发挥大抓岩机和凿岩吊架的效率，缩短辅助作业时间，宜采用深孔。取循环时间为12h，循环率为85%。考虑岩石较硬和炸药威力较低，炮孔利用率取0.85，则炮孔深度应为：

$$l = \frac{115 \times 12}{24 \times 30 \times 0.85 \times 0.85} \approx 2.72\text{m}$$

为充分发挥大抓岩机的生产能力和提前超额完成生产任务，取炮孔深度 $l = 2.8$m。

9.2.2.3 炮孔数目

炮孔数目（N）确定的步骤是：通常先根据单位炸药消耗量进行初算，再根据实际统计资料用工程类比法初步确定炮孔数目，该数目可作为布置炮孔时的依据，然后再根据炮孔的布置情况，对该数目适当加以调整，最后得到确定的值。

根据单位炸药消耗量对炮孔数目进行估算时，可用下式进行计算：

$$N = \frac{q \cdot S \cdot \eta \cdot m}{\alpha \cdot G} \tag{9-5}$$

式中 q——单位炸药消耗量，kg/m³；

S——井筒的掘进断面面积，m²；

η——炮孔利用率；

m——每个药包的长度，m；

G——每个药包的质量，kg；

α——炮孔平均装药系数，当药包直径为32mm时，取0.6~0.72；当药包直径为35mm时，取0.6~0.65。

例如，某新副井井筒掘进断面面积 $S = 26.4\text{m}^2$，单位炸药消耗量 $q = 1.8\text{kg/m}^3$，炮孔利用率为0.85，每个药包的长度为0.2m，每个药包的质量为0.15kg，炮孔装药系数取0.72。则炮孔的估算数目为：

$$N = \frac{1.8 \times 26.4 \times 0.85 \times 0.2}{0.7 \times 0.15} \approx 77 \text{ 个}$$

9.2.2.4 单位炸药消耗量

影响单位炸药消耗量的主要因素有：岩石坚固性、岩石结构构造特性、炸药威力等。由于井筒断面面积较大，单位炸药消耗量与断面面积大小关系不大。

单位炸药消耗量的确定方法：

（1）参照国家颁布的预算定额选定。

（2）试算法。根据以往经验，先布置炮孔，并选择各类炮孔的装药系数，依次求出各炮孔的装药量、每循环的炸药量和单位炸药消耗量。

（3）类比法。参照类似工程选取（见表9-10）。

表 9-10 部分井筒的爆破参数

井筒名称	掘进断面面积/m²	岩石性质	炮孔深度/m	炮孔数目/个	掏槽方式	炸药种类	药包直径/mm	雷管种类	爆破进尺/m	炮眼利用率/%	炸药消耗量/kg·m⁻³
凡口新副井	27.34	石灰岩，$f=8\sim10$	2.8	80	锥形	甘油与硝铵炸药	32	毫秒	2.18	81	1.96
铜山新大井	29.22	花岗闪长岩、大理岩，$f=4\sim6$、$8\sim10$	3~3.8	62	直孔	含20%~30% TNT和2% TNT的硝铵	32	毫秒	平均2.51	75.3	1.67
安庆铜矿副井	29.22	页岩、角页岩、细砂岩	2~2.3	70~95	锥形	硝铵黑	32	毫秒、秒差	2.7~3.31	77	3.14
凤凰山新副井	26.4	大理岩，$f=8\sim10$	4.3~4.5	104	复锥	2号岩石硝铵炸药	32	秒差	1.5~1.7	75	2.15
桥头河二号井	26.4	石灰岩，$f=6\sim8$	1.83	65	锥形	40%硝化甘油炸药	35	毫秒	1.6	87.5	1.97
万年二号风井	29.22	细砂岩、砂质泥岩，$f=4\sim6$	4.2~4.4	56	直孔	铵梯黑	45	毫秒	3.86	89	2.28
金山店主井	24.6	$f=10\sim14$	1.3	60	锥形	2号岩石硝铵炸药	32	毫秒	0.85	70	1.79
金山店西风井	24.6	$f=10\sim14$	1.5	64	锥形	2号岩石硝铵炸药	32	毫秒	1.11	85	1.79
凡口矿主井	26.4	石灰岩，$f=8\sim10$	1.3	63	锥形	2号岩石硝铵炸药	32	秒差	1.1	85	1.70
程潮铁矿西副井	15.48	$f=12$	2.0	36	锥形	硝化甘油炸药	35	秒差	1.74	93	1.22

9.2.2.5　辅助孔（崩落孔）参数

崩落孔的参数包括圈距、孔距、装药系数和崩落孔炮孔数目。

A　圈距

崩落孔的圈距 W 即崩落孔的最小抵抗线，它与岩石性质，炸药做功能力和药卷直径等因素有关，一般 $W = 700 \sim 900$mm。当岩石不太坚固或采用高威力大直径药卷时，W 取大值，反之则取小值。紧邻周边孔的一圈崩落孔应保证周边孔的圈距满足光面爆破要求的最小抵抗线值。

表9-11 所示为炮孔圈间距参考值；表9-12 所示为炮孔圈径与立（竖）井掘进直径之比参考值；表9-13 所示为各圈炮孔数目与掏槽孔数目之比参考值。

表9-11　炮孔圈间距参考值

岩石坚固性系数 f	炸药做功能力/cm^3			
	250~295	300~345	350~395	≥400
	炮孔圈间距/m			
1~1.5	0.69~0.78	0.79~0.87	0.91~1.0	1.05~1.09
1.6~2	0.66~0.73	0.75~0.82	0.83~0.87	0.91~1.0
3~4	0.60~0.64	0.66~0.73	0.75~0.82	0.83~0.91
5~6	0.55~0.59	0.60~0.64	0.66~0.73	0.75~0.82
7~8	0.47~0.53	0.55~0.59	0.60~0.64	0.66~0.73
9~11	0.41~0.45	0.47~0.53	0.55~0.58	0.60~0.64
12~14	0.36~0.40	0.41~0.45	0.47~0.53	0.55~0.58
15~18	0.33~0.36	0.38~0.40	0.41~0.45	0.47~0.55

注：表中药包直径为32mm，当药包直径为36~37mm 时，圈径应乘以1.1 的换算系数；当药包直径为45mm 时，圈径应乘以1.43 的系数。

表9-12　炮孔圈径与立（竖）井掘进直径之比参考值

井筒掘进直径/m	炮孔布置圈数	第1圈	第2圈	第3圈	第4圈	第5圈
3.0~4.5	3圈	0.3~0.45	0.6~0.75	0.9~0.95	—	—
4.5~6.0	4圈	0.3~0.40	0.5~0.60	0.7~0.80	0.9~0.96	—
6.0~8.0	5圈	0.2~0.30	0.3~0.45	0.5~0.60	0.7~0.80	0.9~0.98

注：深孔分段掏槽时，应增加1~2圈，其布置直径选用第一圈数值。

表9-13　各圈炮孔数目与掏槽孔数目之比参考值

炮孔名称	各圈炮孔数目的比值		
	3圈时的布置	4圈时的布置	5圈时的布置
掏槽孔	1	1	1
第1圈	2~2.5	2~2.5	2
第2圈	—	3~3.5	2.5~3
第3圈	—	—	3.5~4
周边孔	3~3.5	4~4.5	4.5~5

注：采用深孔分段掏槽时，将最外圈掏槽孔作为1.0。

B　孔距

在圈距确定后，各圈崩落孔可按下列公式确定孔间距 E：

$$E = mW \tag{9-6}$$

式中 m——炮孔密集系数，一般为 1.0 ~ 1.2，紧邻周边孔的一圈崩落孔的 m 宜取 0.8 ~ 1.0；

W——崩落孔的最小抵抗线（圈距）。

C 装药系数

装药系数是指装药长度与炮孔深度的比值，它与岩石性质、炸药做功的能力和药卷直径等因素有关，一般为 0.45 ~ 0.6，岩石坚固性低或采用高威力大直径药卷时取小值，反之取大值。

D 崩落孔炮孔数目

分别计算各圈的炮孔数目 N_i，然后累计，即为崩落孔总孔数 N_2，可按下式计算：

$$N_2 = \Sigma N_i \tag{9-7}$$

9.2.2.6 周边孔参数

采用普通爆破法时，周边孔的参数可以参照崩落孔的参数，一般 $E = 560 \sim 940\text{mm}$，$W = 600 \sim 700\text{mm}$，其装药系数与崩落孔的相近或略低于崩落孔。

9.2.3 立（竖）井起爆网路

立（竖）井掘进爆破，多采用电雷管起爆网路和导爆管雷管起爆网路。

9.2.3.1 电雷管起爆网路

在电雷管起爆网路中，广泛采用的是并联网路和串并联网路，而串联网路由于工作条件差易发生拒爆现象，在竖井掘进中极少采用。并联网路又分为闭合反向并联、闭合正向并联和反向并联（见图 9-12 ~ 图 9-15），起爆网路选择可参考表 9-14。

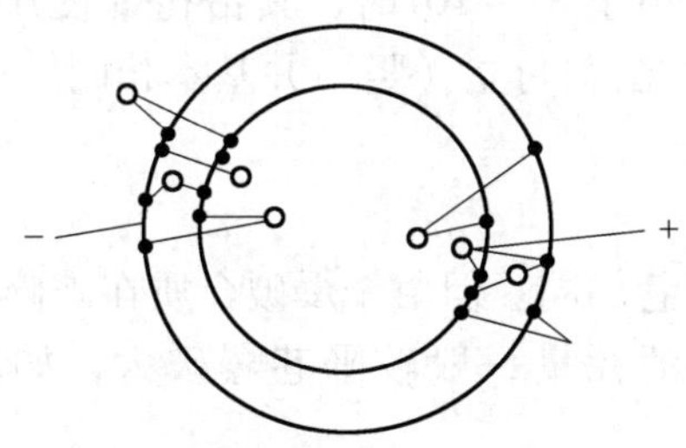

图 9-12 闭合反向并联网路

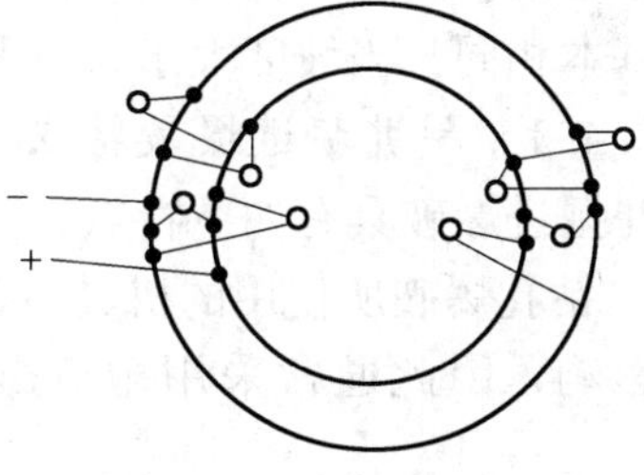

图 9-13 闭合正向并联网路

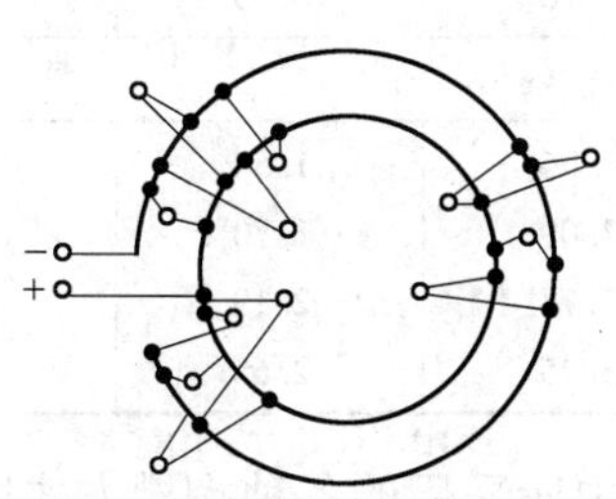

图 9-14 反向并联网路

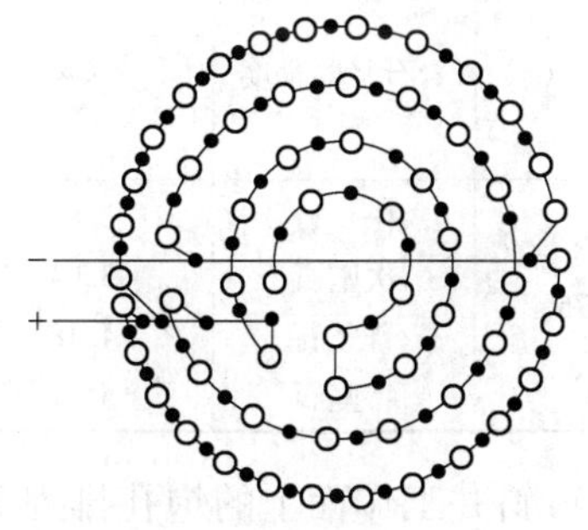

图 9-15 串并联网路

表 9-14　爆破网路的选择

类　型	并联网路			串并联网路
	闭合反向并联	闭合正向并联	反向并联	
技术特点	由于闭合反向并联网路电流分布最均匀，起爆可靠，竖井爆破多采用	闭合正向并联网路电流分布较均匀，竖井爆破常采用	反向并联网路电流均匀分布较差，但布线简单，竖井爆破也有采用	串并联网路现场采用较少。采用时应注意选择合理的分组数，使串联组的线路电阻尽量相近
图　示	见图9-12	见图9-13	见图9-14	见图9-15

起爆电源多采用地面的220V或380V的交流电流。在并联网路中，随着雷管并联组数目的增加，起爆总电流也增大，必须采用高能量的起爆电源。

9.2.3.2　导爆管雷管起爆网路

导爆管雷管起爆网路多采用接力式簇联网路，即用一发或两发电雷管引爆若干发捆绑导爆管雷管，再由捆绑导爆管雷管引爆炮孔中的雷管，用普通起爆器起爆。由于导爆管雷管具有良好的抗杂散电流性能，因此在捆绑电雷管之前的连线工作中，可以不切断井筒工作面的电源，改善了井筒内连线时的照明度，有利于提高装药质量，改善爆破效果。装药连线时要特别注意以下两点：

（1）不能剪断导爆管，要检查雷管的导爆管孔口是否封堵严密，若封堵不严密导致导爆管受潮或进水，导爆管可能拒爆；

（2）捆绑雷管时要防止雷管飞片切断导爆管而拒爆。

9.2.4　斜井掘进爆破

顾名思义斜井是一种倾斜的井筒。当斜井坡度小于8°~10°时，其钻孔爆破方法与水平巷道基本相同；当坡度大于35°时，其钻孔爆破方法则与立（竖）井基本相同。

9.2.4.1　斜井掘进爆破特点

斜井掘进爆破具有如下特点：

（1）钻孔爆破所使用的机具、钻爆工序等与平巷相同。但由于爆破介质在破碎过程中受重力影响，因此通常采用抛渣爆破，单位炸药消耗量一般较平巷爆破大，如表9-15所示。

表 9-15　斜巷及斜井掘进单位炸药消耗量定额表

斜巷倾角/(°)	岩石坚固程度	巷道断面面积/m²				
		<4	<6	<10	<15	>15
		炸药单耗/kg·m⁻³				
25~75	松　石	2.84	2.32	1.96	1.54	1.39
	次坚石	3.04	2.59	2.09	1.70	1.52
	普坚石	4.18	3.34	2.77	2.19	1.99
	特坚石	5.01	4.02	3.25	2.65	2.39

（2）斜井工作面上的炮孔排列类似于平巷，在平巷中所采用的各种掏槽方式同样适用于斜井掏槽爆破，只是斜井工作面为一倾斜面，各个炮孔均要有一定角度。

（3）底孔倾角比斜井倾角大5°~10°，孔深加大200~300mm，并使孔底低于井筒底板200mm，加大底孔装药量。

（4）井筒工作面常有积水，需使用防水的炸药和爆破器材。

（5）斜井掘进与下山掘进相同，瓦斯沿井筒上升，通风比较容易，但运输和排水较为复杂，需要设置防跑车装置。

（6）斜井施工大多数采用耙斗装岩机、气腿式凿岩机，斜井施工机械化水平的提高受到一定限制。

（7）大断面斜井爆破常在地面设动力起爆电源，但斜巷等仍可以采用放炮器在躲避硐内起爆。

9.2.4.2 斜井掘进爆破实例

表9-16所示为国内斜井掘进爆破的两个实例——铜川下石节平硐皮带暗斜井和阜新东梁六井掘进爆破。图9-16和图9-17分别为铜川下石节平硐皮带暗斜井爆破图和阜新东梁六井爆破图。

表9-16 斜井爆破实例

工程名称		铜川下石节平硐皮带暗斜井	阜新东梁六井
围岩条件		页岩、砂泥岩互层，$f=4\sim6$	三叠纪砂岩、砂质泥岩互层和侏罗纪花斑泥岩，$f=4\sim6$
施工条件	井筒斜长/m	800	998.9
	井筒倾角/(°)	16.5	21
	主要设备	MZ-1.2型电钻、ZYP-17型耙斗装岩机、$3m^3$无卸载轮前卸式箕斗	ZYPD-1/30型耙斗装岩机、$3.5m^3$后卸式箕斗
	施工年月	1973年11月	1974年10月
月成井速度/$m\cdot月^{-1}$		504.5	499.3
支护形式		喷射混凝土厚100mm	喷射混凝土
掘进断面面积/m^2		8.9	7.43
炮孔深度/m		2.7	2.5
炮孔平均利用率/%		81	
掏槽方式		六孔三角柱楔形辅助掏槽	三角柱中空直孔掏槽
循环炮孔数量/个		38	29
循环炸药用量/kg		40.7	29.55
单位炸药消耗量/$kg\cdot m^{-3}$		1.85	
单位岩体钻孔量/$m\cdot m^{-3}$		4.47	
爆破图表		见图9-16、表9-17	见图9-17、表9-18

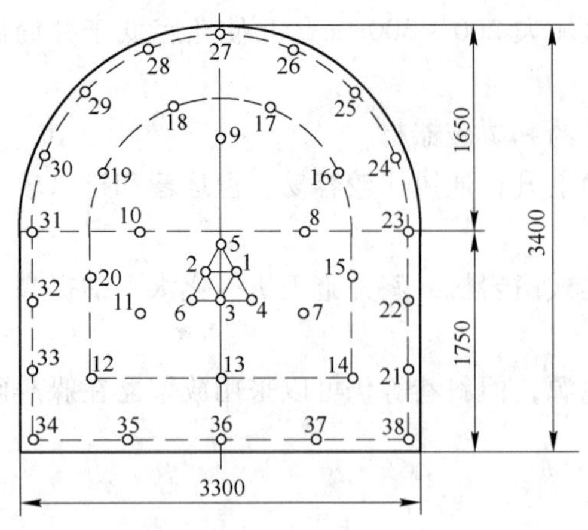

图 9-16　铜川下石节平硐皮带暗斜井爆破图

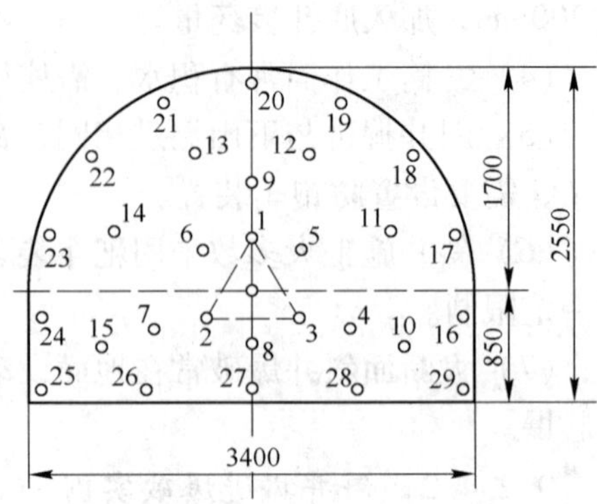

图 9-17　阜新东梁六井爆破图

表 9-17 和表 9-18 所示分别为铜川下石节平硐皮带暗斜井和阜新东梁六井炮孔参数。

表 9-17　铜川下石节平硐皮带暗斜井炮孔参数

炮孔名称	孔　号	孔深/m	角度/(°)		每孔药量/kg	起爆顺序	连线方式
			水　平	垂　直			
掏槽孔	1 ~ 3	2.9	90	90	1.4	1	串联
掏槽孔	4 ~ 6	2.9	90	90	0	1	
扩槽孔	7 ~ 11	2.7	75	90	1.3	2	
辅助孔	12 ~ 20	2.7	90	90	1.2	3	
周边孔	21 ~ 33	2.7	90	90	0.9	4	
底　孔	34 ~ 38	2.8	90	85	1.5	5	

表 9-18　阜新东梁六井炮孔参数

炮孔名称	孔　号	孔数/个	炮孔深度/m	角度/(°)		爆破顺序	装药量	
				水　平	垂　直		卷/孔	小计/kg
掏槽孔	1 ~ 3	3	2.7	90	90	Ⅰ	8	3.6
扩槽孔	4 ~ 7	4	2.7	85	90	Ⅱ	7	4.2
辅助孔	8 ~ 15	8	2.5	90	90	Ⅲ	7	8.4
周边孔	16 ~ 24	9	2.5	90	90	Ⅳ ~ Ⅴ	6	8.1
底　孔	25 ~ 29	5	2.5	90	90	Ⅵ	7	5.25
合　计		29						29.55

9.3　隧道掘进爆破

隧道是铁路、公路等建设的重点和关键工程。随着交通建设的发展和科学技术的进步，隧道开挖方法也得到迅猛发展。比较常用的开挖方法有钻爆法、盾构法和掘进机法三种。由于钻爆法对地质条件适应性强、开挖成本低，特别适合于坚硬岩石隧道、破碎岩石隧道的施工。因此，钻爆法仍是当前国内外常用的隧道开挖方法。

钻爆法又称矿山法，它是以钻孔、爆破作业为主，以装渣、支护和通风作业为辅，完成隧道断面开挖的施工方法。

9.3.1 隧道爆破施工特点

铁路、公路隧道爆破与矿山巷道掘进爆破同属于只有一个临空面的单自由面条件下的爆破，两者的开挖原则基本相同，但隧道爆破施工还具有以下特点：

（1）断面尺寸大。隧道的高度和跨度一般超过6.0m，双线铁路和高速公路隧道跨度更是以大断面和超大断面为主（表9-19所示为国际隧道协会对隧道断面的划分），爆破中应更加重视对围岩保护。

表9-19 国际隧道协会对隧道断面的划分

划 分	断面积/m^2	划 分	断面积/m^2
超小断面	<0.3	大断面	50.0～100.0
小断面	3.0～10.0	超大断面	>100.0
中等断面	10.0～50.0		

（2）地质条件复杂。尤其是浅埋隧道（埋深小于2.0倍隧道跨度），岩石风化破碎，受地表水、裂隙水影响较大，岩石节理、裂隙、软弱夹层、滴漏水直接影响钻孔和爆破效果。

（3）服务年限长，造价昂贵。为了在运营中减少维修，避免中断交通，施工中必须保证良好的质量。

（4）隧道爆破钻孔质量和精度要求高，孔位、方向和深度要准确，使爆破断面达到设计标准。超、欠挖应在允许范围之内，以确保隧道方向的准确性。

因此，隧道爆破除了要求循环进尺、炮孔利用率、炸药消耗等指标外，对岩石破碎块度、爆堆形状、抛掷距离、隧道围岩稳定性影响、周边成形和爆破振动控制等均有更高的要求。

为了适应大断面隧道爆破施工的要求，隧道爆破各部位的炮孔有比一般巷道更加细致的划分，一般隧道炮孔的名称位置如图9-18所示。

（1）掏槽孔：开挖断面中下部，最先起爆、担负掏槽爆破的炮孔；

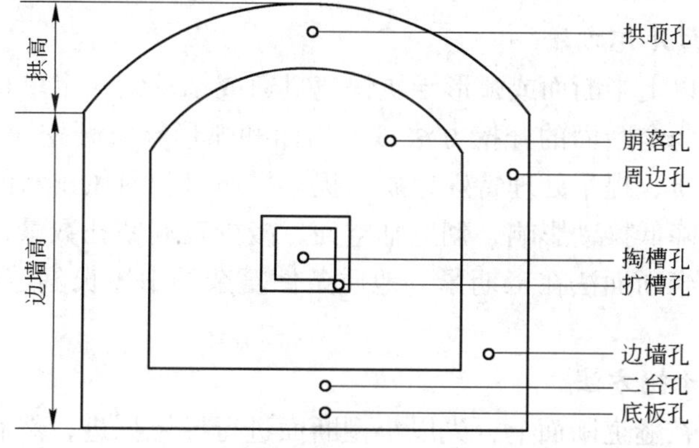

图9-18 隧道爆破各部位炮孔名称

(2) 扩槽孔：在掏槽孔之后起爆的一部分炮孔；
(3) 边墙孔：直墙部位的炮孔；
(4) 拱顶孔：隧道拱圈部位的炮孔；
(5) 周边孔：周边轮廓线上的炮孔；
(6) 底板孔：隧道最底部的一排炮孔；
(7) 二台孔：底板孔上面的一排炮孔；
(8) 崩落孔：其他爆破岩石的炮孔，又称掘进孔。

9.3.2 隧道开挖方法

9.3.2.1 全断面开挖方法

全断面开挖法是在地质条件较好隧道的施工中，以凿岩台车钻孔、装药、填塞、起爆网路连接，一次完成整个断面开挖，并以装渣、运输机械完成出渣作业的方法。

全断面法施工场地宽敞，工作面空间大，能充分发挥机械的效能，便于大型机械作业，并只有一道开挖工序，干扰少，工序集中，开挖工效高，施工进度快，且最大限度地减少了开挖过程中对隧道围岩的扰动，开挖断面大，受岩石夹制作用小，有利于较大规模爆破作业，能充分发挥隧道深孔钻爆的作用，管理方便，通风排水及管线布置简单，运输方便。国内铁路系统如秦岭隧道采用全断面法，成功地实现了月掘进350m以上，最高达450m以上。实践表明，全断面法是隧道掘进中合理先进的开挖方法，如图9-19所示。

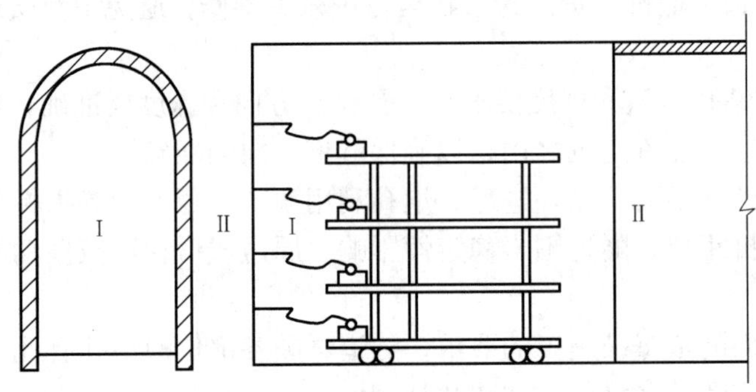

图9-19 全断面法

9.3.2.2 半断面开挖方法

半断面开挖法是以上半断面或弧形导坑快速贯通或掘进到一定里程后停止前进，然后用大型机械一次扩大为全断面的开挖方法。半断面和弧形导坑开挖法可以实现快速掘进，从而起到提早探明地质、提早处理特殊地质、提早贯通以利通风排水的作用；将全断面分两次爆破，可以达到降低振动影响，创造临空面，减少正洞钻孔数量，改善爆破效果，提高掘进速度等作用。半断面法在工期紧、地质条件复杂的中短长隧道施工中被广泛应用，见图9-20。

9.3.2.3 分部开挖方法

分部开挖方法是在隧道断面上，先以小型断面进行导坑掘进，然后分多部，逐步刷大到设计断面数的开挖方法。分部开挖各部的位置、尺寸顺序及开挖间距需根据围岩情况、

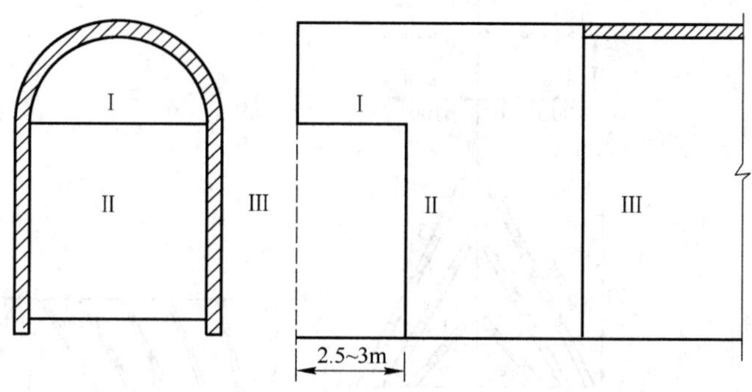

图 9-20　半断面法

机械配备、施工习惯等灵活掌握。但必须遵守以下原则：

（1）各部开挖后周边轮廓都应尽量圆顺，以避免应力集中。

（2）各部底标高与钢拱架接头一致，以便接腿，一般取 2.5 ~3.0m，开挖比较方便。

（3）分部开挖时，要保证隧道周边围岩稳定，及时做好临时支护工作。

（4）各部尺寸大小应能满足风、水、电等管线布设的需要。

分部开挖法由于工序繁多，对围岩多次扰动，开挖面长时间暴露，隧道塌方经常发生；并且作业空间狭小，半机械化作业，施工环境差，工效低，因此目前隧道施工中很少被使用。

9.3.3　掏槽形式

9.3.3.1　楔形掏槽

楔形掏槽是隧道掏槽爆破中的主要形式，有单级楔形掏槽和多级复式楔形掏槽之分。循环进尺较大时宜采用多级复式楔形掏槽，如二级复式楔形掏槽（见图 9-21）、三级复式楔形掏槽（见图 9-22）和多级复式楔形掏槽（见图 9-23）。楔形掏槽形式的选取与隧道断面、循环进尺和岩石硬度及炸药有关，可根据经验和工程类比确定，也可参考表 9-20 中的数据。

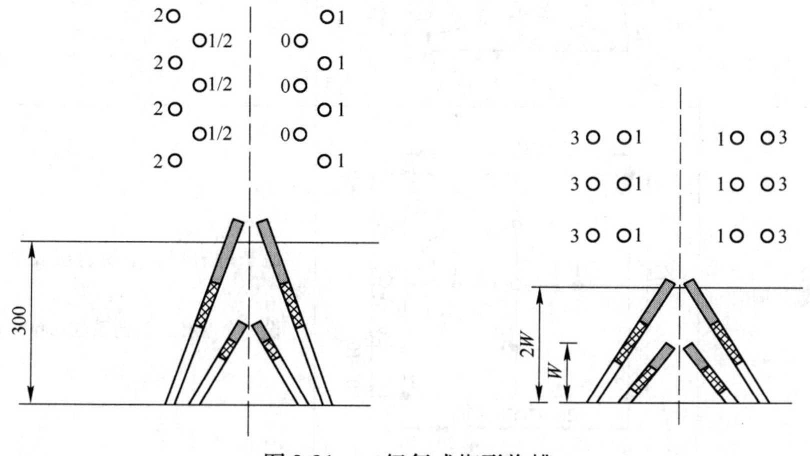

图 9-21　二级复式楔形掏槽

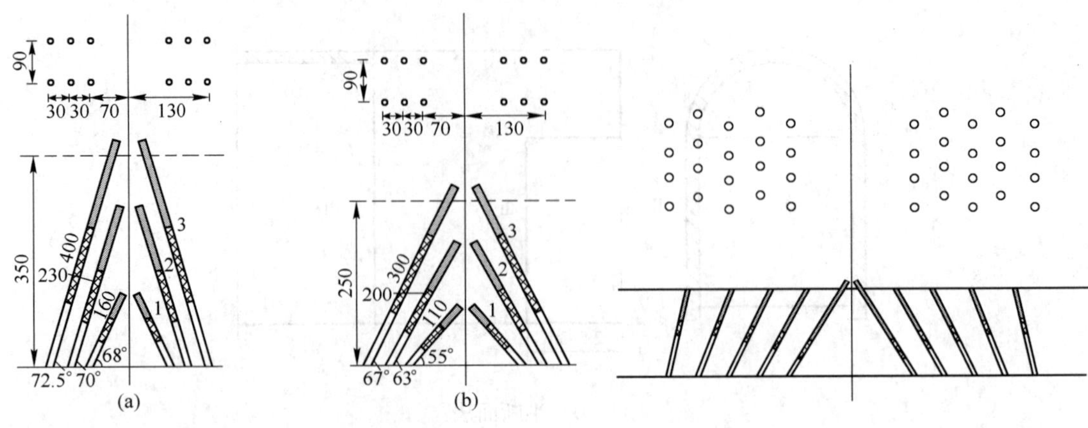

图 9-22　三级复式楔形掏槽　　　　图 9-23　多级复式楔形掏槽

表 9-20　楔形掏槽使用循环进尺参考数值　　　　单位：m

掏槽形式	单级楔形	二级楔形	三级楔形	多级楔形
中硬岩	1.5～2.0	2.0～3.0	2.5～4.0	>4.0
硬　岩	1.2～1.5	1.5～2.5	2.0～3.5	>3.0

9.3.3.2　小直径中空直孔掏槽

直孔掏槽由彼此距离很近、垂直于开挖面且相互平行的若干炮孔组成。其中布设一个或几个不装药的空孔作为装药孔的临空面，当空孔直径与装药孔相同时称为小直径中空直孔掏槽，或简称直孔掏槽，其形式和参数同巷道爆破。隧道中常用的几种形式见表 9-21。

表 9-21　小直径空孔直孔掏槽布置模式

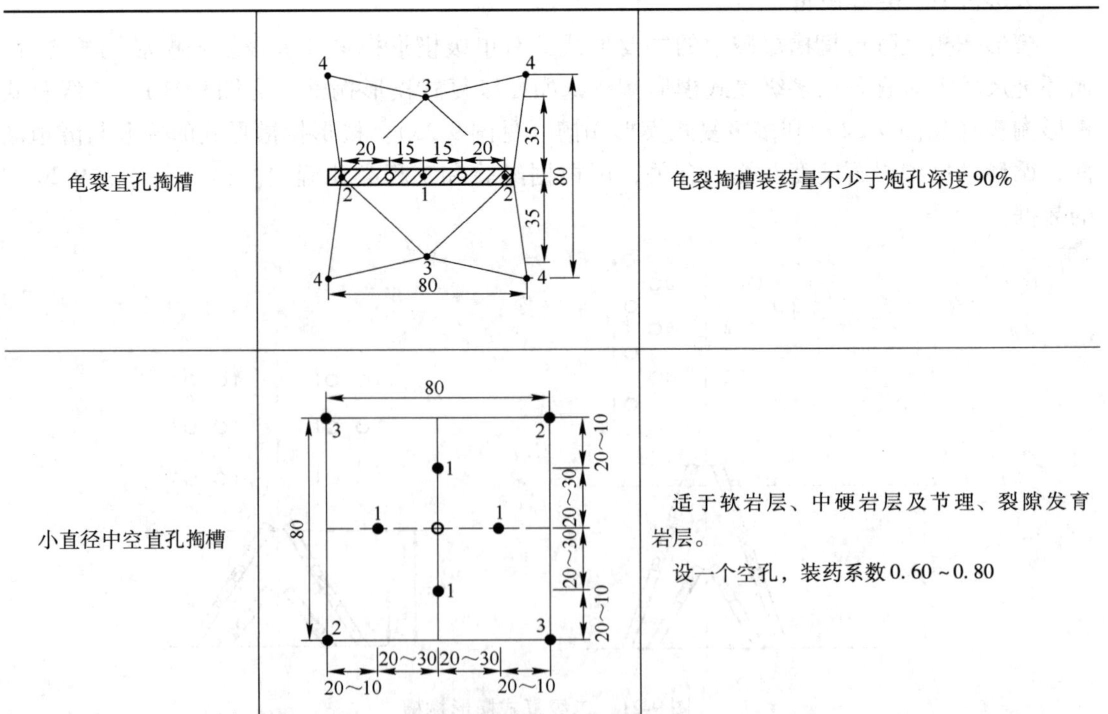

龟裂直孔掏槽		龟裂掏槽装药量不少于炮孔深度 90%
小直径中空直孔掏槽		适于软岩层、中硬岩层及节理、裂隙发育岩层。 设一个空孔，装药系数 0.60～0.80

续表 9-21

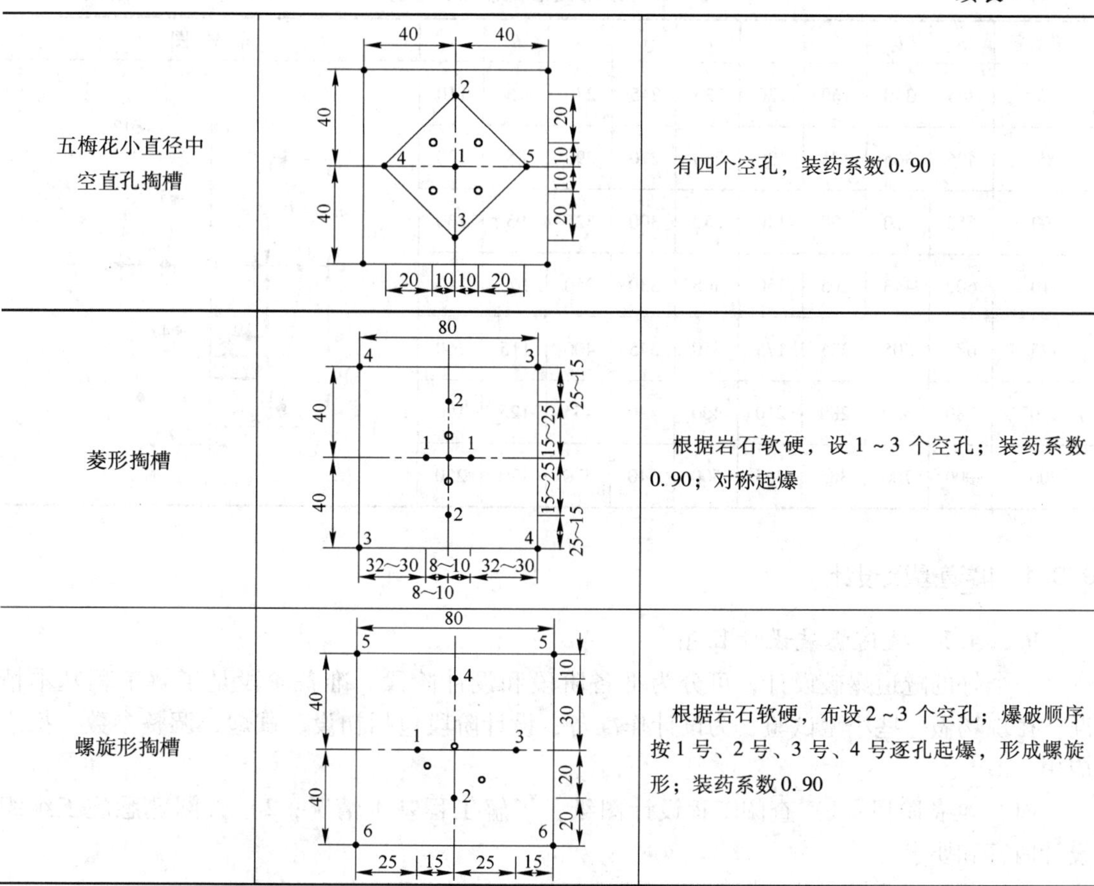

五梅花小直径中空直孔掏槽		有四个空孔，装药系数 0.90
菱形掏槽		根据岩石软硬，设 1 ~ 3 个空孔；装药系数 0.90；对称起爆
螺旋形掏槽		根据岩石软硬，布设 2 ~ 3 个空孔；爆破顺序按 1 号、2 号、3 号、4 号逐孔起爆，形成螺旋形；装药系数 0.90

9.3.3.3 大直径中空直孔掏槽

大直径中空直孔掏槽的中心中空直孔直径为 75 ~ 120mm，一般是 1 个空孔，根据条件有时也采用 2 ~ 4 个空孔。深孔大直径中空直孔掏槽的基本类型有菱形掏槽、对称掏槽及螺旋形掏槽，其典型形式为双螺旋形掏槽，如表 9-22 及表 9-23 所示。

表 9-22 大直径中空直孔掏槽常用形式

名 称	形 式	参 数	技 术 要 求
菱形掏槽	1, 2, 3, 4, L_1, L_2, D	$L_1 = (1 \sim 1.5)D$ $L_2 = (1.5 \sim 1.8)D$	1. 装药系数 0.85 ~ 0.95，浅孔填塞长度 10 ~ 20cm，深孔填塞长度 20 ~ 40cm； 2. 使用毫秒雷管，按设计的起爆顺序起爆； 3. 钻孔之间平行，控制掏槽孔之间距离，防止殉爆产生； 4. 控制掏槽孔的药量，防止“压死”现象，避免拒爆产生
对称掏槽	1, 2, 3, b, W, a	一个空孔：$W = 1.2D$ 两个空孔：$W = 1.2 \times 2D$ $b = 0.7a$	

表 9-23　双螺旋形掏槽布置参数　　单位：mm

空孔直径	a	b	c	d	e	f	g	h	i	布置图
75	465	340	160	120	235	245	270	75	110	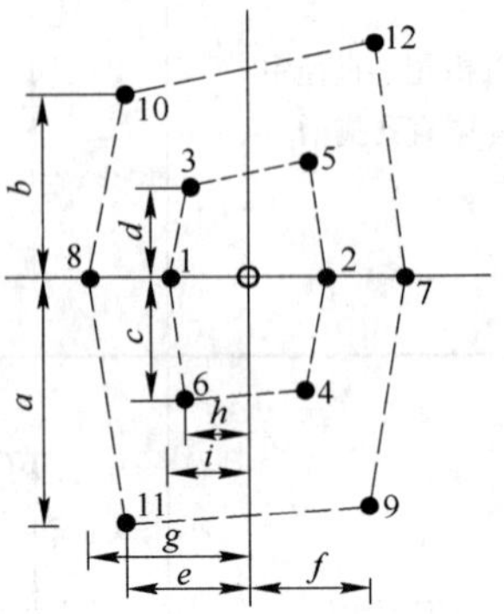
85	496	365	175	130	250	270	290	85	120	
100	558	410	190	140	280	300	325	95	130	
110	600	443	205	150	305	330	350	105	140	
125	687	505	235	175	350	375	400	115	160	
150	780	580	280	210	400	430	455	125	190	
200	900	700	385	365	500	540	570	170	250	

9.3.4　隧道爆破设计

9.3.4.1　隧道爆破设计程序

一个好的隧道爆破设计，可分为准备阶段和设计阶段。准备阶段是了解工程基本情况，在现场做一些小型试验，为设计作准备；设计阶段包括初设、试炮、调整参数、推广应用。

（1）准备阶段：1）查阅工程设计图纸，了解工程基本情况；2）查阅熟悉施工组织设计内容和要求。

（2）设计阶段：综合上述情况，确定开挖方案、炮孔直径、循环进尺。

9.3.4.2　隧道设计内容

设计文件内容包括：炮孔布置图及装药参数表、综合技术经济指标表、编制说明等。

A　炮孔布置图

通常应有开挖断面的正面炮孔布置图，其内容有：炮孔间距、抵抗线、总的断面尺寸、起爆顺序、装药量等，一般为对称布置，故可一侧标注起爆顺序与单孔装药量（见图 9-24）。掏槽孔一般应单独画出施工大样详图。

炮孔布置较为复杂时，应增掏槽部位炮孔布置的水平剖面图，并应标明钻孔方向、角度与钻孔深度。

B　装药参数表

装药参数表包括：炮孔名称与编号、炮孔参数、单孔装药量、段装药量、雷管段号与装药结构、必要的说明，最后一栏为合计。

C　技术经济指标

技术经济指标包括：周边孔钻爆参数、工程量、材料消耗、其他数据指标。

D　设计说明

设计说明包括：设计依据、本设计的适用条件、施工要求与注意的问题、机具材料的有关说明、设计未尽问题的说明、安全事项说明、其他必要的补充附图（主要有装药结构

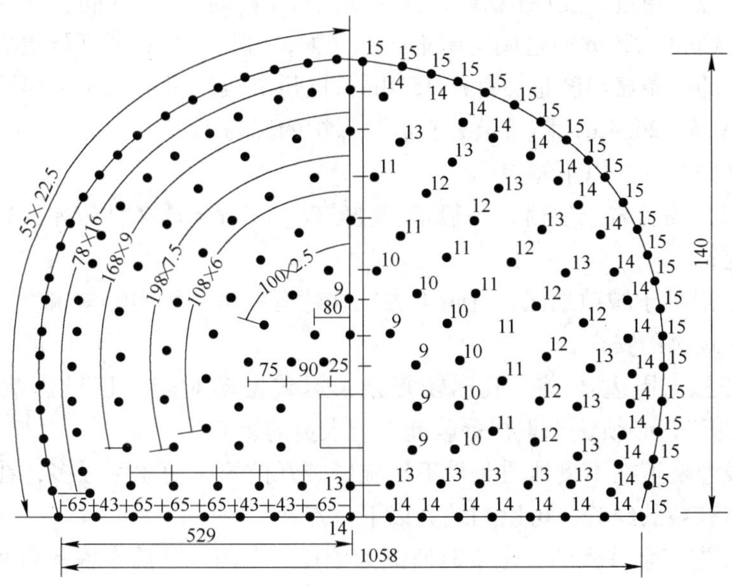

图 9-24　直眼掏槽环状布置（单位：cm）

图、爆破网路连接图、钻孔分工顺序图等）。

交通隧道随国民经济发展及国家建设需要遍及全国，经常遇到各种类型的地质条件（软岩、硬岩、中硬岩；还会遇到破碎地带、断层及瓦斯等各种特殊情况），周围环境各式各样。因此，隧道爆破设计应根据不同情况、不同机械设备、不同技术水平和不同习惯进行合理的科学设计，并在施工中不断调整和完善，方能使隧道爆破技术得以提高。

9.3.5　特殊条件隧道爆破概述

9.3.5.1　软岩隧道爆破

国际岩石力学讨论会建议，把强度低、风化、破碎的岩层统称为软弱围岩。在这一类岩层中开挖的隧道，称为软岩隧道。

在软岩隧道施工中为了采用凿岩台车等高效的施工机械，提高隧道施工速度，更重要的是为了能应用新奥法施工技术开挖和支护隧道，区别于传统的施工概念，常常要求尽量采用大断面方法施工。总的设计思想是，拱部采用光面爆破，边墙采用预裂爆破，核心采用控制爆破，减少爆破振动的影响和对围岩扰动，目的是尽可能减轻对围岩的扰动，维护围岩自身的稳定性，达到良好的轮廓成形。

试验表明，凡具有一定自稳能力的岩石隧道，采用钻爆法开挖时，都可以采用减轻地震动控制爆破技术进行半断面小台阶开挖爆破。具体措施如下：合理选择开挖方案；周边光面、预裂爆破；合理选择掏槽方式；控制最大一段药量；优化炮孔的布置方式；选择爆破的合理时差等。

9.3.5.2　浅埋隧道爆破

在城市市政、交通、水利等设施建设中，经常遇到浅埋隧道，例如，广州地铁一号线体育中心站—广州东站区间有一段长 310m 的双线隧道，由于林和村居民楼拆迁困难，不得已改为暗挖法施工通过，受明挖结构设计的影响，林和村暗挖区间埋深特浅，距地表仅7m左右，暗挖区间有220m通过民房密集区。又如，宜昌市云集浅埋隧道为穿越东山连接老城区与开发区的一条城市隧道，埋深15.8m；杭州市钱江引水入城工程浅埋段洞顶上覆岩土厚度只有19.5～26.4m，隧道上方有需要保护的民房。

浅埋隧道爆破开挖有以下特点：

(1) 由于洞顶覆盖岩土层薄，一般基岩较破碎，工程地质条件较差，爆破开挖必须确保隧道围岩稳定；

(2) 隧道一般处于城镇地区，隧道上方往往建有厂房、民房等建筑物，爆破开挖必须确保隧道上方建筑物的安全；

(3) 浅埋段施工周边环境一般比较复杂，爆破振动对施工区域影响大，容易引起“扰民”和“民扰”，必须认真重视爆破施工对人员的影响。

国内关于浅埋隧道在不良地质条件下实施爆破开挖的成功案例很多，在爆破开挖施工方面积累了许多有益的经验，可以归纳为以下三点：

(1) 以爆破施工全过程的安全实时监测为依托，全面、超前掌握围岩和应保护建筑物的安全动态，指导施工安全；

(2) 以降低爆破振动为重点，制定科学、合理的施工方案，采取有效的综合措施，确保隧道上方建筑物的安全，保证工程的顺利进展；

(3) 以实施信息化施工为手段，加快反馈速度，及时调整爆破参数，优化设计，实现爆破对环境影响的有效控制。

对浅埋隧道，“短进尺、弱爆破、多循环、强支护”是爆破开挖施工的基本原则；采用轮廓光面爆破和先进的掏槽减振技术是前提；实施毫秒延时爆破是关键；控制爆破规模，即控制单响药量和一次起爆药量是降低爆破振动的保证；此外，还可以采取选用低爆速炸药、或采用小直径炸药，布置减振干扰孔等辅助技术措施。

9.3.5.3 小净距隧道爆破

在铁路、公路建设中，经常会出现两条平行隧道并行开挖或者在既有隧道附近新建一条隧道的情况，例如，单线隧道增建二线隧道，或新线隧道一开始就需建平行的双线。我国隧道设计规范规定：在Ⅳ、Ⅴ类围岩中，两隧道的净距应大于$(2.0\sim2.5)B$；Ⅲ类围岩中，应大于$(2.5\sim3.0)B$（B为隧道开挖宽度）。有时由于隧道布置方向的限制或工程的需要，两条隧道之间的间距较小，若净距缩小，则将影响隧道的稳定性。

双线平行隧道间的距离直接影响隧道的稳定和安全，施工隧道的爆破开挖对既有隧道的安全，受爆源、介质和隧道自身三大条件的影响，可能会引起邻近既有隧道围岩的损伤和稳定。施工中的关键是控制爆破对围岩的破坏，保证爆破施工对中隔墙的稳定性，保持邻近既有隧道的动力稳定。

小间距隧道施工采用分区开挖、循环施工的方案，可减小爆破振动、显著地降低爆破炸药单耗，施工中需要处理好爆破开挖与支护的关系，严格控制钻爆施工工艺，配以现场生产试验和仪器观测，提高施工管理水平。

例如，招宝山平行隧道岩石开挖采用正台阶分步开挖法、武汉至安康增建二线新刘家沟隧道为小间距隧道采用侧壁导坑分部开挖的爆破方法都取得了良好的效果。

9.3.6　地铁隧道施工

地铁隧道施工类似于一般隧道施工，但地铁隧道工程的地质条件及地面环境条件更复杂，钻爆开挖存在以下难点：

（1）隧道埋深浅，钻爆开挖时，爆破振动引起上方软弱地层的坍塌会危及施工安全，甚至塌至地面影响地面安全；

（2）由于某些隧道线先于在建隧道线完成，或者是两条隧道线同时在建，但两条线隧道间距较小，先行开挖隧道支护易受后开挖隧道爆破振动影响甚至破坏；

（3）地铁隧道从城区下方穿过，地面有大量的建筑和市政设施，钻爆施工易对地面及地中建（构）筑物产生振动影响，严重的还会危及生命财产安全；

（4）工期紧，降振与开挖进度矛盾突出，安全条件下快速开挖方法，钻爆是关键。

因此，地铁隧道爆破多采用 CRD 法（CROSS DIAPHRAGM 的简称），亦称交叉中隔壁法施工，即采用控制爆破技术和控制炸药单耗降低爆破振动强度，减少对爆破施工区段建筑物的影响，尽可能减轻对围岩扰动，充分利用围岩自有强度维持隧道的稳定性，有效地控制地表沉降，控制隧道围岩的超欠挖，达到良好的轮廓成型。

小断面通道开挖选取一次可挖的导坑断面，其余部分在不超过振动控制范围时，扩挖光爆，完成开挖。特殊地段和浅埋、断层破碎带，穿越道路、地下管线时，采用预裂爆破、周边布空孔、限定振速、减少药量等方法，减小振动，并与支护手段相结合，保持隧道围岩稳定，保证施工安全，防止损伤管线，破坏道路，危及地面建筑物。

广州地铁五号线广州火车站暗挖站台层隧道爆破参数见图 9-25、表 9-24。

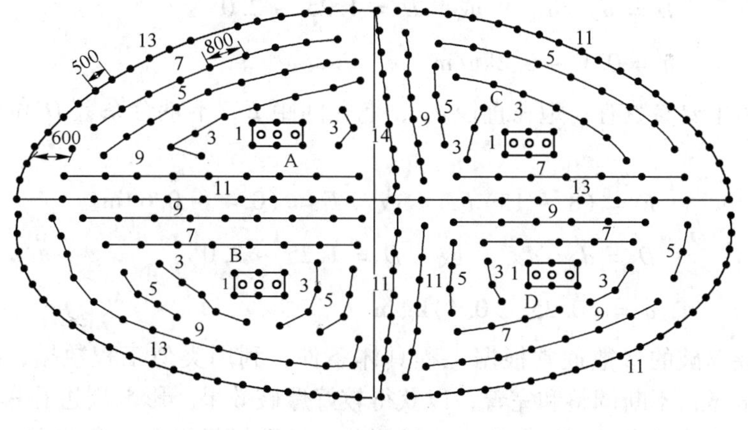

图 9-25　炮孔布置图

表 9-24　爆破参数

装药结构	孔　类	间距/mm	孔深/m	装药量/g	炮孔数/个
	周边孔	500	0.9	200	21
A	掏槽孔		1.1	800	6
	辅助孔	800、600	0.9	450	54
	周边孔	500	0.9	200	20
B	掏槽孔		1.1	800	6
	辅助孔	800、600	0.9	400	46

续表 9-24

装药结构	孔 类	间距/mm	孔深/m	装药量/g	炮孔数/个
C	周边孔 掏槽孔 辅助孔	400 800、600	0.9 1.1 0.9	200 800 400	22 6 56
D	周边孔 掏槽孔 辅助孔	400 800、600	0.9 1.1 0.9	200 800 350	20 6 48
总装药量/kg	116.6				
总炮孔数/个	311				
炸药单耗/kg · m^{-3}	0.98				

9.4 平巷（隧道）周边孔光面和预裂爆破

9.4.1 光面和预裂爆破参数

光面爆破的主要参数有：炮孔直径 d、炮孔间距 E、光爆层厚度 $W_{光}$、周边孔的密集系数 m、不耦合系数 D 和线装药密度 q，一般取

$$E = (8 \sim 18)d \quad 或 \quad E = (0.5 \sim 0.7)\text{m}$$

$$W_{光} = (10 \sim 12)d \quad 或 \quad W_{光} = (0.6 \sim 0.8)\text{m}$$

$$m = E/W_{光} \quad 或 \quad m = 0.7 \sim 1.0$$

$$D = d_{孔}/d_{炸} \quad 或 \quad D = 1.25 \sim 2.0$$

$$q = 0.1 \sim 0.2\text{kg/m}$$

预裂爆破的主要参数有：炮孔直径 $d_{孔}$、炮孔间距 E、不耦合系数 D 和线装药密度 q，一般取

$$E = (8 \sim 15)d_{孔} \quad 或 \quad E = (0.4 \sim 0.6)\text{m}$$

$$D = d_{孔}/d_{炸} \quad 或 \quad D = 1.25 \sim 2.0$$

$$q = (0.25 \sim 0.4)\text{kg/m}$$

光面、预裂爆破的参数通常根据工程具体条件，利用类似工程数据，综合考虑后确定，通过现场试爆，不断调整和完善，以获得较好爆破效果。影响周边孔爆破参数的因素有：地质条件、炸药种类、开挖断面大小及形状、钻孔机具设备、开挖方法等。隧道光面和预裂爆破参数可参考表 9-25 和表 9-26。

表 9-25 隧道光面爆破参数实例

隧道名称	地质条件	周边孔间距 E/cm	周边孔抵抗线 W/cm	密集系数 E/W	线装药密度 q/kg · m^{-1}	炮孔深度 L /m	施工方法
一支山隧道	硬 岩	62	75	0.8	0.17 ~ 0.21	3.5	全断面开挖
渔洞隧道	硬 岩	64	50	1.28			全断面开挖

续表 9-25

隧道名称	地质条件	周边孔间距 E/cm	周边孔抵抗线 W/cm	密集系数 E/W	线装药密度 q/kg·m^{-1}	炮孔深度 L /m	施工方法
龙堰坝隧道	硬　岩	60~65	66~70	0.85~1.0	0.45~0.55	2.0~2.5	全断面开挖
深溪沟隧道	中硬岩	65	70	0.92		2.5	全断面开挖
白石岩一号隧道	软　岩	80	70	1.14	0.13~0.18	2.5	全断面开挖
蜜蜂青二号隧道	硬　岩	55~60	65~75	0.8~0.95	0.375	1.2	Ⅱ台阶
江头村隧道	中硬岩 硬　岩	50~70	50~60	1.2	0.375	1.2	Ⅱ台阶
韩家河隧道	中硬岩 硬　岩	60	70	0.86	0.35	2.2~2.7	Ⅱ台阶
铁四局三处2号隧道	中硬岩	60	79	0.75		1.6~2.0	上、下导坑
小水溪隧道	坚硬岩	50~60	45~54	1.0	0.2~0.22	1.8	上、下导坑
铁二局某隧道	坚硬岩	62	75	0.8	0.24~0.28	1.3~1.7	上、下导坑
范家嘴隧道	中硬岩	45~55	50~60	0.8~1.0	0.22~0.30	1.2~1.5	上、下导坑
皇后岭隧道	中硬岩 坚硬岩	45~50	50~60	0.75~1.0	0.10~0.14	1.8~2.2	漏斗棚架 弧形导坑 预留光面层
铁二局一处隧道	中硬岩 坚硬岩	40~50	40~50	1.0	0.15~0.22	拱1.7~1.8 墙1.3~2.0	反台阶、 预留光面层
铁二局一处隧道	软岩	30~35	30~35	1.0	0.13	拱1.7~1.8 墙1.5~2.0	反台阶、 预留光面层

注：小炮孔爆破，ϕ42mm 左右，开挖断面面积为 40~50m^2。

表 9-26　国内部分隧道预裂爆破参数

隧道名称＼项目	地质条件	开挖断面 S /m^2	炮孔个数 /个	炮孔直径 /mm	炮孔深度 /m	周边孔间距 E /cm	崩落孔距 D /cm	线装药密度 q /kg·m^{-1}	装药结构	起爆方式
梨树沟隧道	角闪片麻岩，$f=4\sim5$	试验洞 10~12	14	40	1.05~ 1.20	40	50	0.26	ϕ20mm 小药卷 加传爆线	毫秒电雷管
普济隧道	泥沙岩，$f=3$	50	118~ 126	50	1.8	47	61	0.34	ϕ20mm 小药卷 加传爆线	毫秒电雷管
某地下油库	白云岩，$f=6$	洞库壁直径 $D=28$m	—	40~ 42	3.0~ 3.5	40~45	—	0.25	ϕ20mm 小药卷 加传爆线	毫秒电雷管
东江导流洞	花岗岩，$f=6$	6.25	周边 15	40	3	40~ 50	50	0.35~ 0.40	间隔装药 加传爆线	毫秒电雷管

续表 9-26

项目 隧道名称	地质条件	开挖断面 S /m^2	炮孔个数/个	炮孔直径/mm	炮孔深度/m	周边孔间距 E /cm	崩落孔距 D /cm	线装药密度 q /$kg \cdot m^{-1}$	装药结构	起爆方式
下坑隧道	千枚岩，$f=1.0\sim2.5$	下半断面 29 ~ 31	67	40 ~ 42	1	36	53	0.15 ~ 0.30	ϕ19mm 小药卷加传爆线	毫秒电雷管
南岭隧道进口	砂页岩、页岩，Ⅱ类围岩	下半断面 64	121	38	1.05 ~ 1.23	35 ~ 42	45	0.062 ~ 0.142	ϕ20mm 小药卷加传爆线	毫秒电雷管
大瑶山隧道进口	碳质板岩 Ⅱ类围岩	101.3	207	48	1.5 ~ 2.5	48 ~ 52	55 ~ 65	0.128 ~ 0.232	ϕ42mm 间隔加传爆线	毫秒电雷管

9.4.2　光面和预裂爆破效果评价

评定光面、预裂爆破质量，目前国内尚无统一标准。应根据不同用途（水下隧道，地下铁道，公路、铁路交通隧道等）、不同技术要求，合理拟定质量评定标准，表 9-27 ~ 表 9-29 是几种地下工程的检验标准，可供参考。

表 9-27　铁路隧道光面爆破质量评定标准

序　号	项　目	硬　岩	中硬岩	软　岩
1	平均线超挖量/cm	16 ~ 18	18 ~ 20	20 ~ 25
2	最大线性超挖量/cm	20	25	25
3	两炮衔接台阶最大尺寸/cm	15	20	20
4	炮孔痕迹保存率/%	≥80	≥70	≥50
5	局部欠挖量/cm	5	5	5
6	炮孔利用率/%	90	90	95

表 9-28　有关部门光面爆破质量检验标准

项目部门	不平整度/cm	超欠挖量/cm	平均线性超欠挖量/cm	最大线性超欠挖量/cm	炮痕保存率/%	两炮衔接台阶/cm	备　注
煤炭部	5	巷道围岩不破坏，肉眼观察无炮振裂缝，围岩破坏不超过炮孔直径大小				<10	小断面
冶金部		≤±5	破坏轻微，无炮振裂缝，软岩爆后无大浮石、岩石完好无浮石		>80	10 ~ 15	预留光面层
西安矿院	±10	岩面上用肉眼看不见明显的裂缝			>80		小断面
国家建委二局	炮孔痕迹中无过大纵向裂缝，围岩破坏总深度不大于 1.0m 爆后岩石弹性波速降低不大于 400m/s		≤10	≤20	>60		大硐室坚硬岩石弹性波速

表 9-29 预裂爆破质量检验标准

<table>
<tr><th>项目部门</th><th>不平整度
/cm</th><th>平均线性超挖量
/cm</th><th>最大线性超挖量
/cm</th><th>炮孔痕迹保存率
/%</th><th>两炮衔接
/cm</th><th>缝宽/cm</th></tr>
<tr><td rowspan="2">水电部长江科学院</td><td>≤±15</td><td></td><td></td><td></td><td></td><td>≥1</td></tr>
<tr><td colspan="6">1. 完整留下半个孔壁；2. 药包位置不出现严重爆破裂缝</td></tr>
<tr><td rowspan="2">国家建委二局</td><td></td><td>≤8</td><td>≤15</td><td>90</td><td></td><td>≥1</td></tr>
<tr><td colspan="6">1. 形成贯通裂缝，孔口不出现爆破漏斗；2. 孔痕中不出现爆破裂缝；3. 围岩破坏总厚度为 0.6m</td></tr>
</table>

第 10 章　水下爆破

在水中、水底或水下固体介质内进行的爆破作业称为水下爆破。

在国家建设与国防工程中，水下爆破广泛应用于港口码头、船坞建设、航道疏浚、水利水电、道路桥梁、水下管道埋设、水下挤淤筑堤、水下爆夯等工程领域。

水下爆破按照工程目的、药室形状和位置的不同主要有如下几种分类：水下裸露爆破、水下钻孔爆破、水下硐室爆破、水下软基处理爆破、水下岩塞爆破等（图 10-1）。

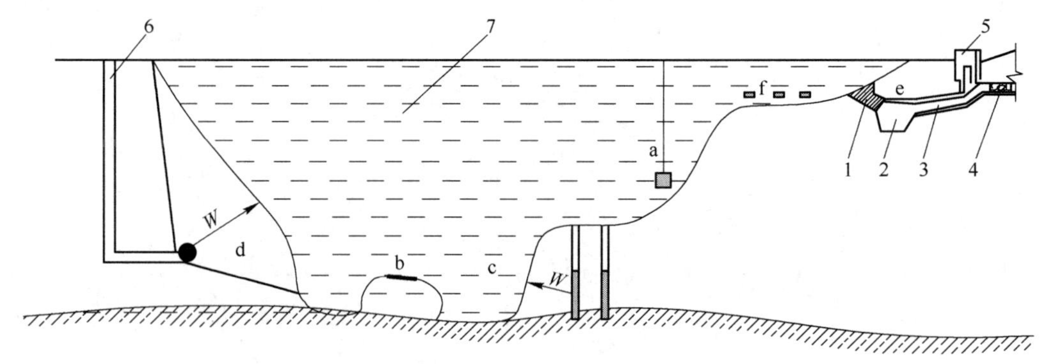

图 10-1　各种不同类型的水下爆破示意图

a—水中爆破；b—水下裸露爆破；c—水下钻孔爆破；d—水下硐室爆破；

e—水下岩塞爆破；f—水下软基爆破；

1—岩塞；2—集渣坑；3—引水洞；4—临时堵塞段；5—闸门等建筑物；6—小井和导硐；7—水

水下及临水爆破的作业方式和爆破原理与陆域爆破大致相同，都是利用炸药爆炸释放的能量对介质做功，达到疏松、破碎或抛掷岩土的目的。但由于中间介质水的影响，与一般岩土爆破作业比较，施工难度要大得多。水下爆破与陆地爆破相比主要有以下特点。

（1）由于水的密度比空气大，水下爆破必须考虑克服水的阻力。因此，爆破同一种介质，水下爆破比陆地爆破的炸药单耗要大。

（2）由于水是近似不可压缩的介质，药包在水中爆炸后，产生的冲击波传播速度比在空气中快，传播也更远，在水中爆破的影响范围比在陆上大。

（3）必须使用抗水的或经防水处理的爆破器材，在深水区域爆炸时，还应选择有抗压性能的爆破器材。由于水中存在浮力，水下爆破应该选择密度比水大的炸药。

（4）水的能见度较差，在水中爆破，受到水流、潮汐、风浪等影响，装药、药包定位、起爆网路连接等都比陆上复杂和困难得多。

10.1 水下爆破的理论基础

10.1.1 水中爆炸的物理现象

水是具有弱黏滞性的流体介质，水介质密度比空气大得多，约是空气的800倍，水在一般压力下呈不可压缩状态。药包在水中爆炸时，爆生气体产物的温度可达3000℃，爆炸初始压力约为几万兆帕，对药包周边耦合的水界面激起具有突跃性、强间断的冲击波和水的扩散运动，在数倍药径区内以约1500m/s的球面冲击波形式向外传播，水中爆炸作用场各点的冲击波超压迅速下降，呈指数衰减，其作用时间仅为毫秒量级，同时还产生爆炸气态产物所形成的高压气团的脉动。气团脉动时，水中将形成压力波和稀疏波。稀疏波的产生与每一次气团体积达到最大值相应，而压力波则与每一次的最小值相应。在深水里，气团第一次脉动所引起的最大压力不超过冲击波压力的10% ~20%，但作用时间较长。

所以，水中爆炸作用场特征主要受水中冲击波、脉动压力和滞后流运动等因素影响。由于爆生气体产物膨胀后的密度低于水的密度，因此气泡在脉动过程中不断向水面浮升，体积亦不断作周期性的压缩、膨胀的变化，如图10-2所示，直至到达水面与大气连通时冲出散逸而产生水羽喷发。

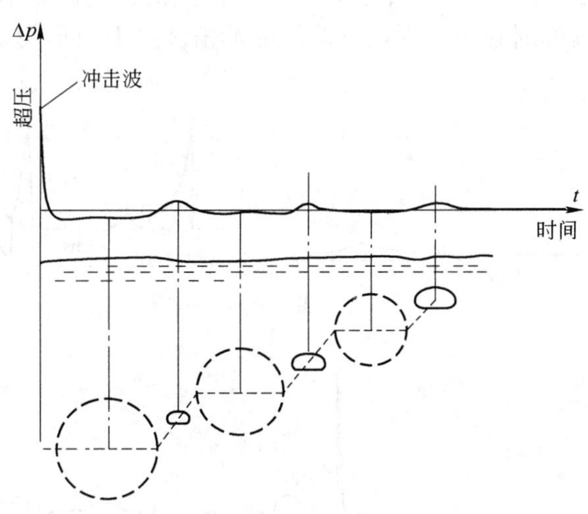

图10-2 气泡脉动与压力变化

药包在深水中爆炸时，大约有一半的炸药化学能转化为水中冲击波，另有1/3或更多些能量以热能形式消耗于水体之中，而气泡脉动压力所占的能量较小，约为水中冲击波能量的1/3或更少。所以，水中冲击波是水中爆炸主要影响因素。气泡第一次脉动压力一般约为冲击波峰值压力的10% ~20%，但其振动频率低，压力作用时间远超过冲击波压力作用的持续时间。气泡脉动过程中，大部分初始能量消耗于气泡迅速地作横向和纵向位移而产生的紊流运动。

当药包在浅水中爆炸时，浅水爆炸作用特性与药包的比例埋置深度有关。除产生水中冲击波和脉动压力外，还将产生复杂的水面现象。包括：气泡浮升至水面突入大气时产生的水喷现象；水中冲击波在自由水面上反射造成快速飞浅的羽状水柱；由于爆炸对水面作用和水柱回落产生一连串的波浪向四面传播；以及与水面障碍物撞击，产生破碎浪压力和涌浪爬高现象等；近水底爆炸还会形成水底爆坑，并引起强烈的衰减很慢的地震波。

因此，水下及临水工程爆破的作用过程，具有以下特点：

（1）水中冲击波超压峰值高，随距离衰减慢，波及范围广，因而，对邻近的水中建筑物、码头、舰船以及水中生物等会产生较严重的破坏效应；

（2）爆生高压气体的胀缩运动形成多次脉动压力，作用频率低，动能大，易激发水中结构物共振；

（3）水下岩土介质处于水饱和状态，爆炸地震效应格外强烈，且衰减慢；有些场合，爆破振动还可能引起土质的液化；

（4）浅水爆炸气体冲出水面形成强烈的空气冲击波，伴生的水喷和水面波浪效应，动压大，拖拽力强，对水上和岸边设施如河岸堤坝及港口码头等冲刷破坏力强；

（5）临水爆破向水中抛掷大量土石，可能引起涌浪，造成水中和临岸设施的破坏。

10.1.2　水中爆炸冲击波的压力

对于水中爆炸产生的冲击波，影响安全的主要参数有压力、冲量和作用时间等。由于受到水深及不同界面的反射、折射影响，水中爆炸产生的冲击波波形和压力参数等会有所不同。图 10-3 为水中爆炸时在不同水域下测得的冲击波压力图形。

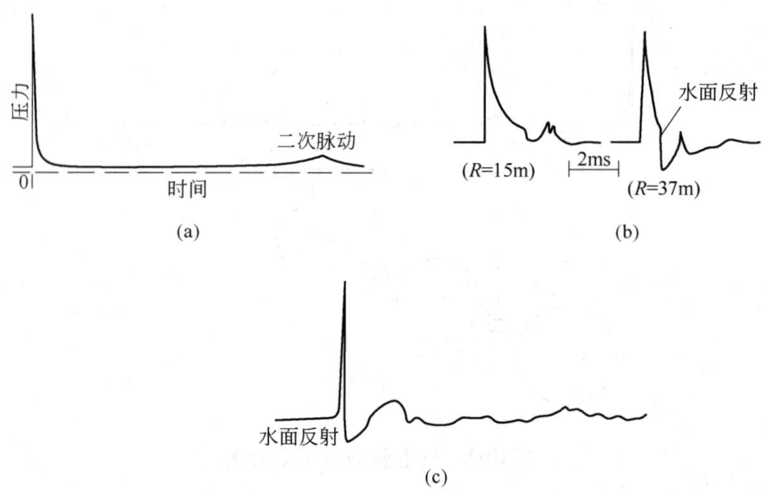

图 10-3　水中冲击波在不同水域和随时间衰减的图形

（a）深水爆炸的水击波；（b）浅水中规则反射区内的水击波；

（c）浅水中非规则反射区内的水击波

10.1.2.1　在无限水域中爆炸的冲击波参数

美国学者库尔用 TNT 药包在深水区域进行了一系列的实验，归纳得到水中裸露药包爆炸产生冲击波阵面的最大压力为：

$$p_{m} = 533(Q_{T}^{1/3}/R)^{1.13} \quad (7 \leqslant R/R_{o} \leqslant 240) \tag{10-1}$$

冲击波随着时间的压力衰减规律为：

$$p = p_m e^{-t/\theta}, \ \theta = KQ_T^{1/3}(Q_T^{1/3}/R)^{\alpha} \tag{10-2}$$

冲击波的冲量为：

$$I = 0.0058Q_T^{1/3}(Q_T^{1/3}/R)^{0.89} \tag{10-3}$$

冲击波阵面的能量密度为：

$$E_f = 83Q_T^{1/3}(Q_T^{1/3}/R)^{2.05} \tag{10-4}$$

式中 p_m，p——分别为水中冲击波阵面的最大压力、距离爆源某点的压力，10^5Pa；

Q_T——密度为 $\rho = 1.62$g/cm^3 的 TNT 药量，kg；

K，α——系数，$K = 0.84$；$\alpha = -0.23$；

e——自然对数的底，e = 2.718；

θ——时间常数，指冲击波压力衰减到峰值压力的 1/e = 0.37 时所需要时间，ms；

R_o——药包半径，m；

R——离开爆源距离，m。

10.1.2.2 在有限水域中爆炸的冲击波参数

一般水下爆破工程大部分是在有限水域中的浅水爆破，它们产生的水中冲击波的压力比深水裸露药包爆破产生的压力要小得多。

在 1968 ~ 1972 年广东黄埔港水下爆破工程，承担任务的广东省水利电力局和中国铁道科学研究院，结合工程实际，开展了大量的试验研究。他们在水深 7 ~ 8m，采用 2 号岩石炸药和少量 40% 的硝化甘油炸药做成圆柱形防水药包，得到水中爆炸水中冲击波的实测数据，为浅水爆破提供了宝贵资料：

水中圆柱形药包爆炸的冲击波压力经验公式：

$$p_m = 415(Q^{1/3}/R)^{1.05} \tag{10-5}$$

冲击波单位冲量公式：

$$I_{3\theta} = 0.0398Q^{1/3}(Q^{1/3}/R)^{0.76} \tag{10-6}$$

冲击波时间常数：

$$\theta = 0.1Q^{1/3}(Q^{1/3}/R)^{-0.24} \tag{10-7}$$

式中 p_m——冲击波压力峰值，10^5Pa；

$I_{3\theta}$——$t = 3\theta$ 时的压力单位冲量，kg · s/cm^2；

Q——圆柱形药包（2 号岩石炸药和少量 40% 的硝化甘油炸药）的质量，kg；

R——离开爆源距离，m；

θ——时间常数，ms。

同时，也对钻孔爆破、水底裸露药包爆破和多个裸露药包爆破的水中冲击波压力进行了测量，归纳的经验公式列于表 10-1。

表 10-1　水下爆破冲击波压力经验公式

爆破方式	爆破方法及主要参数	压力经验公式	测试次数	相关指数	剩余标准差/%
水中爆炸	圆柱形药包	$p_m=415(Q^{1/3}/R)^{1.05}$			
水下钻孔爆破	孔径 108mm,孔深 4.5m,每次爆破 28～32 孔	$p_m=31(Q^{1/3}/R)^{1.45}$	6	0.94	9.4
水底裸露爆破	单药包	$p_m=203(Q^{1/3}/R)^{1.21}$	11	0.96	10.9
水底裸露爆破	群药包:10～16 个药包	$p_m=38(Q^{1/3}/R)^{1.06}$	20	0.78	8.2

此外还对水下爆炸的气泡脉动规律进行了试验研究，得到了气泡第一次脉动压力约为冲击波压力的10%～15%，其脉动周期为：

$$T = 1.95Q^{1/3}/(H+10)^{5/6} \tag{10-8}$$

式中　T——气泡脉动周期，s；

H——药包离水面深度，m。

对于水下钻孔爆破，由于炸药装在岩石钻孔内部，爆炸时部分能量从孔口释放为水中冲击波所携带，由于水深条件和孔口填塞情况的不同，其水中冲击波的压力大致为深水爆炸时压力的10%～40%。

中国水利科学院在河南鸭河口引水渠水下深孔爆破开挖中，在水深8～10m、使用乳化炸药条件下，药量为160～1200kg，单响药量为38～56kg，实测得到水中冲击波压力的回归公式为：

$$p_m = 70(Q^{1/3}/R)^{1.33} \tag{10-9}$$

式中　p_m——水中冲击波压力峰值，10^5MPa；

Q——乳化炸药单响最大药量，kg；

R——离开爆源的距离，m。

长江科学院在深圳沙角及长江石砣、界碑、鸡扒子等地在不同水域条件下得到了两组水中冲击波压力的计算公式。

（1）静态或准静态水域（水深6～9m）：

水中爆炸：　$p_m = 744(Q^{1/3}/R)^{1.25}$　$(0.02 \leqslant \rho \leqslant 0.106)$　(10-10)

水底裸露爆破：　$p_m = 1502(Q^{1/3}/R)^{1.69}$　$(0.02 \leqslant \rho \leqslant 0.205)$　(10-11)

水底钻孔爆破：

$$p_m = (110 \sim 257)(Q^{1/3}/R)^{1.27} \quad (0.028 \leqslant \rho \leqslant 0.209) \tag{10-12}$$

（2）长江动水（流速1～3m/s，水深4～7m）：

水中爆炸：　$p_m = 2607(Q^{1/3}/R)^{2.0}$　$(0.023 \leqslant \rho \leqslant 0.159)$　(10-13)

水底裸露爆破：　$p_m = 1938(Q^{1/3}/R)^{1.25}$　$(0.023 \leqslant \rho \leqslant 0.366)$　(10-14)

水底钻孔爆破（孔口水深0.3～3.8m）：

$$p_m = (17 \sim 57.8)(Q^{1/3}/R)^{1.35} \quad (0.028 \leqslant \rho \leqslant 0.4) \tag{10-15}$$

式中，$\rho = Q^{1/3}/R$。

从以上公式比较可以看到，由于水域静动态的差异、水深的不同、药包位置的差别、爆破岩石性质的不同等，所归纳的经验公式差别较大，都有它的局限性，在使用时必须根据当地水域特点、使用的爆破方式以及岩石的具体情况来选用，必要时应进行试验观测。

10.1.2.3　围堰拆除爆破与岩塞爆破产生的水中冲击波

围堰拆除爆破和岩塞爆破，也都会产生水中冲击波。由于围堰爆破中部分爆破能量在自由面释放，转化为水中冲击波的能量较小，因此冲击波的压力幅值低，频率也较低。中国水利科学院在葛洲坝围堰爆破拆除时通过实测回归得到的水中冲击波压力计算公式为：

$$p_m = 31.2(Q^{1/3}/R)^{1.36} \tag{10-16}$$

由于岩塞爆破的爆破部位处于较深的水面以下，水中冲击波的传播条件好，根据国内外的实测资料介绍，一般岩塞爆破产生的冲击波强度大约是标准水中爆炸冲击波压力的8%～25%。

10.1.2.4　挤淤爆破和爆夯产生的水中冲击波

近年来，围海填筑工程大量增加，采用爆炸夯实地基的工程也不少，采用挤淤爆破和爆夯方法处理软基，会在周围海域产生水中冲击波。中国水利科学院在浙江马迹山港挤淤爆破工程中，对水中冲击波进行了监测，得到了挤淤爆破产生的水中冲击波压力计算公式：

$$p_m = 195(Q^{1/3}/R)^{1.33} \tag{10-17}$$

10.2　水下钻孔爆破

10.2.1　水下钻孔爆破的特点和使用条件

通过作业船或水上作业平台，利用钻具穿过水层对水下岩石进行钻孔，并实现爆破的作业，称为水下钻孔爆破。

水下钻孔爆破广泛运用于港口工程建设、航道的疏浚、水下建（构）筑物的拆除及清障等。

水下钻孔爆破的主要特点和使用条件是：

（1）水下钻孔爆破生产效率高、安全性好、有利于控制爆破产生的有害效应，对于爆破工程量较多、爆破体厚度较大，宜首选钻孔爆破；

（2）一般要使用特定的水上作业船或作业平台，才能进行施工，所以钻孔爆破工艺较复杂，在流速、潮汐、涌浪、水深工况恶劣的水域施工时，难度和成本会明显增加；

（3）对清挖、运输爆渣的设备要求较高，需要挖掘能力强的船机进行清挖，如反铲式挖泥船、正铲式挖泥船及配备重斗的大斗容抓扬式挖泥船；

（4）对爆破质量要求高。如爆破产生大块、浅点等难以处理，对下一道工序影响大。

10.2.2　水下钻孔爆破设计

10.2.2.1　布孔原则

A　孔径

水下钻孔爆破的孔径主要取决于钻机型号，同时要考虑导管、钻具的重量，以便于操作。水上作业钻孔困难，一般尽量采用较大孔径，以减少钻孔数量。我国早期水下作业钻机采用 XJ-100 和 XV-300 型地质钻，钻孔直径为 90mm。为加快钻孔进度，目前普遍采用风动钻机。交通航道部门常用的钻机类型见表 10-2，钻孔直径为 ϕ100 ~ 150mm。

表 10-2　钻机类型及架高

型　号	钻孔直径/mm	生 产 厂	钻架高度/m	风　压
CQG	150	宣化采掘机械厂	15.0	中
CQ	100	宣化采掘机械厂	9.0	中
351	100	宣化采掘机械厂	13.0	中

B　水下炮孔布置形式和孔网参数

首先要与采用的作业方式（钻孔、装药、填塞的方式方法与所用机具条件）相适应，原则上，越简单、越规则越好。一般采用一字形、方形、矩形、三角形或梅花形的布孔形式。

水下钻孔布置应能确保孔底开挖面上不残留未被爆除的岩埂，同时炮孔上部不致产生过多的大块率，以避免和减少水下二次爆破破碎工作量。根据工程经验，水下深孔爆破的孔、排距布置的经验计算式为：

坚硬完整岩石：　$a = (1.0 \sim 1.25)W$；$b = (0.8 \sim 1.2)W$

裂隙发育或中等硬度岩层：

$$a = (1.25 \sim 1.5)W;\ b = (1.2 \sim 1.5)W$$

C　水下钻孔的超深值

一般应略大于陆地爆破，特别是在多泥沙水域和无套管保护时，钻孔可能会被泥沙部分淤填，同时鉴于水下爆破欠挖时补充爆破难度较大，效率低，耗时长，因此，国内水下钻孔超深值一般采用 1.0 ~ 1.5m。在国外，考虑到水下深孔愈深，孔底偏差愈大等因素，钻孔超深一般达到 2.0m，在水域较深中钻孔时，超钻深度甚至达到 3.0m 以上。

10.2.2.2　装药量计算

水下爆破由于爆破介质承受着水的压力，同时爆破介质破碎亦须克服水体的阻力，因此水下爆破的炸药单耗较陆地爆破为大，水下钻孔爆破的每孔装药量可按体积公式计算。

$$Q = q \times a \times b \times H \tag{10-18}$$

式中　Q——炮孔计算装药量，kg；

q——单位耗药量，kg/m^3；

a——孔距，m；

b——排距，m；

H——钻孔深度（包括超深值），m。

通常情况下水下钻孔爆破单耗比陆域台阶爆破需增加 30% ~50%，根据国内外的统计资料分析，q 值如表 10-3 所示。

表 10-3　水下钻孔爆破单位炸药消耗量 q 值

岩质类别	$q/\mathrm{kg \cdot m^{-3}}$	岩质类别	$q/\mathrm{kg \cdot m^{-3}}$
软岩石或风化石	0.6～1.0	坚硬岩石	1.0～1.4
中等硬度岩石	0.8～1.2		

注：表中数值，炮孔深度小、水下清渣能力强时取下限；反之取上限。

水下钻孔爆破单耗可按下式计算：

$$q = 0.45 + (0.05 \sim 0.15)H \tag{10-19}$$

式中　q——炸药单耗，$q=0.45$ 是陆域一般台阶爆破的炸药单耗，$\mathrm{kg/m^3}$；

H——水深，m。

国内也有工程单位在水下爆破计算装药量时考虑水深的因素，实际上起到增加单位耗药量的作用，主要公式有：

一般爆破

$$Q = K\beta eW^3(0.4 + 0.6n^3) \tag{10-20}$$

台阶爆破

$$Q = (K + \Delta K)eaHW_P \tag{10-21}$$

式中　Q——每孔计算装药量，kg；

K——单位耗药量，$\mathrm{kg/m^3}$；

β——水深影响系数，当水深 2.0～10m，β 值取 1.2～1.8，水深大取较大值；

e——炸药换算系数，一般，对硝铵炸药、乳化炸药 $e=1.0$；

W——最小抵抗线，m；

ΔK——考虑水深和爆破要求，需增加的单位耗药量，一般 0.4～0.8$\mathrm{kg/m^3}$；

H——台阶高度，m；

a——钻孔间距，m；

n——爆破作用指数；

W_P——台阶底盘抵抗线，m。

当每个炮孔装药量确定后，对于确定的药卷直径，装药长度为：

$$L = \frac{4}{\pi d^2} \times \frac{1000}{\Delta} \times Q \tag{10-22}$$

式中　Q——每孔装药量，kg；

d——药卷直径，cm；

Δ——装药密度，$10^3\mathrm{kg/m^3}$；

L——装药长度，m。

根据公式（10-22），则可计算出每个炮孔的装药长度，剩余部分为填塞段，其长度应满足设计的要求。

表 10-4 为国内外部分水下钻孔爆破工程炮孔布置的主要参数。

表 10-4　水下钻孔布置主要参数

	工程地点	孔径/mm	间距/m	排距/m	孔深/m	垂直钻孔或倾斜钻孔	超深/m	水深/m
国内水下爆破	广东黄埔航道整治工程	91	2.5～3.1	1.7～2.5	4.5～7.5	垂直钻孔	1.0～1.5	11～12
	广东新丰江隧道进水口工程	91	2.0	2.0	5.0～8.0	垂直钻孔	1.5～2.2	
	辽宁港池工程	91	2.5	2.5	2.0	垂直钻孔	0.45～0.90	
	湖南沅水石滩	30	0.80～1.0	0.80～1.0	1.0～1.5	倾斜 70°～85°钻孔	0.20	
	湖南大湾航道	50	1.20	1.20	2.5	垂直钻孔	0.80～1.20	
	南方某码头工程	91	2.0	2.0	6	垂直钻孔	1.2～1.5	
	青岛港水下炸礁	91	2.0	1.0	3.0	垂直钻孔	0.8	最大 9.5
	贵州岛江渡水电站围堰工程	133	3.0	3.0	3～7	垂直钻孔		9～13
国外水下爆破	日本三号桥爆破	50	2.0	2.0	2.56～3.10	垂直钻孔		
	日本种市港爆破	75	2.6	2.5	4.0	垂直钻孔		
	英国美尔福德港扩建工程	76	1.3～1.5	1.3～2.0	4.5～8.0	垂直钻孔		
	诺尔切平港	51	1.50	1.50	4.6～8.4	倾斜 50°～60°钻孔	1.5	
	底拉瓦尔河	152	3.00	3.00	2.4～7.2	倾斜 45°～60°钻孔		
	朴次茅斯港	64	0.60	1.20	3.1～4.6	垂直钻孔		
	热纳瓦港	64	2.25	2.25	8.0	垂直钻孔		
	安加拉河	43	1.00	1.00		垂直钻孔	0.3～0.4	
	巴拿马运河	76～101	3.00	3.00		倾斜 60°～70°钻孔		
	法里肯贝尔港	51～70	1.5～2.0	1.5～2.0		垂直钻孔倾斜 70°～75°钻孔	1.5	
	摩泽尔河	43	1.5	1.5		垂直钻孔	1.0	

10.2.3　水下钻孔爆破施工装备

10.2.3.1　钻孔爆破作业船与水上作业平台

水下钻孔爆破的船机按类型分，主要有以下几种。

A　简易支架式水上作业平台

简易支架式水上作业平台包括水中固定支架平台及岸边固定支架平台等，是一种在近岸搭建支架，在支架平台上进行钻孔爆破的作业方式。它适宜于浅水、近岸的作业，主要是因为施工区域水深较浅、无法满足专业钻爆船（平台）的吃水要求而采取的一种变通的简易作业方式。由于其安全性相对较差，在工况复杂的水域应当慎用。

B　漂浮式钻孔爆破作业船与作业平台

此类作业船在目前水下钻孔爆破中使用最多，运用也最广，形式也多种多样。它们一般适用于 50m 水深以内，流速小于 1.5m/s，浪高小于 1m 的水域。通常在作业区域水流小、风浪小的良好作业条件时，采用漂浮式钻爆船施工作业，漂浮式钻爆船有作业方便、移船位快的特点。主要有以下几种分类方式：

（1）按动力，可分为自航和非自航两类；

（2）按船体结构形式，可分为双体船和单体船，目前以单体船为主，如“航通 998”船，装有 12 台 XY-2 型钻机，参见图 10-4，其技术指标列于表 10-5 中；

图 10-4 “航通 998 号”照片

表 10-5 “航通 998 号”漂浮式钻爆船参数

装 备	规 格	单位或功率	数 量
外形尺寸（长×宽×高）		m×m×m	42.8×15×2.8
吃 水		m	1.0～1.8
电动绞车	5t	11kW	6 台
锚	中锚 1.5t；边锚 1t		1.5t×2；1t×4
钻机	XY-2		12 台
空压机	Atlasvahs786	220kW	6 台
发电机		70kW	2 台

（3）按驻位形式来分，可分为有定位桩和无定位桩两类，目前以无定位桩的占多数，无定位桩的钻爆船采用六缆作业法进行移船及驻位；有定位桩的船主要使用在水流较急、风浪较大或交通繁忙、水域狭窄的地区，移船仍靠锚缆来实现，定位桩起到驻位的作用。

C 支腿升降式水上钻孔作业平台

支腿升降式水上钻孔作业平台是一种可将船体升离海面的作业船舶，平台升离水面后，工作时可不受海浪、潮流和潮差的影响。与漂浮式钻爆船相比较，它钻孔时定位快，精度高，节省定位时间。但由于它需要 4 根支腿支撑船体离开水面，因此在移动位置时耗费时间较多，此外在升降船体时也要选择在合适的风浪及水流条件下进行，否则可能会对支腿产生损害，一般适用于 30m 水深以内，流速小于 3.0m/s，浪高小于 3m 的水域。在恶劣工况条件下，采用支腿升降式水上钻孔平台作业就更为稳定。

表 10-6 为“中海潮 1 号”的船体及钻机参数。实船如图 10-5 所示。

表 10-6 “中海潮 1 号”钻机参数

装 备	规 格	单 位	数 量
外形尺寸（长×宽×高）		m×m×m	32×26×2.6
吃 水		m	1.25
钻机平台面积（长×宽）		m×m	22×10
液压支腿	长度 36m	根	4
钻 机	高风压潜孔钻车（可行走）	台	4
空压机	Atlas XRHS385Md	台	4

图 10-5　“中海潮 1 号”照片

10.2.3.2　钻孔配套机具

水下钻孔设备，一般是将陆上用的钻孔设备加以改装而成。我国用于陆上中等深孔（6～12m）爆破的钻孔设备，种类很多，但应用于水下钻孔爆破的，主要有岩心钻机、风动钻车、潜孔钻机。潜孔钻机是目前水下钻孔爆破应用最多的钻机形式。

通过施工船或平台由水面向水下钻孔主要有以下几种方法。

（1）单套管作业法。钻孔工序分下套管和开钻机两个工序。根据施工区孔位和水深情况，装配好套管长度，距套管底部 5m 左右处开几个椭圆形的卸渣孔，以便钻孔时石渣和水从卸渣孔内流出，不冲向操作平台。用枇杷头钢丝绳拴好套管，吊起沉放入水。为使套管垂直受水流影响不倾斜，在套管脚上 1.0～1.5m 处拴上一根 ϕ15mm 的白棕绳作提头绳，将绳头拉向上游部位，专人护理，听从作业组长指挥随套管下沉慢慢松放直至套管正位后，固定在桩上，取掉钢丝绳，固定套管，即可吊钻杆入套管钻进。为便于接卸钻杆，钻杆长度应根据钻架高度选取。在大连港鲇鱼湾港区 22 号原油泊位炸礁工程中，施工单位在深水急流条件下，通过采用重型厚壁套管、加长导向管以及钻机预设水流偏移量等措施，将水流对套管的偏移量控制在一定范围内，为深水急流条件下钻孔积累了经验。

当岩层表面有砂卵石覆盖或强风化岩时，可用高压风将其吹走，然后钻进，直至钻达设计要求深度后，再来回提钻洗孔数次，确保孔内无残渣，最后提出钻杆。

（2）双套管作业法。目前国内外广泛应用的 OD 水下钻孔法（Overburden Drilling），即双套管钻进法，能通过水下深厚覆盖层，在水下岩层内钻孔。这种钻机借助管接头将组合套管和钻杆接到风动凿岩机上。外套管用来固定钻孔位置，保护钻具在钻孔过程中不至于受到流水冲击影响。内套管直径 92～153mm，头部镶环形钻头（图10-6），可通过覆盖层钻到基岩中 10～12cm，作为钻凿深孔和装填炸药的导管。然后反转，把内套管松脱，留在孔内。用直

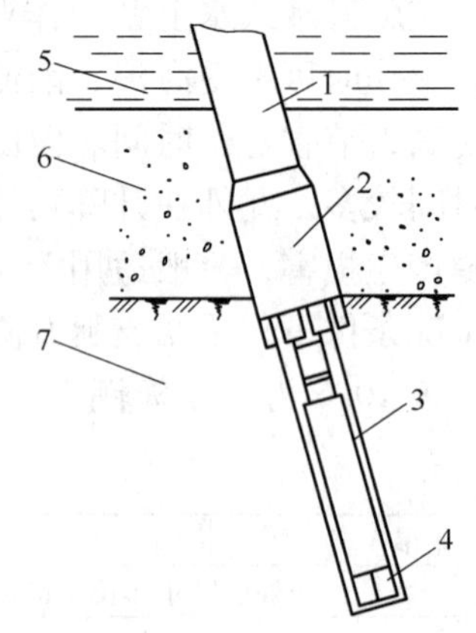

图 10-6　双套管钻头

1—内套管；2—环形钻头；3—钻杆；4—十字钻头；5—水；6—覆盖层；7—岩石

径 51～102mm 的十字形钻头，在内套管保护下，回转、冲击钻进。

水下钻孔与陆地钻孔的不同点是，水下钻孔与护孔同时进行，有时护孔提前进行。护孔的方法有：

（1）炮孔处无覆盖层，且岩石表面坚硬完整，钻完孔后立即用上下均开口的铁皮管插入孔内 1m 左右，在炮孔口部位将铁皮管用绳索缠绕几圈，使其不再下沉；

（2）炮孔处有少量覆盖层，或孔口岩石不完整，钻孔前应在孔口位置立一钢管，然后在钢管内钻孔，以使钢管能够起到护孔的作用，覆盖层较厚时，不宜采用这种方法；

（3）钻孔后应留有标记，以利于装药作业能够顺利进行。

水下钻孔爆破应按开挖断面和船位有序地进行，一般是由下游向上游，由外边向内侧，由深处向浅处分段进行。首先应在设计图上量测坐标，布置船位和孔位，然后在现场用全站仪根据图上坐标跟踪定位布孔。

10.2.4　水下钻孔爆破施工

10.2.4.1　主要施工程序

图 10-7 为水下钻孔爆破开挖施工程序。

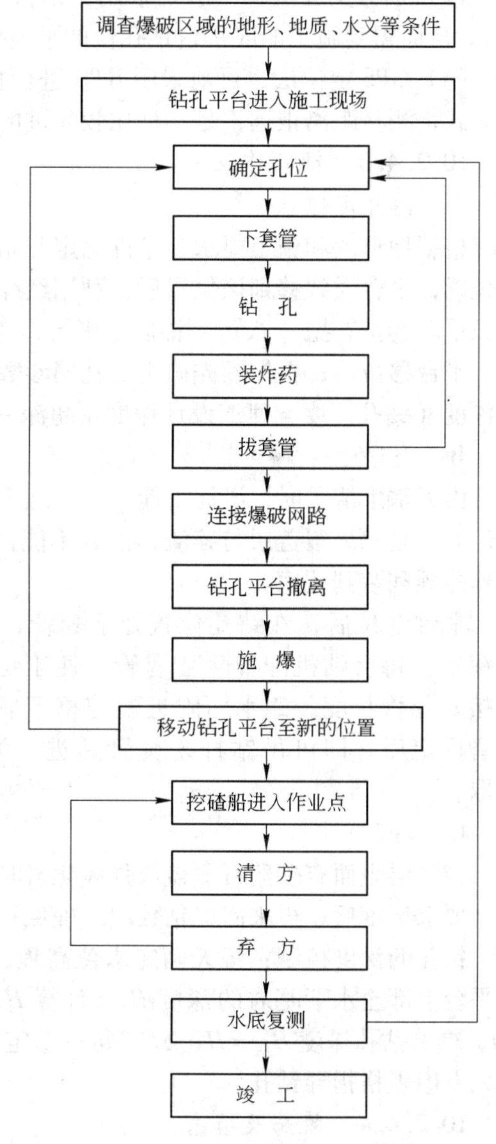

图 10-7　水下钻孔爆破开挖施工程序

10.2.4.2　钻孔前的准备

A　搭建钻孔平台

当施工地段河道来往船只频繁、涌浪较大时，采用钻爆船很难稳定，影响到钻孔的质量和钻进效率，这时宜采用钻孔平台。如某工程，钻孔平台采用两根直径 1m、长 12m 的钢管作为浮筒，一边一根，浮筒之间用槽钢焊接，两头用槽钢焊接伸出 1.5m，中间形成一个 15m×2m 的作业区，作业区距离两根浮筒的距离均为 50cm，设有两组滑道，可供 4 台 YQ-100 型潜孔钻机工作之用。另外备有六门铁锚及 100m 以上的锚绳，用于固定平台。钻孔时，将四根柱子放入水中，用手拉葫芦升起脱离水面，不受来往船只涌浪的影响，移位时，拉动锚绳将平台移到确定的位置。

B　测量与钻孔平台定位

做好水下地形测量，对高质量的完成钻爆作业十分重要。钻孔爆破前，在爆破区域内测量绘制 1∶500 水下地形图，指导钻孔的起始位置。测量地形时，河道断面间距不得超过 10m，断面上测点间距不得超过 2m。

开钻前，按照河道中心线方向每 10m 测定一条断面，最后汇总形成水深地形图，按照地形图确定需要钻孔的范围，总体布置开挖顺序和方向。

钻爆船移位布孔时应遵循以下原则：

（1）要考虑爆破对船体的影响，留足安全空间，使船体不易受到爆破的破坏；

（2）要结合水流方向、风浪方向及潮汐大小合理布置，尽量减少上述因素带来的不利影响；

（3）移位时，船体不得越过已装药的炮孔；

（4）钻孔时应按深水到浅水顺序进行。

定位则主要有以下几种方法：

（1）后方交会法，一般是采用六分仪，测量人员置身于平台之上，观测岸上导标，运用计算程序求得本船或平台钻孔位的平面坐标，本法相对简单，但误差较大；

（2）前方交会法，一般是采用全站仪，测量人员于岸上测量站观测船上目标物（棱镜），从而得到施工船或平台钻孔位的平面坐标，本法较精确，但测量距离有限制；

（3）GPS 定位法，目前采用 RTK 进行自动程度较高的定位，采用电台和 GPS 两种通讯方式，测量距离很远，是一种比较先进的定位手段。

10.2.4.3　钻孔作业

A　钻孔定位

根据地形图和施工要求、条件确定开始钻孔的位置，用测量控制点确定开始钻孔的实际位置，平台大致移到该位置后，利用经纬仪或全站仪进行控制微调，在平台的四角安装四只手动卷扬，抛“八”字锚固定平台，通过手动卷扬来实现平台的小范围调整。

平台移位后，根据预先确定的孔网参数，划定钻孔的位置，根据实测水深，计算出钻孔深度（钻孔深度 = 河道设计深度 + 超深 - 该孔位水深）。

B　下套管

因为水下清淤时，淤泥不能全部清理干净，另外还有碎石等杂物，必须下套管。套管作用：一是隔离覆盖层与碎渣，使其不能进入到孔内；二是套管在装炸药时起导向作用，使炸药顺利装到孔底。

平台定位后，在钻孔位置处下套管，套管要稳定，露出水面并深入到基岩下一定的深度，每台钻机配备两套套管，便于更换使用。根据施工区当地孔位和水深情况，配接好套管长度，距水面附近配花格子管，以便钻孔时石渣和水从花格子管中流出。套管固定后，即可吊钻杆入套管钻进。为便于接卸钻杆，钻杆长度应根据钻架高度选取。

C　钻孔

当岩层表面有砂卵石覆盖或强风化岩时，可用高压风将其冲走，然后钻进，直到钻达设计要求深度后，再来回提钻数次，确保孔壁的光洁度。

钻孔的深度控制：每天确定水位高程，计算出平台上部至设计底深的高差 H_1，测出从平台上部至水下基岩的深度 H_2，计算 $H_1 - H_2$ 即为需开挖深度 H，再加上设计的超深 Δh，得出钻孔深度 $H_{钻} = H + \Delta h$。每一船定位后，首先要计算出全部钻孔的钻孔深度，并填入专用表格指导钻孔。

10.2.4.4　装药及填塞

水下炮孔装药与陆地略有不同，有其自身的一些特点。

A 药包加工

目前国内各爆破器材生产厂家均可按照用户要求提供相应规格的水下爆破专用药卷，省略了小药卷加工成大药卷及防水处理的工序。用于水下的药包有两种：

（1）震源药柱筒，塑料壳制成，筒长 0.5 ~ 0.6m，底部和口部均有螺口，便于连接，药的上部有一盖板，上有一孔，便于装雷管，实物见图 10-8；

（2）牛皮纸浸蜡或塑料纸包装筒，筒长 0.5m，药筒采用竹片绑扎连接，加工成不同长度和重量的药包，用金属或塑料筒加工成防水药筒盛装非抗水散装炸药时，应在药面采取隔热措施，才准许用沥青或石蜡封口。

图 10-8 震源药柱

B 起爆体加工

采用 8 号金属壳雷管（电或导爆管毫秒延时雷管），每孔至少装 2 发雷管，并分布在不同的网路中。水流较急时，将引出的导线松弛地绑扎在一根 ϕ6mm 左右的尼龙绳或麻绳上，绳索与药筒绑牢，既可作投放起爆药卷的提绳，又可保护导线被水流冲断。

C 钻孔检测、装药和填塞

为防止泥沙和石渣淤孔，钻孔完成后应立即装药。装药前应先用水砣核实钻孔深度后再进行装药。当孔深 h 小于 4m 时，使用 1 个起爆体起爆，孔深 h 为 4 ~ 8m 时使用两个起爆体起爆。炸药装至离孔口约 1m，留 1m 作为填塞，如图 10-9 所示。

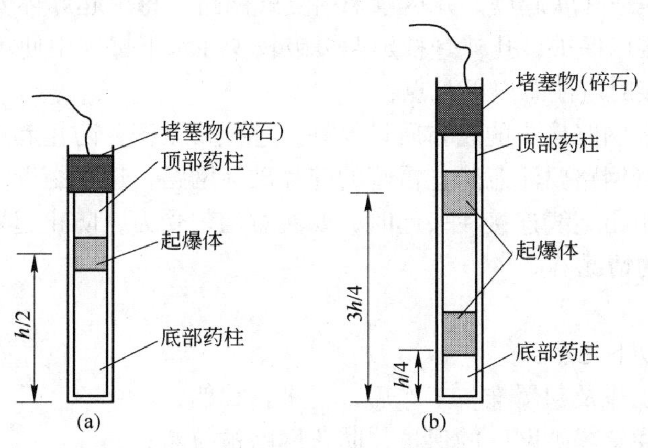

图 10-9 装药结构示意图

（a）当 $h<4$m 时；（b）当 $4\text{m}\leqslant h\leqslant 8$m 时

装药时用送药杆压住药包顶部，拉稳药包提绳，配合送药杆顺进，通过套管缓慢地送入孔内，不应从管口或孔口直接向孔内投掷药包，禁止强行冲压卡塞的药包，使药包底部与孔底接触。同时要注意以下事项：

（1）内河水位变化幅度很大（含暴涨、暴落），沿海或海港的风浪超过 6 级，浪高大于 0.8m 时，禁止水下钻孔装药；

（2）水下钻孔爆破，应采取隔绝电源和防止错位等安全措施，才准许边钻孔边装药；遇水流较大或杂物较多的水域，应选用高强度导爆管并绑扎在尼龙绳上，防止拉断，水面有杂物应进行清理；

（3）装药时要注意校核孔位，孔位有变化时应调整药量；水下深孔采取分段装药时，各段均应装入起爆药包，并要在导线上标记清楚，防止错接；

（4）提升套管（含护孔管）应注意保护药包引出线，移船时应注意保护起爆网路，在急流区，对孔口段的导线应加以保护；为保护导爆管或导线不受损，填塞宜采用粗砂或粒径小于 10mm 的碎石。

10.2.4.5　爆破作业实施

A　起爆网路连接

水下爆破工程通常采用电爆网路和导爆管雷管网路两种，如果起爆环境复杂或为了增加准爆可靠性，可以采用复式网路。

爆破网路的主线应采用强度足够高、防水性和柔韧好的绝缘胶线，在有水流的河段或沿海地区施工时，应对电缆进行保护。一般采用 $\phi4 \sim 6$mm 的钢丝绳或 $\phi17 \sim 21$mm 的白棕绳、尼龙绳或麻绳作主绳，将电爆网路的主线每隔 40 ~ 60cm 松弛地用胶布或细麻绳绑扎在主绳上。

对于流速特别大的水域，还需对每个炮孔的电线进行保护，一般采用加大电线截面积或加保护绳的方式，以加大网路抗水流的冲击能力，成为“贴身防护”。主线、区域连接线之间的联结处都采用绝缘胶布和防水胶布双层包裹。

导爆管雷管网路具有段数多，抗静电、杂电、防水等功能特点以及使用安全，操作方便，网路设计、连接简便等特点，在水下钻孔爆破中已被广泛应用。

网路多采用簇联或并联起爆，并尽量采用复式网路。每个起爆体安装两个以上起爆雷管。由于孔外网路难以保护，孔外毫秒延期爆破较少在水下爆破中使用。

起爆网路在连接时应注意以下几点：

（1）包裹电起爆网路接头的胶布质量要好，包扎要紧密，防止起爆时产生漏电现象；

（2）导爆管雷管网路要注意防止雷管的碎片破坏网路，造成拒爆现象；

（3）各炮孔的引出炮线连接在一起时，要注意均匀受力，防止起爆前因个别炮线受力集中，而造成断线的情况。

B　起爆

起爆时应注意以下几点：

（1）做好警戒工作及起爆准备工作后，再进行移船；

（2）移船时要注意爆破网路的保护，防止网路被拉断；

（3）要保证有足够的安全距离；

（4）起爆前必须再次对网路进行检测、并检查周围环境。

C　爆后安全检查

爆后安全检查包括有无盲炮及环境的安全情况。

10.2.5　典型工程实例

10.2.5.1　广西贵梧航道羊栏滩汇流段航道整治工程

贵梧航道羊栏滩汇流段需要拓宽航道宽度，以满足会船要求。航道设计挖槽水深为 3.8m，设计通航 2000t 单货船。该次整治的工程量主要有：水下炸礁、清礁工程量

45568m^3，砂卵石（十三级土）开挖工程量22632m^3，陆上爆破石方532.27m^3。

A　工程特点

（1）本工程为内河山区航道整治工程，洪水期（每年的6～9月）基本不能施工。开工日期为3月20日，要求80天之内完成，工期紧张。

（2）所处航段水流表面最大流速1.7m/s，属于急浅滩险航段，对船舶的施工驻位及生产效率均有很大影响。

（3）施工航段船行密度很大，每小时约通过20～30条各类型船舶，需要采取避让措施，保障通航安全工作的任务较重。

B　施工船舶选择

炸礁船选择了“航通998号”，该船生产能力大，能满足工期紧的要求；移动方便，减少移船及放炮对通航的影响。

清礁船为斗容3m^3的反铲式挖泥船，该类船有三条定位桩，可抗一定的水流。挖深可达12m，即使有一定的洪水位也能正常施工。

C　主要施工方案

a　施工船的移位及通航安全措施

为保障通航安全，采取了以下措施：

（1）炸礁船加大上游中锚的重量及加装锚链，清碴船也设八字锚辅助移船；炸礁船和清碴船在航道轴线方向应保持100m以上的距离；

（2）施工由海事部门发布航行通告，航道部门发布航行通电，使过往船只有准备，减小相互干扰；

（3）会同航道部门设定施工专用标志，船只有序进出工地，做到各行其道，互不干扰；

（4）认真执行《内河避碰规则》，悬挂相应灯号、旗号，并加强与过往船舶的联系；

（5）施工船舶布缆时在通航的一侧均设置子母锚以使钢缆沉底，保证过往船舶的安全；施工展布和定位尽量远离航道，降低对航行船舶通航的安全隐患；

（6）爆破时采取临时禁航安全措施，禁航时段根据施工情况同海事部门协商制订，禁航时间尽可能缩短，爆破结束后马上恢复通航，以免影响营运船舶；

（7）制定安全应急预案，加强安全值班督促检查，确保通航安全，指派专人随时瞭望，并做好绞船移让准备。

b　爆破参数

孔径：$d=105\sim110$mm；孔距：$a=2.4$m；排距：根据本爆破区的岩石性质等，设计排距$b=2.0$m。

超钻深度：$\Delta h=1.5$m；

药柱直径：使用乳化炸药药柱，$D=90$mm；

采用梅花形布孔，每移船定位一次可钻12个孔，大约移4～6次，即钻孔4～6排即放炮一次。采用排间毫秒延期爆破，毫秒延期时间大于或等于25ms。虽然民居的距离在1000m以外，但考虑尽量减少影响，在同一排中，也根据层厚按2、4或6个孔进行分段。以4个孔同一段为例，如图10-10所示。

施工中，每孔装两发导爆管雷管，采用复式网路。连接时，按每簇不超过20发的原

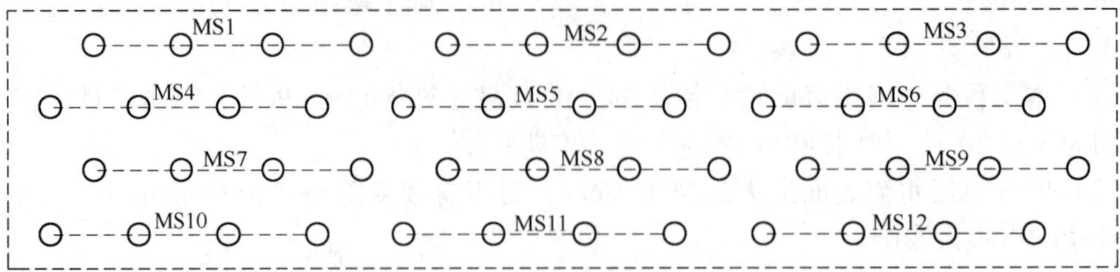

图 10-10　孔位及雷管分段布置图

则，采用“一把抓”的连接形式将孔内的两发雷管簇联至不同的网路中。

D　施工质量控制措施

炸礁施工的过程质量控制对爆破效果的好坏至关重要，根据多年经验，施工中需严格检查表 10-7 所示的质量项目并根据偏差要求进行处理。

表 10-7　质量检查项目表

检查项目	偏差要求	产生误差的原因及处理措施
定　位	实际孔位和设计孔位误差在 0. 2m 以内	仪器精度：应采用 RTK 定位，可有效保障精度 水流影响：保证导向管的长度；防止走锚
孔底标高	实际钻孔超深值不小于 1. 2m	钻杆长度测量和计算准确，用测深绳测量孔深 地质条件影响或破碎区域成孔困难时应移位补钻
装　药	炸药装到孔底	由于洗孔不干净或覆盖层回填，装药不到底时应用炮棍轻压或移位补钻

E　施工效果及总结

经过周密组织及精心施工，仅 40 天就完成了施工任务，清礁过程中发现爆破块度非常破碎，无任何浅点，清挖的满斗率超过 99%，极大地加快了清挖的工程进度，避免了水下爆破经常遇到的由于清挖效率低下或补炸等导致整个工期严重延期的现象。整个工程于 5 月 30 日自检合格后交付业主验收。本工程主要经验如下：

（1）施工中，加大钻孔爆破方面的投入，提高爆碴的松散性及破碎度，对加快进度，降低整个工程成本非常有利；

（2）在山区内河进行水下爆破时，清礁船的选择也是很关键的，本工程表明，反铲式挖泥船在山区内河的适应能力及清挖能力都要优于常用的抓斗式挖泥船；

（3）内河施工时，如何保障施工船与航行船舶之间的安全是非常重要的，应严格执行各项安全措施。值得一提的是，漂浮式船舶若加装定位桩会对安全保障工作更有利。

10. 2. 5. 2　洋山深水港航道炸礁工程

上海洋山深水港区航道水下炸礁工程共计方量为 $59.44\times10^4\text{m}^3$，其中泥灰礁为航道中间的礁盘，炸礁方量为 $10.94\times10^4\text{m}^3$；小岩礁炸礁为岛边水下斜坡，炸礁方量为 $48.5\times10^4\text{m}^3$。设计炸礁底标高 −18. 0m，炸礁最大厚度约 17. 5m。

该工程所在水域水文条件复杂，水深、流急、风浪大，且水流无规则，水流在大潮汛时达到 4m/s；施工区域来往船舶较多，施工干扰大，安全要求高；地质条件复杂，岩石坚硬，礁体坡度达到24°，坡度较陡。

该炸礁工程采用自升式炸礁平台船钻爆施工，解决水深、流急条件下的施工难度；炸药采用塑料壳体防水，并在雷管起爆处增加高能起爆具，保证炸药在深水中的稳定起爆；采用防水高强度、高精度导爆管毫秒雷管，解决因水深、流速大、起爆困难的问题。

泥灰礁炸礁工程采用两个自升平台船，配置有高风压孔压机，其中1号平台钻孔孔径115mm，2号平台钻孔孔径165mm，爆破参数如表10-8所示。

表10-8　爆破参数

炸礁设备	钻孔孔径/mm	钻孔排距/m	每米药卷重量/kg·m^{-1}	炸药单耗/kg·m^{-3}	超深/m
1号平台	115	2.5×2.86	8	1.12	3
1号平台	115	2.5×2.5	8	1.28	3
1号平台	115	2.5×2.0	8	1.60	3
2号平台	165	3.5×2.8	16	1.63	3
2号平台	165	3.0×2.8	16	1.90	3
1号平台	115	2.3×2	8	1.74	3

小岩礁炸礁工程在泥灰礁炸礁工程结束后进行，采用1号平台和2号平台，其钻孔孔径都为165mm。

1号平台：根据本工程礁石特点及钻爆平台施工特点，每个船位设计爆破面积为20.4m×11m，设计炮孔间距a=3.4m，炮孔排距b=2.75m，超深3.0m，即钻孔孔底标高为-21.0m。每船位布置4排孔，每排布6个孔，超深3.0m。根据孔网参数，1号平台设计110个船位。单船位布孔详图如图10-11所示。

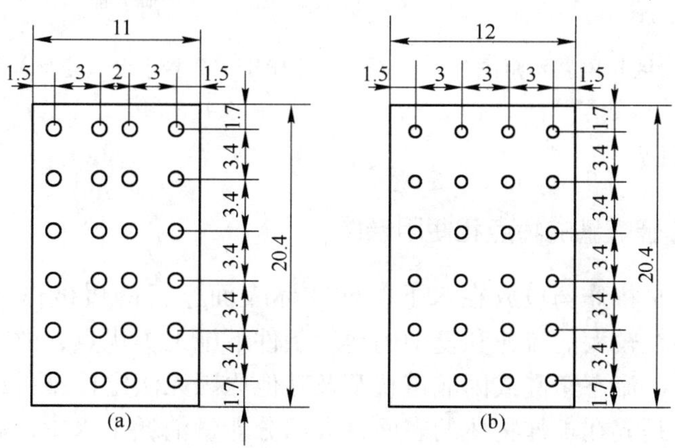

图10-11　单船位钻孔布置图

（a）1号平台钻孔布置；（b）2号平台钻孔布置

2号平台：每个船位设计爆破面积为20.4m×12m，设计炮孔间距a=3.4m，炮孔排距b=3.0m，超深3.0m，即钻孔孔底标高为-21.0m。每船位布置4排孔，每排布6个孔，超深3.0m。根据孔网参数，2号平台设计63个船位。

炸药单耗：炸药采用高能乳化震源药柱，根据本工程礁石特点及装药结构，水下爆破的乳化炸药单耗确定为q=1.8~1.9kg/m^3，该单耗能够满足爆破质量及选用的18m^{3}抓斗式挖泥船的清渣要求。

装药结构：钻孔内连续装 ϕ145mm 的药卷，孔深小于 10m 装 2 发雷管，雷管分别放置在总装药长度的 1/4 和 3/4 处；孔深大于 10m 装 3 发雷管，雷管分别放置在总装药长度的 1/4、1/2 和 3/4 处。

起爆网路：起爆雷管和导爆管的连接，应使导爆管均匀敷设在起爆雷管周围，起爆雷管与导爆管捆扎端端头的距离应不小于 15cm，并用胶布或聚丙烯带绑扎结实。起爆雷管的聚能穴指向导爆管传爆的反向。根据本工程情况起爆网路孔间毫秒延期间隔时间采用 25ms，排间毫秒延期间隔时间采用 50ms。每个标准船位 24 个炮孔，见图 10-12 和图 10-13。

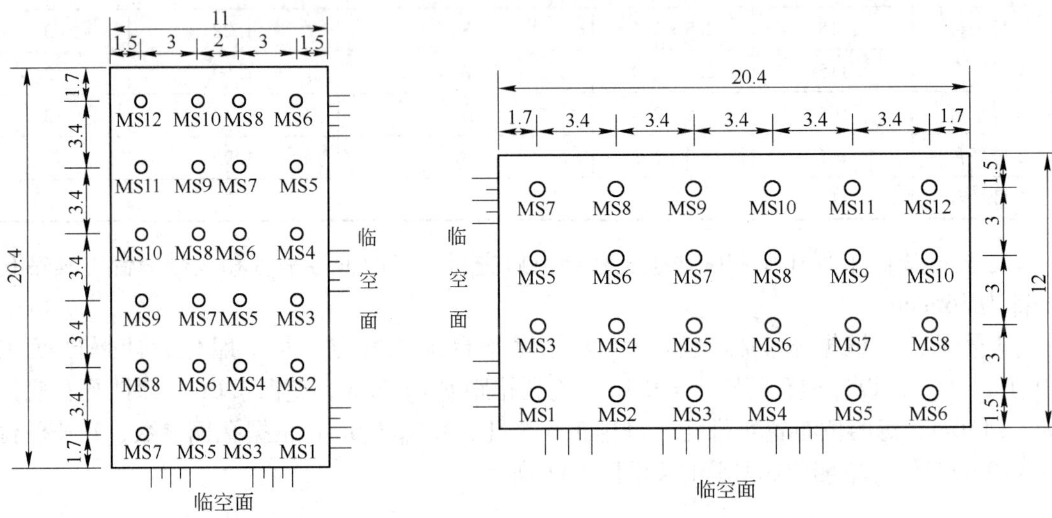

图 10-12　1 号平台（爆区）网路示意图　　图 10-13　2 号平台（爆区）网路示意图

10.3　水下裸露爆破

10.3.1　水下裸露爆破炸礁的特点和使用条件

水下裸露爆破，是将炸药包放在水下被炸物体表面进行的爆破作业。它具有操作简便，机动灵活，并能在较大的流速和复杂的地形条件下施工等优点，故在山区航道整治中及当钻船因流速过大、流态紊乱或因航道狭窄及其他原因无法定位施工或让航时，可采用此法施工。由于药包是放在被炸物体的表面，大部分能量消耗于水中，爆炸能的利用率很低，因此单位耗药量比钻孔法大几倍。

在航道整治中，水下裸露爆破主要用于以下几种情况。

（1）爆炸水下孤礁或面积不大、炸层不厚、近旁有深槽的基岩。硐室爆破或钻孔爆破后，进行大石块的重复破碎，或清炸不够水深的浅点。

（2）受水流、地形、设备等影响，不能采用钻孔法或硐室法爆破时。

（3）配合挖泥船疏浚，松动紧密的沙卵石。

（4）若沙卵石浅滩的浅段不长，下游紧接深槽，且流速较大，则可用裸露爆破代替疏浚。

（5）施炸临时出现的碍航障碍物，如沉船、沙卵石浅包、块石等。

10.3.2　水下裸露爆破炸礁设计

水下裸露爆破，单个药包重量的计算，目前主要依靠试验或经验确定。一些工程单位，针对炸礁的不同条件，提出了不同的经验公式，归纳如下，在实际工程中应根据爆破效果进行修正。

10.3.2.1　药量计算

A　大面积平坦礁石

在这种条件下进行裸露爆破，往往要挖泥船进行配合。爆破的目的是将表层岩石破碎，然后用挖泥船将碎块挖走。裸露爆破的破碎深度，在一个自由面，并有足够的水深条件下，其药包重量按下式计算：

$$Q = q \times a \times b \times P \tag{10-23}$$

式中　Q——单药包药量，kg；

q——单耗，kg/m^3，对于软岩或风化岩取 $q = 15kg/m^3$，中硬岩 $q = 30kg/m^3$，坚硬岩 $q = 45kg/m^3$；

P——分层爆破开挖深度，m；

a——药包间距，m，一般取 $a = (1.8 \sim 2.5)P$；

b——排距，m，一般取 $b = (1.5 \sim 2.0)P$。

开挖深度较大时，宜采用分层爆破。分层厚度应考虑岩石层理、清渣设备（斗型斗容）、水深和地形等条件，一般取0.5～1.0m。

为保证破碎效果，水深应满足下述条件：

$$h \geqslant 1.3\sqrt[3]{Q} \tag{10-24}$$

式中　h——水深，m；

Q——单药包质量，kg。

B　炸孤石

孤石是指面积小于$20m^2$，或宽度小于3m的零星礁石。这种孤礁，自由面多，周围有深槽，裸露爆破效果较好，也不需要清碴。

一般按待炸礁石的体积计算总炸药量，然后均分成若干个单药包。总炸药量可按下式计算：

$$Q = KV \tag{10-25}$$

式中　Q——炸去孤礁所需要的总药量，kg；

V——孤礁需炸的体积（包括超炸部分），m^3；

K——单位耗药量，kg/m^3，一般可取 $K = 5 \sim 10kg/m^3$（硝铵炸药），流速大、礁石小、投药方便可取较小值，反之则选较大值。

10.3.2.2　药包布置

裸露爆破的地表破碎半径要比深部大些，一般 $r > 1.5P$，因此药包间距 a 为：

$$a = (1.8 \sim 2.5)P$$

行距 b 为　　$b=(1.5\sim2.0)P$

实际工作中，药包行距往往受投药船宽度的控制，一般等于船宽，即 $b=1.5\sim2.5\text{m}$。

10.3.3　水下裸露爆破炸礁施工工艺

10.3.3.1　药包加工

一般来说，水下裸露爆破最好采用乳化炸药和水胶炸药，在制作药包时可将经检查的两发雷管直接插入药包中。根据炸深要求，可加工成 9kg、12kg、15kg、18kg、21kg、24kg 药包。目前广泛采用 500mm × 800mm 塑料袋，将药包组装成长方形六面体药包，其长宽高比为 3∶1.5∶1.0 较为适合。为防止塑料袋在激流暗礁上划破，通常在塑料袋外用长 0.8m、宽 0.28m 的竹笆或纸箱包装作保护层，并在药包的两端加配重，配重可就地取材，采用块石或砂石。配重的质量应根据流速确定，可参照表 10-9 选择。

表 10-9　水下裸露药包配重质量参考表

投药地点流速/$\text{m}\cdot\text{s}^{-1}$	2.5 ~ 3.0	3.0	4.0	5.0	6.0	7.0 以上
配重质量/药包质量	2.0	2.0 ~ 2.5	3.0 ~ 4.0	5.0 ~ 6.0	6.0 ~ 7.0	7.0 ~ 7.5

10.3.3.2　施工方法

水下裸露爆破施工方法的成败关键是如何在指定的施工地点正确无误地投放药包起爆。水下投放敷设药包应根据水深、流速、流态、工程量大小及通航条件等情况，采用不同的投药敷设方法。

A　潜水员敷设法

适用于流速慢（低于 1.0m/s）的孤礁或排障爆破。潜水员敷设药包定位准确，接触稳固，爆破效果良好；但潜水员敷设法受工况条件限制较多，施工效率低，施工成本高，通常应用于特殊情况的爆破。

B　沉排法

水较深、水底较平坦的岩石开挖工程，可在设有斜坡平台的工作船上，或在岸边架设滑道，将药包按设计间距排列在木排、竹排或尼龙框上，形成网状。然后推滑下水，用木船拖至爆区，配上重物将排架沉至炸点。

C　船投法

适用于面积大、流速快的爆区作业。根据测量控制划分爆破区域，按纵向分段、横向分条顺序进行。首先将定位船锚定在爆区水流上游方向 50 ~ 80m 距离处，再下放投药船至爆破点，准确定位后由投药船采用翻板法翻投药包。药包入水到位后，经检查爆破线路完好，投药船再上绞至定位船，定位船通过爆破主绳与起爆网路控制起爆，如图 10-14 所示。下一程序爆破，根据施工区爆破顺序移动定位船位置，按以上程序反复进行。

爆破顺序一般由下游方向至上游方向、从深水区域到浅水区域。

D　吊缆投递法

在崖陡峡窄流急的河段，无法使用船只投放药包时，可通过跨河吊缆投放药包。具体方法是，在离炸点 20 ~ 30m 的上游河面上，用一根 $\phi14\sim17\text{mm}$ 的钢缆跨河固定，跨河缆上穿套铁环，铁环上系一根拉绳中分至左右两岸，牵引铁环左右移动。吊药包的主绳穿过

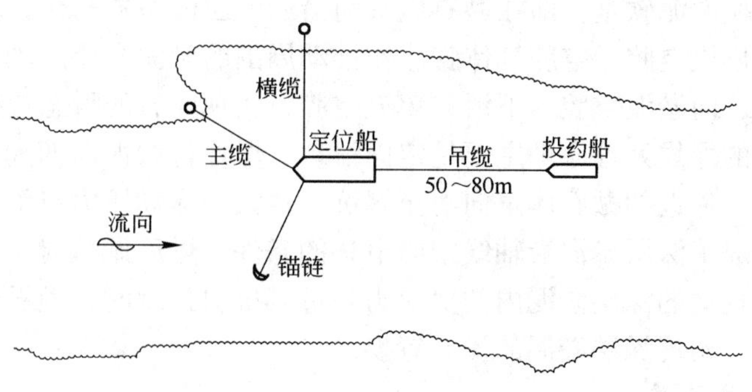

图 10-14 船投法定位施工示意图

铁环，通过松放主绳拉吊药包，在药包上再系几根脚绳至两岸，可调整药包投药的准确性，并使药包紧贴礁石。

10.3.4 水下裸露爆破施工安全

爆破安全规程规定：水下裸露药包爆破施工应遵守以下安全事项：

（1）水下裸露药包（含加重物）应有足够的重量能顺利自沉，药包表面应包裹良好，防止与礁石（或被爆破物）碰撞、摩擦；

（2）捆扎药包和连接加重物，应在平整的地面或木质的船舱板上进行，并应捆扎牢实；

（3）在施工现场，已加工好的裸露药包，允许临时存放在爆破危险区外的专用船上或陆地上，并派专人看守，但不应存放过夜；

（4）投药船应用稳定性和质量好的船只，工作舱内和船壳外表不应有尖锐的突出物；

（5）在投药船的作业舱内，不应存放任何带电物品；

（6）药包投放应使用绳、缆、杆牵引，不应直接牵引起爆网路；

（7）在急流河段爆破时，投药船应由定位船或有固定端的绳缆牵引，定位船的位置应设标控制，不应走锚移位；

（8）投药船离开投放药包的地点后，应反复检查船底和船舵、推进器、装药设备等是否挂有药包或缠有网路线；

（9）已投入水底的裸露药包，不应拖拽和撞击，并采取防止漂移措施，若有药包漂出水面不准起爆。

10.4 软基处理水下爆破

软基处理水下爆破是指利用炸药的爆炸能量，在软土中实现置换、固结及夯实目的的爆破作业，是软土地基处理的新技术。

10.4.1 爆破填石挤淤筑堤

爆破填石挤淤是“爆炸法处理水下淤泥质软基”的简称。它以淤泥、混合石料为对象，以炸药爆炸为主要手段，达到改良软土地基的目的。目前广泛应用于重力式防浪堤、护岸、围堰、滑道等水工工程的基础处理，是一项既成熟又不断发展完善的技术。

采用爆炸法置换淤泥软基，即在抛石堤头前沿淤泥层内布置药包，利用爆炸产生的高压气体，在淤泥内形成空腔，空腔气体膨胀作推动周围的淤泥介质运动；同时堆石体在爆炸振动荷载作用下，向淤泥空腔内下滑，填充空腔，实现泥石的瞬态置换。

对大厚度淤泥的爆炸处理原理主要是定向滑动，爆炸将淤泥向四周压缩成坑，在爆炸负压与震动作用下，邻近的抛石体定向滑至爆坑。强大的爆炸压力将深层淤泥扰动，使其强度大大降低，造成了深层淤泥沿轴线定向滑移的条件。爆后抛填时，随抛填自重荷载的增加，当被爆炸强扰动的深层淤泥内的剪应力超过其抗剪强度时，抛石体沿滑移线朝轴线方向定向滑移下沉，实现深层淤泥的泥石置换。

10.4.1.1　药量计算

（1）根据《水运工程爆破技术规范》（JTS 204—2008），爆破排淤填石的装药量计算公式如下：

线药量计算式：

$$q_L' = q_0 L_H H_{mw} \tag{10-26}$$

$$H_{mw} = H_m + \left(\frac{\gamma_w}{\gamma_m}\right) H_w \tag{10-27}$$

式中　q_L'——线布药量，即单位布药长度上分布的药量，kg/m；

q_0——炸药单耗，即爆除单位体积淤泥所需的药量，kg/m，q_0 按表 10-10 选取；

L_H——爆破排淤填石一次推进的水平距离，m；

H_{mw}——计入覆盖水深的折算淤泥厚度，m；

H_m——置换淤泥厚度或含淤泥包隆起高度，m；

γ_w——水密度，kg/m^3；

γ_m——淤泥密度，kg/m^3；

H_w——覆盖水深，即泥面以上的水深，m。

表 10-10　炸药单耗

H_m/H_s	≤1.0	>1.0
q_0/kg · m^{-3}	0.3～0.4	0.4～0.5

注：表中 H_s 为泥面以上的填石厚度，m。

一次爆破排淤填石药量计算式：

$$Q = q_L' L_L \tag{10-28}$$

式中　Q—— 一次爆破排淤填石药量，kg；

L_L—— 爆破排淤填石的一次布药长度，m。

单孔药量计算式：

$$Q_1 = \frac{Q}{m} \tag{10-29}$$

式中　m—— 一次布药孔数。

（2）《水运工程爆破技术规范》（JTS 204—2008）在给出药量计算方法的同时也指出，随着工程经验的积累，爆除单位体积淤泥的炸药量相比以前大大减少。根据多项工程实例统计分析得出的药量计算方法目前已被越来越多的爆破设计所采用。

$$Q_1 = q_0 \cdot L_H \cdot H_m \cdot L_L \tag{10-30}$$

式中　Q_1—— 一次爆破药量，kg；

q_0——爆除单位体积淤泥的耗药量，kg/m³；

L_H—— 一次爆破推填的水平距离，m，一般取4～8m；

H_m——置换淤泥层厚度，包含淤泥包隆起高度，m；

L_L——布药线长度，m。

表10-11给出了各种条件下爆破填石挤淤炸药单耗q的建议值。表中Ⅰ类软基指的是含水量在55%以上的淤泥，Ⅱ类软基指的是除Ⅰ类之外的其他软基，包括淤泥质土、淤泥质粉质黏土及含有砂层等其他相的复杂土体。

表10-11　爆破填石挤淤炸药单耗建议值

淤泥厚度/m		0～4	4～12	12～20	>20
Ⅰ类软基	$H_m/H_s \leqslant 1.0$		0.16	0.20	0.24
	$H_m/H_s > 1.0$	0.16	0.20	0.24	0.32
Ⅱ类软基	$H_m/H_s \leqslant 1.0$	0.16	0.24	0.36	0.40
	$H_m/H_s > 1.0$	0.20	0.32	0.40	0.48

药包间距为相邻两个药包之间的水平距离，根据布药线长度及药包个数确定，各参数之间关系见式（10-31）。

$$m = \frac{L_L}{a} + 1 \tag{10-31}$$

式中　m——药包个数（一次布药孔数）；

L_L——布药线长度，m；

a——药包间距，m。

药包间距取值范围应在2.0～5.0m之间，超过此范围时应调整单药包重量，相应增减药包个数，使药包间距满足要求。

计算药包埋深时不仅要计入淤泥包的隆起高度，还应计入覆盖水深的折算淤泥厚度。药包埋深通常为折算后淤泥总厚度的二分之一。折算淤泥厚度的计算公式如下：

$$H_{mw} = H_m + \left(\frac{\gamma_w}{\gamma_m}\right) H_w \tag{10-32}$$

式中　H_{mw}——计入覆盖水深的折算淤泥厚度，m；

H_m——置换淤泥层厚度，包含淤泥包隆起高度，m；

H_w——覆盖水深，即泥面以上的水深，m；

γ_w——水密度，kg/m³；

γ_m——淤泥密度，kg/m³。

覆盖水有利于炸药能量的充分利用，覆盖水越深，计算得出的折算后埋深越深，但药包埋入淤泥内的深度越浅。当覆盖水足够深时（水深大于泥厚的1.6倍），药包可以放置在堤头前沿泥石交界面的淤泥表面。

10. 4. 1. 2　施工工艺

爆破填石挤淤筑堤施工主要包括堤头爆填、侧爆及爆夯三个步骤，施工工艺流程如图 10-15 所示。

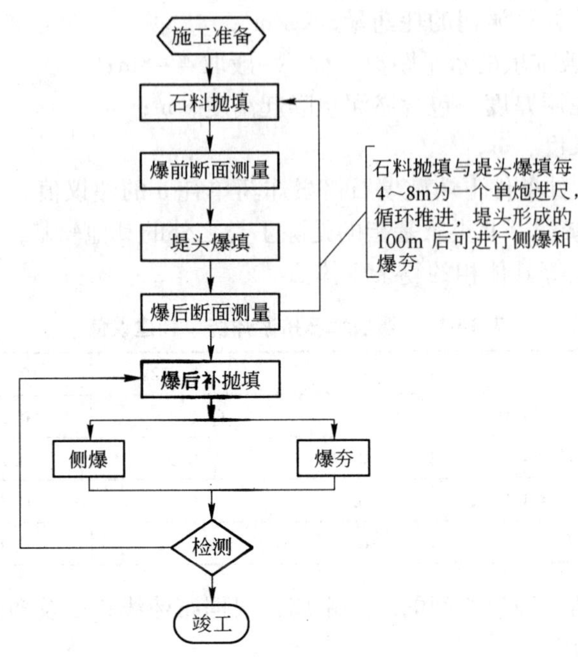

图 10-15　爆破填石挤淤施工工艺流程图

10. 4. 2　爆炸夯实

爆炸夯实是在水下块石或砾石地基和基础表面布置裸露或悬浮药包，利用水下爆破产生的地基和基础振动使地基和基础得到密实的方法。

10. 4. 2. 1　药量计算

（1）单药包药量 q_2 按下式计算：

$$q_2 = q_0 \cdot a \cdot b \cdot H \cdot \eta / n \tag{10-33}$$

式中　q_0——爆破夯实单耗，指爆破压缩单位体积石体所需的药量，kg/m³，q_0 取 4. 0 ~ 5. 5kg/m³，对较松散石体取大值，较密实石体取小值；

a，b——药包间距、排距，m；

H——爆破夯实前石层平均厚度，m；

η——夯实率，%，对没有前期预压密的石体可取 10% ~20%，对有前期预压密的石体视预压密程度可作适当折减；

n——爆破夯实遍数，对没有前期预压密的石体可取 3 ~4 遍，对有前期预压密的石体可取 2 ~3 遍。

（2）一次同时起爆药量应按爆破安全距离取用，在满足安全距离的前提下，一次起爆药量应尽量大些。

(3) 药包平面布置宜取正方形网格布置，间、排距可取 2 ~ 5m，当压密层厚度大时取大值，反之取小值。分遍爆破时，各遍间药包应采用插档布置或在平面上尽量均匀布置的其他形式。

(4) 药包悬高 h_2 应满足下式要求：

$$h_2 \leqslant (0.35 \sim 0.50) q_2^{1/3} \tag{10-34}$$

式中 h_2——药包悬高，即爆破夯实药包中心在石面以上的垂直距离，m；

q_2——单药包的药量（由式（10-33）计算得出），kg。

(5) 在平面上分区段爆破夯实时，相邻区段布药应搭接一排药包。

10.4.2.2 施工工艺

爆夯施工工艺流程如图 10-16 所示。

A 施工准备

爆夯实施前应进行抛石基床的验收与复测，要求基床开挖的深度和尺寸满足设计要求，回淤符合设计及规范规定，并准确测量爆前基床顶面高程。

B 药包制作

爆夯施工常用 2 号岩石乳化炸药，实施前先按照爆破设计的重量和数量制作药包。在编织袋内填装乳化炸药并插入用导爆索制成的起爆体，用胶布扎紧袋口，将导爆索从编织袋的侧上方引出，编织袋内放入适量的塑料泡沫使药包能在水中浮起，再用绳子将编织袋口扎紧。在另一编织袋内装适量的砂（或小块石）并扎紧袋口作为配重袋，配重袋和药包用绳索连接，沉到基床表面，坠住炸药包，连接绳的长度即为药包悬高。为保证药包位置准确，其配重不小于药包的浮力。

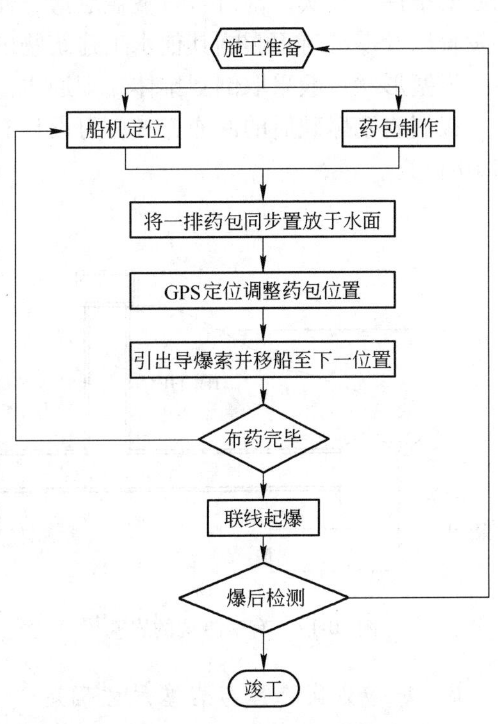

图 10-16 爆夯施工工艺流程图

C 布药与网路

船上布药时一次并联一排药包，通过 GPS 定位，利用绳索同步定点送放药包到基床表面，然后脱开绳索。此种布药方法以两个同步确保布药准确，第一个同步，将绳索控制的一排药包同时由船舷一侧放置于水面上，根据 GPS 确定的药包位置进行调整；第二个同步，按一个较均匀的速度放绳索将调整后的药包放到基床表面。这种方法在流速较小的情况下，施工简单，操作方便。然后连接每排药包的支线导爆索和连接各排的主干导爆索。为可靠起爆，主干线导爆索采用双股，其长度根据设计布药宽度和水深确定。

10.5 水下岩塞爆破

在需要从已有水库、湖泊进行引水发电、灌溉、泄洪或降低水库水位等为目的，将引水或泄洪隧洞打至库底或湖底后，预留的一块岩体（又称岩塞）用爆破法炸除的工程称为岩塞爆破。它源于挪威，并实施了 500 多例。我国 1969 年在建设丰满水电站时首次采用岩塞爆破工程，并在辽宁清河 211 工程和镜泊湖 310 工程进行岩塞爆破试验。至今我国实施的岩塞爆破工程有 20 余个。

10.5.1　岩塞爆破设计要点

10.5.1.1　岩塞位置与尺寸确定

A　岩塞位置确定

岩塞爆破后作为水工建筑物的进水口，过水条件好与运行期岩体稳定是工程获取成功的必要条件。其次，塞口岩石覆盖层薄、便于施工、岩石地质构造较为简单、节理裂隙不甚发育以及爆破时不影响其他水工建筑物的安全等是其选取的重要条件。

岩塞形状一般采取倒圆锥体，即迎水面的尺寸大于洞内塞口直径。

根据岩塞爆破后的冲渣方式，可设计有聚渣坑的岩塞和冲渣型岩塞（参见图 10-17 和图 10-18）。

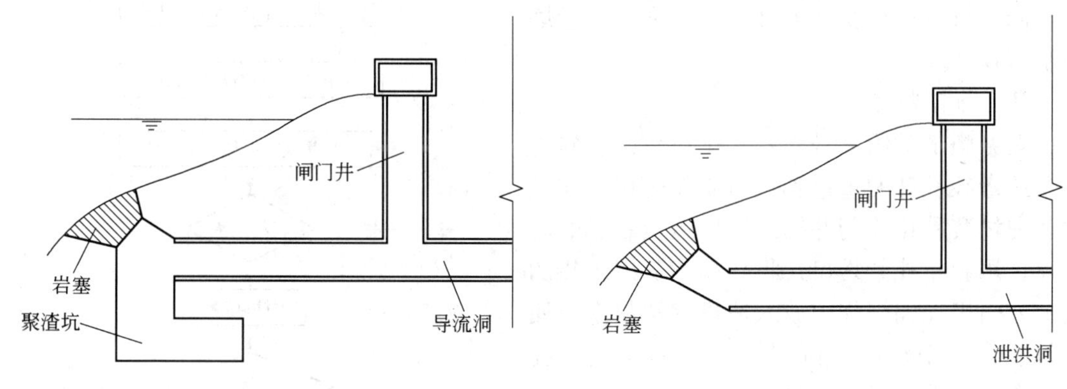

图 10-17　有聚渣坑的岩塞　　　　图 10-18　冲渣型岩塞

B　爆破方案选择与岩塞尺寸确定

目前国内外采用岩塞爆破方案主要有硐室爆破与钻孔爆破两种方式。不论哪种方式，必须保证过水及稳定，过水要求岩塞爆通，稳定要求岩塞完成设计的形状。

岩塞尺寸应满足过水最大流量要求，使水的流速不大于塞口岩体抗冲刷流速。当需要泄渣时，应尽量使石渣下泄时的水流流态平缓，减轻石渣的冲刷力。

岩塞厚度应根据采取硐室与排孔爆破的情况而定。在保证施工期岩塞稳定情况下，尽量减少厚度。

当采取硐室方案时，岩塞厚度与直径的比值在 1.0 ~ 1.5 之间选取，个别地质状况较差时也可选择大于 1.5 的比值。

当采取排孔方案时，厚度一般小于直径，但最好由水工模型试验确定。经验比值约为厚度是直径的 1.0 ~ 0.85 倍。

10.5.1.2　药包布置与计算

对于硐室爆破方案：硐室布置在岩塞中部，应保证爆破后岩塞被拉通。成型及边坡处理一般采用预裂爆破法。药量计算一般采用地面硐室爆破或钻孔爆破的药量计算公式。集中装药量在水深小于20m时，单耗增加30%～40%；水深在20～40m时单耗增加50%～150%；当水深大于40m时，单耗应增加150%以上，并应进行验证性试验。预裂孔装药量与陆地爆破基本相同。

钻孔爆破方案视岩塞地质状况而定，必要时应进行锚固灌浆处理，亦可将上述部位延至保留区内。如果在保留区距边界一定范围内布置锚杆，虽增加少量投资，但对岩塞体的稳定大有好处。钻孔爆破方案中，一般由洞内向湖内打孔，其中孔底距湖水面最小距离约为1.0m左右，岩体较完整时可适当缩小。钻孔爆破炸药单耗值可取1.0～1.8kg/m^3。

爆渣可采用保留在塞体下部的聚渣坑内，也可采取将其冲走的冲渣方式。聚渣坑的大小除将塞体松散的渣体装入外，还应增加塞体其他部位的塌落方量。

冲渣的缺点是石渣对石堆洞壁的磨损，因此爆块较小时可减轻磨损，也是钻孔爆破炸药单耗取大值的原因之一。

10.5.2 岩塞爆破施工要点

岩塞施工中最大的问题是漏水和保持围岩稳定，灌浆及锚固是应采用的重要措施，也可采用引水的方法。例如我国丰满水电站岩塞和211工程岩塞均采取引水法，香山和密云水库岩塞采取化灌和水泥、水玻璃锚浆法。

炸药及起爆器材应采用防水炸药或对其做必须的防水处理。

岩塞爆破的安全控制爆破分两部分：其一为施工期的安全问题，与一般地面爆破相同；其二为爆破有害效应控制：

（1）爆破振动效应，与地面爆破相同；

（2）水中冲击波效应，岩塞爆破由于一面临水，水下冲击波是不容忽视的有害效应；

（3）地震波与水下冲击波的联合作用。

岩塞爆破时，周围水工建筑物同时受到地震波与水中冲击波联合作用的影响。一般地震波先期到达，接着水中冲击波的高频冲击到达，即在建筑物上测得的波形图由上述两部分组成，其中水中冲击波到达后形成与地震波叠加的组合波形。

第 11 章 拆除爆破

11.1 拆除爆破基本知识

11.1.1 概述

拆除爆破技术是指对废弃的旧建（构）筑物进行拆除的控制爆破技术。拆除爆破是利用少量炸药把需要拆除的建筑物或构筑物按所要求的破碎度进行爆破，使其塌落解体或破碎，同时由于进行这种爆破作业的环境约束，要严格控制爆破可能产生的损害因素，如振动、冲击波、飞石、粉尘、噪声的影响，保护周围建（构）筑物和设备的安全。

11.1.1.1 拆除爆破的技术特点

拆除爆破是要通过爆破达到拆除工程要求的目的，同时要保护邻近建（构）筑物和设备的安全，不受到损害。所以拆除爆破是“拆除”和“保护”的矛盾统一体，拆除爆破有以下一些技术特点：

（1）要按工程要求确定的拆除范围、破碎程度进行爆破。这就要求只破坏需要拆除的部分，需要保留的部分不应该受到损坏。两楼间仅以沉降缝相邻接，一座楼爆破的同时，要确保相邻要保留的楼房不受到伤害；如是桥墩的部分拆除工程，墩帽的拆除不允许破坏桥墩。

（2）要控制建（构）筑物爆破后的倒塌方向和堆积范围。烟囱拆除要求爆破后准确地倒塌在设计的指定的方位，高大烟囱如果反向或严重偏离设计的倒塌方向，可能会造成严重的事故。建筑物在爆破后塌落堆积超过设计范围也将导致邻近房屋或设施的损坏。

（3）要控制爆破时破碎块体的堆积范围、个别碎块的飞散方向和抛出距离。在厂房内爆破拆除设备基座时，要控制和防止个别飞石打坏附近正在运转的机器；市区街道上拆除爆破房屋时，不允许爆破的碎块飞散到邻近房屋或打伤来往车辆和行人，塌落的瓦砾不能阻碍街道的交通；铁路复线施工爆破塌落的石块不能堆积在行车的轨道上，影响行车安全。

（4）要控制爆破时产生的冲击波、爆破振动和建（构）筑物塌落振动的影响范围。爆破振动和建（构）筑物塌落的振动效应不能损坏爆破工点附近的建（构）筑物和其他设施，更不能危害居民的人身安全。控制爆破产生的空气冲击波和噪声的强度，避免或减少对附近人员的心理影响和干扰。

因此，拆除爆破的技术内容可概括为：根据工程要求的目的和爆破点周围的环境特点和要求，考虑建（构）筑物的结构特点，确定拆除爆破的总体方案，通过精心设计、施工，采取有效的防护措施，严格控制炸药爆炸作用范围、建（构）筑物的倒塌运动过程和介质的破碎程度，达到预期的爆破效果，同时要将爆破的影响范围和危害作用控制在允许的限度内。

拆除爆破技术不同于一般的土石方爆破技术，是在已有爆破技术基础上发展起来的，它需要有对爆炸力学、材料力学、结构力学和断裂力学等工程学科的了解。由于要求对爆破后产生的破坏效果，特别是对爆破可能产生的危害影响要严格控制，拆除爆破设计需要了解拆除对象的结构特点，材质以及施工变更情况，要分析爆破后建筑物在重力作用下的变形和运动过程、破坏和解体，解体构件的塌落堆积范围；要研究不同装药爆破条件下，炸药爆炸用于破碎的能量，在地层中引起的振动大小及传播衰减特性等。

11.1.1.2　被拆除建（构）筑物的分类

拆除是一项建筑工程施工工艺，拆除施工作业的目的是将原有的建（构）筑物构件破坏解体并进行清除。可以采用人工方法一个构件一个构件地解体拆除，也可以采用机械方法拆除。利用炸药的爆破作用可以在炸药爆炸的瞬间完成对建（构）筑物的破坏，实现拆除的目的。采用爆破方法拆除旧建（构）筑物最突出的优点是：安全、快速、经济。

根据爆破拆除设计方案的基本特点，我们可以把要拆除的建（构）筑物或设施分成两大类，一类是有一定高度的建（构）筑物，如楼房、厂房、桥梁、烟囱和水塔等；一类是基础类构筑物，包括各种设备基础、建筑基础、地坪和桩基等。

按爆破对象的材质来分类，有钢筋混凝土、素混凝土、砖砌体、浆砌片石、钢结构物、钢锭、钢炉渣等。不同材质爆破时，要考虑介质的结构特性和力学性质，选择合适的爆破设计参数。不同配筋的钢筋混凝土爆破，选用的单位炸药消耗量会很不一样。爆破砖砌体时，考虑砖块砌筑工艺，垂直地面的砖缝由于砖块交错砌筑是不贯通的，而水平方向的层缝总是延续发展的，因此砖砌体爆破时的钻孔布置，水平方向的间距要大于垂直方向的间距。

11.1.2　拆除爆破的技术原理

11.1.2.1　爆破破碎

拆除爆破工程无论是拆除有一定高度的建（构）筑物，还是拆除基础类结构物或构筑物，都需要进行钻孔爆破，钻孔爆破是拆除爆破最基本的爆破方式。一座大型建筑物的爆破拆除，需要布置成百上千个炮孔进行爆破，但每一个药包的炸药量不大，少者几十克，多者也不过数百克。因此拆除爆破是利用多个小药包的控制爆破完成的拆除作业。对于每一个药包的爆破作用，和一般矿山岩石开挖爆破作用机理一样，拆除爆破应用的是爆破破碎作用原理。

11.1.2.2　结构失稳

建（构）筑物拆除特别是高耸建（构）筑物的拆除，其基本原理就是用爆破破坏建（构）筑物的部分或全部承重构件，如梁、柱、墙体，使整个建（构）筑物失稳、倒塌、解体。常见的爆破后建（构）筑物失稳塌落有定向倾倒和原地塌落（逐段塌落）两种方式，这两种方式都离不开将立柱和墙体爆出一定的高度和宽度，从而破坏结构原有的平衡，使其坍塌解体。“爆高差”是建（构）筑物失稳倒塌的先决条件，钢筋混凝土结构失稳的关键是承重立柱的失稳，对于钢筋混凝土立柱炸高的增加比较容易，而关键是要验算爆后残留钢筋的失稳。理论计算和现有的实践经验表明，为确保钢筋混凝土框架结构爆破时顺利坍塌或倒塌，钢筋混凝土框架结构承重立柱的爆破破坏高度 H 按下式确定：

$$H = K(B + H_{\min}) \tag{11-1}$$

式中 B——立柱截面的边长，矩形截面取长边；

$H_{\min}$——立柱失稳的最小破坏高度，$H_{\min} = (30 \sim 50)d$，d 为钢筋直径，cm；

K——经验系数，$K = 1.5 \sim 2.0$。

当要求立柱爆破后能形成铰链时，爆破破坏的高度 $H = (1.0 \sim 1.2)B$。

11.1.2.3 剪切破碎

对于现浇楼板或大体量楼房的拆除爆破，应充分利用延期起爆技术，设计和布置一些承重立柱先炸，利用爆破的“时间差”解除局部支撑点，从而改变结构原有的受力状态，使楼板和梁受弯矩和剪切力的多重作用，在这种反复弯剪的状态下破坏而自然解体。目前国外大量采用的“内爆法（inexpressive）”，就是一个很好的范例。国外大量楼房由于环境限制而无法采用定向倾倒拆除时，大都采用这种“内爆法”，看似原地坍塌，实为在各层面适当部位爆破拆除部分承重立柱，使重力作用下的主梁、圈梁和楼板弯曲变形，直致剪切破坏而层层解体，最终导致整栋大楼的完全解体。国内是利用逐段塌落爆破拆除楼房，就是使整栋楼房爆后充分解体，全部塌落于原地。

11.1.2.4 挤压冲击

由于钢筋混凝土结构的自重和塌落过程中重力加速度的作用，在解除了节点约束，改变了受力平衡之后，建筑结构在倾倒和剪切过程中，由于“高度差”使上部结构在重力作用下冲击下部梁、板、墙、柱，其挤压冲击力度可使未爆钢筋混凝土构件破碎，并产生反复的挤压、冲击破坏而充分解体，渣堆能尽量降低，混凝土构件尽可能的破碎，从而达到减小振动、飞石，减轻二次破碎强度的理想拆除效果。

11.1.2.5 失稳塌落解体

在现有建筑物的结构设计中，大多数高大的建筑物采用的是钢筋混凝土框架结构，即由钢筋混凝土柱和钢筋混凝土梁组成的框架，有预制的柱梁构件，也有全是现浇的梁柱；多数楼板是预制件，也有的楼板是现浇混凝土。砖混结构设计的柱体中有的是配筋，有的只是在一定高度上设计了圈梁。对于建筑物的爆破拆除，其设计原理在于破坏建筑物的稳定性，通过爆破手段破坏它的刚度，使结构物失去平衡的条件，有自重作用下变形破坏塌落，达到解体拆除的目的。

建筑物拆除爆破设计的基本原理是通过爆破破坏建筑物的部分或全部承重构件，如柱、梁、墙体，使建筑物失稳，在自身重力作用下塌落。爆破立柱或墙体要炸毁一定的高度和宽度，这是建筑物失稳倒塌的先决条件。

钢筋混凝土框架结构建筑物解体破坏主要是弯曲破坏，立柱失稳，要把立柱炸毁一段高度，施加于梁上的弯曲荷载超过梁的极限抗弯强度。

梁弯曲时，拉力由梁断面受拉区的钢筋承担，相比，混凝土的受拉能力可以不计；压力则由受压区的混凝土和钢筋承担，如图 11-1 所示。根据平衡条件有

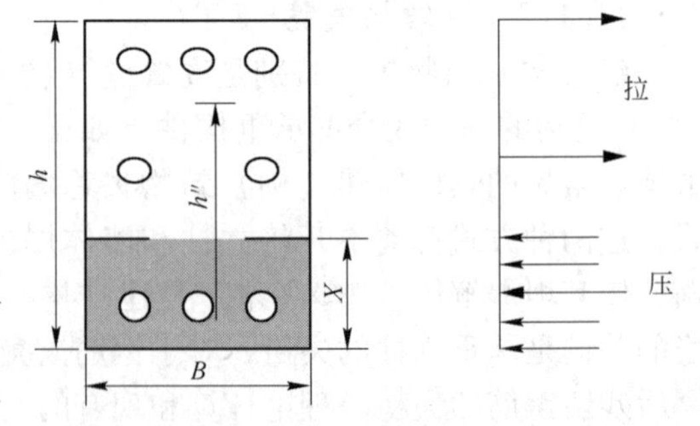

图 11-1 梁弯曲断面受力图

$$n_1A_1\sigma_1 = n_2A_2\sigma_y + BX\sigma_r \tag{11-2}$$

式中　n_1，n_2——分别为拉伸和压缩区钢筋的数目；

A_1，A_2——分别为拉伸和压缩区每根钢筋的截面积，cm^2；

σ_1，σ_y——分别为钢筋的抗拉强度极限和抗压屈服极限，MN/m^2；

B——梁的宽度，cm；

X——梁底面至截面弯曲中性面的距离，cm；

σ_r——混凝土的极限抗压强度，MN/m^2。

由上式可得：

$$X = \frac{n_1A_1\sigma_1 - n_2A_2\sigma_y}{B\sigma_r} \tag{11-3}$$

若把弯曲中性面取在受压区的钢筋位置，则截面承受的弯矩为

$$M = n_1A_1\sigma_1h' + B\sigma_r X\left(\frac{X}{2} - a\right) \tag{11-4}$$

式中　h'——受拉区钢筋中心到受压区钢筋中心的距离，cm；

a——保护层厚度，cm。

若 $n_1A_1\sigma_1 \leqslant n_2A_2\sigma_y$，则都有 $X=0$，这时的弯矩强度为

$$M = n_2A_2\sigma_yh' \tag{11-5}$$

爆破设计时，要分析梁上载荷形成的弯矩，若大于其能承受的极限抗弯强度，则在其上重力荷载作用下解体。这是采用逐段解体爆破设计的依据。

根据对钢筋混凝土框架结构的受力分析，把框架结构假定为平面杆系结构，应用有限元法模拟计算了部分支撑柱后的应力分布和倒塌过程，说明对于多排柱构成的框架结构物，随着楼房高度的增加，需要爆破的跨度也要增加。爆破后的堆积物高度增加，塌散点远，塌落经历的时间长。若爆破支撑柱过多，保留的支撑强度不能承受上部重力载荷时，支撑柱失稳，造成建筑物倾斜下坐。框架结构的爆破拆除大量实践经验表明，合理进行支撑柱爆破后，上部结构物将能在重力作用下塌落。为了解体充分，拆除爆破工程设计时，可以对部分梁实施减弱强度处理。

11.1.3　拆除爆破工程设计

拆除爆破工程大多数位于城市建筑物密集的地区，有的是在厂房车间内的设备基础的拆除。拆除旧的建（构）筑物是为了建设新的建筑，因此其环境特点是爆破点附近总有要保护的无需拆除的建筑物或设备，如居民楼、大型商场、正在运行的机器设备和重要的交通设施。拆除爆破设计的目的一方面要达到工程拆除的目的，一方面要保护邻近的建筑物和设备不受损害，交通不受影响，或是爆破后能立即恢复交通的正常运行。因此爆破设计的内容不仅包括拆除爆破设计方案、爆破设计参数，还应包括控制爆破施工可能产生的危害的措施。

为加强城市市区内拆除爆破工程的管理，凡要决定采用爆破方法进行拆除的工程项目应有项目审批文件。拆除爆破工程都要认真做设计、编写设计说明书。设计方案要进行安全评估并报政府有关部门审查批准，要严格按照设计方案进行施工。爆破后，应对爆破效

果进行验收检查记录，对爆破事故进行处理分析，及时进行工程总结。

为制订出经济上合理、技术上安全可靠的爆破设计方案，爆破技术人员接到任务后，首先应全面地搜集爆破拆除对象的原有设计和竣工资料，了解建筑物的结构设计特点、原施工质量和使用情况，然后到现场进行实地勘察与核对，将实际要爆破的结构或拟爆破的部位准确地标明在核对过的图纸上。如无原始资料，则应对实物进行测量并绘制图纸和注明尺寸，查明有无配筋和布筋的部位等。要仔细了解爆破工点周围的环境，包括地面和地下需要保护的重要建筑物和设施，它们和爆破工点的相对位置和距离等。

拆除爆破工程设计的内容和步骤，一般包括设计总体方案的制订、技术设计和施工组织设计三个步骤。

11.1.3.1　拆除爆破总体设计方案

一般说来，用炸药爆破方法拆除建筑物有以下问题要研究：了解建筑物的结构和材料构成、相邻近建筑物的情况和状态的调查、建筑结构在爆破后失稳塌落的研究、爆破造成的振动和由于解体的构件下落撞击地面振动对邻近建筑物的影响、爆破时的飞石、主要爆破部位的覆盖以及要保护建筑物的防护、爆破时造成的尘土污染和噪声。由于各个建筑物或建筑物群的千变万化，前四部分的内容各不相同，各有特点，因此也就不存在一成不变的爆破设计方案。不同建筑物拆除的爆破设计方案很不一样，同一座建筑物拆除有多种爆破拆除方案选择。一个正确的爆破设计方案有赖于很多条件的确定，只有详细地研究并把握住各个环节及其影响因素，才能设计出有效的安全的爆破拆除方案。考虑不周或是计算错误都会造成严重事故。

爆破拆除总体方案设计是对要拆除的建（构）筑物选择确定采用的最基本的爆破方案、设计思想。如对基础类构筑物是采用钻孔破碎爆破方案，还是采用充水措施、实施水压爆破拆除设计方案；对一座建筑物拆除爆破是采用定向倒塌方案，还是采用折叠倒塌方案，还是分段（跨）原地塌落的爆破方案；对多个楼房进行拆除爆破是一座一座地分别爆破，还是一次爆破实施完成；对烟囱水塔类结构物爆破时的倒塌方向的选择，如果烟囱整体定向倒塌的场地不够，或是倒塌方向有严格的约束条件，是否需要提高爆破部位的高度，是否要采用分段（高度）进行折叠的定向爆破倒塌方案。

爆破设计总体方案要在多种设计方案的比较后确定，比较设计方案的安全可靠性，爆破后建筑构件解体是否充分，爆破施工作业量和经济上是否节省。

11.1.3.2　拆除爆破技术设计

拆除爆破技术设计是在总体爆破设计方案确定后编制具体的爆破设计方案，设计文件包括的具体内容有工程概况、爆破设计方案、爆破设计参数选择、爆破网路设计、爆破安全设计及防护措施等。

工程概况包括要爆破拆除的建（构）筑物的基本情况，如结构特点、主要尺寸、材质等；周围环境状况，如地面和地下建（构）筑物的分布、距离、交通及其他重要设施的相关情况；拆除工程的目的和要求。

爆破设计方案要详细描述设计方案的思想和方案的内容，如选择定向倒塌方案的依据、倒塌方向确定的原则、爆破部位的确定、起爆先后次序的安排等。

爆破设计参数选择是爆破设计的基本内容。它包括炮孔布置、各个药包的最小抵抗线、药包间距、炮孔深度、药量计算、填塞长度等参数的确定。

爆破网路设计包括起爆方法的确定、网路设计计算和连接方法、起爆方式等。

爆破安全设计及防护措施设计的内容包括：根据要保护对象允许的地面质点振动速度，确定最大一段的起爆药量及一次爆破的总药量；预计拆除物塌落触地振动和飞溅物对周围环境的影响以及要采取的减振、防振措施；对烟囱水塔类建（构）筑物爆破后可能产生的后坐及残体滚落、前冲可采取的防护措施；对爆破体表面的覆盖或防护屏障的设置；减少和防护爆破粉尘的措施以及工程警戒范围。

11.1.3.3　拆除爆破参数选择

在拆除爆破的技术设计中，正确选择爆破设计参数是一个非常重要的问题，爆破参数的选择是否恰当，将直接影响爆破效果和爆破安全。目前，在拆除爆破工程设计中，大多数爆破设计参数的选择是根据以往设计施工的经验数据，在一定范围内选取经验参数，采用经验公式进行设计计算。因此，参照类似结构和材料的拆除爆破工程实施的效果进行比较设计是十分有效的方法，有经验的爆破工程师都有这样的经历和积累。必要时，需要进行小型爆破试验或是局部试爆，然后进行设计参数的调整和优化。

建筑物拆除爆破的对象是建筑结构的构件，一般采用钻孔方法实施爆破。其主要的爆破设计参数包括：最小抵抗线 W、炮孔间距 a、炮孔排距 b、炮孔深度 l、爆破单位体积的用药量 q 以及单孔装药量 Q_i 等。爆破设计的几何参数主要根据结构的尺寸来确定。

A　最小抵抗线 W

最小抵抗线 W 是所有爆破工程设计中最基本的设计参数。在拆除爆破工程中，由于爆破的部位是建筑结构的构件，最小抵抗线的确定在大多数情况下，是由要爆破的构件的几何形状和尺寸所确定的。同时，要考虑爆破体的材质、钻孔直径和要求的破碎块度大小等因素进行调整选定。在城市或厂矿车间内不同旧建（构）筑物的爆破拆除中，最小抵抗线 W 值一般情况下均小于1m。

爆破的构件是钢筋混凝土梁柱时，W 值就是梁柱断面中小尺寸边长的一半，即 $W=(1/2)B$，B 为梁柱断面短边的长度。实践经验表明，B 小于30cm，即 W 小于15cm时，这种薄壁结构或梁柱的爆破飞石需要采用严密的覆盖防护才能控制。因此，薄壁结构物应考虑采用其他施工方法进行破碎。对于拱形或圆形结构物，如铁路机车转盘外围的混凝土墙、烟囱筒壁的爆破等，为使爆破部位破碎均匀，药包至两侧临空面的抵抗线应不一样，药包指向外侧的最小抵抗线 W 应取$(0.65\sim0.68)B$，指向内侧的最小抵抗线$(0.32\sim0.35)B$，如图11-2所示。

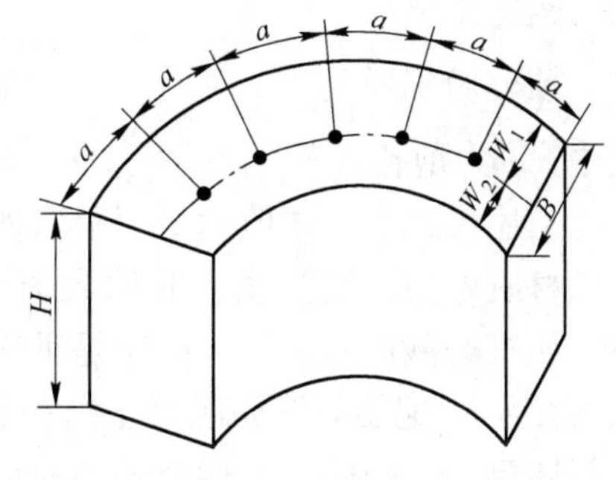

图11-2　拱形块体炮孔布置图

当爆破对象为大体积的圬工（如桥墩、桥台、建筑物或重型机械设备的混凝土基座等），最小抵抗线的选取决定于要破碎的块度尺寸，尽管爆破破碎的块度还与炮孔间距 a、排距 b 与药量分配有关，若要求爆破破碎块度不宜过大，以便人工清渣，这时，最小抵抗线 W 可取如下值：

混凝土圬工　　$W=(35\sim50)\text{cm}$

浆砌片石、料石圬工　　$W=(50\sim70)\text{cm}$

钢筋混凝土墩台帽　　$W=(3/4\sim4/5)H$

式中，H 为墩台帽厚度。

若爆破后采用机械方法清渣时，W 可以选取较大值。因此，要考虑机械吊装和运载能力确定破碎的块度大小或重量，来设计确定 W 值。

最小抵抗线的选择原则上在满足施工要求与安全的条件下，应选用较大的 W 值。

B　炮孔间距 a 和排距 b

一次爆破要通过多个炮孔的药包爆破的共同作用来实现，因此，相邻两个炮孔之间的距离 a 是一个重要的爆破设计参数。在爆破大体积或大面积圬工体时，往往还需要布置多排炮孔，因此相邻两排炮孔之间的排距 b 也是一个重要设计参数，a 和 b 值的选择是否合理，对爆破效果和炸药能量的充分利用有直接影响。

根据一定埋深情况下装药爆破的破坏影响范围，合适的炮孔间距可以获得两个药包共同作用的最佳破碎效果。炮孔间距 a 与最小抵抗线 W 成正比变化，其比值 $m=a/W$ 称为密集系数。它随 W 的大小、爆破体材质和强度、结构类型、起爆方法和顺序、爆破后要求的破碎块度、或是要求保留部分的平整程度等因素而变化。

当 $m<1$，即 $a<W$ 时，炮孔间距过小时，爆破后往往会沿炮孔连线方向裂开，容易形成大块。因此，只有在要求切割出整齐轮廓线的光面爆破中，选取 a 小于 W。

为了获得好的爆破破碎的拆除效果，一般均应取 a 大于 W。在满足施工要求和爆破安全的条件下，应力求选用较大的 m 值。因为比值 m 越大，钻孔工作量越少。实践表明，对各种不同建筑材料和结构物，可以采用下列各式计算炮孔间距：

混凝土圬工　　$a=(1.2\sim2.0)W$

钢筋混凝土结构　　$a=(1.0\sim1.3)W$

浆砌片石或料石　　$a=(1.0\sim1.5)W$

浆砌砖墙　　$a=(1.2\sim2.0)W$

预裂切割爆破　　$a=(8.0\sim12.0)d$

式中，d 为炮孔直径。

上述公式中，m 值的上下限取值要根据建筑材料的质量和 W 值的大小变化。一般情况下，材质差的，抵抗线大时取大值；材质好的，抵抗线小时取小值。混凝土地坪破碎爆破，如机场跑道的拆除，由于是垂直地面钻孔，钻孔深度就是药包的最小抵抗线。若是超强（多层）配筋的钢筋混凝土结构物，如地下工事的顶板拆除，其 m 值将比上述取值的下限还要小。因此，上述公式的取值范围需要使用者通过现场试验爆破进行调整。

混凝土切割爆破时，残留的混凝土要保护不受破坏，考虑切割面的平整度的要求和混凝土的强度，这时需要采用较密布孔。可以按预裂爆破设计参数计算炮孔间距 a，或按上式进行设计校核。

多排炮孔一次起爆时，排距 b 应略小于炮孔间距 a。根据材质情况和对破碎块度的要求，可取 $b=(0.6\sim0.9)a$。

C　炮孔直径 d 和炮孔深度 l

目前，在拆除爆破工程施工中，炮孔直径 d 大多采用 38 ~ 44mm。

炮孔深度 l 也是影响拆除爆破效果的一个重要参数。合理的炮孔深度可避免出现冲炮或坐炮，使炸药能量得到充分利用，获得良好的爆破效果。设计的炮孔深度原则上应大于最小抵抗线 W 的长度，同时应尽可能避免钻孔方向与药包的最小抵抗线方向重合。炮孔装药后的填塞长度 l_1 要大于或等于最小抵抗线 W，即 $l_1 \geqslant (1.1 \sim 1.2)W$。

实践表明，炮孔深的爆破效果好，炮孔利用率高，爆破破碎方量大，还可缩短每延米的平均钻孔时间，从而加快施工进度和节省费用。但炮孔深度的确定受爆破体的几何形状的约束，不可能任意加深。原则上应尽可能设计深度大的炮孔，如拟爆破的是柱梁，应从柱梁的短边钻进（图 11-3（a））。但是，建筑结构的梁柱的短边，往往是承受抗弯强度的地方，钢筋配比量大，有的钢筋密集到无法钻进，这时不得不从梁柱的长边钻进，这时炮孔的深度就不能太深（图 11-3（b））。显然从短边钻孔炮孔浅，为达到同样的破碎度，炮孔个数多，起爆雷管的个数也多。

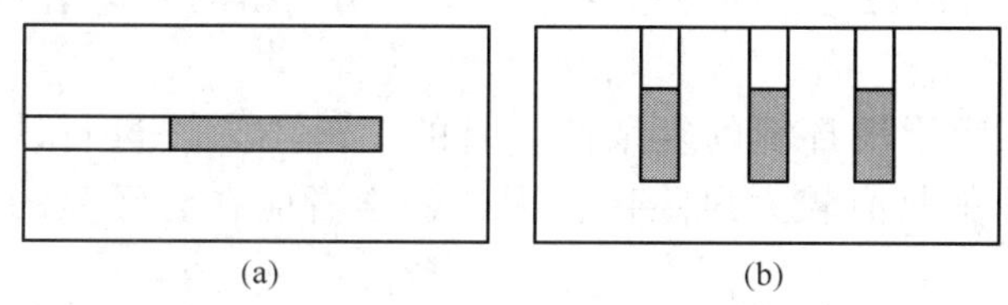

图 11-3 不同方向钻孔的炮孔深度

一般说来，在拆除爆破施工中，为便于钻孔、装药及填塞操作能顺利进行，炮孔深度 l 不宜超过 2m。

炮孔深度 l 与爆破体的长、宽和高度 H 有关，在确保炮孔深度 $l > W$ 的前提下，当爆破体底部有临空面时，取 $l = (0.5 \sim 0.65)H$；底部无临空面时，取 $l = (0.7 \sim 0.8)H$。孔底留下的厚度应等于或略小于侧向抵抗线，这样才能保证下部的破碎，又能防止爆炸气体孔底冲出，产生坐炮，使爆破体侧面和上部得不到充分破碎。

D 单位炸药消耗量 q

单位炸药消耗量 q 是爆破破碎或抛掷单位体积的用药量，同样它也是拆除爆破设计中的一个重要参数。单位炸药消耗量大，炸得破碎，碎片也容易抛得远。因为爆破对象千变万化，材质不同，爆破要求的目的不同，所以单位炸药消耗量的选择要十分谨慎。选择不合适不仅影响爆破效果，有时还会产生爆破事故。用药量大，过远的飞石会造成伤害；装药少了，炸不开，要爆破拆除的建筑物不倒，成为新的危楼。

在拆除爆破工程中，除了大体积圬工构筑物爆破时，炮孔比较深，大多数都是比较浅的炮孔爆破，浅孔爆破由于填塞长度小，炸药爆破的能量利用率低，为了达到工程要求的破碎度，不得不增加用药量。但是炮孔长度有限，增加了装药量的长度，填塞长度就更少了，就会有更多的能量不能用于破碎。因此在爆破体材质及其强度一样，为要获得同样的破碎度，随着爆破对象的几何尺寸不同，单位炸药消耗量是随最小抵抗线和炮孔深度而变化的。一般情况下，抵抗线大，炮孔深度也大时，可以选用较小的单位炸药消耗量 q 值。若抵抗线小，炮孔浅，单位炸药消耗量 q 值就要取大值。

选择确定单位炸药消耗量，可以采用下列两种分析方法。

（1）单个药包药量计算与总体积炸药消耗量比较法。根据爆破体的材质、强度、最小抵抗线和临空面条件等，按单位炸药消耗量用表所给出的经验数据初步选取一个 q 值，然后按药量计算公式计算单孔装药量 Q_i，各个炮孔的药量因为参数不一样，计算的药量也有差别；然后对要爆破的部位所有炮孔的计算药量累计，求出爆破的总药量 ΣQ_i，总药量与相应炮孔爆破部位的体积之比 $\Sigma Q_i/V$ 称为总体积炸药消耗量。比较 $\Sigma Q_i/V$ 比值和初步选取的 q 值的大小，如果二者相近，便可采用所选取的 q 值。

（2）对重要的拆除爆破工程，或是对爆破体的材质、强度和原施工质量不了解，为了保证爆破的设计效果，则应对爆破体进行小范围内的局部试爆，根据试验爆破的情况，选定 q 值。试验爆破要按实爆时设计的孔网参数进行布置炮孔，试爆的炮孔不应少于3～5个。可以根据试验爆破体的材质初步选取 q 值计算炮孔的装药量。试验爆破的 q 值一般应选取小值，可能爆破破碎的效果差一点，也要按照“宁小勿大，只松不飞，确保安全”的原则进行试爆。试验爆破应选择处于比较安全的部位或构件，它们爆破后绝对不能影响建筑物整体或结构的安全和稳定。即使这样，也要采用严密的防护措施，确保试验爆破的安全。

由于拆除爆破工程周围环境的复杂性，有的工地不允许进行试验爆破，爆破工程设计参数的正确选择就具有较大风险性，因此初学者应在有经验的工程师指导下学习设计。

E　炮孔布置

合理地设计炮孔方向和布置炮孔对保证拆除爆破效果至关重要。炮孔布置要考虑多种因素的影响，诸如爆破体的材质、几何形状和尺寸、结构物的类型、施工条件等。

一般说来，考虑爆破体临空面的状况，炮孔方向分为垂直炮孔、水平炮孔和倾斜炮孔三种。当爆破对象有水平临空面时，一般要采用垂直向炮孔，因为钻孔作业效率高、劳动作业强度低，钻孔质量容易保证。有的场坪基础拆除爆破工程，由于基础的厚度方向有限，为了增加有效的炮孔长度和填塞长度，提高炸药爆破的能量利用率，可以选择采用倾斜炮孔，如机场跑道的拆除。倾斜炮孔的方向可以采用固定的或可变的角度支架进行控制。如果爆破对象是柱和墙体，只能选择垂直于柱和墙面进行钻孔，这时就不得不进行水平向钻孔。水平向钻孔劳动强度大，需要用支架来控制钻机的凿进方向。倾斜炮孔和水平向钻孔方向的偏离将会影响爆破效果。如果相邻两个炮孔底端接近，其间的距离小于设计的炮孔间距，将使局部的单位炸药消耗量变大，单位炸药消耗量过大容易造成飞石。如果相邻两个炮孔底端相距过大，其间的距离大于设计的炮孔间距，将使局部的单位炸药消耗量变小，爆破效果差。因此在施工条件允许时应尽可能设计垂直炮孔。

炮孔布置的原则应是力求炮孔排列规则与整齐，使药包均匀地分布于爆破体中，以保证爆破后破碎的块度均匀或切割面平整。

在爆破梁柱体或是小断面尺寸的基座时，一般是在结构物的中线上布置一排炮孔，如果尺寸大（大于或等于70cm），可以布置两排孔，两排炮孔可以平行布置，也可以交错布置。

在进行切割爆破时，为防止损伤保留部分的边角，可在邻近爆破体的边缘处布置1～2个不装药的炮孔，亦称导向孔（图11-4），有利于切割面沿预定的方向形成。导向孔距爆破体边缘和主炮孔（即装药炮孔）的距离小于设计的炮孔间距 a，其值可控制在(1/3～1/4)a 范围内。相邻导向孔之间的距离可控制在(1/2～1/3)a 范围内。

当大体积或大面积的圬工体要求全部爆破拆除时，需要布置多排炮孔，前后排间或上下排间的炮孔可布置成正方形或三角形（梅花形）排列，三角形交错布孔方式有利于炮孔间的介质充分破碎。为满足爆破振动安全设计要求，可采用毫秒延期起爆技术，逐排分段起爆。

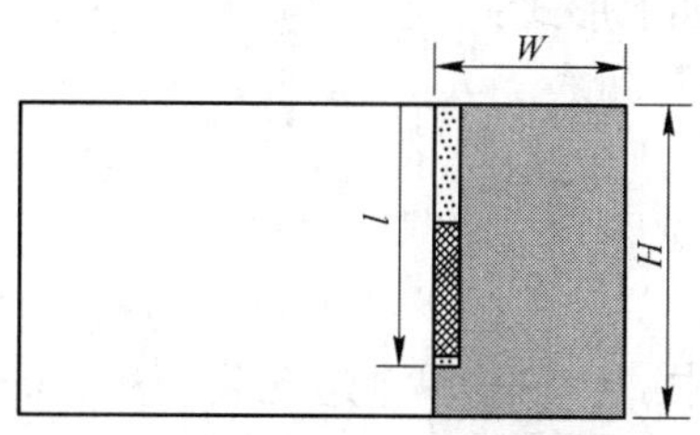

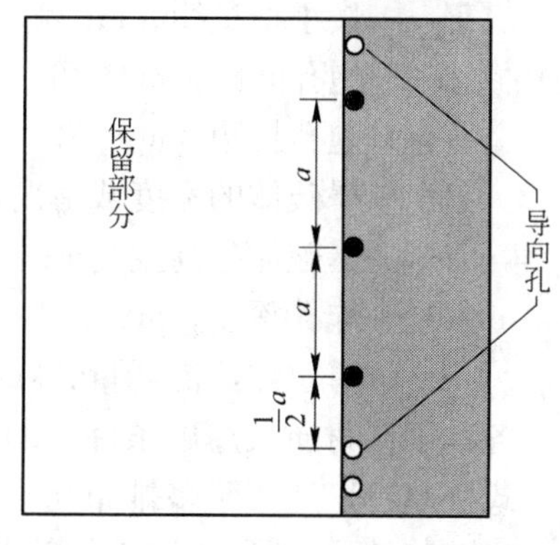

图 11-4　混凝土切割爆破的药包间距

F　分层装药

当炮孔深度 $l \geqslant 1.5W$ 时，则应设计分层装药，如厚度大的深槽帮（壁）的钻孔爆破、梁体减弱爆破解体等。分层装药设计是将计算出的单孔装药量 Q_i 分成两个或两个以上的药包。分层药包的分配原则是：两层装药时，上层药包为 $0.4Q_i$，下层药包为 $0.6Q_i$；三层装药时，上层药包为 $0.25Q_i$，中层药包为 $0.35Q_i$，下层药包为 $0.4Q_i$。

设计分层装药时，最上层药包的填塞长度不小于最小抵抗线，或等于炮孔间距。

分层药包的起爆可以在每个药包中安装起爆雷管，如有导爆索时，可将各个分层药包按设计的间距绑扎在相应长度的导爆索上，采用预裂爆破的装药结构。

11.1.4　拆除爆破的药量计算

11.1.4.1　爆破破碎的药量计算

在工程爆破设计中，许多设计计算都是基于经验公式，经验公式的可靠性要建立在相似律的基础上。为了把握爆破过程的主要物理现象，在力学问题分析中，我们可以采用量纲分析方法，给出爆破用的药量计算公式：

$$Q_i = \sigma W^3 f(N) \tag{11-6}$$

式中　Q_i——单孔装药量；

σ——爆破体的破坏强度；

W——爆破体的几何尺寸（最小抵抗线或断面尺寸）；

$f(N)$——爆破破碎度 N（破碎的块度数量或破碎率）的函数。

因为爆破体的几何尺寸是相关的，而且爆破破碎满足几何相似。如

$$W = (1/2)B,\ a/W = m,\ l = (2/3)A \quad 或 \quad l = (2/3)H$$

于是可得到如下药量计算公式

$$Q_i = ABH\sigma f(N) \quad 或 \quad Q_i = aHW\sigma f(N) \tag{11-7}$$

在拆除爆破工程中采用的药量计算经验公式，爆破的破碎程度和材料强度的影响都包含在单位炸药消耗量 q 内。考虑临空面条件、爆破器材的品种和性能，以及填塞质量要选择合适的单位炸药消耗量 q 值。于是，不同结构条件下的单孔装药量 Q_i 的药量计算公式

有如下形式：

$$Q_i = qaWH \tag{11-8}$$

$$Q_i = qabH \tag{11-9}$$

$$Q_i = qaBH \tag{11-10}$$

$$Q_i = qW^2 l \tag{11-11}$$

式中　Q_i——单个炮孔装药量，kg；

W——最小抵抗线，m；

a——炮孔间距，m；

b——炮孔排距，m；

B——爆破体的宽度或厚度，m，$B = 2W$；

H——爆破体的高度，m；

l——炮孔深度，m；

q——单位炸药消耗量，kg/m^3。

各种不同材质及爆破条件下的 q 值，可参考表 11-1 ~ 表 11-4。

式（11-9）适用于多排布孔时中间各排炮孔的药量计算，这些炮孔只有一个临空面。

式（11-10）适用于爆破体较薄、只在中间布置一排炮孔时的药量计算。

式（11-11）适用于钻孔桩头爆破的药量计算，在桩头中心向下钻一个垂直炮孔，桩头爆破是多面临空条件下的爆破，式中的 W 即为桩头半径。

表 11-1、表 11-2 中所列出的各种不同条件下拆除爆破的单位用药量和平均单位炸药消耗量，是通过大量生产性爆破和试验爆破数据的统计得出的经验值。使用的是原 2 号岩石铵梯炸药，其他品种炸药要乘以炸药换算系数 e。

表 11-1　单位炸药消耗量 q 及平均单位炸药消耗量

爆破对象		W/cm	$q/g \cdot m^{-3}$			$\frac{\Sigma Q_i}{V}$ $/g \cdot m^{-3}$
			1 个临空面	2 个临空面	3 个临空面	
混凝土圬工强度较低		35 ~ 50	150 ~ 180	120 ~ 150	100 ~ 120	90 ~ 110
混凝土圬工强度较高		35 ~ 50	180 ~ 220	150 ~ 180	120 ~ 150	110 ~ 140
混凝土桥墩及桥台		40 ~ 60	250 ~ 300	200 ~ 250	150 ~ 200	150 ~ 200
混凝土公路路面		45 ~ 50	300 ~ 360			220 ~ 280
钢筋混凝土桥墩台帽		35 ~ 40	440 ~ 500	360 ~ 440		280 ~ 360
钢筋混凝土铁路桥板梁		30 ~ 40		480 ~ 550	400 ~ 480	400 ~ 480
浆砌片石或料石		50 ~ 70	400 ~ 500	300 ~ 400		240 ~ 300
钻孔桩的桩头	ϕ1.00m	50			250 ~ 280	80 ~ 100
	ϕ0.80m	40			300 ~ 340	100 ~ 120
	ϕ0.60m	30			530 ~ 580	160 ~ 180
浆砌砖墙 $b = (0.8 \sim 0.9)a$	厚约 37cm（$a = 1.5W$）	18.5	1200 ~ 1400	1000 ~ 1200		850 ~ 1000
	厚约 50cm（$a = 1.5W$）	25	950 ~ 1100	800 ~ 950		700 ~ 800
	厚约 63cm（$a = 1.2W$）	31.5	700 ~ 800	600 ~ 700		500 ~ 600
	厚约 75cm（$a = 1.2W$）	37.5	500 ~ 600	400 ~ 500		330 ~ 430
混凝土二次破碎爆破	$\Delta V = 0.15 \sim 0.16m^3$				180 ~ 250	130 ~ 180
	$\Delta V = 0.15 \sim 0.16m^3$				120 ~ 150	80 ~ 100
	$\Delta V = >0.4m^3$				80 ~ 100	50 ~ 70

表 11-2 钢筋混凝土梁柱爆破单位炸药消耗量 q 及平均单位体积炸药消耗量

W/cm	q/g·m^{-3}	$\frac{\Sigma Q_i}{V}$ /g·m^{-3}	布筋情况	爆破效果
10	1150~1300	1100~1250	正常布筋单箍筋	混凝土破碎、疏松、与钢筋分离，部分碎块逸出钢筋笼
	1400~1500	1350~1450		混凝土破碎、疏松、脱离钢筋笼，箍筋拉断，主筋膨胀
15	500~560	480~540	正常布筋单箍筋	混凝土破碎、疏松、与钢筋分离，部分碎块逸出钢筋笼
	650~740	600~680		混凝土破碎、疏松、脱离钢筋笼，箍筋拉断，主筋膨胀
20	380~420	360~400	正常布筋单箍筋	混凝土破碎、疏松、与钢筋分离，部分碎块逸出钢筋笼
	420~460	400~440		混凝土破碎、疏松、脱离钢筋笼，箍筋拉断，主筋膨胀
30	300~340	280~320	正常布筋单箍筋	混凝土破碎、疏松、与钢筋分离，部分碎块逸出钢筋笼
	350~380	330~360		混凝土破碎、疏松、脱离钢筋笼，箍筋拉断，主筋膨胀
	380~400	360~380	布筋较密双箍筋	混凝土破碎、疏松、与钢筋分离，部分碎块逸出钢筋笼
	460~480	440~460		混凝土破碎、疏松、脱离钢筋笼，箍筋拉断，主筋膨胀
40	260~280	240~260	正常布筋单箍筋	混凝土破碎、疏松、与钢筋分离，部分碎块逸出钢筋笼
	290~320	270~300		混凝土破碎、疏松、脱离钢筋笼，箍筋拉断，主筋膨胀
	350~370	330~350	布筋较密双箍筋	混凝土破碎、疏松、与钢筋分离，部分碎块逸出钢筋笼
	420~440	400~420		混凝土破碎、疏松、脱离钢筋笼，箍筋拉断，主筋膨胀
50	220~240	200~220	正常布筋单箍筋	混凝土破碎、疏松、与钢筋分离，部分碎块逸出钢筋笼
	250~280	230~260		混凝土破碎、疏松、脱离钢筋笼，箍筋拉断，主筋膨胀
	320~340	300~320	布筋较密双箍筋	混凝土破碎、疏松、与钢筋分离，部分碎块逸出钢筋笼
	380~400	360~380		混凝土破碎、疏松、脱离钢筋笼，箍筋拉断，主筋膨胀

11.1.4.2 爆破切割的药量计算

混凝土切割爆破可以采用式（11-8）进行药量计算。对混凝土结构物要进行部分切除，可以布置一排密孔，炮孔间距小于最小抵抗线，式（11-8）中的 H 是要切割的厚度。混凝土切割爆破单位用药量 q 可参照表 11-3 选取。

表 11-3 混凝土切割爆破单位用药量 q

材质情况	临空面	W/cm	q/g·m^{-3}	$\frac{\Sigma Q_i}{V}$/g·m^{-3}
强度较低的混凝土	2	50~60	100~120	80~100
强度较高的混凝土	2	50~60	120~140	100~120

若要对大体积或是大面积的混凝土结构物进行分离破碎，也可以类似岩石采用预裂爆破的方法先进行切割分离，这时炮孔装药量可按下式计算：

$$Q_i = qaB \tag{11-12}$$

式中 Q_i——单孔装药量，g；

a——炮孔间距，m；

B——预裂部位的厚度或宽度，m；

q——预裂面单位面积用药量，g/m^2，可根据材质情况参照表 11-4 选取，表中$\frac{\Sigma Q_i}{S}$为预裂面单位面积的平均耗药量。

表 11-4　混凝土预裂爆破单位面积用药量 q

材质情况	a/cm	q/g · m^{-2}	$\frac{\Sigma Q_i}{S}$/g · m^{-2}
强度较低的混凝土	40 ~ 50	50 ~ 60	40 ~ 50
强度较高的混凝土	40 ~ 50	60 ~ 70	50 ~ 60
厚 30 ~ 50cm 混凝土地坪	20 ~ 30	100 ~ 150	

11.1.4.3　水压爆破拆除的药量计算

圆筒形的水池或罐体是采用水压爆破拆除的典型结构物。圆筒形的水池或罐体是一轴对称结构物，当在其内充水，中心线上一定高度布置药包爆炸的水击波作用造成筒壁的运动，水压爆破对结构的破坏是水击波冲量的作用，冲量作用于筒壁产生的应力超过材料的破坏强度时，结构将发生破坏。通过求解筒壁在水击波冲量作用下的位移，考虑材料的动态特性及工程要求的破坏程度，这里可以给出圆筒形薄壁结构物采用水压爆破拆除时的药量计算公式：

$$Q = CR^{1.41}\delta^{1.59} \tag{11-13}$$

式中　δ——壁厚，m；

R——圆筒形薄壁结构的半径，m，$\delta/R \leqslant 0.1$。

系数 C 是考虑材料强度和破坏程度的系数。公式说明炸药量是随药包至筒壁的距离的 1.41 次方幂、筒壁厚度的 1.59 次方幂成正比。爆破破碎壁厚的要比薄的用药量多，通过冲量作用分析给出的药量公式从物理上说明了这种关系。

11.1.5　拆除爆破的起爆网路设计

一座大型建筑物的爆破拆除，需要布置多个炮孔进行爆破，有的多达数千上万个药包，要确保每个雷管能安全准爆，爆破网路设计和施工质量十分重要。显然，拆除爆破起爆网路的特点是雷管数量多，起爆时间要求准确。为此，拆除爆破起爆网路设计一般采用电起爆网路和导爆管雷管起爆网路。拆除爆破禁止采用导爆索起爆方法，因为导爆索传爆有大量炸药在空中爆炸，空气冲击波对周围环境的危害和干扰大。

拆除爆破采用电力起爆系统要严格按设计网路施工，校核起爆电源的输出功率，确保流经每个雷管的电流强度要大于《爆破安全规程》的要求和工程设计值，拆除爆破工程多采用起爆器用做起爆电源。

导爆管起爆网路起爆量大，网路连接施工方便，目前在拆除爆破工程中用得最多。导爆管起爆网路连接多采用束（簇）接和四通连接的方法，大型起爆网路都要设计采用复式交叉的起爆网路。导爆管起爆网路的起爆点火可以采用电力起爆或导爆管击发点火方法，两种方法都可以实现准时起爆，准时起爆是城市拆除爆破工程管理必须做到的。

大型起爆网路设计若采用孔内外延期技术时，孔内应采用高段位的延期雷管，孔外采用低段位的延期雷管，且孔内起爆的时间应大于孔外延期的累计时间，以避免第一响药包爆破的飞片可能会打坏孔外正在传播起爆信号的导爆管或雷管，造成拒爆事故。

11.1.6　拆除爆破的安全设计

拆除爆破安全设计包括的内容主要是指爆破实施过程中由于爆破作用产生的危害因素

的控制和防护设计。它们是：炸药爆破造成的振动和由于建（构）筑物解体构件下落撞击地面的振动、空气冲击波与噪声、爆破时的飞石、爆破时的粉尘污染和噪声。有关介绍见本书14.2～14.7相关各节。

11.2 建（构）筑物的拆除爆破

11.2.1 建（构）筑物爆破拆除的倒塌方式

依据倒塌方式不同，楼房拆除爆破总体方案有以下几种。

11.2.1.1 定向倒塌

当楼房一侧有较为空旷的场地时，可以采用定向倾倒方案。定向倾倒方案一般是利用“爆高差”和“时间差”来实现的，即对设计倒塌方向一侧的承重构件（墙、柱）实施爆破，炮孔布置高度从外向里逐排减小，形成“爆高差”，最后一排墙柱的支撑结构不爆破或减弱爆破，起爆后楼房将在重力矩作用下转动塌落，同时起爆顺序也是由外向里逐段延迟，形成“时间差”，控制楼房按设计的方向倒塌。钢筋混凝土的框架结构楼房都可采取这种拆除爆破方案。其倾倒方向场地的水平距离不宜小于2/3的楼房高度。

定向倒塌拆除方案的优点是爆破工作量小，拆除效率高。实现定向倒塌拆除爆破方案的关键是要使不爆破或弱爆破的承重构件有足够的支撑强度，形成一个转动铰支点，才能让建（构）筑物按预定的方向准确倾倒。

11.2.1.2 原地坍塌

若楼房周边场地有限，或不允许楼房往侧向倾倒的情况下，可选择采用“原地坍塌”方案。爆破前，需要将楼房最下一层，或二层内的隔断墙进行拆除，并清运腾空；对其所有承重柱墙体实施爆破。同时对其上面的部分楼层的梁柱需要进行局部爆破松动减弱强度；爆破后整座楼房将在自重作用下塌落，达到“原地坍塌”拆除的目的。相邻柱体的爆破部位的高度有差别，可以使上层结构物下落时承受不均匀的反作用力，有利于上层结构受剪破坏。“原地坍塌”方案要注意清空下层空间，减少堆积杂物的缓冲作用。

11.2.1.3 逐跨坍塌

如果场地条件有限，同时对坍落振动又有一定要求，则可以采取“逐跨坍塌”方案，逐跨坍塌运用了剪切破坏原理，通过跨与跨之间的起爆时间差使跨间产生剪切。逐跨起爆的结果不仅使楼板、梁受到剪切破坏，也使上部未经处理的楼层在下部楼层垮坍的过程中不断受到剪切、挤压、冲击而良好解体，同时，逐跨坍塌的最大优点在于触地振动可以减到最小。这是由于先爆跨部分在坍落过程中，受到未爆跨的牵扯，减小了触地冲击能量，同样由于牵扯作用，减缓了上部建筑下落的速度，而下部楼层的碎渣又成了上部楼层的减振垫渣。因此在触地振动控制要求比较高时，采用逐跨坍塌方式不仅能减小振动，而且其爆前处理和钻爆工作量仅大于“定向倾倒”，而要小于其他拆除爆破方式。

11.2.1.4 折叠倒塌

当受场地限制或因减振、解体要求对高层建（构）筑实施分层“定向倒塌”爆破的拆除方法，称为折叠倒塌。折叠爆破根据形式的不同，可分以下几种。

A 单向折叠

单向折叠指倒塌方向指向同一方向，其目的主要有三个方面，第一，缩短倾倒距离；

第二，降低触地振动；第三，使建（构）筑物解体充分。上海长征医院病房大楼（16 层，高 68m）的拆除爆破，因受周围环境限制，首次在国内高层建筑拆除爆破中采用了单向折叠（单向四折）。爆破后大楼不仅解体充分，而且渣堆在 40m 以内，周边所测振动均小于 3cm/s，完全达到了设计目的，取得了圆满成功。

B　双向折叠

双向交替折叠是指各楼层组顺序起爆时，上下层结构一左一右地交替定向连续折叠倒塌。

2007 年 12 月，武汉王家墩中央商务区（CBD）内对两栋 19 层框-剪结构大楼实施爆破拆除时，采用“切割分离、定向倒塌和双向折叠相结合”的总体爆破方案。双向折叠的楼体高 63m、长 22m、宽 11.7m。采用三个爆破切口，分别位于 1-4 层、8-9 层和 14-15 层。采用“左右交叉、自上而下”的起爆方式，切口间时差为 1.02s。

起爆后，框-剪结构大楼按设计在空中实现双向折叠，上部楼体把下部楼体折叠式压向地面，楼体折叠倒塌并堆积在原地 6m 范围内，且解体破碎十分充分，爆破效果很好。

C　异向折叠

当场地条件不规则，仅有局部空间可供倒塌时，只要在折叠方向上加以控制调整，同样可以达到安全拆除的目的，如上海港务中心大楼高 62m，西、北两侧有建筑需保护，东、南两侧 25m 之外有新打的桩群，南西角上有工程测试桩群不能受影响。因定向倾倒场地不够，决定采用定向加异向折叠，即 1～3 层主缺口向东，6～7 层辅助缺口 1 也向东，而 9～10 层辅助缺口 2 则东偏南，起爆顺序从辅助缺口 2 开始，自上而下顺序起爆。爆破后东和东南侧渣堆未超过 21m，确保了桩群的安全，也没有影响西、北两侧建（构）筑物。

D　内向折叠

内向折叠是当楼房较高，体量、跨度都较大，四周既无定向倾倒条件，也无其他坍塌条件的情况下采取的一种爆破方式。即采用自上而下对楼房每层的内承重构件如墙、柱和梁等予以充分破坏，则结构在重力作用下由中心开始向下垮落，并拉动外侧墙、柱、梁向中心移动，形成向内的折叠坍塌。内向折叠除了准确使用延期起爆技术外，还应注意如下三点：其一，楼内必须空旷，没有过多的墙、柱等被爆体，否则折叠后的外墙、梁、柱还会向外翻滚，达不到控制渣堆范围的目的；其二，如果楼板是整体现浇，一定要先进行弱化处理，使之能随柱、墙同时解体坍落，否则会导致内向折叠爆破的失败；其三，当体量较大的楼房采用内向折叠，一定要注意气浪的释放，否则被压缩的气浪带动飞石，往往会造成较大的损害。

11.2.2　砖混结构拆除爆破

砖混结构的楼房是指由砖和钢筋混凝土混合结构的建筑物。建筑物的承重构件主要是砖墙，也有部分钢筋混凝土抗震柱。这类建筑是我国城市住宅的早期建筑，一般都在 7 层以下。其拆除爆破有一定的特殊性，在城市改建工程中还会大量涉及，因此有必要予以单独介绍。

砖混结构楼房的拆除爆破大多采用逐跨坍落，也有采用原地坍塌的。当条件限制而必须采用向一侧倾倒时，应注意保留部分的砖柱和墙要有足够的支撑强度，特别是层数较多、较高的楼房，必须仔细验算，否则会发生严重后坐现象。

11.2.2.1　砖混结构爆破方式

砖墙拆除爆破一般采用水平钻孔，最小抵抗线 W 为砖墙厚度 δ 的一半，即 $W=\delta/2$。炮孔水平方向间距 a 随墙体厚度及其浆砌强度而变化，可取 $a=(1.2\sim2)W$。炮孔排距 $b=(0.8\sim0.9)a$，因为垂直方向的砖缝错位，间距要小。砖墙拆除爆破参数见表 11-5。

表 11-5　砖墙拆除爆破参数

墙厚/cm	最小抵抗线/cm	孔距/cm	排距/cm	孔深/cm	炸药单耗/g·m^{-3}	单孔药量/g
24	12	25	25	15	1000	15
37	18.5	30	30	23	750	25
50	25	40	36	35	650	45

11.2.2.2　砖混结构拆除爆破施工要点

（1）为使楼房顺利坍塌，影响楼房坍塌的局部原承重墙（在确保爆前结构整体稳定的前提下）和隔断墙应预先拆除。

（2）楼梯间和现浇楼梯往往会影响楼房的倒向和解体，爆前应将楼梯逐段切断，并在相关墙体上布孔装药，与楼房一起爆破。

（3）砖混结构住宅，要注意卫生间、厨房的具体位置，因其墙多、开间小、整体性较好，爆前应先作弱化处理。否则，若这些结构在倒向前方，则会造成倾倒不彻底；若在倒向后方，则会造成解体不充分。

11.2.2.3　工程实例——北京华侨大厦定向倾倒拆除爆破

北京华侨大厦是一座典型的砖混结构楼房，是 20 世纪 50 年代北京十大建筑之一。内部为钢筋混凝土柱、梁和楼板，周边为承重砖墙。大厦由中间主楼和东、南两侧翼楼组成，楼间为沉降缝，主楼高 33.6m。位于王府井大街与东四西大街交汇处，东侧 8m 有一 5 层住宅楼，南侧 80m 内有一片古旧民房，抗振能力很差。

根据大厦的建筑结构特点，拆除爆破设计方案是依次爆破东、南、中主楼，使其向内侧倾倒，东、南侧楼两端最后起爆。砖混结构部分由于承重墙体厚，解体主要靠其自身的重力位能实现，因其本身抗剪能力弱，则在倾斜塌落过程中就会解体破坏。因此，对每座楼的爆破部位都进行了延期 3～4 段起爆，见图 11-5，主要爆破设计参数见表 11-6、表 11-7。分段延期起爆控制下落构件的质量，减少了建筑物塌落着地的振动。爆破时监测 8m 外住宅楼的振动数据说明，楼房一层地面的振动速度为 0.95cm/s。爆破后，建筑物解体充分，爆破堆积物在原建筑物占地范围偏内一侧，马路一侧不超过 4m，塌落堆积最远点未触及东边住宅楼围墙。

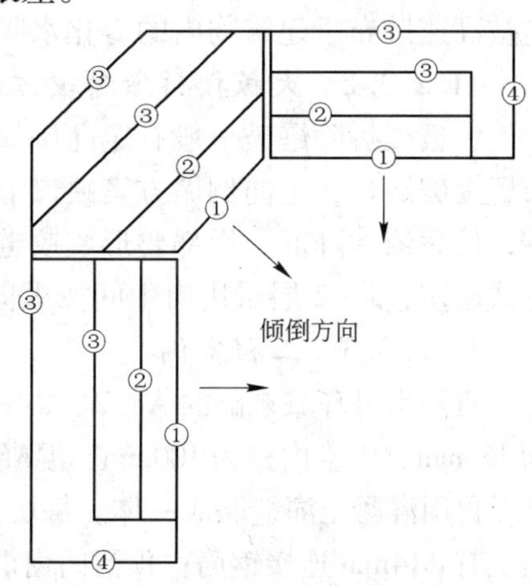

图 11-5　北京华侨大厦倾倒方向和分段起爆延期布置

表 11-6　北京华侨大厦拆除爆破各楼起爆顺序和时间

楼　号	延期分段顺序及时间/ms			
	①	②	③	④
东　楼	950	1450	1950	2950
中　楼	650	1650	2650	
南　楼	800	1300	1300	2800

表 11-7　北京华侨大厦拆除爆破各楼段起爆药量

楼　号	延期分段药量/kg				
	①	②	③	④	小　计
东　楼	62.3	49	42	29	182.3
中　楼	84.5	110	64.7		259.2
南　楼	61	25.4	42.8	22	151.2
合　计	207.8	184.4	149.5	51	592.7

11.2.3　大板楼结构拆除爆破

11.2.3.1　大板楼拆除爆破特点

大板结构（俗称大板楼）是指由厚 145 ~ 150mm 的多孔预制板作为墙体拼装而成的老式居民楼，多为 6 ~ 7 层。这类建筑经过多年的风雨侵蚀，往往出现开裂等危险情况，人工拆除的危险性很大，为确保安全，大多采用爆破拆除。但空心墙板又不能钻孔，所以传统的钻孔爆破法已无法适用。通常情况下，大板楼房宜采用微型水压爆破法拆除，即在空心预制板的空孔内放置聚氯乙烯袋，袋内装满水，水中放置炸药包，利用水压爆破的原理来破坏预制板，形成一定的爆破缺口，使预制板墙体失去支撑，从而达到房屋倾倒或坍塌的目的。该法与传统的钻爆法相比较，具有操作简便、劳动强度小、施工速度快、工作环境好、施工成本低的特点。

由于药包放在水袋内，水在爆破瞬间被雾化、加速，所以，爆破产生的很大一部分粉尘被高速散布于建筑物内的雾化水吸附，在一定程度上达到环保要求。

11.2.3.2　大板楼拆除爆破方法

大板楼拆除爆破一般有定向倒塌和原地坍塌两种方案。这两种方案基本是在 1 ~ 2 层布置爆破缺口，定向倒塌方案缺口形状为三角形或梯形。为施工方便，倾倒一侧爆高大一些，然后依次降低，后部要形成铰链或不处理，即可满足倒塌要求。原地坍塌方案实现的方式较多，1 ~ 2 层采用由中间按纵向向两侧爆高逐步降低也可达到目的。

11.2.3.3　工程实例

贵阳市外环城东路的 A、B、C 三栋 6 ~ 7 层的大板楼群始建于 1978 年，墙体均采用厚度为 150mm、中空内径为 100mm、混凝土强度为 C20 的预制空心大板，板与板之间采用焊接拼装，再用混凝土灌缝联成一体。每块大板周边只有两道 ϕ8mm 主筋，箍筋为 ϕ5mm@300，四角上有 ϕ14mm 连接钢筋；预留门窗洞周边有两道 ϕ8mm 或 ϕ5mm 钢筋。楼面板和屋面板均为预制混凝土板，楼梯为混凝土预制楼梯，与楼道侧墙无连接。楼房的总面积为 7900m^2。

大板楼群东侧 15.5m 处有五层大板住宅楼房三栋，南面 11.0m 处有一层砖结构煤气调压站；西部距离 3.0m 处是花池，8.6m 处有一组南北走向的高压线（11kV），12.7m 处为外环城东路人行道，人行道下 60cm 处有煤气管道。

A 爆破方案选择

根据大板楼群的周围环境，确定采用原地倒塌方案，在一层、二层布置爆破缺口。B 栋采用内合式原地坍塌，A、C 栋采用侧合式原地坍塌方案，由 B 楼中间分别向南北方向顺序递进坍塌，以确保 A 栋北侧变压器和 C 栋南侧煤气调压站的安全。

大板楼房的结构是由预制空心大板拼装而成，壁厚不到 250mm，无法采用一般钻孔控制爆破技术。决定利用空心部位注水，在水中安放药包，用水压爆破破坏大板，采用浅孔爆破破坏板与板交接部位的节点，由此形成爆破缺口，使大板楼房按设计要求倒塌。

B 大板的水压爆破破碎技术

大板的空心部位是直径为 100mm 的柱状空间，若采用水压爆破的冲量准则公式进行药量计算，即 $Q=K\delta^{1.6}R^{1.4}$，取 $\delta=0.025$m，$R=0.05$m，$K=10$ 代入，得 $Q=0.4$g，显然是不合适的，关键是公式中的壁厚 δ 取值不当。为了确定水深、装药量和破碎效果、碎块飞散距离之间的关系，利用从大板楼房拆下的大板进行了试验，并对楼房内的大板进行了试爆。试验采用在大板的空心部位（内径 ϕ100mm，最小壁厚 25mm）隔孔装水装药的药包布置方法。根据试验结果，确定大板水压爆破药包布置原则为：

（1）采用隔孔布置水压爆破药包的方法，由注水深度来控制缺口高度；

（2）水深（破坏高度）小于 1m 时装一个药包，水深在 1m 以上（含 1m）时装两个药包，上层药包距水面距离大于下层药包距水底的距离；

（3）在有防护的情况下，一楼的药包药量采用 20g，二楼的采用 15g；

（4）板与板交接部位采用钻孔爆破，根据大板水压爆破破坏高度来决定钻孔数。

C 爆破设计

大板楼群采用原地倒塌方案，一楼所有的大板均布置药包进行粉碎性的破坏，水压爆破破坏高度为四周外墙低，中隔墙高，外墙充分利用门窗的空间来形成缺口。二楼四周外墙不破坏，中隔墙中间破坏高度大，靠外侧破坏高度小。大板交接部位同时布置钻孔，孔深 14cm，每孔装药量一楼 25g，二楼 20g。考虑 A 楼北侧和 C 楼南侧分别有变压器和调压站需要保护，其一楼外墙破坏高度取 0.3m，二楼靠这两侧的单元中隔墙不破坏。

D 起爆网路

采用交叉复式导爆管毫秒雷管网路，孔内用 11 段，在同一线上的东西两间房为一组同时起爆药包，组与组之间用 3 段雷管交叉复式接力。外环东路大板楼群接力方向：水平向为 B 楼中间→南、北向以 50ms 差前进，垂直向为从一层向上以 50ms 差前进。总延期 1780ms。

E 水压爆破施工

（1）注水、防漏及泄水。根据破坏高度的要求在一定位置敲出一个直径约 100mm 的孔，然后在空心柱中放置聚氯乙烯袋子（直径 120mm，一端封口，长度约 2m）作盛水容器。在空心柱中填放细沙，可以控制深度（即破坏高度），并防止空心柱底部的混凝土块戳破塑料袋子。采用较空心柱直径大一些的塑料袋，可保证袋子注水后与孔壁密贴，保证水压爆破的效果；为确保不漏水，采用双层袋子。由于每米注水深度仅需 7.8kg 水，故可采用自来水管进行注水。而一次爆破的总注水量仅几吨，爆破时完全渗漏在爆堆里，不必考虑泄水的问题。

（2）药包加工与定位。药包采用乳化炸药加工，根据乳化炸药的特性，在水中浸泡96h 后其爆炸性能不变，故不再对炸药进行防水处理，仅对雷管用黄油进行防水处理，雷管插进药包并系上用小食品袋装石块构成的压重；采用雷管的塑料导爆管做定位标准，孔口拉上细铁丝用以固定导爆管。

（3）防护。楼群爆破部位外侧用棕垫和胶皮帘覆盖防护，要求将各棕垫和胶皮帘用铁丝绑在一起成一整体。变压器及附近建筑物的玻璃用棕垫覆盖防护。

F　爆破效果

1998 年 4 月 19 日大板楼群成功的进行爆破，爆破效果符合设计要求，周围的建（构）筑物未受损坏，与楼群距离仅 4.7m 和 6.3m 的变压器及楼群中的煤气管道等重要设施均安全无恙（见图 11-6）。爆堆高度最高为 6.0m，一般为 3.5m，从爆堆破碎程度看，楼顶板与大板基本都有破裂，但未见断开滑出。三层楼以下部分全部破碎。由于水在爆破瞬间爆破雾化、加速，爆破时产生的粉尘很大一部分被高速散布在建筑物内的雾化水吸附、沉淀，整个爆破过程清晰可见，粉尘（含部分水雾）在爆后 50s 内全部散去，10 余米外的道路上爆后无灰尘，达到了环保的要求。

图 11-6　大板楼群拆除爆破效果

11.2.4　框架结构拆除爆破

国内早期大量的商住楼都是框架结构，框架结构楼房的承重构件是钢筋混凝土立柱，它们和梁连接构成框架，有的还和楼板浇注为一体。框架结构楼房拆除爆破时必须将立柱一段高度的混凝土进行充分爆破破碎，使它们和钢筋骨架脱离，使柱体上部失去支撑。爆破部位以上的建筑结构物在重力作用下失稳，在重力和重力弯矩作用下，爆破柱体以上的构件将受剪力破坏，同时将向爆破一侧倾斜塌落。如果后排立柱根部和前排柱同时或是延期松动爆破，则建筑物整体将以其支撑点转动塌落。

11.2.4.1 设计与施工应注意的问题

框架结构拆除爆破容易发生后坐，应引起足够重视。如后排承重立柱不处理，前排立柱爆后，楼房在重力弯矩作用下，将使立柱在一楼和二楼之间折断造成一楼立柱后仰，产生很大后坐；反之，如后排立柱处理过高，则不能形成很好支撑，会造成楼房整体下坐，而失去“爆高差”，影响定向倾倒，许多爆而不倒的事故就是由此而造成的，因此框架结构的楼房爆破一定要注意后排转动铰点的处理，必要时应进行受力验算分析，才能保证这一方法的成功。

框架结构楼房的结构多种多样，考虑拆除工程要求和环境状况，有不同的拆除设计方案。下面列出典型框架结构楼房的拆除爆破实例。

11.2.4.2 工程实例——重庆米兰大厦B楼控制拆除爆破

A 工程概况

重庆米兰大厦位于重庆市江北区，由一幢22层的主楼（A楼）与一幢10层的附楼（B楼）组成，A、B两楼由西向东依次排列，中间为标准伸缩缝。大厦正南11.1m处平行分布桃花源住宅小区；正北是城市主干道——洋河大道，其中人行道距大厦仅3m，且地下布有通讯、供电、排污等设施；正东距B楼2m外为地下停车场；正西距A楼5m处是城市排污设施。四周密布商业建筑、高层住宅，作业环境十分复杂。详见图11-7。

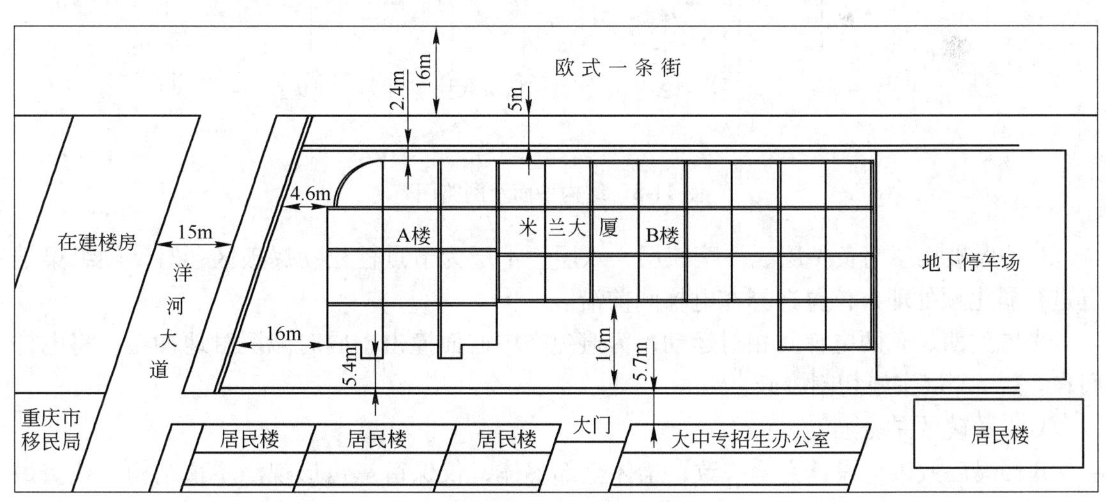

图11-7 环境平面图

大厦始建于1994年，次年主体工程完工。由于存在着严重的质量问题，未通过质监验收，以烂尾楼的形式保留，2007年9月实施拆除爆破。

B 拆除爆破设计

鉴于B楼所处的环境及其结构特征，采取向内折叠原地坍塌方案，但必须满足爆后结构运动过程中梁、柱能够充分解体的要求。

B 楼东西向从⑤轴至⑬轴共计 8 跨 62m 长，南北向为Ⓟ、Ⓚ、Ⓙ、Ⓖ、Ⓑ 5 轴，共计 31.2m 宽。东西两端各设一电梯间和应急楼道。根据对比研究结果，确定爆破时序如表 11-8 所示。

表 11-8　B 楼控爆时序表

轴　号	⑤、⑬	⑥、⑫	⑦、⑪	⑧、⑨、⑩	Ⓟ	Ⓚ、Ⓙ、Ⓖ、Ⓑ
爆　序	4	3	2	1	2	1
延期/s	3.5	2.5	1	0	0.5	0

即纵向以⑨轴为中心，分别对称向东西两侧延期推进，间隔在 1～1.5s 之间；横向以Ⓚ、Ⓙ、Ⓖ、Ⓑ轴为主体，Ⓟ轴延期 0.5s。详见图 11-8。

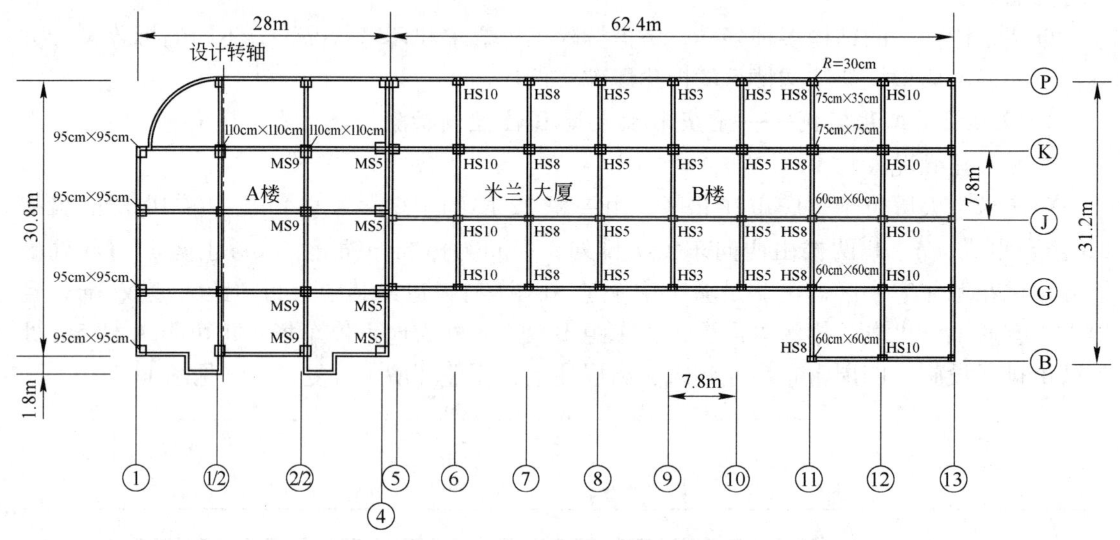

图 11-8　结构平面及网路图

B 楼爆破楼层为负一层、一至三层，八层、十层为节点性松动爆破区；对每轴纵梁端点进行弱化预处理，位置选择在电梯间前沿。

考虑到西、东两电梯间相对运动，为避免空中迎面撞击，同时减缓触地冲击，将电梯间在 5 层、8 层实施切割爆破。

C　爆破效果分析

B 楼爆后效果与设计完全一致，梁体全部解体，仅保留三角形现浇屋顶结构。残渣最高堆点约为 6m，周边设施均没有受到影响，如图 11-9 所示。

11.2.5　框-剪结构拆除爆破

随着建筑结构抗震要求的提高，框架结构逐渐向框-剪结构过渡，特别是 10 层以上的建筑，一般均使用剪力墙以增加结构的抗振性能。正是由于剪力墙的存在，既增加了结构的坚固程度，也增加了拆除爆破的难度，如上海海洋地质大厦的拆除爆破，起爆后整片外

图 11-9 重庆米兰大厦 B 爆破效果图

墙没有解体，导致第一跨除底部炸掉的三层外，上部九层的第一跨直直地站在原地，幸好后面框架部分的逐跨坍塌进行得比较顺利，在连续几跨坍塌解体之后将第一跨挤倒，虽然侥幸没有造成爆破事故，由于倒塌不顺利，对整座楼的解体和后坐都会产生不利影响，应当引起足够重视。

11.2.5.1 设计与施工中应注意的问题

框剪结构拆除爆破除可以采用上述各种爆破方法之外，还应注意对剪力墙的预处理和对剪力墙的钻孔爆破作业。一般剪力墙厚度都在 20 ~ 25cm 左右，仍属于薄板范畴，当剪力墙厚度达到 30 ~40cm 时，则需采用钻爆方法处理。

剪力墙和砖墙一样，以水平孔为主，特点是两侧都有自由面，墙厚 δ，最小抵抗线为 $W=1/2\delta$，但必须考虑一定的超钻，以增加填塞长度，钢筋混凝土墙的药量计算中的 q 值见表 11-9。

表 11-9 钢筋混凝土墙 q 值参考表

墙厚/cm			20	30	40
q/kg · m^{-3}	直 墙 水平孔	部分脱笼	1.4 ~ 1.6	0.6 ~ 0.7	0.47 ~ 0.52
		全部脱笼	1.7 ~ 1.9	0.8 ~ 0.9	0.52 ~ 0.60

注：实际选取时，当配筋率大时，q 相应取大值。

对于厚度 25cm 以上的剪力墙，如果条件允许也可以从侧面沿墙钻水平孔，这不仅可以减小钻孔工作量，而且可以采用分节装药，大大提高爆破效果。

根据大量工程实践，定向倾倒主缺口内的剪力墙最好在爆前用人工、机械或爆破法进行预处理，其中，对于 30 ~ 40cm 厚度的剪力墙，采用钻孔爆破方法与处理时，应进行试爆。

11.2.5.2 工程实例——上海长征医院 16 层病房大楼

上海长征医院 16 层病房大楼是一座建于 1987 年的钢筋混凝土框架-剪力墙结构的高层建筑。大楼南北方向宽 20.28m、东西方向长 38.48m、高 67.30m，总建筑面积 13200m^2。大楼南距繁华的南京西路 60m，西距高架桥 20m，周边环境复杂。

拆除爆破设计总体方案是将大楼在东西方向分成两部分，先后依次分多层折叠向南倾倒的爆破方案。这样既可以有效地控制爆破解体构件渣块的堆积范围，同时把爆破和建筑物塌落振动降低到不影响邻近建筑物的安全。图 11-10、图 11-11 分别为该楼房折叠爆破塌落设计的起爆顺序和爆破部位。

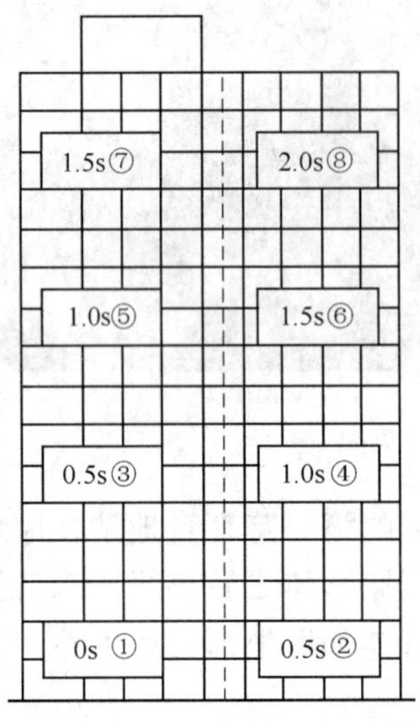

图 11-10　起爆延期顺序图

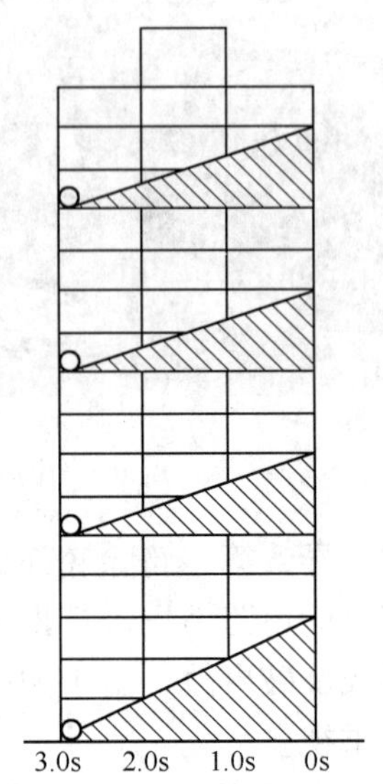

图 11-11　爆破缺口布置图

为使大楼主体向南侧分层折叠定向倾倒，爆破设计底部南侧爆高 1 ~ 3 层，北侧柱仅在一层立柱根部布置两个炮孔，向上每隔两层爆两层；东西两部分采用延期起爆技术先后起爆，利用时间差和爆破高度达到空中解体的目的。建筑物解体构件将分层、依次下落着地。爆破后下落的构件将冲击在先已下落着地的构件上，充分利用上层构件的下落势能部分地转变成下层构件的破坏能，导致这些构件的进一步解体破碎。且先着地的下层构件的缓冲还可减小上层塌落的触地冲量。

在起爆后，大楼主体下落过程中，向南折叠塌落。东西两部分的渣土准确地堆积在设计的控制范围里，大楼拆除后解体充分。监测的振动数据表明近居民楼处的垂直地面振动速度为 2. 76cm/s，高架桥墩台处仅为 1. 4cm/s，周围建（构）筑物安然无恙。

11. 2. 6　框-筒结构拆除爆破

对于框-筒结构的建筑物，核心筒自成一体，整体性好，随着楼房的增高，如果不预处理，炸倒之后由于其整体性很好，爆后不会充分解体。如果核心筒体完整定向倾倒在地面上，会产生相当大的触地振动。

11. 2. 6. 1　设计与施工中应注意的问题

（1）核心筒的预处理不管是用人工或爆破方式，都要比框架部分的处理高出一层到二层，以使其倾倒触地时能充分解体。

（2）当核心筒体位置在建筑物中间时，筒体重量大，若仅以后部框架立柱作为支点，则很容易造成后坐，因此应预留筒体后墙体作为支撑，确保支点具有足够支撑力。

（3）如果核心筒在建筑物的外侧，且周边环境对触地振动要求较高，对筒体的爆破解体应予以充分重视。

11.2.6.2 工程实例——上海市蓝天宾馆大楼

A 工程概况

上海市蓝天宾馆大楼紧临黄兴路，为钢筋混凝土现浇框架-核心筒结构，高 13 层 40m，电梯井、水箱标高达 46.8m，平面呈三角形布置，结构特别稳定，爆破面积 11477m^2；三角形的中心有一核心筒，平面也呈三角形，内有一部楼梯，二部电梯，没有梁、柱。该核心筒为自承重体系，仅有楼板与大楼的其他部位相连。

B 本工程的特点和难点

(1) 周边环境复杂，大楼没有足够的倒塌空间，只有 25m，核心筒体向该方向倾倒空间不够。

(2) 如果整个大楼向西倒塌，会损坏保留的一幢二层变电房（相距 11.5m），且楼顶的水箱可能向蓝天西楼方向翻滚。

(3) 黄兴路上地下管线较多，距离大楼 2～3m 有市政污水管线，4m 外有电力电缆，8m 外有煤气，给爆破带来很大风险。

(4) 大楼形状特殊，呈三角形，不利于定向倾倒。

(5) 大楼中心为钢筋混凝土现浇核心筒，结构坚固，不易倾倒。

C 拆除爆破方案

该楼周边环境复杂，结构坚固，形体呈稳定三角形，单纯采用定向倾倒爆破方案很可能造成倾倒不充分，解体不完全的结果。拆除爆破方案将大楼人工切割分成三个区域，区域Ⅰ向南倒塌，区域Ⅱ向西偏北方向倾倒，区域Ⅲ向西偏南方向倾倒。大楼分割及爆破顺序见图 11-12、图 11-13。

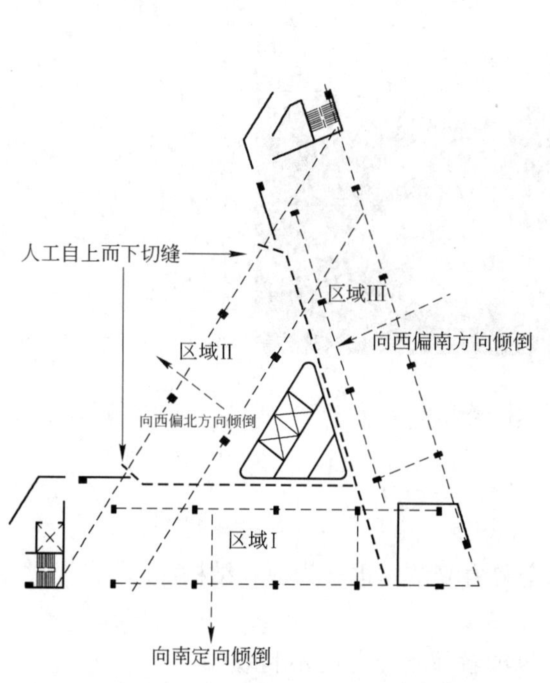

图 11-12 大楼分割及爆破顺序平面图

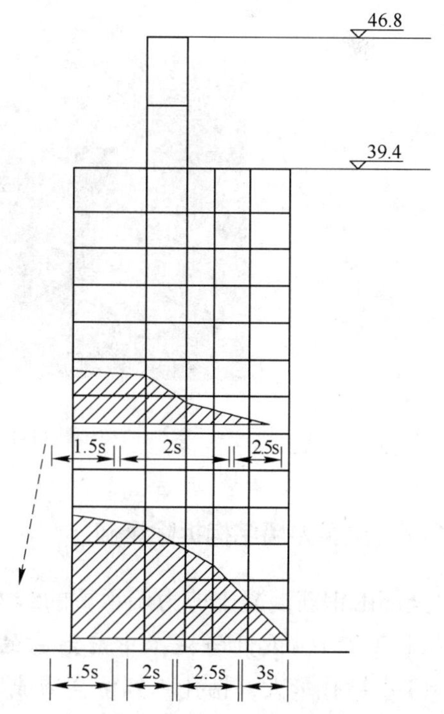

图 11-13 区域Ⅱ爆破缺口及延期布置示意图

区域Ⅰ爆破主口为1~3层，4~8轴在7、8层设辅助口，主要保护南面2层楼房的安全；区域Ⅱ爆破主口为1~4层，7、8层为辅助口；区域Ⅲ主切设在3~5层，1~2层保留不炸，其目的是防止Ⅱ区的渣堆影响造成Ⅲ区倾倒产生后坐。

D 爆破设计

（1）立柱布孔及炸药单耗的确定。立柱有3种规格，断面分别为：900mm×500mm、800mm×500mm、700mm×700mm，相应布置三排、二排和一排炮孔，孔深分别为300mm、300mm、420mm。

为确保大楼充分解体、定向倾倒，炸药单耗：一楼立柱取600g/m^3，二、三、四楼立柱取500g/m^3，七、八楼立柱取400g/m^3。

（2）分区延期设计。为确保三个区域楼梯的整体和定向倾倒，采取半秒延期爆破顺序。区域Ⅰ前排立柱瞬发，后排立柱0.5s；区域Ⅱ在区域Ⅰ爆破1s后起爆，即上缺口第一排立柱为1.5s，第二排立柱和核心筒的前55%为2s，后45%为2.5s；下缺口第一排立柱为1.5s，第二排立柱2s，核心筒的前55%为2.5s，后45%为3s；区域Ⅲ在区域Ⅱ爆破2s后起爆，即前排立柱5s，后排立柱5.5s。区域Ⅱ上下缺口之间延期不同步，主要考虑到第9~13层共5层核心筒未作处理，在上缺口第二排立柱爆破的同时起爆核心筒的前半部分，使其前倾而不至于下坐。

E 爆破效果

2005年6月2日凌晨5：00实施爆破，大楼按设计分区域向三个方向倒塌，爆破未影响周围的地下管线、建（构）筑物等造成任何影响，爆破取得圆满成功（见图11-14）。

图11-14 蓝天大楼爆破图

11.2.7 全剪力墙结构拆除爆破

全部由钢筋混凝土剪力墙承重的结构称为全剪力墙结构也称为板式结构。

11.2.7.1 设计与施工中应注意的问题

（1）钻孔量大，钻孔不到位会造成爆而不倒或解体不充分的不利效果；

（2）爆破面积大，爆破缺口位置高，必须采取相应的安全防护措施；

（3）剪力墙结构一般体量较大，如采用定向倾倒方法，应采取有效措施防止过大的触地振动对周边环境造成不利影响。

剪力墙拆除爆破的炸药单耗 q 可参考表 11-9 选取。在正式施爆前，应进行试爆优化确定。

11.2.7.2 工程实例——上海四平超薄全剪力墙大楼

A 四平大楼超薄全剪力墙拆除爆破工程概况

上海四平大楼呈四折形，共计 14 层，高 41.4m，面积 17226m^2，位于交通繁忙的四平路大连路口，紧邻居民区。大楼西距四平路 10.5m，北距闸电新村不到 10m，距重要的电缆和煤气管道距离仅 5m，南距大连路最近处 8m，东距小区变电站和 M8 线四平路站端头井只有 7m。该楼所处的环境复杂，周边几乎没有倒塌场地，见图 11-15。

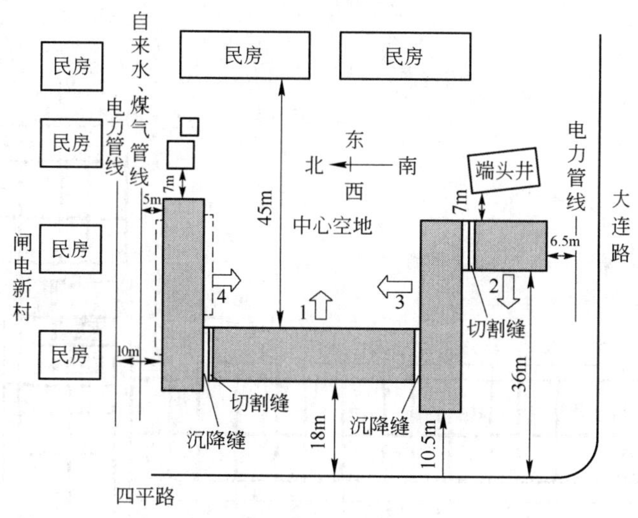

图 11-15 四平大楼环境图

B 结构特点

四平大楼是少筋混凝土创新结构，无梁无柱，全部依靠四壁钢筋混凝土现浇墙板承重，整体性非常好。该全剪力墙板式结构配筋少、墙板也非常薄，其厚度仅 16cm，小于目前钢筋混凝土设计规范规定的 18cm，属于超薄剪力墙结构。

该楼拆除爆破具有较大难度，第一钻孔困难，第二孔排距和药量不易掌握，一旦参数不合适，爆后墙体呈蜂窝状残留。此外，因为楼板均为多孔预制板，墙板又薄，处理不当会出现未爆先塌现象，所以对每一处爆前处理都要从结构受力上进行分析，在局部超薄剪力墙拆除的同时，要保持原结构的稳定。

C 爆破方案的确定

根据大楼的结构特点、爆破环境和工程要求，既不能采用逐跨坍塌的方式，又不能原地解体，拆除爆破只能利用大楼中间的一块空地，全部向中间定向倾倒。对于四周不规则形体，创造定向倾倒的条件，决定利用原有的两条沉降缝，并开切第三条切割缝，使整幢大楼成为四个独立的单元体，然后使这些单元体按一定的时间顺序，分别倾倒，既可减小对周边的振动影响，又能使渣堆集中于中间空地，其优点为：

（1）全部采用定向倾倒，只炸底部三层主缺口，大大减少了钻爆工作量；

（2）分别倒地减小了触地振动，保障了周边居民楼的安全；

（3）渣堆集中，提高了管线及被保护设施的安全保障；

（4）爆破缺口高度降低，有利于加强防护，控制飞石外泄。

D　爆破倾倒方案设计

爆破平面示意图见图 11-16，大楼分成四个单体后其爆破顺序和倾倒方向如下：

第一单体为大楼中间主楼面向中心绿地部分，其倒向向东，正对绿地；

第四单体为大楼最南端 12 层楼部分，其倒向向西，平行于大连路北侧人行道；

第三单体为大楼南侧主楼，其倒向向北，倒在第一单体渣堆上；

第二单体为大楼北侧主楼，其倒向向南，倒在第一单体之上，与第三单体顶部相交。

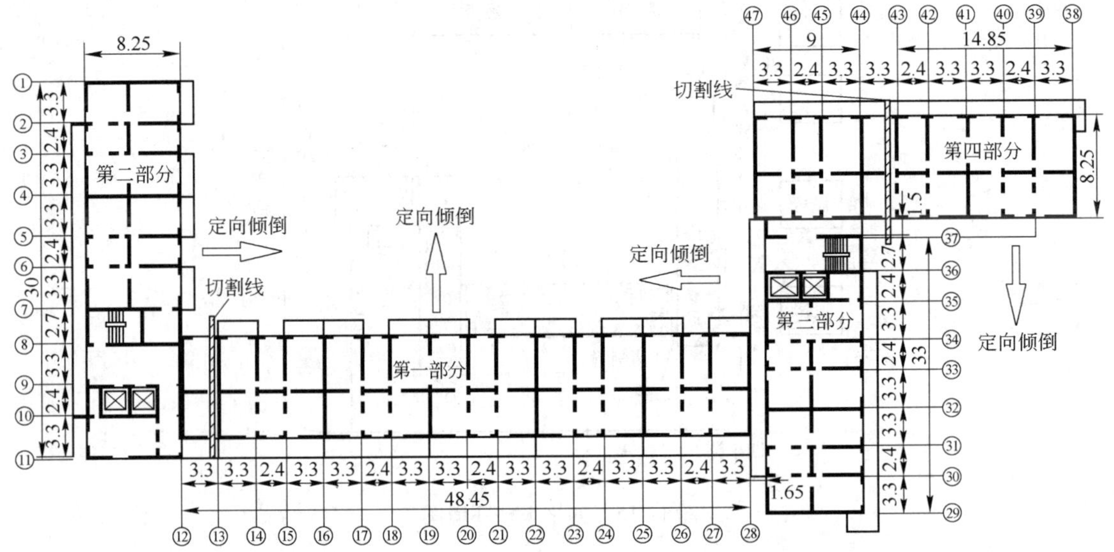

图 11-16　爆破倒向平面示意图

E　试爆与爆破参数选择

对不同孔排距的超薄剪力墙进行了试爆。根据试验结果确定孔网参数为：$a=20\text{cm}$，$b=15\text{cm}$，$q=25\text{g}$，三排布孔。但主缺口底层加一排孔，相应上层减一排。为此，设计方案中集中布置的六排孔分成上、下各三排，并通过开挖门洞等预拆除将炮孔减少为 2 万个，将炸药总量减少为 468kg，节省了钻爆工作量和炸药消耗。

F　爆破效果

2005 年 10 月 20 日凌晨 5：30 起爆，四平大楼按照设计顺序依次倒塌，渣堆按指定位置重叠一起，10s 内全部解体着地。

G　爆破振动监测

本次爆破在居民楼群中布置了 6 个振动测点，在两栋居民楼之间布置了东西向 3 个测点，其中 1 个测点在隔振沟边上，其余两个在居民楼墙角上；对于北面的闸电新村，也在居民楼中间布置了南北向的 3 个测点。其距离与实测质点速度见表 11-10。

表 11-10　爆破振动实测数据

监测点编号	距离①/m	计算振速/cm · s^{-1}	实测最大振速/cm · s^{-1}
1	东 40	6.65	正在隔振沟边上，受到渣土冲击，失准
2	东 47	4.40	3.36
3	东 51	3.58	3.04
4	北 10	5.12	4.44
5	北 15	2.71	1.81
6	北 20	2.09	1.34

①测点离开最近被爆单体外墙的距离。

实测结果比计算结果要小一些，其原因是隔振、减振措施起到了很好的缓冲作用，确保了周边居民楼和管线的安全。

11.2.8　高耸构筑物拆除爆破

11.2.8.1　烟囱水塔拆除爆破

烟囱、水塔、跳水塔等可近似为类同的高耸构筑物，故本节重点叙述烟囱的拆除爆破，水塔、跳水塔等的拆除爆破可类比参考。

A　烟囱的拆除方法

烟囱拆除爆破法是应用炸药爆炸破坏烟囱的局部结构，造成失稳，使其倾倒或塌落。烟囱的拆除爆破可分为定向倾倒、折叠式倒塌和原地坍塌三种方法：

（1）定向倾倒。主要原理是在烟囱倾倒一侧的底部，将筒体炸开一个大于 1/2、小于 2/3 周长的爆破缺口，从而破坏结构的稳定性，导致整体结构失稳和重心位移，于是在上部筒体自重作用下形成倾覆力矩，迫使烟囱按预定方向倒塌，并使倒塌限制在一定范围内。烟囱的定向倾倒要求有一定宽度和长度的场地，以供其坍塌着地。场地的长度一般不小于烟囱高度的 1.0～1.2 倍（从烟囱中心算起），对于钢筋混凝土烟囱或刚度大的砖砌烟囱，要求的场地长度更大一些。场地的横向宽度不小于爆破部位直径的 3.0～4.0 倍。该方法由于施工相对简单而得到了广泛应用。

（2）折叠式倒塌。可分为单向折叠倒塌和双向交替折叠倒塌两种方式，其基本原理是根据周围场地的大小，除在底部炸开一个缺口外，还需要在烟囱中部的适当部位炸开一个或一个以上的缺口，使其朝两个或两个以上的同向或反向分段折叠倒塌。起爆顺序是先爆破上缺口，后爆破下缺口，通常是上缺口起爆后，当倾斜到 20°～25°时，再起爆下缺口。

（3）原地坍塌。主要是在烟囱的底部，将其支撑筒壁整个炸开一个足够高的缺口，然后在其本身自重作用和重心下移过程中借助重力加速度以及在下落触地时的冲击力自行解体，致使烟囱在原地破坏。该方法仅适用于砖结构烟囱的拆除爆破，且周围场地应有大于其高度的 1/6 开阔的场地。原地坍塌方法技术难度大，在选用时一定要慎重。

实践证明，爆破拆除烟囱是效果最好的方法，尽管它牵涉到许多复杂的技术问题，但从拆除安全、拆除速度和经济效益等方面来分析，它比人工和机械拆除法具有明显的优越性。爆破拆除法的关键是必须保证准确的定向性（一般轴线的偏离不得超过设计方向 ±5°），倾倒过程中要确保烟囱上部的稳定性和解体堆渣范围的准确性。近几年来，我国烟囱拆除爆破技术有了较快的发展，除了拆除爆破方法已经取得了成功的经验外，在施爆方法上也有了新的进步。

B　烟囱拆除爆破失稳倾倒机理及条件

烟囱类高耸筒式构筑物控制爆破倒塌机理为：采用控制爆破在高耸筒式构筑物底部某一高度处爆破形成一定尺寸大小的缺口，上部筒体在重力与支座反力形成的倾覆力矩作用下失稳，沿设计方向偏转并最终倒塌。

在烟囱定向拆除爆破过程中，当爆破缺口形成后，在缺口对面保留部分的圆环筒体称为预留支撑体。如果上部筒体的重力对预留支撑体的压应力超过了材料的极限抗压强度，则预留支撑体就会瞬时被压坏而使烟囱下坐，这会造成烟囱爆而不倒或倾倒方向失去控制的危险。如果预留支撑体有一定的承载能力，则上部筒体在重力和支座反力形成的倾覆力矩作用下，使预留支撑体截面瞬时由全部受压变为偏心受压状态。倾倒初期，预留支撑体截面一部分受压、一部分受拉。在承压区承受倾覆力矩引起的压应力和重力引起的压应力叠加，压应力呈边缘区最大、中性轴处为零的三角形分布。当最大压应力大于材料的极限抗压强度时，该处材料被压碎，且承压区扩大。在受拉区承受倾覆力矩引起的拉应力与重力引起的应力叠加，拉应力呈边缘区最大，中性轴处为零的三角形分布。当最大拉应力大于材料的极限抗拉强度时，预留支撑体上出现裂缝。当烟囱为砖结构时，随裂缝的出现，上部筒体将进一步倾倒，倾覆力矩增大，裂缝将贯通整个截面。对钢筋混凝土烟囱，当预留支撑体截面上的混凝土开裂后，钢筋将承担全部拉应力，此后钢筋在烟囱倾覆力矩的作用下受拉屈服，继而颈缩断裂。当爆破缺口闭合后，烟囱绕新的支点旋转并最终倾倒。

由烟囱控制爆破倒塌的机理可知，爆破缺口是影响烟囱失稳倾倒的关键因素。烟囱倾倒须满足三个条件，一是烟囱爆破后倾倒初期预留支撑体截面要有一定的强度，使其不致立即受压破坏而使筒体提前下坐；二是缺口形成瞬间，重力引起的倾覆力矩必须足够大，能克服截面本身的塑性抵抗力，促使烟囱定向倾倒；三是缺口闭合后，重力对新支点必须有足够大的倾覆力矩，使其能克服烟囱剩余的塑性抵抗力。对砖结构烟囱，只要其重心偏出新支点，就能顺利倾倒；而对于钢筋混凝土烟囱，其重心不但要偏出新支点，而且重心相对新支点的力矩必须大于破坏截面内的拉力钢筋所产生的力矩。

C　爆破部位的确定

烟囱水塔采用定向倒塌设计方案一般是对其底部筒壁实施爆破。不考虑烟道口和出灰口的位置时，爆破范围是筒壁的周长的 1/2 ~ 2/3。即：

$$(1/2)\pi D \leqslant L \leqslant (2/3)\pi D \tag{11-14}$$

式中　L——爆破部位长度；

D——爆破部位筒壁的外直径。

其相对应圆心角 α 为 180° ~ 240°。

大量的工程实践经验说明，爆破部位采用一次爆破产生的缺口边沿尺寸的精确度差，烟囱倒塌的方向容易出现偏离。在实施烟囱拆除爆破工程中，为了控制烟囱的倒塌方位，爆破部位（爆破缺口）不是全部采用爆破完成，而是在设计的爆破缺口两端预先开定向窗口，只对余下的一段弧长的筒壁实施爆破。

爆破部位（爆破缺口）高度的确定与烟囱的材质和筒壁的厚度有关。烟囱拆除爆破要

求爆破部位的筒壁瞬间要离开原来的位置，使烟囱失稳。因此设计要求爆破部位的高度

$$h \geqslant (3.0 \sim 5.0)\delta \tag{11-15}$$

式中，δ 为爆破缺口部位烟囱的壁厚，砖烟囱的筒壁较厚时，取小值；钢筋混凝土烟囱壁较薄时，取大值。同样壁厚条件下，烟囱高的取小值；烟囱高度小的取大值。对于钢筋混凝土烟囱，如果钢筋配比高，要取大值。如果炸高小了，暴露的钢筋不会立刻屈曲，烟囱不会立即失稳倒塌，残留的混凝土也可能支撑烟囱不马上倒塌。

D　定向窗与缺口的形状和作用

下面以正梯形的爆破缺口说明设计参数的选取。图 11-17 是梯形缺口展宽图，以倒塌中心线对称的梯形底边是设计的爆破部位长度，即设计爆破部位圆心角 ω 对应的烟囱筒体外壁的弧长，h 为爆破缺口的高度，中间的长方形是钻孔爆破部位，两边的三角形是定向窗。定向窗底角一般选取 $\alpha = 25° \sim 35°$。三角形的底边长为 2 ~ 3 倍壁厚，其高度可以和爆破高度相同，也可小于爆破高度 h（如图中虚线）。

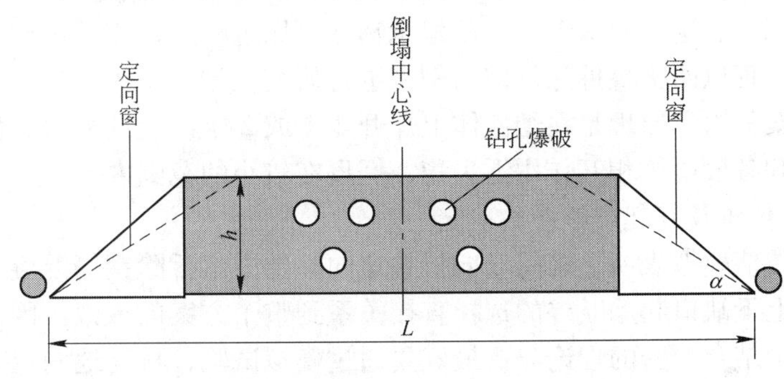

图 11-17　爆破部位（缺口）及定向窗

爆破前，开凿定向窗为预拆除施工，拆除爆破工程原则上要尽量减少预拆除，特别是对影响结构稳定的承重构件的预拆除。烟囱属高耸构筑物，为了尽可能地减少对烟囱结构的损伤，要尽量设计尺寸小的定向窗。两侧定向窗破坏状态的对称是决定烟囱按设计倒塌方向的关键，如果两侧破坏状态不对称，这种初始断裂破坏点的不对称将严重影响烟囱倾斜倒塌的方向。

a　爆破缺口中心线位置的确定和钻孔布置

烟囱水塔爆破拆除的定向倾倒中心线是确定爆破缺口的中心线的依据。在周围有可倒塌场地的情况下，爆破设计的烟囱定向倒塌方向原则上应尽量与烟囱结构的对称线一致。在施工现场要用测量仪器准确地把其方位标在烟囱水塔的圆形筒壁上。确定了爆破缺口中心线后，应从中心线向两侧均匀对称布置炮孔，炮孔应指向截面的圆心。

b　爆破缺口内衬的处理

爆破缺口部位的内衬要在爆破前采用人工方法破碎拆除，或是和外筒壁同时进行爆破。烟囱内衬的处理范围应与爆破缺口部位一致。

c　定向窗口的预处理

爆破前在爆破缺口（梯形）的两边预先开凿定向窗口，要准确地测定两侧三角形底角

顶点的位置。定向窗口宜用人工剔凿，两边三角形的剔凿面要尽量对称，其连线的中垂线将是烟囱倒塌的方向。对于钢筋混凝土烟囱，爆破前可将定向窗部位的钢筋进行切除。

d　烟囱水塔倒塌方向的地面处理

钢筋混凝土烟囱、质量完好的砖烟囱或水塔在倒塌时对地面的撞击力是很大的。为了减小对地面的冲击产生的振动强度，防止烟囱筒体触地砸扁产生的破碎物或地面上的碎石被砸飞溅，可以在设计倒塌的地面铺上沙土、煤渣等缓冲材料。

E　烟囱的折叠爆破

a　烟囱两折叠倾倒的动力学模型

用控制爆破拆除高大的烟囱、水塔等筒形建筑，安全性与效率之高是其他方法不可比拟的。但当倒向空地一侧的长度小于筒形建筑高度的 1.2 倍时，就不能采用由根部爆破至倾倒的整体倾倒方案，而要采用折叠拆除爆破方案。

折叠爆破的基本原理和普通烟囱的定向爆破相同，都是在筒形建筑物的底部炸开 1 个弧长大于整个周长的 1/2 的缺口，使其重力偏心产生弯矩，向缺口方向倾倒。所不同的是，折叠爆破是根据环境，在筒形建筑物的中部炸开 1 个或几个缺口，使筒形建筑物塌落在预定的更小范围内。这就要求上、下截建筑物在倒塌过程中，相互不产生对倒塌范围和方向不利的因素。现以两折叠拆除爆破为例来进行研究。

折叠倾倒方案的力学原理是在烟囱体上炸开 2 个或 2 个以上的缺口，使各段筒体在重力所形成的弯矩和各段筒体相互作用下失稳，坍塌在较小的范围内。

b　爆破缺口位置及其起爆顺序的确定

理论分析和数值模拟表明，采用双向折叠定向倾倒方案拆除钢筋混凝土烟囱时，其上部缺口的位置和上下缺口起爆时差的选择直接关系到整个方案的成败。因此，在烟囱拆除爆破设计中，必须结合严密的理论分析最好要通过模拟试验，科学地确定上部缺口的位置和上下缺口间的合理起爆时差。同时，爆破缺口的形式等也可能对爆破方案成功与否产生重要影响，也应对其他影响因素给予必要的重视。

上下缺口之间的起爆时差主要由两个方面决定：一是避免上段筒体塌落时后坐，保证初始阶段的倾倒方向；二是两段筒体折叠及落地状态满足要求。由此可知，确定上下缺口合理起爆时差时：

（1）应使上缺口先形成，并保证下缺口起爆时，上部筒体已有定向倾倒的趋势，在上下缺口时差选择过程中可以考虑允许上部筒体已偏转 1°～2°；

（2）在支撑断面整体发生屈服破坏以前，下部缺口必须起爆；

（3）在上缺口位置确定的条件下，选择合理起爆时差，使烟囱落地状态达到预定的效果。

另外，下缺口起爆后，由于下段筒体产生加速度，上段筒体的后坐力会降低，说明缩短起爆时差有利于防止上段筒体的后坐，因此应尽量缩短上下缺口之间的起爆时差。

F　工程实例——广州造纸厂 100m 烟囱三折叠拆除爆破

a　工程概况

广州造纸厂 100m 高烟囱为整体现浇钢筋混凝土筒体结构，标高 ±0.0m 处的烟囱外径 8.0m，壁厚 40cm；标高 +0.0m～+6.0m 处的壁厚 40cm；标高 +6.0m～+20.0m 处的壁厚 35cm；标高 +20.0m～+30.0m 处的壁厚 25cm；标高 +30.0m～+100m 处的壁厚

22cm；烟囱顶部的外径 3.5m。烟囱耐火砖内衬厚度 12cm，筒壁与耐火砖之间的空隙 5cm。烟囱混凝土体积 435.1m^3，红砖内衬 208.85m^3，整体重量 1399t。

烟囱底部正东和正西方向各有一个 1.6m×2.5m（宽×高）的出灰口，正东 +5.4m ~ +9.4m 有一个 1.5m×4.0m（宽×高）的烟道口，正西 +5.4m ~ +7.4m 有一个 1.5m×2.0m（宽×高）的烟道口（设计中取东西烟道口、出灰口的方向为正东正西方向）。

b 总体拆除方案

从周围环境分析，烟囱倒塌场地的最大范围（向东）只有 50m，不够烟囱整体高度，因此，只有采取折叠控制爆破方案使烟囱倒塌长度小于 50m。

（1）折叠段数的选择。综合考虑烟囱周围环境因素，采用三段折叠控制爆破方案更安全，确定选择三段折叠控制爆破方案。

（2）各折叠段起爆时差选择。烟囱中段 30m 和烟囱上段 40m 起爆时差为 1.350s。烟囱下段 30m 和烟囱中段 30m 起爆时差为 1.050s。

c 爆破缺口与时差方案

100m 烟囱三段折叠控制爆破，分别在 +60.2m、+30.2m、+0.5m 处开设三个爆破缺口，三个爆破缺口分别作出爆破设计。

（1） +60.2m 缺口爆破技术设计（上段：+60.2m ~ +100.0m）：

缺口圆心角 $\alpha=230°$；炸高 $h=1.25$m；正梯形缺口，梯形底角为 30°，下底长 $L=10.0$m，上底长 $S=5.7$m。缺口内定向窗和中间窗的布置：分别在缺口左右两侧各开一个定向窗，在缺口中央开设一个中间窗。定向窗为直角三角形，宽 2.0m、高 1.25m，中间窗宽 1.0m、高 1.25m，见图 11-18。

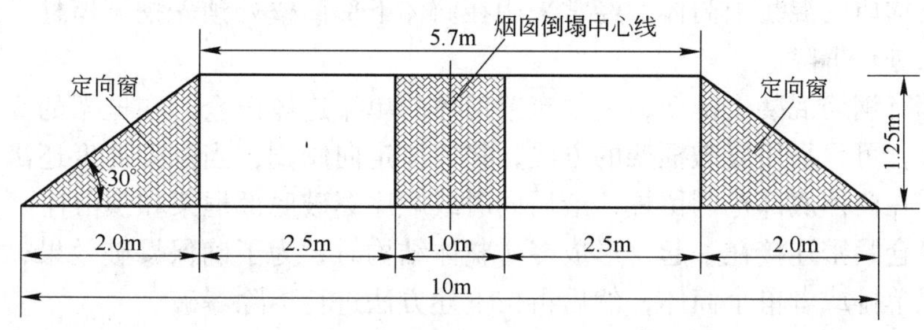

图 11-18 +60.2m 缺口形状、尺寸示意图

爆破参数：孔距 $a=18$cm；排距 $b=18$cm；孔深 $L=13$cm；炸药单耗 $K=5.6$kg/m^3；单孔装药量 $q=40$g。

（2） +30.2m 缺口爆破技术设计（中段：+30.2m ~ +60.2m）：

缺口对应圆心角 $\alpha=230°$；炸高 $h=1.6$m；正梯形缺口，梯形底角为 30°，下底长 $L=13.5$m，上底长 $S=8.3$m。定向窗为直角三角形，宽 2.6m、高 1.6m，中间窗宽 1.3m、高 1.6m。缺口内扣除中间窗、定向窗的宽度以后，缺口内爆破区域的宽度为 7m。

爆破参数：孔距 $a=20$cm；排距 $b=20$cm；孔深 $L=16$cm；炸药单耗 $K=5$kg/m^3；单孔装药量 $q=50$g。

（3） +0.5m 缺口爆破技术设计（下段：+0.5m ~ +30.2m）：

缺口对应圆心角 $\alpha=240°$；炸高 $h=4.0$m；正梯形缺口，梯形底角为 45°，下底长 $L=$

16. 75m，上底长 $S=8.75\text{m}$。定向窗为直角三角形，宽 2. 5m、高 2. 5m，中间窗宽 2. 0m、高 4. 0m。缺口内扣除中间窗、定向窗的宽度以后，缺口内爆破区域的宽度为 9. 75m。

爆破参数：孔距 $a=30\text{cm}$；排距 $b=30\text{cm}$；孔深 $L=25\text{cm}$；炸药单耗 $K=2.1\text{kg/m}^3$；单孔装药量 $q=75\text{g}$。

（4）缺口之间的时差及网路。选择上缺口起爆时刻为 0s，中缺口起爆时刻为 1. 35s，下缺口起爆时刻为 2. 40s，导爆管起爆网路全部采用四通连接形式。

d　爆破效果

烟囱按设计成“之”字形倒塌，由于采取了一系列的安全技术措施，爆破产生的振动及地面冲击振动很小，在烟囱北面 24. 7m 处测得爆破振动速度为 0. 46cm/s，在烟囱东面 49m 处测得烟囱头部着地冲击振动速度为 1. 74cm/s。经爆后检查，烟囱按设计方位折叠倒塌，倒地后爆堆最大高度 4. 5m；自烟囱中心线计算，烟囱向东倒塌长度为 28m，向西倒塌长度为 22. 5m，筒体破碎充分；飞石控制在设计范围内，没有粉尘和噪声危害；四周厂房的所有设备生产线安全运行，周边各类建（构）筑物及地下管线安然无恙。

11. 2. 8. 2　联体筒仓拆除爆破

在构筑物拆除爆破工程中，有一种稳定性很高的筒形结构构筑物，它们的高宽比接近 1，就单个筒体而言，其拆除爆破难度不大，但若多个筒仓紧密连接在一起，形成单排或者多排整体结构，增大了拆除爆破的难度。

A　联体筒仓拆除爆破技术特点

拆除筒形构筑物同样是以失稳原理为基础，在承重结构的关键部位布置药包，爆炸后使之失去承载能力，造成结构的整体失稳和定向倒塌。

对于上下均质的混凝土筒体，经常采用在筒体下部筒壁处预先挖洞留柱，最后爆破筒间柱子的方法进行拆除。

对于底部有钢筋混凝土框架，上部布置筒体的单排连体筒仓，在框架的高度满足倒塌要求的情况下，可只采用爆破框架的方法，将筒体定向倾倒；当框架高度还满足不了倾倒要求时，也需在筒体底部挖洞留柱，最后同时或顺序爆破底部框架和预留柱。

当多个筒仓紧密连接在一起，形成多排整体结构时，为了确保爆破效果，宜将联排筒体分离，形成单排或者单个筒体，然后再按上述方法进行拆除爆破。

B　筒仓爆破设计

a　爆破缺口计算

对于联体筒仓，就单个筒体而言，其上、下通体的直径相同，与烟囱直径上小、下大略有区别，同属高耸建（构）筑物。故联体筒仓应分割成单排或单个筒体后，其拆除爆破失稳倾倒机理与烟囱拆除爆破相似。因此，爆破缺口形状和参数可参考烟囱拆除爆破的参数选取和计算方法。

b　炮孔布置和装药量计算

（1）炮孔深度 L。一般在筒壁外侧钻水平炮孔时（孔径为 38 ~ 42mm），合理的炮孔深度为壁厚的 0. 65 ~ 0. 70 倍，具体视材质确定。

（2）炮孔孔距 a 和排距 b。一般 $a=(0.8\sim0.85)L$；采取梅花形布孔，$b=0.85a$。对于大型筒体结构，筒体直径、重量一般较大，为减少钻孔工程量，可采取间隔布孔的方式，即沿筒壁每布 5 ~ 7 排炮孔后间隔 0. 5 ~ 0. 8m 再布孔。

（3）单孔装药量。采用浅孔控制爆破法拆除筒体结构时，单孔装药量 Q 通常采用式 $Q=qab\delta$ 计算，其中 q 为炸药单耗（kg/m^3），δ 为筒壁壁厚（m）。最终的装药量尚需通过试炮确定。

C 工程实例——12 个联体筒仓爆破拆除

a 工程概况

待拆筒仓群由 12 个连成整体的筒仓组成，分成两排，每排 6 个。每个筒仓由贮存粮食用的罐体、支撑壁和顶部的工作室三部分组成。罐体的上部为圆柱体，高 35m、外径 8.9m、壁厚 0.18m，现浇结构。

圆柱体下部是一锥高 3m 的倒圆锥漏斗，锥顶离地面 2.5m。支撑壁与罐体的圆柱体部分连在一起，之间有一圈梁，高度 5.5m，壁内均匀分布 8 根工字钢以资加固。12 个筒仓全部连接在一起，每个单体与周围单体相切形成一个星仓，相接处长度 2.5m，厚度 0.36～0.73m 不等。每个筒仓顶部南北向布两根横梁，横梁截面 0.25m×0.60m，横梁上置 20cm 厚的预制板，顶板上还有高 4.4m 的工作室，筒仓部分总高度达 44.9m。

结构特点：（1）高大，筒仓加上仓顶的工作室总高度达 44.9m；（2）薄壁，筒仓壁为 0.18m，且筒仓相接处厚度不等，不仅炮孔数量多，爆破效果也不易把握；（3）联体，12 个筒仓全部连在一起，不能作为 12 个单体一个一个地爆破。

b 总体方案

定向倾倒：该筒仓高宽比较大（44.9/17.8=2.52），只要爆破倾角达到一定数值，筒仓的重心就可移出，从而达到定向倾倒的目的。为此，先用机械将筒仓前壁局部打空，高度达到筒仓重心外移的倾覆要求，然后在余下筒壁的设计位置上密集布孔，起爆后使筒仓失稳而倾倒在南面空地上，然后再用机械破碎。

南面第一排筒仓的顶部楼板沿东西方向开 3～4 条槽，保留钢筋不切割，以防其倒塌过程中作为一个整体向前冲出。

采用风镐破坏南北两侧的仓壁及漏斗，并将其中的建筑垃圾掏出；南面筒仓的漏斗需按爆破缺口的下线打破，以扩大爆破缺口。

c 爆高确定

对于钢筋混凝土薄壁筒仓，自重轻，其承重薄壁爆后钢筋失稳是筒仓整体倒塌的条件之一。

筒仓爆破缺口闭合后重心移出承重面是筒仓倒塌倾覆的另一条件；经计算确定倾覆角度为 24.64°，爆破缺口高度 8m。

d 炮孔布置

筒仓壁厚 18cm，采用梅花形布孔，孔距 25cm，排距 20cm，孔深 12cm；筒仓相连接较厚的部分，采用双面钻孔，孔距调整为 40cm，排距调整为 25cm。

e 药量及延期时间安排

最小抵抗线只有 9cm，根据试炮结果，q 值取 $2800g/m^3$，单孔药量 25g，两个筒仓连接处较厚部分取 37.5g。

为了产生充分的倾覆力矩，本工程全部采用孔内延期，分 0s、0.3s、0.5s 三个时间段。前排筒仓之间连接处的后节点向前为 0s，前排筒仓连接处的后节点至后排筒仓连接处的前节点之间为 0.3s，后排筒仓之间连接处的前节点向后为 0.5s。

筒仓结构和爆破设计情况见图 11-19。

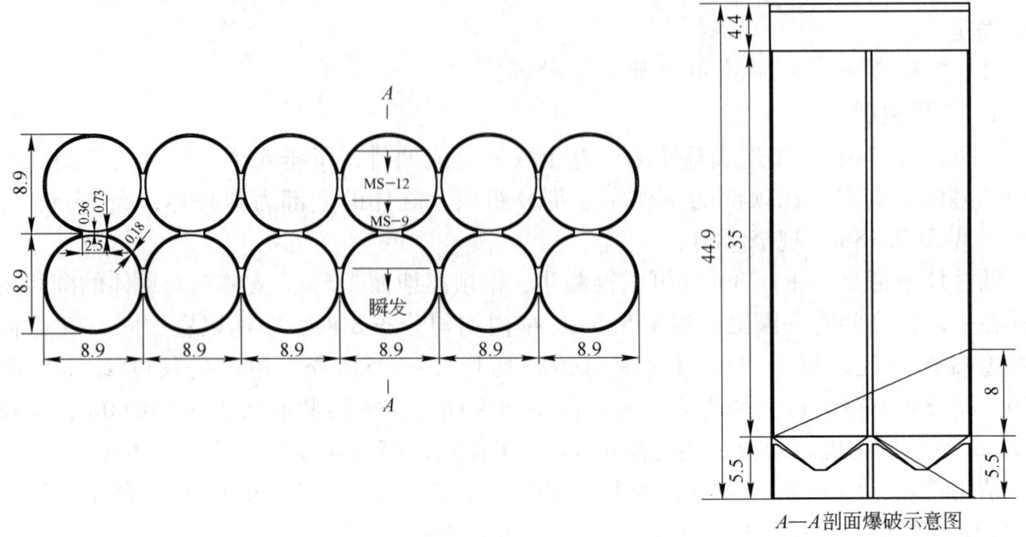

图 11-19　爆破设计图（单位：mm）

f　爆破效果

起爆后，筒仓按预定的设计方案倒塌，爆破分段延期声响明显，前排筒仓被压碎，后排筒仓只有前面局部折碎，后面大部分只见细密裂纹，整体未变形，倒塌范围刚好至防振沟。

11.2.8.3　冷却塔拆除爆破

A　冷却塔爆破失稳倾倒机理

双曲线钢筋混凝土结构冷却塔具有高大壁薄、高宽比较小（1.2～1.4）、重心偏低、圆筒直径上大下小、底部直径较大（30～70m）等特点，拆除爆破时易发生后坐或坐而不倒现象。为此，进行爆破设计时，应首先对比优选爆破方案，并在分析冷却塔爆破失稳倒塌机理的前提下，通过力学计算确定缺口参数，确保施工质量和爆破安全。有关冷却塔爆破失稳倾倒的机理与烟囱定向拆除爆破的机理基本相同，可参考烟囱拆除爆破的参数和方法。

B　爆破缺口参数设计

目前国内已拆除冷却塔采用的爆破缺口可分为“正梯形”、“倒梯形”和由此发展而来的“复合型”。

a　缺口形状与爆破效果

缺口形状和大小直接影响着冷却塔拆除爆破的质量、效果和安全，是爆破设计的核心。缺口形状和大小在塔体初始倾倒阶段具有辅助支撑、准确定向、防止折断和后坐以及使其倾倒过程准确、平稳的作用。正梯形缺口具有便于施工、易于顺利倒塌、有利于缩小倒塌距离（一般 $L \leqslant 10$m）的特点；倒梯形缺口有利于顺利倒塌，但倒塌距离稍大（L 约 10m）；复合型缺口易产生后坐或坐而不倒现象。爆破缺口高度应满足 $H \geqslant 6.0$m 的要求，适合于原地坍塌，倒塌后破碎效果较好。

冷却塔采用控制爆破方法拆除，缺口形状和大小可用以下理论分析的方法确定。

b　缺口长度计算

（1）材料抗弯曲强度法。其原理是上部筒体自身重力对预留支撑体偏心引起的倾覆力矩应大于或等于预留支撑体截面的极限抗弯力矩，即：

$$M_G \geqslant M_R \tag{11-16}$$

式中　M_G——上部筒体自重对预留支撑体偏心引起的倾覆力矩，kN·m；

M_R——预留支撑体的极限抗弯曲力矩，kN·m。

（2）应力分析检验法。爆破缺口形成瞬间，上部筒体自重造成支座部分偏心受压，应力瞬时重新分布，根据结构力学原理计算出缺口角度大小与支座部分应力分布的关系，从而可以判断所选缺口角度下高耸筒体能否顺利倒塌。

（3）实际施工中，缺口的部位所对应的圆心角多为200°左右。

c　缺口高度计算

缺口高度的取值原则：一是缺口范围内的混凝土被炸离钢筋骨架后，塔身在自重作用下能保证失稳；二是塔身倾倒至缺口边缘闭合时，冷却塔重心偏距大于外半径；三是缺口闭合时，塔身在自重作用下对新支点形成的倾覆力矩应大于余留截面的极限抗弯力矩。

冷却塔的爆破缺口高度多采用重心偏出原理计算，其基本原理是塔体在倾覆力矩和重力的叠加应力共同作用下，促使缺口闭合并确保重心偏移距离大于冷却塔外半径。

根据缺口闭合时重心偏移距离大于缺口处冷却塔外半径：

$$H > (3/2)R \cdot \tan(R/Z) \tag{11-17}$$

式(11-17)是缺口闭合后塔身继续倾倒的必要条件,要保证倾倒还要同时满足如下条件：

$$P_z L_1 > T(L_2 + L_3)\cos\alpha \tag{11-18}$$

式中　H——缺口高度，m；

R——缺口处塔体外半径，m；

Z——塔体中心高度，m；

P_z——缺口上部塔身自重，kN；

T——预留截面钢筋能承受的最大拉应力，kN；

L_1——缺口闭合时塔身重心偏出缺口处外半径的距离，m；

L_2——缺口根部到倾倒方向筒壁外侧的距离，m，$L_2 = 1.5R$；

L_3——缺口根部到力 T 的等效作用点的距离，m，$L_3 = R/4$。

C　工程实例——广东省茂名市热电厂冷却塔拆除爆破

a　工程概况

广东省茂名市热电厂“上大压小”改扩建工程需拆除1号、3号机组和4号机组两座冷却塔。1号、3号机组冷却塔（1号）淋水面积为5500m^2，高度123.2m；4号机组冷却塔（2号）淋水面积为3500m^2，高90m。

1号冷却塔为钢筋混凝土（C30）结构，+8.15处筒体直径85.5m、壁厚800mm，壁厚渐次缩小为200mm（标高+20.5）；人字柱44对、直径70cm。2号冷却塔为钢筋混凝土（C30）结构，+5.8处筒体直径67.9m、壁厚500mm，壁厚渐次缩小为140mm（标高+45.5）；人字柱40对、尺寸为45cm×45cm。冷却塔内部均有淋水平台，平台为预制钢筋混凝土构件，与塔筒没有结构性的连接。

b 爆破方案选择

采用“预开定向窗，预处理部分塔壁板块、预留部分塔体支撑板块爆破的定向倒塌”爆破方案，1 号冷却塔倒塌方向确定为北偏东 8°方向倾倒，2 号冷却塔倒塌方向确定为正南方向。2 号冷却塔先起爆，1 号冷却塔延后 200ms 起爆。

冷却塔筒内淋水平台结构在筒体实施爆破前采用机械方式进行拆除。

c 参数设计

1 号、2 号冷却塔爆破方案设计思路基本一致，只重点介绍 1 号冷却塔爆破方案设计。

（1）爆破缺口。爆破缺口圆心角为 240°，缺口高度 +15. 73m。缺口范围内筒壁间隔 3. 0m 机械预处理一个宽 3. 0m、高 5. 68m 窗口，圈梁选择 5 处进行机械切割处理。缺口内待爆破筒壁 29 块、人字柱 27 对，如图 11-20、图 11-21 所示。

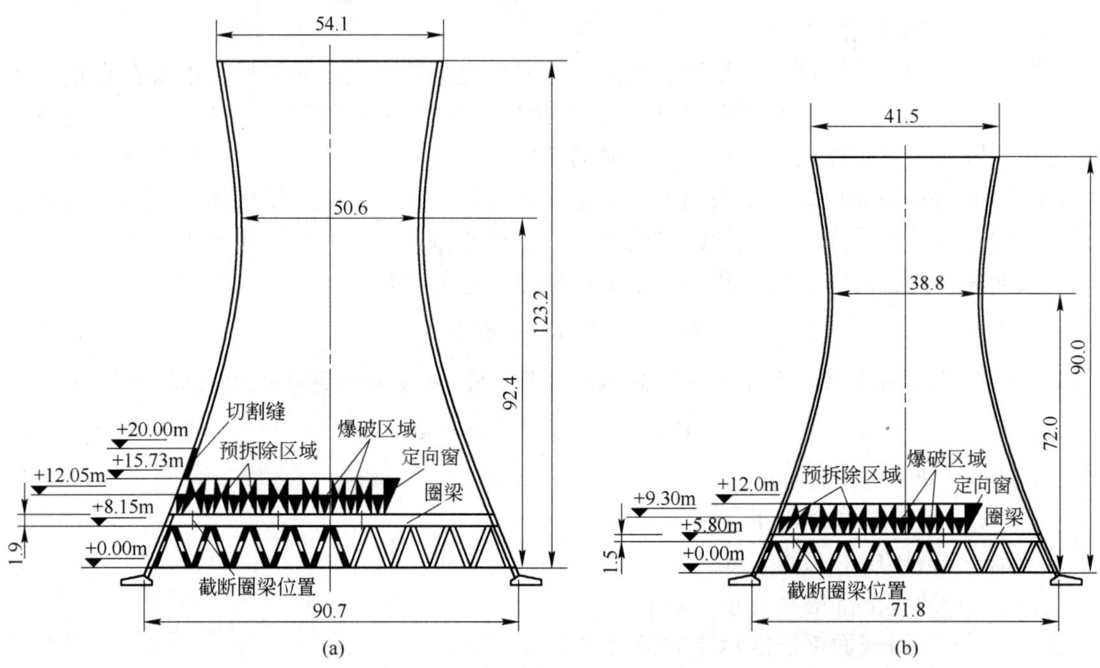

图 11-20 冷却塔结构示意图（单位：m）

（a）1 号冷却塔；（b）2 号冷却塔

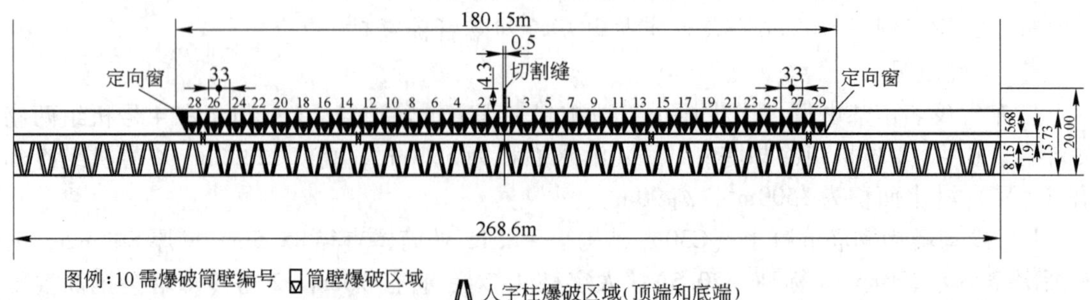

图 11-21 1 号冷却塔爆破缺口展开示意图

（2）爆破参数。筒壁爆破位置为 +10.05m 至 +12.05m，壁厚从 61.5cm 到 70.8cm，平均壁厚 65cm，炮孔直径 42mm。炮孔布置采用垂直筒壁钻孔。

1）最小抵抗线：$W=(1/2)\delta=65/2=32.5$cm；

2）炮孔深度 L：$L=(0.6\sim0.8)\delta$，取 $L=44$cm（下三排孔）、$L=40$cm（上三排孔）；

3）炮孔间距 a：$a=(1.0\sim2.0)L$，取 $a=40$cm；

4）炮孔排距 b：$b=(0.85\sim1.0)a$，取 $b=40$cm；

5）单位炸药消耗量 q：$q=1.48\text{kg/m}^3$（下三排孔），$q=1.44\text{kg/m}^3$（上三排孔）；

6）单孔装药量 Q：$Q=qab\delta$，取 $Q=166$g（下三排孔），$Q=150$g（上三排孔）。

人字柱直径为 70cm，上部布置 4 个炮孔、下部布置 6 个炮孔，钻孔直径 42mm。

1）最小抵抗线：$W=(1/2)\delta=70/2=35.0$cm；

2）炮孔深度 L：$L=(0.6\sim0.8)\delta$，取 $L=50$cm；

3）炮孔间距 a：$a=(1.0\sim2.0)L$，取 $a=40$cm；

4）单位炸药消耗量 q：$q=1.95\text{kg/m}^3$（下部）、$q=1.62\text{kg/m}^3$（上部）；

5）单孔装药量 Q：$Q=qab\delta$，取 $Q=300$g（下部）、$Q=200$g（上部）。

考虑筒壁厚度较大，在缺口范围外沿倒塌中心线至标高 +20.0 爆破一条宽 50cm 缝，参数如下：

1）孔距 $a=25$cm、排距 $b=30$cm；

2）单位炸药消耗量 $q=1.2\text{kg/m}^3$；

3）单孔装药量 $Q=50$g（下五排孔）、$Q=40$g（中五排孔）、$Q=33$g（上四排孔）。

（3）起爆网路。起爆网路采用导爆管雷管起爆网路，孔内、孔外全部采用导爆管毫秒延期雷管，人字柱孔内使用 MS-8 段雷管、筒壁孔内使用 MS-6 段雷管、中缝炮孔使用 MS-1 段雷管，孔外使用 MS-1 段雷管连接。

筒壁、人字柱孔外导爆管分别组成簇联，由二发 MS-1 导爆管雷管连接一组簇联，然后各组 MS-1 导爆管雷管形成网格式闭合起爆网路。

d 安全防护措施

（1）炮孔部位安全防护。在筒壁外侧采用 3 层竹笆直接覆盖，外加铁丝贴壁捆绑。人字立柱爆破位置采用 3 层竹笆贴壁捆绑，外加铁丝缠绕。

（2）保护物近体防护。在需要保护民房外、2 号冷却塔西侧设备附近搭设 8m 高防护排架，排架挂上双层竹笆进行防护。

（3）在倒塌范围内沿排水箱涵铺设 2.0m 高，6.0m 宽的土体缓冲垫层减少塔体触地对排水箱涵的影响。

e 爆破效果

2010 年 3 月 12 日上午 10：30，茂名热电厂 1 号、2 号冷却塔拆除爆破工程顺利起爆，冷却塔完全按照设计方向倾倒，爆后堆积形态良好，爆破未对周围环境造成安全影响。

11.2.9 基础工程拆除爆破

11.2.9.1 基础拆除爆破

A 布孔参数

a 孔径

基础拆除一般均采用小孔径、浅孔爆破方式。孔径一般为 $\phi38 \sim 44$mm，切割爆破孔径可小至 $\phi32$mm。

b 孔深

孔深 L 一般不大于 2 ~ 3m，条件许可时，亦可增大至 4 ~ 5m。孔深主要与孔底边界条件有关，亦应考虑钻孔效率。孔深 $L = KH$，式中 K 为经验系数，H 为厚度系数，可按表 11-11选取。

表 11-11 经验系数 K 值

底部边界条件	K 值	备 注
有自由面	0.6 ~ 0.7	与飞散方向有关
为土质垫层	0.65 ~ 0.75	
下有施工缝	0.75 ~ 0.85	炮孔孔底至施工缝应大于 10cm

c 炮孔方向

炮孔分为垂直孔、水平孔和倾斜孔三种，考虑到钻孔方便，尽量采取垂直孔。

d 最小抵抗线

一般钢筋混凝土的最小抵抗线 W 取 0.3 ~ 0.5m，砌石取 0.5 ~ 0.8m。W 的选取除考虑装药量、安全、结构本身断面尺寸外，钢筋布置形式亦很重要，配筋率高时，W 应相应小。对室内无法采用机械，需人工清理时，W 应小于 0.3m。

e 孔间距

炮孔应尽量均匀分布，达到爆破块度均匀的目的。炮孔间距 a 常取 1.0 ~ 1.5W。

f 排距

炮孔可布置成井字形或梅花形，排距 b 取 $(0.8 \sim 1.0)W$。若为一次齐发起爆，b 取小值；若为分次起爆，b 可取至 W。每段起爆的排数 N 不宜大于 4 排。

B 药量计算

单孔装药量 Q（单位：kg），可按体积公式计算。

$$Q = qV \tag{11-19}$$

对于多排炮孔，也可按下列公式：

多排布孔中的第 1 排炮孔 $Q = qWaH$

多排布孔中的其他几排炮孔 $Q = qabH$

式中 q——炸药单耗，g/m^3，可参考表 11-12 选择；

a——孔距，m；

b——排距，m；

W——最小抵抗线，m；

H——基础爆破厚度，m。

机械无法进入的室内基础，可选择较大炸药单耗，实施强松动爆破，以便于人工清渣。

当炮孔深度 $L > 2W$ 时，为达到破碎均匀，减少飞石的目的，宜采取分层装药。分层以两层为宜，上层装药 0.4Q，下层装药 0.6Q，相邻两层装药间距应大于 20cm；当两层尚不能满足均匀破坏要求时，可采取相邻炮孔层间错开装药方法。

表 11-12　单位炸药消耗量 q 值

材质情况	W/cm	q/g · cm^{-3}	材质情况	W/cm	q/g · cm^{-3}
强度较低混凝土	35～60	100～150	普通钢筋混凝土	30～50	280～340
强度较高混凝土	35～60	120～140	布筋较密钢筋混凝土	30～50	360～420

C　切割爆破设计

基础切割爆破常用于部分拆除、部分保留的场合及分割大块，其原理同预裂爆破。

钢筋混凝土由于钢筋牵连作用，预裂效果不明显。对于素混凝土，预留切割爆破单孔药量可按下式计算：

$$Q = \lambda a H \tag{11-20}$$

式中　a——炮孔间距，cm；

H——基础预裂部位的厚度，cm；

λ——单位面积炸药消耗量，g/m^2，可按表 11-13 选择。

表 11-13　预裂切割爆破单位面积炸药消耗量 λ 值

材质情况	a/cm	λ/g · m^{-2}	材质情况	a/cm	λ/g · m^{-2}
强度较低的混凝土	40～50	50～60	片石混凝土	40～50	70～80
强度较高的混凝土	40～50	60～70	混凝土地坪	20～50	100～150

D　工程实例——苏州某酒店地下室地板拆除爆破

a　工程概况

苏州某酒店地下室为两层，需部分拆除顶板、隔墙、柱子、底板，要求对保留的地下室结构不能损害。钢筋混凝土底板厚度 1.2～2m，底标高约 -6m，水泥标号 C40～C50，底板每立方米含钢筋量较大，共需拆除 8000m^3。周边环境：南侧距离交通次干道 8m，北侧为保留的地下室结构。

b　总体方案

沿保留界面人工风镐凿开宽 30cm、深 20cm 的沟槽并把钢筋烧断，在沟槽内钻孔、采用不耦合装药沿保留界面进行预裂爆破成缝，将破碎区与保留区分割开来，此后在破碎区钻孔实施爆破，对靠近分割缝附近按弱松动爆破控制。

c　具体拆除方法

（1）地下室底板开槽及预裂缝的施工。沿预留界面人工用风镐先开槽，宽度为 30cm，深度为 20cm，用气割把上层钢筋全部烧断。施工示意图见图 11-22。

（2）预裂孔孔距取 20cm，孔深为底板厚度减 10cm。不耦合装药结构见图 11-23。

（3）基础爆破采用松动爆破，单孔装药量按公式 11-19 计算。

孔深取：底板高度 -20cm，保持装药中心在底板梁的中心位置。底板爆破参数见表 11-14。

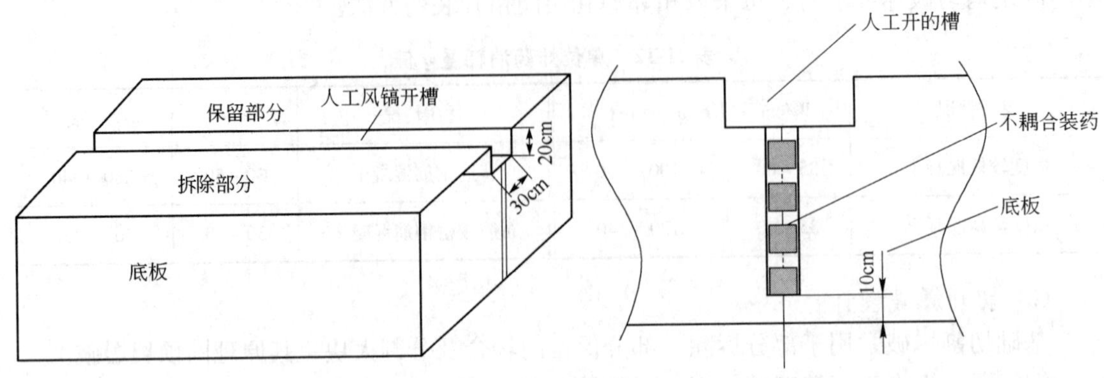

图 11-22　底板开槽施工示意图　　图 11-23　底板开槽装药示意图

表 11-14　底板爆破参数一览表

厚度/mm	排距/mm	孔距/mm	孔深/mm	单孔药量/g	炸药单耗/kg · m^{-3}
1200	500	600	1000	700	1.9 ~ 2.1
1800	600	600	1600	1300	1.9 ~ 2.3
2000	600	600	1800	1500	1.9 ~ 2.3
预裂孔		200		200 ~ 300	

（4）起爆网路设计。为确保起爆网路的安全可靠，采用孔内半秒延期雷管与孔外毫秒延期雷管相结合的导爆管复式起爆网路。一次起爆的药量可以根据周边环境进行控制。

（5）爆破安全防护。

爆破安全防护包括爆破振动控制和爆破飞石的控制。爆破振动控制，为安全起见，采用孔内高段、孔外低段的毫秒延期起爆技术，将一次齐爆药量控制在 10kg 以下（个别部位 3kg）。

爆破飞石主要采取离体搭设封闭式防护棚，见图 11-24，具体要求如下：

（1）护架下层高度距底板上表面不小于 2m；

（2）下层钢管的排距 × 行距约为 0.4m × 2m，并且扣件将其固定在立杆上。铺设竹笆时竹笆与竹笆之间需搭接 20cm，并用铁丝绑牢。铺设顶层钢管主要是压住竹笆层，铺设排距 × 行距约为 1m × 1m，并用扣件将其固定在立杆上；

（3）顶上第一道覆盖材料为竹笆-密目安全网；顶上第二道覆盖材料为竹笆；第三道覆盖材料为竹笆；侧面的覆盖材料为竹笆-密目安全网。

d　爆破效果

由于工期很紧，在 50 天内共进行 8 次爆破，保留结构完整无损，最大飞石距离 50m，未发生任何安全事故。爆破后，爆渣隆起 1m 左右，爆破块度不大于 30cm，不足之处因下部 20cm 钢筋网较密，未能爆破到底，留有 20cm 左右根底。

11.2.9.2　地坪拆除爆破

A　概述

地坪指混凝土、钢筋混凝土、片石或块石加水泥砂浆等铺筑的公路路面、飞机跑道、

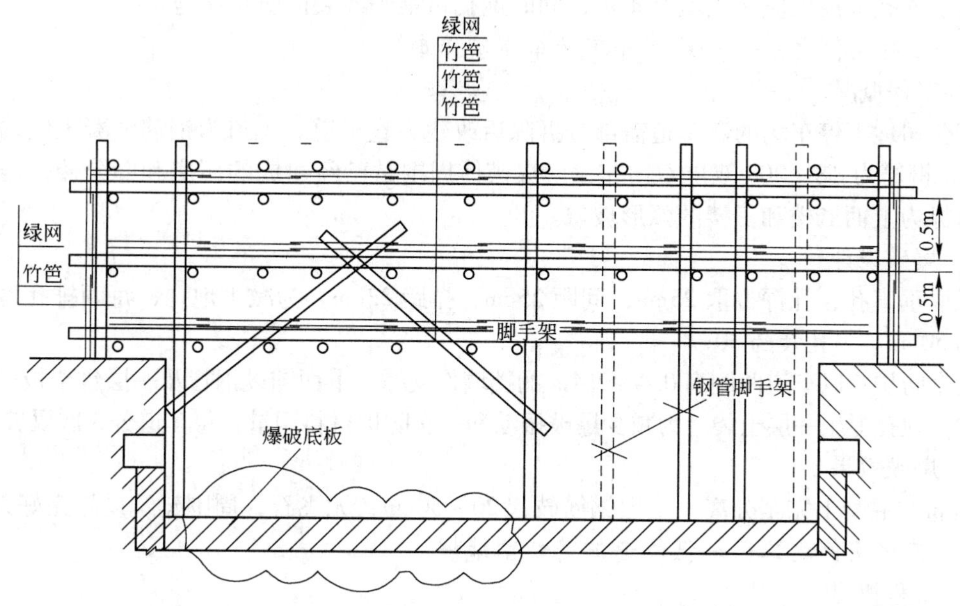

图 11-24　封闭式防护棚施工示意图

广场地坪、楼底板等，多数厚度不超过50cm，厚度大于50cm地坪可参照基础拆除爆破设计。由于材料强度较高，人工机械破碎困难，一般厚度大于20cm地坪应选择爆破法拆除。

地坪爆破的主要特点：

（1）地坪厚度小、面积大，因而炮孔深度浅，孔间距小，布孔密，增加了钻孔工作量和炸药消耗量；

（2）材质和厚度难以把握，给设计和钻孔带了较大困难，影响爆破效果；

（3）一般只有一个自由面，钻孔方向与最小抵抗线方向一致，再加上孔浅，容易发生冲炮，造成安全事故。

B　布孔参数

（1）钻孔方向。一般钻孔为垂直孔，但对于较薄或强度大的地坪，可采用倾斜孔，角度以60°左右为宜。

（2）孔深 $L=(0.7\sim0.8)H$，H 为地坪厚度，m；倾斜孔 $L'=L/\sin\alpha$，α 为倾角。

对混凝土路面周边炮孔距施工缝50～80cm；当基层需保护时，炮孔深度为地坪厚的85%。

（3）炮孔间距。一般采取梅花形布孔，孔距 $a=(0.8\sim1)L$，排距 $b=0.87a$。

C　药量计算

单孔装药量采用体积法公式

$$Q = qabH \tag{11-21}$$

式中，q 为单位炸药消耗量，g/m³；一般对钢筋混凝土取900～1200g/m³，对混凝土取800～900g/m³，对石质取900～1000g/m³，对三合土混凝土取600～800g/m³。

D　起爆与防护

为提高爆破效果，一般应采取齐发起爆网路，为减少振动，可分片分段起爆。

由于炮孔太浅，应保证填塞质量，同时炮孔口堆码沙袋以防止冲炮。

E　工程实例之一——地下停车场车道破碎

a　工程概况

某公司地下停车场的弯车道需部分拆除后改建为直车道。车道为钢筋混凝土结构，厚 0.35m，钢筋为 $\phi8@200$ 双层双向布设。爆破体周围是已经建成的厂房和办公楼，需重点保护目标为上面二楼和三楼的弧形玻璃。

b　爆破设计

采取垂直孔，孔深 L 取 25cm，间距 25cm，排距 22cm。为减少炮孔，每两排孔之间间隔增为 50cm。单孔装药 30g。

安全防护：以车道两侧高 0.4 ~ 2.4m 的挡墙作支撑，上面铺设钢管及一层竹架板做隔离体防护，炮孔上压一层土袋。为减少爆破振动和一次防护材料用量，每车道分 3 次爆破。

c　爆破效果

钢筋与混凝土完全分离，上层钢筋鼓起 20 ~ 50cm，无飞石，周围建筑设施完好无损。

F　工程实例之二——低爆速炸药切割地坪

a　工程概况

拟拆除停车场位于某研究所工作区，南面离办公楼 15m，西面离实验室 12m，东面离建材库 4 ~ 8m，北面与办公室不相连。混凝土地坪长 50m，宽 25m，厚 10 ~ 20cm，其下为厚 30cm 灰土垫层，总拆除面积约 $1000m^2$。

b　爆破器材

采用黑索今炸药加入添加剂，装成 $\phi15 \sim 20mm$ 的药卷，密度为 $0.8 \sim 0.9g/cm^3$，爆速小于 3000m/s，用瞬发雷管起爆。

c　爆破参数

孔距 25 ~ 30cm，孔深大于板厚 2 ~ 3cm，采用空隙装药，药包位于混凝土地坪下 2 ~ 3cm 的灰土垫层中，装药量 4 ~ 8g/孔。

d　爆破效果

地坪形成平整的断裂缝，缝宽 1 ~ 5cm，拆除混凝土板回收利用率 80% 以上。对周围建筑无任何损害，办公室玻璃安然无恙。

11.2.9.3　基坑支撑拆除爆破

A　支撑拆除爆破的特点

基坑钢筋混凝土支撑系统由灌注桩（连续墙、SMW 工法等）、围檩（压顶梁）、支撑梁、混凝土栈桥（板）等组成。爆破主要针对混凝土支撑梁、混凝土栈桥梁、围檩，栈桥板因较薄（一般厚 20 ~ 30cm）可采用机械破碎。有时灌注桩、混凝土连续墙及混凝土压顶梁亦需拆除爆破。

支撑拆除爆破有如下特点：

（1）支撑从浇筑到拆除时间短，其强度、完整性很好；

（2）需爆破的支撑均有完整的图纸，浇筑时可现场实地观察，对混凝土强度、布筋等做到心中有数；

（3）支撑大部分位于市区，周边环境对爆破要求很高，爆破设计、施工应精确无误，安全控制把握度高；有的还对爆破噪声、扬尘等控制提出很高的要求；

（4）支撑拆除工期很紧，一次爆破量可能很大。支撑爆破与楼房施工交叉进行。

B 布孔参数

钢筋混凝土支撑系统构件，按照爆破布孔可分为以下几种基本形式。

（1）支撑梁。支撑梁为矩形混凝土梁，四面临空。孔垂直向下，孔深 L 取 2/3 ~ 3/5 梁高，一般可稍深一些使爆破飞石向下飞散为佳。孔距取 0.6 ~ 0.9m，抵抗线 W 取0.25 ~ 0.4m，见图 11-25。

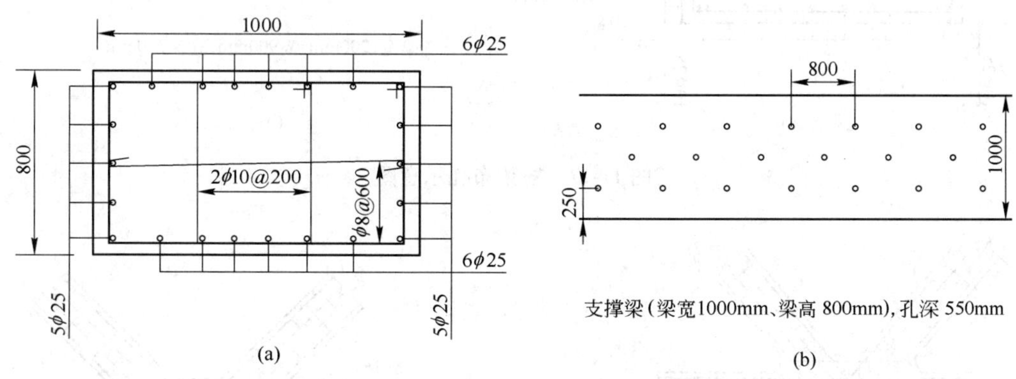

图 11-25 支撑梁布孔示意图

（2）围檩。围檩为矩形混凝土梁，三面临空，一面与灌注桩（混凝土连续墙）相连（见图 11-26）。靠灌注桩侧，孔边距为 0.15 ~0.2m，其余布孔方式同支撑梁。

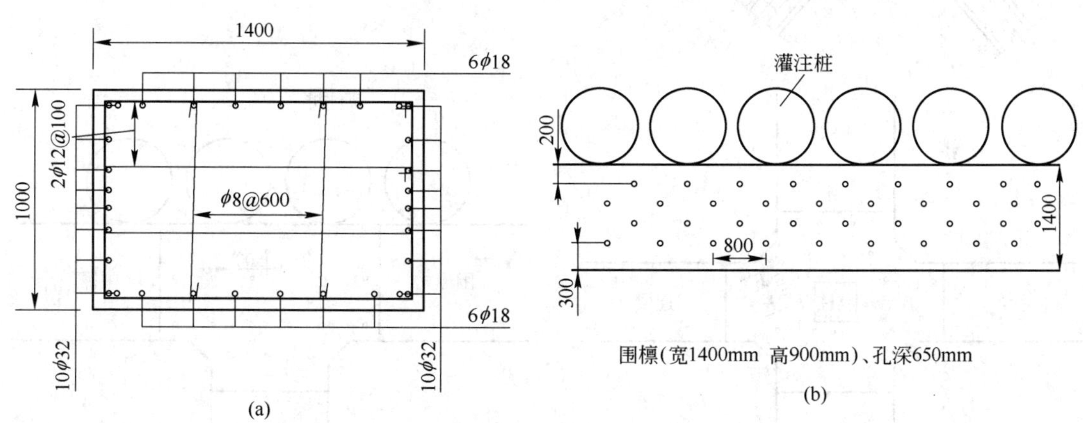

图 11-26 围檩布孔示意图

（3）冠梁。亦称圈梁、压顶梁，两面临空，其下底面与灌注桩相连，外侧面为土地面（见图 11-27）。孔深应加深至离下底面 10 ~15cm 处，靠土侧孔边距 0.15 ~0.25m，其余布孔同支撑梁。

（4）梁结点。各梁相交结点处，因主筋相互穿插而过，加之部分内含格构柱，导致钢筋含量很高，因此布孔应加密，炸药单耗增加，见图 11-28。孔深 L 一般较同高度的梁体增加 5 ~10cm，第一排抵抗线 W 取 0.2 ~0.3m，孔距 a、排距 b 均取 0.4 ~0.6m。

（5）灌注桩和连续墙。上面提到的支撑、围檩、冠梁均为水平构件，爆破孔竖直向下设置。灌注桩和连续墙设置在基坑周边承受土体压力，为竖向构件。爆破孔一般由坑内向

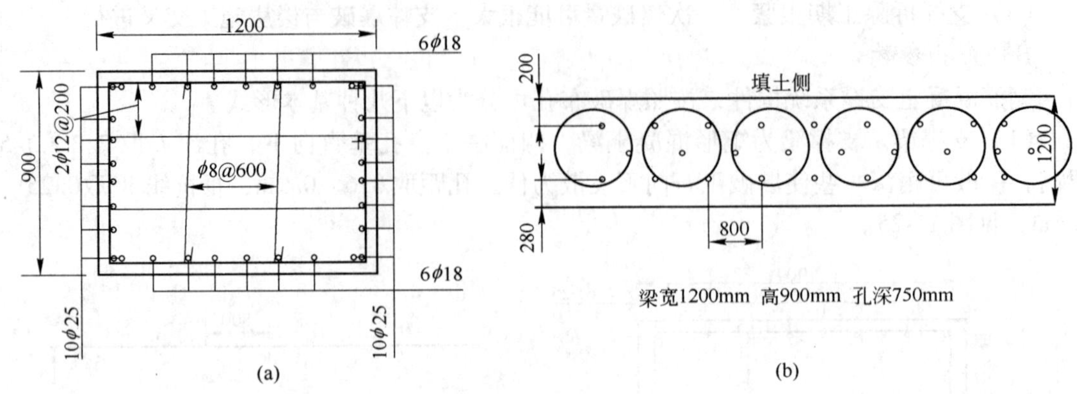

图 11-27　冠梁布孔示意图

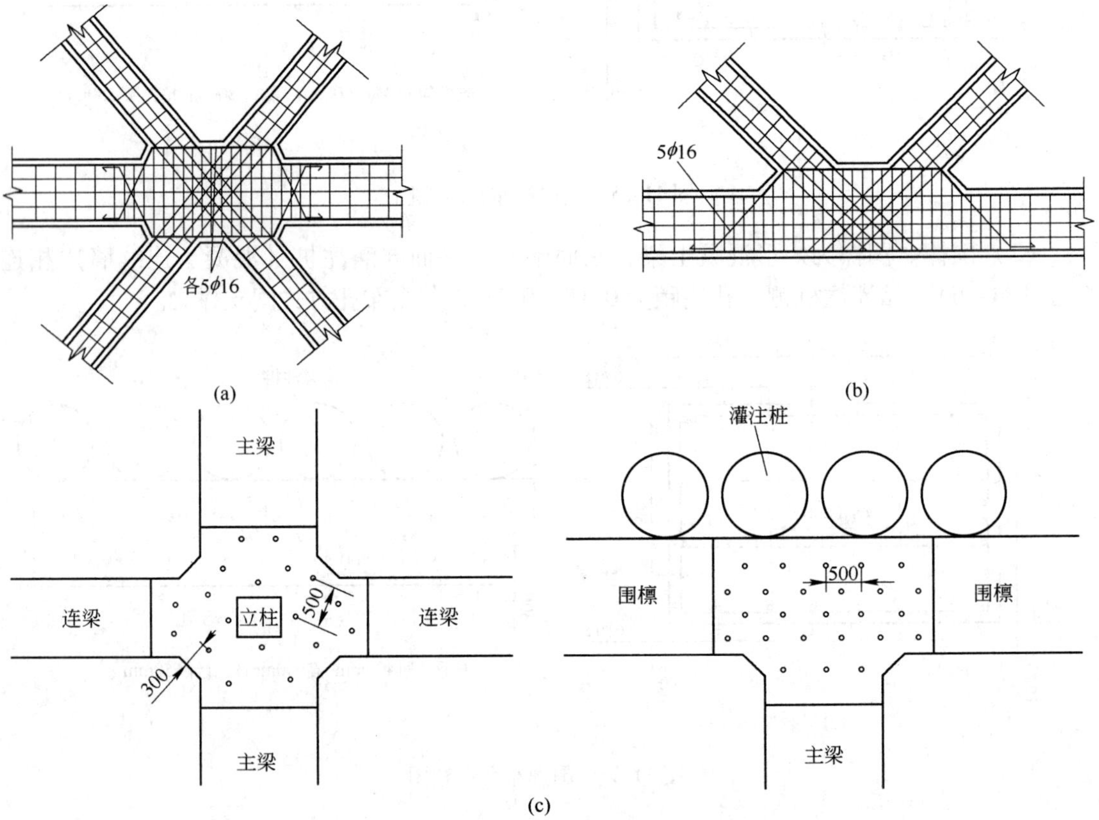

图 11-28　结点布孔示意图

坑外呈水平向。灌注桩按照桩直径不同可布置 1 ~ 2 排孔，孔距 0.5 ~ 0.8m，孔深（2/3 ~ 3/5）H。

连续墙沿竖直向均匀布孔，按梅花形布设，孔距 a = 0.5 ~ 0.6m，排距 b = 0.86a，孔深 L = 2/3 ~ 3/5H，当连续墙两侧均临空时取小值。

C　药量计算

支撑爆破的药量计算常用改进的体积公式，即先按平均炸药单耗计算单个梁全部药量，而后依据钢筋分布方式，确定单孔药量。

（1）对各类支撑系统构件：

$$Q = qaS/n \tag{11-22}$$

式中　Q——单孔装药量，g；

a——孔距，cm；

S——支撑构件的断面积，m^2；

n——排数；

q——炸药平均单耗，g/m^3，可参照表 11-15 选取。

表 11-15　炸药平均单耗 q 值　　单位：g/m^3

项　目	支撑梁	围　檩	冠　梁	灌注桩	连续墙
配筋率为 1.0%	700	900	800	1100	900
配筋率为 1.5%	850	1020	900	1300	1000
配筋率为 2%	900	1125	1000	—	1200
配筋率为 3%	1100	1450	1200	—	1500

注：当配筋率在两挡之间时，可采取插值法。

（2）对结点，由于钢筋相互穿过及结点加筋，致使钢筋密度增加很多，炸药单耗应较相邻最大配筋增加 20% ~30% 。定好单个结点的全部药量后，再分配到各个炮孔。

D　起爆网路

因支撑拆除爆破多在市区，且一次爆破量、雷管用量均较大，一般采用半秒孔内延期与毫秒孔外延期相结合的导爆管雷管毫秒延期起爆网路。

考虑到国产 MS-3、MS-5 毫秒雷管的标称秒量在 HS-5、HS-6 半秒雷管的上、下规格限之内，一些单位在孔内采用高段毫秒雷管，可以改善炮孔间的起爆顺序，更好的控制飞石距离。

E　爆破防护

由于支撑爆破大多处于市区，周围建筑、人员、车辆很多，爆破飞石危害较大，而且爆破安全警戒范围大多由飞石影响决定，因此支撑爆破中飞石控制尤其重要。

无防护状态下，上道支撑飞石飞散距离按下式确定：

$$R = 70q^{0.58} \tag{11-23}$$

式中　R——飞石距离，m；

q——炸药单耗，kg/m^3。

爆破飞石的控制主要从以下几方面考虑：

（1）离体防护。由于支撑形式比较单一，经大量实践证明在被爆支撑周围 2m 以外搭设全封闭竹笆防护棚方式，可有效降低飞石飞散距离；甚至可保证飞石不飞出防护棚。防护棚形式如图 11-29、图 11-30 所示。

（2）控制飞石飞散方向。通过适当加大孔深，使飞石向坑底（下）飞散。调整起爆顺序，使飞石向一侧飞散等。

（3）减弱装药。对靠近危险地域支撑，可局部减少装药量，以达到控制飞石的目的。

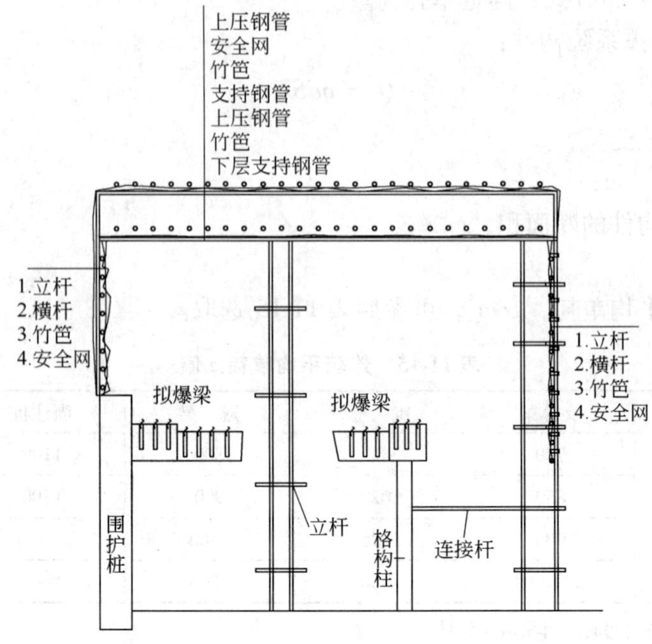

图 11-29　首道支撑防护示意图

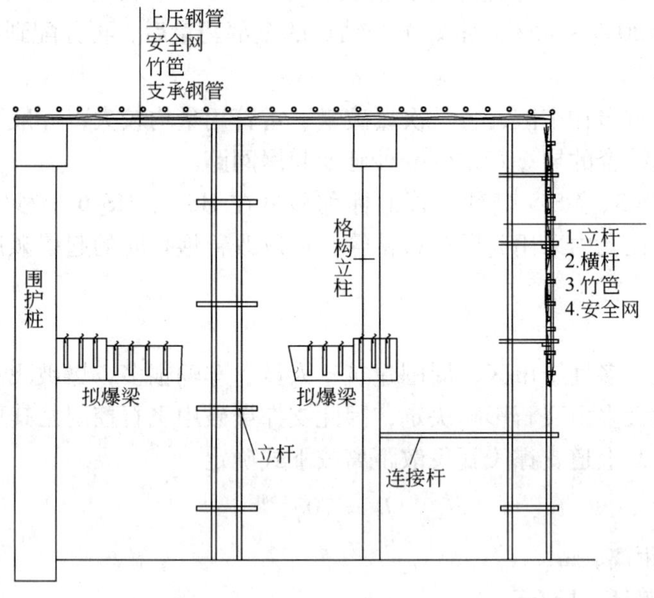

图 11-30　下部支撑防护示意图

（4）加强施工管理。由于支撑爆破一次爆破孔数很多，如何确保填塞长度、填塞质量，避免个别孔装药过浅甚至冲炮而造成的超常规爆破飞石，是爆破飞石控制的关键之一。

F　工程实例——鹏欣水游城支撑拆除爆破

a　工程概况

鹏欣水游城基坑长 170m、宽 150m、最大挖土深度 21m，土方量 $50 \times 10^4 m^3$。围护采用灌注桩形式，支撑采取钢筋混凝土梁结构。基坑内垂直向设四道钢筋混凝土支撑，中心标高为 -2.5m、-6.5m、-11m、-16.5m，其中首道支撑包括冠梁、支撑梁、系梁及栈桥；二至四道支撑包括围檩、支撑梁、系梁；垂直向设钢格构立柱，使支撑与灌注桩形成整体的立体围护系统。为方便施工，在基坑内设置了四个出土平台，并设计了运输栈桥，在首道支撑上部周围设置了部分堆料平台。

按照设计要求，整个钢筋混凝土支撑在施工中应按照地下结构的施工进度同步拆除，整个需拆除的钢筋混凝土量约 15000m^3。经综合考虑支撑梁采取爆破法拆除；栈桥板、堆料平台板等采取机械破碎法拆除。

b　爆破参数

最小抵抗线 W 取 200 ~ 300mm；

孔距 a 取 700 ~ 900mm；

排距 b 取 100 ~ 300mm；

孔深 L 取梁高的 2/3 ~ 3/5。

单孔药量

$$Q = qaBH/n$$

式中，n 为排数；B 为梁宽；H 为梁高；a 为孔距；q 为炸药单耗。

其布孔参数和装药量综合列于表 11-16。

表 11-16　支撑爆破布孔参数及装药量

类　别	截面 $B \times H$/m × m	W/m	a/m	b/m	L/m	单孔装药量/g	炸药单耗/g · m^{-3}
ZC1	0.6 × 0.8	0.25	0.9	0.10	0.55	150	694
ZC2	1.0 × 0.7	0.25	0.9	0.25	0.50	175	833
ZC3	0.9 × 0.9	0.25	0.9	0.20	0.65	175	720
ZC4	1.0 × 1.0	0.25	0.9	0.25	0.70	225	750
WL	1.3 × 0.9	0.20	0.9	0.23	0.65	300	1140

注：结点药量增加 20%。

炮孔采取预埋方式，其埋孔参数见图 11-31。

起爆网路。每道支撑分四次进行爆破，孔内采用秒延期导爆管雷管起爆，导爆管雷管用四通连成复式网路，通过横向、纵向交叉搭接，形成多路保险；段间采取毫秒雷管实现多段延期起爆系统分别起爆，使一次齐爆药量控制在安全范围内。

c　安全控制

实际爆破中，主要从以下三个方面着手做好安全防护措施。

（1）从需保护体本身着手，摸清各自特点，制订相应的防护目标。通过查找国内外相关资料并参考上海支撑爆破参数结合南京地区建筑特点及南京拆除爆破资料，确立各自的地震抗力参数。最终确定砖混结构居民楼爆破振动速度小于 1.5cm/s、砖木结构住宅房为 1cm/s、各类管线取 2.5cm/s。

（2）通过综合采取孔内孔外延期技术、导爆管雷管毫秒延期起爆技术、预切割技术等，将每次起爆约 1000kg 炸药量分为数百小段起爆，单段起爆药量控制在 6kg 以下，其中关键部位药量不大于 1kg，使爆破产生的振动大大减小，满足了爆破振动控制要求。

（3）爆破飞石危害控制措施：

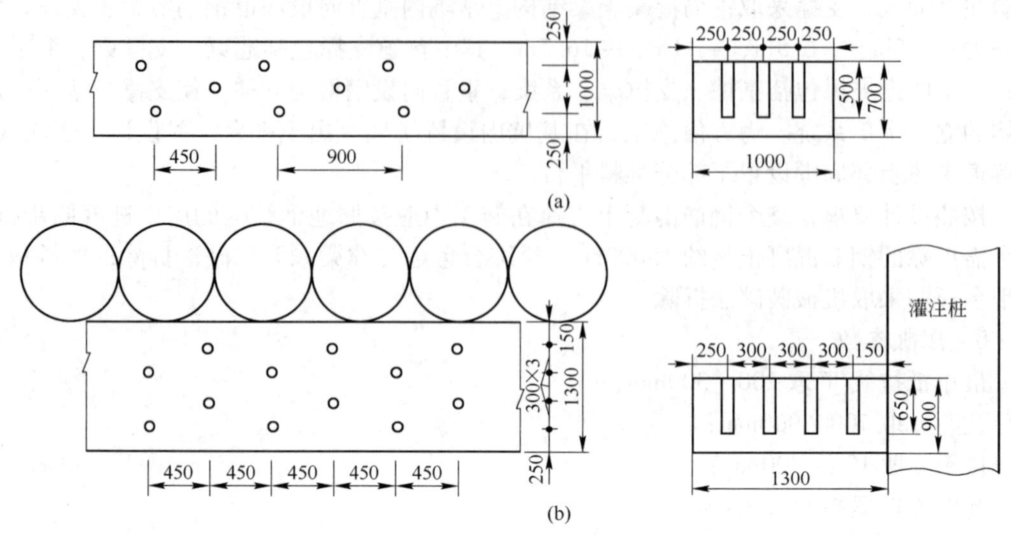

图 11-31 埋孔参数图

1）采取多打孔、分散装药方式，将爆破药量均匀分布在支撑混凝土中，使爆破能量尽可能多地应用于破碎支撑混凝土中，相应减少爆破飞石能量，减弱产生的爆破飞石的速度；

2）由于本工程范围很大，基坑平面约 150m × 170m，因此可通过调整布孔位置及起爆顺序，将飞石飞散方向控制到基坑内侧，则可保证其飞不出基坑危害周围建筑；另外通过增加装药深度使飞石向下方飞散，从而达到飞石不飞出基坑目的；

3）加强防护，阻拦可能产生的爆破飞石，确保飞石不危害周围建筑；根据现场情况，设置了爆破防护棚，将整个爆破体置于防护棚内，防护棚外为二至三层竹笆及一层安全网遮盖，并外压钢管。实践证明，爆破后防护棚完好如初，拦住了全部可能外飞的飞石，确保了爆破安全。

d 爆破施工

爆破施工可分为预埋孔、清孔补孔、装药、填塞、连线、起爆 6 个阶段。

预埋孔在支撑结构浇筑时进行，清孔补孔在爆破装药前完成。当支撑结构的混凝土强度值达到设计要求（80%）时，即可进行爆破。一般爆破装药至完成时间不超过 12h。从炸药进场至爆破完成期间，需设置装药警戒区域，除爆破作业人员外，其余人员禁止入内。

炸药装入炮孔后，上部空余孔部需进行填塞，填塞材料采用中粗砂，填塞应密实，不得漏填或半填，填塞作业用木棍捣实。

爆破网路连线由技术熟练爆破员按设计进行，完工后爆破技术人员进行全面检查，完成后所有人员退出装药区域。

对支撑爆破安全警戒起决定作用的主要是飞石危害。按照国家标准《爆破安全规程》，城市拆除爆破飞石控制标准应不小于 200m。而该工程因地处繁华地段，周围即使 100m 亦有上百家单位，数万人需要疏散，经过充分论证，参考外地经验，将安全范围调整为 20 ~ 40m，其中室内 20m 范围内人员撤离，使需疏散的居民减少到不足 100 户。在实际操作中，几次爆破后，除老弱病残外，超过10m以外室内人员不再疏散，只是每次爆破前确保通知到户，以免惊慌。并将疏散次数由最初计划16次减少到8次，大大降低了爆破对周围居民的影响，提高爆破社会效益。

安全警戒距离取40m，其中20m内室内人员撤离。提前1小时开始疏散室内人员，提前半小时施工人员撤离（施工现场由甲方负责），提前10min清理周边行人、车辆，提前5min中断周边交通。爆破结束爆破员检查无误后解除警戒。

e 爆破效果

爆破按支撑层数分四期进行，其中第四层支撑于2006年11月16日首次爆破成功，2007年4月9日爆破完成。消耗雷管约100000发，消耗炸药13余吨，平均每次爆破量约$1000m^3$，单次最大爆破量1600余m^3，缩短工期50天，降低成本约30%，爆破效果良好。

11.2.10 围堰拆除爆破

11.2.10.1 围堰的概念与分类

围堰是指在工程建设中，为建造永久性工程设施，修建的临时性围护结构。其作用是防止水、土或其他干扰物进入建筑物的修建位置，以便在围堰内进行永久工程施工。一般用于水工建筑、船坞、港口工程以及桥梁基础等施工中，国内的围堰一般以挡水围堰居多。

围堰作为一种临时构筑物，在完成其使命后一般都需要拆除。在某些特殊工程中，也有部分拆除，而保留部分作为永久构筑物利用的。

围堰按构筑材料可分为：土围堰、岩石围堰、钢筋混凝土围堰、土袋围堰、套箱围堰、竹或铁丝笼围堰、钢板桩围堰、钢围堰等。

按围堰与水流方向的相对位置分有横向围堰和纵向围堰。

按围堰是否可以过水来分，则可以分为过水围堰和不过水围堰。

11.2.10.2 围堰拆除爆破的特点

围堰拆除爆破是一种特殊的临水爆破作业，具有如下特点：

（1）围堰由于具有挡水作用，至少有一面处于有水状态；

（2）要求一次成功，满足泄水、进水等要求；

（3）要确保爆区附近各种已建成的永久建筑物的安全；

（4）满足爆破块度、堆积形状、过流条件及清渣要求等。

11.2.10.3 围堰拆除爆破技术设计

A 围堰拆除爆破设计原则

围堰拆除爆破设计要遵照如下原则：

（1）要因地制宜地制定合理的爆破总体方案。在无需清渣的条件下，可以考虑采用整体倾覆爆破；当需要清渣时，既要考虑充分破碎，也要有合理的爆堆形状；采用冲渣方案时，要考虑水动力学与爆破块度之间的关系，以保证石碴能被水流带走，同时减轻混凝土的磨损。

（2）应确保爆破一次成功，必须考虑爆破器材的抗水性，以及施工过程的安全、可靠及简易性，起爆网路的安全可靠性等。

（3）应充分论证爆破地震波、水中冲击波、涌浪及动水压力、个别飞石等爆破有害效应对邻近建筑物的影响，制定恰当的爆破安全控制标准，采取必要的防护措施，将爆破有害效应控制在允许范围内。

（4）根据我国围堰爆破拆除的经验，建议采用“高单耗、低单段”的设计原则。即单位炸药消耗量要高，单段起爆药量要低。

B 围堰拆除爆破方法

围堰拆除爆破有两种方法：一是炸碎法，使被爆围堰充分破碎；二是倾倒法，使被爆围堰定向倾倒或滑移至水中。

根据炮孔或药室布置情况，可以分为垂直孔爆破、扇形孔爆破、水平孔爆破、垂直孔与水平孔结合爆破、硐室爆破、硐室与钻孔结合爆破等类型。

围堰拆除爆破总体方案可以分为：分层（分区或分次）爆破和一次爆破方案；从爆后石碴清理方式可以分为：爆后机械清渣、聚渣坑聚渣、水流冲渣等爆破方案；从围堰内侧充水与否可以分为：堰内不充水或堰内充水爆破方案；从装药形式不同可以分为：钻孔爆破、集中药室爆破方案。

常用的钻孔形式有：垂直孔、倾斜孔、水平孔及其相互组合。

C 钻孔爆破法围堰拆除参数设计

一般情况下，遵循深孔爆破参数设计原则，考虑到它是一次性爆破工程，故有一定的特殊性。

（1）钻孔直径一般选用 80～110mm，遇有水或易塌孔时，增加 PVC 套管。

（2）钻孔深度一般较深，国内围堰水平孔最大达 50m 以上。一般情况下宜取：垂直孔深小于 20m，水平孔深小于 30m。

（3）炸药单耗值与孔网参数选取应考虑下列原则：

被爆介质得到充分破碎，便于清渣或冲渣；施工过程中因少量孔无法装药或装药深度不够，相邻炮孔爆破仍能将该少量孔负担的岩体破碎，不致留埂或留坎。国内围堰爆除的单耗值一般选取 1.0～2.0kg/m^3，底部取大值，上部取小值，硬岩取大值，软岩取小值。当孔深超过 10m 时，选用 1.5～2.0kg/m^3。特殊部位也有采用大于 2.0kg/m^3 单耗值的实例。单耗值增加，可能增大爆破振动量，但可采用减少单段药量予以弥补。孔网参数的选取应以能够装入所选单耗值的炸药量为原则。此时，往往满足底部装药量要求，而造成上部钻孔过密。可将上部部分孔不装药进行调整。炮孔填塞长度一般取 $(0.7\sim1.2)W$，被保护物距爆源较近时取大值，反之取小值。

如果有冲渣要求，必须使堆积体形成最低缺口，以便过流冲渣，最低缺口可在爆破网路中进行安排与调整。

D 围堰爆破安全设计

由于围堰爆破拆除有其临水的特殊性，因此其爆破安全设计应考虑以下内容：

（1）论证爆破地震效应对邻近爆区的保护物的影响，设计减振及防振措施；

（2）论证爆破产生的水击波、脉动水压力及涌浪等对邻近爆区的保护物的影响，设计防护措施；

（3）论证爆破对与被爆体紧密相连的保留体的影响，设计相应的措施，确保被保留体的安全；

（4）论证爆破产生的水石流对保护物的破坏影响，采用冲渣爆破方案时，应考虑水石流对保护物的磨损或破坏的可能性，要采取控制爆渣粒径、主动防护等措施，以保证保护物的安全；

（5）论证爆破产生的个别飞石对相邻建筑物的影响，采取相应措施防范个别飞石的危害。

E 起爆网路设计

为了控制对周围已完成建筑物的振动影响，应减小单段起爆药量，使分段数量增多，导致网路较为复杂。

如果仅为炸碎堰体，网路的基本形式与露天深孔爆破大体相同。若考虑冲渣需要将堰体爆破形成最低缺口，网路设计必须完成这项要求。

图 11-32 是小湾水电站进口 2 号导流洞围堰起爆网路示意图，选择的是高精度导爆管雷管电起爆系统，孔间时差 17ms，排间时差 42ms，孔内起爆雷管 600ms。如图在起爆点首先炸出开口，后续炮孔依序向起爆点抛掷堆积，大约在后爆的位置形成最低缺口，即图中的左侧部位。

F 几类典型围堰结构的爆破拆除方法

a 混凝土防渗心墙土石围堰结构的爆破拆除

混凝土心墙是在土石堆积形成围堰后，为提高围堰的防渗能力，在土石围堰体内浇筑的混凝土墙。它是一道连续性的高大刚性墙体，围堰拆除时，只要将其心墙爆破破碎，即可挖装清运。混凝土防渗心墙拆除一般采用钻孔爆破方法，沿墙体中线布置一排垂直超深孔，按挤压爆破设计爆破参数，炮孔装药结构宜采用间隔、耦合装药。根据炮孔装药长度一般采用上、下起爆药包实施双向传爆。一座混凝土心墙爆破拆除有数百或近千个炮孔要一次点火起爆，因此要选择采用孔内外组合的毫秒延期起爆技术。

b 混凝土（包括碾压混凝土）重力式围堰爆破拆除

混凝土重力式围堰的结构特点是迎水面近乎为垂直面，背水面一般为 1∶0.6 左右的斜面。围堰拆除一般采用以垂直孔为主，辅以倾斜孔相结合的分层钻孔爆破法。为保护与之相连接的水工建筑主体结构物和部分保留的堰体，应在边界处布置预裂孔、隔振孔起阻隔或缓冲作用。炮孔临空面应以朝向挡水面为主，采用抛掷爆破或加强松动爆破使爆破的碎块往挡水面方向移动。

11.2.10.4 工程实例——葛洲坝水电站大江上游围堰爆破拆除工程

葛洲坝水电站大江上游围堰是一座大型混凝土防渗心墙土石围堰。该围堰全长 890m，堰顶高程 60m，底宽约 189m，挡水深度达 35m。围堰主要用材为混合料、砂砾石，容重为 1.88 ~ 2.26t/m^3。围堰地基有厚达数米的砂砾石覆盖层。为解决围堰的渗流问题，沿围堰顶轴线的上游侧设置了两道厚度为 0.8 ~ 1.0m 的混凝土防渗心墙，两墙间距 3.5m。墙体施工采用 YΓAC 冲击钻机从围堰顶往下钻孔至新鲜基岩上，用泥浆护壁，在槽孔内连续浇筑 C20 混凝土成墙。墙体全长 723m，总方量约 39000m^3。该围堰结构见图 11-33。

围堰挡水位 60m，因此，围堰预拆除至 61m，下游边坡做了相应的预拆除。爆破前，围堰内充水至 52.8m 高程。

该围堰拆除工程要求将两道混凝土防渗心墙进行爆破破碎，以满足后续机械挖运。拆除爆破设计是沿两道墙体的中轴线分别进行垂直向超深孔钻孔，将墙体充分爆破破碎。

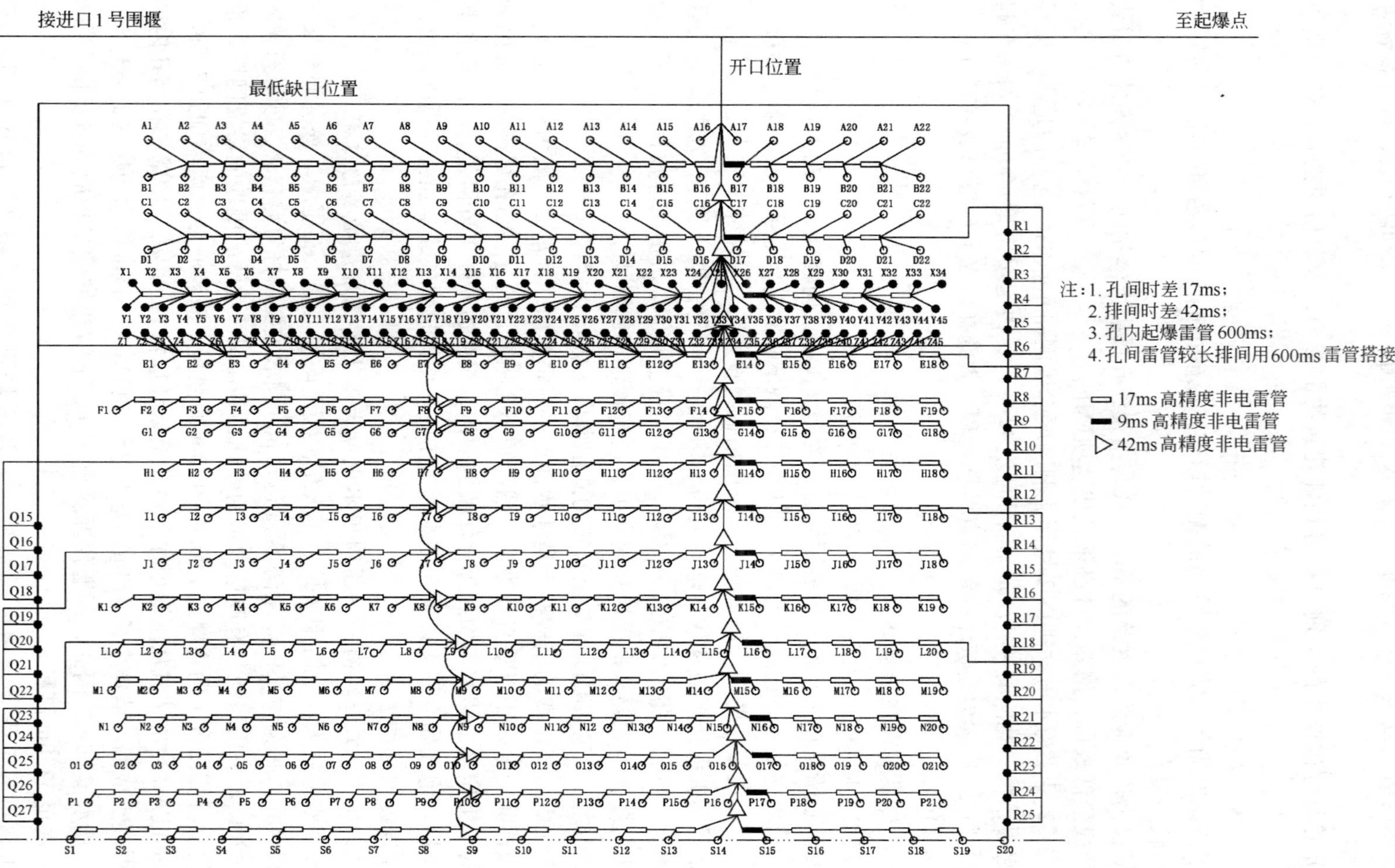

图 11-32　小湾水电站进口 2 号导流洞围堰起爆网路图

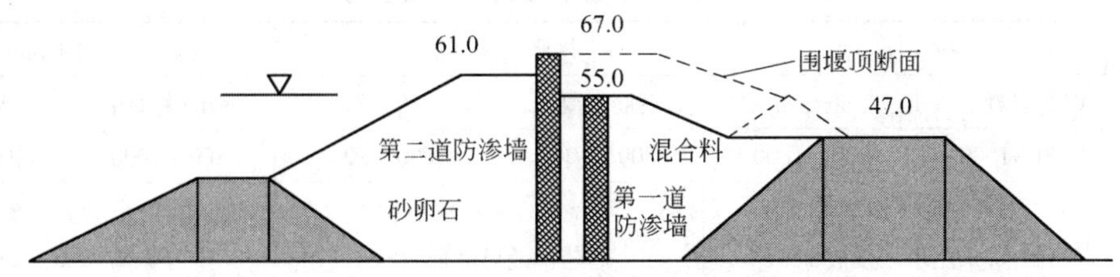

图 11-33 葛洲坝工程大江上游围堰结构图

因墙体两侧均受砂卵石料约束，无临空面，属坚硬非均质体内挤压破碎爆破。因此，炮孔装药量计算时，不能简单以炮孔中心至墙体两侧边缘的距离作为最小抵抗线，要考虑墙体两侧土石的约束作用，炸药单耗经试验爆后确定。炸药单耗 q 值随孔深变化，在装药顶部5m内为0.6kg/m^3，则随孔深增加，至15m以下时 q 值增加到2.5kg/m^3 左右。

鉴于墙体薄、钻孔精度要求高，垂直钻孔的偏差应控制在5‰以内，故用 GYQ-100 型全液压潜孔钻机钻孔。炮孔间距60～80cm。

同时为了提高墙体的爆破破碎度，炮孔内采用间隔（孔深方向）耦合的装药结构，两相邻炮孔内的药包错位布置，使炮孔间墙体的爆破破碎分布均匀，降低破碎块度粒径。

葛洲坝工程大江上游围堰拆除爆破工程规模大，炮孔多达3548孔，爆破安全设计允许一段起爆的最大炸药量不超过500kg。为了减小爆破水中冲击波、地震波及飞石对电厂及周围建筑设施的有害效应，爆破网路设计采用导爆管延期雷管组成的双复式交叉接力传爆网路，这种起爆网路安全可靠，准爆率高。该项拆除爆破工程共分324段起爆，最大一段药量为282kg，总装药量47.78t，总延期8.1s。

爆后检查表明葛洲坝工程大江上游围堰拆除爆破十分成功，墙体破碎均匀，离电厂距离200m处坝段的最大振动速度在0.1cm/s左右。水中冲击波和波浪压力也不大。所有建筑物及设施安然无恙。

11.2.11 桥梁拆除爆破

桥梁形式很多，根据其受力情况通常分为：梁桥、拱桥、刚架桥、悬索桥、组合体系桥。考虑到拆除爆破工艺，按桥跨结构用料不同，分为木桥、圬工桥（石、混凝土桥）、钢筋混凝土桥、预应力混凝土桥、钢桥和结合梁桥。

桥梁拆除爆破应遵循的原则是：根据其结构的受力情况结合环境条件确定拆除爆破总体方案，并根据结构及用料特征确定施工工艺。

11.2.11.1 拱桥拆除爆破

A 设计要点

拱桥的静力特点是，在竖直荷载作用下，拱的两端不仅有竖直反力，而且还有水平反力。设计合理的拱轴，主要承受压力，弯矩、剪力均较小。因此，拆除爆破的要点是：破坏拱轴，解除支撑。

通常桥梁拆除爆破的构件自由面都比较多，防护比较困难，为避免飞石造成损害，平均炸药单耗 q 值比其他爆破偏小一些，见表11-17。

表 11-17 拱桥爆破 q 值选取范围参考表

部 位	拱 圈		拱座大墙（柱）		桥墩（水上部分）	
材 质	钢筋混凝土	条 石	钢筋混凝土	条 石	钢筋混凝土	条 石
$q/g \cdot m^{-3}$	1000 ~ 1500	800 ~ 1000	800 ~ 1200	600 ~ 800	800 ~ 1000	600 ~ 700
备 注	钢筋混凝土箱型拱可采用水压爆破		选用深孔爆破时，炸药单耗可降低 20%		选用深孔爆破时，炸药单耗可降低 20% ~25%	

B 工程实例——重庆合川涪江一桥拆除爆破

重庆合川涪江一桥，全长 345.6m，桥面宽 10m，主跨为 4 ×66m 钢筋混凝土双曲拱桥。引桥为石拱桥，砌石桥墩，主墩高 15m。

a 总体设计

浅孔与深孔相结合，上部结构与下部结构同时解体。

（1）在每拱的 1/4 ~1/8 拱段处设置单元爆区，单元爆区长度为 1/8 拱轴。沿拱肋轴线布浅孔，孔径 ϕ42mm，孔距 a =40cm（等于或小于拱肋宽度），孔深为至底缘 20cm。平均炸药单耗 q =1000g/m^3，采用棕垫加钢丝网防护。

（2）从每墩一台的顶部垂直向下布深孔，孔径 ϕ115mm，孔距 a =2.5m，排距 b = 2.0m，多排按梅花形布孔，孔深至承台下基面 50cm。平均炸药单耗 450g/m^3。

（3）拱座大墙：厚度超过 2m 的布深孔，平均炸药单耗 450g/m^3；厚度小于 2m 的布浅孔，孔距 a =70cm，排距 b =50cm，梅花形布孔，平均炸药单耗 500g/m^3。

（4）为了保护北岸桥下的天然气输气管道，爆破时序起于南岸，终于北岸，墩间时差控制在 150 ~300ms。

b 施工工艺

（1）每拱肋布设的单元爆区采用孔内导爆索分层装药，特别是炮孔穿越原拱肋和加固拱肋结合面时，该处必须堵实。

（2）每处拱肋集中布孔数不得少于 6 孔，以保障单元爆区的最小断裂空间，提高爆区可靠度。

（3）桥墩深孔已达水下时，水下爆区炸药单耗应适当提高，采取分段装药。其中，入水段炸药单耗 q =600g/m^3，上部出水段炸药单耗 q =300g/m^3。

（4）墩帽需额外布孔，单独计算该块体的装药量，炸药单耗 q =600g/m^3，以降低爆后清捞工程难度。

（5）砌石拱座大墙，在采用浅孔爆破时，较同样条件下采用深孔爆破的炸药单耗增加 10% ~20%，且应分段起爆，先外端后中段。

（6）网路连接从北岸逐拱连至南端，以消除导爆管延期干扰。

11.2.11.2 梁桥拆除爆破

A 设计要点

通常梁桥在竖向荷载作用下，只产生竖向反力。例如，简支梁桥，只需将桥墩采取拆除爆破，梁体则可根据环境要求采用爆破解体或机械破碎。对于梁与墩刚性连接的连续刚构桥，则应根据具体情况，对梁和墩同时实施拆除爆破，以便于爆后清捞作业的便捷。因此，拆除爆破的要点是：以完全破坏桥墩支撑系为主，以梁体解体为辅。梁桥爆破的炸药

单耗 q 值见表 11-18。

表 11-18 梁桥爆破 q 值选取范围参考表

部 位	预应力T形梁	箱型梁	连续刚构梁	桥墩（水上部分）
材 质	加密钢筋混凝土	加密钢筋混凝土	加密钢筋混凝土	钢筋混凝土
$q/g \cdot m^{-3}$	2000~3000	2000~3000	2000~3000	800~1200
备 注	浅孔爆破腹板	浅孔或水压爆破	浅孔或水压爆破	选用深孔爆破时，炸药单耗可降低20%

B 工程实例——田庄台辽河公路旧大桥爆破拆除

田庄台辽河公路旧大桥全长 876m，主桥由五孔连续刚构箱型梁组成，墩间距 80m。引桥为八孔简支梁桥和八孔双曲拱桥，桥面宽度 12m。要求，拆除爆破过程中不能伤及下游 23m 处的新桥，并将爆后残体清出河道。见图 11-34。

图 11-34 田庄台辽河大桥爆前

a 总体设计

采取深孔、浅孔与水压爆破相结合的拆除爆破方式，实现对桥墩、梁体及承台的粉碎性破坏，以利清捞。

（1）桥墩下部为钢筋混凝土实心结构，上部为钢筋混凝土箱型结构，壁厚 0.8~1.0m。因此，对实心段采用深孔爆破，按孔距 $a=2.5\sim3$m 沿对称轴线布置，孔径 ϕ115mm，孔深至承台下基面 50cm。对于箱型段则以深孔与水压爆破相结合的方案，将厚度为 0.8~1.0m 的墩体彻底解体。水下深孔爆破炸药平均单耗 $q=1200g/m^3$，水上结构深孔爆破炸药平均单耗 $q=600g/m^3$。根据水压爆破冲量破坏经验公式计算出每个桥墩的箱体水压爆破的总药量为 96kg，以 4 个 24kg 的药包平均分布在四个对称位置上，见图 11-35、图 11-36。

（2）箱梁水压爆破。根据截面变化规律，分别逐块计算各箱块的布药量，见表 11-19。

表 11-19 箱块布药量表

箱 块	1	2	3	4	5	6	7	8	9	合计
Q/kg	8.0	7.0	6.0	6.0	6.0	6.0	6.0	6.0	3.0	54

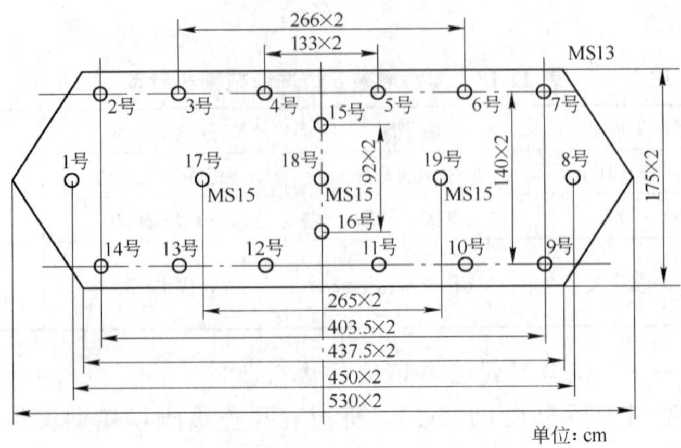

图 11-35　主桥墩深孔布置图

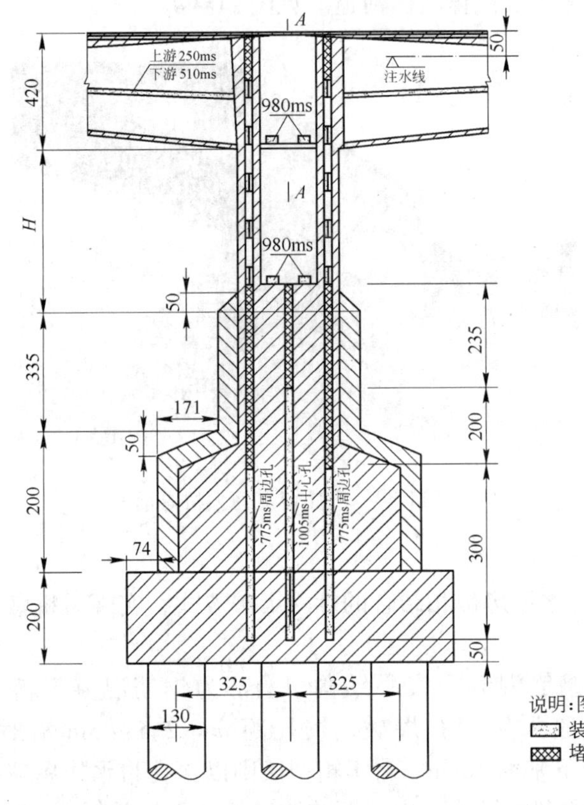

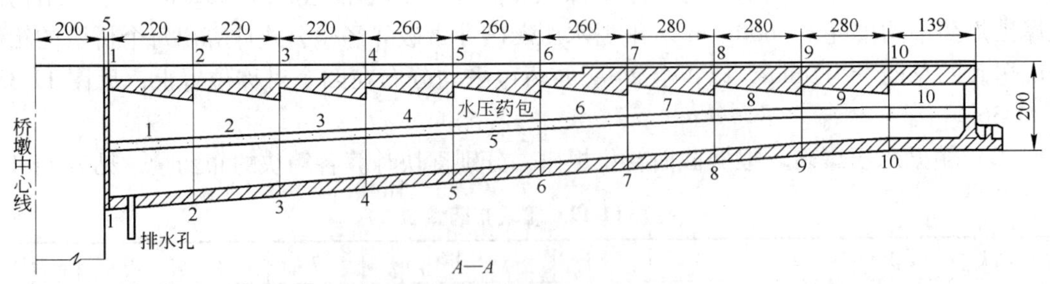

图 11-36　水压爆破药包布置图

（3）梁体端部支座及局部腹板加强处布置辅助浅孔，孔径 ϕ42mm，视结构变化特征选择孔位，炸药平均单耗为 600g/m^3，见图 11-37。

9号块件左 9-9剖面
9号块件左10-10剖面
120.5
800/2
800/2
127.5
8
200
25/2
35/2
35
102.5
175
175
200
207.7
35
875/2
875/2

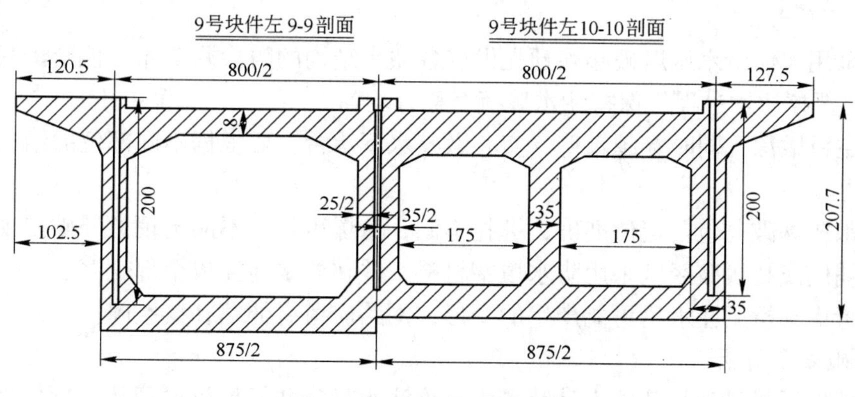

图 11-37 箱梁浅孔布置图

（4）两并联箱体间腹板的爆破延期间隔取 200～300ms。

（5）爆破振动对邻近大桥的影响，主桥墩间的爆破延期间隔取 Δt = 50ms。同一墩体不同构件间的延期起爆网路见图 11-38。

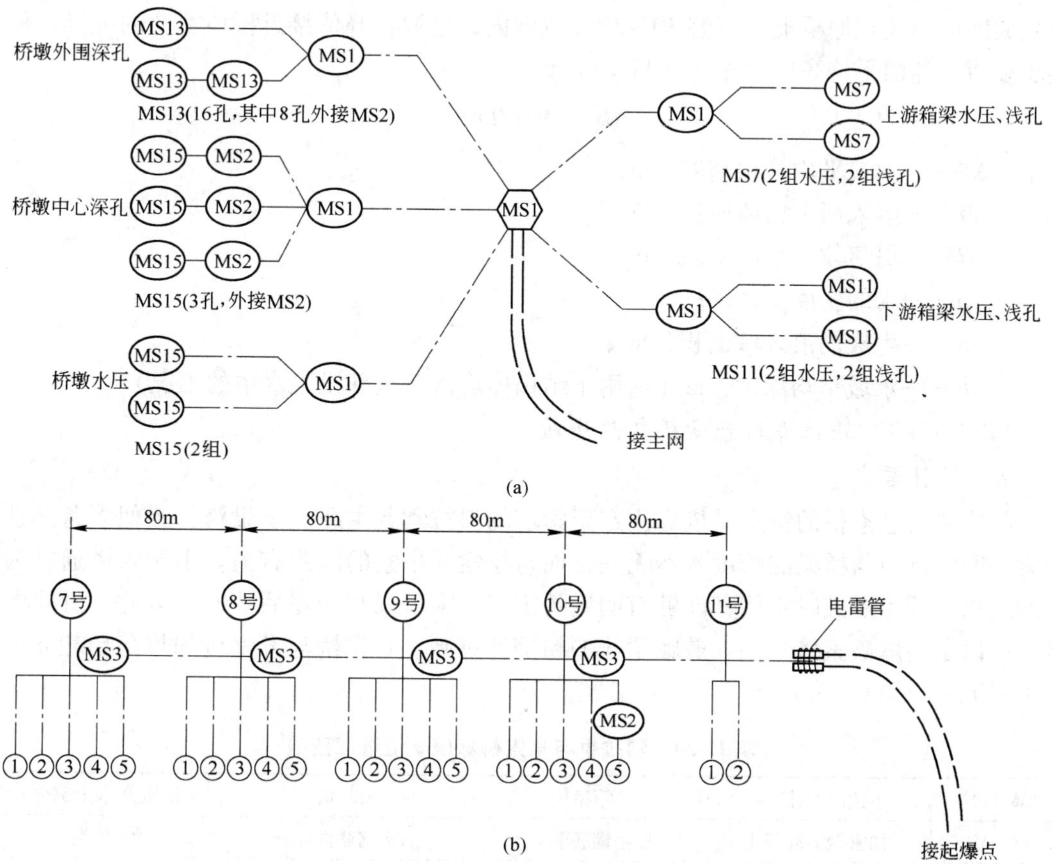
桥墩外围深孔
MS13
MS13
MS13
MS1
MS13(16孔,其中8孔外接MS2)
桥墩中心深孔
MS15
MS2
MS1
MS15(3孔,外接MS2)
桥墩水压
MS15
MS15
MS15(2组)
MS1
上游箱梁水压、浅孔
MS7
MS7(2组水压,2组浅孔)
下游箱梁水压、浅孔
MS11
MS11(2组水压,2组浅孔)
接主网
(a)
80m
80m
80m
80m
7号
8号
9号
10号
11号
MS3
MS2
电雷管
①②③④⑤
①②
接起爆点
(b)

图 11-38 起爆网路控制图

（a）单墩网路控制图；（b）起爆网路示意图

(6) 根据安全设计要求，需对大桥附近的建（构）筑物进行爆破振动实时监测。

(7) 根据桥梁承载能力，计算最大允许注水量。

b　施工工艺

(1) 采用大体量水压爆破必须预先做好各注水结构的防渗漏工作，控制渗漏量小于设计限定值。严控注水过程，保持注水载荷对称、均匀。

(2) 主桥墩深孔同时穿越箱壁、实心墩及水下承台，要根据不同部位的结构和环境条件分段装药。

(3) 水压爆破药包要定位准确，绑扎牢固，传爆可靠，不能出现意外破损现象。

(4) 辅助浅孔爆破区域采用防水填塞材料，并在注水前完成全部工序。

(5) 考虑到桥梁注水后可能产生的变形，网路应留有伸缩补偿空间。

c　爆破安全分析

(1) 根据桥梁设计承载能力计算最大允许注水量，并根据桥梁现状、预处理后结构变异、桥梁结构特点进行注水方式和注水总量的设计。

(2) 分析爆破振动对周边环境的影响，据此，控制最大单段药量和最大允许单块触地结构体量。

(3) 爆破后桥体瞬间落入水中，会诱发涌浪，造成次生灾害。根据能量理论分析，涌浪生成区应出现在原桥上、下游 30 ~ 50m 范围内，且波长峰值接近桥体宽度的一半，随后逐步衰减。涌浪平均高度可按式（11-24）计算：

$$\Delta h = MH/(\rho Sh) \tag{11-24}$$

式中　Δh——涌浪平均升程高度，m；

M——落入河中物体质量，t；

H——坍落体距水面高差，m；

ρ——水的密度，t/m^3；

S——生成涌浪区域面积，m^2；

h——水域平均深度，m（适用于结构体坍落后全部没入水中的工况）。

11.2.11.3　斜拉桥与悬索桥拆除爆破

A　设计要点

斜拉桥与悬索桥的特点是依靠固定于索塔的斜拉索或主缆支承梁跨，梁似多跨弹性支承梁，梁内弯矩与桥梁的跨度基本无关，而与拉索或吊索的间距有关。由于索塔通常为高耸构筑物，拆除爆破时希望其能够有明确的定向效果，以利于爆后清捞。因此，拆除的要点是：以定向爆破索塔为主，兼顾梁体的粉碎性爆破。斜拉桥与悬索桥的炸药单耗 q 值见表 11-20。

表 11-20　斜拉桥与悬索桥爆破 q 值选取范围

部　位	预应力挂梁	箱型梁	索　塔	桥墩（水上部分）
材　质	加密钢筋混凝土	加密钢筋混凝土	加密钢筋混凝土	钢筋混凝土
q/g · m^{-3}	2000 ~ 3000	1200 ~ 1500	2000 ~ 3000	1000 ~ 1200
备　注	浅孔爆破	浅孔或水压爆破	选用深孔爆破时，可降 20% 炸药单耗	

B 斜拉桥拆除爆破工程实例

三台涪江大桥是我国建造的第一座预应力钢筋混凝土斜拉桥，全长560m。其中，需拆除爆破的斜拉桥全长240m，与其相连的320m八孔石拱引桥需保留，继续使用。桥面净宽12m，主桥墩高33m，主桥墩上方的索塔净高30m，为变截面钢筋混凝土结构，梁体为分离式钢筋混凝土两箱预应力结构，见图11-39。

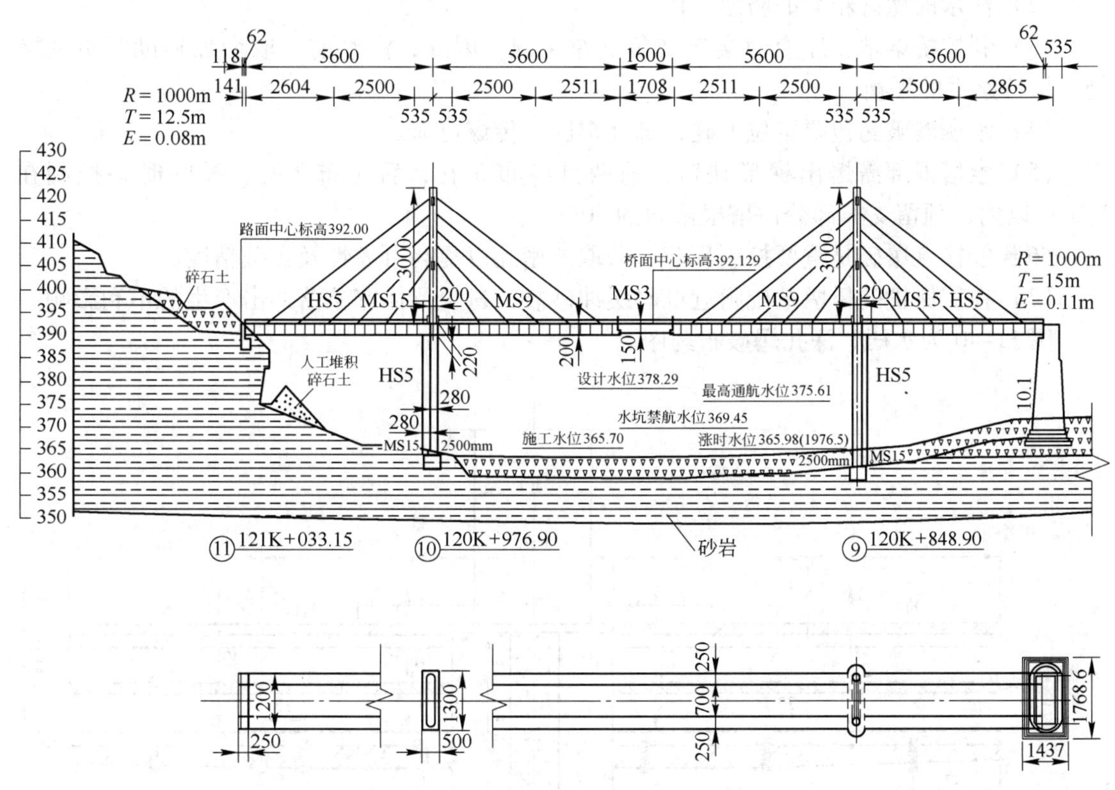

图11-39 大桥结构及网路布置图

a 总体设计

定向爆破使索塔向两岸倾倒，深孔爆破解体桥墩、水压爆破解体箱梁。考虑到旧桥钢筋配置较低，平均炸药单耗可较表11-20酌情减少。

（1）在两主墩顶面轴线上每墩垂直布置3个深孔，孔径ϕ100mm，孔深$h=30$m，孔距$a=2.5$m，平均炸药单耗$q=500\text{g/m}^3$。

（2）在索塔根部按梯形缺口布置定向爆破炮孔，孔径ϕ42mm，孔距$a=40$cm，排距$b=40$cm，平均炸药单耗$q=800\text{g/m}^3$。

（3）中间挂梁布浅孔，孔径ϕ42mm，孔距$a=60$cm，孔深$h=170$cm，平均炸药单耗$q=500\text{g/m}^3$。

（4）箱梁采用水压爆破，经计算确定延米装药量为2kg/m，用导爆索传爆。

（5）考虑到需保护的引桥制动墩上方亦为斜拉桥的支座，需要充分利用斜拉桥坍落时的初始动能，将其拉出到制动墩基础之外。除了合理确定墩、塔、梁间的延期外，尚需在箱梁端前4m处，用浅孔爆破形成铰接点。

（6）经过计算机动态分析，确定各部分构件爆破的延期量，完成起爆网路设计。

（7）由于是危桥，需进行严格的注水安全设计，限定最大注水量为 6.4t/m。

b 施工工艺

（1）钢筋混凝土桥墩体积较小，必须控制桥墩深孔的钻孔精度，保证在 30m 孔深范围内，垂直偏差小于 20cm。

（2）注水前做好箱梁的防渗工作。

（3）斜拉桥梁端支座有时会出现负支撑工况，因此，注水前采取增加辅助配重的措施，保持梁系的平衡。

（4）水压爆破药包要定位准确，绑扎牢固，传爆可靠。

（5）索塔根部需爆出梯形缺口，前两排各布 3 孔，后排布 2 孔，排间时差控制在 100ms 以内，预留支撑部分占塔根截面的 40%。

（6）铰接点爆破是重要控制环节，采取加密孔以提高可靠性及爆破精度。

（7）在需保护的桥墩基础附近堆码缓冲砂袋，避免梁体座坠落冲击产生的不利影响。

图 11-40 为水压、深孔爆破布药图。

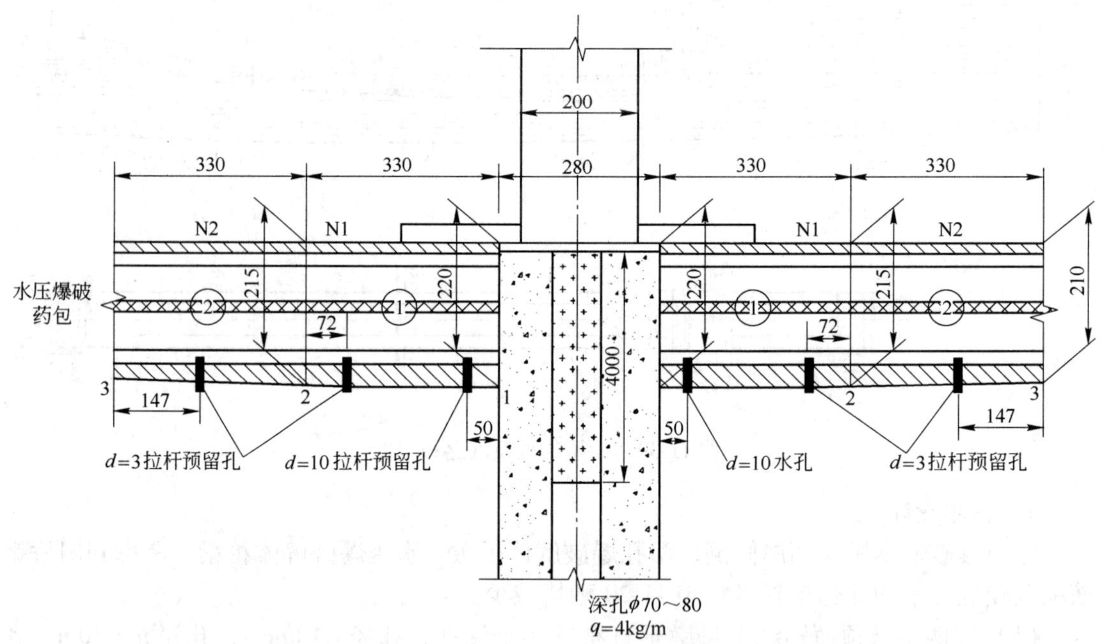

图 11-40 水压、深孔爆破布药图

c 要点分析

（1）坐落在主墩上的索塔顶部距河床面 63m，而主墩与保留拱桥制动墩的中心距仅为 56m。若实现索塔向岸边倾倒的同时，将江心上方爆后梁的残体在坍落过程中尽量拉向岸边的目标，必须解决两个主要问题：一是索塔应有足够的倾倒水平分量（动能）；二是倾倒触地时要保持与拱桥制动墩有至少 20m 的距离。确定索塔倾倒形成运动状态后，再彻底爆坍其下方的桥墩，迫使索塔形成转动与平动的组合，是解决问题的最理想方案。

（2）箱形梁均匀爆破的药量计算与分布。根据水压爆破冲量破坏经验公式计算分析单位长度箱体破碎所需的药量，以此作为线性布药密度。工艺上采用钢绞线定位，保证线性布药的安装精度。

（3）支座负支撑力配重平衡。由于斜拉桥、悬索桥桥梁的荷载是通过索的拉力承担的，因此，其支座常常出现受拉状态。为了平衡系统力，往往支座上布有拉杆，这是与普通简支梁桥不同的特点。根据对桥墩（台）的保护性要求，爆前需将支座拉杆切断。这时必须考虑在切断拉杆之前，给桥梁以合理的配重，以避免桥梁系统受力失衡，导致垮塌。

C　悬索桥拆除工程实例

旺苍英萃大桥为预应力钢筋混凝土悬索桥，全长73m，主跨64m。大桥北端采用混凝土塔支撑缆索，南端利用山体基岩设锚，悬拉缆索。两岸分别设有桥台。其中北侧为集镇，岸边满布民宅，且大桥两侧与民宅相邻，间距为1～2m，见图11-41。

(a)

(b)

图11-41　旺苍英萃大桥

a　总体设计

为了控制北岸锚锭爆破时的扰动量，必须通过爆破瞬间逐点解除吊索与桥梁的连接约束，使悬索桥坍落。在主缆索不承受外载的条件下，对称切断，随后拆除索塔。

（1）在吊索与加筋梁连接处设置爆破点，对于钢筋混凝土结构的加筋梁可在连接端头布孔，对于钢结构加筋梁则采取爆破切割吊索。

（2）钢筋混凝土加筋梁配筋率较高，爆破炸药单耗取 $q=3000\mathrm{g/m^3}$。

（3）实施悬索桥爆破后，仅保留缆索与索塔，即缆索呈现不承受外载的自然悬拉状态。采取对称切割方式，将缆索一端切断，牵拉至岸边。

（4）最后采取爆破方案拆除索塔。

b　施工工艺

（1）加劲梁连接端头钢筋密度大，布孔较密、装药量也大。宜采用多层麻包与钢网相结合的安全防护措施。

（2）直径小于 ϕ24mm 的钢丝绳悬索，直接用药包切割吊索；直径大于 ϕ24mm 的钢丝绳吊索，采用专门设计的转换夹具后爆破切断吊索，也可采用聚能切割药包直接爆断吊索。

（3）主缆索通常直径较大，在完成主桥爆破后另行处理切断。

11.2.12　水压爆破

11.2.12.1　水压爆破的技术特点

水压爆破主要用于拆除能够充水的薄壁结构的构筑物，如水槽、水罐、蓄水池、管桩、料斗、水塔、碉堡等。有些构筑物在经过封堵施工使其能充水的，也可以采用水压爆破方法拆除。

与其他爆破方法相比，水压爆破的特点是：

（1）不需要钻孔，节省作业费用和作业时间，加快施工进度；

（2）药包数量少，起爆网路简单；

（3）炸药能量利用率高，炸药消耗量小而且介质破碎均匀；

（4）安全性好，能有效地控制爆破冲击波、噪声和飞石，可显著降低爆破粉尘和有害气体，对环境污染小；

（5）需要消耗大量的水，对爆破的结构物的防漏要求高，使用的爆破器材要有较高的抗水性能，爆破后需要及时排水。

11.2.12.2　水压爆破机理

A　水在水压爆破中的作用特点

水压爆破中水的作用主要有以下三点：

（1）传能作用。在水压爆破中，水作为炸药与介质之间的媒介，主要起到一个传播能量的作用，即炸药爆炸能量通过水均匀地传递给介质。由于水是一种微压缩性介质，当外界压力增至100MPa，其密度仅增加5%左右，即在压缩波传播过程中，水本身消耗的变形能很小，因而在水中能量传播效率极高。

（2）缓冲作用。水压爆破靠水的传能作用，炸药在水中爆炸后气体产物的膨胀速度比空气中慢得多，水中爆炸压力能均匀和平缓地作用在周围介质上，介质只产生破裂，而不产生塑性流动和过粉碎，由于水的渗流速度低，又阻碍了爆轰气体的渗流，因此不仅提高了能量利用率，而且可以降低噪声，抑制飞石的产生，起到缓冲作用。

（3）“水楔”作用。炸药在水中爆炸时，水中冲击波在围绕孔壁的介质中产生径向裂隙和环状裂隙，随后水和爆炸气体进入到裂隙中，对裂隙起到扩展和延伸的作用。水的密度远比空气大，其具有的惯性也大，相对于“气楔”而言，“水楔”的劈裂作用要大于“气楔”的劈裂作用，这是因为水携带的能量远远大于气体所携带的能量。

B 水压爆破对周围介质的破坏机理

炸药在水中爆炸后，其对周围固体介质的破坏作用形式有冲击波的作用及爆炸气体的膨胀功和由此形成的高速水流作用两种。

（1）冲击波的作用。炸药引爆后，结构物的内壁首先受到由水介质传递的几百至几千个大气压的爆炸冲击波压力的作用，并且在外壁面反射成拉伸波。结构物四壁在冲击波作用下开始变形和位移，入射波强度大于边壁的抗压和抗拉极限强度时，结构物周壁会产生破裂；当外壁面的反射拉伸应力超过其抗拉极限强度时，在外层将出现龟裂并脱落破坏。

（2）爆炸气体的膨胀功和由此形成的高速水流作用。在爆炸气体作用下所形成的水球迅速向外加速膨胀，追贴上一部分被拉断的水，并且吸附它们成为自己的一部分，水球继续膨胀使空化区消失，并将能量传递给结构物四壁，进行一次突跃式的加载，加剧结构物的破坏。此后，具有残压的水流，从被破坏的结构物的裂缝中冲出，对结构物进一步进行破坏，并可能形成飞石。

计算表明，以上两者共占全部炸药爆炸能量的80%，其余20%的能量则消耗于所产生的光和热能之中，而能量的具体比例取决于炸药的品种和密度。

由于水中冲击波、气体脉动和运动水流的作用都比较平和，破坏的固壁碎块得到的加速度也不大，大部分碎块散落在附近。

11.2.12.3 水压爆破设计

A 药包布置

水压爆破拆除设计原理是基于圆柱形容器在其中心一个集中药包爆炸，通过水把炸药能量传给待拆除的结构，使其破坏。对于直径高度相当的圆柱形容器的爆破体，一般是在容器中心线下方一定高度设置一个药包，如果直径大于高度，也可采用对称布置多个集中药包的爆破方案；对于长宽比或高宽比大于1.2倍的结构物，可设置两个或多个药包，以使容器的四壁在长度方向上受到均匀的破坏作用，药包间距按下式计算。

$$a \leqslant (1.3 \sim 1.4)R \tag{11-25}$$

式中 a——药包间距，m；

R——药包中心至容器壁的最短距离，m。

拟进行爆破拆除的容器，原则上应充满水。容器不能充满水时，应保证水深不小于药包中心至容器壁的最短距离 R。这时应降低药包在水中的位置，直至置于容器底部。爆破后，容器状结构物的底面亦将受到程度不同的破坏。实践表明，当药包入水深度 h 达到某一临界值后，h 再增大，对爆破效果影响很小。通常药包的入水深度 h 采用下式计算：

$$h = (0.6 \sim 0.7)H \tag{11-26}$$

式中 H——注水深度，注水深度应不低于结构物净高的0.9倍。

药包入水深度最小值 h_{min} 按下式验算：

$$h_{min} \geqslant 3\sqrt{Q} \tag{11-27}$$

或 $$h_{\min} \geqslant (0.35 \sim 0.5)B \tag{11-28}$$

式中　Q——单个药包质量，kg；

B——容器直径或内短边长度，m；当 $h_{\min}$ 计算值小于 0.4m 时，一律取 0.4m。

采用水压爆破拆除的容器结构物的外侧是临空面，对半埋式的构筑物，应对周边覆盖物进行开挖。如果要对结构物的底板获得良好的破坏效果，需要对底板下的土层进行掏挖。

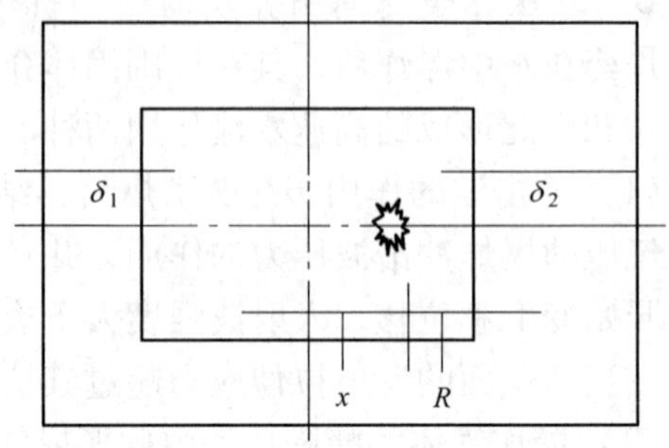

图 11-42　方形容器药包布置

对方形断面的容器结构物，如图 11-42 所示。两侧壁厚不同，可以采用偏炸的药包设计方案。这时药包偏离容器中心的距离 x 用下式计算

$$x = R(\delta_1^{1.143} - \delta_2^{1.143})/\delta_1^{1.143} + \delta_2^{1.143} \approx \frac{R(\delta_1 - \delta_2)}{\delta_1 + \delta_2} \tag{11-29}$$

式中　x——偏炸距离，m；

R——容器中心至侧壁的距离，m；

δ_1，δ_2——容器两侧的壁厚，m。

B　水压爆破药量计算

a　冲量准则公式

工程实践表明，冲量准则公式是使用最多的药量计算公式，而且爆破结果与设计之间的符合程度比较高。

冲量准则公式是利用薄壁圆筒的弹性理论，把水压爆破产生的水击波看成是冲量作用的结果，同时应用结构物在等效静载作用下产生位移，与在冲量作用下产生的位移相同的原理，得出的药量计算公式，通常适用于薄壁容器结构（$\delta/R \leqslant 0.1$），其结果比较符合实际。

冲量准则基本公式：

$$Q = K\delta^{1.6}R^{1.4} \tag{11-30}$$

式中　Q——药包重量，kg；

K——药量系数，一般情况下，根据爆破对象、材料和要求破碎程度等，取 $K = 2.5 \sim 10$，对钢筋混凝土的结构，取 $K > 4$；

R——圆筒形容器通过药包中心的截面内半径，m；

δ——圆筒形容器壁厚，m。

简化的冲量准则公式

$$Q = K(K_2\hat{\delta})^{1.6}\hat{R}^{1.4} \tag{11-31}$$

式中　K——与结构物材质、强度、破碎程度、碎块飞掷距离等有关的系数，按下面的原则来选取：（1）一般混凝土或砖石结构，视要求破碎程度取 $K = 1 \sim 3$；（2）钢筋混凝土，视要求的破碎程度和碎块飞掷距离选取：混凝土局部破裂，未脱离钢筋，基本无飞石，$K = 2 \sim 3$；混凝土破碎，部分脱离钢筋，碎

块飞掷 20m 以内，$K=4\sim5$；混凝土炸飞，主筋炸断，碎块飞掷距离 20～40m，$K=6\sim12$；

K_2——与结构物内半径 $\hat{R}$ 和壁厚 $\hat{\delta}$ 的比值有关的坚固性系数，当薄壁时（$\hat{\delta}/\hat{R}\leqslant 0.1$），$K_2=1$；其余 $K_2=0.94+0.7(\hat{\delta}/\hat{R})$，$\hat{\delta}/\hat{R}$ 越大，则表示壁越厚或膛越小，结构物越坚固。

对于非圆筒形结构物，采用等效内径和厚度的概念，令：

$$\hat{R}=(S_R/\pi)^{1/2} \tag{11-32}$$

$$\hat{\delta}=\hat{R}[(1+S_\delta/S_R)^{1/2}-1] \tag{11-33}$$

式中 $\hat{R}$，$\hat{\delta}$——分别是等效内径和等效壁厚，m；

S_R——通过药包中心结构物内空间的水平截面积，m^2；

S_δ——通过药包中心结构物壁体的水平截面积，m^2。

b 考虑注水体积和材料强度的药量计算公式

$$Q=K_a\sigma\delta V^{2/3}\quad（单个药包） \tag{11-34}$$

$$Q=K_a\sigma\delta V^{2/3}\left(1+\frac{n-1}{6}\right)\quad（多个药包） \tag{11-35}$$

式中 Q——总装药量，kg；

V——注水体积，m^3；

σ——构筑物结构材料的抗拉强度，MPa，混凝土结构材料的抗拉强度列于表 11-21；

δ——容器形构筑物壁厚，m；

K_a——装药系数，当使用原 2 号岩石硝铵炸药时，采用敞口式爆破 $K_a=1$，封口式爆破 $K_a=0.8$。

表 11-21 混凝土结构材料的抗拉强度

混凝土强度等级	C7	C10	C15	C20	C25	C30	C40
抗拉强度/MPa	0.5	0.8	1.2	1.6	1.9	2.1	2.5

c 考虑结构物截面面积的药量计算公式

（1）钢筋混凝土水槽的药量计算公式：

$$Q=fS \tag{11-36}$$

式中 Q——装药量，kg；

S——通过装药中心平面的槽壁断面积，m^2；若槽壁较薄，槽壁断面积小于槽壁内水的断面积时，则取壁内水的水平断面积；

f——爆破系数，即单位面积炸药消耗量，kg/m^2；混凝土，$f=0.25\sim0.3$；钢筋混凝土，$f=0.3\sim0.35$；群药包装药时，$f=0.15\sim0.25$。

（2）截面较大的结构物的装药量计算公式：

$$Q=K_cK_eS \tag{11-37}$$

式中 K_c——单位爆破面积用药量，kg/m^2，混凝土 $K_c = 0.2 \sim 0.25$，钢筋混凝土 $K_c = 0.3 \sim 0.35$，砖 $K_c = 0.18 \sim 0.24$；

K_e——炸药换算系数，黑梯炸药 1.0，铵油炸药 1.15；

S——通过药包中心的结构物周壁的水平截面面积，m^2。

（3）切割小截面结构物（如管子）的装药量计算公式：

$$Q = C\pi D\delta \tag{11-38}$$

式中 D——管子的外径，cm；

δ——管壁厚度，cm；

C——装药系数，敞口式爆破 $C = 0.044 \sim 0.05g/cm^2$，封口式爆破 $C = 0.022 \sim 0.03g/cm^2$。

（4）考虑结构物形状尺寸的药量计算公式：

1）短筒形结构物：

$$Q = K_b K_c K_e \delta B^2 \tag{11-39}$$

式中 K_b——与爆破方式有关的系数，封闭式取 $K_b = 0.7 \sim 1.0$，敞口式爆破取 $K_b = 0.9 \sim 1.2$；

K_c——与材质有关的用药系数，爆破每 m^3 结构物所需药量：砖结构 $K_c = 0.15 \sim 0.25$，混凝土结构 $K_c = 0.2 \sim 0.4$，钢筋混凝土结构 $K_c = 0.5 \sim 1.0$，用下限碎块飞散可控制在 10m 以内，取上限可达 20m 左右；

K_e——炸药换算系数，黑梯炸药 1.0，铵油炸药 1.15；

δ——结构物的壁厚，m；

B——结构物的内直径或边长，若截面为矩形则为短边长，m，其适用范围：$\delta < B/2$，$B \leqslant 3m$。

2）长筒形结构物：

$$Q = K_b K_c K_d K_e \delta BL \tag{11-40}$$

式中 K_d——结构调整系数，对于矩形截面 $K_d = 0.85 \sim 1.0$，圆形和正方形截面 $K_d = 1.0$；

L——结构物的高度，m；

B——结构物的内直径或短边长，m，其适用范围：$\delta < B/2$，$B \geqslant 1m$。

3）不等壁非圆形容器：

$$Q = K_b K_c K_e V \tag{11-41}$$

式中 V——被爆体的结构体积，m。

11.2.12.4 水压爆破施工

A 水压爆破的施工准备

a 施工调查

在确定采用水压爆破之前，首先应收集、掌握建（构）筑物的结构，包括材质、各部位的尺寸及布筋情况，周围环境及对安全的要求；根据水源情况、泄水条件，爆破体的储、漏水状况确定工程是否具备水压爆破的施工条件；进行水压爆破与其他拆除爆破方案的安全与技术经济指标的比较。

b 防水堵漏

在一些建（构）筑物中存在有各种各样的开口，除局部因施工需要必须在装药后处理外，一般封堵处理应尽可能提前完成，并做到不渗水和封堵材料具有足够强度。

封堵处理的方法很多，可采用钢板和钢筋锚固在建（构）筑物壁面上，并用橡皮圈作垫层以防漏水；可砌筑砖石并以水泥砂浆抹面进行封堵；也可浇灌混凝土或用木板夹填黏土夯实。不管采用什么方法，封堵处理的部位仍是整个结构中的薄弱环节，还应采取诸如在封堵部位外侧堆码砂袋等防护措施。

孔隙漏水的封堵：建（构）筑物的边壁上或底部往往有一些裂缝或肉眼不易发现的孔隙，随着注水深度的增加、水压的加大而出现漏水，而且往往越来越厉害。对这些缝隙可以用水玻璃加水泥、环氧树脂水泥等快干防水材料进行快速封堵。

塑料袋防漏：将单层或双层高强度聚氯乙烯塑料袋放置在容器内，水注入袋内，在水压下塑料袋会紧贴容器壁，这对存在孔隙的容器也是一种有效的防漏方法。在放置塑料袋前，应尽可能将容器壁清理干净、平滑，否则在注水后，容器壁上的任何小的粒刺都可能对塑料袋造成损坏。为保证防漏效果，一般应放置双层塑料袋。

c 开挖临空面

水压爆破的结构物一般具有良好的临空面。但对某些情况，如地下结构物，一定要注意开挖好爆破体的临空面，否则会影响爆破效果。

B 水压爆破施工

a 药包加工和防水

水压爆破宜选用密度大、耐水性能好的炸药。目前一般采用的抗水炸药有乳化炸药（密度 $\rho=1.05\sim1.39\mathrm{g/cm^3}$）、水胶炸药（密度 $\rho=1.1\sim1.25\mathrm{g/cm^3}$）、TNT 熔铸块（军用品、雷管感度，密度 $\rho=1.15\sim1.39\mathrm{g/cm^3}$），若采用铵油炸药等非防水炸药，则要严格作好药包的防水处理，药量小的药包可采用盐水瓶或大口瓶，药量大的药包也可采用塑料桶，采用多层高强度的塑料袋包装时，应在每层塑料袋上涂抹黄油防水，各层塑料袋相互倒置并捆绑牢固，由于起爆雷管的脚线要反复曲折，故塑料袋仅适合电雷管。加工后药包的密度 $\rho<1\mathrm{g/cm^3}$，应在药包上加上配重，使药包密度大于水的密度，以保证药包到位。

在加工药包时必须注意：当使用电爆网路时，切忌在水中出现电雷管的脚线与导线或导线与导线之间的接头。可以将电雷管的脚线与能直接拉出水面的引出线的接头在作好绝缘处理后放置在药包内。电爆网路的引出线和导爆管网路的导爆管从药包往外引出部位是防水的薄弱环节，当药包放入水中后，在水压的作用下，水往往顺着该部位的引出线进入药包内部。应该将瓶口或桶口的橡皮塞或螺旋盖上紧，用防水胶布裹严，或在瓶颈和瓶口处用几层石蜡和防水油封好，引出线处的缝隙可用 502 胶封严。采用瓶或桶做药包时，未装满炸药的地方应用沙子充填，塑料袋装药后应将多余空气排尽，否则在水中药包会浮起来。

b 药包安放

药包在容器中的固定方式可采用悬挂式或支架式，必要时可附加配重，以防悬浮或移位。

c 起爆网路

为了提高起爆的可靠性，可采用电雷管，也可采用导爆管雷管来引爆水中的炸药。起爆网路一般都应采用复式网路。网路连接应注意避免在水中出现接头，导爆管内切勿进入水滴或杂物。

d　爆破体底部基础处理

当底部基础不允许破坏时，药包距离底面的位置应大于水深的 1/3，一般应放置在水深的 1/3 ~ 1/2 之间为宜。同时还要在底部铺设沙子作为防护层，砂层厚度与装药量和基础强度等因素有关，通常不得小于 20cm。底部基础部分不要求爆破，但允许局部破坏时，可按一般水压爆破进行布药。当底部基础要求与上部壁一起爆破时，由于底部基础没有临空面，所以破碎效果一般不佳。特别是当底板较厚或分布有钢筋时，效果就更差。因此，通常都是加大炸药用量 20% ~ 50%，并将药包位置向下放。在加大用药量时，一定要对爆破振动、飞石等进行安全校核后确定。

e　注水

对小容量的结构物，可以采用自来水或消防车注水，大容量的建（构）筑物应采用加压泵注水。考虑一般结构都有漏水现象，而且往往随着水位的增高和时间的推移，漏水现象越来越严重，要使注入流量大于漏水量，而且尽可能将起爆前的停水时间缩短或爆破时不停供水，保证容器内有尽可能高的水位，以确保爆破破碎效果。

f　临时排水设施

大容量建（构）筑物的水压爆破，应考虑爆破后大量水的顺利排泄问题。由于这部分水流具有一定的势能和动量，水流速度和流量都较大，要防止其对爆破体周围的建（构）筑物和地面设施造成损伤，必要时应修筑挡水堤控制引导水流的方向。对导水口应采取适当措施，如在下水道口用钢筋笼作防护，防止大块爆渣冲击下水道造成填塞。

g　安全防护

水压爆破只要药量控制得当，一般很少有飞石。但在敞口爆破以及顶板有孔口的情况下，由于有残压的水柱喷出，会把开口部位或顶板上面的碎块冲击出来。有时由于水压爆破用药量偏大，顶板和边壁破碎后被高速水流冲击而飞出，所以在顶板和四周边壁上面要覆盖草袋或草垫类防护物。

11.2.12.5　工程实例——沼气罐水压爆破拆除

沼气罐平面为圆形，内径 10m，立面为六角形，全高 12m。地面以上 0.9m，周壁和顶盖厚 0.33m，底板厚 0.5m。双层配筋，钢筋直径 ϕ16mm，网格尺寸为 15cm × 15cm。混凝土强度为 C20。拆除钢筋混凝土罐壁 55m³，基础 30m³（图 11-43）。

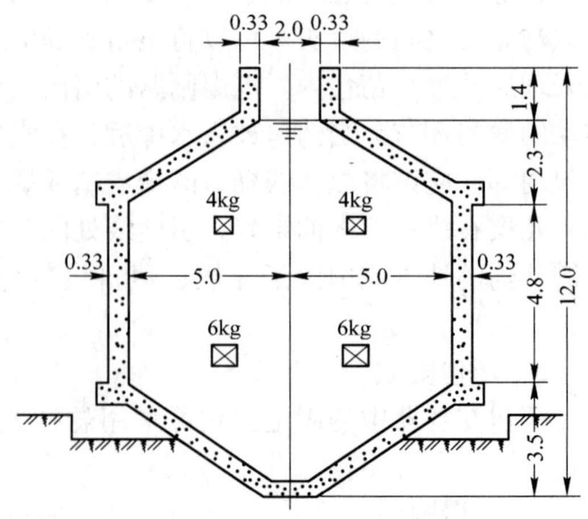

图 11-43　沼气罐结构及药包布置图

这是一个准圆筒壁结构物，而且 $\phi/R < 0.1$。为了对底板获得良好的破碎效果，设计计算取 $\delta = 0.5$m，$R = 5$m，取系数 $K = 6$。计算药量 $Q = K\delta^{1.6}R^{1.4} = 18.87$kg。实际取 $Q = 20$kg，分 4 个药包，两个 4kg 药包放在中上部，两个 6kg 药包放在中下部。这样的分布药包方案有利于爆破破碎均匀。校核设计药

量为6kg药包在 $R=3m$ 时对侧壁的爆破作用破坏系数为7.6，相应对底部 $R=2.5m$ 的爆破作用破坏系数为5.0。说明对侧边的破碎作用要强于底板。爆破后，罐体坍塌，大部分钢筋脱落，下部破碎较差，有少量大块需要用风镐进行破碎，爆破堆积物不超过侧壁外5m，飞石范围15～20m。

11.2.13 水下构筑物爆破拆除

11.2.13.1 水下拆除爆破的特点

（1）水下拆除爆破的目标物结构不同。陆地拆除爆破主要是房屋、烟囱、水塔、建筑基础等，而水下则主要是桥墩、桥台、码头、大坝、围堰、岩坎、沉船、水下钻井平台桩脚、废弃石油井管和水下障碍等。

（2）水下拆除爆破的施工环境不同。在江河里有水流，在海里还有风浪和潮汐影响，水中能见度又差，因此水中施工环境非常困难，尤其是钻孔作业，不仅困难而且效率低，所以水中拆除爆破除围堰之类要预留炮孔或装药硐室外，则很少用钻孔爆破，多用水中接触爆破或非接触爆破。

（3）水下爆破装药要进行严密防水处理。因水有溶解性，能导电，因此水下爆破装药要进行严密的防水处理，或采用防水性炸药，起爆网路要严格绝缘防水，且要用绳索加强，以防水流、风浪将其拉断。

（4）水下爆破装药量受界面影响较大。由于装药在水中爆炸受界面影响比较大，因此在水中接触爆炸时，装药与目标相对位置不同，装药有很大差别，其大致关系如表11-22所示。

（5）水下拆除爆破要注意对水中冲击波的防护。由于水是不可压缩流体，因此水中冲击波衰减慢，传播较远，水下爆破时要注意水中冲击波的防护。

表11-22 装药状态与装药量倍数关系

状 态	状 态 图	装药倍数关系
装药和目标均在空气中	空气 空气	1.0
装药和目标均在水中	水 水	1.78
装药在水中与目标物接触，目标物一面在空气中	空气 水	0.5
装药在空气中与目标物接触，目标一面在水中	空气 水	3.56

11.2.13.2 水下拆除爆破设计

水下拆除爆破目标物的基本材料也是砖石、混凝土、金属和木材等，其结构也是梁、板、柱、墙等。因此，其爆破设计的基本程序和方法与陆地拆除爆破相同，只是装药量的计算公式和安全距离要求不同。

A　水下砖石混凝土的爆破

a　钻孔爆破

$$Q = m \cdot c \cdot W^3 \tag{11-42}$$

或

$$Q = m \cdot c \cdot W^2 \cdot L \tag{11-43}$$

式中　Q——爆破所需装药量，kg；

m——材料强度系数（见表 11-23）；

c——装药系数（见表 11-24）；

W——破坏半径或需破坏厚度，m；

L——条形药包长度，m。

表 11-23　材料强度系数

材　料	浆砌块石砌体		混　凝　土		
	无钢筋	有钢筋	无钢筋	少量钢筋	密钢筋
m 值	1.4	2.8	1.5 ~ 1.8	3.0 ~ 3.6	4.0 ~ 5.0

表 11-24　装药系数

爆破方法	水下裸露爆破	水下钻孔爆破	
		集中药包	条形药包
c 值	4.5 ~ 5.0	1.5 ~ 2.0	2.0 ~ 3.0

如结构尺寸较大，需布多排孔时，则孔距 a 可取：

$$a = (0.8 \sim 1.0)W \tag{11-44}$$

水下砖石、混凝土拆除爆破，因钻孔困难，通常不采用分层爆破，而是一次性炸除到位，因此钻孔深度与结构状态有关。

$$L = Dh \tag{11-45}$$

式中　L——钻孔深度，m；

h——需要炸除的高度，m；

D——与结构状态有关的系数（见表 11-25）。

表 11-25　与结构状态有关的系数

结 构 状 态	D 值
爆破体底部临水	0.6 ~ 0.7
爆破断裂面与基础连接不紧密	0.6 ~ 0.8
爆破断裂面位于变截面上	0.9 ~ 1.0
爆破断裂面位于等截面连续体中	1.0

b　非接触爆破

水下非接触爆破混凝土的药量计算公式：

$$Q = 0.22K_1K_2R^{1.66} \tag{11-46}$$

式中　Q——浅水中非接触爆破混凝土块体的药量，kg；

K_1——装药入水深度的修正系数，当 $H>6R_0$ 时，$K_1=1$，当 $H<6R_0$ 时，$K_1=6R_0/H$，其中，H 为水深，R_0 为药包到拆除物的距离；

K_2——混凝土强度修正系数：混凝土标号 C40 ~ C50，$K_2=1$；C30，$K_2=0.84\sim0.87$；

R——装药中心至混凝土块体中心距离，m。

式（11-46）适用于 TNT 炸药，采用其他炸药要乘以药量换算系数，该式适用淤泥质海底，对其他地质条件要进行试验修正，但海底越硬，用药量相对减少。

水下非接触爆破药量计算的通用公式：

$$Q = K'_{\mathrm{H}} \cdot h \cdot R^2 \tag{11-47}$$

式中 Q——水中非接触爆破时所需药量，kg；

h——被破坏目标厚度，m；

R——装药中心至目标的距离，m；

K'_{H}——水中非接触爆破时材料的破坏系数（见表 11-26）。

表 11-26 材料的破坏系数

材料名称	K'_{H}	材料名称	K'_{H}
脆性木材	15	钢结构	3200
		石砌体	10
中等坚硬木材	20	砖砌体	8
		混凝土结构（C50）	12
坚硬木材	30	钢筋混凝土（只破碎混凝土）	35

B 水下金属材料爆破

水下接触爆破钢板时，经验公式列于表 11-27。

表 11-27 水下接触爆破钢板药量计算公式

介质存在情况	药量计算公式
炸药与被破坏目标均在空气中	集团装药圆柱形装药：$Q=20h^3$ 长方形装药：$Q=30h^3$
	直列装药：$Q=10Fh$
炸药与被破坏目标均在水中	集团装药圆柱形装药：$Q=35.6h^3$ 长方形装药：$Q=53.4h^3$
	直列装药：$Q=17.8Fh$
炸药全在水中，被破坏目标一面在水中，一面在空气中	集团装药圆柱形装药：$Q=10h^3$ 长方形装药：$Q=15h^3$
	直列装药：$Q=5Fh$
炸药全在空气中，被破坏目标一面在空气中，一面在水中	集团装药圆柱形装药：$Q=71.2h^3$ 长方形装药：$Q=106.8h^3$
	直列装药：$Q=35.6Fh$

注：Q—TNT 炸药装药量，g；h—被炸钢板厚度，cm；F—钢板被炸断面积，cm^2。

11.2.13.3 水下拆除爆破施工

水下拆除爆破施工难度远大于陆上施工，因为它不仅涉及到爆破本身，包括装药、起爆网路的密封防水、装药设置和固定、起爆网路设置和加固问题；而且还涉及潜水作业组织、船机操作的相互配合问题。所以水下拆除爆破施工，不仅专业性很强，而且需要多专业相互配合，需要有一支专业技术精的队伍，施工前要进行周密的工程调查，准备充分、作业精细，才能安全、可靠地完成任务。

施工的基本程序与内容如下。

A 工程勘察

工程勘察内容见表11-28。

表11-28 工程勘察内容表

构筑物情况	水文地质情况	环境情况
结构、尺寸、材料、位置、状态、破坏程度	水深、潮汐、风浪、流向、流速、水底状况	水上保护目标、水下保护目标、水产养殖、水上交通航运、浮游设备

B 总体方案确定

总体方案确定的内容见表11-29。

表11-29 总体方案确定的内容表

爆破规模	爆破方式	装药结构
同段起爆药量； 一次爆破量； 一次爆破范围	同时起爆还是分段起爆； 一次爆破还是分次爆破	集团装药；条形装药；聚能装药；组合装药

C 施工准备

施工准备工作内容见表11-30。

表11-30 施工准备工作内容

人员准备	器材准备	技术准备
管理指挥人员； 爆破技术人员； 爆破员； 潜水员； 后勤保障人员	炸药； 防水、包装器材； 起爆器材；起爆网路器材； 潜水器材；装药设置器材； 船只	技术设计方案； 施工组织方案； 安全防护措施； 警戒范围； 盲炮防止及处理措施

D 爆破作业

爆破作业程序见表11-31。

表 11-31 爆破作业程序

作业分组	装药准备组	装药设置组	起 爆 组	爆后检查
爆破作业	准确选用炸药； 准确定量； 正确包装； 严格密封防潮； 设置起爆体； 专人看管	准确定位； 清理杂物； 正确安装固定	检查网路起爆器材； 正确连接网路； 正确加强网路； 听命令起爆	检查处理安全事故； 检查处理盲炮； 检查爆破效果

E 接触爆破对装药设置的要求

装药同目标物必须紧密接触，尽可能减少装药与目标物之间的间隙。

选用高强度、厚度薄、防水性能好的材料包装炸药，捆绳要细而强度高。有些防水炸药，如黏性炸药、橡胶炸药、塑性炸药，可以不包装，直接贴在目标进行爆破。

设置装药前，清除目标上的杂物及水生物。

装药要牢固固定在目标上，防止水流风浪移动位置。

保证装药最大平面与目标表面接触，且尽量采用扁平药包，使目标获得最大冲量。

利用结构形状，如 Π、T 或 Γ 结构，应尽量使装药与目标物多面接触，以增大爆破效果。

设置装药时尽量创造水下爆破最有利条件，即装药在水中，目标物一面与装药接触，另一面与空气接触或与密度小的木材、泡沫塑料等接触。

11.2.13.4 工程实例——水下爆炸切割与水压爆破综合破碎大型构筑物

A 工程概况

2000 年 8 月，中港二航局一公司在孟加拉国达·乌吉布省的西卡布河上架桥施工，由于沉井本身的结构不太合理（横截面尺寸与自身高度相比太小），再加上河床的地层结构松软程度不同，沉井逐渐倾斜，并最终完全倾倒于河床中。倾倒的沉井约 7 层楼高，体积庞大，若不清除则严重影响大桥下一步的架设和航道的安全。

B 周围环境及沉井基本结构

河水流向从北向南，沉井处水深约 14m。沉井倾倒方向与原设计桥墩方向成 25.8° 倾角，沉井底部偏北，上部偏南。沉井上部距水面约 2.8m，底部距水面约 8.2m，潮差约 2m。

沉井长约 10m，宽约 5.5m，高约 23m，呈长方体状（见图 11-44）。沉井中间有两个自上而下的大圆洞，洞直径约 3.3m。两圆洞之间隔墙厚约 1.1m，每个圆洞容积约 227m^3。沉井由 C20 混凝土浇筑而成，总方量约 621.5m^3。沉井内、外围在高度为 2.5m 以上由 $\delta=4$mm 的钢板，在底部 2.5m 以下为 $\delta=10$mm 的钢板围焊而成；钢外壳面积约为

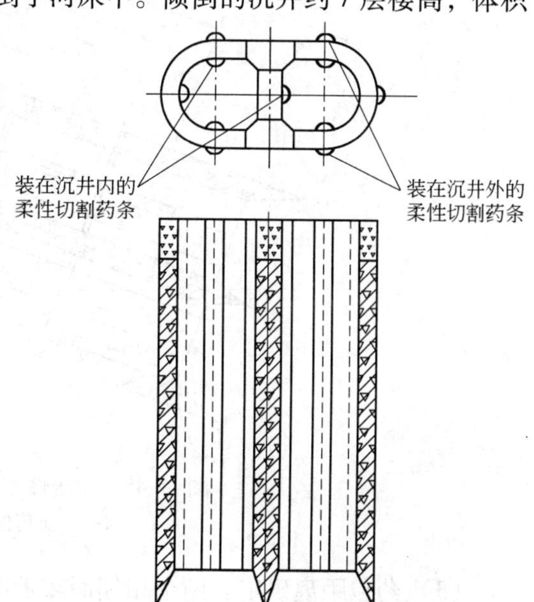

图 11-44 沉井结构及柔性条形切割索布置图

604.2m^2，沉井内壳钢板面积约为 574.8m^2，沉井总重约 1800t。

C　方案设计

a　工程要求

采用爆破法清除沉井的要求如下：

（1）爆炸切割后，C20 混凝土块重量不大于 30t；

（2）爆炸切割后，沉井钢壳的钢板蒙皮、角钢能与 C20 混凝土块分离，并能用 40t 水上吊船进行水下清除。

b　方案选择

沉井是由 C20 混凝土和 A3 钢板的复合结构，而且位于水下 14m。经过反复分析研究，为确保万无一失，决定采用水下爆炸切割和水压爆破相结合的施工技术方案。水下爆炸切割将钢板切割开，清除对混凝土结构的加固作用。水压爆破可将混凝土结构充分破碎。

c　布药及其参数

（1）柔性切割索布设。由于沉井的内、外壁有钢板束缚，必须使钢板化整为零，才能使沉井充分破碎。我们选用柔性切割索来完成爆炸切割任务。首先将切割索密封，然后准备 11 条 23m 长的切割索，5 条分别布设在沉井上井筒的外侧（沿泥线布设），其余 6 条分别布置于沉井内侧各处（见图 11-45）。

（2）水压爆破药包布设。对大型、结构复杂的构筑物，在其中央布设一个集中药包进行水压爆破是不合适的，必须分散布药。从沉井的大体形状是柱状来考虑，药包应沿轴向分散布置，又因为沉井有两个孔洞，为了充分破碎混凝土体，在每个孔洞内均沿轴向布置 3 个药包（见图 11-45）。

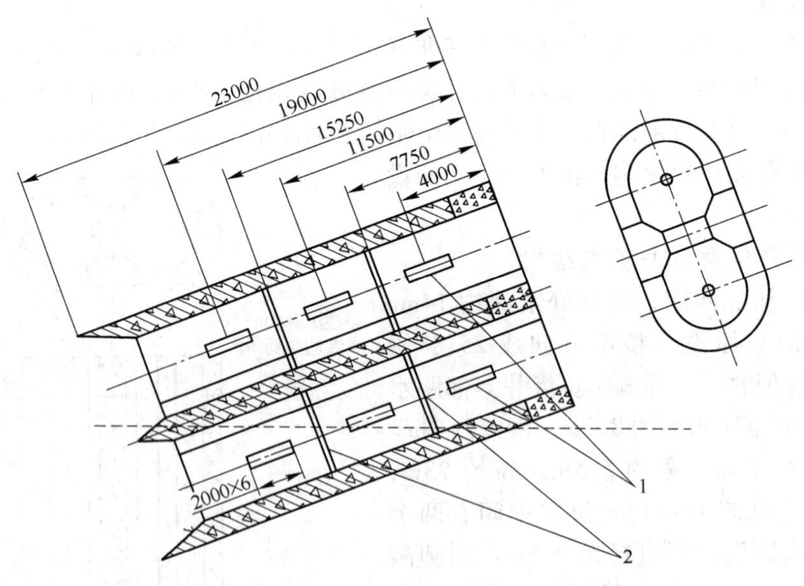

图 11-45　水压爆破药包和环形切割器布置图

1—水压药包；2—环形切割索

（3）药包距离确定。两个相邻而较近的药包在水中同时爆炸，各自产生的水中冲击波相互干扰，在两药包之间产生一个压力很小的“脊区”，相当大的一部分能量在该水域内损耗。损耗大小与药包间距 a 有关。间距合理时，脊区损耗较少，可取得较好的破碎效果。由此并兼顾施工的可操作性，在每个孔洞的圆心处沿轴向布置三个圆柱形药包。

（4）药包装药量计算。参考有关资料，采用多种公式计算得出水压爆破的装药量，取其平均值，再考虑沉井外侧有水的情况，乘以 1.5～2.0 的系数。最后计算得每孔装药量 150kg，分 3 个药包布置，每个药包重 50kg；沉井药包数共计 6 个，总药量为 300kg。

d 柔性切割索的密封

在水下要使切割索仍具有切割能力，必须对其密封，以保护切割索的聚能穴不被水充满。我们采用的密封方法，既保护了切割索的聚能穴，又保留了柔性切割索的灵活，便于操作。

e 切割索的固定

切割索要紧贴在沉井钢壁上，才能起到应有的效果。在水下，重力和水流冲击的综合作用使切割索的固定问题显得尤为重要。通过精心设计，准备了一种磁性固定装置，该装置携带方便，磁力强，便于水下施工使用，利用该装置，圆满地解决了施工中的切割索固定问题。

D 施工步骤

a 外切割药条布设及引爆

将 5 条 23m 长的柔性切割索药条，分别布设在沉井上井筒的外侧（可沿泥线布设），引爆切割药条将外钢板切开。

b 内切割药条布设及引爆

将 6 根 23m 长的切割索药条，用若干磁铁卡子将切割药条固定牢，引爆切割索，将沉井内壁钢板切成 6 块。

c 环形切割药条布设

将直径为 3.1m 的环形切割装药布设到沉井筒内距顶面约 16m 和 17m 的位置上，用磁铁固定牢，引出起爆线等待引爆。

d 水压爆破药包的布设

将长为 2m、直径为 200mm 的水压爆破药包布设到沉井筒内分别为 19m、11.5m 和 4m 处。将引爆线引出，并将 6 个水压爆破药包和 4 个环形药包切割器串联成一条线路，接到地面主母线上，准备起爆。

沉井上边筒内的三个水压爆破药包采用 3 段雷管，两个环形切割装置采用 1 段雷管，时差为 50ms。下边筒内三个水压爆破药包采用 5 段雷管，两个环形切割装置采用 1 段雷管，时差为 100ms。

E 布设药包时应注意的问题

（1）要注意对爆破器材的密封，防止渗水；

（2）水压爆破药包一定要放置到位，如果放置有偏差，则可能出现混凝土结构破碎不充分的现象；

（3）起爆线路一定要保护好，潜水员下水时要小心，不要扯挂线路。

F 爆破安全警戒距离

根据计算，河上船舶撤离爆心至少 160m 以外，爆破前 10min 距引爆点 500m 内暂停航行。陆上人员撤离引爆点 300m 以外。爆破后 10min，潜水员方可潜水观察爆破效果。

G　爆破安全校核

经计算，本次爆破采用的装药量，其爆破振动不会对周围的建筑物产生危害。

H　工程效果

爆破结果与设计大体一致，潜水员下水检查爆破结果时发现：

（1）沉井两个仓已被破碎，破碎的混凝土方量约 $700m^3$，重约 1500t；

（2）被破碎的混凝土散落在原沉井的周围，爆堆主要由被破碎的混凝土、角钢、钢筋、钢板等物构成，混凝土和角铁、钢筋已分离，角铁支在爆堆上，部分支撑物高约 2m；

（3）混凝土块度 80mm × 80mm × 80mm 的约占 50% 左右，150mm × 150mm × 150mm 的约 30%，其余的 20%，潜水员也能顺利搬动。

本工程的施工实践证明，采用水下聚能切割和水压爆破相结合的施工方案对钢板与混凝土的混合结构的拆除是可行的，爆破效果较好，保证了安全。

11.3　静态破裂技术

11.3.1　概述

静态破裂技术在石材开采、构筑物部分拆除和边坡修整等工程领域得到应用。虽然静态破裂技术并不属于“爆破”范畴，但是由于其在特别苛刻环境下能够破碎混凝土，拆除基础，可以作为拆除爆破的一项重要补充。

11.3.1.1　静态破裂剂及其膨胀作用

静态破裂剂的主要成分，不管是水泥生产工艺型还是石灰生产工艺型，都是以 CaO 为主。

A　静态破裂剂作用原理

静态破裂剂最主要的膨胀力来源于生石灰水化，即

$$CaO + H_2O \longrightarrow Ca(OH)_2 + 62.8kJ$$

CaO 水化生成 $Ca(OH)_2$，固相体积显著增大，随之空隙体积也相应增大，从而产生对外的膨胀力。

按 1kg 静态破裂剂所含 CaO 的比例换算，其理论计算发热量约为 837.2 ~ 1172.0kJ/kg，可将其自身加热到近 300℃。

B　静态破裂剂破裂机理

岩石的抗拉强度约为 $50 \times 10^5 \sim 100 \times 10^5$Pa，混凝土的抗拉强度约为 $20 \times 10^5 \sim 60 \times 10^5$Pa，而通常静态破碎剂的膨胀压力可达 300×10^5Pa 以上，因此，在合理的破裂参数设计条件下，是能够使炮孔周围的介质得到充分破坏。若厚壁圆筒状弹性体的内半径为 r_1，外半径为 r_2，当其内作用着压力 P 时，任意半径 r 处的切向拉应力 σ_τ 可由式（11-48）求出。

$$\sigma_\tau = \frac{r_1^2 P}{r_2^2 - r_1^2}\left(1 + \frac{r_2^2}{r_1^2}\right) \qquad (11\text{-}48)$$

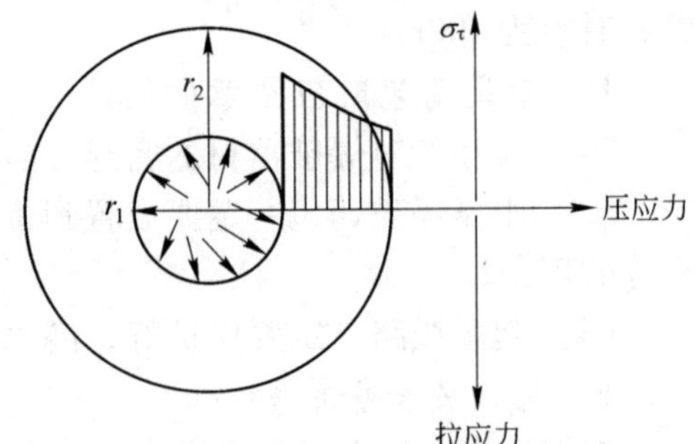

图 11-46　静态破碎机理示意图

11.3.1.2 影响破碎效果的因素

静态破裂剂的破碎效果与介质的性质、破裂剂在炮孔中水化以后所产生的膨胀压力的大小和选取的破裂参数是否合理有关，而膨胀压力的大小又与下列因素有关。

(1) 时间。静态胀裂剂膨胀压力初期是随着时间的增加而迅速增大。稍后膨胀压力随时间的增长而逐渐变得缓慢，如图 11-47 和图 11-48 所示。

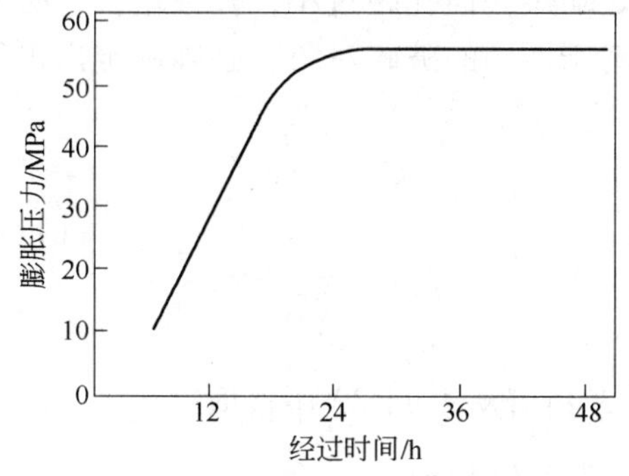

图 11-47 普通静态破碎剂的压力-时间曲线
(S 型筒型袋装破碎剂；水灰比 0.26；孔径 38mm；温度 20℃)

图 11-48 快速静态破碎剂的压力-时间曲线
(SB-1000 型；孔径 50mm；温度 20℃)

(2) 温度。静态破碎剂的水化反应的速度与温度有密切关系，普通型破碎剂在不同温度条件下使用时，在同一时间上所产生的膨胀压力相差达 1.0 倍或更多。因此，要根据季度的气温来正确选用破碎剂的型号。

(3) 水灰比。水灰比是指水与破碎剂拌和时，所用水的重量与破碎剂重量之比。如果水灰比是在合理范围内，则膨胀压力随着水灰比的减小而增大。普通型破裂剂的浆体其水灰比一般采用 0.28 ~0.33。

(4) 孔径。孔径增大，膨胀压力也增长。但是孔径太大以后，因水化热积聚较多，容易发生喷孔，一般宜采用 34 ~45mm 的孔径。

11.3.2 普通型破裂剂性能及应用

11.3.2.1 普通型破裂剂性能

国内使用的普通型静态破裂剂，一般为 SCA 和 JC-1 两个系列，其适用条件列于表 11-32。

表 11-32 SCA 和 JC-1 静态破裂剂

破裂剂型号	使用温度/℃	破裂剂型号	使用温度/℃
A-Ⅰ	20 ~35	JC-Ⅰ	> 25
CA-Ⅱ	10 ~25	JC-Ⅱ	10 ~25
SCA-Ⅲ	5 ~15	JC-Ⅲ	0 ~10
SCA-Ⅳ	-5 ~8	JC-Ⅳ	<0

11.3.2.2　破裂设计参数

A　炮孔排列

炮孔的排列形式主要取决于被破碎体情况和对破碎的要求。当多排孔破碎时，炮孔的排列形式主要是矩形排列和梅花形排列，

B　孔距

孔距越小，开裂越容易，破碎所需时间也随之缩短。但孔距过小，孔数增多，必然会增加钻孔工作量和静态破碎剂的消耗量。因此，对于不同的破碎对象，必须确定出可行的最大孔距，以达到最好的技术经济效果。

孔距的大小可用式（11-49）求得：

$$a = Kd \tag{11-49}$$

式中　a——孔距，cm；

d——孔径，cm；

K——破碎系数，若使用普通型破碎剂时，K 值可从表 11-33 中选取。

表 11-33　混凝土的 K 值（孔径 $d \leqslant 50$mm）

混凝土种类	含筋率/kg · m^{-3}	标准 K 值
素混凝土		10 ~ 18
钢筋混凝土	30 ~ 60	8 ~ 10
	60 ~ 100	6 ~ 8
	> 100	5 ~ 7

C　排距和最小抵抗线

布置多排孔时，排距的选择原则与孔距基本相同，为达到满意的静态破碎效果，原则上排距应略小于孔距。

在静态破碎中，最小抵抗线的大小应根据介质的强度、形态大小、孔径、节理以及要求破碎的块度等因素来确定，表 11-34 中所列数可供设计时参考。

表 11-34　最小抵抗线值

破碎对象	W 值/cm	破碎对象	W 值/cm
无筋或少筋混凝土	30 ~ 40	软　岩	40 ~ 60
多筋混凝土	20 ~ 30	中、硬质岩石	30 ~ 40

D　孔深

当被破碎体的高度和其他条件相同时，炮孔深度大的比炮孔深度小的更容易开裂，破碎效果也更好，它们之间的关系可用式（11-50）表示。

$$L = \lambda H \tag{11-50}$$

式中　L——孔深，m；

H——被破碎体的高度或破碎高度，m；

λ——孔深系数，与约束条件有关。对于混凝土块或孤石 $\lambda = \frac{2}{3} \sim \frac{3}{4}$；对于原岩，$\lambda = 1.05$；对钢筋混凝土体 $\lambda = 0.95 \sim 1.0$。

11.3.2.3 施工中应注意的问题

（1）装药施工时，为了安全，必须戴防护眼镜，装药后1h内，不要靠近孔口直视孔口，以防万一发生喷孔，伤害眼睛。

（2）装药时，每卷都要捣实，如捣不实，在孔壁与药卷间留有空气，有发生喷孔的可能。

（3）破裂剂主要成分是石灰，属碱性，如眯入眼睛，应立即用水冲洗干净，再到医院用酸性药水冲洗。

（4）药剂要保存在干燥场所，切勿受潮。

11.4 拆除爆破施工

11.4.1 拆除爆破施工组织

11.4.1.1 拆除爆破作业流程

工程爆破的作业程序可以分为以下三个阶段：

A 工程准备及爆破设计阶段

在进行拆除爆破设计前，除了尽可能收集被拆除建筑物的建筑设计、施工验收等原始资料、图纸外，应对被拆除的建筑物和施工现场周围环境有较为详细的了解，并根据这些资料和施工要求进行爆破拆除可行性论证，并提出爆破方案。

拆除爆破设计应包括爆破参数设计、起爆网路设计、防护设计和施工组织设计等内容。在进行爆破设计的同时，应着手进行施工准备，包括人员、机具和现场安排。爆破设计应报相关部门审查批准，必要时还应进行爆破安全评估。

B 施工阶段

建（构）筑物拆除爆破一般采用钻孔法施工。建（构）筑物拆除爆破的炮孔主要有柱孔、梁孔和墙孔。在钻孔前，应按照爆破设计标定孔位，即将孔位准确地标定在爆破体上。

在钻孔结束后应对钻孔逐孔检查，检查的主要内容为：炮孔位置、深度、倾角等是否符合设计；有无堵孔、乱孔现象。在检查时应注意炮孔各方向的抵抗线值，防止局部出现抵抗线过小的情况。

预处理施工应由懂结构，且熟悉本次爆破各项参数的、有一定经验的技术人员负责，保证建筑物在处理过程中和处理后的结构稳定。

在施工阶段，还应做好爆破器材的检查和起爆网路的试验工作。

C 施爆阶段

进入施爆阶段首先应成立爆破指挥部，负责拆除爆破施爆阶段的管理、协调和指挥工作。

爆破实施阶段中装药、填塞、防护和联网阶段是拆除爆破施工技术中十分重要的阶段，在这时进入施工现场的应是经过培训的爆破作业人员，包括工程技术人员和爆破员。从进入爆破器材起，施工现场就应设置警戒区，全天候配备安全警戒人员。

应根据试验爆破和炮孔检查的结果确定炮孔的装药量。

装药必须按设计编号进行，药包与炮孔要对号入座，严防装错。药包要安放到位，尤其注意分层药包的安装。要选择合适的填塞材料，保证填塞质量，同时严格按设计要求进行起爆网路的连接和爆破防护工作。

爆后必须等建（构）筑物倒塌稳定之后，检查人员方准进入现场检查。同时组织人员对爆区周围的建筑物和各种管线进行检查和处理。图 11-49 是拆除爆破的作业流程，图中上面虚线框内的各项作业属工程准备及爆破设计阶段；中间虚线框内的各项作业属施工阶段；其余作业属施爆阶段。

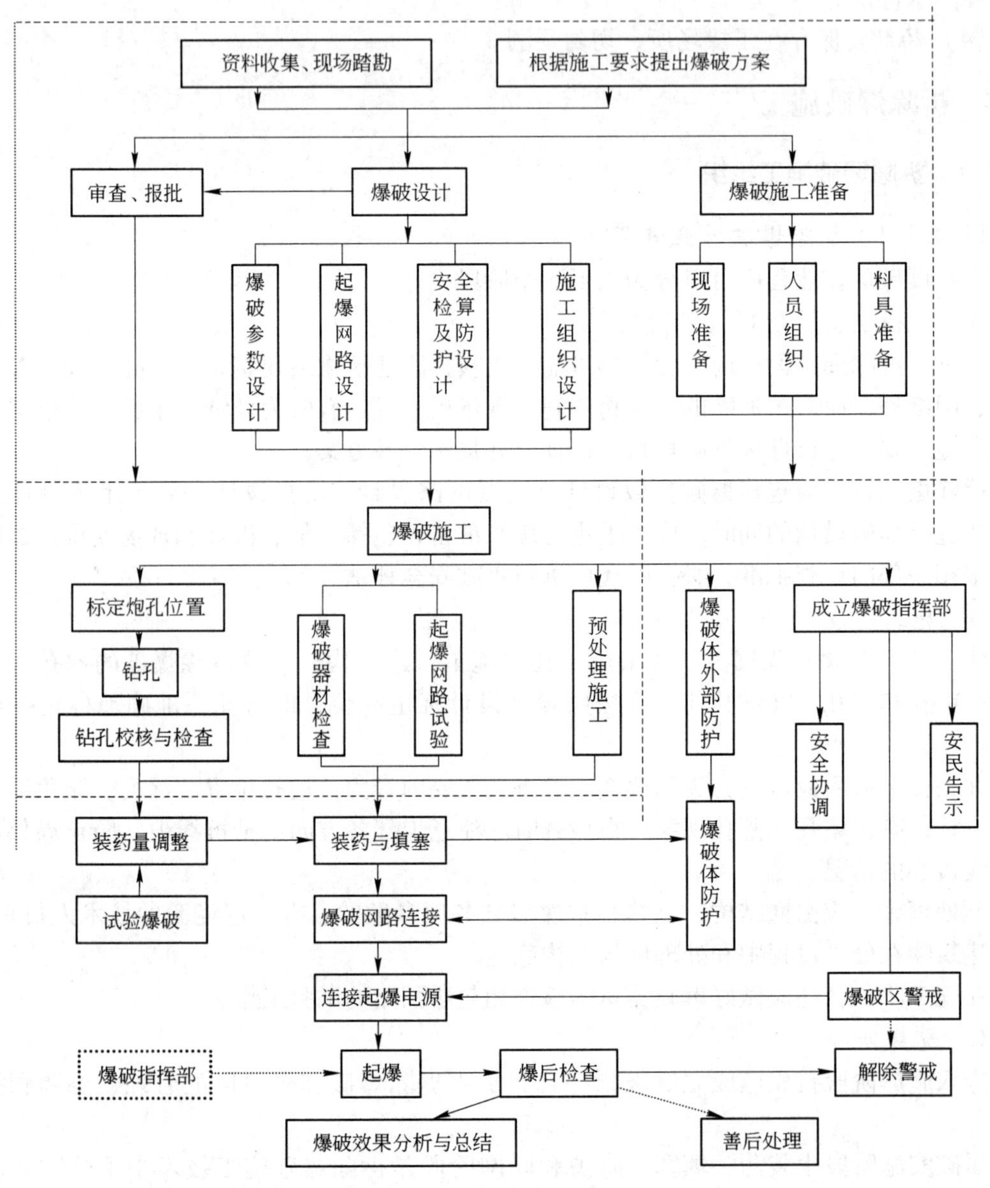

图 11-49　拆除爆破的作业程序

11.4.1.2　施工组织设计

一项爆破工程要想取得理想的效果，除了要有正确的爆破方案、精心的爆破设计以外，精心的施工也是关键。爆破施工应根据施工组织设计确定的施工方法、施工顺序和施工进度进行。爆破工程设计人员参与或跟踪施工过程，是爆破工程能否取得良好效果的一个重要保证。

施工组织设计的编制依据一般是：

（1）工程招投标的有关文件及补充说明；

（2）施工合同；

（3）爆破技术设计；

（4）有关规程规范；

（5）施工现场的实际情况。

规范性的施工组织设计包括下列内容：

（1）工程概况及施工方法、设备、机具概述；

（2）施工准备；

（3）钻孔工程的设计及施工组织；

（4）装药及填塞组织；

（5）起爆网路敷设及起爆站；

（6）安全警戒与撤离区域及信号标志；

（7）主要设施与设备的安全防护；

（8）预防事故的措施；

（9）爆破指挥部的组织；

（10）爆破器材购买、运输、贮存、加工、使用的安全制度；

（11）工程进度表。

上述各部分中，工程概况应包括爆区地形、地貌、地质条件或被拆除建（构）筑物结构、形状及周围环境等；施工方法应包括爆破设计要点、施工方法等内容。钻孔工程的设计和施工组织应包括钻孔工作量、配备机械和人员、钻孔流程、质量保证、钻孔检查验收及安全措施。在拆除爆破工程中还应包括预处理施工组织设计的内容：预处理任务数量、配备机械和人员及安全措施。主要设施与设备的安全防护在拆除爆破中称为防护施工组织设计，内容包括防护类型，防护结构、防护位置，防护材料和进度安排。在规模较大的爆破工程施工组织设计中，还应有施工质量控制和安全生产及文明施工措施，内容包括质量保证体系的组成与控制、质量保证措施、施工质量记录以及安全生产管理体系、安全生产及文明施工措施。

11.4.1.3 拆除爆破的施工和防护

A 预拆除

在拆除爆破中，为了减少爆破工作量即减少钻孔、降低炸药用量、简化起爆网路、降低爆堆高度和堆积范围、减少扬尘、确保建筑物按设计要求准确倒塌对建筑物的部分结构可先行预拆除。

建筑物的预拆除方案应根据整体爆破拆除方案来安排，并征求结构工程师的意见。预拆除工作应在工程技术人员的指导下进行，必须确保建筑物的整体稳定。要详细了解建筑物的结构特性，是砖混结构还是剪力墙，是否承重结构部位，在预处理工程中和处理后都应保证结构的稳定，有足够的安全度。

预处理部位原则上应为非承重部位，一般为门、窗和隔断墙等，预拆除应在爆破工程正式钻孔前进行。对楼梯、梁、柱、承重墙及可能影响建筑物顺利倒塌的部位可在爆前对其材料和结构强度稍加破坏进行弱化处理。对特别敏感而又非处理不可的部位应在爆前突击处理。预处理与拆除爆破施爆之间的时间间隔尽可能短。

预处理一般采用人工与机械方式完成，对电梯井、坚固的剪力墙可采用爆破方式处理，对结构复杂而又倒塌方式不同的建筑物必须切缝处理时，一般用机械自上而下切割。预处理应在装炸药之前全部完成，不允许预处理与装药同时进行。

B　试爆

在拆除爆破中，有时因建筑物年代久远、图纸缺失，对建筑材料的破坏强度、配筋率不了解，或由于建筑材料老化，钢筋锈蚀，对药量如何控制没有把握，此时必须对待拆除建筑物进行试爆。试爆应选在不影响建筑物整体稳定的部位进行。部位不宜过大，只要能说明问题即可。根据爆破效果来调整爆破参数，优化爆破方案。尤其是确定单位炸药消耗量这一参数最重要。试验药量一般是从小到大顺序来增加，炸药品种、钻孔孔排距和孔深都应与正式爆破完全一致，只调整单孔装药量。试验爆破地点应选择在待拆除的建筑物上，应在非承重部位实施，不能破坏结构的稳定。

C　钻孔、装药和填塞

在拆除爆破中，最小抵抗线 W 比较小，所以对钻孔的质量要求较高，在钻孔过程中，要随时掌握其方向及深度，使之符合设计要求。如炮孔位置处于钢筋上，可在垂直于最小抵抗线方向稍加移动，使钻孔位置避开钢筋。装药前应在爆破设计人员参与下对炮孔逐个进行验收，并根据每个炮孔的实际情况确定装药量。对不合格的炮孔应提出处理意见。

拆除爆破的每个药包，应按爆破设计要求计量准确，并按药包重量、雷管段别、药包个数分类编组放置。应设专人负责登记及办理领取手续；应设专人监督检查装药作业。不能在当天完成装药爆破时，爆破器材应设临时存放点，严格划定警戒范围并进行昼夜警戒。装药时用木炮棍将药包推送到炮孔内的设计位置，要防止雷管从药包中脱落。

药包装入炮孔后应进行填塞，填塞料要选用带有一定湿度（含水率 15% ~20%）的黄土或砂子与黏土混合物，其中不能夹有碎石。用木棍分层填塞捣实，每层厚度不宜超过 10cm。填塞过程中应注意保护好雷管脚线、导爆管或导爆索不受到损坏或擦破。

D　防护和覆盖

防护和覆盖是拆除爆破施工的重要环节，也是控制爆破危害的重要措施内容。拆除爆破应按爆破安全规程进行爆区周围设施、建（构）筑物的防护设计，其内容有：

（1）根据保护物允许的地面质点振动速度，限制最大一段起爆药量及一次爆破用药量；

（2）预估拆除物塌落触地的振动和飞溅物对保护物的影响，必要时应采取减振，防振及缓冲等措施；

（3）拆除烟囱、水塔等高耸建（构）筑物时，应考虑爆后筒体后坐及残体滚动、落地飞溅前冲的可能性，并采取相应的防护措施；

（4）对爆体表面进行有效覆盖；

（5）对保护物作重点覆盖或设防护屏障；

（6）采取减尘防尘措施。

覆盖的重点是可能产生飞石的薄弱面、面向居民区、重要设施和交通要道方向。覆盖时不应影响或损坏起爆网络，固定要牢固防止滑落。分段分片起爆时，要防止掀翻后爆体的覆盖。

应按爆破设计进行防护和覆盖，起爆前由现场负责人检查验收，对不合格的防护和覆盖提出处理措施。

E 拆除爆破的降尘措施

(1) 清除钻孔和预拆除施工中堆积的碎块渣土以及待拆除建筑物上的积尘。

(2) 楼顶、地面蓄水在建筑物倒塌过程中会扩散覆盖在坍塌体上，能有效地防止灰尘的扩散。

一般来说，在确保建筑物安全和水源充足条件下，楼顶蓄水越多，降尘效果也好，设计一般蓄水深0.1~0.5m。

建筑物倒地时与地面的相互作用引起的粉尘飞扬是爆破污染的主要来源之一。在地面一定范围内围砌15cm高的埂，灌10cm左右深的水，能使建筑物倒塌碰撞地面时产生的粉尘在未扬起之前得到水湿处理，同时蓄水还能在建筑物倒地时因扰动气流而形成水花，起到洒水除尘的作用。

(3) 消防车高压喷水。多台消防车在爆后立即进入现场，从不同方向向爆堆高压喷水，阻止污染扩散。

(4) 泡沫降尘。为了更好地降低建（构）筑物拆除爆破的扬尘，往往需要采取进一步措施控制建筑倒塌断裂时产生的粉尘和采用上述降尘措施后漏网的粉尘。目前主要是利用泡沫。

11.4.1.4 泡沫降尘

A 泡沫降尘的机理

a 泡沫的比表面积大

泡沫具有密度低、比表面积大的特点：若泡沫按300倍的发泡倍率，单个泡沫直径为0.5cm计算，它的泡沫密度为0.0033g/cm^3，而1g水的泡沫所拥有的比表面积为40000cm^2/g左右。利用泡沫这一无限增大的比表面积特征，可以增加泡沫与尘粒的接触面积。

b 增加泡沫的粘附性

由于在泡沫浓缩液中添加了黏稠的高分子物，增加了泡沫的附着力和泡沫的吸附能力。利用泡沫自身无限增大的比表面积大量的吸附气流中的粉尘，随着泡沫吸收的粉尘越来越多，泡沫自身的质量会越来越大，最终是泡沫带着粉尘而逐渐降落。

c 泡沫的密度小、沫质轻

由于泡沫的密度小、沫质轻，泡沫的质量是粉尘质量的千分之一，在冲击波和气流的影响下极易被冲起，形成泡沫云或泡沫浪被气浪冲起的泡沫，它在气流中的运行速度要远远小于或慢于粉尘运行的速度。也就是说当粉尘要冲出泡沫层时，气流中的粉尘一一被泡沫捕捉（吸附）。

B 泡沫抑尘效果

为了确定泡沫降尘剂的降尘效果，在实验室中布置采样器，测量在相同的发尘量情况下，采用泡沫降尘、洒水降尘和不采取任何措施三种情况下，将采样点的降尘量进行比较。此项试验共进行了 4 次，实验结果见表 11-35。

表 11-35　降尘效果测定值

实验序号		1	2	3	4
无措施	尘量 C_0/mg · m^{-3}	78.6	86.5	122.3	200.5
洒水降尘	尘量 C_W/mg · m^{-3}	34.5	35.2	73.6	112.4
	效率 η_W/%	56.1	59.3	39.8	43.9
泡沫降尘	尘量 C_F/mg · m^{-3}	3.4	3.3	15.3	32.3
	效率 η_F/%	95.7	96.2	87.5	83.8

从表 11-35 的实验结果可以看出，泡沫降尘的降尘效率明显高于洒水降尘（洒水降尘的效率不超过 60%，而泡沫降尘的效率均为 83% 以上）。由此结果，可以肯定泡沫降尘剂的良好降尘效果。

C　环保除尘工程实例

广州市天河城西塔楼始建于 1996 年，地面以上高 18m，地下部分深 12m，为剪力墙、钢筋混凝土柱的混合不规则结构。整个建筑外观呈三角形棱柱状。因改建需要，决定对西塔楼进行拆除爆破。

塔楼周围的环境非常复杂，北面为地下停车场和出口，南面与天河城商场主体相连；东面为天河城广场北出入口；西面为西塔出入口和地下停车场车辆出入口，再往西 13.5m 处为体育西路。西面 20 余米处（体育西路下面）为地铁三号线。

为了最大限度的减少粉尘污染，采取以下降尘方法。

（1）用一般喷雾装置或者洒水装置往待拆除建筑的墙体、地面和顶面上洒吸湿性抑尘剂，尽可能提高建筑的含水率。

（2）在建筑的倒塌场地、每层楼面和楼顶上砌筑水池，水池深度为 10 ~ 20cm。在水池内的水中加入泡沫粘尘剂，加入比例为泡沫粘尘剂与水的重量比等于 3∶97，搅拌混合均匀，此时水温应不低于 -4℃。

然后用发泡器结合人工制造泡沫，将泡沫尽可能多地堆满待爆破建筑的所有房间，并制造出高达 4 ~ 8m 的“泡沫山”或者“泡沫海”将整个待拆建筑包围起来。

（3）爆破采用难度大的内凹式原地坍塌爆破方法、延期爆破、分段拆除，使爆堆陷入泡沫之中。

从起爆到建筑物倒塌全过程约 3min，最大爆破噪声为 70 ~ 80dB。经过爆后检查，环保监测点每立方米空气悬浮颗粒仅 0.5mg，在现场 5m 以外的栏杆上都看不到灰尘。飞石飞溅的距离也被成功控制在 5m 之内，整个爆破过程的扬尘持续时间仅 5min。离爆点 20m 的地铁三号线测点所测到的最大振动速度仅为 0.178cm/s（垂直）和 0.184cm/s（水平），成功实现了无飞石危害、无冲击波影响、低粉尘污染和低噪声污染的爆破效果。

11.4.2　危房拆除爆破施工

拆除爆破施工中有时会遇到一些危房，即结构已严重损坏的危险房屋，或承重构件已属危险构件，随时可能丧失稳定和承载能力，不能保证居住和使用安全的房屋。危房产生的原因是多种多样的，一般是火灾、地震、水浸或年久失修，这类房屋的拆除采用爆破方法可以在极短的抢险期限内快速拆除，消除隐患，但其爆前处理和爆破方式的选择必须避免施工人员过多进入危房，因此有其特殊性。

11.4.2.1　危房拆除中应注意的问题

（1）进行危房拆除爆破前需要组织建筑专家，特别是对房屋的结构安全性进行预评估，同时对房屋进行安全监测，以确定危房的危险状态是否正在恶化。一般危房的拆除爆破应在房屋的危险状态停止发展或者恶化速度明显放缓的情况下进行。

（2）在对危房进行安全监测和安全状况预评的基础上，再进行结构详勘，推算残缺结构的残留抗力，确定必要的结构加固方案，确定是否具备进人进机施工条件。

（3）在上述工作的基础上确定对危房实施爆破的地点、实施爆破的部位和爆破方式。应该尽量选择施工难度小，工作量小，施工过程中对危险房屋影响小的爆破方式。

（4）若必须在危房内进行作业，应该严格控制进入危房内工作的人员数目，应尽量避免在危房内使用重量大、振动大的设备在楼内工作。

（5）进入危房内作业前，应该派少量有经验的人员进入危楼内进行踏勘，规划出进人进机线路和快速撤离通道。撤离通道应满足直、短、宽条件，以缩短逃生时间，且应有较为充足的光亮。那些挡道的丧失承重能力的墙应打掉，宽度应该满足三人以上同时通畅条件，室内物品和建筑垃圾应清理干净，安全逃生撤离平台应尽可能接近危楼的逃生出口。

（6）进入危楼内施工前，应在危楼上设置观测点，对危险进程进行24h实时监控，并做好记录。施工中应即时监测，分点报警与集中报警结合，并确定允许施工的结构位移变形报警值（结构刚度变形计算），并在监测中不断修正，以便及时准确报警，赢得宝贵的人逃生时间。宜采用位移传感器和静态应变仪所组成的结构裂缝破坏位移监测系统。

（7）多数灾后危楼（特别是火烧楼）的底层，堆积着从各层垮塌和清理下的大量垃圾，为了以最短时间抢险，减少施工工作量，拆除爆破可从2层以上施工。

（8）由于危楼的结构已经遭到严重的破坏，危楼拆除爆破前一般无法进行试炮，因此，危楼拆除爆破时的炸药单耗一般较正常爆破高出许多，安全防护需要加强，人员的撤离范围需要相应加大。

（9）在确定危楼的拆除爆破方案时，由于危楼已经处于不稳定状态，因而需要对危楼拆除爆破后的危楼倒塌状态进行慎重分析和研究，以防危楼倒塌后危及危楼周围建筑的安全，产生次生灾害。

（10）危楼的拆除爆破方案应包括危楼安全监控方案，房屋加固方案，逃生方案和其他应急预案。

（11）危楼施工时应该做好危楼进出人员登记，随时掌握危楼内的人员状态和数目。

11.4.2.2　工程实例——某原料仓库火灾后的拆除

A　工程概况

汕头澄海区的利嘉织艺有限公司原料仓库，大火后结构严重受损，残余部分经专家鉴定为危房，随时有倒塌危险，严重威胁周边人员、建筑物的安全，须尽快拆除。危楼南北长45.7m，东西长41.8m，呈L形布设，最高处六层，一层高5.8m，二层以上层高为3.7m，总高度24.3m，总建筑面积约7900m^2，为钢筋混凝土框架结构。

B　拆除爆破方案

根据危楼的现状、结构特征及周边环境条件，制定出如下拆除实施方案。

（1）楼高 24.3m（六层），采用定向爆破的方法拆除，倒向朝西。考虑到爆破楼体一层的残渣无法清理，爆破从二层开始。爆前采用机械把 L 形楼体结合部的梁板打断。

（2）由于爆破楼体大部分板、梁已坍塌，从南侧楼梯间无法到达北侧楼层作业，必须从北侧离楼体一定距离处搭架子并形成通道抵达二、三层，通道要稳固，便于在发生意外事故时作业人员的快速安全撤离。

（3）爆破实施后，采用机械对极少部分未倒塌的楼体进行解体，使其也朝西倒塌。

C　安全措施

（1）建立应急逃生通道。为防止意外事故发生，凡在二、三层作业的人员，应确保在 30s 内安全转移到临时搭设的安全通道。为确保逃生通道畅通，同时也减轻楼板的载荷，应将二、三层的残渣清理掉，清理时为防止火点复燃，需边清理边淋水。

（2）对结构的加固。由于二、三层部分梁已变形，为确保施工安全，在作业前应对相应楼层的梁进行加固。

（3）对建筑物的监测。在西北角设观测点，对危楼的水平位移和沉降进行定时观测，在钻孔施工期间必须增加观测密度，开始每 2min 观测一次，若连续两次发现位移和沉降，立即用对讲机通知楼内安全人员；采用分辨率 1/100mm 的动态位移测量仪对正在产生的裂隙进行动态监测，当位移超过设定值 0.1mm 时，自动报警。出现以上情况时，由安全人员指挥作业人员有序、迅速撤离现场，并切断一切作业能量供给（如风管停风）。

（4）施工期间，若遇雷雨大风，必须停止危楼内的作业，施工人员离开危楼。

（5）施工工序应避免交叉进行，防止因多点触动而引起整栋楼的连锁反应。

（6）在进入作业现场设置门岗，清点进出人员数量和姓名，确保进出人员有数，并要求最大限度减少作业人员数量。

D　部分炮孔布置及炸药单耗选择

本爆破区域立柱截面为正方形，尺寸分别为 500mm × 500mm、550mm × 550mm、600mm × 600mm 三种规格，布单排孔，炸药单耗取 800 ~ 900g/m^3。

E　事故预防

（1）作业人员的自身安全保护措施：作业人员佩戴安全帽、对讲机、派专职安全员专门观察、出现异常情况及时通知作业人员从大楼的逃生通道和逃生口撤离。

（2）整个施工过程对危房进行监测。

（3）专门设置应急通道，万一再次出现不稳定征兆，所有人员应立即从该通道撤离。

（4）预拆除时，附近派安全员观察，按现场工程师的指挥进行预拆除，不可多拆，拆除时如出现任何异常，立即由逃生通道进入地点，按公安机关审批的方案进行施工。

（5）其余同常规拆除爆破。

F　爆破效果

爆破后，危楼按照预定方向倒塌，周围建筑未受到影响，及时解除了危险，使周围百姓的生活重新归于平静。由于受一楼杂物影响，爆堆较高，但机械能够作业。

11.5 拆除爆破理论模型及数值模拟

11.5.1 概述

随着我国建筑物拆除爆破技术的发展，拆除难度及规模不断增加，安全环保方面的要求也愈加严格，致使以经验公式为主的传统设计方法难以应对。而计算机模拟技术的广泛应用，促使用数值模拟的方法研究拆除爆破倒塌及破坏过程逐渐成为必要研究手段乃至爆破施工设计依据。拆除爆破数值模拟研究实践表明，利用数值模拟在爆前对设计方案进行检验，准确预测结构的倒塌姿态和倒塌范围，有利于提高拆除爆破设计水平；通过分析爆破倒塌过程力学效应，探讨研究结构各种倾倒规律，及时修正和优化拆除爆破方案，提高拆除爆破设计与施工的可靠性和安全性。

利用数值模拟技术研究建筑物的拆除爆破过程，在确定爆破缺口位移、爆破顺序和分段时间差对爆破倒塌的影响等方面已有很多成果。德国鲁尔大学 Stangenberg 和 Friedhelm 通过对实际工程中烟囱倒塌过程有关数据的分析，整理并建立起来的钢筋混凝土烟囱拆除爆破计算机模型，通过试验证明该模型可以用于解决实际工程中的具体问题，解释发生的某些现象。日本小林茂雄以及马贵臣等人采用不连续变形分析法 DDA 对钢筋混凝土的拆除爆破进行了研究，通过改变爆破位置、起爆顺序和延期时间等方法，获得不同的倒塌效果，从而预测倒塌过程和堆积范围，数值计算的最终结果与试验现象比较接近。Noriyuki Utagawa 等采用改进的离散单元法进行钢筋混凝土框架结构的拆除爆破仿真分析，其数值计算与实际工程结果吻合得比较好。

国内就拆除爆破数值模拟已经开展了一系列的研究工作，其中利用动力有限元程序 LS-DYNA，采用分离式共节点模型，对拆除爆破筒仓、烟囱（双向折叠）和楼房等建（构）筑物的模拟，模拟结果与真实倒塌过程非常接近并被应用到爆破设计中。运用该软件对框架结构和冷却塔结构的拆除爆破倒塌过程的数值模拟，还研究了结构触地产生的振动效应。应用 DDA 方法和基于离散元原理对拆除爆破的模拟研究，在选择爆破方式和研究爆破效果方面也取得了很多成果。同时，还有很多根据拆除爆破力学规律建立数学模型，编制程序进行爆破过程计算分析的研究，为拆除爆破工程设计和参数优化提供了参考依据。

11.5.2 拆除爆破数值模拟过程

11.5.2.1 拆除爆破数值模拟步骤

拆除爆破数值模拟过程就是建立系统模型，并通过在计算机上的运行来对模型进行检验和修正，使模型不断趋于完善的过程。因其建（构）筑物的结构物理力学性质及周围环境状况复杂多变，拆除爆破数值模拟过程包括如下步骤。

（1）明确模拟对象及系统功能。明确被拆除爆破的建（构）筑物的工程概况和预期的爆破效果，以及明确模拟要实现拆除爆破过程的哪几个部分和系统软件的功能。

（2）建立数学模型。将拆除对象模型化，利用绘图工具软件建立建（构）筑物模型，并体现拆除爆破设计意图。根据拆除爆破过程中炸药的爆炸力学过程及对建筑材料的破坏过程、建（构）筑物倒塌过程中的动力学分析、爆破过程产生的振动、飞石、噪声等规律，建立描述拆除爆破的输入集合、各个过程中的状态集合及输出集合之间的关系模型。

（3）选择或设计模拟程序。选择合适的拆除爆破商业软件，或利用数学公式、逻辑公式或算法等来表示拆除爆破的模拟模型，编制计算程序。把数学模型转换成计算机系统或所用商业软件可以接受的形式，并输入计算机。

（4）模型实验。利用计算机对拆除爆破模型进行各种参数和过程状态的实验，考察其输出结果。利用理论分析、经验分析和实测数据定量分析来检验和优化爆破模型。

（5）实验结果的评价和分析。对各次拆除爆破的模拟数据进行分析、整理，从多种方案中选出最优方案，列出模拟报告并输出。

计算机模拟拆除爆破系统的基本步骤及其关系如图 11-50 所示。

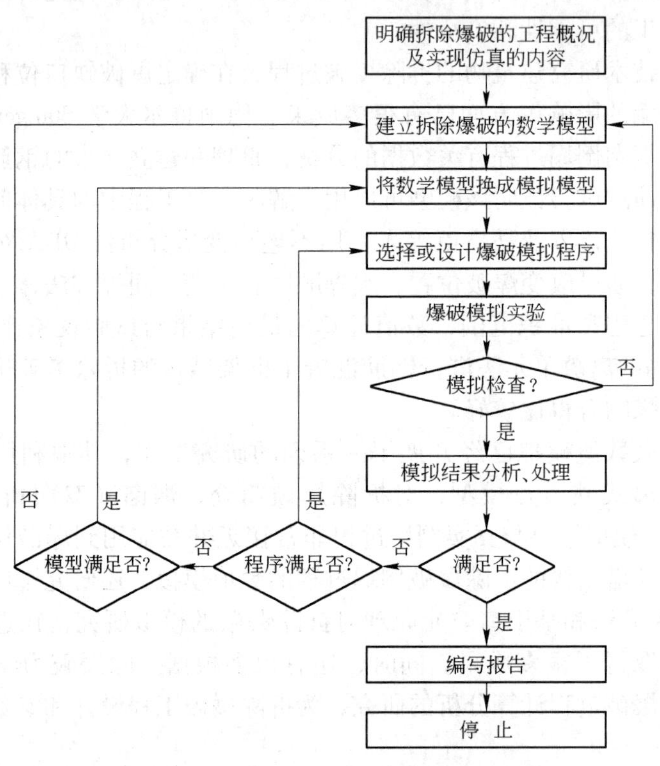

图 11-50　拆除爆破模拟系统的基本步骤及其关系图

11.5.2.2　拆除爆破模拟的建（构）筑物材料模型选择

利用现成商业软件进行拆除爆破模拟，首先要建立拆除对象的数学模型以及相应的破坏准则，成熟的软件一般都留有用户自定义模型满足不同用户的模拟要求。

根据对结构爆破过程材料特性理解和爆破效果的侧重，可用有限差分法（Finite Difference Method，FDM）、有限元法（Finite Element Method，FEM）、边界元法（Boundary Element Method，BEM）等连续型爆破数值模拟软件，以及不连续变形分析（DDA）和散体单元法（DEM）等离散型数值模拟软件。

对于由钢筋混凝土材料建造的大多数建构筑物，用有限元等连续型软件程序模拟钢筋混凝土材料可选择的以下三种模型。

（1）整体式模型。将钢筋的材料性能分散到混凝土当中，将两者看作一种材料进行分析。其优点是建模方便，分析率高，但是缺点是不适用于钢筋分布较不均匀的区域，且得到钢筋内力状态比较困难。主要适用于有大量钢筋且钢筋分布较均匀的构件中。

（2）分离式模型。利用空间梁单元 beam161 建立钢筋模型，和混凝土单元共用节点。其优点是建模方便，可以任意布置钢筋并可以直观获得钢筋的内力。缺点是建模比整体式模型要复杂，需要考虑共用节点的位置及位移协调，且容易出现应力集中问题。

（3）界面单元分离式模型。通过加入界面单元的方法考虑钢筋和混凝土之间的位移，同样利用空间梁单元建立钢筋模型，不同的是混凝土单元和钢筋单元之间利用弹簧模型来建立连接。

11.5.3　拆除爆破理论模型

对于利用爆破炸毁结构关键部位致使在其自重作用下倒塌解体的大多数拆除工程来说，结构倒塌过程大致可以分为失稳、下坐、倾覆、触地、解体等五个阶段，其中失稳过程最为关键，而结构倾覆破坏力学模型和支柱失稳力学模型是拆除爆破力学模型的核心。

在建筑结构关键部位爆破缺口形成后，缺口立柱的炸毁高度（炸高）以及支撑部分结构立柱的破坏程度，直接关系到结构能否实现顺利倒塌以及倒塌方向的准确性。

结构倾覆破坏力学模型有以下几种。

11.5.3.1　细长压杆失稳模型

根据压杆稳定原理，爆破将立柱一定高度范围内的混凝土充分破碎，当孤立的钢筋骨架顶部承受的静压荷载超过其抗压强度极限或达到压杆失稳的临界荷载时，钢筋失稳，立柱随之失稳坍塌，满足上述条件的最小立柱破坏高度可称为最小爆破高度。

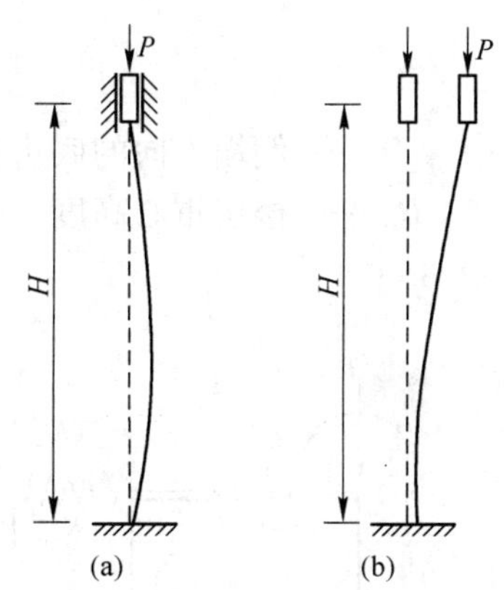

图 11-51　细长压杆失稳模型

主筋压杆的失稳模型，压杆下端视为固定端约束，压杆上端的约束条件有固定端和自由端（如图 11-51 所示）两种，爆破缺口高度计算公式分别为：

当采用固定端时：

$$H = 2\pi\sqrt{\frac{EI}{P}} \tag{11-51}$$

当采用自由端时：

$$H = \frac{\pi}{2}\sqrt{\frac{EI}{P}} \tag{11-52}$$

式中　H——缺口高度，m；

E——钢筋弹性模量，N/mm^2；

I——钢筋截面惯性矩，m^4；

P——钢筋骨架的压力荷载，N。

在实际应用中普遍采用的是第二种模型，即将压杆下端看作固定端，将上端看作自由端。

11.5.3.2　裸露钢筋骨架的失稳模型

裸露钢筋骨架的失稳模型如图 11-52 所示。

该模型认为，在拆除爆破中框架承重立柱的裸露钢筋骨架失稳，并非单根主筋压杆失稳的简单数学叠加，其实质是有侧向弹性约束的小型钢架的失稳。钢架的稳定计算采用杆系有限元法：

$$\{[K_e] - P[K_G]\}\{\delta\} = \{F\} \tag{11-53}$$

式中　$[K_e]$ ——集成后的钢架整体刚度矩阵；

$[K_G]$ ——集成后的钢架的整体几何刚度矩阵；

$\{\delta\}$ ——节点位移列阵；

$\{F\}$ ——节点力载荷列阵；

P ——刚架所受的轴向力。

11.5.3.3　重心偏移失稳模型

重心偏移失稳模型如图 11-53 所示。为了保证主体部分结构彻底失稳倾覆，根据刚性结构爆破后结构重心偏离底部支撑位置则结构失稳倾覆原则，可按下式设计缺口倾倒一侧的炸高 h：

$$h \geqslant \frac{H_0}{2}\left[1 - \sqrt{1 - 2\left(\frac{D}{H_0}\right)^2}\right] \tag{11-54}$$

式中　D ——倒塌方向的底边长，m；

H_0 ——楼房重心高度，m。

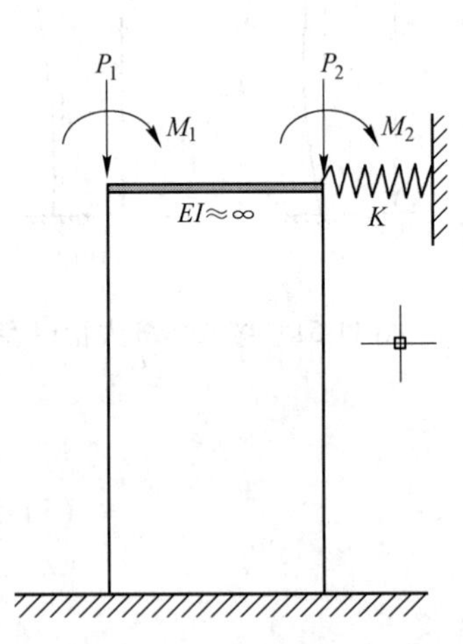

图 11-52　裸露钢筋骨架失稳模型

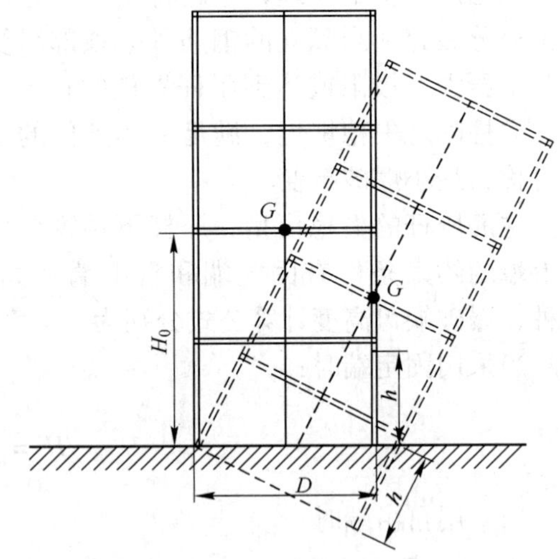

图 11-53　重心偏移失稳模型

11.5.3.4　其他理论模型

基于裸露钢筋刚度理论模型认为：轴心受压构件的刚度通常用长细比来表示，长细比过大，会使构件稳定承载力降低太多，在较小荷载下就会丧失整体稳定性。要保证钢筋混凝土高耸构筑物倒塌，就要使缺口裸露钢筋长细比大于规定的容许长细比 $[\lambda]$，即：

$$\lambda = [\lambda] \tag{11-55}$$

式中 λ ——钢筋的长细比，

$$\lambda = \mu \cdot h/i \tag{11-56}$$

μ ——构件的计算长度系数，对于两端固定的压杆，取 $\mu = 0.5$；

h ——爆破缺口的高度，m；

i ——钢筋截面的回转半径，m，$i = D/4$（D 为钢筋直径）；

$[\lambda]$ ——钢结构规范规定的钢筋的长细比限值，一般取 $[\lambda] = 150$。

11.5.4 典型爆破模拟应用软件

11.5.4.1 有限元模拟软件 LS-DYNA

有限元法是目前工程技术领域中实用性最强、应用最为广泛的数值计算方法。LS-DYNA是由美国阿特拉斯实验室开发的一个大型显式非线性动力分析通用有限元程序，多种特殊的接触分析可以模拟各种不同的实际状态，强大的数值模拟功能，使其在民用和国防工业领域得到广泛的应用。

LS-DYNA 是在 ANSYS 系统下集成了 DYNA 动态功能。LS-DYNA 程序中主要提供 Lagrange 算法、Euler 算法，以及吸取两者优点的可实现网格的自动重分功能的 ALE 算法。ANSYS 软件本身带有大量的单元类型，如 BEAM、LINK、SOLID、PIPE、PLANE、MASS 等结构方面的单元类型，三维 8 结点实体等参单元 SOLID 65，通常用来模拟钢筋混凝土材料，实体单元每个节点都有 3 个自由度，该单元可以产生塑性变形，在三个方向上开裂及可以被压碎。内部的钢筋的模拟有两种方法，一种是作为附加弥散钢筋分布在一个指定方向，即整体式，此法主要用于有大量钢筋且钢筋分布较均匀的构件中，如剪力墙或楼板结构；另一种把混凝土和钢筋作为不同单元来处理即分离式，混凝土与构件各自被划分成足够小的单元，混凝土采用 SOLID65D 单元模拟，钢筋通常用 LINK8 单元模拟，利用空间杆单元 LINK8 建立钢筋模型和混凝土单元共用节点建模比较方便。

11.5.4.2 核心筒-框架结构高层塔楼拆除爆破数值模拟

A 工程概况

核心筒-框架结构是高层塔楼的典型结构，此类结构整体性强，刚度大，倾倒过程中及倒塌后结构不易解体。拟拆除核心筒-框架结构大厦长 32.7m、宽 32.6m，总建筑面积为 $14916m^2$，总高 57.95m。地面以上共 15 层，1 ~2 层层高 4.5m，3 ~15 层层高 3.05m，立柱为 0.8m ×0.8m 和 0.6m ×0.6m 方柱；梁截面尺寸为 0.4m ×0.4m，楼板厚度为 0.2m，核心筒为剪力墙结构，厚度为 0.4m。砖墙厚 12cm，爆破缺口范围内除最外侧砖墙外全部预拆除。

该核心筒-框架结构共设计两个爆破缺口，沿大厦倾倒方向，从南到北划分五个爆区。如图 11-54 所示。爆高分布如图 11-55 所示。

B 模型建立

考虑到钢筋混凝土的实际受力并非单轴状态以及混凝土中箍筋横向约束作用，使得混

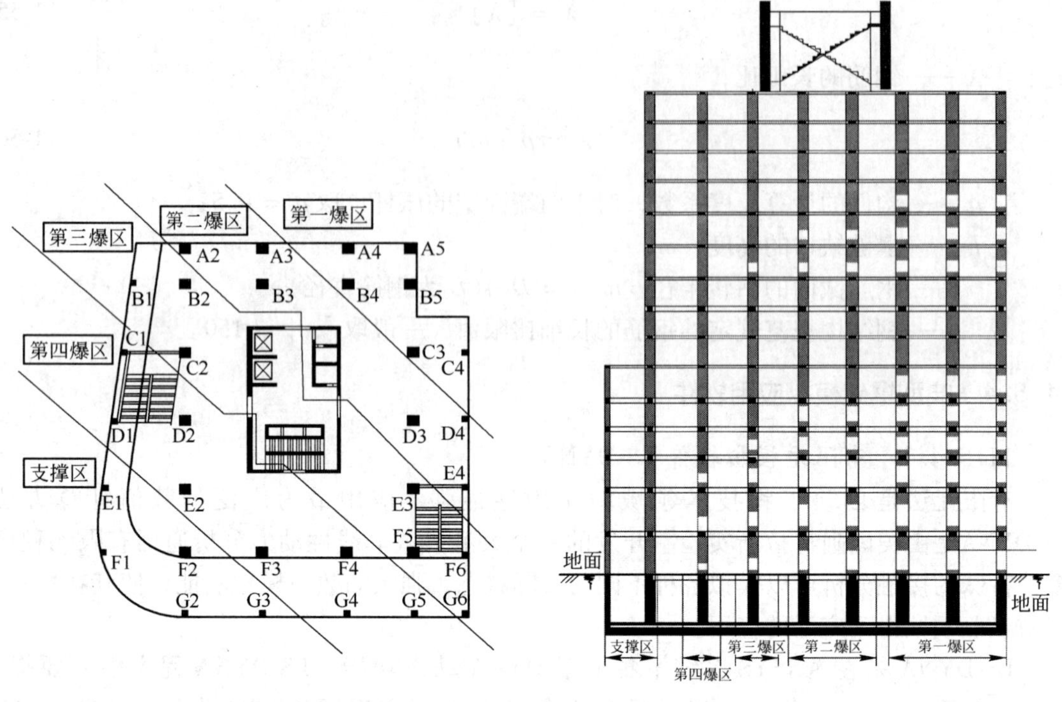

图 11-54　爆区划分平面示意图　　图 11-55　立柱各层爆高示意图

凝土的强度大大提高，所以在这里混凝土屈服强度适当提高。由于模型中没有建立砖墙模型，采取把砖墙的质量等效到楼板混凝土中。钢筋、混凝土材料物理力学参数见表 11-36。

表 11-36　材料的物理力学参数

项　目	密度/kg · m^{-3}	弹性模量/GPa	泊松比	抗拉强度/MPa	抗压强度/MPa
钢　筋	7850	210	0. 30	31×10^4	30×10^4
梁柱混凝土	2450	40	0. 17	4	50
楼板混凝土	3600	40	0. 17	4	50

混凝土采用 SOLID 164 单元，材料为塑性随动硬化材料，网格划分采用八面体映射网格划分，单元尺寸为 20cm。钢筋采用 BEAM 161 单元，材料为塑性随动硬化，单元尺寸也为 20cm。混凝土单元与钢筋单元共结点。

C　模拟结果分析

从各缺口形成瞬间有效应力分布云图，可以看到在最后一排爆破缺口形成之前，支撑区应力集中明显，但是混凝土均未达到屈服，形成破坏，随着最后一排缺口的形成，支撑区出现较大塑性变形。

a　倒塌过程分析

整个倒塌模拟过程历时 8. 0s，缺口形成瞬间，随着结构的偏转，在自重作用下，结构会首先下坐。下坐过程中，第四区剪力墙首先受压，从模拟结果可知，第 1 ~4 层剪力墙完全被压坏，第5层变成第1层，随后结构整体随剪力墙偏转倾塌，见图11-56。第一排支撑立柱受压失稳后，结构继续下坐，且倾角进一步增大，由于横梁的连接，对第二排保留支撑柱产生较大拉力，立柱顶部内侧（靠近倾倒方向）的单元受压，立柱外侧（远离倾倒方向）的单元受拉，首先破坏。由此可知，结构按设计方向倾倒，支撑区立柱和第四区剪力墙起主要作用。

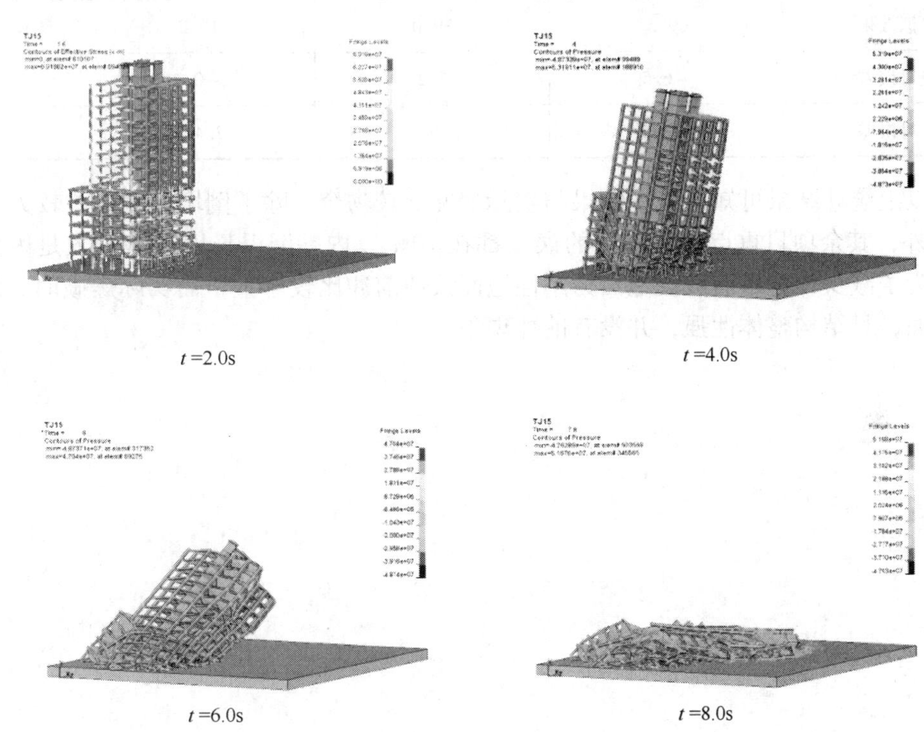

图11-56　模型结构倒塌过程

b　倒塌范围与爆堆高度分析

在复杂环境下，对倒塌范围有严格限制时，通过模拟预确定结构的堆散范围和高度，对方案进行校核有着重要意义。图11-57和图11-58分别为爆破后倒塌形状及范围的实际

图11-57　结构爆破实际爆堆图

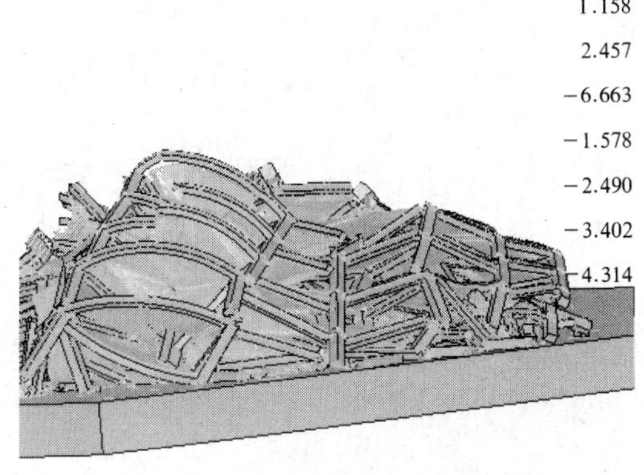

图11-58　爆堆模拟效果图

效果与模拟效果。表 11-37 所示为实际效果与模拟结果的对比。

表 11-37　实际效果与模拟结果对比

对比内容	倒塌长度/m	倒塌宽度/m	最大爆高/m	备　注
实际效果	63. 0	41. 2	9. 5	
模拟效果	69. 5	39. 0	10. 2	
绝对误差	-6. 5	2. 2	-0. 7	
相对误差	10. 3%	5. 3%	7. 4%	

从以上统计结果可知，模拟结果与实际情况比较吻合。除了倒塌长度误差较大（大于 10%）外，其余项目重点考察指标的误差都在 10% 以内。倒塌长度误差较大是因为数值模拟时为了减少计算量而假设地面为刚性地面致使前冲比较严重，而实际爆破时，地面为柔性地面，且结构整体性强，并没有前冲现象。

第 12 章　特种爆破

特种爆破系指采用特殊爆破手段、特种爆破器材、在特定环境下对某种介质进行的非军事爆破。特种爆破包含金属爆炸加工、爆炸冲击波的特殊应用、聚能爆破、石油开采和地震勘探爆破、高温凝结物爆破、冰凌介质爆破以及抢险救灾应急爆破等。实际上，清晰划分特种爆破的范畴非常困难，这与人们对爆炸现象的新认识和新技术的发展密切相关，许多新的爆炸现象、新效应的发现与应用，使得特种爆破的使用范畴不断扩大。

12.1　爆炸加工

爆炸加工是指利用炸药爆炸的瞬态高温和高压，使物料高速变形、切断、相互复合（焊接）或物质结构发生相变的一种加工方法，例如爆炸焊接、爆炸成形、爆炸硬化与强化、爆炸消除焊接残余应力、爆炸合成金刚石等。

与传统的机械加工、物理或化学方法相比，爆炸加工在许多方面有着无可比拟的优点，故近年来发展很快。例如，我国爆炸焊接金属复合材料已为机械制造、石油和化工等有关行业大量采用，爆炸复合板的年总产值从 21 世纪初的几亿元人民币，迅速跨越式发展到目前的 60 多亿元产值，产量占世界的四分之一左右，已经形成了完整的工业化生产体系。而传统的爆炸成形、爆炸硬化、爆炸合成等也正在向产品深加工和技术精细化方向发展，其前景无可估量。

12.1.1　爆炸焊接

爆炸焊接（Explosive Welding，Explosive Bonding）亦称爆炸复合（Explosion Clad），是以炸药为能源，使两种或多种金属体之间产生高速斜碰撞，从而使金属体之间产生固相冶金结合的材料爆炸加工技术。运用该技术制造的产品即为金属爆炸复合材料。

20 世纪 80 年代以来，我国爆炸焊接理论和产业技术都得到了长足的发展，计算机数值计算技术促进了爆炸焊接理论的发展。化工机械等领域对金属复合板材的大量需求，则推进了爆炸焊接产业化程度的提高。

爆炸焊接具有两大优点。一是可以复合用常规方法无法焊接的不同种类金属；二是适于金属材料的大面积复合。

对于铝与钢、铜与钢、钛与钢这些很难用常规方法焊接的金属，采用爆炸焊接，两种金属材料的焊接界面结合强度均可接近或大于母材强度，焊接界面还能保持一定的韧性。目前已成功爆炸焊接的金属组合有数百种，在工程中对延伸率大于 5% 或 V 形缺口夏氏冲击值大于 13.5J 的金属都易进行爆炸焊接，如采用特殊防裂措施，即使对脆性材料也是可以进行爆炸焊接。表 12-1 为一些已实验成功的双金属焊接组合。

表 12-1　部分成功爆炸焊接的金属组合

（空格为未试验的）

材料		锆	镁	钴合金	铂	金	银	铌	钽	钛	镍合金	铜合金	铝合金	不锈钢	合金钢	碳钢
		1	2	3	4	5	6	7	8	9	10	11	12	13	14	15
碳　钢	15	●	●		●	●	●	●	●	●	●	●	●	●	●	●
合金钢	14	●	●	●					●	●	●	●	●	●	●	
不锈钢	13			●		●	●	●	●	●	●	●	●	●		
铝合金	12		●				●	●	●	●	●	●	●			
铜合金	11					●	●	●	●	●	●	●				
镍合金	10		●		●	●			●	●	●					
钛	9	●	●		●		●	●	●	●						
钽	8				●	●		●	●							
铌	7				●			●								
银	6					●	●									
金	5				●											
铂	4				●											
钴合金	3															
镁	2		●													
锆	1	●														

爆炸焊接还可以对管材实现内包覆与外包覆，可在一种管材的内表面或外表面包覆焊接上另外一种金属管材。因此，爆炸焊接技术最普遍的应用就是制造各种双金属包覆材料，如复合板、棒、管材等。

除此之外，爆炸焊接还被用于制造各种双金属过渡材料，如：导电接头、结构过渡接头等。也被用于特殊场合焊接，如：热交换器管与管板焊接、电气铁路的导电连接焊、化工容器和管道的快速堵漏、电网快速焊接、输油管线接地焊接等特定领域的焊接。爆炸焊接技术与其他金属加工技术的结合，则更进一步拓宽了其产品的应用范围，如将爆炸焊接坯料进行热轧、冷轧制成薄板复合材料的爆炸-轧制技术，加工复合管、棒、丝材的爆炸-挤压、爆炸-拉拔方法等。

图 12-1 为国内有关企业提供的各类爆炸金属复合材料、器材的样品。

12.1.1.1　爆炸焊接基本原理

图 12-2（a）所示的平板爆炸焊接平行布置是工程中最常见的爆炸焊接形式。放置在上面的金属板称之为复板或飞板，下面的称为基板。在复板上敷设一定厚度的炸药；为防止炸药爆炸时产物的高温灼伤复板的板面，通常在复板上涂装防护层（也称缓冲层）。基、复板之间用支撑物保持等高的间隙，在工程上称为架高或炸高。间隙的作用是提供加速距离，以使复板在爆炸驱动下达到一定可焊速度。

如图 12-2（b）所示，当炸药在一端被引爆后，炸药中的爆轰波以爆速 D 沿复板板面传播。爆轰波所到之处，波后的高压爆轰气体急剧膨胀，压力驱动复板快速弯折加速向下

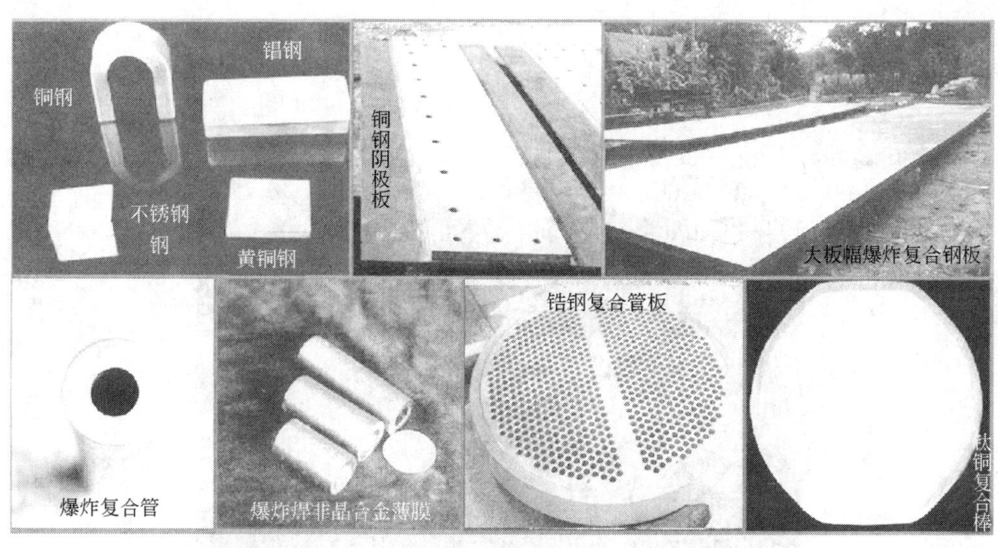

图 12-1 各类爆炸金属复合材料、器材样品

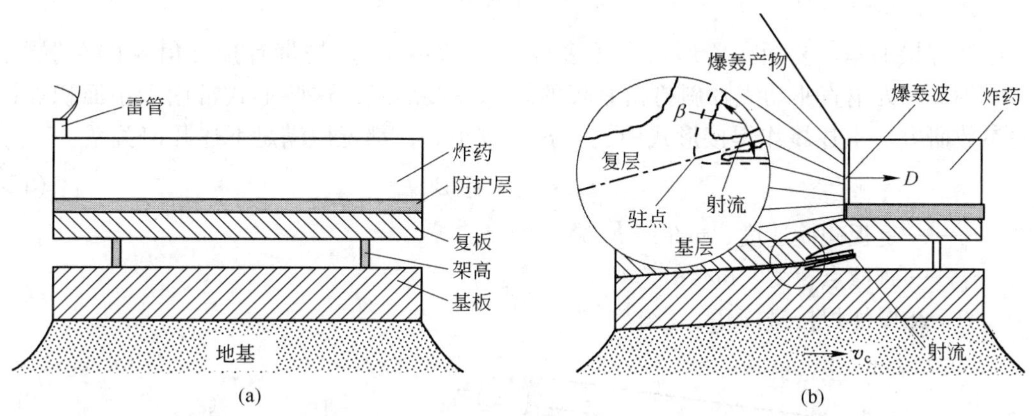

图 12-2 爆炸焊接的平行布置示意图

运动，直至与基板发生倾斜碰撞。倾斜碰撞的结果会在基、复板间产生一股喷离母材的金属微射流（10^{-2} ~ 10^{-3}复板厚度量级），射流可带走板材结合面上的氧化物与沾污物，起到焊接“自清理”的作用。在碰撞点附近的极高压力（驻点压力 1 ~ 100GPa）、极大变形量和高速变形沉积热量三者的联合作用下，碰撞射流后方已自清理“干净”的基、复板材之间达到冶金结合，形成爆炸焊接。

爆炸焊接的必要条件就是产生微射流。这就要求基、复板的碰撞必须呈一定的角度，该角被称为碰撞角 β，一般为 3° ~ 20°；此时复板被加速到的飞行速度 v_p 被称为打击速度或碰撞速度，一般为 150 ~ 1000m/s。另一个重要的焊接参数为图 12-2（b）中所示沿复板表面碰撞点的移动速度，用 v_c 表示，简称为碰撞点速度。在爆炸焊接时 v_c 必须小于被焊材料的声速 C_0，一般为 1500 ~ 4500m/s。对于图中的平行焊接形式，爆速 D 就是 v_c 速度。成功的爆炸焊接界面通常呈规则的波状，这些波也称为界面波。如图 12-3 所示，其上图为爆炸复合的铜钢界面金相图片，下图为用光滑粒子动力学方法数值模拟的爆炸焊接射流与波状界面形成过程。

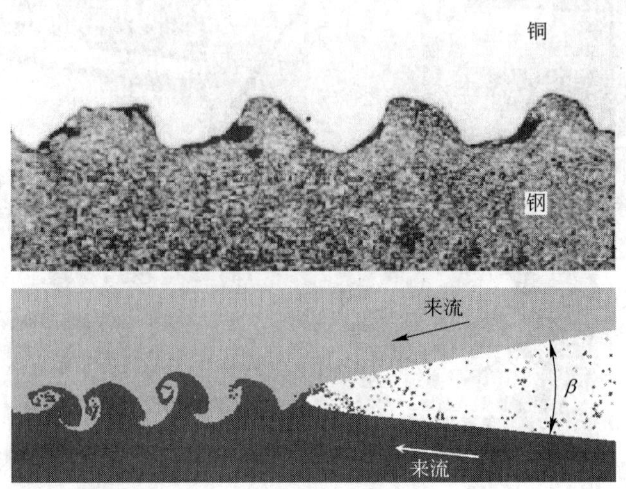

图 12-3　爆炸焊接的典型界面

爆炸焊接的基、复板布置形式有很多种。图 12-4（a）是带有预支角 α 的布置形式，图 12-4（b）为垂直驱动飞片斜打击基板的爆炸焊接形式，这些形式常用于小面积焊接或实验参数研究。上述爆炸焊接形式中，当 β 角较小时，都近似满足下述几何关系：

$$v_p \approx v_c \cdot \sin\beta \tag{12-1}$$

式中　v_p——复板碰撞速度，m/s；

v_c——碰撞点速度，m/s；

β——爆炸焊接碰撞角，(°)。

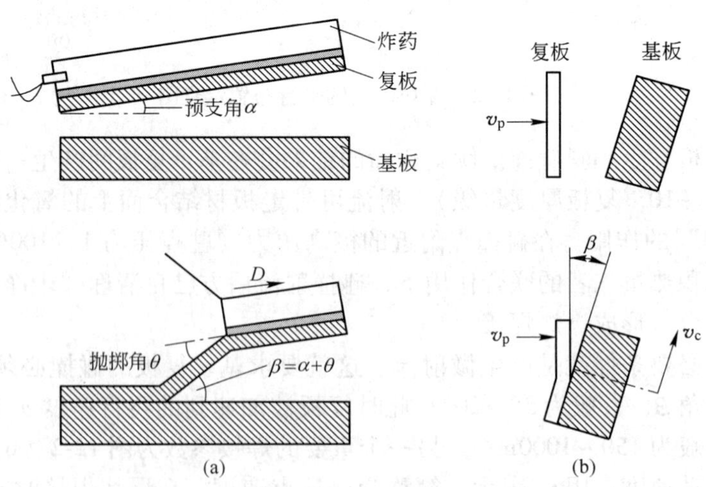

图 12-4　爆炸焊接布置形式

（a）带预支角；（b）飞片高速斜碰撞

无论爆炸焊接采用何种布置形式，焊接与否和质量优劣取决于板件的碰撞角、碰撞点移动速度、复板打击速度以及基层和复层材料自身的理化性能。所以爆炸焊接实际上是通过调节炸药性能、药量、基、复板间隙这些实际工艺参数，对特定的金属组合实现对 β、v_c、v_p 三个参数的调整，以获得较满意的焊接质量。显然，式（12-1）中的 β、v_c、v_p 三个参数中只有两个独立量，于是可用平面两变量体系表示爆炸焊接成功与否，通常用 $v_c \sim \beta$ 或 $v_c \sim v_p$ 参数平面表示爆炸焊接参数，在平面中可产生爆炸焊接的区域就称为“爆炸焊接可焊参数窗口”，简称“爆炸焊接窗口”。图 12-5 为试验获得的 1Cr18Ni9Ti 与普通钢板的爆炸焊接窗口。

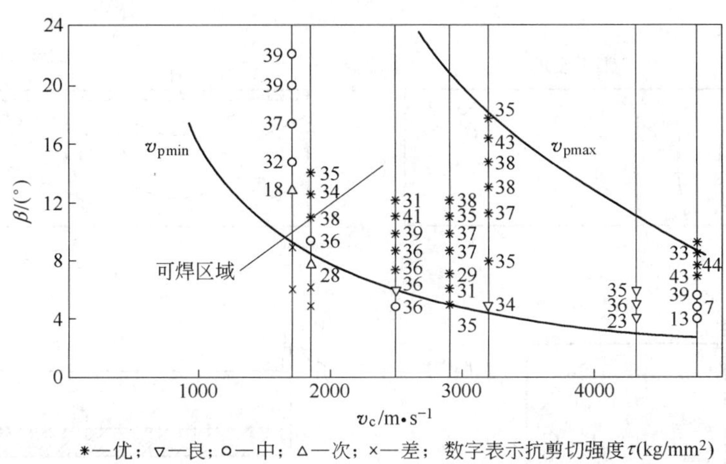

图 12-5　1Cr18Ni9Ti 与普通钢板的爆炸焊接窗口

12.1.1.2　爆炸焊接主要形式

A　平板爆炸焊接

平板焊接是爆炸焊接的最基本形式，生产的金属复合板主要用于卷制和压制各种化工容器、制造各种金属过渡接头和金属复合板深加工产品。

图 12-6 是常用的平板爆炸复合的布置形式，其中图 12-6（a）为角点起爆方式，在复合板角部会形成不焊区，往往需要裁去未焊区后使用。图 12-6（b）为最常用的中点起爆方式，可以增加近一倍的复合板焊接长度。中点起爆的复合板会在起爆点处存在很小的未复合区，按照用途可以直接使用或挖补后使用。图 12-6（c）为端部起爆方式，在复板一端布置敏感的起爆药条，用来起爆钝感的主装炸药，通常用于厚板焊接。图 12-6（d）为长边起爆方式，沿复板通长布置高爆速起爆药条，调整爆轰波形状，缩短射流排出基、复板间隙的距离，提高复合板的焊接长度。图 12-6（e）是将起爆点移出复合区域的起爆方式，通常用于要求复合率 100% 的情况，如复合管板等。图 12-6（f）是一种过渡焊接方式，对于容易“过熔”的有色金属厚板或很难相容的基复材料常采用这种方式焊接，如：焊接锆钢复合板时，在钢基板上先采用爆炸焊接，焊上 2～3mm 薄纯钛板，然后向钛钢复合板上爆炸焊接锆合金层，以避免超越焊接上限造成“过熔”开裂。

图 12-7 为其他一些平板爆炸复合方式。其中图 12-7（a）和图 12-7（b）都是一种侧向预支角的爆炸焊接方式，通常用于小面积的贴片焊接、缝焊连接和密封焊接等；图 12-7（c）是一种对称三层板的焊接方法，可以用于一些厚基板的爆炸复合。由于在两侧布置炸药，焊接装置必须垂直站立于地面上，使用时必须十分慎重。

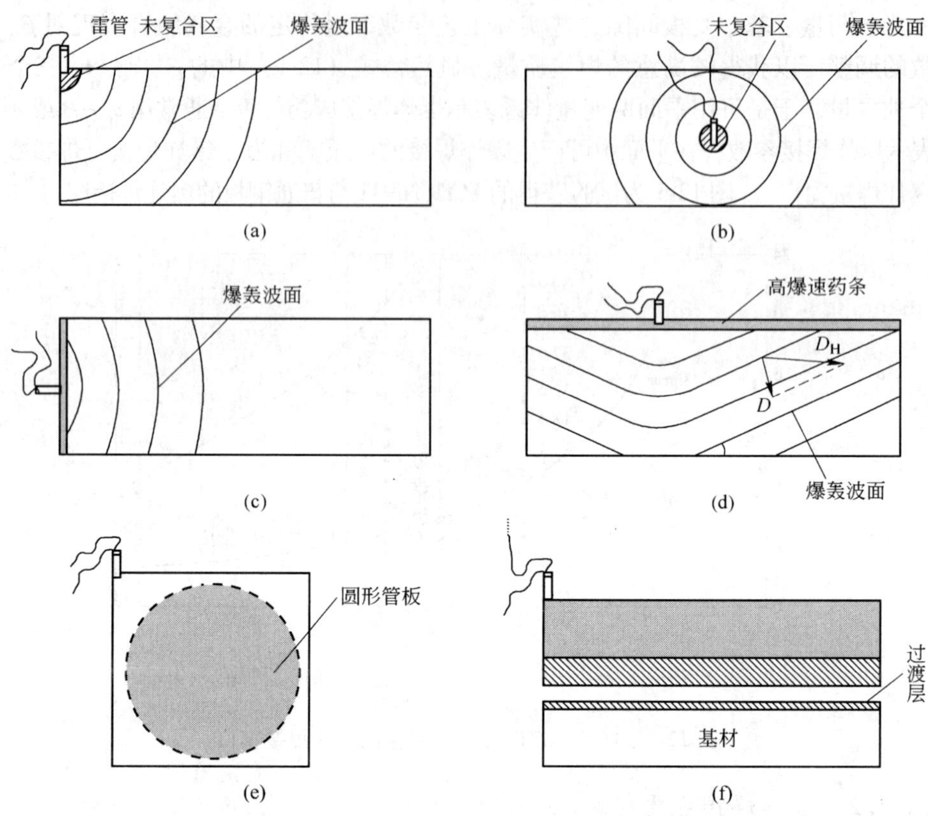

图 12-6　平板爆炸焊接常用布置形式

（a）角点起爆；（b）中点起爆；（c）端头起爆；（d）长边起爆；
（e）外部起爆；（f）过渡焊接

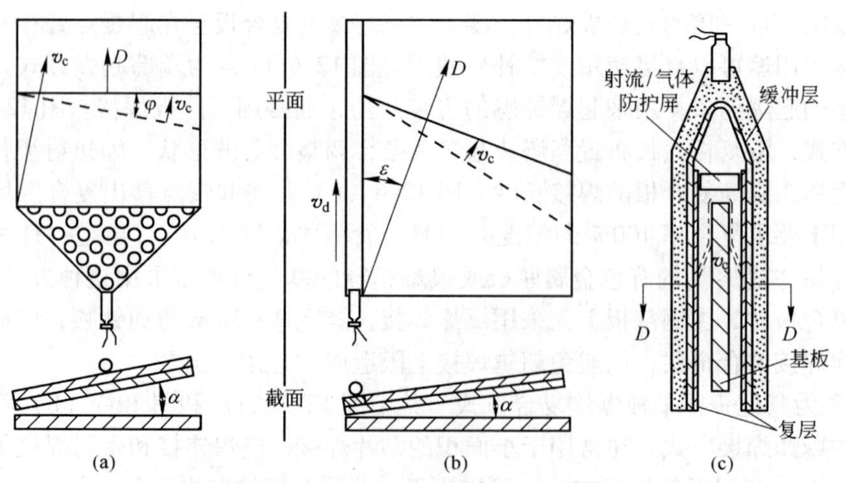

图 12-7　平板爆炸焊接的其他布置形式

B 线爆炸焊接与对接爆炸焊接

线爆炸焊接和对接爆炸焊接几乎都是各种搭接焊方法的设计结果。图 12-8 为一些最常见的爆炸搭接焊与对接焊的布置形式。图 12-9（a）、（b）都是将焊接面加工成楔形的斜对接爆炸焊接形式，其中图 12-9（b）的接头部位焊后会产生较大的减薄，焊后两侧金属机加工量大。线爆炸焊与对接爆炸焊常用于制作双金属转换接头，如图 12-9（c）所示，也用于生产现场实现快速金属连接焊。

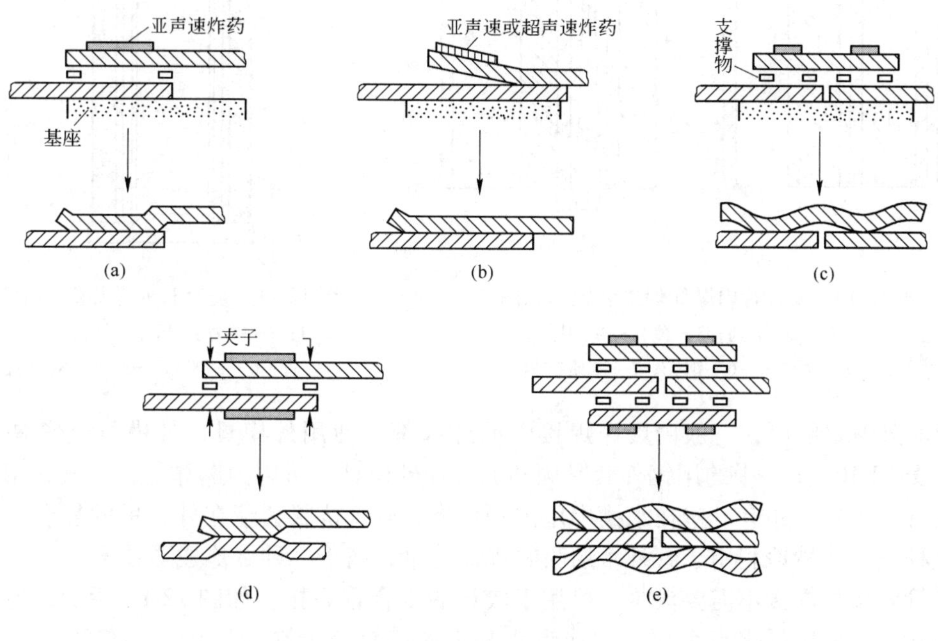

图 12-8 部分爆炸搭接焊接形式

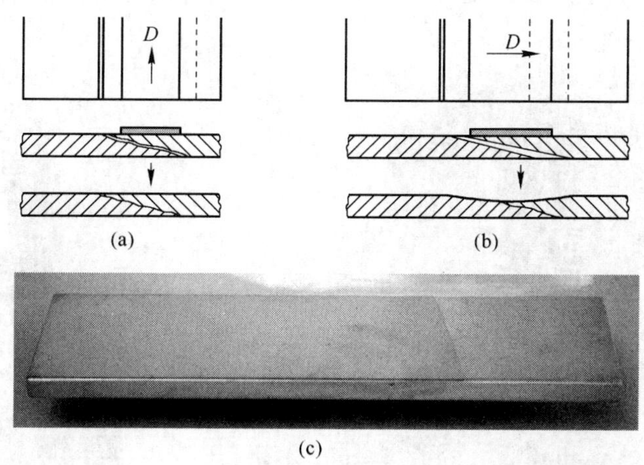

图 12-9 楔形对接爆炸焊布置和爆炸焊接的铝铜导电接头

C 圆管爆炸焊接

金属复合管材、棒材在机械、化工、军事等领域有着重要的应用，爆炸焊接在制造各种管棒材、双金属管接头有着独特的优点。图 12-10 为复合管内爆炸焊接示意图，图12-11为复合管外爆炸焊接示意图。

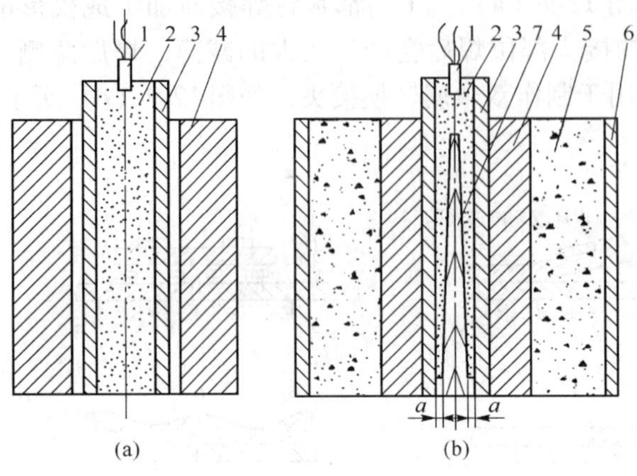

图 12-10 复合管内爆炸焊接装置示意图
1—雷管；2—炸药；3—覆管；4—基管；
5—沥青＋砂子；6—钢壳；7—木质锥芯

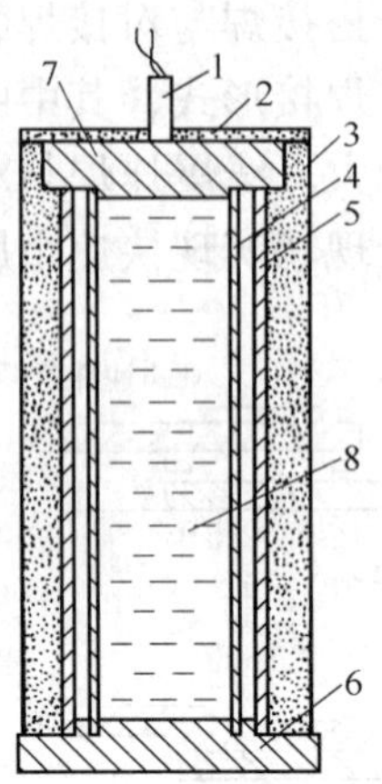

图 12-11 复合管外爆炸焊接示意图
1—雷管；2—接力引爆器；3—主炸药；4—内管；
5—外管；6—砧座；7—端塞；8—防护物质

除非外管足够厚，一般内爆炸焊接管的外部都要使用外模具，外模具经常是一次性的，如图 12-10（b）中的用钢外套紧固的沥青加砂模具。所以内爆炸复合一般只用于制造复合短管。另外，还有一些在水槽中用内爆炸将内衬管挤胀套配在外管里的复合管生产工艺，这种技术巧妙地利用了管外水层吸收爆炸冲量，属于一种爆炸成形技术。

圆管外爆炸焊接不需要模具，可用于较长的复合管焊接。如图 12-11 所示，为保证内管的形状，需要用低熔点金属、水或者水和钢芯组合充置在内管中，不仅可保证内管形状，而且便于爆炸后脱除。图 12-12 则是用内爆炸法焊接的化工容器接口短管。图 12-13 为外爆炸焊接作业与所生产出的复合管，图 12-14 为用外爆炸焊接的铝铜复合管和钛包铜异型棒材。

图 12-12 内爆炸焊接的化工容器接口复合短管

图 12-13 外爆炸焊接圆管作业

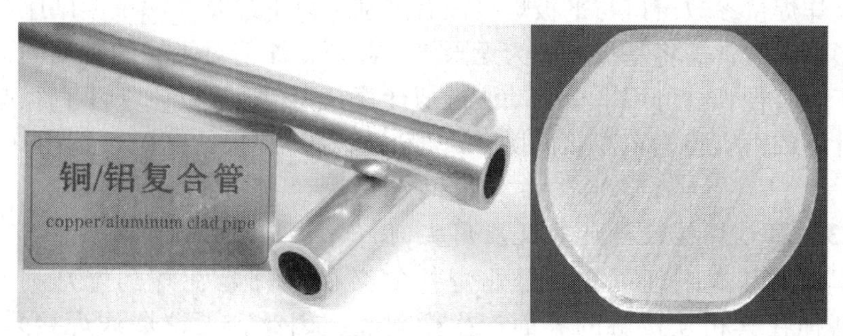

图 12-14　外爆炸焊接的复合管棒件

圆管爆炸焊接技术还用于热交换器管与管板的焊接、双金属管接头和大直径石油天然气管道的连接焊等。图 12-15 为一些管与管板爆炸焊接的布置形式。其中图 12-15（d）为用图 12-15（a）方法爆炸焊接的激光焊机铜钢夹头。图 12-16 为大连船舶重工爆炸加工研究所生产的航天火箭中的各种铝钢管接头。

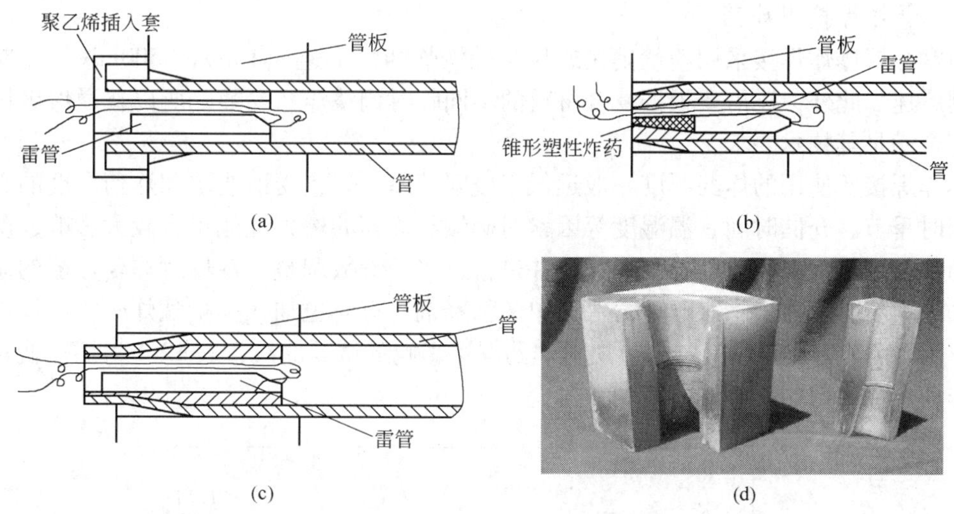

图 12-15　预支角间隙的管与管板爆炸焊接
（a）管板加工成梢型孔；（b）管端车制减径；（c）缩制管端减径；（d）内孔覆铜的激光焊机夹头

图 12-16　爆炸焊接的双金属管接头

管件的爆炸焊接参数窗口与平板焊接没有区别，只不过要考虑重型砧座和对称焊接的基板厚度的影响，常常需将基板考虑为无限厚。此外，炸药对飞管的驱动问题较平板要复杂得多，对于大直径管材可用平板驱动法近似计算其飞行速度，对于小直径厚壁管则需要专门的程序计算或由实验确定焊接间隙。一般圆管爆炸焊接的间隙可选用 0.5 ~2 倍的管壁厚度。

12.1.1.3　爆炸焊接设计计算及应用实例

由爆炸焊接的基本原理可知，爆炸焊接的必要条件是在炸药爆炸荷载的作用下，基、复板经碰撞在其相互接触的界面产生微射流。因此，无论爆炸焊接采用 12.1.1.2 小节中所述的任何布置形式，焊接与否和质量优劣都取决于板件的碰撞角 β、碰撞点移动速度 v_c、复板打击速度 v_p 以及基层和复层材料自身之间的理化性能（即“爆炸焊接可焊参数窗口”）。

所谓爆炸焊接设计，实际上就是通过炸药性能、药量（药层厚度 δ_0）、基复板之间的间隙 γ 等这些实际工艺参数，对特定的金属组合实现对 β、v_c、v_p 三个参量的调整，以获得较满意的焊接质量。

A　爆炸焊接用炸药

通常金属爆炸焊接采用粉状硝铵或粒状硝铵炸药，爆速为 1500 ~3500m/s，需要稳定地控制爆速。此外，还需要根据复合材料的不同临时调整炸药参数，所以普通爆破用炸药不能完全满足其技术要求。

爆炸焊接所使用的炸药厚度一般远低于极限药厚，爆速受铺垫层和炸药厚度的影响很大。同时季节、仓储时间、温湿度等因素对硝铵类炸药的爆轰性能也有较大影响，所以每批炸药在使用前都必须重新检测爆速，并进行适当的参数调整。现场对炸药性能的调整方法是加入木粉、食盐、膨胀珍珠岩等简单的稀释剂，有时也加入少量猛炸药，以提高炸药爆速。图 12-17 为炸药厚度与铺垫层对炸药爆速影响的试验曲线，表 12-2 为用食盐对膨化硝铵炸药爆轰参数的调整结果。

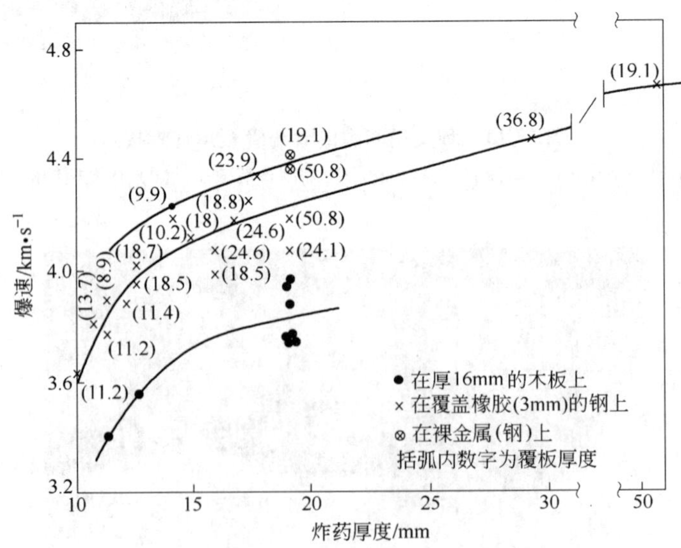

图 12-17　炸药厚度、铺垫层对炸药爆速的影响

表 12-2 含食盐的膨化硝铵炸药爆轰参数表

炸药配比（炸药/盐）	松装密度 /g·cm^{-3}	药厚/mm	爆速/m·s^{-1}	存放 1~2 月的爆速 /m·s^{-1}
60/40	0.73	20	2570	1820
50/50	0.76	20	2377	2510
50/50	0.76	20	2361	2365
75/25	0.66	20	2846	3100
75/25	0.66	20	—	3013
55/45	0.75	20	2543	2475
50/50	0.76	55	2447	2250
100/0	0.44	20	3300	—

在炸药的选择中有三个参数对基、复板的可焊性和爆炸焊接的质量有较大的影响。

（1）炸药的爆速 D。炸药的爆速与炸药爆炸驱动时复板的最终速度有直接的关系。爆炸焊接通常采用改性炸药，故需通过传统的实验方法测定。

（2）炸药的多方指数 K。炸药的多方指数 K 是一项必不可少的参数。对于大部分高能炸药，爆压在 10GPa 以上，K 值一般在 3.0 左右。对于爆炸焊接中常用的工业炸药，爆轰压力一般在 7GPa 以下，K 值远小于 3.0，所以不能简单使用 $K=3$ 近似。K 值原则上可以使用传统的压阻法、水箱法测试获得。

对于常用的铵油炸药 K 值，也可以根据炸药的爆速 D(m/s) 采用式（12-2）简单估算：

$$K = \sqrt{1 + (D/1607)^2} \tag{12-2}$$

（3）质量比 R。R 为无量纲量，指炸药质量与复板质量的比值

$$R = \delta_0\rho_0/h_1\rho_1$$

式中 δ_0——炸药厚度，mm；

ρ_0——炸药密度，g/cm^3；

h_1——复板厚度，mm；

ρ_1——复板密度，g/cm^3。

B 在炸药爆炸驱动下复板运动状态计算

平板爆炸焊接的爆轰驱动可以简化成如图 12-18 的二维滑移爆轰驱动飞板模型。在等厚度炸药沿飞板表面滑移爆轰时，将坐标系放置在爆轰波头，在动坐标系中，炸药与飞板会以与爆速 D 相同稳定的速度，流经爆轰波面处。炸药在流经驻点的爆轰波后，发生爆轰、膨胀；飞板流过爆轰波平面后，在爆轰压力作用下逐渐发生转向弯曲，这个变化的弯曲角度 θ 称为动态弯折

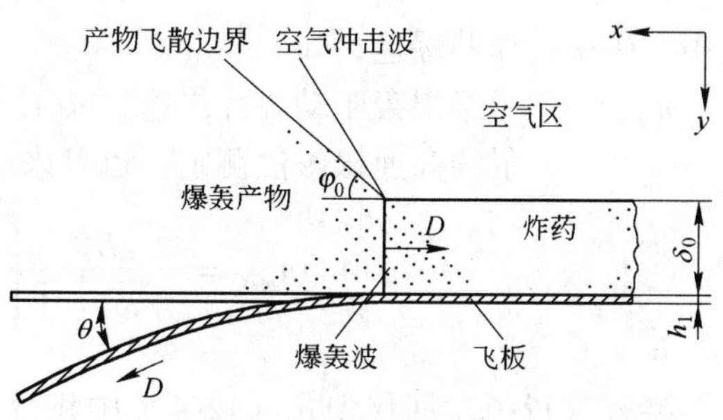

图 12-18 滑移爆轰作用下的飞板运动姿态

角或抛掷角，在平行板材焊接中可近似认为 $\theta=\beta$。动态的抛掷速度 v_p 与抛掷角 θ 之间满足 Taylor 公式：

$$v_p = 2D\sin(\theta/2) \tag{12-3}$$

式中　v_p——动态抛掷速度，m/s；

D——炸药爆速，m/s；

θ——抛掷角，(°)。

列契脱（Richter）简单地假定飞板所承受的爆炸压力 p 与抛掷角 θ 呈线性关系 $p=p_H(1-\theta/\theta_m)$，从复板运动微分方程求出了如下积分公式：

$$\begin{cases} \dfrac{x}{\delta_0} = (K+1)\dfrac{\theta_m}{R}\cdot\displaystyle\int_0^{\theta_m}\dfrac{\cos\theta}{\theta_m-\theta}\mathrm{d}\theta \\ \dfrac{y}{\delta_0} = (K+1)\dfrac{\theta_m}{R}\cdot\displaystyle\int_0^{\theta_m}\dfrac{\sin\theta}{\theta_m-\theta}\mathrm{d}\theta \end{cases} \tag{12-4}$$

式中　δ_0——炸药厚度，mm；

x——流过爆轰波头平行于复板原始表面的水平坐标，mm；

y——坐标是复板向下抛掷的距离，mm；

θ_m——最大抛掷角，弧度。

最大抛掷角可用如下经验公式求取：

$$\frac{1}{\theta_m} = b + \frac{c}{R} \tag{12-5}$$

式中　b，c——炸药性能的常数，是炸药多方指数 K 值的函数；

R——炸药质量与飞片质量比。

一般 b、c 系数可以通过爆炸实验确定，也可以用下述经验公式求取：

$$b = \frac{\sqrt{3}}{4}\cdot\left(1-\frac{1}{K}\sqrt{K^2-1}\right)^{-1/2}$$

$$c = \frac{\sqrt{3}}{2}\sqrt{1-\frac{1}{K^2}}\cdot\left(1-\frac{1}{K}\sqrt{K^2-1}\right)^{-1/2}$$

上式在 $K=2.5\sim3.2$，$R<2$ 范围内有较好的计算精度。在 K 值 >2 和 $R<3$ 时，也可以用一维飞片公式估算的飞板终速（$u_{max}\approx v_{pmax}$），代入公式（12-3）反求出对应的最大抛掷角：

$$\theta_m = 2\arcsin[u_{max}/(2D)] \tag{12-6}$$

式中　D—— 炸药爆速，m/s；

u_{max}—— 一维爆轰驱动飞片终速，m/s，u_{max} 可采用探针测速法、斜电阻丝法和脉冲 X 射线高速摄影法测定，也可采用 Gurney 推广公式计算：

$$u_{max} = \frac{D}{\sqrt{K^2-1}}\left[\frac{0.6R}{1+0.2R+\dfrac{0.8}{R}}\right]^{\frac{1}{2}} \tag{12-7}$$

将式（12-6）回代到式（12-4）中积分求解出空间坐标 x、y 与抛掷角 θ 的关系，即可得到整个飞板的加速过程。

另外，采用可压缩流体动力学中的二维超声速定常流解法，可以对图12-18模型编制特征线差分程序，对飞板的抛掷过程进行计算机模拟。图12-19为特征线差分网格图和用特征线差分方法计算的飞板抛掷角与垂向坐标 y 的关系，对 $0.25 \leqslant R \leqslant 1.5$，$1.6 \leqslant K \leqslant 3.2$ 的飞板飞行姿态特征线差分计算结果拟合、整理的经验公式如下：

$$\begin{cases} \dfrac{1}{\theta} = \left(0.6022 - \dfrac{0.0388}{\sqrt{y/\delta_0}}\right)K - 0.2476 + \dfrac{0.6984}{\sqrt{y/\delta_0}} + \left[\left(1.2 - \dfrac{0.1218}{\sqrt{y/\delta_0}}\right)K - 0.6864 + \dfrac{0.4266}{\sqrt{y/\delta_0}}\right] \Big/ R \\ 1/\theta_m = 0.5634K + 0.4509 + (1.0785K - 0.2598)/R \end{cases} \tag{12-8}$$

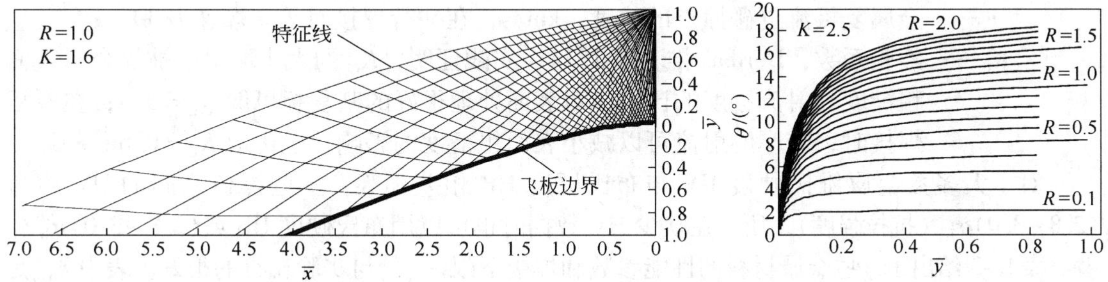

图12-19　特征线差分网格图和计算的飞板动态弯折角

式（12-8）中抛掷角 θ 的单位为弧度，公式在 $0.1 \leqslant y/\delta_0 \leqslant 1$ 范围内计算值与程序解的相对误差小于 ±6%，平均误差在 ±3% 左右。如果需进一步计算 $y/\delta_0 < 0.1$ 段的抛掷角，还可利用式中的最大抛掷角公式，在计算出 θ_m 后，代入下式求解：

$$\frac{y}{\delta_0} = (K+1)\frac{\theta_m}{R}\left[\frac{\theta^3}{18} + \frac{\theta_m\theta^2}{12} + \theta_m^2\theta - \theta + \left(\frac{\theta_m^3}{6} - \theta_m\right)\cdot \ln\left(1 - \frac{\theta}{\theta_m}\right)\right] \tag{12-9}$$

C　爆炸焊接窗口确定

在设计计算爆炸焊接参数之前，必须确定基、复板的“可焊窗口”。通常的爆炸焊接窗口是通过半圆柱法、台阶法和小倾角法实验获得的，也可以通过理论分析进行估算。较为普遍的研究结果认为，爆炸焊接理论窗口可用图12-20中的四条边界线圈定，即：

（1）焊接下限——图中 ad 线，基复板间的碰撞速度 v_p 必须大于一个最小速度值 v_{pmin}，以形成焊接微射流；

（2）流动限——图中 ab 线，碰撞点速度 v_c 必须达到一定大小，否则也不会产生微射流；

（3）声速限——图中 cd 线，即必须保证焊接碰撞流动是亚声速的，才能形成焊接射流；

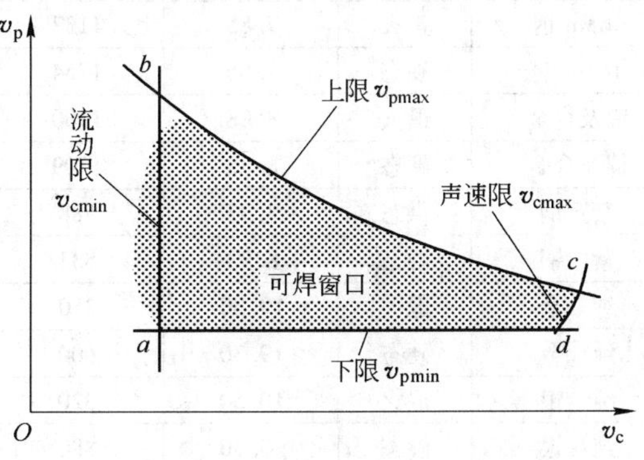

图12-20　爆炸焊接参数窗口与理论边界示意图

（4）焊接上限——图中 bc 线，是对焊接界面最大能量的限制。当碰撞动能过大时，焊接界面处沉积的热量过高，冲击压力卸载后，界面仍处于热软化或熔化状态，会造成焊接“过熔”失效。

a　爆炸焊接下限计算

早期爆炸焊接广泛应用的是 1971 年 Deribas 等提出的焊接下限公式：$\beta = K_C \sqrt{HV/(\rho v_f^2)}$。如用$\beta$小角度近似式 $v_p \approx v_f \cdot \sin\beta \approx \beta v_f$ 代入，则可将 Deribas 公式改写为完全由被焊金属的物理性能参数表示的同种金属爆炸焊接下限公式：

$$v_{pmin} = K_C \sqrt{HV/\rho} \tag{12-10}$$

式中　HV——维氏硬度，MPa；

ρ——金属密度，g/cm^3；

v_f——金属复板流进碰撞点的速度，km/s，在平行焊接时等于爆速 D 和 v_c；

K_C——经验系数，Deribas 推荐取 1.14。实践证明，K_C 的大小取决于被焊金属表面粗糙度与射流厚度的比值，对表面处理很好的基复板可取 $K_C = 0.6$；在厚板焊接时，较厚的射流可以减小表面粗糙度的影响，也可取 $K_C = 0.6$。

对于大多数金属维氏硬度 HV 与布氏硬度 HB 相差不大，一些黑色金属的 HV 约为 $(2.8 \sim 3.0)\sigma_b$（抗拉强度），所以在缺少 HV 数据时也可以用布氏硬度 HB 或 $(2.8 \sim 3.0)\sigma_b$ 代替。表 12-3 给出了一些金属材料的性能参数和焊接下限，v_{pmin} 与实验相符的很好。表中 p_{min} 是对应的界面最小正碰撞压力，可用冲击波关系式导出的公式 $p_{min} = \rho\left(C_0 + \lambda \frac{v_{pmin}}{2}\right)\frac{v_{pmin}}{2}$ 计算得到。

表 12-3　部分金属的物理性能与爆炸焊接下限

材　质	状态	密度 ρ /g · cm^{-3}	硬度 HV /MPa	C_0 /km · s^{-1}	λ	v_{pmin} /km · s^{-1}	p_{min} /GPa
纯　铝	供态	2.71	270	5.392	1.341	0.189	1.417
纯　铝	硬态	2.71	366	5.392	1.341	0.220	1.656
LY12 铝合金	硬态	2.79	1098	5.328	1.338	0.377	2.927
纯　钛	供态	4.51	1600	4.695	1.146	0.357	3.949
纯　钛	硬态	4.51	2323	4.695	1.146	0.431	4.799
1Cr18Ni9Ti	供态	7.90	1960	4.580	1.490	0.299	5.669
20 号钢	退火	7.85	1010	4.595	0.454	0.215	3.923
20 号钢	硬态	7.85	1539	4.595	0.454	0.266	4.854
16Mn 钢	正火	7.85	1137	4.595	0.454	0.228	4.165
16Mn 钢	硬态	7.85	1754	4.595	0.454	0.284	5.187
镍及合金	退火	8.88	1100	4.590	1.440	0.211	4.445
镍及合金	硬态	8.88	1509	4.590	1.440	0.247	5.235
紫　铜	供态	8.93	588	3.910	1.510	0.154	2.768
紫　铜	硬态	8.93	833	3.910	1.510	0.183	3.312
纯　金	退火	19.30	250	3.070	1.540	0.068	2.058
纯　金	硬态	19.30	600	3.070	1.540	0.106	3.217
纯　银	退火	10.50	320	3.270	1.550	0.105	1.843
纯　银	硬态	10.50	880	3.270	1.550	0.174	3.105

注：C_0 和 λ 是金属中冲击波关系式 $D = C_0 + \lambda u$ 中的系数，一般 C_0 为体波声速。

运用界面最小碰撞正压力作为双金属同时产生射流的判断条件，所得到的双金属可焊下限公式如下：

$$
\begin{aligned}
p_{\min} &= \max(p_{\min 1}, p_{\min 2}) \\
u_1 &= \frac{C_{01}}{2\lambda_1}\left[\sqrt{1 + 4\lambda_1 p_{\min}/(\rho C_{01}^2)} - 1\right] \\
u_2 &= \frac{C_{02}}{2\lambda_2}\left[\sqrt{1 + 4\lambda_2 p_{\min}/(\rho C_{02}^2)} - 1\right] \\
v_{\text{pmin}} &= u_1 + u_2
\end{aligned}
\qquad (12\text{-}11)
$$

式中，$p_{\min}$、u、C_0、λ 的下标 1、2 分别代表两种金属的相应参数；u 是金属碰撞后相对界面的垂向质点速度。

计算出的部分双金属爆炸焊接碰撞速度下限列于表 12-4 中。表中纵横栏交叉点的数据即是两种金属的爆炸焊接下限，表中已经将 v_{pmin} 速度的单位转换成为 m/s。例如：要查找 LY12 铝合金和退火态 20 号钢的焊接下限，在表纵向栏中找到“LY12 铝合金”，然后沿横向栏找到“20 号钢”和“退火态”，两者交叉的格中显示这两种金属间的可焊速度下限 v_{pmin} 为 356m/s，而实验值在 340m/s 左右。

表 12-4 部分金属组合的爆炸焊接下限 v_{pmin} 单位：m/s

材质		纯银	纯银	纯金	纯金	紫铜	紫铜	镍及合金	镍及合金	16Mn 钢	16Mn 钢	20 号钢	20 号钢	1Cr18Ni9Ti	纯钛	纯钛	LY12 铝合金	纯铝	纯铝
	状态	硬态	退火	硬态	退火	硬态	供态	硬态	退火	硬态	正火	硬态	退火	供态	硬态	供态	硬态	硬态	供态
纯铝	供态	289	175	262	170	306	258	454	389	470	381	441	360	505	520	432	379	220	189
纯铝	硬态	289	175	262	170	306	258	454	389	470	381	441	360	505	520	432	379	220	
LY12 铝合金	硬态	286	270	259	237	304	270	450	386	465	377	437	356	501	516	429	377		
纯钛	供态	288	288	243	243	287	287	358	306	374	302	351	287	402	431	357			
纯钛	硬态	347	347	293	293	346	346	358	329	374	347	351	347	402	431				
1Cr18Ni9Ti	供态	303	303	241	241	303	303	283	283	304	304	304	304	299					
20 号钢	退火	216	216	172	172	215	215	267	227	284	228	266	215						
20 号钢	硬态	266	266	212	212	265	265	267	248	284	266	266							
16Mn 钢	正火	229	229	182	182	228	228	267	227	284	228								
16Mn 钢	硬态	283	283	226	226	283	283	267	264	284									
镍及合金	退火	228	228	178	178	227	227	247	211										
镍及合金	硬态	267	267	208	208	266	266	247											
紫铜	供态	173	155	142	123	183	154												
紫铜	硬态	184	184	146	146	183													
纯金	退火	138	92	106	68														
纯金	硬态	143	143	106															
纯银	退火	174	105																
纯银	硬态	174																	

b 爆炸焊接流动限计算

爆炸焊接流动限决定的碰撞射流形成条件是理论驻点压力（$p_c = \rho v_c^2/2$）需要远大于材料强度，以使材料在射流区达到“流体状态”。“流体状态”的驻点压力应大于材料静强度 σ_b 的 10 倍，于是单一金属的流动限表示为：

$$\rho v_c^2/2 \geqslant 10\sigma_b \quad 或 \quad v_{cmin} = \sqrt{20\sigma_b/\rho} \tag{12-12}$$

对于两种金属情况，由驻点压力必须大于“硬”金属一方的强度作为判断条件，因此可用式（12-13）求出表 12-5 的金属材料在相应 σ_b 强度级限制下流体流动限。公式如下：

$$p_c = \frac{1}{2}\rho_{min} v_c^2 \geqslant 10\sigma_{bmax} \quad 或 \quad v_{cmin} = \sqrt{\frac{20 \cdot \max(\sigma_{b1}, \sigma_{b2})}{\min(\rho_1, \rho_2)}} \tag{12-13}$$

从表 12-5 中可见，只有低密度材料与高强度材料爆炸焊接时，或低密度材料自身强度很高时，才会对爆速下限产生实际的限制。比如：对铝材进行爆炸焊接时，应该注意两种被焊材料的强度级别，如果铝材与 700MPa 强度级的钢焊接，爆速下限不低于 2277m/s；铝材与同样强度级的铝合金、钛合金焊接时爆速也不应低于该值。

表 12-5 部分金属的爆炸焊接流动限

强度级 σ_{bmax}/MPa		100	200	300	400	500	600	700	800	900	1000
驻点压力 p_c/GPa		1.0	2.0	3.0	4.0	5.0	6.0	7.0	8.0	9.0	10.0
材料	密度 ρ/g · cm^{-3}	流动限值 v_{cmin}/m · s^{-1}									
镁(Mg)	1.74	1072	1516	1857	2144	2397	2626	2837	3032	3216	3390
铝(Al)	2.70	861	1217	1491	1721	1925	2108	2277	2434	2582	2722
钛(Ti)	4.50	667	943	1155	1333	1491	1633	1764	1886	2000	2108
铁(Fe)	7.85	505	714	874	1010	1129	1236	1335	1428	1514	1596
镍(Ni)	8.87	475	672	822	950	1062	1163	1256	1343	1425	1502
铜(Cu)	8.93	473	669	820	946	1058	1159	1252	1339	1420	1497
银(Ag)	10.50	436	617	756	873	976	1069	1155	1234	1309	1380
金(Au)	19.30	322	455	558	644	720	789	852	911	966	1018

c 爆炸焊接声速限计算

随着基复板碰撞角 β 变小，碰撞会进入超声速状态，两板间不会再产生射流，而是直接发生“弹性”碰撞。对于理论声速限，可通过建立碰撞模型求得。一般 v_c 声速限都比较高，工程上可以简单地认为使 v_c 小于材料声速即可。对于双金属取两种金属中的最小声速作为对 v_c 的限制，双金属声速限公式如（12-14）所示：

$$v_{cmax} = \min(C_{01}, C_{02}) \tag{12-14}$$

式中，C_{01}、C_{02}是基复板材料的体波声速，可在表 12-3 中查到。由于大部分材料声速都在 4～5km/s 左右，高于一般焊接用硝铵炸药的爆速，所以在生产中复合板整体超过声速限的可能性较小。但如果要焊接铅合金（声速为 2km/s 左右）一类体波声速较低的材料，详细考虑声速限的影响就变得十分必要了。

d　爆炸焊接上限计算

当飞板速度或飞板厚度过大时，所携带动能过大，消耗沉积在焊接界面的能量过高，基复板碰撞界面的压力卸载到很小甚至到拉伸状态时，界面依然处于熔化状态或热软化极低强度状态，界面就会被拉开，开裂的界面上有明显的熔化迹象，即发生了所谓的“过熔”失效。这一点对于低熔点金属和厚板爆炸焊接时非常重要。

对于双金属爆炸焊接情况，通过双金属界面传热理论解，再对焊接的动力学过程、沉能过程、传热过程进行分析，最后可以得到如下简化形式的爆炸焊接上限公式：

$$v_{\mathrm{pmax}} = \frac{f}{v_{\mathrm{c}}}\sqrt{1+\frac{\rho_1 h_1}{\rho_2 h_2}} \cdot \sqrt[4]{\min\left(1,\frac{h_2 C_{01}}{h_1 C_{02}}\right)\Big/ h_1} \tag{12-15}$$

式中　h_1，h_2——基、复板厚度；

ρ_1，ρ_2——基、复板密度；

C_{01}，C_{02}——基、复板声速；

v_{c}——碰撞点移动速度；

f——与金属物性有关的常数，其量纲为 $L^{9/4}T^{-2}$（L 为长度，T 为时间），f 值作为经验量必须通过实验数据进行拟合。

理论上，式（12-15）只需要一次“过熔”开裂参数就可以确定该双金属对的 f 值，也就可以得到爆炸焊接上限。但实际的双金属焊接上限不仅受式（12-15）中所述参数的影响，还与影响焊接界面能量沉积的下述因素有关：界面打磨状态、焊接长度上射流堆积与燃烧、界面化学反应的放热、材料的软硬化状态等。所以实际使用双金属上限公式时，要根据双金属中多个“过熔”开裂参数共同拟合 f 值才能得到较精确的焊接上限。式（12-16）、式（12-17）即是用上述理论结合试验结果得到的纯铝、纯铜与普通低碳钢的可焊上限。

铝/钢上限：

$$v_{\mathrm{pmax}} = \frac{1.478}{v_{\mathrm{c}}}\sqrt{1+0.344\frac{h_{\mathrm{Al}}}{h_{\mathrm{Fe}}}} \cdot \sqrt[4]{\min\left(1,1.174\frac{h_{\mathrm{Fe}}}{h_{\mathrm{Al}}}\right)\Big/ h_{\mathrm{Al}}} \tag{12-16}$$

铜/钢上限：

$$v_{\mathrm{pmax}} = \frac{2.014}{v_{\mathrm{c}}}\sqrt{1+1.138\frac{h_{\mathrm{Cu}}}{h_{\mathrm{Fe}}}} \cdot \sqrt[4]{\min\left(1,0.848\frac{h_{\mathrm{Fe}}}{h_{\mathrm{Cu}}}\right)\Big/ h_{\mathrm{Cu}}} \tag{12-17}$$

式中，速度单位为 km/s，厚度单位为 mm。

图 12-21 与图 12-22 即是用以上双金属爆炸焊接窗口理论和实验参数绘制的纯铝、纯铜与普通低碳钢的爆炸焊接窗口。

D　爆炸焊接设计计算实例

a　不锈钢爆炸复合板实例

（1）爆炸焊接参数计算：

以常用的厚 3mm 奥氏体不锈钢板与普通 Q345R（即 16MnR）碳素钢板爆炸焊接为例。

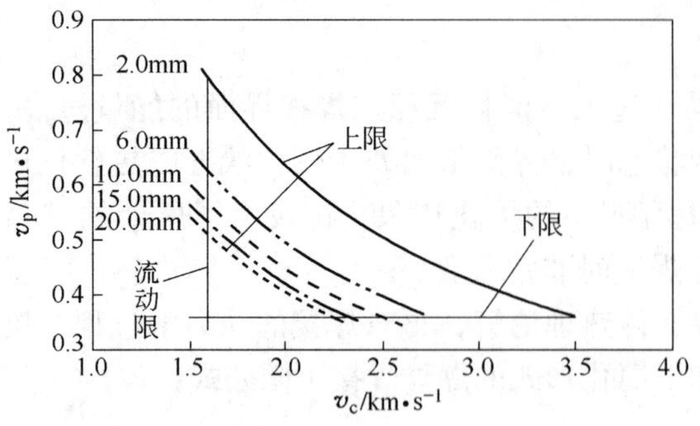

图 12-21　纯铝与普碳钢的爆炸焊接窗口
（图中上限数据为铝板厚度，普碳钢厚度 20mm）

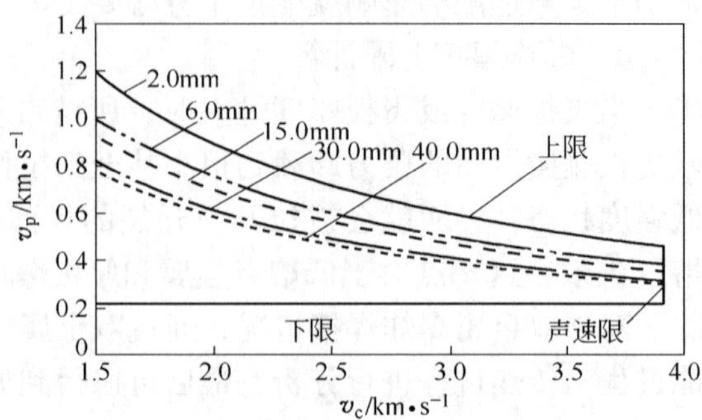

图 12-22　纯铜与普碳钢的爆炸焊接窗口
（图中上限数据为铜板厚度，普碳钢厚度 20mm）

在实施爆炸焊接前，首先进行爆炸焊接参数的选定。如使用掺加珍珠岩的粉状铵油炸药，炸药密度约为 $\rho_0 = 0.75\mathrm{g/cm^3}$，炸药在 $\delta_0 = 30\mathrm{mm}$ 厚度下的爆速为 $D = 2700\mathrm{m/s}$；不锈钢板密度为 $\rho_1 = 7.9\mathrm{g/cm^3}$、厚度为 $h_1 = 3.0\mathrm{mm}$，可计算出装药质量比为：

$$R = (\rho_0\delta_0)/(\rho_1 h_1) = (0.75 \times 30)/(7.9 \times 3.0) = 0.95$$

按式（12-2）计算出炸药的多方指数：

$$K = \sqrt{1 + (D/1607)^2} = \sqrt{1 + (2700/1607)^2} = 1.96$$

将计算得到的质量比 R 和 K 值可代入式（12-8）去计算出各种架高 y 下的弯折角 θ，平行布置焊接碰撞角 $\beta = \theta$；再用式（12-3）计算出碰撞速度 v_p，可得到表 12-6 的飞板飞行参数。

表 12-6　计算的爆炸焊接飞板参数表

$D = 2700\mathrm{m/s}$，$\delta_0 = 30\mathrm{mm}$，厚 3mm 钢复板			
y/mm	θ/rad	β/(°)	v_p/m · s^{-1}
3	0.1894	10.85	511
6	0.2212	12.68	596
9	0.2390	13.70	644
12	0.2511	14.40	676
15	0.2600	14.90	700

爆炸焊接窗口参数的确定可以直接查图 12-5，可见在 $v_c = 2700\mathrm{m/s}$ 位置，β 从 4.5°到 15°均可产生良好焊接。这样根据表 12-6 中的计算值，架高 y 在 3 ~ 15mm 的范围内都会焊接得很好，所以在工程上可以选择 $y = 6\mathrm{mm}$ 的架高。在实际操作时为控制复板不平度造成的误差，架高 y 最小不低于 3.0mm、最大不超过 15mm，在这一架高范围内可以确保得到焊接质量良好的不锈钢复合板。最后，得到 3mm 厚不锈钢与碳钢爆炸焊接的工程控制参数，即：

爆速为 2700m/s；30mm 药厚；架高 6mm（负公差 3mm，正公差 9mm）。

（2）爆炸焊接施工：

将检验合格的基、复板下料到需要尺寸后，Q345R 基板待焊表面用砂轮机除去锈层，不锈钢用砂带或钢刷清理。用0.15～0.2mm的钢箔卷制成6mm高的小架高备用。将放置爆炸复合板的现场地基用细砂土铺垫均匀，在基础上放置Q345R基板，在基板上布置预制的小架高，在架高上铺设不锈钢复层，固定复层并检查基复板之间的间隙高度，保证在3～15mm之间。然后在复板上均匀涂上黄干油，在四周安装药框。

当进行完上述工序后，可以进入装药过程。将除去结块的松散炸药缓慢铺设在复板上，用刮药板刮平，测量炸药厚度保证在30mm的设计药厚左右。在复合板的中部设置起爆点，在起爆点上放置直径不大于30mm的粉状RDX或混有RDX的铵油炸药少许，作为传爆炸药。

最后，进行爆前检查，重新检查基复板的间隙是否满足设计要求。无关人员撤离至安全地带，实施警戒。爆破员检查起爆线路，确认通畅后再连接电雷管，将雷管插入、固定在复合板的传爆药中。爆破员开始撤离现场，并发出预警信号。最后按爆破安全操作规程起爆炸药。爆后，待确认安全后，进入现场检查焊后的复合板。

（3）焊炸复合板检查与处理：

需要对爆后的复合板进行爆炸焊接效果检查。用超声波探伤仪的直探头对复合板进行探伤检查，可以重点检查起爆区、长板尾端、四周易出现焊接缺陷的区域，确定未复合区，以便后续挖补、堆焊。

将焊接合格的复合板表面清理干净，成批进入加热炉进行热处理。对于奥氏体钢与Q345R复合板采用920～980℃加温，然后喷雾冷却的热处理工艺。因为920～980℃对Q345R钢是正火温度，对不锈钢则是在奥氏体温区有稳定化的效果。

对热处理后的复合板再进行一次超声波探伤，检查热处理对未焊区的影响。检查后，按厚度进行滚平或压力机校平，校平后再进行一次超声波探伤。确认达到预期的复合质量后，使用等离子切割机切割复合板周边到产品尺寸。最后，对不锈钢表面进行抛光、酸洗、钝化，形成最终成品包装出厂。

b　铝钢爆炸复合板实例

以厚8mm纯铝板与30mm普通Q235（旧牌号：A3）碳素钢板工艺参数的确定为例。

从图12-21纯铝与普碳钢的爆炸焊接窗口可见，对于8mm的纯铝板，可焊范围较小。如果依然采用前例中$D=2700\text{m/s}$的粉状铵油炸药，将会超过爆炸焊接上限产生“过熔”开裂，所以必须对炸药爆速进行调整。

用珍珠岩将粉状铵油炸药爆速D调至2000m/s，炸药密度约为$\rho_0=0.55\text{g/cm}^3$，炸药厚度为$\delta_0=30\text{mm}$。铝板密度为$\rho_{Al}=2.7\text{g/cm}^3$，厚度取$h_{Al}=8.0\text{mm}$，可计算出装药质量比为：

$$R=(\rho_0\delta_0)/(\rho_{Al}h_{Al})=(0.55\times 30)/(2.7\times 8.0)=0.764$$

按式（12-2）计算出炸药的多方指数：

$$K=\sqrt{1+(D/1607)^2}=\sqrt{1+(2000/1607)^2}=1.60$$

将计算得到的质量比R和K值代入式（12-8）去计算出各种架高y下的弯折角θ，再用式（12-3）计算出碰撞速度v_p，计算结果列于表12-7。

从爆炸焊接窗口下限表12-4可查到，铝与退火普钢的焊接下限为$v_{pmin}=360\text{m/s}$。

将$v_c=D=2000\text{m}$，$h_{Al}=8.0\text{mm}$和$h_{Fe}=30\text{mm}$代入铝钢爆炸焊接上限公式（12-16），计算出焊接上限为$v_{pmax}=0.469\text{km/s}=469\text{m/s}$。所以得到只有在$v_p=360\sim469\text{m/s}$的狭窄区里才

能焊接，从表 12-7 中可见，确定实际工程中的架高 $y=5$mm，焊接间隙误差为 ±2mm。

表 12-7 计算的爆炸焊接飞板参数表

$D=2000$m/s，$\delta_0=30$mm，厚 8mm 铝复板			
y/mm	θ/rad	β/(°)	v_p/m · s^{-1}
3	0. 1886	10. 81	377
4	0. 2039	11. 68	407
5	0. 2159	12. 37	431
6	0. 2257	12. 93	450
7	0. 2339	13. 40	467

12. 1. 1. 4 金属爆炸复合板生产工序与爆炸作业场

A 复合板生产工序

一般金属爆炸复合板的生产过程都需要十几道工序，如图 12-23 所示。爆炸复合板的主要工序可分为以下四大部分，即：前处理工序、爆炸焊接工序、热处理工序和后处理工序。

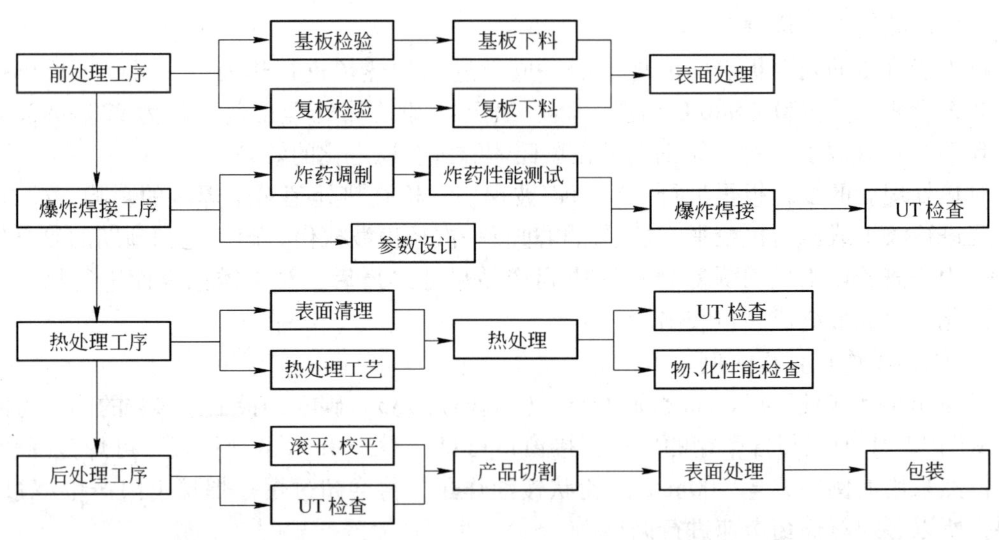

图 12-23 金属爆炸复合板生产工艺示意图

a 前处理工序

该道工序包括对基、复板材料进行各种检验、下料、拼焊、表面处理和校平，以保证后道工序的顺利进行。

检验项目包括基复板材料的化学成分、机械力学性能检验，使用超声波（UT）、磁粉（PT）、渗透（MT）、涡流（ET）或射线（RT）进行探伤检验，以及对基复板的尺寸检查和平整度检查等。通常对于基层钢板按图纸规定尺寸下料时，其负偏差为 0，正偏差如下：当钢板厚度 $h\leqslant30$mm 时为 5mm；当 $30\text{mm}<h\leqslant60$mm 时，为 10mm；当 $h>60$mm 时为 15mm。复材下料的尺寸偏差为 ±2mm。校平后，复合用基板的不平度不得大于 5mm/m；复板的不平度不得大于 2mm/m。

通常购入的基、复板材料均带有质量证明书。当用户对基、复板提出特殊要求，在定制钢板时，就必须向供应商提出相应的要求，并对其进行复验。

在备好基、复层材料后，按产品和爆炸工艺要求对基复板材下料，对不足尺寸的复板材料进行拼焊。然后，打磨清理基、复板表面的锈蚀层、氧化层，使待复合的表面露出光洁的金属本体。在此期间，还需对基复板进行必要的校平，以保证爆炸焊接时能精确控制焊接间隙。

b 爆炸焊接工序

爆炸焊接工序是爆炸复合板生产的核心工序。在该工序中，爆炸焊接参数的选择、炸药质量的优劣、复板的平整度等都直接影响产品的复合率和界面结合强度。

爆炸焊接的现场作业程序是：

（1）基础处理——爆炸焊接的基础也称炮台，用人工或铲车平整地面，整理铺设基板的炮台。炮台高度不得小于100mm，表面平整，整体软硬度一致。

在炮台表面要铺设一层厚度不小于50mm、细度为10目的细土，然后将其表面刮平。对于钢板厚度不大于12mm或基板为铝、铜等材料时，还应夯实炮台，并根据实际情况在基板下面加铺一层厚度不小于20mm的垫板，防止爆炸焊接时损伤基板。

如多个爆炸焊接作业在同一场地同时进行时，相邻炮台之间的距离不小于最大复合板面长度尺寸的三倍。

（2）基、复板组装——将基板吊装安放在砂土基础上后，向基板上摆放架高，然后将复板铺设在架高上，进行适当的固定。架高可用8号铁丝或铜条等材料。基板四个顶角至少应各设一个架高，每边相邻架高之间距离为250～300mm，当复板厚度大于4mm时，为400～500mm。

布药前应在复板表面刷涂保护材料，保护材料为黄干油或水玻璃，涂层厚度一般为0.5mm；对铜、铝等软金属保护层厚度应不小于0.8mm；最后，在复板四周安放固定药盒。

（3）布药——筛除或破碎炸药中的结块，将粉状炸药均匀地松装铺设在复板上，用刮药板刮至设计厚度。

布药前应用纤维板挡在基、复板四周，避免砂土、炸药粉末进入复合界面；上药时应在下风处，注意沙土不能混入炸药；布药时应轻轻刮平不得用力将药粉压实到规定厚度。

布药结束后应检验药高，药层厚度合格才能撤去四周挡板检验基复板间距。药高、间距经检验合格方可起爆。

（4）起爆点安放——按设计安放起爆点。爆炸焊接所使用的低爆速炸药起爆感度较低，为了保证炸药爆速迅速达到稳定段，可在起爆点处添加少量猛炸药作为引爆药。

对单位重量大于50g/cm^{3}的复材，如需保证100%贴合率则应将起爆点移置于成品板外；在成品板内置入起爆点时应加大起爆药的数量或另外辅助药包以缩小不贴合区。

（5）起爆——在所有无关人员撤离现场后，由爆破员安插雷管，按《爆破安全操作规程》中的操作要求进行最后的安全检查、示警、起爆。

爆炸完毕确认安全后，应对复合板的尺寸、表层质量、内部探伤等初检。合格后，吊装、运输复合板至热处理车间，进入下道加工工序。

c 热处理工序

金属爆炸焊接产品广泛地应用于各种压力容器中，这类设备不但要求复合板具有抗介质腐蚀特性，还要求满足结构设计与制造过程中的机械力学性能。因此，金属爆炸复合板热处理有两个方面的目的：一是消除爆炸焊接结合界面及其附近的残余应力和变形组织；二是使复材和基材获得特定的理化性能。金属爆炸复合板一般都由两种以上材料构成的，所以其热处理制度不同于单一材料。复合板的热处理必须要同时兼顾基层金属各自理化性能、高温下异种金属的相互作用，才能正确地设计出复合板的热处理工艺，保证对复合板结合区、基复板各自组织及性能的优化调整。

热处理类型按加热温区和降温速度分成退火、正火、淬火、回火调质、固溶处理和稳定化处理等。目前爆炸复合板生产厂家主要采用的热处理设备有油炉、电炉和真空炉等。针对不同类型的热处理设施，应制定不同的热处理工艺参数。在生产实践中，炉温和工件温度经常存在着一定的差别。因此，在制定热处理工艺时，应按照具体的热处理炉特点来确定相应的热处理工艺。

d 后处理工序

后处理工序是向客户提交金属爆炸复合板产品的最后一道工序。该工序包括热处理后的滚平和压力校平，探伤检查和性能检验，按照交货产品尺寸进行切割，以及表面光洁度处理（抛光、酸洗、钝化）与包装等。

B 爆炸作业场

用来进行试验、试制和大批量生产爆炸复合材料的地方称为爆炸焊接场地，简称爆炸场。一个稳定的爆炸场地是开展爆炸焊接工作的基础和首要条件。

除试验、试制和小批量或小尺寸爆炸复合材料的生产可因地制宜在爆炸洞中进行外，大批量、大尺寸工业化生产爆炸复合材料的作业场地通常应选择在远离城市和居民区的小山沟、河湖海边或荒漠地带。距离远近以爆炸声响及振动不影响城市和农村的工业生产与居民生活，以及运输成本能够承受得了为选择原则。爆炸焊接大多采用露天场地，一次爆炸所用的炸药量超过 1t 也是经常性的作业行为，因此同最近的居民区保持 3km 的距离是合理的最低限度数字。药量越大、产量越大，这个范围也越大。当进行爆炸作业时，在半径 0.5km 的区域内严禁作业人员以外的人员进入。

爆炸场内的作业场地的面积以运输、装吊车辆在其内能运转自如即可。复合材料的尺寸越大、日产量越高，作业面积应越大。作业场地应平整，清除地面石渣及直径 50m 范围内的杂草、树丛等可燃物。作业场地中按设计生产规模建有多个炮台（包括备用），关于炮台的设置要求，见上述爆炸焊接工序一节中有关基础处理的内容。

爆炸作业场内应设置爆破器材专用临时储存库，复合材料和产品库或堆放场地，必要的下料、表面处理、检验手段和场地，避炮所和起爆站等。相互间的距离和位置应规划合理。

爆破有害效应的安全允许距离与对环境影响的控制，应按《爆破安全规程》中的有关规定计算和执行。

12.1.2 爆炸成形

爆炸成形是利用炸药爆炸产生的冲击载荷和高压爆生气体的膨胀作用，通过传压介质将能量传递到金属坯料上，使其产生塑性变形，并达到金属零部件图样设计要求的形状、尺寸、精度和表面光洁度。

根据所加工零部件形状特征和塑性成形机理的不同，爆炸成形可分为：爆炸拉深、爆炸胀形、爆炸压接、板状零件爆炸成形、球形容器无模爆炸成形等。

12.1.2.1　爆炸拉深

A　爆炸拉深特点

爆炸拉深是通过传压介质将爆炸能量加载到一定形状平板坯料上，使之被加工成各类凸凹形、碟形、球冠形、椭球形等开口状空心零件的爆炸加工方法。爆炸拉深毛坯尺寸的确定可按照拉深前后毛坯与工件的表面积不变的原则进行计算。

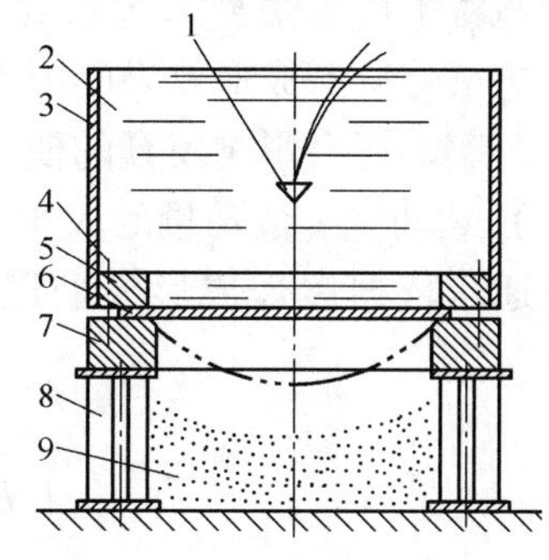

图 12-24　自由爆炸拉深成形装置

1—炸药包；2—水介质；3—水帽；4—压边螺栓；5—压边圈；6—板料；7—拉深环；8—支座；9—细沙

爆炸拉深成形一般分为自由拉深和有模拉深两类。自由拉深成形的装置很简单（见图 12-24），有模拉深成形又分为自然排气拉深（见图 12-25）和模腔抽成真空的拉深（见图 12-26）成形两种。

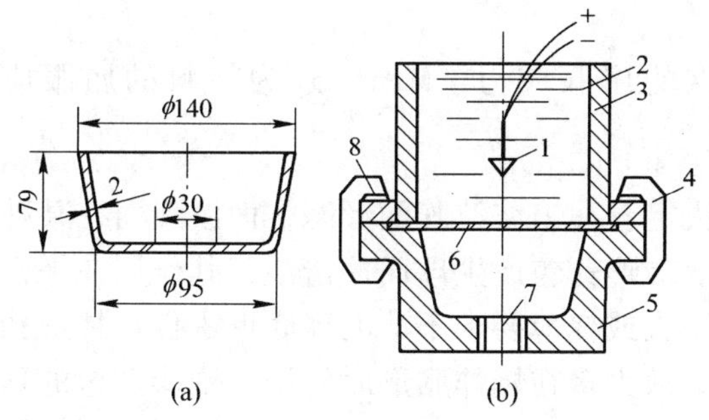

图 12-25　有模自然排气爆炸拉深成形装置

（a）成形产品；（b）成形装置

1—炸药包；2—水介质；3—水帽；4—卡具；5—模具；6—板料；7—排气孔；8—压边圈

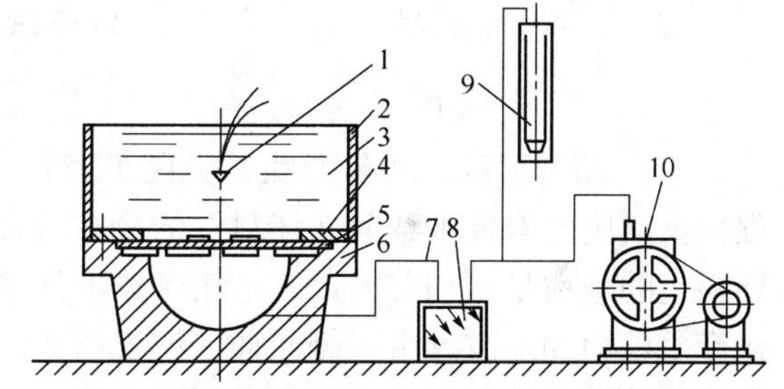

图 12-26　有模抽真空爆炸拉深成形装置

1—炸药包；2—水帽；3—水介质；4—压边圈；5—板料；6—凹模；7—真空管；8—隔水箱；9—真空表；10—真空泵

（1）自由爆炸拉深。自由爆炸拉深不需要整体式模具，仅用金属拉深环以及药包形状和大小来控制工件变形程度和拉深形状。由于这种拉深成形工艺完全依靠工艺参数的调整来获得所要求拉深零件的形状和尺寸，容易受到偶然因素的影响，所以这种自由爆炸拉深方法仅适用于拉深形状简单且精度要求不高的零件。

（2）有模爆炸拉深。有模爆炸拉深是通过坯料与凹模的贴合来保证工件成形精度，所以模腔的形状和尺寸精度决定着拉深件外表面的形状和尺寸的精度。由于模具可以有效保证拉深件的质量，所以有模爆炸拉深适用于批量较大、精度较高和相对厚度 δ/D_0（板料厚度与板料直径之比）较小的拉深件。

有模爆炸拉深，在爆炸拉深成形过程中，模腔中的空气必须保证能从模具的排气孔迅速外泄，否则会在板材拉深成形过程中，空气受压，温度上升，容易烧伤零部件表面。另外在零部件成形卸压后，被压缩的气体开始膨胀，使零部件表面鼓起而造成废品。因此，加工质量要求较高的金属零部件，宜采用有模抽真空爆炸成形装置。

B　爆炸拉深主要工艺参数

影响爆炸拉深成形效果的因素很多，其选取是否恰当，不仅影响拉深成形零部件的质量和生产率，还会影响模具的使用寿命。

（1）装药量。装药量的大小不仅影响爆炸拉深的效果，而且也影响模具的使用寿命。装药量通常依据爆炸成形模型进行模拟试验结果来确定或根据经验公式（12-18）进行计算。

$$\frac{Y}{D} = k_1 k_2 \left(\frac{Q}{D^2 \delta}\right)^{0.78} \left(\frac{D}{h}\right)^{0.74} \tag{12-18}$$

式中　Y——顶点挠度，mm；

D——模口直径，mm；

Q——炸药装药质量，g；

δ——金属板料厚度，mm；

h——装药中心距板料表面距离（药位），mm；

k_1——介质系数，水为 120，砂为 44.2；

k_2——强度系数，$k_2 = \dfrac{\sigma_2}{\sigma_1}$，$\sigma_1$ 为低碳钢的屈服应力，MPa，σ_2 为板料的屈服应力，MPa。

（2）药包形状。药包形状（见图 12-27）决定着冲击波波阵面形态，而波阵面在某种程度上又决定着冲击载荷在坯料上的分布特征。球形药包产生球面冲击波，其作用在平板坯料上的载荷是不均匀的，它适用于成形深度不大或变薄要求不严的球底形零件。柱形药包产生柱面冲击波，由于侧面冲击波强度较大，故大多在爆炸胀形时使用。锥形药包的顶部冲击波较弱，而两侧较强，它利于凸缘部分坯料流入模腔，故适用于变薄要求较严的椭球底零件的成形，药包常用锥角在 90°～120°之间。环形药包适用于大型封头类零件，这是因为药包更接近凹模圆角部分，利于凸缘坯料流入模腔。一般环形药包直径 D_1 为模口直径 D 的 80%～85%。在使用环形药包时，采用“两端”引爆，并且在引爆端对侧空出 10～16mm，见图 12-27（d）。

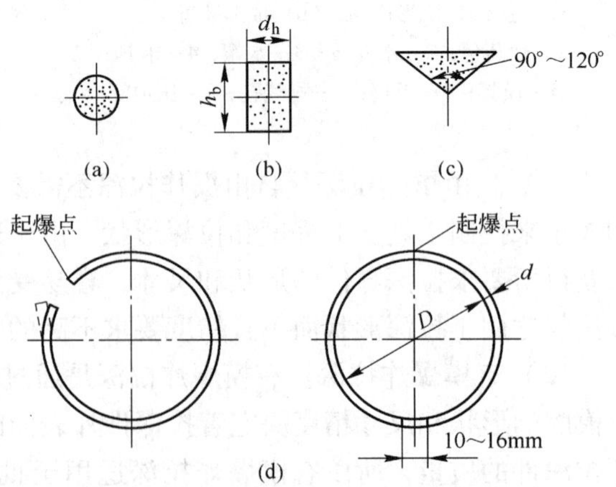

图 12-27　常用几种装药形状示意图
（a）球形；（b）圆柱形；（c）锥形；（d）环形

（3）药位。药位包含两方面的尺寸内容。一是炸药包中心距毛坯表面的高度，也称之为“吊高”；另一尺寸是炸药包中心距零件某一基准的纵向或横向平面距离。多数情况下药位的确定主要是根据板料的性质、厚度和几何尺寸等通过试验进行调整选定，如强度高、厚度大、几何尺寸大者，药位应适当偏低。

通常，对于球形、短柱形和锥形药包，其药位 h 可取模口直径的 0.3～0.5 倍；采用环形药包时，药位可稍低些，可取模口直径的 0.2～0.3 倍。

（4）真空度。对相对厚度 δ/D_0 较薄的坯料进行有模爆炸拉深时，由于毛料变形速度较快，模腔内的气体来不及自行排出，因此应在引爆炸药前将模腔内的空气抽空。

（5）水深。水深系指炸药装药中心至水面的距离。水的深浅一方面可以确定爆炸能量从水介质自由面卸载所需要的时间，另一方面对高压气团能量进行传递分配。在实际操作中，应选择水深大于或等于模口的半径。对于薄板类零件成形，取 1/3～1/2 模口直径。

（6）压边力。压边力的大小直接影响爆炸拉深质量。过大的压边力，在拉深过程中使凸缘部分的坯料不易流入凹模的模腔内；过小的压边力易使坯料在凸缘部分起皱，影响零件拉深精度和表面质量。在实际操作中，应正确施加压边力，并保持周边的压边力均匀。

（7）拉深系数。模口直径 D 与板料直径 D_0 的比值称为拉深系数。在模口尺寸确定条件下，加大或减小毛坯直径均可改变拉深系数的大小，改变坯料流动趋势。在保证工件凸缘不发生起皱的条件下，应尽量选择较小的拉深系数，以提高工件的极限变形程度。

（8）凹模圆角半径。为了使凸缘部分的坯料顺利拉入凹模的模腔内，通常在拉深凹模的模口处设计出凹模圆角，其圆角半径为 4～8 倍的板料厚度。

表 12-8 和表 12-9 为部分爆炸拉深产品的实际工艺参数，可供类似零件爆炸加工选择工艺参数时参考。

表 12-8 球底封头爆炸自由拉深成形工艺参数

材 料	毛料直径 D_0/mm	毛料厚度 δ/mm	封头直径 D/mm	药量 Q/g	药位 h/mm	水深 H/mm
Q235	250	3	200	20	40	140
Q235	537	8	416	225	83	210
Q235	815	12	624	750	120	320
Q235	1050	14	822	1410	165	420
20	1285	14	1000	2000	206	720
20	2340	40	1680	1600	320	960

表 12-9 大型椭球底封头有模自然排气爆炸拉深成形工艺参数

封头（直径×厚度）/mm×mm	材 料	爆炸参数				拉深深度/mm
		药量/g	水深/mm	药位/mm	药形（梯恩梯 $\rho=1$）	
210×5	1Cr18Ni9Ti	500	550	300	120°～140°锥形	300
410×5	1Cr18Ni9Ti	650/350	550	300	120°～140°锥形	280/340
210×8	L_4—M	300	550	320	120°～140°锥形	300
448×8	LF_3—M	500	550	320	120°～140°锥形	300
1448×15	C_{25}	2000	550	320	120°～140°锥形	300
1447×10	LF_3—M	500	550	320	120°～140°锥形	310
1470×8	1Cr18Ni9Ti	800/450	550	320	120°～140°锥形	310
1828×10	L2—M	800	550	320	120°～140°锥形	310
1828×10	L2—M	800	550	320	120°～140°锥形	310

C　有模抽真空爆炸拉深实例

内蒙古工业大学爆炸拉深的航天飞行器零件尺寸如图 12-28 所示，工件厚度 2mm，材料为高强度轻质铝合金板。由于工件的相对厚度 δ/D_0 较大，相对拉深深度 W/D 较高。为满足工件精度要求所用的拉深坯料尺寸和形状如图 12-29 所示。

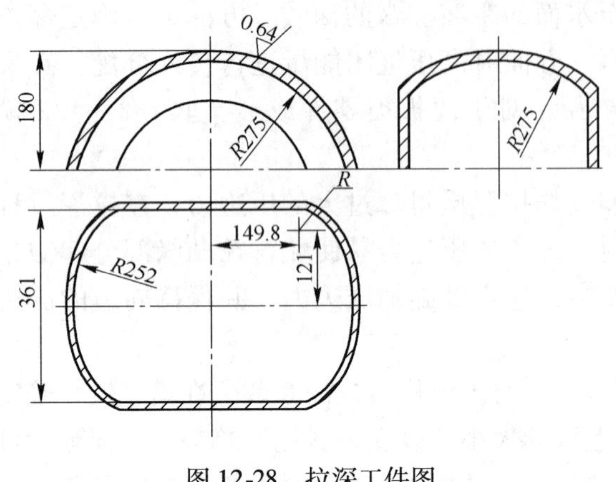

图 12-28　拉深工件图

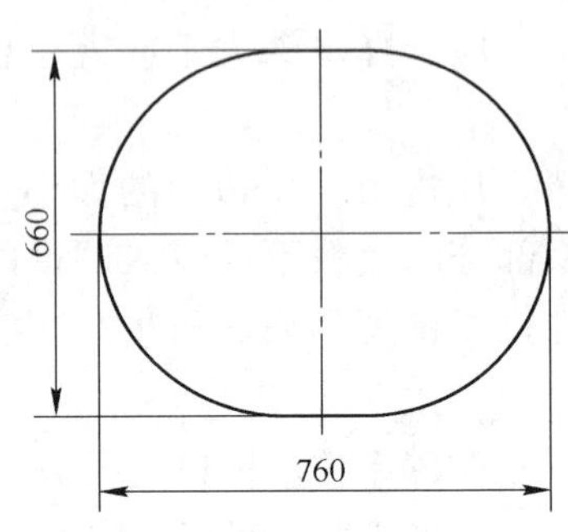

图 12-29　坯料尺寸和形状

为避免坯料过度减薄，并保证成形精度，实际爆炸拉深采取两次成形工艺。第一次拉深为大部分坯料进入凹模过程，第二次拉深是坯料完全贴合凹模的校形过程。

爆炸成形装置如图 12-26 所示。压边圈为 80mm 厚的灰铸铁，通过 8 个 M24 的螺栓施加压边力，压边力的大小通过力矩扳手进行调节，起爆前将模腔抽成真空，模腔的密封是通过坯料下面的橡胶密封条来实现。两次爆炸拉深用的 C4 炸药，药量分别为：第一炮 25g、第二炮 12g，总药量 37g。图 12-30 为该零件爆炸拉深后工件照片。

图 12-30　复杂曲面零件爆炸拉深后照片

12.1.2.2　爆炸胀形

A　爆炸胀形特点

爆炸胀形是利用炸药爆炸冲击波和高压爆生气体共同作用，将筒状金属坯料胀形成所要求的各类复杂管状曲面零件的加工方法。爆炸胀形时金属变形区的应力应变状态为双向受拉状态，金属材料许用延伸率的大小决定着工件的极限胀形程度。

大多数胀形件的毛料都有焊缝，在爆炸成形过程中焊缝最易开裂。因此，毛料在焊接后和在爆炸胀形之前，要进行热处理，以消除焊接时产生的内应力，确保爆炸胀形的质量。

根据模腔与毛坯间空气的排除方法，爆炸胀形可分为有模自然排气爆炸胀形和抽真空爆炸胀形两种。

（1）自由排气爆炸胀形。由于模腔中空气排除困难，所以自由排气爆炸胀形适用于坯料相对厚度 δ/D 值较大及精度要求不高的零件。目前通常采用加水帽自由排气爆炸胀形的装置，以提高炸药能量利用率和冲击载荷的均匀分布，水帽高度 H 与工件直径 D 的比值一般为：$H/D=0.6\sim0.8$，即可满足爆炸胀形要求。自由排气爆炸胀形装置如图 12-31 所示。

（2）抽真空爆炸胀形。为避免压缩空气阻碍坯料与模具贴合，需在爆炸胀形前将坯料与模腔间的空气抽掉，坯料越薄，对真空度的要求越高。图 12-32 为抽真空爆炸胀形装置示意图。

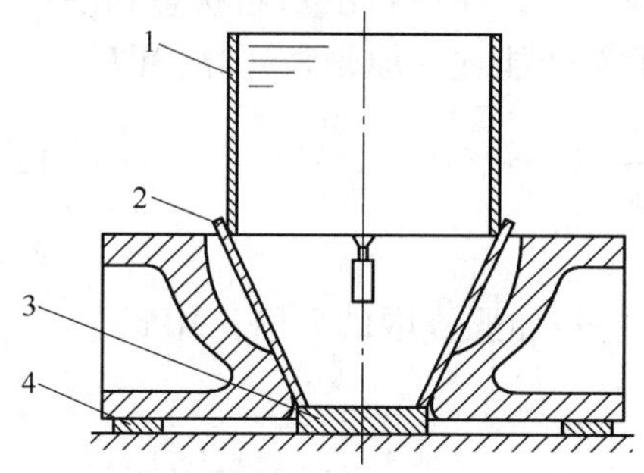

图 12-31 自然排气爆炸胀形装置
1—水帽；2—毛坯；3—底板；4—木垫块

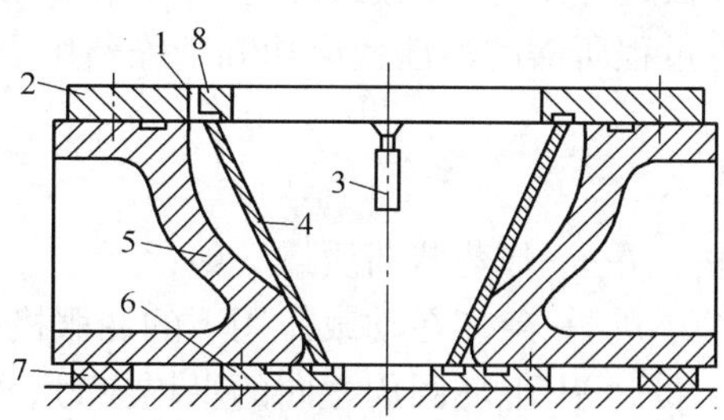

图 12-32 抽真空爆炸胀形装置
1—密封圈；2—上压板；3—炸药包；4—毛坯；5—胀形模；6—下压板；7—垫木；8—抽气孔

B 爆炸胀形主要工艺参数

爆炸胀形工艺参数主要有：毛坯形状和尺寸、药包形状、药包位置、装药量、传压介质种类等。这些参数如选择不当，就难以保证零件的胀形质量。

（1）毛坯形状和尺寸。在筒形旋转体零件的爆炸胀形中，圆锥形或圆筒形坯料居多，其毛坯尺寸要考虑到坯料厚度减薄与轴向缩短因素，应尽量使坯料尺寸接近模腔尺寸。

（2）药包形状。装药形状应根据胀形件的几何形状特征来设计，原则上爆炸能量应符合毛坯各部位不同塑性变形能的要求，并使模具表面承受的爆炸冲击载荷尽可能均匀。图 12-33 给出几种常用爆炸胀形件的装药形式，其中图 12-33（a）中的零件为鼓形零件，可用一个短柱形药包，悬吊在毛坯的中心爆炸；图 12-33（b）中的零件，上部的变形量较大，下部的变形量较小，只需在上部中轴线上放置一个药包，下部端口装置一反射板即可；图 12-33（c）中的零件较长，毛料要求变形量均匀，以采用细长药包为宜；图 12-33（d）中的零件为双鼓形，故选用两个短柱药包，中间用导爆索串联；图 12-33（e）中的零件较长，上、下部变形量差别显著，故可在上部装置一个药包，下面加一段导爆索；图 12-33（f）中的零件上宽下窄，需分为两次胀形。第一次将药包装在上部，爆炸胀形后，毛料上口未能很好贴模，形成收口。第二次用一环形药包（或导爆索）进行爆炸整形收口。

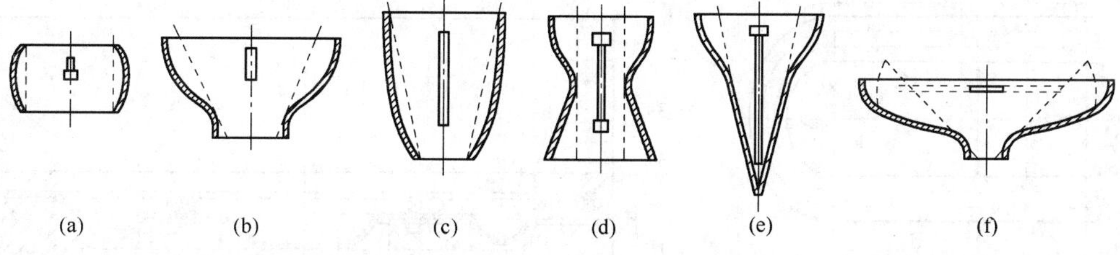

图 12-33 常用爆炸胀形装药形式

（3）药包位置。对筒状旋转胀形体而言，药包总是挂在旋转轴上。其吊挂高低位置，应视具体情况而定。原则是：1）爆炸能量的分布与毛料要求的变形量基本一致。2）载荷对毛料轴向压力不宜过大，防止零件在成形过程中失稳。3）药包距水面太近时，其能量利用率降低，在这种情况下需要适当调整药位、药形。

（4）装药量。爆炸胀形时使用的药量与零件的大小、毛坯种类、材质、厚度、模具状态以及边界条件等因素有关。药量计算可按功能平衡原理，即坯料由初始状态到贴模成形这一过程所需的塑性变形功等于炸药用于爆炸胀形的有效能这一原则来计算，即：

$$Q = K_1 K_2 \frac{\sigma \bar{\varepsilon}_0 \delta S_0}{m_1 \eta} \tag{12-19}$$

式中　Q——炸药装药质量，kg；

σ——毛坯在动载作用下的屈服极限，近似取静载屈服极限的2倍，MPa；

$\bar{\varepsilon}_0$——毛坯圆周方向的平均应力，MPa；

S_0——毛坯的初始面积，mm^2；

δ——毛坯的初始厚度，mm；

m_1——每千克炸药能量，kJ/kg；

η——炸药能量利用率，一般 $\eta = 13\% \sim 15\%$；

K_1——传压介质系数，水：$K=1.0$，砂：$K=4.0$；

K_2——工艺系数，抽真空胀形时 $K_2=1.0$，水井爆炸胀形时 $K_2=0.8$。

图12-34为大连船舶重工爆炸加工研究所采用爆炸胀形批量生产的不锈钢波纹管照片。

图12-34　波纹管爆炸胀形后的照片

12.1.2.3　板状零件爆炸成形

A　板状零件爆炸成形特点

板状零件爆炸成形不同于如前所述爆炸拉深、爆炸胀形等大变形零件，而是在大尺寸金属平板上通过局部变形完成各类凸凹沟槽等大型板状零件成形。板状零件爆炸成形具有局部变形特征，变形区的应力应变状态多为双向受拉状态。

板状零件爆炸成形的布药形式大多是以平面波为主，当成形零件具有明显凸凹特征时，应根据板料不同部位所需变形能的分布特征，进行有针对性地敷设炸药层或局部药包。

B　板状零件爆炸成形实例

图12-35为内蒙古工业大学爆炸成形的大型航天器散热板，工件材质为防锈铝5A02，板料厚度为3mm，工件尺寸见表12-10。图12-36为爆炸成形装置图。由于该工件的生产

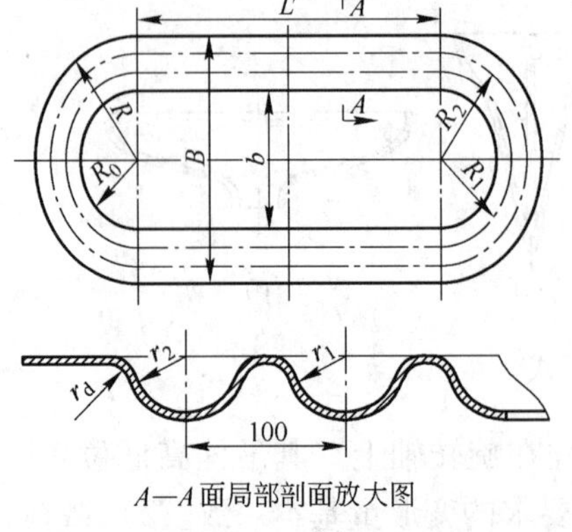

图12-35　板状工件简图

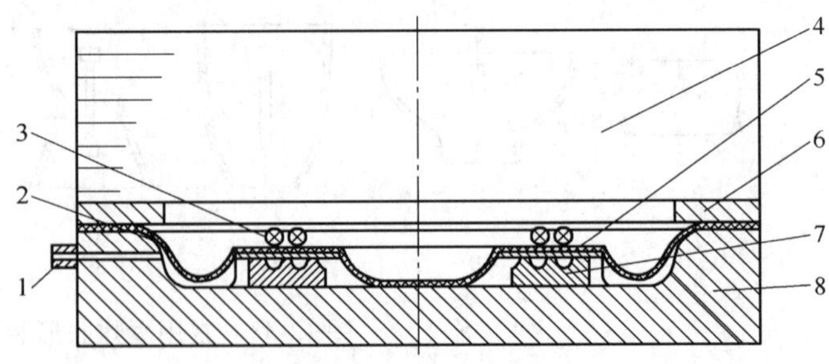

图12-36　爆炸成形装置图

1—抽气孔；2—密封橡胶板；3—线形药包；4—水介质；5—板料；6—压边圈；7—成形凹模；8—爆炸容框

数量较多、精度要求较高，所以爆炸成形是在一个专用的爆炸容框内进行有模抽真空爆炸成形。根据工件形状特征，采用多工序复合爆炸加工工艺，即同时进行工件的成形、校形、冲孔和切边等全部工序。炸药布设是采用线性小药量、低吊高、分成三次爆破的成形方式。

表 12-10　工件（见图 12-35）爆炸成形后各部尺寸　单位：mm

尺寸代码	L'	B	b	R	R_0	R_1	R_2	r_d	r_1	r_2
设计尺寸	$2000^{-2.4}$	$1100^{-1.8}$	$540^{+1.2}$	$550^{-0.9}$	$270^{+0.6}$	$355^{\pm1.5}$	$455^{\pm1.5}$	$8^{\pm0.5}$	$35^{\pm1.24}$	$35^{\pm1.24}$
模具尺寸	$2000^{+1.0}$	$1100^{+0.8}$	$540^{-0.6}$	$550^{+0.6}$	$270^{-0.4}$	$355^{\pm1.0}$	$455^{\pm1.0}$	$8^{+0.2}$	$35^{+1.0}$	$35^{+1.04}$
工件尺寸	$2000^{-2.1}$	$1100^{-1.2}$	$540^{+1.2}$	$550^{-0.9}$	$270^{+0.6}$	$355^{\pm1.5}$	$455^{\pm1.6}$	$8^{+0.6}$	$35^{+0.6}$	$35^{+0.4}$
弹复量	-3.1	-2.0	+1.2	-1.5	+1.0	±0.5	±0.5	+0.4	-0.4	-0.6

根据工件成形部位形状特征，采用环状导爆索线形药包沿凹槽部位均匀分布，为防止板料在成形时减薄量过大，分三次逐步成形，见图 12-37 所示。第一炮为首次浅拉深成形，在环形凹槽板料上部安装相对大药量线性药包，环形凹槽两边安装相对少量布药，以起到坯料压边作用；第二炮为再次拉深成形，使板料型槽部位贴模；第三炮为型槽校形，以校正变形部位回弹，同时利用模具内外边缘的刃口进行工件内边冲孔以及工件外缘切边。

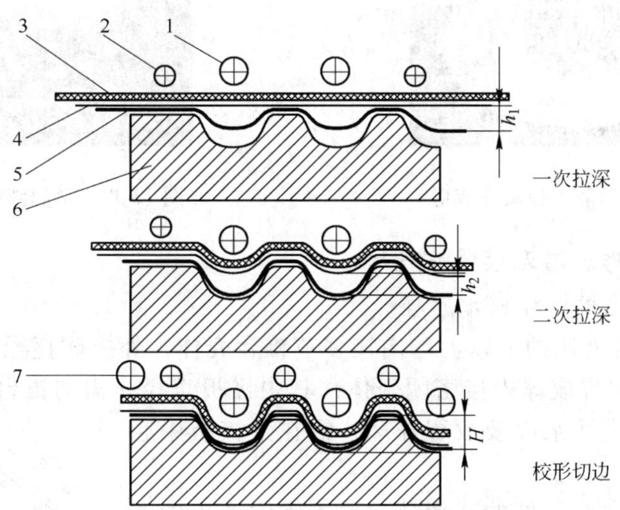

图 12-37　三次爆炸成形药量分布简图

1—成形药包；2—压边药包；3—橡胶板；4—爆炸前板料形状；5—爆炸后板料形状；6—成形凹模；7—冲孔和切边药包

板状零件爆炸成形药量计算，遵循能量守恒定律，根据零件的塑性变形能等于炸药爆炸的有效冲击能来计算所需药量。该工件总变形能应为各部位所需变形能的总和，即：

$$U_{总} = U_{内环凹槽} + U_{外环凹槽} + U_{直边槽} + U_{压边} + U_{剪切} \tag{12-20}$$

式中　$U_{总}$——板状零件总变形能；

$U_{内环凹槽}$——内环凹槽塑性变形能；

$U_{外环凹槽}$——外环凹槽塑性变形能；

$U_{直边槽}$——直边槽塑性变形能；

$U_{压边}$——环槽成形压边能；

$U_{剪切}$——内孔及外缘剪切能。

板状零件三次成形，校形、冲孔、切边等复合工序的总药量为普通导爆索 186m。

通过对板状环形散热片的爆炸成形，获得理想的成形零件，各项技术指标基本满足设计要求，工件爆炸成形后各部尺寸如表 12-10 所示，图 12-38 为板状环形散热片爆炸成形后的照片。

图 12-39 为金属浮雕像爆炸成形后的照片，采用的也是板状零件爆炸成形工艺。

图 12-38　大型散热板爆炸成形

图 12-39　金属浮雕像爆炸成形

12.1.2.4　球形容器无模爆炸成形

A　球形容器无模爆炸成形原理

如图 12-40 预先卷制两节以上球内接多节锥台壳体，外接球直径为球体设计直径 D，并与上下圆形极板组焊成球内接密闭壳体，其中极板直径 d 需与锥台母线长度 a 保持一致。为便于向壳体内注水以及放置炸药，需在上极板中心处开设中心孔。

当起爆置于水中球心处的球形药包时，水中产生的球面冲击波首先冲击锥台侧面及上下圆形极板距球心最近部分。由于球面冲击波的能量密度与传播距离大致按平方关系进行衰减，而且冲击波的峰值压力也随传播距离的增大而减小，因此造成壳体板料各质点的运动速度矢量差，使锥台壳体不断向外接球面靠拢。通过控制球心处球形炸药包能量的大小，可实现锥台壳体的变形恰好达到消除锥台直边及上下极板的直边，当壳体的直边部分完全与外接球面重合时，便完成了球壳无模成形的全过程。

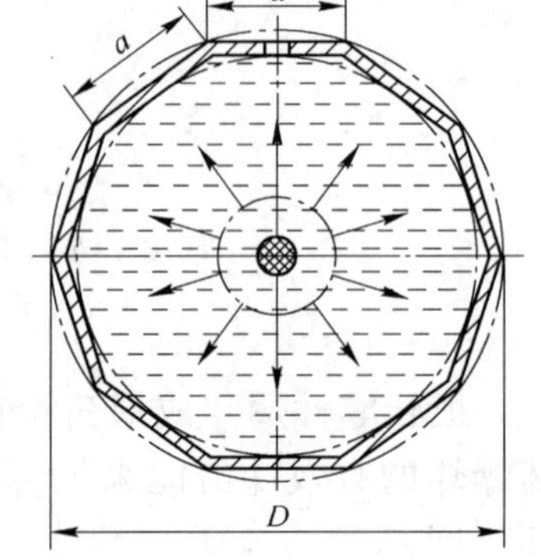

图 12-40　爆炸成形原理图

锥台壳体上各条环向焊缝均处在外接圆上，所以各条环向焊缝未发生变形。这一技术可应用于成形不同材质与直径的球形压力容器以及各类艺术装饰球。

B 预制锥台壳体设计

预制壳体设计必须遵循两条基本原则：（1）多节圆锥台壳体应是直径为 D 的球内接壳体；（2）每节锥台母线长度 a 应和上下圆形极板的直径 d 相等。图 12-41 为四节圆锥台结构示意图。各节锥台均由扇形板料圈制而成，当壳体总节数为奇数时，赤道带为一由矩形板料卷制的圆筒。表 12-11 为不同节数锥台壳体的变形参数。

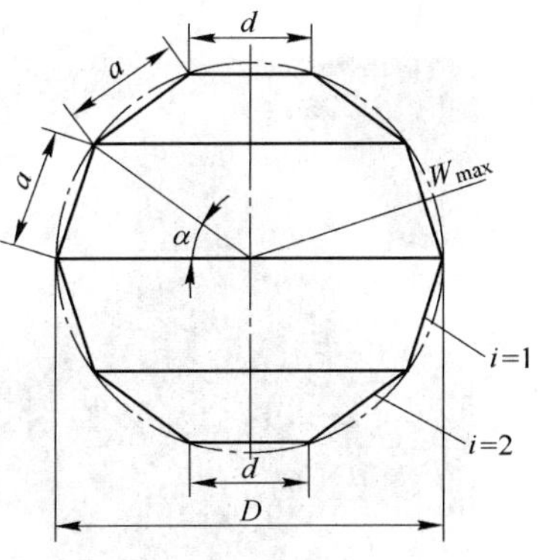

图 12-41 四节锥台壳体结构

表 12-11 不同节数锥台壳体变形参数

N	3	4	5	6	7	8	9
α	45°	36°	30°	25.7°	22.5°	20°	18°
W_{max}	$0.038D$	$0.024D$	$0.017D$	$0.013D$	$0.009D$	$0.008D$	$0.006D$
$\Delta\delta/\delta_0$	7.6%	4.9%	3.4%	2.5%	1.9%	1.5%	1.2%
$\Delta l/l_0$	8.3%	5.1%	3.5%	2.6%	1.9%	1.5%	1.2%

注：表中 N 为锥台壳体节数；α 为各圆锥台及上下圆形极板对应的球心角；W_{max} 为不同节数锥台壳体直边最大变形量；$\Delta\delta/\delta_0$ 为最大相对变薄量；$\Delta l/l_0$ 为最大相对伸长量。

C 锥台壳体变形能与药量计算

根据 Mises 屈服准则，在比例加载条件下，金属壳体总应变能 U_T 为各节锥台应变能 U_C 及上下圆形板应变能 U_d 之和。

根据锥台壳体胀为球壳所需要的塑性变形能 U_T 与壳体中心药包传递给壳体的有效能量 E_T 相等，即 $E_T = U_T$，可得到球形容器无模爆炸成形的最小药量理论计算公式为：

$$Q = C_N D^2 \delta \tag{12-21}$$

式中 Q——中心药包药量，g；

C_N——与材料、壳体结构、炸药比能以及介质传递能量效率有关的系数；

D——球体直径，mm；

δ——板材厚度，mm。

C_N 可通过计算或试验确定。

D 球形容器无模爆炸成形技术应用实例

1990 年，内蒙古工业大学为某啤酒厂成功爆炸成形了 5 台直径 4800mm 的双层金属球形清酒罐。该罐体为二类压力容器，原设计为 14mm 厚柱形不锈钢结构，制造成本为 120 万元。使用方为降低制造成本，将原设计改为外壳为 6mm 厚 16MnR，内衬为 1.5mm 厚 1Cr18Ni9Ti。制造过程中，根据板料宽度设计为 7 节球内接锥台结构，爆炸成形装药量 Q 为 1340gTNT 炸药，成形后不球度误差小于 0.3%，实际制造成本仅为 62 万元人民币，降低成本近 50%，5 台设备已运行 20 年，情况良好。图 12-42 和图 12-43 分别为爆炸成形前、后壳体和球体的照片。

近 10 年来，这一新技术已在北京、天津、沈阳、长沙等地得到大量推广应用。爆炸

图 12-42　爆炸成形前壳体照片

图 12-43　爆炸成形后球体照片

加工最大球形容器直径已达 6.0m，壁厚可达 28mm，最高工作压力为三类液氨压力球罐。

12.1.2.5　爆炸压接

A　爆炸压接特点

爆炸压接是利用炸药爆炸所产生的强大压力，使金属压接管通过塑性变形将管中金属件压合、包裹并接合在一起的工艺。爆炸压接与爆炸焊接的不同之处是在结合部位的两种金属组织没有出现冶金结合的现象。如电力工业中高压输电线间的连接，就是将两根输电线的线头，插入压接管中，然后利用外敷在压接管表面的炸药层的爆炸所产生的强大冲击载荷，使压接管壁产生压缩塑性变形，紧密地将压接管与输电线头压接为一体，并使其具有足够的连接强度。

B　爆炸压接机理

在爆炸冲击载荷作用下，压接管金属受到强烈压缩而产生径向流动，并以高速逐层碰撞压合钢绞线直至线芯。碰撞、压合的压力可高达 4000 ~ 5000MPa，而金属的动屈服极限一般在 1000MPa 左右。在此高压下，使金属压接管在三向压应力状态下产生塑性变形，将压接管与线头由松动套接状态成为高强度紧密结合的整体，且连接强度符合设计要求。

C　爆炸压接工艺流程

采用爆炸压接法压接架空电力线时，其施工工艺的作业顺序如下。

a　切割管线和检查

在切割管线之前，应详细检查电力线是否有断股、缺股、折叠、线股缠绕不良和锈蚀严重等缺陷；压接管是否有开裂和砂眼等缺陷，其管径是否符合标准。如有上述缺陷，应及时处理或更换。否则，会直接影响接头的机械强度和电气性能。

切线时，应先在线的切口两侧用细绳绑扎牢固，以防切割后线头散股。切口平面要与线轴垂直，切口要整齐。切割后，可用钢锉清理切割面上的毛刺，以利穿线。

b　清洗管线

管线可用汽油清洗，也可用 10% 的碱洗液清洗。对带有防腐油的钢绞线和铝绞线的钢芯，可用磷酸三钠液煮洗。清洗完毕，应将线头朝上放置，晾干，或用喷灯烤干。管线清洗的长度不得小于爆炸压接长度的 1.5 倍。

c 加敷保护层

在爆炸压接时，为防止炸药爆炸将压接管表面灼伤，可在压接管表面缠绕 1～2 层保护层。保护层的材料有橡皮、塑料和黑胶布。使用太乳炸药进行爆炸压接时，多采用松香和石蜡配制的涂料（配制比例为 1：1），保护层的厚度以 1.5～2.0mm 为宜。

d 安装药包

爆炸压接时宜选用易成形的塑性炸药或乳胶炸药。应根据压接管外圆周的尺寸来裁药，裁药尺寸力求准确。可用快刀在平整的木板或橡皮板上划裁，严禁剪裁或在钢板上划裁。

用黑胶布或塑料袋包缠药包时，一定要将药片紧紧地贴在压接管外表面上，在药片的接缝处不得留有间隙，更不能将药片叠起来包缠。如用胶水粘接，应保证药片平顺粘接牢靠。

e 安装连接线

穿线工艺对接头的压接质量有很大影响。穿线时应仔细检查压接管的规格与被压接线的型号是否一致。连接线安装前必须将压接管内的油、水、泥土等污物清理干净。穿线时，必须按照线头的连接方式和要求的尺寸进行穿线。采用两线搭接或插接方式时，两线头应穿出压接管外。两线头对接时，其对接位置应在压接管长度的中心处。

f 起爆

起爆前，应将爆炸压接部位用支架牢固地支承起来，离地表的高度不得小于 1.0m，防止爆炸时地面反射波损伤压接管。当起爆工作准备完毕，检查无误，一切人员撤离到安全位置后方可起爆。

g 爆后处理

爆炸压接后，应将残存在压接管上的石蜡松香擦净。并在管的锯口两端及电力线可能受爆炸作用影响的长度内涂上红丹，以防锈蚀。

D 接线方式与爆炸压接装药参数

现将我国供电部门在采用爆炸压接时，按照不同的连接方式所采用的管线规格、太乳炸药装药结构和参数，列于图 12-44～图 12-46 及表 12-12～表 12-14 中，供设计和施工时参考。

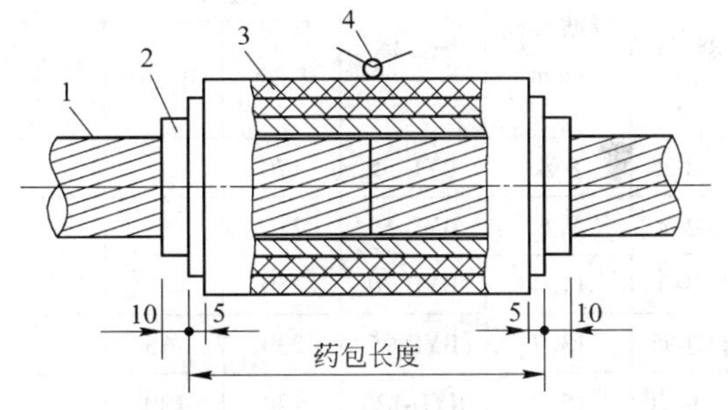

图 12-44 对接式爆炸压接示意图（单位：mm）
1—钢绞线；2—压接管；3—药包；4—雷管

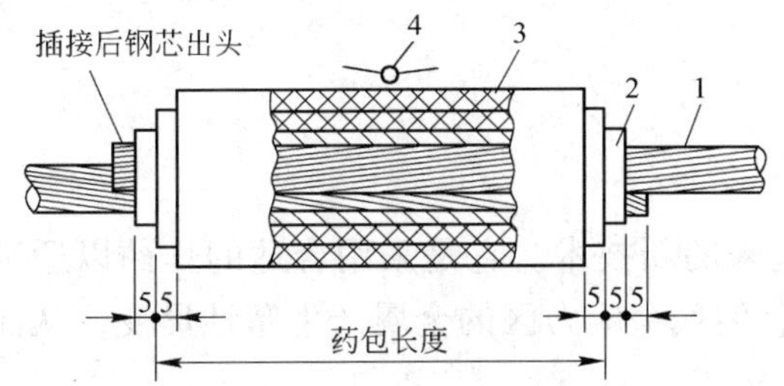

图 12-45 插接式爆炸压接示意图（单位：mm）
1—钢绞线；2—压接管；3—药包；4—雷管

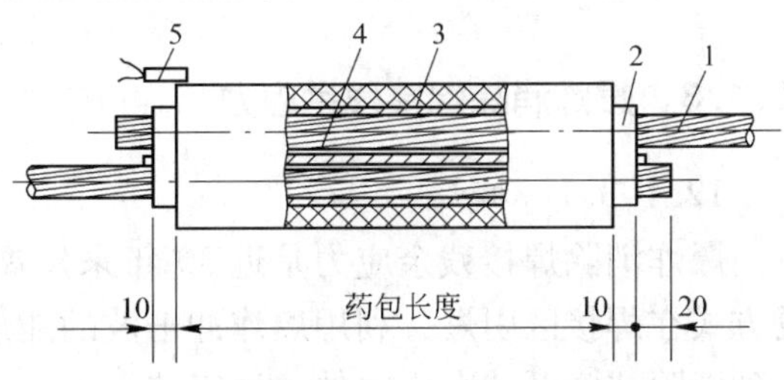

图 12-46 搭接式爆炸压接示意图（单位：mm）
1—钢芯铝绞线；2—压接筒；3—药包；4—垫条；5—雷管

表 12-12 对接式爆炸压接的管、线规格和装药参数

钢绞线		压接管		装药参数		
型号	外径/mm	型号	尺寸（外径×内径×长度）/mm×mm×mm	尺寸（长度×厚度）/mm×mm	层数/层	装药量/g
GJ-25	6.6	BYG-25	ϕ14×ϕ7.2×190	170×5	2	95
GJ-35	7.8	BYG-35	ϕ16×ϕ8.4×220	200×5	2	145
GJ-50	9.0	BYG-50	ϕ18×ϕ9.6×240	220×5	2	240
GJ-70	11.0	BYG-70	ϕ22×ϕ11.7×290	270×5	2	265

表 12-13 插接式爆炸压接的管、线规格和装药参数

钢绞线		压接管		装药参数		
型号	外径/mm	型号	尺寸（外径×内径×长度）/mm×mm×mm	尺寸（长度×厚度）/mm×mm	层数/层	装药量/g
GJ-25	6.6	BYG-25	ϕ18×ϕ12×100	80×5	2	60
GJ-35	7.8	BYG-35	ϕ21×ϕ15×100	90×5	2	75
GJ-50	9.0	BYG-50	ϕ25×ϕ17×120	100×5	2	90
GJ-70	11.0	BYG-70	ϕ28×ϕ20×140	120×5	2	125

表 12-14 搭接式爆炸压接的管、线规格和装药参数

钢芯铝绞线		压接管			装药参数			
			长度/mm		导线基准药包		引线基准药包	
型号	导线外径/mm	型号	导线	引流线	尺寸（长度×药厚）/mm×mm	装药量/g	尺寸（长度×药厚）/mm×mm	装药量/g
LGJ-35	8.4	BYD-35	170		150×5	45		
LGJ-50	9.6	BYD-50	210		190×5	70		
LGJ-70	11.4	BYD-70	250		230×5	85		
LGJ-95	13.7	BYD-95	230	115	210×5	95	85×5	40
LGJ-120	15.2	BYD-120	270	130	250×5	125	110×5	55
LGJ-150	17.0	BYD-150	300	135	280×5	160	115×5	75
LGJ-185	19.0	BYD-185	340	150	320×5	185	130×5	80
LGJ-240	21.6	BYD-240	370		350×5	240		

12.1.3 爆炸消除焊接残余应力

12.1.3.1 概述

爆炸消除焊接残余应力是近30年来发展起来的新技术。它是采用合适的炸药以适当的方式在焊接区引爆，利用爆炸冲击波的能量，使残余应力区的金属产生塑性形变，从而达到消除或降低残余应力的一种工艺。

常规的熔化焊接，在焊接过程中由于局部加热和随后的不均匀冷却，不可避免地产生焊接残余应力，这是导致焊接结构多从焊接区域发生破坏的主要原因。目前工程上广泛使

用的消除焊接残余应力的方法是退火消除应力法，但是它很难满足大型焊接构件生产的要求。这一尖锐矛盾，促使人们努力研究消除残余应力的新方法。

20 世纪 60 年代，苏联的巴顿电焊研究所首先开展爆炸消除焊接残余应力的研究，至 80 年代初采用这一方法处理的焊缝达 150km，爆炸处理的管子接头有 2 万多个。南斯拉夫的 Bupau 工厂，在建设中几乎全部采用了爆炸法来消除焊接残余应力，共处理各种容器焊缝达 80km，接头 8000 余个。至今，在俄罗斯和前南地区这一新技术已达到了工业应用水平。

20 世纪 80 年代我国也开始这方面的应用研究，中科院金属研究所与有关单位合作，就爆炸消除焊接残余应力的机理进行了深入的研究与工业性试验。至今沈阳炮兵学院等单位采用爆炸焊接消除残余应力的焊接构件已有百余件，焊接材料有 16MnR 钢、Q235 钢和 SM58Q 高强度钢；处理的对象有水电站压力钢管、各类压力容器、石油化工反应塔、氧化铝厂碱槽、汽车吊臂等，构件的壁厚（板厚）在 6 ~ 46mm 之间，均满足设计要求，通过评审验收。随后在三峡等水电建设中，也开始采用这一技术消除电站引水系统中管路的焊缝应力。

从目前的工艺水平和处理的焊接结构的类型看，爆炸消除爆接残余应力这一新技术尚有很大的发展空间，应当在进一步扩大应用范围和加强工艺研究的基础上积累资料，逐步形成一种全新的方法。

12.1.3.2　基本原理

众所周知，焊接是金属结构加工中重要生产手段，各种电弧熔化焊的应用尤为普遍，因此金属结构中熔化焊缝也随处可见。如图 12-47 为典型的熔化焊缝金属微观组织示意图，在焊缝区为粗大的铸造组织，熔合线以外则分别是热影响区和母材区域。在焊接中，由于熔敷金属在凝固及随后的冷却过程中都会形成体积收缩并对焊缝产生刚性拘束，限制了焊缝在热循环作用下的自由伸长和缩短，从而在焊缝附近形成了较大的内应力，通常称为焊接残余应力。

焊接残余应力在熔化焊接过程中几乎是无法避免的，图 12-48 即是典型的平焊缝表面的二维残余应力分布图，图中横坐标为距焊缝中心的距离，纵坐标表示焊缝表面二维的残余应力。

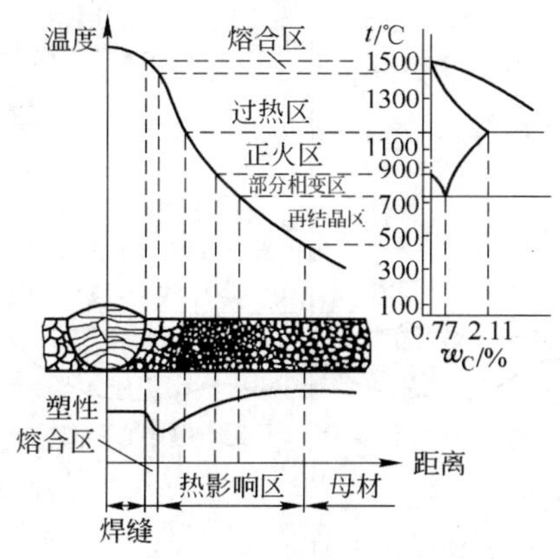

图 12-47　熔化焊缝金属微观组织变化示意图

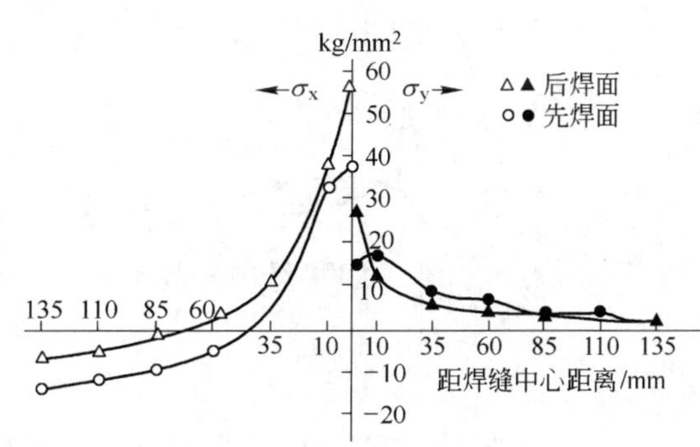

图 12-48　平焊缝表面二维残余应力分布

爆炸消除应力的基本方法是在焊缝上放置炸药条对焊缝实施机械的脉冲冲击，使焊接残余应力得到匀化与消除。图 12-49 中左为乌克兰巴顿电焊所的爆炸消除应力现场，右为爆炸后的焊缝外貌。

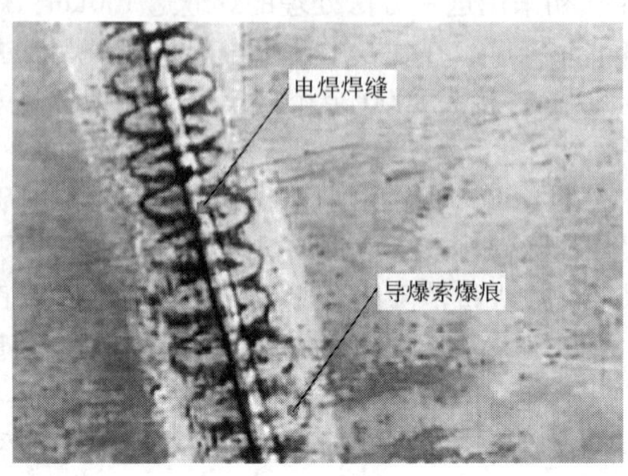

图 12-49　爆炸消除应力现场和炸后的焊缝

B. T. Пегушков 认为爆炸消除残余应力机制是：爆炸冲击波在金属中产生压应力，卸载后，冲击波产生新的残余应变和残余应力（超过动态屈服极限）可抵消原焊缝的拉伸残余应力，实现了应力重新分布和拉应力的减弱。所以可简单根据材料的冲击雨贡纽弹性限导出了一个爆炸压力的上下限，即：

$$\frac{1-\nu}{1-2\nu}<\frac{P}{\sigma_s}<\frac{2(1-\nu)}{1-2\nu} \tag{12-22}$$

式（12-22）中对于高强度合金钢其屈服强度 σ_s 约为 900MPa，取泊松比 $\nu=0.28$，则计算出作用在钢板上消除焊接残余应力的爆炸压力 P 应在 1.5～3.0GPa 之间。用冲击动力学程序在焊缝残余应力场上进行爆炸冲击计算结果证实了这一点。

图 12-50 显示了爆炸消除应力试验结果，焊缝附近的大部区域均进入了压应力状态，如图 12-50（b）所示，甚至好于热处理结果，见图 12-50（a）。

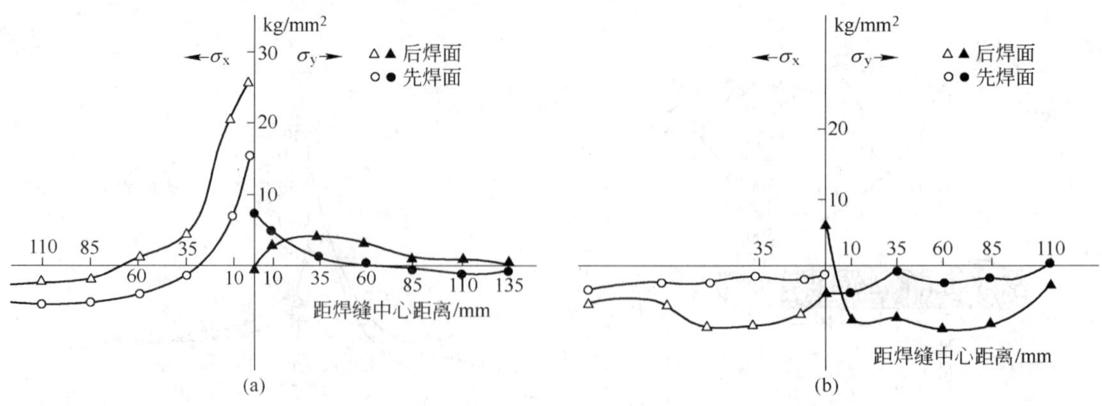

图 12-50　爆炸消除应力结果与热处理状态残余应力对比

（a）热处理态；（b）爆炸处理态

12.1.3.3　爆炸消除残余应力布药形式

爆炸消除应力的布药形式很多。最初采用的是蛇形布药形式，见图 12-49 和图 12-51 (a)。将导爆索按图示正弦曲线形式布置，用调节正弦曲线的幅高和波长来控制爆炸压力波作用的宽度、时间与每米焊缝用药量。蛇形布药有单蛇和双蛇两种形式，布药幅值一般 40 ~ 50mm，蛇形两拐点之间距离（也即波长）为 75 ~ 120mm。蛇形布药的优点是操作方便，缺点是布药并没有完全结合焊缝的特点，有时应力消除效果不好。

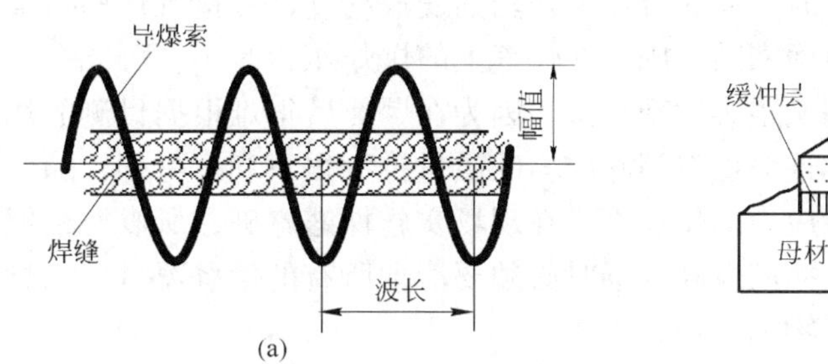

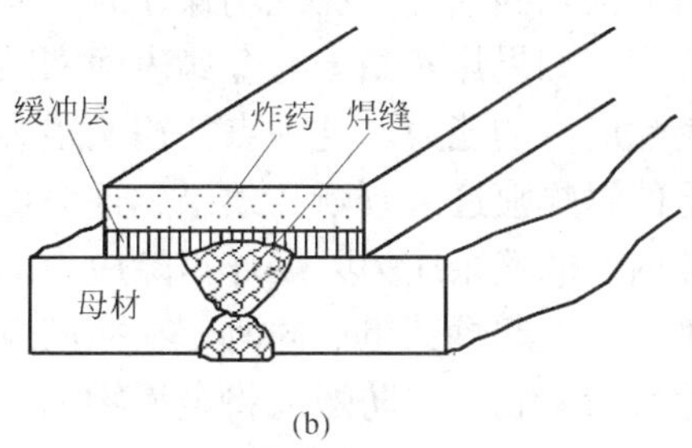

图 12-51　爆炸消除应力的蛇形布药（a）与平面布药（b）

另外一种方法是平面布药，即沿焊缝整体布药，如图 12-51（b）所示。由于平面布药参数确定后很难在现场修改调整，所以限制了这种方式的应用。

爆炸消除应力最常用的方法是条形布药，如图 12-52 所示。一般两条布药用于板厚较薄的焊缝、三条用于中厚板、四条多用于厚板的焊缝；还可以进行二次爆炸，即先炸焊缝正面，再炸焊缝背面。这种方式可以根据钢种预调出药条的爆速、爆压，确定合适的每米装药量。采用亚声速炸药，并根据焊缝特点将药条布置在焊缝中心和过热区，对消除应力更为有效。

条形装药可以用橡胶炸药制成，如添加些磁性材料，则在现场钢结构焊缝上布药操作时十分方便。也可以在塑料软管中灌注粉状炸药，制成低密度药条。一般主炸药都使用黑索今或太安，根据炸药配方和密度不同，爆速控制在 4500 ~ 7000m/s 之间。如图 12-53 为

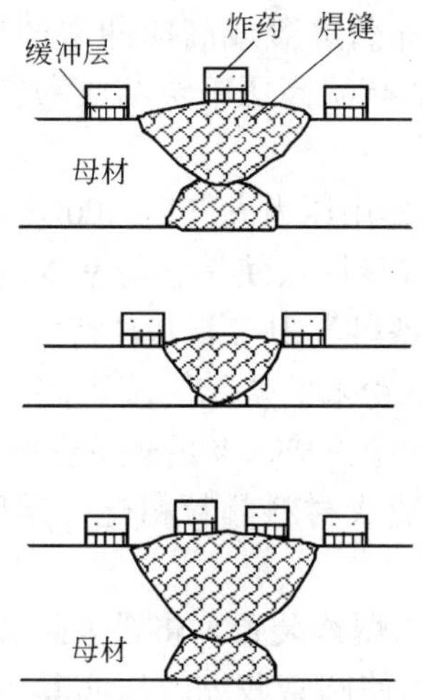

图 12-52　条形布药爆炸消除应力

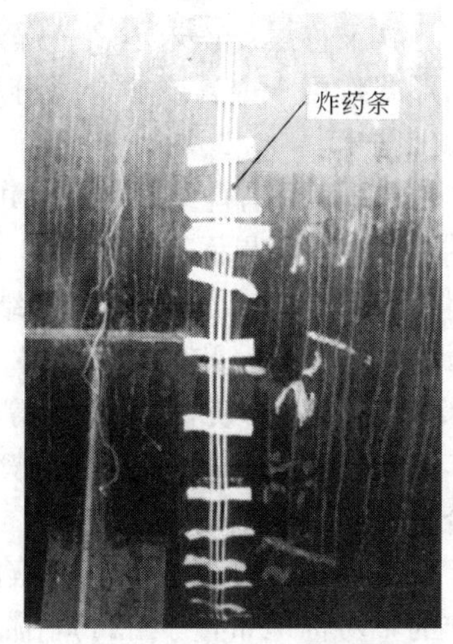

图 12-53　三条布药消除焊缝残余应力的现场

三条布药消除低碳钢板焊缝残余应力的现场情况，板厚 20 ~ 30mm，每米炸药消耗量 40 ~ 120g，爆炸后残余应力消除到了屈服应力 σ_s 的 20% 以下。

管子接头焊缝是采用爆炸消除残余应力较多的一种结构，通常在管子外表面进行爆炸处理。在焊缝两侧布药，爆炸处理后，可在焊接接头内表面造成双轴残余压应力状态，这对避免应力腐蚀开裂有益，特别适用于接触腐蚀性介质的管道，这是用局部加热消除应力处理法不可能实现的。

爆炸消除残余应力在现场操作时，应充分注意炸药的安放精度，并检查炸药与金属的贴合程度。如果炸药条未与金属表面密贴，施加在焊缝上的爆炸压力减小，可能会降低或失去消除应力的能力。这一点往往又很难发现补救，因为在爆炸后很难根据目测的炸药在焊缝上的爆炸痕迹来判断其效果，这一点对消除应力的质量控制很不利。另外，除非是消除容器内部的残余应力，爆炸消除应力的作业都是在现场实施裸露爆破，所以要根据周边环境确定一次起爆药量。同时，在撤离爆破现场时必须要清理所有的攀登器具、工具和周边的金属遗留物，严防爆风将金属物崩飞伤人。

12.1.3.4 残余应力检测

一般焊接构件上的焊缝形式众多，现场需根据实际情况随时调整布药方式，所以必须同时进行残余应力的检测。残余应力检测既是现场改进爆炸处理方式的依据，也是控制应力消除质量的保证手段。同样，爆炸消除应力作业结束后，也应对焊缝进行残余应力的检测，以验证爆炸的实际效果。

爆炸现场的残余应力的测量方法通常采用盲孔法。该方法测量精度较高，对构件的破坏性也很小，操作简单方便。盲孔可使用机械钻孔和喷砂成孔。计算公式与操作程序可参考船舶行业标准《残余应力测试方法—钻孔应变释放法》（GB 3395—1992）执行。若采用压痕法检测，可按国家标准《金属材料残余应力测定压痕应变法》（GB/T 24179—2009）执行。

非破坏残余应力的无损检测方法还有 X 射线衍射法和金属磁记忆法，国内有适于现场使用的便携式 X 射线和磁测应力分析仪。

12.1.4 爆炸压实

爆炸压实又称爆炸粉末压实、爆炸烧结，它是利用炸药爆轰或高速冲击产生的能量，以激波的形式作用于金属或非金属粉末，使粉末在瞬态的高温高压下烧结成密实材料的一种爆炸加工技术。

爆炸粉末压实具有烧结时间短（$10^{-7} \sim 10^{-9}$s 量级）、作用压力大（1 ~ 100GPa 量级）和对“烧结”后的颗粒界面有快速冷却“淬火”的特征。这些特点使得它与常规的烧结成形技术如超高压低温烧结、热等静压烧结等相比，在材料制备科学中有着其独特的优点。爆炸的超高压可以烧结出近乎密实的材料，如对钨、钛等合金粉末的烧结密度可高达 95.6% ~ 99.6% 的理论密度；可使 Si_2N、SiC 等非热熔性陶瓷达到 95% ~ 98.6% 的理论密度。

爆炸压实的快熔快凝性，可以防止长时间高温加热造成材料晶粒粗化，是压实微晶、非晶态合金材料最有效的方法之一。

（1）轴对称爆炸压实装置——实际上也就是圆管粉末爆炸装置。将粉末封装在金属圆管里，炸药轴对称地布置于工件周围，通过炸药爆轰施压使圆管收缩、压实其中的粉末材料。图 12-54 是典型的轴对称装置，其中图 12-54（a）是直接用炸药爆轰对样品管施加压

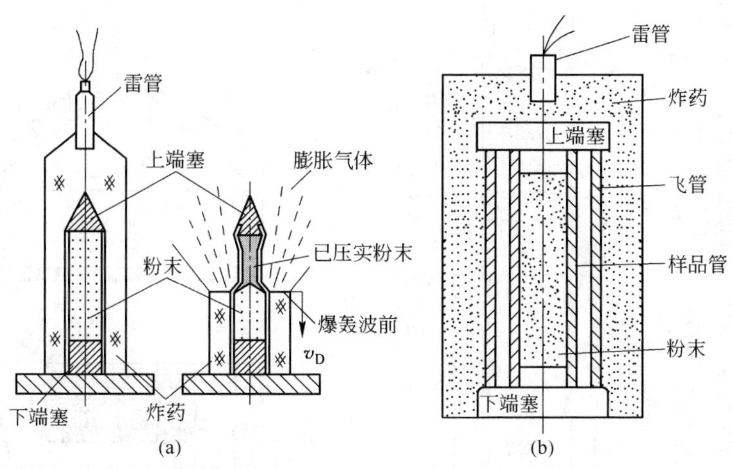

图 12-54　轴对称爆炸压实装置

（a）炸药爆轰加载；（b）飞管打击加载

力的装置，输入样品中的入射压力小于炸药爆压；图 12-54（b）是用炸药爆轰驱动飞管对样品管进行打击施压的装置，用飞管撞击速度调节输入样品中的压力。轴对称爆炸压实所使用的炸药爆速要低于密实样品的声速，否则冲击波反射拉伸会使样品管破裂。由于粉末中轴对称冲击波的汇聚作用，对于爆炸压实参数必须精确控制，否则容易出现压实度不足的欠压实情况或产生中心马赫孔的过压实情况。

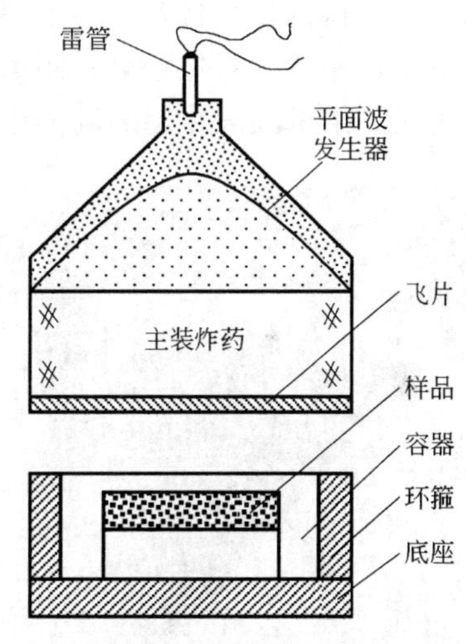

图 12-55　平面飞板加载装置

（2）平面爆炸压实装置——是用炸药平面爆轰驱动飞片的打击加载装置，如图 12-55 所示。这种装置的特点是冲击压力和持压时间都可以用飞片速度、材质与厚度控制，冲击压力可调范围大，样品中压力均匀。

（3）预热爆炸压实装置——是对前述两种爆炸压实装置的改进，将需要爆炸压实的粉末试件加热，然后对热试件进行爆炸冲击压实。图 12-56 为一种轴对称的飞管打击预热爆炸压实装置；在左图的上部为加热器，预热盛装粉末的容器管；下部为炸药驱动的飞管打击装置；中部为连接加热器与爆炸打击装置的导向管。当粉末在加热器中加热至指定温度后，开启控制阀杆，使预热试件通过中间的导向管落入飞管打击装置中；随后引爆炸药，就实现了预热爆炸压实。图 12-57 是一种反应加热的飞板打击爆炸压实装置。预热是通过点燃布置在装置内部的固相剂的放热反应来实现的（如 Ti 粉 + C 粉→TiC + 184.4kJ）。预热爆炸压实的目的是为了解决超硬陶瓷粉末的压实烧结的脆性裂纹问题，通过加温可以提高陶瓷韧性，同时也改善了颗粒界面的烧结活性。

目前爆炸压实技术已经广泛地用于研究金属类及非金属类的压实与烧结。如：钨、

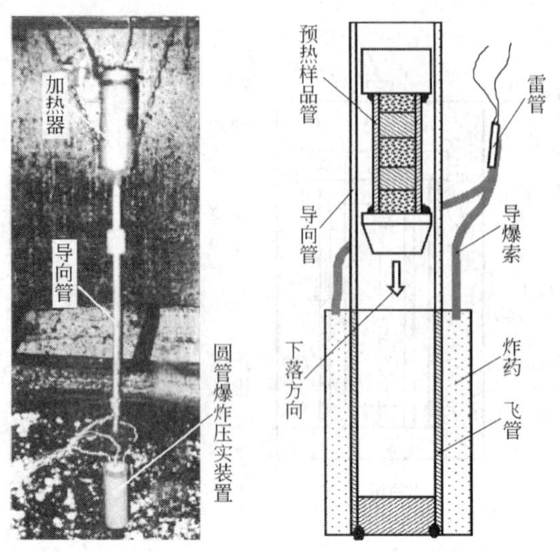

图 12-56　轴对称飞管打击预热爆炸压实装置

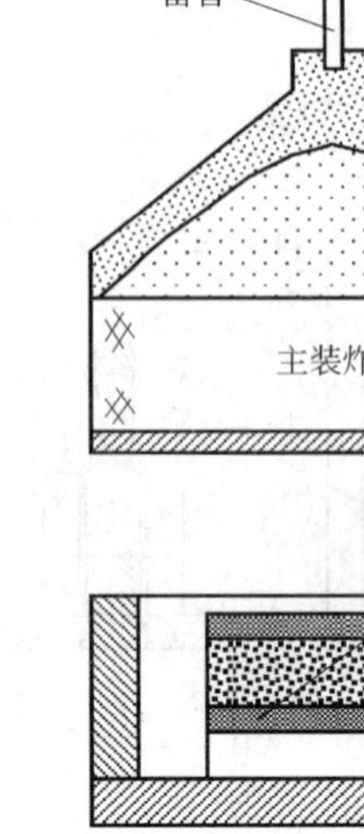

图 12-57　反应加热飞板打击爆炸压实装置

钼、钛合金、镍基高温合金、高温金属间化合物、金属玻璃、微晶合金，以及 SiC 晶粒增强铝合金、钨铜复合材料、Al_2O_3 颗粒增强铜基合金、钨钛合金；氧化物、碳化物和氮化物陶瓷、金刚石、氮化硼等。图 12-58 为爆炸压实的钨铜合金聚能罩体，图 12-59 为预热爆炸压实的纳米晶氧化铝的高分辨率扫描电镜显微图片。

图 12-58　爆炸压实的钨铜合金聚能罩

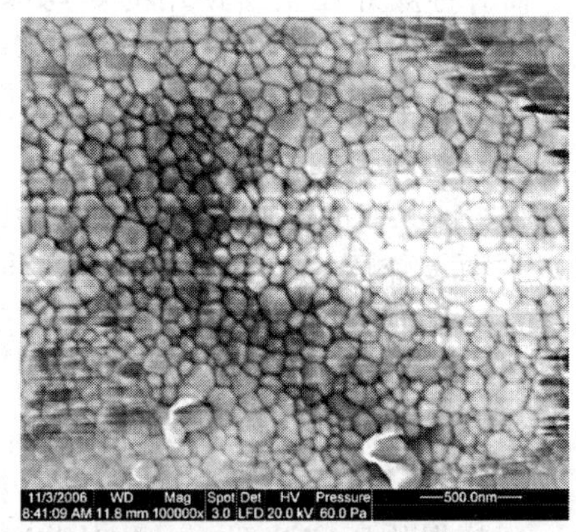

图 12-59　预热爆炸压实纳米晶氧化铝的 SEM 照片

12.1.5　爆炸合成

爆炸合成的方式和方法很多，大体上可按其合成方法和微观机理分成两大类。一类是利用炸药爆炸向固相粉末材料施加高压，通过粉末中的冲击波诱发相变或化学反应进行合成，通常叫做固相爆炸合成，它又可分为冲击波相变合成和爆炸固态反应合成两种方法；另一类是利用炸药本身多余的碳份，或在炸药中添加高聚物、碳粉等，在炸药爆轰过程中进行的合成，称为气相爆轰合成。

12.1.5.1　固相爆炸合成

A　冲击相变合成

冲击相变是超高压物理中的重要现象，最早利用冲击相变原理合成出的物质就是人造金刚石。在20世纪60年代，通过冲击纯石墨发现压力在40GPa以上时，石墨会发生相变进入高密相，卸载后少部分石墨转化为金刚石。在此之后，冲击相变已经成为超硬材料合成与研究的一种重要手段。

a 冲击相变爆炸合成金刚石

爆炸合成的金刚石具有多晶体的独特特点，通常是粒度为40μm以下的微粉，微粉颗粒本身是由紧密聚集在一起的纳米晶粒组成的多晶体，晶粒的大小在2~20nm之间。这种微粉可用来制成研磨膏、研磨片、镍衣微粉及金刚石聚晶原料。早在20世纪60年代美国杜邦公司就开始生产这种爆炸合成产品，日本油脂公司、日本昭和电工、西德肯普顿电冶公司及俄罗斯、乌克兰等都生产这种爆炸合成微粉和深加工产品。我国对爆炸合成金刚石的研究始于20世纪70年代，中科院物理所、力学所等开始研究，最早的金刚石合成采用的是纯石墨法和铸铁法，后来发展为向石墨粉中掺加金属粉增压和降温的冲击冷淬法。无论是纯石墨法、铸铁法，还是冲击冷淬法，基本的爆炸合成装置都使用12.1.4小节中如图12-54和图12-55所示的轴对称飞管和平面飞板打击装置。

从图12-60对各种初始形态的石墨高压冲击雨贡纽方程（*H*线）可见，在40~60GPa高压段，石墨*H*线与金刚石的冲击压缩斜率相同，比容相差很小，说明石墨可能进入了金刚石相。人们最初据此用爆炸产生高压去冲击纯石墨合成金刚石，但一般石墨到金刚石的转化率只有1%~5%，有时甚至不能回收到任何金刚石，于是出现了铸铁法合成。灰铸铁中含有质量分数约4%的析出石墨。与直接冲击石墨相比，对铸铁进行高速冲击可以达到更高的压力并适于留存金刚石。一是铁的高密度和低压缩性对石墨加压起到了增压作用，使冲击压力可高达100~150GPa；二是铁基体对高压态转变的高温金刚石有冷淬保留作用。这是因为在低压下金刚石是亚稳相，冲击卸载后1000℃以上的高温会使金刚石重新石墨化（参见图12-61的碳相图）。经铸铁法改进后石墨到金刚石的转化率最高可达22%。

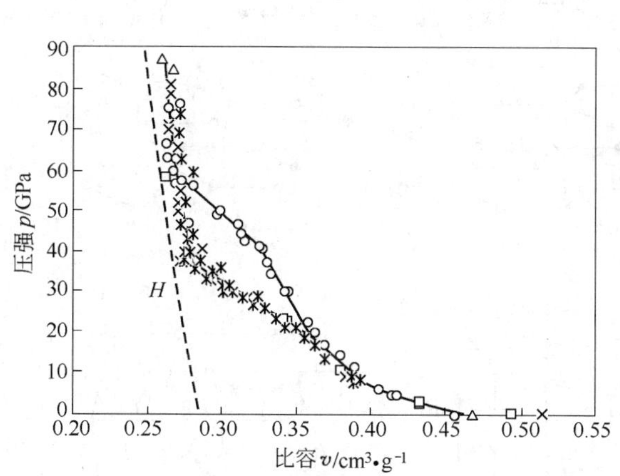

图12-60 各种石墨的冲击雨贡纽线

○—热解石墨，$\rho_{00}=2.21\text{g/cm}^3$；△—压制石墨，$\rho_{00}=2.13\text{g/cm}^3$；□—压制石墨，$\rho_{00}=2.03\text{g/cm}^3$；×—ZTA石墨，$\rho_{00}=2.03\text{g/cm}^3$；✱—ATJ石墨，$\rho_{00}=2.03\text{g/cm}^3$；----—金刚石冲击压缩线

注：ρ_{00}为各种多孔石墨的初始密度

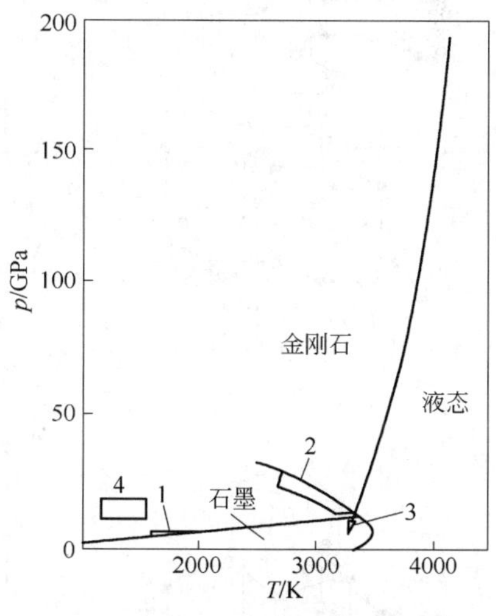

图12-61 碳的高温高压相图

1—石墨向金刚石转变的触媒/溶媒作用区；

2—石墨向金刚石瞬时快速转变区；

3—金刚石向石墨的瞬时快速转变区；

4—六方石墨到六方金刚石的马氏体相变区

尽管铸铁法有相当高的金刚石转化率，但铸铁中毕竟只能熔进 4% 左右的碳，所以金刚石的总产量并不高。在此基础上，人们又发明了用金属粉末混合石墨的方法进行爆炸合成，称为粉末混合体法，也有人称之为粉末烧结体法。

粉末混合体法是将石墨粉或其他碳源同金属粉末（一般为铜粉）混合在一起，并压制成块体，然后再对混合块体进行冲击。从原理上来讲，粉末混合体法与铸铁法是相同的，但相比之下粉末混合体法有两个优点：一是所处理的碳源量远大于铸铁法，一般碳的加入量可占总重量的 4% ~20%；二是可以通过控制混合体中的孔隙度来调节金刚石的合成温度，而铸铁是密实介质，其冲击压力、温度是一一对应的不能单独调节。从国内外资料来看，对粉末混合体法合成金刚石的研究非常多，所采用的碳源也多种多样，有纯天然石墨、热压石墨、碳化树脂、膨胀石墨等。大连理工大学用铜石墨混合体进行爆炸合成研究，天然石墨的转化率可达 11%，采用经化学处理的“膨胀石墨”则转化率高达 27%。

对粉末混合体进行爆炸合成的研究表明：金刚石的转化率与所使用的碳原料关系非常密切，很多研究都是针对碳源进行的，因为不同的碳结构与金刚石结构的对应性不同，对应性好的碳源才能高产地转化成金刚石。图 12-62 为石墨型的低密晶体与各种金刚石型晶体的原子排列结构对应性关系图。其中图 12-62（a）中的 ABCA 型晶体是天然存在的棱面体石墨，它对应的高密相结构是其下方的立方型金刚石；图 12-62（b）中的 AA′A 型晶体石墨不存在，只能在石墨层发生高密度剪切层错时才会出现，它对应的高密相是六方金刚石结构；图 12-62（c）的 ADA 型晶体石墨也不存在，也只能在石墨层发生强烈的剪切和高温激活时可能出现，它对应的高密度相是横卧的六方金刚石结构。从石墨与金刚石结构的对比可见，采用棱面体型石墨才能提高转化率，但不幸的是棱面体型石墨也是石墨的

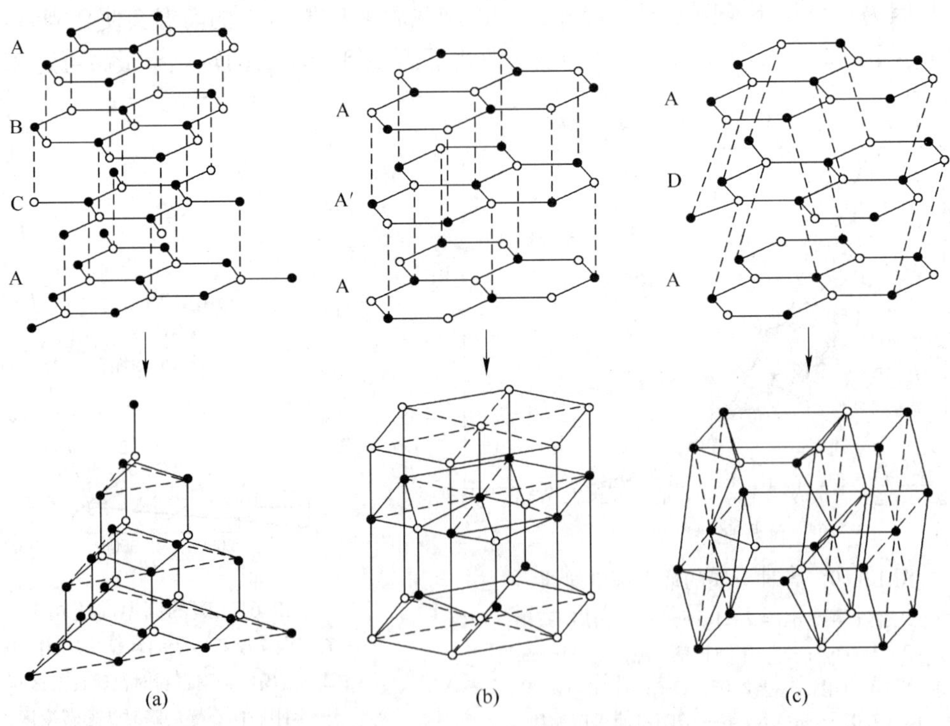

图 12-62　石墨型低密晶体与金刚石型晶体的原子结构排列对应关系图

一种亚稳态结构，大部分石墨都是 ABA 原子层排列的六方型。即便是发现天然的棱面体型石墨，其结晶度往往都很低，也不能适于金刚石合成；另外的途径是提高冲压石墨的剪切变形，在合成中使石墨由 ABA 型剪切成其他结构也是一种有效的方法，再者提高合成温度也是提高金刚石转化率的途径。如："膨胀石墨法"是通过化学处理改变石墨结构并提高石墨自身的吸热能力来促进金刚石转化的；利用球形金属粉末可使冲击中的石墨发生更多的剪切变形；以及采用碳化树脂一类重新合成适于爆炸特点的碳源，这些方法都取得了一定的改进效果。

爆炸冲击相变合成金刚石的具体施压方法很多，如前所述，大部分都采用图 12-55 的平面飞板加载装置和图 12-54（b）的飞管爆炸加载装置；也有将石墨制成聚能罩，用爆炸将之挤成射流与水撞击的；还有使用球对称爆炸产生球形收缩激波聚焦加载的合成装置等。总之，各种能够产生冲击高压的爆炸加载处理方式均可以用于爆炸合成，但要在达到高压的同时保持回收装置的完整性往往是很困难的。所以也有一些将合成装置直接放入大型爆炸容器中进行爆炸冲击的技术，这样可以保证合成金刚石的回收率。

b 冲击相变合成高密相氮化硼

氮化硼是一种很奇特的物质，至今自然界尚未发现过，完全是由人工合成的。低密相氮化硼具有与石墨相同的层状结构，所以又称为"白色石墨"。与碳一样，氮化硼也存在高密相结构，即立方氮化硼（cBN，Cubic Boron Nitride）和密排六方氮化硼（wBN）。立方氮化硼与立方金刚石结构相对应，为闪锌矿晶型（zinc blende）；密排六方氮化硼对应六方金刚石结构，为纤锌矿晶型（wurtzite），所以称为 wBN。比金刚石冲击相变合成幸运得多，氮化硼的两种低密相结构分别是与 wBN 晶型结构直接对应的六方氮化硼（hBN，如图 12-62（b）原子层 AA′A 排列），以及与 cBN 相对应的菱方体氮化硼（rBN，如图 12-62（a）原子层 ABCA 排列）。

人工合成的氮化硼常见结构是 hBN，氮化硼的冲击相变研究始于 1968 年，美国和苏联几乎同时在试验中发现，hBN 在 12.2GPa、230℃ 的冲击条件下开始发生向高密相的相变，相变压力在所试验的初始温度范围内几乎是不变的。在此之后，其他学者对六方氮化硼进行了大量的冲击试验研究，图 12-63 为汇总的冲击雨贡纽试验结果，可见相变点压力偏离不大，相变从大约 12GPa 开始至 20GPa 左右结束，表现为马氏体相变的基本特征。大量的冲击合成试验说明，hBN 的这一压力段主要转变为 wBN；只有在更高的冲击压力段或对样品进行预热时才会少量出现 cBN。

在使用 hBN 作为原料进行冲击相变合成时，主要产出的是 wBN。合成 wBN 的爆炸装置与金刚石合成相同，但所使用的冲击压力要低一些。由于氮化硼与铁不发生反应，wBN 合成时可以用铁粉混合。

在 wBN 合成中最重要的一点是控制 hBN 原料的结晶程度，往往结晶程度高冲击合成的 wBN 转化率就高。hBN 的结晶程度可使用 X 射线衍射来检验，使用（100）和（101）衍射峰的衍射强度之和与（102）峰强度相比，即定义石墨化指数 G. I. 值作为计量方法。

$$\text{G. I.} = \frac{[(110)\text{峰面积} + (101)\text{峰面积}]}{(102)\text{峰面积}}$$

从上式可以看出，石墨化程度越高氮化硼的 G. I. 值越小，石墨化指数 G. I. 的最小理论值为 1。因此，冲击合成所需的原料必须选择 G. I. 值尽可能小的 hBN。G. I. 值越小其结晶

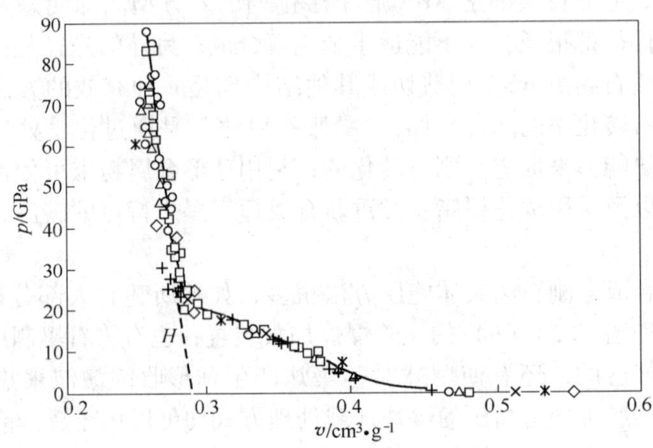

图 12-63　hBN 的冲击雨贡纽线

○—压制 hBN，ρ_{00} = 2.145g/cm³；△—压制 hBN，ρ_{00} = 2.115g/cm³；

□—压制 hBN，ρ_{00} = 2.082g/cm³；×—压制 hBN，ρ_{00} = 1.951g/cm³；

✱—压制 hBN，ρ_{00} = 1.878g/cm³；◇—压制 hBN，ρ_{00} = 1.809g/cm³；

+—压制 hBN，ρ_{00} = 2.2g/cm³；----—hBN 等温压缩线

注：ρ_{00}为各种多孔石墨的初始密度

程度越好，晶格越完整，晶粒尺寸也较大。因此 G. I. 值小的 hBN 往往代表了高石墨化度与大晶粒度两个适于冲击相变的优选条件，可成为冲击相变合成的良好原料。

利用冲击相变合成原理还可以合成出很多新的高密相材料。如超硬 B-C-N 的冲击合成，用石墨型氮碳化硼 g-BCN、g-$BC_{2.5}N$ 和 g-BC_3N，在圆柱收缩爆炸装置中合成出系列的纳米聚晶型高密相材料 c-BCN、c-$BC_{2.5}N$ 和 c-BC_3N 粉末。

立方相氮化硅的密度比普通的 α 与 β 相氮化硅高出约 26%，是又一种新的超硬材料。国外利用冲击波压缩技术实现了立方氮化硅的“小批量”合成，单次实验获得的样品量达到 100mg 以上，合成样品为纳米粉末，粒度为 10～50nm。国内则用冲击法合成出了硬度超过金刚石的多晶氮化碳 C_3N_4。由此可见，固相冲击相变合成在超硬材料合成领域逐步显现的重要价值。

B　爆炸固态反应合成

将两种活性粉末混合在一起进行爆炸冲击，冲击波在粉末中沉积的热能会激发粉末之间发生固态的化学反应，如：$Sn + S \rightarrow SnS$；$3Al + Ni \rightarrow Al_3Ni$；$PbO_2 + Si \rightarrow Pb + SiO_2$；$Mo + 2Si \rightarrow MoSi_2$ 等的固态放热反应都会在一定的冲击条件下激发。

最早的研究来自于国外对铁酸锌爆炸合成的研究，之后人们发现还可将钛粉与碳粉经爆炸压实形成碳化钛、钨与碳粉合成出碳化钨、硼与碳合成出 B_4C。随着对冲击波下固相反应现象的深入认识，人们又利用柱对称收缩装置、平面打击装置、球对称收缩装置爆炸合成出越来越多的物质，其中包括了合成 Nb_3Sn 和 Nb_3Si 超导化合物；用 TiO_2 与 $BaCO_3$ 合成压电晶体材料钛酸钡；用 Ti 与 Ni 粉合成镍钛记忆合金，甚至可以用冲击波诱发高压下化学反应来合成金刚石。如：

$$(CF)_n + Cu \longrightarrow C(\text{金刚石}) + CuF$$

爆炸合成不仅可以促进常规的固态化学反应，由于其快速加载并快速冷却的特点，可以固定留下许多在常压下非稳定的高压相，至今有很多爆炸合成的物质甚至尚不能完全判定其微观结构，为后续的研究留下了许多探索空间。

12.1.5.2 气相爆轰合成

A 气相爆轰合成纳米金刚石

气相爆轰合成法最早是用来合成纳米金刚石的。1984 年苏联发现在炸药爆轰残余灰尘中含有金刚石；之后在 1988 年，美国 Los Alamos 国家实验室以“爆轰碳烟中的金刚石”为题发表了利用负氧平衡炸药爆轰所产生的余碳合成出颗粒直径 4 ~ 7nm 的纳米金刚石的报道和原理分析，从而带动了世界性的研究。由于当时在材料学中没有“纳米”的概念提法，所以一直称为“超微细金刚石”或“超分散金刚石”，目前大都称为“纳米金刚石”或“爆轰纳米金刚石”。目前，俄罗斯、白俄罗斯、乌克兰、美国、德国等都有纳米金刚石生产线。国内也先后开展了纳米金刚石合成及其应用技术等方面的研究，同时还建立了几条爆轰合成生产线。

纳米金刚石的爆轰合成主要是利用负氧平衡炸药爆轰的余碳进行转化的。大部分爆轰合成是使用高密度的黑梯（RDX/TNT）或太梯（PETN/TNT）混合炸药，如：铸装梯黑 60/40，其炸药参数见表 12-15；也有在炸药中加入高聚物、碳粉来进行合成的方法。通常的方法是将药柱置于密封的爆炸容器中，并对药柱采用水或气体保护后进行爆炸，最后收集爆轰后的固体粉尘，在其中提纯出纳米金刚石。图 12-64 为用于爆轰合成的球形爆炸容器。

表 12-15 铸装 60/40 梯黑炸药参数表

炸 药	密度/$g \cdot cm^{-3}$	爆速/$m \cdot s^{-1}$	爆压/GPa	爆温/K	余碳量/%
铸装梯黑 60/40	>1.60	>6900	>19.0	>2700	>7.4

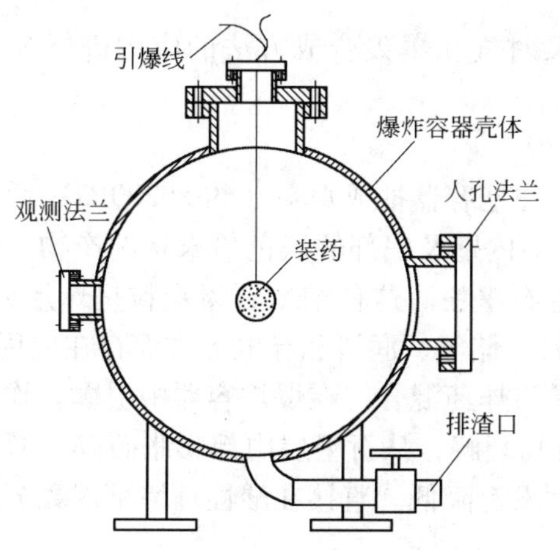

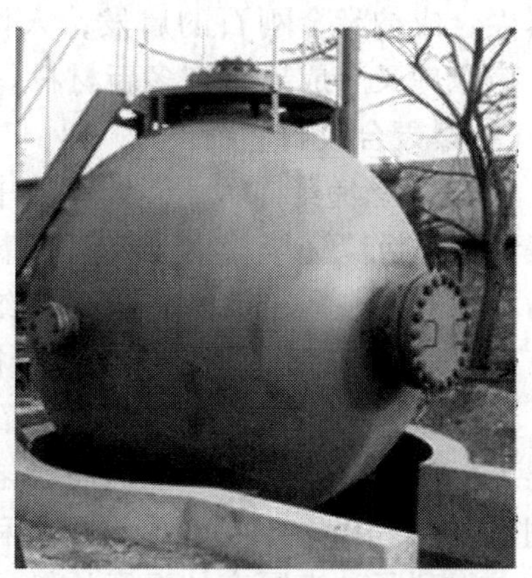

图 12-64 爆轰合成用球形爆炸容器（取自大连理工大学）

气相爆轰合成纳米金刚石的原理是利用炸药爆轰波反应区的高温高压环境促使炸药中的余碳转化成金刚石相。在爆轰反应区的压力可高达 10 ~ 30GPa，温度为 3000 ~ 4000℃。由于炸药是负氧平衡的，即氧分不足以与所有的碳成分化合，爆轰波后会析出大量的多余碳烟尘。从碳相图（图 12-65）上可见，高温高压的爆轰反应区又恰处在金刚石的稳定区，所以余碳在爆轰反应区内会聚集成金刚石，如果卸载温度下降的足够快，保证生成的金刚石晶粒不再发生石墨化，最终就可获得金刚石晶粒。爆轰法合成的金刚石是通过气体反应扩散生长而来的，所以合成出的金刚石颗粒一般很小，通常为纳米量级，直径在 4 ~ 7nm 左右，见图 12-65。

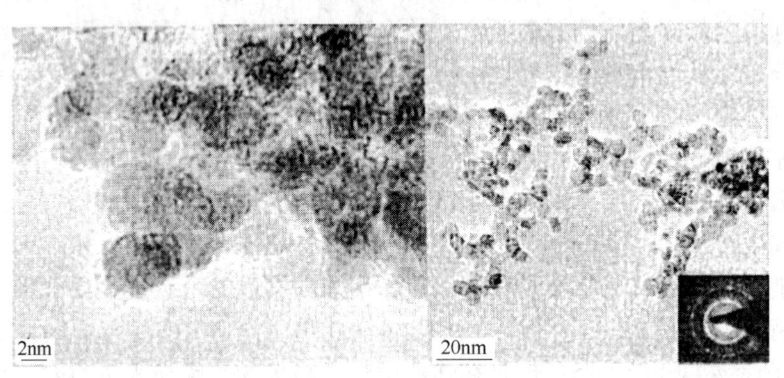

图 12-65　爆轰合成的纳米金刚石 TEM 图片

气相爆轰合成法的优点是炸药能量利用率较高，是金刚石产生率较高的一种方法。以单位重量炸药产出金刚石计，一般金刚石产生率会达到 6% ~ 8% 的炸药重量。另外，采用这种方法可合成纳米级的超细金刚石粉，而纳米材料是当今新材料研究的重要发展方向，因此爆轰合成是一种极具前途的合成方法。目前人们正在对其应用领域进行开发，如：研制水基分散液用于微电子抛光、掺加纳米金刚石对橡胶进行改性、在镀液中加入金刚石改善金属镀层的耐磨性、在油品中加入纳米金刚石提高润滑油的耐磨性、作为静压用于合成金刚石晶种、作为基因药物承载颗粒进行癌细胞检查等。

B　其他的气相爆轰合成方法

受爆轰合成纳米金刚石的启发，人们又对气相爆轰合成方法的应用进行了大量的开发，基于该原理又合成出了许多新材料。

a　气相爆轰合成石墨粉

（1）将纯梯恩梯药柱置于爆炸容器中，并把容器抽成真空（约为 200Pa）后，引爆药柱。待爆轰产物沉降完毕排出废气，收集容器内壁及底部的黑色粉末状的产物，用酸液处理清洗后可得到药柱质量 20% ~ 28% 的纳米石墨粉。这种纳米石墨颗粒呈球形或椭球形，粒径分布在 1 ~ 60mm 之间，在红外隐身材料、储氢、润滑和导电等方面存在应用的潜力。

（2）将天然石墨酸处理后的可膨胀石墨与炸药混合，在爆炸容器中引爆。炸药爆轰产生的高温高压使得可膨胀石墨中的插层化合物裂解，从石墨层内部膨胀破碎石墨。经爆炸裂解后制备出 1 ~ 10nm 石墨粉，石墨化程度没有降低。直接在酸性环境下爆轰分解石墨层间化合物，得到了纳米厚度的石墨片材。

b　气相爆轰合成氮化硼

将石墨相氮化硼与高能炸药混合后直接放入爆炸容器进行爆轰，可合成致密相氮化硼。hBN 可以转化 wBN 和 cBN 混合晶型的超硬氮化硼，合成转化率为16%，每 kg 炸药可生产 28g（140 克拉）以上。还可将硼粉/硝酸钾/黑索今粉（B/KNO_3/RDX）混合后，在密闭容器中快速爆炸燃烧。对燃烧后的固体产物进行分析发现燃烧产物中含有较多的固态氮化硼。

c　纳米氧化物的爆轰合成

受在氧环境中电爆炸金属丝合成纳米氧化物粉的启发，2002 年俄罗斯在爆炸容器中充入氧气，用炸药爆炸驱动包裹在药包外面的微米级铝粉进入氧气环境中，高速飞散的铝粉与氧气反应、燃烧，得到了纳米级氧化铝。

2004 年大连理工大学提出利用炸药爆轰直接反应合成纳米氧化物的方法。离子反应型的爆轰合成是用廉价的金属硝酸盐为主，用硝酸盐、燃料、敏感炸药按照炸药制作和程序制成新的爆轰合成专用炸药，然后置于爆炸容器中引爆。在爆轰波后金属硝酸盐分解出的金属离子与氧离子结合，生成了纳米氧化物。有趣的是在数千度的爆轰温度下，用这种方法竟然可以合成出低温晶型纳米氧化物。此外，用这种方法还可合成出多种氧化物，如纳米氧化锌、铁酸锌、锰铁酸锌、尖晶石型锰酸锂等。

d　碳包覆金属纳米颗粒的爆轰合成

气相爆轰合成方法还可以用来合成碳包金属纳米颗粒。在炸药中加入金属化合物，并像合成金刚石一样使爆轰中产生多余的碳成分，在合适的条件下碳和金属粒子就会形成碳包覆金属纳米颗粒，由于在金属纳米粒子的外表包覆了碳层，所以可以保护内部金属抵抗氧化与溶蚀，能充分发挥纳米金属的优势，在磁流体、磁记录介质、癌症诊断与治疗、吸波材料、静电印刷等诸多领域潜藏了极大的应用价值。

12.1.6　爆炸硬化

爆炸硬化是利用直接敷贴在金属表面的板状炸药爆炸所产生的冲击波，猛烈冲击金属表面，使其增加表面硬度的一种方法。试验表明，爆炸硬化效果最好的金属是高锰钢。

爆炸预硬化法在 20 世纪 50 年代就提出来了，60 年代初期在铁道部门进行的高锰钢道岔硬化试验，使道岔的使用寿命延长了 1.0～1.5 倍。70 年代中期，国内一些露天矿山也开始引进这项技术，对电铲铲齿、碎矿机和磨矿机的衬板进行爆炸预硬化试验，同样获得了良好效果。根据首钢和鞍钢的试验资料表明：电铲铲齿的使用寿命提高了 35%～70%；破碎机衬板提高了 21%～23%；磨矿机衬板提高了 16.8%～18.0%。80 年代，中科院力学研究所成功研制出用于爆炸硬化的板状炸药。90 年代，冶金部长沙矿冶研究院、北京科技大学等单位又对高锰钢爆炸硬化机理展开了深入的研究，随着人们对爆炸硬化机理的认识，也开始用于其他金属材料的爆炸硬化处理。

经过半个世纪的发展，高锰钢爆炸预硬化技术已在俄罗斯、英国、美国、法国和澳大利亚等国的工业生产中有不同程度的应用。据介绍，俄罗斯有 50% 高锰钢铁路辙叉是经过爆炸硬化处理后投入使用的；澳大利亚工业部门规定，未经爆炸硬化处理的高锰钢工件不能使用。

12.1.6.1　爆炸硬化原理

高锰钢是一种含锰 10%～14%、碳 0.90%～1.50%、硅 0.8%、磷小于 0.1%、硫小于 0.005% 的合金钢。它具有较高的抗张和抗冲击强度，但是用这种钢铸造的工件，脆性较大，经过“水韧”处理后，虽然它的韧性提高了，但表面初始硬度较低，布氏硬度只有 HB180～250，所以在使用初期磨损速度较快。高锰钢的另一特征是它的冷加工特性，即工件在使用过程中由于不断受到冲击和研磨载荷的作用，它的硬度和耐磨性会随着使用时间的增加而提高。

爆炸硬化实际上是一种利用爆炸冲击波效应的金属材料表面硬化处理技术，其方法十分简单，如图 12-66 所示。在工件表面铺设一层等厚的炸药层，然后用雷管或导爆索起爆，强大的爆炸压力在金属工件中产生冲击波，使材料发生平面塑性应变，最终导致其硬化；工件中的冲击波强度会随波传播的深度逐渐衰减，当冲击波强度衰减到材料弹性极限以下时，变成弹性波传播，同时失去硬化能力。

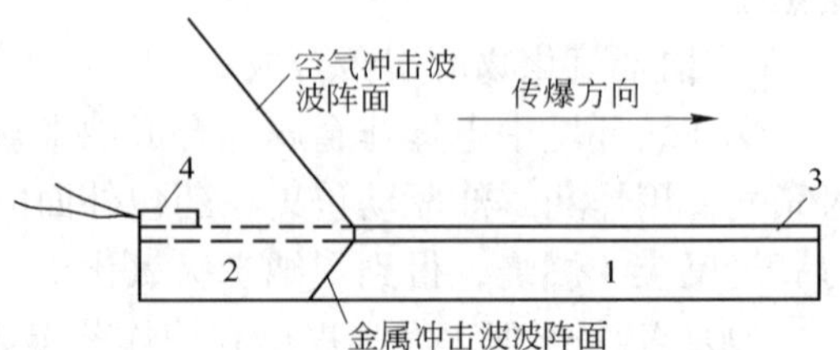

图 12-66　爆炸硬化过程示意图
1—待硬化金属；2—已硬化金属；
3—炸药片；4—雷管

将爆炸硬化后的高锰钢切片，放在扫描电镜或透视电镜下进行微观观察分析，可以发现：高锰钢表层在复杂的爆炸应力作用下，晶粒产生了高密度的位错、增殖和滑移。塑性变形和强化的结果，表现为硬度的提高（低冲击载荷时可提高到 HB300～400；高冲击载荷时则为 HB500～800），这就是高锰钢在爆炸载荷作用下硬度提高的内在原因。

12.1.6.2　爆炸硬化参数

影响金属爆炸硬化效果的因素很多，但归纳起来，主要有几种。

A　炸药

影响金属爆炸硬化效果的主要因素中，选用的炸药应满足以下要求：

（1）具有密度大、爆速和猛度高的性能，炸药的传爆性能稳定，临界厚度要小。

（2）有良好的柔软性和可塑性，便于剪裁和敷贴。

（3）炸药的爆轰压力应超过高锰钢的雨贡纽弹性极限。

（4）操作简单安全，成本低。

爆炸硬化方法一般采用塑性炸药，如图 12-67 所示简单地在工件表面放置等厚的炸药层，用导爆索起爆。图 12-68 为实验所得爆炸处理后高锰钢的硬度和硬化层深度关系。

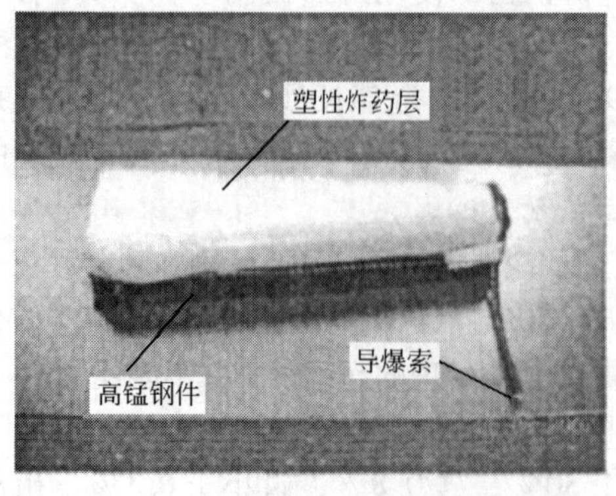

图 12-67　爆炸硬化处理方法

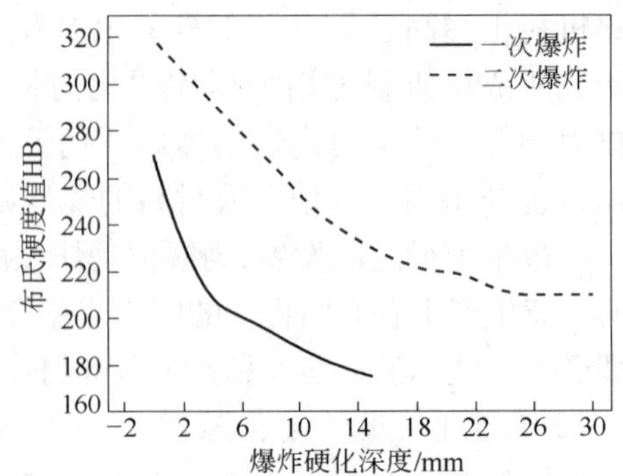

图 12-68　爆炸硬化处理硬度与深度关系

近年来常采用黑索今为主的高聚物塑性炸药，其密度为 1.51g/cm^3，2～4.5mm 装药厚度下的爆速相当稳定，如表 12-16 所示。

表 12-16 炸药爆速厚度关系表

炸药厚度/mm	4.5	4.0	3.5	3.0	2.0
爆速/m·s^{-1}	6900	7000	6780	6660	6250

B 药量

药量可用单位面积装药厚度来表示，在确定药片厚度时应考虑炸药传爆的稳定性、金属的硬化效果和经济效益。试验资料表明，金属硬化效果随着药片厚度的增加而增加，但有一个限度。若采用黑索今塑性板状炸药，药片厚度为 4mm（即单位面积装药量为 0.3～0.5g/cm^2）时，能获得较好的硬化效果。对于其他品种的炸药，可通过试验来确定。

C 爆炸硬化次数

在分析爆炸硬化次数对硬化效果的影响时，既要考虑金属表面硬度和硬化深度的增加，也要考虑经济上的合理性。当每次爆炸的装药量相同时，爆炸硬化效果随着爆炸次数的增加而增加，参见图 12-68。但是爆炸次数达到 3 次以后，爆炸硬化效果上升很小。另外，当总药量相同时，分两次爆炸的硬化效果与单次爆炸硬化的效果相比，无论表面硬度还是硬化层深度，都有明显的提高。这是因为小药量分次爆炸时，后续的爆炸是在前次爆炸硬化基础上进行的。

D 金属表面的光洁度

金属表面的粗糙程度、表层内的杂物、缩孔、微裂纹以及铸件经过“水韧”处理后的表面脱碳层，都会影响爆炸硬化的效果。首钢矿山公司的资料表明，金属表面打磨后比未经打磨的工件，爆炸硬化的硬度提高了 11%。

E 装药参数

指药片的几何尺寸。在确定装药参数时，必须根据硬化工件的表面形状、尺寸、工件各部位的磨损情况以及工艺的经济性来综合考虑。

爆炸硬化工艺以使用塑性板状炸药操作最为简便。先按照工件要求爆炸硬化部位的几何形状和尺寸展开成平面，制成样板，根据样板剪裁药片，最后用黏结剂将裁好的板状炸药药片粘贴在工件需要硬化的部位。粘贴药片时，一定要使药片与金属表面贴紧，不要留有空隙和气泡。药片贴好后，可用电雷管、导爆管雷管或导爆索起爆。

12.2 聚能爆破

炸药爆炸的聚能现象，虽然早在 18 世纪就已经发现，但是长久以来没有引起人们的重视。一直到第二次世界大战，交战双方才采用聚能装药制造破甲弹，用来对付坦克。此后，在军械部门广泛采用聚能装药来制造各种具有高杀伤威力的弹体。

20 世纪 40 年代，民用工程也开始应用这种技术。1945 年，美国用聚能药包在钢筋混凝土中穿孔，一个 380g 含 80% 吉里那特硝化甘油炸药的聚能药包可在钢筋混凝土中穿成直径为 25mm、深度达 1.0m 左右的炮孔。20 世纪 40 年代末，苏联用压铸铵梯炸药制成聚能药包，在矿山破碎那些不合格的大块或把它装于炮孔底部用来提高炮孔利用率，均取得较好的效果。

国内对聚能效应的研究始于 20 世纪 50 年代。80 年代后由于实验手段和计算机技术的发展，聚能效应的研究也愈加丰富，除军事部门外，聚能爆破在民用工程领域中的应用范围也越来越广泛。例如，在石油开采中，已广泛采用聚能射孔弹来穿裂井壁，以增加油气井的油路和流量；在地震勘探爆破中，可用聚能弹爆破激震法，提高聚能穴作用方向的地震波有效能；在金属板材加工中用于穿孔和切割；打捞沉船时用于切割船体。近年来，国内还多次成功地采用切割型聚能药包拆除过各类钢结构的建（构）筑物，拓展了拆除爆破的应用技术和使用范围。

12.2.1 炸药爆炸的聚能原理

12.2.1.1 聚能效应

利用药包一端的空穴（也叫聚能穴）使得炸药爆轰的能量在空穴方向集中起来以提高炸药局部破坏作用的效应，称为聚能效应，这种现象也叫聚能现象。聚能装药的爆炸聚能效果如图 12-69 和表 12-17 所示。

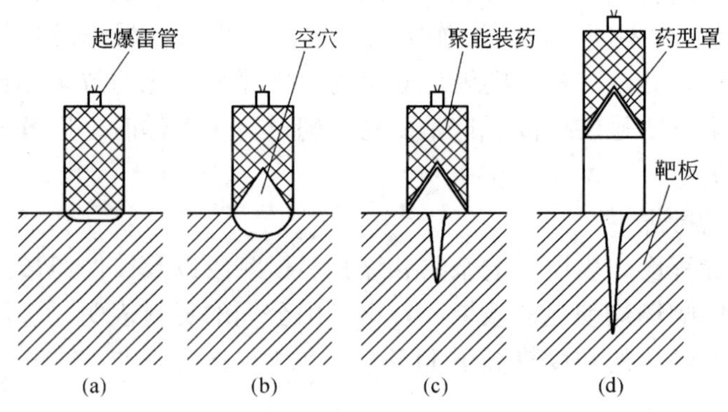

图 12-69 聚能效应实验

（a）无空穴实心药柱；（b）药柱带有空穴；（c）空穴内嵌入金属罩的装药；（d）带金属罩药柱离开靶面一定距离

表 12-17 不同底部形状的药包对靶板的穿透效果

试验号	药 柱 形 状	药柱底与靶面距离/mm	穿透深度/mm
(a)	圆柱、平底	0	浅坑
(b)	圆柱、下有锥孔	0	6 ~ 7
(c)	圆柱、下有锥孔、有金属罩	0	80
(d)	圆柱、下有锥孔、有金属罩	70	110

由图 12-69 和表 12-17 可知，当药柱带有空穴（b）时，对钢质靶板的穿透能力，比无空穴实心药柱（a）的穿透能力有所提高；当空穴内嵌入金属罩（c）时，对靶板的穿透能力比无金属罩的空穴装药有很大的提高；而带有金属罩的药柱（d）距靶面一定距离进行爆炸时，对靶板的穿透能力最强。

12.2.1.2 聚能原理

柱形药包爆炸后，爆轰产物沿近似垂直于药柱表面方向向四周飞散，作用在物体上的仅仅是药柱一端的爆轰产物，如图12-70（a）所示。药包一端开有锥形轴对称空穴时，爆轰产物先向空穴轴线位置聚集，形成一股高速、高压、高密度的爆轰产物，即聚能气流，见图12-70（b），由于聚能气流的高能量密度，使其做功能力增大，如图12-69（b）所示。

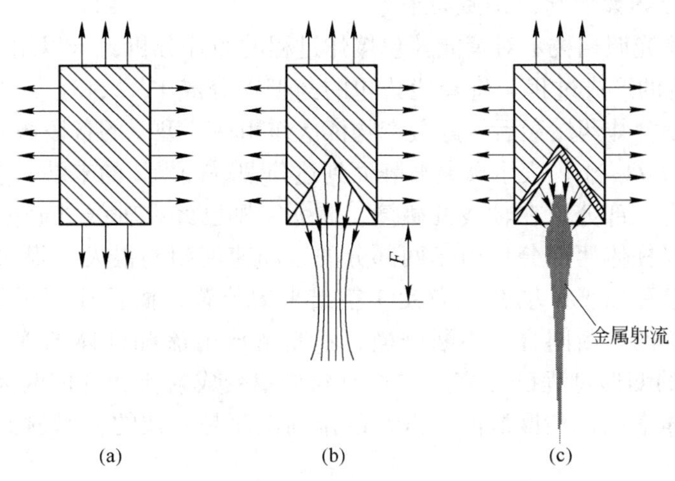

图12-70　爆炸聚能过程

由于在沿药柱轴线聚能过程中爆炸产物形成高压区，而高压区又迫使爆炸产物向周围低压区膨胀，使得气流不能无限集中，到达某一距离 F（焦距）后达到最大集中，随后迅速散开。聚能气流中的能量主要由两部分组成：势能和动能。能量集中程度经近似计算后，能量密度 E 可用公式

$$E = \rho_0 D^2/8 + \rho_0 D^2/24$$

表示，式中 ρ_0 和 D 分别为炸药的密度和爆轰速度。公式的前一部分为势能，后一部分为动能，可见这一聚能气流中势能占有总能量的3/4，动能只占1/4。

众所周知，气流在聚能过程中，动能是可以聚集的，而势能不能聚集，反而起发散作用，只能采取其他有效途径将其部分转化、集中。因此为了提高能量的集中程度，在锥形空穴内表面嵌入一个与空穴内表面相似的药型罩，把势能转化为动能，从而提高聚能效应，如图12-69（c）、（d）所示。药型罩的可压缩性很小，在能量集中过程中，内能增加很少，能量主要转化为动能形式，避免了由于高压膨胀使得能量分散，因此可形成一股速度和动能均比气体射流更高的金属射流，如图12-70（c）所示。

高速摄影资料表明，金属射流头部速度可高达7000～8000m/s。如此高速的射流打在靶板上，其动量变成高达数十万乃至百万大气压的压力，相比之下，靶板材质（钢）的强度就变得微不足道了。我们不妨将金属射流的破甲，比拟为射流在液体中的高速运动。由此可见：

（1）聚能效应的产生在于能量的调整、集中，它只能改变药柱某个方向的猛度，而没有改变整个药包的总能量；

（2）由于金属射流的密度远比爆轰聚能流的密度大，能量更集中，所以有罩聚能药包

的破甲作用比无罩聚能药包大得多，应用得也更广；

(3) 金属射流和爆轰产物聚能流都需要一定的距离来延伸，能量最集中的断面总是在药柱底部外的某点，由此断面至锥底的距离称为炸高。对位于炸高处的目标，其破甲效果最好。

12.2.1.3　金属聚能射流形成过程

根据用脉冲 X 光照相技术对聚能药包爆炸过程的照片分析，可以用图 12-71 来说明聚能药包爆轰时射流的形成过程。将聚能药包的药型罩分成 1、2、3、4 四个微元部分，如图 12-71 (a) 所示。炸药爆轰后，爆轰产物依次作用在药型罩的各段微元上，迫使微元作轴对称运动。图 12-71 (b) 表示爆轰波阵面到达药型罩微元 2 的末端，它正在向轴线作闭合运动，微元 3 有一部分正在轴线处碰撞，微元 4 则已经在轴线处碰撞完毕。微元 4 碰撞后，分成射流和杵体两部分，由于两部分的运动速度相差很大，很快就分离开来，但此时微元 3 正好接踵而来，填补了微元 4 空出来的位置，而且在那里发生进一步碰撞。从而形成了药型罩的不断闭合、不断碰撞、不断形成射流和杵体的连续过程。图 12-71 (c) 表示药型罩的变形过程已经完成。这时药型罩变成射流和杵体两大部分，各微元排列的次序，就杵体来说，和爆炸前罩微元的排列次序是一致的，对射流而言，次序则倒过来了。

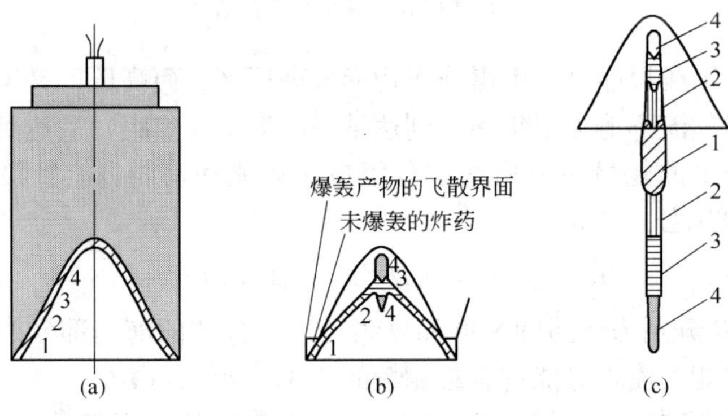

图 12-71　射流形成过程

微元向轴线作闭合运动时，由于同样的金属质量收缩到直径较小的区域，导致罩壁增厚。这样一来，罩内表面的速度必然要大于外表面的速度，在轴线处碰撞，外壁部分则因速度小而成为杵体；罩内壁部分得到极大的速度而最终形成了穿透能力极大的高速金属射流。射流和杵体起初连为一体，由于两者存在较大的速度差，在向前运动至一段距离后会自动分离。

药型罩除了形成射流和杵体以外，还有一部分形成碎片，这主要是罩的锥底部分形成的。此外，由于药型罩碰撞的不对称，也会产生偏离轴线的碎片。

12.2.2　各类聚能装药及其作用特点

聚能装药根据药型罩的形状、聚能药包的结构及其作用特点，可分为如图 12-72 ~ 图 12-77 所示多种类型。实际应用时，应根据工程具体情况来选定相应的聚能装药结构。

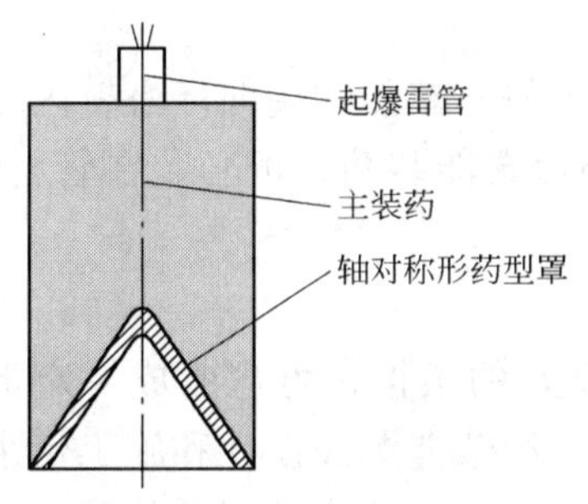

图 12-72　点聚能装药结构

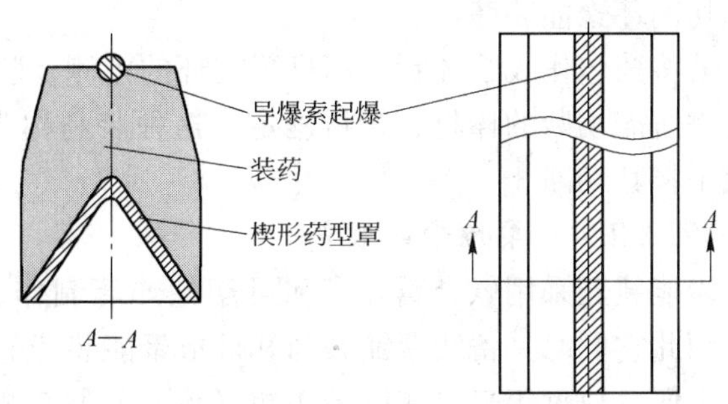

图 12-73　线聚能装药结构（导爆索起爆或端面雷管起爆）

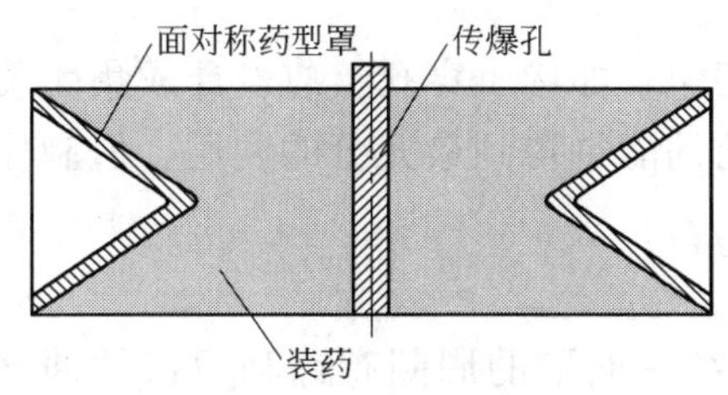

图 12-74　环形聚能装药结构

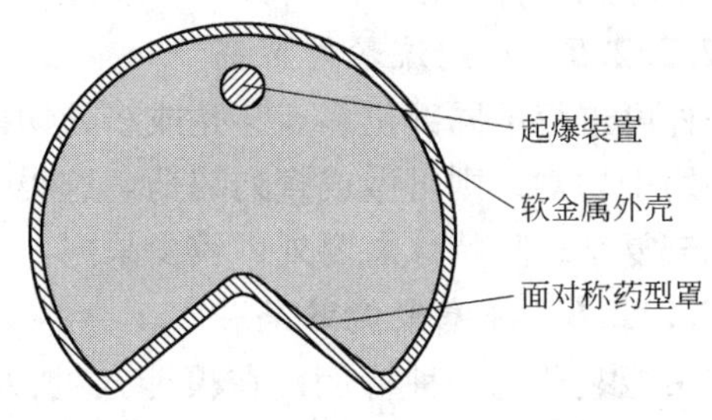

图 12-75　柔性聚能装药结构（轴向起爆或端面起爆）

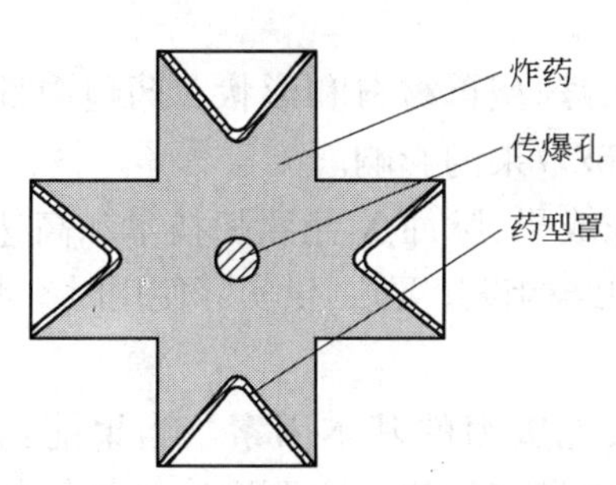

图 12-76　多射流聚能装药结构

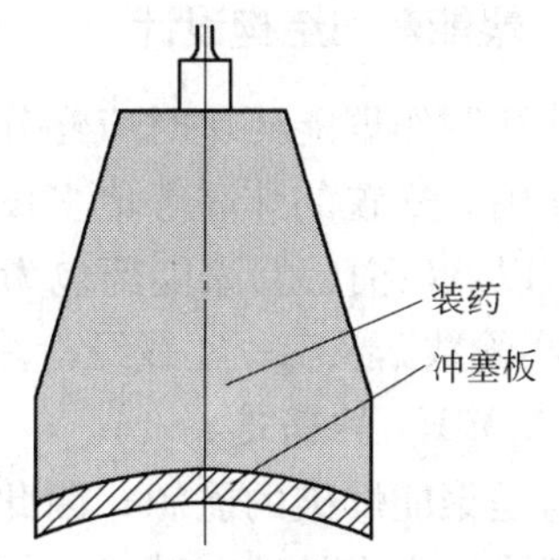

图 12-77　冲塞聚能装药结构（打孔）

12.2.2.1　点聚能装药

一种轴对称的短圆柱状装药结构，起爆点与药型罩分置于药包相对两端，药型罩呈圆锥形，爆炸后产生线状聚能射流，击中靶板于一点可穿透成孔，故也称穿孔型聚能装药。如将药型罩做成大锥角圆锥形或改成半球形，则药包的穿孔能力降低，但破碎能力增强，常用于大块岩石的二次爆破破碎。

12.2.2.2　线聚能装药

条状聚能装药结构，药型罩呈楔形，爆炸后产生刀刃状聚能流，主要用于金属板材的切割，故也称切割形聚能药包。近年来，工程爆破界研制发明的椭圆双极线性聚能药包用于预裂（光面）爆破，取得了较常规预裂（光面）爆破更为优异的效果。相对而言，在工程爆破中线聚能装药比点聚能装药的应用广一些。

12.2.2.3　环形聚能装药

为一圆饼状的装药结构，药型罩为锥形圆环状、朝外、呈面对称，爆炸后产生状似圆锯的聚能流。装入金属管内设计要求的切断位置，爆炸后可顺利地将管材切成两段。故也称内切割环聚能装药。

若将药包作成圆环状，药型罩在环的内侧，装药在环的外侧，聚能穴指向环心，内环直径按所需切断的棒材、管材确定。这种装药称为外切割环形聚能装药，可套装在管材、棒材上将其切断。

12.2.2.4 柔性聚能装药

聚能装药采用软金属外壳和可塑性炸药制作，具有较良好的柔性，可弯曲成一定形状，因此它同时具备线聚能装药和环形聚能装药的作用特点，给聚能爆破设计和施工带来很大方便。故近年来，在钢结构建（构）筑物爆破拆除和水下沉船、废弃油气井的爆炸切割解体中应用非常广泛。

12.2.2.5 多射流聚能装药

一种可进行不同部位多点穿孔或多处切割的聚能药包，如用于穿孔，应设计成集团装药；如用于切割，则可做成直列装药。这类装药，炸药的能量得到最充分的利用，但制作加工比较复杂，除特殊需要外，较少采用。

12.2.2.6 冲塞聚能装药

点聚能装药的一种特例，在聚能穴处改装了一个在曲面形的周圈有锋利刃口的冲塞板。主要用在特殊情况下，对金属板材的打孔作业。

12.2.3 聚能药包结构设计

设计和制作聚能药包时应充分考虑：炸药性能、药型罩材料和形状、药包内部结构和外形、使用时安置的炸高等诸多设计参数对聚能爆破效果的影响。

本节以点（穿孔型）聚能药包为例，根据理论研究成果、脉冲 X 光照相技术和高速摄影资料、大量实验数据及工程实践经验，扼要简述聚能药包结构设计要点，供实际使用时参考。

12.2.3.1 炸药选择

炸药是聚能爆破的能源，因此其性能是影响聚能威力的基本因素。当聚能药包爆炸时，药型罩能否有效地向轴线方向压合、碰撞、产生高速射流，主要取决于炸药的爆轰压力。按照流体力学理论，炸药的爆轰压力 P_{cJ} 是爆速 D 和装药密度 ρ_0 的函数，即

$$P_{cJ} = \rho_0 D^2/4$$

由此可知，炸药的爆速对爆轰压力大小的影响要比装药密度大得多。因此，为提高药包的聚能威力，必须选用爆速高、猛度大的炸药；其次，应尽量提高药包的装药密度。

表 12-18 给出了某一聚能破甲试验采用三种不同型号性能的炸药，得出的破甲深度关系。试验结果验证了上述结论。

表 12-18 炸药能量与破甲深度的关系

炸 药	密度/g·cm^{-3}	爆速/m·s^{-1}	爆压/GPa	试验发数	平均破甲深度/mm
PBX	1.833	8867	36.0	3	100.4①
PBX	1.80	8800	34.8	5	105.8
8701	1.722	8425	30.8	5	98.8
8701	1.707	8328	29.6	5	96.2
CompB	1.70	7907	26.6	5	90.1
CompB	1.65	7745	24.7	5	88.1

①当 PBX 密度为 1.833g/cm^3 时 3 发破甲试验结果，其中有两发分叉严重，表中数据为 3 发中最深 1 发的破甲深度。

在工程爆破中，为降低施工成本，也常使用爆速和密度一般的工业炸药。爆轰压并不高，虽不能形成最为理想的金属射流，但对岩石类介质同样有着明显的聚能爆破效果。但对重要的爆破工程、介质为金属类的爆破对象等，还应采用高爆速、高密度的炸药如50/50黑索今-梯恩梯铸装炸药，作为聚能药包的主装药。

12.2.3.2　药型罩设计

药型罩的主要作用是将炸药的爆炸能量转换成罩的动能，用几乎不可压缩的金属射流替代可压缩气体射流，来提高聚能药包的聚能威力。因此，在制作聚能药包时，必须对药型罩的材料、形状、锥角、壁厚作出正确的设计。

A　材料

在选取制作药型罩的材料时，必须满足以下几点要求：材料的可压缩性要小；密度要大；塑性和延展性要好；在形成射流过程中不会产生汽化。军用聚能装药通常采用单质金属或合金材料药型罩，如：铜、钼、钨或钨铜合金、钨镍合金等复合材料药型罩。但在油、气井聚能爆破技术中则采用粉末冶金材料制作药型罩，因粉末冶金材料几乎没有延展性，其射流尾部成不了杵体，不会堵塞射孔孔道，对消除油、气井的射孔污染十分有利。工程爆破中，为了降低成本，往往选用铁皮、塑料、玻璃等廉价材料作为药型罩材料，也可达到一定的爆破效果。

B　形状

药型罩的形状在确保有良好聚能效果基础上，应尽可能简单和便于加工。药型罩的形状有三类：

（1）轴对称型，参见图12-78（a），如圆锥形、半球形、抛物线形和喇叭形罩等；

（2）面对称型，如图12-78（b）所示，常见的有直线形聚能罩和环形线形聚能罩两种，前者多用于切割金属板材，后者多用于切断金属管材；

（3）中心对称型，如图12-78（c）所示，这种球形聚能药包，中心有球形空腔和球形罩，球形罩外表敷装炸药，若能瞬间同时起爆，可在空腔中心点获得极大的能量集中。这类药包多用于理论研究，在工程中极少采用。

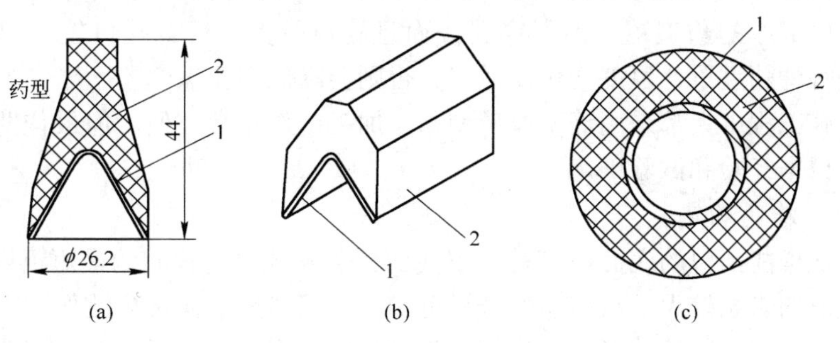

图12-78　各种形状的药型罩

（a）轴对称型；（b）面对称型；（c）中心对称型

1—药型罩；2—炸药

C　锥角

锥角的大小决定了聚能射流的穿孔（或切割）能力。按照定常、理想、不可压缩的流体动力学理论，对于锥形罩射流速度 v_j 和射流质量 m_j 可分别按下述公式计算：

$$v_j = v_0 \cos\left(\frac{\beta}{2} - \alpha - \delta\right) \Big/ \sin\left(\frac{\delta}{2}\right)$$

$$m_j = m(1 - \cos\beta)/2$$

假设炸药为瞬时爆轰，并且药型罩的壁面同时平行地向轴线压合，这时 $\alpha = \beta$，$\delta = 0$，因而有：

$$v_j = v_0 \cot\frac{\alpha}{2} \tag{12-23}$$

$$m_j = m\sin^2\frac{\alpha}{2} \tag{12-24}$$

式中，m、v_0、α、β、δ 分别为药型罩的微元质量、压合速度、半锥角、压合角和变形角。从式（12-23）和式（12-24）可知，射流速度 v_j 随着药型罩锥角 α 的减小而增加，射流质量 m_j 则随锥角 α 的减小而减小。试验表明：当锥角小于30°时，穿孔性能很不稳定；锥角介于30°~70°之间，射流才具有足够的质量和速度，起到稳定的穿孔作用和良好的穿孔效果；当锥角大于70°以后，穿孔深度迅速下降但破碎效果增大。因此在选取锥角时，必须根据聚能爆破的目的来确定。在矿山用聚能药包来破碎大块时，可选取较大的锥角；当采用聚能药包进行穿孔时，可选取较小的锥角；当在聚能药包内部起爆点与锥形药形罩顶之间设置隔板时，锥角宜大些；不设隔板时，锥角可小些。

D 壁厚

药型罩的壁厚对射流性能和聚能威力会产生显著的影响，射流性能和聚能威力随着壁厚的变化而变化。因此，每一种药型罩都有一个最佳壁厚，而最佳壁厚又随着药型罩的材料、锥角、直径以及有无外壳而变化。总的来说，药型罩的最佳壁厚是随着药型罩材料的比重的减小而增加，随锥角的增大而增加，随罩的直径的增大和外壳的加厚而增加。通常药型罩的壁厚在1.0~2.5mm之间。

为了改善射流性能和提高它的威力，也常采用变壁厚的药型罩，即采用顶部厚、底部薄或顶部薄、底部厚的药型罩，前者穿孔浅而且孔口较大，后者孔口较小但穿孔深度较大。但无论是哪种药型罩，厚度变化要适当，否则会降低穿孔深度。

在实际爆破工程中大都采用等壁厚药型罩，加工制作非常方便。但最佳壁厚的计算非常复杂，通常根据经验和试验确定。

12.2.3.3 炸高确定

炸高是指从聚能药包的底面（即药型罩底面）到穿孔目的物间的最短距离，炸高对聚能药包穿孔威力的影响较大。从前述的分析可知，金属药型罩在爆轰波作用下向轴线方向汇聚、碰撞，随后聚焦、延伸形成正常射流的过程中，需要一个适当的空间距离。但距离过大时，射流会发生径向分散、摆动、延伸到一定程度后产生断裂的现象，使穿孔效果降低，甚至失效。

与最大穿孔深度相对应的炸高，称为有利炸高。它与药型罩的材质、锥角大小、炸药性能以及有无隔板都有关系，通常随药型罩锥角的增大而增大。对轴对称穿孔型聚能药包而言，一般来说，有利炸高是药型罩罩底直径的1~2倍。

中国科技大学曾对楔型罩聚能药包不同炸高下的侵彻进行过实验。实验的聚能药包楔型罩用 1mm 厚的紫铜板制作，罩母线长 7mm，顶角约 90°，罩底张开宽度约 10mm，侵彻目标为 45 号钢。实验结果如图 12-79 所示，图中以侵彻深度为纵坐标，并以炸高/楔型罩张开宽度的比值为横坐标。

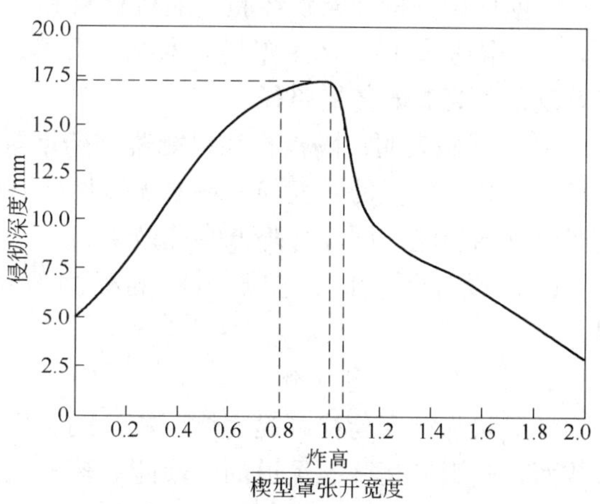

图 12-79 炸高与侵彻深度实验曲线

试验表明：炸高为 0 时，侵彻深度为 5mm（仅 0.5 倍楔型罩底宽）；而后随着炸高的增加，侵彻深度增加很快；当炸高增加到 0.8 倍楔型罩底宽，即 8mm 左右时，侵彻深度增加的速度变缓，直到炸高增加到 1.0 倍楔型罩底宽即 10mm 左右时，侵彻深度达到最大值 17mm，最大侵彻深度为 1.7 倍楔型罩底宽。炸高增加 1.05 倍楔型罩底宽即 10.5mm 左右时，聚能药包对目标的侵彻深度急剧下降，炸高超过 2 倍楔型罩底宽时，聚能作用基本上不明显了。因此，实验表明，有利的炸高可从 0.8 ~1.05 倍楔型罩底宽范围内选取。

对不同结构的聚能装药，其炸高是有所变化的。工程爆破中，由于装药作业条件的限制，往往达不到理想的标准，常用“可设置炸高”作为施工时的实际炸高参数，即在兼顾爆炸聚能效果时，也要充分考虑药包安置的可能性。

12.2.3.4 隔板材料与安置

隔板是装在药型罩顶部和聚能药包顶面之间的一块惰性板材，参见图 12-80。在聚能药包中采用隔板，目的在于改变聚能药包中爆轰波的传播路径，控制爆轰方向和爆轰波到达药型罩的时间，提高爆炸载荷，从而增加射流速度，达到提高聚能威力的目的。

如图 12-81 所示，无隔板的药包起爆时，它的爆轰波是从起爆点发出的球形波，波阵面与罩母线的夹角为 φ_1。有隔板时，主爆轰波开始绕过隔板向药型罩面传播。此时，主爆轰波阵面与罩母线的夹角变为 φ_2，显然 $\varphi_2 < \varphi_1$。根据爆轰理论可知，它利于提高罩微元的压合速度和射流速度。实验表明，隔板设置合理的聚能药包射流头部速度能够提高 25% 左右，穿孔深度可提高 15% ~30%。

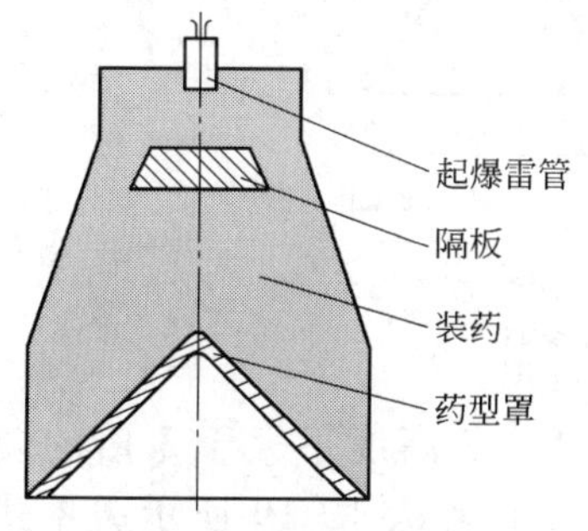

图 12-80 装有隔板的聚能药包

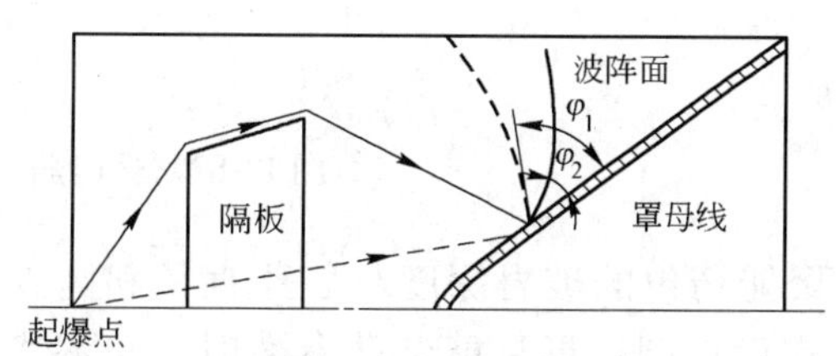

图 12-81 有无隔板时爆轰波的传播示意图

根据理论分析和实践经验，隔板材料和尺寸的选择，有如下几点要求：

（1）隔板材料可选用塑料、木材、石墨等惰性材料，因其声速低、隔爆性能较好，能有效改善爆轰波的传播路径；

（2）试验表明，隔板直径以能覆盖药型罩母线长度的 2/3 左右为宜，且不得小于药包直径的一半，隔板的厚度与材料的隔爆性能有关，过薄时会降低隔板的作用；过厚则有可能产生反向射流，同样会降低穿孔效果；

（3）设计隔板时，在罩顶和隔板间要留有足够厚度的炸药层，以确保能稳定传爆。

12. 2. 3. 5　药包壳体

一般认为有壳药柱可提高炸药能量的利用率，从而增强聚能效应，但相对于上述诸多参数而言其影响是微不足道的。聚能装药外壳的主要作用，是作为容器装填和固定药包形状，防止药包在运输和使用时碰撞损伤。如是在油气井中高温高压环境下使用，应重视聚能射孔装药耐温抗压壳体的设计。

12. 2. 3. 6　药包形状设计和几何参数计算

根据聚能爆破的目的不同，药包形状有：圆柱形、长条形、球形等，其中以圆柱形和长条形应用最广泛。

在确定药包的结构形状时，既要使装药重量最轻，又要使破岩效果好，这就要求选择合适的装药形状和结构。在整个的聚能药包中，参与形成聚能射流的炸药，仅仅是靠近药型罩的一定厚度的炸药层，即有效炸药层，见图 12-82（a）；其他不直接参与聚能效应的那部分炸药叫做非有效炸药，它的作用是使有效炸药层达到稳定爆轰，并使有效炸药层的能量得到充分利用。根据聚能药包中炸药层的作用不同，常将圆柱形药包做成截头圆锥形，这样既减轻了装药重量，又保证了聚能效果，如图 12-82（b）所示。

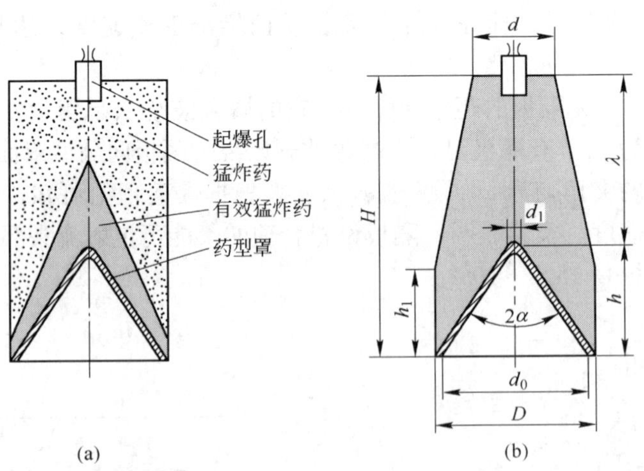

图 12-82　聚能药包形状和几何参数

聚能药包的破岩深度与装药直径和高度有关，一般装药高度不大于 3 倍的装药直径。在设计圆柱形聚能装药参数时，可参考图 12-82（b）和表 12-19 所示关系式进行计算。

表 12-19　圆柱形聚能装药几何参数表

参 数 名 称	代表符号	参数间关系式
药柱底部直径	D	
聚能穴底部直径	d_0	$d_0 = 0.94D$
药柱顶面直径	d	$d = 0.365D$
聚能穴上部炸药厚度	λ	$\lambda = 0.625D(1 - 0.25/\tan\alpha)$
聚能穴高度	h	$h = 0.47D/\tan\alpha$
柱体部分高度	h_1	$h_1 \geqslant 0.18D/\tan\alpha$
装药总高度	H	$H = 0.625D(1 + 0.5/\tan\alpha)$
药型罩顶部直径	d_1	$d_1 = 0.14D$

12.2.4　工程应用实例

半个多世纪以来，聚能爆破在我国爆破工程中的应用越来越广泛，它体现在两个方面：

(1) 装药结构从最初简单的点、线型聚能装药向多种、复合型的聚能装药结构形式发展，可针对不同的工程对象和目的具体选用，参见 12.2.2 小节内容；

(2) 早先聚能爆破只是爆破作业中的一项辅助措施，用来破碎大块、土中穿孔和切割板材。近年来已成为油、气井完井射孔技术，钢结构建（构）筑物爆破拆除、石材开采和预裂（光面）爆破等工程的重要爆破手段之一。

纵观下文工程实践，可以预见，未来聚能爆破还将出现许多新的药包结构形式和更为广泛的工程应用前景。

12.2.4.1　用于穿孔

A　油、气井聚能射孔

自 1946 年，国外将军用聚能破甲弹经技术改造用于油井射孔以来，具有高穿透能力的聚能射孔弹，逐步取代了原有的子弹射孔器和其他落后的射孔方法。从而成为油、气井使用多年后，因地层变化油路不畅减产，采用油、气井完井聚能射孔作业以提高油、气井产量的重要方法。

我国自 1966 年开始首次成功研制和应用浇注型聚能射孔弹，20 世纪 80 年代研制成功 YD 型有枪身超深聚能射孔弹和特殊情况下使用的 WD 型无枪身聚能射孔弹，90 年代研制成功耐高温（220～250℃）型聚能射孔弹，近年来又研制成功和应用大孔径高孔密的海洋平台射孔用聚能射孔弹。

有枪身聚能射孔弹的装配见图 12-83 所示，每一发射孔弹的装药量为 10～38g，射孔密度一般为 13～20 发/m，射孔相位有 60°、90°和 120°等几种。在钢靶中穿孔孔径为 8～12mm，孔深可达 70～140mm、最深为 200mm；在混凝土靶中穿孔孔径为 6～12mm，孔深可达 300～600mm、最深为 800mm 左右。

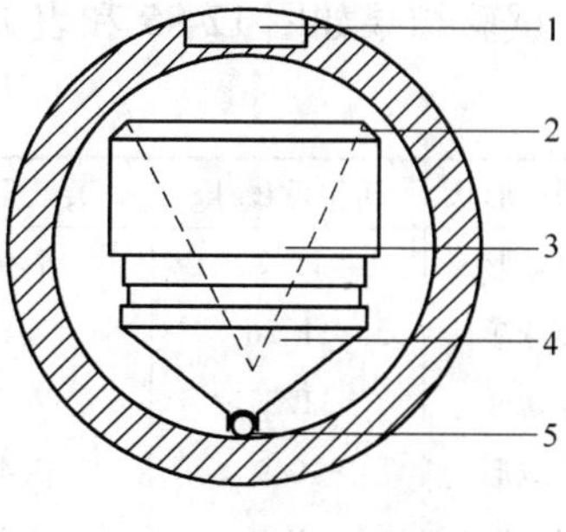

图 12-83　射孔弹装配图
1—盲孔；2—枪体；3—药型罩；4—炸药；5—导爆索

这一技术指标，足以在油、气地层中开辟出新的油气通道。有关油、气井聚能射孔弹的品种、规格和性能，可参见第 3 章爆破器材中的有关内容。

随着石油工业的发展，勘探区块和已建成油田在不断增加，油、气井完井射孔作业也日益繁重。据 2002 年的粗略统计，年射孔弹需求量在 400 万发左右。同时为满足射孔作业需要，我国还建立了相应的射孔弹生产厂、研究基地和弹体性能检测中心。

关于油、气井聚能射孔弹的主要技术要求、指标及下井施工工艺将在下一节油气井燃烧爆破技术中详细叙述，这里不再重复。

B　在土壤地层中穿孔

a　开挖电杆深坑

为加快埋杆架线的进度，采用聚能药包在地表打孔，常常能获得令人满意的结果。对此，1970 年原铁道部科研所对此用聚能药包在砂黏土中进行了大量的穿孔试验，现将试验条件和结果介绍如下。

试验条件：砂黏土，孔隙度 36.5% ~47.9%；药包结构如图 12-84 所示，起爆装置 1 由特屈儿药柱和 8 号雷管组成；隔板 2 采用红松木；药型罩 3 采用等壁厚的半球形和圆锥形的铸铁、铸铜和铸铝的金属罩；支架 4 由三根铁管组成；炸药 5 用 20/80 梯黑炸药；外壳 6 为厚 1.5mm 铝皮。

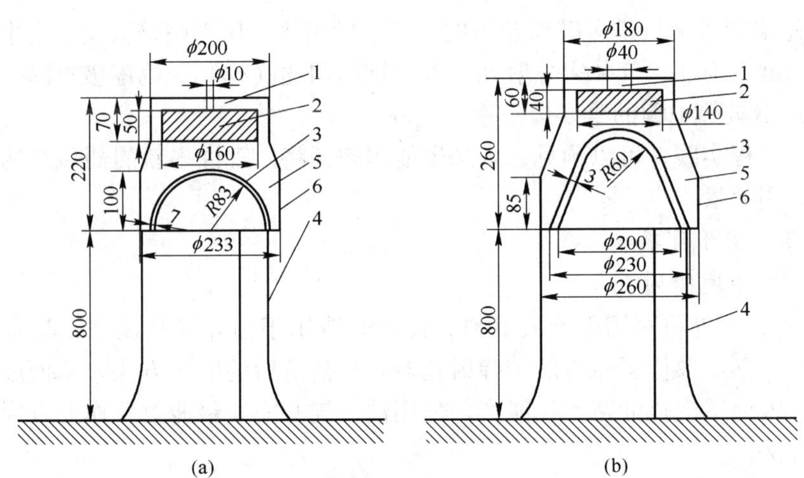

图 12-84　药包结构

（a）装药量 7kg；（b）装药量 9kg

试验结果如图 12-85 和表 12-20 所示。

表 12-20　药包参数和穿孔深度

药型罩形状	药包重量/kg	装药量/kg	空壳重量/kg	支架高/mm	穿孔深度/cm	可见深度/cm
半球形	11.2	7.67	3.53	800	250	150
半球形	11.26	7.82	3.44	800	215	180
半球形	11.37	7.47	3.40	900	205	150
半球形	10.9	7.42	3.48	800		150
半球形	10.85	7.30	3.55	800	230	210
半球形	11.10	7.81	3.29	1000	220	180
圆锥形	13.57	9.36	4.21	805	300	200

续表 12-20

药型罩形状	药包重量/kg	装药量/kg	空壳重量/kg	支架高/mm	穿孔深度/cm	可见深度/cm
圆锥形	13.46	9.36	4.07	805	300	190
圆锥形	13.61	9.48	4.13	805	300	180
圆锥形	13.53	9.36	4.17	920	220	135
圆锥形	13.43	9.34	4.09	920	270	180

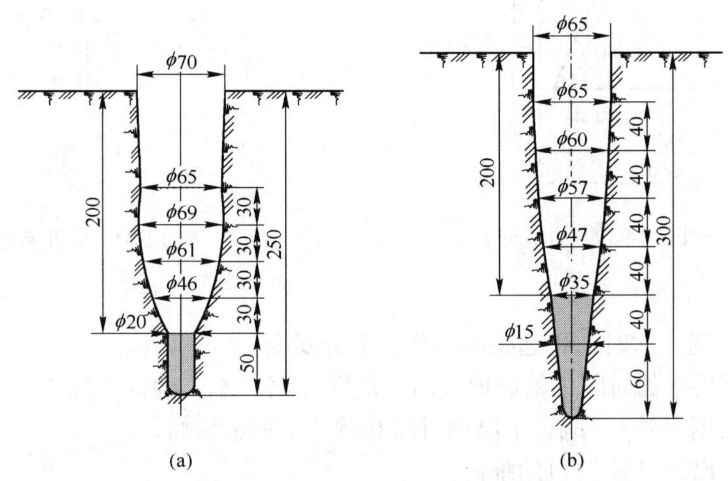

图 12-85 深孔断面（单位：cm）
（a）装药量 7kg；（b）装药量 9kg

试验结果分析：

（1）试验中的孔隙度是影响穿孔深度的主要因素，当其他条件一样时，穿孔深度随着孔隙度的增加而增加；

（2）装药量相同时，铸铜药型罩的穿孔效果最好，其次是铸铁，再次是铸铝；

（3）从图 12-85 可知，在土质地层中穿成的孔，无论是直径还是可见深度均能满足电杆埋设的要求。

b 在冻土层中穿凿炮孔

1975 年在修建青藏铁路时，原铁道部在西大滩和风火山等处的冻土地带，用聚能药包代替地质钻在冻土中穿凿炮孔，取得良好的效果。采用的药包结构如图 12-86 所示，爆破后的穿孔断面见图 12-87。

装药量为 26.9kg 的聚能药包，在冻土层中穿出深 3.8m 的孔，孔径为 10cm，孔底呈药壶形。在药壶中装入 14kg 的炸药，可炸出一个直径达 4.5m 的爆破漏斗。因此几十个聚能药包按设计的孔网参数排列，同时起爆穿孔，并迅速在穿成的孔中装药爆破，可实现永冻层路堑、桥涵基坑的快速施工。

C 用于高、平炉出铁（钢）口的穿孔

高炉出铁和平炉出钢，一般都是采用人工、机械或氧气喷枪的方法，冲开或烧开出铁（钢）口中的砌体，既费时费工，又有灼伤作业员的危险，同时也影响铁（钢）水的成分和质量。近年来国内外采用聚能药包开孔，获得了良好的效果。它与常规的方法相比，具

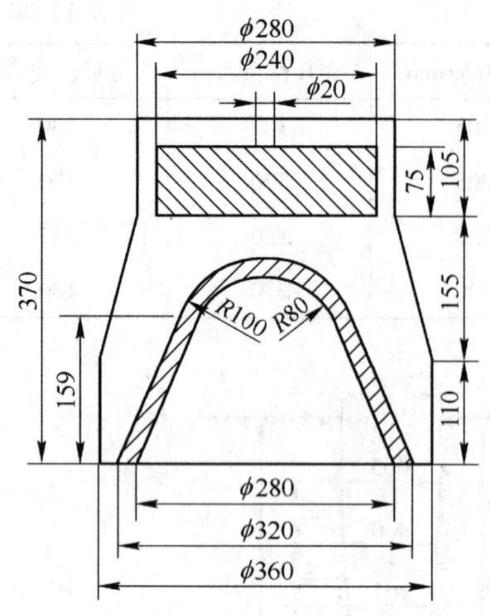

图 12-86　药包结构图（单位尺寸：mm）

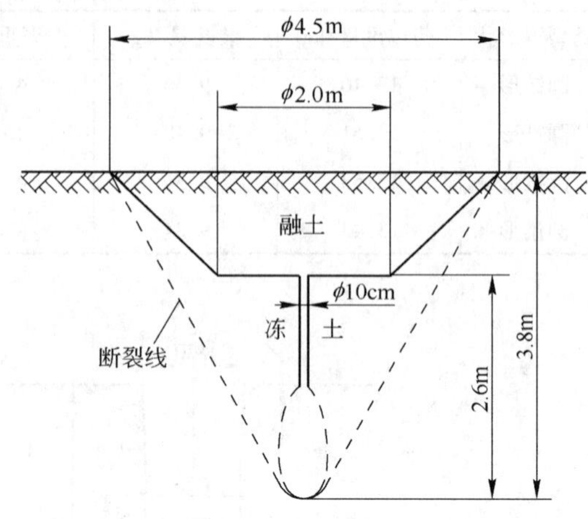

图 12-87　穿孔后断面

有以下优点：

（1）出铁（钢）水时，可远距离操作，十分安全；

（2）能在所要求的时间内精确地放出一炉铁（钢）水，确保冶炼质量；

（3）全速出钢（铁），减少了出钢时间和避免了钢包结瘤；

（4）减少了出钢（铁）口的维修。

美国杜邦公司生产的一种爆破穿孔弹（见图 12-88），直径为 58mm、高 111mm，装药量 50g。用耐高温的电雷管起爆，药包装在绝缘弹壳内。组装时将这个聚能弹装在一根长 2.4m 的中空装药杆的一端，雷管脚线从装药杆中穿出。使用时将装药聚能弹的装药杆，插入出铁（钢）口内，一直到弹的端面触到砌面为止，如图 12-89，然后在安全地点连线起爆。出钢（铁）时，砌面处的温度高达 1000℃，聚能弹插入出钢孔中 4min 后，弹壳的温度就上升到 120℃，为确保安全准爆，必须在 4min 以内起爆。

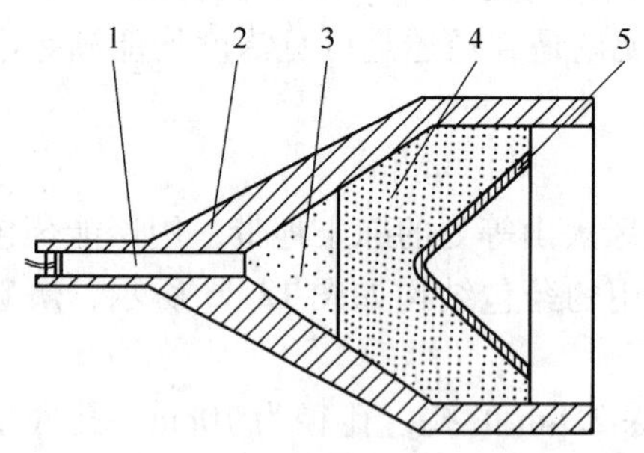

图 12-88　爆破穿孔弹

1—电雷管孔；2—外壳；3—传爆炸药；4—主爆炸药；5—药型罩

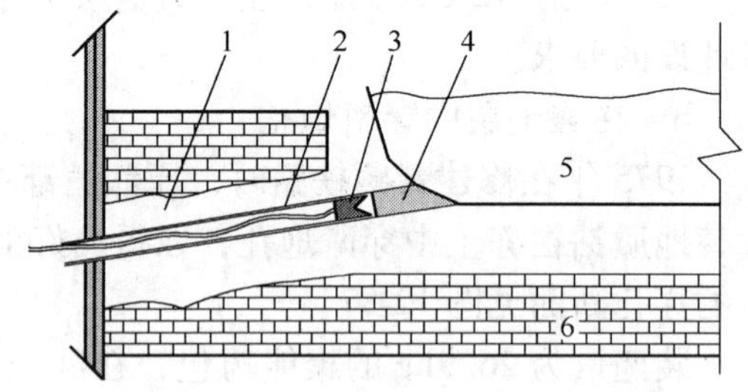

图 12-89　平炉出钢（铁）爆破穿孔示意图

1—耐火材料；2—装药杆；3—穿孔弹；4—出钢口砌体；5—钢水；6—耐火砖

12.2.4.2　破碎大块和处理事故

A　破碎大块岩石

聚能药包破碎大块岩石的特点是：不需要钻孔，施工简单，施工进度比浅孔爆破法快，安全性比裸露药包法好，劳动强度比浅孔爆破法低。1957 年开始在露天矿山采用，随后在采石场和石方爆破开挖中推广应用。破碎大块的聚能药包结构如图 12-90 所示。

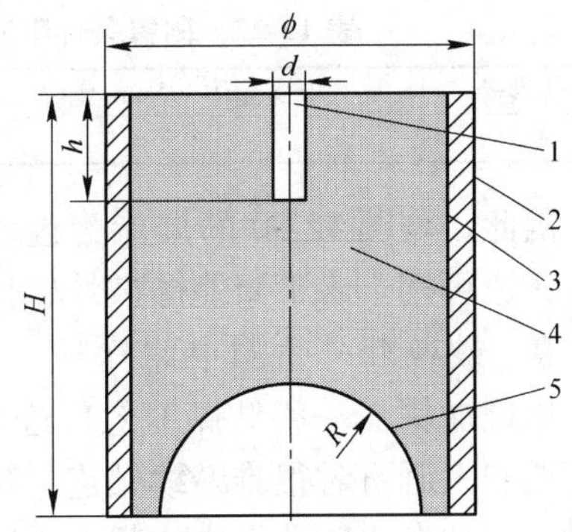

图 12-90 聚能药包

1—起爆孔；2—包装纸壳；3—外壳；4—猛炸药；5—聚能穴

在矿山用于二次破碎消耗的药包数量较大，金属药型罩的加工费工、费时，一般不采用。故聚能药包的聚能穴形状多采用半球形，通常不用药型罩。

国内生产的用于破碎大块的 PS 型聚能药包，采用 50/50 或 70/30 的梯黑熔铸炸药，其规格和性能如表 12-21 所示。

表 12-21 PS 型聚能药柱的规格和性能

型号	重量/g	密度 /g·cm^{-2}	爆速 /m·s^{-1}	装药高度 H/mm	装药直径 ϕ/mm	聚能穴半径 R /mm	起爆孔直径 d /mm	起爆孔深度 h/mm	适用条件	
									坚固系数 f	大块体积 /m^3
1	500	1.656	7550	80	70	25	8	40	8~20	1~1.5
2	800	1.656	7550	80	90	30	8	40	8~20	1.5~2.5
3	1000	1.656	7550	90	100	40	8	40	8~20	2.5~3.5
4	1500	1.656	7550	100	110	40	8	40	8~20	3.5~4.5
5	2000	1.656	7550	105	130	45	8	40	8~20	4.5~6.0

装置聚能药包时，要将药包垂直装在大块的顶面上，聚能穴朝下。药包位置应选在顶面的几何中心或附近较平整的地方，然后在上面覆盖泥沙。

近年来，贵州铝厂石灰石矿和攀钢兰尖铁矿推广采用了一种水封聚能药包破碎法，它是在模具内压制 2 号岩石炸药制成定型的聚能药包，重量有 500g、1000g、1500g 三种。使用时，将一个特制的八角形的充水塑料袋代替泥沙覆盖在聚能药包上进行水封，在获得良好破碎效果的同时可进一步降低炸药消耗量，抑制岩尘和飞石。

在打捞触礁沉船或营救搁浅船只时，往往需要清除船只周围部分的水下礁石。采用机械方法清除非常困难，而且工期非常的长；采用裸露爆破法尽管工期短，但是由于冲击波在水中的衰减性能差而容易造成船只不必要的破坏。为了快速、经济、有效的破除障碍物而又不对船只产生损伤，必须对爆破能量方向予以控制，因此需要采用聚能爆破的方法。

水下聚能破礁装置需满足以下几点要求：

（1）应具有防水性能；

（2）便于水下使用、处理安全、作用可靠；

（3）控制好聚能装药量；

（4）采取有效的防护措施，减轻对周围环境和保护对象的破坏作用。

根据试验可知，有无壳体和不同结构壳体对聚能弹爆炸产生的侧向应力波衰减特性影响较大，如表 12-22 所示。

表 12-22　同等条件下不同壳体结构装药爆炸的侧向应力波衰减程度　　单位:%

无壳装药	单层壳体（5mm 钢壳）	双层复合壳体（3mm 钢壳 +2mm 塑料壳体）
0	5	65

因此，将图 12-90 的聚能药包结构，按上述要求改装后，也可用于水下聚能爆破炸礁作业。

B　破碎砂矿钻探中的砾石

用班加钻（一种钻探工艺）进行砂矿钻探，在钻孔深部遇到大砾石时很难继续钻进，用常规方法处理费工费时，往往造成钻孔报废。长期以来成为国内外这一钻探中的难题。

1987 年北京科技大学研制成功一种聚能爆破装置（图 12-91），实施爆破时既不会损坏钻头和套管，也不会降低采样质量。装置中的聚能药包采用高爆速炸药压制而成，药包重有 24g、30g、35g 三种，可处理直径 300 ~ 500mm 的巨砾。用无缝合金钢管制作的保护筒，起到保护套管和钻头的作用。聚能药包安放在密封盖上后，套在保护筒下端固定。将装置送至孔底与砾石接触，雷管引出线经由卸压排气管引至孔口连线起爆。

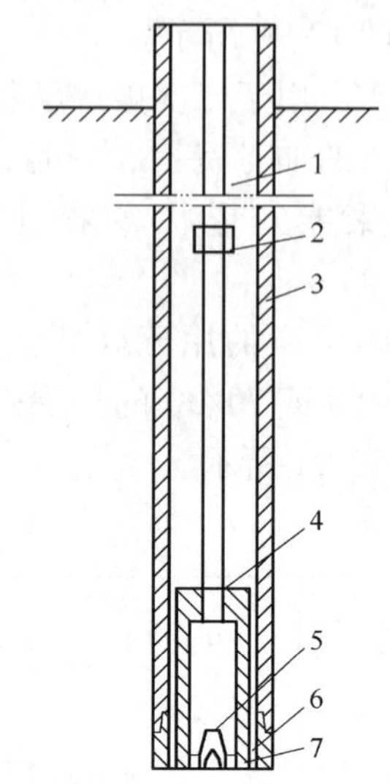

图 12-91　聚能爆破装置

1—卸压排气管；2—管接手；3—套管；4—保护筒；5—破碎弹（聚能药包）；6—钻头；7—密封盖

C　溜井卡堵事故处理

江苏吴县铜矿曾在江西铁山垅钨矿成功采用过自制矿用火箭弹来处理浅眼溜矿漏斗的卡堵事故，在此基础上，又制成新一代矿用火箭弹来处理主溜矿井的卡堵现象。

该矿有 5 个断面为 2m × 2m 的主溜矿井，其中 1 号和 4 号井中部分别被 3 个和 2 个大块石卡堵住，无法继续溜矿。卡堵处高达 25 ~ 30m，停产已达 3 个多月。曾采取高压水冲，在卡堵部位上方和下部用炸药炸等方法处理，均未见效。

新一代矿用火箭弹是借鉴了反坦克部队的破甲弹原理及其发射装置研制而成的。弹头直径 150 ~ 200mm，总质量 7. 5kg，前有风帽，后有飞行翼和尾杆，发射高度不小于 45m。聚能药包采用 2 号岩石炸药，装药量为 3kg，可在现场使用前装入弹头内，十分安全。

弹头击中目标，可炸碎大块石，震松矿岩结块，使它们在自重作用下坠落，从而疏通溜井。实际使用结果，1 号和 4 号溜井分别只用 1 发和 2 发火箭弹即成功疏通，效果显著。此法也可用于处理采矿悬拱事故和清理高陡边坡上的危石。

12. 2. 4. 3　用于板材、管材切割和钢结构爆破拆除

A　板材、管材切割

金属板材、管材和其他坚硬材料均可采用聚能药包来进行爆炸切割。切割金属板材时多采用平面对称长条线形聚能药包，见图 12-92，其药包参数列于表 12-23 中。切割金

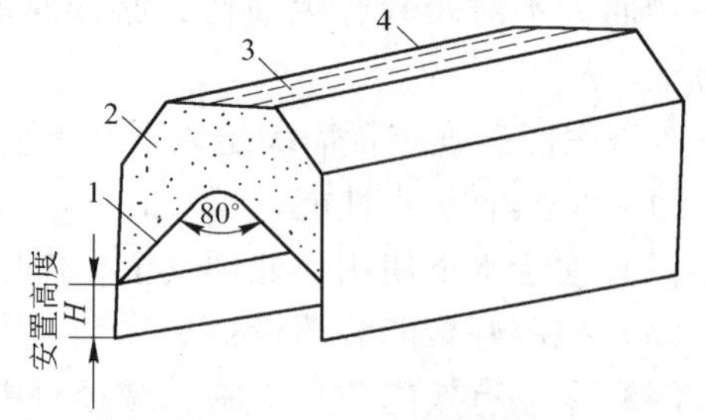

图 12-92　切割钢板的聚能药包

1—药型罩；2—炸药；3—导爆索；4—外壳

属管材时则采用平面对称圆环线形聚能药包，它又可分为内圆环和外圆环，见图12-93和图12-94，前者装在管内从内向外爆炸切割管材；后者可套在管材或棒材、钢索上，从外向内进行爆炸切割。

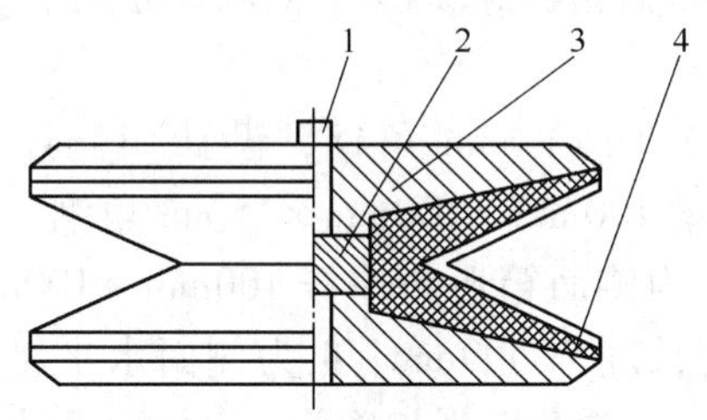

图12-93　内切割装药示意图

1—雷管；2—传爆药；3—炸药；4—药型罩

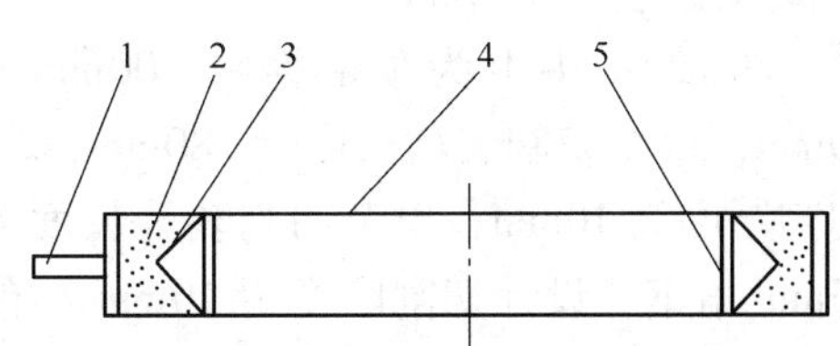

图12-94　外切割装药示意图

1—雷管；2—炸药；3—药型罩；4—外壳；5—内侧壳

表12-23　切割钢板的聚能药包参数

切割钢板厚度/mm	长药包的装药量/$g \cdot cm^{-1}$	药包尺寸/mm			
		宽　度	高　度	药型罩厚度	装置高度
15.87	3.5	19.8	10.6	0.84	10.6
19.05	5.1	23.8	12.7	0.99	12.7
25.40	9.1	31.8	17.0	1.32	17.0
38.10	20.5	47.7	25.4	1.98	25.4
50.86	36.5	63.5	33.8	2.64	33.8

我国兵器部门某研究所专门研制生产了一种柔性聚能切割索的定型产品，类似于图12-95的装药结构，共有三种规格，延米药包重量分别为1000g/m、350g/m和150g/m，对于45号钢，可切割的厚度分别为40mm、22mm和10mm。药芯为可塑性高能炸药，外壳采用铅锑合金。

20世纪80年代至90年代初，我国沿海有关部门和爆破公司多次采用聚能药包切割法打捞沉船或解体进口退役的油轮，取得了相当成功的经验和显著的效益。

1995年铁路系统某爆破公司，在成都污水处理厂采用图12-95所示的爆破切割方式，成功地拆除了4节ϕ80cm的钢筋混凝土污水管。柔性线型聚能药包装药量500g/m，药芯为高能炸药，外壳为铅锑合金。用专用连接器将药包任意接长后，可按设计要求的直径圈成圆环状套在污水管上进行爆破切割。该聚能药包由西安庆华电器厂提供。

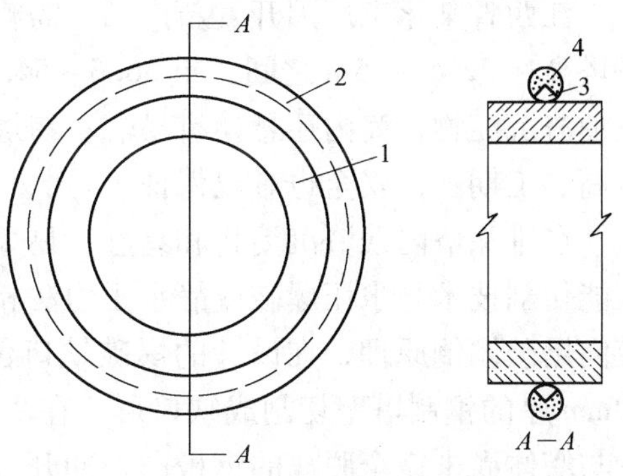

图12-95　切割管材的聚能药包

1—污水管；2—聚能药包；3—聚能穴；4—炸药

B　钢结构爆破拆除

a　钢桁架桥聚能切割爆破拆除

绥佳线372K松花江铁路单轨旧桥建于1939年，全长1200m，横跨松花江。因年久超限使用，在旧桥西侧新建一双轨铁路大桥。为满足泄洪以及通航要求，需要对旧桥进行爆破拆除。经过论证，确定先对大桥钢结构进行聚能爆破切割，然后对桥墩进行炮孔爆破使之坍落的施工方案。

大桥钢桁架结构主体为 100mm × 10mm 的 Q235 普通角钢和 300mm × 300mm 的工字钢，钢板厚度为 10 ~ 25mm。

图 12-96 中 1 为顶部撑杆 100mm × 100mm × 25 （15） mm 角钢，设计切割厚度为 10mm，单个切割装药长度为 580mm；2 为水平箱形梁 100mm × 100mm × 15mm 角钢，设计切割厚度为 10mm，单个切割装药长度为 600mm；3 为侧面箱形斜撑杆 100mm × 100mm × 25mm 角钢，设计切割厚度为 10mm，单个切割装药长度为 600mm；4 为侧面水平箱形梁 100mm × 100mm × 25mm 角钢，设计切割厚度为 15mm，单个切割长度为 410mm；5 为侧面箱形斜撑杆 100mm × 100mm × 25mm 角钢，设计切割厚度为 10mm，单个切割装药长度为 600mm；6 为侧面底部水平箱形梁 100mm × 100mm × 25mm 角钢，设计切割厚度为 10mm，单个切割装药长度为 600mm；7 为底部工字钢水平梁 300mm × 300mm × 10mm 角钢，设计切割厚度为 10mm，单个切割装药长度为 1160mm。

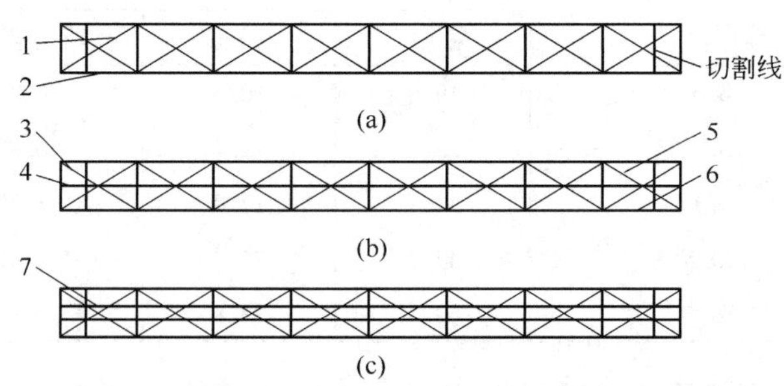

图 12-96　钢桁架结构及其聚能爆破切割位置示意图

（a）钢桁架顶视图；（b）钢桁架侧视图；（c）钢桁架底视图

爆破使用 ϕ40mm 线型聚能切割器共 24 个，实际工期为 2 天。爆破时距爆区 80m 处微有震感，周围无任何切割效应，达到了安全、快速解体拆除钢桁架梁的目的。

b　钢制薄壁粗苯塔聚能切割定向爆破拆除

江西省某化工厂因开发新产品，需将 5 座旧大型钢制薄壁粗苯塔尽早拆除。5 座粗苯塔塔高在 22.5 ~ 35m 之间，重 36.5 ~ 54.7t；塔的壁厚一般为 10mm；塔内底部有苯、萘及焦油渣沉淀物，筒内还悬浮有易燃、易爆混合气体，周围环境复杂。采用传统方法拆除成本高、工期长，安全也难以保证。

在排除塔内残渣沉淀物和易燃、易爆气体后，在反复试验的基础上，制定了采用线型聚能切割技术与水压爆破或静水压力法相结合的定向爆破拆除方案。首先参考高耸构筑物定向爆破倾倒原理，在设计的爆破缺口位置布设线型聚能药包，见图 12-97，爆炸瞬间将 10mm 厚的钢制塔壁切割成缺口形。在塔内蓄水至一定高度或采水压爆破的方法将缺口处的与塔体尚未完全脱离的钢板向外冲开，形成完整的缺口，塔体随即向设计的方向定向倾倒，见图 12-98。

2004 年 12 月 11 ~ 15 日分 3 次对 5 座钢制粗苯塔成功地实施了聚能爆破拆除，实际作

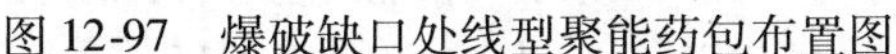
图 12-97　爆破缺口处线型聚能药包布置图

图 12-98　粗苯塔按爆破设计方向定向倾倒

业时间不到 8 天，拆除效果达到了设计要求并创造了良好的经济效益。

c　钢结构厂房聚能爆破切割拆除

宝钢集团上海第一钢铁厂因改建，需将原厂内苏联援建的第二、三炼钢车间的两座重型钢结构厂房拆除。该厂房分别为排架式、排一框架组合式钢结构，3～6 层，高 37m。构件材质为 Q235 钢及 20Mn 钢，板厚 16～32mm。两座厂房的总面积 45520m^2。

由于厂房周边环境复杂，采用机械和人工拆除法存在工期长、安全不易保障等问题。南京工程兵学院经过大量的理论分析、数值模拟和实验研究，采用了具有自主知识产权的线型聚能切割装置和设计施工方案，先后于2002 年、2005年成功地对两座厂房实施爆破拆除，取得了良好的工程效果，分别节约拆除工期58天和26天，节约直接投资1600万元和500万元。开创了采用聚能装药爆破拆除大型钢结构厂房的先例。

12.2.4.4　聚能预裂（光面）爆破

聚能预裂（光面）爆破是将聚能爆破应用于预裂（光面）爆破的一项新技术。利用聚能效应可在预裂（光面）炮孔连线方向造成裂缝，其爆破孔距可比一般的预裂（光面）爆破孔距要大，同时也能更好地确保边坡的开挖质量。

工程实例 1

中国水利水电第八工程局、国防科技大学、长江科学院研发的椭圆双极线性聚能药柱断面结构如图 12-99 所示，其双聚能槽管是采用聚氯乙烯为原材料添加一定比例的特殊外加剂混合加热造粒、冷却，经成形模具注塑拉伸成的椭圆形双聚能 PVC 槽管。槽管标准长度 3m、壁厚 2.0mm、密度 1.8～2.0g/cm^3，可用联接套管任意接长。采用专门研制的乳化炸药装药机在管中装填乳化炸药，中心留有可插入导爆索的起爆孔。

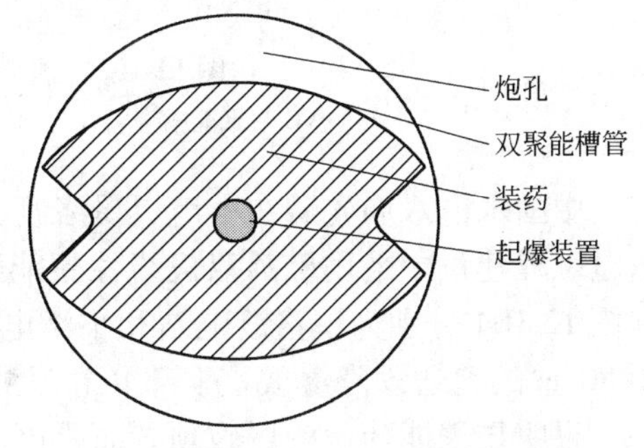

图 12-99　椭圆双极线性聚能药包断面结构

双极线性聚能药包呈柱状，椭圆断面的长轴为 30mm，短轴为 22mm，药型罩锥角为 70°，线装药密度为 450g/m。采用孔口对中环、孔内对中环和联接套管专用装置组装后的聚能药柱外貌见图 12-100，它在预裂（光面）孔中定位非常方便、准确。图 12-101 和图 12-102 是预裂面的聚能药包孔口对中和孔内对中示意图。这与常规预裂（光面）爆破将药卷绑在竹片上定位，插入孔中粗糙的工艺相比要精准得多。

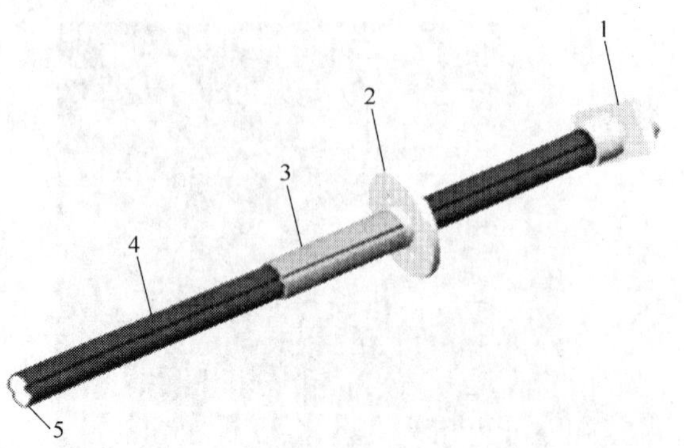

图 12-100　椭圆双极线性聚能药包组装后的外貌

1—孔口对中环；2—孔内对中环；3—联接套管；4—双聚能槽管；5—炸药

数值模拟计算表明，椭圆双极线性聚能药柱有高达 34.5% 的炸药用于产生聚能效应；在射流方向的压力峰值为 3.3MPa，非射流方向则为 0.15MPa，证明聚能药包有明显的定向侵彻作用和不耦合效果。在钢板、橡胶板和混凝土模型中所做的侵彻试验表明，装在密度为 1.8 ~ 2.0g/cm³ 的 PVC 管中的聚能药柱在聚能穴方向能产生明显的粒子射流且比普通药柱增加了 63.5% 的爆生气体，因而在侵彻目标中形成了较深的裂缝。

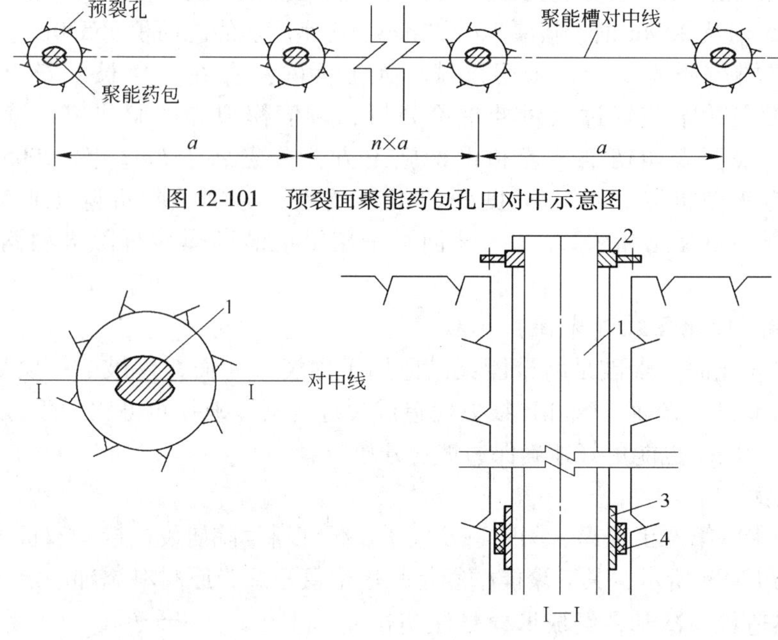

图 12-101　预裂面聚能药包孔口对中示意图

图 12-102　预裂面聚能药包孔内对中示意图

1—PVC 双聚能槽药卷；2—孔口对中环；3—联接套管；4—孔内居中装置

中国水电八局先后在小湾、溪洛渡、构皮滩、彭水、鲁地拉、南水北调等大中型水利水电工程建设中采用椭圆双极线性聚能药柱完成了 54.0 万平方米的预裂爆破。图 12-103 和图 12-104 分别为溪洛渡电站和小湾电站的预裂爆破效果图。其中图 12-104 的上部为孔距 80cm 的普通预裂爆破，下部（卷尺测量部位）为孔距 200cm 的聚能药包的预裂爆破效果，很明显聚能药包的爆破预裂面要比常规预裂爆破的平整得多。

实践表明，椭圆双极线性聚能药柱的孔间距为预裂孔直径的 18 ~ 30 倍，也即可比常

图 12-103　溪洛渡电站强风化玄武岩 15m 梯段预裂爆破效果，孔距 2.0 ~ 2.5m

图 12-104　小湾电站微风化花岗岩 15m 段普通药包与聚能药包水平预裂爆破效果对比图

规预裂爆破的孔间距大 2 ~ 3 倍。从而使钻孔工作量和炸药消耗量减少了 50% ~ 65%，施工成本降低 50% ~ 55%，既有利于节能减排还能更好地确保保留岩体的开挖质量。总结形成的《双聚能预裂与光面爆破综合技术施工工法》（YJGF 078—2006）已于 2008 年经国家住房和城乡建设部审批为国家一级工法。

工程实例 2

图 12-105 是聚能预裂爆破的另一种装药结构形式，它是采用中国科技大学研发的双点聚能药包，用导爆索穿过药包中心孔将多个聚能药包等间距串联成组并用竹片固定其方向和位置，装入预裂炮孔中后起爆。

药包装在定制的 PVC 管中，长 150mm。楔形药型罩用厚 1mm 的紫铜板加工而成，罩顶角为 90°，内装黑索今单质猛炸药。其工作原理是利用双点聚能药包在炮孔两侧穿出具有多个一定深度和直径小孔，然后通过爆生气体的膨胀作用使密集孔之间贯穿，从而形成预裂面。

曾在皖南泾县某大理石采石场进行了预裂（光面）爆破采石试验。预裂炮孔直径 42mm，孔深 3.0m，炮孔间距 0.65m。每个炮孔装 10 个双点聚能药包，单个药包装药量为 10g，平均线装药密度为 33.4g/m。装药爆破后，预裂缝清晰可见，缝宽 20 ~ 80mm；预裂面凸凹量小，最大值不超过 55mm；孔痕率接近 100%；开采出的大理石成材率高。图12-106是采用聚能预

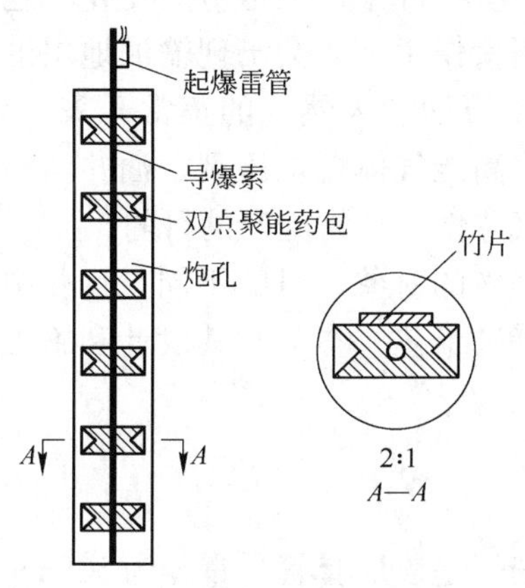

图 12-105　预裂爆破双点聚能装药结构

图 12-106　聚能药包开采贵重石材效果图

裂（光面）爆破开采贵重石材的效果图。

12.2.4.5　聚能销毁废旧炮弹

阜新市城市扩建改造中，一次性挖掘出大型的废旧炮弹80多枚。要销毁炮弹的最大口径为90～150mm，最大壁厚40mm。采用线型柔性聚能切割装置进行销毁，线性聚能切割器长150mm、直径40mm，药型罩锥角为90°、壁厚为1mm，主装药采用60TNT/40PENT熔铸混合炸药、装药线密度为5.3g/cm。

销毁工作在山谷中进行，将废旧炮弹安放在4m深的两个土坑内，炮弹弹头朝向坑的中心，呈放射状摆放在坑底。把线性聚能切割器直接用胶布捆在弹头部位（引信部位），采用导爆管雷管网路引爆。

起爆后，大部分炮弹已被引爆，只有10个左右没有被引爆，但是炮弹壁已被击穿，原因是里面的炸药已变质失去了爆炸的功能。

12.3　油气井燃烧爆破技术

爆破技术在石油工业中的应用主要有如下两个方面。

（1）油气输送管道的沟槽和构建管道输油（气）站、加压站、加热站和计量站等设施的场地平整，通常可采用浅孔爆破法和深孔爆破法开挖石方。当管道位于平原丘陵地带、深埋于山体中或穿越河流、湖泊、近海域时，可分别采用台阶爆破、沟槽爆破、基坑爆破、隧道爆破和水下爆破等施工技术；当管道临近居民区、重要建（构）筑物、保护性文物等复杂环境时，则可采用城镇浅孔和复杂环境深孔控制爆破技术进行施工。有关设计和施工在本书第7～10章中已有叙述，只需根据其特点因地制宜、灵活运用，本节不再赘述。

爆破作业时，其有害效应对周围环境的影响和允许安全距离的计算，应遵守国家标准《爆破安全规程》中的有关规定；而临近石油天然气管道进行矿山、交通、水利、港口、市政等工程建设时，则应严格遵守《中华人民共和国石油天然气管道保护法》（2010年6月25日第十一届全国人民代表大会常务委员会第十五次会议通过，2010年10月1日起施行）。

（2）我国自1959年发现大庆油田以来，随后又建成了胜利、华北、中原、渤海和南海等数十个油田，油气井高达数万个。但不少油气井经多年开采，因地应力变化、地层和井内微生物腐蚀、井中套管在高温高压下疲劳受载等因素作用下，会出现输油地层油路不畅或堵塞、套管变形、破损、错断等病害，严重影响了石油和天然气的正常开采。为此，可采用聚能爆破射孔、聚能爆破切割、套管爆炸整形、高能气体燃烧压裂、油井清蜡和燃气动力补贴等燃烧爆破技术进行相应的整治，达到油气井恢复正常生产的目的。

油气井燃烧爆破技术与常规岩土爆破技术相比，爆破的对象、目的不同，且井中爆破的环境条件异常恶劣，需采用专用的爆破器材和特种爆破工艺，本节对其设计和施工作重点叙述。

12.3.1　油气井井身结构及爆破特点

我国陆地上的油井大部分为两层套管结构：外层套管是表层套管，直径为508mm（20英寸）或339.7mm（13.8英寸）；内层套管为技术套管，常用外径为177.8mm（7英寸）

或139.7mm（5.5英寸）两种。如遇地层构造等特殊情况，也可在井底加一层外径略小的尾管，如图12-107所示。

海上油井的井身结构要比陆地油田复杂得多，一般由四层套管组成：最外层套管是隔水套管，外径为760mm（30英寸）；表层套管外径为508mm（20英寸）；最内层为技术套管，多采用244.4mm（9.5英寸）的外径；在表层套管与技术套管之间，有时还加一层外径为339.7mm（13.8英寸）的内层套管。

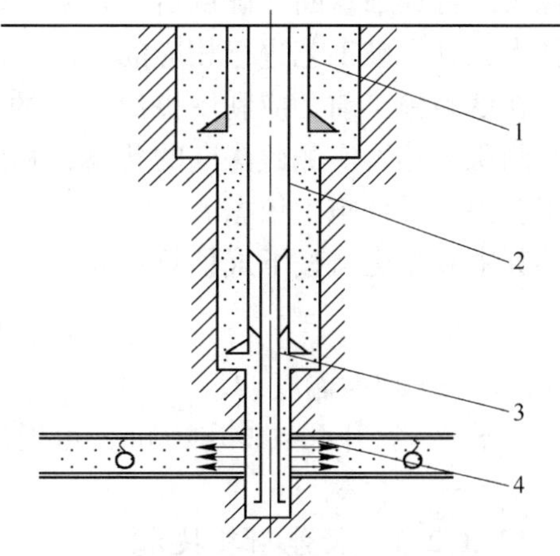

图12-107　陆地油井井身结构图
1—表层套管；2—技术（或油层）套管；3—尾管；4—射孔段

不论是陆地油田还是海上油田，其燃烧爆破作业都在最里层的技术套管内施工。由于作业环境狭窄，油层深度大，使其作业在极其特殊的环境下进行，所以油气井爆破有其独自的特点。

（1）在特定的井身中进行。油、气井燃烧爆破与一般爆破工程不同，它在特定的油、气井套管内指定井深处（如油层）进行射孔、压裂、整形、切割等工程内容，且套管内空间有限、深度不一、还充满了压井液。在这样特定的条件下进行爆破，要求爆破器材设计制造得非常精细，结构严密；施工工艺则十分严格、规范。

（2）在复杂的外界环境中进行。陆上油井井场，上有高压电缆线，地上有各种施工设备和机械、车辆，常伴有感应电流、杂散电流、射频电流等，安全性要求甚高。若不加注意，将会带来井毁人亡的灾难。在海上油田，油、气井爆破作业是在固定式钻井平台、自升式平台或半潜式钻井平台上进行，受外界环境限制，施工条件更为恶劣。

（3）爆破器材要有良好的耐温、耐压性能。我国油田的油层，大部分在1000～4000m井深处，超深井可达6000～8000m深，其井温高至250℃，泥浆的压力为140MPa。在这样高温、高压下实施爆破，爆破器材的发火感度，热稳定性、爆炸威力等必须确保能正常作用，以达到工程设计的要求。

（4）油、气井燃烧爆破器材应具有良好的密封、绝缘性能。油、气井燃烧爆破器材在数千米以下的油、气井内进行，井内充满了泥浆，这就要求爆破器材具有良好的密封性和绝缘性。如因密封和绝缘性能不良一旦产生盲炮，处理相当困难；若发生误爆，则会造成严重事故。

（5）起爆、传爆技术要求特殊。由于油、气井结构的特殊性，要求起爆、传爆器材必须如上所述满足耐温、耐压、密封、绝缘不漏水的特定要求。为此，我国有关油田、设计、研究单位成功研制了电缆车起爆、传爆技术以及撞击起爆技术，压差起爆技术等新技术。

12.3.2　油层的聚能爆破射孔与压裂技术

根据油气井产油（气）日报表，如发现产油（气）量与原设计不符、迅速下降或几乎枯绝时，如前所述可初步判断油层中的油路已不通畅甚至严重堵塞。此时，可采用井下摄像仪进行详细诊断。确认后，宜采用聚能射孔技术、增效射孔技术和多脉冲复合射孔压裂技术三种爆破工艺进行相应的整治。

在爆破施工前，应利用该油气井的钻探资料查明各油层的岩性和埋置深度；采用测温、测压传感器实测此深度的井温、井压；确认技术套管的直径等，为聚能爆破射孔与压裂工艺提供设计施工依据。

其中井温也可按下式估算：

$$t = t_1 + \varepsilon h \tag{12-25}$$

式中　t_1——地面温度,℃;

ε——温升系数,℃/100m，可近似取 4℃/100m;

h——井深，m。

12.3.2.1　聚能射孔技术

A　聚能射孔弹设计要点

构成射孔弹的各个部件将直接影响射流质量和穿孔效果（参见 12.2.3 小节内容）。考虑油气井爆破技术的特殊性，设计射孔弹时应充分考虑如下几点。

（1）炸药。炸药是聚能射流的能源，试验表明：孔道容积、射孔深度与爆轰压力相关，如图 12-108 所示。同时，还应考虑炸药的耐热能力和温度-时间曲线。为了提高射孔弹的射孔性能和井下耐温性能，通常采用聚黑-16（R852）炸药、聚黑-14（R791）炸药、聚奥-6（JO-6）炸药和耐高温 S992 炸药、Y971 炸药。

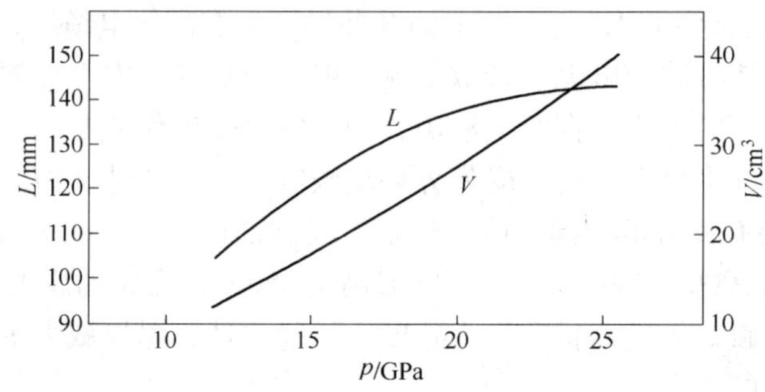

图 12-108　射孔深度 L、孔道容积 V 与爆压 p 的关系

（2）装药形状。油气井聚能射孔弹的装药直径受井下条件限制，不可能做的太大，设计时应该考虑在较小的装药直径和较轻的弹重条件下，选择合适的长径比，通常为 2.0 ~ 2.5，以确保射孔弹的威力。

（3）药形罩。油气井射孔弹的药型罩材料应选用在射流形成过程中不易被气化且射孔后不会形成杵体堵塞孔道的材料，如粉末冶金药型罩。药型罩锥角一般取 45° ~ 60°，壁厚取 1.0 ~ 2.5mm。

B　射孔弹主要技术指标

（1）穿透率。射孔器进行模拟井射孔实验后，套管上穿孔率不小于 95%，按下式计算。

$$穿透率 = \frac{有效弹数}{试验弹数} \times 100\% \tag{12-26}$$

(2) 杵堵率。粉末冶金药型罩射孔弹杵堵率不大于10%，紫铜药型罩杵堵率不大于50%，按下式计算。

$$G = (M/N) \times 100\% \tag{12-27}$$

式中　G——杵堵率,%;

M——靶上被堵孔数;

N——靶上穿透数。

(3) 穿孔直径。射孔器进行混凝土靶或模拟井射孔实验的平均穿孔孔径，见表12-24。

表12-24　试验套管上的平均穿孔直径

射孔弹型号	51	60	73	89	102	114	127	140	152
平均穿孔直径/mm	≥5.5	≥6.5	≥7.5	≥8.0	≥9.0		≥10.0	≥10.5	≥11

(4) 穿孔深度。射孔器在混凝土靶射孔实验时的平均穿孔深度，见表12-25。

表12-25　混凝土靶平均穿孔深度

射孔弹型号	51	60	73	89	102	114	127	140	152
平均穿孔深度/mm	≥180	≥250	≥350	≥400	≥500	≥600	≥700	≥750	≥850

(5) 射孔枪上孔眼处裂纹。进行混凝土靶射孔实验后，射孔枪上孔眼处上下裂纹总长不大于60mm。

(6) 模拟井射孔实验时射孔套管的损伤指标应满足下述要求：

1) 射孔后套管外径胀大不大于5mm;

2) 射孔后套管上孔眼处的纵向上下裂纹总长不得大于90mm;

3) 射孔后套管裂孔率不大于20%。

C　射孔弹性能及型号选择

射孔弹分为有枪身射孔弹和无枪身射孔弹，均为定型产品。目前我国生产和使用的射孔弹的型号、名称、生产厂家、装药量、射孔能力等有关性能可参见爆破器材相关章节的内容介绍。

射孔弹的性能除装药量、射孔能力（孔深和孔径），还有额定使用压力、射孔密度（每延长米的弹数）、射孔相位和配用枪的名称及枪体外径等重要指标，应根据技术套管内径和壁厚、各油层的厚度、聚能射孔的总数及最终的整治要求，合理选择聚能射孔弹的型号和性能，并在井中布设。

D　下井施工爆破工艺

井下布弹爆破通常采用电缆传输和管柱传送两种方法。

a　电缆传输布弹爆破施工步骤

电缆传输布弹爆破参考图12-109，其施工步骤如下：

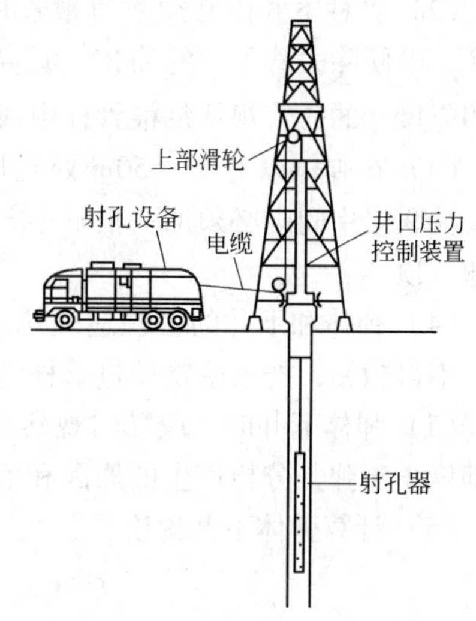

图12-109　典型电缆传输布弹射孔装置

（1）油、气井井下燃烧爆破的各类产品，采用电缆布弹、电雷管引爆时，其雷管应选用安全磁电雷管 CW-CL180 和专用起爆器；避免因井场漏电、杂散电流、射频电流等引起的意外事故；

（2）弹体的耐温、耐压等性能，必须满足该施工井的要求；装配电点火器时，应远离人群和电源，严格遵守雷管使用操作细则，并及时清理螺纹上所粘的药粒；

（3）电缆车及有关设备必须接地良好；弹体联接时，应清理螺纹，不得用力过猛；提起弹体放入井口后，点火器的引线方可与电缆线相接；接线前，必须放尽电缆芯线等器材上的静电；仪器电源线与其他线路的绝缘电阻，应大于 10MΩ；

（4）电缆车将弹体下放到井下 50m 以下时暂停下放，经检查线路畅通且符合设计要求后，方可继续下井；

（5）弹体下放中，点火保险必须断开；弹体下放速度不得超过 3000m/h；

（6）井口人员在电缆升降过程中，应密切注意电缆运动状态及变化，防止遇卡和井下电缆打扭、打结，一旦出现异常，立即停车处理；

（7）下井弹体出入井口时，井口工作人员应站在转盘左后方，在处理遇卡事故时要固定好滑轮，防止发生意外；电缆上升时绞车后边不准站人，电缆运行时人员不允许跨越电缆；

（8）当弹体下放到位后，经磁定位器测定弹体井下深度，当弹体深度准确无误后，再检查线路情况，线路畅通无误时方可引爆。

b 管柱布弹撞击引爆施工步骤

管柱布弹撞击引爆参考图 12-110，其施工步骤如下：

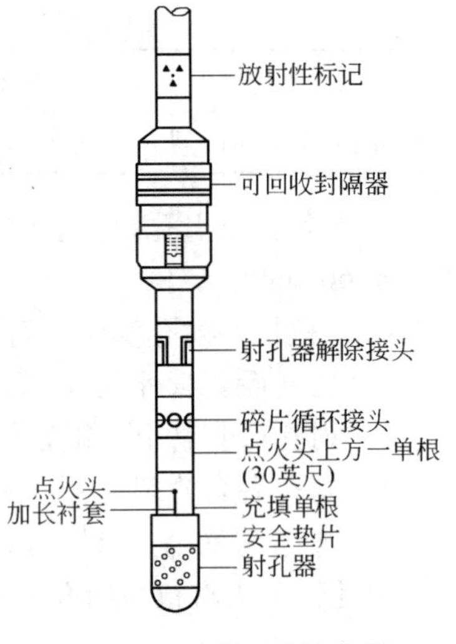

图 12-110 典型管柱布弹撞击引爆装置

（1）将下井的投送管柱每 10 根为一组排放整齐，人工或用电子测长仪测量每根管柱的长度，并标注好每组的排序号，贮存在电脑中以便确定下井深度。

（2）管柱下井前必须将每根管柱逐一用热蒸汽冲刷、洗涤，以便除去管子中的油腻、沥青及其他附着物；同时用相应尺寸的通管规从每根管柱中通过，以确保管柱内腔干净、无异物。

（3）在弹体以上 40～50m 处宜加一根 1～2m 的校位短节，以便测定弹体深度；弹体和管柱联接中间则必须加一根不小于 2m 长的安全短节，以保证弹体引爆后，管柱不会被顶弯、顶坏。

（4）弹体和下井的管柱应轻拿轻放，严禁敲打弹体；用管柱下放弹体时，管柱应平稳，不得镦钻，严禁落物掉进管柱空腔内，引发误爆。

（5）弹体下井时，应随时观察重力表（或拉伸显示仪）读数，若发现弹体受阻，应立即停止下弹，分析产生的原因和解决的办法。

（6）计算弹体下井深度：

$$H = (L_1 + L_2 + \cdots + L_n) + L_{短节} + L_{伸长} + L_{补距} \tag{12-28}$$

式中 L_1，L_2，…，L_n——每根管柱长度；

$L_{短节}$——安全短节长度；

$L_{伸长}$——管柱伸长量；

$L_{补距}$——套补距或油补距。

应认真校核弹体的下井深度，防止误射和损伤油井及套管。

（7）投棒在井内下落时间。若金属棒从井口投下，忽略运动过程中的碰撞和摩擦，理想状态下金属棒的运动过程可用自由落体运动来描述，井下 h 处下落速度近似为：

$$v = \sqrt{2gh} \tag{12-29}$$

式中 v——距井口 h 处速度，m/s；

g——重力加速度，m/s^2；

h——深度，m。

实际上，油管中有水、油、泥浆等液体，金属棒的下落速度近似为：

空油管中 $v_{空} = 83.9 \sim 91.4 m/s$

含水或柴油的油管中 $v_{水} = 6.1 \sim 7.6 m/s$

含泥浆的油管中 $v_{泥} = 4.6 \sim 7.6 m/s$

含 N_2 气的油管中 $v_{N_2} = 45.7 \sim 53.3 m/s$

金属棒抵达撞针端面的时间为 T：

$$T = H/v \tag{12-30}$$

式中 T——金属棒抵达撞针端时间，s；

H——金属棒与撞针端面距离，m；

v——金属棒在不同介质中下落速度，m/s。

（8）弹体准确定位后，布置安全警戒，并准备投棒、引爆。

E 排除聚能爆破射孔作业中的盲炮

在聚能爆破射孔作业中一旦出现盲炮，除分析其产生的原因外，应加强警戒，及时排除盲炮。

a 电缆布弹盲炮处理

（1）电缆布弹到井下预定位置后，如果引爆不成功，首先检查线路通断情况，如基本完好或经处理恢复后可进行第二次引爆；第二次引爆再不成功，经检查确认线路无法再用时，应立即关闭引爆开关，上提弹体，上提速度应小于3000m/h；

（2）提升弹体到接近井口时，要关闭井场所有电源、对讲机和手机；剪断引爆线，将弹体提出井口，拆除引爆体与弹体；

（3）检查引爆体线路是否畅通，分析盲炮产生原因；若引爆体确为盲弹，将其运到空旷安全处，采用爆炸法销毁；

（4）检查弹体是否完好，有否漏水现象；若弹体漏水，可将弹内废药运到安全区域，采用燃烧法或爆炸法销毁。

b 撞击引爆盲炮处理

（1）按式（12-30）计算撞击棒投下后落到弹体的时间 T；当在规定时间没有击发井下弹体时，检查撞击棒是否被卡住，测量遇卡的位置；

（2）当投棒 1h 后仍未引爆，可用水泥车（泵）加压，冲洗投送管柱，使投棒解卡，然后将其提升至井口；

(3) 当经泵压冲洗仍不能解卡时，可用投棒打捞器下放至井内将投棒打捞上来，然后将井洗净再行投棒；严禁采用追加投棒处理法；

(4) 当撞击起爆器失灵，不能引爆时，应平稳提升管柱；当弹体提升到距井口有两根管柱长度时，由现场技术人员指挥操作拆卸弹体，并运到安全地点进行销毁。

12.3.2.2 增效射孔技术

A 增效射孔技术原理

增效射孔弹的结构如图 12-111 所示，弹中的聚能射孔弹与火药药柱呈蝶形组合，它是利用炸药爆炸与火药燃烧两种能量以微秒和毫秒级的时程先后作用的原理进行设计的。当点火系统点火之后，导爆索引爆射孔弹，射孔弹以微秒级的速度先行完成射孔过程，聚能射流射穿套管及水泥环，并在地层中形成一定长度的孔道。同时被同步点燃的火药药柱，以毫秒级的速度形成一定高温、高压和加载速率的脉冲气流，沿已经射开的孔道继续冲击加载，使射孔孔道以裂缝的形式延伸扩展，同时还解除了射孔污染，增大了井眼至油层沟通的范围，从而大大提高了射孔效率。

实际应用中，将多个增效射孔弹（单元弹）按不同射孔相位顺序排列，装在增效射孔枪中使用。增效射孔枪的装药结构如图 12-112 所示。

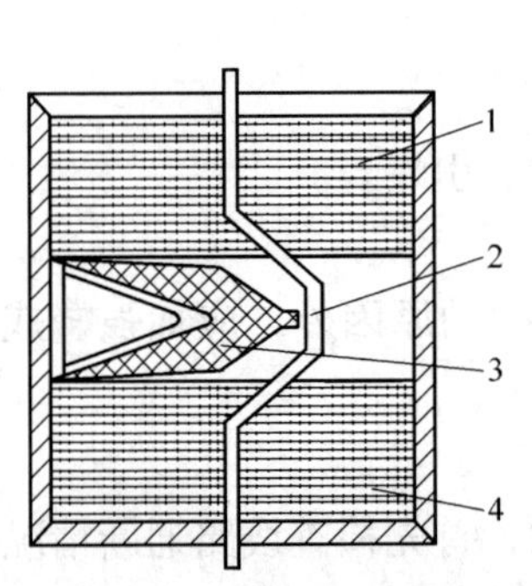

图 12-111 增效射孔弹基本结构

1—火药装药；2—导爆索；
3—聚能射孔弹；4—壳体

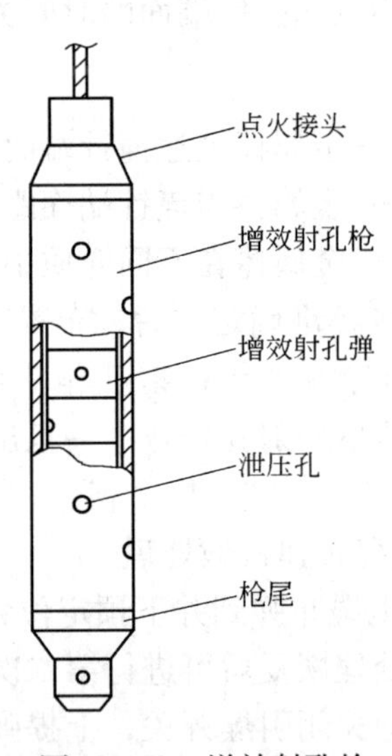

图 12-112 增效射孔枪
（单元弹）装药结构

B 火药装药燃气峰值压力的设计计算

有关聚能射孔弹的结构设计，在 12.2.3 小节中已作了叙述，这里着重给出火药装药燃气峰值压力的设计计算。

在增效射孔弹中，火药主要是以燃烧产物的压力和温度体现其能量特征的，应用时压力值的大小，特别是峰值压力 p_{max} 与作用目的层岩石破裂压力的比值关系，直接影响到增效射孔的最终效果。

据各油田地质资料统计，砂岩、砾岩等储层岩石的破裂压力大部分在 50MPa 左右。考虑到井内套管的极限承载压力为 100MPa 左右，我们设定增效射孔器应用中的峰值压力

$p_{max} \leqslant 90$MPa。火药在定容、绝热条件下，燃烧产生峰值压力为：

$$p_{max} = F \cdot \Delta / 1 - \alpha \cdot \Delta \qquad (12\text{-}31)$$

式中 p_{max}——峰值压力，MPa；

F——火药力，J/kg；

Δ——火药装填密度，kg/m^3；

α——火药余容，m^3/kg。

根据该峰压值，结合增效射孔器在井中应用的实际情况，即产生的气体压力可随射孔孔眼泄入地层，考虑到存在部分泄气的情况，井中实际存在的峰值压力可按下式近似计算：

$$p_{max} = c \cdot (F \cdot \Delta / 1 - \alpha \cdot \Delta) \qquad (12\text{-}32)$$

式（12-32）实际是在式（12-31）的计算中加一小于1的压力修正系数 c。通过该式调整火药装填密度及火药装药量，控制峰值在适当的范围应用。

设定的火药装药量用导爆索点火，经火箭发动机比冲测试，当喷孔直径为 ϕ3mm 时，得到的峰值压力为 65～70MPa。六次井内施工，用铜柱测压器测出的实际峰值压力范围在 75～83MPa 之间。三百多口井的应用效果表明，增效射孔器设定并达到的峰值压力有效地增加了射孔延缝的深度，破解了射孔压实带的污染，并达到了保护枪体和套管在施工中安全的要求。

C 增效射孔器的应用特点

（1）穿透深度高、沟通面积大。在符合检验标准的混凝土靶中，常规 YD-89 射孔器的穿孔深度通常为450mm 左右，增效射孔器的射孔延缝深度为 1930mm。图 12-113 表示的增效射孔在井筒周围形成多条裂缝，增大了沟通面积并有与天然裂缝交接的可能。

（2）无射孔污染。常规聚能射孔弹射孔中，高速金属射流侵彻岩石时会在孔道周围挤压形成压实带（或称压实罩），降低岩石的固有渗透率，造成射孔污染。据有关资料介绍，某 89-A 型射孔弹射孔后压实带厚度平均为 14mm，射孔后形成的压实带见图 12-114。增效射孔弹的射孔过程同样也会形成压实，但压实带会被紧接着到来的高速振荡气流加载破

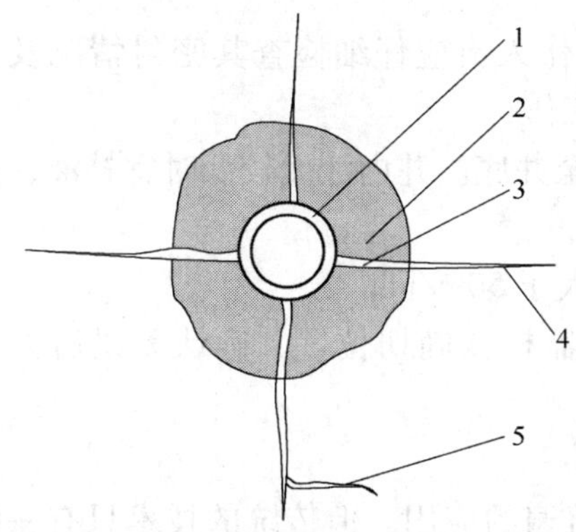

图 12-113 井中增效射孔效果示意图

1—套管；2—污染带；3—射孔孔道；4—延伸的裂缝；5—天然裂缝

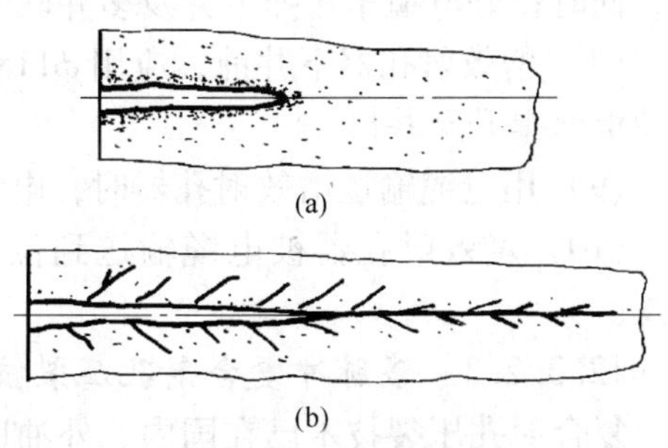

图 12-114 常规聚能射孔与增效射孔弹射孔压实带的破除情况示意图

（a）压实带；（b）射孔压实带的破除

除，在压实带上形成多条微裂纹保持或提高了岩层的固有渗透率，从而消除了射孔污染，增效射孔后压实带被破除。

（3）增效射孔器可用于油气井新井完井，老井补射解堵增产。探井射孔后可真实反映产能等地质参数。近井地带产生的多裂缝体系可给油气井的后续作业（压裂或酸化）打下有利基础。

（4）地层完善程度高。普通 YD-89 射孔器射孔后，地层表皮系数一般不低于 -1.7，增效射孔器射孔后，地层表皮系数达到 -3.56，从而提高了地表完善程度。

D 增效射孔器产品型号

国内现有产品规格和型号共有 10 种，其弹体结构和耐温等级见《爆破器材》一章，可供增效射孔作业应用时选择。

E 下井施工爆破工艺

（1）按射孔通知单由深至浅的顺序列出排枪表，单枪总长不大于 4m；

（2）按联炮单准备设计要求长度的增效射孔枪，装上枪头、枪尾及密封圈；用密封垫把枪上的泄压孔全部可靠地密封起来，凡是密封垫砸破橡胶面的或砸不到位的均需要更换并重新密封；

（3）根据射孔通知单领取所需规格及数量的增效射孔弹、导爆索、传爆管等器材；装枪前一定要仔细核对已领射孔弹及其耐温指标、孔密度和枪型是否与射孔通知单的要求相符；

（4）按联炮单规定的枪序及射孔层厚装配增效射孔器。在单元弹装枪中，将先选一组其导爆索预留长度足够联接雷管的弹组作为第一组，第二组弹的头发弹与第一组弹的末发弹以 90°右旋的相位连接，连接处插入要到位，并用粘胶带缠紧；所有的射孔弹全部装进枪内后，若枪内还有空间则用符合要求的支撑管（或棒）从底部把上面的弹顶紧；

（5）装弹时要切除多余的导爆索，铅皮导爆索一定要用快刀环切一周然后掰断，不许用剪刀猛剪；塑料导爆索要放在木板上用单面刀片切断，禁止用剪刀或钳子剪导爆索；

（6）将装好的每支枪用油漆标明井号、枪序、弹数。所有的枪装配完毕后，按射孔通知单和排枪表仔细核对一遍；

（7）增效射孔器按下井顺序排列在井口，现场操作人员应仔细检查其密封情况及外观，同时作好电缆车输弹下井及多井联炮作业的准备工作；

（8）增效射孔器下井前，应用 ϕ118mm 通井规通至井底。井内液面较低时宜补液，尽量使液面提升至井口；

（9）用电缆输送增效射孔器时，电缆下放速度不大于 50m/min；

（10）增效射孔器被电缆输送到位后，用磁定位器校核确切位置，确认无误后方可引爆。

12.3.2.3 多脉冲复合射孔压裂技术

复合射孔压裂技术已在国内、外油田中得到比较普遍的应用。但传统的技术只有一级装药，存在作用时间短，延缝长度效果不理想等问题。在此基础上提出了多脉冲复合射孔压裂技术，它采用多级推进脉冲加载的方式，使荷载作用时间由 200ms 延长到 1000ms，增加了延缝半径，提高了增油增注的效果。

A　技术结构

多脉冲复合射孔枪的结构如图12-115所示。枪头9、枪尾10的作用是密封、绝缘射孔枪体，同时也可将多支射孔枪联接成枪串，确保射孔枪在井下正常作业；导爆索1串联在射孔弹2的端部，它的作用是起爆射孔弹，传爆并逐一引爆装在弹架5上的射孔弹进行射孔；6是枪体。泄压孔7对准射孔弹射流的方向，以减少射流在枪体上的能量损耗，同时在爆炸瞬间突发形成高压时，可通过泄压孔泄压，保护枪体的安全。弹架5是用来装配射孔弹的。图中3是J_2火药，呈固体状，它可以是单一品种的火药，也可以是两种不同品种的J_2火药。J_1火药4也是固体的，形状似圆柱形。

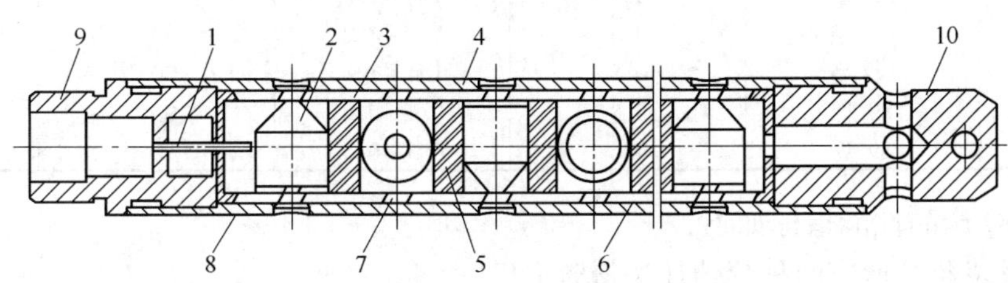

图12-115　多脉冲复合射孔枪结构图

1—导爆索；2—射孔弹；3—J_2火药；4—J_1火药；5—弹架；6—枪体；7—泄压孔；8—射孔枪；9—枪头；10—枪尾

B　工作原理

多脉冲复合射孔技术（以下简称DSQ），是一项射孔和压裂相结合的技术。它是在射孔弹架内、外充填多级复合固体推进剂（J_1和J_2），把带有射孔弹和复合推进剂的弹架装入射孔枪内，采用管柱传送或电缆传输工艺把射孔器传输到油气井的目的层位。点火起爆射孔弹，射孔弹穿透枪体、目的层套管及岩层，在油层部位形成射孔孔眼。射孔枪内依次燃烧的多级复合固体推进剂（J_1和J_2）产生高温高压气体以冲击加载的形式沿射孔孔道挤压冲击地层，使射孔孔道以裂缝的形式延伸扩展，并反复加载冲刷地层，使射孔孔道与天然裂缝沟通。对于新井可以增加原油产量，对于污染严重的老井可以解除近井地带的污染，以提高油井产量。图12-116是DSQ造缝机理示意图。

图中l_0为射孔孔道；l_1为推进剂1级脉冲延缝孔道；l_2为推进剂2级脉冲延缝孔道。

C　技术特点

DSQ是目前射孔领域的高端技术，它与常规复合射孔技术相比较有以下特点：

（1）采用贴壁浇注工艺，实现了两级装药，突破了一体式复合装药量偏低的瓶颈；

（2）运用延时点火技术，使多级火药分段燃烧，对地层反复加载，造缝效果大幅提高；

（3）采用燃烧控制技术，能保证射孔器和套管不受意外伤害；

（4）有效加载时间超过1000ms，显著提高了压裂效果；

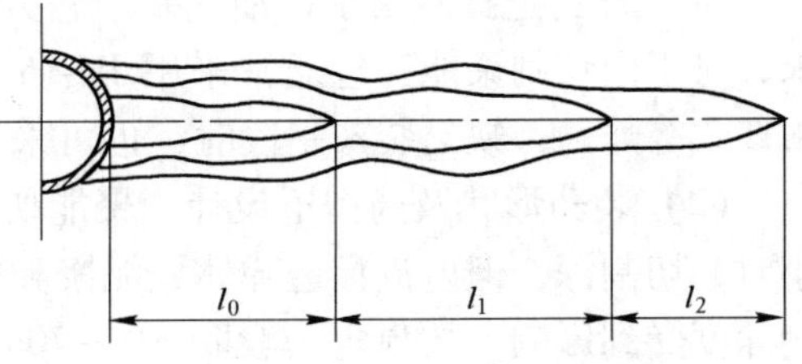

图12-116　DSQ造缝机理示意图

（5）燃气顺射孔孔道直接冲刷射孔孔眼行

程短、能量利用率高；

（6）不影响射孔弹的射流和穿深；

（7）多级复合装药耐温 150℃/24h，能满足国内大多数油田需求。

D　产品型号及性能指标

（1）多级脉冲复合射孔器的产品型号如表 12-26 所示。

表 12-26　多级脉冲复合射孔器型号

型　号	射孔弹	一级装药量 /kg·m⁻¹	二级装药量 /kg·m⁻¹	相　位	孔密度 /孔·m⁻¹
DSQ102-13	127 型	0.8	1.4～1.6	90°	13
DSQ102-16	127 型	0.5	1.0～1.2	90°	16
DSQ127-13	127 型	0.8	1.4～1.6	90°	13
DSQ89-13	89 型	0.8	0.4～0.6	90°	13
DSQ89-16	89 型	0.6	0.3～0.5	90°	16

（2）DSQ 产品性能指标如下：

1）两级装药可形成两种峰值压力脉冲；

2）射孔延缝深度不小于 2.9m，射孔压裂作用时间大于 1000ms；

3）多脉冲复合射孔器耐温 150℃/48h。

E　下井施工爆破工艺

多脉冲复合射孔压裂弹的下井施工步骤与 12.3.2.1 小节介绍的聚能射孔弹的施工步骤基本相同，可参照实施。

12.3.3　井下聚能切割技术

油气井中为了处理卡钻及废旧管道经常采用环形聚能切割技术。

A　环形聚能切割器及其设计要点

根据切割对象不同，所设计的聚能切割装药的结构也不同。若把装药的环形金属药形罩向外，在爆炸时就产生一圈向外的均质射流，这样的切割结构称为内切割结构（或叫内切割弹），如图 12-93 所示。内切割是指在套管内布设弹体进行的聚能切割，即从管子内向外切割，把套管切割断。若把装药的金属药型罩向内，则爆炸时形成一圈向内的均质射流称为外切割结构（外切割弹），见图 12-94。外切割弹从套管外部进行爆炸切割，即从套管外壁布设外切割弹，切割从外向内把套管切割断。两者原理相同，但结构不同，起爆点位置也不同。内切割弹是中心起爆方式，外切割弹一般采用侧向起爆方式。

聚能药包的设计原则已在 12.2.3 小节作了叙述，下面针对油气井环形聚能切割器简述其设计要点。

（1）炸药选择。由于在油气井中恶劣的环境中使用，故对炸药耐温耐压性能有特殊要求，对于内切割聚能药包通常采用 JH-16、JH-14 等炸药；外切割弹则选用 TNT、RHT-1、RHT-2 等炸药；缺乏装药手段时，也可采用塑-5 炸药或黏性炸药。

（2）装药形状及药型罩设计。聚能切割装药的基本形状呈“环 V 形”。药型罩的顶角小时，切割深，但射流穿透弹体、泥浆和切割套管的抗干扰能力降低；顶角太大时，则切割深度受到影响，故顶角一般取 50°～70°。紫铜制成的药型罩具有最理想的切割性能，但在实际工程中，特别是在大量制作大型内切割弹（海上固定平台桩脚切割弹）和外切割弹时，为了节约成本选用钢材做药型罩也能取得预想的效果。至于药型罩的壁厚 δ 则与药型罩材料、顶角、直径及外壳有关，通常采用数值模拟计算或通过试验确定。

（3）装药直径设计。装药直径的设计是根据切割目标的结构而确定的。对于内切割弹的外径主要取决于套管的内径。切割弹装药外径越大，切割效果越好。但油气井管体经长年使用，管内往往有腐蚀及沥青、蜡等污染物，使套管内径变小，弹体设计时必须考虑这一因素。内切割弹在弹体外径和套管内壁空间中应留有 4 ~ 8mm 的间隙，使之能够发挥切割弹威力，同时便于布弹作业。根据同样原则，外切割弹内径和套管外径之间的环状空隙应留有 6 ~ 12mm 为宜。

（4）弹体强度设计。无论是内切割弹还是外切割弹，在海底或井下施工时，均要受到水压作用，这种压力随井深的深度而变化，弹体下放越深，所承受的压力越大。所以切割弹主要承受海水和井液的外压力，也就说弹体要承受一定的压力。在设计中可用下式核算其承受的弹外压力：

$$p = 1.5\sigma_2[(D/\delta - 1)/(D/\delta)^2] \tag{12-33}$$

式中 p——弹外压力，MPa；

σ_2——材料屈服强度，MPa；

D——弹体外径，cm；

δ——弹体壁厚，cm。

（5）切割弹基本结构。切割器是作为一个部件装在切割弹中使用的。切割弹由切割器、引爆器、点火头、引爆器材衬套、分路塞、加长筒和安全管等部件组成。当切割弹下到井下预定位置后，电源通到分路塞，由分路塞配电给电火头将引爆器引爆，引爆器引爆切割器，最后切割器的聚能装药爆炸产生射流将油管切断。切割弹的各部件及组装后的整体结构见《爆破器材》一章中的有关部分。

B 切割弹品种及性能

油井切割弹系列产品按使用性能分为：

（1）油管切割弹，它包括 2 英寸油管、$2\frac{7}{8}$英寸油管，3 英寸油管、$3\frac{1}{2}$英寸油管等型号的切割弹；

（2）钻杆切割弹，它包括：$2\frac{7}{8}$英寸钻杆、5 英寸钻杆等型号的切割弹；

（3）钻铤切割弹，它包括：6 英寸、7 英寸、8 英寸、9 英寸钻铤等型号的切割弹；

（4）套管切割弹，它包括：$5\frac{1}{2}$英寸套管、7 英寸套管、$9\frac{1}{2}$英寸油管以及海洋遗留井口 $13\frac{3}{8}$英寸套管、20 英寸套管、30 英寸套管等型号的切割弹；

（5）海洋油田用的各种桩腿、导管架等型号的切割弹。

油气井切割弹系列产品型号、规格、耐温耐压性能和适用通井见第 3 章《爆破器材》，可根据工程实际情况选用。

C 产品质量及验收要点

（1）产品外观和结构尺寸检验：

1）产品外观无锈斑、无划痕、无毛刺；

2）产品外径、内径、长度应符合图纸要求。

（2）产品装药质量检验。检测炸药装药密度，标准：RHT-1 炸药≥1. 60g/cm³；JH-16 炸药≥1. 65g/cm³。

（3）产品耐温、耐压检验。耐温检验：将装药样品 10g 放入油浴烘箱进行升温检验，耐温标准：RHT-1 炸药 78℃、24h，JH-16 炸药 130℃、24h；耐压检验：采用 GWT-76-1 高压测试仪检测弹体强度，强度标准：弹体直径≤65mm、耐压≥60MPa，弹体直径 >65mm、耐压≥30MPa。

（4）产品模拟井实验。模拟井是指模拟制作海上遗留井口结构，套管结构，进行实地实验。模拟实验合格则视为产品合格。

D　操作方法及要求

（1）按照切割对象类型、型号及井下温度压力参数，选择适用的切割弹。

（2）连接电缆、加重杆、磁定位器等工具。

（3）电缆由天车通过地滑轮经井口防喷管入井。

（4）将电雷管装入联接件总成雷管室内，联接件总成和切割弹装配好后，联接件总成和磁定位器接通；装配时不可硬拧强行联接，防止密封圈被切漏水。

（5）用电缆输送切割弹到井下，经磁定位器校深，确认深度无误后接通地面电源，撤离井口 30m 范围内的所有人员。

（6）通电引爆雷管和切割弹，数秒钟后可听到爆炸声或看到井口液面上涌，2min 后断电，随后将电缆提出井口。

12. 3. 4　爆炸整形与加固技术

套管变形（一般多为凹陷形变形）是套损井最常见的一种损坏变形。套管爆炸整形与加固技术就是针对套管变形、轻微错断井（横向位移不超过 30mm、即通井尚在 ϕ95mm 以上）而发展起来的一种综合修复工艺技术，在油田领域把它简称为爆炸修井技术。

A　套管损坏原因

随着油田开发时间的不断增长，油、气井井身结构也逐渐发生变化。由于油井长期注水开发，地质条件变得极其复杂，地下深层部位地质活动加剧，地层滑移，频繁的井下作业施工以及套管材质与腐蚀等诸多原因，使油、气井套管技术状况变得越来越差。最终出现了套管内凹型变形，孔洞破裂型漏失、错断等套管损坏会给油气井正常生产和必要的检测等工艺带来极大麻烦和困难。也使油、气田的高产、稳产开发方案受到严重威胁。

B　套管损坏的类型

a　径向凹陷变形型

由于套管本身某局部位置质量差或强度不够，在固井质量差及长期采注压差作用下，套管局部产生缩径，而某处扩径使套管在横截面上呈内凹形椭圆形变形，如图 12-117 所示。A—A 截面上已不再是基本圆形，长轴 $D>d$，据资料统计，一般其相差在 14mm 左右，当此值大于 20mm 以上时，套管可能发生破裂。

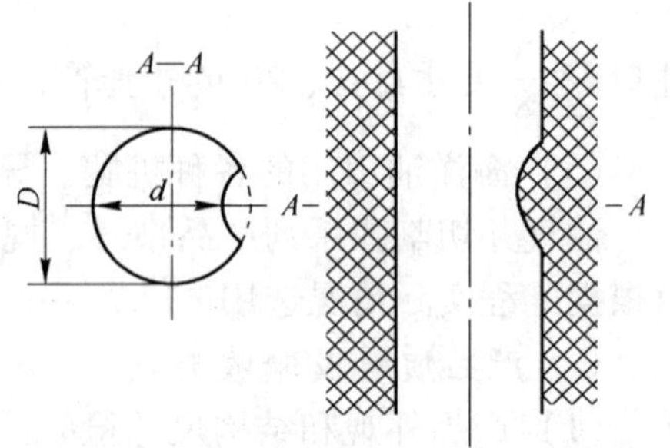

图 12-117　径向凹陷变形示意图

如果地层滑移，迫使套管受多向水平剪切力，致使套管径向内凹形多点变形，称为多点变形型。这种径向内凹陷型变形是套损井中基本变形形式，也是最常见的变形形式，大约占套变井的15%左右。

b　弯曲变形

由于泥岩、页岩在长期水浸作用下，岩体发生膨胀，产生巨大的应力变化，岩层相对滑移剪切套管，使套管按水平应力方向弯曲，并在径向上出现变形和严重变形（如图12-118和图12-119所示）。

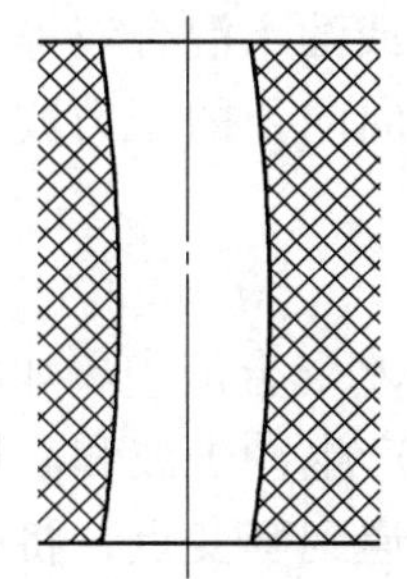

图 12-118　弯曲变形示意图

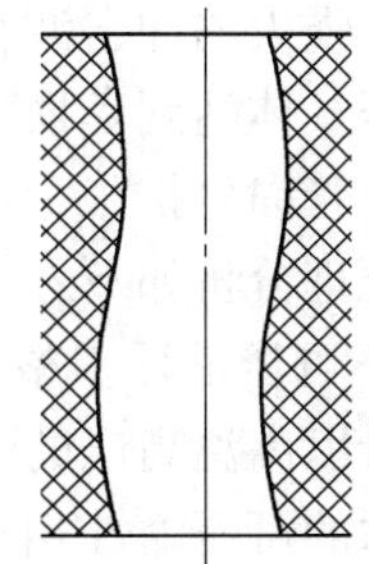

图 12-119　严重弯曲变形示意图

严重弯曲变形的套管，内径已不规则，基本呈椭圆变形，长短轴差太大，但两点或三点变形间距小，近距离点一般在3m以内，若两点距离过小则形成硬性急弯（即小于150°），2m的通井规不能通过。这是较多见的复杂套损井况，也是较难修复的高难井况。

c　套管错断型

油水井的泥岩、页岩层由于长期受注入水浸入形成浸水域，泥岩、页岩经长期水浸，膨胀而发生岩体滑移。当这种地壳升降、滑移速度超过30mm/a时，将导致套管被剪断，发生横向（水平）错位，由于套管在固井时受拉伸载荷及钢材自身收缩力作用，在套管产生横向错断后，便向上、向下即各自轴向方向收缩。错断位移情况如图12-120所示。

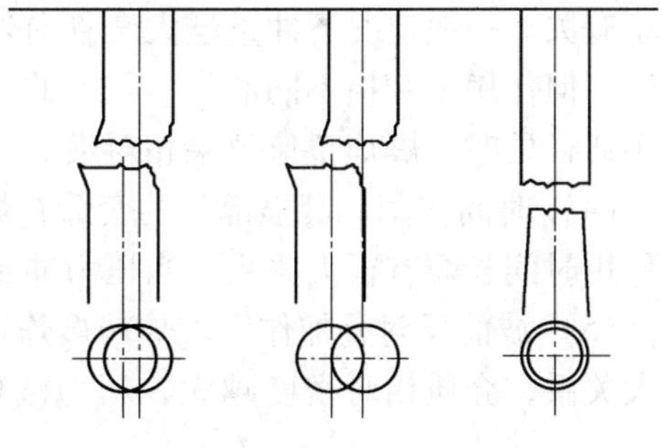

图 12-120　套管错断示意图

套管错断是修井工作中最多见的套损类型。错断形式可分为：

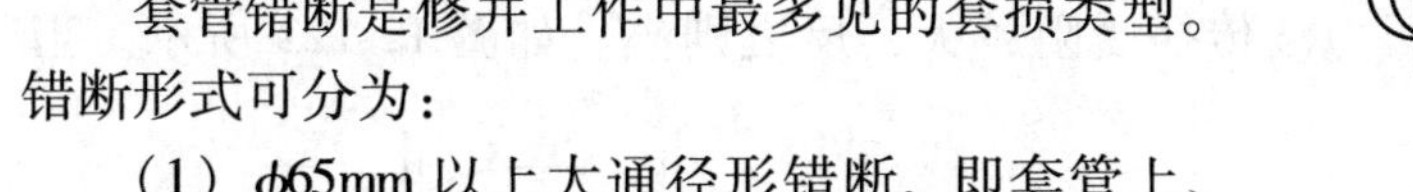

（1）ϕ65mm以上大通径形错断，即套管上、下断口横向位移，两断口间的上下轴线间尚有ϕ65mm以上通道，这种井况尚可实施修复措施；

（2）ϕ65mm以下小通径形错断，即套管上、下断口横向位移，两断口间通道小于ϕ65mm或者无通道，这种小通径形错断井是目前修复措施难以实施的复杂井况，尤其是断口以下还有原井部分管柱和下井工具，这给修复又带来很大困难；

（3）断口通径基本无变化的上下位移型，即上、下断口间水平通径大于118mm（套管），上、下断口间距离一般小于30cm，这种井况相对容易采取措施，也便于修复措施的实施；

（4）套管腐蚀孔洞、破裂，由于地表浅层水的电化学作用，长期作用在套管某一局部位置，或由于螺纹不密封等长期影响，套管某一局部位置将会因腐蚀而穿孔，或因注采压差及施工压力过程而破损形成孔洞或破裂。

12.3.4.1　套管爆炸整形技术

A　爆炸整形原理

爆炸整形最适用于机械整形无法实现的变形，如错断通径小于 ϕ90mm 的井况。对于爆炸整形，只要变形或错断井的通径大于 ϕ60mm，能允许炸药药柱（整形弹）及其装药结构通过的套损井，均可实施爆炸整形。

爆炸整形基本实施过程为：将爆炸整形弹用管柱或电缆输送到井下预定整形复位（扩径）井段，经校深无误后投撞击棒或电缆车接通电源，引爆雷管和炸药，炸药爆炸产生的高温高压气体及强大的冲击波在套管的介质中（修井液、水或油水混合液等）传播。当冲击波和高温高压气体达到套损部位套管内表面时，则产生径向向外的压力波，这种压力波使套损井段的套管向外扩张，从而达到整形复位的目的。

爆炸整形原理分析如下：

（1）水的不可压缩性。整形弹在井筒水中或压井液、油水混合液中爆炸时，炸药爆炸所释放出的能量以高温高压的形式作用于周围液体，在水中产生冲击波和高压脉动气团两种作用。由于水的可压缩性相对很小，水能迅速将爆炸能传递到套变点，将凸起的变点压回去，达到整形目的。

（2）近点作用。对于套管变形、错断变形等形式进行爆炸整形时，只有当药柱接近向内凸起的一侧，发生接触爆炸，才会使整形复位扩径达到最理想的效果，如图 12-121 所示。所以，在装药结构设计上，应使药盒、药柱具有一定的定向性，才会起到理想的整形复位扩径的作用。在具体施工中，可考虑使用扶正器，使变形点部位套管轴线尽量与上下完好的套管轴线重合。

（3）冲量作用。套损点在爆炸作用下向外扩张，其扩张量除与压力有关外，还与冲量大小有关。一般情况下冲量越大套管向外扩张越大，反之越小。当装药给定时，总的冲量不变，但作用于套损不同部位面积上的冲量分布是不同的。当装药（药柱）置于 3/4 套管最小通径处时，爆炸整形效果相对最好，该处即为炸药装药的理想工作位置。

（4）时间作用。套损部位的套管在爆炸后向外扩张，除与压力、冲量作用有关外，还与作用时间长短有很大关系。当压力冲量一定时，作用时间越长，效果越理想。

（5）波的反射叠加作用。炸药爆炸后产生的压力波形结构与井筒内介质的相对密度有很大关系，介质相对密度越大，压力波传播受阻越大，反之则小。如图 12-122 所示。当

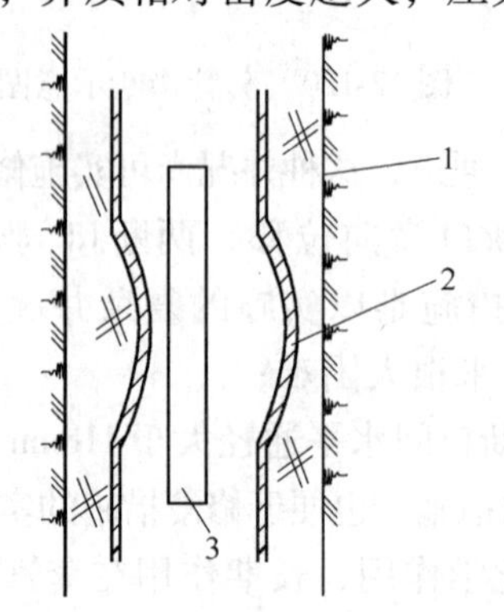

图 12-121　药柱下入井内示意图

1—套管；2—变形点；3—装药（药柱）

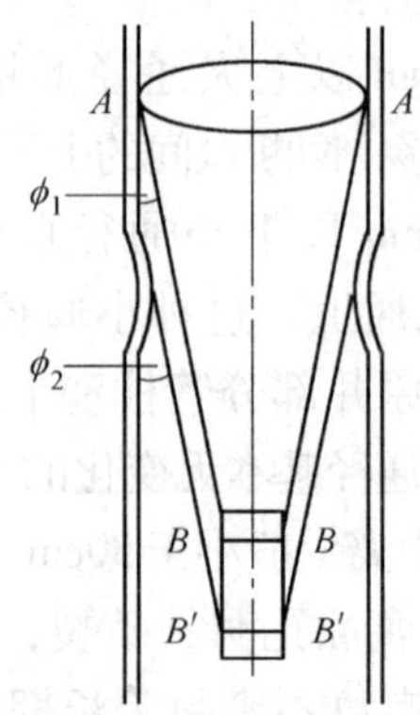

图 12-122　冲击波阵面

装药中的爆轰波传至 B 点时，冲击波阵面为 AB，它与初始变形套管的夹角为 ϕ_1。经 t 时间后，爆轰波传至 B'处，冲击波阵面与变形套管内壁的夹角为 ϕ_2，显然 $\phi_1 > \phi_2$。随着入射角的减小，反射压力增加，井内环空中介质的密度则又影响波的反射叠加作用，所以应尽量减少介质的密度，以增加反射压力，使扩径整形效果更加理想。

B　整形弹技术设计要点

a　适用井况范围及整形技术指标

爆炸整形复位最适应于变形、错断通径小于 ϕ95mm，机械式整形无法实施的井况，也就是说只要炸药药柱、药盒或装药直径能允许通过的变形、错断井段，均可运用爆炸整形复位，扩径打通道，为下步加固恢复创造必要的条件。爆炸整形适用以下复杂井况：

（1）变形最小通径在 ϕ95mm 以下；

（2）错断断口通径在 ϕ70mm 以上；

（3）井内压力低于 36MPa；

（4）井内压井液相对密度小于 1.8g/cm^3；

（5）井内温度低于 80℃；

（6）变形、错断点以下 2～3m 内无落物；

（7）错断井套管外无坍塌；

（8）错断井上、下断口相对位移小于 0.3m；

（9）变形、错断部位以上套管无严重弯曲。

爆炸整形的目的是恢复变形部位套管的径向尺寸，错断井基本复位，扩径到原径向尺寸，并为下一步加固创造必要的通径条件，其主要技术指标为：

（1）爆炸后无任何金属碎片产物落井；

（2）整形效果达套管径向尺寸的 95%～105%；

（3）不伤害套管。

b　炸药类型

爆炸整形复位扩径，常用的炸药有 TNT、硝铵炸药和 RDX 的混合炸药。

c　药性选择与药量计算

（1）药性选择。药性选择关系到爆炸后的整形复位扩径效果，所以应以炸药的爆速为主要选择参数，以套管变形错断口的通径为基点，参考管外水泥环地层的约束力大小、套管材质的弹性应变、井内介质等情况综合选择炸药药性。可按表 12-27 推荐的参数选择。

表 12-27　药性选择参数表

变形错断通径/mm	爆速/m · s^{-1}	变形错断通径/mm	爆速/m · s^{-1}
>100	3000～4500	<100	4500～7000

布药时，应根据整形复位扩径的需要和变形错断通径的变化，正确确定所需能量的大小。一种方式是药性不变，改变药盒、药柱、装药装置的尺寸；另一种方式是药盒、药柱、装药尺寸不变，改变药性，但改变药性需在试验验证的基础上方可实施。

（2）药量计算。药性选择确定之后，药量的多少则是非常重要的。药量过多会使套管受损严重，引起管外水泥环、岩壁大量脱落、堆积，使错断口处更难处理。药量过小，达不到整形复位、扩径的要求，下步加固则无法实施。式（12-34）～式(12-36）给出整形复位、扩径所需的基本药量公式和变形井整形药量公式及错断井扩径的药量计算公式，以便根据整形复位、扩径的不同需要，准确选择药量。

基本药量计算公式：

$$W_{st} = 5.372K\sigma\varepsilon\delta_{ca}(d_{cin} + \delta_{ca})\sqrt{L_Y^2 + \frac{d_{cin}^2}{4}} \tag{12-34}$$

整形复位药量计算公式：

$$W_{st} = 13.4\sigma\varepsilon\delta_{ca}(d_{cin} + \delta_{ca})\sqrt{L_Y^2 + \frac{d_{cin}^2}{4}} \tag{12-35}$$

错断井复位扩径药量计算公式：

$$W_{st} = 15.1\sigma\varepsilon\delta_{ca}(d_{cin}^2 + \delta_{ca})\sqrt{L_Y^2 + \frac{d_{cin}^2}{4}} \tag{12-36}$$

式中　W_{st}——炸药量（TNT 当量），kg；

K——能量修井系数，一般 $K=2.4\sim3.0$；

σ——套管材料静态屈服极限，MPa；

ε——应变率，$\varepsilon = \dfrac{扩径量 - d_{cin}}{d_{cin}}$；

δ_{ca}——套管壁厚，m；

d_{cin}——套管原内径，m；

L_Y——药盒、药柱、装药长度的二分之一，m。

d　引爆方式选择

一般情况下，变形部位的整形复位，雷管安装在装药的端部（上端或下端）；错断部位的扩径复位，视错断口包容状况分别安装在一端、两端或安装在装药中间。引爆方式的选择正确与否，对整形复位、扩径复位的效果影响极大。方式选择不当，即便药性、药量、布药方式都很正确，变形部位、错断部位都将会出现反弹现象。目前对变形、错断井实施爆炸整形复位、扩径常用以下几种引爆方式：

（1）变形部位一端引爆；

（2）错断部位药柱上端引爆；

（3）错断部位药柱下端引爆；

（4）错断部位药柱上、下端同时引爆；

（5）错断部位或变形部位药柱中间引爆。

在实施中，引爆方式应根据变形、错断部位的形态、尺寸、断口包容情况确定。这种状态的测定可通过铅模打印、彩色超声波成像测井、井径仪测井等方法来获得。无论选择哪一种引爆方式，都必须由变形、错断部位状况检测结果作依据，而不应盲目选择。

C　整形弹基本结构

爆炸整形扩径主要是使用综合性能良好的炸药，并把炸药装在一定形状的壳体内，输送到预整形的井下段位，爆炸后对变形部分进行整形。整形弹的结构有两种，一种是管柱输送撞击式点火引爆整形弹，另一种是电缆输送电雷管引爆整形弹，见第

3 章《爆炸器材》。

D 施工步骤

（1）洗井。油井洗井，工作液温度≥70℃，水井放溢流降压，放溢流排量≤0.5m^3/min；

（2）打印、核对套损状况及深度；

（3）修整套损井段，修整后用通径规通过；

（4）检测、核实套损井段变形，错断情况，用井径仪、彩超成像、铅模等检测套损井段状况，为选药、引爆方式选择提供依据；

（5）装药品种、药量、引爆方式的选择，应根据套损井段的变形、错断情况检测结果合理选择炸药品种，按相应公式计算用药量，最后确定引爆方式；

（6）组装整形弹；

（7）用电缆输送或油管输送方式将整形弹送到井下套损部位，经校深，确定位置后引爆整形弹；

（8）取出引爆电缆、联接油管、管柱等下井工具；

（9）检测整形扩径效果，可用井径仪、彩色超声波成像检测仪和通径规等进行检测；

（10）通井并冲洗碎弹片（非金属弹片）。

12.3.4.2 套管爆炸焊接加固技术

爆炸焊接加固技术是一项由多种技术组合在一起的高难技术，它是针对油、气井错断井的修复而开发的。它首先采用爆炸整形技术将错断井整形，使错断的上套管和下套管通过爆炸整形使之处在一条轴线上，然后将爆炸焊接弹输送到井下套管错断处，点燃发动机装药进行排空，引爆环焊药进行焊接，扩径药将衬管扩径，脱扣药爆炸将加固管和管柱脱扣，完成爆接加固这一过程。

A 爆炸焊接加固原理

a 爆炸焊接条件

在井下数千米的介质中（水、泥浆等）实现爆炸焊接，必须创造出与地面相近似的环境条件，即：

（1）焊管与预加固套管之间必须是气体段塞；

（2）焊接材料表面必须清洁；

（3）焊管外壁和套管内壁间有一定碰撞角度；

（4）焊接速度（爆速）应低于被焊材料的声速。

b 爆炸焊接加固原理

爆炸焊接是在爆炸整形扩径复位后，用油管或钻杆将焊管及其焊接弹下放至加固井段，焊接弹主要由焊管及其焊接装药系统、排液系统和点火引爆控制系统组成。三大系统通过小直径管节连接，入井到位后，投入撞击铁棒压缩磁头，接通电源，电池开始供电，电流由直流转换成高压电，引爆雷管点燃火药，排液发动机工作，固体燃烧剂燃烧并产生高温高压气体，使燃烧室内压力不断上升，使喷嘴打开，喷射气流，排推开焊管两端液体（泥浆），使焊管周围局部区域形成气体柱塞。此时火药燃烧完毕，气室压力下降，与此同步爆炸点火时间延迟控制元件刚好工作。接通外电流，点燃引爆雷管炸药，环焊和中间扩径同时爆炸工作，使焊管完成两端环焊接，中间部分被爆炸扩径，从而完成全部焊接加固。

B　爆炸焊接弹构成

焊接弹是由装药系统、排液系统、控制系统三个系统构成。

爆炸焊接弹的基本结构形式见图 12-123，焊接弹的外壳即焊管的技术参数如表 12-28 所示。

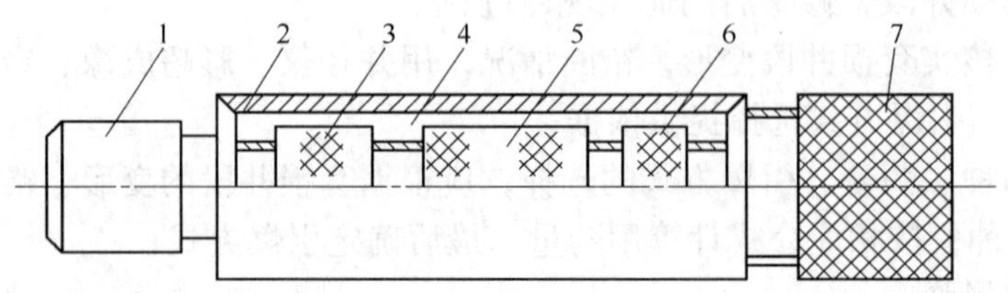

图 12-123　焊接弹结构示意图

1—脱扣装药；2—焊管；3—环焊装药；4—连接管；5—扩径装药；6—环焊装药及引爆装置；7—排液发动机

表 12-28　焊管技术参数

项目	内径 /mm	壁厚 /mm	长度/mm	径向延展率 /%	材　质	排液发动机引爆方式	焊接爆炸引爆方式	焊后直径 /mm	焊后承压 /MPa
参数	100	7	根据需要	≥30	45 钢以下	撞击	定时，下端	≥110	15

a　装药系统

装药系统是实现爆炸焊接的关键，它由以下五部分组成。

（1）环焊装药。如图 12-124 所示，环焊装药的作用是将焊接钢管炸出环向凸起，以撞击套管内壁，形成类似螺纹连接（焊接管外凸起撞击套管内壁，套管相应地形成外凸起），在凸起接角面形成爆炸焊接触面，如图 12-124（b）所示。在变形错断口附近的 $A—A$ 井段的焊管，爆炸后扩张到所要求的尺寸（如 $5\frac{1}{2}$ 英寸套管整形复位到 ϕ120mm 左右，用 $\phi114\times6$mm 的焊管扩径，内径达 110mm 以上）并紧贴套管内壁，而 $A'—A'$ 和 $B'—B'$ 两环面则力图实现局部环向凸起焊接。所以环焊装药药量较大，药盒尺寸相对较大，以保证

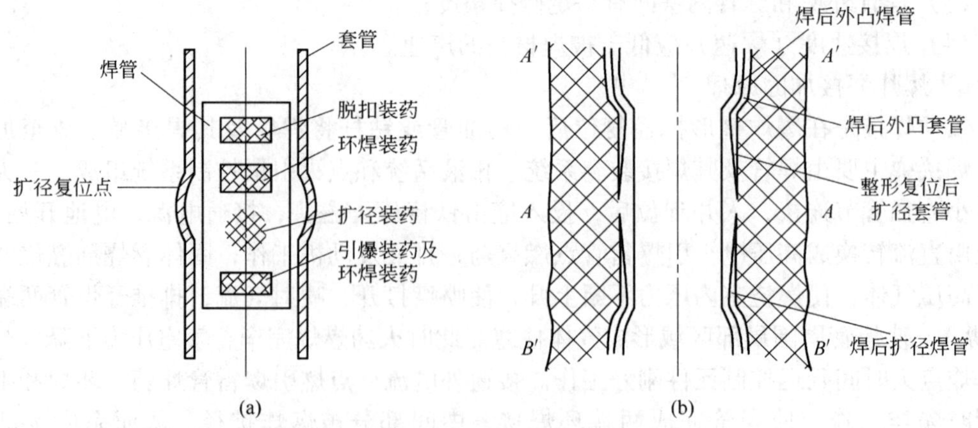

图 12-124　环焊装药示意图

焊管两端炸后的凸起速度和形状及加固质量。一般焊管以 550 ~ 600m/s 的凸起速度碰撞套管，在此速度下碰撞焊管、套管都不会发生破裂，凸起角度也能满足焊接要求。

（2）扩径装药。扩径装药的作用是将内径约 ϕ100mm 的焊管扩径到 ϕ110mm 以上，见图 12-124（a）所示。爆炸时除对焊管两端进行凸起环焊外，同时还对中间部分扩径，扩径用药量比环焊药量少，以能保证扩径通径即可。

（3）脱扣装药。脱扣装药的作用是在爆炸后，使与其连接的管柱螺纹松扣便于取出管柱。

（4）引爆装药。引爆装药的作用是保证当排气推进系统、燃烧排液系统燃烧排液完成后，仍有足够的能量引爆焊管中的炸药完成爆炸焊接动作。

（5）焊管。爆炸焊接用特种钢管，一般多用低碳钢，伸长率不低于 30%，抗拉、抗压、抗挤等强度应略高于被焊套管强度的 5% ~ 10% 即可。

b　排气推液系统

排气推液系统的作用是使预焊接加固管井段瞬时形成一个气体段塞，为爆炸焊接创造出一个近似于地面环境的条件。

一般情况下，油水井大修施工是在压井状态下进行的。套损井的变形、错断部位在爆炸整形、焊接加固时井筒内充满了压井液，压井液密度一般高达 1.5g/cm^3 左右。因此，采用排液发动机（即微型火箭发动机）排液形成一段气塞是保证爆炸焊接成功的必要条件。

排液发动机的工作原理是，当焊管到达预焊接井段时，高能燃气发动机点火，固体推进剂（一般为火药）实现端面燃烧，产生高温高压气体。

当燃烧室内的压力达到某一定值时，排气喷嘴封堵被打开，高温高压气体沿喷嘴喷向焊管外的环形空间，并使喷嘴周围形成局部高压区。当此高压区压力大于液柱静水压时，液柱则向井口方向流动，同时也经错断口流向地层。当高压气室内的压力与静液压力相等时，由于惯性作用，液柱（液流）继续向上向断口流动，气室中的气体膨胀，压力降低，直至液体停止流动。此时，爆炸点火的时间延迟元件开始工作，焊管中的焊接装药及扩径装药被引爆，焊管在爆轰波的高压气体推动下，迅速发生径向膨胀，与套管内壁相撞，结合成一体，焊接即告完成。

c　引爆点火控制系统

引爆点火控制系统是爆炸焊接成败的关键系统，主要作用是控制整形扩径的爆炸和焊管中间扩径的爆炸时间，这里需重点考虑的是安全性和可靠性。引爆点火控制系统主要由磁控定时起爆器构成，为安全起见，在电路设计中应增设二级定时装置。

C　爆炸焊接加固施工步骤

（1）通井。用模拟爆炸焊接弹（直径、长度）的钢管，连在管柱尾端进行通井。如果模拟管能顺利通过井下加固段，则可进行爆炸焊接施工，否则应对加固井段再次修整（如整形、磨铣），直到模拟管能顺利通过。

（2）爆炸焊接加固。将爆炸焊接弹（爆炸装置、排液装置、控制装置）连接在管柱尾端入井，用管柱输送焊接弹至加固井段以上 1 ~ 2m 时，记录管柱悬重然后缓慢下放管柱，使焊管中部对准加固段中部。然后投入铁棒，撞击点火，接通磁头、电池、引燃发动机火药进行排气推液。最后引爆雷管、炸药进行焊接加固。爆炸后 30min 无异常，可以取出投送管柱，下入完井管柱。必要时在下完井管柱前先下试压管柱，对加固段进行试压，压力为15～20MPa，稳压5min，当压力降不超过0.5MPa时视为合格。

12.3.5　高能气体压裂技术

12.3.5.1　油气井的压裂方法

随着油、气井生产时间增长，在产油原射孔段的周围，地质逐渐发生着变化。首先是产油前钻井工艺中，钻井液及钻井对井筒周围地质产生污染，形成钻井污染带。在随后的完井工艺中下套管、固水泥环等作业，对套管周围地层也产生一定污染。特别是在油井投产后，油层中的油通过天然油层裂缝流向射孔孔道，再进入油井被油泵抽出。在这个过程中，油层有机物、高分子类聚合物以及井下微生物、细菌等对油层地质均会产生污染。污染的结果是油流裂缝变小，逐渐被堵塞，导致近井地带渗透性变差，造成产油量逐渐降低和停产的后果。为了改变这种状况，消除污染，重新沟通产油缝隙，恢复原油生产，人们发展了压裂技术，该技术能够克服以上不利因素，使油井重新恢复生产。压裂技术分为三类：一是爆炸压裂法；二是水力压裂法；三是高能气体压裂法。

A　爆炸压裂法

爆炸压裂是把炸药置于井筒中，使之爆炸，利用爆轰压力和冲击波压力压裂油层。爆炸压裂的压力上升时间短、峰值压力很高，压裂过程难以控制。由于作用时间短，爆炸压裂一般不能使油层产生较长的裂缝，只能使井筒周围形成一个破碎层。该破碎层又容易受高压作用被压实成一个低渗透的“挡板”，产生所谓的“应力罩”效应，如图12-125（a）所示。此外，爆炸压裂峰值压力很高，极易破坏油气井套管，所以应用范围受到限制。

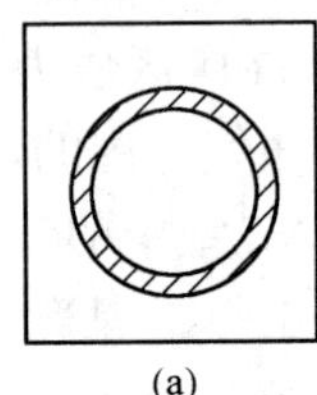
(a)

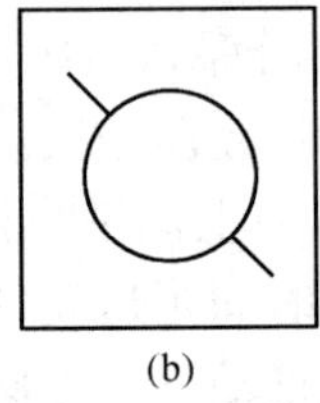
(b)

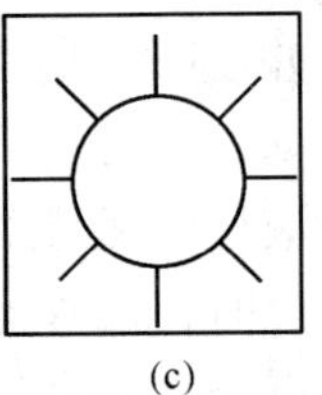
(c)

图12-125　三种压裂示意图

B　水力压裂法

水力压裂是油井增产改造的主要措施之一，其作用原理是用压裂车对压裂段输入强大压力，将岩石压开形成两条很长的裂缝，如图12-125（b）所示。当裂缝形成后，压力略有下降但能持续很长时间，使低渗透油层得到彻底改造。水力压裂法有增产幅度大、有效期长等特点，因而得到广泛应用。但水力压裂法有设备费用昂贵、施工时间长等缺点，在低产井和多井地带的油气井中并不适用。

C　高能气体压裂法

高能气体压裂是利用发射药或推进剂产生的高温高压气体压裂地层，形成多条辐射状裂缝的方法。改善地层渗透性和导流性能的油气井燃烧器材，简称压裂弹。

高能气体压裂弹可有效控制燃烧压力峰值不对套管和井壁产生破坏作用，且能使地层产生多条辐射状裂缝，如图12-125（c）所示，达到增产增效的目的。

12.3.5.2 高能气体压裂作用原理

高能气体压裂是利用特殊装药结构的发射药或火箭推进剂装药在油井中按一定规律燃烧，产生大量的高温高压的燃烧气体产物，燃气以脉冲加载的方式压裂油气层使油气层产生多方位的辐射状的裂缝。这些裂缝又和天然裂缝相沟通，形成裂缝网络，从而有效地改善了油气层的渗透性和导流能力，降低油流阻力，使油、气井得到大幅度的增产。图 12-126 是俄罗斯喀山国立工艺大学所研制的压裂弹在井内的作用图。

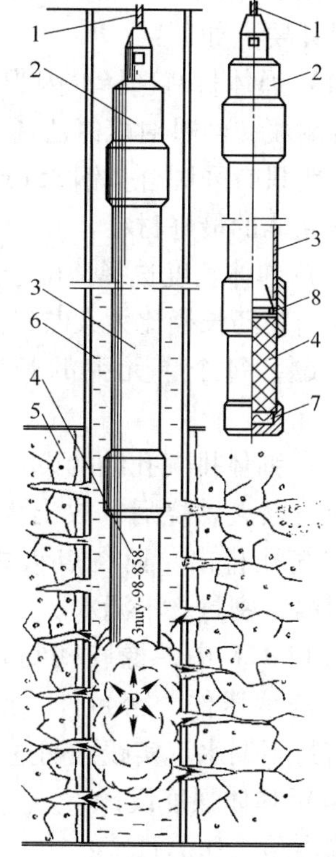

图 12-126 高能气体压裂在井内作用图
1—电缆；2—电缆接头；3—内爆室；4—发射药装药；5—地层工作面区；6—井液；7—点火元件；8—打捞器具

12.3.5.3 压裂弹反应历程

压裂弹产生的高温高压燃烧气体产物在油气井中压裂油气层的过程，大致可分成五个阶段。

（1）压力上升段。压裂弹中的火药被引燃之后，迅速燃烧并释放出大量气体。当弹壳内压力达到临界压力时，弹壳被打开，气体释放出来，井筒压力从初始的液柱压力 p_L 迅速上升至大约 60MPa，井壁周围地层被压裂。其压力增长速率决定着所形成的裂缝的几何形态，是裂缝生成的重要过程。

（2）压力降低段。地层的破裂，增加了气体所占有的自由容积，压力曲线突然下降，形成了一个压力台阶。从压力上升到地层破裂，压力回落这段时间相当短，大约只有 0.25ms。

（3）压力复升段。火药继续燃烧，释放气体。由于气体释放速率比裂纹的扩张速率快得多，气体膨胀体积增加远远大于裂纹扩张自由容积的增加，因而压力继续上升，直到火药燃烧结束，达到峰值压力（约 100MPa）。

（4）压力下降段。峰值压力过后，压力迅速下降。约降到 30MPa 时，裂缝快速延伸，其方位不一定与最小主应力方向垂直，这一阶段体现了高能气体压裂的动态特征。

（5）压力平衡段。压力-时间变化过程从不稳定状态过渡到稳定状态，此时，压力降低到最低值，裂缝停止延伸。

图 12-127 是高能气体压裂形成的多重裂缝示意图。图中，垂直裂缝和水平裂缝相当于在两个主应力平面上的裂缝，45°方向的裂纹相当于由剪切形成的一条水平裂缝，高能气体压裂可能会形成多条深度相当的辐射状裂缝。裂缝具有一定的长度、深度和宽度尺寸。裂缝的数目是决定产能大小的直接因素，而裂缝的生成则取决于井的地质构造、压裂弹的性能和压裂作业工艺。

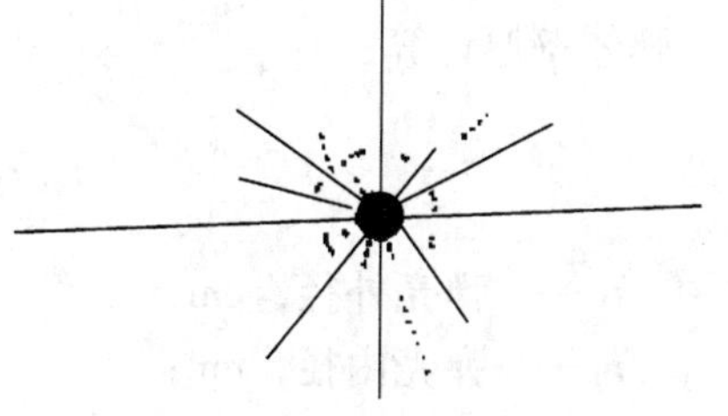

图 12-127 典型的裂缝示意图

12.3.5.4 压裂弹技术设计要点

A 弹体结构设计

压裂弹从结构上分为三种，第一种是有壳体高能气体压裂弹；第二种是无壳压裂弹；第三种是全非金属件可燃压裂弹。第一种有壳压裂弹的设计要点如下：

（1）弹体材料选择。因为有壳压裂弹在井下承受温度和压力的载荷，所以壳体材料必须耐温耐压，经过对聚氯乙烯材料、玻璃钢材料、合金铝材、合金钢材做材料性能对比实验，证明只有采用合金钢 35CrMnSiA 材料制作的压裂弹，其机械强度可满足设计要求，是压裂弹壳体的最好材料。

（2）弹体长度选择。由于压裂弹在套管内使用，弹体长度就决定了装药量。模拟实验表明，当装药长径比太大时，火药燃烧时易产生压力波，出现不稳定燃烧。为避免燃烧转爆轰问题，每个单元弹的长度以不大于 1000mm 为宜。

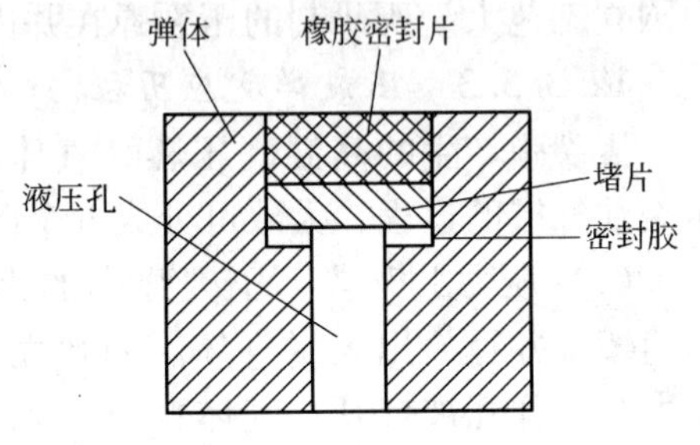

图 12-128　排气孔结构图

（3）弹体排气孔结构设计。发射药或推进剂在弹体内被点火燃烧后，放出大量的高温高压气体，通过排气孔排出。而在点火之前，排气孔要能耐压、耐温、密封、不漏水。

图 12-128 中，橡胶密封片、钢堵片、密封胶在井下是承压件、密封件，能保证弹体在井下耐压、密封不漏水。实践证明这是设计合理、使用方便、性能可靠的一种结构。

（4）弹体强度设计：

弹内最大压力计算：

$$p_m = (WY\sigma u_1 f/\psi n' S_n e_1 K_n)^{1.1-\gamma} \tag{12-37}$$

式中　p_m——弹内最大压力，MPa；
W——火药装药量，kg；
Y——火药形状特征量；
σ——弹体材料静态屈服极限，MPa；
u_1——火药相对燃烧表面积，dm^2；
f——火药力，kJ/kg；
ψ——修正系数；
n'——最大压力时的破孔数；
S_n——排气孔面积，dm^2；
e_1——火药弧厚，dm；
K_n——火药燃气 K 值；
γ——火药压力指数。

弹体壁厚计算：

$$r_1/r_2 \geqslant \sqrt{\frac{1}{1-3(p_m/[\sigma])}} \tag{12-38}$$

式中　r_1——弹壳外径，cm；
r_2——弹壳内径，cm；
p_m——弹内最大压力，MPa；

$[\sigma]$——许用应力，MPa。

弹体壁厚：

$$\delta = r_1 - r_2$$

B　装药结构设计

（1）点火、传火药量计算。火药装药能否正常燃烧，主要取决于火药装药的点火条件和传火结构。压裂弹点火药量先用经验公式（12-39）计算，然后经过实验确定。

$$Q_{ign} = (36 \sim 50)\sqrt{\frac{S_0 A_t D_c}{\Delta L_c}} \tag{12-39}$$

式中　Q_{ign}——点火药量，g；

S_0——主装药初始燃烧面积，dm^2；

A_t——喷喉面积，dm^2；

Δ——发动机装填密度，kg/dm^3，$\Delta = Q_p/V_c$；

Q_p——主装药质量，kg；

V_c——燃烧室容积，dm^3；

D_c——燃烧室内径，dm；

L_c——燃烧室长度，dm。

为了利于火焰传播，火药装药内应具有一定的对流通道。压裂弹内火药装药采用了中心传火结构和管状药束结构，从而保证了装药内对流通道畅通，点火火焰可以在装药中迅速传播和扩散。

（2）装药结构设计。火药的装药结构是否合理，直接影响到火药的点火过程、传火过程和火药的燃烧过程。在套管井高能气体压裂过程中，一方面既要严格地控制井筒内的峰值压力不要超过油井套管的强度极限，保证油井套管不损坏；另一方面，又必须尽可能地延长压力持续作用时间，使裂缝尽量向前延伸，以获得较好的压裂效果。

为了实现上述要求，设计采用了“分段燃烧”的装药结构。这种装药结构特征是将套管井高能气体压裂弹设计成A型和B型两种不同装药结构组装在同一压裂弹中。A型弹内火药装药与B型弹内火药装药按时间顺序分别燃烧。这种“分段燃烧”的设计，避免了井内压力的急剧升高，使井筒内压力维持在一定的压力范围内，使油井套管不受损坏，同时，大大延长了整个压裂弹火药装药的燃烧时间，利于裂缝的延伸和扩展。

（3）有壳压裂弹比较笨重、操作不便。近年来广泛采用的无壳压裂弹的品种和型号参见第3章爆破器材的相关内容。

12.3.5.5　压裂弹用途

实践证明，在下述井况中采用高能气体压裂技术，均能取得满意效果。

（1）低产井、低渗透，油、气井压裂增产；

（2）污染、堵塞的油、气井的解堵、增产；

（3）濒临报废油、气井的产能恢复；

（4）注水井的增注降压处理；

（5）勘探井储层试油评价；

（6）水敏性，酸敏性油、气井的压裂增产；

（7）地层破裂压力高，天然裂缝不发育地区的油气井，水力压裂前的预处理；

(8) 无水源地区，道路条件差，井场条件差、山区、沙漠、浅海、河湖港湾地区、偏远山区油、气井的压裂增产处理。

12.3.5.6　井下布弹施工工艺

压裂弹的井内布弹，可以采用管柱输送布弹，投棒撞击点火的施工工艺，也可以采用电缆输送布弹，电点火的施工工艺。具体操作过程与 12.3.2.1 小节介绍的聚能射孔技术下井施工爆破工艺相同。

12.3.6　油井高能燃烧清蜡技术

我国一些油田（玉门油田、辽河油田等）的套管结蜡日趋严重，导致油井无法正常生产。传统的油井清蜡方法有水力携砂冲刷法、机械清蜡法、热力清蜡和化学清蜡法等。本节介绍一种以高能燃烧剂为主装药的清蜡弹新产品，具有良好、高效的清蜡效果。

12.3.6.1　工作原理及基本结构

套管清蜡弹主要由清蜡弹的弹头、弹壳、主装药和点火机构、安全阀及连接件三大部分组成。见图 12-129。

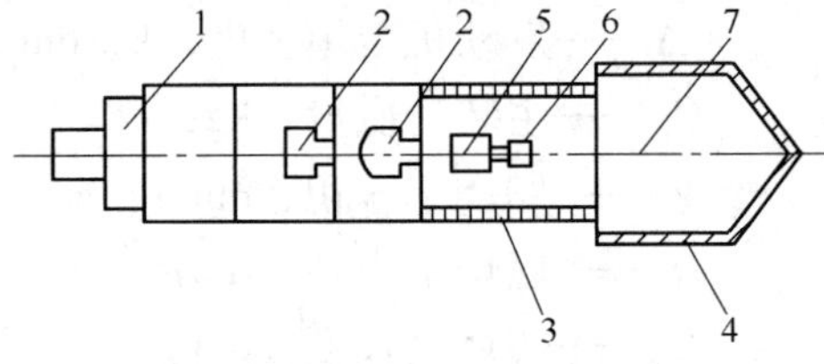

图 12-129　套管清蜡弹结构示意图

1—连接头；2—安全阀；3—装药弹身；4—弹头；5—点火器；6—点火药棒；7—主装药

反应机理：清蜡弹通过点火器点火后，点燃点火药棒并点燃主装药（高能燃烧剂）；高能燃烧剂燃烧后产生大量的热，加热弹头，其温度达到石蜡熔点的数倍；清蜡弹在套管内由上向下运动，迅速熔化石蜡，并不停顿地向下运动，达到熔化清蜡的目的。

12.3.6.2　清蜡弹的技术指标

(1) 高热值的燃烧剂性能指标：燃速（20℃、6MPa 压力）低于 4mm/s；爆热 $Q \geqslant$ 5000kJ/kg；耐热温度≥130℃；耐热时间≥24h。

(2) 点火器安全可靠，点火成功率≥98%。

(3) 清蜡弹密封可靠，耐水时间≥24h，耐压≥35MPa。

12.3.6.3　技术设计要点

(1) 弹头设计。弹头直接接触于套管内壁积蜡面，用来贮存释放高能燃烧剂产生的热量，其外径尺寸选择随套管内径而异。经测试，在空气中热弹头燃烧的最高温度达到 900℃，在井下油水介质中降低至 550℃左右，远远高于蜡的熔点温度，因此，熔蜡速度十分迅速。如果弹前端做成弧线形状，弹头外表面焊上一些毛刺，就会增加传热面积，可以适当加快弹体下放速度，减少热损失，增加清蜡井段长度。

(2) 安全调节阀的设计。装药燃烧所产生的气体，会使弹内压力增高，为保持弹内压力在弹壳抗压范围之内，设计了安全调节阀装置。安全阀结构见图 12-130。

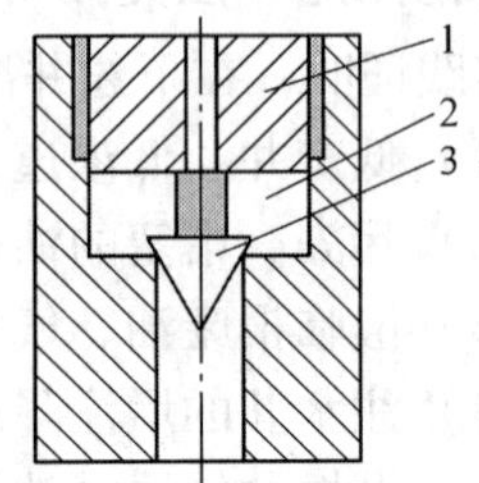

图 12-130　安全调节阀结构示意图

1—丝堵；2—弹簧；3—锥形密封塞

(3) 缓冲器设计。缓冲器用来缓冲安全调节阀释放出来的气体，缓冲器上设计有泄压阀，泄压阀用铜片控制压力，铜片的几何尺寸用以下经验公式估算：

$$p = 2870\delta/R \tag{12-40}$$

式中　δ——钢片厚度，mm；

R——铜片半径，mm；

p——控制压力，MPa。

缓冲器的结构见图 12-131。

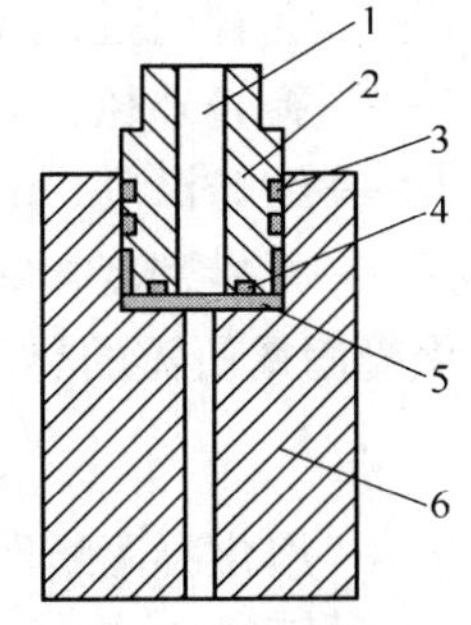

图 12-131　缓冲结构示意图

1—排气孔；2—压螺；3，4—密封圈；5—铜片；6—本体

（4）定时点火器。套管清蜡弹由于其工艺的限制，设计了定时点火系统，定时点火器按每小时 8 个间隔时段设计，每个时段对应相应的开关，采用红绿灯信号监视，使用时，选择相应的定时时挡。打开开关，红灯闪亮，到达定时时刻，绿灯闪亮一下，接通点火电源，定时点火器的工作原理见图 12-132。

（5）点火棒。主装药要求点火能量高，通过过渡点火才能引燃主装药，为此在点火棒中设计了 1 号和 2 号点火剂，把两种点火剂配合使用，实施阶梯式点火，如图 12-133 所示。

（6）主装药结构设计。套管清蜡弹考虑到燃速控制、传火性能和装药方便等因素，设计了标准化的内弹装药，装药外径参考弹壳内径而定，如图 12-134 所示。

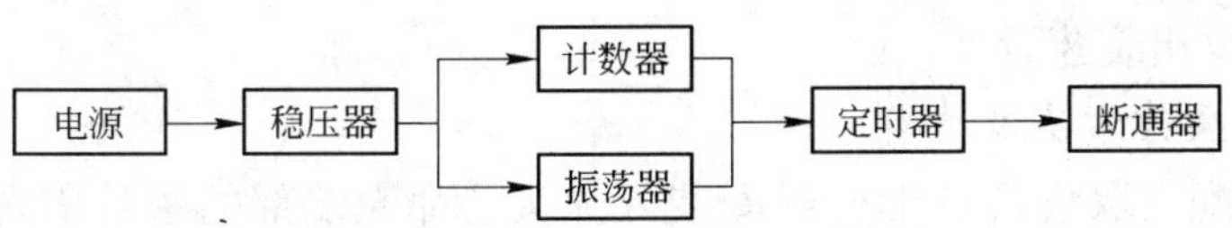

图 12-132　定时点火器工作原理图

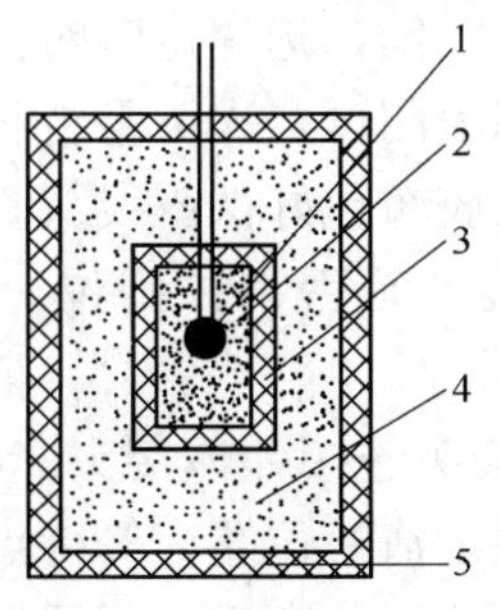

图 12-133　点火棒结构示意图

1—点火头；2—1 号点火剂；3—2 号点火剂；4—主装药；5—装药外壳

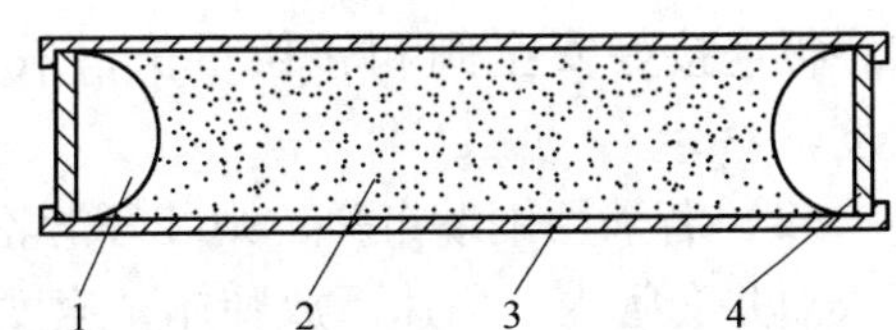

图 12-134　主装药示意图

1—传火药；2—主装药；3—可熔外壳；4—可熔端盖

（7）装药量的理论计算。如果套管结蜡，套管规格为 139.7mm（5.5 英寸）套管，内径为 124.26mm，该井套管从 300m 开始至井下 400m 处结蜡，用 ϕ115mm 套管清蜡弹处理该井结蜡，用药量计算如下：

已知：石蜡密度 $\rho = 900\text{kg/m}^3$；石蜡凝固点 $t_1 = 40℃$；石蜡熔点 $t_2 = 60℃$；石蜡比热 $C = 32455\text{J/(kg}\cdot\text{K)}$；结蜡柱长 $L = 100\text{m}$；装药燃烧热 $Q_{药} = 6096.27\text{kJ/kg}$。

假设结蜡分布在套管内壁与 ϕ115mm 弹壳外壁之间，则结蜡段凝固质量为：

$$m = \pi/4 \cdot (d^2 - D^2) \cdot L \cdot \rho_{蜡} \tag{12-41}$$

式中 m——结蜡质量，kg；

d——套管内径，m；

D——弹壳外径，m；

L——结蜡深度，m；

$\rho_{蜡}$——石蜡密度，kg/m^3。

熔化凝固蜡所需的热量为：

$$Q = C_1 \cdot m \cdot (t_2 - t_1) + m \cdot Q_1 \tag{12-42}$$

式中 Q——熔化凝固蜡所需热量，kJ；

C_1——石蜡比热，kJ/(kg · K)；

t_1——石蜡初始温度，℃；

t_2——石蜡熔化温度，℃；

m——石蜡质量，kg；

Q_1——石蜡熔化热，kJ/(kg · K)。

预估 ϕ115mm 清蜡弹所需的装药量（kg）：

$$W = Q/Q_{药} \tag{12-43}$$

式中 $Q_{药}$——装药燃烧热，kJ。

由此可以计算出装药量 W。

12.3.6.4 操作方法及步骤

（1）弹体装配。取数只O形密封圈装入弹头、弹壳端部的密封槽内，螺纹丝扣上涂上密封脂，按设计要求连接好弹头、弹壳。然后根据设计装药量装入内弹级数，取出一个校定好的定时点火器，根据油井施工作业情况确定点火时间，选择定时时挡，打开相应定时开关，一般留有半小时余量；另取一点火棒，用万用表测试点火头是否相通，把从中引出的两根线分别接到定时点火器的两个接线柱上，用黑胶布包好裸露线头。放入清蜡弹筒内，再连接好安全阀和转换接头，最后检查所有连接件是否都拧到位，并测量弹体总长度。

（2）若采用钢缆布弹，则装好滑轮组件，用钢缆接头连接弹体接头，小心起吊弹体，下入油井套管内。匀速下放弹体，速度不能过快。到预定清蜡位置，等待点火，到达定时时间，弹内点火。控制钢缆中速下放弹体进行清蜡，下放至井底后，再缓慢上提至清蜡初始位置，依据装药燃烧时间确定清蜡投放弹体次数。燃烧热量释放完后起吊弹体。再下油管进行循环洗井，洗出熔化的蜡液。

（3）若采用油管布弹，则用一根一米长的筛管连接在弹体上部，再连接油管，下放弹体到清蜡初始位置等待点火。到达定时时刻，缓慢下放弹体，进行清蜡，直到油层部位。清蜡结束后用水循环洗井，排出熔化的蜡液。

（4）要注意的事项是必须先打开定时点火器定时开关，绿灯闪亮之后；才能连接点火线；密封槽内必须上全密封圈，丝扣螺纹一定要上紧。

12.4 地震勘探爆破

地震勘探是地球物理勘探的一种方法，它依据的是岩石的弹性。地震勘探采用人工的方法（使用炸药或其他能源）在岩体中激发弹性波（地震波），沿侧线的不同位置用地震勘探仪器检测大地的震动。把检测数据以数字形式记录在磁带上，通过计算机处理来提取有价值的信息。最终以地质解释的形式显示其勘探的结果。由于地震波在介质中传播时，其路径、振动强度和波形将随所通过介质的弹性性质及几何形态的不同而变化，掌握这些变化规律，并根据接收到的波的时程和速度资料，便可推断波的传播路径和介质的结构。而根据波的振幅、频率及波速等参数，则有可能推断岩石的性质，从而达到查明地质构造及普查探矿的目的。目前，地震勘探已成为石油勘探中一种最有效的方法，据统计1977年以来经济发达国家在石油勘探方面的总投资中，有90%用于地震勘探。在我国，自大庆油田发现以来，新发现的油田有90%以上也是用地震勘探方法查明的。

12.4.1　基础知识

野外爆破地震勘探作业如图12-135所示，整个作业过程基本上可分为三个环节。

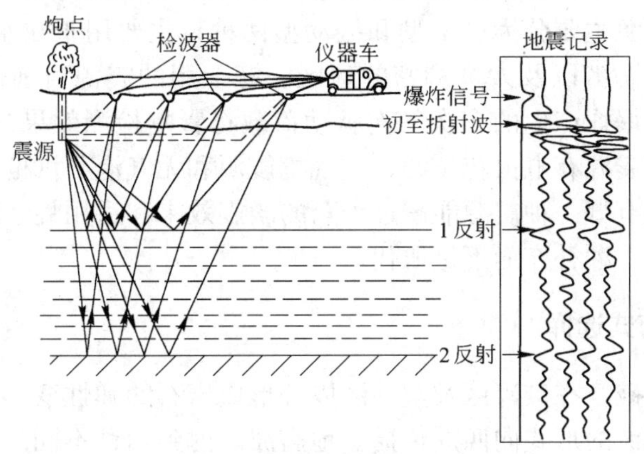

图12-135　地震勘探示意图

第一阶段野外作业：根据地震勘探任务书，布置测线、爆破激震和进行地震波的检测。

第二阶段室内工作：对野外获取的原始资料进行加工处理并做相关的计算，得出“地震剖面图”和地震波波谱资料。

第三阶段地震资料解释：根据第二阶段的成果，运用地震波传播理论和工程、矿藏地质学原理，综合地质、钻井和其他物探资料，给出最后的地质勘探成果。

地震测线是指沿着地面进行野外地震勘探测试的路线，测线布置有两点基本要求：一是应为直线，其垂直切面为一平面，这样布线所反映的地质结构形态比较真实；二是一般应垂直构造走向，以便为绘制地质构造图提供方便。为了解地下构造形态，必须连续追踪各界面的地震波。因此要沿测线在多个激发点上分别激发，并进行连续的多次观测，此时激发点和接收点的相对位置要保持一定的关系。

现代地震勘探数据检测系统主要是由地震检波器、放大器、记录和监视显示装置等部件组成。根据地震勘探本身的特点，对检测系统有如下要求：

（1）爆破激发的地震波在地面引起的振动位移非常微小，只有10^{-10}m的量级，来自浅层和深层的地震波能量相差悬殊，因此，系统要有高灵敏度、较大的动态测试范围和自动增益控制部件；

（2）在地震波的传播过程中，除有效波外，常伴有许多外来或次生的规则干扰波（如面波、声波、浅层折射波等）和无规则干扰波（如风吹草动、建筑物和地面的微震、机械混响等），因此检测系统应具有对有效波在其频率范围内无畸变，对无用的干扰波有频率滤波选择的性能；

（3）为提高检测效率，系统应有多道接收装置。常见的 24 道和 48 道，目前已发展到 500 道乃至 1000 道，各记录道应具有良好的一致性；

（4）地下不同界面的地震波可能接踵而来，为区分两相邻界面的波，仪器的固有振动延续时间 τ 应小于相邻界面地震脉冲的到达时间差 Δt。

地震波的传播是个十分复杂的波动过程，野外采集到的数据输入到计算机中要经数学运算后，需以图形的方式输出，供物探或地质人员解释分析，得出勘探成果。

人工激震在岩层中产生地震波是地震勘探的前提，其震源分为炸药震源和非炸药震源两类。陆上非炸药震源主要分为撞击型和振动型两种，主要用于缺水或钻井困难的沙漠、黄土覆盖等地表条件恶劣以及人员稠密的地区。海上用的震源目前已普遍改用非炸药震源，因为炸药在水中爆炸产生的多次气泡脉动荷载将影响检测效果，且会造成环境污染。代表性的海上非炸药震源有电火花震源、空气枪震源和无气泡蒸汽枪震源。

但是，至今还没有哪一种震源能超过炸药的激震效果和适用性，因而现阶段非炸药震源还只是炸药震源的一种补充而不是取代。

12.4.2 爆破激震方式选择

炸药在岩体中爆破，在破碎区及塑性区以外形成岩石的弹性变形区，此时爆炸冲击波衰减成弹性波以地震波的形式向四周传播。地震波入射到两种不同波阻抗的岩层界面时又将产生反射波、折射波、透射波，并伴有滑行波。目前在地震勘探中主要是利用反射纵波作为勘探的依据，习惯上将其称之为有效波；相对而言，妨碍记录有效波的其他波都称为干涉波。根据波动原理，描述地震波的特征量有时程、波速、振幅、频谱和能量，也即是地震勘探检测、分析的对象和基础资料。

实践表明，地震波的脉冲形状和上述特征量与炸药的物理性质、炸药量、激震方式、传波介质的性质及传播路径等有关。

根据不同的地形地质条件、勘探范围和深度、震源类型等，通常采用以下几种爆破激震方式。

A 空中爆炸

一般在不宜进行钻凿炮井的地区（如流沙、沼泽地）实施，可采用单点或多点组合爆炸。它的优点是爆破作业简便，最大的缺点是爆炸时会产生很强的声波和面波等干扰波。

B 坑中爆破

在表层地震地质条件复杂地区，如沙漠、黄土沟和砾石覆盖区钻井困难时采用，多用于我国西北地区。坑中激发一般采用多坑组合爆破，坑数、组合形式可通过试验决定，爆破后以各坑点的破坏圈互不相切为宜，一般坑距在 10 ~ 20m 左右。爆坑要选择在激发岩性较好的地点。药包应放在坑底的横洞内，竖坑中填土。

C　井中爆破

地震勘探中最常用的一种激发方式。优点是：能降低面波的强度，消除声波对有效波检测记录时的干扰；能形成很宽的频谱；可大大减少炸药用量。井中爆破时，宜选取潮湿的可塑性岩层作为激发岩性。激发深度按反射波的要求，应在潜水面以下3～5m处。若能在离开地面一个面波波长的深度激发，则可以较好地抑制面波。

激发药量的选择，应根据岩性、勘探深度、震源与接收点之间的距离、检波器的灵敏度等因素确定。在上述因素不变的情况下，适当增加炸药量可以提高有效波的振幅。

如属远距离接收，且检测器的灵敏度已达到最大值，此时为有好的检测效果增大单个药包炸药量已受到限制时，也可将炸药分散成多个药包按一定方式排列成组合药包，然后同时起爆。生产实践表明组合药包爆炸激震的效果较好，在爆炸组合参数选择中，合理确定井距（即药包间距）R(单位：m）十分重要，一般可按经验公式：$R=3.0Q^{1/3}$计算，式中Q为炸药量，其单位：kg。应注意的是，当药量一定时，药包个数也不宜太多，否则会因药量过于分散而使激震接收效果减弱。

D　水中爆破

主要用于海洋、湖泊或河流中进行地震勘探，在水网地区也可因地制宜采用。实践表明，水深小于2m时，地震记录效果较差，所以当药量较大，水深不够时可采用组合爆破。

在浅水中爆炸时，应使炸药包接触岩体，避免在淤泥中激发。水深时，由于气泡脉动的多次重复冲击，将使记录受到严重干扰。有试验认为，为使气泡逸出水面不形成振荡的最大水深为：$H=0.77Q^{1/2}$，m。由水面反射的能量与直接由震源发出的能量同相叠加，使有效波能量达到最大的最佳爆炸水深应等于有效波波长的1/4，即10～12m左右。

E　聚能弹爆破激震

采用聚能弹激震可减少炸药用量，且操作简便。在聚能穴作用方向，爆炸能量加强，有利于提高地震波的有效能。此法在地震勘探中已得到推广应用。

F　爆炸索激震

地震勘探中的爆炸索，其标准外径为5mm、长度为300～700m、每100m索装炸药1.05kg。使用时，需将爆炸索埋在用犁沟机犁出的浅沟中，沟深为0.6～1.0m。将沟槽埋实是为了压制干扰及与地层更好地耦合。爆炸索因长度L大而具有良好的组合爆炸作用效果。爆炸索的爆速约7000m/s，大于地震波的波速，一端起爆时，爆炸产生的脉冲具有方向性。所以向下传播的能量大大高于水平方向，从而能增强激发产生的有效波，减弱干扰波。

综上所述，一般条件下井中爆炸为爆破激震首选方式。

12.4.3　激发条件对激震效果的影响

爆破激发的地震波应满足下述基本要求：

（1）有足够的能量，以能够得到深层的反射为宜；

（2）持续时间要短，可以分辨很近的两个界面；

（3）可重复性，每次激发后的波形及其频谱差别很小；

（4）产生的噪声不影响反射波的检测。

事实上，地表条件往往十分复杂，上述条件很难同时达到。实际工作中必须根据特定的勘探任务和近地表条件，适当调节激发参数，以获得最佳勘探效果。

衡量某种激发方式效果好坏的依据，主要包括三个方面：能量、主频及频宽、地震波传播的方向性。能量越高，地震波主频越高、频带越宽，则激发效果越好。地震波传播的方向性是由炸药激发的方向性或周围介质的不均匀性所引起的，当组合基距或长药柱的爆速适当时，这种方向性不会对地震记录产生明显影响。但如果激发参数选取不当或激发条件不好，则会对浅中层的大倾角反射波产生明显影响，破坏地震记录的一致性。

这里着重分析岩性、药包埋深、药量和药包形状对井中爆破激发效果的影响，供爆破激震设计参考。这些因素的影响虽然随着近地表和炮井条件的不同而略有差异，但仍有一定的规律可循。

A 激发岩性

爆炸时波的频谱，很大程度上取决于岩石的物理性质。在干燥岩层（如砂层）或在软弱岩层（如淤泥）中爆炸，则频率很低，且爆炸的能量大部分被岩层所吸收，转化为有效的弹性能量不大。在坚硬的岩石中爆炸，则产生极高的频率，但随着地震波的传播，高频成分很快被吸收，且爆炸能量大部分消耗在破坏井壁周围的岩石上。因此，激发岩性应选取潮湿的可塑性岩层，如胶泥、黏土、湿沙等。这类岩性可使大量的爆炸能量转化为弹性振动能量，且地震波具有显著的震动特性。

B 药包埋深

对反射波来说，药包宜设置在潜水面以下3~5m的黏土层或泥岩中爆炸为佳，因为潜水面是一个很强的波阻抗面，爆炸所激发的能量由于潜水面的强烈反射作用而大部分向下传播，从而增强了有效波的能量。如果药包埋深较浅，激发的直接下行波与经过地表反射的次生下行波时差较小，且药包上方大都为非均匀介质，结果使接收到的地震波的频率特性曲线变得相当复杂。对于潜水面过深，炮井难以达到潜水位以下的地区，激发层位应尽量选择在不漏水的致密层中，并对炮井采取灌水及埋实等措施。

最佳药包深度可根据虚反射滤波特性初步确定，并按微测井物探法的现场实测结果，根据波的频谱平稳性及其宽度来选取最佳激发深度。

C 激发药量

理论表明：在理想情况下（介质均匀、完全弹性，药包为球形），炸药爆炸产生的地震波振幅和能量与药包直径近似呈正比关系，而频率与药包直径近似呈反比关系。在离开药包的距离超过其直径的几倍时，上述情况则与比例距离近似呈线性关系。针对某一地区的具体条件，在地震勘探之前也可通过爆破试验确定。

但实践表明，在常规地震勘探爆破中，激发药量的增大对于地震波能量和振幅的增长影响是缓慢的，且还以牺牲主频和频宽为代价，不利于提高地震反射波信号的分辨率。当勘探范围较大、测线较长等因素必须增大药量时，可采用组合爆破法。

D 药包形状

药包形状的不规则性，将影响到激震荷载的均布和地震波传播的方向性，所以理想的药包为球形。但在实际地震勘探爆破中，往往采用近似具有集中药包特性的短柱药包。此外，爆炸能量与岩石之间存在着几何耦合和阻抗耦合两种耦合关系。几何耦合即药包直径与炮井直径相等，耦合系数为1.0；阻抗耦合则要求炸药与岩石介质的特征阻抗近似一致；此时激发的地震波能量最大。

目前，国内地震勘探基本上都采用炸药爆破作为主要震源。因此，作为爆破工作者来说，在掌握上述地震勘探基础知识的基础上，应根据地震勘探任务书的要求选择合适的炸药激震方式和确定理想的激发条件，以达到满意的地震波检测效果。同时，在实施爆破作业过程中，同样应遵守《爆破安全规程》中的有关规定。

12.4.4　爆破激震设计

如前所述地震勘探有多种爆破激发方式可供选择，其中最常用、效果最佳，但钻井和装药作业相对比较复杂的是井中爆破。故本节重点叙述井中爆破激震方式的设计要点，其他爆破激震方式可据此参考应用。

12.4.4.1　爆破器材选择

A　炸药震源

目前地震勘探多使用震源药柱来爆破激发地震波。震源药柱是一种工厂生产的定型产品，由雷管座、传爆药、炸药和塑料外壳四部分构成，其外观形状如图 12-136 所示，由 8 号专用电雷管引爆。

图 12-136　地震勘探用震源药柱

常用震源药柱按照爆速的高低分为高爆速震源药柱、中爆速震源药柱和低爆速震源药柱 3 种类别，也称高、中、低密度震源药柱。高爆速震源药柱的爆速等于大于 5000m/s，中爆速震源药柱的爆速为 3500 ~ 5000m/s，低爆速震源药柱的爆速小于 3500m/s。

高爆速震源药柱，又按照爆速 1000m/s 的级差分为Ⅰ、Ⅱ、Ⅲ等几种型号，型号数越大表示爆速越高；低爆速震源药柱，按照爆速 500m/s 的级差分为Ⅰ、Ⅱ、Ⅲ等几种型号，型号数越大爆速越低。震源药柱还分有井下使用和地面使用两种使用方式。

震源药柱均标有代码。震源药柱的代码由使用方式代码、名称代码、规格代码及类别代码等组成，如表 12-29 所示。

表 12-29　震源药柱的编码示意

使用方式代码	名称代码	规格代码 （直径—单节质量）	—	类别代码

（1）使用方式代码：标有“M”字符的为地面使用的震源药柱；井下使用的药柱无字符代码。

（2）名称代码：如“ZY”表示震源药柱。

（3）规格代码：由震源药柱的直径（mm）和单节质量（kg）的数字组成，两数字之间用“—”隔开。

（4）类别代码：“G”、“Z”和“D”分别表示高爆速、中爆速和低爆速震源药柱。

例如：代码 ZY60-4-GI，表示井下使用的直径 60mm、单节质量 4kg、爆速大于 5000m/s 小于 6000m/s 的震源药柱。代码 MZY50-2-Z，表示为地面使用的直径 50mm、单节质量 2kg、中爆速（3500 ~ 5000m/s）的震源药柱。

上述三类地震勘探震源药柱的主要性能见表 12-30。其单个震源药柱的装药量通常为 1 ~ 5kg。

表 12-30　震源药柱性能指标

<table>
<tr><td colspan="2" rowspan="2">项　目</td><td colspan="3">性 能 指 标</td></tr>
<tr><td>G（高爆速）</td><td>Z（中爆速）</td><td>D（低爆速）</td></tr>
<tr><td colspan="2">爆速/m · s⁻¹</td><td>≥5000</td><td>≥3500 ~ <5000</td><td><3500</td></tr>
<tr><td rowspan="2">抗拉性能</td><td>直径≤45mm</td><td>连接两节药柱，静拉力 60N，持续 30min，连接处不断裂或被拉脱</td><td colspan="2">连接两节震源药柱，静拉力 98N，持续 30min，连接处不断裂或被拉脱</td></tr>
<tr><td>直径 >45mm</td><td colspan="3">连接两节震源药柱，静拉力 98N，持续 30min，连接处不断裂或被拉脱</td></tr>
<tr><td rowspan="2">传爆可靠性</td><td>直径≤45mm</td><td>总质量大于 6kg 的一组药柱起爆后，爆炸完全</td><td colspan="2">对总质量不小于 10kg 的一组震源药柱起爆后，爆炸完全</td></tr>
<tr><td>直径 >45mm</td><td colspan="3">对总质量不小于 10kg 的一组震源药柱起爆后，爆炸完全</td></tr>
<tr><td colspan="2">抗水性能</td><td colspan="3">压力为 0.3MPa，在水中持续保持 48h，然后进行起爆感度试验，爆炸完全</td></tr>
<tr><td colspan="2">起爆感度</td><td colspan="3">对单节震源药柱起爆后，爆炸完全</td></tr>
<tr><td colspan="2">耐温性能</td><td colspan="3">温度为（50 ±2）℃和（ −40 ±2）℃，保存 8h 后再进行起爆感度试验爆炸完全</td></tr>
<tr><td colspan="2">跌落安全性</td><td colspan="3">试验后不发生燃烧或爆炸</td></tr>
</table>

除此而外，国内还生产有高威力型、高分辨型、高抗水型和地面定向型等多种震源药柱产品，可供地震勘探特殊需要使用。

各类震源药柱的型号、代码、壳体外径和长度、装药品种和装药量、主要性能及适用范围见第 3 章爆破器材中的有关内容。

使用炸药震源时，应执行 GB12950 中的有关规定。

B　起爆器材

图 12-137 为地震勘探爆破专用 8 号电雷管，具有极高的瞬时击发精度。其脚线根据井深需要有不同的长度，远长于工程爆破使用的电雷管脚线长度，可直接引至爆破井口外与其他井点联成网路。

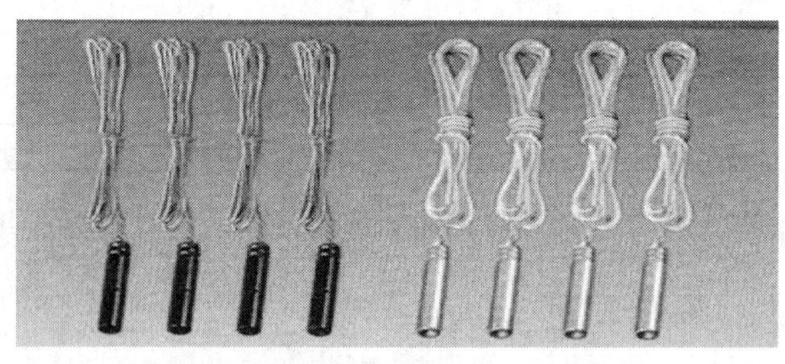

图 12-137　地震勘探专用电雷管

地震勘探采用类似于普通起爆器的专用爆炸机（也叫译码器）起爆。爆炸机不能独立起爆炸药包，要在编码器与地震波检测系统的共同作用下才能完成起爆作业，确保炮点爆炸激发与地震波测点检波同步。通常要求爆炸信号最大时差不得大于 1ms。

12.4.4.2　装药量确定与炮井布置

A　单井爆破装药量

激发药量的选择应考虑以下几方面因素：①爆炸点周围岩性；②要求的勘探深度；

③爆炸点与最远接受点的距离；④仪器的灵敏度和勘探精度等。

理论与实践结果表明，在距离爆炸点较远的地方，地表某一点的地震波的振幅与炸药量和岩层性质有如下关系：

$$A = KQ^{m} \tag{12-44}$$

式中　A——地震波振幅；

K——与岩层性质有关的系数，对于干燥松软的地层 K 值较小；对于湿润或含水的地层 K 值较大；

m——与炸药量有关的指数，对于小药量 $m \approx 1$；中等药量 $m \approx 1.5$；大药量 $m \approx 2$。

从式（12-44）可知，在地层岩性一定的情况下，爆破激震药量较小时，振幅 A 与炸药量 Q 几乎成正比关系；药量增加时，振幅 A 随炸药量变化的速率就变得越来越缓慢，如图 12-138 所示。当炸药量达到某一数值 Q_1 时，地震波的振幅 A 几乎不再随着炸药量 Q 的增大而增加，此时的 Q_1 称为单井爆破激震的极限药量 Q_{max}。同时，如前所述，增大激震药量还以牺牲地震波的主频和宽频为代价，不利于提高地震反射波信号的分辨率。所以，以增大炸药量的办法来增加地震波的能量毫无意义。

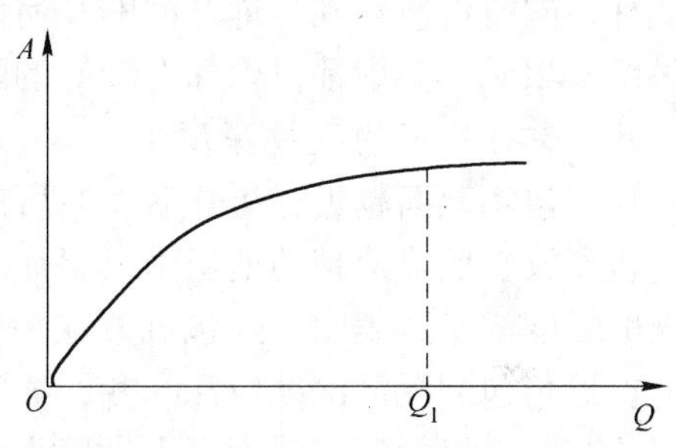

图 12-138　振幅与炸药量的关系图

根据理论分析和大量工程实践统计资料，对于范围不大、测线不长的地震勘探，因不同岩性地层而异，单井爆破激震的最佳炸药量为 4 ~ 15kg，大致可装 1 ~ 3 节震源药柱。

B　炮井布置

当由于勘探范围较大、测线较长等因素必须增大震源激发装药量，以进一步有效地增加地震波的振幅时，通常可采用组合井激发方式，即用多口炮井作为一炮同时爆炸来激发地震波。

采用组合井激发，在保持每个炮井的炸药量不变的条件下，增加了组合井的总药量和爆炸作用范围的面积，无疑可提高其爆破激震的效果。

多炮井激发的组合方式有直线组合与面积组合两种，如图 12-139 所示。图中 δ 叫做组合井距，组合井距的大小和组合井数量的多少可按经验公式或由试验确定，但组合井距 δ 不宜过大，一般不超过 3m，且组合井中的各炸药包均应处在同一标高上。组合井数也不

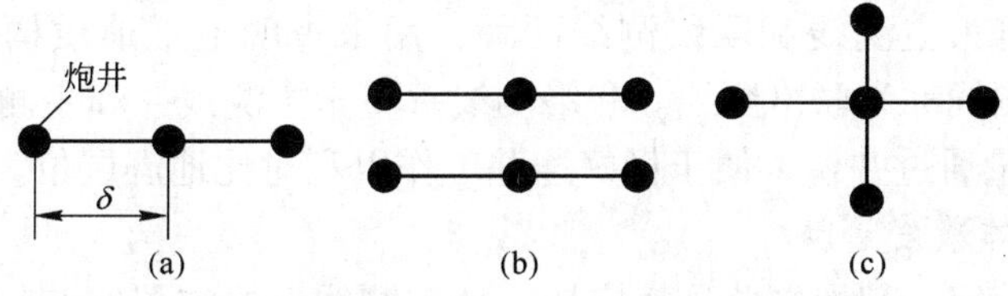

图 12-139　组合激发示意图

（a）直线组合；（b）面积组合 1；（c）面积组合 2

宜过多，以得到能够事实反映地下岩层状态和地质构造的记录为目的，否则就会增大施工难度，提高施工成本。

12.4.4.3 炸药包安置

用爆炸的方法激发地震波，也会产生一些干扰波。为在爆破激发地震波时尽最大努力突出地震反射波，压制干扰波，选择好炸药包的安置条件也是很重要的一环。

A 在井中安置

与在水中安置和在土坑安置炸药包相比，在井中安置炸药包的效果最好。因为药包在井中有较好的激发条件，利于增强地震波的能量，减小面波和声波的干扰。

因炮井很深，井的直径应略大于震源药柱的外径，一般为10～12cm，以便于投放震源药柱，同时可使药柱与炮井间的几何耦合系数接近1.0。当震源药柱在井中安置到位后，应用细沙填满填实炮井，确保有较好的阻抗耦合。

B 要有一定的沉放深度

炸药包离地面越近，爆炸激发时所产生的面波和声波越强，反射波则相应减弱。若将炸药包安放在低降速带的地层中，爆炸激发时所产生的能量将被大量吸收，从而减弱了地震波的强度。实践表明，药包沉放在一个面波波长的深度，则能较好地抑制面波的干扰。因此，炸药包的沉放深度应深一些，通常为十几米到几十米。

炸药包最终的沉放深度可由试验来确定。

C 安置在含水的均匀地层中

地震波频率同样也是影响最佳勘探效果的一个重要因素，通常要求频率适中为宜。

在坚硬的地层中激发，地震波的速度 v 比较大、频率 f 比较高；反之，在松软干燥的地层中激发，地震波的传播速度 v 比较小、频率 f 较低。如果在含水的泥岩地层中激发，地震波的传播速度 v 虽有增加，但其频率 f 适中。因此，爆破激发炮井的装药深度应尽量选择在含水的塑性地层中，最好在潜水面以下3～5m，地震勘探中常常称之为潜水面下激发。

在不均匀的围岩（例如砾石、多空的岩层等）中爆炸激发，易产生强烈的干扰波，影响记录质量。因此，应尽量选择均匀的地层，炸药包下到井底后要把炮井填满埋实。

12.4.4.4 地震测线布置

地震勘探测线，是沿着一定方向进行野外工作的路线。测线布置的基本原则如下。

(1) 测线位置、长度和密度，应根据地质构造来考虑，以确保完成所要求的地质勘探任务。

(2) 测线应尽量布置成直线，以便得到地下构造的真实形态。

(3) 主测线应垂直构造走向,以利测到反射层的真深度和真倾角，为构造解释提供方便。

地震勘探测线分为主测线和联络测线两种，用来查明地下地质构造的测线称为主测线；连接主测线的测线称为联络测线。联络测线垂直于主测线并和主测线构成测线网。

(4) 测线应尽量通过井位，便于做好连井工作以利对比地震层位。

12.4.4.5 爆炸激发

当炮井装药、填塞、起爆网路连接完毕，地震测线上检波器安装就绪后，方可实施爆炸激发作业。

为安全、可靠和有效地爆炸激发地震波，应注意如下几点事项。

（1）爆炸激发前，应检查炮点桩号、炮井坐标和深度与设计是否相符。如是组合井激发，尚需检查组合井图形、井数、井间距、组合中心点等是否符合施工设计。

（2）震源药包制作、向炮井中安放炸药包和连接起爆网路等作业，除执行《爆破安全规程》外，尚应遵守地震勘探爆破中的有关作业安全细则。

（3）在连接起爆网路的同时埋置井口检波器，用不同颜色的导线区别井口检波器的接线和主炮线。

（4）采用专用爆炸机实施激发作业。激发前应对爆炸机和地震检波器进行联机调试，确认爆炸机密码和检测系统编码器密码一致时方可起爆，确保激发与检波同步。

（5）一个炮点放炮结束并经检查无误后，方可沿地震波侧线方向顺序移至下一个预定的炮点，进行爆炸激发的作业。

（6）地震勘探爆破对周围环境的有害影响和安全允许距离的计算可参照本书第 14 章爆破安全技术相关内容和《爆破安全规程》国家标准执行。

12.4.4.6 地震波的接收

地震波的接收，炮点和接收点必须按照一定的位置关系进行，这种位置关系即为地震波的观测系统。地震勘探每放一炮，就要同步接收一次，一炮放完后，炮点就要移动到下一炮，接收点也要进行相应的移动，以保持和炮点的相互位置关系不变。这种位置关系如图 12-140 所示。

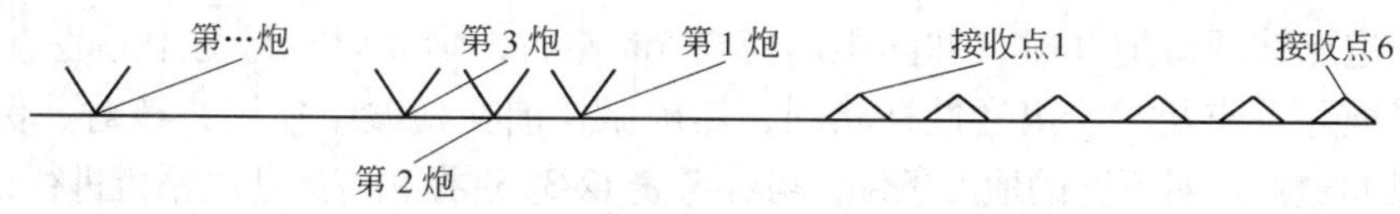

图 12-140 放炮与地震波的接收示意图

当放完第 1 炮后，炮点就要搬到第 2 炮的位置进行放炮，假设从第 1 炮到第 2 炮的距离为 d，接收点 1 至接收点 6 为了保持与炮点的位置关系不变，也要沿地震波测线向炮点前进的方向移动距离 d，然后才能放第 2 炮。如此重复下去，直到把测线上的炮放完。

图 12-140 列举的是炮点在接收点的一端的情况，实际工作中，根据需要炮点也可以在接收点的中间。

为了加强对地震反射波的综合检测效果，地震勘探野外施工常采用多个检波器来同时接收同一个点的反射波，这就是组合检波。

组合检波有面积组合，如图 12-141（a）所示，以及线性组合，如图 12-141（b）所示的两种组合形式。在图 12-141 中，相邻两个检波器之间的距离叫做组内距。接收点应选择何种组合检波形式，应根据地震勘探信号接收、数据分析处理的具体要求确定。

12.4.5 钻井施工

地震勘探钻井是为了将爆破激发地震波用的炸药包安放到合适的激发位置而进行的钻井工作。钻井应严格按照设计的井深、组合井数和组合方式进行钻进。在大规模实施地震勘探爆破前，都要对前述设计参数进行试炮。如达不到勘探质量要求，则应重新确定井深、组合井数、组合图形和炸药量，再行施工。每口井的井深都应达到设计要求，并做到井身垂直，井壁光滑，沉沙冲尽。不同地表条件下，对钻井质量、钻机选用、钻进参数的要求如下。

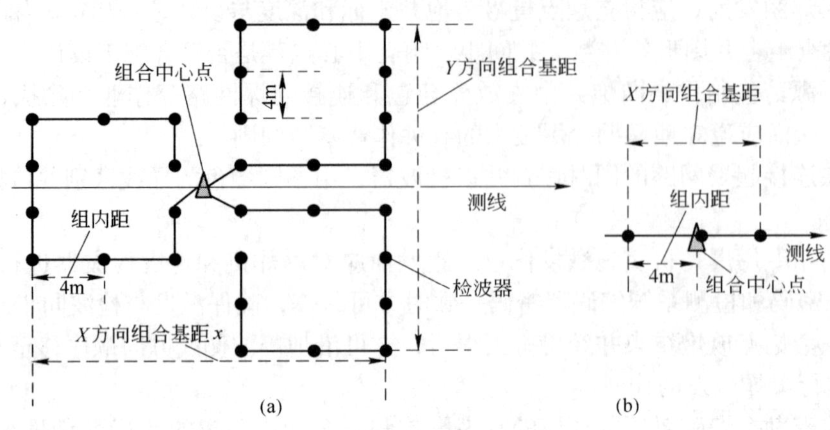

图 12-141　组合检波示意图

（a）面积组合；（b）线性组合

（1）平原区钻井。钻井井位（或组合井的组合中心）应尽量靠近按测线要求布置的炮点桩号，平面偏移应小于 1/10 的道间距，组合井井底高差应小于 0.5m。遇到障碍，井位（或组合中心）的平面偏移超限或高差变化大于 2m 时，要实测坐标和高程。

（2）山区钻井。单口炮井位置应处在以桩号为中心，半径为 5m，高差小于 2m 的范围内。一个炮点钻两口炮井时，井间距离应在 5m 左右，炮井以桩号为中心垂直测线分布。钻完的每口炮井，应及时绘出岩性柱状图，爆破激发前交检波组使用，核对、保存。

（3）钻机选用。对不同的地形条件，可参考表 12-31 选择相应的地震钻机进行钻井作业。

表 12-31　不同地形适用钻机一览表

地　形	适 用 钻 机 型 号
平原地区	WTZ-50 型、WTZ-203 型等
沙漠地区	WTZ-18 型、WTZ-100 型、WTZ-300 型、WT-30G 型、SQ-50-MAN 型等
沼泽湖泊地区	浮箱链轨车钻机、WT-30C 海滩钻机、WT-30E、WT-100C 型、WTZCZ-30A 型等
戈壁地区	WTLZ-20 型、WTZ-18 型、WTZ-100 型、WTZ-300 型、WT-30G 型、SQ-50-MAN 型等
山地、丘陵地区	WTRZ-305、306、307 及 2000C 人抬式山地钻机，WTLZ-20 型、WTZ-18 型、WTZ-100 型、WTZ-300 型、WT-30G 型、SQ-50-MAN 型等
河滩地区	WT-6 型、WTLZ-6A 型等

（4）钻头的选用。针对不同的地层岩性，可参考表 12-32 选择适宜的钻头。

表 12-32　不同岩性适用钻头一览表

岩　性	适　用　钻　头
胶泥地层	鱼尾钻头和三翼钻头及麻花钻头等
沙漠地层	鱼尾钻头和三翼钻头及吹沙筒等
岩石、砾石、戈壁、覆盖层	冲击钻头、牙轮钻头、钎头及中心钎头等

（5）钻进参数选择包括：

1）钻机压力的选择：钻进过程中，钻压不宜太大。对地震车装钻机而言，在实际作业中，要根据具体情况进行适当调整。

2）转速的选择：试验证明，在钻进过程中，转速宜控制在100～120r/min。

3）泥浆泵的排量：增大泥浆泵排量，可增加对井底岩屑的冲刷能力，加快钻头的冷却，提高从井底带出岩屑的速度。在实际作业中，应尽量加大泥浆泵的排量。

（6）特殊情况下钻进注意事项：

1）钻进过程中，如果井下泥浆上返量减少或者发现转速降低时，应适当减轻钻压和放慢钻速。

2）遇到硬地层，可适当增加钻压，提高钻进速度。

3）当到流沙地层时，可增加泥浆泵的排量，减小钻压，放慢钻进速度，同时增大泥浆比重或在泥浆中加入专用的硼化土等，预防井壁坍塌及时捞出泥浆泵从井中冲出的沙粒。

4）遇到胶泥层，要增加洗井次数，防止胶泥堵塞井筒。

5）泥浆比重较小时，可加入适量的黏土。

6）遇到“漏井”时，增大泥浆比重直至不漏为止。若“漏井”严重，可用硼化土或其他化学药剂调配泥浆堵漏。

12.5　高温凝结物解体爆破

12.5.1　概述

高温凝结物是指在冶金、熔炼企业中，经过长时间冶炼之后，由于各种原因在炉体中形成的金属、非金属熔融物残留体，如高炉炉瘤、铜铁、合金、硅铁、电石和冰铜等热凝物。通常在停炉后可采用爆破法将其解体破碎清理，恢复炉体原有容积后才能继续生产。

12.5.1.1　高温凝结物爆破特点

高温凝结物爆破具有如下特点：

（1）凝结物爆破一般在停炉后较短时间内进行，爆破对象的温度高达200～1000℃，即使采取水冷或风冷等降温措施，其温度仍远高于常温。因此，爆破过程中需采取炮孔降温以及爆破器材的隔热保护措施，否则会出现早爆事故。

（2）爆破作业多在车间之中，且爆破点附近往往设备密布、管缆交错，甚至还有各种精密控制仪表等，个别炉体内尚有一定量的有害或可燃气体，因此，安全防护措施非常重要。

（3）爆破对象的材质多样，且各种材质之间的爆破性质有较大差异。如铜冶炼车间的凝结物，上层多为炉渣，较脆易爆，抗压强度较高；中层以铜为主，韧性较大，爆破性较差；下层为冰铜，韧性大难爆，但抗压强度较低。又如在大型硅铁炉中，炉中央熔化充分，凝结物坚固，但较脆易爆；而炉壁部分往往熔化不充分，有时还会出现原料与熔物的混合凝结物，易钻孔但难爆。因此，合理布设爆破孔网和计算装药量有一定难度。

12.5.1.2　高温凝结物爆破要求

对于高温凝结物爆破要求包括：

（1）爆破器材在装入高温凝结物中的炮孔时，应确保从装药至起爆前不产生早爆、误爆；起爆后要求飞散碎块不会对炉壁及附近的其他设备、仪表、管缆等造成危害。

（2）装药前应对炮孔和周围环境的温度、有害气体的成分及其含量进行测定，如超过许可标准应采取相应措施进行处理。

（3）因工作条件恶劣，为确保整个施爆过程快速、高效、安全地进行，每次爆破应制定详细的施工工艺和安全操作细则。

12. 5. 2 爆破设计施工要点

12. 5. 2. 1 钻孔与炮孔布置

A 钻孔

高温凝结物爆破时的钻孔方法，主要有氧炔吹孔法和凿岩机钻孔法两种。

(1) 氧炔吹孔法是用氧炔切割工具在高温凝结物上吹烧成炮孔，这种方法穿孔速度快，但炮孔不规则，起爆时飞散物不易控制，安全性差，污染环境；

(2) 凿岩机钻孔法能按设计要求钻成形状规整的炮孔，不污染环境，安全性好，但穿孔速度慢，钻头和钎杆耗量大，施工条件差。

高温凝结物解体爆破一般采用隔热材料制作的药包，为装药方便起见炮孔直径要大于常规的炮孔，通常为 50 ~ 60mm。

B 炮孔布置

为提高爆破效果，应尽可能创造新的自由面，如充分利用软弱部位、凹凸不平的表面、事先掏槽等布置炮孔。

由于在高温炉体内钻孔困难，因此布置炮孔时应尽可能选择较大的孔距和排距，减少钻爆工作量并确保药包在被爆物内部均匀合理分布。

对于厚度较大的凝结物，宜分层钻孔逐层爆破，分层厚度通常为 0. 5 ~ 0. 8m，一般不超过 1. 2m。

12. 5. 2. 2 装药量计算

高温凝结物解体爆破的装药量，可采用经验公式或工程类比法进行计算。通常，习惯采用体积公式计算装药量：

$$Q = qV \tag{12-45}$$

式中 Q——单孔装药量，kg；

q——单位体积炸药消耗量，kg/m³，对于钢（铁）凝结物 $q = 0.4 \sim 1.2\text{kg/m}^3$，冰铜凝结物 $q = 0.3 \sim 0.6\text{kg/m}^3$，硅铁凝结物 $q = 0.2 \sim 0.4\text{kg/m}^3$，电石凝结物 $q = 0.3 \sim 0.6\text{kg/m}^3$；

V——单个炮孔爆破的体积，m^3。

为达到满意的爆破效果，无论采用哪种方法计算所得的装药量，均应通过试爆、分析最终确定。

12. 5. 2. 3 隔热药包制作

根据爆破条件、使用的爆破器材和隔热材料不同，隔热药包可制成如下多种形式。

A 水冷爆破筒

水冷爆破筒是用镀锌铁皮制成的 ϕ44mm 外筒、ϕ39mm 内筒和 ϕ35mm 药筒三种筒体组成。防水炸药装入药筒后，把药筒送入内筒中，用销钉把药筒固定好，使它与内筒出水口端部和内壁之间留有一定空隙，便于水流通过。内筒套上有筒帽，以便把雷管脚线从小孔中引出，筒帽与内筒也用销钉固定，然后插上输水软管。把外筒插入炮孔中，再把装好的水冷爆破筒送入外筒中。往内筒中不断输入冷水，水流通过内筒与药包之间的孔隙，从底部的出水口输入外筒，沿内外筒之间的间隙流到外面。通过这样不断持续的输水，可以避免因药包温度升高而出现的早爆事故。

水冷爆破筒隔热效果好，但隔热工艺复杂，操作不便，用水量较大，故目前使用较少。

B　*石棉布黄泥隔热药包*

石棉布与黄泥隔热药包如图 12-142 和图 12-143 所示，其制作方法为，将加工好的药包用 2mm 厚的石棉布包裹一层，再将其外层包裹一层 1 ~ 2cm 厚的黄泥（厚度由高温凝结物温度确定），导爆索、导爆管或雷管脚线也应用石棉布和黄泥或石棉管隔热。为装药方便，可在药包上固定一装药手柄，如果手柄为木质则也要采取隔热措施。

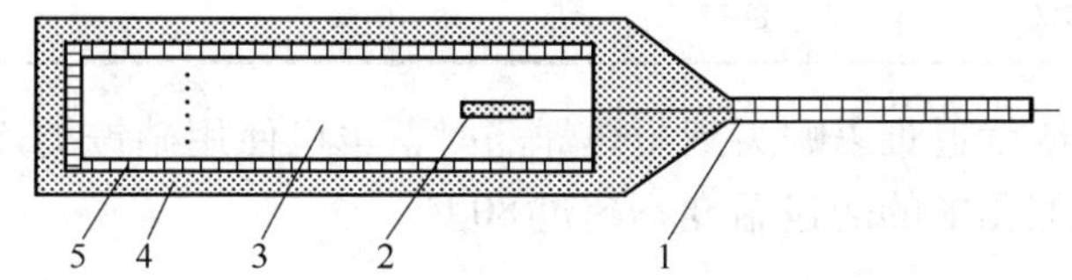

图 12-142　导爆索或导爆管雷管起爆石棉布黄泥隔热药包示意图

1—导爆索或导爆管；2—导爆管雷管；3—炸药；4—黄泥，厚 10mm；5—石棉布 2mm

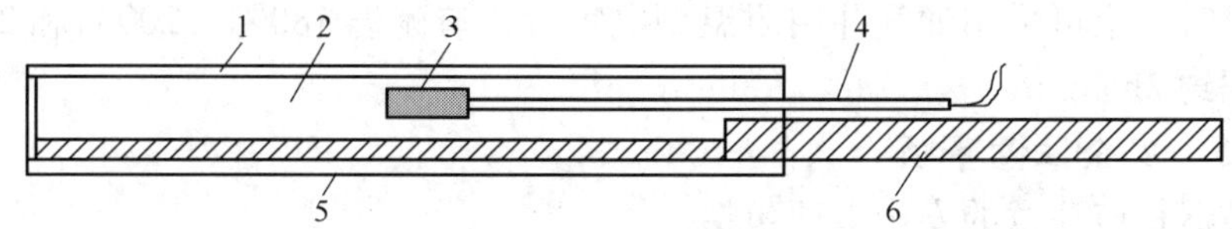

图 12-143　电起爆石棉布黄泥隔热药包示意图

1—石棉布 2mm；2—炸药；3—电雷管；4—石棉管；5—黄泥，厚 10mm；6—木柄

石棉布黄泥型隔热药包隔热效果好，但由于石棉布外面包裹了黄泥，药包直径偏大，装药困难，通常使用在采用氧炔吹孔法和其他直径较大的炮孔中。

C　石棉橡胶板隔热药包

石棉橡胶板隔热药包如图 12-144 所示，通常有三种类型。其制作方式为：采用 0.5mm 厚的中压石棉橡胶板卷成各种直径隔热药筒，药筒的底部可采用石棉绳加水玻璃、海泡石或黄泥捣实堵塞，隔热层厚度根据高温凝结物温度确定，一般不小于 4 层；如果凝结物温度较高，可用耐温 PVC 管卷筒，管外涂 0.5 ~ 1cm 厚黄泥或缠绕一层海泡石毡，然后再缠绕 3 ~ 4 层石棉橡胶板，这样制作的隔热药包不但隔热效果好而且便于装药作业。

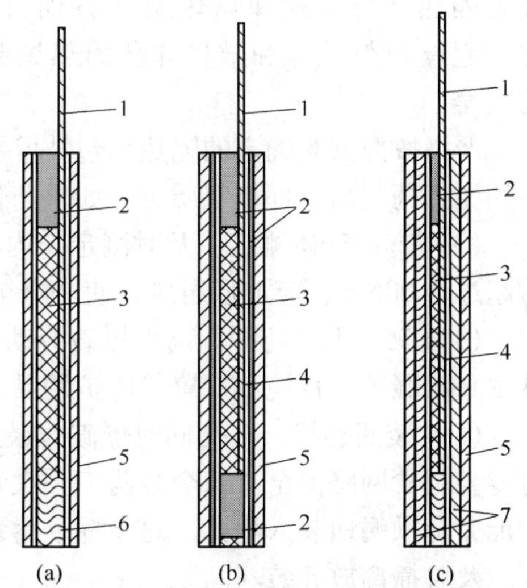

图 12-144　石棉橡胶板类隔热药包示意图

1—导爆索；2—黄泥；3—炸药；4—耐温 PVC 管；5—中压石棉橡胶板；6—石棉绳；7—海泡石

12.5.2.4　爆破器材选择

A　炸药

绝大多数炸药由于爆发点比较低，不能直接应用于高温凝结物的爆破拆除。我国目前已研制

出多种型号的耐热炸药，见表12-33，这些炸药在温度低于190℃的条件下，两小时内不自燃、不爆炸。但它们也是有一定的耐热限制的，当高温凝结物的温度超过其允许温度时，还应采取隔热保护措施。

表12-33　国产部分耐热炸药主要性能

炸药型号	密度/g·cm^{-3}	爆速/m·s^{-1}	撞击感度/%	爆发点/℃	使用温度/℃
耐热-1	1.731	8324	14	302	<190
耐热-2	1.869	7418	0	345	<250
耐热-411	1.760	8633	10		<220

当工程量不大，或就近难以购买到耐热炸药时，也可使用硝铵类炸药，但应采取隔热保护措施，确保装入炮孔中的药包温度不超过80℃。

B　起爆器材

高温凝结物爆破可采用电雷管、导爆管雷管和导爆索起爆，但无论采用哪一种起爆器材均应做好隔热保护措施。

条件许可时，也可采用油气井用耐温型电雷管，有耐温180℃、200℃和250℃三种类型，耐温时间约2h。

12.5.2.5　安全注意事项

处置爆破器材应注意的安全事项包括：

（1）降温措施。如果条件允许，应在停炉后采取大面积淋水、用鼓风机局部通风以及继续浇水的办法降低凝结物表面温度。此外，还可对炮孔灌水降温。为改善钻孔、装药作业条件，可在凝结物上铺盖湿麻袋和搭隔板，并随时对其洒水冷却。

（2）隔热药包的加工。装药爆破之前应对炮孔温度进行反复测量，依据实测数据确定隔热药包形式和隔热层（石棉布、耐火泥等）厚度。加工好的隔热药包应进行空载起爆耐热试验和微量炸药耐热试验，保证10min内不出现自爆，以确保作业人员的安全。

严格按照试验确定的隔热药包技术参数加工药包，高温凝结物一般孔底温度最高，应特别注意药包的尾部填塞质量，如果药包底部是黄泥应避免其变干脱落。

（3）有毒气体测定。及时测定炉内有毒气体的浓度，如CO含量超过0.02%、NO含量超过0.005%，应加强通风，使之降至安全标准以下。

（4）钻孔人员防护。高温爆破劳动强度最大的是钻孔作业，施工过程中作业人员应穿戴耐高温服装、目镜和口罩等防护用品，防止作业过程中受到各种伤害。

（5）装药连线。多孔同时爆破时最好先将爆破网路连接好再开始装药，装药过程中要有专人负责网路安全。每个装药工一次装药孔数要定量、定号，装药前应试探隔热药包是否能完全顺畅地装入炮孔。总指挥下达装药指令后方可进行装药，如超过许可的装药时间则应及时撤离放弃装药。

（6）警戒。装药前开始实施警戒，起爆后确认无拒爆时才能解除警戒。若有拒爆炮孔，药包一般会在30~45min内自爆，所以1个小时之后方可进入爆区检查处理。

下面几节列举几个工程实例，供高温凝结物解体爆破设计施工时参考。

12.5.3 工程应用实例

12.5.3.1 高炉炉瘤爆破

在金属冶炼作业中，由于炉料原因或操作技术上的原因，常常会在炉膛中产生高温凝结物，根据在炉膛中的部位不同分炉瘤和炉底残留物两种形式。其中，附着在炉壁上的称为炉瘤；沉积在炉底部位的称作炉底残留物，如图12-145所示。

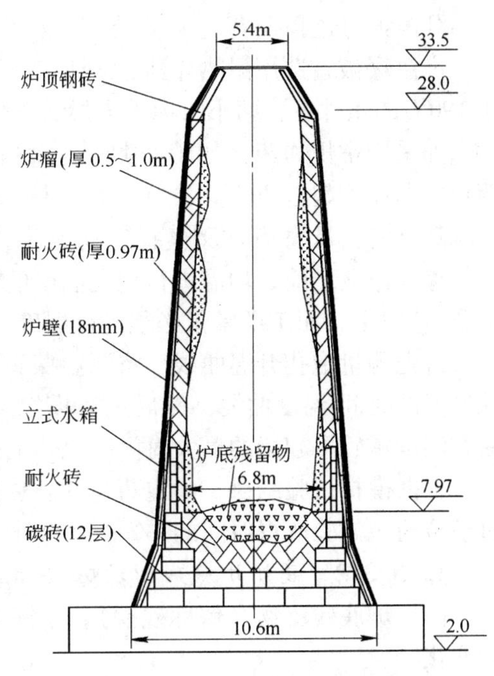

图12-145 750m³ 高炉示意图

高温凝结物成分复杂，内含焦炭、矿石、金属等多种成分。其组分与高炉冶炼类别、使用时间、冶炼工艺有关。炉瘤和炉底残留物物理力学特性有很大不同，以常规炼铁炉为例，炉底残留物以灰口铁为主要成分，单轴抗压强度80~160MPa；炉瘤的密度和单轴抗压强度分别为4~6g/cm³和35~60MPa。因此，炉底残留物和炉瘤分别属特难爆和较难爆介质，可爆性有一定差别。

高温凝结物解体拆除一般要求在停炉后1~2天内进行，其温度高达800~1000℃。装药爆破前需降温，爆破解体时，不得损坏炉壁和炉体。

高炉炉瘤通常位于炉腰以上1~3m处，形状呈环状、半环状和单侧状，其厚度在0.5~1.5m之间。

A 炮孔布置

清除炉瘤时，首先在炉瘤位置将炉壁采用气割方法，开设若干个20cm（宽）×20cm（高）的窗口。割除水箱，在暴露出的耐火砖、炉瘤中钻凿炮孔。炮孔直径为50~60mm，在炉瘤中的炮孔深度为炉瘤厚度B的2/3，炮孔间、排距为炉瘤厚度的一倍左右。为了保证不损害炉身的耐火砖衬砌，药包离炉身内壁的最小距离不得小于0.1m。将耐热炸药包或经过防热处理的乳化炸药包放入炮孔中，用火泥填塞炮孔，爆后把炉瘤振松坠落，如图12-146所示。

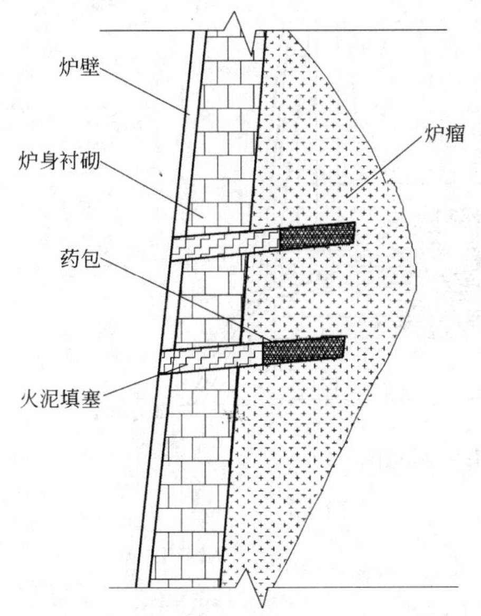

图12-146 炉瘤爆破炮孔布置示意图

B 药量计算

（1）按单个炮孔爆破体积计算炸药量，见公式（12-45）。

（2）按炉瘤厚度计算单孔炸药量：

$$Q = c\left(\frac{2}{3}B - 0.1\right)^3 \tag{12-46}$$

式中 Q——单孔炸药量，kg；

c——爆破系数，取2~3kg/m³；

B——炉瘤厚度，m。

C　炸药选择及药包防热处理

高温爆破宜选用耐热炸药，表 12-32 为国产耐热炸药的主要性能，这些炸药在温度低于 190℃的条件下，两小时内不自燃、不爆炸。

如采用常规炸药（如硝铵类炸药），则应对装入炮孔中的药包应进行隔热处理，确保药包的温度不超过 80℃。

D　炮孔温度测量及模拟药包试验

爆破作业之前，均需进行炮孔温度的测量及注水冷却。如经冷却后孔壁温度尚不能降至 80°C 以下，而工期紧张必须进行爆破作业时，应作模拟药包试验。

首先测量炮孔升温曲线，将测温探头装入炮孔，以 10s 为一间隔，测量温度，测定炮孔升温的时间-温度曲线，然后进行模拟药包试验。模拟药包内只有起爆雷管，装入炮孔后，测量雷管不起爆的最大时间间隔，上述试验应平行进行 3 ~ 6 次。

根据模拟试验结果，确定药包的防热措施和规定许可装药时间。许可装药时间不应超过模拟药包试验所得时间的 1/3，以绝对保证作业安全。

12. 5. 3. 2　高炉炉底残留物爆破

高炉炉底残留物（俗称残铁），呈锅底形、马鞍形等多种形状，其厚度在 1. 0 ~ 2. 5m 内变化。

清除炉底残留物在高炉的大修中是一个重要环节。采用爆破法清除具有成本低、效率高、工期短的优点。一般采用爆轰撕裂法和劈裂法两种工艺。

A　爆轰撕裂法

爆轰撕裂法是指采用钻孔或“吹氧”工艺，在残铁中形成若干个深度为 1. 5 ~ 2. 0m 的炮孔，孔底成药壶状，装药爆破后将残铁顶起并撕裂。其特点是钻孔工作量小、爆破速度快，缺点是一次爆破进尺只有 2 ~ 3m。适用于高炉直径在 10m 以内的残铁爆破，如图 12-147 所示。

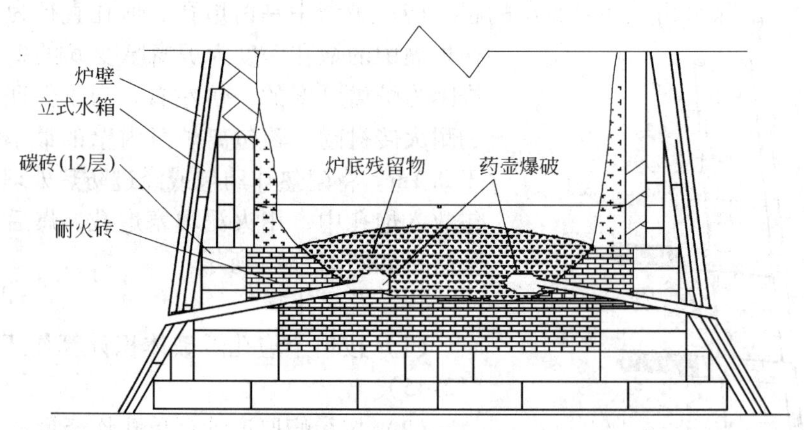

图 12-147　爆轰撕裂法炮孔布置示意图

药壶的装药量采用体积公式计算：

$$Q = qV \tag{12-47}$$

式中　Q——炸药量，kg；

q——单位体积炸药消耗量，取 2 ~ 3kg/m³；

V——待裂解的残铁体积，m³。

B 爆破劈裂法

爆破劈裂法是指采用专用钻孔机具，在残留物中从上至下钻凿垂直炮孔，通过孔内炸药的爆炸，在两两相邻的炮孔之间形成连续裂缝，达到将残留物分割解体的效果。其特点是能够一次性爆破，爆破块度均匀，每块小于 4 ~ 5t。不足之处钻孔困难、钻孔工作量较大。

劈裂法爆破的主要技术参数如下：

孔径 $\phi = 60$mm；孔距 a 为 4 ~ 5 倍的孔径，取 $a = 0.25 \sim 0.30$m；炮孔底至炉底顶面预留 0.2m 保护层，故垂直炮孔深 $L =$ 残铁厚度 $T - 0.2$m；单位面积耗药量 $q' = 2 \sim 3$kg/m²。故单孔装药量 $Q = (a - \varphi) \cdot L \cdot q'$，kg。

图 12-148 为上海某大型钢铁集团研制的新型残铁钻孔设备，钻孔直径 ϕ60mm，钻孔速度 2m/h。图 12-149 为炉底残留物的爆破劈裂效果。

图 12-148 残铁钻孔设备

图 12-149 炉底残留物劈裂爆破效果

12.5.3.3 铜冶炼炉炉结爆破

A 反射炉炉结爆破

某铜冶炼厂的反射炉为一缓倾斜状的床式结构，炉体为一长方体，长约 32m、宽约 10m，见图 12-150。因工艺和原料原因，每年炉床都形成厚 1m 左右的冰铜质炉结，清除后才能恢复正常生产。一般停炉 3 天后开始进行炉结爆破，炮孔测温结果表明，孔底温度在 600 ~ 800℃之间。

（1）炮孔布置及孔网参数。采用 YT-26 凿岩机在炉结中钻凿 ϕ42mm 的炮孔，为防止爆破作用对炉底及炉衬的损伤，炮孔孔底距炉底耐火砖顶面宜大于 0.3m，炮孔倾角 70°。

如图 12-150 所示，先在炉床中部布置两排平行掏槽孔，孔距 × 排距 = 0.3m × 0.25m，呈 V 型布置，倾角 70°。随后平行掏槽孔向两侧顺序布孔，按梅花形布置，孔距 × 排距 = 0.4m × 0.3m。炮孔垂直深度为 0.7m。

（2）单孔装药量。单孔装药量 Q(kg) 按体积公式计算：

$$Q = qV \tag{12-48}$$

式中　V——单孔爆破的炉结体积，m^3；

q——单位体积炸药耗药量，冰铜质炉结取 $q=0.55kg/m^3$。

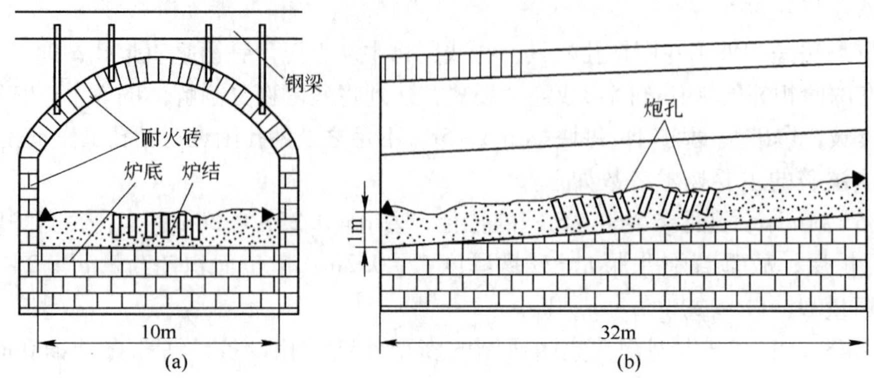

图 12-150　反射炉结构及炮孔布置示意图

（a）横断面；（b）纵断面

（3）隔热药包制作。将硝铵炸药装入耐温 PVC 管，管外涂 0.5～1cm 厚的黄泥或缠绕一层海泡石毡，然后再缠绕 3～4 层石棉橡胶板，制作成的隔热药包见图 12-144（c），在正式施爆前应作耐温模拟试验。

5～6 个药包用导爆索串联成一组，采用导爆管雷管网路延时起爆，组间延时间隔为 50ms。装药过程中为避免导爆索直接接触高温炉结，隔热药包长度应比孔深略长。

B　诺兰达炉炉衬炉结爆破

某铜冶炼厂进口的加拿大诺兰达炉为一横放的圆筒，筒体长 18m、外径 4.8m、筒壁厚 50mm。筒体平放于 4 组支承轴承上，在回转机构带动下，筒体可向一侧旋转 48°，炉体结构如图 12-151 所示。该炉因原料原因每 18 个月大修一次，大修时需拆除炉衬、炉结。炉衬为高强度铬镁耐火砖，厚度 381mm；炉结为冰铜质，集中于炉底，炉结厚度 1000～1200mm。

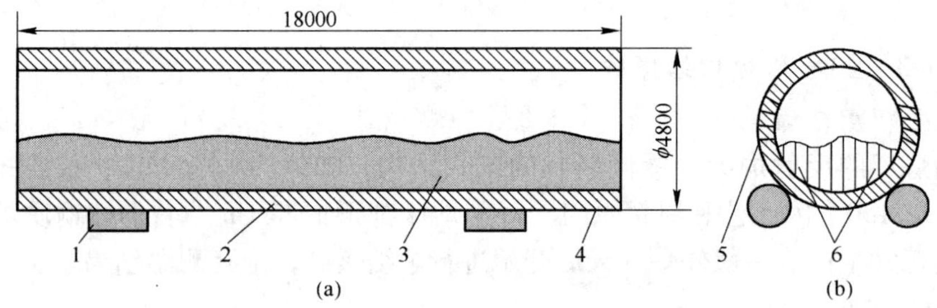

图 12-151　诺兰达炉结构和炮孔布置示意图

（a）纵断面；（b）横断面

1—轴承；2—炉衬；3—炉结；4—炉壳；5—炉衬炮孔；6—炉结炮孔

爆破方案选择重点考虑两个因素：一是爆破作业需在停炉降温两天后进行，此时凝结物内部温度一般在 220～280℃，炉衬 60～90℃；二是单个轴承能承受的极限动载荷为 300t。因此，施工前应首先进行爆破器材的隔热耐温试验和许可单段爆破最大药量的试验。

为保证施工过程的安全，首先拆除上部的炉衬。沿炉体轴向在炉体两侧炉壁中部采用爆破法切两个缺口，使上部炉衬随切口的延伸逐步自行跨落。清理后，再对下部高温炉结进行减振爆破破碎。

（1）孔网参数：

炉衬切槽爆破：孔距×排距=250mm×200mm，孔深300mm，每侧四排炮孔；

炉结爆破：孔距×排距=350mm×250mm，孔底距炉外壳200mm。

（2）单孔药量：

单孔爆破药量 Q 按体积公式（12-48）计算，式中，q 取0.55kg/m^3。

（3）隔热药包制作，使用3～4层0.5mm厚的中压石棉橡胶板卷成隔热药筒，底部采用石棉绳加水玻璃或黄泥捣实填塞即可。制作成的隔热药包见图12-144（b），在施爆前也应作耐温模拟试验。

（4）爆破网路。为满足减振要求，爆破最大单段药量不能超过100g，设计采用半秒延期导爆管雷管起爆隔热药包的导爆索，每次起爆8～10个炮孔。为避免拒爆采用了如下措施：一是在孔口由两发导爆管雷管引爆导爆索，避免因雷管本身质量引起的拒爆；二是导爆管雷管靠近隔热药包连接导爆索时，应尽量避免导爆索外露，并用1cm厚的海泡石毡或黄泥对起爆雷管和外露导爆索进行隔热保护；三是用长200mm的软塑料管把两发雷管及孔口导爆索套住，避免因孔间距离太小而导致先爆孔产生的空气冲击和飞散物切断后爆孔的起爆导爆索；四是对导爆管也应采取隔热保护措施，避免炉结表面温度过高影响导爆管传爆。

12.5.3.4　黄磷电炉炉瘤爆破

A　工程概况

贵州省某磷化工厂4号黄磷电炉在长期冶炼过程中，炉膛内壁和底板上产生有一定厚度的高温凝结物（炉瘤），直接影响磷化工产品生产，应及时停炉清除。

黄磷电炉外直径11.0m、内径8.2m，高8.0m，黄磷炉用耐火砖砌筑，厚1.4m，四周用钢板和槽钢加固。4号黄磷电炉位于磷化工车间内，临近压力容器，周边易燃、易爆、危险化学品较多，环境极其复杂。磷炉结构如图12-152所示。

B　爆破方案与参数

（1）爆破方案。炉膛内钻孔，按从上到下沿炉瘤分层钻倾斜孔的方式进行装药爆破。炉内炮孔布置见图12-153。

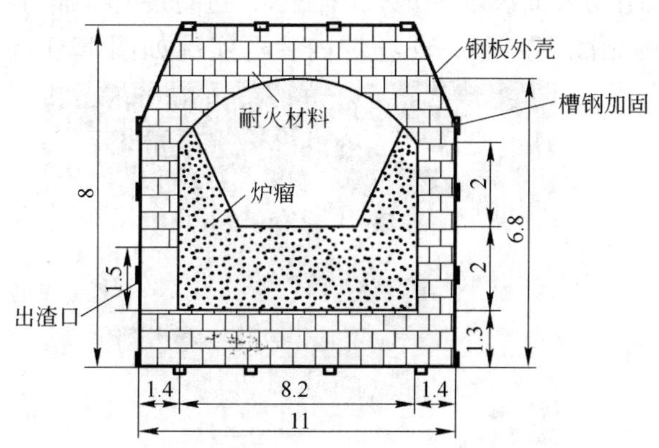

图12-152　磷炉结构示意图（单位：m）

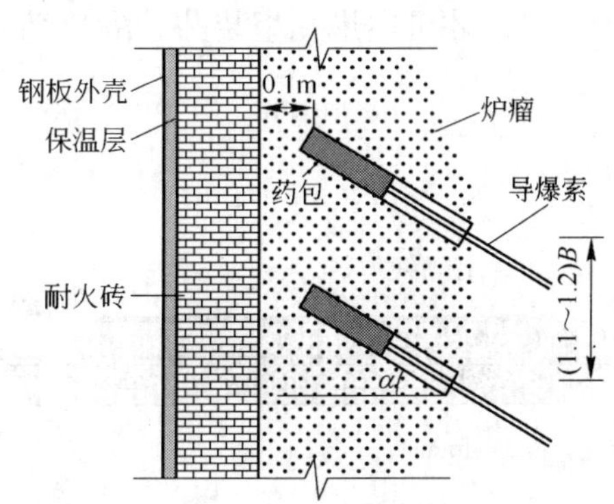

图12-153　炉内炮孔布置图

（2）爆破参数选择：

钻孔直径：钻孔直径比药包直径大 5 ~ 10mm，取 $d = 50 \sim 60$mm。

钻孔深度：根据炉瘤的厚度确定，垂直钻孔时 $L = B - 0.1$，倾斜钻孔时 $L = (B - \delta)/\sin\alpha$，其中 B 为炉瘤厚度，m；δ 为孔底距炉壁距离，一般 $\delta \geqslant 0.1$m；α 为钻孔倾斜角，取 $\alpha = 45°$。

钻孔孔距：$a = (1.1 \sim 1.2)B$。

单孔药量计算：

$$Q = qaLW \tag{12-49}$$

式中　Q——单孔装药量，kg；

a——孔距，m；

L——孔深，m；

W——最小抵抗线，$W = 0.3 \sim 0.5$m；

q——单位体积炸药耗药量，$q = 0.8 \sim 1.0\text{kg/m}^3$。

C　施工工艺

（1）炉内通风及降温处理。磷炉停火后，首先把爆破部位炉体钢板切割开，迅速清除炉内炉渣，以形成自然通风风道，将炉内有毒气体及粉尘排出。通风降温后，向炉内高压喷洒冷却水再次进行降温处理。当炉内温度低于 50℃，方可允许人员进入炉内作业。

（2）钻孔。按设计孔网参数进行，每次钻孔不宜过多，以控制操作人员在炉内工作时间。孔底到炉壁距离不得小于 0.1m，严禁将炮孔打入炉壁耐火砖内。

（3）高温条件下的装药和起爆。

1）装药前炉内及炮孔温度测量：在炉内安放固定专用高温测温计，每隔半小时记录一次温度，以确定炉内是否需要洒水降温；装药前每个炮孔必须进行温度测量，根据测量温度确定装药方法、降温方法和药包隔热措施。

2）隔热和降温措施：在炮孔中插入 1 根一端封闭的特制导管，通水冷却待降到一定温度时取出，并立即装药；用石棉布将药包和导爆索包裹起来与热源隔开。石棉层的厚度为 4mm，其外均匀涂一层厚 1 ~ 1.5mm 的耐热泥浆或黄泥浆，导爆索延伸至孔外长度不得小于 1m，且必须有石棉包裹。

（4）装药与填塞。装药前应先向高温凝结物表面泼水和炮孔内注水，进行冷却，低于 150℃时，才可向炮孔里装药，隔热药包结构见图 12-154，现场炉内装药实况如图 12-155

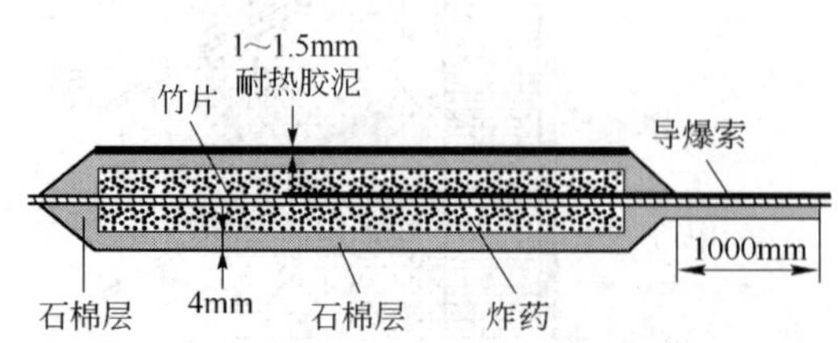

图 12-154　高温起爆药包结构图

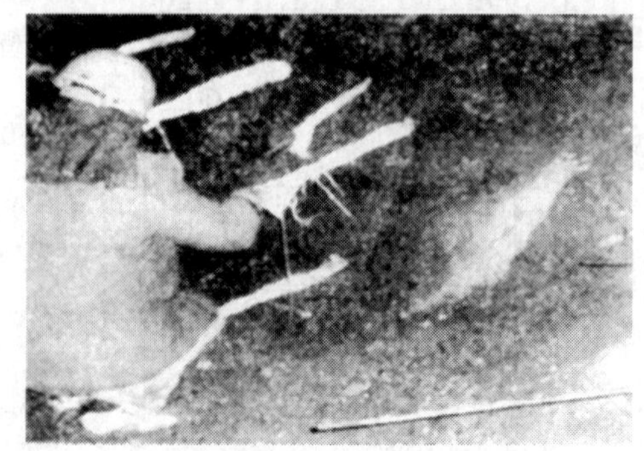

图 12-155　现场装药实况图

所示。装药、连网、爆破应在5min内完成。

D　爆破安全控制

(1) 爆破振动。受装药时间限制（5min之内每人限装两孔）每次爆破炮孔数量较少，且采用延时爆破，单响药量小于0.5kg，因此爆破振动不会危及周围设施安全。

(2) 爆破飞石。在磷炉开口及底板出渣口处悬挂胶网，并在出渣口前1.0～1.5m处堆积沙袋，防堵飞石。

(3) 有毒有害气体控制。除爆破产生的有害气体外，从磷炉内散发出的毒气更危及人体健康。宜加强炉内通风和洒水，同时进入炉内作业的人员需佩戴防毒面具和口罩。

(4) 清渣坍塌危害。磷炉停火后，炉内除坚硬的炉瘤或固结物质外，还有一大部分疏松炉渣贴附在炉壁，应及时清理防止坍塌造成危害。清理完毕，方可进行后续作业。

12.6　金属破碎切割爆破

废物回收利用是人类节约天然资源的重要途径，而且在再加工过程中能降低能源消耗和减轻污染。例如，冶炼1t钢，用废钢比用纯铁水的原材料消耗要降低90%，能耗降低74%，烟尘减少86%，采矿废物减少97%。近年来，炼钢使用废钢的消耗量逐年增加，根据1980年的统计，美国冶炼1t粗钢要消耗废钢558kg；英国为596kg；加拿大为529kg。我国冶金部门规定炼钢用废钢的配比为35%。这些废金属在重熔再生以前要经过破碎，达到要求的块度后才能入炉。

采用爆破法破碎切割废旧金属，工效高、成本低、作业条件尚可，目前已在大型钢铁、铜等冶炼工厂普遍推广应用。

12.6.1　设计施工要点

在进行施工设计时要注意以下要点：

(1) 爆破破碎金属通常采用裸露药包爆破切割和炮孔爆破破碎两种方法。前者多用于厚度不大的金属板、金属管和型钢；后者多用于厚度和体积较大的铸铁块、铜块和钢锭。

采用炮孔法时，可用氧气喷枪烧孔。装药前应将孔内金属屑吹净，孔内温度宜降低到40℃以下。应确保炮孔的填塞长度和填塞质量，以提高爆破效果和防止空气冲击波及个别飞散物的不利影响。

(2) 金属材料具有密度大、波阻抗大和强度高的特点。为提高它的爆破破碎切割效果，宜选用密度较大、爆速高的炸药，例如压制成高密度的梯恩梯药柱和黑索今+环氧树脂的混合炸药。其中后者采用质量比为90%～97%的钝化黑索今和10%～3%的环氧树脂混合而成，装药密度可达1.36～1.40g/cm^3，爆速高达7000～7900m/s，威力相当高。

为操作方便起见，有时也用高能导爆索作为爆破材料。

(3) 本节列出的装药量计算公式均为经验公式，供参考使用。爆破工作者也可根据自身经验和工程类比法进行药量计算，但均需通过试爆后最终确定合理的装药量和相关的爆破参数。

(4) 金属破碎切割爆破通常在专设的爆破坑和野外爆破作业场中进行。爆破坑深埋于地下，有足够容积，坑底坑壁均有废钢材砌护，坑盖采用重型钢板铸成，有专用的出入口、通风口等安全防范措施，可重复使用，是爆破作业场地的最佳选择。

在露天进行金属破碎切割爆破时，作业场地应建于空旷且有优越自然屏障的丘陵或山区，在其安全范围应设有围墙、篱笆或铁丝网。作业场中应设置避炮、起爆掩体，其到爆炸点的距离按空气冲击波安全允许距离计算。一次起爆最大药量，可按《爆破安全规程》中的空气冲击波超压和爆破噪声的安全允许标准进行计算。爆炸作业中若发生不完全爆炸，飞散的炸药残块应仔细回收，单独保存，集中销毁。

特殊情况下，如需在厂房、车间内爆破金属部件时，必须严格控制一次起爆药量，采取有效的覆盖防护措施并制定相应的安全作业细则。

12.6.2 裸露药包与炮孔爆破法

12.6.2.1 裸露药包爆破切割法

这种方法多用于厚度小于 10cm 的金属板、金属管和各种型钢（如工字钢和槽钢等）的切割。在切割部位敷贴条状裸露药包或者缠绕几圈导爆索，利用炸药爆炸产生强大的冲击剪切作用，将金属材料切断破裂。

爆破切割所需的炸药量一般用试验方法确定，也可采用类似爆破作业的经验数据或经验公式计算。

A 钢板爆炸切割装药量计算

（1）切断厚度小于 2.5cm 的钢板：

$$Q = 25F \tag{12-50}$$

（2）切断厚度为 2.5 ~ 5cm 的钢板：

$$Q = 10\delta F \tag{12-51}$$

式中 Q——梯恩梯药量，g；

F——钢板切断面积，cm^2；

δ——钢板厚度，cm。

当整个钢板是由数块薄钢板用铆钉组合，而条状药包又必须装置在铆钉上时，δ 应等于一个铆钉头的高度与整个钢板厚度之和，组合钢板中空隙厚度也应包括在内。

（3）当切断的钢板厚度为 5 ~ 10cm 时：

$$Q = q\delta^2 B \tag{12-52}$$

式中 q——装药系数，生铁取 5、钢和熟铁取 7.7；

δ——钢板的厚度，cm；

B——钢板的切口长度，cm。

B 钢梁爆炸切断装药量计算

（1）钢梁的腹板或翼板厚度小于 2.5cm 时：

$$Q = 50F \tag{12-53}$$

（2）钢梁的腹板或翼板厚度为 2.5 ~ 5cm 时：

$$Q = 20\delta F \tag{12-54}$$

式中 δ——钢梁腹板或翼板的厚度，cm；

F——切断面积，cm^2。

C 钢索或圆钢爆炸切断装药量计算

$$Q = (80 \sim 100)d^2 \tag{12-55}$$

式中 d——钢索或圆钢的直径，cm。

将上式计算出来的装药量分成两个等量的药包，捆扎在钢索或圆钢切口两侧相对剪切的位置，同时起爆。

D 钢管爆炸切断装药量计算

（1）钢管壁厚小于2.5cm时：

$$Q = 25\pi d\delta \tag{12-56}$$

（2）钢管壁厚为2.5～5cm时：

$$Q = 10\pi d\delta^2 \tag{12-57}$$

式中 Q——梯恩梯药量，g；
π——圆周率，取3.14；
d——钢管外径，cm；
δ——钢管壁厚，cm。

E 爆炸切断铸铁管装药量计算

$$Q = qd\delta^2 \tag{12-58}$$

式中 Q——梯恩梯药量，g；
q——装药系数，见表12-34；
d——铸铁管内径，cm；
δ——铸铁管壁厚，cm。

表12-34 装药系数 q

d/cm	10～30	40～50	60～90
q	2.4～3.0	1.8～2.0	1.5～1.8

式（12-58）是采用梯恩梯炸药切割铸铁管时的装药量计算，如果改用导爆索时，需将梯恩梯炸药换算成导爆索的长度，换算公式如下：

$$L = \frac{Q}{q \cdot e} \tag{12-59}$$

式中 L——导爆索长度，m；
Q——梯恩梯炸药装药量，g；
q——每米导爆索含药量，g/m；
e——炸药换算系数，取1.1～1.3。

F 锅炉爆破切割装药量计算

锅炉爆破切割一般采用长条药包，并将药包放在铆钉排上。装药量按下式计算：

$$Q = 7.7\delta^2 L \tag{12-60}$$

式中 Q——梯恩梯药量，g；
δ——锅炉钢板厚度，cm；
L——锅炉切口长度，cm。

用裸露药包法爆炸切割金属时，药包一定要紧贴金属面，并在药包上面覆盖厚度不小于 25 ~ 30cm 的黏土或砂包。

12.6.2.2　炮孔爆破破碎法

爆破破碎厚度大于 15cm 的金属块或废金属坨时，宜采用炮孔爆破法。可用专用机具钻凿炮孔或者采用氧气喷枪的火焰烧成炮孔。炮孔破碎法的爆破参数选取和装药量计算如下。

（1）爆破破碎厚度大于 15cm 的金属块时：

炮孔直径 d：　$d = 30 \sim 35\text{mm}$

炮孔深度 L(m)：　$L = \left(\frac{1}{2} \sim \frac{3}{4}\right)\delta$

炮孔间距 a(m)：　$a = (1 \sim 1.5)L$，通常取 0.3 ~ 0.4m

单孔装药量 Q(kg)：　$Q = 1.5L^3$

式中　δ——金属块的厚度，m。

（2）爆破破碎钢（铁）坨时：

炮孔直径 d：　$d = 35 \sim 50\text{mm}$

炮孔深度 L(m)：　$L = \left(\frac{1}{2} \sim \frac{2}{3}\right)\delta$

最小抵抗线 W(m)：　$W = (25 \sim 30)d$

式中，将炮孔直径的单位换算成 m 代入公式进行计算。

炮孔间距 a(m)：　$a = (1 \sim 1.2)W$

总装药量 Q(kg)：　$Q = qG$

式中　q——破碎单位重量金属坨的炸药消耗量，kg/t，破碎钢坨一般取 0.3 ~ 1.0kg/t；

G——金属铊的重量，t。

12.6.2.3　炮孔爆破劈裂法

这种方法是沿着铸铁（钢）块劈裂面布置一排或数排垂直炮孔，采用少装药、密打孔和同时起爆的措施，使爆破后各炮孔所产生的裂隙沿着炮孔的联心线方向延展，形成完整的劈裂面，将金属块分割成两段或数段。

A　炮孔爆破劈裂法基本计算

（1）爆破参数选取：

炮孔直径 d：　$d = 35 \sim 40\text{mm}$

炮孔深度 L(m)：　$L = \left(\frac{1}{2} \sim \frac{2}{3}\right)\delta$

最小抵抗线 W(m)：　$W = (8 \sim 25)d$

式中，将炮孔直径的单位换算成 m 代入公式进行计算。

炮孔间距 a(m)：　$a = (0.6 \sim 1.0)W$

（2）劈裂面装药量计算：

$$Q = q'(F - F') \tag{12-61}$$

式中　Q——梯恩梯炸药装药量，kg；

q'——单位面积耗药量，kg/m^2，铸铁取 $2.1kg/m^2$，钢块取 $2.5 \sim 5kg/m^2$；

F——劈裂面积，m^2；

F'——劈裂面炮孔总截面面积，m^2。

B　炮孔爆破劈裂法实例

如图 12-156 所示，铸铁块的一个劈裂面上共布置了 5 个炮孔，沿铸铁块长度方向布置了 4 排炮孔。爆破后将铸铁块劈裂成 5 段。爆破参数与效果如表 12-35 所示。

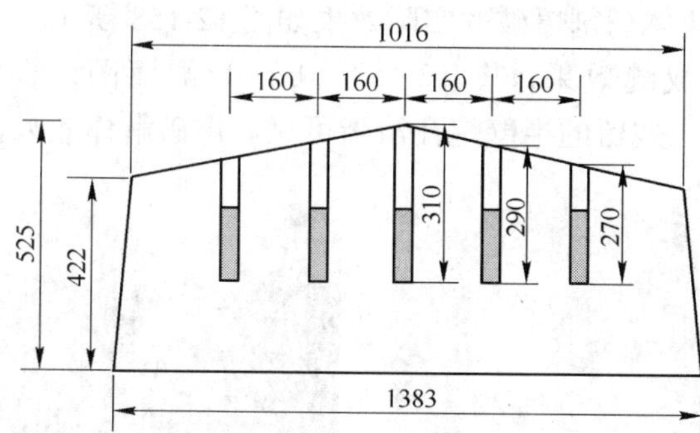

图 12-156　铸铁块劈裂面上炮孔布置图（单位：mm）

表 12-35　铸铁块的爆破劈裂参数与切断效果

劈裂面积 F/m^2	炮孔直径 /mm	炮孔数 /个	炮孔断面积 F'/m^2	劈裂面装药量 Q/kg	$\frac{Q}{F}$ $/kg \cdot m^{-2}$	$\frac{Q}{F-F'}$ $/kg \cdot m^{-2}$	切断效果
0.573	38	5	0.054	1.08	1.88	2.08	劈裂切断
0.561	38	5	0.054	1.08	1.93	2.13	劈裂切断
0.538	38	5	0.054	1.00	1.86	2.07	劈裂切断
0.508	38	5	0.054	1.00	1.97	2.20	劈裂切断

大型粗铜块体，当外形尺寸较大，难于进入转炉冶炼时，也需进行爆破切割解体。下面列举某厂一块长约 5m、宽约 1.8m、厚约 0.8m 的铜体爆破切割的实例。

（1）孔网参数。采用 YT-23 气腿凿岩机钻凿直径为 42mm 的炮孔。考虑到铜金属韧性较好，设计炮孔深度为铜体厚度的 4/5，即 0.64m，全部采用垂直炮孔。根据解体要求，在块体长度方向上布置 3 排炮孔，排间距为 1.25m。为获得良好的切割效果，孔间距越小越好，两个炮孔中心间距取 92mm，即相邻两个炮孔壁间距为 50mm。

（2）药包制作。药包采用楔形聚能切割器，外壳为铝合金 70 号系列扁筒，壁厚 1.0mm。聚能药型罩用紫铜材料制作，壁厚 0.5mm，锥角为 90°，口径比为 0.060 ~ 0.075。炸药采用压装梯恩梯。线型聚能装药切割器的截面见图 12-157，

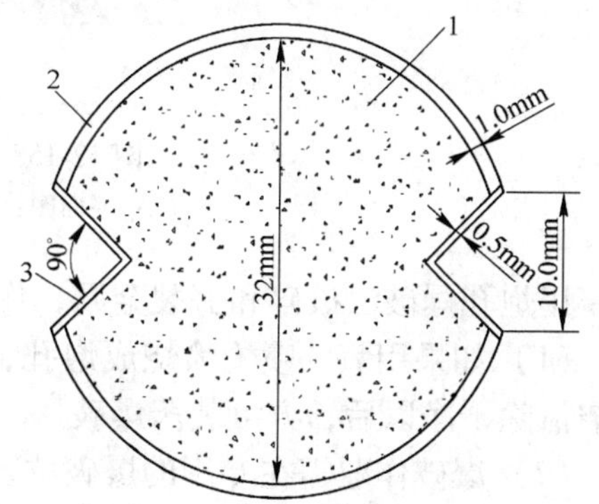

图 12-157　线型聚能药包结构断面参数
1—梯恩梯装药；2—铝合金外壳；3—紫铜聚能罩

具体参数见表 12-36。

表 12-36　切割聚能药包主要参数

药型罩体材料	装药成型方法	装药线密度/$g \cdot m^{-1}$	药型罩锥角/(°)
紫　铜	压装法	750	90

（3）单孔药量。聚能切割药包直径为 34mm，装药长度 60cm。每个炮孔装一个聚能切割药包，因此单孔药量为 450g 梯恩梯。采用导爆索起爆。

（4）爆破效果。铜块体切割爆破的实际效果如图 12-158 所示，其中图 12-158（a）为铜块表面炮孔间的切割成缝效果；图 12-158（b）为侧面图，裂面已达铜块底部；图 12-158（c）为切割断面，残留的半壁炮孔清晰可见。爆破解体效果良好。

(a)

(b)

(c)

图 12-158　铜块体切割爆破效果图

（a）平面图；（b）侧面图；（c）切割断面图

用炮孔爆破法破碎和劈裂金属，作业时一定要注意以下几个问题。

（1）如果用氧气喷枪喷烧成炮孔，必须等到孔内温度降低到 40℃ 以下，并将孔内金属屑清除干净以后，方可装药爆破。

（2）爆破作业需在专用的爆破坑、爆炸装置或爆炸场中进行。爆破坑的深度不得小于 2.0m，四周和底部采用厚 1.0m 的防护钢筋混凝土墙，并内衬厚 15～20cm 的装甲板。坑体对角线方向设置两个进出口。为防止碎片飞散，采用重 40t 活动泄压的金属盖板覆盖坑顶。

（3）采用电雷管起爆时，必须使导线与金属体之间保持良好的绝缘。

（4）每次放炮后，必须待到坑内的有害气体排完后，方准进入坑内进行其他作业。

（5）在爆破坑中爆破破碎金属体时，个别飞散金属片对人员的安全距离不得小于150m。在空旷的爆炸场中爆破时，安全距离不得小于1500m，在距爆破地点100m外，应设操作人员的避炮所。如需在厂房内爆炸切割金属部件时，必须采取有效的覆盖防护措施。

12.6.3 工厂化专用爆破作业场

某钢厂作为冶金行业的特种钢生产基地，年回收利用废钢铁料近百万吨。

鉴于对废钢铁料的需求量大，钢锭砣、铁疙瘩等废料的体积大、重量重，该厂从20世纪70年代就构筑了爆炸坑，并逐步完善建成了工厂化的专用爆破作业场，负责对大块废钢铁料的爆破破碎、加工处理，使其符合冶炼的需求。下面举例介绍，供使用部门参考。

12.6.3.1 作业场平面布置及主要设施

作业场位于偏僻的山沟。爆破坑三面被黄土陡坡包围，仅一面与外界铁路、公路相通。爆破场由爆破作业区、爆破坑、天车、铁路专线、液氧站、炸药库房等组成，以及必要的干式磁选机、配电室、工房等辅助设施。平面布置如图12-159所示。

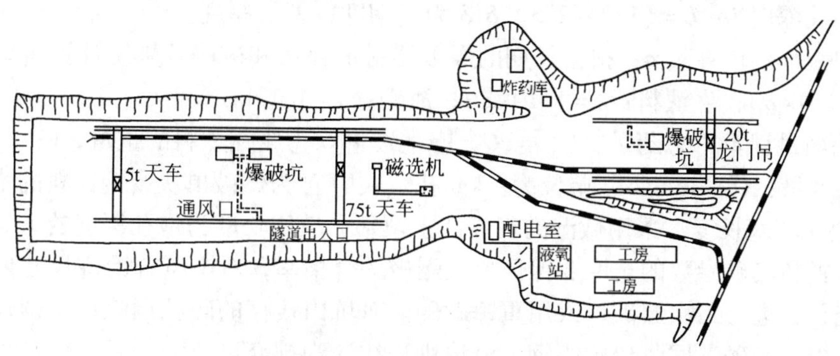

图12-159 爆破作业场平面布置图

（1）露天爆破作业区。主要设施有铁路装卸线，装卸天车、爆破坑、烧孔冷却设施及合格料存放场地。

（2）爆破坑。建有专供爆破的深坑两个，坑底坑壁均采用废钢锭砌护，壁厚1.2m、坑深6m、坑长6～8m，坑盖采用普通钢铸成。每个坑需盖4块，盖板有两种规格，分别重57t和17.5t。进入坑内爆破作业有专用出入的隧道，亦采用废钢料护壁，并设有通风口。

（3）起重设备。75t和15t桥式电磁起重机各一台，20t龙门电磁起重吊一台。

（4）液氧站。采用QQO-5000-300/16型液氧汽化设备，供爆破烧孔使用。

（5）炸药库。建有炸药库、雷管库、导爆索类库各一座。

（6）干式磁选机一台，用于回收爆破后的碎料废钢铁。

12.6.3.2 爆破工艺流程

爆破工艺流程如图12-160所示。

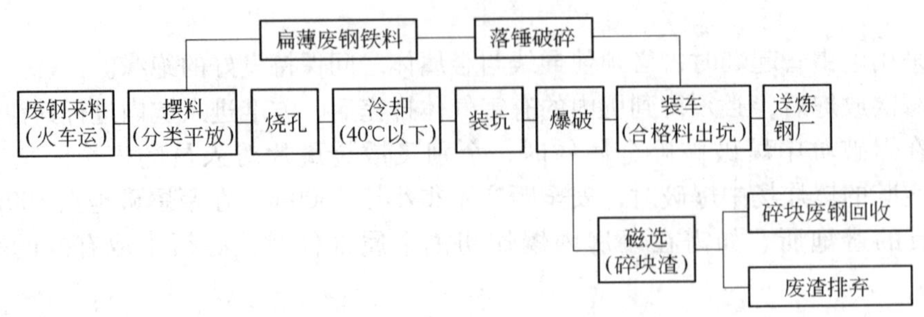

图 12-160　爆破工艺流程图

12.6.3.3　爆破参数

爆破参数包括：

（1）炮孔布置：根据废钢料的料型和大小布置炮孔，按梅花形或单排孔排列。

（2）炮孔直径 d：根据炮孔在烧孔时的排渣难易、散热快慢和烧孔速度确定。对于钢料：$d=80\sim100$mm；对于生铁料：$d=120\sim150$mm。

（3）最小抵抗线 W：爆破解体破碎后要求块度 $\leqslant 0.8\text{m}\times0.5\text{m}\times0.5\text{m}$，重量 $\leqslant$60kg。因而选取的最小抵抗线，对于钢料：$W\leqslant0.5$m；对于生铁料：$W\leqslant0.8$m。

（4）炮孔间距 a：对于钢料：$a=0.3\sim0.5$m；对于生铁料：$a=0.6\sim0.8$m。

（5）炮孔深度 L：$L=(1/2\sim2/3)\ \delta$，δ 为废钢铁料型的厚度。

（6）单位炸药消耗量 q：根据长期的爆破器材消耗量和破碎效果统计资料确定，对于钢料：$q=1.54$kg/t；生铁料：$q=1.10$kg/t；渣钢：$q=1.13$kg/t。

（7）装药量计算：总药量：$Q_{总}=qG$，kg。式中 G 为废钢铁料的重量，t。

单孔装药量：$Q_{孔}=qG/N$，单位为：kg/孔。式中 N 为爆破单块废钢铁料的炮孔数。

（8）炮孔填塞长度：采用微湿的黄黏沙土填塞，填塞长度为炮孔深度的 1/3～1/2。

炮孔布置和爆破参数的选取要保证单坑爆破的合格率，对不符合冶炼尺寸要求的大块需要另行烧孔，进行二次爆破，或用重锤砸碎。对坑内残存的碎粒钢渣料，则送入干式磁选机受料仓内，经磁选回收碎粒废钢。渣块则送往渣沟排弃。

12.7　冰体爆破

冰是特殊的固体介质。河冰的冰点在 －0.01～－0.06℃之间，海水的冰点约为 －1.9℃。冰的力学性能随温度而发生明显的相反变化，其体积随温度的降低而增大，而且十分容易进行物态的转变。处于高纬度地区经冬季冰封的近海岸与河流，春季来临随着气温的变化，在冰体静态破裂、膨胀挤压以及大块冰凌运动碰撞堆积等效应的作用下，会对沿海或沿河的水工建筑、海洋平台、桥梁墩台、河流堤坝等产生较大的破坏，甚至造成溃堤等重大凌汛灾害。根据几十年的经验，采用爆破法破解冰体是一种快速、简便、安全、防治凌汛灾害的有效方法。

12.7.1　冰体力学与爆破特性

12.7.1.1　冰体基本力学特性

冰体基本力学特性包括了变形特征和力学性能：

（1）变形特征。作用在冰体上的外力不大时，容易实现晶体的内部滑动，冰体呈现塑性变形；当外力突然增高或加载速度很快、且超过冰体的破裂强度时，则发生脆性变形。故爆炸破冰时，可将冰体视为脆性材料。

（2）力学性能。

冰的抗压强度和抗拉强度是与爆炸破冰有关的主要力学性能。冰的抗压强度和抗拉强度与冰温有着密切关系，且随冰温变化较大。采用特定方法测试计算表明：当冰温在 -5℃条件下，冰的极限抗压强度为3.5～4.5MPa，且随冰温下降、冰质变硬而增大。同一冰温时，冰的劈裂抗拉强度为0.82MPa，冰的极限抗拉强度则为1.2～1.5MPa。

通常，冰的抗压强度约为冰的抗拉强度值的3～6倍。而一般岩体的抗压强度为抗拉强度的10～20倍，最高可达50倍，这是冰体与岩体力学性能的一个很大区别。尽管冰的抗压强度较岩石低，但抗拉强度却相对较高，且由于抗压强度低爆炸时更容易产生粉碎性破坏而消耗大量能量，降低破冰效果。因而爆炸破冰时，炸药的单耗比岩体大，尤其是当冰温相对高时，其炸药单耗远高于一般岩石爆破的炸药单耗。

12.7.1.2　冰体爆炸裂隙特征

冰体具有非均匀性、各向异性及温度敏感性等特点，冰体在高应变速率的爆炸载荷下表现为脆断性。其介质破坏主要是由炸药爆炸冲击波、应力波和爆炸气体产物膨胀做功的综合作用引起，由此而产生的爆炸裂隙特征与在岩体中爆炸基本相同，但在作用范围上存在较大差异。

球形药包在无限冰体中爆炸，在爆炸中心压碎区以外形成了由拉伸破坏产生的半径为 R_P 的径向裂隙区和半径为 R_m 的环状裂隙区，三者共同组成冰体的基本破坏特征，其中径向裂隙和环状裂隙构成冰体裂隙区。压碎区和径向裂隙区的半径可按下式计算。

（1）在药包爆炸冲击波作用下形成的压碎区半径 R_c(m)：

$$R_c \leqslant \left(\frac{P_m}{K_d S_c}\right)^{1/\alpha} \cdot R_b \tag{12-62}$$

（2）压碎区外，在应力波作用下形成的径向裂隙区半径 R_P(m)：

$$R_P \leqslant \left[\frac{(1-2b^2)P_m}{K_T S_T}\right]^{1/\alpha} \cdot R_c \tag{12-63}$$

式中　R_b——药包半径，m；
P_m——冲击波初始压力，MPa；
K_d——动载时冰介质抗压强度增大系数，$K_d=10\sim15$；
S_c——冰介质极限抗压强度，MPa；
α——压力衰减系数；
K_T——动载时冰介质抗拉强度增大系数，$K_T=2$；
S_T——冰介质极限抗拉强度，MPa；
b——冰体横波速度与纵波速度之比，$b=C_s/C_p$。

假设爆生气体在每条裂纹中的流动规律相同，只考虑裂纹间的平均效应，则在无限区域冰体中的爆炸，其裂纹的动态扩展条件为：

$$\sigma_\theta \geqslant \sigma_u \tag{12-64}$$

式中　σ_θ——切向应力，MPa；

σ_u——冰的破坏正应力平均值，可取冰的动态抗拉强度，MPa。

（3）环状裂隙区半径 R_m。冰温在 -15℃条件下，无限冰介质中球形药包爆炸所产生的径向裂隙和环向裂隙的试验结果显示，径向裂隙区远大于环向裂隙区，其比值约为3∶1。

12.7.1.3　不同温度冰体的标准爆破漏斗

由于冰体的力学特性不同于岩石，所以不同温度冰体的爆破参数差异较大。通过冰体的标准爆破漏斗试验，可获得不同冰温的爆破漏斗特征与炸药单耗指标，为大规模爆炸破冰作业提供了可借鉴的试验数据。

试验结果表明：气温 $t=-32$℃、冰温 $t_0=-25$℃时，炸药单耗为750g/m³；气温 -18℃、冰温 -12℃时，炸药单耗为830g/m³；气温 -4℃、冰温 -6℃时，炸药单耗为1400g/m³。后者已略高于中等坚硬岩石的炸药单耗。

由炸药单耗的差异可看出：

（1）冰体温度的升高，冰晶含水量增大，塑性特征明显；

（2）应力波的传播效率随冰温的上升而降低；

（3）炸药单耗随冰温的升高而增加。

这一结果表明：在河流开河期，是气温回升、冰温升高的初春季节，此时冰温高于气温，冰体呈现出溶融状态，冰晶粗大且晶心含水，而此时却是冰体爆破解体的主要时期。根据前述冰体的标准爆破漏斗试验可知，这一时期爆破难度较大，炸药消耗量也要相应增加。

12.7.2　冰凌、冰盖与冰坝爆破

12.7.2.1　冰凌爆破

流动的冰称为冰凌。冰凌是我国高纬度河流在封、开河期均会出现的一种必然现象。封河期，随着冰晶长大，形成大块状流动的冰凌，气温继续降低时，大块冰凌逐渐冻结到一起，形成完整的冰盖。开河期，随着气温的升高，冰盖上融下化，加速冰盖融消破裂，形成大块流动的冰凌。这类大块冰凌随着上游流量快速递增，在顺河流向下游运动时，极易在河床狭窄或弯道处卡冰结坝，严重时可在顺直河段也发生结坝险情。

冰凌在流动过程中有随时破碎和翻转的可能，人工或机械难于上冰作业。主要采用气垫船施爆法、火炮轰击、飞机投掷航弹等非冰上作业方式对冰凌进行解体破碎。

12.7.2.2　冰盖爆破

冰盖是指横跨两岸覆盖水面的固定冰层。冰盖爆破主要采用下述两种方法。

A　裸露药包爆破法

直接把药包投放在冰盖上的裸露药包爆破法，应根据河段冰盖的具体结构特点与周边环境的许可条件，通过小规模试验确定相关爆破参数，然后在爆破点实施大规模爆破作业。裸露药包法宜在河面相对较宽的河段进行，因为较宽河段所产生的流凌面积较大，易在下游相对较窄的河段堵塞河流形成冰坝，其破碎冰盖的意义较大。冰盖爆破的主要目的就是将完整的冰盖切割成无数块状的冰凌，以便上游来水时向下游漂流。

冰盖爆破作业相对冰凌爆破操作容易，作业安全性较高。但其炸药能量利用率低，对周边环境的影响较大，一般要求爆破点距水工建筑物的距离大于3km。表12-37为裸露药

包爆破冰盖时的参考数据。

表 12-37　裸露药包爆破冰盖参考数据

冰盖厚度/m	药包重量/kg	药包间距/m	冰盖厚度/m	药包重量/kg	药包间距/m
0.3	2.0	7	0.7	5.5	12
0.4	2.8	8	0.8	6.5	15
0.5	3.5	9	0.9	8.0	18
0.6	4.2	10	1.0	10.0	20

注：冰体温度处于上升阶段，人工进行破冰作业时的参考数据。

B　水下药包爆破法

在冰盖下水中悬置炸药包的爆破方法，即为水下药包爆破法。当冰盖面积较大时，可在冰面上开孔和布设药包进行水下爆破。由于水具有不易压缩的物理特性，所以水的能量传递效率高于任何其他传压介质，水下爆破冰盖的效果明显比裸露药包爆破法效果好、炸药能量利用率高。再则，炸药在水中爆炸产生的冲击载荷，通过水的传递直接作用于冰盖下表面，而冰盖上表面是临空面，便于冰盖的向上运动，冰盖在向上位移过程中便是裂隙产生过程，十分利于冰盖裂隙的生成与延伸。为了更进一步提高水下爆破效果，水下成组装药成为优选破冰方案，群药包的共同作用效果明显好于单个药包的多次爆破效果。

水下爆破的装药是先在冰盖上开出冰洞后，再将药包通过冰洞悬置于水中。通常采用冰穿、铁铤、钢钎或小包炸药连续爆破等开出冰洞。然后将炸药包加设配重后，从冰洞悬置于冰层下面的水中。最好选用防水炸药制作药包，并系在定距绳索或竹竿上，待成组药包均悬置妥当后，人员撤离至安全地点方可起爆。图 12-161 为水下成组药包爆破冰盖时的布药方法。

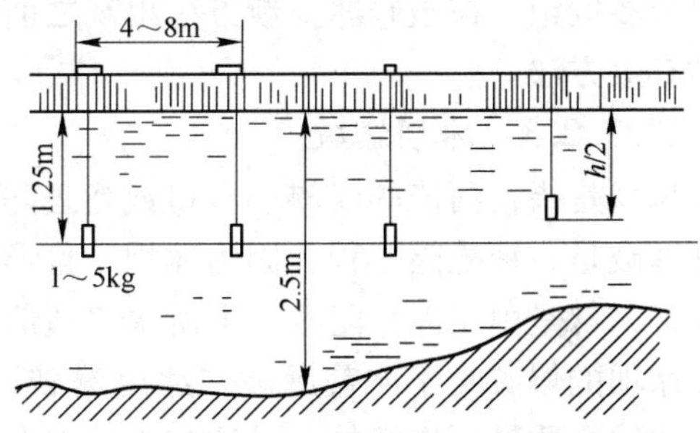

图 12-161　水下药包爆破布药图

图 12-162 为水下成组药包爆破冰盖时的情景。图 12-163 为两药包连心线位置，爆后冰盖垂直向上位移产生断裂形成裂隙的照片。

图 12-162　水下成组药包爆破冰盖情景

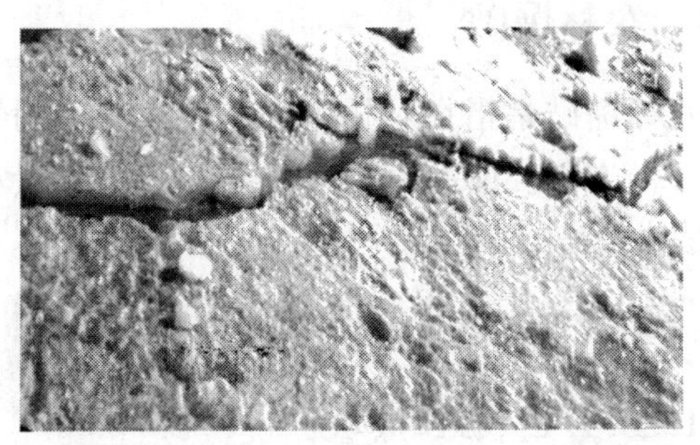
图 12-163　冰盖在两爆点连心处产生裂隙

表 12-38 为水下药包冰盖爆破时的参考数据。由于爆破时冰温与冰盖厚度差异较大，

应在施爆前进行试爆，以确定最佳爆破参数。采用水下药包爆破冰盖时，对桥梁的安全距离可参考表 12-39 确定。距离水工建筑物小于 5m 的冰盖，只允许使用人工方式进行破碎。

表 12-38　水下药包爆破的参考数据

冰盖厚度/m	药包重量/kg	水深/m	药包间距/m	冰盖厚度/m	药包重量/kg	水深/m	药包间距/m
0.3	3.0	1.0	6	0.9	8.5	2.8	16
0.4	3.5	1.5	7	1.0	10	3.0	18
0.5	4.0	1.8	8	1.1	12	3.5	20
0.6	4.5	2.0	10	1.2	14	4.0	22
0.7	5.0	2.2	13	1.3	16	4.5	25
0.8	6.0	2.5	15	1.4	20	5.0	30

注：冰体温度较低且较坚硬时，可以在冰面钻孔进行水下破冰作业时的参考数据。

表 12-39　水下爆破离桥墩的安全距离

药包重量/kg	0.3	0.5	1.0	3	5	10	15	20	25
安全距离/m	6	8	10	15	20	30	40	60	80

利用火炮装置进行冰盖爆破，是目前防凌的重要方法之一。轰炸机投弹破冰一直沿用了半个多世纪。在破碎冰盖新方法出现之前，轰炸机投弹爆破法仍将是大面积快速破碎冰盖的有效方法。

12.7.2.3　冰坝爆破

冰坝是指在河流的浅滩、卡口或弯道等处，横跨断面并明显壅高水位的冰块堆积体。冰坝爆破是一种抢险工程，因为冰坝一旦形成也就意味着凌汛灾害随时发生。历次黄河凌汛灾害，都是由于冰坝阻水，上游决口造成的。

冰坝的爆破难于冰盖爆破与冰凌爆破，冰坝是多层大块冰凌上压下插侧立堆积的产物，冰体介质是不连续的，是冰与水的混合堆积体。冰坝长度约在数十米到数千米长。所以采用大规模装药爆破的方法爆破冰坝效果较好。

条件恶劣出现险情时，则主要采用大口径火炮或远程航空轰炸机投掷弹丸进行远距离爆破破碎解体冰坝。

12.8　农林爆破

农林爆破是指在农林生产作业中，利用炸药的巨大做功能力，代替大量高强度人工作业的一种方法。所有应用于农业生产、改善农业种植质量以及为农田应用的爆破作业，称之为农业爆破。林木的种植与清除或预防林木火灾扩大的作业，称之为林业爆破。

12.8.1　农业爆破技术与应用

12.8.1.1　掘土爆破

掘土爆破主要应用在土质贫瘠坚硬、含石块较多、高原寒冷缺氧地区，为修造农业梯田、开挖鱼塘及蓄水池等的生产作业中。一般采用松动爆破，炮孔深度为 1.0 ~ 2.0m，孔间距和孔排距为 0.8 ~ 2.0m，炸药单耗为 0.1 ~ 0.2kg/m^3。若配以机械作业，则爆破掘土效率将明显提高。

12.8.1.2　深耕松土爆破

对于尚未开垦过的荒地，或已耕种多年表层变得十分贫瘠的土地，可采用爆破法深耕松土。经爆破疏松的土壤，利于农作物根系向深处发展，同时还便于地下透水层的水分渗入疏松的土层中。图 12-164 为爆破松土对农作物生长的积极影响。其中图（a）为爆破松土前农作物生长状态；图（b）为爆破松土后生长状态；图中上层为松土层，中层为硬土层，下层为含水层。

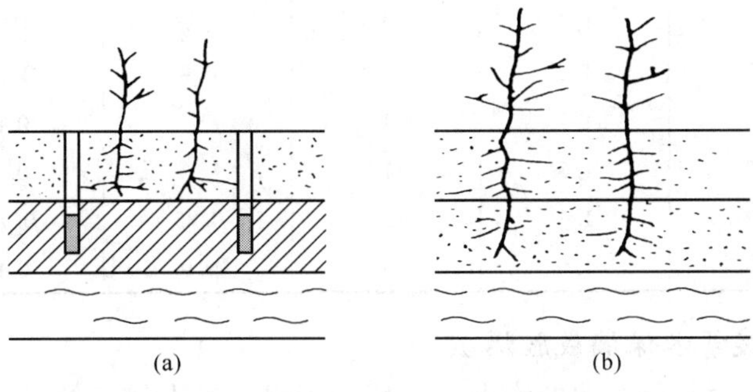

图 12-164　爆破松土对农作物生长的影响
（a）爆破前；（b）爆破后

深耕松土爆破的药量计算，以减弱松动爆破为设计依据。炮孔深度一般为 1.0m 左右，如果探明有地下水时，炮孔可适当加深。炮孔间距取炮孔深度的 1.5～3.0 倍，按正方形或梅花形布孔。爆破深耕松土宜在土壤干燥季节时进行，若在土壤潮湿时爆破，装药量过小土壤易被压实结板；装药量过多，土壤又会被抛散，起不到松土的作用。

12.8.1.3　开挖沟渠爆破

开挖农田灌溉应急沟渠时可采用炮孔爆破法，一般用齐发起爆方法进行作业。若需把土壤抛掷出沟渠时，可加大爆破作用指数，图 12-165 为沟渠爆破的炮孔布置参考图。当沟渠较窄时可采用单排炮孔；当沟渠较宽时宜布置多排炮孔。表 12-40 为沟渠爆破时药包布置参考数据。

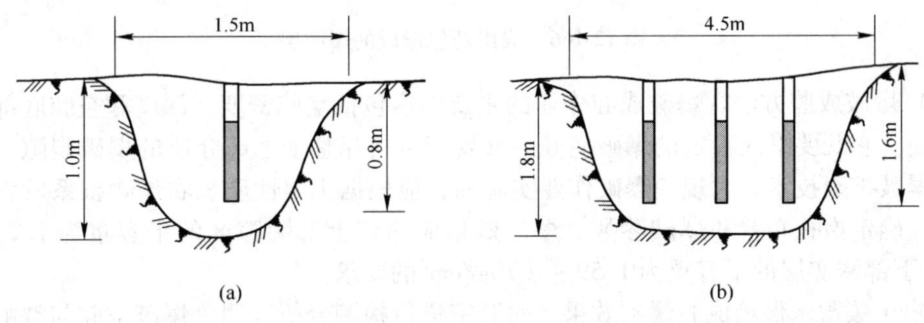

图 12-165　沟渠爆破炮孔布置参考图
（a）窄沟爆破；（b）宽沟爆破

表 12-40　沟渠爆破药包布置参考数据

沟渠深度/m	沟渠顶宽/m	炮孔深度/m	排数/排	横向孔距/m	纵向孔距/m	每孔药量/kg
1.0	1.5	0.8	1		0.5	0.4 ~ 0.5
1.0	2.0	0.8	2	0.5	0.75	0.4 ~ 0.5
1.0	3.0	0.8	3	0.75	0.75	0.4 ~ 0.5
1.0	4.0	0.8	4	0.8	0.8	0.4 ~ 0.5
1.4	1.5	0.8	1		0.6	1.0 ~ 1.2
1.4	2.0	1.2	2	0.5	0.75	1.0 ~ 1.2
1.4	3.0	1.2	2	0.85	0.75	1.0 ~ 1.2
1.4	4.0	1.2	3	0.9	0.75	1.0 ~ 1.2
1.8	1.5	1.2	1		0.6	2.2 ~ 2.5
1.8	2.0	1.6	1		0.7	2.2 ~ 2.5
1.8	3.0	1.6	2	0.85	0.75	2.2 ~ 2.5
1.8	4.0	1.6	3	0.9	0.8	2.2 ~ 2.5

12.8.1.4　土壤蓄水保墒成腔爆破

黄土高原是我国西北最主要的农业区，属于干旱、半干旱气候带，农业水资源十分匮乏。有限的天然降水大多集中于 7、8、9 三个月，如何将有限的降水资源充分地利用是个亟待解决的农业生产问题。西北农林科技大学的试验研究结果表明，爆破成腔技术可增强土壤蓄水能力提高黄土高原地区天然降水的有效利用。爆破成腔保墒作为一项农业爆破新技术，已在我国西北地区推广应用。

（1）爆破成腔技术调蓄保墒原理。在农作物根系可达到的土壤浅层，采用爆破成腔方法使上部土壤形成裂隙发育区、下部土壤被夯实构成土壤蓄水层，以增强上部土壤的渗透性，阻滞降水向深层土壤渗漏。图 12-166 为成组药包形成爆腔层的照片，空腔上方的裂隙区、下部的压实层清晰可见。

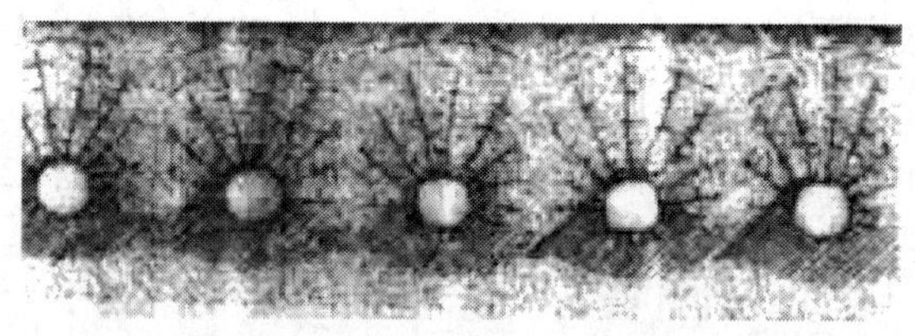

图 12-166　成组药包形成的爆腔层

（2）爆破成腔方法。爆破成腔作业的主要内容包括空腔密度、深度和空腔底部防渗处理三方面。它既要形成稳定的爆破空腔，又要产生贯穿整个上部介质的爆破裂隙，实质上类似于爆破扩壶技术。大规模爆破作业实施前，应根据土壤性质、农作物根系发育深度进行试爆，确定炮孔布置和爆破参数。爆后效果应达到上部裂隙区的干容重为 1.25 ~ 1.35 g/cm^3；下部密实层的干容重为 1.59 ~ 1.70 g/cm^3 的要求。

（3）土壤蓄水保墒成腔爆破效果。对腔室进行检测分析表明，爆破空腔与裂隙区保存期可维持在 20 ~ 30 年，爆破成腔可半永久性改变根系层土壤的结构。通过试验田的实际应用证明，在 0 ~ 100cm 深度内爆破成腔试验地的土壤蓄水量高于对照地 10% ~37%。无降水时间越长，试验地土壤蓄水量比对照地的增加幅度越大。

12.8.2　林业爆破技术与应用

12.8.2.1　林木松土爆破

当大片林木根部土质板结严重、影响根系吸收营养正常生长时，在机械无法在林木中进行作业的情况下，可采用钻孔爆破法进行松土作业。爆破性质以减弱松动爆破为宜，钻孔部位应距林木根系一定距离，避免爆炸冲击波损伤根系。炮孔深度视林木的树龄而定，树龄较大的林木周围，可适当加深炮孔深度。单独树木可在其四周按正方形布孔爆破，成排树林则在树排两侧钻孔爆破，炮孔位置宜设在树木根系边缘，以利根系的生长发育。爆破参数应通过试爆确定。

12.8.2.2　开挖植树坑爆破

在土质坚硬的地层中采用爆炸法开挖树坑，土壤松动破碎范围大，利于树根的自由发展；且爆后产生的裂隙可为吸收自然降雨和地下水创造条件。开挖植树坑的炮孔深度，应根据土壤类型、土层特性和树木品种等综合情况确定。一般炮孔深度为0.8～1.4m，装药量为0.2～0.6kg，也可采用减弱松动爆破的药量计算公式进行计算。

12.8.2.3　防火林带伐木爆破

在广袤的原始森林中，为防止森林大火的产生及无限蔓延，可采用爆破法伐木开设防火通道，将灾害尽可能降低到一个设定的范围内。防火通道宽度可视树木种类和树干高度确定。

树头直径为10～20cm的树木，用爆破法采伐这类树木时，可直接用导爆索在树干上缠绕1～2圈，起爆后将其伐倒，如图12-167（a）所示。

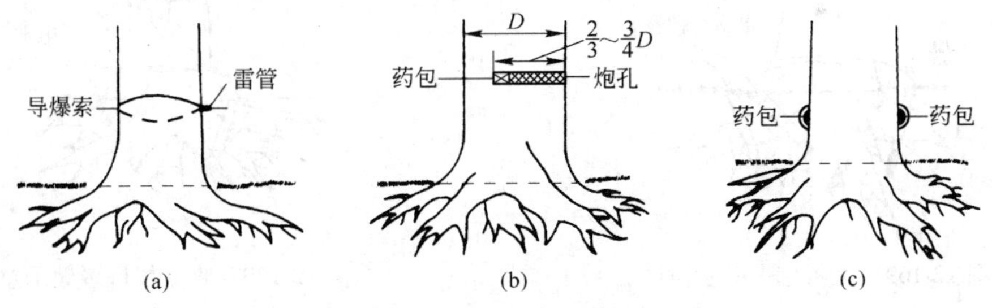

图12-167　伐木爆破示意图

树头直径大于20cm的树木，可在树干中钻一个炮孔，炮孔深度约为树干直径的2/3～3/4，然后进行装药爆破，如图12-167（b）所示。

如果无钻孔设备，也可在树干两侧捆绑两个裸露药包，将大树爆倒，如图12-167（c）所示。裸露药包的药量可由式（12-65）进行计算：

$$Q = q'D^2 \tag{12-65}$$

式中　Q——装药量，g；

q'——单位面积装药量，g/cm^2，对坚硬韧质树木取1.25～1.5g/cm^2；其他树木取1.0g/cm^2；

D——树头直径，cm。

12.8.2.4 开挖树桩爆破

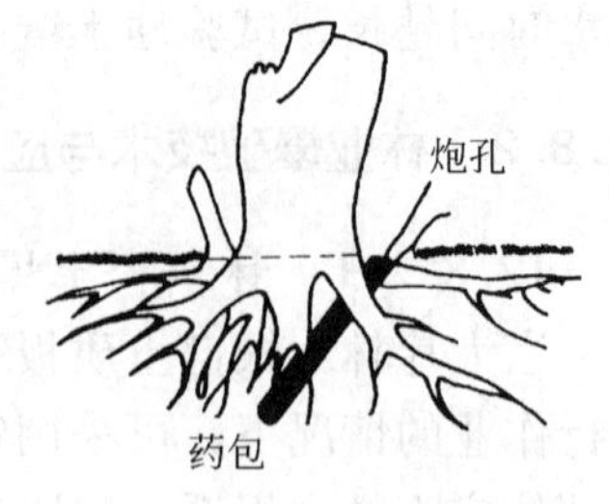

图12-168 小根桩爆破示意图

用爆破法开挖树桩时，应根据树桩种类、根系特征和土层性质等条件确定爆破方式和爆破参数。树桩根系的分布情况可用金属探针进行探测。

（1）开挖小树桩爆破方法。洋杉、杨树、枫树等阔叶树的树根小、离地表较近，且接近平行于地表。这类树木可从根桩旁边向里挖一个倾斜的炮孔，炮孔长度应超过树桩中轴线位置，使药包中心与根桩中轴线重合，如图12-168所示。爆破药量可由式（12-66）确定：

$$Q = qW^3 \tag{12-66}$$

式中 Q——药包重量，kg；

q——单位体积炸药消耗量，kg/m^3，可通过试炮确定；

W——最小抵抗线，m。

（2）开挖大树桩爆破方法。榆树和橡树的根系多而粗大，与地面大致平行，一般需要布置两个以上的炮孔，见图12-169。炮孔装药量按式（12-66）计算。

（3）开挖直立根桩爆破方法。只有一个主根系的根桩、且根系很深，或者是几组粗大的根系，如小胡桃、柏树、松树等针叶树。通常在主根系上钻凿炮孔，将炸药装入根系内部。如果没有条件在根桩中钻孔，则可在根桩一侧或两侧掏挖孔穴进行装药爆破，如图12-170所示。表12-41为不同根桩直径与土壤性质爆破开挖直立根桩的炸药消耗量参考值。

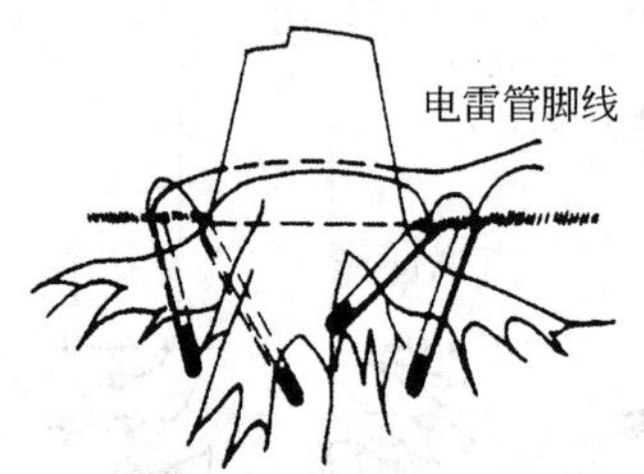

图12-169 大根桩爆破示意图

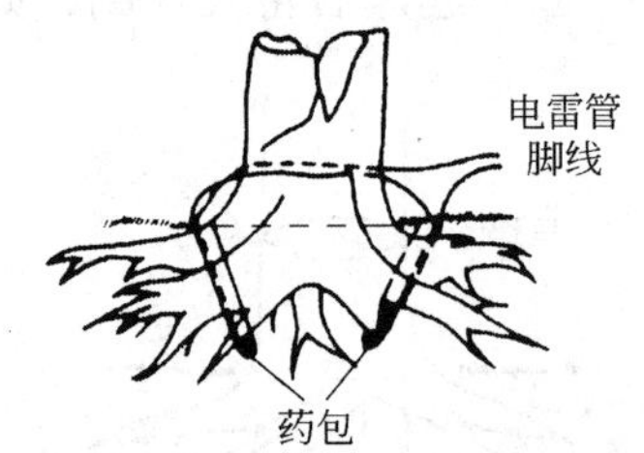

图12-170 直立根桩爆破示意图

表12-41 不同根桩直径炸药消耗量 单位：g/cm

根桩直径/cm	卵石或碎石土壤	疏松黏土质	泥 炭
20～25	16	18	10
30～35	18	20	12
40～45	20	22	14
50～55	22	24	16

第 13 章 爆破施工机械

13.1 钻孔机械及配套机具

在钻孔机具由手工作业向机械操作演化进程中，大抵经历百余年的变迁。1813 年首先出现了以蒸汽为动力的凿岩机，在长期实践中不但其结构有了突破性的变革，而且在动力系统上实现了三步大的飞跃，即由蒸汽、压气到液力驱动。其间虽然也出现过其他动力驱动的凿岩机，如内燃凿岩机和电动凿岩机，但使用范围有限。时至今日，大型岩土工程全部实现了机械化凿岩，以风动和液压为驱动力的凿岩机，其性能、使用条件和应用范围，具有各自的优越性，在不同的施工现场，各领风骚。

13.1.1 钻孔机械分类

13.1.1.1 按凿岩原理分类

爆破工程常用钻孔机械按照凿岩原理可分为冲击回转式、旋转碾压式、回转切削式三大类。

(1) 冲击回转式

冲击回转式钻机是利用冲击机构对钻钎频繁加压冲击，使钎杆在孔内往复、回转运动，切削岩石，形成钻孔。按照冲击机构所在的位置不同，又可分为凿岩机和潜孔钻。冲击机构在孔外的为凿岩机，冲击机构在孔内的为潜孔钻机。

(2) 旋转碾压式

旋转碾压式钻机是利用钻具在轴压力作用下旋转切削岩石，同时钻头又绕本身的轴线旋转对岩石进行碾压破碎，将产生的岩屑排出孔外，在岩石中形成钻孔。常用的有牙轮钻机。

(3) 回转切削式

回转刀削式钻机其原理是钻头在一定的轴压力作用下压入岩石，在回转力矩的作用下，连续回转切削岩石，将产生的岩屑排出孔外，形成炮孔。此类钻机一般适用于软岩。

13.1.1.2 按原始驱动动力分类

工程爆破常用钻孔机械按原始驱动动力可分为气（风）动、液压、电动、内燃机、水压和气液联动六种类型。

(1) 气动凿岩机也称风动凿岩机，是以压缩气体驱动，以冲击为主、以低压水排渣除尘的一种凿岩机。

(2) 液压凿岩机是以液体压力驱动的凿岩机，其工作方式与气动凿岩机类似，不同的是用高压力水排岩渣。

(3) 电动凿岩机是以电能转换为机械能实现冲击回转的凿岩机械。电动凿岩机与气动凿岩机相比，能量利用率比较高，但凿岩速度偏低。目前电动凿岩机较少使用。

(4) 内燃凿岩机是汽油机、压缩机和凿岩机组合在一起的冲击回转凿岩机械。内燃凿岩机最大特点是无需外部能源，灵活机动，特别适合野外作业。由于其凿岩速度慢、能力差，一般仅用于交通条件差的零星爆破作业钻孔。

（5）水压凿岩机实际上也是液压凿岩机，水压凿岩机是以水传递动力。

（6）气液联动凿岩机吸收了气动和液压凿岩设备两者的优点，冲击机构由压缩气体驱动、旋转机构由液压驱动、排粉由压缩气体完成，强力转钎扭矩，加大了剪切破岩的力度。

13.1.1.3　按工程用途分类

工程爆破常用钻孔机械按工程用途可分为露天钻孔机械、地下钻孔机械和水下钻孔机械。露天钻孔机械主要有凿岩机、牙轮钻机、潜孔钻机和凿岩钻车；地下钻孔机械主要有凿岩机、潜孔钻机、牙轮钻机、隧道掘进钻车和采矿凿岩钻车；水下钻孔机械主要有固定支架水上作业平台、漂浮式钻孔爆破作业船与作业平台、支腿升降式水上钻孔作业平台。

凿岩机既是露天钻孔机械，又是地下钻孔机械。其中应用最为广泛的是气动凿岩机。

13.1.2　气动凿岩机及钻具

气动凿岩机是目前国内凿岩应用最广、数量最多的凿岩工具。但由于其能量利用率极低，凿岩速度慢、噪声很大，有被液压凿岩机逐渐取代的趋势。

13.1.2.1　气动凿岩机械

气动凿岩机的动作原理属于冲击回转式，如图13-1所示。首先利用锤头周期性地给钎头一个轴向力 P，在此轴向力（冲击力）的作用下，钎头凿入岩石一个深度 τ，其破碎的岩石面积为Ⅰ—Ⅰ′。为了形成一个圆形的炮孔，钎子每冲击一次后，需回转一个角度 β，然后再进行新的冲击，相应的破碎面积为Ⅱ—Ⅱ′。如此重复运动，即形成一个具有一定深度的炮孔。在两次冲击之间留下的扇形岩块，将借钎子切削力上所产生的水平力 T 剪碎。此外，为保证钎子持续有效地进行钻孔作业，还必须把钻孔过程中形成的粉尘和碎屑从炮孔中及时排出。

气动凿岩机通常以凿岩机的支撑方式进行分类，主要有手持式凿岩机、气腿式凿岩机、向上式凿岩机和导轨式凿岩机。其中手持式凿岩机、气腿式凿岩机、向上式凿岩机属于浅孔凿岩机，而导轨式凿岩机属于中深孔凿岩机。

A　手持式凿岩机

手持式凿岩机冲击功和扭矩都较小，凿岩速度低，劳动强度大。钻孔直径以40mm以下为宜，最大钻孔直径可达56mm；钻孔深度以2～3m为宜，最大可达7m。适宜钻凿垂直或向下的斜孔，一般用于小台阶和小型地下硐室爆破钻孔。手持式凿岩机外形如图13-2所示。

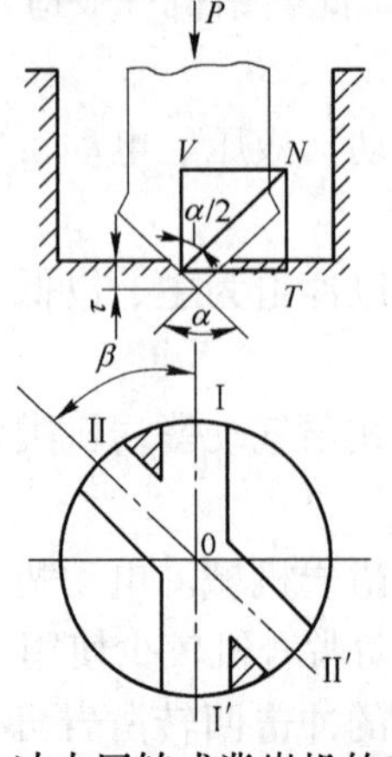

图13-1　冲击回转式凿岩机的动作原理

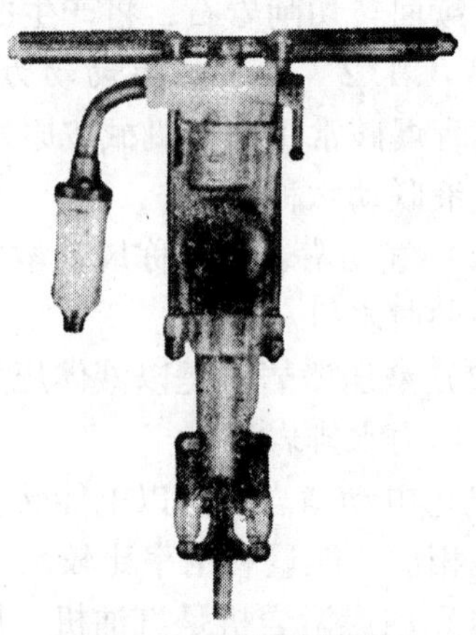

图13-2　手持式凿岩机

国产手持式气动凿岩机的技术性能参数列于表 13-1。

表 13-1　国产手持式气动凿岩机的技术性能参数表

型　号	Y6	Y20	YH24	Y24	QY-30	YZ25
重量/kg	6	18	24	24	23	24
耗气量/$m^3 \cdot min^{-1}$	≤0.57	≤1.5	≤3.0	≤3.0	2.4	2.9
钻孔直径/mm	20	34 ~ 42	34 ~ 42	34 ~ 42	38 ~ 42	34 ~ 42
钻孔深度/m	0.5	3	5	5	4	6
钎尾尺寸/mm × mm	ϕ15 × 88	ϕ22 × 108	ϕ22 × 108	ϕ22 × 108	ϕ25.4 ~ 30	ϕ25.4 ~ 30
工作气压/MPa	0.4	0.4	0.4	0.4	0.5	0.5
适用岩石	大理石，花岗石	中硬以上岩石	中硬以上岩石	中硬以上岩石	中硬以上岩石	中硬以上岩石

B　气腿式凿岩机

气腿式凿岩机劳动强度比手持式凿岩机低，钻孔参数与手持式凿岩机相类似，但凿岩速度比手持式凿岩机要高。该机的最大特点是凿岩过程中的定向支撑和施加推力均依靠气腿完成，适宜于钻水平或小倾角的炮孔。气腿式凿岩机外形如图 13-3 所示。国产气腿式气动凿岩机技术性能参数列于表 13-2。

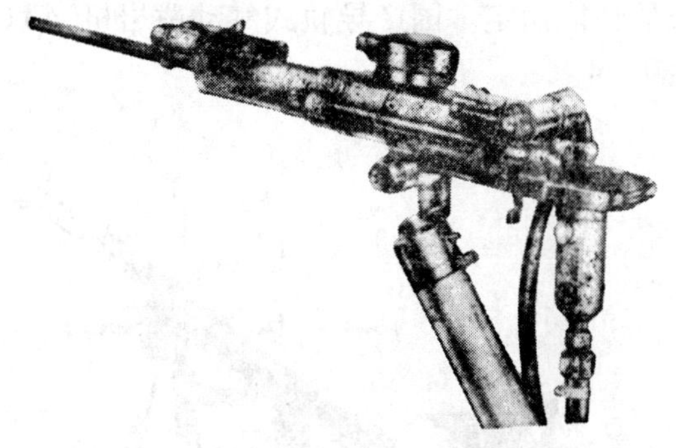

图 13-3　气腿式凿岩机

表 13-2　国产气腿式气动凿岩机技术性能参数表

型　号	TA24A	YT24	YT28	TA288
重量/kg	24	24	26	27
耗气量/$m^3 \cdot min^{-1}$	≤4.7	≤4.0	≤4.9	≤4.9
钻孔直径/mm	34 ~ 42	34 ~ 42	34 ~ 42	34 ~ 42
钻孔深度/m	5	5	5	5
钎尾尺寸/mm × mm	ϕ22 × 108	ϕ22 × 108	ϕ22 × 108	ϕ22 × 108
工作气压/MPa	0.63	0.63	0.63	0.63

C　向上式凿岩机

向上式凿岩机适宜于打向上 60°～90°角度的炮孔。一般用于采场和天井（竖井）中凿岩作业。钻孔深度 2～5m，孔径以 36～48mm 为宜。向上式凿岩机外形图如图 13-4 所示。

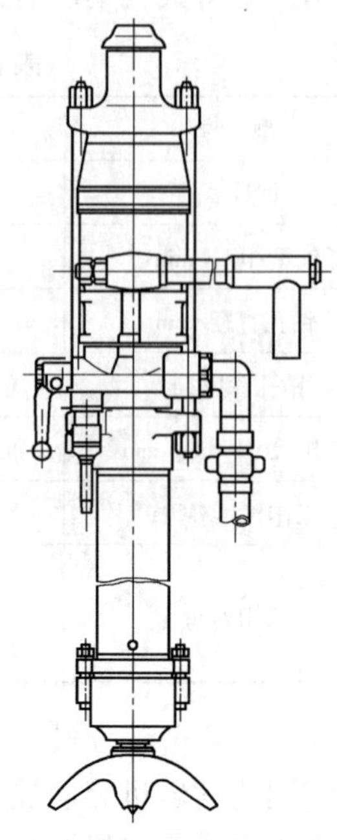

图 13-4　向上式凿岩机（主视图）

国产 YSP45 向上式气动凿岩机技术性能参数列于表 13-3。

表 13-3　国产 YSP45 向上式气动凿岩机技术性能参数表

全长/mm	重量/kg	工作压力/MPa	耗气量 /$m^3 \cdot min^{-1}$
1500	45	0.63，0.5，0.4	≤6.8，≤6.0，≤5.5
钻孔直径 /mm	**钻孔深度 /m**	**推进行程 /mm**	**钎尾规格 /mm×mm**
34～42	6	720	ϕ22×108

D　导轨式凿岩机

导轨式凿岩机有两个特点：一是钻孔直径一般为 40～80mm，钻孔深度一般为 5～8m，最大达 30m；二是凿岩过程中对凿岩机的支撑和施加推力，依靠导轨和凿岩机上的单独动力机构完成。理论上讲，导轨式凿岩机可钻各个方向的炮孔，要视凿岩台车或支架的性能而定。国产导轨式气动凿岩机（YGZ90）外形图如图 13-5 所示，其技术特性列于表 13-4。

图 13-5　YGZ90 导轨式气动凿岩机

表 13-4　国产导轨式气动凿岩机技术特性表

型　号	YGP28	YG40	YG80	YGZ70	YGZ90
重量/kg	30	36	74	70	90
长度/mm	630	680	900	800	883
工作气压/MPa	0.5	0.5	0.5	0.5～0.7	0.5～0.7

续表 13-4

型　号	YGP28	YG40	YG80	YGZ70	YGZ90
汽缸直径/mm	95	85	120	110	125
活塞行程/mm	50	80	70	45	62
冲击频率/Hz	≥45	≥27	≥29	≥42	≥33
冲击能/J	80	≥100	180	≥100	≥200
耗气量/$m^3 \cdot min^{-1}$	≤4.5	≤5	8.5	≤7.5	≤11
扭矩/N·m	≥30	38	100	≥65	≥120
使用水压/MPa	0.2～0.3	0.3～0.5	0.3～0.5	0.4～0.6	0.4～0.6
钻孔直径/mm	38～62	40～55	50～75	40～55	50～80
钻孔深度/m	6	15	40	8	30
钎尾尺寸/mm×mm	ϕ22×108	ϕ32×97	ϕ38×97	ϕ25×159	ϕ38×97

13.1.2.2　气动凿岩机钻具

浅孔凿岩机的钻具包括钎头和钎杆，中深孔的钎具除钎头和钎杆以外，还有连接套和钎尾。

A　钎头

a　钎头的种类和特点

根据在钎头上所镶硬质合金的形状不同分为刃片钎头、球齿钎头和复合片齿钎头三大类。按照刃片不同的布置形式，刃片钎头又分为一字形、三刃形、十字形、X 字形等。按柱齿形状不同，柱齿钎头又分为半球齿、锥形齿、抛物线齿等多种类型；按照球齿数目不同，球齿钎头有 4 齿、7 齿、…、14 齿等。复合片齿钎头（简称复合钎头）按刃片数和齿数分类，又有四刃一齿型、五刃两齿型、八刃八齿型等。各种类型的钎头如图 13-6 所示。

刃片钎头的优点是：整体坚固性好，可钻凿任何种类岩石；缩径慢，寿命长；合金利用率较高。其缺点是：最大直径受限制，一般一字形、三刃形钎头直径不大于 45mm，十

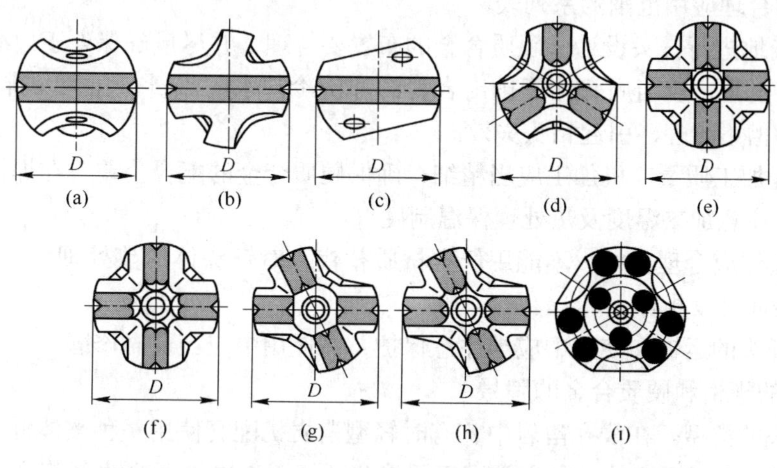

图 13-6　各类钎头外形图

（a），（b），（c）一字形；（d）三刃形；（e），（f）十字形；（g），（h）X 形；（i）柱齿形

字形不大于 64mm，X 形不大于 89mm；钎刃受力与磨损不均，修磨频繁、费用较高、工人劳动强度大。

柱齿钎头不需要中途更换和修磨，有利于加速工程进度和减轻工人体力劳动；钎头最大直径不受限制；半球齿钎头承载能力强，耐磨性好；锥形齿、抛物线齿钎头钻孔速度快，但耐磨性差；球齿钎头不适用于单轴抗压强 350MPa 以上的极坚韧的矿岩钻凿；外倾角的边齿容易发生边齿碎脱；总的使用寿命比刃片钎头和复合片齿钎头短。

复合钎头具有刃片和球齿钎头的优点，同时又避开了它们的各自缺点。其特点是：整体坚固性好，可钻凿任何种类岩石；抗径向磨损能力强，几何形状稳定；边刃与中齿受力与磨损均匀，钝化周期较长；钎头直径不受限制；边刃可用小规格砂轮修复，且合金磨损量小，重磨费用降低；使用寿命长，合金有效利用率高。

b 钎头的失效形式

钎头的失效形式，大体有以下五种情况：

（1）表现为硬质合金片崩刃、碎片和碎断；

（2）表现为硬质合金片及柱齿的掉角和裸露；

（3）表现为钎头体断腰、胀裤、裂裤等现象；

（4）柱齿钎头产生脱齿现象严重，尤其是边齿常见脱落；

（5）钎头体过度磨损，特别是钎头体头部外缘磨损严重。

c 提高钎头质量的对策

针对钎头失效的各种形式，应采取以下五项对策，以期提高钎头质量，延长钎头使用寿命。

（1）正确选用硬质合金。硬质合金的性能，必须与岩石和凿岩机类型相适应。一般来说，极坚韧岩石和冲击功大的凿岩机，应注重硬质合金的韧性，要选用钴含量较高的硬质合金；中硬、硬脆和磨蚀性大的岩石，要侧重耐磨性，要选用钴含量低的硬质合金。在实践中，要根据硬质合金、钎头、岩石、凿岩机类型，通过大量的生产统计资料，编制成能够反映钎头的合理应用范围的系列表。

（2）正确地进行钎头设计。硬质合金的布置要合理，并尽量确保处于边缘的硬质合金破岩负担不要过重。应当周密计算排出岩粉的冲洗冷却水的流量，孔径及排水孔的位置，以防止排粉沟槽不合理，引起钻头失效。

（3）保证加工质量。机加工应当精细，确保硬质合金的配合公差，在焊接中应当选择焊药、焊料，注意加热温度及热处理保温制度。

（4）钎头体应合理选材。不能用低劣材质替代，对钎头体的热处理工艺应从严执行，确保规定的表面硬度指标。

（5）在钎头的运输和使用中应当注意保护，在使用中应当及时修磨。

d 钎头的规格和硬质合金的牌号

（1）钎头的类型。在浅孔凿岩中，有时轻型凿岩机配套使用一种整体钎子，这种钎子的钎头和钎杆是不可拆卸的。它主要用于回采和开拓工作中钻凿小直径炮孔，在竖井掘进中也常见使用整体钎子。

中小直径的钎头类型和规格，如表 13-5 所示。

表 13-5 钎头类型和规格

钎头形式	直径/mm													
	28	32	36	38	40	42	44	46	50	55	60	65	70	76
整体钎头	*	*	*											
一字形			*	*	*	*	*							
三刃形			*	*	*	*	*	*						
十字形						*	*	*	*	*	*	*	*	*
X 形											*	*	*	*
柱齿形			*	*	*	*	*	*	*	*	*	*	*	*
钎尾直径/mm	22，24							29，32			32，38			
钎尾锥度/(°)	7													
钎尾螺纹								波形 R29，R32			波形 R32，R38			

注：* 代表在该钎头直径中使用。

（2）硬质合金的牌号。我国生产各类硬质合金的骨干企业是株洲硬质合金集团有限公司，该企业首先研制成功了含 10% Co 并加入 0.55% TaC 的粗晶合金，定名为 YK25，其硬度和强度比 YK20 分别提高 0.2～0.5 和 100～200MPa；后来又相继开发出 YK252、YK85、YG10A 和 YH95、YH85 等含 TaC 合金。20 世纪 80 年代末期，该企业从瑞典 Sandvik 公司引进一条年产合金 300t 的生产线，采用石蜡成型、双向加压和真空烧结工艺，生产 YK05（瑞 40）、YK10（瑞 38）、YK20-1（瑞 42）等一系列优质硬质合金，通过国内外的实践，其质量已达到瑞典同类产品水平。各牌号的成分性能，可查阅厂家资料。

B 钎杆

钎杆的作用是把钎尾传来的冲击能量、回转扭矩和冲洗介质传给钎头。

a 分类及适用范围

钎杆按照结构分为整体钎杆和非整体钎杆。

（1）整体钎杆一端锻出钎尾，另一端锻出钎头，通常钎头上镶有硬质合金片或球齿。整体钎杆都有特定的长度和钎头直径，一般用于钻浅孔的手持式和支腿式凿岩机。整体钎杆钻孔速度稍高，拔钎阻力较小，不需连接钎头。但钎杆与钎头的寿命必须相适应，才能同步报废，否则就不经济。整体钎杆常用对边尺寸为 19mm、22mm 和 25mm 的六角中空钢制造。

（2）非整体钎杆又分为分体整体钎杆和接杆钎杆。分体整体钎杆又有钎头可拆卸或钎头和钎尾均可拆卸两种。钎杆与钎尾一般用螺纹连接，钎头与钎杆可以用螺纹连接，也可以用锥体连接。分体整体钎杆的长度都是固定的，一般只适用于打浅孔，常用对边尺寸为 19mm、22mm 和 25mm 的六角中空钢制造。接杆钎杆是钎杆用套筒接长，钎头和钎尾均可拆卸的钎杆，适宜于打中深孔。接杆钎杆断面有圆形和六角形两种（中间有冲洗孔），两端有螺纹连接，其中与钎头连接的一端也可以是锥形的。连接螺纹还可以做成两段长，当第一段损坏后，将其截下来，再用第二段连接。圆断面的钎杆体上，要有用扳手的扁平面，以便装卸。接杆钎常用的螺纹形式有：波形螺纹、复合螺纹和梯形螺纹等。波形螺纹简称 R 螺纹，适用于直径小于或等于 32mm 的钢钎；复合螺纹简称 H 或 HL 螺纹，复合螺纹比波形螺纹容易拆卸，适用于直径等于或大于 38mm 的钎杆；梯形螺纹简称 T 螺纹，其拆卸更容易、使用寿命更长，适用于直径较大的钎杆。

b　与钎头配套钎杆的失效形式

与钎头配套钎杆，其失效部位主要集中发生在靠近钎肩 100mm 左右区域，其次在与钎头连接处的钎杆锥体区域也时有发生，失效的原因有 4 种：堆顶、炸顶、早期折断和疲劳。对于接钎杆主要发生在连接螺纹的根部。钎柄因硬度不足或表面严重脱碳，使钎柄在反复冲击作用下，出现变形堆顶现象，如图 13-7 中（a）、（b）所示。由于热处理时淬火温度高，晶粒变粗，钢材变脆；或是因回火不足，硬度过高，出现淬火裂纹，而产生炸顶，如图 13-7 中（c）、（d）、（e）所示。

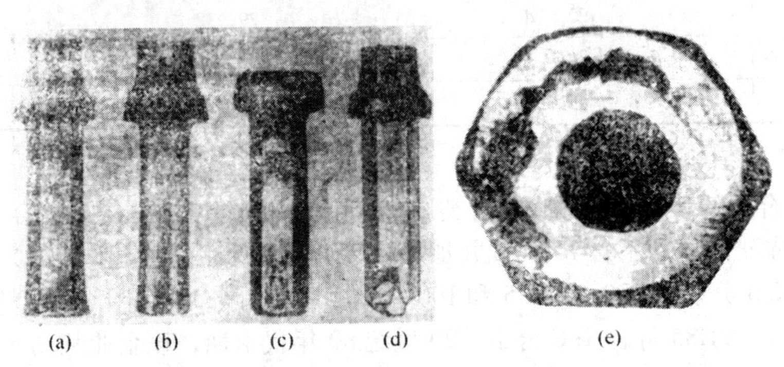

图 13-7　钎柄的堆顶、炸顶和表面剥落失效
（a），（b）堆顶；（c），（d），（e）炸顶

小钎杆使用中在钎肩附近，或者在接杆钎的螺纹部位，发生早期折断。

在湿式凿岩条件下，由于钎杆连续承受高频变载的冲击载荷，使钎杆产生失效，这种破坏形式，称为湿式条件下的疲劳破坏。

c　提高钎杆使用寿命的对策

（1）使用者应提出对钎钢冶炼和轧制的严格要求；

（2）控制好锻制钎柄、钎肩和锥体质量，是加工成品钎的关键环节；

（3）设计好钎杆的热处理工艺，严格监控质量，是提高钎杆抗疲劳能力的基础。

C　接杆钎的连接套

连接套的作用是用于钎杆与钎杆、针杆与钎尾之间的连接，使凿岩钎具形成一个传递凿岩能量的整体。连接套根据传递凿岩能量的特点，可分为两种：一种称为直通式；另一种称为中止台式。连接套一般采用低碳合金钢制造，表面渗碳及淬火处理。

D　钎尾

钎尾的作用是插入凿岩机转动套筒内，将凿岩机的冲击能量、回转扭矩和冲洗介质传递给钎杆和钎头。钎尾的形式和尺寸应与凿岩机相匹配，且要求钎尾的端面必须平整光滑，质量好，保持适当的硬度和良好的韧性。按照结构形式钎尾分为整体式和分体式两类。

13.1.3　液压凿岩机及钻具

液压凿岩机是 20 世纪 70 年代开始应用生产的新型凿岩机械，它是以高压油为全部驱动力。液压凿岩机具有输出功率大、钻孔速度快、能量消耗低、零件和钎具寿命长、钻孔精度高、液压控制完善等优点。液压凿岩机与全液压钻车配套使用，有效地提高了凿岩钻孔的机械化水平，为实现快速、高效、优质、安全的凿岩作业开创了一条新路。

我国研制液压凿岩设备起步较晚，目前有10多个单位研制了20多种型号的液压凿岩机和钻车，逐步形成了液压凿岩设备的产品系列，自行研制的全液压凿岩设备已经结合我国国情进入了实用和成熟阶段。进入20世纪90年代中期，电脑导向和全自动控制的凿岩机器人的实用化研制也已取得了实质性进展。国外液压凿岩机发展现具有产品改进和更新换代快、凿岩向大功率和自动化发展等特点，无论是井下或露天，掘进或采矿，还是从小型手持式到超重型，品种规格齐全。国外液压凿岩机冲击功率大多为20kW，少数重型凿岩机冲击功率为30~40kW，最大达到70kW；冲击频率一般为30~70Hz，最大达105Hz；扭矩一般小于1000N·m，最大达到3900N·m。用于露天爆破钻孔作业的凿岩机钻孔直径为23~275mm，大多为64~102mm；用于掘进钻孔作业的凿岩机钻孔直径一般为33~64mm；用于中深孔采矿钻孔作业的凿岩机钻孔直径一般为64~127mm。目前瑞典Atlas Copco、芬兰Tamrock和法国Secoma、日本古河（FURUKAWA）等公司生产的液压凿岩机及其配套钻车的品种形式和技术水平，在国际上具有一定的代表性。液压凿岩机的外形如图13-8所示。

图13-8 瑞典COP1238液压凿岩机及钎具

13.1.3.1 液压凿岩机技术性能参数

液压凿岩机技术性能参数如表13-6所示。

表13-6 国产液压凿岩机主要技术性能表

型 号	冲击能 /J	钎杆转速 /r·min^{-1}	最大扭矩 /N·m	冲击压力 /MPa	冲击频率 /Hz	钻孔直径 /mm
YYG-80	150	0~300	150	10~12	50	<50
GYYG-20	200	0~250	200	13	50	50~120
CYY-20	200	0~250	300	16（20）	37~66	<50
YYG-250B	240~250	0~250	300	12~13	50	50~120
YYG-90A	150~200	0~300	140	12.5~13.5	48~58	<50
YYG-90	200~250	0~260	200	12~16	41~50	<50
YYG-250A	350~500	0~150	700	12.5~13.5	32~37	<50

续表 13-6

型　号	冲击能 /J	钎杆转速 /r · min^{-1}	最大扭矩 /N · m	冲击压力 /MPa	冲击频率 /Hz	钻孔直径 /mm
DZYG38B	300	0 ~ 300	500 或 750	15 ~ 21.5	40 ~ 60	65 ~ 125
YYGJ-90		0 ~ 250	300	16 ~ 18	44 ~ 64	< 50
YYGJ110	220 ~ 300					< 50
YYGK-300	130 ~ 220	0 ~ 300	240	16 ~ 20	42 ~ 62	< 50
YYGK-200		0 ~ 300	240	16 ~ 20	38 ~ 60	< 50
YYG120			200	15	36 ~ 55	< 50
YYG110			200	15 ~ 24	40 ~ 53	< 50
YYG150			550 ~ 1000	25	40 ~ 60	< 50
HYD200	200	200 ~ 400	300	14 ~ 16	34 ~ 67	27 ~ 64
HYD300	300	200 ~ 400	100 ~ 300	16 ~ 19	34 ~ 50	38 ~ 89

13.1.3.2　液压凿岩机钻具

A　对钻具的要求

为确保液压凿岩机发挥高效凿岩的潜在技术优势，与之配合的钎具系统，首先应做到使用的长期性、稳定性和可靠性；其次应更换方便，结构简单，尽量减少拆卸钎具的辅助作业时间。

B　液压凿岩机钎杆技术规格

常用的液压凿岩机钎杆用钢可分为两类：其一为渗碳热处理类；其二为感应热处理类。

国际标准 ISO 1719—1974、ISO 1720—1974、ISO 1721—1974 和 ISO 1722—1974，曾规定了不同直径钎杆使用的波形螺纹（R）和复合螺纹（HL）参数。

由于波形螺纹（R）只规定了一种螺距（$p = 12.7$mm）。因此，当螺纹直径增大时，螺旋线升角 β 减小，导致螺纹表面压力增高，装卸变得困难。同时，波形螺纹允许的磨损量较小，寿命较短。波形螺纹直径一般不大于 32mm。

瑞典 Sandvik 公司提出了 f 形螺纹，这种螺纹允许磨损量大，寿命长，装卸省力，连接可靠，在直径大于 38mm 的螺纹中广泛应用。

13.1.4　凿岩钻车

凿岩钻车是将凿岩机构、推进装置、定位装置等安装在机械底盘或钻架上进行凿岩作业的设备。露天凿岩钻车一般安装一台凿岩设备，地下凿岩钻车可安装一台或多台凿岩设备，实现快速、高效凿岩。国外凿岩钻车上广泛使用液压凿岩机。

13.1.4.1　露天凿岩钻车

A　露天凿岩钻车的分类

按行走方式分，露天钻车分为履带式、轮胎式和轨轮式。按驱动动力分，露天钻车分为气动凿岩钻车、全液压凿岩钻车、气液联合式露天凿岩钻车。按是否能够行走分，露天钻车分为自行式露天凿岩钻车和非自行式露天凿岩钻车，后者又称为台式架钻机。

B 露天凿岩钻车技术性能参数

国产全液压履带式钻车的主要技术性能参数如表13-7所示。

表13-7 国产全液压履带式钻车的主要技术性能参数

型 号	TROC712-HC-00	TROC712-HC-01	TROC812-HCS-00
重量/kg	29650	9900	10800
柴油机功率/kW	104	104	125
行走速度/$km \cdot h^{-1}$	1.5/3.7	1.5/3.7	1.5/3.7
牵引力/kN	75	75	75
离地间隙/mm	370	370	370
履带调平范围/(°)	±10	±10	±10
爬坡能力/(°)	30	30	30
空压机最大工作压力/MPa	0.8	0.8	1.05
正常工作压力①/MPa	0.7	0.7	0.95
空压机排气量/$L \cdot s^{-1}$	82.5（0.7MPa时）	82.5（0.7MPa时）	120（1.05MPa时）
推进长度/mm	4400	4400	4400
最大推拉力/kN	13	13	20
凿岩机型号	COP1238ME		
凿岩机重量/kg	150		
冲击频率/Hz	40~60	40~60	40~60
回转速度/$r \cdot min^{-1}$	0~250	0~250	0~200
冲击压力/MPa	12~24	12~24	15~25
钻孔直径/mm	48~89	48~89	64~115
钎杆型号	R32，T38，T45	R32，T38	T38，T45

①海拔1000m时的工作压力。

C 主要特点及适用范围

a 主要特点

露天凿岩钻车（架）与牙轮钻机、潜孔钻机相比，具有以下特点：

（1）整机重量轻，装机功率小，机动性强；

（2）能够钻凿多种方位的钻孔，调整钻机（架）位置迅速准确；

（3）爬坡能力强，国产钻车最大爬坡能力可达25°，进口钻车可达30°；

（4）液压凿岩钻车的能耗仅为潜孔钻车的1/4，钻速却为潜孔钻车的2.3~3倍。

b 适用范围

（1）在采石场、水电、交通等工程及小型露天矿山开挖（采）中，凿岩钻车（架）可作为主要的钻孔设备。在二次破碎、边坡处理、清除根底中作为辅助钻孔设备。在中小型露天矿，液压凿岩钻车可取代气动潜孔钻机。

（2）凿岩钻车钻孔方位多，最小的横向方位角为左右各45°，纵向0°~105°，钻车可用于钻凿各种方位的预裂爆破孔、修理边坡和锚索孔及灌浆孔等。

(3) 凿岩钻车爬坡能力强，机动灵活，可在复杂地形上进行钻孔作业。

(4) 露天凿岩钻车主要用于硬或中硬岩的钻孔作业，钻孔直径一般为 40 ~ 100mm，最大孔径可达 150mm。

(5) 气动露天凿岩钻车与气液联合式露天凿岩钻车，一般适用于钻孔孔径小于 80mm，孔深小于 20m 的炮孔。

(6) 全液压露天凿岩钻车，钻孔孔径可以达到 150mm，孔深最深可达 50m。

13.1.4.2　地下凿岩钻车

A　地下凿岩钻车的分类

地下凿岩钻车分类方法很多，按照用途可分为掘进钻车、采矿钻车、锚杆钻车等。本节主要介绍地下掘进钻车和采矿钻车。

B　地下凿岩钻车技术性能参数

国产掘进钻车和采矿钻车主要技术性能参数如表 13-8 和表 13-9 所示。

表 13-8　CMJ 系列掘进钻车主要技术性能参数

<table>
<tr><th colspan="2">型　号</th><th>CMJ12</th><th>CMJ17</th><th>CMJ27</th></tr>
<tr><td colspan="2">钻臂数量/个</td><td>2</td><td>2</td><td>2</td></tr>
<tr><td colspan="2">适用巷道断面(宽×高)/m×m</td><td>3×4</td><td>5.02×3.5</td><td>5.97×4.6</td></tr>
<tr><td colspan="2">运行状态尺寸(长×宽×高)/mm×mm×mm</td><td>6700×1210×1600</td><td>7400×1210×1620</td><td>7900×1210×1800</td></tr>
<tr><td colspan="2">运行状态最小转弯半径/mm</td><td>6000</td><td>6000</td><td>6000</td></tr>
<tr><td colspan="2">工作状态稳车工作宽度/mm</td><td>1900</td><td>1900</td><td>1900</td></tr>
<tr><td colspan="2">重量/kg</td><td>7200</td><td>7800</td><td>8500</td></tr>
<tr><td colspan="2">钻孔直径/mm</td><td>27 ~ 42</td><td>27 ~ 42</td><td>27 ~ 42</td></tr>
<tr><td colspan="2">冲洗水压力/MPa</td><td>≥0.6</td><td>≥0.6</td><td>≥0.6</td></tr>
<tr><td colspan="2">钻孔深度/mm</td><td>1500</td><td>2100</td><td>3000</td></tr>
<tr><td colspan="2">适应钎杆长度/mm</td><td>1975</td><td>2475</td><td>3350</td></tr>
<tr><td colspan="2">凿岩机型号</td><td>HYD-300 液压凿岩机</td><td>HYD-300 液压凿岩机</td><td>HYD-300 液压凿岩机</td></tr>
<tr><td colspan="2">电动机功率/kW</td><td>45</td><td>45</td><td>45</td></tr>
<tr><td rowspan="6">推进器</td><td>类型特征</td><td>液压缸-钢丝绳</td><td>液压缸-钢丝绳</td><td>液压缸-钢丝绳</td></tr>
<tr><td>推进方式</td><td>液压缸-钢丝绳推进</td><td>液压缸-钢丝绳推进</td><td>液压缸-钢丝绳推进</td></tr>
<tr><td>总长度/mm</td><td>3900</td><td>3900</td><td>3900</td></tr>
<tr><td>推进行程/mm</td><td>1500</td><td>2100</td><td>2500</td></tr>
<tr><td>推进力/kN</td><td>8</td><td>8</td><td>8</td></tr>
<tr><td>推进速度/m·min^{-1}</td><td>14.5</td><td>14.5</td><td>14.5</td></tr>
<tr><td rowspan="7">钻　臂</td><td>类型特征</td><td>液压回转钻臂</td><td>液压回转钻臂</td><td>液压回转钻臂</td></tr>
<tr><td>伸缩长度/mm</td><td>1600</td><td>2400</td><td>2600</td></tr>
<tr><td>推进补偿行程/mm</td><td>1500</td><td>1500</td><td>1500</td></tr>
<tr><td>推进器俯仰角度/(°)</td><td>俯 105，仰 15</td><td>俯 105，仰 15</td><td>俯 105，仰 15</td></tr>
<tr><td>摆动角度/(°)</td><td>内 15，外 45</td><td>内 15，外 45</td><td>内 15，外 45</td></tr>
<tr><td>臂身回转驱动方式</td><td>马达-蜗轮蜗杆</td><td>马达-蜗轮蜗杆</td><td>马达-蜗轮蜗杆</td></tr>
<tr><td>臂身回转角度/(°)</td><td>正 180，反 180</td><td>正 180，反 180</td><td>正 180，反 180</td></tr>
</table>

续表 13-8

型号		CMJ12	CMJ17	CMJ27
行走机构	行走方式	电动机-马达	电动机-马达	电动机-马达
	驱动机构形式	液压马达-履带	液压马达-履带	液压马达-履带
	行走速度/km·h^{-1}	1.25	1.25	1.25
	爬坡能力/(°)	±16	±16	±16
液压泵站	泵型号	MDB(A)-4×28.5FL-F	MDB(A)-4×28.5FL-F	MDB(A)-4×28.5FL-F
	工作压力/MPa	21	21	21
	工作流量/L·min^{-1}	160	160	160

表 13-9 CTC14 系列采矿钻车主要技术性能参数

型号		CTC14AJ1	CTC14B
外形尺寸(长×宽×高)/mm×mm×mm	运输状态	4700×1900×2300	4830×1810×2300
	工作状态	3860×1900×2700	3860×1810×2800
钻孔直径/mm		50~80	50~80
最大孔深/m		30	30
行走速度/km·h^{-1}		0.51	0.51
最小转弯半径/m		6	6
行走驱动功率/kW		5.5×2	4×2
爬坡能力/(°)		18	18
支臂起落范围/(°)		20~95	20~95
支臂平移范围/mm		1700	1700
推进器回转范围/(°)		90	90
推进器推进力/kN		13.7	13.7
推进器补偿长度/m		0.72	0.72
滑架行程/m		1.42	1.42
工作气压/MPa		0.5~0.63	0.5~0.63
工作油压/MPa		8~10	8~10
水压/MPa		0.4~0.6	0.4~0.6
耗气量/L·s^{-1}		≤217	≤217
行走方式		气马达驱动减速器	气马达（自带减速器）驱动链条传动
配置凿岩机		YG290	YG290

C 主要特点及适用范围

采用凿岩钻车既能够比较精确地钻凿出一定角度、孔深和孔位的钻孔，又可以钻凿较大直径的中深孔、深孔，而且还能提供最优的轴推力。操作人员可远离工作面，一人可操纵多台凿岩机，不仅可明显改善作业条件，而且钻孔质量高，显著提高凿岩效率。液压凿岩机与钻臂配套使用可实现凿岩机械化和自动化。在平巷掘进中，采用凿岩钻车比手持或气腿式单机作业掘进工效提高 1~4 倍。在采矿钻孔中，采用全液压机械化凿岩钻车的钻孔效率是手持气腿式单机凿岩的 4～12 倍。缺点是设备投入大，维护保养和操作要求高。

凡达到一定断面面积的隧道和地下硐室均可采用凿岩钻车钻孔。掘进钻车主要用于矿山巷道和硐室的掘进以及铁路、公路、水工隧洞等工程开挖的钻孔作业，有的掘进钻车还可用于钻凿采矿炮孔、锚杆孔等。采矿钻车是回采落矿进行钻凿炮孔的设备。一般为轮胎式和履带式，国内多为双机或单机作业，配套的是重型、中型导轨式凿岩机，一般钻孔直径不大于 115mm。当钻孔深度超过 20m 时，由于接杆凿岩能量损失大，效率会显著降低。

13.1.5 潜孔钻机及钻具

潜孔钻是冲击器潜入孔内提供冲击凿岩的一种钻孔设备。潜孔钻机通常是把潜孔式凿岩机构、推进装置、定位装置等安装在机械底盘或钻架上进行钻孔作业。

潜孔钻机是一种大孔径深孔钻孔设备。潜孔钻机的钻杆不传递冲击能，故冲击能量损失很少，可钻凿更深的炮孔。同时，冲击器潜入孔内，噪声低，钻孔偏差小、精度高。国产潜孔钻机的最大钻孔直径达到 180mm，最大钻孔深度达到 80m，并形成了履带式、轮胎式、柱架式、胶轮式等类型，品种齐全，广泛使用于地下采矿和地面石方开挖爆破工程中。目前国外的潜孔钻机最大钻孔直径已超过 300mm。

13.1.5.1 潜孔钻机机械结构

A 回转供风机构

回转供风机构的作用是：由送风胶管输入的高压空气，经送风管、风接头和钻杆中心孔，输入到冲击器，直接作为冲击凿岩的动力；同时一部分压气直接传至孔底，吹出冲凿下来的岩粉，完成钻孔排碴任务。

它的组成是：一块可以在钻架的滑道上滑动的滑板，这块滑板两端，分别依靠固定在滑板上的平衡接头，与钻机的提升链条连接在一起，以保证滑板连同上面固定的构件随链条升降。

滑板上面固定有回转电机及连接在一起的减速箱。回转减速箱输出一个空心主轴，这个主轴与固定在同一块滑板上的风接头有配合和传动关系，通过送风管将压风输送到风接头内部的环形空间。回转减速箱输出的空心主轴、风接头内部环形空间和潜孔钻机的钻杆接头，三者之间通过机械装置，可以确保空心主轴输出的扭矩传递给钻杆，同时可以通过风接头内腔的环形空间，将压风输入钻杆的中心孔内，为冲击器提供工作动力。

B 提升推进机构

在钻凿炮孔过程中，要求钻具连续向下推进，保证钻孔作业不间断。当钻凿完一个炮孔或接卸钻杆、更换与检查钻头时，又需要经常提升钻具及回转机构。这些工作都由提升推进机构来完成。另外，在钻凿炮孔时，钻具施于孔底的压力大小对钻孔效率及钻头寿命有直接影响。当施加孔底钻头的压力过大时，为减掉多余的压力，可由提升系统的减压缸完成。其减压缸与提升机构装在一起，共同完成提升、推进和减压工作。

ϕ200mm 型潜孔钻机因钻具和回转供风机构总质量大于合理的孔底钻头轴压力，必须实施减压操作。

C 接卸杆机构工作原理

接卸钻杆时，使回转电机反转，将主钻杆卸下，启动提升电机，将风接头提升至高于副钻杆上端位置，这时启动接卸杆机构，将副钻杆平行转动一个角度后，进入到送入位置，这时令回转供风机构正转并缓慢下降，把副钻杆拧入风接头内，将接卸杆机构退出。然后将回转供风机构带动副钻杆正转，并缓慢下降，将主、副钻杆间的螺纹连接好。

卸钻杆时，与上述动作相反，即可完成卸钻杆、卸冲击器和卸钻头的动作。

D 钻架起落机构

在钻凿倾斜炮孔时，要调整钻架的倾斜角度；当钻机远距离运行或检修时，应使钻架平放在机架上。钻架起落范围0°~90°。

钻架起落机构主要由制动装置、电动机、减速箱、齿轮、齿条及鞍形轴承等组成。

E 行走机构

钻机的移动是由行走机构实现的，对行走机构的要求是结构紧凑，转变灵活迅速，行走平稳，操作方便。

行走机构多数以电力为驱动力，主要由行走电动机、行走减速箱、链轮组、驱动轮、张紧轮、履带板、托轮和支承轮等组成。

13.1.5.2 潜孔钻机技术性能参数

国产潜孔钻机技术性能参数如表13-10所示。

表13-10 国产潜孔钻机主要技术性能参数表

型号	钻孔直径/mm	钻孔深度/m	工作气压/MPa	推进力/kN	扭矩/kN·m	耗气量/$m^3 \cdot min^{-1}$
KQY90	80~130	20.0	0.50~0.70	4.5		7.0
KSZ100	80~130	20.0	0.50~0.70			12.0
KQD100	80~120	20.0	0.50~0.70			7.0
CLQ15	100~115	20.0	0.63	10.0	1.70	14.4
KQLG115	90~115	20.0	0.63~1.20	12.0	1.70	20.0
KQLG165	155~165	水平70.0	0.63~2.00	31.0	2.40	34.8
TC101	105~115	20.0	0.63	13.0	1.70	15.5
TC102	105~115	20.0	0.63~2.00	13.0	1.70	16.8
CLQG15	105~130	20	0.4~0.63, 1.0~1.5	13.0		24.0
TC308A	105~130	40	0.63~2.1	15.0		18.0
KQL120	90~115	20.0	0.63		0.90	16.2
KQC120	90~120	20.0	1.0~1.60		0.90	18.0
KQL150	150~175	17.5	0.63		2.40	17.4
CTQ500	90~100	20.0	0.63	0.5		9.0
HCR-C180	65~90	20.0				
HCR-C300	75~125	20.0		3.2		
CLQ80A	80~120	30.0	0.63~0.70	10.0		16.8
CM-220	105~115		0.70~1.20	10.0		20.0
CM-351	110~165		1.05~2.46	13.6		21.0
CM120	80~130		0.63	10.0		16.8

13.1.5.3 潜孔钻具

潜孔钻具包括冲击器、钻头和钻杆。

A 潜孔冲击器

a 潜孔冲击器分类

按配气方式，冲击器可分为有阀冲击器与无阀冲击器，其中有阀冲击器又可分为自由阀和控制阀两种。现在国产冲击器主要有3种型号：

（1）C型，其特点是自由阀配气，侧排气，单次冲击功小，冲击频率较高，工作风压为0.4～0.7MPa；

（2）J型，自由板阀配气，中心排气，单次冲击功大，冲击频率较低，使用寿命高，适用于0.4～0.7MPa的工作风压；

（3）W型，无配气阀，中心排气，单次冲击功大，结构简单，工作可靠，整体使用寿命长。

b 潜孔冲击器的技术规格

现在国内使用的潜孔冲击器型号与规格有：J-80B、J-100B、J-150B、J-170B、QCZ-150、QCZ-170、QCZ-250、W-150和W-200等型号。

冲击器的工作参数主要有工作气压、冲击能量和冲击频率。工作气压越高，凿岩速度越快，冲击器在设计时规定了特定的设计压力，在设计压力区段内性能最优，远离设计压力值使用冲击器，不仅不能发挥其应有的效率，反而会导致冲击器不能工作或过早损坏。冲击器的冲击能量应确保钻头的单位比能，这样才能有效地破碎岩石，同时获得较经济的凿碎比能和较高的钻孔速度。冲击能量过大，不仅会造成能量的浪费，还会缩短钻头的寿命；冲击能量过小，不能有效破碎岩石，降低钻孔速度。因此，冲击器的选择应依据工作气压、钻孔尺寸和岩石特性等参数进行。

B 潜孔钻头

潜孔钻头有刃片和柱齿两类，刃片钻头由于焊接质量不易保证，硬质合金片常有破碎或脱落，使用寿命低，因此目前普遍采用柱齿型潜孔钻头，其规格可查阅有关资料。

钻头的选择应依据岩石的特性进行，使钻头与钻凿的岩石相匹配，才能提高凿岩速度，降低钻孔成本。坚硬岩石的凿岩比功大，要求钻头体和柱齿具有较高的强度，钻头的排粉槽个数不宜太多，排粉尺寸也不宜太大，以免降低钻头体的强度。一般选择双翼型钻头。钻凿可钻性比较好的软岩时，凿岩速度较快，排渣量相对较大，要求钻头有较强的排渣能力，宜选择排渣槽较深、较大的钻头。合金齿钻头可选用弹齿或楔齿，且齿高相对高一些的钻头。软岩钻凿宜选择三翼或四翼钻头。在钻凿节理裂隙比较发育的岩石时，为减小偏斜，宜选用导向性较好的中间凹陷型或中间突出型钻头。在含黏土的岩层中钻进时，中间排渣孔常易堵死，宜选用侧排渣钻头。

C 连接冲击器和潜孔钻头的钻杆

连接冲击器和潜孔钻头的钻杆多采用具有一定硬度、韧性和耐磨的合金钢材，其规格可查阅有关资料。

13.1.6 牙轮钻机及钻具

牙轮钻机是适用于各类坚固性岩石技术先进的钻孔设备，多用于大型矿山，它有如下一些优点。

（1）钻孔速度快，生产效率高。钻孔速度与钻具压力成比例增长，而增加钻具轴压并非困难，因此牙轮钻机的钻孔速度获得相当大的提高，比冲击式钻机高5倍多，比潜孔钻机高2倍。

（2）钻孔直径大，钻凿的炮孔深。它可钻凿孔径达250～455mm范围内的大型炮孔；其孔深通常为17～50m，是高效大型采掘工程的主要配套设备。

（3）适应范围广泛，应用前景好。牙轮钻机可以钻凿软岩和硬岩各类岩石，有适用于地下和露天矿山专用的系列化产品。

（4）噪声低，对环境污染少，自动化程度高，作业条件好。

13.1.6.1 牙轮钻机类型和工作原理

A 按工作地点分类

（1）井下牙轮钻机。由于受作业空间的限制，其钻孔规格不能太大，其直径变动在118～170mm之间。因为孔径加大，要求轴压增高，使设备笨重，搬运困难；同时受牙轮钻轴承尺寸的限制，小于200mm直径的牙轮钻头寿命低。

（2）露天牙轮钻机。主要用于露天作业，根据高轴压的性能要求，增加设备自重，有利于钻速和增加稳定性。按其孔径大小，又可分为轻型牙轮钻机、中型牙轮钻机、重型牙轮钻机。

B 按钻机结构分类

牙轮钻机核心结构是回转机构和加压机构。根据回转和加压的方式不同，可分为3种类型。

（1）底部回转间断加压。这种钻机有一个液压卡盘，通过油压将钻杆卡住，二者一起回转并向下运动，实现钻进动作。这种类型钻机的缺点是间断加压及提高轴压力受限制。

（2）底部回转连续加压。钻机的回转和加压机构安设在钻架底部，并由链传动装置或钢绳液压系统实现连续加压，该类型钻机的特点是钻架不承受扭矩作用，但钻杆需要加工成六方形或花键齿型。

（3）顶部回转连续加压。这种钻机的特点是在钻杆的上部安装一个能沿钻架上下滑动的回转加压小车，以实现钻具的回转和连续加压，这种类型钻机又称为滑架式牙轮钻机。当前国内外大型矿山，大多采用此类型钻机。

牙轮钻机典型的总体结构，如图13-9所示。牙轮钻机通常具备回转（供风）机构、加压机构和钻架，由供风系统、供电系统和变速装置组成的机械室，以及钻机行走机构、配套的钻具和除尘系统。

C 牙轮钻具的工作原理

牙轮钻具的工作原理，如图13-10所示。牙轮钻头钻凿炮孔时，是在轴向施加一定的推力，即轴压力，如图中的p_K，同时在M力矩作用下，做回转运动。在牙轮钻头3转动时各牙轮4又绕本身轴滚动，滚动的方向与钻头3转动方向相反。牙轮4在滚动过程中，对岩石的作用包括钻头轴压产生的碾压作用和牙轮4对岩石产生的冲凿作用。但是，钻头3在孔底并非做纯滚动。由于牙轮的超顶，3个牙轮的锥顶与钻头中心不重合产生的退轴、3个牙轮的轴线不交于钻头中心线产生的移轴和牙轮体的复锥形状，使牙轮在孔底工作时还产生一定的滑动，对岩石产生切削作用。因此，3个牙轮钻头破碎岩石实际上是碾压和

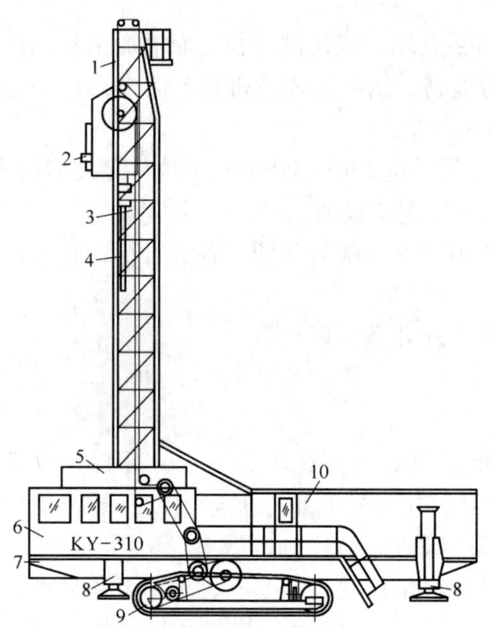

图 13-9　KY-310 型牙轮钻机总体结构
1—钻架装置；2—回转机构；3—加压升降系统；4—钻具；5—空气净化装置；6—司机室；7—平台；8—千斤顶；9—履带行走机构；10—机械室

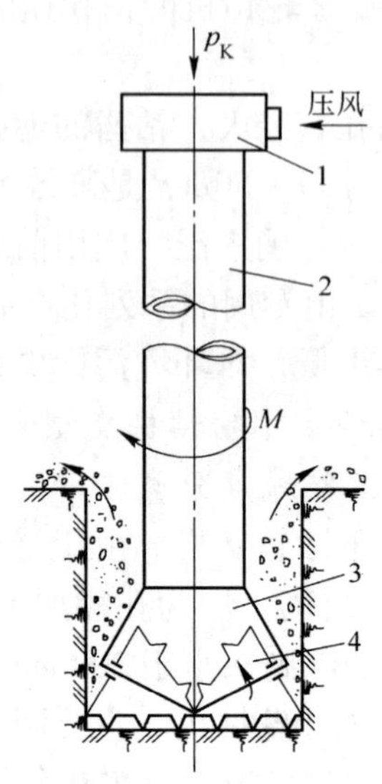

图 13-10　牙轮钻机工作原理示意图
1—回转供风系统；2—钻杆；3—钻头；4—牙轮；p_K—轴压力；M—回转力矩

冲击、切削的复合作用。

牙轮 4 上的牙齿，在轴压和扭矩作用下侵入岩石，并在岩石面上留有一定深度的破碎坑。牙齿的形状、齿距、齿的突出高度对岩石破碎效果有很大影响。

由此可见，牙轮钻机在钻孔过程中，施加在钻头上的轴压力、钻速和排渣风量是保证有效钻孔的主要工作参数。应合理地选配这三个参数的数值作为钻机的钻孔操作要领，实践证明，这一措施能有效提高钻孔速度、延长钻头寿命和降低钻孔成本。

13.1.6.2　牙轮钻机技术性能参数

国产牙轮钻机在 20 世纪末形成了比较完整的两大系列产品：KY 系列和 YZ 系列，其中 KY 系列牙轮钻机机型有 KY-150、KY-200、KY-250、KY-310 型，钻孔直径 120 ~ 310mm；YZ 系列牙轮钻机机型有 YZ-12、YZ-35、YZ-55、YZ-55A 型，钻孔直径 95 ~ 380mm。部分牙轮钻机的性能参数如表 13-11 所示。

表 13-11　国产牙轮钻机的技术性能参数

型　号	孔径/mm	孔深/m	轴压力/kN	钻速/m · min^{-1}	装机容量/kW	自重/t	生产厂家
YZ-35D	250	18.5	350	0 ~ 1.33	470	95	衡阳重型机械有限公司
YZ-55A	310 ~ 380	19	600	0 ~ 1.98	560	150	
KY-250B	250	18	580	0 ~ 2	390	105	
KY-310	310	17.5	490	0 ~ 4.5	394	150	南昌凯马有限公司
KY-250C	250	18	400	0 ~ 2.5	500	105	

续表 13-11

型 号	孔径/mm	孔深/m	轴压力/kN	钻速/m · min^{-1}	装机容量/kW	自重/t	生产厂家
KY310	310	17.5	500	0～4.5	405	123	洛阳矿山机械厂
KY380	380	17.0	550	0～8.5	630	125	

13.1.6.3 牙轮钻具

牙轮钻机钻具主要有牙轮钻头、钻杆和稳杆器。

牙轮钻头按牙轮的数目分，有单牙轮、双牙轮、三牙轮及多牙轮的钻头；三牙轮钻头又可分为压缩空气排渣风冷式及储油密封式两种。矿用压气式牙轮钻头可分为钢齿及镶齿（硬质合金齿）两种，钢齿牙轮钻头主要用楔形齿。根据岩石硬软不同，楔形齿的高度、齿数、齿圈、齿圈距等都不同。岩石越硬，楔形齿的高度越低，齿数越多，齿圈越密，反之则相反。随岩石硬度的增加，硬质合金齿的露齿高度减少，齿数增多，齿圈数增多，反之则相反。压气式钻头使用于露天矿的钻孔作业，通常钻凿炮孔直径为 150～445mm，孔深在 20m 以下。

与牙轮钻头配套的钻杆又称钻管。

稳杆器是牙轮钻进时防止钻杆及钻头摆动、炮孔歪斜，保护钻机工作构件少出故障和延长钻头寿命的有效工具。钻孔实践表明，牙轮钻进必须配备稳杆器。

13.1.7 水下爆破钻孔设备

随着近年港口工程的发展，陆地所使用的大部分钻孔机械，根据水下作业的特点和要求，经过适当改造均可在水下爆破钻孔作业中使用，故本节不再赘述。

水下钻孔爆破时，钻机主要安装在固定支架水上作业平台（包括水中固定和岸边固定支架平台）、漂浮式钻孔爆破作业船与作业平台、支腿升降式水上钻孔作业平台上进行钻孔作业。其中，钻孔爆破作业船又可按下述四种形式进行分类：

（1）按照有无动力分为自航式和非自航式两种，目前以非自航式为主，自航式的船较少，即便是自航式的船，由于航行动力有限，远途调遣时仍需拖轮拖带，但有向大马力发展的趋势；

（2）按照船体结构形式分为双体船和单体船，目前以单体船为主，但要充分考虑钻孔作业时船体的稳定性；

（3）按照定位形式分为有定位桩和无定位桩两种，目前以无定位桩的占多数，有定位桩的船主要使用在水流较急或交通繁忙、水域狭窄的地区，定位桩起到辅助稳船或少占用水域面积的目的；

（4）按照作业时船体是否与水面接触，可分为漂浮式钻孔爆破作业船和支腿升降式水上钻孔作业平台船，漂浮式钻孔爆破作业船作业时漂浮于水面，受海浪、潮流和潮差影响较大，一般适用于水深小于 30m、流速小于 0.5m/s、浪高小于 1m 的水域；支腿升降式水上钻孔作业平台船，工作时平台升离水面，不受海浪、潮流和潮差的影响。

钻孔爆破作业船的适用范围如表 13-12 所示。典型的支腿升降式水上钻孔作业船和漂浮式钻孔作业船的装备和参数，见 10.2.3 节。

表 13-12　钻孔爆破船的适用范围

钻 孔 船	水深/m	流速/m · s^{-1}	浪高/m	风速/m · s^{-1}
支腿升降式水上钻孔作业船	3 ~ 30	0 ~ 3.0	0 ~ 3.0	0 ~ 60
漂浮式钻孔作业船	3 ~ 50	0 ~ 0.5	0 ~ 1.0	0 ~ 10

13.1.8　空压机

空气压缩机（简称空压机）是许多石方开挖和矿山开采的凿岩钻孔机械的配套设备。使用压缩空气动力与使用电力相比较，故障少、易于操作和维修，但费用要贵得多。因此，合理地使用压气设备就显得非常必要。

13.1.8.1　空压机的分类

A　按工作原理分类

空压机按工作原理可分为速度式和容积式两大类。

（1）速度式是靠气体在高速旋转叶轮的作用，得到较大的动能，随后在扩压装置中急剧降速，使气体的动能转变成势能，从而提高气体压力。速度式空压机主要有离心式和轴流式两种基本形式。

（2）容积式是通过直接压缩气体，使气体容积缩小而达到提高气体压力的目的。容积式根据气缸活塞的特点又分为回转式和往复式两类。回转式包括转子式、螺杆式、滑片式等；往复式有活塞式和膜式两种。

B　按排气压力高低分类

按排气压力高低，分为低压、中压、高压和超高压空压机。

（1）低压空压机：0.2MPa < 排气压力 ≤ 1.0MPa；

（2）中压空压机：1.0MPa < 排气压力 ≤ 10MPa；

（3）高压空压机：10MPa < 排气压力 ≤ 100MPa；

（4）超高压空压机排气压力 > 100MPa。

C　按气缸中心线与地面相对位置分类

按气缸中心线与地面相对位置分为立式、角度式和卧式空压机。

（1）立式空压机：气缸中心线与地面垂直布置；

（2）角度式空压机：气缸中心线与地面成一定角度（V 型、W 型、L 型等）；

（3）卧式空压机：气缸中心线与地面平行。

D　按原始驱动动力分类

按照原始驱动动力分为电动式和内燃机式。电动式空压机使用成本较低，内燃机式空压机使用成本较高。

目前与钻孔机械配套的常用空压机，主要是往复式中的活塞式和回转式中的螺杆式空压机。

活塞式空压机由于其比功率最小，所以耗电量少，且易于调节供气量。但该类机组的重量大、外形尺寸大、易损件多、维修工作量大。

螺杆式压缩机与活塞式相比，具有结构简单、零件少、外形紧凑，重量轻、维修量小，没有惯性力，基础小，运转可靠等优点，且高原地区容积效率下降比活塞式空压机要小；螺杆式空压机的缺点是运转时噪声大，并随排气量的增加而增加，且属中高频声级，对人体的危害性较大，必须采用隔声罩、消声器等装置。此外，螺杆式压缩机的转子材质要求高，加工难度大。与牙轮钻机、潜孔钻机配套使用的主要是螺杆式空压机。

13.1.8.2 主要性能参数

表 13-13 和表 13-14 列出两种典型的空压机的技术性能参数。

表 13-13 L 系列活塞式空压机技术性能参数

型　号		LW-20/4-a	LW-30/4	LW-30/4-c	LW-40/3	LW-44/2-a	L-20/4，L-20/4.5
公称容积流量/m³ · min⁻¹		20	30	30	40	44	20
额定排气压力/MPa		0.4	0.4	0.4	0.3	0.2	0.4，0.45
曲轴转速/r · min⁻¹		360	500	380	500	400	360，400
轴功率/kW		92	130	130	155	120	92，100
润滑方式	传动机构	油泵循环润滑					
	汽缸部分	不注油					
润滑油耗量/g · h⁻¹							105
冷却水耗量/m³ · h⁻¹	主　机	3	4.5	4.5	4.5	6	3
	后冷器	4.5	5	5	5	5	4.5
外形尺寸	长/mm	2410	2410	2410	2410	2340	2410
	宽/mm	1550	1550	1550	1550	1550	1550
	高/mm	2160	2045	2160	2160	2550	2045
压缩机重量/kg		~3000	~3000	~3000	~3000	~3100	~2800
电动机	型　号	Y315M1-8	Y315M2-8	Y355M2-8	Y355M-6	Y315M2-8	Y315M1-8
	功率/kW	110	132	132	185	132	110
	转速/r · min⁻¹	738	737	737	983	737	738
质量/kg		1100	1100	1100	1425	1100	1100

表 13-14 LUY 系列电机驱动移动式螺杆空压机技术性能参数

型　号	排气量/m³ · min⁻¹	排气压力/MPa	机组外形尺寸（长×宽×高）/mm×mm×mm	机组质量/kg	电动机型号	功率/kW	转速/r · min⁻¹
LUY090DA	9	0.7	3235×1690×1655	1850	Y280-2	65	2970
LUY090DB（A）		1.0	3235×1690×1655	1920	Y280-2	75	2970

续表 13-14

型　号	排气量 /$m^3 \cdot min^{-1}$	排气压力 /MPa	机组外形尺寸（长×宽×高）/mm×mm×mm	机组质量 /kg	电动机型号	功率 /kW	转速 /$r \cdot min^{-1}$
LUY139DA	13.9	1.0	4055×1880×2345	2900	YLF315S-4E	90	1480
LUY135DC	13.5	1.3			YLF315S-4E1	110	
LUY170DA	17	0.7		3100	YLF315S-4E	90	
LUY170DB（A）		1.0			YLF315S-4E1	110	
LUY165DC	16.5	1.3		3200	YLF315M-4E	132	
LUY208DA	20.8	0.7		3300	YLF315S-4E1	110	
LUY203DB（A）	20.3	1.0		3430	YLF315M-4E	132	
LUY203DC		1.3		3500	YLF315L11-4E	160	
LUY240DA	24	0.7		3430	YLF315M-4E	132	
LUY245DB（A）	24.5	1.0		3490	YLF315L1-4E	160	
LUY238DC	23.8	1.3		3600	YLF315L2-4E	180	
LUY280DA	28	0.7		3490	YLF315L1-4E	160	
LUY280DB（A）		1.0		3600	YLF315L2-4E	180	

注：电源为 380V/3/50Hz，防护等级及绝缘等级为 IP54/F；最高工作环境温度≤50℃。

13.1.8.3　空压机的选择

A　选型原则

（1）空压机的排气压力要满足凿岩设备的要求，当管路较长时，要考虑管路的压力损失，保证工作面的压力满足凿岩设备的压力要求，提高凿岩设备的效率。

（2）工期长、用气比较集中的工程，宜选用固定式的空压机，便于运行、维修和管理；工期短、用气较分散的工程宜选用移动式空压机。

（3）电动式空压机运行成本相对较低，供电条件好的工程宜优先选用电动式空压机。

（4）用风量较大的工程，空压机应大小搭配，便于灵活调度。

（5）根据工程特点和设备性能，选用不同结构形式的空压机。往复式空压机宜选用 L 型和对称平衡型。L 型结构紧凑，动力平衡性能比 V 型、W 型好，管道布置方便。但 L 型中排气量大于 60m^3/min 时，垂直高度大，维修不便，振动较大，对设备基础设计要求较高；对称平衡型空压机便于维修、惯性力接近平衡，可以减小设备基础尺寸，所以，单台排气量大于 60m^3/min 的空压机，宜选用对称平衡型空压机。无基础型空压机具有结构紧凑，安装方便，易于移动，节省基础施工和安装时间，振动小，运转平稳，便于井下分区供气，以缩短输气距离，提高供气效率。高原地区活塞式空压机容积效率下降比螺杆式空压机大，高原地区宜优先选用螺杆式空压机；特大型空压机站可考虑离心式空压机。活塞式空压机中的立式和卧式基本淘汰，不宜选用。

B　凿岩设备耗气量计算

凿岩设备空压站最大耗气量按照式（13-1）计算。

$$Q_{max} = 1.05K_gK_lK_xK_t\sum_{i=1}^{n}K_mn_iq_i \tag{13-1}$$

式中 Q_{max}——空压站最大耗气量，m^3/min；

K_g——高原修正系数；

K_l——管网漏气系数；

K_x——吸气管、过滤器、消声器等阻力引起的压缩机生产能力下降的系数；

K_t——同种气动凿岩机同时工作系数；

K_m——气动设备磨损系数，其值为：凿岩机1.15，其他1.10；

n_i——第i种气动凿岩机的台数；

q_i——第i种气动凿岩机单台耗气量，m^3/min。

上式中的K_g、K_l、K_x、K_t可查阅汪旭光主编的《爆破手册》（冶金工业出版社，2010）。

空压机站内的空压机台数宜为3~6台，备用量应大于计算供气量的20%，备用量不应少于1台；移动式空压机备用量也不应少于1台。

C 管网布置

管网是压缩空气的输送通道，管网的布置原则应使压缩空气的能量损失最小。基本要求是：

（1）管网应沿最短的线路布置，管内径应满足管内压缩空气流速达到5~10m/s；

（2）管道应尽量平顺布置，少拐弯，尤其要避免有急弯；

（3）管道上应尽量少装设闸阀等附件，管道变径时，应采用渐变接头，不允许突然改变管径；

（4）管道要安全可靠，一般采用无缝钢管或焊接钢管；

（5）不允许管道内有局部积水现象。

13.1.9 钻孔施工技术

13.1.9.1 气动凿岩机选型及施工技术

A 各类凿岩机的应用范围

各种风动凿岩机，依据其技术特征，选型时应考虑以下3个方面：

（1）充分重视作业场所（平巷、天井、竖井和采矿场等）；

（2）充分依据凿岩参数（钻凿的炮孔方向、孔径和深度）；

（3）钻凿岩石的岩性（坚固性程度、完整性、磨蚀性）。

表13-15列出各类风动凿岩机的应用范围，供选型时参考。

表13-15 各类风动凿岩机的应用范围

类 型	手持式	气腿式	上向式	导轨式
最大炮孔直径/mm	40	45	50	75
最大炮孔深度/m	3	5	6	20
炮孔方向	水平、倾斜及垂直向下	水平、向上倾斜及向下倾斜	垂直向上 60°~90°	水平、上缓倾斜及下缓倾斜
岩石坚固程度	煤层、软岩、中硬、坚硬	中硬、坚硬、极硬	中硬、坚硬、极硬	坚硬及极坚硬

B　钎具的选择

选择钎头时，主要根据凿岩机的类别，估计钻凿炮孔的最大直径，然后根据所钻凿岩石的岩性、节理裂隙的发育情况，确定钎头的形式，选择钎头的类型和规格。最后根据钻凿岩石的坚硬性及磨蚀性，选择具体适用的硬质合金牌号。据此，向生产厂家提出供货需求。

根据表 13-15 的各类风动凿岩机应用范围，结合工程施工中具体的爆破参数，可以选择工程中使用的凿岩机类别。凿岩机类别确定后，其最大炮孔直径和炮孔最大深度即可确定。对国产凿岩机钎杆，其材质基本上选择 55SiMnMo 或 35SiMnMoV。

对于导轨式凿岩机，其钎尾的形式和规格，应根据具体凿岩机而定，应注意各种导轨式凿岩机的钎尾不能通用，应根据原件尺寸规格向厂家订货或测绘后仿制。对于材质，可选取 35SiMnMoV。

C　常见故障处理及提高凿岩速度的措施

a　常见凿岩故障处理

(1) 炮孔开门。在启动凿岩机前，首先应当检查压气管路和冲洗水管路是否接通、接牢，润滑系统是否加了润滑油。

选好所钻凿炮孔的孔位，除控制爆破外，应使开口孔位尽量选取完整岩石的部位，避免将孔位选在节理裂隙极为发育的位置，应避开明显的岩缝、裂隙等岩性极为破碎的地点。同时应当避免选在上次爆破的残孔位置，以防引发意外爆炸事故。选好孔位后，选准钻凿炮孔的方向与支撑角度。

开孔时，应调节凿岩机的控制手柄阀，使凿岩轻冲击运转，调整气腿调压阀，使气腿推力处于弱推力状态。当形成孔窝后，可逐渐使凿岩机处于中运转状态，然后再逐渐增大气腿的轴推力。当炮孔凿入 100mm 左右，可使凿岩机处于全运转及和注水及吹洗的工作状态，气腿的轴推力调整到最优推力。

(2) 卡钎。在钻凿破碎岩层时，常常会遇到钎头在孔内，既不能继续钻进又无法后退的“卡钎”现象。这种“卡钎”现象，主要原因有 3 个：首先是岩石太破碎，节理裂隙太多，钎头“卡”在岩石裂缝中；其次是岩石太破碎、太松软，在凿岩过程中推进速度过快，岩粉未能及时排出孔外，沉积孔内的岩粉，堵住了排粉通路；再一种可能是，在钻孔过程中，孔壁坍塌，矿岩碎块“卡住”钎具。

这类故障，处理时应采取轻冲击，强冲洗，使凿岩钎具在孔内前后反复拉动，并使凿岩机左右晃动；同时，凿岩机在上述状态下，运转一段时间后，改用停止冲击，强力吹洗孔内岩粉。凿岩机的上述两种工作状态，交替轮换，持续一段时间后，大多数“卡钎”故障均可排除。

(3) 正常凿岩时突然出现凿岩速度过快或过慢。如果全运转，保持最优轴推力，进行正常钻凿炮孔，突然出现凿速过快的现象，有可能是钻到了上一个分段（层）的采空区，此时应退出钎具，不要继续凿岩；如果不是这种情况，则是岩性发生变化，遇到了软岩或破碎岩，这时应使凿岩机处于中运转或轻运转状态，加强孔内吹洗，降低轴推力。

如果凿岩过程中，凿岩速度明显降低，或者没有进度，极有可能是钎头损坏，或者钎杆折断，应及时更换钎具。如果凿岩速度降低，但还有进度，这种情况可能是钎头磨钝应及时修磨；或者是有可能岩性变化，岩石变得更坚硬。这时应采取中运转，加大轴推力，并根据凿岩机的实时性表现，在凿岩工作制度上进行调整。

b 凿岩机的操作要领

(1) 针对不同岩性的矿岩，应根据排粉情况分别调整冲击功、转钎速度和轴推力，力求获得较高的凿岩速度。如钻凿中硬矿岩，冲击功要小些，转钎速度可高些，推力不宜过大；而对于坚硬石，冲击功要大，转钎速度应低，轴推力要大。

(2) 在遇有裂隙、节理和溶洞“卡钎”时，则要减少冲击功，加大转钎速度甚至可以停止冲击完全依靠回转和强吹，通过“卡钎”区排除故障。

(3) 管中风压应防止“跑漏”，确保风压0.5MPa，水压不低于0.4MPa。

(4) 凿岩系统应保持润滑良好，润滑油应选30号或20号机油，一般使用注油器，每班应定次定量添注。

13.1.9.2 液压凿岩机选型及使用维护

A 液压凿岩机的选型及配套钎具

a 液压凿岩机的规格型号及应用范围

液压凿岩机已系列化，具体型号由3部分组合而成：其一为冲击机构的系列型号；其二为回转马达型号；其三为配套钎尾的系列型号。如瑞典的COP1238类型，其冲击机构分为：LE—低冲击能；ME—中等冲击能；HF—高冲击能；HF—高频冲击机构。其回转机构分为：02、05、07和10等4个型号。其钎尾分为：R32、R38、T38、T45等具体规格。COP1238组成整体液压凿岩机的各种型号可用于巷道掘进、深孔采矿和露天凿岩，如图13-11所示。阿特拉斯公司的COP产品系列的技术参数如表13-16所示。

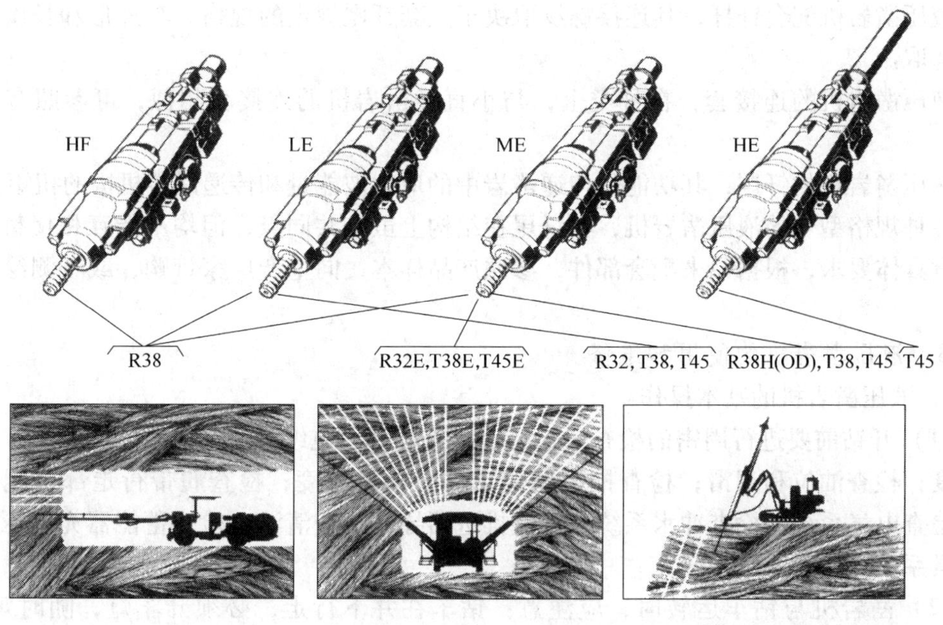

图13-11 COP1238各型号液压凿岩机的应用范围

表 13-16 COP 系列液压凿岩机的技术参数

凿岩机型号	冲击机构		回转机构		质量/kg	钎杆		钎头直径/mm	配套钻车型号
	功率/kW	频率/Hz	转数/r·min^{-1}	最大扭矩/N·m		型号	长度/m		
巷道和隧道									
COP1028HD	5.5	50	0~300	120	52	R28	3.2、4.0	35~41	
COP1032HD	7.5	40~53	0~300	200	110	R28	3.09、3.7、4.05	35~43	
COP1238HF-02	14	100~105	0~460	430	150	R28	3.7、4.3、4.5、4.9	38~51	BMH612/614/616/618
COP1238ME-05	15	40~60	0~300	500	151	R38	3.7、4.3、4.9、5.5	38~51	BMH612/614/616/618
深孔采矿									
COP1238ME-07	15	42~60	0~200	700	151	R32	1.22、1.83	51~64	BMH204/206
COP1238ME-07	15	42~60	0~200	700	151	R38	1.22、1.83	64~102	BMH204/206
露天开挖									
COP1238ME-07	15	40~60	0~200	700	151	T38	3.66	64~102	ROC812H
COP1238ME-07	15	40~60	0~200	700	151	T45	3.66、6.10	76~115	ROC812HC
COP1238ME-07	18	50	0~200	700	151	T45	3.66、6.10	76~115	ROC812HT

b 钎具的选择

根据其用途，液压凿岩机钎头直径变化跨度较大。在钎头直径 $\phi35\sim76$mm 的范围内，主要有十字形、X 形和球齿钎头，其中十字形钎头，最大尺寸为 $\phi64$mm，如果超过 $\phi64$mm 时，建议选择 X 形，可以提高凿岩效率。当直径大于 $\phi76$mm 时，绝大多数选用球齿钎头。

液压凿岩机冲击功率高，扭矩大，钎钢必须是超高强度钢，在冶炼工艺上，对其原料坯应严格检查，轧制后的中空钎钢素材，应进行探伤，以保证质量；制钎过程中，应重点抓住热处理的关键环节。

液压凿岩机配套钎杆，其连接螺纹取决于配套钎尾规定的规格，其外形和长度按产品目录选取。

液压凿岩机的连接套，在种类上，与小直径凿岩机的连接套相似，可参照有关资料选择。

液压凿岩机的钎尾，其功能是传递凿岩中的应力波能量和传递回转机构的扭矩。

各种规格型号的液压凿岩机，其钎尾在结构上虽有共同点，但均不能互相代替，选型应注意具体要求，根据原来配套部件，参照产品样本，向生产厂家订购，或者测绘后自己配制。

B 液压凿岩机的使用和维修

a 液压凿岩机的基本操作

（1）开钻前要进行周密的检查。包括：检查软管、电缆、气管、水管的完好程度和紧固程度；检查油位和润滑；检查推进器传动件的松紧程度；检查履带行走部位配合及路况；检查电气系统；检查冲水系统；检查推进器导轨是否清洁：检查蓄能器充气压力；检查钎具系统；检查液压系统。

（2）凿岩机与钻车运转时，应注意：钻车在井下行走，必须开车灯，随时观察前、后、左、右情况，注意安全，严防碰伤人员及各种管线；注意液压系统工作压力；根据岩性变化，应调整钻进参数，尤其是注意推进进度和推进力的调整；充分利用推进液压回路设有的调速阀，粗调与微调互相搭配，可做到实时调整；应随时注意油温，监控允许工作油的温度；液压系统放气，要及时放掉混入液压系统的空气，在换油及停机时间较长时，更应放气，否则可能损坏液压泵。

b 液压凿岩机与钻车的维修

应定期检修推进器，注意观察工况，及时更换损坏零件，其检修工作按表 13-17 进行。液压钻臂是钻车关键部件，应确保可靠性和准确性，其检修工作按表 13-18 进行。

表 13-17 推进器检修表

周　期	检查项目	检查内容	可能后果	措　施
每工作 8h（每天）	钎杆托架	检查导向套，磨损最大间隙	钎杆可能导向不良	更换托架导向套
	中间托架	连接件	钎杆导向不良	上紧紧固件
	凿岩机支座	检查连接件	凿岩机振动	上紧紧固件螺栓
	推进器传动钢丝绳	运转情况	钢丝绳破损，操作破坏	紧绳，必要时更换
	软　管	泄漏及松紧度	影响运转	软管外层涂油
每工作 40h（每周）	支　座	检查滑轮安装状况	导向不良	更换零件
	软管导向轮	运转状况	功能下降	轴承注油，需要时更换零件
	液压与气路系统	软管、活塞杆推进器梁与导轨间隙	功能下降，操作失灵	更换零件
	支承盘	连接装置，磨损情况	对岩石支撑不良	上紧螺栓，必要时更换

表 13-18 液压钻臂检修表

周　期	检查项目	检查内容	可能后果	措　施
每工作 8h（每天）	供气系统	注油器内凝结水，油位不适	冲击机构与气动马达（原动机为气动马达的钻车）内刻痕	排除凝结水，加注润滑油
	液压系统	回油过滤器	系统堵塞	更换滤芯
	钻臂动作	不能复原位	钻杆磨损	处　理
每工作 40h（每周）	气水系统	管路泄漏过滤器堵塞	压力低	清洗过滤器
	液压系统	泄漏，外观	操作停止	拧紧接头，更换损坏元件
	接　头	松紧度	操作停止	拧　紧
	液压系统	控制阀、油缸	操作停止	更换易损件，若严重时送特定点拆修
每工作 200h	液压系统	液压防尘圈	外界物质进入，磨损加快	更换损坏元件

续表 13-18

周 期	检查项目	检查内容	可能后果	措 施
每工作 400h	液压系统	工作介质	污染、氧化、变质	取样，必要时更换工作液
	旋转机构	机壳油位	影响运转	注 油
每工作 1000h	钻臂各铰点	间 隙	位置不准确，污物进入铰点轴承内	更换损坏零件与密封件
	液压系统	动作速度与平稳性	效率降低	系统故障处理
	液压缸	活塞杆轴套	磨损后使液压缸动作不准确	更换零件

c 故障检查与处理

对液压凿岩机与钻车各种故障检查与处理，取决于维修人员的工作经验。关于具体型号的液压凿岩机和钻车故障检查和处理，详见相关的产品说明书，也可参考表 13-19 进行。

表 13-19 液压凿岩机和钻车故障检修表

特 征	部位与原因	原因分析	处理办法
液压缸“爬行”	系统内进入空气	油箱油位低 液压泵吸油管泄漏， 工作液混有空气	检查油位 检查泄漏并处理 更换工作液
	工作液混入水	凝结水集结在箱底，使油的黏度降低，产生气穴现象	更换工作液并检查油泵是否损坏
液压软管明显鼓胀	软管内部破裂	钢丝断，内部橡胶损坏	更换软管
控制阀手柄不能复位	粘位阀	阀体连杆太紧，内部有脏物	松螺母，扭矩为 20N · m
	操作手柄动作沉重、不平衡	复位弹簧失效	更换弹簧
液压泵无压力	溢流阀故障	有杂物，磨损	修理或更换
	压力管路	泄漏；堵塞	更换软管
	联轴器	损 坏	更 换
液压泵脉动	工作液有水或空气	油位过低，空气吸入	加注工作液同时检查液压泵
工作液发黑或凝结成块		工作液氧化或牌号不对	清洗系统，更换工作液
工作液泡沫多	混入杂质吸入空气	油箱工作液内混入空气与水，油位低，吸油管漏	注满工作液，拧紧接头
不工作状态液压缸变位	液压锁	不起作用	更 换
操作时油箱往外溢油		吸入空气或水分	停机沉淀，必要时更换

13.1.9.3 潜孔钻机钻孔施工技术

A 钻孔误差

（1）钻孔误差的类型。钻孔误差包括开孔误差、对中误差和轨迹误差三类。开孔误差是指对位误差，属初始误差不随孔深变化而变化；对中误差是指钻进过程中钻杆轴向误差，它与孔深成正比，这项误差是由于钻杆轴压过高，引起钻杆变形，钻头晃动而导致的钻进方向出现偏差；轨迹误差是指导向性误差，它是因岩石导向性引起的，随孔深的增加而增大，是钻孔误差中最为重要的一项误差。另外，轨迹误差还与孔径、钻具转数、轴压、钻进速度和钻机稳定性有关。

（2）影响钻孔误差的因素。当钻凿裂缝、岩洞或岩层软硬不均岩体时，钻孔易出现方向漂移，产生偏帮溜眼现象。地质条件更为恶劣时，还会出现卡钻，导致成孔困难，塌孔或炸药装不到底，将严重影响爆破效果。

当钻孔速度过快时，钻具更容易形成方向偏移，导致轨迹误差。钻孔质量较好的工地，多数采用中低风压进行钻孔作业。

钻孔技术水平是影响钻孔误差的关键因素，首先钻孔必须按桩对位，做到开孔位置准，钻进方向正确。其次是成排孔处于同一平面内，上下平行，前后没有漂移。

B　钻孔误差的预防

（1）钻机平台的修建。钻机平台是钻机作业的场地，平台修建是预防钻孔误差的重要环节。

钻机平台修建原则：根据钻机类型确定平台大小，保证钻机在平台上按设计的钻孔方向钻孔；钻机平台必须易于与施工便道连接，保证钻机道路通畅。

平台宽度：自行式钻机不得小于6~8m，保证一次布孔排数不少于2排。对于三脚架型钻机，一般不小于2.0m。

平台质量要求：平台要平整。在困难条件下其坡度不得大于5°，不允许有突出石块。

（2）钻机架设。钻机架设三要点为：对位准、方向正、角度精。

为了保证钻孔在一平面上或同一直线上对位开孔，光面爆破和预裂爆破一般用钢管在钻机平台上铺设钻机移动导轨。钢管一般铺设在边坡线外30cm处，钢管连接要牢固垫实，根据设计孔距，用红油漆在钢管上标明孔位，以保证钻孔对位的准确。

钻孔方向要正，就是要使孔垂直于边坡线，并保证相邻炮孔在同一边坡面上相互平行。

为了防止钻机产生扭曲现象，还应注意到：由于边坡高低不平，为了保证机身不倾斜，在支架前支点顶部焊接长20cm的角钢或半圆钢管，使其卡在钢管导轨上，并将其加垫块垫平。

为了保证钻孔精度，一般做法是在钻机架上吊一垂球，来调整钻孔设计角度。

C　潜孔钻机的钻孔技术

a　钻孔对位

按照设计的孔网参数布孔，用红油漆或竹桩标明桩位、钻孔方向、倾斜角度和孔深。

对位顺序，必须按“先难后易、先边后中、先前后后”的原则钻孔。

b　钻孔作业

凿岩基本操作方法：“软岩慢打，硬岩快打”；在操作过程中做到：“一听、二看、三检查”。一听：听钻孔声音判断孔内情况；二看：看风压表、电流表是否正常；三检查：检查机械、检查风电、检查孔内故障。

钻孔开孔：开孔深度一般不得小于0.5m；开孔一般要求孔口要正，要规整；开孔操作方法为钻头离地送风，吹净浮渣，按“小风压顶着打，不见硬底不加压”的要领施钻。

松软土层开孔：不送风不转钻，直接将冲击器压入土层后（或到硬土面），提钻送小风并旋转钻具继续钻孔。提升钻具时在钻具出孔前停风转，以防破坏孔口。

硬土开孔：送小风钻孔，钻头入孔 0.3m，旋转钻具继续钻孔，冲击器全部入孔后，送半风。不得使用全风全压，防止岩层软硬不均造成溜眼或偏帮。钻至一定深度后，提钻用黄泥糊孔，保证孔壁光滑。

完整岩面开孔：放下钻具，送风吹净岩面上浮渣，不旋转钻具，给小风不加压力冲击岩面，打出眼痕（眼窝）后，提钻具旋转下钻开孔，钻头进孔一半后逐渐加大风量，钻头全部入孔后，全风全压继续钻孔。

软土层钻孔，小风旋转钻孔，每钻进 0.5 ~ 0.75m 后上下串动钻具 2 ~ 3 次，将土吹出孔外。干硬土层钻孔，每钻进 0.5 ~ 0.75m 提钻吹孔，直至岩层。黄黏土层钻孔时要做到：一次进尺少，勤排泥，勤疏通。干式凿岩可不断向孔内掺石粉或扔石块。湿式凿石要多加水，成孔后要上下串动钻具，全风吹出孔内岩浆和黄泥，保持孔壁光滑，以便于装药。

土岩衔接面处钻孔：提起钻具 0.5m，用风吹净岩层面上泥土，按石层开孔方法钻孔，钻头入岩层 0.3m 时，提钻停风上下串动钻具，把岩壁上的岩渣挤入土中，然后全风全压钻孔。

在软岩中钻孔的操作要领是：送全风、加半压、慢打钻、排净渣，进尺 1.0m 提钻吹孔一次，防止孔底积渣卡钻。

在破碎岩层中的操作要领是：进尺少、风量少、压力轻，防止溜眼偏孔，每钻进 0.75 ~ 1.0m，填黄泥加水糊孔。

在硬岩中钻孔要做到：使用锐刃钻头，低转速，全风全压钻进，转数为 40 ~ 60r/min。

c　钻孔施工故障判断和排除

(1) 风压高低不稳定。钻孔中风压突然降低，提起钻具，关闭送风阀门，如风压仍然低于正常钻孔压力，这是供风系统风管路毛病。需停止钻孔，提出钻具，检查风管路和空气压缩机站并进行检修。反之，如压力增高到空气压缩机额定压力，则是钻具或孔内故障。应检查钻具是否断裂，接头密封处是否漏气。若钻具有问题，即应重新安装或更换配件。

若钻具一切完好，放下钻具继续钻孔，风压仍低于正常孔风压，应观察钻孔排渣情况，排渣不好遇到石缝或溶洞，按打裂缝岩层方法继续钻孔。

钻孔中压力表指针达到空气压缩机额定压力。其产生原因有：黄泥堵塞冲击器排气孔；钻杆接头处堵塞；冲击器阀柜堵塞。

(2) 电流表跳动。电流表跳动而冲击正常，排渣好，系合金刀片破碎，处理办法为更换钻头。电流表上下摆动，进尺加快，跳动几次后电流表恢复正常，是岩石换层或钻到石缝。

(3) 冲击器响声忽高忽低。冲击器声尖脆，进尺慢，排渣少，是钻头钎尾折断，需将钻具安装新钻头，在原孔旁边重新钻孔。钻头空打，不排渣，无进尺，不旋转，电流加大，产生原因及排除方法如下：掉石块卡住冲击器，上下串动钻具使石块掉入孔底；若卡死则按卡钻办法处理；冲击器销键或销键弹簧折断，则点动反转、正转，慢提钻具至孔外，更换新销键或弹簧再钻孔；钻头响声低沉或不响，进尺快、排渣多时，系进入软岩层，应减少下压力量，慢速钻孔，吹净岩渣，防止孔底岩渣卡钻；若不响、进尺慢、无岩渣时，则系进入夹土层，应按钻土层方法钻孔。

（4）卡钻的处理。孔口或孔壁掉石块，岩渣未排净抱住冲击器，合金刀片破碎，钎尾折断，销键或销键弹簧折断使销键退出，新钻头规格大，钻头钻进岩缝，溜眼偏帮等均会产生卡钻现象。

石块卡住冲击器后，不要提钻，应向下钻，同时点动反转和正转，上下串动钻具，把石块挤碎，使碎块掉入孔底。

岩渣抱钻卡钻，当湿式凿岩时，多加水，用风将水从孔底向上冲洗，旋转钻具慢慢向上提起钻具。干式凿岩时，送全风吹孔排除岩粉，反转、正转，当点动钻具有旋转余地时，立即边送风边提升钻具。

石缝卡钻处理方法:不要旋转钻具,将钻具向上提紧,点动反转、正转来回活动即可。

销键卡钻处理比较困难，要边旋转边提升，把键挤进冲击器内提出孔外，换新键卡、换弹簧销后，再继续钻孔。

更换钻头时必须严格检查钻头尺寸。如新钻头卡钻，应边转动边磨损，慢慢上提。

钎尾折断后，会产生钻杆转动，下部钻头不转动的卡钻现象。处理方法：点动反转、正转来回活动，向上提升钻具。

（5）冲击器不冲击的处理。钻孔时冲击器突然不冲击，又不是土层，间断有冲击响声，提钻停风时能听到活塞下落声音。提出钻具卸掉钻头，用棍将活塞推到顶部，突然下放听到破碎声音则为阀片或阀柜破碎。拆开冲击器更换阀柜。冬天油液凝固，在刚刚开钻时，活塞上下不动，可用火加温使油融化，也可倒入清洗油洗净冲击器。在更换新活塞时，不要将活塞硬打进冲击器内；长期使用的活塞磨损超限，封闭不了气孔，应更换新活塞。

13.1.9.4　牙轮钻机选型及使用维护

A　牙轮钻机及钻具选型

各类牙轮钻机因其结构和技术特征，均有各自不同的应用范围。各种不同的牙轮钻机，其配套钻具也将有很大差异及变化。

a　各类牙轮机的应用范围

在选择牙轮钻机和类型时，应考虑下面4个因素：

（1）钻机作业场地、空间及地理环境；

（2）爆破设计的孔向、孔径和孔深等参数；

（3）钻凿岩石的岩性、坚硬程度；

（4）对钻凿炮孔效率的要求。

根据各类牙轮钻机的结构及技术特征，表13-20列出了各类牙轮钻机的应用范围。

表13-20　各类牙轮钻机的应用范围

项目＼型号	KY-120	KY-150	KY-250A	KY-310	45R	60RIV
工程高度/m	3.0	3.2				
最大孔径/mm	118	150～170	220～250	250～310	171～279	311～381
最大孔深/m	50	20	17	17.5	50.3	45.7
炮孔方向/(°)	60～90	90	90	60	60～90	60～90
矿岩硬度	8～12	<12	6～20	6～20	6～20	6～20

b　钻具的选择

牙轮钻机的钻具主要由牙轮钻头、钻杆和稳杆器 3 部分组成。

(1) 牙轮钻头。按牙轮的数目分，有单牙轮、双牙轮、三牙轮和多牙轮钻头。

单牙轮及双牙轮钻头多用于炮孔直径为 150mm 以下的软岩钻进；多牙轮钻头用于炮孔直径 180mm 以上岩石钻进；使用最多的是三牙轮钻头。

压气排渣风冷式牙轮钻头，使用压气排除岩渣，其形式可分为钢齿和硬质合金齿两种。钢齿牙轮钻头，齿形为楔形，主要用于软岩。硬质合金齿钻头，其牙形有球形、楔形和锥球形。软岩用楔形齿，中硬岩用锥球形齿，硬岩用球形齿。

贮油密封式牙轮钻头用清水或泥浆排除炮孔内岩渣，多用于石油钻孔、地质勘探钻孔的牙轮钻机。

(2) 钻杆。牙轮钻的钻杆，其作用是承受钻压和扭矩。它是一个组合体，由无缝钢管和带有螺纹的上、下接头焊接而成。牙轮钻机通常备有主、副两根钻杆，其结构完全相同。

(3) 稳杆器。它的作用是防止牙轮钻进时钻杆及钻头摆动，造成炮孔歪斜；同时也可防止钻具部件过早损坏。稳杆器有幅条式及滚轮式两种形式，应根据炮孔直径的大小选择。

B　牙轮钻机钻孔故障及钻机机构调整

a　钻孔故障及其排除方法

在钻孔过程中，应努力防止发生钻孔事故。一旦发生故障，必须作出正确判断，然后采取适当的处理措施。

(1) 夹钻具。钻具被夹住在孔内，这是由于炮孔片帮、掉块、岩粉过多以及突然停止供气等原因造成的，可采用旋转夹钻或提升夹钻等措施排除故障。

(2) 掉钻具。当钻具因其系统有断裂处将钻具掉入孔内时，可用打捞丝锥的办法捞。

(3) 片帮。出现孔壁片帮时，首先要减小轴压，降低钻速，投入黏土护好孔壁后再继续钻进。

b　钻机机构调整

为确保钻机能持久地正常运转，在钻机作业过程中，要不断地调整钻机机构。这种调整主要是指：加压-提升链条的调整、提升和辅助卷筒制动装置的调整、回转机构导向装置的调整、钻杆架的调整、主空压机皮带的张紧、履带的调整和行走机构的调整等。上述调整基本上都是通过机构上的调节螺栓进行，在调整中应保证其构件间规定的间隙。

13.2　现场装药机械

现场装药机械是使用炸药原料及半成品，在爆破现场混制成炸药并装入炮孔的一种设备，主要用于露天和地下矿山、井巷掘进及其他各种爆破工程中的炮孔或硐室装药。在露天作业中，机械装药使用装药车或混装车。在地下作业中，机械装药使用装药器和地下装药车。由于装药车或装药器的使用，炸药充填密度好，钻孔利用率更高。

混装炸药车实现了装药机械化，制作炸药的原料分装在车上各个料仓，到达爆破现场后才进行炸药的混制及装填，提高了作业安全性。还可根据岩石的不同特性选择装药车，配置不同威力的炸药，提高爆破效率。在地下爆破工程作业，特别是地下矿山向上的中、深孔爆破中，采用装药器装药，可节省人力、提高装药效率、改善爆破质量、减轻劳动强度。

13.2.1　现场装药机械分类

爆破装药机械按用途，可分为地下爆破装药机械和露天爆破装药机械。按装药车生产的炸药种类，可分为现场混装重铵油炸药车、现场混装粒状铵油炸药车和现场混装乳化炸药车等。

露天爆破装药机械，包括现场混装重铵油炸药车、现场混装粒状铵油炸药车和现场混装乳化炸药车三大类。

地下爆破装药机械，包括装药器和装药车两类。装药器又分为传统装填粘性粒状炸药（还有少数矿山装填粉状炸药）的压气装药器和新型现场混装乳化炸药装药器。装药车也分地下压气装药台车和地下现场混装乳化炸药车。压气装药器、压气装药台车的工作动力均为压缩空气。地下现场混装乳化炸药装药器、装药车则为电-液工作系统。

地面站是为现场混装炸药车进行原材料储存、半成品加工等而设置的地面辅助配套设施，有固定式地面站和移动式地面站两种形式。

13.2.2　露天爆破装药机械

13.2.2.1　现场混装重铵油炸药车

A　现场混装重铵油炸药车简况

现场混装重铵油炸药车由汽车底盘、动力输出系统、螺旋输送系统、软管卷筒、干料箱、乳化液箱、电气控制系统、液压控制系统、燃油系统等部件组成。现场混装重铵油炸药车混制炸药的各种原料从地面站分别装入车上的各个料仓内，在爆破现场按不同比例将乳胶基质与多孔粒状铵油混掺在一起，制备成不同能量密度的重铵油炸药，是多功能炸药现场混装车，也可混制乳化炸药和粒状铵油炸药，兼具乳化炸药的高体积威力和铵油炸药的低成本优点。这种装药车水孔和干孔都适用，可满足不同爆破工程要求。

混装重铵油炸药车输药效率：采用螺旋送药时为450kg/min，采用MONO泵送药时为200～280kg/min。目前有8t、12t、15t、20t、25t等多种规格。现场混装重铵油炸药车具有自动计量功能。

根据我国机械行业标准JB/T 8432.1—2006的规定，现场混装重铵油炸药车的基本参数应符合表13-21的规定。使用性能为：水孔直径100mm以上、深25m以内，干孔直径100mm以上、孔深不限；输药软管的外径应适应炮孔的要求，最大工作压力为1.2MPa；液压系统中液压油的工作温度为38～50℃。

表13-21　现场混装重铵油炸药车基本参数

型　号	参　数		
	装载量/t	装药效率/kg·min^{-1}	计量误差/%
BCZH-8	8	干孔：450 水孔：200	±2
BCZH-12	12		
BCZH-15	15		
BCZH-20	20		
BCZH-25	25		

B　主要技术参数

BCZH-15 现场混装重铵油炸药车主要技术参数列于表 13-22。

表 13-22　BCZH-15 现场混装重铵油炸药车主要技术参数

适用范围	多孔粒状铵油炸药	重铵油炸药	乳化炸药
	直径≥90mm 的露天下向炮孔	直径≥90mm 的露天下向炮孔	
载药量/t	15		
装药效率/kg · min^{-1}	450	200 ~ 450	200 ~ 280
计量误差/%	≤ ±2		

13. 2. 2. 2　现场混装粒状铵油炸药车

A　现场混装粒状铵油炸药车简况

现场混装粒状铵油炸药车主要由汽车底盘、动力输出系统、干料箱、燃油箱、输送螺旋、电器装置等组成，多在冶金、水利、交通、煤炭、化工、建材等大中型露天矿等工程爆破采场中使用，适用于大直径（一般 80mm 以上）干孔装药。现场混装粒状铵油炸药车工作前先在地面站装入柴油和多孔粒状硝酸铵。装药车驶到作业现场，由车载系统将多孔粒状硝酸铵与柴油按配比均匀掺混，并装入炮孔。现场混装粒状铵油炸药工艺简单、成本低，但炸药体积威力相对较低。

粒状铵油炸药现场混装车输药效率为 200 ~ 450kg/min，目前有 4t、6t、8t、12t、15t、20t、25t 等多个规格可供选择。现场混装粒状铵油炸药车具有自动计量功能。

根据我国机械行业标准《现场混装粒状铵油炸药车》（JB/T 8432. 2—2006）的规定，基本参数应符合表 13-23 的规定。使用性能为：装药车适应炮孔直径 100mm 以上、孔深不限；液压系统中，液压油的工作温度为 38 ~ 50℃。

表 13-23　现场混装粒状铵油炸药车基本参数

型　号	参　数		
	装载量/t	装药效率/kg · min^{-1}	计量误差/%
BCLH-4	4	200	±2
BCLH-6	6	200	±2
BCLH-8	8	200	±2
BCLH-12	12	200 ~ 450	±2
BCLH-15	15	200 ~ 450	±2
BCLH-20	20	200 ~ 450	±2
BCLH-25	25	200 ~ 450	±2

B　主要技术参数

表 13-24 和表 13-25 分别列出了几种现场混装粒状铵油炸药车的主要技术参数。

表 13-24 BCLH 系列现场混装多孔粒状铵油炸药车主要技术参数

型 号	BCLH-15	BCLH-12	BCLH-8	BCLH-6	BCLH-4
载药量/t	15	12	8	6	4
装药效率/kg · min^{-1}	450	400	350	300	250
液体箱容积/m^3	1.06	0.86	0.55	0.40	0.27
硝酸铵料仓容积/m^3	14.6	13.7	9.1	6.9	4.6
计量误差/%	≤±2	≤±2	≤±2	≤±2	≤±2
发动机功率/kW	206	188	154	118	99

表 13-25 BC 系列多孔粒状铵油炸药现场混装车主要技术参数

型 号	BC-4	BC-7	BC-12
使用范围	直径≥100mm，残水深≤250mm 的露天下向炮孔		
原 料	多孔粒状硝酸铵，轻柴油		
载药量/t	4	7	12
柴油含量/%	4.5~6		
装药效率/kg · min^{-1}	≥150	≥240	≥400
机械臂回转范围/(°)	345		
机械臂工作半径/m	5	5~7.2	5~7.6
汽车底盘	解放 CA1070，P=120 马力	ZZ1163N4646F，P=197 马力	ZZ1256N3846F，P=280 马力
外形尺寸(长×宽×高)/mm×mm×mm	BC-4 解放 7250×2500×3400	8350×2500×3620	9690×2500×3695

13.2.2.3 现场混装乳化炸药车

A 现场混装乳化炸药车简况

现场混装乳化炸药车主要有汽车底盘、动力输出系统、液压系统、电气控制系统、燃油（油相）系统、乳化系统、水汽清洗系统、干料配料系统、水暖系统、微量元素添加系统、备胎装置和软管卷筒装置组成。该车广泛适用于冶金、煤炭、化工、建材、水电、交通等工程的爆破作业，特别适合在金属矿等岩石硬度较高或炮孔内含水的条件下使用。炮孔的直径在 100mm 以上。

现场混装乳化炸药车可现场混制纯乳化炸药和最大加 30% 干料的两种乳化炸药。水相、油相、敏化剂的配制在地面站进行，而乳胶基质的敏化、干料的混合、敏化在车上进行。炸药主要有水相（硝酸铵溶液）、油相（柴油和乳化剂的混合物）、干料（多孔粒状硝酸铵或铝粉）和微量元素（发泡剂）四大部分混制而成。现场混装乳化炸药车在爆破现场将车载乳胶基质装填进入炮孔，敏化后形成具有起爆感度的乳化炸药。装载的乳胶基质，本身是一种非常稳定的半成品材料，不具备雷管感度。现场混装车装填的乳化炸药，密度高、炸药体积威力大。

乳化炸药车装药效率为 200~280kg/min。目前有 8t、12t、15t、20t、25t 等多种规格。现场混装乳化炸药车具有自动计量功能。

根据我国机械行业标准《现场混装乳化炸药车》（JB/T 8432.3—2006）的规定，现场混装乳化炸药车的基本参数应符合表13-26的规定。使用性能为：装药车适应直径100mm以上、深25m以内的炮孔；输药软管的外径应适应炮孔的要求，最大工作压力为1.2MPa；液压系统中液压油的工作温度为38～50℃。

表13-26 现场混装乳化炸药车基本参数

型号	参数		
	装载量/t	装药效率/kg·min^{-1}	计量误差/%
BCRH-8	8	低速：200 高速：280	±2
BCRH-12	12		
BCRH-15	15		
BCRH-20	20		
BCRH-25	25		

B 主要技术参数

表13-27和表13-28列出了几种现场混装乳化炸药车的主要技术参数。

表13-27 BCRH系列露天现场混装乳化炸药车主要技术参数

型号	BCRH-15B	BCRH-15C	BCRH-15D	BCRH-15E
载药量/kg	15000	15000	15000	15000
装药效率/kg·min^{-1}	200～280	200～280	200～280	200～280
装填炮孔直径/mm	≥120，下向孔	≥120，下向孔	≥120，下向孔	≥120，下向孔
装填炮孔深度/m	20	20	20	20
行驶速度/km·h^{-1}	70	70	70	70
工作动力	汽车发动机	汽车发动机	汽车发动机	汽车发动机
备注	装载油、水相热溶液	装载油、水相热溶液，可添加20%多孔粒状硝酸铵	装载热乳胶基质	装载热乳胶基质，可添加20%多孔粒状硝酸铵

表13-28 BCJ-3露天现场混装乳化炸药车主要技术参数

载药量/t	装药效率/kg·min^{-1}	装填炮孔直径/mm	装药密度/g·cm^{-3}	装填炮孔深度/m	最大行驶速度/km·h^{-1}	外形尺寸(长×宽×高)/mm×mm×mm
10～15	80～240	≥80，下向孔	0.95～1.20	5～40	70	7520×2470×3600

13.2.3 地下爆破装药机械

13.2.3.1 地下爆破装药机械类别

(1) 压气装药器：在地下爆破工程作业，特别是地下矿山向上的中深孔生产爆破中，采用装药器装药，可节省人力、提高装药效率、改善爆破质量、减轻劳动强度。

(2) 压气装药台车：将压气装药器系统安装在自行式地下矿山通用底盘上的专用爆破装药作业台车，适用于无轨运输的大型地下矿山和其他地下大型硐库开挖爆破工程。

(3) 现场混装乳化炸药装药器：适用于井巷掘进、分段法采矿等空间狭窄的地下工程爆破装药作业。无自行行走底盘，需借助于其他辅助机械实现不同爆破作业点之间的移动。

（4）现场混装乳化炸药装药车：由现场混装乳化炸药上盘系统和地下低矮汽车或铰接式台车底盘组成，是一种正在发展兴起的地下矿山等爆破装药机械，安全性好、作业效率高。

13.2.3.2　地下现场混装炸药车、装药器主要技术参数

表13-29～表13-32列出几种地下现场混装炸药车、装药器的主要技术参数。

表13-29　BCJ-5、BCJ-5(M)多品种现场混装炸药车主要技术参数

型　号	BCJ-5	BCJ-5(M)
载药量/kg	100～200	100～200
装药效率/kg·min^{-1}	15～50	15～50
装填炮孔范围	(ϕ25～70mm)×360°	(ϕ25～70mm)×360°
装填炮孔深度/m	3～40	3～40
装药密度/g·cm^{-3}	0.95～1.20	0.95～1.20
行驶速度/km·h^{-1}	20～30	40～60
工作动力	车载电机或汽车发动机	汽车发动机
外形尺寸(长×宽×高)/mm×mm×mm	1200×1200×1000	1200×1200×1000
备　注	适于非煤地下矿山	适于井下煤矿

表13-30　BCJ系列地下现场混装乳化炸药车主要技术参数

型　号	BCJ-1	BCJ-2	BCJ-4
载药量/kg	600～1000	600～2000	600～2000
装药效率/kg·min^{-1}	15～20	15～80	15～80
装填炮孔范围	(ϕ25～50mm)×360°	(ϕ25～50mm)×360°	(ϕ25～90mm)×360°
装填炮孔深度/m	3～40	3～40	3～40
装药密度/g·cm^{-3}	0.95～1.20	0.95～1.20	0.95～1.20
行驶速度/km·h^{-1}	20～30	40～60	
工作动力	车载电机或汽车发动机	汽车发动机	车载电机
外形尺寸(长×宽×高)/mm×mm×mm	4300×2450×2600	7000×2430×3500	8900×1850×2500

表13-31　BQ系列粒状铵油炸药装药器

型　号	BQ-100	BQ-50
载药量/kg	100	50
药桶容积/dm^3	130	65
工作风压/MPa	0.25～0.4	0.25～0.4
承受最大风压/MPa	0.7	0.7
使用输药软管内径/mm	25及32	25及32
外形尺寸(长×宽×高)/mm×mm×mm	676×676×1350	750×750×1100
自重/kg	65	55
备　注	为无搅拌装药器，主要用于地下矿山、隧道、硐室爆破	

表 13-32 抬杠式装药器

产品型号	载药量 /kg	工作压力 /MPa	输药管内径 /mm	适用炮孔直径 /mm	装药效率 /kg · h⁻¹	自重/kg	装药密度 /g · cm⁻³
Howda-100	100	0.3~0.4	25~32	40~70	600	85	0.95~1
Howda-100J	100	0.3~0.4	25~32	40~70	600	65	0.95~1

注：Howda-100 抬杠式为无搅拌装药器，Howda-100J 抬杠式为有搅拌装药器，适用于矿山井下大型硐室中深孔装药。

13.2.4 现场装药地面站

13.2.4.1 地面站类别

A 固定式地面站

固定式地面站是现场混装车的地面配套设施，用于原材料储存、半成品加工等。露天矿山开采等作业面相对固定、工期较长的爆破工程，适宜建固定式地面站。当乳胶基质在车上制作时，地面站由水相硝酸铵制备系统、油相制备系统和敏化剂制备系统组成，当乳胶基质在地面站制作时，在上述三个系统的基础上，再增加一套乳化装置。

B 移动式地面站

公路、铁路、大中型水利水电工程等，由于爆破作业面分散、工期短，为装药车提供半成品及原料，适宜设置移动式地面站。移动式地面站移动方便，建设用地少、投资小，能适应流动性大、环境复杂的爆破作业，经济效益显著。移动式地面站由制备车、动力车、运输车组成。制备车设有水相制备输送系统、油相输送系统、发泡剂输送系统、乳胶输送系统。动力车设有配电屏、发电机、蒸汽锅炉、地表水处理装置、化验室、乳化剂储存保温室等。

根据我国机械行业标准 JB/T 8433—2006 的规定，辅助设施的地面站由油相系统、水相系统、微量元素系统、粒状硝酸铵上料系统和地面乳化装置等组成，系统配置情况和适用车种见表 13-33。现场混装炸药车地面站基本参数应符合表 13-34 的规定。

表 13-33 地面站系统配置情况和适用车种

地面站形式	所需系统					适用的装药车
	油相系统	水相系统	微量元素系统	粒状硝铵上料系统	地面乳化装置	
BDR	○	○	○	○	—	BCRH 系列
BDZ	○	○	○	○	○	BCZH 系列
BDL	○	—	—	○	—	BCLH 系列

注："○" 为对应地面站所需设备；"—" 为不需要。BDL 地面站中，油相系统只需柴油罐。地面站形式尾数字母为形式代号：R 为适用于 BCRH 系列装药车，Z 为适用于 BCZH 系列装药车，L 为适用于 BCLH 系列装药车。

表 13-34 地面站基本参数

型　号	BD×-20	BD×-10	BD×-5	BD×-2	BD×-1
年生产能力/kt	20	10	5	2	1

注：符号×为地面站形式代号。

13.2.4.2 地面站主要技术性能参数

表13-35和表13-36列出两种地面站主要技术性能参数。

表13-35 BYD型移动式地面站主要技术性能参数

水相制备罐容积/m^3	水相储存罐容积/m^3	油相制备罐容积/m^3	敏化剂制备罐容积/m^3	溶化效率/$m^3 \cdot h^{-1}$	制乳装置效率/$t \cdot h^{-1}$	年产量/t
6.5	9	2	0.3	5	12~18	4000~8000

表13-36 BD型固定式地面站主要技术性能参数

水相制备(储存)罐容积/m^3	油相制备罐容积/m^3	敏化剂制备罐容积/m^3	制乳装置效率/$t \cdot h^{-1}$	破碎机型号	螺旋上料机型号	除尘器型号
10,15,25,45	2,3,5	0.3,0.5	12~18	400,500,600	219,299	CJ/5,CJ/7

注：可组合形成年产4000~45000t多种产能的地面站。

13.2.5 装药机械应用工程实例

13.2.5.1 三峡工程三期围堰拆除爆破现场混装炸药车应用

三峡工程三期上游碾压混凝土围堰平行于大坝布置，围堰轴线位于大坝轴线上游114m，其右侧与右岸白岩尖山体相接，左侧与混凝土纵向围堰上纵堰内段相连。围堰轴线总长546.5m：从右至左分为右岸坡段（2~5号堰块，长106.5m）、河床段（6~15号堰块，长380m）和左接头段（长60m）。

三期碾压混凝土围堰为重力式结构，堰顶宽8m，堰顶高程140m，堰体最大高度121m。迎水面高程70m以上为垂直坡，高程70m以下为1∶0.3的边坡；背水面高程130m以上为垂直坡，高程130m至50m为1∶0.75的台阶边坡，其下为平台。根据水力学模型试验成果，三峡三期上游围堰右岸5号堰块长40m、河床段6~15号堰块长380m、左连接段长60mm要求拆除至高程110m，其中与纵堰交界处拆除至纵堰内坡面。围堰爆破拆除总长度为480m，总拆除工程量为18.6万m^3。

围堰右岸5号堰块及左接头段采取钻孔爆破法拆除，6~15号堰块采用预埋药室与预埋断裂孔进行倾倒的爆破方案。施工中配置了2台BCRH-15型现场混装乳化炸药车，单台载药量15000kg，装药效率200~280kg/min。地面站为BDR4.0“混装炸药车半成品移动式地面站”，生产效率为单班生产输送半成品大于20t，按单班制组织生产，年生产能力4000t。考虑到爆破的重要性以及浸水后炸药性能将有所降低，要求的炸药性能参数为：50m深水下浸泡7天后爆速大于4500m/s、爆力大于320mL、猛度大于16mm，一般的炸药性能均难以达到这一要求。葛洲坝易普力股份有限公司通过对混装乳化炸药的配方与生产工艺进行了一系列的理论研究和计算，在总结过去混装车生产乳化炸药经验的基础上，经过多次室内外试验，研制了具有高爆速、高威力、高抗水，便于远距离多次泵送、综合成本较低等特点的混装乳化炸药。该高威力炸药的主要性能如下：外观：银灰色膏状物，有弹性；密度：1.20~1.30g/cm^3；爆速：50m深水下浸泡7天后为5460m/s；猛度：18.6mm；做功能力：346mL；感度：无热感度、摩擦感度与撞击感度。廊道内的药室及排水孔炮孔的装药，由装药车在堰顶通过约30m的输药软管长距离输送至廊道，再经装药器二次泵送装入；其余深孔由装药车在堰顶通过输药软管直接装入。卷状炸药采用人工直接送入炮孔。起爆前，堰前水位降到 135m 高程，堰后充水至 139m 高程，炸药将处于深水下浸泡，最低药室处水深达 38m，浸水时间（充水至起爆）约 3 天。

该工程于 2006 年 5 月 28 日开始装药施工，6 月 2 日下午装药结束，共装填高威力混装乳化炸药 152.72t，6 月 6 日下午起爆，爆破达到了预期目的，取得了良好效果。

13.2.5.2 朱家包包铁矿开采现场混装炸药车应用

朱家包包铁矿是攀钢集团矿业公司主要原材料基地，是攀枝花钒钛磁铁矿床的一个重要组成部分。该矿区地层主要为含铁的辉长岩体，岩石坚固性系数 $f=10\sim22$，地质结构复杂，断层、节理裂隙发育。矿山开采最高标高 1510m，最低标高 1030m，采场封闭圈标高为 1270m，现有七个开采水平，并进入深凹露天开采，目前该矿山年采剥总量约 1500 万吨，年炸药用量约 2500t。采场穿孔设备为 KQ-200 潜孔钻和 YZ-35 型（ϕ250mm）牙轮钻，台阶高度为 15m，孔斜 75°~90°，矿区东部、狮子山主要为岩石区，矿区南邦和西部主要为矿石区，潜孔钻爆区设计钻孔超深 2.5m，牙轮钻爆区超深 3.0m。

2008 年以前爆破主要采用包装型成品乳化炸药，因该矿山地势较低，地下水丰富，炮孔常年积水，含水炮孔占 95% 以上，爆破施工存在装药效率低、大块率与根底率高、爆破综合成本大等问题。2008 年引进葛洲坝易普力股份有限公司现场混装乳化炸药技术，施工中配置了 2 台 BCRH-15 型现场混装乳化炸药车，单台载药量 15000kg，装药效率 200~280kg/min。地面站为 BDR4.0 “混装炸药车半成品移动式地面站”，生产效率为单班生产输送半成品大于 20t，按单班制组织生产，年生产能力 4000t。

现场混装乳化炸药车技术应用前（为包装型成品乳化炸药）、后主要爆破技术参数对比见表 13-37。

表 13-37 现场混装乳化炸药车技术应用前、后的主要爆破技术参数对比表

部位		孔网面积/m^2		炸药单耗/kg · m^{-1}		延米装药/kg · m^{-1}		延米爆量/m^3 · m^{-1}	
		使用前	使用后	使用前	使用后	使用前	使用后	使用前	使用后
潜孔钻爆区	东　部	40	49	0.5	0.58	32	42	33	41
	南　邦	32	39	0.6	0.74	30	45	27	32
	狮子山	42	55	0.4	0.52	32	42	35	46
	西　部	30	37	0.65	0.78	31	42	25	31
牙轮钻爆区	东　部	45	68	0.5	0.58	45	62	37	57
	南　邦	40	58	0.6	0.74	42	65	33	48
	狮子山	54	70	0.4	0.52	45	62	45	58
	西　部	46.7	54	0.65	0.78	45	62	39	45

从表中数据可以看出，应用混装乳化炸药车技术后，现场混装乳化炸药与包装型成品乳化炸药相比较，其重量威力约为 85%~90%，炸药单耗略有增加，但由于现场混装乳化炸药不存在包装、运输、储存等环节，单位炸药成本相对袋装炸药要低，因混装乳化炸药密度大、全耦合装药，延米爆破方量有所增加，钻孔费用与联网费用明显下降，同时，超径石再破碎及根底处理等二次爆破费用以及后续的挖装、破碎等费用也有明显降低。现场混装乳化炸药车技术应用前（2007 年 1~12 月）和应用后（2008 年 1~4 月）的技术经济

指标综合对比见表13-38。表中数据表明，通过应用现场混装乳化装药车技术，实现炮孔耦合装药，提高了炮孔装药体积威力，有效地降低了矿山开采的综合成本，提高了矿山开采的技术水平和综合经济效益。

表13-38 现场混装乳化炸药车应用前、后经济指标对比

时 间	大块率/%	延米爆破量/t·m^{-1}	根底面积/%	电铲效率/t·(台·日)$^{-1}$	斗齿消耗/个·(10^4t)$^{-1}$	破碎效率/kW·h·t^{-1}
使用前	1.64	102/132	1.5	4696	0.18	2.95
使用后	1.26	130/180	0.1	6812	0.147	2.6
指标对比	下降30%	增加32%	下降93%	增加45%	下降18%	增加12%

13.3 爆破后续作业施工机械

露天矿山和石方工程钻孔爆破作业完成后，需要采用各类工程机械进行有益矿石的挖运、弃方、场平或部分石方的移挖作填。这类爆破后续作业的施工机械一般包括配合装载工序的二次破碎机械，短途挖运的装载机、挖掘机，各种载重的自卸汽车和用于场平的推土机。对此，国内市场已有丰富的国产和进口工程机械资源可供选择，这里只作一般性的介绍。

大型地下矿山和硐室群的施工，地下空间足够大时，同样可有针对性地选用露天爆破后续作业的施工机械。至于地下空间窄小的矿山采掘，平巷、隧道掘进等多采用专用配套设备，此处不做介绍。

13.3.1 破碎机械

13.3.1.1 *移动式液压破碎机*

移动式液压破碎机俗称油炮或油锤，一般均由液压挖掘机的反铲改造而成。当现场需要时，只需将液压铲的铲斗卸下，换上破碎冲击器即组成了一台移动式液压破碎机；不用破碎机时，将破碎冲击器换成铲斗，则又可恢复成液压挖掘机。

移动式液压破碎机比传统的二次爆破要安全、灵活、快捷，成本也不高，已在不少较大的石方工地（要有足够量的大块需要二次破碎）广泛应用。移动式液压破碎机的破碎冲击器有许多定型产品，它除了用于二次破碎外，还可以更换不同形式的钎头，用于开沟、破路面、建筑物拆除等。

国产液压破碎冲击器及其可配套使用的挖掘机见表13-39。

国内广泛使用的进口液压破碎冲击器有德国产克虏伯系列产品和韩国工兵系列产品。德国产品有轻型、中型和重型3类，分别列入表13-40～表13-42，其适用范围列入表13-43。韩国工兵系列产品列入表13-44，其配套钢钎类型及适用范围列入表13-45。

表13-39 国产破碎冲击器的主要技术性能指标

型 号	PCY80	PCYS200	PCY300	PCY500	PC50	PC100	PC200	PC300	PCY60	PCY180
工作压力/MPa	9.8～12	9.8～12	9.8～12	9.8～12	0.63	0.63	0.63	0.63	12	9.8～12
冲击能量/J	800	2000	3000	5000	500	1000	2000	3000	800	800

续表 13-39

型　号		PCY80	PCYS200	PCY300	PCY500	PC50	PC100	PC200	PC300	PCY60	PCY180
冲击频率/Hz		6～8	6.7～8.3	6～8	6～8	8	5	4.5	4	6～8	6～8
耗气量/L·s^{-1}						100	150	235	335		
油流量/L·min^{-1}		55～70	80～120	115～140	170～220					55～70	55～70
钎杆直径/mm		95	100	130	140	75	100	114	120	95	95
钎杆长度/mm		360	500	460	600	120	160	235	235	360	360
外形尺寸	长/mm	1970	1810	2345	2915	1750	1920	2330	2170	1970	1970
	宽/mm	580	570	585	600	372	372	472	472	580	580
	高/mm	430	420	570	650	750	800	612	655	430	430
配套挖掘机型号		WY40/60	WY60/100	WY60/100	WY100/600	WY40	WY40	WY40/60	WY40/60	DZJ 系列拆炉打渣机	
质量/kg		435	750	1230	1680	276	762	1200	1280	435	435
生产厂		通化风动工具厂								沈阳风动工具厂	

表 13-40　克虏伯液压破碎冲击器轻型系列型号及规格

型　号	HM60	HM90	HM140	HM170	HM230
承载机械质量等级/t	1～3，1.2～3	1.5～4，1.9～4.4	2.5～9	5～12	6～13
工作质量/kg	75，102	128，164	212，243	243，300	380
油流量/L·min^{-1}	15～35	25～45	35～45	50～75	60～90
工作压力/MPa	9.0～12.0	9.0～13.0	12.0～14.0	12.0～14.0	12.0～15.0
冲击频率/次·min^{-1}	570～1700	50～1150	500～1150	500～1000	520～1000
钎杆直径/mm	48	62	65	75	80
钎杆工作长度/mm	340，300	435，395	495，450	500，455	415

表 13-41　克虏伯液压破碎冲击器中型系列型号及规格

型　号	HM350	HM580	HM720	HM1780
承载机械质量等级/t	8～15	12～18	15～24	15～26
工作质量/kg	535	900	1180	1200
油流量/L·min^{-1}	60～100	70～120	90～120(HP)，140～170(LP)	100～140
工作压力/MPa	13.0～16.0	12.0～18.0	14.0～17.0(HP),9.0～12.0(LP)	16.0～18.0
冲击频率/次·min^{-1}	440～1000	370～820	350～600(HP),700～1200(LP)	340～680
冲程控制（频率转换）			手动	自动
钎杆直径/mm	90	100	115	120
钎杆工作长度/mm	450	560	615	605，580

表 13-42 克虏伯液压破碎锤重冲击器重型系列型号及规格

型　号	HM960	HM1000	HM1500	HM2300	HM1260	HM4000
承载机械质量等级/t	18～24	18～30	26～40	32～50	42～75	65～120
工作质量/kg	1600	1700	2150	3000	4120	6900
油流量/L·min^{-1}	130～170(LP)	130～160	140～180	240～300	250～320	400～480
工作压力/MPa	16.0～18.0(HP),12.0～14.0(LP)	16.0～18.0	16.0～18.0	16.0～18.0	16.0～18.0	15.5～19.0
冲击频率/次·min^{-1}	360～540(HP),720～960(LP)	320～600	280～550	320～600	270～530	300～460
冲程控制（频率转换）	手动	自动	自动	自动	自动	自动
钎杆直径/mm	135	140	150	165	180	210
钎杆工作长度/mm	615	650，625	650，605	795，750	820，775	885

表 13-43 克虏伯液压破碎冲击器型号和适用范围

使用场所	应用种类	冲击器型号	使用场所	应用种类	冲击器型号
一般施工	破碎混凝土及沥青路面	HM60～HM780	拆　除	石料及混凝土	HM60～HM780
	整修花园，园林施工	HM60～HM350		钢筋混凝土	HM90～HM780
	公共设施开沟，基础破碎	HM60～HM4000		高强度钢筋混凝土，拆除大型电厂及桥梁	HM960～HM4000
岩石破碎	采　石		矿山隧道	清理顶面	HM90～HM780
	二次破碎，凿面修整，开沟	HM960～HM4000		修整基面	HM90～HM4000
	基础开挖	HM720～HM4000		开凿路面	HN780 HM1000～HM4000
高温作业	拆除结壳	HM140～HM780	水下作业	拆除，航道加深	HM960～HM4000
	拆除（铁）水包衬	HM90～HM780			
	破碎钢渣	HM960～HM4000			

表 13-44 工兵破碎机的型号和规格

型　号	CB2T	CB4T	CB5T	CB170E	CB220E	CB290E
总质量/kg	280	470	785	1100	1620	2220
驱动油压/MPa	9.5～13.0	9.5～13.0	15.0～17.0	15.0～17.0	16.0～18.0	16.0～18.0
驱动油量/L·min^{-1}	34～60	45～85	85～110	90～120	125～150	150～190
冲击频率/次·min^{-1}	450～1000	480～850	450～780	400～750	350～700	300～650
全长/mm	1401	1750	1944	2110	2300	2500
钎杆直径/mm	70	90	100	120	135	150
钎杆长度/mm	700	850	1055	1110	1200	1310
配用车质量/t	2.5～7.5	6～10	9～17	9～17	18～25	25～35
配用斗容/m^3	0.15～1.25	0.25～0.35	0.4～0.6	0.4～0.6	0.7～0.9	0.9～1.2

表 13-45 工兵破碎机钢钎类型和适用范围

钢钎类型	适用范围	钢钎类型	适用范围
角锥型	混凝土、非凝结性岩石的破碎，软质或较硬的矿岩	楔子型	适用于松软凝结性岩石的破碎，挖掘及开沟
钝型	粉碎，切割岩石	圆锥型	普通类型工具
打桩锤	适于打桩、挤压等作业		

13.3.1.2 手持式破碎机

手持式破碎机是以压缩空气或液体传递压力为动力的手持式冲击破碎工具，主要用于混凝土基础、混凝土构件、炉衬、软岩石及各种路面的破碎，也可用于破碎冻土层和破冰等。它机动灵活，对破碎场地要求不高，但工人劳动强度大。国产手持式破碎机主要性能指标见表13-46。

表 13-46 国产手持式破碎机主要性能指标

型号	工作压力/MPa	冲击能量/J	冲击频率/Hz	耗气量/$L \cdot s^{-1}$	油流量/$L \cdot min^{-1}$	气管内径/mm	全长/mm	钎杆尺寸(直径×长度)/mm×mm	配套动力车	质量/kg	生产厂
PPSY6A	8~10	58	21		25		714	25×108	CYD25D/N	25	沈阳风动工具厂
B37C	0.63	26	29	26		16	550	25.6×109		17	
B67C	0.63	37	24	42		19	615	28.5×152		30	
B87C	0.63	100	18	55		19	686	28.5×152		39	
PPSY8	0.49	80	14		33		700	32×150		30	通化电动工具厂
QP45	0.63						745			45	戚墅堰机车工具厂

13.3.1.3 气镐

气镐是以压缩空气为动力的手持式冲击破碎工具。气镐装有镐钎，以冲击方式破碎煤层、混凝土、路面及修整巷道等。国产气镐主要技术性能指标见表13-47。

表 13-47 国产气镐主要技术性能指标

型号	活塞			工作压力/MPa	冲击能量/J	冲击频率/Hz	耗气量/$L \cdot s^{-1}$
	直径/mm	行程/mm	质量/kg				
G8	34	110	0.57	0.49	30	18	14
G10	38	155	0.9	0.49	43	18.4	20

型号	钎杆尺寸(直径×长度)/mm×mm	气管内径/mm	全长/mm	质量/kg	产地及生产厂
G8	22	16	460	8.5	宜春风动工具厂，通化风动工具厂
G10	24×42	16	570	10.6	南京华瑞工程机械公司、通化、宜春、沈阳、徐州、丹徒风动工具厂、上海船厂工具处、龙口航天工具股份公司、上海气动工具厂

13.3.2 装载机械

13.3.2.1 装载机及其分类

装载机是一种以铲斗为工作装置进行循环作业的土方工程机械，可用于对散装物料进行铲装、搬运、平整及轻度铲掘，也可更换其他工作装置，进行推土、起重和牵引等作业。具有适应性强、机动性好、作业效率高、操作简便、一机多用等优点，可广泛应用于各种工程施工中。

A 按发动机功率分类

（1）小型装载机：指发动机功率在74～147kW之间的装载机。

（2）大型装载机：指发动机功率在147～515kW之间的装载机。

（3）特大型装载机：指发动机功率大于515kW的装载机。

B 按机架结构形式分类

（1）整体式装载机：其车架是一个整体，转向方式有前轮转向、后轮转向、全轮转向和差速转向4种。

（2）铰接式装载机：其车架由前后两部分组成，中间用垂直铰销连接。它通过一对连接前后车架的油缸推动前后车架绕垂直铰销做相对转动，从而实现整机的转向。铰接式装载机具有结构简单、制造容易、转弯半径小、生产率高、轴距较长、纵向稳定性好等优点，缺点是高速行驶的稳定性较差。目前，此种装载机在工程施工中被广泛应用。

C 按行走机构形式分类

（1）履带式装载机：以专用履带底盘装上各种装置构成，特点是接地比压小、机动灵活、可自铲自运、作业效率较高；其缺点是重心偏高、对施工场地和物料块度有要求。

（2）轮胎铰接式装载机：行走装置为轮胎。近年来，轮胎前端式装载机趋于大型化，国外已生产了功率为300～900kW、斗容为7.6～23m^{3}的露天矿用轮胎前端式装载机。

13.3.2.2 装载机主要技术参数

表13-48为部分国产和进口装载机的技术参数。

表13-48 部分国产和进口装载机的技术参数

参数 \ 型号	ZL40	ZL40	ZL50	ZL50	ZL70	ZL90	KSS70	VOLV OBM	TEREX 72-81
发动机型号	6135 K-13	6135 AK-2	6135 K-9a	6135 K-9	61502	12V 135Q	DA640	TD 100A	12V -71T
发动机额定功率/马力①	170	160	210	210	300	400	145	240	434
整机质量/t	12.8	12	16.7	16.8	27	35	12.4	17	34.47
额定斗容/m^3	2	2	3	3	4	5	2.2	3～11	6.89
最小离地间隙/mm	450	470	450	300	400	527	335	400	460
最大爬坡坡度/(°)	28～30	30	28～30	30	30	30	25	37.5	
最小转弯半径/mm	6110	6200	6595	6700	7515	8330	5250	6300	7520
额定载质量/kg	3800	3600	5000	5000	7000	9000	3800		
最大卸载高度/mm	2850	2800	2900	2850	3300	3320	2665	2910	3960

续表 13-48

参数 \ 型号		ZL40	ZL40	ZL50	ZL50	ZL70	ZL90	KSS70	VOLV OBM	TEREX 72-81
卸载距离/mm		920	1090	1300	1000					
整机长度/mm		6512	6525	7310	6760	8800	7160	6850	7890	10660
整机宽度/mm		2585	2380	2840	2850	3380	3400	2400	2910	3650
整机高度/mm		3195	3168	3215	3250	3800	3900	3200	3200	4210
轴距/mm		2660	2660	2760	2760					
轮距/mm		2060	1950	2240	2250					
轮胎规格		20. 50 ~ 25	16. 00 ~ 24	23. 50 ~ 25	22. 50 ~ 25		24. 00 ~ 25	17. 5 ~ 25	23. 5 ~ 25	33. 25 ~ 35
前进速度 /km · h^{-1}	一挡	0 ~ 11	0 ~ 10	0 ~ 11. 5	0 ~ 10	6. 6 ~ 36	0 ~ 10	0 ~ 7. 2	0 ~ 6	7. 9
	二挡	0 ~ 35	0 ~ 35	0 ~ 37	0 ~ 34	6. 6 ~ 36	0 ~ 34	0 ~ 13. 6	0 ~ 12	14. 5
	三挡					6. 6 ~ 36		0 ~ 24	0 ~ 26	24. 1
	四挡					6. 6 ~ 36		0 ~ 38	0 ~ 42	
倒退速度 /km · h^{-1}	一挡	0 ~ 15	0 ~ 14	0 ~ 16. 5	0 ~ 13	6. 6 ~ 36	0 ~ 10	0 ~ 7. 2	0 ~ 6	9. 5
	二挡					6. 6 ~ 36	0 ~ 34	0 ~ 13. 6	0 ~ 12	17. 4
	三挡					6. 6 ~ 36		0 ~ 24	0 ~ 26	27. 4
	四挡					6. 6 ~ 36		0 ~ 38	0 ~ 42	
生产地		厦门	柳州	厦门	柳州	成都	柳州	日本	瑞典	美国

① 1 马力 = 735. 499W。

13. 3. 3　挖掘机

13. 3. 3. 1　单斗挖掘机及其分类

单斗挖掘机是一种以铲斗为工作装置进行间隙循环作业的挖掘、装载施工机械，优点是：挖掘能力强，结构通用性好，可适应多种作业要求；缺点是机动性差。主要用途是：开挖路堑、沟渠、挖装矿石、剥土、装载松散物料等。

按工作装置形式分为正铲、反铲、拉铲、抓斗 4 类。

对于正铲工作装置，如果是机械式挖掘机则只适宜于对停机面以上的土石进行挖掘，如果是液压式挖掘机虽可从停机面以下开挖，但仍应以停机面以上的作业为主。此外，由于正铲的动臂较短，正铲作业应配合运输车辆为好。

对于反铲工作装置，主要以停机面以下的作业为主，由于动臂也较短，故适宜于与运输车辆配合挖运土岩，在土中挖掘宽度在最大挖掘半径以内且深度较浅的沟槽和基坑等。

对于拉铲和抓斗工作装置，由于它们都是长吊杆的悬挂设备，没有斗柄，故可自停机面以上一直挖到离停机面较深的位置，但主要应以停机面以下的作业为主，且土方量较小时不需与运输车辆配合即可完成作业。此外，抓斗作业时只能垂直下挖，其挖掘范围在其挖掘半径的最大值与最小值之间，适用于深基坑和深井的挖掘，且拉铲和抓斗都可进行水下作业施工。

单斗挖掘机的大多数作业都需与运输车辆配合，运输车辆的车厢容积以挖机斗容的3~5倍为宜。

13.3.3.2 挖掘机主要性能参数

进口挖掘机（正铲、反铲）主要参数列入表13-49，部分国产挖掘机（正铲、反铲）主要性能参数列入表13-50。

表 13-49 部分进口挖掘机的主要性能参数

型号	铲斗形式	铲斗容积/m^3	额定功率/kW	行走速度/$m \cdot s^{-1}$	最大挖掘力/kN	最大挖掘半径/m	最大挖掘高度/m	最大卸载高度/m	外形尺寸（长×宽×高）/mm×mm×mm	整机质量/t
PC-200	反	0.5~1.17		3.86	10.7	9650	6550	6250		18.4
UH20	正 反	3.2 2.0		2.5	30 23	9400 13400	3750 8300	7500 8100		45
RH6	正 反	0.8~1.4 0.4~0.9	58	2.6	14.5 13.2	7000 9900	2000 68000	5200 6400		17.1
H21C	反	0.4~1.2	74		14.5	9000	5900	5200		20.5
H71	正	3.5~4.0	287	1.7		10300	3700	6500		70
CAT-320C	正 反	3.2	103	5.5	148	9700	6570	6650	9440×2800×3100	19.7
CAT-320C	正	2.3 0.8~2.1	145	3.6					11430×3600×3550 11400×3400×3300	41.2 38.6
295B	正	12.5	588			19400		15300		
P&H2800		20.6				23200		15600		
RH75		4~10				12000	10300	12300		
1000CK		7~10				13000	9150	12900		

表 13-50 部分国产挖掘机的主要性能参数

型号指标	WLY60	WD50	W60	W100	WD100A	W200	WY250	H55	WB300	W400	WD1000	WY40	WY60	WY100
柴油机功率/kW	58.8	66.2	58.8	88.3	88.3	166.6	220					40.5	58.8	110.3
电动机功率/kW		55		100	100	155			250	250	710			
铲斗容积/m^3	0.6	0.5	0.6	1	1	2	2.5	正铲 2.7~3.3 反铲 1.7~3.0	3	4	10	0.4	0.6	1
动臂长度/m		5.5	5.2	6.8	6.3	8.6			15.5	10.5	13			
挖掘深度/m	3.8	1.5	2.05	2.0	2.0	2.2			3.35	3.2	3.4	4.0	5.3	5.7
最大挖掘高度/m	5.8	6.5	5.85	8.0	6.9	9.0			13.63	15.1	13.4	6.02	7.6	7.93
最大挖掘半径/m	6.7	7.8	7.7	9.8	9.4	11.5	9.0		17.9	14.3	18.9	7.18	8.63	9.0

续表 13-50

型号指标		WLY60	WD50	W60	W100	WD100A	W200	WY250	H55	WB300	W400	WD1000	WY40	WY60	WY100
最大爬行坡度/(°)			22.26	20	20	20	20			10	12	13	23	22	25
回转速度/r·min^{-1}	一挡	6	3.07~3.6	2.64	4.6	5.4	1.15			2.5~3.5	3~3.5	2.9	6.4	8	8
	二挡		2.92~7.1	5.9			3.82								
行走速度/km·h^{-1}	一挡	3.53	1.5~1.8	1.48	1.5	1.33~2.2	0.424			0.45	0.45	0.686	1.7	0~2.4	1.7~3.4
	二挡	31.9	3.0~3.6	3.25			1.43							117.6	
履带牵引力/kN			90.2	67.6	155.8	125.4	333.2			196.0	784	1960		15.8	117.6
总质量/t		13.6	20.5	22.7	42.3	33	77.5	60	55	213		445	11.5	53.9	25
接地比压/kPa			60.76	86.24	90.85	92.12	124.4			235.2	196.0	219.5	42.53		50.96
生产地		贵阳	抚顺	合肥	上海	抚顺	杭州	杭州	杭州	太原	太原	太原	北京	合肥	上海

13.3.4　运输机械

当前露天矿山和土石方爆破工程大都采用自卸汽车运输。国产和进口自卸汽车的类型和规格不胜枚举，可参考有关产品目录选用。重要的是作业场区内的运输道路修整问题，它直接影响到运输效率和工程成本。

运输道路分为固定线路、半固定线路和移动线路，移动线路又称临时线路，随着工作面的推进而逐段消失。不同使用年限和行车密度的道路要求按不同等级修筑，以求运输畅通且运输成本降低。

13.3.4.1　露天土石方工程运输道路的基本要求

运输道路的布置应满足以下基本要求：

(1) 装车地点、卸载地点、辅助车间、材料库等自始至终均应形成一个完整的运输系统道路；

(2) 满足运输能力的要求；

(3) 能发挥汽车运输效率，保证安全；

(4) 控制工程量和初期投资；

(5) 养护费用及改道工程投资合理；

(6) 避开爆破作业及其他危险作业影响或将影响降到最低程度。

13.3.4.2　矿山公路分级

露天矿山（工程）道路按其性质、行车密度、使用年限和地形条件分为3个等级，具体分级及要求列入表13-51。

13.3.4.3　运输车辆对道路宽度的要求

在《采矿设计手册》中，把车宽类型分成8类，其要求路面宽度列入表13-52。

表 13-51 矿山公路等级表

道路等级		一级	二级	三级
1 小时单向行车密度/辆		>85	25～85	<25
停车视距/m		40	30	20
最小圆曲线半径/m		45	25	15
最大纵坡/%		7	8	9
纵坡限制长度/m	纵坡坡度 4%～5%	700		
	纵坡坡度 5%～6%	500	600	
	纵坡坡度 6%～7%	300	400	500
	纵坡坡度 7%～8%	200	300	350
	纵坡坡度 8%～9%		170	200
	纵坡坡度 9%～11%			150
计算行车速度/$km \cdot h^{-1}$		40	30	20
适用条件		干线	二线，支线	干线，支线，联络线，辅助线
路面要求		高级，次高级，中级	次高级，中级	中级，低级

表 13-52 不同车宽类型要求的路面宽度

车宽类型		一	二	三	四	五	六	七	八
计算车宽/m		2.4	2.5	3.0	3.5	4.0	5.0	6.0	7.0
参考车型	型　号	EQ340	QD351	BL371	SH380 35D	50B	LN392	SF3100	170C
	实际车宽/m	2.30	2.45	2.909	3.55	4.09	4.834	5.84	6.96
	载重/t	4.5	7	20	32	45	68	100	154
双车道路面宽度/m	一级	7.0	7.5	9.5	11.0	13.0	15.5	19.0	22.5
	二级	6.5	7.0	9.0	10.5	12.0	14.5	18.0	21.5
	三级	6.0	6.5	8.0	9.5	11.0	13.5	17.0	20.0
单车道路面宽度/m	一、二级	4.0	4.5	5.0	6.0	7.0	8.5	10.5	12.0
	三级	3.5	4.0	4.5	5.5	6.0	7.5	9.5	11.0

注：1. 当实际车宽与计算车宽的差值大于 15cm 时，应按内插法，以 0.5m 为加宽量单位，调整路面的设计宽度。
2. 当双车道中部需要设置车堤时，应增加堤底及其安全间隙的宽度。
3. 辅助线路的路面宽度，在工程艰巨或交通量较小的路段，可减少 0.5m。

13.3.5 推土机

13.3.5.1 推土机及其分类

推土机是一种既能铲挖物料，又能推运和排弃物料的土石方工程机械，在石方工程中是必不可少的辅助设备，用于道路维护、钻孔机作业场地平整、在挖掘机工作面推运矿岩、排土场平整和局部土方弃运等。

按行走方式推土机分为履带式和轮胎式；按作业场地分为地面式、水下式和两栖式；按传动方式分为机械传动式、液压机械式、全液压式及电传动式；按发动机功率分为大型（发动机功率大于 74kW）、中型（发动机功率在 37～74kW 之间）和小型（发动机功率小于 37kW）。在土石方推移，平整直铲作业时，应考虑经济运距；对履带式推土机，小型的运距不宜超过 50m；中型的运距在 50 ~ 100m 之间，最大运距不宜超过 120m；大型的运距不宜超过 150m。国产推土机使用条件可参考表 13-53。

表 13-53　国产推土机的使用条件

名称	型号	额定功率/kW	结构质量/kg	推土装置				经济运距/m	接地比压/kPa	牵引力/kN
				推土板（长×高）/mm×mm	安装方式	操纵方式	切土深度/mm			
履带推土机	T80		13430	3030×1100	固定	机械	180	50 ~ 100	47.1	
	T100	66.15	13430	3030×1100	回转	机械	180	50 ~ 100	47.1	88.2
	TY120	88.2	16200	3760×1100	回转	液压	300	50 ~ 100	63.7	115.6
	TY180	132.3	21750	4200×1100	回转	液压	530	50 ~ 100	78.9	183.6
	TY240	176.4	36500	4200×1600	回转	液压	600	50 ~ 150		313.6
	TY320	235.2	37000	4200×1600	回转	液压	600	50 ~ 150	96.0	343.0
湿地推土机	TS120	88.2	16900	4000×960	回转	液压	400		27.4	109.7
轮胎推土机	TL160	117.6	12800	3190×998	回转	液压	400	50 ~ 80		83.3

13.3.5.2　推土机主要技术参数

部分国产推土机主要性能指标参见表 13-54。

表 13-54　部分国产推土机的主要性能指标

性能 \ 型号		东方红60	T80	T100	T120A	T120上海	TY280	TY240	TY320	TS120	TL160
整机参数	发动机型号	4125A		4146T	6135K-3	6135K-2	8V130	12V135AK	12V135AK	6135K-3	6120Q
	发动机功率/kW	44.1		66.2	102.9	88.2	132.3	176.4	235.2	102.9	117.6
	空载总质量/kg	5900	13430	13430	16880	16200	21750	36500	31000		12800
	长度/mm	4214	5000	5000	5515	5340	5954	8250	6695		6130
	宽度/mm	2280	3030	3030	3910	3760	4200	4200	4200		3190
	高度/mm	2300	2900	2992	2770	3100	2920	3200	3200		2840
	行走方式	履带	履带	履带	履带	履带	履带	履带	履带	履带	轮胎
	最小离地间隙/mm	260	331	386	319	300	400				350
	接地比压/kPa	39.2	47.1	47.1	61.7	63.7	78.9			27.5	
	最大爬坡坡度/(°)	25	30	30	30	30	30	30	30	30	25

续表 13-54

性能 \ 型号			东方红60	T80	T100	T120A	T120上海	TY280	TY240	TY320	TS120	TL160
行驶速度 /km·h^{-1}	前进	一挡	3.29	2.36	2.36	2.62	2.28	2.43		0~12.7		7.00
		二挡	4.97	3.78	3.78	3.95	3.64	3.70				13.50
		三挡	6.20	4.51	4.51	5.35	4.35	5.24				27.50
		四挡	8.09	6.45	6.45	6.21	6.24	7.52				49.00
		五挡		10.13	10.13	7.80	10.43	10.12				
		六挡				10.42						
	倒退	一挡	3.14	2.78	2.78	3.68	2.73	3.16		0~8.35		7.00
		二挡	5.00	4.46	4.46	5.57	4.37	4.81				13.50
		三挡		5.33	5.33	7.54	5.32	6.80				27.50
		四挡		7.63	7.63	8.74	7.50	9.78				49.00
铲刀的参数	操纵方式		液压	液压	液压	液压	液压	液压	液压	液压	液压	液压
	运动方式		固定	固定	回转	回转	回转	回转	回转	回转侧铲	回转	回转
	铲刀长度/mm		2280	3030	3030	3910	4760	4200		4200		3190
	铲刀高度/mm		788	1100	1100	1000	1000	1100		1600		998
	提升高度/mm		625	900	900	940	1000	1300		1660		
	切土深度/mm		290	180	180	300	3000	530		600		400
	铲土角/(°)		55	52~57~62	60~65	53	48~72	65				52~59
	水平回转角/(°)					±25	±25	±25				±22
生产厂			洛阳拖拉机厂	长春工程机械厂	柳州工程机械厂	宣化工程机械厂	上海澎蒲机器厂	山东推土机厂	上海澎蒲机器厂	宣化工程机械厂	宣化工程机械厂	

13.4 爆破施工机械选型与配套

近几十年来，我国爆破施工机械在数量、类型、品种、规格、性能和技术水平等方面的发展和进步，特别是现场装药机械的推广应用，为全面实现爆破工程施工机械化提供了坚实基础。目前矿山爆破采掘和土石方爆破开挖平均日产数万甚至10万、20万立方米矿石（石方）的工程规模已不少见。因而，在爆破方案和施工组织设计中对爆破施工机械合理选型和配置，在作业过程中根据具体情况实时调整，是确保工程质量、按期完工、降低成本、创造良好经济效益的一个重要内容。

13.4.1 选型配套原则与方法

施工机械的配置应根据爆破施工场地、工程规模、作业环境、施工方式和工艺流程、工期等因素综合确定。

13.4.1.1 露天土石方爆破开挖的流程和机械配置

露天土石方爆破开挖的工艺流程和机械配置如下：

工程流程	配套机械
施工准备	原有机械维修保养；订购新的施工机械
修整施工便道	推土机、挖掘机、载重汽车、手持（气腿）凿岩机、工具车
钻孔作业平台钻孔	钻机、推土机
装药爆破	装药车与地面装药设备
二次破碎	冲击破碎机、凿岩机
清运	铲运机、挖掘机、载重汽车、推土机
填方或弃渣	推土机、压路机、平地机

13.4.1.2　选型配套原则

石方开挖施工设备主要包括钻孔、挖装、运输、空压机和辅助设备。影响石方设备选型配套的因素很多，总体上应根据工程需要、作业环境条件、设备性能和经济效益等综合因素进行选型和组合配套，以充分发挥设备的综合施工能力。

（1）选用的设备应与施工组织设计确定的施工方案和工艺流程相适应，设备的生产能力应满足工程施工进度、质量、安全、环保的需要。

（2）选用的设备应满足道路、桥梁、作业面、地质条件等环境条件要求。

（3）设备配套方案中，应先明确主导设备、配属设备和辅助设备，主导设备、配属设备和辅助设备性能参数要相匹配。主导设备生产能力确定后，配属设备生产能力宜略大于主导设备的生产能力，辅助机械的数量除满足生产强度需要外，还要满足布置部位的要求。

（4）设备配套方案应进行多方案技术经济比较，选择经济效益最好、投入最少的方案。

（5）同一工地设备品牌、型号不宜过多，方便维修保养和设备管理。

（6）在条件许可的情况下充分利用已有设备，新购设备应兼顾今后类似工程的需要。

13.4.1.3　选型配套方法

（1）依据开挖（开采）工程量、施工方法和工期要求，确定施工强度。

（2）根据施工强度和具体施工条件，初选主要机械设备的型号、规格和配套机械的组合方案。

（3）计算各种配套机械的生产效率和需要数量时，应考虑各工序之间的衔接和各工作面之间的综合平衡。

13.4.2　主要施工机械生产效率及数量计算

13.4.2.1　手持（气腿）凿岩机效率及数量计算

手持凿岩机主要应用于浅孔台阶爆破、二次破碎、保护层开挖，此外在基坑开挖、平整场地及地下掘进工程中也得到广泛应用。它是一种应用最普遍、最灵活轻便的凿岩工具。

A　手持凿岩机的钻孔效率

常用 7655 型手持凿岩机的钻孔效率（以台班工作时间 330min 计）可参考表 13-55 的

数据，其他类型亦可参考这些数据略作调整。

表 13-55 手持凿岩机钻孔效率

介质名称	松石	次坚石	普坚石	特坚石	砖墙	砌石	混凝土	钢筋混凝土	密钢筋混凝土
钻孔效率 /m·(台·班)$^{-1}$	47	35	25	17	47	16.5	22	11	5.5

B 手持凿岩机数量

（1）浅孔台阶爆破所需凿岩机台数：

$$N_1 = Q/GV_b \tag{13-2}$$

式中 N_1——每班工作的凿岩机台数，台；

Q——每班平均爆破量，m^3；

V_b——凿岩机台班钻孔米数，m；见表 13-55；

G——延米孔的爆破量，m^3/m，按设计参数计算，一般 $G = 1.0 \sim 1.5 m^3/m$。

（2）二次破碎所需凿岩机台数：

$$N_2 = 0.5n/V_b \tag{13-3}$$

式中 N_2——二次破碎需要的凿岩机台数，台；

n——每班平均需要钻爆的大块数量，块。

C 其他爆破工程所需凿岩机数量

$$N_3 = L/V_b \tag{13-4}$$

式中 N_3——所需凿岩机台数，台；

L——每班需完成的钻孔长度，m。

凿岩机总台数按下式确定：

$$N = \sum_{1}^{n} N_i \tag{13-5}$$

式中 N——凿岩机总台数，台；

N_i——各种用场凿岩机数量，台。

13.4.2.2 深孔爆破钻孔机械效率与数量计算

深孔爆破使用的钻机有牙轮钻、潜孔钻及各种露天凿岩台车。在选择钻机时，首先要确定钻孔直径，然后根据设计的每日矿岩总量、边坡处理钻孔数量来选择钻机型号和数量。

A 钻机效率

钻机效率由以下诸因素决定。

（1）设计台班效率。

牙轮钻设计台班效率列入表 13-56，潜孔钻台班效率列入表 13-57。

表 13-56 牙轮钻机效率设计参考指标

钻机型号	孔径/mm	岩石等级 f	台班效率/m	台日效率/m	台年效率/m
KY-250	250	6 ~ 12 12 ~ 18	25 ~ 50 15 ~ 35	70 ~ 150 50 ~ 100	25000 ~ 35000 20000 ~ 30000
KY-310	310	6 ~ 12 12 ~ 18	35 ~ 70 25 ~ 50	100 ~ 200 70 ~ 150	30000 ~ 45000
45R	250	8 ~ 20			30000 ~ 35000
60R	310	8 ~ 20			35000 ~ 45000

表 13-57 潜孔钻台班穿孔效率 单位：m/(台 · 班)

岩石等级 f	金-80	YQ-150	KQ-170	KQ-200	KQ-250
4 ~ 8	27	32	32	35	37
8 ~ 12	20	25	25	28	30
12 ~ 16	12	20	20	22	24
16 ~ 18		15	15	18	20

(2) 孔径。钻进速度和孔径的平方成反比。

(3) 矿岩的可钻性。钻机效率与岩石 f 系数有很大关系，但 f 系数并不是决定钻孔效率的唯一因素，有些岩石尽管 f 系数较低，但由于韧性较大，钻孔效率低下，并且钻头、钻杆消耗量很大。

(4) 人员和环境因素的影响。机手的技能熟练程度与钻孔效率、设备完好率的关系很大，现场工作环境条件、管理水平也对钻机效率的发挥有较大影响。

B 钻机选型和台数的确定

a 钻机选型

选择钻机应根据生产规模、岩石可钻性及可爆性、大块标准、管理水平等综合分析钻爆成本，在满足产量及质量要求的前提下，选择综合钻爆成本最低的钻机和钻孔直径。一个工地不宜选用多型号钻机，一般是矿山生产选用一种钻机、边坡处理选用一种钻机、剥离选用一种钻机，钻机数量不宜过少。

b 钻机数量的确定

钻机数量按下式计算：

$$N = \frac{Q}{qp(1-e)} \quad 或 \quad N = \frac{L}{p_1(1-e)} \tag{13-6}$$

式中 N——所需钻机数量，台；

Q——设计规模，t/a；

p——钻机年钻孔效率，m/a；

q——每米钻孔爆破量，t/m；

e——废孔率，%，与钻孔直径、工人操作技能有关，一般为 3% ~6%；

p_1——钻机台班效率，m/(台 · 班)；

L——每班需钻孔米数，m。

13.4.2.3　装载机的使用条件及生产效率

A　使用条件

装载机自铲自运时，整个铲装、运送的作业循环时间应在3min以内；用轮胎装载机代替挖掘机，与自卸汽车配合进行作业时，应选择合理的运距；铲斗大小一般以装载机的2~4斗装满一车厢为宜。

B　装载机的生产率

装载机的生产率指的是每小时装卸的物料量和容积，可按下式计算：

$$Q = 3600 \cdot V_H \cdot K_z \cdot K_s / T \cdot K_t \tag{13-7}$$

式中　Q——装载机的生产率，m^3/h；

T——每一作业循环所需的时间，s，一般轮胎式取40s，履带式取46s；

V_H——装载机的额定斗容，m^3；

K_z——装载机的装满系数，当土质条件为比较容易装满时取0.8~1.0，装满较困难时可取0.5~0.6，一般情况可取0.6~0.8；

K_t——时间利用系数，可取0.75~0.85；

K_s——物料的松散系数，对沙土可取1.1~1.2，对黏土可取1.2~1.4。

13.4.2.4　单斗挖掘机的生产效率

挖掘机的生产率是以单位时间内所挖掘的自然土、石方量来计算的，单位一般为m^3/h，计算公式为：

$$Q = V \cdot n \cdot K_c / K_s \tag{13-8}$$

式中　Q——挖掘机的生产率，m^3/h；

V——铲斗容积，m^3；

n——挖掘机每小时的循环作业次数，其取值可参考表13-58，并进行现场标定；

K_c——铲斗的充满系数，其取值参考表13-59；

K_s——土岩的松散系数，对土取1.1~1.35，对岩石取1.4~1.5。

提高挖掘机的生产率，可从操作人员、作业条件和施工组织等方面来采取措施，如节省作业时间、采用联合动作，视挖掘对象调整挖掘深度，组织好与运输车辆的配合等。

表13-58　单斗挖掘机每小时的循环作业次数 *n*

工作装置	铲斗容积/m^3			
	0.25	0.50	1.00	2.00
正　铲	215	200	180	160
反　铲	175	155	145	
拉　铲	175	155	145	125
抓　斗	160	150	135	

表13-59　铲斗的充满系数 K_c

铲斗形式	轻质松软土	轻质黏性土	普通土	重质土	爆破后的岩石
正　铲	1.00~1.20	1.15~1.40	0.75~0.95	0.55~0.70	0.50~0.90
拉　铲	1.00~1.15	1.20~1.40	0.60~0.90	0.50~0.65	0.30~0.50
抓　斗	0.80~1.00	0.90~1.10	0.50~0.70	0.40~0.45	0.20~0.30

13.4.2.5　汽车运输效率及数量计算

A　汽车台班运输能力

自卸汽车台班运输能力可按下式计算：

$$A = \frac{480G}{T}K_1K_2 \tag{13-9}$$

式中　A——自卸汽车台班运输能力，t；

G——自卸汽车额定载重，t；

K_1——汽车载重利用系数；

K_2——汽车时间利用系数；

T——自卸汽车周转一次所需时间，min，

$$T = t_z + t_y + t_q + t_t \tag{13-10}$$

t_z——挖掘机装满一辆汽车的时间，min；

t_q——自卸汽车卸载时间，一般取 1.0min；

t_t——自卸汽车调头和停留时间，min；

t_y——自卸汽车往返运行时间，min，

$$t_y = \frac{120l}{v} \tag{13-11}$$

l——自卸汽车平均运距，km；

v——自卸汽车平均运行速度，km/h。

B　自卸汽车需要数量计算

自卸汽车需要数量按下式计算：

$$N = \frac{QK_3}{CHAK_4} \tag{13-12}$$

式中　N——自卸汽车需要台数，台；

Q——露天矿年运输量，t/a；

K_3——运输不均衡系数，$K = 1.05 \sim 1.15$；

C——每日工作班数；

H——年工作日数；

A——汽车台班能力，t；

K_4——自卸汽车出车率，%。

13.4.2.6　推土机生产效率及数量计算

（1）推移岩土时，台班生产能力按下式计算：

$$Q = 480gn/TK_p \tag{13-13}$$

式中　Q——推土机台班生产能力（实方），m^3；

g——铲土板的容土量（松方），m^3；

n——时间利用系数，一般为 0.70～0.75 之间；

T——作业循环所需时间平均值，min；

K_p——物料松散系数。

（2）推土机配置数量按下式计算：

$$N = \frac{V_c}{QK_t} \tag{13-14}$$

式中　N——推土机数量，台；

V_c——每班推移物料量（实方），m^3；

Q——推土机台班生产能力（实方），m^3；

K_t——设备检修系数，取1.2～1.25。

一般露天矿配置推土机的数量按挖机和钻机总的50%考虑；挖机斗容与推土机功率的匹配关系是：

挖机斗容/m^3	1～2	4～4.6	7.6～11.5
推土机功率/kW	75～90	135～165	240～308

13.4.3　爆破施工机械配套实例

列举金属矿山、露天煤矿、水利水电、场平工程等8个大型爆破工程的施工机械配套方案实例供参考。

（1）一般矿山石方工程机械设备配套参见表13-60和表13-61。

表13-60　矿山规模类型划分表

矿山区分		矿山规模类型/$10^4t \cdot a^{-1}$			
		特大型	大　型	中　型	小　型
黑色冶金矿山	露　天	>1000	1000～200	200～60	<60
	地　下	>300	300～200	200～60	<60
有色冶金矿山	露　天	>1000	1000～100	100～30	<30
	地　下	>200	200～100	100～20	<20
化学矿山	磷　矿		>100	100～30	<30
	硫铁矿		>100	100～20	<20
建材矿山	石灰石矿		>100	100～50	<50
	石棉矿		>1.0	1.0～0.1	<0.1
	石墨矿		>1.0	1.0～0.3	<0.3
	石膏矿		>30	30～10	<10

表13-61　一般露天矿山的装备水平

装备名称	装备水平			
	特大型	大　型	中　型	小　型
钻孔机械	孔径310～380mm牙轮钻（硬岩）；孔径250～310mm牙轮钻（软岩）	孔径250～310mm牙轮钻；孔径150～200mm潜孔钻	孔径150～200mm潜孔钻；孔径250mm牙轮钻；凿岩台车	孔径150mm以下潜孔钻；凿岩台车；手持式凿岩机

续表 13-61

装备名称	装备水平			
	特大型	大　型	中　型	小　型
装载设备	斗容 $10m^3$ 以上挖掘机	斗容 4～$10m^3$ 挖掘机	斗容 1～$4m^3$ 挖掘机；斗容 3～$5m^3$ 前装机	斗容 0.5～$1m^3$ 挖掘机；斗容 $3m^3$ 以下前装机
运输设备	汽车运输时：载重100t以上汽车；铁路运输时：载重150t电机车、100t矿车；胶带运输时：带宽1.4～1.8m胶带机	汽车运输时：载重50～100t汽车；铁路运输时：载重100～150t电机车、载重60～100t矿车；胶带运输时：带宽1.4m以下胶带机	汽车运输时：载重50t以下汽车；铁路运输时：载重14～20t电机车、斗容 4～$6m^3$ 矿车	汽车运输时：载重15t以下汽车；铁路运输时：载重14t以下电机车、斗容 $4m^3$ 以下矿车
辅助设备	305kW履带推土机；223.5kW轮胎推土机；$9m^3$ 前装机	238～305kW履带推土机；$5m^3$ 以上前装机	89.4～238.4kW履带推土机	89.4kW以下履带推土机

（2）金属露天矿机械设备配套参见表13-62。

表13-62　金属露天矿设备配套方案

设备名称		小型露天矿	中型露天矿	大型露天矿	特大型露天矿
钻孔机械	潜孔钻机(孔径)/mm	≤150	150～200	150～200	
	牙轮钻机(孔径)/mm	150	250	250～310	310～380(硬岩) 250～310(软岩)
挖掘设备	单斗挖掘机(斗容)/m^3	1～2	1～4	4～10	≥10
	前装机(斗容)/m^3	≤3	3～5	5～8	8～13
运输设备	自卸设备(载重)/t	≤15	<50	50～100	>100
	电机车(黏重)/t	<14	10～20	100～150	150
	翻斗车(载重)/t	<8	8～12	60～100	100
	钢绳芯带式输送机(带宽)/mm	800～1000	1000～1200	1400～1600	1800～2000
辅助设备	履带推土机/kW	75	135～165	165～240	240～308
	轮胎推土机/kW			75～120	120～165
	炸药混装设备/t	8	8	12.15	15.24
	平地机/kW		75～135	75～150	165～240
	振动式压路机/t			14～19	14～19
	汽车吊/t	<25	25	40	100
	洒水车/t	4～8	8～10	8～10,20～30	10～30
	破碎机(旋回移动)/mm			1200～1500	1200～1500
	液压碎石器/N·m		$(1.5\sim3)\times10^4$	$(1.5\sim3)\times10^4$	$(1.5\sim3)\times10^4$

（3）有色露天矿机械设备配套参见表13-63。

表 13-63 有色露天矿山装备水平

设备名称	采矿规模/$10^4 t \cdot a^{-1}$		
	>100	30~100	<30
钻孔机械	孔径250mm以上的牙轮钻机，孔径150~200mm潜孔钻孔	孔径150~250mm牙轮钻机，孔径150~200mm潜孔钻机	孔径150mm以下潜孔钻机，凿岩台车，手持式凿岩机
装载设备	斗容$4m^3$以上挖掘机，斗容$5m^3$以上前装机	斗容2~$4m^3$挖掘机，斗容3~$5m^3$前装机	斗容$2m^3$以下挖掘机，斗容$3m^3$以下前装机、装岩机
运输设备	载重30t汽车，100~150t电机车，60~100t矿车，带式输送机	载重20~30t汽车，14~20t电机车，斗容6~$10m^3$矿车	载重20t汽车，14t以下电机车，斗容$6m^3$以下矿车

（4）露天煤矿机械设备配套参见表13-64。

表 13-64 露天煤矿设备分级选型方案

设备名称		中型矿（年产30万~90万吨）	大型矿（年产90万~300万吨）	特大型矿（年产300万吨以上）
钻孔机械	牙轮钻机孔径/mm	120,150	150,200	150,200
	回转钻机孔径/mm	120,150	150,200	150,200
挖掘设备	斗轮挖掘机/$10^4 m^3 \cdot d^{-1}$	1.6	2	4.6
	单斗挖掘机斗容/m^3	1.6	4.8	12,16,20
	索斗铲、液压铲斗容/m^3	1.6	4	8
运输设备	钢绳芯胶带机带宽/mm	800,100	1000,1200,1400	1600,1800,2000,2200,2400
	自卸汽车/t	32	32,60	60,100,150
	自翻车/t	60	60	60,100
	电机车(黏重)/t	100	100,150	100,150
	排土机/$10^4 m^3 \cdot d^{-1}$	1.5	2.4	6,12
	堆料机/$10^4 m^3 \cdot d^{-1}$	1.5	2.4	4,6,12
	取料机/$t \cdot h^{-1}$	1500	2000	4000
辅助设备	推土机/kW	73.5,88.2	132.3,235.2	132.3,235.2,301.4
	平路机/kW	132.3	132.3,183.75	183.75
	推土犁/t	15	15	15
	装药车/t	8,10	8,10,12	15
	洒水车/m^3	8,10	8,10,12	10,12,20
	汽车吊/t	20,40	20,40,75	20,40,75

（5）三峡永久船闸开挖工程机械设备配套。三峡永久船闸开挖工程土石方开挖分为两期，开挖工程量共计：$4241 \times 10^4 m^3$（其中：一期工程开挖$1941 \times 10^4 m^3$；二期工程开挖$2300 \times 10^4 m^3$）。月开挖高峰强度$150 \times 10^4 m^3$；年开挖高峰强度$1300 \times 10^4 m^3$。开挖工程机械设备配套情况见表13-65。

表 13-65　三峡永久船闸开挖工程主要机械配套表

设备名称	规　格	数量/台	设备名称	规　格	数量/台
挖掘机	斗容 $9.5m^3$	3	装载机	斗容 $6m^3$	2
	斗容 $6 \sim 8m^3$	15		斗容 $3m^3$	9
	斗容 $4m^3$	11	钻孔机械	风动钻机孔径 150mm	4
	斗容 $0.8 \sim 1.6m^3$	10		液压钻机孔径 100 ~ 127mm	7
推土机	343kW	3		液压钻机孔径 76 ~ 102mm	18
	305kW	3	自卸汽车	42t	20
	238kW	10		32	99
	164kW	7		15 ~ 20t	40

（6）龙滩水电站左岸导流洞开挖设备配套。龙滩水电站左岸导流洞洞身段长 599.52m，导流洞断面为圆形，开挖直径 22.2 ~ 30.24m，开挖方量 $26.7 \times 10^4 m^3$，开挖工期 10 个月（含临时支护工期）。两个工作面施工，高峰开挖强度 $4 \times 10^4 m^3$/月，平均运距 3km。开挖工程机械设备配套情况见表 13-66。

表 13-66　龙滩水电站左岸导流洞开挖设备配套表

设备名称	规　格	数量/台	设备名称	规　格	数量/台
三臂液压凿岩台车	阿特拉斯 178	4	推土机	D9R	1
全液压钻车	HCR-C300	4		D85	1
锚杆台车	H420	2	12.5t 自卸汽车	CXZ12.5	10
三联机	ROBAT75	2	20.5t 自卸汽车	HD205	10
$3m^3$ 侧翻装载机	卡特 966F	4	移动空压机	$12.5m^3$/min	2
$4.2m^3$ 正铲挖掘机	PC650	2	轴流式通风机	2 × 55kW	4
$0.7m^3$ 反铲挖掘机	CAT320B	2	湿式混凝土喷射机	TK-961	4

（7）江西彭泽核电厂场平工程设备配套。江西彭泽核电厂场平工程土石方开挖总量为 $343.25 \times 10^4 m^3$，其中，土方开挖量为 $73.02 \times 10^4 m^3$，石方开挖为 $270.23 \times 10^4 m^3$，工期 7 个半月。高峰开挖强度 $59 \times 10^4 m^3$/月，开挖工程机械设备配套情况见表 13-67。

表 13-67　江西彭泽核电厂场平工程主要土石方设备配套表

机械或设备名称	型号规格	数量/台	机械或设备名称	型号规格	数量/台
挖掘机	斗容 $1.4 \sim 1.6m^3$	17	空压机	$21m^3$/min	11
	斗容 $0.8m^3$	3		$12m^3$/min	4
装载机	斗容 $3.0m^3$	2	自卸汽车	20t	54
推土机	D85（162kW）	8		15t	54
潜孔钻机	CM351(孔径 110mm)	11		5t	3

（8）山东莱芜钢厂土建工程石方开挖设备配套。莱芜钢厂复杂条件下高强度石方开挖工程，为青灰色石灰岩，节理裂隙较发育，石方开采 $298 \times 10^4 m^3$，施工工期 45 天。开挖施工区域东西长 1587m，南北宽 619m，地势南高北低，最大高差 33m，开挖深度 8 ~ 33m。

区域内有4条高压线通过，临近7个行政村，距民房最小距离400m。开挖采用深孔台阶爆破技术，钻孔直径115mm，台阶高10～20m，主爆孔炸药为铵油炸药，ϕ60mm乳化炸药为起爆药，导爆管毫秒雷管起爆网路。实际工期42天，完成298×10^4m^3石方开挖工程。

主要石方开挖设备配置见表13-68。钻机：阿特拉斯潜孔钻、英格索兰潜孔钻、三脚架钻机。挖掘机：小松PC200、小松PC300、卡特325、银钢SK300。运输车辆：27～35t自卸汽车（东风、斯太尔、红岩）。

表13-68 主要设备配置表

钻机		挖掘机		运输车辆	
型号	数量/台	型号	数量/台	型号	数量/台
阿特拉斯潜孔钻（ROC460PC）	5	小松PC200	30	东风	120
英格索兰潜孔钻（CM341、CM351）	20	小松PC300	20	斯太尔	100
三脚架钻机	15	卡特325	30	红岩	40
手风钻（7655、YT24）	20	银钢SK300	7		

第 14 章　爆破安全技术和环境保护

14.1　爆破振动与塌落振动

14.1.1　爆破振动的产生及危害

14.1.1.1　爆破振动的产生

炸药在岩土介质中爆炸时，大部分能量将岩体破碎、移动或抛掷，另一部分能量对周围的介质引起扰动，并以波动形式向外传播。通常认为：在炸药近区（药包半径的 10 ~ 15 倍），传播为冲击波；在中区（药包半径的 15 ~ 400 倍）为应力波；在远区衰减为地震波。地震波是一种弹性波，它包含在介质内部传播的体波和沿地面传播的面波。

各种波向外传播时，每一种波的能量密度都将随着离开振源距离的增加而减小，这种能量密度（或振幅）因波阵面几何扩散而减小的现象称为几何阻尼或几何扩散。可以证明，在介质表面，纵波和横波的振幅与距离按 $1/r^2$ 比例减小，瑞利波的振幅与距离按 $1/\sqrt{r}$ 比例减小，因此，瑞利波随距离的衰减比体波慢得多。

可以说，在一个接近地表面的爆破中，存在着四种波，即纵向压力波（P 波）、纵向稀疏波（N 波）、剪切波（S 波）和瑞利表面波（R 波）。从理论上说，压力波和稀疏波都是纵波，由于地层拉伸性质与压缩性质不同，使得压力波传播速度比稀疏波大一些。这样，在四种波中，P 波（纵波）传播最快，N 波（稀疏波）比 P 波慢一些，S 波（剪切波）比 P 波慢，而 R 波（瑞利波）最慢。

14.1.1.2　爆破振动的危害

在工程爆破中，利用炸药可达到各种工程目的，如矿山开采、土石方爆破开挖、定向爆破筑坝、修筑铁路路基以及进行建筑物或构筑物爆破拆除等。但在爆破区一定范围内，当爆破引起的振动达到足够的强度时，就会造成各种破坏现象，如滑坡、建筑物或构筑物的破坏等，这种爆破振动波引起的现象及后果称为爆破地震效应。

工程爆破引起建（构）筑物的振动影响，主要表现在以下方面：

（1）硐室爆破或深孔爆破对地面和地下建（构）筑物、保留岩体、设备等的影响；

（2）城市、人口等稠密区进行的明挖、地下工程爆破以及拆除爆破对工业及民用建筑物、重要精密设施等的危害；

（3）坝肩、深基坑、船闸、渠道等高边坡开挖爆破对边坡稳定及喷层、锚杆、锚索等的影响；

（4）地下洞室群爆破对相邻隧道、廊道、厂房等稳定的影响。

14.1.2　爆破振动的传播规律

爆破振动波幅值通常用于表述振动强度，振动幅值指标有质点振动位移、振动速度、振动加速度。目前，许多国家采用质点振动速度作为地震强度的判据。这是因为大量的现场试验和观测表明，质点振速大小与爆破振动破坏程度的相关性最好，与传播地震波的岩土性质也有较稳定的关系。

14.1.2.1 爆破振动波的衰减规律

苏联科学家萨道夫斯基由实验归纳出爆破地面振动速度经验计算公式中与介质性质和爆源条件有关的系数 K 和衰减指数 α，使其成为工程爆破普遍应用的爆破地面振动速度经验计算公式，这也是我国《爆破安全规程》推荐采用的计算公式：

$$v = K\left(\frac{\sqrt[3]{Q}}{R}\right)^{\alpha} \tag{14-1}$$

式中 v——地面质点峰值振动速度，cm/s；

Q——炸药量（齐爆时为总装药量，延迟爆破时为最大一段装药量），kg；

R——观测（计算）点到爆源的距离，m；

K，α——与爆破点至计算点间的地形、地质条件有关的系数和衰减系数。

我国《爆破安全规程》列出了 K、α 的计算选取范围（见表 14-1）。K、α 也可通过类似工程选取或现场试验确定。

表 14-1 K 值和 α 值与岩性的关系

岩 性	K	α
坚硬岩石	50~150	1.3~1.5
中硬岩石	150~250	1.5~1.8
软岩石	250~350	1.8~2.0

14.1.2.2 国外关于爆破振动波衰减的经验公式

（1）美国矿业局对 20 个采石场和建设工地的爆破振动观测数据进行了统计分析，Devine（戴维）提出了振速的计算公式：

$$v = K\left(\frac{R}{\sqrt{Q}}\right)^{-\alpha} \tag{14-2}$$

式中，K 和 α 分别为现场的特征系数和衰减指数，其他符号意义同前。

（2）P. B. Attwell（奥特维尔）等人对欧洲采石场的爆破振动观测数据进行了统计分析，提出的振速公式如下：

$$v = K\left(\frac{Q}{R^2}\right)^{\alpha} \tag{14-3}$$

式中符号意义同前。

（3）日本矿业会爆破振动研究委员会和物理探矿技术协会土木探矿研究会发布的《爆破振动测试指南》中并未涉及振动速度的计算公式，代之而行的是各公司的规定。

旭化成工业株式会社提出：

$$v = K\sqrt[3]{Q^2}\cdot R^{-\alpha} \tag{14-4}$$

式中 K——与爆破条件、地质条件有关的系数，掏槽爆破时，$K=500\sim1000$，台阶爆破

时 $K=200\sim500$；

α——指数，爆区为黏土层时，$\alpha=2.5\sim3.0$，爆区岩石时，$\alpha=2.0$；

Q——药量，kg，$10\text{kg}<Q<3000\text{kg}$；

R——距爆源距离，m，$30\text{m}<R<1500\text{m}$。

日本化藥株式会社提出的公式如下：

$$v = K\sqrt[4]{Q^3}\cdot R^{-\alpha} \tag{14-5}$$

式中符号意义同前，K 值变化范围很大，对大孔径台阶爆破取值为 $K=100\sim300$，对坑道掘进爆破取值为 $K=200\sim900$。

14.1.2.3 地形条件对爆破振动波传播的影响

大量观测表明，地形条件对爆破振动波传播和衰减的影响不容忽视。

当爆源处于低位时，如在高边坡底部爆破，爆破振动波的振动强度随着离地面垂直高差的增加而呈放大趋势。考虑边坡高差的影响，长江科学院提出了爆破振动强度随高程变化的两个公式，即

$$v = K\left(\frac{\sqrt[3]{Q}}{R}\right)^{\alpha}\left(\frac{\sqrt[3]{Q}}{H}\right)^{\beta} \tag{14-6}$$

$$v = K\left(\frac{\sqrt[3]{Q}}{R}\right)^{\alpha}\mathrm{e}^{\beta H} \tag{14-7}$$

式中 v——质点振动速度，cm/s；

Q——最大单响药量，kg；

R——爆源至测点的水平距离，m；

H——爆源至测点的垂直距离，m；

K，α——与地形和地质条件有关的参数；

β——高程影响系数。

式（14-6）和式（14-7）已列入《水工建筑物岩石基础开挖工程施工技术规范》，在水电工程中得到应用。

14.1.3 爆破振动安全允许标准和评价方法

14.1.3.1 爆破振动破坏判据的工程参数

选择作为爆破振动破坏判据的最佳物理量，有以下三条标准：（1）它是决定爆破振动破坏力的主要因素，和宏观烈度有着良好的相关性；（2）它与药量和爆心距应有较好的相关性；（3）它能用简单的仪器来测定。

可以作为爆破振动的参数，有地面振动峰值（加速度峰值、速度峰值、位移峰值）、地震反应谱的某种特征值（如谱烈度）、与爆破能量有关的函数等。目前，国内外在考虑爆破振动的破坏判据时，有的采用地面垂直最大振动速度、加速度、位移，有的采用能量比，这些物理量都能反映爆破振动对工程结构的破坏作用。

目前，许多国家，如中国、美国、德国、瑞典等，采用质点振动速度作为衡量爆破振动效应的标准。因为大量的现场试验和观测表明，爆破振动破坏程度与质点振速的相关性最好，而且，与其他物理量相比，振速与岩土性质有较稳定的关系。因而我国在确定爆破

振动破坏判据时就是以地面质点振动速度作为标准。但由于无法具体地考虑建筑结构的动力特性和材料性能，因而使得这种方法给出的指标对于不同场区和不同类型建筑结构的适用性较差。实际应用时，只能凭借设计施工人员的经验予以修正。

14.1.3.2 爆破振动对岩土及结构物的破坏判据

A 地面质点振动速度 v 与岩土破坏状况的关系

我国科研单位曾对爆破邻近爆区地物破坏程度与地面质点振动速度的关系做过现场调查与观测。

（1）长沙矿冶研究院通过爆破实测资料提出：

当 $v=0.294\sim0.56$cm/s 时，已松动的小土块掉落；

当 $v=8.1\sim11.1$cm/s 时，产生松石及小块震落；

当 $v=13.5\sim24.7$cm/s 时，产生细裂缝或原裂缝扩张；

当 $v=46.8\sim81.5$cm/s 时，产生 4~5cm 宽的大裂缝，且原裂缝严重扩张。

（2）铁道部科学研究院爆破研究室通过观测提出的地面破坏程度与地面垂直最大速度之间的关系如表 14-2 所示。

表 14-2 地面破坏程度与地面垂直最大速度之间的关系

地面垂直最大速度 v /cm · s^{-1}	地面破坏程度
1.5~5.0	高陡边坡上的碎石、砾石土可能少量掉落
5.0~10.0	靠近陡坎的覆盖层中出现细小裂隙，干砌片石可能有少量错动
10.0~20.0	临空面处原有裂隙轻微张开，沙土、弃石渣开始溜坍，干砌片石垛可能局部坍塌
20.0~35.0	高陡边坡可能有较多的落石或少量塌方，碎石土堆成的堤坝产生塌落
35.0~55.0	缓坡上的块石发生移动，硬土地面可见开裂，顺层理面或节理可能轻微张开、错动
55.0~80.0	硬土地面产生大裂隙，原有大裂隙宽度可能加大
80.0~110.0	基岩面出现新裂隙，原有大裂隙宽度可能挤压变小
>110.0	基岩大面积破坏，边坡发生大的滑坡和塌陷

B 质点振动速度与地面建筑物破坏的关系

爆破振动的破坏判据，对于估计爆破振动作用下建筑物、构筑物的破坏程度，具有实际意义。图 14-1 以及表 14-3、表 14-4 介绍了一些研究者提出的爆破振动对建筑物破坏的工程标准。

图 14-1 汇总了 V. 兰格福尔斯（Langefors）、A. T. 爱德华兹（Edwards）及布麦因（Bumines）三人提出的爆破地基振动对结构物特别是房屋的允许界限值。该图清楚地表明，三人都认为振动速度是破坏建筑物的主要因素，而且三人提出的振动安全极限值也大致一致，其值为 5cm/s。振动时建筑物和结构物的破坏情况，随建筑物地基的不同而异。

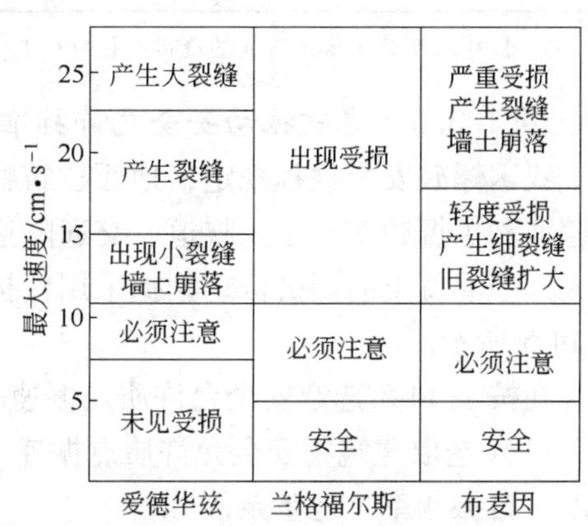

图 14-1 爆破振动速度和建筑物受损之间的关系

表 14-3　国外一些研究者提出的爆破振动破坏的工程标准

序　号	研究者	工程标准	建筑物破坏程度
1	V. 兰格福尔斯 B. 基尔斯特朗 H. 韦斯特伯格	$v=7.1\text{cm/s}$ $v=10.9\text{cm/s}$ $v=16\text{cm/s}$ $v=23.1\text{cm/s}$	无破坏 细的裂缝，抹灰脱落 开裂 严重开裂
2	A. T. 爱德华兹 A. D. 诺思伍德	$v\leqslant5.08\text{cm/s}$ $v=5.08\sim10.2\text{cm/s}$ $v>10.2\text{cm/s}$	安全 可能发生破坏 破坏
3	A. 德沃夏克	$v=1.0\sim3.0\text{cm/s}$ $v=3.0\sim6.0\text{cm/s}$ $v>6.1\text{cm/s}$	开始出现细小裂缝 抹灰脱落，出现细小裂缝 抹灰脱落，出现大裂缝
4	美国矿务局	$a<0.1g$ $0.1g<a<1g$ $a>1g$	无破坏 轻微破坏 破坏
5	M. A. 萨道夫斯基	$v<10\text{cm/s}$	安全

表 14-4　砖式建筑物和构筑物的破坏与地面最大振速的关系

砖式建筑物和构筑物的破坏情况	地面最大振速/$\text{cm}\cdot\text{s}^{-1}$	
	Ⅰ	Ⅱ
抹灰中有细裂缝，掉白粉；原有裂缝有发展，掉小块抹灰	0.75 ~ 1.5	1.5 ~ 3
抹灰中有裂缝，抹灰成块掉落，墙和墙中间有裂缝	1.5 ~ 6	3 ~ 6
抹灰中有裂缝并破坏，墙上有裂缝，墙间联系破坏	6 ~ 25	6 ~ 12
墙壁中形成大裂缝，抹灰大量破坏，砌体分离	25 ~ 37	12 ~ 24
建筑物严重破坏，构件联系破坏，柱和支承墙间有裂缝，屋檐、墙可能倒塌，不太好的新老建筑物破坏	37 ~ 60	24 ~ 28

注：Ⅰ为 A. B. Сафонов 等人的资料；Ⅱ为 C. B. Медведев 的资料。

14.1.3.3　爆破振动安全允许标准

我国爆破安全规程规定，地面建筑物的爆破振动判据采用保护对象所在地质点峰值振动速度和主振频率；水工隧道、交通隧道、矿山巷道、电站（厂房）中心控制室设备、新浇大体积混凝土的爆破振动判据采用保护对象所在地质点峰值振动速度。安全允许标准如表 14-5 所示。

在按表 14-5 选定安全允许质点振速时，应认真分析以下影响因素：

（1）选取建筑物安全允许质点振速时，应综合考虑建筑物的重要性、建筑质量、新旧程度、自振频率、地基条件等；

（2）省级以上（含省级）重点保护古建筑与古迹的安全允许质点振速，应经专家论证后选取，并报相应文物管理部门批准；

表 14-5 爆破振动安全允许标准

序号	保护对象类别		安全允许质点振动速度 v/cm · s^{-1}		
			$f \leqslant 10$Hz	10Hz $< f \leqslant 50$Hz	$f > 50$Hz
1	土窑洞、土坯房、毛石房屋		0.15 ~ 0.45	0.45 ~ 0.9	0.9 ~ 1.5
2	一般民用建筑物		1.5 ~ 2.0	2.0 ~ 2.5	2.5 ~ 3.0
3	工业和商业建筑物		2.5 ~ 3.5	3.5 ~ 4.5	4.2 ~ 5.0
4	一般古建筑与古迹		0.1 ~ 0.2	0.2 ~ 0.3	0.3 ~ 0.5
5	运行中的水电站及发电厂中心控制室设备		0.5 ~ 0.6	0.6 ~ 0.7	0.7 ~ 0.9
6	水工隧洞		7 ~ 8	8 ~ 10	10 ~ 15
7	交通隧道		10 ~ 12	12 ~ 15	15 ~ 20
8	矿山巷道		15 ~ 18	18 ~ 25	20 ~ 30
9	永久性岩石高边坡		5 ~ 9	8 ~ 12	10 ~ 15
10	新浇大体积混凝土（C20）	龄期：初凝 ~ 3d	1.5 ~ 2.0	2.0 ~ 2.5	2.5 ~ 3.0
		龄期：3 ~ 7d	3.0 ~ 4.0	4.0 ~ 5.0	5.0 ~ 7.0
		龄期：7 ~ 28d	7.0 ~ 8.0	8.0 ~ 10.0	10.0 ~ 12

注：1. 表中质点振动速度为三个分量中的最大值；振动频率为主振频率。

2. 频率范围根据现场实测波形确定或按如下数据选取：硐室爆破 $f < 20$Hz；露天深孔爆破 $f = 10 \sim 60$Hz；露天浅孔爆破 $f = 40 \sim 100$Hz；地下深孔爆破 $f = 30 \sim 100$Hz；地下浅孔爆破 $f = 60 \sim 300$Hz。

3. 爆破振动监测应同时测定质点振动相互垂直的三个分量。

（3）选取隧道、巷道安全允许质点振速时，应综合考虑构筑物的重要性、围岩分类、支护状况、开挖跨度、埋深大小、爆源方向、周边环境等；

（4）对永久性岩石高边坡，应综合考虑边坡的重要性、边坡的初始稳定性、支护状况、开挖高度等；

（5）隧道和巷道的爆破振动控制点为距离爆源 10 ~ 15m 处；高边坡的爆破振动控制点为上一级马道的内侧坡脚。

（6）非挡水新浇大体积混凝土的安全允许质点振速按本表给出的上限值选取。香港特区政府矿务部将香港几十个工程多年来的爆破测振数据，用回归分析方法总结出计算质点最大振速公式（置信率为 84%）：

$$PPV = 644\left(\frac{R}{\sqrt{Q}}\right)^{-1.22} \tag{14-8}$$

式中 R——爆源至测点距离，m；

Q——炸药量，kg。

地铁施工时，质点振动速度的控制值为 25mm/s。

14.1.4 爆破振动测量

爆破振动监测系统一般包括三级，即传感器、中间适配放大器和记录存储分析处理仪器设备。传感器将原始振动信息变换为所需的信号（如电压、电荷等）。放大器可将传感器转换的微弱信号进行滤波阻抗变换处理并放大后输入到记录设备。目前随着计算机应用技术和各种监测传感器的发展，振动测量的配套仪器设备也较为多样，有的便携式记录仪可紧随传感器布置并兼有放大和记录功能。一般常见的振动监测系统框图见图 14-2。

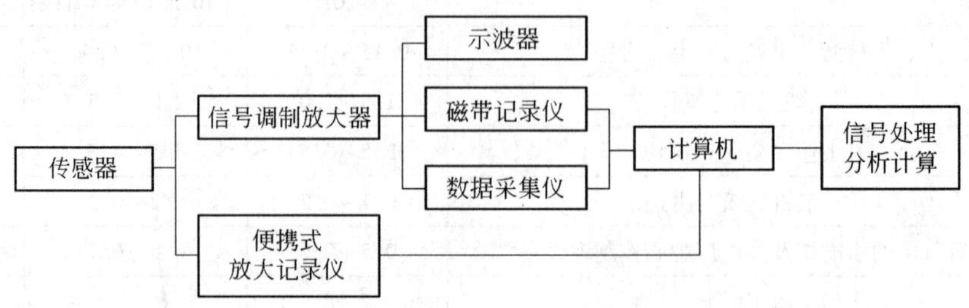

图 14-2　爆破振动监测系统框图

为保证振动测试结果的可靠性和满足规定的精度要求，必须对传感器和测试系统根据相关的规程规范要求，在合格的计量设备上进行校准（或称标定）。校准的主要指标有：

（1）传感器灵敏度，即输出量与被测输入量之间的比值。

（2）频率特性，即在工作频带内幅值对频率的变化。

（3）线性度，即幅值变化的线性度以百分数表示。

（4）横向灵敏度，即与传感器主轴垂直方向的灵敏度，一般以百分数表示。

（5）特殊环境条件，即指传感器处于高温、严寒、压力场等特定环境下的灵敏度变化检查。

由于爆破振动监测系统工作环境较差，应在有效标定期内进行期间核查。定期标定应选择绝对标准法，期间核查采用比较校准法。

14.1.4.1　爆破振动测试仪器的正确选用

A　仪器的频率响应

任何一种动态测试仪器都有一定的频率响应范围，当所测信号的频率超过仪器频率响应范围时，通过测试系统所测得的信号将产生严重的失真，不能正确地反映原信号的特征。因此，在爆破振动测试中应特别注意所选用的仪器频率响应是否满足要求。在爆破近区、远区，不同的爆破方式，不同的地质条件，爆破振动波的频率都是不同的。因此，在选用仪器时，应首先对所测信号的频率有所了解，然后有针对性地选用合适的仪器。

对于爆破振动测试，应根据施工现场地质地形条件和爆破参数，预估被测信号的幅值范围和频率范围，选择测试系统的工作频带应满足爆破振动波的频域特性。

B　仪器的动态范围

在爆破振动测试中除应注意仪器的频率响应问题外，还应特别注意仪器的量程问题。传感器和记录设备的测量幅值范围应满足被测物理量的预估幅值要求。

测试系统量程的估算，应使预计的测试值在系统可测范围的 30% ~70% 之间，其上限应高于被测信号最大预估值的 20%。多点测试时，应尽量使传感器、二次仪表、记录装置的技术指标接近或相同。

C　爆破测振的特殊要求

对于爆破振动自动记录仪，由于目前一般选择自动内启动方式，因此要求启动设置可靠，并有负延时设置，以形成完整的记录波形，一般负延时记录应达到 0. 25s 左右。拆除爆破振动监测应包括记录爆破及建筑物塌落所产生的振动，但通常只进行一次测量，记录爆破及塌落振动的全过程，在设置记录首末页时必须考虑这一点。如监测点应同时记录多个建筑物爆破拆除的振动过程，则应按多次记录设定。

14.1.4.2 测试方案及测点布置

测试方案应依据爆破振动效应监测目的和要求来设计。爆破振动测试一般有以下两种类型：一类是对重点防护对象在爆破施工作业中进行全过程监测，监测数据用做评价防护对象的安全状况，也是为可能引起的诉讼或索赔提供科学的数据资料；另一类是针对重大爆破工程在现场条件下进行的小型实爆试验，通过测试了解和掌握爆破振动波的特征、传播规律以及对建筑物的影响等，比如测定现场爆破条件下的 K 值和 α 值。测试项目和取得的测试数据用以指导爆破设计方案和参数选择，也是对设计进行安全评估的重要依据。

爆破设计、施工单位为了完善设计，指导安全施工，可以自行组织爆破效应监测；但承担仲裁职责的监测单位，不应由爆破设计、施工单位承担，而应经有关部门认定，所使用的监测系统应满足国家计量法规的要求，应经室内动态标定，并有良好的频响特性和线性范围，数据误差符合工程要求。

测点布置要根据测试目的和要求进行，如监测振动对建筑物的影响，则测点应布置在建筑物的基础或附近地表上，当监测对象为高层建筑物时，为了了解建筑物的振动反应，还应沿建筑物不同高度布置监测点。如测试时为了研究爆破振动波的衰减规律，或为了求算该种岩石条件下的 K 值和 α 值，则通常应沿爆源中心的径向布置一条或几条测线。由于地震波的强度随距离的增加按指数规律衰减，为了处理数据时测点在坐标上均匀分布，测点的距离分布也应按近密远疏的对数关系布置。一条观测线上的测点，一般不能少于5个；每一测点一般宜布置竖直向、水平径向和水平切向三个方向的传感器；在监测或测试时，一些必须取得数据的重要测点，应布置重复点。另外，在不同的地貌、地质条件下也应布置测点，以便了解这些条件对爆破振动效应的影响。在布点中，还要考虑到传感器和测振仪的安全，防止堆积体或个别飞石将测点覆盖或使仪器损坏，必要时可采取一些保护措施。

14.1.4.3 爆破振动数据的处理

爆破振动波和结构爆破振动效应的测试结果是反映各种振动信息的曲线，即振动波形图。爆破振动波和结构动力响应信号都属于随机信号，在记录到的波形图上，它的频率、幅值都是随时间不规则变化的，信号分析和数据处理就是去伪存真的过程。一些测振仪直接通过电子计算机给出测振数据及处理结果，非常简便。

还应指出，进行波形分析和处理时，都应保证分析的原始波形正确，否则将会导致错误的结果。爆破振动波形是复杂的，尤其是现场测试中会受到各种干扰的影响。例如，由于测试系统的漂移、漏电、干扰等种种原因，会造成实测记录波形的基线漂移，这将给分析结果造成误差，这种情况下首先应对波形的基线进行处理，然后按修正后的波形进行波形分析和数据处理；还有可能在爆破振动波形上叠加有高频振荡的复合波形，为此对波形要进行平滑处理，去掉高频干扰；量程档位选取不合理时，会使波形溢出，此时要考虑对波形的延拓；涉及时间量时，必须注意记录装置给出的时标及波形记录速度；当记录的测点较多时，必须搞清各个波形之间的关系，一个测点一个测点地去进行波形分析。

数据处理的过程，实质上是从测试波形中提取有用信息的过程。对于爆破振动监测，最重要的数据是爆破振动最大幅值及振动主频率。

一般的振动记录分析仪器，都配有测试分析软件，有在线帮助功能，有频谱、功率谱、相关、微积分、插值、数字滤波、传递函数，有三矢量合成、瀑布谱图等各种算法，实现采集过程自动存盘和磁盘数据文件动态回放，并可采用 Windows 操作方式，将有关信息和数据处理结果方便地输入、储存和打印，以满足用户的要求。

14.1.5 降低爆破振动的技术措施

为了降低爆破振动效应，国内外学者进行了长期的探讨和研究。实践证明，采用以下综合技术措施对降低爆破振动效应是有效的。

（1）采用毫秒延期爆破，限制一次爆破的最大用药量。被保护建筑物的允许临界振动速度［v］确定后，即可根据式（14-9）计算一次爆破最大用药量，即

$$Q_{\max} = R^3\left(\frac{[v]}{K}\right)^{3/\alpha} \tag{14-9}$$

当设计药量大于该值而又没有其他降振措施时，则必须分次爆破，控制一次爆破的炸药量。将一次爆破药量分成多段毫秒延期起爆，使得爆破振动速度峰值减小为受单响最大药量控制，这样，一次爆破规模可扩大很多倍而不会产生超强振动。采用毫秒延期爆破，使得先爆炮孔产生的振动波与后爆炮孔的振动发生相互干扰或峰值不能叠加而错开，导致爆破产生的最大峰值减小。

国内矿山的一些工程试验表明，采用毫秒延期爆破与采用瞬发爆破相比，平均降振率为 50%，毫秒延期段数越多，降振效果越好。

（2）采用预裂爆破或开挖减振沟槽。当保护对象距爆源很近时，可在爆源周边设置一条预裂隔振带。预裂炮孔可以是一排，也可以是多排，对降低主爆破孔地震效应是非常有效的，但应注意预裂爆破本身产生的地震效应。在爆破体与被保护物之间，钻凿不装药的单排防振孔或双排防振孔，也可以起到降振效果，降振率可达 30% ~50%。防振孔的孔径可选取 35 ~65mm，孔间距不大于 25cm。

当介质为土层时，可以开挖预裂沟，预裂沟宽以施工方便为前提，并应尽可能深一些，以超过主药包位置 50cm 为好。

作为预裂用的孔、缝和沟，应注意防止充水，否则将影响降振效果。

（3）在爆破设计中可采取以下技术措施：

1）选择最小抵抗线方向。爆破中，在最小抵抗线方向上的爆破振动强度最小，反向最大，侧向居中。然而最小抵抗线方向又是主抛方向，从减振和控制飞石危害考虑，一般应该使被保护的对象位于最小抵抗线的两侧位置。

2）增加布药的分散性和临空面。增加布药的分散性和临空面可以减小振动速度公式中的 K 值和 α 值，减小爆破振动的强度。

（4）采用低爆速、低密度的炸药或选择合理的装药结构。

（5）进行爆破振动监测。在特殊建（构）筑物附近或复杂环境地区进行爆破时，应进行爆破振动监测，以掌握这些设施在爆破振动作用下的受力状况，为安全核算提供较为准确的依据。这不仅有助于及时调整爆破参数，确保被保护物的安全，而且也有利于在爆

破振动可能引起的诉讼或索赔中，提供科学的数据资料。

14.2　塌落振动

14.2.1　建筑物爆破拆除时的爆破振动

建筑物拆除爆破时使附近地面产生振动的原因，一是被拆建筑物构件中药包爆炸所产生的振动，二是由于建筑物塌落解体对地面冲击造成的地层振动。

炸药爆破除了破坏介质，还有部分能量经地面传播产生振动，要通过人为的措施阻止它的产生是困难的，但控制一次爆破的装药量，采用延期爆破技术等手段，可以减小地面振动的强度。

建筑物拆除爆破都是小药量装药，多个药包布置在需要爆破炸毁的部位。尽管药包个数多，但由于每个药包的装药量小，并且分散在建筑物的不同部位和高度，又不是在同一时刻起爆，所以炸药的爆破作用在经建筑物基础传至地面时，在地层中引起的振动比矿山采矿爆破引起的振动强度要小得多，衰减也快。因此，根据一些建筑物拆除爆破的监测结果，有的研究者提出在一般爆破衰减经验公式的基础上，乘以修正系数 k'，$k'=0.25\sim1.0$，将一般爆破振动衰减经验公式 $v=k(Q^{1/3}/R)^{\alpha}$ 加以修正后用于计算建筑物爆破拆除的爆破振动。

在建筑物拆除爆破施工中，对炸药爆破产生的地面振动有影响的物理参数有 E、ρ_e、D、ρ_g、c_g、σ、W、L、R。若以地面质点振动速度 v 描述振动强度，这种影响可以用如下函数表示。

$$v=f(E,\rho_e,D,\rho_g,c_g,\sigma,W,L,R) \tag{14-10}$$

式中　E——炸药能量；

ρ_e——炸药密度；

D——炸药爆速；

ρ_g——介质密度；

c_g——介质的声速；

σ——介质的强度；

W——爆破体的尺寸，如最小抵抗线，其他尺寸如爆破体厚度、长度可表示为抵抗线的倍数；

L——爆破范围，可由 n 个炮孔间距组成，或是楼房柱间距离、楼层高度等；

R——爆破点至观测点的距离。

通过量纲分析，这里 9 个独立物理量可以组成 6 个无量纲的相似参数。它们是：

$$v/c_g=f(E/(\sigma W^3),\rho_e/\rho_g,D/c_g,W/R,L/R,\sigma/(\rho_g D^2)) \tag{14-11}$$

式中　$E/(\sigma W^3)$——炸药能量和破坏介质做功之比；

ρ_e/ρ_g——爆炸产物和介质的惯性；

D/c_g——炸药爆速和声速之比；

W/R，L/R——药包分布空间尺寸和观测距离的比较；

$\sigma/(\rho_g D^2)$——岩石强度和炸药爆压的比值。

如果我们假定炸药和地面介质的性质不变，可以不考虑 ρ_e/ρ_g，D/c_g，$\sigma/(\rho_g D^2)$ 的变化影响。

一般情况下，$R \gg W$，$R \gg L$，即布药爆破的空间尺寸总是小于观测距离。W/R，L/R 是一个小量，是一个有限的比值。以 R 替代 W，以 $Q = E/\mu$，μ 为单位质量的炸药能量，可以得到如下的关系

$$v/c_g = f(Q/\sigma R^3) \tag{14-12}$$

根据大量的爆破振动实测数据分析，质点振动峰值速度衰减规律的经验公式为

$$v = K(R/Q^{1/3})^{\alpha} \tag{14-13}$$

式中，K，α 为衰减常数。K 主要反映了炸药性质、装药结构和药包布置的空间分布影响，α 取决于地震波传播途径的地质构造和介质性质。Q 为一段延期起爆的总药量，R 为观测点至药包布置中心的距离。

原则上，爆破工程都是多个药包装药爆破，应采用等效药量 Q 和等效距离 R 来替代。

$$\overline{Q} = \Sigma Q_i \left(\frac{\overline{R}}{R_i}\right)^3 \qquad \overline{R} = \frac{\Sigma \sqrt[3]{Q_i} R_i}{\Sigma \sqrt[3]{Q_i}} \tag{14-14}$$

如果我们关心的目标至爆破部位的距离大于药包布置范围，可以简单采用一段延期起爆的总药量，其计算的预测结果将是偏于安全的。

对于基础类混凝土破碎爆破工程，可直接采用式（14-14）计算预报临近地面爆破时的质点振动峰值速度。在北京地区，根据多次实测数据，给出 $K = 110 \sim 120$，$\alpha = -1.70 \sim -1.76$。

对半埋式可充水结构物采用水压爆破时 $K = 90 \sim 100$，$\alpha = -1.50 \sim -1.60$。

对于楼房建筑物拆除爆破工程，振动速度衰减常数 K 要小。在北京地区，根据多次实测数据，给出 $K = 30 \sim 40$，$\alpha = -1.6 \sim -1.7$。

如果观测点至爆破区的距离不是很远，其距离和药包分布尺寸相当，或是小于药包分布尺寸，要考虑无量纲相似参数 L/R 的影响，这时可以只计及距离观测点近处的药包药量的作用。

由于爆破振动的影响是一个十分复杂的波动问题，要考虑的周围的建（构）筑物各种各样。因此，需要我们在爆破工程实践中不断积累数据，以给出不同条件下的经验参数。

14.2.2　建筑物塌落振动的产生及危害

拆除爆破工程实践表明，建筑物拆除时塌落振动往往比爆破振动大。建筑物爆破拆除塌落撞击地面造成的振动，随着高大建筑物拆除工程的增多已引起人们的广泛关注和重视。实测地面振动波形分析表明，爆破引起的振动和塌落振动的波形明显分开，塌落振动在爆破振动波过后到达，振动作用时间长。因此，建筑物塌落冲击地面的振动将给周围建筑物和设备可能造成什么样的危害，如何才能控制其危害程度等问题，在进行高大建筑物拆除爆破设计时是需要认真研究的。

显然，塌落振动不宜简单地和爆破振动的大小相比。对于同一建筑物，不同的爆破拆

除方案，塌落后的解体尺寸不同，或是塌落过程不同，都会在不同程度上影响建筑物塌落触地时造成的地面振动。有的设计方案，以少量装药一次爆破，让一座高大楼房定向倒塌，实现拆除，这时虽然爆破造成的振动不大，但塌落的振动则不可忽视。当然，如果通过合理布置药包，控制不同药包的起爆时间，控制结构物爆破后的解体尺寸，塌落振动就可以得到有效控制和减小。

大量监测结果表明，建筑物塌落引起的地面振动波的频率较低（4.4～13.9Hz），主频多在10Hz左右。一座80m高烟囱爆破拆除时，在距离烟囱塌落中心线一侧22m处，测得最大振动速度达7.2cm/s。显然，其数值已超过一般建筑物所允许的振动强度（5cm/s），在这个范围内的建筑物就有可能造成破坏。

14.2.3　塌落振动的传播规律及振动速度计算

实测数据表明，落锤至地面的撞击作用造成的地面振动与它的质量和下落高度有关，影响下落物体撞击地面振动的传播因素还与地层介质的力学性质有关。随着至撞击落点距离远，振动小；距离近的地方，地面振动强度大。

匈牙利人J. 亨利奇（1979）曾经企图想给出建筑物塌落撞击地面引起振动强度随距离的衰减关系。他整理了数座楼房爆破拆除时监测的振动位移，没有发现位移幅度和观测点至下落物重心的距离之间存在明显关系，数据分散，只是简单地给出如下关系：$A_0 = 500/R$；$A_{max} = 2000/R$。式中 A_0 为振动位移平均值，A_{max} 为振动位移最大值，R 为观测点至下落物重心的距离。最大值和平均值相差4倍多。其关系只是说明了塌落振动随距离衰减的基本物理现象，由于他没有考虑塌落建筑物构件的质量和高度，不能说明造成并如何影响塌落振动传播的物理本质。

建筑物爆破拆除塌落造成地面振动的物理过程是：建筑物所在高度具有的重力势能转变成构件的下落运动或是转动，下落冲击地面造成构件和地面破坏，转变成破坏能；剩余能量在地面传播造成了周围地面的振动。地面的振动波形和能量不是单一脉冲波动的结果。因此以冲量表述塌落振动是不准确的。显然塌落造成的地面振动的大小与其具有的重力势能相关，即与下落构件的质量和所在的高度有关，随传播的距离增加而衰减。修改后的塌落振动衰减经验公式为：

$$v_t = K_t\left(\frac{2MgH}{\sigma R^3}\right)^{\beta} \tag{14-15}$$

14.2.3.1　塌落振动的传播规律

有关文献讨论了集中质量下落撞击地面造成的振动。实际上，建筑物拆除爆破的过程是，部分支撑构件爆破后，上部结构失去平衡，在重力作用下，一些构件发生变形破坏并开始塌落，塌落运动过程是很复杂的。因此在分析塌落撞击振动的影响因素时，要考虑描述下落构件破坏的材料常数以及地面在撞击作用下的非弹性受力状态（如黏性）。另外，建筑物着地时不是在一个点上，不过其接触地面的大小与我们要观测的振动范围相比，仍可简化为集中质量下落的问题进行讨论。

若以地面振动速度表示强度，采用无量纲相似参数分析方法，集中质量塌落作用于地面造成的振动速度 v_t 有以下关系：

$$v_t = K_t \left[\frac{R}{\left(\frac{MgH}{\sigma} \right)^{\frac{1}{3}}} \right]^{\beta} \tag{14-16}$$

式中　v_t——塌落引起的地面振动速度，cm/s；

M——下落构件的质量，t；

g——重力加速度，m/s^2；

H——构件中心的高度，m；

σ——地面介质的破坏强度，MPa，一般取 10MPa；

R——观测点至冲击地面中心的距离，m。

式（14-19）有待于在实际工程中进一步验证和完善。

14.2.3.2　塌落振动速度计算公式的物理意义和参数选择

中科院力学所给出建筑物爆破拆除时的塌落振动速度计算公式为：

$$v_t = K_t \left[\frac{R'}{\left(\frac{MgH}{\sigma} \right)^{\frac{1}{3}}} \right]^{\beta} \quad (0.73 < R' < 7.5) \tag{14-17}$$

我们知道，一个随距离衰减的物理现象，在数学上可表述为一负幂次函数或负指数函数。建筑物爆破拆除引起的地面振动，无论是炸药爆破振动，还是构件下落引起的地面振动都是随着传播距离衰减的。通过量纲分析，我们可以采用无量纲参数组合的比例距离作为自变量。振动是随比例距离衰减的幂函数或指数函数，振动速度衰减的经验公式中的指数或是幂次应为一负数。

定向爆破拆除高大烟囱时，爆破后烟囱将似一刚杆定向转动塌落。原则上我们可以把烟囱分解成很多小段（ΔH 段高的相应质量为 ΔM），每一小段的塌落可当成集中质量体像落锤的下落。这样，我们可以将整个烟囱逐段依次下落撞击地面看成为有多点依次冲击地面的线性震源，线性震源导致观测点处的振动叠加可以通过积分获得。可以假定地面振动是弹性振动，同时不考虑相位和频率的影响，积分的结果必将和烟囱的全高和总质量有关。因此，应用上述塌落振动速度公式计算烟囱爆破塌落振动时，H 为烟囱的高度；M 为总质量；σ 为建筑物爆破后解体构件混凝土的破坏强度，包含地面被砸介质的破坏强度，但以混凝土构件破坏为主，σ 一般取值 10MPa。

公式（14-17）说明建筑物拆除爆破时的塌落振动速度与结构的解体尺寸和下落的高度有关，和构件的材料性质、地面土体性质有关。为了减小对地面的撞击作用，控制下落建筑物解体的尺寸十分重要，逐段延迟爆破可以控制减小下落物体的质量；尽管建筑物的总体高度不能改变，但可以通过设置上下缺口分层爆破，控制先后下落的解体构件的大小；改变地面土体状态也可以减小振动的影响范围。

对于钢筋混凝土高烟囱的拆除，整体定向爆破拆除是最简单、节省的方案。但爆破拆除时塌落振动很大，这时只能在地面采用减振措施，在地面开挖沟槽、垒筑土墙改变烟囱触地状况，减小地面振动。

根据数座高烟囱爆破拆除实测数据整理分析，不同数据组回归分析拟合给出公式中的衰减参数 $K_t = 3.37 \sim 4.09$，$\beta = -1.66 \sim -1.80$。该值是在地面没有开挖沟槽、不垒筑土墙进行减振的条件下得到的。当在地面开挖沟槽、垒筑土墙，改变烟囱触地状况时，塌落振动将明显减小。塌落振动速度公式中衰减系数 K_t 仅为原状地面的 1/4～1/3。

14.2.4　塌落振动的安全控制标准和评价方法

我们知道，结构物在地震作用下的反应与其频率特性的关系十分密切。一般建筑物的自振频率多为 1～10Hz。如果建筑物的基础输入的地震振动的主频率接近它的自振频率，由于共振作用会使其遭到较大的振动，容易造成建筑物的破坏。如果说爆破地震振动的主频率多为 20～50Hz，不易引起建筑物的共振，那么，频率较低的塌落振动应引起我们的重视。特别是在高楼林立的建筑群中，若有类似的烟囱结构物拆除，就可能在临近地面造成较强的地面振动，我们需要采取有效的减振措施。

分析烟囱（高 150m）爆破拆除塌落振动波形，我们可以了解烟囱拆除爆破后的运动和塌落的物理过程。图 14-3 所示的振动波时程曲线有先后到达的四个波动信号。首先到达的是炸药爆炸的爆破信号，炸药爆破造成的振动作用时间短、频率高、幅值不大。如果把爆破振动起始时间称作零时，在 1.78s 时有一幅值不大的振动信号到达。这个信号表示爆破后，爆破缺口的部分筒壁被爆除，未爆破部分的截面在重力弯矩作用下，爆破一侧的介质受压缩破坏，另一侧的介质受拉破坏。由于支撑截面承载面积的减少，这种拉压破坏过程急剧发展，使未爆破部分的截面完全失去承载能力。第二个振动信号就是这时的物理特征，支撑部分失稳下沉坐落，一个软着陆的振动，作用时间短，幅值小。如果爆破部位范围过大，烟囱急剧下落失稳后坐，振动幅值会大一些。其后烟囱上部筒体似一刚性杆在重力作用下，并在其重心所在的平面内转动。在烟囱定向倒塌过程中，爆破缺口上唇磕地时（4.5s）也必然要产生一个振动，其时振动幅值较大。最后在 13.6s 时，烟囱整体着地塌落振动波的作用时间长，频率低，幅值最大。

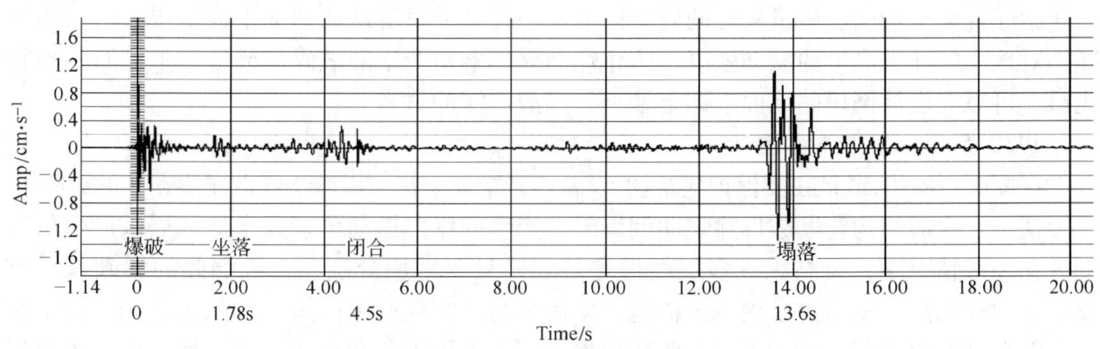

图 14-3　爆破拆除塌落振动实测波形

评价各种爆破对不同类型建（构）筑物和其他保护对象的振动影响，应依据《爆破安全规程》规定的允许标准进行控制。考虑建筑物拆除时的爆破振动频率高，建筑物塌落振动波频率低的特点，针对不同保护对象在按安全允许标准确定地面质点峰值振动速度时，要选择不同的控制标准。对爆破振动，可以选择频率范围 50～100Hz 对应的允许值，而对于塌落振动应选择频率范围小于 10Hz 对应的允许值。

14.2.5 拆除爆破降低塌落振动的技术措施

14.2.5.1 分段分层折叠爆破

分析楼房建筑物爆破拆除时的塌落过程，我们看到尽管作用时间长波形时起时伏，但我们看到，在第一次出现较大的主波后，再次出现的波峰一般都不高于第一次出现的峰值。这一点是十分重要的。

通过对建（构）筑物的倒塌机理进行研究，我们发现楼房爆破拆除的塌落过程一般不是整体下落撞击地面，而是被分成许多大小各不相同的解体构件，依次下落撞击地面并相互撞击，上层构件的撞击作用经过先已着地的下层构件传给地面，其过程是相当复杂的。依次下落撞击地面的过程使我们看到控制第一时间着地的解体构件的尺寸十分重要，首先着地的构件作为垫层可以缓冲上层结构物下落对地面的冲击，下层构件在被上层构件撞击破坏的过程中就吸收了上层下落的动能。

尽管下落高度大，由于下面各层着地缓冲了对地面的作用，只要设计合理，高大的框架式建筑物爆破拆除时塌落引起的振动仍是可以控制的。

高烟囱拆除采用折叠爆破方案时，显然可以减小烟囱塌落振动强度。

高大楼房建筑物爆破拆除时不宜选择简单的定向倒塌方案，应采用上下楼层分割或是分片逐段解体的爆破方案。这时，塌落振动速度公式中的 M 就不是总质量，而是设计分段爆破第一时间着地的那部分的质量 M_1，H 应为 H_1。高大楼房建筑物采用简单的定向倒塌方案，M 和 H 值大，产生的塌落振动就不小。因此高大楼房爆破拆除时，应采用多缺口爆破方案，无论单向还是双向折叠爆破。大量地震波形记录分析说明第一时间落地的解体尺寸对控制塌落振动大小的作用最重要。

框架结构的高大楼房爆破拆除时的塌落振动衰减系数 K_t 为烟囱爆破的 1/3 ~ 1/2，即为 1.1 ~ 2.1；β 值变化不大。若在地面采用减振措施，振动还能降低。

14.2.5.2 地面开挖沟槽或铺垫缓冲材料

钢筋混凝土烟囱、质量完好的砖烟囱或水塔在倒塌时对地面的撞击力是很大的。为了减小对地面的冲击产生的振动强度，防止烟囱筒体砸扁产生的破碎物或地面上碎石被砸得飞溅，可以在设计倒塌的地面上铺上沙土、煤渣等缓冲材料。

14.2.5.3 开挖隔震沟

在爆破点周边，或是在要保护建筑物、设备前开挖隔震沟可以减小爆破塌落振动的影响。

烟囱、水塔结构物爆破拆除定向倒塌时，产生的塌落振动可能大于炸药爆破产生的振动。在一般情况下，对高大、多层楼房建筑物，只要采用分层、分段解体的爆破设计方案，在预计塌落的地面上采用减振措施，即使是高大的烟囱定向爆破拆除，其塌落振动也是可以得到有效控制的。相关实例监测数据说明当采用土埂沟槽减振措施后，高大烟囱爆破拆除时的塌落振动速度可以减小 70% 左右。

14.3 爆破空气冲击波及噪声

14.3.1 爆破空气冲击波的产生和传播

14.3.1.1 爆破空气冲击波产生的原因

炸药爆炸时，都会有空气冲击波从爆炸中心传播开来。炸药若是在空气中爆炸，其高温高压的爆炸产物就会直接作用在气体介质上；炸药若是在岩石中爆炸，高温高压的爆炸产物就从岩石破裂瞬间冲入周围空气中，强烈地压缩邻近的空气，使其压力、密度、温度突然升高，形成空气冲击波。由于冲击波具有较高的压力和流速，所以不但可以引起爆破点附近一定范围内建筑物的破坏，而且还会造成人畜的伤亡。

工程爆破产生空气冲击波的原因，大体有以下几种：

（1）裸露在地面上的炸药、导爆索等的爆炸产生的空气冲击波。

（2）炮孔填塞长度不够，填塞质量不好，炸药爆炸高温高压气体从孔口冲出产生空气冲击波。

（3）因局部抵抗线太小，沿该方向冲出的高温高压气体产生空气冲击波。

（4）多孔起爆时，由于起爆顺序控制不合理，导致部分炮孔的抵抗线变小，造成空气冲击波。

（5）在断层、夹层、破碎带等弱面部位高温高压气体冲出产生空气冲击波。

（6）大型硐室抛掷爆破时，鼓包破裂后冲出的气浪，以及在河谷地区大爆破气浪形成“活塞状”压缩空气，形成空气冲击波。

装药量、炸药性质、岩体性质及构造、炸药与介质匹配关系、填塞状态、爆破方式、起爆方法等是影响空气冲击波强度的主要因素，另外气候条件，如风向、风速等也会影响空气冲击波的强度。

14.3.1.2　空气冲击波的危害

空气冲击波的破坏作用主要与下列因素有关：

（1）冲击波波阵面峰值压力（ΔP_m）；

（2）冲击波正压区作用时间（t_+）；

（3）冲击波冲量（I）；

（4）冲击波作用到的保护物的自振周期（T）、形状和强度等。

如果冲击波超压低于保护物的强度极限，即使有较大冲量也不会对保护物产生严重破坏作用；同理，如果冲击波正压区作用时间不超过保护物由弹性变形转变为塑性变形所需的时间，即使有较大超压也不会导致保护物的严重破坏。

一般情况讲，当保护物与爆心有一定距离时，冲击波对其破坏的程度，由保护物本身的自振周期 T 与正压区作用时间 t_+ 来确定。当 $t_+ \ll T$ 时，对保护物的破坏作用主要取决于冲量 I；反之，当 $t_+ \gg T$ 时，保护物的破坏则主要取决于冲击波超压峰值 ΔP_m。资料分析及计算表明，按冲量计算，要满足 $t_+/T \leqslant 0.25$；或按冲击波超压峰值 ΔP_m 计算，要满足 $t_+/T \geqslant 10$ 时，上述计算保护物因冲击波带来的破坏结果较为正确。在 $0.25 < t_+/T < 10$ 范围，按 I 或 ΔP_m 计算的冲击波对保护物的破坏作用误差很大。

保护物的一些结构部件的自振周期与破坏载荷数据见表 14-6。

表 14-6　一些保护物的结构部件的自振周期 T 及相应破坏载荷值

项　目	砖　墙		0.25m 厚的钢筋混凝土墙	木梁上的垫板	轻型壁墙	装配玻璃
	二层砖	一层半砖				
自振周期 T/s	0.01	0.015	0.015	0.3	0.07	0.01～0.02
ΔP/MPa	0.044	0.025	0.29	0.01～0.016	0.005	0.005～0.001

空气冲击波超压对保护物的破坏程度，详见表 14-7。

表 14-7　空气冲击波超压对保护物的破坏程度

破坏等级		1	2	3	4	5	6	7
破坏等级名称		基本无破坏	次轻度破坏	轻度破坏	中等破坏	次严重破坏	严重破坏	完全破坏
超压 $\Delta P/10^5\mathrm{Pa}$		<0.02	0.02~0.09	0.09~0.25	0.25~0.40	0.40~0.55	0.55~0.76	>0.76
建筑物破坏程度	玻璃	偶然破坏	少部分破碎呈大块，大部分呈小块	大部分破碎呈小块到粉碎	粉　碎	—	—	—
	木门窗	无损坏	窗扇少量破坏	窗扇大量破坏，门扇、窗框破坏	窗扇掉落、内倒，窗框、门扇大量破坏	门、窗扇摧毁，窗框掉落	—	—
	砖外墙	无损坏	无损坏	出现小裂缝，宽度小于5mm，稍有倾斜	出现较大裂缝，缝宽5~50mm，明显倾斜，砖垛出现小裂缝	出现大于50mm的大裂缝，严重倾斜，砖垛出现较大裂缝	部分倒塌	大部分或全部倒塌
	木屋盖	无损坏	无损坏	木屋面板变形，偶见折裂	木屋面板、木檩条折裂，木屋架支座松动	木檩条折断，木屋架杆件偶见折断，支座错位	部分倒塌	全部倒塌
	瓦屋面	无损坏	少量移动	大量移动	大量移动到全部掀动	—	—	—
	钢筋混凝土屋盖	无损坏	无损坏	无损坏	出现小于1mm的小裂缝	出现1~2mm宽的裂缝，修复后可继续使用	出现大于2mm的裂缝	承重砖墙全部倒塌，钢筋混凝土承重柱严重破坏
	顶棚	无损坏	抹灰少量掉落	抹灰大量掉落	木龙骨部分破坏，出现下垂缝	塌　落	—	—
	内墙	无损坏	板条墙抹灰少量掉落	板条墙抹灰大量掉落	砖内墙出现小裂缝	砖内墙出现大裂缝	砖内墙出现严重裂缝至部分倒塌	砖内墙大部分倒塌
	钢筋混凝土柱	无损坏	无损坏	无损坏	无损坏	无损坏	有倾斜	有较大倾斜

巷道内冲击波超压与有关构件、设备等的破坏情况，详见表14-8。

表14-8 巷道内冲击波超压与有关构件和设备等的破坏情况

结构类型	ΔP/MPa	破坏情况
25cm厚的钢筋混凝土挡墙	0.270～0.340	强烈变形，混凝土脱落，出现大裂缝
30.5cm厚砖墙	0.048～0.055	强烈变形，混凝土脱落，出现大裂缝
24～36cm厚的素混凝土挡墙	0.014～0.020	出现裂缝，遭到破坏
14～16cm直径的圆木支撑	0.010～0.013	因弯曲而破坏
1t重的设备	0.039～0.059	被翻倒脱离基础而受到破坏
提升机械	0.140～0.250	被翻倒，部分变形的零件损坏
风 管	0.015～0.034	因支撑折断而变形
电 线	0.030～0.040	折 断

14.3.1.3 爆破噪声产生的原因

炸药在岩土中爆破，高温高压爆炸产物向空气中扩散，除产生空气冲击波外，还会发出声响形成噪声。在工程爆破作业中，人们听到的爆炸声实质上就是爆破噪声。

爆破噪声属于空气动力性噪声，其实质是炸药在介质中爆炸所产生的能量向四周传播时形成的爆炸声。炸药爆炸后在一定体积内瞬间产生大量高温高压的气体产物并以超音速向周围膨胀，在离爆源较近的地方，空气中产生的波动表现为冲击波；在离爆源较远的某一距离的地方，就衰减以声波形式传播。国外学者认为空气冲击波压力降至180dB以下时才可以称为爆破噪声。

14.3.1.4 爆破噪声的危害

爆破噪声会危害人体健康，使人产生不愉快的感觉，并使听力减弱；频繁的噪声更使人的交感神经紧张，心脏跳动加快，血压升高，并引起大脑皮层负面变化，影响睡眠和激素分泌；当爆破脉冲噪声峰压级较高时，会使耳膜破裂，使常人造成爆振性耳聋。

14.3.2 爆破空气冲击波及噪声的测量

14.3.2.1 空气冲击波的测量

空气冲击波是以毫巴为单位的一种超压，对建筑物及人体有较大的危害。实践证明，超压介于50～140MPa时，可能造成门窗玻璃的破裂。

爆炸冲击压力的测量，一般多采用爆压测量仪。爆压测量仪是先测定其周边固定的金属圆板所承受爆炸冲击压力时产生的变形量，再由该变形量求出爆炸冲击压力。金属圆板一般采用厚0.5mm的铅板，并经过3h的300℃退火处理。爆压测量仪的校准，是用击波管等发出大小已知的各种冲击压力冲击爆压测量仪，测出金属板在各种压力作用下的变形量，进行校准。爆压测量仪只能测量爆炸冲击压力的最大值。若既要测量冲击压力的大小，又要测量冲击波的波形和持续时间，就必须使用电测压器和与其配套的记录装置。

14.3.2.2 爆破噪声的计量与测量

测量爆破噪声常用的办法是用扩音器与噪声计组合测量，测量结果用电子示波器记录，或先用磁带录音机和数据记录器录音然后重新播放录音进行测定。

（1）声级计。声级计是测量声压的主要仪器。它是用一定频率和时间计权来测量噪声的一套仪器。声级计的工作原理是：声波被传声器转换成电压信号，该电压信号经衰减器、放大器以及相应的计权网络、滤波器，或者输入记录仪器，或者经过均方根值检波器直接推动指示表头。声级计的种类很多，如调查用的声级计（三级），它只有 A 计权网络；普遍声级计（二级），它具有 A、B、C 计权网络；精密声级计（一级），它除了 A、B、C 计权网络外，还有外接滤波器插口，可进行倍频程或 1/3 倍频程滤波分析；还有脉冲声级计等。可根据需要来选择计权网络以完成声压级和 A、B、C 三种声级的测定。为了保证噪声的测量精度和测量数据的可靠性，使用声级计时必须经常校准。一般测量前、后两次校准数值差不得超过 1dB。

（2）爆破振动/噪声自动记录系统。在目前的爆破噪声监测中，经常使用爆破振动/噪声自动记录系统。在此类系统中，一般是让声传感器传来的信号经过衰减器、放大器，然后进行数字化采样，并将采样数据储存起来。这样，既可即时读出爆破噪声的峰值，也可以将采样数据下载到计算机上进行频谱分析，使用方式方便灵活。

14. 3. 3　爆破空气冲击波及噪声的评价标准

14. 3. 3. 1　爆破空气冲击波的评价标准

空气冲击波达到一定值后，会对周围人员、建筑物或设备造成破坏。工程爆破中，一般都是根据爆心与建筑物或设备的距离及它们的抗冲击波性能确定一次爆破的最大药量。一次爆破药量不能减少时，则需要设法降低冲击波的超压值，或对保护对象采取防护措施。

空气冲击波对人和建筑物的危害程度与冲击波超压、比冲量、作用时间和建筑物固有周期有关。它对建筑物和人的安全标准见表 14-7 和表 14-9。

表 14-9　空气冲击波和超压对人体的危害情况

序　号	超压值/MPa	伤害程度	伤害情况
1	<0. 002	安　全	安全无伤
2	0. 02 ~0. 03	轻　微	轻微挫伤
3	0. 03 ~0. 05	中　等	听觉、气管损伤；中等挫伤、骨折
4	0. 05 ~0. 1	严　重	内脏受到严重挫伤；可能造成伤亡
5	>0. 1	极严重	大部分人死亡

14. 3. 3. 2　噪声的爆破安全评价标准

在工程爆破作业中，目前国际上尚无统一的爆破噪声规范。表 14-10 所列为我国对爆破作业噪声的控制标准。

表 14-10　我国爆破噪声控制标准　　单位：dB(A)

<table>
<tr><th rowspan="2">声环境功能类别</th><th rowspan="2">对应区域</th><th colspan="2">不同时段控制标准</th></tr>
<tr><th>昼间</th><th>夜间</th></tr>
<tr><td>0 类</td><td>康复疗养区、有重病号的医疗卫生区或生活区；养殖动物区（冬眠期）</td><td>65</td><td>55</td></tr>
<tr><td>1 类</td><td>居民住宅、一般医疗卫生、文化教育、科研设计、行政办公为主要功能，需要保持安静的区域</td><td>90</td><td>70</td></tr>
</table>

续表 14-10

声环境功能类别	对 应 区 域	不同时段控制标准	
		昼间	夜间
2 类	以商业金融、集市贸易为主要功能，或者居住、商业、工业混杂，需要维护住宅安静的区域；噪声敏感动物集中养殖区，如养鸡场等	100	80
3 类	以工业生产、仓储物流为主要功能，需要防止工业噪声对周围环境产生严重影响的区域	110	85
4 类	人员警戒边界，非噪声敏感动物集中养殖区，如养猪场等	120	90
施工作业区	矿山、水利、交通、铁道、基建工程和爆炸加工的施工场区内	125	110

在 0 ~ 2 类区域进行爆破时，应采取降噪措施并进行必要的爆破噪声监测。监测应用专用的 A 计权声压计及记录仪；监测点宜布置在敏感建筑物附近和敏感建筑物室内。

14.3.4 降低爆破空气冲击波及噪声的技术措施

14.3.4.1 空气冲击波的防护措施

空气冲击波的防护措施如下：

（1）采用毫秒延期爆破技术来削弱空气冲击波的强度。

（2）严格按设计抵抗线施工可防止强烈冲击波的产生。实践证明，精确钻孔可以保持设计抵抗线均匀，防止因钻孔位偏斜使爆炸产物从钻孔薄弱部位过早泄漏而产生较强冲击波。

（3）裸露地面的导爆索用砂、土掩盖。对孔口段加强填塞及保证填塞质量，能降低冲击波的强度影响。

（4）对岩体的地质弱面给以补强来扼制冲击波的产生渠道。如钻孔装药遇到岩体弱面，诸如节理、裂隙和夹层等，应当给上述弱面作补强处理，或者减少这些部位的装药量。

（5）控制爆破方向及合理选择爆破时间。在高处放炮，当其前沿自由面存有建筑群时，应设计爆破最小抵抗线方向反向于建筑群方向，或者降低自由面高度，使冲击波尽量少影响建筑群。通常应避开人流大、活动频繁的时段，而且爆破次数也不宜太频繁。

（6）注意爆破作业时的气候、天气条件；在大风直吹建筑群情况下，爆破会增大空气冲击波的影响，也应予以注意。

（7）预设阻波墙。实践证明，在地下爆破区附近的巷道中，构筑不同形式和不同材料诸如混凝土、岩石、金属或其他材料的阻波墙，可在空气冲击波产生后立刻削减其 98% 以上的强度，这样有利于附近的施工机械、管线等设施的安全。常见的阻波墙如下：

1）水力阻波墙。水力阻波墙在结构上是在两层不透水的墙之间充满水。这种水力阻波墙多用于保护通风构筑物、人行天井。目前有些国家使用高强度的人造织品和薄膜制成水包代替这种水波墙，取得了较好的效果。

2）沙袋阻波墙。沙袋阻波墙是用沙袋、土袋等堆砌成的，地面爆破和地下爆破均可使用。其高度、长度和厚度视被保护对象尺寸、重要程度和冲击波强度而定。

3）防波排柱。防波排柱是由直径和间距均为 200 ~ 250mm 的圆木沿巷道长度方向成棋盘式布置而组成的。为提高立柱的稳定性，应把立柱从冲击波来的方向推进柱窝，且圆木长度比巷道高度要长 200mm 左右。防波排柱的长度一般为 10 ~ 20m，个别可达 50m。

4）木垛阻波墙。木垛阻波墙是由直径为 100～300mm 的圆木或枕木构成的。为了提高阻波墙的强度，构件之间或端面上要用扒钉固定，并与巷道两旁楔紧。当冲击波太强时，可沿巷道构筑两层或三层这样的阻波墙。

5）防护排架。在控制爆破中，还可采用以木柱或竹竿作支架，草帘、荆笆等作覆盖物架设成的防护排架，它对冲击波具有反射、导向和缓冲作用，因此可以较好地起到削弱空气冲击波的作用，一般单排就可降低冲击波强度的 30%～50% 左右。

除上述空气冲击波控制措施外，还可在爆源上加覆盖物，如盖装砂袋或草袋，或盖胶管帘、废轮胎帘、胶皮帘等覆盖物。对建筑物而言，还应打开窗户并设法固定，或摘掉窗户。如要保护室内设备，可用厚木板或砂袋等密封门、窗。

14.3.4.2　爆破噪声的控制方法

针对爆破噪声特性的研究结果，在爆破噪声控制中必须考虑声源、传播途径和接受者三个基本环节。具体方法如下：

（1）从声源上加以控制。降低声源噪声是控制噪声最有效和最直接的措施。采用多分段的装药爆破方式，尽量减小一次齐爆药量，从而降低爆破噪声的初始能量。

1）应尽量避免在地面敷设雷管和导爆索，当不能避免时，应采取覆盖的措施。

2）采用延期爆破，不仅能降低爆破的地振动效应，还能降低爆破噪声。实践证明，只要布局合理，采用秒或毫秒延期爆破，可降低噪声强度的 1/3～1/2。

3）采用水封爆破。爆破时，在覆盖物上面再覆盖水袋，不仅可以降噪．还可以防尘，是一种比较理想的方法。实践证明，水封爆破比一般爆破可以降低噪声强度约 2/3。

4）避免炮孔间的总延期时间过长。控制钻孔精度，孔间距、排距均匀一致，以防出现后爆炮孔抵抗线过小而加大噪声。

5）控制一次爆破规模。

6）安排合理的爆破时间。首先把爆破安排在爆区附近居民上班或他们同意的时间进行，然后避免在早晨或下午较晚时进行爆破，以减少因大气效应而引起的噪声增加。

7）严密填塞炮孔和加强覆盖，也可大大减弱爆破噪声。

（2）从传播途径上加以控制。

1）设置遮蔽物或充分利用地形地貌。在爆源与测点之间设置遮蔽物，如防护排架等，可阻碍和扰乱声波的正常传播，并改变传播的方向，从而可较大地降低声波直达点的噪声级。

2）注意方向效应。当大量炮孔以很短的延发时间相继起爆时，各单孔爆破产生的噪声可能在某一特定的方向上叠加，从而形成强大的爆破噪声。爆破噪声在顺山谷或街道方向上，其传播距离也会大大增加。因此，工程实际中应尽量避免出现这种现象，尽量使声源辐射噪声大的方向，避开要求安静的场所。

14.4　爆破水中冲击波

14.4.1　爆破水中冲击波的产生和危害

14.4.1.1　爆破水中冲击波的产生

装药在无限和静止的水中爆炸时，由于爆炸产物高速向外膨胀，首先在水中形成冲击波。水中初始冲击波压力比空气中的初始冲击波压力要大得多，随着水中冲击波的传播，其波阵面压力和速度下降很快，且波形不断拉宽。在离爆炸中心处较近时，压力下降非常快，而离爆炸中心距离较远处，压力下降较为缓慢。此外水中冲击波的正压作用时间随着距离加大而逐渐增加，但比同距离同药量空气冲击波的正压作用时间要小许多。这是因为水中冲击波阵面速度与其尾部传播速度相差较小的缘故。

当冲击波在水面发生反射时，根据水面处入射波与反射波相互作用之后压力接近于零的边界条件，反射波应为拉伸波（因为水的声阻抗远大于空气的声阻抗）。由于水几乎没有抗拉能力，因此，在拉伸波的作用下，表面处水的质点向上飞溅，形成一个特有的飞溅水冢。在此之后，当爆炸产物形成的水泡到达水面时，又出现了与爆炸产物混在一起的飞溅水柱。但是当装药在足够深的水中爆炸时，气泡到达水面以前就因脉动而被分散和溶解，爆炸产物的能量已耗尽，这时水面上就没有喷泉出现。对普通炸药来说，此深度 h 为

$$h \geqslant 9.0\sqrt[3]{w} \tag{14-18}$$

式中 h——装药中心爆炸深度，m；

w——梯恩梯的装药质量，kg。

在有水底存在时，水中爆炸如同装药在地面爆炸一样，将使水中冲击波的压力增高。对于绝对刚性的水底，相当于两倍装药量的爆炸作用。实际上水底不可能完全是绝对刚体，它也要吸收一部分能量。实验表明，对于砂质黏土的水底，冲击波压力增加约 10%，冲量增加 23%。

14.4.1.2 爆破水中冲击波对环境的影响

炸药在水中爆炸时，对水中建筑物和船只的破坏作用以及对水中生物的损伤作用，主要是由爆炸后形成的冲击波、气泡脉动和二次压力波的作用造成的。对于各种猛炸药在水中爆炸时，大约有一半以上的能量转化为水中冲击波。因此在多数情况下，冲击波的破坏作用起着决定性的作用。如果药包放在水底（水中接触爆炸）。此时除了爆炸的直接作用外，还有水中冲击波，气泡脉动和二次压力波对目标物的破坏作用。

如果炸药悬挂于水中（水中非接触爆炸），按其对目标物的破坏作用，大致可以分为两种情况：近距离，即装药与目标物的距离小于气泡的最大半径，冲击波、气泡和二次压力波三者都作用于目标；另一种是较远距离，即装药与目标物的距离大于气泡的最大半径，目标物主要是受到水中冲击波的破坏作用。

由于水中冲击波正压作用时间 t_+ 很小，对建筑物作用时间很短，对于质量较大的水中建筑物，其变形往往来不及发展，冲击波作用就已经结束，通常可按水中冲击波的冲量来计算建筑物的响应。

14.4.2 爆破水中冲击波的测试系统

水中冲击波测试系统框图如图 14-4 所示。

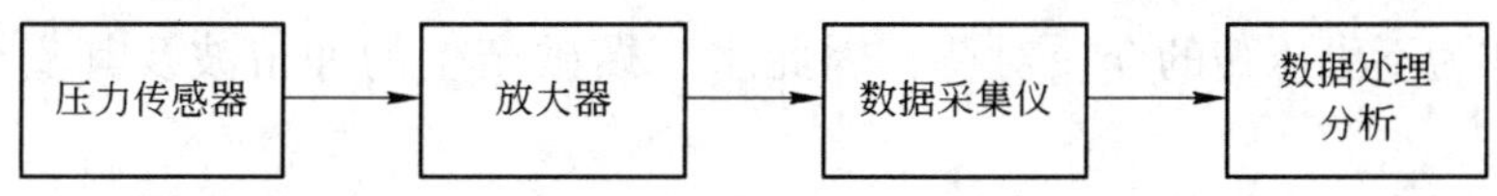

图 14-4 爆破水中冲击波测试系统框图

通常，水下爆破冲击波测试系统一般应具备以下技术指标：

（1）测试系统的频响不仅要在冲击波压力的频率成分所确定的频带内，频幅特性是平坦的，而且其相频特性也须在该频带内不发生相畸变，即相位滞后为零或随频率而呈线性变化。

（2）必须能线性地传递很大的冲击信号，并有一个较宽的动态范围。

（3）输出的零点飘移要小，受冲击振动环境影响很小，而且便于将记录信号作数学处理。

为了准确、稳定、可靠地获得测量数据，对于测试系统有以下基本要求。

A　对压力传感器的要求

水中冲击波测量中常用的传感器分为两类：自由场压力传感器和测量反射波用的传感器。目前在水中冲击波的测量中，应用较多的是压电式、压阻式以及应变式压力传感器，它们具有响应快、灵敏度高、信噪比高等特点，要求上升时间不大于 2μs。

a　压电式压力传感器

目前，水中冲击波测试中，压力传感器压电元件的常用材料有碧硒（电气石）、石英、碳酸锂等，这些材料具有稳定性好、极限强度高、横向灵敏度小等优点。

b　压阻式压力传感器

压阻式压力传感器又称为固态压力传感器，它不同于粘贴式应变计需通过弹性敏感元件间接感受外力，而是直接通过半导体膜片感受被测压力，目前常用的是硅压阻式传感器。

c　对自由场压力测试传感器的要求

水中爆破测试中自由场压力的测量是一个重要方面。自由场冲击波压力传感器都有一个共同的特点：传感器的压电元件安装在一个细长的流线型壳体的顶端，压电晶片面面向两侧以保持一个流线型的整体。在测量时，应将流线型传感器的轴线平行于冲击波的传播方向，压电元件工作在“掠入射”状态，以保持不干扰原流场。

B　放大器的选择

压电式传感器的前置放大器有电压放大器和电荷放大器。

所谓电压放大器就是高输入阻抗的比例放大器。其电路比较简单，工作频带较容易扩展，高频测量在技术上也容易实现。但输出受连接电缆对地电容的影响，故不适宜使用过长电缆进行测量。

电荷放大器以电容作负反馈，使用中基本不受电缆电容的影响，传感器与电荷放大器之间的传输电缆长度无关。但是，由于电荷放大器是个带电容负反馈的高增益直流放大器，零点飘移不可忽视。为解决该问题，放大器的电路结构及工艺都比较复杂，同时工作频带也受到限制。

14.4.3　爆破水中冲击波的安全允许标准和评价方法

水通常作为不可压缩的介质对待，因此水下爆破产生的冲击波及其安全影响，不可忽视。

炸药在无限水域中爆炸时，水中冲击波超压（10^5Pa）和正压作用时间 t_0(ms)，可按下述库尔公式计算：

$$\Delta P = 522\left(\frac{\sqrt[3]{Q}}{R}\right)^{1.13} \tag{14-19}$$

$$t_0 = 0.092\sqrt[3]{Q}\left(\frac{\sqrt[3]{Q}}{R}\right)^{-0.22} \tag{14-20}$$

式中 ΔP——空气冲击波超压值，10^5Pa；

Q——一次爆破的 TNT 炸药当量，kg，秒延期爆破为最大一段药量，毫秒延期爆破为总药量；

R——装药至保护对象的距离，m。

对于水下工程爆破，如水下钻孔爆破、岩面爆破，由于边界条件和爆破方式不同，水中冲击波压力不同于库尔公式，表 14-11 是某些水下爆破工程实测水中冲击波经验公式的 K、α 值；表 14-12 为铁道科学研究院根据某工程实测资料归纳的经验公式，可供参考。

表 14-11 典型工程实测水中冲击波经验公式

序 号	经验公式来源	经验值	
		K	α
1	青岛灵山岩坎爆破	2.33	1.48
2	密云水库岩塞爆破	8.03	1.42
3	葛洲坝围堰心墙爆破	1.15	0.95
4	葛洲坝水下钻孔爆破	3.00	1.45
5	三峡永船泄水箱涵爆破	14.21	1.50
6	三峡二期下游围堰堰防渗墙爆破	3.78	1.01
7	丰满水库泄洪洞岩塞爆破	6.30	1.10

表 14-12 水下工程爆破水中冲击波压力经验公式

序号	爆破方式	水中冲击波压力经验公式	相关指数	剩余标准差/%	观测次数	与水中爆破的压力比/%	观测范围 $\rho=\sqrt[3]{Q}/R$
1	岩面单药包爆破	$200\rho^{1.21}$	0.96	8.2	11	25 ~ 30	0.011 ~ 0.068
2	岩面群药包爆破	$37\rho^{1.13}$	0.78	10.9	20	8.6 ~ 9.0	0.025 ~ 0.058
3	水下钻孔爆破	$30\rho^{1.45}$	0.94	9.4	6	2.4 ~ 3.4	0.066 ~ 0.196

水中冲击波压力的经验公式为：

$$P = K(Q^{1/3}/R)^{\alpha} \tag{14-21}$$

式中 P——水中冲击波压力，MPa；

Q——炸药单段药量，kg；

R——爆源中心至保护物的距离，m；

K，α——与爆破方式、地形地质条件有关的系数。

对于水下爆破产生冲击波的安全距离，《爆破安全规程》有以下规定：

(1) 水下裸露爆破，当覆盖水厚度小于 3 倍药包半径时，对水面以上人员或其他保护对象的空气冲击波安全允许距离的计算原则与地面爆破时相同。

(2) 在水深不大于 30m 的水域内进行水下爆破，水中冲击波的最小安全允许距离，对人员按表 14-13 确定；对船舶：客船 1500m；施工船舶，按表 14-14 确定；非施工船舶可参考表 14-14 和式 (14-24)，由设计确定。

表 14-13 对人员的水中冲击波安全允许距离

装药及人员状况		炸药量/kg		
		$Q \leqslant 50$	$50 < Q \leqslant 200$	$200 < Q \leqslant 1000$
水中裸露装药/m	游 泳	900	1400	2000
	潜 水	1200	1800	2600
钻孔或药室装药/m	游 泳	500	700	1100
	潜 水	600	900	1400

表 14-14 对施工船舶的水中冲击波安全允许距离

装药及船舶类别		炸药量/kg		
		$Q \leqslant 50$	$50 < Q \leqslant 200$	$200 < Q \leqslant 1000$
水中裸露装药/m	木 船	200	300	500
	铁 船	100	150	250
钻孔或药室装药/m	木 船	100	150	250
	铁 船	70	100	150

一次爆破炸药量大于 1000kg，对人员和施工船舶的水中冲击波安全允许距离，可按下式计算：

$$R = K_0 \sqrt[3]{Q} \tag{14-22}$$

式中 R——水中冲击波的最小安全允许距离，m；

Q——一次起爆的炸药量，kg；

K_0——系数，按表 14-15 选取。

表 14-15 K_0 值

装 药 条 件	保护人员		保护施工船舶	
	游 泳	潜 水	木 船	铁 船
裸露装药	250	320	50	25
钻孔或药室装药	130	160	25	15

在水深大于 30m 的水域内进行水下爆破，水中冲击波安全允许距离应通过实测和试验研究确定。在重要水工、港口设施附近及水产养殖场或其他复杂环境中进行水下爆破，应通过测试和邀请专家研究确定安全允许距离。

14.4.4 爆破水中冲击波的控制与防护

为了控制水下冲击波及超压，应尽可能减小每次爆破的装药量，并采用延期爆破以保证爆破效果。

在爆源以外的任意地点控制水下冲击波及超压的方法即采用气泡帷幕。

所谓气泡帷幕，就是在爆源与被保护物之间的水底设置一套气泡发射装置，一般采用钢管在其两侧钻凿两排小孔，当往发射装置里输入压缩空气后，便从小孔中连续不断地发射出大量细小的气泡，由于浮力的作用，气泡群自水底向水面运动，从而形成一道“气泡帷幕”。气泡帷幕能有效地削弱冲击波的压力峰值，对被保护物起到防护作用。气泡帷幕对水中冲击波压力的衰减效果显著，但是这个效果随着气泡帷幕位置的不同而变化。由于距爆心近距离处冲击波峰值压力上升较快，频率较高，因此气泡帷幕不宜布置得离爆心过近。

气泡帷幕层数与衰减冲击波峰值压力成近似线形关系。可以通过提高压缩空气的压力和流量，适当增加发射孔的数量和减小孔的直径，以及改善气泡发射装置的结构等来提高帷幕中的气泡密度。设计良好的气泡帷幕装置，可以削弱冲击波压力的90%以上。

14.5 爆破个别飞散物

14.5.1 爆破个别飞散物产生的原因

爆破个别飞散物是指爆破时个别或少量脱离爆堆、飞得较远的石块或碎块（混凝土块、砖块等）。爆破个别飞散物往往是造成人员伤亡、建筑物和仪器设备等损坏的主要原因。

爆破个别飞散物产生的原因有：

（1）地下岩石结构复杂，既有整体性较好的脆性岩石，也有风化程度各异的岩石，还有夹土岩层。由于岩石结构的不均匀性，会导致最小抵抗线的大小、方向发生变化，出现爆破个别飞散物。在断层、裂缝、层理面、软弱夹层等薄弱面，受爆破产生的高压气体集中冲击作用也会产生飞石。

（2）在装药过程中，装入过多炸药，势必使得该孔的最小抵抗线相对减小，必然在该方向出现飞石。

（3）由于单位炸药消耗量偏大，当岩石破碎后剩余的爆炸能量就会使破碎的介质获得动能产生抛掷，出现飞石，剩余的能量越多，飞散就越严重。

（4）填塞长度偏小、填塞质量不好或填塞材料中夹有硬物，易沿炮孔方向产生飞石。

（5）设计的孔网参数与具体条件不吻合，不按要求施工，炮孔偏斜等人为因素造成。

（6）防护措施不当，在拆除爆破、城镇石方爆破或重要建筑物附近爆破时，因防护力度不够或措施不当，就难以避免个别石块的飞出。

（7）炮孔起爆延期不合理，先爆药包改变后爆药包抵抗线大小而造成飞石。

14.5.2 爆破个别飞散物飞散距离和安全允许距离

14.5.2.1 爆破安全规程的规定

《爆破安全规程》规定的对人员的安全距离见表14-16。

表 14-16　爆破时个别飞散物对人员的安全距离

<table>
<tr><th colspan="2">爆破类型和方法</th><th>最小安全允许距离/m</th></tr>
<tr><td rowspan="4">1. 露天岩石爆破</td><td>浅孔爆破法破大块</td><td>300</td></tr>
<tr><td>浅孔台阶爆破</td><td>200（复杂地质条件下或未形成台阶工作面时不小于 300）</td></tr>
<tr><td>深孔台阶爆破</td><td>按设计，但不小于 200</td></tr>
<tr><td>硐室爆破</td><td>按设计，但不小于 300</td></tr>
<tr><td rowspan="2">2. 水下爆破</td><td>水深小于 1.5m</td><td>与露天岩石爆破相同</td></tr>
<tr><td>水深大于 1.5m</td><td>由设计确定</td></tr>
<tr><td rowspan="4">3. 破冰工程</td><td>爆破薄冰凌</td><td>50</td></tr>
<tr><td>爆破覆冰</td><td>100</td></tr>
<tr><td>爆破阻塞的流冰</td><td>200</td></tr>
<tr><td>爆破厚度大于 2m 的冰层或爆破阻塞流冰一次用药量超过 300kg</td><td>300</td></tr>
<tr><td rowspan="5">4. 爆破金属物</td><td>在露天爆破场</td><td>1500</td></tr>
<tr><td>在装甲爆破坑中</td><td>150</td></tr>
<tr><td>在厂区内的空场中</td><td>由设计确定</td></tr>
<tr><td>爆破热凝结物和爆破压接</td><td>按设计、但不小于 30</td></tr>
<tr><td>爆炸加工</td><td>由设计确定</td></tr>
<tr><td colspan="2">5. 拆除爆破、城镇浅孔爆破及复杂环境深孔爆破</td><td>由设计确定</td></tr>
<tr><td rowspan="2">6. 地震勘探爆破</td><td>浅井或地表爆破</td><td>按设计，但不小于 100</td></tr>
<tr><td>在深孔中爆破</td><td>按设计，但不小于 30</td></tr>
</table>

注：沿山坡爆破时，下坡方向的个别飞散物安全允许距离应增大 50%。

14.5.2.2　露天石方爆破个别飞散物安全距离

在露天爆破中，通常以爆破飞石对人员的安全距离来划定爆破安全警戒范围。

硐室爆破个别飞石的安全距离 R_F，一般按下列经验公式计算：

$$R_F = 20K_F n^2 W \tag{14-23}$$

式中　K_F——安全系数，一般取 $K_F = 1.0 \sim 1.5$；

n——最大一个药包的爆破作用指数；

W——最大一个药包的最小抵抗线，m。

14.5.3　爆破个别飞散物的防护措施

深孔台阶爆破飞石控制，必须从爆破设计及施工方面着手。爆前，充分掌握地形地质情况，视防护对象的相对位置及爆破材料特性参数等基本资料，合理确定爆破参数、装药结构、起爆顺序，并做到精心施工，使飞石控制在安全范围内。其主要的飞石控制措施有：

（1）合理确定临空面，合理选定抵抗线方向，使被保护对象避开飞石主方向，从而最大限度地使被保护对象免受飞石危害。

（2）合理的装药结构、爆破参数和排间起爆时间。多排台阶爆破中，产生爆破飞石的主要部位为前排临空面处及后面各排的孔口部位。前排钻孔要根据坡面角度来确定钻孔角度，要控制钻孔精度，抵抗线均匀，不要过量装药。合理控制排间起爆时间，做好爆破起爆网路设计。一般情况下，相邻排间延迟时间以控制在25～50ms为好，V形起爆网路的爆岩飞散较一字形网路的少。

（3）做好特殊地形地质条件的处理。当存在与临空面贯穿的断层带或其他软弱破碎带时，应适当调整装药位置，通过间隔装药即在结构面与钻孔贯通处用炮泥填塞方式来防止爆生气体沿该弱面冲出而形成飞石。采用深孔或浅孔控制爆破时，可调整装药位置加以解决，如图14-5所示。

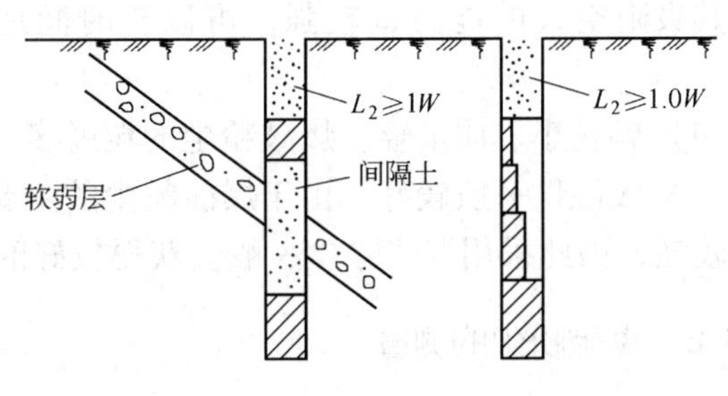

图14-5 装药结构示意图

（4）确保填塞质量：

1）孔内积水，炸药上浮，造成填塞长度过小，采用高压风吹水，用炸药包冲水的方法排净积水或采用抗水的乳化炸药。

2）对含松软夹层、孔壁坍塌、卡斯特溶洞等因素造成填塞长度过小的情况，钻孔前要认真阅读地质资料，了解构造断层、地层岩性，做到心中有数。

3）在爆破前，仔细测量坡顶线与坡底线，绘制最小抵抗线或底盘抵抗线三维立体图。最小抵抗线过小，也可采用改变爆孔倾角的办法；底盘抵抗线过大，采用打岩根或在台阶底部补孔的办法。

（5）覆盖防飞石。覆盖材料一般选择强度高、质量大、韧性好的材料，将爆区覆盖，防止飞石产生。

对于重要建筑物可采用保护性防护，将被保护建筑直接用防护材料、木板、竹帘、草袋覆盖起来比直接覆盖在爆区防护效果更好。

14.6 爆破粉尘

14.6.1 爆破粉尘的产生与特点

14.6.1.1 爆破粉尘的产生

露天爆破的粉尘主要来源于穿孔爆破（占35%）、装运（40%）和已沉降在爆区地面的粉尘。爆破后，产生的粉尘扩散到露天爆区的整个空间，然后进入大气流扩散到地表。粉尘扩散时间超过30min，扩散的水平距离达12～15km时，上升高度可达1.6km。

研究表明，爆破粉尘生成量随岩土硬度的增高而增加。例如，爆破1m³页岩的粉尘生成量为0.03kg，爆破1m³极坚硬磁铁矿角页岩的粉尘生成量达0.17kg。含水矿岩爆破时其粉尘量减少33%～60%。

14.6.1.2 爆破粉尘的特点

爆破粉尘具有如下特点：

（1）浓度高。爆破瞬间，每立方厘米空气里含有数十万颗尘粒，以质量计，浓度可达到 1500 ~ 2000mg/m^3；

（2）扩散速度快、分布范围广。由于粉尘受建筑物倒塌形成的高压气流和爆生气体为主的气浪的作用，其扩散速度很快，可以达到 7 ~ 8m/s，瞬间扩散范围达几十米甚至上百米。

（3）滞留时间长。由于爆破粉尘带有大量的电荷，尘粒粒度小、质量轻、粉尘表面积大，其吸附空气的能力也较强，可以长时间地悬浮于空气中，对环境的污染持续时间较长。

（4）颗粒小、质量轻。爆破粉尘的粒度多处在 0.01 ~ 0.10mm 之间。

（5）吸湿性一般较好。由于爆破粉尘的主要成分为 SiO_2、黏土和硅酸盐类物质等，亲水性较强，因此采用湿式除尘一般会获得较好的效果。

14.6.2　爆破粉尘的测量

常用的粉尘测量仪有：

（1）FCC-25 型防爆粉尘采样器。该仪器用于连续、实时在线监测，是颗粒物检测的基准方法。智能 TSP 采样器就是应用滤膜称重法捕集大气中总悬浮颗粒和可吸入颗粒的仪器，可供各部门应用于气溶胶常规监测。

（2）光散射法测尘仪器。该类仪器一般采用光散射积分的方式检测相对浓度。由计数单位时间内的脉冲可得知浮尘的相对质量浓度。例如，P-5L2C 型便携式微电脑粉尘仪以及袖珍式微电脑激光粉尘仪等在我国已得到广泛应用。

（3）其他仪器。其他应用较多的有 β 传感器式快速烟尘测试仪以及激光可吸入粉尘分析仪等。

14.6.3　降低露天爆破粉尘的主要技术措施

降低露天爆破粉尘的主要技术措施如下：

（1）均匀布孔，控制单耗药量、单孔药量与一次起爆药量，提高炸药能量有效利用率；

（2）用毫秒延期爆破技术；

（3）根据岩石性质选择相应炸药品种，努力做到波阻抗匹配；

（4）爆破前采用水封爆破进行填塞，即以装水的塑料袋代替炮泥，爆破瞬间水袋破裂，化为微细水滴捕尘集尘，装药量与水袋重量之比常取 2∶1；

（5）爆前喷雾洒水，即在距工作面 15 ~ 20m 处安装除尘喷雾器，在爆破前 2 ~ 3min 打开喷水装置，爆破后 30min 左右关闭。国外资料表明，爆前在爆区大量洒水，按粉尘重量计算，可比不洒水时减小 1/2，按粉尘颗粒计算，可减少 1/3。

14.7　爆破有害气体

14.7.1　爆破有害气体的产生及危害

炸药爆炸时产生的有害气体主要与炸药的氧平衡有关，还与药包加工质量、使用条件、作业环境有关。常见的有害气体如下所述。

14.7.1.1 一氧化碳

一氧化碳（CO）是在供氧不足的情况下产生的无色无味气体，其密度是空气密度的0.967倍，故总是游离在巷道顶部，易用加强通风驱散。在相同条件下它在水中的溶解度比氧小。

CO的毒性在于它与血液中的血红蛋白能结合成碳氧血红蛋白，达到一定浓度就会阻碍血液输氧，造成人体组织缺氧而中毒。在含有CO成分的空气中呼吸中毒致命的情况，因人而异。在低浓度下短暂接触，会引起头昏眼花、四肢无力、恶心呕吐等，吸入新鲜空气后症状即可消失，也不致产生慢性后遗症。长时间在CO含量达0.03%环境中生活就极不安全；大于0.15%是危险的；达到0.4%时人就会很快残废。必须注意的是，一氧化碳的毒性有累积作用，它与红血球结合的亲和力要比氧与红血球的亲和力大250倍。已中毒的人通常并未觉察，但走进新鲜空气中就会忽然倒下。含有CO的血液呈淡红色，饱和程度越大，红色越深，且持续到死后，这是判断CO中毒的主要症状。

14.7.1.2 氮的氧化物

爆破气体中氮的氧化物（N_nO_m）主要包括NO、N_2O_3、NO_2与N_2O_4混合物等。

一氧化氮（NO）是无色无味气体，其密度是空气的1.04倍，略溶于水。它与空气接触即产生复杂的氧化反应，生成N_2O_3。

二氧化氮（NO_2）是棕红色有特殊气味的气体，性能不稳定，低温易变为无色的硝酸酐（N_2O_4）气体。

常温下，NO_2与N_2O_4混合气体中N_2O_4占多数，但受热即分解为NO_2。因此，一般认为这类混合气体在低浓度、低压力下的稳定形式是NO_2。

NO_2与N_2O_4的密度分别是空气密度的1.59倍和3.18倍，故爆后可长期渗于渣堆与岩石裂隙，不易被通风驱散，出渣时往往挥发伤人，危害很大。

N_2O_3是一种带有特殊化学性质的气体或混合气体，其物理性质类似NO与NO_2的等分子混合物。它的密度是空气的2.48倍。能为水或碱液吸收产生亚硝酸或亚硝酸盐。

NO_2与N_2O_4混合气体与N_2O_3易溶于水，当吸入人体肺部时，就在肺的表面黏膜上产生腐蚀，并有强烈刺激性。这些气体会刺激鼻腔、辣眼睛、引发咳嗽及胸口痛。低浓度时导致头痛与胸闷，浓度较高时可引起肺部浮肿而致命。这些气体具有潜伏期与延迟特性，开始吸入时不会感到任何症候，但几个小时（长达12h）后剧烈咳嗽并吐出大量带血丝痰液，常因肺水肿死亡。

NO难溶于水，故不是刺激性的，其毒性是与红血球结合成一种血的自然分解物，损害血红蛋白吸收氧的能力，导致产生缺氧的萎黄病。研究表明，NO毒性虽稍逊于NO_2，但它常有可能氧化为NO_2，故认为两者都是具有潜在剧毒性的气体。

14.7.1.3 硫化物

硫化氢（H_2S）是一种无色有臭鸡蛋味的气体，密度是空气密度的1.19倍，易溶于水，通常情况下1个体积水中能溶解2.5个体积H_2S，故它常积存于巷道积水中。H_2S能燃烧，自燃点260℃，爆炸上限45.50%，爆炸下限4.30%。H_2S具有很强的毒性，能使血液中毒，对眼睛黏膜及呼吸道有强烈的刺激作用。当空气中H_2S浓度达到0.01%时即能闻到气味，使人流鼻涕、唾液。浓度达到0.05%时，0.5~1.0h后即严重中毒。浓度达到 0.1%，短时间内就有生命危险。

二氧化硫（SO_2）是一种无色、有强烈硫黄味的气体，易溶于水，密度是空气密度的 2.2 倍，故它常存在于巷道底部，对眼睛有强烈刺激作用。SO_2 与水汽接触生成硫酸，对呼吸器官有腐蚀作用，刺激喉咙，导致支气管发炎，呼吸困难，严重时引起肺水肿。当空气中 SO_2 浓度为 0.0005% 时，即能闻到气味。浓度 0.002% 时有强烈刺激，可引起头痛和喉痛。浓度 0.05% 时即引起急性支气管炎和肺水肿，短时间内人就会死亡。

14.7.2 爆破有害气体的测量方法

14.7.2.1 仪器法

利用各种气体快速测定仪器，对易燃、易爆、有毒、有害气体进行快速测定。

（1）热学式气体测定仪。常用的有易燃易爆气体测爆仪，一氧化碳测定仪，爆炸粉尘测定仪等。

（2）光电式气体测定仪。利用气体对某种单色光的吸收，改变入射光的强度，在光电池中产生电信号，通过测定电信号而测定气体的浓度。如对芳烃气体及对紫外和可见光有一定吸收的有毒、有害气体的测定。

（3）电导式气体测定仪。利用易燃、易爆、有毒、有害气体溶于某种电解质中，改变了这种电解质的组成和电导，通过测定电解质溶液的电导测定气体的浓度。如氨气测定仪，二氧化氮测定仪等。

14.7.2.2 气体传感器法

用于气体检测的传感器主要有：

（1）半导体气体传感器。半导体气体传感器主要使用半导体气敏材料，具有灵敏度高、响应快的优点而得到广泛应用。例如：ZnO ~ CuO 气体传感器对 CO 气体非常敏感。

（2）固体电解质气体传感器。固体电解质气体传感器使用固体电解质气敏材料作气敏元件。由于这种传感器电导率高，灵敏度和选择性好，因而也得到了广泛的应用。如检测硫化氢气体的 YST ~ Au ~ WO_3 传感器，检测氨气的 NH_4^+ ~ $CaCO_3$ 传感器等。

另外还有接触燃烧式气体传感器、高分子气体传感器等。

14.7.2.3 化学检测法

利用化学试剂制成的指示剂与被检测气体发生化学反应，使指示剂的颜色发生变化，根据指示剂颜色的变化检测气体的种类和浓度。

14.7.3 降低爆破有害气体的技术措施

降低有害气体的危害程度，可采用以下措施：

（1）选定炸药合理配方。从理论上设计接近零氧平衡的炸药。根据我国有关部门研究提出，矿用炸药的有害气体含量不宜超过 80L/kg。研制新品种炸药时，必须坚持通过实验室及工业性试验，得出结论才能推广使用。应按工业试验要求检验炸药各项指标（包括有害气体成分及数量）是否符合要求。

（2）增大起爆能。应选用感度适中、威力较大的炸药作为起爆药包，这对感度较低的炸药（如铵油类、不含梯恩梯的硝铵类炸药等）尤为重要。

（3）选定合理装药形式。装药前必须将药孔内积水及岩粉吹干净。根据情况采用散装药（不耦合系数为1），将会显著降低有毒气体浓度。此外，装药密度、起爆药包的位置、药包包装材料、填塞物种类、填塞质量等，对有毒气体的产生都有一定影响。

（4）加强通风与洒水。爆破后要加强通风，驱散较轻的CO，一切人员必须等到有害气体稀释至《爆破安全规程》中允许的浓度以下时，才准返回工作面；地下爆破中，爆后至少通风15min才准进入工作面。按一般经验，爆破粉尘可在几至十几分钟内扩散干净。洒水一方面可将溶解度较高的$NO_2/N_2O_4 \cdot N_2O_3$转变为亚硝酸与硝酸；另一方面可将难溶于水的氮氧化合物（如NO）从碎石堆或裂隙中驱赶出来，便于随风流出工作面。

14.8　爆破对生态环境的保护

当今，人们的环境保护意识日益强烈，而爆破技术作为一种有效的施工手段，又经常应用在人口稠密的城镇地区，人们不仅关注着爆破噪声、粉尘对环境的污染，而且也期望着爆破在完成工程目标的同时，减少对生态环境的破坏和影响。

14.8.1　爆破与水土保持

露天土石方爆破，特别是在降雨量大的地区和季节，对厚层岩土或土夹石地段，应特别重视爆破后的山体及爆堆可能发生的泥石流、滑坡危害周围的农田及其他设施。应采取措施，使爆破后的山体尽快恢复植被。对风景名胜区，更应采取有效措施，防止爆破开挖造成自然风貌和人文景观的破坏和影响。

我国西部荒漠及高原冻土地区，生态环境极其脆弱。爆破施工应避免对开挖限界以外的生态环境（如地表草皮等）造成破坏。在高原冻土地区，按保护冻土和延缓融化速度原则设计的工程，冻土的爆破开挖施工宜在寒季进行；按破坏冻土原则设计的工程，冻土的爆破开挖施工可在暖季进行，但必须遵守爆破开挖快速施工的有关技术要求。

爆破技术可以广泛地应用于农田和水利基本建设，除我们所了解的定向爆破筑坝，输水隧道开挖爆破等外，还可采用爆破法伐树、炸树根，深耕松土，平整土地、植树造林，修建水池，打井等。在农业爆破技术中，应特别重视处理好爆破与水土保持的关系。

例如，在深耕松土爆破中，一般炮孔的钻孔深度取1m左右，因为松土过深，炸药消耗量大，植物的根系也难以达到这样的深度，但在探明有较浅的地下含水层，而且可以利用时，可适当加深炮孔，使地下水能随破碎的硬土层上升为植物所吸收。我国有大量的荒山坡地，水土流失严重。某些地区采用爆破法平整土地，变跑水、跑土、跑肥的“三跑地”为保水、保土、保肥的“三保地”，在农业上收到很好的效益。

用爆破法植树造林，其一是采用爆破法挖掘植树坑，由于在树坑四周一定范围内产生破碎带，不仅给地下水增加了许多通路，而且适应树根发展，而地面上破裂的范围内也有利于蓄纳自然降雨。其二是在果树林木根旁采用松动爆破破坏板结的黏土结构，从松动的土壤中浇灌水肥，有利于植物的吸收。

用爆破法开挖水池、沟渠，当岩层或土岩下面有透水层时，应注意药包的位置，不要使爆破作用破坏了黏土或岩石的完整性，避免水池、沟渠漏水，达不到蓄水目的。因此，每个药包至透水层应有足够的保护层厚度。假如爆破后发现水池漏水，可在池底或漏水的边坡面上，用黏土填筑一层隔水层。反之，如果水池下面不远处，有透水层或含水层存在，而含水层的水源又比水池高程高，在这种地质条件下，可以使水池与之联通，或有意地将药包位置靠近含水层，通过爆破可获得丰富的水源。

14.8.2 水中爆破对生态的保护

在靠近有养殖业水产资源的水域实施岩土爆破或水中爆破时，应事先评估爆破飞散物、水中冲击波和涌浪对水中生物的影响，提出可行的安全保护措施。

表14-17列出了水中冲击波超压峰值对鱼类的损害程度。

表14-17 水中冲击波超压峰值对鱼类损害程度

超压峰值/MPa	0.7	0.35	0.2
损害程度	死亡	重伤	安全

应尽量减少向水域抛落爆岩并控制一次抛落量；需向水域大量抛入岩土时，应事先评估其对水中生态环境的影响，提出可行性报告，经环保和生物保护管理部门批准，方可实施；水下爆破应控制一次起爆药量和采用削减水中冲击波的措施；起爆前应驱赶受影响水域内的水中生物；受影响水域内有重点保护生物时，应与生物保护管理单位协商保护措施。

14.8.3 爆破对岩体的破坏

对岩石造成破坏，是爆破作用最主要的表现形式。所谓破坏，包括破碎、破裂以及其他使岩石发生区别于原有特征的变化现象。作为工程爆破技术的基本要求，就是岩石按设计要求破碎、抛掷，以形成新的岩土建筑物，而在工程设计的岩体范围外，则要最大限度地避免爆破对岩体的破坏。因此，预报、检测、评估爆破对岩体的破坏，有效地避免和减少爆破对岩体的破坏，是爆破安全技术的重要内容之一。

14.8.3.1 爆破对岩体破坏范围的划分与观测

A 爆破对岩体破坏范围的划分

确定爆破对岩体破坏范围的标准，对于指导工程爆破设计、评价工程爆破质量，提出满足工程要求的相应补救措施，是有意义的。随着工程性质不同，以及爆破类型和地质条件的区别，其标准也不一致，虽然国内一些单位做了爆破破坏区域划分有关研究工作，但尚无统一的划分标准。某大型水利工程，针对水工建筑物基础开挖爆破，将地表破坏范围划分为四个区域，深部破坏范围划分为三个区域，可供参考（标准如下所述）。

地表划分为以下四个区域：

（1）破裂区。破裂区内岩体的整体性完全被破坏。表现为岩石在爆破作用下破碎、抛掷，形成可见漏斗及其四周被拉裂成大块的岩体。

（2）破坏区。岩层被抬动，产生新的裂缝，老裂缝明显张开和错动（相对错动值大于5mm）。相应地面质点峰值振动速度大于19cm/s。

（3）轻微破坏区。老裂缝有张开（大于0.1mm），无错动，更无新的裂缝产生，相应地面质点峰值振动速度值为13~19cm/s。

（4）非破坏区。岩体未受破坏，或者原有裂缝有微小张开，其值小于0.1mm。相应地面质点峰值振动速度值小于13cm/s。

深部划分为以下三个区域：

（1）破坏区。用岩芯钻（ϕ130mm）钻孔，取不出岩芯或岩芯获得率很低；岩芯被高倾角断裂面切割得很破碎；层面发生严重的张开和错动，孔壁出现明显的高倾角爆破裂缝；做压水检查时，四处冒水不起压，漏水量很大。

（2）轻微破坏区。岩芯获得率较低。做压水检查渗漏量增大，和爆前比较，超过压水检查所规定的允许误差范围。弹性波速度明显下降，变化率超过2%。声能吸收系数增大，超过0.5Np。

（3）非破坏区。岩芯获得率大于70%；爆后漏水量、弹性波速和声能吸收系数等与爆前一致或变化很小（未超过各种方法的测量精度）。

B　爆破对岩体破坏范围的观测

评估爆破对岩体的破坏影响，主要取决于实际观测。最原始的观测方法是宏观调查和统计，随着技术的进步，逐步应用仪器仪表测定岩石在爆破时或爆破前后的某一特征值，作为岩体破坏程度的判据。下面，对目前采用的几种观测方法作一简略的介绍。

a　宏观调查和统计

通过地表观测、挖掘试坑或取岩芯鉴定，对比爆破前后岩石结构、裂缝、裂隙的变化，综合估计破坏范围和破坏程度。在国内，有的单位也已采用深孔电视在钻孔内检查孔壁裂缝和夹层部位的变化。

为了便于地质描述，爆区附近地表的松散岩石爆破前要清除，并用风水冲洗干净，爆破时观测标记要用草袋等物覆盖，避免被石块打坏。应将观测区爆破前后的裂缝数量、产状和密度描绘在一定比例（一般为1：100）的平面图上。

b　地面质点峰值振动速度观测

爆破时地面质点峰值振动速度，能够反映爆破能量的分布和衰减情况，测定地面质点峰值振动速度值，并与基岩产生破坏的特征建立对应关系，可以作为衡量爆破对岩体破坏的一种方法。

c　压水试验

由于在爆炸应力波作用下，岩体内部产生新的裂缝，并使原有的裂缝及层面扩张和错动，使岩体的渗透性变大。根据爆破前后单位吸水量的变化，可以评估爆破对岩体深部的破坏程度。这种方法的缺点是不能反映软弱夹层错动。

d　岩石物理力学性质变化的测定

目前主要采用人工地震法，测量爆破前后水平向纵波传播速度或动弹性模量随深度的变化。按弹性波理论公式，动弹性模量为：

$$E = \rho v_{p}^{2} \frac{(1+\mu)(1-2\mu)}{1-\mu} \tag{14-24}$$

式中　ρ——岩石密度，g/cm^3；

μ——泊松比；

v_p——纵波速度，m/s。

岩石动弹性模量是反映岩石在冲击荷载作用下强度性质的重要指标，但是，这项指标不能反映岩层的错动和张开。

14.8.3.2　爆破对岩体破坏范围的计算

硐室爆破产生的地表裂缝与地下裂缝，在破坏范围及其程度上是有很大区别的。冯叔瑜和马乃跃根据我国定向爆破筑坝的观测资料，总结出下列不同方向的爆破破坏半径计算经验公式：

垂直破坏半径 $$R_V = K_1\sqrt[3]{Q} \tag{14-25}$$

上方破坏半径 $$R_{UP} = K_2\sqrt[3]{Q} \tag{14-26}$$

斜坡上左右破坏半径 $$R_P = K_3\sqrt[3]{Q} \tag{14-27}$$

斜坡下方破坏半径 $$R_U = K_4\sqrt[3]{Q} \tag{14-28}$$

式中 K_1，K_2，K_3，K_4——基岩破坏范围的综合影响系数（取决于地形、地质条件、相对位置等因素，可根据表 14-18 中所列数据进行选择）；

Q——装药量，kg；

R_V——垂直破坏半径（即由药包中心至药包底下无临空面的基岩破坏半径，它的方向是指向垂直临空面的方向），m；

R_{UP}——药包中心至斜坡上方破坏半径，m；

R_P——药包中心至斜坡上左右方的破坏半径，m；

R_U——药包中心至斜坡下方破坏半径，m。

表 14-18 基岩破坏范围的综合影响系数

单位炸药消耗量 K /kg · m^{-3}	岩石破坏范围的综合影响系数					
	K_1	K_2 斜坡地形爆破漏斗上方的地面坡度			K_3	K_4
		$\theta = 20°$	$\theta = 40°$	$\theta \geqslant 65°$		
1. 2	0. 47 ~ 0. 85	2. 10 ~ 2. 47	2. 71 ~ 3. 08	3. 23 ~ 3. 60	2. 26 ~ 2. 64	2. 08 ~ 2. 64
1. 3	0. 46 ~ 0. 83	2. 06 ~ 2. 43	2. 67 ~ 3. 03	3. 19 ~ 3. 55	2. 20 ~ 2. 57	2. 02 ~ 2. 38
1. 4	0. 45 ~ 0. 80	2. 02 ~ 2. 38	2. 63 ~ 2. 99	3. 15 ~ 3. 51	2. 14 ~ 2. 50	1. 96 ~ 2. 32
1. 5	0. 44 ~ 0. 79	1. 99 ~ 2. 34	2. 60 ~ 2. 96	3. 12 ~ 3. 48	2. 10 ~ 2. 46	1. 93 ~ 2. 28
1. 6	0. 43 ~ 0. 77	1. 96 ~ 2. 30	2. 57 ~ 2. 91	3. 09 ~ 3. 43	2. 05 ~ 2. 39	1. 88 ~ 2. 22
1. 7	0. 42 ~ 0. 76	1. 94 ~ 2. 28	2. 55 ~ 2. 89	3. 07 ~ 3. 41	2. 02 ~ 2. 35	1. 85 ~ 2. 18
1. 8	0. 41 ~ 0. 74	1. 91 ~ 2. 24	2. 52 ~ 2. 85	3. 04 ~ 3. 37	1. 97 ~ 2. 30	1. 80 ~ 2. 13

注：根据不同的地质条件（如冲沟、临空面、断层、破碎带、软弱夹层等）选择上限、下限或平均值。

经验表明，药包以下出现裂缝的破坏半径不超过最小抵抗线。由计算的 R 值，根据药包位置，可以用图解法绘出药包以下及前后左右预计可能产生裂纹的破坏区域。对这一区域可以考虑根据需要采取防渗措施。

铁道部门曾采用声波法对深孔爆破和光面爆破对边坡岩体的破坏进行观测测定。观测表明，对孔径 100mm 的深孔爆破，孔深 3. 5m 以下岩体的弹性波速度在爆破前后无大的变化。因此可以认为，孔深 3. 5m 以下岩体未受爆破影响或影响轻微。应当指出，这里提出的爆破影响带，系指因爆破而产生的破裂带，即原有裂隙延深、扩张及产生新裂隙的范围，并不危及边坡的稳定性。

我国水利部门，针对水利工程的特点和要求，对深孔爆破的破坏范围也进行了现场试验。对直径为170mm，装药直径为130mm的深孔爆破，实测底部破坏深度，平地群孔爆破为3.80m，单排梯段爆破为3.69m，多排毫秒梯段爆破为2.73m；地表面水平向最大破坏范围为：单排梯段爆破为16m，多排毫秒梯段爆破为13.4m。根据试验结果，对水利工程基础的大量开挖爆破，他们提出其保护层厚度不应小于药包直径的40倍，并用预裂爆破技术，来控制水平方向的破坏。

14.8.3.3 减小爆破对岩体破坏的措施

由于爆破对岩体的破坏可能造成水工建筑物渗漏，路基翻浆冒泥；路堑及矿山边坡不稳定；地下工程塌方、冒顶。乃至爆破引起地下水及瓦斯突出事故。因此，应当重视爆破引起岩体的破坏，一般，可考虑采取以下措施：

（1）爆破前要重视对爆区地质条件（如岩性、地质构造、水文地质、地应力、滑坡等）的调查，避免在不利于爆破的地质环境下采用不恰当的爆破设计与施工方案。

（2）爆破设计要精心。严格按照开挖轮廓范围布置药包，计算药量，必要时，应控制一次爆破的总规模，或采取毫秒延期爆破，控制临近开挖轮廓药室（炮孔）的药量。

（3）沿开挖轮廓采用预裂爆破、光面爆破，或设计防震孔，均可有效地保护开挖轮廓以外的岩体；周边孔采用低爆速炸药或不耦合装药，对减轻爆破对岩体的破坏也有明显的效果。

（4）爆破后应及时调查爆破对岩体的破坏情况及引起的其他工程地质问题，提出处理意见，例如边坡稳定问题，基础受破坏程度及渗漏问题，滑坡体、危岩、危坡的稳定问题等。应当说明，并不是地表裂缝到达之处岩体就不稳定了，只要在爆后立即将边坡清理干净，对远处小裂缝用不透水黏土填实或作灌浆处理，必要时进行喷锚，仍可得到稳定的边坡。对于地下开挖通过不良地层时，应采取控制爆破和加强支护的措施，这是减小爆破对岩体的破坏和保障施工安全所必须的。

在饱和砂（土）地基附近进行爆破作业时，应邀请专家评估爆破引起地基振动液化的可能性和危害程度；提出预防土层受爆破振动压密、孔隙水压力聚升的措施；评估因土体“液化”对建筑物及其基础产生的损害。

为防止出现爆破振动液化，实施爆破前，应查明可能产生液化土层的分布范围，并采取相应的处理措施，如增加土体相对密度，降低浸润线，加强排水，减小饱和程度；控制爆破规模，降低爆破振动强度，增大振动频率，缩短振动持续时间等。

14.9 爆破事故的预防和处理

14.9.1 工程设计中应注意的问题

大量工程实践表明，预防爆破事故的措施可以概括为：“精心设计是基础，严谨施工是关键，安全管理是保证”。

（1）调查掌握实施爆破的客观条件。在接受任务、明确工程要求以后，细致调查，掌握爆破对象、周围环境的实际情况，是制定爆破事故预防措施的依据。可通过查阅原始地形、地质资料、岩性资料、建筑物设计资料以及爆区气象、杂散电流、射频电、感应电等外来电源、外来热源和爆区附近作为保护对象的建筑物、设施和人畜等有关资料进行调查；但更重要的是设计人员必须深入现场仔细勘查，掌握第一手资料。

调查工作不可能一次完成，而应贯穿于整个爆破准备工作的全过程。因为，随着爆破准备工作的深入开展，岩体内部地质构造以及建筑物材质、结构情况会逐步暴露，地形也可能因施工而发生改变，爆破设计就必须根据新情况进行修改和调整。

（2）周密设计，合理布药，优化爆破方案和爆破参数。药包的位置和药量的大小，决定着爆破安全和效果；而药包位置、各项爆破参数之间又有密切联系。设计应根据工程要求和现场条件，全面分析对比、综合考虑调整，优化爆破方案和参数，以期得出最佳爆破方案。

在岩土爆破中，先是通过最小抵抗线（W）的方向和数值，选定爆破作用指数（n）及介质单位炸药消耗量（K）。W 应尽量避开正对保护对象，无法避开时可降低 n 值。某大型硐室爆破中面对民房部分的药包都用松动爆破，对最近药包曾实测过 7 个断面，反复校核 W 值的方向和大小；然后根据药包到民房的实测距离来核算设计药量的实际 n 值。如该值偏大，再调整设计 n 值后，确定最终装药量。K 值必须符合药包所处部位的实际地质情况。根据《爆破安全规程》规定，曾对 141 个导硐药室在施工中暴露的地质构造，分别绘出地质素描。装药前在现场逐个硐室选定 K 值（1.30～1.65kg/m^3），并据此计算最终装药量，爆后实测飞石距离在 300m 以内。

在拆除爆破中，布药方案必须同时满足工程要求（整体倒塌、局部倒塌或炸毁等）和控制危害效应在允许程度内，危害效应以个别飞散物为主。爆破拆除建（构）筑物必须按照具体情况决定布药方案。为减小用药量和药包个数，提高起爆网路的可靠度，可在掌握整体结构受力特性的基础上设计预处理（拆除或切割）部分承重（或非承重）结构，削弱其强度以利倒塌；但必须细致校核预处理后建筑物的安全稳定性，防止因预处理不当导致“不爆就倒”的意外事故。

（3）确定保护对象安全判据，限定一次齐爆药量。从现有对工程爆破（尤其是岩土爆破）各种危害效应的认识出发，通常先确定最近保护对象所在地面的质点安全允许振动速度，经过经验公式估算出一次齐爆最大允许药量，这是保护对象不受爆破振动破坏的基本保证。控制药量同时也有利于控制其他危害效应。

确定保护对象所处地面的质点安全允许振动速度的方法是：1）经验法。根据《爆破安全规程》确定选取。未列入该表的保护对象，可参考类似工程或保护对象所在地的设计抗震烈度值确定。2）对比法。根据保护对象已经受过的振动强度而未遭破坏的实际情况对比确定。例如，沿海地区常受热带风暴袭击，气象台记录有建筑物（设施）相应的振动响应数据。如建筑物（设施）未出现破坏现象，就可以此作为爆破振动强度的控制值。3）试验法。对某些特殊重要保护对象的爆破允许振动速度，可通过模拟试验确定。某地在拆除电厂主厂房内发电机钢筋混凝土基础时，相距 3.0m 处即中心控制室，继电器是 20 世纪 30 年代产品，没有说明书说明性能，却要求爆破不能跳闸，决不能引发市中心断电事故。后用模拟试验方法，得出这类继电器在爆破振动加速度 1.5g 情况下仍未跳闸，决定采用 1.0g 作为爆破振动加速度的控制值，从而圆满完成任务。

必须指出，限定一次齐爆药量只是控制了爆源强度。爆破振动传播受地形、地质条件影响很大；突出的山包、陡坎或台阶部位会增强振动效应，软弱夹层、破裂带、沟渠等会降低震动效应。相同条件下，药包位置较高的场地爆破振动效应要大于药包位置较低的场所。另外，保护对象所处地基情况、药包齐爆个数、延期起爆或齐爆、间隔时间长短，是否重复多次爆破等因素，对保护对象的抗振能力都有影响；设计时应根据调查结果，采取相应措施予以解决。

(4) 分散释放全部能量，实施分段延期起爆，确保准爆。为解决工程规模、工期同爆破安全间的矛盾，经常采用“一次起爆、多段响炮”的分段延期起爆技术。

起爆段数取决于工程任务，按工程量及安全要求调整确定。如某万吨级硐室爆破的总方量为 $1.09 \times 10^7 m^3$，要求一次爆破松碎。在控制爆破振动前提下，设计爆破段数不超过40段，实爆用33段。设计起爆顺序取决于：1）减振要求，使每段起爆药量不大于允许起爆药量；2）安全要求，使先爆药包爆破后对后爆药包无不利影响（如不殉爆、不改变后爆药包抵抗线的方向和大小、不破坏后爆药包结构等等）；3）爆效要求，如土岩爆破中使先爆药包开创新自由面控制后爆药包定向抛掷，又如拆除爆破中先爆药包炸毁部分支柱使结构倒塌、拉曳后爆药包所在部分结构避开保护对象、推动整体建筑定向倒塌等。延期间隔时间按工程情况选定，对石方爆破一般取25～200ms，块体拆除爆破一般取25～100ms，建筑物拆除爆破一般取200～250ms。

实现分段延期爆破要设计合理的起爆网路，确保每个药包不误爆（早爆或迟爆）、不半爆、不拒爆。先要根据工程特点，选定正确的起爆方法。电起爆系统稍复杂（设计、器材及施工），受环境外来电潜在威胁大，起爆分段数受延期电雷管段数限制而不能太多；但电起爆器材质量较有保证，可检查网路的施工质量，准爆可靠度大。非电导爆管系统较简便，受环境外来电威胁相对较小，采用少数延期雷管品种，孔内、孔外相结合的延期起爆网路可实现任意延期起爆段。但目前国产非电起爆器材质量尚待提高，网路施工质量还无法检查，准爆可靠度相对小些。有鉴于此，雷雨季节或在易遭雷击、外来电影响场合实施爆破时，采用电力起爆必须有周密的安全措施。某地在硐室爆破施工准备阶段就曾发生过雷击引爆炸药的特大事故。非电导爆管起爆系统虽不能绝对防止在雷电、高压电作用下不引爆，但相对而言，它终究比电起爆要安全些。迄今还没有出现有关雷电（或其他外来电）作用下导爆管发生误爆的事例；在以上地区的起爆方法仍宜首选非电导爆管起爆系统。

促使所有药包释放全部能量，就是要通过网路使药包都能接受足够的起爆能达到稳定爆轰。设计起爆网路宜用复式回路形式，确保多向传爆提高准爆可靠度。要考虑硐室爆破采用较长条形药包时，受先爆药包爆破影响而被分割、断裂的可能性，不妨多设几个起爆点。宜用少量优质、爆速较高炸药做成起爆药包来起爆威力较低的大量炸药，这有利其释放能量，要注意潮湿、有水场合影响爆破器材变质的可能性，切实落实防水措施。

(5) 预估可能出现的爆破事故，提出处理预案。要预估爆后可能出现的意外事故，如爆块飞散、爆破有害气体、粉尘、爆破冲击波、爆破引发火灾、水害、断电、漏气、阻塞交通、爆振危害、药包拒爆，以及爆破拆除建筑物爆而不倒（半倒）、倒向失控、前冲、后坐等等，并在设计中提出事故预防和应急处理措施，做到“有备无患”，以免措手不及，手忙脚乱而引发新的事故。某地在一次爆破拆除楼房中部分结构“爆而不倒”，仓促间立即用裸露药包“补炮”，导致爆破冲击波毁坏周围民房窗玻璃百余块的事故。

14.9.2 工程施工中应注意的问题

(1) 设计人员到现场。爆破工程具有特殊性，爆破设计人员必须深入现场，参加施工、指导施工，针对施工中出现的新情况、新问题，及时调整修改设计，确保最终实现设计要求。许多复杂环境条件下的爆破工程就是这样成功的，而有些很简单的爆破工程，却由于设计人员遥控指导，任由外行施工，结果抵抗线、装药量严重失控，由原设计松动爆破变为定向抛掷爆破，大量石块飞向办公区，伤人毁物，造成严重后果。

（2）建立、健全各项规章制度。根据工程特点，分别制定各项制度、各类人员岗位职责和关键工序的施工图、技术操作细则，明确安全、质量标准，对全体工作人员进行技术培训，考核合格后持证上岗。切实做到有章可循，有法可依，按图施工，确保安全。

（3）检查验收，确保关键工序的施工质量。开始装药前必须对药室、药孔进行逐个检查验收，发现不符合设计要求处，坚决纠正。对药孔，主要检查孔位、孔深、孔数、孔距、倾斜度以及孔内情况（是否受堵、存水等）。对药室，主要检查位置、走向、尺寸、长度、地质构造以及重大施工质量问题等。最后填写《竣工验收登记表》，由施工负责人、验收人分别签字。验收成果是最后确定设计的主要依据，必须足够重视。如在某万吨级硐室爆破中，检查验收发现有些药室内出现间断软弱夹层构造带，在这些薄弱地段就决定不装药而用石渣填塞；每个药包的 K 值都是根据实际地质条件选定的，从而有效控制住个别飞散物的飞散距离。在某地的一次建筑物爆破拆除中，就是因为验收草率，未发现有些孔未到位、有些孔孔深不够，结果楼房爆而不倒，十分被动。

（4）保障合格器材，留有备用。爆破器材是实现安全准爆的物质基础。按照《爆破安全规程》规定，使用前必须按产品说明书指标检查性能，坚决不用价廉而质量低劣的产品；对其他器材也同样如此。使用多时段延期雷管时，要及时核查原有雷管、消耗雷管以及剩余雷管的品种、数量是否相符，严防错发、错装雷管品种导致设计起爆顺序错乱引发的爆破事故。某地在爆破拆除高层建筑中就是通过核查雷管数量、品种发现错装的，避免了重大事故的发生。施工中必须要有适量备用的器材。电力起爆时，起爆源必须双套，其中一套“自备”。某万吨级硐室爆破中起爆电源除 75kW 交流发电机外，还备有 24 个蓄电池及遥控起爆装置的易损零部件，这些备用品在起爆时果然起了作用。

（5）防护措施。在有可能危及人员安全或使邻近建（构）筑物、重要设施遭受损伤的场合进行工程爆破时，应该采取各项防护措施。对个别飞散物可采用全面防护（覆盖爆破物）、重点防护（在保护对象周围设置遮障）或两者综合的防护措施。全面防护时，要注意防止覆盖物破坏起爆网路，要防止先爆药包破坏覆盖而使后爆部分裸露。采用金属防护材料覆盖时，应将电雷管脚线和导线接头用胶布包缠绝缘，严防短路。当爆破部位较长时，应将覆盖物锚系在不受爆破影响的部位，防止滑落。

在坚实地面爆破拆除圆形截面的烟囱、水塔、门柱等结构物时，塌落残体可能滑动较远，这类现象已出现多次，要考虑相应的遮挡防范措施。

（6）布设警戒，严禁无关人员进入。工程爆破安全距离已在设计中规定，执行警戒中决不可缩小。警戒范围要明确标定在平面图上，通过现场勘查，核定各个岗哨位置及人员、装备。原则是必须封闭可以进入爆破危险区的所有通道。各个岗哨按照事前公布的警戒时间封闭通道，确保人员、车辆不能进入危险区。

（7）爆后安全检查，消除隐患。爆破后，解除警报前要认真对爆破现场进行安全检查，及时发现和消除事故隐患。在确认现场安全后，方可解除警戒。检查人员必须具有丰富的实际工作经验，在岩体、建（构）筑物塌落稳定后才能进入爆破现场工作，以防被砸伤或埋入碴堆。检查中如发现有拒爆征兆或塌落未稳定的部分岩体或结构物时，均属事故隐患，应立即在周围设置明显标志，严禁无关人员靠近该处。检查中如发现残存爆炸物品，说明有拒爆、半爆药包，随后清渣中应指派专人负责配合，随时查找和按有关规定正确处理残存爆炸物品。

14.9.3　加强安全管理

（1）加强人的管理。主要是组织本单位爆破作业人员参加培训，经考核并取得有关部门颁发的相应类别和作业范围、级别的安全作业证，才能持证上岗。要组织爆破作业人员在工作中学习，相互交流，不断提高安全技术水平。要奖励先进，树立典型，推动单位安全工作不断进步。

（2）加强物的管理。要根据爆破工程的具体情况，对爆破器材的购置、运输、装卸、贮存、发放、检查、应用、销毁等各个环节制定具体操作细则，随时检查执行情况，切实做到账物相符，严防流失，遵章操作，杜绝事故。

（3）建立质量保证体系。按照质量管理体系标准，建立本单位工程爆破质量保证体系，这是预防爆破事故、确保爆破质量的根本措施。目前国内已有部分爆破企业按照国际质量管理体系标准要求，制定出本企业工程爆破质量保证体系文件（质量手册、程序文件、作业指导书、检验规程等）并通过国家权威机构认证。这不但强化、提高了企业的内部管理水平，同时也为今后走出国门，承接国外爆破工程项目创造了条件。

14.9.4　拒爆及处理

拒爆（雷管或炸药没有引爆）、半爆（爆轰波在炸药中传递中断，留有残药）、爆轰不安全（未达到稳定爆轰状态）不仅影响爆破效果，而且造成不安全因素。对拒爆和半爆药包，应及时妥善处理。

14.9.4.1　由于炸药因素造成的拒爆

对于工业炸药，起爆能量、含水率、密度、药卷直径、爆破约束条件等对其稳定爆轰状态影响甚大，了解工业炸药的性能，对在爆破工程中正确使用炸药，充分发挥炸药效能非常重要。

由于炸药因素造成拒爆的主要原因及预防措施如下：

（1）采用过期、变质、失效的炸药、雷管和爆破器材是药包拒爆的重要原因。在爆破作业中，禁止采用上述爆破器材。

（2）爆破作业中常用的岩石炸药、铵油炸药不抗水，因此，在多雨或地下水发育的爆破工地，要做好炸药、起爆药包、导爆索的防水、防潮工作，将炮孔中的积水排干，或采用浆状炸药、水胶炸药、乳化炸药等抗水类炸药进行爆破。

（3）装药直径小于该种炸药的临界直径时，爆轰波不能稳定传播。在光面、预裂爆破等场合需自制小直径药卷时应特别注意。

（4）装药密度对爆轰状态也影响很大，对硝铵类炸药，最佳装药密度是 $1.0\sim1.1\mathrm{g/cm^3}$，密度过大、过小，都可造成药包的拒爆。

14.9.4.2　由于起爆网路和方法操作不当引起的拒爆

工业炸药的起爆方法，目前主要是导爆索、电雷管及导爆管雷管起爆法。起爆方法不同，产生拒爆的原因也不同。

采用导爆索起爆法，产生拒爆的原因主要有：导爆索质量差或因贮存时间长，保管不良而受潮变质；装入炮孔（或药室）后，铵油炸药中的柴油渗入药芯中，使其性能改变，造成拒爆；在充填过程中打断或受损；多段起爆时，被前段爆破冲坏；网路连接方法错误等。

导爆管网路产生拒爆的原因主要有：导爆管质量差，有破损、漏洞或管内有杂物；在连接过程中有死结，有沙粒、气泡、水珠进入导爆管；导爆管与连接元件松动、脱节；起爆雷管不能完全起爆网路；网路在装药填塞过程中受损等。

采用导爆管毫秒延期雷管网路，可以实现大面积分段毫秒延时爆破，但在起爆网路设计中，应注意选取合理的点燃阵面宽度，防止先爆药包对尚未点燃的后爆药包造成破坏而引起拒爆。

采用电雷管和电爆网路起爆，是深孔爆破、硐室大爆破中最常用的起爆方法。电雷管产生拒爆的原因，可以从两方面来分析：一是属于雷管本身的原因，如装、运过程中，桥丝松动或断裂，或在贮存中保管不良及装药后雷管受潮变质；也有的是雷管出厂时，质量就不合格，起爆力小，桥丝电阻过大或过小，超过允许的范围值，或者品种不一，起爆敏感度不一致等所造成。二是属于外来原因，如装填不慎，将网路打断，连接不牢固，连接方式不妥当，使爆破网路有漏电或接地现象等，有可能引起电雷管拒爆。

电爆网路设计或计算错误，也会引起拒爆。除电源产生的电流太小，不够准爆条件而引起拒爆外，还可能因设计时采用的连接方式不够合理，例如各支路电阻不平衡，使一些支路电流较大，而另一些支路中的雷管得不到最低准爆电流。因此，在电爆网路设计中，一定要注意电源的容量和保证网路中每一个电雷管所得到的电流大于最小准爆电流。在一般情况下，应尽可能使各支路电阻平衡。除此以外，对深孔爆破或大爆破，由于炮孔（或硐室）数量多，应注意炮孔与炮孔，延期雷管与瞬发雷管，并联与串联，主副网路线头不要错联、漏联。

由于电爆网路设计错误或施工不当可能造成的药包拒爆，有以下几种情况：

(1) 整体型拒爆。即连接于同一网路的药包全部拒爆。主要应从电源的爆破母线上分析原因，可考虑网路是否超出了允许的起爆能力，起爆箱电路是否发生故障或严重接触不良，起爆器中的电池是否已过期失效，爆破母线是否断路、短路等。

(2) 区域性拒爆。即某一支路或某一区域范围内的药包拒爆，而在此以外的药包全爆。造成这一现象的主要原因是网路有漏电或短路处，这时，从串联网路两端到两个短路之间的雷管全爆，中间部分全部拒爆或部分拒爆。造成短路或漏电的原因，可由以下因素分析：接头绝缘不好；雷管脚线质量不好；炮孔或网路敷设处充水；起爆器起爆脉冲电压过低或过高（大于 1100V）等。

(3) 类别型拒爆。即网路中某一相同类型或段数的雷管全部拒爆，其余则全爆。造成这种现象的原因，主要是由于雷管发火特性差异太大引起的，或将不同厂、不同批生产的产品用于同一网路，即会产生这种拒爆现象。在必须使用段发雷管以实现秒差或毫秒爆破时，应采取“同段串联、异段并联”的办法。

(4) 随机型拒爆。即网路中有一个、数个或部分药包拒爆，且无明显的规律性。造成随机拒爆的原因，从电爆网路分析，主要是通过雷管的起爆电流偏小，或同一网路雷管的阻值差偏大。雷管或炸药变质，特别是装入含水炮孔，而防水处理又不好，以及装药不当，雷管与药包脱离，网路漏接、断线等，也是产生随机型拒爆的原因。

为了确保起爆网路安全可靠，防止在起爆网路这一重要环节出现拒爆事故，要求各种起爆网路均应使用经现场检验合格的起爆器材；在可能对起爆网路造成损害的地段，应采取措施保护穿过该地段的网路；A、B、C、D 级爆破和重要爆破工程应采用复式起爆网路。对各种起爆网路，应按照《爆破安全规程》的要求进行施工，并做好起爆网路的试验和检查。

14.9.4.3 拒爆的处理

在深孔爆破和硐室大爆破后，发现有下列现象之一者，可以判断其药包发生了拒爆：

（1）爆破效果与设计有较大差异，爆堆形态和设计有较大差别，地表无松动或抛掷现象；

（2）在爆破地段范围内残留炮孔，爆堆中留有岩坎、陡壁或两药包之间有显著的间隔；

（3）现场发现残药和导爆索残段。

检查人员发现盲炮及其他险情，应及时上报或处理；处理前应在现场设立危险标志，并采取相应的安全措施，无关人员不应接近。处理盲炮应当遵守以下规定：

（1）处理盲炮前应由爆破领导人定出警戒范围，并在该区域边界设置警戒，处理盲炮时无关人员不准许进入警戒区。

（2）应派有经验的爆破员处理盲炮，硐室爆破的盲炮处理应由爆破工程技术人员提出方案并经单位主要负责人批准。

（3）电力起爆发生盲炮时，应立即切断电源，及时将盲炮电路短路。

（4）导爆索和导爆管起爆网路发生盲炮时，应首先检查是否有破损或断裂，发现有破损或断裂的应修复后重新起爆。

（5）不应拉出或掏出炮孔中的起爆药包。

（6）盲炮处理后，应仔细检查爆堆，将残余的爆破器材收集起来销毁；在不能确认爆堆无残留的爆破器材之前，应采取预防措施。

（7）盲炮处理后应由处理者填写登记卡片或提交报告，说明产生盲炮的原因、处理的方法和结果、预防措施。

处理裸露爆破的盲炮可采取以下办法：

（1）处理裸露爆破的盲炮，可去掉部分封泥，安置新的起爆药包，加上封泥起爆；如发现炸药受潮变质，则应将变质炸药取出销毁，重新敷药起爆。

（2）处理水下裸露爆破和破冰爆破的盲炮，可在盲炮附近另投入裸露药包诱爆，也可将药包回收销毁。

处理浅孔爆破的盲炮可采取以下办法：

（1）经检查确认起爆网路完好时，可重新起爆。

（2）可打平行孔装药爆破，平行孔距盲炮不应小于 0.3m；对于浅孔药壶法，平行孔距盲炮药壶边缘不应小于 0.5m。为确定平行炮孔的方向，可从盲炮孔口掏出部分填塞物。

（3）可用木、竹或其他不产生火花的材料制成的工具，轻轻地将炮孔内填塞物掏出，用药包诱爆。

可在安全地点外用远距离操纵的风水喷管吹出盲炮填塞物及炸药，但应采取措施回收雷管。

处理非抗水硝铵炸药的盲炮，可将填塞物掏出，再向孔内注水，使其失效，但要回收雷管。

盲炮应在当班处理，当班不能处理或未处理完毕，应将盲炮情况（盲炮数目、炮孔方向，装药数量和起爆药包位置，处理方法和处理意见）在现场交接清楚，由下一班继续处理。

处理深孔爆破的盲炮可采用如下办法：

（1）爆破网路未受破坏，且最小抵抗线无变化者，可重新连线起爆；最小抵抗线有变化者，应验算安全距离，并加大警戒范围后，再连线起爆。

（2）可在距盲炮孔口不小于 10 倍炮孔直径处另打平行孔装药起爆。爆破参数由爆破工程技术人员确定并经爆破负责人批准。

（3）所用炸药为非抗水性硝铵类炸药，且孔壁完好时，可取出部分填塞物，向孔内灌水使之失效，然后再作进一步处理。

处理硐室爆破盲炮可采用如下办法：

（1）如能找出起爆网路的电线、导爆索或导爆管，经检查正常仍能起爆者，应重新测量最小抵抗线，重划警戒范围，连线起爆。

（2）可沿竖井或平硐清除填塞物，并重新敷设网路连线起爆，或取出炸药和起爆体。

处理水下炮孔爆破盲炮可采用如下办法：

（1）如起爆网路绝缘不好或连接错误造成的盲炮，可重新连网起爆。

（2）如填塞长度小于炸药的殉爆距离或全部用水填塞而造成的盲炮，可另装入起爆药包诱爆。

（3）可在盲炮附近投入裸露药包诱爆。

地震勘探爆破发生盲炮时，应从炮孔中取出拒爆药包销毁；不能从炮孔中取出药包者，可装填新起爆药包进行诱爆。

处理金属结构物爆破盲炮，应掏出或吹出填塞物，重新装起爆药包诱爆。

处理热凝物爆破的盲炮时，应待炮孔温度冷却到 40℃ 以下，才准掏出或吹出填塞物，重新装药起爆。

14.9.5 早爆及预防

在电爆网路的设计和施工中，既要保证网路安全准爆，又必须防止在正式起爆前网路的早爆。爆破作业的早爆，往往造成重大恶性事故。引起早爆的原因很多，在电爆网路敷设过程中，引起电爆网路早爆的主要因素是爆区周围的外来电场。外来电场主要指雷电、杂散电流、感应电流、静电、射频电、化学电等。不正确的使用电爆网路的测试仪表和起爆电源也是引起电爆网路早爆的原因。另外，雷管的质量问题也可能引起早爆。

14.9.5.1 雷电引起的早爆及预防

A 雷电引起的早爆

雷电是一种常见的自然现象。它对爆破的影响是各种外来电场中最大、最多的。因雷电原因造成早爆事故的事例也比较多，如仅深圳市，在 20 世纪 90 年代，因雷击发生的早爆案例就有8起，造成20余人伤亡。

雷电引起早爆事故多数发生在露天爆破作业中，如硐室爆破、深孔爆破和浅孔爆破的电爆网路。

雷电引起早爆的原因有以下三点：

(1) 直接雷击。雷电流是一个幅值大、陡度大的脉冲波，直接雷击所产生的热效应（雷电通道的温度可高达6000~10000℃，甚至更高)、电效应、冲击波等破坏作用是很强大的，对起爆网路将产生极大的危害。对直接雷击，导爆管网路也无济于事，在澳大利亚就发生过雷电将导爆管起爆系统击中而发生早爆，死亡2人的事故。可以说，倘若爆破区域被雷电直接击中，发生早爆将是必然的。但由于爆破网路一般沿地面敷设，附近往往有较高的构筑物和设备，直接雷击的早爆是罕见的。

(2) 电磁场的感应。雷电流有极大的峰值和陡度，在它周围的空间产生强大的变化的电磁场，处于该电磁场内的导体会感应出较大的电动势。如果电爆网路处于该电磁场附近，就可能产生感应电流，当感应电流大于电雷管的安全电流时，就可能引起电雷管的早爆。据分析，我国矿山因雷电引起的早爆事故多属于这种类型。

(3) 静电感应。当天空有带电的雷云出现时，雷云下面的地面及物体（如起爆网路导线）等，都将由于静电感应的作用而带上相反的电荷。由于从雷云的出现到发生雷击（主放电）所需要的时间相对于主放电过程的时间要长得多，因此大地可以有充分的时间积累大量电荷。雷击发生后，雷云上所带的电荷通过闪击与地面的异种电荷迅速中和，而起爆网路导线上的感应电荷，由于与大地间有较大的电阻，不能同样短时间内消失，从而形成局部地区感应高电压。当网路中某个导线连接点直接接地时，在放电中导线上由于雷管有电阻而产生压降，致使有感应电流流过雷管发生早爆。或者网路区域中各处地面的土壤电阻率分布不同，放电中在某些区域发生“击穿”现象，使导线上有电流流过而使雷管发生早爆。

B 预防雷电早爆的措施

在目前人们所掌握的防雷技术及爆破工地防雷可投入成本等条件下，爆破区域防直接雷击还是非常困难的。遇到这种情况，唯一的预防措施就是将所有人员和机械、设备等撤离爆破危险区。

对于电磁场感应和静电感应引起的早爆，最好的办法就是采用导爆管起爆系统。

雷雨季节实施工程爆破时，采取如下措施可以防止因雷电引起的早爆：

(1) 在雷雨季节中进行爆破作业宜采用非电起爆系统。

(2) 在露天爆区不得不采用电力起爆系统时，应在爆破区域设置避雷针或预警系统。

(3) 在装药连线作业遇雷电来临征候或预警时，应立即停止作业，拆开电爆网路的主线与支线，裸露芯线用胶布捆扎，电爆网路的导线与地绝缘，要严防网路形成闭合回路；同时作业人员要立即撤到安全地点。

(4) 在雷电到来之前，暂时切断一切通往爆区的导电体（电线或金属管道），防止电流进入爆区。

(5) 对硐室爆破，遇有雷雨时，应立即将各硐口的引出线端头分别绝缘，放入离硐口至少2m的悬空位置上，同时将所有人员撤离到安全地区。

(6) 电爆网路主线埋入地下25cm，并在地面布设与主线走向一致的裸线，其两端插入地下 50cm。

(7) 在雷电到来之前将所有装药起爆。

14.9.5.2 杂散电流引起的早爆及预防

A 杂散电流的形成与早爆

杂散电流是存在于起爆网路的电源电路之外的杂乱无章的电流，其大小、方向随时都在变化。例如，牵引网路流经金属物或大地的返回电流、大地自然电流、化学电以及交流杂散电流等。

产生杂散电流的主要原因是：各种电源输出的电流，通过线路到达用电设备后，必须返回电源。当用电设备与电源之间的回路被切断后，电流便利用大地作为回路而形成大地电流，即杂散电流。另外电气设备或电线破损产生的漏电也能形成杂散电流。

在地下工程中普遍存在着杂散电流。其中，由直流架线电机车牵引网路引起的直流杂散电流在电机车起动瞬间，可达数十安培；在运行中可达几安培至十几安培，停车后可降至一安培以下。

威胁电气爆破安全的杂散电流，主要分布在导电物体之间（如风水管对岩体，铁轨对岩体，铁轨对风水管，其他金属物体对岩体、铁轨或风水管），这些杂散电流经常高于电雷管的起爆电流，如果在操作时电雷管脚线或电爆网路与金属体之间接触并形成通路，将使杂散电流流经电雷管而造成早爆事故。

交流杂散电流一般比较小，但在电气牵引网路为交流电，电源变压器零线接地以及采用两相供电的场所，铁轨与风水管之间的交流杂散电流也可达几安培而足以引爆电雷管。

无金属物体地点的杂散电流，主要是大地自然电流，其值远小于电雷管的安全电流，即使这些地点存在较多和接地面积较大的游离金属体，其杂散电流有所增加，但一般都小于起爆电流，大部分小于电雷管安全电流。

化学电也属杂散电流，它是某些金属体浸入电解质内产生的。潮湿的地层或具有导电性能的炸药（如硝铵类炸药等），都属于电解质，金属体进入其中就可能产生化学电，这种化学电的电流即为杂散电流。当化学电流达到一定值，并通过导电体流经电雷管时，便可能引起早爆事故。

杂散电流可以现场测试，有专用的杂散电流测试仪。近几年在一些电雷管测试仪表中也已附加了杂散电流的测试功能。

《爆破安全规程》规定，爆破作业场地的杂散电流值大于 30mA 时，禁止采用普通电雷管。

B 预防杂散电流引起早爆的措施

(1) 减少杂散电流的来源，采取措施减少电机车和动力线路对大地的电流泄漏；检查爆区周围的各类电气设备，防止漏电；切断进入爆区的电源、导电体等。在进行大规模爆破时，采取局部或全部停电。

(2) 装药前应检测爆区内的杂散电流，当杂散电流超过 30mA 时，应采取降低杂散电流强度的有效措施，采用抗杂散电流的电雷管或采用防杂散电流的电爆网路，或改用非电起爆系统。

(3) 防止金属物体及其他导电体进入装有电雷管的炮眼中，防止将硝铵类炸药撒在潮湿的地面上等。

14.9.5.3 感应电流引起的早爆及预防

A 感应电流的产生与早爆

感应电流是由交变电磁场引起的，它存在于动力线、变压器、高压电开关和接地的回馈铁轨附近。如果电爆网路靠近这些设备，便在电爆网路中产生感应电流，当感应电流值大于电雷管的安全电流时，就可能引起早爆事故。因此，当拆除物附近有输电线、变压器、高压电气开关等带电设施时，必须采用专用仪表检测感应电流。当感应电流值超过30mA时，禁止采用普通电雷管。

B 预防感应电流引起早爆的措施

为防止感应电流对起爆网路产生误爆，应采取以下措施：

(1) 电爆网路附近有输电线时，不得使用普通电雷管；否则，必须用普通电雷管引火头进行模拟试验；在20kV动力线100m范围内不得进行电爆网路作业。

(2) 尽量缩小电爆网路圈定的闭合面积，电爆网路两根主线间距离不得大于15cm。

(3) 采用导爆管起爆系统。

14.9.5.4 静电引起的早爆及预防

A 静电产生的原因

在进行爆破器材加工和爆破作业中，如果作业人员穿着化纤或其他具有绝缘性能的工作服，则这些衣服相互摩擦就会产生静电荷，当这种电荷积累到一定程度时，便会放电，一旦遇上电爆网路，就可能导致电雷管爆炸。

采用压气装药器或装药车进行装药可以减轻劳动强度、提高装填效率、保证装药密度、改善爆破破碎效果。但在装药过程中，由于机械的运转，高速通过输药管的炸药颗粒与设备之间的摩擦、炸药颗粒与颗粒的撞击会产生静电。如果静电不能及时泄漏而集聚，其电压可达数万伏。静电集聚到一定程度所产生的强烈火花放电，不仅可能对操作人员产生高压电火花的冲击，引起瓦斯或粉尘爆炸的危险，而且可能引起电雷管的早爆。这种早爆因素，可能有以下四种情况：

(1) 装药时，带电的炸药颗粒使起爆药包和雷管壳带电。若雷管脚线接地，管壳与引火头之间产生火花放电，能量达到一定程度时，引起早爆。

(2) 装药时，带电的装药软管将电荷感应或传递给电雷管脚线。若管壳接地，引火头与管壳之间产生火花放电，能量达到一定程度时，引起早爆。

(3) 装药时，电雷管的一根脚线受带电的炸药或输药软管的感应或传递而带电，另一根脚线接地，则脚线之间产生电位差，电流通过电桥在脚线之间流动。当该电流大于电雷管的最小起爆电流时，可能引起早爆。

(4) 在第三种情况下，如果电雷管断桥，则在电桥处产生间隙，并因脚线间的电位差而产生放电，引起早爆。

压缩空气及周围空气的湿度对静电压的影响极大。空气湿度大，则装药设备、炮孔的表面电阻下降，静电不易集聚。一般认为，相对湿度大于70%，则不致因静电引起早爆事故。

输药管、装药器及人体等部位经常接地，炮孔潮湿，则输药管上的电荷和吹入炮孔的炸药颗粒所带的电荷很快向大地泄漏，静电不易集聚，电位差就低。

B 静电早爆的预防措施

(1) 爆破作业人员禁止穿戴化纤、羊毛等可能产生静电的衣物。

（2）机械化装药时，所有设备必须有可靠的接地，防止静电积累。粒状铵油炸药露天装药车车厢应用耐腐蚀的金属材料制造，厢体应有良好的接地；输药软管应使用专用半导体材料软管，钢丝与厢体的连接应牢固。小孔径炮孔使用的装药器的罐体应使用耐腐蚀的导电材料制作，输药软管应采用半导体材料软管。在装药时，不应用不良导体垫在装药车下面；输药风压不应超过额定风压的上限值；持管人员应穿导电或半导电胶鞋，或手持一根接地导线。

（3）在使用压气装填粉状硝铵类炸药时，特别在干燥地区，为防止静电引起早爆，可以采用导爆索网路和孔口起爆法，或采用抗静电的电雷管。

（4）采用导爆管起爆系统。

14.9.5.5 高压电、射频电对早爆的影响和预防

依靠高压线输送的电压很高的电称为高压电。射频电是指电台、雷达、电视发射台、高频设备等产生的各种频率的电磁波。在高压电和射频电的周围，存在着电场，当电雷管或电爆网路处在强大的射频电场内，便起到接收天线作用，感生和吸收电能，在网路两端产生感应电压，从而有电流通过。当该电流超过电雷管的最小发火电流时，就可能引起电爆网路早爆事故。

为防止射频电对电爆网路产生早爆，必须遵守下列规定：

（1）采用电爆网路时，应对高压电、射频电等进行调查；发现存在危险，应采取预防或排除措施。

（2）在爆区用电引火头代替电雷管，做实爆网路模拟试验，检测射频源对电爆网路的影响。

（3）禁止流动射频源进入作业现场。已进入且不能撤离的射频源，装药开始前应暂停工作。手持式或其他移动式通讯设备进入爆区应事先关闭。

（4）电爆网路敷设时应顺直、贴地铺平，尽量缩小导线圈定的闭合面积。电爆网路的主线应用双股导线或相互平行且紧贴的单股线。如用两根导线，则主线间距不得大于15cm。网路导线与电移动式调频（FM）发射机雷管脚线不准与任何天线接触，且不准一端接地。

（5）表 14-19 ~ 表 14-22 分别列出了采用电爆网路时，爆区与高压线、中长波电台（AM）、移动式调频（FM）发射机及甚高频（VHF）、超高频（UFM）电视发射机的安全允许距离。如果爆区满足不了这些要求，则不应采用电力起爆法。

表 14-19 爆区与高压线的安全允许距离

电压/kV		3 ~ 6	10	20 ~ 50	50	110	220	400
安全允许距离/m	普通电雷管	20	50	100	100			
	抗杂电雷管					10	10	16

表 14-20 爆区与中长波电台（AM）的安全允许距离

发射功率/W	5 ~ 25	25 ~ 50	50 ~ 100	100 ~ 250	250 ~ 500	500 ~ 1000
安全允许距离/m	30	45	67	100	136	198
发射功率/W	1000 ~ 2500	2500 ~ 5000	5000 ~ 10000	10000 ~ 25000	25000 ~ 50000	50000 ~ 100000
安全允许距离/m	305	455	670	1060	1520	2130

表 14-21 爆区与移动式调频（FM）发射机的安全允许距离

发射功率/W	1 ~ 10	10 ~ 30	30 ~ 60	60 ~ 250	250 ~ 600
安全允许距离/m	1.5	3.0	4.5	9.0	13.0

表 14-22 爆区与甚高频（VHF）、超高频（UFM）电视发射机的安全允许距离

发射功率/W	1 ~ 10	$10 \sim 10^2$	$10^2 \sim 10^3$	$10^3 \sim 10^4$	$10^4 \sim 10^5$	$10^5 \sim 10^6$	$10^6 \sim 5 \times 10^6$
VHF 安全允许距离/m	1.5	6.0	18.0	60.0	182.0	609.0	
UFM 安全允许距离/m	0.8	2.4	7.6	24.4	76.2	244.0	609.0

注：调频发射机（FM）的安全允许距离与 VHF 相同。

14.9.5.6 仪表电和起爆电源引起的早爆、误爆及预防

在电爆网路敷设过程中和敷设完毕后使用非专用爆破电桥或不按规定使用起爆电源，也会引起网路的早爆。

《爆破安全规程》重点强调：电爆网路的导通和电阻值检查，应使用专用导通器和爆破电桥，专用爆破电桥的工作电流应小于 30mA。使用万能表等非专用爆破电桥，容易因误操作使仪表工作电流超标而引起早爆。

因起爆电源的失误引起的早爆、误爆事故也时有发生。如 1984 年河南某铁矿用变压器输出电缆临时当放炮母线并关掉总闸，中午填塞快结束时有人送照明电时将放炮母线也送上了电，造成 4 死 1 重伤的重大事故。

防止仪表电和起爆电源失误产生早爆、误爆的措施是：

（1）严格按规定使用专用导通器和爆破电桥进行电爆网路的导通和电阻值检查，禁止使用万用电表或其他仪表检测雷管电阻和导通网路；定期检查专用导通器和爆破电桥的性能和输出电流。

（2）严格按照有关规定设置和管理起爆电源。

（3）定期检查、维修起爆器，电容式起爆器至少每月充电赋能一次。

（4）在整个爆破作业时间里，起爆器或电源开关箱的钥匙要由起爆负责人严加保管，不得交给他人。

（5）在爆破警戒区所有人员撤离以后，只有爆破工作负责人下达准备起爆命令之后，起爆网路主线才能与电源开关、电源线或起爆器的接线钮相连接。起爆网路在连接起爆器前，起爆器的两接线柱要用绝缘导线短路，放掉接线柱上可能残留的电量。

第 15 章　爆破工程安全管理

15.1　爆破工程分级管理

15.1.1　爆破作业分级管理的必要性

随着国民经济的快速发展，爆破行业也迎来了自己的春天。一项项与国家重大建设工程相关的爆破工程取得成功，一个个工程爆破科研和技术成果得到鉴定，它们生动地记录了我国爆破行业多年来所取得的丰硕成果。例如：

（1）露天深孔台阶爆破技术的发展，表现为穿孔、装载、运输设备大型化；一次爆破的高台阶规模加大；采用高精度、高可靠性导爆管雷管或是数码电子雷管；采用混装车装药，以及钻机的数据采集和计算机模拟技术等。

（2）城镇建（构）筑物拆除爆破面临新的挑战。近几年来，中国城镇建筑物拆除控制爆破技术有了较大发展，其主要特点是爆破拆除的建（构）筑物高度越来越高，结构趋于多样化，爆破拆除的施工环境复杂。由于环境保护意识的强化，对爆破拆除有害效应控制的要求也更加严格。

（3）爆炸加工技术发展的新局面。爆炸加工技术是近几十年发展起来的一种新的金属加工方法。爆炸加工所涉及的领域很多，传统的爆炸成型、爆炸焊接、爆炸硬化、爆炸消除残余应力、爆炸切割技术的应用在不断延伸扩展，可以说在一些加工工艺上形成了一套完整的生产技术和规范。据不完全统计，全国各种爆炸加工技术及产品的年总产值已超过 100 亿元。爆炸焊接已是很成熟的焊接工艺，广泛地应用于各种标准化的复合金属材料的生产中。

（4）民爆行业积极应对国际、国内经济形势变化，经济运行平稳。2010 年我国有炸药厂 146 家，共生产炸药 351.1 万吨。生产导爆索 1.3 亿米，生产雷管 23.66 亿发，有混装炸药车 226 台。我国爆破器材的产品种类和产量基本满足了各类爆破工程的需要，并已出口国外。爆破器材的稳定发展为工程爆破技术的进步提供了坚实的基础。

在大好的形势下，安全生产事故总量虽有下降，但重大事故仍时有发生，安全生产形势依然严峻。为了加强对爆破作业的安全管理，规范爆破作业许可行为，应进一步完善爆破作业分级管理办法。

15.1.2　制定爆破作业分级管理的原则

爆破作业分级管理的目的是“规范行为、确保安全、促进发展”。为此，公安部根据《民用爆炸物品安全管理条例》制定了相关的爆破作业安全管理办法。

（1）爆破作业范围分为岩石爆破、拆除爆破、特种爆破三类。爆破工程按工程类别、一次爆破总药量、爆破环境复杂程度和被爆破物特征，分 A、B、C、D 四个级别，实行分级管理。凡属矿山内部且对矿山区域外部环境无安全危害的矿山爆破工程可不实行分级管理。

（2）适当提高拆除爆破、岩土爆破高级别标准，限制硐室爆破规模。

1）近年来拆除爆破发展速度很快。截止目前，用爆破法拆除的最高楼房已达34层，高度达104m；最高烟囱达210m；最高冷却塔达130m。因此，以建（构）筑物高度来划分拆除爆破分级的标准可适当提高。

2）目前从事露天深孔爆破、地下深孔爆破这两种爆破作业的人员最多，工程量也大。因此，为了加强岩土爆破安全管理，需进行分级管理。

3）大批高效能采掘机械的出现，限制了硐室爆破的规模，是历史发展的必然。

（3）复杂环境因素进一步细化，将复杂环境因素作为提高爆破工程等级的条件之一。

（4）增加特种爆破分级。爆炸复合已经成为较成熟的生产技术，广泛应用于制造各种复合金属材料。世界各地建设了许多爆炸加工厂，形成了从爆炸焊接复合材料到深加工产品的完善产业体系。各种标准的不锈钢复合板，钛钢、锆钢复合材料已经广泛用于化工设备的制造，舰船、航空航天、军工、机械、冶金产业中。在这种情况下，对特种爆破进行分级管理也是非常必要的。

15.1.3 爆破作业单位管理

15.1.3.1 爆破作业单位分类

爆破作业单位分为非营业性爆破作业单位和营业性爆破作业单位两类。

非营业性爆破作业单位是指仅为本单位合法的生产活动需要在固定区域内自行实施爆破作业的单位。

营业性爆破作业单位是指具有独立法人资格，承接爆破作业设计施工、安全评估、安全监理项目的单位。

15.1.3.2 非营业性爆破作业单位的设立

申请从事非营业性爆破作业的单位，应当具备下列条件：

（1）爆破作业属于合法的生产活动；

（2）有经安全评价合格，符合国家有关标准和规范的民用爆炸物品专用仓库；

（3）有满足相应等级爆破作业项目要求的专业技术人员及业绩；

（4）有符合国家标准、行业标准的爆破作业专用设备；

（5）法律、行政法规规定的其他条件。

15.1.3.3 营业性爆破作业单位的分级

按照申请单位的注册资本、净资产、爆破施工机械及检测、测量设备的净值；承担过爆破作业项目的级别和数量；具有火炸药、爆破工程、化学工程、安全工程、采矿工程、地质工程、工程力学专业范围技术职称的工程技术人员人数、爆破员的人数等各种条件来确定资质等级。

15.2 爆破工程设计文件

15.2.1 爆破工程设计文件的种类

爆破工程设计文件有爆破设计书、爆破说明书及标准设计三种。

分级管理的爆破工程项目，即A、B、C、D级爆破工程应编制爆破设计书和爆破说明书，矿山建设及生产是重复性的爆破作业，只需编制标准设计。无论编写哪一类型的设计，设计之前均应对爆区的地形、地质进行勘测，对爆破对象的尺寸、材质及周围环境进行调查，由具有相应资质的设计单位和设计人员编写。

按设计程序，爆破设计分为可行性研究、技术设计和施工图设计三个阶段。可行性研究阶段应论证爆破方案在技术上的可行性，在经济上的合理性和安全可靠性。通过与其他施工方案比较，论证爆破方案的优越性；通过对两个以上不同爆破方案的比较分析，推荐出最优的爆破方案。技术设计文件是提交审核与安全评估的重要文件，应达到可以按设计文件施工的深度。施工图设计应为施工提供详实图纸和安全技术要求。对硐室爆破还应在装药前根据硐室开挖过程中揭示的地质情况和开挖工程验收资料，提出每条导硐装药、填塞、网路敷设的施工分解图。

A级爆破工程应按三个设计阶段编制设计文件。B级爆破工程可将可行性研究和技术设计合并，分两个阶段编制设计文件。其他分级管理的爆破工程允许一次完成施工设计，但应有技术方案设计的内容。

15.2.2 爆破工程设计依据和内容

15.2.2.1 设计依据

爆破工程设计的依据如下：

(1) 国家有关法律法规。

(2) 工程项目审批文件，单位上级部门的批准文件。

(3) 合同书、招投标文件及业主提出的其他书面要求文件。

(4) 与工程项目有关的技术资料，包括：地形图、环境图、地质报告，建筑物的设计图及说明书，试验资料等。

(5) 预算定额。

(6) 现场调研报告。

15.2.2.2 设计内容

爆破技术设计说明书和图纸两部分应包括以下内容：

(1) 工程概况、环境与技术要求，包括爆破工程质量、工期、安全要求；

(2) 爆破区地形、地貌、地质条件，被爆体结构、材料及爆破工程量计算；

(3) 爆破技术方案，即方案比较，选定方案的钻爆参数及相关图纸；

(4) 起爆网路设计及起爆网路图；

(5) 安全设计及防护、警戒图；

(6) 施工机具、仪表及器材表；

(7) 爆破施工组织。

爆破设计图纸包括：爆破环境平面图，爆破区地形、地质图或被爆体结构图，药包布置平面和剖面图，药室和导硐平面图、断面图，装药和填塞结构图，起爆网路敷设图，爆破安全范围及岗哨布置图，防护工程设计图。

对于不分设计阶段、一次性完成的爆破设计，爆破说明书的内容除了上述内容外，还应有施工组织设计的内容，应包括：

（1）施工准备工作及施工平面布置图；

（2）施工人、材、机的安排及安全、进度、质量保证措施；

（3）爆破器材管理、使用安全保障；

（4）文明施工、环境保护、事故预防的措施及应急预案。

15.3　爆破工程安全评估和审批

15.3.1　爆破安全评估的目的

安全评估工作就是审查爆破作业单位和人员的资质条件，评审和优化爆破设计方案，弥补和修改原设计方案的不足或错误，为审批部门把好技术关和安全关，其目的是为了提高爆破工程安全的可靠性。

15.3.2　需要进行安全评估的工程

根据《爆破安全规程》和《民用爆炸物品安全管理条例》的规定，以下爆破工程均需进行安全评估：

（1）A级、B级和对公共安全影响较大的爆破工程。

（2）在城市、名胜风景区和距重要工程设施500m范围内实施的爆破作业。

（3）凡需报公安机关审批的爆破工程。

15.3.3　爆破安全评估单位与评估人员资质

15.3.3.1　评估单位从业资格

（1）评估单位必须持有：

1）A级或B级资质的《爆破作业单位许可证》；

2）工商营业执照。

（2）评估单位应当按照许可的资质等级、从业范围承接相应等级的爆破作业项目，即：

1）A级资质的营业性爆破作业单位，可以承接各等级爆破作业项目的安全评估；

2）B级资质的营业性爆破作业单位，可以承接B级以下爆破作业项目的安全评估。

15.3.3.2　评估人员从业资格

根据《爆破安全规程》的规定，评估人员资质应符合下述规定：

（1）评估人员必须是持有《爆破安全作业证》的爆破工程技术人员。

（2）评估人员持有《爆破安全作业证》的“作业范围和作业级别”必须与所评估的爆破工程等级相适应。

15.3.4　爆破安全评估的内容

爆破安全评估的内容如下：

（1）爆破作业单位和涉爆人员的资质是否符合规定；

（2）爆破作业项目的等级是否符合《爆破安全规程》中的有关规定；

（3）设计所依据的资料是否完整可靠；

（4）设计方法、设计参数是否合理；
（5）起爆网路是否可靠；
（6）设计选择方案是否可行；
（7）存在的有害效应及可能影响的范围；
（8）保证工程环境安全的措施是否可行；
（9）对可能发生事故的预防对策和事故应急预案是否适当；
（10）评估是否需要爆破安全监理。

15.3.5　爆破安全评估的依据

爆破安全评估的依据如下：
（1）《民用爆炸物品安全管理条例》（国务院令第 466 号）；
（2）《爆破安全规程》；
（3）国家、地方及行业相关法规和设计标准；
（4）申请单位提交的材料，包括：
1）安全评估单位及建设单位签订的安全评估合同；
2）工程立项批文或有关文件；
3）合法有效的爆破施工合同；
4）爆破设计、施工单位及主要人员资质材料；
5）工程爆破设计方案及施工组织设计；
6）与爆区周边相关单位签订的安全协议；
7）其他有关材料。
（5）爆破施工现场踏勘得到的资料。

15.3.6　爆破安全评估的实施

爆破安全评估的实施步骤如下：
第一步：受理。接受申请评估单位的委托。
第二步：材料初审。初步审核委托单位递交的材料，发现不满足规定要求的，申请单位补交资料。
初步审核内容包括：
（1）评估委托书；
（2）工程立项批文或有关文件的合法性；
（3）爆破施工合同的合法性；
（4）查验《爆破作业单位许可证》、工商营业执照；
（5）查验涉爆人员资格证件的有效性；
（6）检查《工程爆破设计方案及施工组织设计》的完整性；
（7）是否有警戒方案及应急预案；
（8）其他有关材料。
第三步：实地考察。评估人员去爆破施工现场踏勘，重点是对爆区周边环境（空中、地面、地下）等设施进行调查、测量、拍照等。

第四步：审核确认。结合爆破施工现场踏勘的情况，对爆破设计方案进行审核，凡不满足施工安全要求的，提请设计或施工单位补充修改。

本阶段重点审核以下内容：

（1）确认设计方法和设计参数是否合理；

（2）确认起爆网路是否安全准爆；

（3）确认对存在的爆破有害效应及可能影响公共安全范围的论述是否充分；

（4）确认对保证工程环境安全所采取的防范措施是否可靠；

（5）确认对可能发生事故的预防对策和抢救措施是否适当；

（6）确定本工程的爆破等级；

（7）确认爆破施工单位的《爆破作业许可证》和工程技术人员的《爆破安全作业证》是否与确定的工程爆破等级相适应。

第五步：出具报告。根据审核要求，方案经设计和施工单位修改补充并符合要求后，评估单位出具评估报告。

15.3.6.1　安全评估报告的内容

安全评估报告主要包括两个方面的内容：

（1）为公安机关的审批提出建议。内容主要包括：

1）工程地点、工程名称、爆破工程量；

2）炸药的需求量，爆破规模及单响最大起爆药量控制；

3）明确爆破工程等级；

4）对评估的各项内容都已进行查验、审核；

5）提出爆破工程是否需要安全监理。

（2）对爆破设计、施工单位的评估意见。内容主要包括：

1）对涉爆单位及人员资格条件的评审意见；

2）对爆破方案的评审意见；

3）对安全管理及措施可靠性的评估意见；

4）对安全警戒合理性的评估意见；

5）对安全责任落实情况的评估意见；

6）其他应注意的安全事项。

15.3.6.2　安全评估的法律责任

从事安全评估的爆破作业单位应当按照有关法律、法规承担相应的法律责任和连带赔偿责任。安全评估单位作为从事爆破作业的单位还应承担如下法律责任。

（1）《民用爆炸物品安全管理条例》第四十八条规定：从事爆破作业的单位有下列情形之一的，由公安机关责令停止违法行为或者限期改正，处10万元以上50万元以下的罚款；逾期不改正的，责令停产停业整顿；情节严重的，吊销《爆破作业单位许可证》：

1）爆破作业单位未按照其资质等级从事爆破作业的；

2）营业性爆破作业单位跨省、自治区、直辖市行政区域实施爆破作业，未按照规定事先向爆破作业所在地的县级人民政府公安机关报告的。

（2）爆破作业单位有下列情形之一的，作出许可的公安机关应当依法注销其许可证：

1）许可证有效期届满未申请延期或者申请延期但不予批准的；

2）被依法终止的；

3）自行申请注销的；

4）法律、行政法规规定应当注销的其他情形。

（3）营业性爆破作业单位在爆破作业活动中发生较大爆破作业责任事故的，省级公安机关应当根据利害关系人的请求或者依据职权，对其资质等级予以降级，并根据降级情况重新核定从业范围。

（4）爆破作业单位及爆破作业人员违法从事爆破作业或者发生爆破作业责任事故的，违法行为或者事故发生地的县级以上公安机关应当依法查处，并在作出处理决定后 3 日内，将违法事实、处理结果等有关情况录入民用爆炸物品信息管理系统。

（5）爆破作业单位及爆破作业人员从事爆破作业活动中，不得有下列行为：

1）伪造、变造、买卖或者出借、租借爆破作业单位、人员许可证；

2）超出许可的资质等级、从业范围从事爆破作业；

3）违反国家有关标准和规范实施爆破作业；

4）聘用无爆破作业资格的人员从事爆破作业；

5）将承接的爆破作业项目转包；

6）为非法的生产活动实施爆破作业；

7）为本单位或者有利害关系的单位承接的爆破作业项目进行安全评估、安全监理；

8）承接同一爆破作业项目的安全评估、安全监理；

9）扣押爆破作业人员许可证；

10）爆破作业人员同时受聘于两个以上爆破作业单位。

15.3.6.3　安全评估的权威性

为确保安全评估工作对爆破安全、爆破技术的把关作用，《爆破安全规程》中特别强调了安全评估工作的权威性。

（1）凡属安全评估界限范围之内的工程爆破设计，必须进行安全评估，无安全评估的爆破设计，任何单位不准审批，施工单位不许实施；

（2）经安全评估审批通过的爆破设计，施工时不得任意更改；

（3）安全评估否定的爆破设计，应重新设计，重新评估；

（4）经安全评估审批通过的爆破设计，无论因何原因进行重大修改时，其修改部分应重新上报进行安全评估；

（5）为保证安全评估工作的质量，《爆破安全规程》规定，经安全检查评估通过的爆破工程设计，如果因安全评估疏漏和错误而发生事故，安全评估单位应承担连带责任。

15.3.6.4　安全评估工程实例

本小节介绍某船坞围堰及旧码头爆破拆除爆破安全评估实例，以供参考。

A　工程简介

该船坞围堰及旧码头爆破拆除及清渣工程位于舟山市定海区白泉镇。该工程主要包括船坞围堰及旧码头爆破拆除、爆渣清运、坞体安全防护、坞底板清理。船坞围堰全长约 65m，围堰由下部预留岩坎和上部浆砌块石组成。最大开挖高度约为 11m，预留岩坎爆破开挖方量约 20509m^3。在预留岩坎上部建造浆砌石挡墙，利用浆砌石挡墙和基岩形成挡水。挡墙顶宽约1.5m、高约3.5m，浆砌块石方量为1481m³。待拆除旧码头紧靠围堰，由灌注桩、联系梁、预制和现浇混凝土板构成。共有直径为1m的灌注桩17根，根部伸入基岩，长度约15m不等。联系梁为1.2m×0.8m，混凝土板的厚度为0.4m。混凝土板为220m³，联系梁为223m³。本工程施工工期为3个月。

爆破区域周边环境比较复杂，北面临海，南面为正在建设的钢筋混凝土结构船坞。受自然条件限制，围堰与坞体结构距离十分近，最近距离约0.5m。西北面50m为在建的桩基码头，在围堰东侧紧邻待拆除码头也有一个新建桩基码头，距离围堰20m。

为预防爆破后坞内灌水对坞门造成危害，避免大量爆渣随海水冲入船坞内，围堰选用坞内充水爆破方案。预留岩坎采用缓倾斜深孔爆破拆除，围岩上部浆砌块石采用浅孔爆破拆除。

旧码头的灌注桩采用钻孔爆破的方法，用高风压钻机沿灌注桩纵深造孔。联系梁采用手风钻成孔，并和围堰同时爆破拆除，混凝土板在装药前全部采用机械拆除。

B　安全评估报告

a　为审批部门提出的评估结论

（1）受“××××船业有限公司”委托，×××××爆破工程咨询有限公司对“××××船业有限公司白泉修船基地旧码头和船坞围堰爆破拆除工程”项目进行了现场勘察，结合该爆破项目设计施工方案和修改补充设计施工方案及其他有关资料，确定该爆破为“拆除爆破A级”，爆破总方量约22433m³，需炸药量约22000kg。具体情况见下表。

<table>
<tr><td>爆破项目名称</td><td colspan="2">××××船业有限公司白泉修船基地旧码头和船坞围堰爆破拆除工程</td><td>爆破地点</td><td>舟山市定海区白泉镇</td></tr>
<tr><td>爆破评估申请单位</td><td colspan="2">××××船业有限公司</td><td>申请时间</td><td>2009.07.31</td></tr>
<tr><td>爆破设计单位</td><td colspan="2">×××××爆破工程有限公司</td><td>资　质</td><td>一级</td></tr>
<tr><td>爆破施工单位</td><td colspan="2">×××××爆破工程有限公司</td><td>资　质</td><td>一级</td></tr>
<tr><td>爆破监理单位</td><td colspan="2">待定</td><td>资　质</td><td>待定</td></tr>
<tr><td>爆破周边环境</td><td colspan="4">该工程北面临海；南面为在建的船坞，围堰与坞体结构近邻，最近距离约0.5m；东西面为厂区，西侧约100m为厂区办公大楼，西侧约270m为2号在建船坞（已停工）。西北面50m为在建的桩基码头。此外在待拆除的码头东侧有一个新建的桩基码头，距离围堰约20m。爆区周边环境复杂</td></tr>
<tr><td>单响药量/kg</td><td><196</td><td>最近保护点振动速度/cm·s⁻¹</td><td colspan="2">圬墩、圬底板：小于20；码头：小于5；花岗岩贴面：小于5</td></tr>
<tr><td>一次总药量/kg</td><td><22000</td><td>飞石/m</td><td colspan="2"><100</td></tr>
<tr><td>方案修改时间</td><td>2009.08.22</td><td>出具评估意见时间</td><td colspan="2">2009.08.24</td></tr>
</table>

（2）核对了设计、施工单位的营业执照、企业资质、企业许可、施工合同（协议、赔偿协议），设计、审核、施工人员证件和签名，设备组织情况等，均符合要求。

（3）验算了设计、施工方案中爆破飞石、振动、冲击波等公式，符合国家和行业有关规定。

（4）估算了设计、施工方案中（采取防护措施后）的警戒范围和爆破效果。

（5）评估了设计、施工方案的可行性，网路准爆性，警戒方案完整性，爆破器材使用安全性，应急预案完备性等，符合施工管理需要。

(6) 该工程需要爆破安全监理。

爆破安全评估结论：该爆破作业项目符合爆破安全要求。但该方案必须落实爆破安全监理单位，并经公安部门审核批准后方可组织实施。

b 对爆破设计、施工单位的评估意见

(1) 资信确认。

1) ×××××爆破工程有限公司资质：

营业执照（证件略）；

爆破与拆除工程专业承包一级（证件略）；

安全生产许可证（证件略）；

民用爆炸物品使用许可证（证件略）。

2) ×××××爆破工程有限公司技术人员资质：

设计人：

××× 爆破工程技术人员 （作业证高级，拆除爆破 A 级）；

××× 爆破工程技术人员 （作业证高级，拆除爆破 A 级）；

审核人：

××× 爆破工程技术人员 （作业证高级，拆除爆破 A 级）。

已签订"爆破工程施工合同"；施工单位和技术人员的资信符合要求。

(2) 爆破方案的审核。

1) 爆破设计施工方法。"方案"中制定的对"围堰采用坞内充水，缓倾斜孔爆破拆除；对旧码头的灌注桩、梁采用钻孔爆破；其余钢筋混凝土板式结构在装药前进行机械预拆除"。爆破施工方法总体上可行。

2) 爆破工程分级。根据本工程的性质，结合"方案"中的最大单响药量小于 196kg、一次爆破总药量约为 22000kg 情况，本工程属"拆除爆破 A 级"。

3) 爆破参数的合理性。炮孔直径、炮孔深度、布孔方式、孔排距、最小抵抗线、单孔装药量、炸药单耗及填塞长度等基本合理。

4) 爆破安全设计。爆破振动、爆破飞石、爆破水击波等爆破危害校核所选用的计算公式及参数基本合理，安全防护设计合理可靠。

5) 爆破网路的可靠性。"方案"中爆破网路选用奥瑞凯高精度导爆管雷管，采用孔内高段位、孔外低段位延期起爆的方法，除 V 型开口处一侧及局部用 9ms 接力外，其余孔间用 17ms 雷管接力，排间采用 42ms 或 65ms 雷管接力，排与排之间再两次桥接，保证了网路的可靠性。此外浅点处理爆破采用导爆管复式连接网路，同孔装同段位（15ms）雷管，孔与孔之间根据起爆要求分别采用 MS5 或 MS3 雷管接力，实现逐孔起爆。方案中制定的爆破网路安全可靠。

6) 爆破试验。该工程属于 A 级拆除爆破，根据《爆破安全规程》要求，爆破前应对在工程中使用的爆破器材进行现场试验及检测。

"方案"中，爆破器材浸水实验（抗压和抗水试验），浸水后爆破器材起爆、传爆等爆炸性能实验、起爆网路爆破模拟实验等的方式方法得当、合理，组织实施较严密，符合规范要求。

（3）安全管理及措施可靠性评估意见。方案中所采取的安全管理及防护措施合理可行。但还应做好以下工作：

1）建立以项目经理为安全生产第一责任人的安全生产领导机构，健全安全管理网络，制定以《安全生产责任制》为主的各项安全生产规章制度，配备专职安全员。

2）严格按已审核批准的爆破施工方案组织爆破施工；严格遵守《爆破安全规程》和有关爆破安全管理规定；做好爆破作业组织工作，对易燃易爆及火工材料要严格执行有关规程、规范的要求，并与当地公安、消防部门密切联系，积极配合，防止各类意外事故的发生。

3）要做到设计人员到现场参与施工、指导施工。针对施工中出现的新情况、新问题，及时调整修改设计，确保最终实现设计要求。

4）船坞坞门及船坞基础部位是本工程安全防护的重点，施工单位必须结合船坞各部位的结构特点，制定切实可行的、有针对性的安全技术措施，确保船坞结构安全。

（4）安全警戒合理性。

“方案”确定爆破安全警戒范围为：陆上警戒距离定为300m；北面海上警戒范围不小于500m，在警戒范围内的所有船只应停靠在警戒范围以外，同时派出一艘巡逻艇巡视周边海域，距离爆破点1000m范围内不得有潜水作业人员和游泳人员。“方案”确定的警戒范围合理，但还需做好以下工作：

1）开工前1~3d应在作业地点张贴施工通告。施工通告内容应包括工程名称、业主单位、设计单位、施工单位、工程负责人、爆破作业时限等。

2）装药前1~3d应发布爆破通告，内容包括爆破地点、每次爆破起爆时间、安全警戒范围、警戒标志、起爆信号等。爆破通告除以书面形式通知当地有关部门、周围单位和居民外，还应以布告形式进行张贴。

3）起爆前必须在警戒方案中的各警戒点设置岗哨进行警戒后才准一次性起爆，各岗哨必须落实专人，明确责任。

4）爆后经检查确定无盲炮后，才准按《警戒方案》规定时间解除警戒信号和标志。

（5）安全责任到位情况。

该工程爆破施工单位已与××××船业有限公司协商，落实相关安全责任。除此之外还需做好以下工作：

1）爆破器材管理：建立健全火工品领用登记制度，实行专人专管，炸药消耗量必须有原始记录和交接手续，做到领用登记清楚、账物相符，严防爆破器材流失或被盗事故的发生。

2）对爆破技术人员和“三大员”的要求：爆破设计与审核人员必须至少有三人（其中一人必须持有高级爆破技术人员安全作业证和拆除爆破A级的作业范围）亲临爆破施工现场进行技术指导和监督。要做好爆破原始记录，且要整理归档。“三大员”必须持证上岗。

3）爆破器材在现场存放位置应征得公安机关的同意，并做好安全保卫工作。

（6）其他应注意的安全措施。

1）该工程爆破前应对爆区周围人员、地面建（构）筑物及各种设备分布情况等进行详细的调查研究，根据已掌握的调查情况，优化和调整爆破设计施工方案。由于该工程环境较复杂，因此控制爆破飞石、爆破振动和爆破水击波是本工程降低爆破危害，确保周边建（构）筑物、设备安全的关键。希望施工单位通过技术措施、经济措施、组织措施等相关手段来加强各道工序的施工质量，确保生命财产的安全。

2）爆破工作负责人应根据爆破区的地质、地形、水位、流速、流态、风浪和环境安全等情况布置爆破作业。同时要加强与当地气象部门的联系，掌握灾害性天气预报，预防恶劣气候等自然灾害的影响。

3）“方案”中对堰体上部浆砌块石结构采用大孔径浅孔爆破，我们认为容易产生爆破飞石的危害，因此希望施工单位在选取爆破参数时应慎重考虑，必要时爆破单位用药量系数可以通过试爆后优化确定。同时要对爆区周边造船基地的设备、办公室等进行安全校核，并采取切实可行的安全防护措施。

4）“方案”中，在计算水中冲击波的安全允许距离时，采用的是单响最大起爆药量，应按爆破总药量计算，并按计算的安全允许距离重新设置水上警戒范围。

5）完善爆破试验方案，爆破前需对爆破器材和爆破网路进行模拟试验，模拟试验的环境应与实际爆破环境相类似。

6）该工程爆破作业前应清理现场，完成设计要求的预拆除工作。要准备好现场药包临时存放与制作场所。不能当天完成装药作业的应设临时存放点，严格划定警戒范围并进行昼夜警戒。同时要针对本工程现场环境的具体情况，编制详细的爆炸物品安全保管措施。

7）要加强爆破安全警戒管理和组织工作。爆破指挥长应与爆破施工现场、起爆站、主要警戒哨建立并保持通讯联络。通讯联络制度、联络方法应由指挥长或爆破工作负责人决定。

8）项目部生产生活设施的布置应满足爆破施工安全的规定要求。

（7）本评估报告有效期至工程开工后 100 天止。

本次评估仅针对×××××爆破工程有限公司编写的《××××船业有限公司白泉修船基地旧码头和船坞围堰爆破拆除施工方案》有效，同时本评估报告只对合法有效的爆破开挖有效。若委托人、设计、施工主体变更、环境发生重大变化或超范围、超量爆破，本评估报告无效。

评估单位：略（盖公章）

日期：略

评估组人员组成及签名表：

职　务	姓　名	证书编号	作业级别与范围	签名笔迹
评估组长	×××	略	高级，拆除爆破 A 级	
评估成员	×××	略	高级，拆除爆破 A 级	
	×××	略	高级，拆除爆破 A 级	
	×××	略	高级，拆除爆破 A 级	

c　报告附件

（1）评估审核通过的《爆破设计方案及施工组织设计》；

（2）爆破施工现场踏勘拍摄照片；

（3）签订合法有效的爆破施工合同及安全协议；

（4）涉爆单位及人员的资信材料复印件；

（5）审批部门要求提交的其他材料。

15.3.7　爆破工程审批

爆破工程设计和施工的实施要申报公安部门，未经审批的不准开工。

15.3.7.1　报审材料

报审材料包括：

（1）爆破作业单位持有的《爆破作业单位许可证》、工商营业执照并复印件；

（2）安全评估、安全监理企业持有的《爆破作业单位许可证》、工商营业执照并复印件；

（3）与建设单位签订的爆破作业合同并复印件；

（4）安全评估企业与建设单位签订的安全评估合同并复印件；

（5）安全监理企业与建设单位签订的安全监理合同并复印件；

（6）安全评估企业出具的安全评估报告并复印件；

（7）法律、行政法规规定的其他条件。

15.3.7.2　审批权限

（1）A、B、C、D级爆破工程设计按地方或行业的有关规定，报审批机构批准。

（2）根据《民用爆炸物品安全管理条例》第三十五条的规定：在城市、风景名胜区和重要工程设施附近实施爆破作业的，应当向爆破作业所在地设区的市级人民政府公安机关提出申请，提交《爆破作业单位许可证》和具有相应资质的安全评估企业出具的爆破设计、施工方案评估报告。受理申请的公安机关应当自受理申请之日起20日内对提交的有关材料进行审查，对符合条件的，作出批准的决定；对不符合条件的，作出不予批准的决定，并书面向申请人说明理由。

15.3.8　设计修改

（1）按安全评估意见修改。经安全评估认可后的爆破设计才能进行审批，一般来说设计者应当尊重安全评估意见，对设计文件进行修改和补充。如果需对设计方案做重大修改，则需要对设计修改部分重新进行安全评估。

（2）按现场变化的实际情况修改。现场变化包括地形、地质情况变化，实际建筑物结构、材质与设计图不符，施工中发生偏差或装药位置变化等。这些变化在较大工程中难以完全避免，如果现场情况变了，设计不做修改，则设计不符合实情，不但影响爆破效果，而且可能酿成安全事故，所以发现变化就要马上修改设计。在装药前对施工的孔、洞进行验收，根据实际验收结果，对装药进行调整或对施工进行调整。如果设计修改较大，则重大修改部分应重新上报评估。

15.4　爆破施工方案与施工环境

《爆破安全规程》规定了爆破工程施工组织设计要编写的内容。施工组织设计由施工单位编写，不同类型的爆破工程，施工组织设计的编写程序和具体内容有差别。

15.4.1　施工方案的编制

爆破工程施工组织设计的主要内容是施工方案、施工进度计划、施工布置平面图设计。

施工方案设计是施工组织设计中最重要的内容，它包括施工方法的确定、施工机具的选择、施工顺序的安排。

15.4.1.1　施工方法的确定

爆破施工方法的确定取决于工程特点、工期要求、施工条件等因素，应选择最安全、最先进、最合理、最经济的施工方法。

编制施工方法时要重点突出其安全性，能够在现有条件下确保施工、周围环境及最终边坡的安全。对采用的新技术和新工艺、对施工质量起关键作用或技术较复杂的工序，在施工方案中应详细说明施工方法和技术措施；对重要的分项工程要单独编制施工作业设计。同时，还应明确指出施工的质量标准及确保质量与安全的措施。

15.4.1.2　施工机具的选择

施工机具的选择应以满足施工方法的需求为基础。应注意以下几点：

(1) 只能在现有的或可能获得的机械中进行选择；

(2) 所选的机具必须满足施工进度的要求；

(3) 选择机具时要考虑互相配套，机具应与工作面、施工道路相适应，充分发挥机械作用；

(4) 从全面出发，所选机具应在尽可能多的项目中使用。

15.4.1.3　施工顺序的安排

施工顺序安排的原则是：

(1) 满足合同工期要求及工期内数量、品质要求；

(2) 处理好施工道路与生产的关系，减少相互影响；

(3) 一般应按从上到下、交叉平行或流水作业的原则进行安排；

(4) 尽量布置较多的工作面，并考虑适当的预备工作面；

(5) 安排施工顺序应考虑机械的布置，保持均衡生产；

(6) 必须考虑水文、地质、气候的影响。

15.4.2　施工进度计划的编制

施工进度计划是控制各项施工活动的依据，是施工管理的重要指标。

15.4.2.1　施工进度计划编制的依据

施工进度计划编制的依据如下：

(1) 工程的全部施工图纸及有关水文、地质、气象和其他技术的经济资料；

(2) 合同规定的开工、竣工日期；

(3) 主要工程的施工方案；

(4) 劳动定额和机械使用定额；

(5) 劳动力、机械设备的供应情况。

15.4.2.2　施工进度计划编制的步骤

施工进度计划编制的步骤如下：

（1）研究施工图纸和有关资料以及施工条件；
（2）划分施工项目，计算实际工程数量；
（3）编制合理的施工顺序和选择施工方法；
（4）计算各单位时间（周、旬或月）的实际工作量；
（5）确定各施工过程的人、机、料数量；
（6）设计和绘制施工进度图；
（7）检查与调整施工进度。

15.4.3　施工平面图的设计

施工平面图是对施工道路、设备维修、仓库、生产设施等的科学规划与设计表达。爆破工程的施工场地规划除了应考虑自然灾害（水流、塌方、泥石流等）防范外，还应考虑爆破产生的个别飞石、烟尘、振动对周围环境的影响，避免可能造成的危害。

15.4.3.1　施工平面图设计的依据

施工平面图设计的依据如下：
（1）工程平面图；
（2）施工进度计划和主要施工方案；
（3）各类临时设施的性质、形式、尺寸；
（4）机修车间、停车场地的规模和设备数量；
（5）水源、电源资料。

15.4.3.2　施工平面图设计的原则

施工平面图设计的原则如下：
（1）在保证施工顺利的前提下，少占农田并考虑洪水、风向等自然因素的影响；
（2）管理机构应便于全面指挥，生活场地应便于工人休息和开展文化活动；
（3）应使各场所避免爆破施工的破坏；
（4）应符合保安和消防的要求，并慎重考虑避免自然灾害的影响；
（5）与爆破安全警戒统筹安排；
（6）场地布置应与施工方法、施工进度、工艺流程和机械设备相适应。

15.4.3.3　施工平面图设计的步骤

施工平面图设计的步骤如下：
（1）分析有关调查资料，确定爆破安全的区域；
（2）考虑各种材料的合理堆放；
（3）布置水、电线路；
（4）确定各临时设施的布置和尺寸；
（5）决定临时道路位置、长度和标准。

15.4.3.4　施工平面图的内容

施工平面图包括以下内容：
（1）爆破施工区段或爆破作业面划分及其程序编制；
（2）爆破和清运交叉循环作业时，应制定减少施工作业干扰的措施；
（3）有碍爆破作业且无用的建（构）筑物的拆除与处理方案；

（4）现场施工机械配置方案及其安全防护措施；
（5）进出场临时道路的布置；
（6）风、水、电供给方案，施工器材，机修场地布置；
（7）爆破器材的现场临时保管、药包制作与贮存库房的安排及安全保卫措施；
（8）施工现场安全警戒岗哨、避炮防护设施与工地警卫值班设施布置；
（9）施工现场防洪与排水措施安排。

15.4.4 爆破作业的环境要求

15.4.4.1 爆破作业环境及其分类

A 爆破作业环境的定义

爆破作业环境泛指爆破区及爆破区周围的自然条件、环境状况，以及它们对爆破安全的影响。

爆破区的自然条件指爆破区所处的自然状态。如土石方爆破中爆破区的地形地质特点、岩体稳定情况等；地下爆破中爆破区的有害气体浓度、温度、湿度及亮度、通风、水流等情况。

爆破区周围的自然条件指爆破作业时的天气条件、水文条件及爆破区周围的地形、地质状况。包括爆破区周围地质构造、边坡、滑坡体、滚石以及水文地质、溶洞、采空区的情况等。

爆破区和爆破区周围的环境状况指爆破区和邻近区域的水、电、气和通讯管线路的位置、埋深、材质和重要程度；邻近爆破区的建（构）筑物（如居民楼、办公楼、厂房、堤坝等）、交通道路、设备仪表或其他设施的位置、重要程度和对爆破的安全要求。

爆破作业环境还包括爆破区附近有无危及爆破安全的电磁波发射源、射频电源及其他产生杂散电流等不安全因素的物质。

因为爆破作业要在爆破区中进行，爆破器材要在爆破区中使用，在不安全的环境中进行作业，将直接危及施工作业人员和周围人员的安全。在爆破设计和施工作业中，根据爆破区和爆破区周围的自然条件和环境状况，利用对爆破有利的条件，规避或改善对爆破不利的条件，对危及爆破安全和爆破可能危及他们的安全的自然条件和环境状况采取必要的安全防范措施，是保证爆破作业顺利实施所必须认真考虑的。

B 爆破作业环境的分类

爆破作业环境包括以下三种情况：

（1）环境十分复杂。指爆破可能危及国家一、二级文物，极重要设施，极精密贵重仪器及重要建（构）筑物等保护对象的安全。在城镇闹市区进行拆除爆破或岩土爆破，周围商铺密布、人口稠密、交通繁忙，而且爆破产生的社会影响大，通常也称为环境十分复杂。

（2）环境复杂。指爆破可能危及国家三级文物、省级文物、居民楼、办公楼、厂房等保护对象的安全。

（3）环境不复杂。指爆破只可能危及个别房屋、设施等保护对象的安全。

爆破前应对爆破区周围的自然条件和环境状况进行调查，认定爆破作业环境的等级，并根据不同等级的作业环境，采取与该等级相符的安全防范措施。

15.4.4.2 爆破作业环境的基本规定

爆破作业属于高危作业领域，不仅是本身作业危险性较高，而且对周围环境产生的影响也不容忽视。因而不同的爆破作业对环境的要求和环境对爆破作业的限制有特别的规定。

A 爆破作业环境的一般规定

爆破作业环境的一般规定如下：

（1）在大雾天、黄昏和夜晚，禁止进行地面和水下爆破。需在夜间进行爆破时，必须采取有效的安全措施，并经主管部门批准。进行这样的规定主要是为了保证安全，因为夜间能见度极差，视野有限，环境地形复杂时易造成事故。

（2）在残孔附近钻孔时应避免凿穿残留炮孔，在任何情况下不应打钻残孔。因为在残孔中往往有残留的爆破材料，打钻残孔引起残药爆炸的事故的发生率很高。

（3）在复杂环境下进行深孔爆破，应进行以下工作：

1）爆破有害效应对周围环境影响的详细计算和认证；

2）防止爆破有害效应的安全措施；

3）划定既能保证安全又要尽量减少扰民范围的警戒区。

（4）在人口密集区、重要设施附近及存在有气体、粉尘爆炸危险的地点，不应采用裸露爆破；在沟谷中及特殊气象条件下进行裸露爆破，应考虑空气冲击波反射、绕射的影响，加大相应方向的安全距离。

（5）在拆除爆破中，对周围水、电、气、通讯等公共设施的安全应作出论证，并提出相应的安全技术措施。若爆破可能危及公共设施，施工单位应向有关主管部门提出关于申请暂时停水、电、气、通讯的报告，得到有关主管部门同意后方可实施爆破。拆除爆破设计必须考虑爆区周围道路的防护和交通管制。

（6）在有瓦斯或煤尘爆炸危险的矿井以及其他不同类型的矿井中爆破，应遵守有关的安全规定。

（7）采用电爆网路时，应对高压电、射频电等进行调查，对杂散电进行测试；发现存在危险，应立即采取预防或排除措施。

（8）露天、水下爆破装药前，应与当地气象、水文部门联系，及时掌握气象、水文资料，遇以下特殊恶劣气候、水文情况时，应停止爆破作业，所有人员应立即撤到安全地点：

1）热带风暴或台风即将来临时；

2）雷电、暴风雪来临时；

3）大雾天气，能见度不超过100m时；

4）风力超过六级，浪高大于0.8m时，水位暴涨暴落时。

B 爆破作业对环境的要求

爆破作业场所有下列情形之一时，不应进行爆破作业：

（1）岩体有冒顶或边坡滑落危险的；

（2）地下爆破作业区的爆破有害浓度超过爆破安全规程规定的标准；

（3）地下爆破工作面的空顶距离超过设计（或作业规程）规定的数值时；

（4）爆破会造成巷道涌水、堤坝漏水、河床严重阻塞、泉水变迁的；

（5）爆破可能危及建（构）筑物、公共设施或人员的安全而无有效防护措施的；

（6）硐室、炮孔温度异常的；

（7）作业通道不安全或填塞的；

（8）支护规格与支护说明书的规定不符或工作面支护损坏的；

（9）距工作面 20m 以内的风流中瓦斯含量达到或超过 1% 或有瓦斯突出征兆的；

（10）危险区边界未设警戒的；

（11）光线不足、无照明或照明不符合规定的；

（12）未按爆破安全规程的要求做好准备工作的。

地下爆破可能引起地面塌陷和山坡滚石时，应在通往塌陷区和滚石区的道路上设置警戒，树立醒目标志，防止人员误入。

C　在高温环境中进行爆破作业的规定

（1）硫化矿开采中，当炮孔温度高于 60℃时，应成立专业爆破工作队；参加爆破作业和参与加工防自爆药包的工作人员，应经安全教育和技术培训，考试合格后，才能从事该项工作；每次爆破均应经有关领导批准。

（2）在超过 60℃的高温矿井爆破时，应遵守下列规定：

1）应选用和加工耐高温的防自爆药包，不应使用有损伤、变形的药包；

2）装药前应测定工作面与孔内温度，孔温不应高于药包安全使用温度；

3）爆前、爆后应加强通风，并采取喷雾洒水、清洗炮孔等降温措施；

4）用导爆索起爆时，将导爆索捆在起爆药包外，不得直接插入药包内；

5）装药时，应按从低温孔到高温孔，从易装孔到难装孔的顺序装药；

6）待全部炮孔装药完毕后，以最短的时间填塞炮孔，并应用不含硫化矿的矿岩粉作炮泥；

7）装药时，应安排专人监视，发现炮孔逸出棕色浓烟等异常现象时，应立即报告爆破指挥人员，迅速组织撤离；

8）高温爆破作业面附近的非爆破工作人员，应在装药前全部撤离；

9）孔内温度为 60～80℃时，应用沥青牛皮纸将炸药包装完好，并不应与孔壁接触，从向孔内装药至起爆，时间不应超过 1h；

10）孔内温度为 80～140℃时，应用石棉织物或其他绝热材料严密包装炸药，孔内不准装雷管，可采用防热处理的黑索今导爆索起爆，装药至起爆的间隔时间应经过模拟试验来确定；

11）孔内温度超过 140℃时，应采用耐高温爆破器材；

12）高温热凝结构爆破按爆破安全规程的规定执行。

15.4.5　爆破施工现场管理

在爆破工程中，装药、填塞和连接起爆网路是施爆阶段中的关键作业，直接影响施爆阶段的安全和整个爆破工程能否取得预期的安全和质量效果。在进行装药作业前，应由爆破技术人员进行技术交底；参加作业的爆破员应清楚和熟悉装药方式、装药结构和装药量，由有同类爆破施工经验的爆破员或爆破技术人员制作起爆体或起爆药包，同时安排人员做好装药的原始记录。在进行装药作业时，爆破技术人员必须在现场负责指导和监督。

15.4.5.1 装药

装药前应对作业场地、爆破器材堆放场地进行清理，装药人员应对准备装药的全部炮孔、药室进行检查。深孔爆破中，应将孔口周围 0.5m 范围内的碎石、杂物清除干净，孔口岩壁不稳的要进行维护，堵孔的应疏通，不合格的孔可以采取补孔、补钻、清孔、填塞孔等处理措施。硐室爆破装药前应清除导硐和药室中一切残存的爆破器材、积渣和导电金属；发现药室顶板、边壁不稳固时，应加强支护；各药室之间的施工道路应清除浮石，斜坡的通道宽度应不小于 1.2m；当斜坡坡度大于 30°时，应设置梯子或栏杆。

从炸药运入现场开始，应划定装运警戒区，警戒区内严禁烟火；搬运爆破器材应轻拿轻放，尤其是起爆药包，应单独搬运，不能冲撞。

装药现场应有足够的照明设施保证作业安全。爆破装药现场不应用明火照明。装药需用电灯照明时，在离爆破器材 20m 以外可装 220V 的照明器材，在作业现场或硐室内可使用电压不高于 36V 的照明器材；从带有电雷管的起爆药包或起爆体进入装药警戒区开始，装药警戒区内应停电，可采用安全蓄电池灯、安全灯或绝缘手电筒照明。缺乏足够照明时，或在黄昏和夜间能见度差的条件下，不宜进行地面及水下爆破的装药工作。

在大孔径深孔爆破和硐室爆破中，常采用导爆索连接炮孔或药室内的不同起爆体。在铵油、重铵油炸药与导爆索直接接触的情况下，应采取隔油措施或采用耐油型导爆索。

在大量深孔爆破中，往往进行预装药作业，有关施工作业要求可参见爆破安全规程的有关规定。

装药分人工装药和机械化装药两种方法。

A 人工装药

炮孔装药时的注意事项如下：

（1）应使用木质或竹制炮棍。

（2）不应投掷起爆药包和敏感度高的炸药，起爆药包装入后应采取有效措施，防止后续药卷直接冲击起爆药包。

（3）装药发生卡塞时，若在雷管和起爆药包放入之前，可用非金属长杆处理。装入起爆药包后，不应用任何工具冲击、挤压。

（4）在装药过程中，不应拔出或硬拉起爆药包中的导爆管、导爆索和电雷管脚线。

B 机械化装药

装药工作机械化，使炸药装填得到极大的改善，克服了以往炸药生产场地大、倒运环节多、包装费用高、劳动强度大、劳动卫生条件差、炮孔装药不连续等缺点；也解决了地下工程中由于钻孔直径小、角度方向变化大、堵孔卡孔机会多的问题。可提高装药密度，改善爆破质量，减少穿孔量，降低穿爆成本，节约炸药的贮存、保管、运输和包装费用，具有显著的经济效益。

露天装药机械有装药车和现场混装车两类。在机械化装药过程中，由于机械的运转，高速通过输药管的炸药颗粒与设备之间的摩擦、炸药颗粒与颗粒的撞击会产生静电。如果静电不能及时泄漏而集聚，其电压可达数万伏。静电集聚到一定程度所产生的强烈火花放电，不仅可能对操作人员产生高压电火花的冲击，引起瓦斯或粉尘爆炸的危险，而且可能引起电雷管的早爆。因此，在进行机械化装药时必须采取必要的安全措施，遵守爆破安全规程的有关规定。

C　现场混制装药车装药

现场混制炸药特指在爆破现场混制铵油炸药、重铵油炸药和乳化炸药。

混装车驾驶员、操作工，应经过严格培训和考核，熟练掌握混装车各部分的操作程序和使用、维护方法，持证上岗。

使用混装车应遵守以下安全规定：

（1）混装车上料前应对计量控制系统进行检测标定。配料仓不应有其他杂物；上料时不应超过规定的物料量；上料后应检查输药软管是否畅通。

（2）混装车应配备消防器具，接地良好，进入现场应悬挂危险标志。

（3）混装车行驶速度不应超过 40km/h，扬尘、起雾、暴风雨等能见度差时速度减半；在平坦道路上行驶时，两车距离不应小于 50m；上山或下山时，两车距离不应小于 200m。

（4）装药前，应先将起爆药柱、雷管、导爆索按设计要求加工好并按设计要求放入炮孔内。当实施孔底起爆时，应使用经安全性试验合格的起爆器材或采用符合能承受规定压力的孔底起爆具。

（5）混装车行车时不应压、刮、碰坏爆破器材。

（6）装药前应对炸药密度进行检测，检测合格后方可进行装药。装药过程中，应至少抽测一次炸药密度。

（7）装乳化炸药和重铵油炸药时，对干孔应将输药软管末端下至孔口填塞段以下 0.5 ~ 1m 处；对水孔应将输药软管末端尽量下至孔底。

（8）装药前应进行护孔，防止孔口岩屑、岩渣混入炸药中。若装药满孔影响填塞时，可用竹竿类工具将其掏出。

（9）装药完毕至少 10min 后经检验合格才可进行填塞。应测量填塞段长度是否符合爆破设计要求。

（10）装药至最后一个炮孔时，宜将软管中剩余炸药吹入炮孔中。

（11）装药完毕应用水将软管内残留炸药冲洗干净。

15.4.5.2　填塞

填塞是保证爆破成功的重要环节之一，硐室、深孔、浅孔爆破装药后必须保证足够的填塞长度和填塞质量。禁止使用无填塞爆破。

深孔爆破可以用孔边钻屑或岩粉填塞，浅孔爆破宜用炮泥填塞，水下炮孔应用碎石渣填塞；不应使用石块和易燃材料填塞炮孔。

硐室爆破填塞料宜利用开挖导硐和药室时的弃渣，或外挖碎块砂石土，不宜使用腐殖土、草根等比重轻的材料。

拆除爆破中，填塞材料一般用黄土（或黏土）和砂子按 2∶1 的拌和料，要求不含石块和较大颗粒，含水量为 15% ~20%，使填塞材料用手握住略使劲时，能够成型，松手后不散，且手上不沾水迹。当装药填塞与起爆之间间隔时间在 2 天以上，且天气较为干燥时，黄土在孔内易干化成硬块并缩小，使填塞效果大为降低，应适当加些砂子以改善填塞效果。分层装药间隔段可用干砂填塞，孔口段填塞长度超过 40cm 时也可用干砂填塞。填塞长度小于 20cm 时应采用水泥砂浆填塞，必要时还应加速凝剂。

采用水炮泥（水袋）填塞时，其后面应用不小于 15cm 的炮泥将炮孔填满堵严。

水平孔和上向孔填塞时，不应在起爆药包或起爆药柱至孔口段直接填入木楔。

不应捣固直接接触药包的填塞材料或用填塞材料冲击起爆药包。

炮孔填塞时要注意填塞料的干湿度，保证填塞严实以免发生冲炮。发现有填塞物卡孔，可用非金属杆或高压风处理。填塞水孔时，应放慢填塞速度，由填塞料将水挤出孔外。在使用机械和人工填塞炮孔时，填塞作业应避免夹扁、挤压和张拉导爆管、导爆索，并应保护雷管引出线。

分层间隔装药应注意间隔填塞段的位置和填塞长度，保证间隔药包到位。

15.4.5.3　爆破警戒与信号

为确保爆破安全，在实施爆破前，必须制定安全警戒方案，做好安全警戒工作。在进行警戒之前，施工单位和当地公安机关、地方基层组织（如居民委员会、镇政府等）要联合发布告示，将起爆时间、警戒范围、警戒信号通知到受爆破影响的各户、各单位，让当地单位和居民有心理准备。

A　爆破进入装药阶段的安全警戒

爆破进入装药阶段，爆区中已有爆炸物品，从这时起一直到起爆，爆区应实行全天候的警戒，禁止无关人员进入爆区；进出施工现场的爆破施工作业人员、防护作业施工人员、爆破技术人员和指挥部成员应佩戴相应证件标志，并接受警戒人员的检查：严禁携带火种进入警戒区，严禁携带爆炸物品离开施工现场。外来人员需进入爆破作业区的，必须经指挥部领导同意，并有指挥部成员陪同。

装药警戒范围由爆破工作负责人确定，一般按施工时封闭作业区的范围确定。警戒区边界应设置明显标志并派出岗哨。较大规模或重要的爆破工程应请公安或保安部门执行警戒任务。

在危险区内应派安全员来回巡视，检查施工现场安全情况，制止违章作业。

B　起爆前后的安全警戒

起爆前后的警戒按爆破指挥部安全保卫与警戒组确定的警戒范围、警戒方案实施。执行警戒任务的人员，应按指令到达指定地点并坚守工作岗位。各警戒点应与指挥部保持通讯或信号联系，并按照指挥部的指令，按时进行清场撤离、封锁交通要道等工作。炮响后，在未发出解除警戒信号之前，警戒点岗哨应继续值勤，除爆后检查人员外，禁止任何人员和车辆进入危险区。

C　警戒信号与起爆

工程爆破在起爆前后要发布三次信号。信号分声响信号和视觉信号两种，声响信号可使用发令枪发出各色信号弹，或拉警笛、警报器；视觉信号一般采用打信号旗的方法。各类信号均应使爆破警戒区域及附近人员能清楚地听到或看到。

第一次信号称预警信号。它在施爆前一切准备工作已完成后发出。该信号发出后，爆破警戒范围内开始清场工作。

第二次信号称起爆信号。起爆信号应在确认人员、设备等全部撤离爆破警戒区，所有警戒人员到位，具备安全起爆条件时发出。起爆信号发出后，准许负责起爆的人员起爆。

第三次信号称解除信号。安全等待时间过后，检查人员进入爆破警戒范围检查、确认安全后，方可发出解除爆破警戒信号。在此之前，岗哨不得撤离，不允许非检查人员进入爆破危险区范围。

15.4.5.4　爆后检查

爆后由爆破工程技术人员和爆破员先对爆破现场进行检查，只有在检查完毕确认安全后，才能发出解除警戒信号和允许其他施工人员进入爆破现场。

爆破后不能立即进入现场进行检查，应等待一定时间，确保所有能起爆的药包均已爆炸以及爆堆基本稳定后再进入现场检查。

爆后检查等待时间规定如下：

（1）露天浅孔爆破，爆后应超过 5min，方准许检查人员进入爆破作业地点；如不能确认有无盲炮，应经 15min 后才能进入爆区检查。

（2）露天深孔爆破，爆后应超过 15min，方准检查人员进入爆区。

（3）地下矿山和大型地下开挖工程爆破后，经通风吹散炮烟、检查确认井下空气合格后，等待时间超过 15min，方准许爆破作业人员进入爆破作业地点。放射性矿井爆破后通风时间不应小于 30min。

（4）拆除爆破爆后应等待倒塌建（构）筑物和保留建筑物稳定之后，方准许检查人员进入现场检查。

（5）硐室爆破、水下深孔爆破及其他爆破作业，爆后的等待时间，由设计确定。但硐室爆破爆后的等待时间不应少于 15min。

一般岩土爆破爆后检查的内容为：

（1）确认有无盲炮；

（2）露天爆破爆堆是否稳定，有无危坡、危石；

（3）地下爆破有无冒顶、危岩，支撑是否破坏，炮烟是否排除。

硐室爆破的爆后检查由爆破现场技术负责人、起爆站站长和有经验的爆破员组成检查小组实施，检查内容包括：

（1）是否完全起爆；

（2）有无危险边坡、不稳定爆堆、滚石和超范围塌陷；

（3）最敏感、最重要的保护对象是否安全；

（4）爆区附近有隧道、涵洞和地下采矿场时，应对这些部位进行毒气检查，在检查结果明确之前，应进行局域封锁。

爆后检查如果发现或怀疑有拒爆药包，应向指挥长汇报，由其组织有关人员作进一步检查；如果发现有其他不安全因素，应尽快采取措施进行处理。在上述情况下，不应发出解除警戒信号。

15.4.6 爆破器材的安全管理

爆破器材，包括各类炸药、雷管、导爆索、导爆管系统、起爆药和爆破剂，属民用爆炸物品，也是爆破施工中接触最多的危险物品，在生产、贮存、销售、购买、运输和使用中必须实行严格的安全管理。

15.4.6.1 爆破器材的安全管理

近年来，国家有关机关根据刑事犯罪的特点，为了保障社会的安定、维护社会正常秩序，严惩非法制造、买卖、运输、贮存、使用爆炸物品等犯罪活动，加强了对民用爆炸物品管理的力度。

为防止爆破器材在施工中流失，爆破从业人员应做到：

（1）爆破器材保管员应建立并认真填写爆破器材收发流水账、三联式领用单和退料单，逐项逐次登记，定期核对账目，做到账物相符；

（2）严格履行领退签字手续，对无“爆破员作业证”和无专用运输车辆牌证人员，爆破器材保管员有权拒绝发给爆破器材；

（3）爆破段（班）长和安全员应检查爆破器材的现场使用情况和剩余爆破器材的及时退库情况；

（4）爆破员应凭本单位领导或爆破工作领导人批准的爆炸物品领料单从爆破器材仓库领取爆炸物品，领取数量不得超过当班使用量；

（5）爆破员应保管好所领取的爆破器材，不得遗失或转交他人，不准擅自销毁或挪作他用；

（6）爆破员领取爆破器材后应直接运送到爆破地点，运送过程必须确保爆炸物品安全，防止发生意外爆炸事故和爆炸物品丢失、被盗、被抢事件；

（7）任何人发现爆破器材丢失、被盗以及其他安全隐患，应及时报告单位和当地公安机关；

（8）爆破器材应实行专项使用制，即经审批在一个工程中使用的爆破器材不得挪作另外工程中使用，不同单位爆破器材未经公安机关批准不得互相调剂使用。

现在在一些地方，已实行爆炸物品的配送，即由公安机关指定或组织爆炸物品配送单位，爆破器材的使用单位凭证购买爆破器材后，由配送单位负责将爆破器材直接由爆炸物品贮存库运送到使用地并负责爆破器材的退库运输。做到了施工现场不设爆破器材库，爆破器材现场不过夜。同时加强对配送单位爆破器材贮存和运输的管理，如加强库区安全管理和安全设施，配备专用运输车辆等。这是爆破器材安全管理中卓有成效的一个措施。

爆破器材安全管理中重要的一点就是确保在爆破工程施工中爆破器材不流失。

我国刑法第125条规定：非法制造、买卖、运输、邮寄、贮存枪支、弹药、爆炸物品的，处三年以上、十年以下有期徒刑，情节严重的，处十年以上有期徒刑、无期徒刑或死刑。……最高人民法院司法解释（法释［2001］15号）中明确指出：非法制造、买卖、运输、邮寄、贮存炸药、发射药、黑火药一千克以上或者烟火药三千克以上、雷管三十枚以上或者导爆索三十米以上的，即按刑法第125条中非法制造、买卖、运输、邮寄、贮存枪支、弹药、爆炸物品罪定罪处罚，处三年以上、十年以下有期徒刑；如果数量达到以上规定的最低数量标准五倍以上的，即属于“情节严重”，就将处以十年以上有期徒刑、无期徒刑或死刑。也就是说，非法制造、买卖、运输5kg以上炸药就可能被处以极刑。

爆破器材的安全管理，由拥有爆破器材单位的主要负责人负责，各级公安机关对管辖地区内的爆破器材的安全管理实施监督检查。

15.4.6.2 爆破器材的购买

购买爆破器材时必须持有公安机关签发的“爆炸物品购买证”。经有关部门审查核发直供用户许可证的企业，可以持证直接向民爆器材生产企业购买所需的爆破器材。没有取得直供用户许可证的企业，其所需爆破器材应由当地民爆器材经营机构供应与服务。

购买爆破器材的单位，可以凭有效的爆破器材供销合同和申请表，向公安机关申领《爆炸物品运输证》。跨省、自治区、直辖市运输的向运达地区的市级人民政府公安机关申领；在本省、自治区、直辖市内运输的向运达地区的县级人民政府公安机关申领。凭证在有效期间内，按指定线路运输。

爆破器材运达目的地后，收货单位应指派专人领取，认真检查爆破器材的包装、数量和质量。如果包装破损，数量与质量不符，应立即报告有关部门和当地县（市）公安局，并在有关代表参加下编制报告书，分送有关部门。

15. 4. 7 爆破工程效果的评价

15. 4. 7. 1 评价爆破工程效果的标准

评价爆破工程效果的标准，可以分为三方面：安全标准、质量标准、经济标准。

（1）安全标准：一是工程爆破作业本身的安全，主要是指爆破作业中是否做到了施工安全；是否做到了安全准爆，是否有严重的拒爆情况出现；拆除爆破时建筑物是否顺利倒塌。二是环境安全，爆破对周围环境产生的爆破振动、空气冲击波、个别飞石、有害气体、噪声和粉尘等有害效应是否得到了控制，或限制在允许的范围之内；爆区周围需要保护的建筑物和其他设施是否安全。

（2）质量标准：如前所述，不同的爆破工程有不同的爆破质量标准。质量标准是根据爆破工程的目的、采用的爆破方法、爆破对象的具体条件、周围环境情况来确定的，如，同是岩土爆破的采石爆破和破碎爆破、硐室爆破和深孔爆破、矿山爆破和城镇控制爆破的质量标准就大不一样，在硐室爆破中，如果大块率控制在7%以下，爆破效果就是不错的；深孔爆破如果大块率达到7%就不能说爆破效果好了。

（3）经济标准：通常爆破成本的构成由施工成本（如钻孔、开挖导硐药室等）、爆破器材成本（炸药、起爆器材等）、防护成本（防护材料、测试等）和不可预见成本（如因爆破引起的经济赔偿等）等组成。其中，安全效果直接影响不可预见成本的数额，防护措施所占的份额则可能影响爆破的安全效果。在爆破成本中，施工成本往往比爆破器材成本所占的份额大，降低工程爆破成本主要应在施工成本上做文章。

单从工程爆破技术上看，应尽可能提高炸药能量的利用率，降低炸药单耗，降低爆破成本。但通常爆破仅仅是整个工程项目的一部分，有时适当增加爆破成本，改善石方爆堆的破碎效果和松散程度，改善被拆除建（构）筑物的解体程度，可以提高挖装机械的施工效率和清运速度，降低其配件损耗，有利于降低整个工程项目的成本。

15. 4. 7. 2 工程爆破的主要技术经济指标

评价工程爆破作业的技术经济效果，常用以下指标：

（1）炸药单耗。炸药单耗是指爆破 $1m^3$ 或 1t 岩矿所消耗的炸药用量，单位为 kg/m^3 或 kg/t。

（2）延米爆破量。延米爆破量是指 1m 炮孔（或导硐）所能崩落的岩石（或矿石）的平均体积或质量，单位为 m^3/m 或 t/m。

（3）炮孔利用率。炮孔利用率一般用于地下井巷和隧道掘进爆破，指一次爆破循环的进尺与炮孔平均深度之比，单位为%。

（4）大块率。大块率指一次爆破后所产生的不合格大块在总爆破岩石量中所占的比率，单位为%。

（5）爆破成本。爆破成本指爆破 $1m^3$ 岩石所消耗的与爆破作业有关的材料、人工、设备及管理等方面的费用，单位为元/m^3。

除了上述指标外，还广泛采用岩石松动、抛掷堆积效果，保留边坡、围岩的稳定性，爆破对周围环境的安全影响等来评价爆破的技术效果。

15.5 爆破工程预算和招投标

15.5.1 预算定额和工程概预算

面对市场经济的大潮和日益激烈的市场竞争，爆破工程技术人员和管理人员都需树立起优质服务、保障安全、合理收费的新观念。当前我国年耗炸药量三百多万吨，爆破从业人员数百万人，每年爆破工程费用达万亿元。为规范市场行为，合理确定工程造价，建设部委托中国爆破协会编制了爆破工程消耗量定额。一般预算定额还同时编制了配套使用的费用定额，规定了利润标准、纳税标准及建设工程各种费用的收取办法。利用这些定额和规定，可做出合理的工程概算和预算。

15.5.2 概预算体系

根据我国的设计和概预算文件编制以及管理办法，为了对爆破项目进行全面有效的工程管理，在项目建设的各阶段都必须编制有关的经济文件，这些不同经济文件的投资额则要根据其主要内容要求，由不同测算工作来完成。投资额随建设程序可分为以下几种。

15.5.2.1 投资估算

投资估算是指在投资前期，为项目立项或项目决策时，确定投资总额而编制的。

爆破工程项目可采用相似工程类比法、造价指标估算法进行投资估算。前者多用于城市拆除爆破和结构控制爆破；后者可用于各种工程爆破，如场坪工程、采石工程、基坑开挖等。

15.5.2.2 概算

概算是指在工程设计阶段对工程造价进行概略计算，它是技术设计文件的组成部分，是确定招标标底的依据。设计概算是由设计单位依据设计图纸、概算定额、爆破工程的难度与所需要的技术措施费用，预先计算项目实施的全部费用。

爆破工程概算可参照土建工程的单位工程进行计算。

15.5.2.3 预算

预算分为施工图预算和施工预算。施工图预算是设计单位以施工设计图为依据编制的，根据施工图设计的工程量和技术方案，按预算定额和各类费用定额编制。施工预算是指施工阶段，在施工图预算的控制下，施工单位根据施工图计算的分项工程量、施工定额、施工组织设计或分部分项工程施工过程的设计及其他有关技术资料，通过工料分析，计算和确定完成一个工程项目或一个单位工程或其中的分部分项工程所需的人工、材料、机械台班消耗量及其他相应费用的经济文件。

15.5.2.4 竣工决算

竣工决算是指在建设项目完工后竣工验收阶段，由建设单位编制的反映建设项目全部实际成本的经济文件。施工单位往往也根据工程决算情况，编制单位工程竣工成本决算，核算单位工程的预算成本、实际成本和成本降低额。

估算、概算、预算和决算分别以价值形态贯穿整个投资过程。一般要求决算不能超过预算、预算不能超过概算、概算则不能超过估算所允许的幅度范围；结算不能突破合同价的允许范围；合同价不能偏离报价与标底太多；而报价（中标价）则不能超出标底的规定幅度范围，并且标底不允许超概算。各种测算环环相扣，紧密联系，共同对投资额进行有效控制。

15.5.3　预算定额

我国现行的有关爆破工程的预算定额有如下几种。

15.5.3.1　《爆破工程消耗量定额》

为适应建设工程市场发展需要，改革工程造价计价方法，建设部在 2003 年 7 月 1 日已正式批准发布《建设工程工程量清单计价规范》，推行工程量清单计价方法。工程量清单计价方法是改变以往依据工程预算定额为计价依据的计价模式，实行的是量价分离的原则。国家提出的价格改革模式是“控制量、指导价、竞争费”。控制量是将工程预算定额中的人工、材料、机械的消耗量和相应的单价分离，人、材、机的消耗量由国家根据有关规范、标准以及社会的平均水平确定；指导价是在控制量的基础上保证工程质量，在逐步走向市场过程中形成指导价；竞争费则体现企业结构素质、管理运作综合竞争的能力。

经与建设部标准定额司联系并征得同意，中国工程爆破协会负责起草编写了《爆破工程工程量清单项目及计算规则》。该《规则》在编制完成后，已于 2007 年经建设部同意，以附录 J 爆破工程，纳入国家标准《建设工程工程量清单计价规范》。

行业协会的职能是为企业服务，自律、协调、监督和维护企业合法权益，协助政府部门加强行业管理。国家规定行业协会可以制定并监督执行行规行约，规范行业行为，协调同行价格争议，维护公平竞争。要深入开展行业调查研究，积极向政府及其部门反映行业、会员诉求，提出行业发展和立法等方面的意见和建议，积极参与相关法律法规、宏观调控和产业政策的研究、制定，参与制订修订行业标准和行业发展规划、行业准入条件，完善行业管理，促进行业发展。

按国家标准《建设工程工程量清单计价规范》编制管理层次，建设部标准定额司要求中国工程爆破协会编制《爆破工程消耗量定额》。《爆破工程消耗量定额》经建设部审定批准后，以建标［2007］221 号文，发布《爆破工程消耗量定额》。2008 年 1 月 1 日起实行，同时废止 1998 年发布的《全国统一城镇控制爆破工程、硐室爆破工程预算定额》。

《爆破工程消耗量定额》按《爆破工程工程量清单项目及计算规则》的要求，编制规定了一定爆破工程计量单位所需的人工、材料、施工机械台班的消耗量。《计算规则》是编制爆破工程工程量综合单价的基础，是招标工程标底、施工图预算、确定工程造价和编制爆破工程概算指标的主要依据，是指导企业编制投标报价的依据。

《爆破工程消耗量定额》根据工程爆破行业的特点，按照正常施工条件、合理的施工工艺、严密的施工安全与环保措施、合理的劳动组织、目前多数企业具备的机械装备程度以及合理工期进行编制。反映了目前社会的平均消耗水平，当前设计、施工中的最新技术成果。

建设部批准的《爆破工程消耗量定额》（GYD-102—2008），其中包括露天爆破、地下爆破、硐室爆破、拆除爆破、水下爆破、特种爆破和爆破措施工程。适用于新建、扩建和改建等各类爆破工程。该定额是按爆破工程量清单的项目特征、工作内容规定计量单位爆破工程所需的人工、材料、施工机械台班消耗量的计量标准，是编制工程量综合单价、确定爆破工程造价的依据。

15.5.3.2　《爆破工程综合单价》

根据建设部《建筑工程施工发包与承包计价管理办法》的规定，发包与承包价的计算方法分为工料单价法和综合单价法。综合单价的定义是指完成一个规定计量单位的分部分项工程量清单项目或措施清单项目所需的人工费、材料费、施工机械使用费和企业管理费、利润，以及一定范围内的风险费用。就是说，综合单价在计入人工费、材料费、施工机械使用费三项费用的基础基价上，还要包括必要的管理费、税金和利润。

新的《爆破工程消耗量定额》实行量价分离，为配合《爆破工程消耗量定额》的实行，中国工程爆破协会决定编制《爆破工程综合单价》作为行业指导价。

中国工程爆破协会制定的《爆破工程综合单价》已经协会理事长办公会决议通过，在中国爆破网上发布试行。《爆破工程综合单价》的发布将有利于整顿与规范爆破工程市场、创建公平竞争的市场环境、反对不正当竞争、规范市场行为、维护行业和企业的合法权益的需要，有利于爆破行业市场管理，有价可依。

综合单价包括直接工程费、间接费、利润和税金。现在编制的《综合单价》就是以直接费为计算基础计算的综合单价。

在编制《爆破工程综合单价》计算时，除了国家规定要缴纳的税金、规费，我们给定了有一定调节范围的企业管理费和应得的利润。这里，规费是直接费的0.6%～0.9%，企业管理费是5%～10%，利润是5%～7%。这些取值确定的间接费用，体现了爆破行业的应有的基本利润和企业效益，同时其取值范围还为企业留有调整的空间。

15.5.3.3　《爆破措施工程》

爆破工程属于特种技术工程施工，除了要执行建设部发布的《建筑安装工程费用项目组成》规定的措施项目外，还应列入措施工程的有：爆破工程设计、安全评估、监理及监测等。爆破工程设计施工方案要评估、评审。评估、评审及监理费用的不规范，不利于爆破安全管理；这些都需要我们加强爆破市场的管理和自律。

《爆破工程消耗量定额》第七章根据爆破工程的特殊性，明确提出在编制爆破工程总费用时，应包括以下爆破措施费用的取费标准。

A　爆破工程设计与评审费

爆破设计应由具有设计资质的单位承担，一般露天爆破按爆破项目直接费的3%～5%计费；拆除爆破的设计需要对建筑结构、使用材料、周边环境及必须保护的设施等进行详尽的调查，计费按爆破项目直接费的10%以上计取，并根据爆破安全规程规定的级别，A级工程乘以1.1系数。硐室爆破的设计需要进行地形测量、地质素描、断面及抵抗线复测等，费率在爆破项目直接费的10%以内。

B　爆破安全评估费

由爆破工程审批单位委托具有相应资质等级的单位或人员进行爆破工程项目安全评估。取费原则以能支持进行评估发生的费用为基础费用，计费标准以爆破工程直接费用为基础，直接费用10万元以内的评估费以5%计取；10万～100万元的以3%～5%计取；100万～500万元的以1%～3%计取，500万元以上的工程根据工程的性质、难易程度，计取费率不超过1%。爆破安全规程规定的A级爆破工程取费增加难度系数1.1。

C　爆破工程专项监理费

由具有相应等级资质的爆破监理单位进行工程监理。由工程建设单位聘用并签订工程监理合同。计费标准以爆破项目直接费为计算基础，10万元以内的项目计取10%以上；10万~100万元的项目计取5%~10%；100万~500万元的项目计取3%~5%；500万元以上的工程项目计取3%以下。爆破安全规程规定的A级爆破工程取费增加难度系数1.1。

15.5.3.4　各部委和总公司的专业定额

各部委和总公司的专业定额中有些是专门针对爆破工程编写的，例如冶金、煤炭等系统的爆破预算定额。但大多数是综合性定额，爆破工程预算只是其中一部分，像全国统一建筑工程定额，冶金、有色金属系统的露天土石方工程定额，水利水电开挖定额，民航基建定额，交通部基建定额等。

15.5.3.5　各省、市、自治区发布的建筑工程定额、基建定额

各省、市、自治区发布的建筑工程定额、基建定额中，亦都有开挖爆破的内容。

15.5.4　预算定额的使用

使用定额的前提是把现实工程与定额上所列的项目对号，然后要根据工程实际情况，提出符合实际的单价，计算工程造价。在使用中要注意以下几个问题：

(1) 预算定额选取一般的说，哪个系统的工程，就使用哪个系统的定额。因为各个系统的工作条件不一样，开挖要求不同，价格上就有差异。例如修路、平整场地的中深孔爆破，就不能套用露天矿深孔爆破的定额。因为露天矿的工作条件是规整的台阶，钻机台班效率高，工作有连续性。

(2) 爆破方法对号。是浅孔、深孔还是硐室爆破，是地表剥离还是地下掘进；浅孔爆破是人工凿岩还是机械凿岩，爆破施工方法不同，定额也不一样。

(3) 爆破岩石性质和开挖尺寸对号。岩石类别，是场坪还是沟槽、基坑，应选择相应的单价。

(4) 工艺过程（工作内容）核对。定额的表头都有工作内容的规定，例如凿岩、爆破、排水、二次破碎、100m渣土运输等。如果实际工程中不发生二次破碎和排水，应把该项人、材、机消耗去掉，如需要做防护，则应把正常防护的人、材、机消耗加上。如果排渣超过100m，则应增加超运距的消耗。

(5) 调整系数。在定额的总说明或各章节说明中，都有关于不同内容需要进行系数调整的条文。

15.5.5　预算费用

爆破工程的工程费由直接工程费、间接费、计划利润、税金四部分组成。

15.5.5.1　直接工程费

直接工程费由定额直接费、其他直接费、现场经费组成。

A　定额直接费

定额直接费是指施工过程中耗费的构成工程实体和有助于工程形成的各项费用，包括人工费、材料费、施工机械使用费。

B 其他直接费

其他直接费是指定额直接费以外施工过程中发生的其他费用，内容包括：冬、雨季施工增加费，夜间施工增加费，二次搬运费，仪器仪表使用费，生产工具、用具使用费，检验试验费，工程定位复测、工程点交、场地清理等费用，特殊地区施工增加费。

C 现场经费

现场经费是指为施工准备、组织施工生产和管理所需的费用，内容包括：

（1）临时设施费。临时设施费是指施工企业为进行建筑安装工程施工所必需的生活和生产用的临时建筑物、构筑物和其他临时设施费用等。临时设施费用内容包括：临时设施的搭设、维修、拆除费或摊销费。

（2）现场管理费。现场管理费包括现场管理人员的基本工资、工资性补贴、职工福利费、劳动保护费等，办公费，差旅交通费，固定资产使用费，工具用具使用费，保险费，工程保修费，工程排污费，其他费用等。

15.5.5.2 间接费

间接费由企业管理费用、财务费用和其他费用组成。

A 企业管理费用

企业管理费是指施工企业为组织施工生产经营活动所发生的管理费用，内容包括：管理人员的基本工资、工资性补贴及按规定标准计提的职工福利费，差旅交通费，办公费，固定资产折旧、修理费，工具用具使用费，工会经费，职工教育经费，劳动保险费，职工养老保险费及待业保险费，保险费，税金，其他费用（包括技术转让费、技术开发费、业务招待费、排污费、绿化费、广告费、公证费、法律顾问费、审计费、咨询费）等。

B 财务费用

财务费用是指企业为筹集资金而发生的各项费用，包括企业经营期间发生的短期贷款利息净支出、汇兑净损失、调剂外汇手续费、金融机构手续费，以及企业筹集资金发生的其他财务费用。

C 其他费用

其他费用是指按规定支付工程造价（定额）管理部门的定额编制管理费及劳动定额管理部门的定额测定费，以及按有关部门规定支付的上级管理费。

15.5.5.3 计划利润

计划利润是指按规定应计入工程造价的利润。依据不同投资来源或工程类别实施差别利率。

15.5.5.4 税金

A 可变费用

定额直接费为不可变费用。其他直接费、现场经费、间接费的费用内容和开支水平因工程规模、技术难易、施工场地、工期长短及企业资质等级等条件而异，应作为可变费用由企业根据工程情况自行确定报价。目前有各地区、各部门依工程规模大小、技术难易程度、工期长短等划分不同工程类型编制年度市场价格水平，分别制定具有上下限幅度的指导性费率，供确定建设项目投资、编制招标工程标底和投标参考。

其他直接费、现场经费以定额直接费为基数计算；间接费以直接工程费为基数计算。

预算定额应当有与之配套的费用定额。

B　计划利润

按原国家计委、财政部、中国人民建设银行规定，利润率计取标准是：甲类（二级以上）施工企业为7%（其中包括3.5%的技术装备基金），乙类企业为2.5%。

C　税金

税金包括营业税、城市建设维护费、基础设施费及教育费附加，其计算基础为：直接费+间接费+计划利润-专用基金。专用基金指临时设施费、劳动保险基金、施工队伍调遣费，税金取费标准是：市级城市3.38%，县城、镇3.32%，其他地方3.19%。

15.5.6　招标与招标程序

爆破工程，往往属于一个总体设计中主体工程的附属工程或配套工程，但由于其在技术上的特殊性和在经济上的独立核算，往往作为独立的项目管理单独进行招投标。

业主和爆破工程项目都要具备一定的条件，经招标投标管理机构审查批准后，业主方能开始招标。业主如缺少熟悉爆破技术的管理人员，应聘请有资格的爆破专业技术人员参加招标工作班子，或委托具有相应资质的咨询服务、监理等单位代理招标。

重大爆破工程招标的一般程序如下：

（1）组建招标工作班子；

（2）向招标投标管理机构提出招标申请书，申请书的主要内容包括：招标单位的资质，招标工程具备的条件，拟采用的招标方式和对投标单位的要求等；

（3）编制招标文件和标底，并报招标投标管理机构审定；

（4）发出招标公告或招标邀请书；

（5）投标单位申请投标；

（6）对投标单位进行资质审查，并将审查结果通知各申请投标者；

（7）向合格的投标单位分发招标文件、有关技术资料和图纸；组织投标单位踏勘现场，并对招标文件答疑；

（8）建立评标组织，制定评标、定标办法；

（9）召开开标会议，审查投标标书；

（10）进行评标，决标，并将决标报告表报招标投标管理机构审批；

（11）向投标单位发出中标通知书；

（12）与中标单位签订承发包合同。

对一般爆破工程，也可以通过议标，选择设计施工总承包单位。

编制招标文件和标底，是招标单位在招标工作中的两项重要工作。

招标文件应详细说明招标程序和办法、工程的各项要求和规定、投标者应回答的内容、共同遵守的条件等，是投标和评标的主要依据，也是最后形成的合同文件的基础部分。因此，招标文件必须周密、严谨、全面、内容明确，否则将会在合同执行过程中产生很大的漏洞和经济损失，或带来许多争端。

国内爆破工程招标文件的内容，一般包括以下几个部分：

（1）工程综合说明；

（2）设计图纸和技术资料；

（3）工程量清单和单价表；

（4）由银行出具的建设资金证明和工程款的支付方式及预付款的百分比；

（5）施工、安全防护要求及其他特殊要求；

（6）投标书的编制要求及评标、定标原则；

（7）投标、开标、评标、定标等活动的日程安排；

（8）合同主要条件及调整要求；

（9）要求交纳的投标保证金额度。

标底是招标单位组织专门人员为准备招标的爆破工程计算出的一个合理的基本价格，它不等于工程的概预算，也不等于合同价格。标底是招标工程的预期价格，也是业主设定的最高限额价格，因此，标底价格必须控制在批准的概算或修正概算以内。编制标底应以建设部颁发的《爆破工程消耗量定额》（GYD-102—2008）和其他有关规定为依据，认真计算工程量，力争将计算工程量的误差控制在实际工程量的 ±5% 以内，以防止因漏项和工程量差别太大而引起的索赔，并要考虑到工程技术复杂程度、施工现场条件、风险责任等因素。一个招标工程只允许编一个标底，编制后应送工程合同预算审查部门审查确认，并报招标主管单位核准。标底是招标单位的绝密资料，不得向任何无关人员泄露。

15.5.7　投标与投标程序

参加爆破工程设计、施工投标的企业应具备与工程相应的允许的作业范围和等级的资质，并接受招标单位的审查。

施工投标的程序大致如下：

（1）研究招标文件。研究招标文件包括了解投标工程、熟悉有关技术文件和资料，研究合同建议条款，熟悉招标须知，明确承包后责、权、利及承包方式。

（2）调查爆破工程及周围环境条件。应尽可能弄清楚中标后工程实施时可能影响爆破效果、安全、造价及工期的各种因素，包括爆破器材的供应及爆破体的清运等。

（3）制定爆破施工方案。对爆破工程从技术上、经济上、时间上作出规划，这是计算报价的前提。

（4）确定投标策略。根据投标单位对盈利的要求、投标的积极性及竞争优势的判断，决定投标报价的高低。

（5）估价。估价即对施工成本作出估计。其步骤与编制预算基本相同：校核或计算工程量→计算直接费和间接费成本→考虑不可预见因素影响成本的系数→确定基础标价。需要指出的是，编制分部分项工程单价应参照有关部门颁布的预算定额。在选用时也应根据工程的实际情况和所采用的施工方案加以分析。

（6）作出报价决策。根据基础报价及投标策略最终作出决策，即报高标价还是报低标价。

$$\text{低标价(应是能够保本的)} = \text{基础标价} - (\text{预期盈利} \times \text{修正系数})$$

$$\text{高标价(充分考虑可能发生的风险损失)} = \text{基础标价} + (\text{估计风险损失} \times \text{修正系数})$$

上面两式的修正系数应小于1，一般为0.5～0.7。因为在正常情况下，各种盈利因素或风险因素百分之百地出现的机会是极少有的。

爆破工程的投标文件应满足招标文件的要求，并在规定的时间内报送，一般来讲，由两部分组成。

第一部分是投标申请书，并附企业状况说明，包括企业简介、营业执照和有关资质证书、企业相关的拆除爆破业绩资料等。

第二部分是爆破工程的技术方案，一般应包括工程概况、爆破总体方案、施工方法、爆破安全措施、施工组织管理、施工机械与设备、施工进度与工期、爆破效果预测、工程造价与预算等，并应附有必要的图表。

对于一般的爆破工程，“投标报价”是至关重要的数据，作为一项综合性的经营活动，涉及面广，不仅仅是技术问题，经营者应做好报价的宏观审核。对于难度大、规模大、重要的爆破工程，技术方案的优劣和爆破安全的可靠性更为重要，只有技高一筹，才有可能中标。

15.5.8　爆破工程风险管理

爆破工程，特别是复杂环境中的高难爆破工程，是一种有风险的项目。现代管理与传统项目管理的不同之处是引入了风险管理技术，项目风险管理强调对项目目标的主动控制，对项目实现过程中遭遇的风险与干扰因素可以做到防患于未然，以避免和减少损失。

15.5.8.1　爆破工程的风险处理

爆破工程项目可能有的风险包括：由于技术或客观的因素，爆破效果没有达到预计的目标，从而增加工程量和成本费用；由于管理、技术或不可预见的原因，引起爆破安全事故或其他次生灾害，造成经济和其他损失；由于管理、技术或第三者责任的原因，造成工期延误，施工方案变更，增加工作量或成本支出等。对于爆破工程风险处理对策，主要有风险控制、风险转移、风险自负等三种，以下主要介绍风险控制的几种方式。

(1) 回避。如了解到某工程风险较大，可以拒绝业主的投标邀请，一般来说，回避风险是一种消极的经营手段。

(2) 损失控制。风险损失控制是一种具有积极意义的风险处理手段，这一方法通过事先控制或应急方案使风险不发生，或一旦发生后使损失额最小或尽量挽回损失。损失控制方案分三种：预控方案、应急方案和挽救方案。

1) 预控方案。预控方案的核心思想是通过主动控制风险发生的条件，使风险不发生。这对拆除爆破工程的设计与施工十分重要。只有预先对风险作出辨认，了解风险产生的原因、条件、环境和后果，才能采取有效的预控措施。

2) 应急方案。应急方案的目的是使风险损失最小化，应急方案是在损失发生时起作用的，对拆除爆破工程应在对风险进行评估后，对那些较大风险或可以分类的风险制定应急方案，如拆除的建筑物爆而不倒，爆破对周边水、气、电、通讯设施造成故障等。

3) 挽救方案。挽救方案的目的是将风险发生后造成损失的财务修复到最高可使用的程度。一般而言，挽救方案是不能事先制定的，因为我们在风险发生之前不知道损害的部位和程度，因此不需要在风险发生前制定详尽的挽救方案，只需在应急方案中规定损失发生后挽救方案研究小组的人员配备和工作程度。

(3) 分离与分散。风险的分离与分散对策是常用的风险控制对策，它的主要思路是将企业或项目的风险因素分离开，分离是将风险单位分离开，在评估爆破工程风险时，应明确业主设计、施工、监理以及有关单位的风险责任，既有利于在明确各自职责后避免风险的发生，又在一旦风险发生后，分离风险损失。分散是将企业的风险单位增多或扩大，规模经济是分散风险的好办法，这也是爆破企业发展的方向。

（4）风险转移。这里所说的转移是指风险控制下的转移，而不是财务对策下的有偿转移（有偿负责与保险）。风险控制转移有将风险的活动转移，如预拆除、钻孔施工中的人员伤亡事故，因爆破警戒疏漏造成的人员伤亡事故等，可将风险转移给施工队或承担警戒任务的保安部门。也有业主依据合同中苛刻的免责条款开脱自己的风险而转移给承包商，这是一种不公平的做法，但承包商在项目较少时往往能予以接受。

（5）风险自留。风险自留是一种风险的服务对策，即由企业或工程项目自身承担风险。因这种承担方式是以自身的风险自留基金来保障，所以把它归结为财务对策。为使企业有抵御风险的较大能力，拆除爆破企业应注意建立风险自留基金。自留风险是与保险或有偿风险转移对立的方式。

15.5.8.2 爆破工程项目投购保险的几种方式

工程保险是项目风险在财务对策下的一种有偿转移方式。工程保险针对工程项目在建设过程中，可能出现的因自然灾害和意外事故而造成的物质损失和依法应对第三者的人身伤亡或财产损失，为承担经济赔偿责任提供保障的一种综合性保险。在爆破工程中引入工程保险机制，有助于加强对施工单位的风险管理，减少风险损失的发生，同时，也有利于保障投资人（或贷款人）的资金安全。通过合理运用风险转移机制，保证工程按时按质完成，是我国工程建设体制与国际接轨的重要环节。

爆破安全规程规定：爆破企业、作业人员及其承担的重要爆破工程均应投购保险。爆破工程按建筑工程投保目前尚无参考保险费率，一般应由保险双方协商确定。对爆破企业，以下几种投保的方式是可以参考借鉴的。

A 意外伤害保险

爆破施工作业人员由企业团体投保意外伤害保险。该险种一般承保条件较宽，对被保险对象通常无资格限制，保险期限一般为 1 年。也可以特定在某项工程的施工期内，意外伤害保险的责任是向被保险人由意外伤害所致的死亡或残疾支付医疗费用，但不负责疾病所致的死亡或残疾。团体意外伤害保险的保险费率按行业、工种类别确定，对于同一单位的职工，由于工作性质不同，职业危险差别很大，可以分别采用不同的费率标准。团体意外伤害保险一般仅规定最低保额，对最高保额并未作出限制，但是保险人在承保时，可以根据投保人的要求，在对投保风险进行风险选择和评估后，与投保人商定一个保险金额进行承保。个人意外伤害保险的费用一般是比较低的，而团体投保由于降低了管理成本等方面的费用，故应适用更低的费率。对于爆破企业，这是值得推荐的投保方式。

B 爆破工程保险的第三者责任附加险

爆破工程保险的第三者是指除保险人和所有被保险人以外的单位和人员，不包括被保险人和其他承包人所雇用的现场从事施工的人员。第三者责任险的内容包括：在保单有效期内因在工地发生意外事故造成工地及邻近地区的第三者人身伤亡或财产损失，依法应由被保险人负责时，可由保险人赔偿；事先经保险人书面同意的被保险人因此而支出的诉讼及其他费用，但不包括任何罚款；其最高赔偿责任不得超过保险单明细表中规定的每次事故的赔偿限额或保单的有效期内累计赔偿限额。第三者责任险实行整个工期一次性费率。有累计赔偿限额的费率为总赔偿限额的 2. 8‰～3. 2‰；无累计赔偿限额的费率为每次事故赔偿限额的 3. 5‰～5. 0‰；如加保交叉责任，视危险大小加收第三者责任保险费的10‰～25‰。应当注意的是，第三者责任险中仅对财产损失部分规定免赔款，按每次事故赔偿限额的1‰～2‰计算，除非有特别规定，人身伤亡部分一般不规定免赔款。对场地清理费一般不规定免赔款。免赔款的高低，可根据工程的危险程度、自然地理条件及工期长短等因素，由保险双方协商确定。对于爆破工程，投保第三者责任附加险对于风险转移是有实际意义的。

C　与业主共同分担风险与付赔

对于风险较大的爆破工程，由爆破企业独立承担风险与付赔，对爆破企业来说，压力较大。也可以采取与业主共同分担风险的方式，即由业主对爆破工程投保，由于爆破企业回避了部分风险，并取得业主的认可，必然在承担工程项目的合同上要对业主让步，但在合同条款中，也可以同时规定，由于爆破企业的技术能力和保障措施，当风险避免时，由业主对爆破企业作出一定的回报和奖励，这也是爆破工程风险转移的一种方式。已有一些拆除爆破工程的经验表明，这种方式可以为有关方所接受，也是可行的。

办理工程保险承保主要包括以下程序：提交投保申请文件，提供必要的材料（如工程合同、工程量清单、工程设计书、工程进度表等），协商保险人制定的承保方案，签订保险合同交纳保险费。

办理工程保险理赔主要包括以下程序：出险报案；提供保险人所需的材料和证明；提出索赔要求，并就损失核定提出意见；收取赔款并出具收据。

签订保险合同后，被保险人如对于保险合同中的有关内容有新的要求和意见，可向保险人提出批改保险合同的要求，经双方协商确定，由保险人出具批单。

15. 6　爆破工程安全监理

15. 6. 1　爆破安全监理的目的

爆破安全监理已在我国重点爆破工程中实行，它对提高爆破工程安全性，实现爆破工程目标，维护合同双方的权益起重要作用，积累了经验，取得了较好效果。

爆破安全监理是以施工阶段爆破安全为主要目标的单目标监理。

建设监理包含政府监理和社会监理两个方面。政府监理的特点是执法性、全面性、宏观性和强制性。其依据是国家的建设法规、规范和标准；对象是建设单位、设计单位以及施工和监理单位的行为，并包括工程建设项目的主要环节和重要方面。公安部门对爆破工程的安全监督与管理，具有政府监理的特征。

社会监理的特点是微观的，是受委托、服务性的。爆破安全监理具有社会监理的特征。其必要条件是需有人委托，针对某具体爆破工程，爆破安全监理单位以专业技术知识和设计、施工经验，以及经济、管理和法律方面的知识，依据国家的建设法规、规范和标准、批准的设计文件，以及依法设立的监理委托合同，在爆破工程施工阶段，通过对爆破作业程序、爆破作业人员资格、爆破器材使用及爆破施工过程有效的控制，为业主提供专业技术服务。

鉴于爆破工程是作为某单位工程的分部分项工程而存在的，因此其监理工作也有其特殊性，即作为分部分项工程的爆破工程，在其质量、工期、成本控制上，监理内容应纳入整个单位工程，在单位工程监理工程师的统一管理与协调下，对爆破工程重点实施爆破安全监理。

15.6.2　爆破安全监理的主要依据

爆破安全监理的主要依据如下：

（1）工程建设文件。包括批准的可行性研究报告、政府相关部门的批文、施工许可证等。

（2）有关的法律、法规、规章和标准规范。包括《建筑法》、《安全生产法》、《合同法》、《民用爆炸物品安全管理条例》、《爆破安全规程》、《建设工程监理规范》等以及有关的工程技术标准、规范、规程。

（3）相关资料、爆破工程委托监理合同和有关的建设工程合同。包括《监理规划》、《监理实施细则》、《爆破设计方案》及相关资料、《爆破评估报告》、公安机关的批复（文）、依法签订的委托监理合同文件、爆破施工合同文件等。

15.6.3　承担安全监理工作的资质

一般情况下，选择爆破安全监理单位可采用两种形式，即由业主招标选择或推荐聘用。安全监理工作由具有与爆破工程分级相一致资质的工程爆破设计施工单位承担，其爆破安全监理人员应持有相应的爆破安全作业证。无论是中标的还是聘用的爆破安全监理单位，均要与业主签订爆破安全监理合同，双方明确责、权、利。爆破安全监理负责人，一般应由取得高级职称的爆破工程技术人员安全作业证的人员担任。

15.6.4　爆破安全监理的控制措施

爆破安全监理主要是施工阶段的监理，主要控制措施有：

（1）审核。对爆破作业单位提交的有关文件、报告和报表等进行审核。

（2）指令文件。运用监理工程师指令控制的具体形式。所谓指令文件是表达监理工程师对爆破作业单位提出指示和要求的书面文件，用以向爆破作业单位指出施工中存在的问题，提请爆破作业单位注意，以及向爆破作业单位提出要求或指示其做什么或不做什么等等。

（3）现场监督和检查。现场监督和检查的形式多种多样，主要有：

1）旁站。在关键部位或关键工序施工过程中由监理人员在现场进行旁站监督活动，根据工程特点将以下工序列为旁站监理范围：试爆、最小抵抗线的复核、装药、填塞、网路连接、爆破危害控制措施等。

2）巡视。监理人员对正在施工的部位或工序进行定时或不定时的监督检查活动。根据工程施工现场实际情况进行。

3）平行检验。监理工程师利用一定的检查或检测手段在爆破作业单位自检的基础上，按照一定的比例独立进行检查或检测的活动。

15.6.5　爆破安全监理的基本要求

15.6.5.1　爆破安全监理范围

《民用爆炸物品安全管理条例》（国务院令第466号）第三十五条规定：在城市、风景名胜区和重要工程设施附近实施爆破作业的，应当向爆破作业所在地设区的市级人民政府公安机关提出申请，提交《爆破作业单位许可证》和具有相应资质的安全评估企业出具的爆破设计、施工方案评估报告。

实施前款规定的爆破作业，应当由具有相应资质的安全监理企业进行监理，由爆破作业所在地县级人民政府公安机关负责组织实施安全警戒。

《爆破安全规程》规定，凡需报公安机关审批的爆破工程均应由建设单位委托具有相应资质的监理单位进行安全监理。

爆破安全监理单位应设立与爆破规模相适应的监理组织机构，配备监理人员；项目总监理工程师应持有相应作业范围的爆破工程技术人员安全作业证和监理证。

15.6.5.2　爆破监理工程师职业道德守则和岗位职责

爆破安全监理作为一个专门的行业，监理工程师应严格遵守如下职业道德守则：(1）以“守法、诚信、公正、科学”为执业准则，维护国家的荣誉和利益。(2）执行有关的法律、法规、标准、规范、规程和制度，履行监理合同规定的义务和职责。(3）努力学习爆破专业技术和监理知识，不断提高业务能力和监理水平。(4）不以个人名义承揽监理业务。(5）坚持独立自主地开展工作。要公正地维护建设单位和爆破作业单位的合法权益，保守因工作关系而获得的任何机密，不得向建设单位和爆破作业单位提出任何个人要求。不得在爆破作业单位兼职。(6）牢记爆破监理工作方针，深刻理解其内涵，恪尽职守，热爱本职工作。

爆破安全监理工程师应严格履行如下通用岗位职责：

(1）总监理工程师职责：1）确定项目监理机构人员的分工和岗位职责。2）主持编写爆破工程监理规划，审批爆破工程监理实施细则，并负责管理项目监理机构的日常工作。3）检查和监督监理人员的工作，根据工程项目的进展情况进行人员调配，对不称职的人员调换其工作。4）主持工地例会，签发项目监理机构的文件和指令。5）审核爆破作业单位提交的开工报告及爆破设计方案。6）审查和处理工程变更。7）参与工程安全事故调查。8）组织编写并签发监理周月报、监理工作报告和监理工作总结。9）主持整理工程项目的监理资料。

(2）总监代表职责：1）在总监理工程师领导下，按总监理工程师的授权，行使总监理工程的部分职责和权利，对于重要的决策应先向总监理工程师请示后执行。2）作为总监理工程师的助手，除认真做好本职工作外，还应协助总监理工程师完成各项日常管理工作。3）向总监理工程师汇报项目监理部工作情况。4）每日填写个人监理日记或工程项目监理日志。

(3）监理工程师职责：1）负责编制爆破工程监理实施细则。2）负责爆破监理工作的具体实施。3）组织、指导、检查和监督监理员的工作，当人员需要调整时，向总监理工程师提出建议。4）审查爆破作业单位提交的工作计划、方案、申请、变更，并向总监理工程师提出报告。5）负责对各工序的质量验收。6）定期向总监理工程师提交监理工作实施情况报告，对重大问题及时向总监理工程师汇报和请示。7）根据监理工作实施情况记好监理日记。8）负责监理资料的收集、汇总及整理，参与编写监理月报。

（4）监理员职责：1）在监理工程师的指导下开展现场监理工作。2）检查爆破作业单位投入工程项目的人力、材料、主要设备及其使用、运行状况，并做好检查记录。3）按设计图纸及有关标准，对爆破作业单位的工艺过程或施工工序进行检查和记录。4）担任旁站监理工作，发现问题及时指出并向监理工程师报告。5）记好监理日记和有关的监理记录。

15.6.5.3 监理单位的法律责任

见 15.3.6.2 小节。

15.6.5.4 爆破安全监理的工作流程

爆破安全监理的工作流程如图 15-1 所示。

15.6.6 爆破安全监理工作的内容

爆破监理单位应代表建设单位详细研究并审查爆破设计施工方案，对方案实施的安全可靠性、爆破效果进行评估，提出评估意见。在此基础上，应编制爆破工程监理方案（监理大纲），并按爆破工程进度和实施要求编制爆破工程安全监理细则。按照细则进行爆破工程安全监理，在爆破工程的各主要阶段竣工后，签署爆破工程安全监理意见。

15.6.6.1 爆破工程设计方案审查

（1）协助业主监督爆破设计施工单位按合同和协议要求及时提供合同及完整的设计文件。

（2）熟悉设计文件内容（包括设计说明、施工措施、技术要求、操作规程、设计修改通知等）。

（3）代表业主核查设计文件和各项设计变更，提出意见与优化建议。

（4）及时向工程施工人员签发设计文件、施工图纸变更通知等。

（5）审查和批准按工程承包合同规定应由施工人员提交的设计文件。

（6）保管其拥有的所有设计文件及过程资料，并能随时查阅，到监理服务期满或合同终止时移交给业主。

15.6.6.2 爆破施工监督

爆破施工监督包括检查施工准备；审查施工总布置、施工总进度计划、施工总组织设计和主要施工方案、施工的原材料和配件的来源、采购计划和贮存保管措施；检查施工的人员、设备、材料的进场情况，并严格与施工的投标文件进行对照检查，核实是否与投标文件相符合；检查施工的爆破作业人员的资格证书；审查施工的质量保证体系、质量保证措施，落实施工的质量自检机构；检查施工的安全保证制度和安全技术措施的建立情况。

施工阶段质量和安全控制包括：审查施工的质量安全控制体系和措施，核实质量安全文件；要求并督促施工遵循设计要求、技术标准和施工规程规范；对进场的爆破材料进行检查；对施工的质量安全自检系统进行监督，使其在质量安全管理中始终发挥良好的作用；审查施工的工艺试验计划并监督其实施；审批施工按合同规定提交的质量安全自检报告，及时处理发生的质量事故或安全事故；审批施工提交的质量安全报告，并对重大质量事故提出处理意见报业主审批；参加工程的竣工预验收并签署预验收意见；整理有关工程质量安全的技术文件，并进行编目和建档。

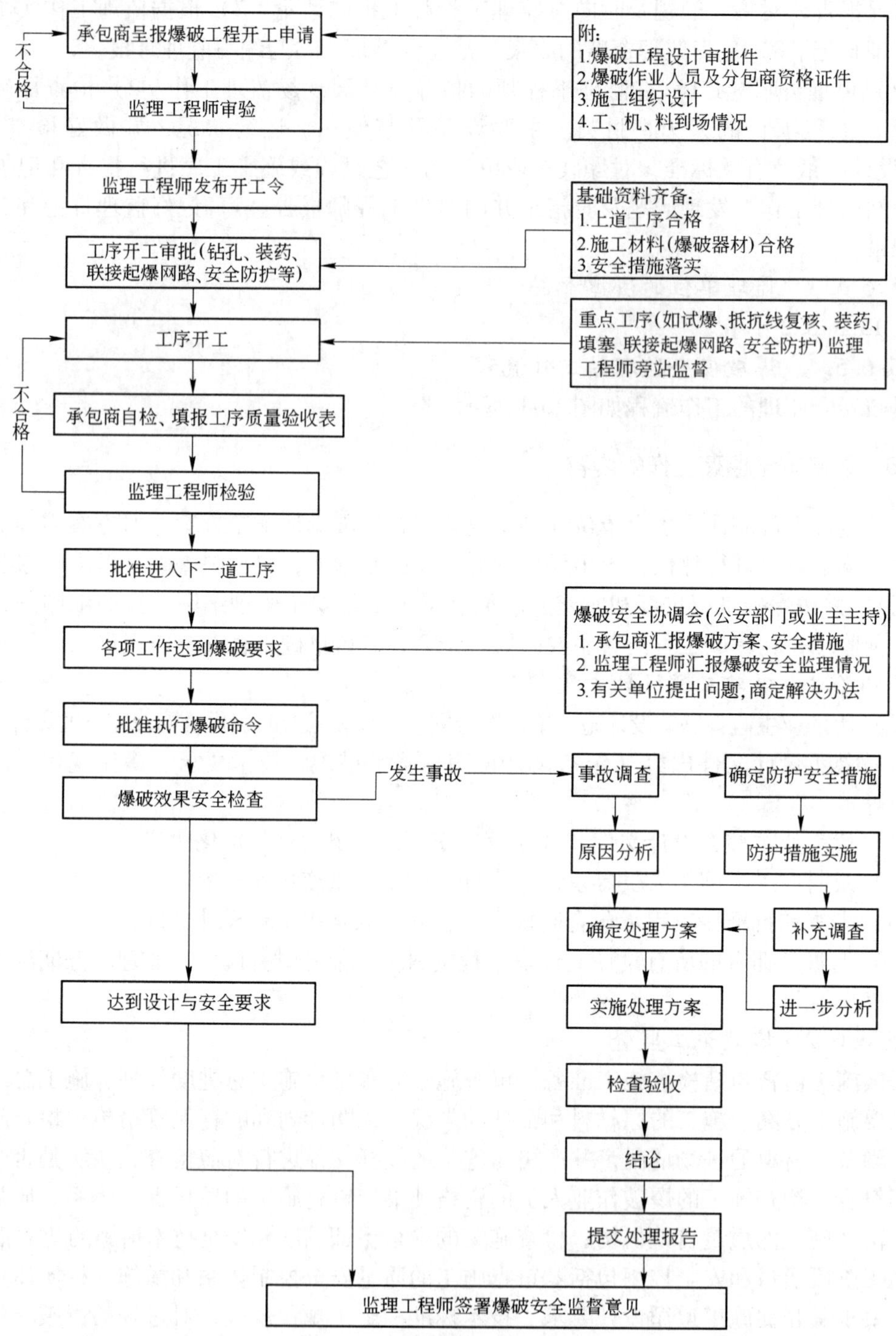

图 15-1　爆破监理工作流程图

15.6.6.3　施工进度控制

(1) 提出工程控制性进度目标，并经业主批准后实施。

(2) 当由于种种原因致使实施进度发生重大拖延时，及时向业主提出调整控制性进度计划的意见并在经过业主批准后完成其调整。

(3) 审批施工单位报送的施工总进度计划及相关的施工方法（包括设备、材料、人力等），使其满足工程控制性总进度要求。

(4) 检查各施工单位的实际进度与计划是否相符，监督、跟踪与分析工程施工进度，并根据合同采取必要的措施。

(5) 会同业主、施工单位紧密合作，尽可能减少对工期有重大影响的工程变更指令。

(6) 分析和评价施工单位的工期索赔并公正、合理地进行处理。

15.6.6.4 合同管理

根据监理合同和业主的授权，在授权范围内对施工合同进行全面的管理。

15.6.6.5 安全施工监督

督促检查施工安全措施、劳动防护和环境保护设施等，参加重大安全事故调查并提出处理意见。

15.6.6.6 编写监理总结

工程竣工阶段协助业主进行工程竣工验收和质量安全评定工作，并编写监理总结。

15.6.6.7 其他相关工作

(1) 配合业主聘请咨询专家的工作。

(2) 根据咨询专家要求，向咨询专家提供工程资料与文件。

(3) 接收并分析咨询专家提出的建议和备忘录，并做出书面答复。

(4) 当政府部门或政府领导人检查、视察本合同工程时，配合业主做好接待工作，准备并提供（应业主要求）各种资料、报告。

15.6.7 爆破安全监理记录与表格

15.6.7.1 爆破安全监理记录

爆破安全监理应建立和保存完整的监理记录。监理记录是监理工程师工作的各项活动、决定、问题以及环境条件等的全面记录，可以用来作为工程评估判断的重要依据，是监理工作的重要基础工作，标志着工程监理的深度和质量。因此，要力求做到记录客观、准确、全面。

爆破安全监理记录大致可以分为两大类：

一是书面记录，包括：(1) 历史性记录，包括监理日记、爆破工程大事记、会议记录等；(2) 安全与质量检查、监测记录，包括爆破器材、试爆、网路试验检查记录，钻孔（药室）验收记录，安全防护检查记录及安全监测（如爆破振动测试）记录等；(3) 竣工记录。

二是照片、影像记录等工程影像资料。

不管是哪类记录，都应力求完整、清楚、确切。下面举例说明监理日记记录内容：

监理人员必须每天做好监理日记，监理日记内容包括：(1) 日期；(2) 天气：温度（最高和最低）、风向、风力；(3) 工程部位；(4) 工程进度：形象进度、有关进度的要求、进度比较等；(5) 爆破作业单位人员动态（数量、工种等）、施工机械情况；(6) 工程安全和质量情况：检查情况、存在的安全和质量问题及处理情况、对以往出现问题的复检情况（包括：审查爆破作业人员证件；旁站爆破器材配送交接、装药、填塞、网路连接、爆破危害的控制；问题及处理；其他）。

15.6.7.2　爆破安全监理表格

A　施工单位用表

（1）爆破工程开工报审表

附表：主要施工机械设备报审表

主要施工人员报审表

（2）爆破设计方案核验表

（3）专项施工方案核验表

（4）爆破试验报审表

（5）爆破器材质量检验表

（6）爆破试验/爆破器材试验记录表

（7）爆破试验工序综合评定表

（8）第________次爆破报审表

（9）工程检查验收表

（10）第________次爆破工序综合评定表

（11）总爆工序综合评定表

（12）工程变更单

（13）工程联系单

（14）监理工程师通知回复单

（15）爆破工程盲炮/安全问题（事故）报告单

（16）爆破工程盲炮/安全问题（事故）技术处理方案报审表

（17）工程竣工报验单

B　监理单位用表

（1）爆破安全监理工程师通知单

（2）爆破安全监理工作联系单

（3）监理日记

（4）旁站监理记录

15.6.8　爆破安全监理资料总结

15.6.8.1　爆破安全监理总结

爆破安全监理总结在监理工作全部结束后编写，由总监理工程师审核签字，提交建设单位；存档。监理总结内容有：

（1）工程概况；

（2）监理组织机构、监理人员、投入的监理设施；

（3）监理合同履行情况；

（4）监理工作成效；

（5）施工过程中曾出现的问题及其处理情况和建议；

（6）工程照片。

15.6.8.2 爆破安全监理资料整理

监理工程师在爆破安全监理过程中，要贯彻“一切以事实和数据说话”的原则，因此应重视监理过程中的各种记录、函件、工地会议记录、监理报表等监理资料的收集和保管，并要分类整理，有签认、核实、日期，做到事实清楚确凿，数据真实可靠。

鉴于监理资料的重要性，监理资料的管理应由总监理工程师负责，并指定专人具体实施。

爆破安全监理资料主要有如下几类：

（1）进场前资料：爆破评估报告、公安机关批文、爆破设计总体方案及相关资料、委托监理合同、监理规划、监理实施细则。

（2）进场后开工前资料（对照填写表格）：开工审核资料（爆破作业单位资信材料、爆破作业人员证件、钻爆设备；爆破设计方案、警戒方案、应急预案、防护方案；爆破施工承包合同、安全协议）、第一次工地会议纪要（纪要、签到表、签收表）、监理日记。

（3）施工中爆破资料（对照填写表格）：每次爆破（总爆）资料（含设计方案、警戒方案、爆破器材领用退清单）、旁站记录、往来函件、会议纪要（纪要、签到表、签收表）、监理月（简）报、监理日记。

（4）工程结束资料：爆破安全监理总结。

（5）按规定装订所有资料，提交建设单位，存档。

15.7 爆破信息管理系统

15.7.1 中国爆破网

15.7.1.1 中国爆破网的组成

中国爆破网由各级节点、行业网站集群、数据库集群、行业应用系统和企业（含个人）用户组成。

中国爆破网利用电子密钥和CA认证技术建立涉爆涉危行业专网，各涉爆涉危单位利用宽带专线或互联网接入，在涉爆涉危行业内建立起专用的行业信息数据库集群。中国爆破网具备网上办公功能，可以实现网上业务办理、信息交换、查询统计、流向流量监控等操作。

中国爆破网为用户建立相应的网络应用平台，为每位会员分配一定的工作权限和职能，利用权限密码（电子密钥）登录各级别计算机管理应用平台。

15.7.1.2 中国爆破网的建设

中国爆破网的建设是我国工程爆破行业开展信息化研究和应用的一项重大工程，该工程的建设对于加强管理部门监察监管力度，加快爆破行业信息化进程，推动工程爆破技术进步与创新，具有非常重要的作用和意义。

中国爆破网由中国工程爆破协会主办、广州中爆安全网科技有限公司承办并负责运营、管理和技术支持工作。中国爆破网采用现代信息技术、通讯技术与网格技术（Great Global Grid），建立了覆盖全国，联通危爆行业（爆炸物品、危险化学品、烟花爆竹等）从业单位、从业人员、危爆物品、器材设备、库房和其他作业场所等的安全生产与行业信息管理专业网，实现行业信息资源联通与共享，为生产、流通、使用、科研、教育和行业管理提供信息化服务，是各级公安机关治安部门、国家民爆器材生产流通监管部门、国家安全生产监管部门、行业协会和危爆物品从业单位的综合信息服务平台，是政府管理部门加强危爆物品流向流量实时监控，促进安全生产、规范化管理的有力工具。中国爆破网在应急救援、社会治安、反恐防爆等领域也发挥着积极和重要的作用。

经过几年的设计、研发、建设和实际应用，中国爆破网在行业资源共享、信息互通、促进管理、服务会员、提高行业信息化水平等方面取得了显著的成绩，得到了政府管理部门以及行业协会、企事业单位的支持和高度评价。

15.7.1.3　中国爆破网的结构

中国爆破网用户主要有三种类型：政府部门、行业协会和企业用户。中国爆破网根据用户的需求，按照不同的权限构建多层网络结构。包括网站及其管理信息系统、各类别管理服务对象、相应的数据库系统和终端管理服务系统及设备，构成了行业计算机管理信息网络系统，并以此为基础建设中国爆破网格。

A　中国爆破网网络拓扑图

中国爆破网网络拓扑图如图 15-2 所示。

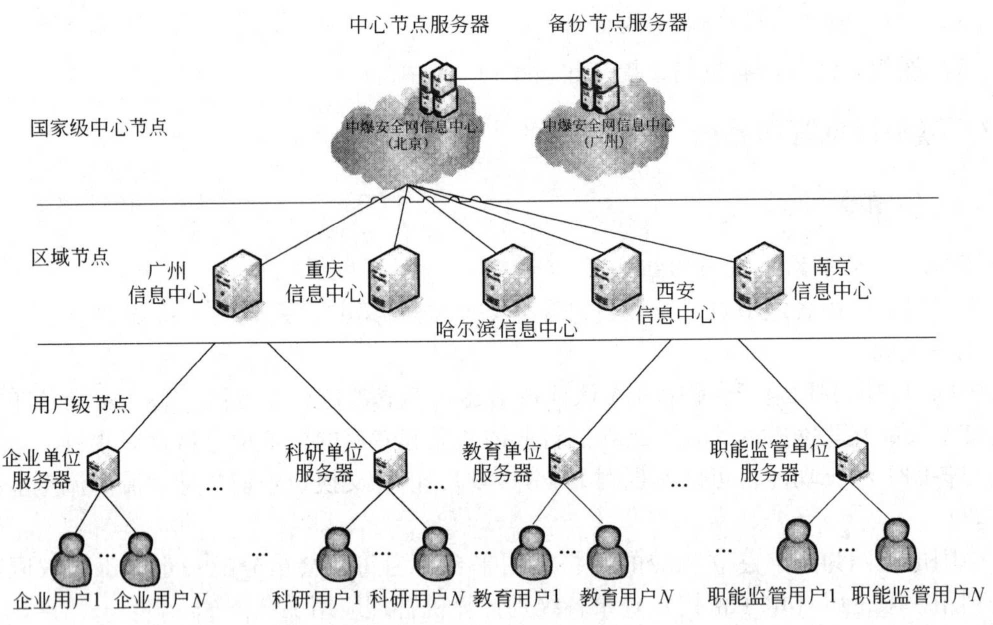

图 15-2　中国爆破网网络拓扑图

B　内外网网络拓扑图

政府机关使用政府专网（内网），爆破作业单位使用外网（即互联网），内外网之间采用物理隔离网闸技术进行隔离。既保证了政府专网的安全性，又达到了数据交换的实时性。

15.7.2　中国爆破网的主要功能

A　主要功能模块

中国爆破网的主要功能是为涉爆涉危行业管理部门和从业单位提供功能完善的管理和

办公平台，主要功能模块有爆破工程管理、民爆器材监督、安全生产监督、测振网格、数字档案馆、应急救援、培训考核系统等。

（1）爆破工程管理信息系统是为公安部门和行业用户提供的网上办理业务的平台，对爆炸物品生产、销售、储存、运输、使用、管理等进行监督和管理，实现了涉爆单位、涉爆人员、爆破器材等信息自动采集、存储管理、查询、统计分析。爆破从业单位可以在网上向公安机关提交办理涉爆行政许可的申请，同时，可以自动跟踪和了解公安机关对于该项行政许可审批办理情况，可以第一时间得到批复，改变了过去向公安机关提交行政许可申请以后，只能焦急地、被动地等待的局面。公安机关可以在网上受理爆破从业单位提交的行政许可申请，利用网上办公条件直接在网上审批，审批到哪一步爆破从业单位都可以在网上看到，增加了办理行政许可的透明度，提高了为群众服务的质量，又接受了群众的监督，改善了警群关系，同时，实现了爆破工程管理从静态向动态实时管理的转变。

（2）民爆器材监督管理信息系统是为工业和信息化部民爆器材安全生产监督管理部门和行业用户提供的网上办公平台，对民爆器材生产、销售、储存等进行监督和管理。系统可以自动完成生产、销售企业销售数量的统计和备案，在地理信息系统上显示企业地理位置、基本信息、生产状况、储存数量等，为国家和各省民爆器材行业主管部门和领导的管理决策、应急救援指挥提供了实时数据和技术支持。

（3）安全生产监督管理信息系统是为国家安全生产监督管理部门和行业用户提供的网上办公平台，对危险化学品的生产、储存、经营、运输、使用等的安全生产进行监督和管理。危化品从业单位可以在网上向安监部门提交办理涉危行政许可的申请，同时，可以自动跟踪和了解安监部门对于该项行政许可审批办理情况，可以第一时间得到批复，改变了过去向安监部门提交行政许可申请以后，只能焦急地、被动地等待的局面。安监部门可以在网上受理危化品从业单位提交的行政许可申请，利用网上办公条件直接在网上审批，审批到哪一步危化品从业单位都可以在网上看到，提高了办理行政许可的透明度和为群众服务的质量。

（4）测振网格系统是为了方便爆破从业单位监测爆破振动、实现测振信息联通、资源共享而开发的系统。利用该系统，各地的爆破从业单位只需自备传感器、测振仪等基本仪器设备，记录下爆破工程现场的爆破振动数据，然后通过互联网将记录的振动数据上传到测振中心，由测振中心的专业人员（专家）对数据进行分析处理，直接给用户提交爆破振动分析结果。从业单位通过测振网格系统，可以实时跟踪了解自己提交的数据的处理进展情况，可以与测振中心的专家进行远程交谈和探讨，等到测振报告出来后，从业单位可以在异地通过测振中心平台直接获取爆破测振报告。利用该系统，从业单位只需要配备1~2名掌握了安放传感器、使用爆破振动记录仪技术的人员，测振仪器的标定工作、测试数据处理、频谱分析等工作均由测振中心完成。把爆破从业单位从处理复杂技术工作中解放出来，专心做好爆破安全管理工作。

（5）爆破数字档案馆是为行政管理部门、企事业单位和个人提供随时随地上传、存储、下载爆破电子档案服务的系统，该系统可以实现电子档案实时存放、快速检索且不受时间和地域的限制，可以满足长期存放（大于30年）的条件，可以使单位和个人大大减少保存、携带文件档案的麻烦。单位和个人通过需要长期保存文件档案资料，可以在家中登录该系统，完成网上注册后，就可以选择希望存放的分馆、选择属于自己的档案盒，按照系统允许的数据格式上传存放档案资料。该档案盒完全按照个人的喜好进行个性化设定，自己设置密码，别人无法打开。对于一些有价值的文档资料，拥有者还可以设定有偿阅读、复制、下载进行交流，同时实现其经济价值。

(6) 培训考核系统具有网上在线报名、远程视频培训、在线答疑、试题库管理、考核评分、打印出证等功能。可以满足工程爆破协会组织对爆破工程技术人员考取《爆破工程技术人员安全作业证》的需要，也可以满足各级公安机关治安部门组织对爆破作业人员(爆破员、安全员等)的培训考核的需要。该系统方便用户在线报名和接受远程教育(上课、答疑等)，管理部门可以从题库中选择考题，自动组合成不同级别(或难度)的试卷，组织无纸化考试，对通过考试的学员打印并颁发证书，掌握和查询培训、考核、发证情况。

B　爆破工程管理

a　爆破工程管理信息系统

爆破工程管理信息系统的用户主要有两类：一是各级公安机关治安部门，二是爆破作业单位。该系统为这两类用户提供了可以同时在互联网和内网(公安专网)上办公的平台。

公安机关治安部门通过公安内网登录该系统，受理审批爆破施工单位提交的爆破作业行政许可申请和其他事项备案登记的文件资料，为爆破作业单位提供“一站式”快捷服务；可以实时查询、统计进入自己管辖地区的每一发雷管、每一箱炸药所处的位置和状态，以及与其流向有关的爆破作业单位和作业人员等信息；可以查询每台配送爆炸物品车辆的行驶路线、押运人员、接收单位、接收人员的情况；可以利用远程视频子系统对每个爆破作业场所(工地、库房)的现场进行巡查和倒查，掌控爆破作业与安全管理情况。

爆破作业单位通过外网(互联网)登录该系统，可以向治安部门提交办理各种行政许可的申请材料，同时可以跟踪了解公安部门的审批进展情况，不需要奔跑于多个公安机关之间去办理，一旦看到公安机关审批完成，作业单位就可以在网上下载和打印审批结果文件和资料。

b　动态实时数据信息采集仪(简称黑匣子)

ZB 型动态实时数据信息采集仪(简称黑匣子)是危管专网物联的终端设备核心，是基于互联网或 3G 技术的应用产品。具备数据信息采集、存储、处理、传输、自动交换和进行温湿度监控、安全巡检、示警、报警、自动拍照等功能，可以通过专网或互联网接入管理系统平台和后台数据库。主要适用于危爆物品场所(包括工作间、库房、施工现场及其他场所等)的监控和管理。

根据现场环境条件要求，黑匣子可以安装在生产车间、库房、施工现场及其他场所内部或外部合适位置。

c　库房管理子系统

该子系统由库房管理平台、专网、数据库、黑匣子等组成，可以实时监控每个库房开关门、温湿度、气体浓度、出入库等信息，并具有巡检、报警、示警、音视频、自动拍照、条码等功能，形成危爆物品流向流量信息实时监控的“物联网”。

库房管理子系统对于落实爆破器材仓库保管员的“双人双锁”安全管理责任、落实基层民警安全巡查的管理责任，具有突出的作用。该系统先将该仓库保管员基本信息(照片、指纹等）录入，当保管员要进入库房时，两个人必须同时到场，必须持经过系统确认的密钥才能打开库房，少一个人也不行，用其他人代替也不行，因为系统在确认密钥的同时，还要比对保管员的照片信息。

同样，基层责任民警巡查库房的安全管理状况时，也要使用密钥刷卡经系统确认，系统在确认密钥的同时也要比对前来检查的民警的照片信息。

其他管理部门可以通过政府专网或互联网登录库房管理平台，监控查看辖区内各危爆物品库房现场实时信息，可以查询、了解该危险库房（或重大危险源）一旦发生安全生产事故时，其对附近居民、牲畜、水源、庄稼、植物等的影响范围和程度，启动相应的应急救援方案。

C 民爆器材生产、流通管理

a 民爆器材统计信息管理系统

该系统采用国家、省、企业三级体系结构管理模式，向民爆器材行业主管部门提供可靠及时的数据信息，使主管部门实时掌握民爆器材行业生产经营动态，为主管部门宏观调控和制定行业政策提供统计数据和相关依据。

民爆器材生产、销售企业通过互联网登录该系统，按期上报产量、销量、库存量等数据；民爆器材行业主管部门通过政府专网或互联网登录该系统，根据工作需要进行网上业务办理和数据信息查询、汇总和统计分析。

b 民爆器材生产销售备案系统

该系统可供国家和省级民爆器材行业管理部门掌握民爆器材生产、销售企业三日内的生产、销售、库存民爆器材情况及流向、流量和使用情况，为行业主管部门制定行业政策提供数据和相关依据。

民爆器材生产、销售企业通过互联网登录该系统，将本企业三日内生产、销售情况和数量向上级主管部门报告并进行备案；主管部门通过政府专网或互联网登录该系统检查企业备案情况，及时发现问题并予以纠正。

c 民爆企业地理信息管理系统

该系统采用瓦片式地理信息技术，结合“民爆器材统计信息管理系统”，标注民爆器材生产、销售企业的地理位置。利用该系统可以快速查找民爆器材生产、销售企业的地理位置、地理分布和企业基本信息，了解和掌握生产、销售企业库房（一般都能构成重大危险源）管理情况，以及一旦发生安全生产事故时，其对附近居民、牲畜、水源、庄稼、植物等的影响范围和程度，检查各单位编制的应急预案情况。

民爆器材行业主管部门通过政府专网或互联网登录该系统，快速查询各地民爆器材生产、销售企业的有关情况。该系统为民爆器材行业管理部门提供直观有效、准确及时的信息，为安全生产调度、管理决策提供数据和有关依据。

D 安全生产管理

a 危险化学品安全管理信息系统

危险化学品安全管理信息系统是为国家各级安全生产监督管理部门和危险化学品从业单位提供的网上办公平台，对危险化学品安全生产进行监督和管理。

各级安全生产监督管理部门通过中国爆破网主页登录该系统。可以为危险化学品从业单位办理安全生产许可证、经营许可证等行政许可，为危险化学品从业单位和从业人员提供“一站式”快捷服务；可以实时查询危险化学品从业单位的分布信息和从业人员信息；可以快速组织安全生产应急救援和对重大危险源进行视频监控及预警，对危险化学品从业人员进行远程教育和培训考核，落实安全生产监管责任，预防事故发生。

危险化学品从业单位通过中国爆破网主页登录该系统，直接向安全生产监督管理部门提交办理有关行政许可的申请材料，跟踪自己上报的行政许可项目审批情况，对于审批好的证件可以进行在线套打；可以向主管部门及时回缴有关证件进行备案登记；组织从业人员参加安全教育和技术培训及考核。

b　重大危险源远程视频监控预警系统

该系统方便管理部门和企业对自己负责管理的重大危险源实施远程监控，根据记录和观察到的数据（如亮光、声音、温湿度、不明物体入侵等）及时发现异常情况，向有关部门预警，预防重大事故的发生。

具有重大危险源的单位（一般是生产、销售、储存单位）和当地安全生产监督管理部门登录中国爆破安全网，通过授权进入重大危险源远程视频监控预警系统，实时查询自己管理的重大危险源的各种记录参数和视频图像，对于异常数据及时做出处理同时上报领导部门，控制事态的扩大和事故的发展，确保重大危险源的安全。

c　应急救援决策支持系统

该系统为安全生产应急救援指挥提供信息资源共享和决策支持，可对事故影响范围、影响方式、持续时间和危害程度进行综合研判，并生成备选预案或指定合适的应急预案。

各级安全生产监督管理部门登录中国爆破网，通过授权进入应急救援决策支持系统，针对事故的具体情况和当前的灾情，采集相应的资源数据，输入相关事故参数、地理信息、历史处置方案，查询最适用的应急预案或者研究制订相应的技术方案和措施，实现应急救援的科学性和精确性。

E　测振网格

测振网格的建设是以中爆专网资源为基础，利用中爆专网各级节点平台及专网联接测振中心平台、爆破从业单位、人员、测振仪器设备以及办公电脑和服务器等，形成覆盖全国的计算机“测振网格”。

在这个测振网格中，每一个爆破单位都是一个节点，每个节点的测振仪器设备、电脑及服务器通过网络连接，构成了全国范围的爆破行业虚拟计算机系统，即“测振网格”，共同参与计算。由于测振网格是由多台分散的计算机及设备经互联网连接成的计算机系统，所以又称为分布式计算机系统。分布性是网格的一个最主要特点，网格的分布性是指网格的资源是分布的，由于组成网格的计算机、各种类型的应用系统平台和数据库以及其他的各类设备和资源分布在地域位置不同的地方，即不是集中在一起的，所以，基于网格的计算一定是分布式计算而不是集中计算。其中各个资源单元（物理的或逻辑的）即相互协同又高度自治，能在全系统范围内完成资源管理，动态地进行任务分配或功能分配，并能并行地运行分布式程序。在测振网格中发挥出每一台计算机的数据处理能力，充分利用闲置的计算机及设备，把网格中闲置的数据处理能力充分利用起来。通过测振网格能够对各测振点的测振数据进行实时分析处理，所以利用测振网格不仅增强了测振系统的数据分析处理能力和存储能力，而且能够实时交换不同地域爆破作业点的标定数据和测振数据信息，并能进行远程网络实时数据处理分析，这样，大大减少了因各地域测试方法、条件不同和因地质、地貌、气候、地磁的不同而产生的测试误差，从而使得爆破测振数据更加精确可靠。

F 测振中心平台

建设爆破测振中心平台，首先应该建设一个全国测振中心平台或根据国内不同地域的地质、地貌、气候、地磁分布情况建设若干省级中心平台，测振中心平台又是爆破行业的测振“标定”中心，能够按照国家标准要求对爆破测振所需的传感器、仪器设备及测振系统实施标定，给出标准的测振标定数据。一般情况下，为了使测振记录的讯号振幅与所测对象质点振动建立起量的关系，必须对传感器及整个测振系统进行标定，因此“标定中心”也必须具有国家标准管理部门认可的资格和颁发的许可证，振动台等标定设备也要具有相应的国家标准许可证。同时测振中心平台又是行业测振信息管理平台、网络交换中心及数据处理中心，具有测振数据信息汇集、交换及处理的功能，建有测振数据库集群，为行业测振提供数据信息服务。各测振中心平台及标定中心通过网络连接融入爆破测振网格，各个测振中心平台对测振数据实时交换，并进行自动分析处理，对于因不同地域的标定数据、测振数据所产生的数据误差能够进行实时分析处理。测振中心平台包括：

（1）标定中心。标定设备包括振动台、配套设备仪器等，其中振动台应符合国家标准并具有国家标准部门颁发的许可证。

（2）数据处理与分析。数据处理分析仪器、仪表；软件应用系统，包括数据采集、交换、处理分析、查询、统计等；振动测试数据库。

（3）测振中心平台设备配置：路由器、交换机、防火墙、UPS 电源等设备；服务器集群或小型计算机（采用双机热备份保证数据和系统安全）。

测振中心平台可实现如下功能：对传感器、测振系统进行标定；数据处理分析，包括参数读取、数据分析、频谱分析等；远程网络标定及数据处理分析；数据存储、查询；电子邮箱系统，短信群发系统。

传感器、测振仪出厂时应统一编号，并将统一编号录入测试中心数据库，经过测振中心进行系统标定后，标定数据输入测振系统数据库备案。

G 爆破数字档案馆

数字档案馆具有馆藏资源数字化、信息组织与传输网络化、服务范围扩大化、信息资源共享化、信息检索便捷化等诸多特点。

“数字档案馆”的含义有广义和狭义之分。广义的数字档案馆是指存储和利用档案信息资源的信息空间，是一个由众多档案资源库群、档案信息资源处理中心、档案用户群构成的数字档案馆群体。狭义的数字档案馆指其中的个体档案馆，其含义除了馆藏档案数字化的工作外，还涉及档案信息的采集、整理、存储、检索、传递、保管、保护、利用、鉴定、统计等全过程，代表的是一种信息环境和基础设施的构建（包括软、硬件系统的设计和组织实体的建立）。它包括：

（1）接收应归档的电子文件及其元数据，并对立档单位的电子文件工作流程实施在线监督和控制，以及时获取电子文件，防止重要文件的流失；

（2）将现有馆藏档案数字化，实现数字化档案资源在网上的发布和传递；

（3）支持对馆藏各种档案实体的自动化管理；

（4）支持以网络连接行业、政府信息资源库及不同档案馆的数字化馆藏，能够提供分散于不同地区的档案信息资源，实现档案信息资源共享；

（5）组织对数据的有效访问和查询，使用户可以通过网络对数字化档案信息（包括目录、索引和全文）进行查阅。

数字档案馆是依托于“测振网格”上的测振节点，负责收集所属节点的行业信息和测振数据。在全国范围内，系统设有若干的数据中心。数据中心负责重要电子文件的永久存储和各个节点的数据备份工作，要求更大容量和更高传输速度。而数据中心和节点档案中心建立在中爆专网之上，能提供足够的带宽满足系统运行要求。

测振节点上的数字档案馆存放了海量的行业数据，这些数据形式各异、大小不一、侧重点和重要性也有一定的区别。为了方便管理和使用，数字档案馆采用分布式数据库作为数据存储方式，根据资源的不同分类，把数据存放到相应的数据库中，对分布在不同数据库中的信息进行综合管理，把数字档案馆的性能最大限度的进行优化。

通过连接系统内网可对数字档案馆进行日常管理、数据更新与备份工作。管理员在整个系统当中所处的密级比较高，必须采用密级相应高的用户验证方式进行系统登录。考虑到密级和安全性，数字档案馆管理员采用 U 盾 + 登录密码的方式。

社会大众使用互联网（公网）即可快速地访问到数字档案馆，系统采用以用户为中心的服务模式。根据访问用户的不同权限，档案馆提供与其权限相应的服务。

H 网上教育培训考核系统

网上教育培训考核系统具有网上在线报名、远程视频培训、在线答疑、试题库管理、考核评分、打印出证等功能。

用户通过中国爆破网登录各地管理部门网上培训和考核系统，实现在线报名和接受远程教育，管理部门从题库中选题自动形成试卷，对通过考试的学员打印并颁发证书。

在线考试模块主要包括题库管理、在线考试、查询统计、试卷管理、试卷内容管理、考试管理等功能。

a 题库管理功能

（1）题库分类和题型管理功能。主要包括：题库支持题库集、题库和知识点三级分类，分类可自由创建和删除；支持题型自定义功能，允许自己创建各种题型；丰富的试题类型，不仅支持一般的文本试题，还支持多媒体试题，让您的试卷图、文、影、音并茂；题库可以指定管理员进行独立管理，并可以共享给其他管理员使用。

（2）批量试题导入和导出功能。主要包括：通过 Excel 模板创建试题，并批量快速导入到题库中，提供错误自动识别功能；试题可以综合查询并批量导出到 Excel 文件中；可以将题库的所有试题导出到数据库文件中进行备份，并可以进行加密；可以将题库文件导入到题库中进行还原。

b 在线考试功能

（1）学员考试全过程管理功能。主要包括：根据考生权限、试卷有效时间等列出考生参加考试的试卷列表；考生参加考试、答卷、交卷、查看分数等完整过程；支持考试自动倒计时，到时自动交卷；支持空白答案检查，自动调转到空白答案试题；支持考生分数查询、排名查询、答卷和答案查询、知识点正确率统计等。

（2）考试防舞弊安全性设计。主要包括：随机打乱试题显示顺序，避免抄袭；随机打乱选择题候选项显示顺序；控制考试页面的移出，禁止考试过程中出现查找答案、即时通讯等舞弊手段；防止考试中通过拷屏、复制等手段泄露试题。

（3）考试的容错和可靠性设计。主要包括：支持考试过程中服务器保存答卷的方式，电脑一旦出现故障允许学员恢复考试；交卷时如遇到服务器繁忙，可以返回交卷前状态，并锁定试卷。

c 查询和统计功能

提供考试结果的综合查询和统计分析，主要包括：可以通过设定领导查询权限，控制考试查询权限；可以查询所有考生成绩、答卷、排名和知识点分析；可以按部门对应考人次、参考人次、及格人次、不及格人次、平均分、及格率等数据进行统计分析；可以对知识点通过率、单题通过率数据进行统计分析。

d 试卷管理功能

（1）试卷定义和管理。主要包括：试卷的新建、修改和删除；支持通过 Excel 试题模板直接生成试卷；支持试卷定义的导出和导入，用于试卷的迁移，备份和恢复；支持试卷复制功能，用于快速创建与以往试卷组卷策略类似的试卷。

（2）试卷基本属性管理功能。主要包括：支持一场考试多套试题的出题方式；支持全屏考试、一屏一题和一屏题型三种考试模式；支持考试有效时间安排、考试次数、考试倒计时参数设定等功能；支持服务器保存等可靠性参数设定；支持考试成绩保密、答卷保密、防舞弊参数等安全设定；支持对考生的安排、手工阅卷员和领导查询等权限的设定。

（3）出题策略管理功能。主要包括：支持从题库集、题库、知识点、难度、题型等不同参数中设计出题策略；设定出题数量时可显示当前题库可出题最大数量；支持将题库分数换算成 100 分或按题型指定分数两种分数模型；考试的题型显示顺序可自由指定。

e 试卷内容管理功能

对已定义的试卷的题目进行管理和审核，主要包括：试卷内试题的快速浏览；不满意的试题可以自动换题和手工换题；输出试卷到 Word，生成标准的 Word 试卷和答卷（用于教师阅卷）。

f 考试管理功能

强大的考生安排和考试过程控制功能，主要包括：按“未安排考生、待考考生、考试中考生、交卷待判分考生和交卷已判分考生”等分考试流程进行管理；批量安排考生考试，可以指定考生考试时间；按多种条件模糊查询考生考试记录；支持删除考试记录，允许考生重考，重新安排考试等；支持对已阅卷的考生答卷进行复评并修改评卷结果。

g 题库练习

由题库共享、题目分类查询、做题练习等组成；管理者可将部分题库共享给学员自我练习，学员可根据需要自动组合和寻找题目，进行做题练习并查看结果。

I 中爆邮

中爆邮是建立在中国爆破网上的电子邮局，是专门为工程爆破行业专业人士提供服务的专用电子邮局。工程爆破行业从业人员和其他对工程爆破行业感兴趣的人都可以通过中国爆破网的通用网址“中国爆破网”或者“www. cbsw. cn”登录中国爆破网，注册成为中爆邮的贵宾客户。

中爆邮会自动给每位用户分配一个存储量为 2G 的电子邮箱。中爆邮为全体用户推出集存储、共享为一体的在线存储空间，不用花钱，完完全全免费服务。用户可以将接收和发送的附件或其他文档存放在电子邮箱的网络 U 盘上，这样，用户就可以随时随地通过互联网获取这些文档，省去了携带电子文档的麻烦。网络 U 盘具有以下特点：

（1）1G 存储空间——15 天超长存储时间，可随时续期。

（2）文件批量上传、下载——支持断线续传。

（3）共享文件——把文件共享给多个好友。

（4）文件在线预览——支持 . jpg . doc . xls . pdf 等文件在线查看。

15. 7. 3　中国爆破网站

中国爆破网网址为 www. cbsw. cn，通用网址为“中国爆破网”。

中国爆破网开设了电子政务、综合新闻、视频新闻、公安信息、安监信息、民爆信息、法律法规、行业协会、协会期刊、名人访谈、国际动态、科研成果、数字爆破、爆破集锦、爆破论坛、典型爆破实例、事故快报、企业黄页、行业词典、民爆管理、剧毒化学品、网络培训、网络软件、中爆邮等栏目，是为涉危涉爆行业及社会公众提供信息交流、资源共享、企业宣传、办公自动化的平台，也是有关职能部门实施行业管理的公共平台。

为推进工程爆破行业信息化建设，中国工程爆破协会和各省市协会网站以及企业网站发布的信息可进行数据信息实时交换，通过规范化管理，形成爆破行业“网站集群”规模，实现爆破行业信息资源的共享和联通。

参 考 文 献

[1] 汪旭光，郑炳旭，张正忠，刘殿书，等．爆破手册［M］．北京：冶金工业出版社，2010.
[2] 于亚伦．工程爆破理论与技术［M］．北京：冶金工业出版社，2004.
[3] 顾毅成．爆破工程施工与安全［M］．北京：冶金工业出版社，2004 .
[4] 张永哲．爆破器材经营与管理［M］．北京：冶金工业出版社，2004.
[5] 吴子骏．工程爆破操作员读本［M］．北京：冶金工业出版社，2004.
[6] 爆破安全规程 GB 6722—2003［S］.
[7] 民用爆炸物品安全管理条例［S］．（中华人民共和国国务院令第 466 号）. 2006.
[8] 中国工程爆破协会．中国典型爆破工程与技术［M］．北京：冶金工业出版社，2006.
[9] 中国工程爆破协会．我国工程爆破的成就与技术创新发展战略[R]．中国工程爆破协会通讯,2000(12).
[10] 中国工程爆破协会．中国工程爆破行业中长期科学和技术发展规划（2006~2020 年）[R].
[11] 顾毅成，史雅语，金骥良．工程爆破安全［M］．合肥：中国科学技术大学出版社，2009.
[12] 赵改昌，汪旭光．起爆网络设计中的一个重要概念——点燃阵面［J］．工程爆破，1999，5(4).
[13] 史雅语．非电导爆管网格式闭合网路［J］．爆破器材，1988(2).
[14] 张国顺．民用爆炸物品及安全［M］．北京：国防工业出版社，2007.
[15] 娄德兰．导爆管起爆技术［M］．北京：中国铁道出版社，1995.
[16] 张正宇，赵根，张文煊，占学军，等．塑料导爆管起爆系统理论与实践［M］．北京：中国水利水电出版社，2009.
[17] 颜景龙．铱钵起爆系统的安全性分析与试验［J］．工程爆破，2008，14（2）：70~72.
[18] 吴新霞，赵根，王文辉，等．数码雷管起爆系统及雷管性能测试［J］．爆破，2006，23(4)：93~96.
[19] 张正宇，等．水利水电工程精细爆破概论［M］．北京：中国水利水电出版社，2009.
[20] 谢先启．精细爆破［M］．武汉：华中科技大学出版社，2010.
[21] 蔡美峰．岩石力学与工程［M］．北京：科学出版社，2002.
[22] 张宝坪，等．爆轰物理学［M］．北京：兵器工业出版社，2001.
[23] 刘鹏，等．影响工业炸药爆速的因素［J］．四川兵工学报，2009，30(3)：124~127.
[24] 朱宪国．岩体构造对露天矿深孔爆破的影响［J］．煤炭技术，2006，5(2)：52~53.
[25] P. 库尔．水下爆炸[M]．罗耀杰译．北京：国防工业出版社，1960.
[26] 张志毅，王中黔，等．交通土建工程爆破工程师手册［M］．北京：人民交通出版社，2002.
[27] 杨光熙．水下工程爆破［M］．北京：海洋出版社，1992.
[28] 张正宇，等．中国爆破新技术［M］．北京：冶金工业出版社，2009：499~504.
[29] 张可玉，王兴雁，许明清．深水港水下炸礁的难题与对策［J］．爆破，2006(2).
[30] 高欣宝，麻全仕．水下爆破的安全管理与防护［J］．安全，1996(5).
[31] 李泽华，林大泽，白春华，蒲加顺，张奇，王仲琦．实用水下钻孔爆破技术及应用［J］．爆破器材，1999(3).
[32] 谢炳龙，刘长坚，朱彬．钦州中山码头水下礁石爆破［J］．广西地质，2000(1).
[33] 冯毅，施展造．不同孔径水下炮孔爆破的效果分析［J］．广西交通科技，2002，27(3).
[34] 施展造．提高水下钻孔爆破的若干理论与技术措施［J］．珠江水运，2007(8).
[35] 日本工业火药协会．新爆破手册[M]．李玉珍，尹旅超，等译．武汉：湖北科学技术出版社，1998.
[36] 冯叔瑜，等．城市控制爆破［M］．北京：中国铁道出版社，1985.
[37] 杨人光，等．建筑物拆除爆破［M］．北京：中国建筑工业出版社，1985.
[38] 汪浩，等．复杂环境中的五层框架楼房爆破拆除［J］．工程爆破，1999，5(2)：30~33.
[39] 汪浩，等．上海长征医院 16 层病房大楼爆破拆除［J］．工程爆破，1999，12(4)：30~35.
[40] 汪浩．七层框架厂房的定向控制爆破［G］．工程爆破文集．深圳：海天出版社，1997：206~209.

[41] 汪浩，褚德钧．大型楼房仓控制爆破拆除［M］．见：中国爆破新技术．北京：冶金工业出版社，2005.
[42] 汪浩，郑炳旭．拆除爆破综合技术［J］．工程爆破，2003，3(1)：27～31.
[43] 贺宇文．用低爆速炸药控爆切割拆除地坪［J］．爆破，1993(专辑).
[44] 汪旭光，郑炳旭．工程爆破名词术语［M］．北京：冶金工业出版社，2005.
[45] 汪旭光，于亚伦，刘殿中．爆破安全规程实施手册［M］．北京：人民交通出版社，2004.
[46] 汪旭光，于亚伦．拆除爆破理论与工程实例［M］．北京：人民交通出版社，2008.
[47] 汪旭光，刘殿书，周家汉，等．中国工程爆破新进展［M］．见：中国工程爆破新技术Ⅱ．北京：冶金工业出版社，2008.
[48] 金骥良，顾毅成，史雅语．拆除爆破设计与施工［M］．北京：中国铁道出版社，2004.
[49] C. A. 达维多夫．水电站施工围堰拆除方法［J］．水工建设，1989(2)：12～14.
[50] 尹俊宏．大朝山水电站导流洞进口围堰及岩埂拆除爆破施工［J］．云南水力发电，2002，18(4)：50～53，80.
[51] 张正宇，赵根，吴新霞，刘美山．三峡三期碾压混凝土围堰拆除爆破研究［J］．工程爆破，2003，9(1)：1～8.
[52] 赵根，吴新霞，陈敦科，张正宇．三峡三期碾压混凝土围堰拆除爆破设计方案研究［J］．工程爆破，2007，13(2)：42～46.
[53] 赵根，吴新霞，陈敦科，周桂松．数码雷管起爆系统在三峡三期碾压混凝土围堰拆除爆破中的应用［J］．工程爆破，2007，13(4)：72～75.
[54] 张文煊，周先平，黄加木，谭进轩．沙溪口水电站二期上游混凝土围堰拆除爆破［J］．爆破器材，1993(2)：21～26，33.
[55] 吴广忠，张武华．谟武水电站砼围堰控制爆破拆除［J］．工程爆破，1997，3(4)：54～58.
[56] 徐署华．高滩水电站混凝土围堰爆破拆除施工［J］．中国农村水利水电，2001，(5)：49～50.
[57] 蒋键，黄锐杰，杨桂鹏．云南田坝电站尾水闸前水下混凝土围堰拆除爆破［J］．云南水力发电，1997(3)：46～49.
[58] 周奇才，雷玲．湘江大源渡河中纵向围堰拆除爆破［J］．工程爆破，2001，7（1)：43～48.
[59] 刘明江，张军．耒中水电站混凝土上游纵向围堰拆除爆破方案［J］．甘肃水利水电技术，2004，40(2)：174～175，180.
[60] 孙向阳，傅新贵．凤滩电站导流洞出口围堰的爆破拆除［J］．采矿技术，2007，7(3)：127～129.
[61] 张治文．岩滩水电站碾压混凝土围堰爆破拆除［J］．水利水电施工，1993(1)：35～38.
[62] 刘晓军，杨树明，曾祥虎，刘立新．高坝洲电站碾压混凝土纵向围堰拆除爆破设计与实践［J］．长江科学院院报，2003，20(增刊)：76～79.
[63] 何武志．乐滩水电站 RCC 围堰拆除爆破技术［J］．红水河，2006，25(2)：97～100.
[64] 王进军，潘树田．水电站中导墙碾压混凝土围堰控制爆破拆除［J］．采矿技术，2007，7(3)：130～131.
[65] 邓有富，张羽，吴晓光．构皮滩水电站碾压混凝土围堰可利用性爆破拆除施工［J］．水利水电技术，2007，7(38)：38～41.
[66] 张根锁．禹门口提水工程一级站围堰及岩坎的爆破拆除［J］．山西水利科技，2007，8(3)：18～22.
[67] 唐春满，王金汉．缅甸邦朗电站导流洞出口围堰岩埂拆除爆破［J］．云南水力发电，2000，16(2)：89～91.
[68] 邓金鹏，李建设．水压爆破拆除沉箱基础［J］．工程爆破，2003，9(2)：63～64.
[69] 周志才．水压爆破拆除薄壁四连体料仓［J］．爆破，2000，17(2)：72～75.
[70] 罗德丕，张家富，史雅语．水压爆破拆除大板居民楼群［J］．爆破，1998，15(4)：32～37.
[71] 汪旭光，于亚伦．21 世纪的拆除爆破技术［J］．工程爆破，2000，6(1)：32～35.
[72] 王小林，等．国内外拆除爆破技术发展现状［J］．西安科技学院学报，2003，23(3)：270～273.

[73] 裘伯永，等. 桥梁工程 [M]. 北京：中国铁道出版社，2002.
[74] 施富强，等. 田庄台辽河公路大桥控爆拆除技术分析 [J]. 工程爆破，2009，16(3)：35.
[75] 施富强，柴俭. 三台涪江大桥控爆拆除总体方案设计 [J]. 工程爆破，2003，9(4)：25.
[76] 施富强. 复杂地质条件下危岩的爆破排险 [J]. 工程爆破，2006，12(1)：58.
[77] Stangerberg，et al. Blasting demolition of reinforced concrete industrial chimneys. Proceedings of the IAS-SASCE international symposium 1994 on spatial.
[78] Guichen，Atsumi，Terushige. Numerical Simulations on the Blasting Demolition by DDA Method. Proceedings of the Second International Conference on Engineering Blasting Technique，Kumning，1995：79～84.
[79] Noriyuki Utogawa etc. Simulation of Demolition of Reinforced Concrete Buildings by Controlled Explosion. Microcomputers in Civil Engineering，1992：151～153.
[80] 许沛. 钢筋混凝土结构爆破拆除过程有限元模拟研究 [D]. 学位论文. 北京：北京理工大学，2005.
[81] 万震雄. 烟囱水塔类钢筋混凝土结构爆破拆除数值模拟研究 [D]. 学位论文. 北京：北京理工大学，2006.
[82] 杨国梁. 钢筋混凝土结构爆破拆除数值模拟研究 [D]. 学位论文. 北京：北京理工大学，2008.
[83] 刘伟. 建筑物爆破拆除有限元分析与仿真 [D]. 学位论文. 武汉：武汉理工大学，2005.
[84] 李承. 基于离散单元法的钢筋混凝土框架结构爆破拆除计算机仿真分析 [D]. 学位论文. 上海：同济大学，2000.
[85] 魏晓林，傅建秋，汪旭光. 建筑爆破拆除动力方程近似解研究(2) [J]. 爆破，2007，24(1)：1～6.
[86] 杨溢，等. 拆除爆破的建模与仿真 [J]. 云南冶金，2001，30(3)：4～7.
[87] 陈叶青，颜事龙. 高耸筒式结构定向倾倒的力学分析 [J]. 爆破，1993：30～33.
[88] 李玉岐，周健，焦永斌. 烟囱爆破拆除的数学模型及三维仿真 [J]. 有色金属，2007，59(1)：103～107.
[89] 卢文波. 拆除爆破中裸露钢筋骨架的失稳模型 [J]. 爆破，1992，(2)：31～35.
[90] 赵周能. 框架结构爆破拆除失稳判据的研究 [D]. 学位论文. 南宁：广西大学，2005.
[91] 姜占财. 高层框架结构楼房定向倾倒的力学模型及其强度计算 [J]. 青海师范大学学报（自然科学版），1995(4)：25～28.
[92] 周凤仪，朱金华，邱进芬. 楼房爆破缺口高度设计探讨 [J]. 采矿技术，2007，7(3)：92～93.
[93] 吴剑峰. 80米高钢筋混凝土烟囱的控爆拆除 [J]. 爆破，1993，10(4)：44～47.
[94] 何军. 高耸圆筒形构筑物爆除物理—力学模型的确定 [J]. 北京科技大学学报，1998，20(6)：507～512.
[95] 王希之，等. 高层建筑物爆破拆除塌落震动的数学模型 [J]. 爆炸与冲击，2002，22(2)：188～192.
[96] 谢先启. 拆除爆破数值模拟与应用 [M]. 武汉：湖北科学技术出版社，2008.
[97] 贾永胜，等. 网格实体模型在拆除爆破结构倒塌模拟中应用 [J]. 武汉理工大学学报，2009，31(10)：60～62.
[98] 余业清，等. 数值模拟在爆破拆除中的应用 [J]. 爆破，2006，23(2)：22～25.
[99] 石根华. 数值流形方法与非连续变形分析 [M]. 裴觉民译. 北京：清华大学出版社，1997.
[100] 刘军，李仲奎. 非连续变形分析方法中一些控制参数的设置 [J]. 成都理工大学学报，2004(10)：522～526.
[101] 刘伟，刘立雷. 框架结构楼房爆破拆除倒塌过程模拟 [J]. 工程爆破，2008，14(1)：12～15.
[102] 邵丙璜，张凯. 爆炸焊接原理及其工业应用 [M]. 大连：大连工学院出版社，1987.
[103] 李晓杰，杨文彬，等. 爆炸焊接飞板运动速度的计算 [J]. 爆破器材，1998(6).
[104] 李晓杰. 厚板爆炸焊接窗口理论的应用 [J]. 爆破器材，1996(2).
[105] 陈火金，等. 爆炸焊接参数试验的台阶法 [C]. 见：全国爆炸加工会议论文集. 福州，1982.
[106] T. Z. 布拉齐恩斯基. 爆炸焊接、成型与压制 [M]. 李富勤，吴柏青译. 北京：机械工业出版

社，1988.
[107] 王耀华．金属板材爆炸焊接研究与实践［M］．北京：国防工业出版社，2007.
[108] 郑哲敏，等．爆炸加工［M］．北京：国防工业出版社，1981.
[109] 佟铮，等．爆破与爆炸技术［M］．北京：中国人民公安大学出版社，2001.
[110] 爆炸消除残余应力专辑［J］．锅炉压力容器安全，1989(5).
[111] 刘凯欣，张晋香，刘颖，李晓杰，张凯．爆炸法消除焊接接头残余应力的数值模拟［J］．应用力学学报，2004(2).
[112] 谭胜禹．爆炸消除焊接残余应力在贵州铝厂的应用［J］．爆破，2002(4).
[113] 陈怀宁，刘贺全，林泉洪，陈静．爆炸法消除三峡工程高强钢压力钢管焊接残余应力［J］．焊接，2000(12).
[114] 洪江波，侯海量，朱锡，阚于龙．爆炸处理消除大型柱壳结构环焊缝残余应力实验研究［J］．爆炸与冲击，2008(3).
[115] 于雁武，刘玉存，张海龙，陈翠翠．爆炸冲击合成多晶 C_3N_4 的研究［J］．无机材料学报，2009(3).
[116] 牟瑛琳，恽寿榕．爆轰波直接合成致密相氮化硼研究［J］．爆炸与冲击，1993(3).
[117] 李晓杰．氧化物粉末的爆轰合成方法［P］．发明专利，CN200410020553. X，2004.
[118] 王礼立，余同希，李永池．冲击动力学进展［M］．合肥：中国科学技术大学出版社，1992：323 ~ 354.
[119] 王金相．爆炸粉末烧结的细观沉能机制研究［D］．大连：大连理工大学，2005.
[120] 张越举．爆炸压实烧结纳米陶瓷粉末研究［D］．大连：大连理工大学，2007.
[121] Marsh, S. P. LASL Shock HUgoniot Data［M］. University of California Press, 1980.
[122] 李晓杰．超硬材料的爆炸合成机理与实验技术研究［D］．合肥：中国科学技术大学，1998.
[123] 孙贵磊．爆轰制备碳纳米材料及其形成机理研究［D］．大连：大连理工大学，2008.
[124] 庙延钢，张智宇，等．特种爆破技术［M］．北京：冶金工业出版社，2004.
[125] 罗勇．聚能效应在岩土工程爆破中的应用［D］．合肥：中国科学技术大学，2006.
[126] 安二峰．新型战斗部聚能效应及相关问题研究［D］．合肥：中国科学技术大学，2004.
[127] 沈兆武，等．大理石、花岗岩切割新法及孔内聚能装置、切割器用途［P］．中国专利：CN85102789，1987-03-25.
[128] 周方毅，詹发民，等．一种水下聚能破礁装置研究［J］．爆破器材，2009(1).
[129] 何洋扬，龙源，等．线型聚能切割器在塔状钢质构筑物爆破拆除工程中的应用研究［J］．爆破工程，2005(5).
[130] 张双计，王炜．油气井燃烧爆破技术［M］．西安：陕西科学技术出版社，2003.
[131] 万仁傅．现代完井工程［M］．北京：石油工业出版社，1996.
[132] 胡博仲．油、水井大修工程技术［M］．北京：石油工业出版社，1998.
[133] 刘玉芝．油气井射孔井壁取芯技术手册［M］．北京：石油工业出版社，2000.
[134] 惠宁利，王秀芝．石油工业用爆破技术［M］．北京：石油工业出版社，1994(10).
[135] 王安仕，秦发动．高能气体压裂技术［M］．西安：西北大学出版社，1998(7).
[136] 中国力学学会工程爆破专业委员会．爆破工程［M］．北京：冶金工业出版社，1997.
[137] 郭元旦，佟春燕，等．震源药柱［M］．北京：中国标准出版社，2006(5).
[138] 佟铮，等．黄河内蒙古段凌汛期爆炸破冰基本方法［J］．人民黄河，2003(12).
[139] 佟铮，等．球形药包在无限冰介质内部爆炸作用机理研究［J］．内蒙古工业大学学报，2003(3).
[140] 党进谦，等．爆炸成腔技术在旱作农业中的应用［J］．水利学报，2002(10).
[141] M. Chizari, S. T. S. A Hassani, L. M. Barrett and B. Wang, 3 – D Finite Element Modelling of Water Jet Spot Welding［C］. Proceedings of the World Congreering 2007, Vol. Ⅱ, WCE 2007, July 2 ~ 4, 2007, London, U. K.
[142] Tong Z. Li Z. Cheng B. Zhang R. Precision Control of Explosive Forming for Metallic Decorating Sphere［J］. JOURNAL OF MATERIALS PROCESSING TECHNOLOGY, 2008(18): 449 ~ 453.

[143] В. Т. Пегушков. 爆炸加工降低残余应力的机理［J］. 程屏芬译. 力学进展，1984(2).
[144] 杨译，申荣光，刘代光，等. 高温磷炉炉瘤爆破施工与安全控制［J］. 工程爆破，2010(12).
[145] 王运敏. 中国采矿设备手册［M］. 北京：科学出版社，2007.
[146] 周志鸿，等. 地下凿岩设备［M］. 北京：冶金工业出版社，2004.
[147] 梅锦煜，党立本. 水利水电工程施工手册（第2卷）：土石方工程［M］. 北京：中国电力出版社，2002.
[148] 水利电力部水电建设总局. 水利水电工程施工组织设计手册（第四卷）：辅助企业［M］. 北京：中国水利水电出版社，1997.
[149]《中国冶金百科全书》编辑部. 中国冶金百科全书(采矿卷)［M］. 北京：冶金工业出版社，1999.
[150] 天水凿岩机械气动工具研究所. JB/T 1590—1996 凿岩机械及气动工具产品型号编制方法［S］. 北京：机械科学研究院，1997.
[151] 贵阳特殊钢有限责任公司，钢铁研究总院，贵州三占集团实业有限公司，长沙矿冶研究院，冶金工业信息标准研究院. GB/T 6482—2007 凿岩用螺纹连接钎杆［S］. 北京：中国标准出版社，2000.
[152] 贵阳钢厂，钢铁研究总院. GB/T 6480—2002 凿岩用硬质合金钎头［S］. 北京：中国标准出版社，2003.
[153] 郭占江，马平. 炸药现场混装技术在大型露天煤矿抛掷爆破中的应用［J］. 工程爆破，2009 (4).
[154] 山西省特种汽车制造厂. JB/T 8432. 1—2006 现场混装重铵油炸药车［S］. 北京：机械工业出版社，2006.
[155] 山西省特种汽车制造厂. JB/T 8432. 2—2006 现场混装粒状铵油炸药车［S］. 北京：机械工业出版社，2006.
[156] 山西省特种汽车制造厂. JB/T 8432. 3—2006 现场混装乳化炸药车［S］. 北京：机械工业出版社，2006.
[157] 山西省特种汽车制造厂. JB/T 8433—2006 现场混装炸药车地面辅助设施［S］. 北京：机械工业出版社，2006.
[158] 陈敦科，苏利军. 三峡三期上游碾压混凝土围堰拆除方案综述［J］. 爆破，2007，24(2)：49～51.
[159] 张雪亮，黄树棠. 爆破地震效应［M］. 北京：地震出版社，1981.
[160] 孟吉复，惠鸿斌. 爆破测试技术［M］. 北京：冶金工业出版社，1992.
[161] 熊代余，顾毅成. 岩石爆破理论与技术新进展［M］. 北京：冶金工业出版社，2002.
[162] 张正宇，等. 现代水利水电工程爆破［M］. 北京：中国水利水电出版社，2003.
[163] 张正宇，曹广晶，钮新强. 中国三峡工程 RCC 围堰爆破拆除新技术［M］. 北京：中国水利水电出版社，2008.
[164] 应怀樵. 振动测试和分析［M］. 北京：中国铁道出版社，1987.
[165] 科学研究论文集（第16集）. 水利水电科学研究院. 北京：水利电力出版社，1984.
[166] 钱胜国，陈玲玲，吴新霞，等. 爆破地震工程结构动力分析［M］. 北京：中国水利水电出版社，2006.
[167] 张正宇，刘美山，吴从清. 高陡边坡开挖中的爆破及其控制技术［M］. 见：中国爆破新技术. 北京：冶金工业出版社，2004.
[168] 中华人民共和国安全生产法［S］. 2002. 6.
[169] 杜邦公司. 爆破手册[M]. 龙维祺，等译. 北京：冶金工业出版社，1986.
[170] C. K. 萨文科，等. 井下空气冲击波［M］. 龙维祺，于亚伦译. 北京：冶金工业出版社，1979.
[171] 工业火薬協会. 新・発破ハンドブック[M]. 东京：山海堂株式会社，1989.
[172] Б. Н. 库图佐夫. 工业爆破安全［M］. 朱瑞赓，刘殿中，李铮译. 北京：冶金工业出版社，1987.
[173] Josef Henrych. The Dynamics of Explosion and Its Use[M]. Czechoslovak Academy of Sciences. Prague. 1979.
[174] 水电水利工程爆破安全监测规程 DL/T 5333—2005［S］.

[175] U. 兰格福尔斯．岩石爆破现代技术［M］. 北京：冶金工业出版社，1983.
[176] R. 古斯塔夫松．瑞典爆破技术［M］. 北京：人民铁道出版社，1978.
[177] 秦尚文，等．爆破物品安全管理［M］. 成都：四川科学技术出版社，1988.
[178] 陆遐龄，梁向前，胡光川，等．水下爆炸的理论研究与实践［J］. 爆破，2006，23(2).
[179] 叶序双，顾文彬，张鹏翔，等．水中冲击波传播过程中压力波的探讨［C］. 见：汪旭光．工程爆破文集（第七辑）．乌鲁木齐：新疆青少年出版社，2001.
[180] 陈宏安．一次爆破事故等调查分析［J］. 爆破，2003，20(3).
[181] 宋常燕．120m 钢筋混凝土烟囱定向倒塌触地效应的观测分析［C］. 见：杨振声．工程爆破文集（第六辑）. 深圳：海天出版社，1997.
[182] 刘建亮．工程爆破测试技术［M］. 北京：北京理工大学出版社，1994.
[183] 中国地震烈度表 GB/T 17742—1999［S］.
[184] 顾毅成．城市建筑拆除爆破中的振动安全［J］. 安全，1985(5).
[185] G. . A 波林格．爆炸振动分析［M］. 北京：科学出版社，1975.
[186] 朱传统，梅锦煜．爆破安全与防护［M］. 北京：水利电力出版社，1990.
[187] 孙志禹，董方勇．“赶鱼”——三峡三期上游围堰爆破拆除中的生态保护［J］. 自然杂志，2007(2)：83 ~ 86.
[188] 李文涛，张秀梅．水下爆破施工对鱼类影响的估算及预防措施［J］. 海洋科学，2003(11)：20 ~ 23.
[189] 蒋玫，沈新强，杨红．水下爆破对渔业生物影响的研究［J］. 海洋渔业，2005 (2)：150 ~ 153.
[190] 尚龙生，戴云丛，刘现明，等．水中爆破对双台子河口渔场的影响［J］. 海洋环境科学，1994(3)：23 ~ 26，32.
[191] 许鹭芬，王清池，王军，杨海华．水下爆破的声压测量及其对海洋生物的影响［J］. 厦门大学学报（自然科学版），2000 (1)：58 ~ 61.
[192] 陈宝心，杨勤荣．爆破动力学基础［M］. 武汉：湖北科学技术出版社，2005.
[193] 吴新霞，任贤斌．采石场周边民房爆破振动破坏范围的鉴定方法［J］. 爆破，2009(4)：93 ~ 95.
[194] 卢文波，李海波．水电工程爆破振动安全判据及应用中的几个关键问题［J］. 岩石力学与工程学报，2009(10)：1513 ~ 1520.
[195] 张文煊，刘美山．水电工程开挖爆破空气冲击波的作用原理与防护［J］. 工程爆破，2008(4)：72，82 ~ 85.
[196] 唐鸿卿，吴新霞．频率对爆破地震反应谱的影响［J］. 爆破，2008(4)：17 ~ 19.
[197] 吴新霞，张文煊．浅谈建筑物爆破振动安全允许标准［J］. 爆破，2008(2)：80 ~ 83.
[198] 周家汉．爆破拆除塌落振动速度计算公式的讨论［J］. 工程爆破，2009(1)：1 ~ 4，40.
[199] 顾毅成．对应用爆破振动计算公式的几点讨论［J］. 爆破，2009(4)：78 ~ 80.
[200] 严鹏，卢文波．基于小波变换时—能密度分析的爆破开挖过程中地应力动态卸载振动到达时刻识别［J］. 岩石力学与工程学报，2009(A01)：2836 ~ 2844.
[201] 李洪涛，卢文波．隧洞开挖爆破地震反应谱特征研究［J］. 爆炸与冲击，2008(4)：331 ~ 335.
[202] 陈明，卢文波．温度应力对新浇混凝土爆破安全控制标准的影响［J］. 武汉大学学报（工学版），2008(1)：35 ~ 39.
[203] 水工建筑物地下开挖工程施工技术规范［S］. DL/T 5099—1999.
[204] 水利水电工程爆破施工技术规程［S］. DL/T 5135—2001.
[205] 冯叔瑜，张正宇，刘美山．爆破技术在水利水电工程中的应用和前景［J］. 工程爆破，2005，12(6).
[206] 何蕴龙．岩质边坡施工爆破振动加速度近似计算方法［J］. 岩石力学与工程报，1996.
[207] 吴新霞，彭少军，张宁，王秀杰．小湾水电站导流洞围堰爆破时临近建筑物的安全评价［J］. 爆破，2005，22(4).
[208] 姚光桓，曾宪纯．建设工程监理理论与实践［M］. 北京：中国建筑工业出版社，2002.
[209] 浙江民能爆破工程咨询有限公司．爆破监理工作手册（内部资料）. 2009.